ବ୍ୟାଖ୍ୟା, ବ୍ୟାପ୍ତି ଓ କ୍ରାନ୍ତି

ବ୍ୟାଖ୍ୟା, ବ୍ୟାପ୍ତି ଓ କ୍ରାନ୍ତି

ଅନନ୍ତ କୁମାର ଗିରି

ବ୍ଲାକ୍ ଇଗଲ୍ ବୁକ୍ସ
ଭୁବନେଶ୍ୱର, ଓଡ଼ିଶା

BLACK EAGLE BOOKS
Dublin, USA

ବ୍ୟାଖ୍ୟା, ବ୍ୟାପ୍ତି ଓ କ୍ରାନ୍ତି / ଅନନ୍ତ କୁମାର ଗିରି

ବ୍ଲାକ୍ ଈଗଲ୍ ବୁକ୍ସ : ଭୁବନେଶ୍ୱର, ଓଡ଼ିଶା • ଡବ୍ଲିନ୍, ଯୁକ୍ତରାଷ୍ଟ୍ର ଆମେରିକା

BLACK EAGLE BOOKS

USA address:
7464 Wisdom Lane
Dublin, OH 43016

India address:
E/312, Trident Galaxy, Kalinga Nagar,
Bhubaneswar-751003, Odisha, India

E-mail: info@blackeaglebooks.org
Website: www.blackeaglebooks.org

First International Edition Published by
BLACK EAGLE BOOKS, 2025

BYAKHYA, BYAPTI O KRANTI
by **Ananta Kumar Giri**

Copyright © Ananta Kumar Giri

All rights reserved. No part of this publication may be reproduced, stored in a retrieval system, or transmitted, in any form or by any means, electronic, mechanical, photocopying, recording or otherwise without the prior permission of the publisher.

Cover & Interior Design: Ezy's Publication

ISBN- 978-1-64560-736-6 (Paperback)

Printed in the United States of America

ଲୋକ ସାହିତ୍ୟ, ଶିକ୍ଷା ଓ ଗବେଷଣାର ଜଣେ ସୃଜନଶୀଳ ସହଯାତ୍ରୀ ପ୍ରିୟ ମହେନ୍ଦ୍ର ଭାଇ... ଡକ୍ଟର ମହେନ୍ଦ୍ର କୁମାର ମିଶ୍ରଙ୍କୁ ଅନେକ ଶ୍ରଦ୍ଧା ଓ ଶୁଭମନାସ ସହ...

— ଲେଖକ

ନିବେଦନ

ଆଜି ଗଣେଶ ଚତୁର୍ଥୀ । ହରିୟାଣାର ରୋହତକ୍‌ସ୍ଥିତ Indian Institute of Managementର ଏହି ସୁନ୍ଦର ମାତୃମୟ ବିଶ୍ରାମ କକ୍ଷରେ ବ୍ୟାଖ୍ୟା, ବ୍ୟାପ୍ତି ଓ କ୍ରାନ୍ତି ପାଇଁ ଦୁଇଧାଡ଼ି ନିବେଦନ ଲେଖିବସୁଛି । ଆଜି ବଡି ସକାଳେ ମୋର ପାଖ ରୁମ୍‌ରେ ରହୁଥିବା ଶ୍ରୀଯୁକ୍ତ ଏଲ. ମାଦାନିଙ୍କ ସହ ପ୍ରାତଃଭ୍ରମଣ କରୁଥିବାବେଳେ ମୁଁ ତାଙ୍କୁ କହୁଥିଲି ଆଜି ଗଣେଶ ଚତୁର୍ଥୀ: ଶ୍ରୀ ଗଣେଶ ସହ, ଆମେ ସମସ୍ତେ । ଗଣେଶଙ୍କର କାନମାନ ବଡ, ବ୍ୟାପ୍ତ ଓ ପ୍ରସାରିତ । ଗଣେଶ ତାଙ୍କର ବ୍ୟାପ୍ତ ଓ ପ୍ରସାରିତ କାନରେ ଅଧିକ ଶୁଣନ୍ତି ଓ ତାଙ୍କର ଏହି ଶ୍ରବଣ ଯୋଗ ଓ ସାଧନା ତାଙ୍କୁ ଜ୍ଞାନଯୁକ୍ତ କରାଇଛି, ଜ୍ଞାନର ଦେବତା କରାଇଛି । ଜୀବନରେ ଆମ ସମସ୍ତଙ୍କର ଜ୍ଞାନର ଆବଶ୍ୟକତା ରହିଛି । ଏହି ଜ୍ଞାନ ଉଭୟେ ବାହ୍ୟ ଜ୍ଞାନ ଓ ଅନ୍ତରର ଜ୍ଞାନ... ବିଜ୍ଞାନ, ଆତ୍ମଜ୍ଞାନ, ସହଜ୍ଞାନ, ସମାଜ, ସଂସ୍କୃତି ଓ ପ୍ରକୃତିର ଜ୍ଞାନ । ଏହି ଜ୍ଞାନ ପାଇଁ ଶ୍ରବଣ। ଶ୍ରବଣ ସହିତ ପଠନ, ଲିଖନ, ମନନ ଓ ଭ୍ରମଣ । ପୁସ୍ତକ ଓ ଜୀବନର ସୃଜନଶୀଳ ଓ ପ୍ରସାରଣଶୀଳ ବ୍ୟାଖ୍ୟା ପାଇଁ ଆମକୁ ଶ୍ରୀ ଗଣେଶଙ୍କ ଭଳି ଅଧିକ ଶୁଣିବାକୁ ହେବ, ଅଧିକ ଭଲ ପାଇବାକୁ ହେବ ଓ ସମସ୍ତଙ୍କର ବିଘ୍ନ ସହିତ ସଂଶ୍ଳିଷ୍ଟ ହୋଇ ପ୍ରେମମୟ ବ୍ୟାପ୍ତିର ବିବର୍ତ୍ତନଶୀଳ ସୁରକ୍ଷା ସୃଷ୍ଟି କରିବାକୁ ହେବ ।

ଶ୍ରବଣ, ପଠନ, ମନନ ଓ ଭ୍ରମଣ ସହିତ ଜୀବନର ବ୍ୟାଖ୍ୟା, ପୁସ୍ତକ ଓ ଜୀବନର ଧାରା ମାନଙ୍କର ବ୍ୟାଖ୍ୟା । ଏହି ବ୍ୟାଖ୍ୟା କେବଳ ପୁସ୍ତକ-ସୀମିତ ନୁହେଁ ଯଦିଓ ଆମ ଜୀବନରେ ଚଳନଶୀଳା ଓ ପ୍ରେରଣାଦାୟିନୀ ଜନନୀରୂପେ ପୁସ୍ତକ ମାନଙ୍କର ଏକ ଗଭୀର ଭୂମିକା ରହିଛି ।

ଆମ ପୁସ୍ତକ, ଜୀବନ ସ୍ରୋତ ଓ ଜୀବନର ବ୍ୟାଖ୍ୟା ଆମର ଅନୁଭବ, ଭ୍ରମଣ, ଯାତ୍ରା ଓ ଚେତନାର ମାନ ଓ ଆସ୍ପୃହା ଅନୁସାରେ ସଂକୀର୍ଣ୍ଣ ହୋଇପାରେ ବା ବ୍ୟାପ୍ତ ହୋଇପାରେ । ସାରା ପୃଥିବୀରେ ଏବେ ସଂକୀର୍ଣ୍ଣ ବ୍ୟାଖ୍ୟା ସବୁବେଳେ ପ୍ରଭାବଶାଳୀ ହୋଇ ମୁଣ୍ଡ ଟେକୁଛନ୍ତି । ପୁସ୍ତକ ଓ ଜୀବନର ଆକ୍ଷରିକ ବ୍ୟାଖ୍ୟା ଆମକୁ ସଂକୀର୍ଣ୍ଣ କରାଉଛି; ପୁସ୍ତକ ଓ ଜୀବନ ମଧ୍ୟରେ ଯେଉଁ ଶାନ୍ତ ପ୍ରତୀକାତ୍ମକ ଅର୍ଥ ରହିଛି ଆମେ ତାହାକୁ ଭୁଲିଯାଇଛୁଁ । ଜୀବନର ଆବଦ୍ଧ ଓ ସଂକୀର୍ଣ୍ଣ ବ୍ୟାଖ୍ୟା ଆମକୁ ସଂକୀର୍ଣ୍ଣ କରାଉଛି । ଆମର ରାଜନୀତି, ଶିକ୍ଷା, ସଂସ୍କୃତି ଓ ସାହିତ୍ୟ ଆଜି ସଂକୀର୍ଣ୍ଣ ବ୍ୟାଖ୍ୟାକାରମାନଙ୍କ ହାତରେ । ଏହି କ୍ଷେତ୍ରରେ ଆମର ଜୀବନ ଓ ଜୀବନ ବ୍ୟାଖ୍ୟାକୁ ବ୍ୟାପ୍ତ କରିବାକୁ ହୋଇଥାଏ । ଆମର ପ୍ରେମ, ଶ୍ରମ, ଶିକ୍ଷଣ ଓ ବ୍ୟାଖ୍ୟାର ବ୍ୟାପ୍ତି ଆମ ସମାଜ, ସଂସ୍କୃତି ଓ ବିଶ୍ୱରେ କ୍ରାନ୍ତି ଆଣେ... ଏହି କ୍ରାନ୍ତି ଉଭୟେ ବାହାରର କ୍ରାନ୍ତି ଓ ଅନ୍ତରର କ୍ରାନ୍ତି; ସାମାଜିକ-ରାଜନୈତିକ ଓ ଅର୍ଥନୈତିକ କ୍ରାନ୍ତି ଏବଂ ନୈତିକ ଓ ଆଧ୍ୟାତ୍ମିକ କ୍ରାନ୍ତି ।

ଆଜି ଏହି ମେଘଭିଜା ସକାଳରେ ଏହି ଧାଡିମାନ ଲେଖିବାବେଳେ ମୋର ଜୁଲାଇ ୨୦୧୭ର ସେହି ମେଘଭିଜା ସକାଳ କଥା ମନେପଡୁଛି ଯେତେବେଳେ ବାଲେଶ୍ୱରର ବାଳାଶ୍ରମରେ ଏହି ପୁସ୍ତକର ପ୍ରଥମ ଲେଖା, "ବ୍ୟାଖ୍ୟା, ବ୍ୟାପ୍ତି ଓ କ୍ରାନ୍ତି"କୁ ଆଗ୍ରହୀ ବନ୍ଧୁମାନଙ୍କ ନିକଟରେ ଉପସ୍ଥାପନା କରିଥିଲି । ଏଥିରେ ଡାକ୍ତର, ଶିକ୍ଷାବିତ୍ ଓ ସମାଜସେବୀ ଜୟକୃଷ୍ଣ ଭାଇ... ଶ୍ରୀଯୁକ୍ତ ଜୟକୃଷ୍ଣ ଗିରି, ହିମାଦ୍ରୀ ଭାଇ... ସ୍ୱର୍ଗୀୟ ହିମାଦ୍ରୀ କୁମାର ଜେନା ଏବଂ କଳ୍ପନା ଭାଉଜ... ଶ୍ରୀମତୀ କଳ୍ପନା ଜେନା, ଅନ୍ୟମାନଙ୍କ ସହ, ଯୋଗ ଦେଇଥିଲେ । ଏହାପରେ ଏହି ରଚନାଟି 'ଏଷଣା'ରେ ବାହାରିଥିଲା । ଏଥିରେ ସନ୍ନିବିଷ୍ଟ ଲେଖାମାନ ଏଷଣା, ବର୍ତ୍ତିକା, ସମୟର ଆକାଂକ୍ଷା ଓ ଦିଗ୍‌ବଳୟ ଭଳି ପତ୍ରିକାମାନଙ୍କରେ ପ୍ରକାଶିତ ହୋଇଛି ଓ ଏହି ପୁସ୍ତକର ପ୍ରକାଶନ ପର୍ବରେ ମୁଁ ଏହାର ସଂପାଦକମାନଙ୍କୁ ବିଶେଷକରି ସ୍ୱର୍ଗତଃ ଡ. କୃଷ୍ଣଚରଣ ବେହେରା, ସ୍ୱର୍ଗତଃ ଡ. ନବକିଶୋର ମିଶ୍ର, ଶ୍ରୀଯୁକ୍ତ ଅଜୟ କେତନ ମହାନ୍ତି ଓ ଶ୍ରୀଯୁକ୍ତ ସୁରେଶ ନାୟକ ଓ ପତ୍ରିକାମାନଙ୍କ ସହିତ ସଂପୃକ୍ତ ସମସ୍ତଙ୍କୁ ମୋର ଅନ୍ତରର କୃତଜ୍ଞତା ଜଣାଉଛି । ମୁଁ ମଧ୍ୟ ଜୟକୃଷ୍ଣ ଭାଇ, ହିମାଦ୍ରୀ ଭାଇ, କଳ୍ପନା ଭାଉଜ ଏବଂ ଏହି ପ୍ରବଂଧମାନଙ୍କର ଉପସ୍ଥାପନା ଓ ଆଲୋଚନାରେ ଭାଗ ନେଇଥିବା ସମସ୍ତ ଅପା, ଭାଇମାନଙ୍କୁ ଆଦରର ସହିତ ସ୍ମରଣ କରୁଛି ଓ ହୃଦୟର କୃତଜ୍ଞତା ଜଣାଉଛି ।

ଏହି ରଚନାମାନଙ୍କୁ ବିଜୟ ଭାଇ... ଶ୍ରୀଯୁକ୍ତ ବିଜୟ କୁମାର ମହାନ୍ତି ଟାଇପ୍ କରିଛନ୍ତି ଓ ଜନନୀ ଭାବେ ଏହି ଲେଖାମାନଙ୍କୁ ଧରାପୃଷ୍ଠକୁ ଆଣିଛନ୍ତି । ବିଜୟ ଭାଇଙ୍କୁ

ଯେତେ କୃତଜ୍ଞତା ଜଣାଇଲେ ବି ଏହା କମ୍ ହେବ । ଏହି ପୁସ୍ତକଟିକୁ ପ୍ରକାଶ କରିବା ପାଇଁ ବ୍ଲାକ୍ ଇଗଲ ବୁକ୍‌ସ୍‌ର ପ୍ରେରଣାଦାୟକ ପ୍ରକାଶକ ସତ୍ୟ ଭାଇ... ଶ୍ରୀଯୁକ୍ତ ସତ୍ୟ ପଟ୍ଟନାୟକ ଆଗ୍ରହ ପ୍ରକାଶ କରିଛନ୍ତି ଓ ଏହାକୁ ଅଶୋକ ଭାଇ ଶ୍ରୀଯୁକ୍ତ ଅଶୋକ ପରିଡ଼ା ରୂପରେଖ ଦେଇଛନ୍ତି । ମୁଁ ସତ୍ୟ ଭାଇ ଓ ଅଶୋକ ଭାଇଙ୍କୁ ମୋର ହୃଦୟର କୃତଜ୍ଞତା ଅର୍ପଣ କରୁଛି ।

ଡ. ମହେନ୍ଦ୍ର କୁମାର ମିଶ୍ର ଆମ ସମୟର ଜଣେ ସୃଜନଶୀଳ ଶିକ୍ଷାବିତ୍ ଓ ସାହିତ୍ୟ ସ୍ରଷ୍ଟା ମହେନ୍ଦ୍ର ଭାଇ ମୋର ଜଣେ ପ୍ରେରଣାଦାୟକ ବଂଧୁ ଓ ସହଯାତ୍ରୀ । ବ୍ୟାଖ୍ୟା, ବ୍ୟାପ୍ତି ଓ କ୍ରାନ୍ତିକୁ ମୁଁ ମହେନ୍ଦ୍ର ଭାଇଙ୍କୁ ସମର୍ପଣ କରୁଛି । ମୁଁ ମଧ୍ୟ ସକଳ ପାଠକ ଓ ପାଠିକାମାନଙ୍କ କରକମଳରେ ଅର୍ପଣ କରୁଛି । ମୁଁ ଆଶା କରୁଛି ଆମର ହାତ ଦୁଇଟି ବ୍ୟାଖ୍ୟା, ବ୍ୟାପ୍ତି ଓ କ୍ରାନ୍ତିର ସହସ୍ର ହାତ ହେବ ।

ଜୀବନର ରାସ୍ତାପଥରୁ

ଅଗଷ୍ଟ ୨୭, ୨୦୨୫

Indian Institute of Management

ରୋହତକ୍

ଗଣେଶ ଚତୁର୍ଥୀ

ସୂଚୀପତ୍ର

ପ୍ରଥମ ସ୍ତବକ

୧. ବ୍ୟାଖ୍ୟା, ବ୍ୟାପ୍ତି ଓ କ୍ରାନ୍ତି ୧୧

୨. ରୂପାନ୍ତରକାରୀ ସଂହତି ୩୮

୩. ଅର୍ଥ ସଂକଟ ଓ ଜୀବନାର୍ଥର ଲୋକସଂଗ୍ରହ ୫୮

ଦ୍ୱିତୀୟ ସ୍ତବକ

୪. ସାମାଜିକ ସ୍ୱାସ୍ଥ୍ୟ ଓ ନିରାମୟତା: ଏକ ସୁନ୍ଦର ଜୀବନର ସର୍ଜନା ୮୯

୫. ଜାତି ପ୍ରଥାର ବିଲୋପ, ଜାତି ପ୍ରଥାର ରୂପାନ୍ତର:
ଆମ୍ବେଦକର, ଶଙ୍କର ଓ ଚେତନା କାର୍ଯ୍ୟର ନବୀନ ପଥ ଓ ଦିଗନ୍ତ ୧୧୦

୬. ହିନ୍ଦୁ-ଖ୍ରୀଷ୍ଟିୟାନ ଧର୍ମ ଓ ଆଧ୍ୟାତ୍ମିକ ଧାରା: ସଂଗମ,
ସଂବାଦ, ସଂଘାତ ଓ ଉତ୍ତରଣ ୧୩୬

ତୃତୀୟ ସ୍ତବକ

୭. ଭାଷା, ବ୍ୟକ୍ତି, ସମାଜ ଓ ରାଷ୍ଟ୍ରର ପୁନର୍ଚିନ୍ତନ ଓ ରୂପାନ୍ତର:
ଶ୍ରୀଅରବିନ୍ଦ ଓ ବିଶ୍ୱମୟ ନୂତନ ଚିନ୍ତନ ଓ ଚେତନାର ଉଦ୍‌ବେଳନ ୧୭୩

୮. ସ୍ୱଦେଶୀ, ସ୍ୱରାଜ ଓ ସତ୍ୟାଗ୍ରହ: ପୁନର୍ବିଚାର, ସହ-ସୃଜନ
ଓ ଜାଗତିକ ରୂପାନ୍ତରୀକରଣର ସାମ୍ପ୍ରତିକ ଆହ୍ୱାନ ୧୮୯

୯. ସତ୍ୟାଗ୍ରହ: ସତ୍ୟ, ଯାତ୍ରା ଓ ଅନୁବାଦ ୨୦୨

୧୦. ସତ୍ୟ, ଈଶ୍ୱର, ନ୍ୟାୟ ଓ ସୃଜନଶୀଳ ଦାୟିତ୍ୱ ପଥ:
ଗାଂଧୀଙ୍କ ସହ ଚିନ୍ତନ ଓ ସହଯାତ୍ରା ୨୨୪

ଚତୁର୍ଥ ସ୍ତବକ

୧୧. ସମାଜ, ପରିବର୍ତ୍ତନ, ବିକାଶ ଓ ଆମର ବିକଳ୍ପ ଜାଗତିକ ଭବିଷ୍ୟତ ୨୩୮

୧୨. ସମାଜ, ସଂସ୍କୃତି ଓ ଦର୍ଶନ : ଚିତ୍ତରଂଜନଙ୍କର ରଚନା କତିପୟ ୨୬୦

୧୩. ହିରଣ୍ମୟ ପାତ୍ରରୁ ମୃଣ୍ମୟ ଓ ହିରଣ୍ମୟ ସେତୁ: ଉନ୍ମୋଚନ,
ସାଧନା ଓ ସଂଗ୍ରାମର ଅନେକାନ୍ତ ପଥ ଓ ଦିଗନ୍ତ ୨୬୯

ପଞ୍ଚମ ସ୍ତବକ

୧୪. ଭାଷା ଋଷି ଓ ଜୀବନ ସାଧନା ୨୭୭

୧୫. ବିନମ୍ର ପ୍ରଜ୍ଞାସାଧକ ମନୋଜ ଦାସଙ୍କ ସହ ୨୯୨

୧୬. ପ୍ରବନ୍ଧ ଶକ୍ତି ୩୦୦

୧୭. ସହାବତାର ୩୦୫

୧୮. ସ୍ୱାଧ୍ୟାୟ ସହାଧ୍ୟାୟ, ସମୀକ୍ଷା ସହଯାତ୍ରା ୩୧୦

ପ୍ରଥମ ସ୍ତବକ

ବ୍ୟାଖ୍ୟା, ବ୍ୟାପ୍ତି ଓ କ୍ରାନ୍ତି

ଆମ ଜୀବନରେ ସଂସାର ରହିଛି, ଶାସ୍ତ୍ର ରହିଛି, ସମ୍ବନ୍ଧ ରହିଛି ଏବଂ ତଥ୍ୟ ରହିଛି । ଏହିସବୁ ବିଭିନ୍ନ ରୂପରେ ଓ ବିଭିନ୍ନ ସ୍ତରରେ ଆମ ଜୀବନରେ ବିଦ୍ୟମାନ । ଆମେ ଆମର ଶାସ୍ତ୍ର, ସମ୍ବନ୍ଧ ଓ ସଂସାରକୁ ବୁଝିବାକୁ ଯାଇ ଆମେ ତାର ବ୍ୟାଖ୍ୟା କରୁ । ଏହି ବ୍ୟାଖ୍ୟା ସଂସ୍କୃତି, ଶାସ୍ତ୍ର ଓ ସଂସାରର ଅର୍ଥକୁ ଆମକୁ ବୁଝିବାରେ ସାହାଯ୍ୟ କରିଥାଏ ଓ ଆମର ଜୀବନକୁ ମଧ୍ୟ । ଉଭୟର ଅର୍ଥକୁ ବୁଝିବା ପାଇଁ ବ୍ୟାଖ୍ୟା ଅବଶ୍ୟମ୍ଭାବୀ । ମାତ୍ର ଏହି ବ୍ୟାଖ୍ୟା ସଂକୀର୍ଣ୍ଣ ହୋଇପାରେ ବା ବ୍ୟାପ୍ତ ହୋଇପାରେ । ଆମର ବ୍ୟାଖ୍ୟା ବ୍ୟାପ୍ତ ହୋଇଥିଲେ ଏହା ଆମର ଜୀବନକୁ ବ୍ୟାପ୍ତ କରାଏ, ଅଳପରୁ ଭୂମା ଆଡକୁ ନେଇଯାଏ ଓ ଆମର ବ୍ୟଖ୍ୟା ସଂକୀର୍ଣ୍ଣ ହୋଇଥିଲେ ଏହା ଆମର ଆତ୍ମା, ସମ୍ବନ୍ଧ ଓ ସଂସାରକୁ ସଂକୀର୍ଣ୍ଣ କରାଏ । ଆମର ବ୍ୟାଖ୍ୟା ବ୍ୟାପ୍ତ ହୋଇଥିଲେ ଏହା ଆମର ଚେତନା ଓ ସମ୍ବନ୍ଧରେ କ୍ରାନ୍ତି ଆଣେ, ଉତ୍କ୍ରାନ୍ତି ଆଣେ ।

ମାତ୍ର ବ୍ୟାଖ୍ୟା କିପରି ହୋଇଥାଏ ? ବ୍ୟାଖ୍ୟାର ଏକ ପୂର୍ବ ପ୍ରକଟିତ ଜ୍ଞାନ ଓ ଅନୁଭବର ଧାରାଥାଏ । ଉଦାହରଣ ସ୍ୱରୂପ, ଆମର ଅନେକ ପରିଚିତ ଓ ପ୍ରିୟ ଶାସ୍ତ୍ର ଶ୍ରୀମଦ୍‌ଭଗବତ୍‌ଗୀତା । ଗୀତାକୁ ଏହାର ଜନ୍ମ ସମୟରୁ ଶହଶହ ଅନେକେ ଅନେକ ପ୍ରକାରରେ ବ୍ୟାଖ୍ୟା କରିଛନ୍ତି । ନିକଟ ଅତୀତରେ ଅନେକଙ୍କ ମଧ୍ୟରୁ ଶ୍ରୀଅରବିନ୍ଦ ଓ ଗାଂଧୀ ଏହାର ବ୍ୟାଖ୍ୟା ପ୍ରଦାନ କରିଛନ୍ତି । ଶ୍ରୀଅରବିନ୍ଦଙ୍କର ଗୀତାରେ ଥିବା ନିଷ୍କାମ କର୍ମଯୋଗ ଓ କର୍ମ ମଧ୍ୟରେ ଭଗବତ୍ ଉପଲବ୍ଧି ସଂପର୍କରେ କହିଥିବାବେଳେ ଗାଂଧୀ ଗୀତାକୁ ଅହିଂସ ସାଧନାର ଏକ ଧାରା ରୂପେ ବ୍ୟାଖ୍ୟା କରିଛନ୍ତି । ଗାଂଧୀଙ୍କର ଅନୁଭବରେ ଗୀତାରେ ଯେଉଁ ଯୁଦ୍ଧ କଥା କୁହାଯାଇଛି ଏହା ପ୍ରତୀକାତ୍ମକ । ଏହି ଯୁଦ୍ଧ ଏକ ଅହିଂସ ସଂଗ୍ରାମ । ଆମ ଆତ୍ମା ମଧ୍ୟରେ କୌରବ ଓ ପାଣ୍ଡବ ମାନଙ୍କ ମଧ୍ୟରେ ଯୁଦ୍ଧ ଅହରହ ଲାଗି ରହିଛି । ଆମେ ଗୀତାକୁ ପଢ଼ିବାବେଳେ ଏହି ବ୍ୟାଖ୍ୟା ମାନଙ୍କ

ସହିତ ସଂଳାପ କରି ଏହାର ବ୍ୟାଖ୍ୟା କରିପାରିବା । ଏହା ସହିତ ଆମର ଜୀବନର ଅନୁଭବ ଓ ଯାତ୍ରାକୁ ନେଇ ମଧ୍ୟ ଆମେ ଗୀତାର ବ୍ୟାଖ୍ୟା କରିପାରିବା ।

ଗୀତା ଭଳି ଏକ ଶାସ୍ତ୍ରକୁ ବ୍ୟାଖ୍ୟା କରିବାକୁ ହେଲେ ଏହାର ଅନେକ ଉତ୍ସ ମଧ୍ୟରୁ ଦୁଇଟି ହେଉଛି... ପ୍ରଚଳିତ ବ୍ୟାଖ୍ୟାର ବହୁଧାରା, ବିଶେଷ କରି ଜ୍ଞାନର ଧାରା ଓ ଆମ ନିଜ ଜୀବନର ଅନୁଭବ ଓ ଶାସ୍ତ୍ରର ସାଧନା । ଆମର ଜୀବନର ଅନୁଭବରେ ମଧ୍ୟ ଅନେକ ଦିଗ ମଧ୍ୟରୁ ଦୁଇଟି ଉପରେ ଆମକୁ ଗୁରୁତ୍ୱ ଦେବାକୁ ହେବ । ଆମର ଅନୁଭବ ଅନେକ ସମୟରେ ଆମର ପ୍ରଚଳିତ ଦୃଷ୍ଟିକୋଣ ବିଶେଷକରି ଅହଂକାରର ଏକ ପୁନରାବୃତ୍ତି ହୋଇପାରେ । ଆମେ ଆମର ଅହଂକାର ଓ ଅପରୀକ୍ଷିତ ଅଂଧ ମିଜାଜ ମାନଙ୍କ ମଧ୍ୟରେ ବଂଦୀ ହୋଇ ରହିଥାଇପାରୁ ଓ ଆମର ଅନୁଭବ ସେମିତି ଆମର ଅହଂକାର ଓ ଅଂଧ ମିଜାଜ ମଧ୍ୟରେ ବଂଦୀ ହୋଇ ରହିପାରେ ଅଥବା ଏହା ଏକ ସତ୍ୟର ପରୀକ୍ଷା ଓ ସତ୍ୟ ସହିତ ଯାତ୍ରା ହୋଇପାରେ । ଆମର ଅନୁଭବ ଆମକୁ ଆମର ଅହଂରୁ ଅନ୍ୟଏକ ଆତ୍ମ-ସମୀକ୍ଷୀୟ ଓ ପାରସ୍ପରିକ ସମ୍ବନ୍ଧର ସତ୍ୟର ଅନୁଭବର ଭୂମି ଓ ଆକାଶକୁ ଆଣିପାରେ । ଜୀବନର ଏହି ଆତ୍ମ-ସମୀକ୍ଷୀୟ ଓ ପାରସ୍ପରିକ ସତ୍ୟ-ପ୍ରେରିତ ଓ ସମ୍ବନ୍ଧିତ ଅନୁଭବ ଆମର ଅନୁଭବକୁ ବ୍ୟାପ୍ତ କରେ ଓ ଏହି ବ୍ୟାପ୍ତ ଜୀବନ ଅନୁଭବ ଆମର ଶାସ୍ତ୍ର, ସମ୍ବନ୍ଧ ଓ ସଂସାରକୁ ବ୍ୟାପ୍ତ ରୂପେ ବ୍ୟାଖ୍ୟା କରିବାକୁ ସାହାଯ୍ୟ କରିଥାଏ ।

ବ୍ୟାଖ୍ୟାର ଏହି ଧାରାକୁ ଆମେ ଇଂରାଜୀ ଭାଷାରେ ପ୍ରଚଳିତ ଶବ୍ଦ ଓ ମାର୍ଗ ସହିତ ଯୋଡିପାରିବା ଯାହାକୁ hermeneutics ବୋଲି କୁହାଯାଏ । ଏହି ସମ୍ପର୍କରେ ଅନେକ ଗଭୀର ଆଲୋଚନା କରିଥିବା ଦାର୍ଶନିକ ଗାଡାମାର୍ (Hans-Georg Gadamer) ଆମକୁ କହନ୍ତିଯେ' ଜଣେ ମନୁଷ୍ୟଭାବେ ଓ ସଂସ୍କୃତିରେ ବଞ୍ଚିଥିବା ଆମ ସମସ୍ତଙ୍କ ମଧ୍ୟରେ ଅନେକ prejudice ବା ପୂର୍ବଧାରଣା ରହିଛି । ଏହି ପୂର୍ବଧାରଣା ସହିତ ଆମେ ଆମର ଜୀବନ, ଶାସ୍ତ୍ର ଓ ସଂସ୍କୃତିକୁ ବ୍ୟାଖ୍ୟା କରୁ । ମାତ୍ର ଆମ ବ୍ୟକ୍ତିଗତ ଜୀବନରେ ଓ ସାଂସ୍କୃତିକ ଜୀବନରେ ଥିବା ପୂର୍ବଧାରଣାରୁ ଯଦିଓ ଆମେ ଜୀବନ ଆରମ୍ଭ କରିପାରିଥାଉଁ ମାତ୍ର ଆମର ଜୀବନ ହେଉଛି ଏହି ପ୍ରାରମ୍ଭିକ ପୂର୍ବଧାରଣା ମାନଙ୍କର ସମୀକ୍ଷା ଓ ଉତ୍ତରଣର ଏକ ଓ ଅନେକ ଯାତ୍ରା । ଗାଡାମାର ଯାହାକୁ ପୂର୍ବଧାରଣା ବୋଲି କହିଛନ୍ତି ଆମେ ଏରିକ୍ ଫ୍ରମ୍‌ଙ୍କ ଭାଷାରେ ଏହାକୁ orientation ବା ଦିଗବିନ୍ୟାସ ରୂପେ ଅନୁଭବ କରିପାରିବା । ଆମର ଜୀବନର ପ୍ରାରମ୍ଭିକ ଭୂମି... ଆମର ସଂସ୍କୃତି... ଆମକୁ କିଛି ଦିଗବିନ୍ୟାସ ବା orientation ପ୍ରଦାନ କରିଥାଏ ମାତ୍ର ଆମର ଏହି ଦିଗମାନ ବଂଦୀ ନୁହନ୍ତି ବା ବନ୍ଦ ନୁହନ୍ତି । ଆମର ପ୍ରାରମ୍ଭିକ

ଧାରଣାମାନ ଜୀବନର ଯାତ୍ରା ସହିତ ପରୀକ୍ଷିତ ହୁଅନ୍ତି, ରୂପାନ୍ତରିତ ହୁଅନ୍ତି । ଜୀବନର ଯାତ୍ରାରେ ଓ ବ୍ୟାଖ୍ୟାରେ hermeneutics କେବଳ ପୂର୍ବଧାରଣା ମାନଙ୍କର ପୁନରାବୃତ୍ତି ନୁହଁ, ଏହା ପୂର୍ବଧାରଣା ମାନଙ୍କର ଆତ୍ମ-ସମୀକ୍ଷୀୟ ଓ ସହ-ସମ୍ବନ୍ଧୀୟ ରୂପାନ୍ତର ମଧ୍ୟ ଅଟେ । ବ୍ୟାଖ୍ୟା ଓ hermeneutics ସଂପର୍କରେ ଅନେକ ଗଭୀର ଆଲୋଚନା କରିଥିବା ଦାର୍ଶନିକ ଓ ଜୀବନଯାତ୍ରୀ ଶ୍ରୀଯୁକ୍ତ ଫ୍ରେଡ୍ ଡାଲମାୟାର ବ୍ୟାଖ୍ୟା ଓ ସମୀକ୍ଷାତ୍ମକ ଚେତନାକୁ ଏକା ସାଙ୍ଗରେ ସାଧନା କରିବାକୁ ଆମକୁ ଆହ୍ୱାନ ଦେଇଛନ୍ତି ଯାହାକୁ ଆମେ ସମୀକ୍ଷାତ୍ମକ ବ୍ୟାଖ୍ୟା ବା critical hermeneutics ରୂପେ ଅନୁଭବ କରିପାରିବା । (୧)।

ଏହି ବ୍ୟାଖ୍ୟାରେ ସନ୍ଦେହ ରହିଛି, ଶ୍ରଦ୍ଧା ରହିଛି, ପ୍ରଚଳିତ ଦାର୍ଶନିକ ଭାଷାରେ ଆମର ବ୍ୟାଖ୍ୟା hermeneutics of suspicion ରୁ ଆରମ୍ଭ ହୋଇପାରିବ(୨) । ଆମେ ଜୀବନର ପ୍ରଚଳିତ ଜ୍ଞାନ, ଚଳଣି, ପୂର୍ବଧାରଣା ଓ ଦିଗବିନ୍ୟାସ ମାନଙ୍କୁ ଧରି ନେବାନାହିଁ ଆମେ ଏହାକୁ ସନ୍ଦେହ କରିବା । ଆମର ଶାସ୍ତ୍ର, ସମ୍ବନ୍ଧ ଓ ସଂସ୍କୃତିରେ ଯାହା କିଛି ପ୍ରଚଳିତ ତାହା ଆଗକୁ ଏକ ଯଥାର୍ଥ ଓ ସୃଜନଶୀଳ ଜୀବନ ବଞ୍ଚିବାରେ କେତେଦୂର ସହାୟକ ହେଉଛି ଏହି ପ୍ରଶ୍ନ ନେଇ ଆମେ ଆମର ପ୍ରାରମ୍ଭିକ ଅବଲମ୍ବ ଓ ଅବଲମ୍ବନମାନଙ୍କୁ ସନ୍ଦେହ କରିବା । ଆମର ଭାରତୀୟ ଅଧ୍ୟାତ୍ମ ଧାରାରେ ଯେଉଁ ନେତିନେତି କଥା କୁହାଯାଇଛି ଏହା ମଧ୍ୟ ସନ୍ଦେହର କଥା... ଏହା ନୁହେଁ, ଏହା ନୁହେଁ । ମାତ୍ର ନେତି ନେତି କହିବାବେଳେ ମଧ୍ୟ ଆମର ଜୀବନରେ ଏକ ଶ୍ରଦ୍ଧା ରହିବା ଆବଶ୍ୟକ ।

ଭାରତୀୟ ଆଧ୍ୟାତ୍ମ ଧାରା, ବ୍ରହ୍ମ ସାଧନା ଓ ଜୀବନ ସାଧନାରେ ନେତି ନେତି ମଧ୍ୟରେ ଯେଉଁ ସନ୍ଦେହ ରହିଛି, ଏହି ସନ୍ଦେହରେ ଏକ ଶ୍ରଦ୍ଧା ରହିଛି, ଶ୍ରଦ୍ଧାର ସହିତ ସନ୍ଦେହ, ଶ୍ରଦ୍ଧାମୟ ସନ୍ଦେହ । ସନ୍ଦେହ କରୁଥିବାବେଳେ ଶ୍ରଦ୍ଧା ଥିଲେ ସନ୍ଦେହ କରୁଥିବା ବ୍ୟକ୍ତି, ଶାସ୍ତ୍ର, ସମ୍ବନ୍ଧ ଓ ସଂସ୍କୃତିରେ ଥିବା ସତ୍ୟର ପରିପ୍ରକାଶ ଓ ଅନୁଭବ ସମ୍ଭବ ହୁଏ । ନେତି-ନେତି ମଧ୍ୟରେ ଥିବା ଅସ୍ତି ବା ଇତିର ବାସ୍ତବତା ଓ ସମ୍ଭାବନାକୁ ଅନୁଭବ କରିବା ସମ୍ଭବ ହୁଏ । Hermeneutics suspicion ବା ସନ୍ଦେହର ବ୍ୟଖ୍ୟା ଏକ ଅହଂପ୍ରଣୋଦିତ ଓ ପୂର୍ବ ନିର୍ଦ୍ଧାରିତ ବ୍ୟାଖ୍ୟାନୁହେଁ; ଏହା ଏକ ଶ୍ରଦ୍ଧାମୟ ସନ୍ଦେହର ବିନମ୍ର ଓ ସାହାସୀ ସତ୍ୟଯାତ୍ରା, ସତ୍ୟ ସହିତ ଯାତ୍ରା ।

ଶ୍ରଦ୍ଧା ଓ ସନ୍ଦେହ ସହିତ ଜୀବନର ଏହି ଯେଉଁ ବ୍ୟାଖ୍ୟା ଏହା ଆମର ପ୍ରଚଳିତ ଅନେକ ଦୁର୍ଗକୁ ଭାଙ୍ଗି ଦେଉଥାଏ । ଏହା ଆମର ଜୀବନରେ ଅନେକ ବିଘଟନ ଆଣେ । ଆମର construction ମାନଙ୍କୁ deconstruct କରେ । ଏହା ଆମର

ପ୍ରଚଳିତ ଜୀବନରେ ଥିବା ମର୍ଯ୍ୟାଦା ଓ ନ୍ୟାୟର ସମସ୍ୟା ଓ ସଂକଟକୁ ଦୃଶ୍ୟମାନ କରାଏ । ସମୀକ୍ଷାତ୍ମକ ଦାର୍ଶନିକ ଶ୍ରୀଯୁକ୍ତ ଜୁର୍ଗେନ୍ ହାବରମାସ୍‌ଙ୍କ ଭାଷାରେ କହିବାକୁ ଗଲେ ଏହା ଆମ ଜୀବନରେ ଥିବା ସମସ୍ୟା-ଜର୍ଜରିତ ନ୍ୟାୟମାନଙ୍କୁ ସମ୍ମୁଖକୁ ଆଣେ, ଆମର ବ୍ୟକ୍ତିଗତ ଜୀବନ, ସମାଜ ଓ ସଂସ୍କୃତିରେ ଯେ' ଅନେକ ସମସ୍ୟା-ଜର୍ଜରିତ ନ୍ୟାୟର ଉପଦ୍ୱୀପ ବ **islands of problematic justice** ରହିଛି ତାହା ଆମେ ଅନୁଭବ କରିପାରୁ ।(୩) ଆମର ସୁଖୀ ପରିବାର ମଧ୍ୟରେ ସୌନ୍ଦର୍ଯ୍ୟ ଓ ମର୍ଯ୍ୟାଦାର କେତେ ଆହ୍ୱାନ । ଏକ ପୁରୁଷ-କୈନ୍ଦ୍ରିକ ପରିବାର ବ୍ୟବସ୍ଥାରେ ନାରୀମାନଙ୍କର କେତେ ଶୋଷଣ, ନିର୍ଯ୍ୟାତନା, ଅବମାନନା ଓ ଅମର୍ଯ୍ୟାଦା । ଆମର ପରିବାର ବ୍ୟବସ୍ଥାରେ ସାନ ପିଲାମାନଙ୍କର ଆତ୍ମିକ ବିକାଶ ପାଇଁ କେତେ କମ୍ ସୁଯୋଗ ରହିଛି । ଖାସ୍ ସେଇଥିପାଇଁ ହୁଏତ ପ୍ରଭୁ ଯୀଶୁଖ୍ରୀଷ୍ଟ ବାଇବେଲରେ କହିଛନ୍ତି ଯେ' ଇଶ୍ୱର-ପ୍ରେରିତ ମାର୍ଗରେ ପୁତ୍ରମାନେ ପିତାମାନଙ୍କ ବିରୁଦ୍ଧରେ ସ୍ୱର ଉତ୍ତୋଳନ କରିବେ । ଏହି ସ୍ୱର-ଉତ୍ତୋଳନ ପିତାର ମୁଣ୍ଡକାଟ ପାଇଁ ନୁହେଁ, ଏହା ଏକ ନୂତନ ସମ୍ବନ୍ଧ ପ୍ରତିଷ୍ଠା ପାଇଁ । ମର୍ଯ୍ୟାଦା, ସଂଳାପ ଓ ସୌନ୍ଦର୍ଯ୍ୟର ଏକ ଚଳମାନ ଭୂମିରେ ଏକ ନୂତନ ସମ୍ବନ୍ଧ ପ୍ରତିଷ୍ଠା ପାଇଁ । ଠିକ୍ ସେମିତି ଆମର ବୃହତ୍ତର ସମାଜର ଜାତି ବିଭାଜନ ଓ ଶ୍ରେଣୀ-ବୈଷମ୍ୟର ଶୋଷଣ, ନିର୍ଯ୍ୟାତନା ଓ ଅମର୍ଯ୍ୟାଦା । ଆମ ଜୀବନର ପ୍ରଶ୍ନମୟ ଓ ସନ୍ଦେହାତ୍ମକ ବ୍ୟାଖ୍ୟା ଆମକୁ ଅନୁଭବ କରିବାକୁ ସମର୍ଥ କରାଏଯେ' ଜୀବନର ସାମ୍ୟ ବିଷୟରେ ଚିକ୍‌କଣ କେତେ ସୁନ୍ଦର ଭାଷଣ ଦେଉଥିବା ଆଧ୍ୟାତ୍ମିକ ବାପା, ସାମ୍ୟବାଦୀ କମ୍ୟୁନିଷ୍ଟ ଓ ବିପ୍ଳବୀ ଲେଖକ ମାନଙ୍କ ମଧ୍ୟରେ କେତେ ଜାତିଭାବ ରହିଛି ଓ ଶ୍ରେଣୀ-ବୈଷମ୍ୟ ମଧ୍ୟ । ସାମ୍ୟବାଦୀ ଓ ସମାଜବାଦୀ ଓ ଆଧ୍ୟାତ୍ମିକ କର୍ମୀ ଓ ଚନ୍ତକମାନଙ୍କ ମଧ୍ୟରେ ଜାତିଭେଦ ଓ ଶ୍ରେଣୀ ବୈଷମ୍ୟର କେତେ ସମସ୍ୟାଗତ ଦିଗ ରହିଛି । ଏହା ସହିତ ଲିଙ୍ଗ ଅମର୍ଯ୍ୟାଦାର କେତେ ଅକୁହା କଥା । ଓଡିଶାର ସାରଥୀ ବାବାଙ୍କଠାରୁ ଆରମ୍ଭ କରି ଗୁଜରାତର ଆଶାରାମ ବାପୁଙ୍କ ପର୍ଯ୍ୟନ୍ତ ଚିକକଣ କଥା କହୁଥିବା ଏହି ସନ୍ଥମାନଙ୍କ ମଧ୍ୟରେ ଲିଙ୍ଗ ନ୍ୟାୟର କେତେ ସମସ୍ୟା ଯାହା କେବଳ ଅନ୍ୟାୟର ଉପଦ୍ୱୀପ ନୁହେଁ, ଏହା ଏକ ନର୍କର ପାତାଳ ।

ଜୀବନର ସନ୍ଦେହାତ୍ମକ ଓ ସମୀକ୍ଷାତ୍ମକ ବ୍ୟାଖ୍ୟା ତେଣୁ ଆମ ଜୀବନରେ ବିଘଟନ ଆଣେ, ଆମର ଅନେକ ପ୍ରହେଳିକା ଭାଙ୍ଗିଦିଏ । ମାତ୍ର ଏହି ବିଘଟନ ସହିତ ନୂତନ ସର୍ଜନା, ନୂତନ ସହ-ସର୍ଜନାର ନିତ୍ୟନିୟତ ଆହ୍ୱାନ, ଆମନ୍ତ୍ରଣ ଓ ସାଧନା । ଏହି ସାଧନାରେ ବ୍ୟାଖ୍ୟାର ବିଘଟିତ ପ୍ରକ୍ରିୟା ଏକ ସହ-ସର୍ଜନାର ସାଧନା ଓ ସଂଗ୍ରାମ ହୁଏ ଯାହାଫଳରେ ଆମର ଉଜୁଡା ଉଦ୍ୟାନ ପୁଣି ଫୁଟିଉଠେ, ନର୍କର ପାତାଳରୁ

ପଦ୍ମର ଫୁଲଫୁଟି ଆମର ମର୍ତ୍ତ୍ୟ ଓ ସ୍ୱର୍ଗକୁ ବାସନାରେ ଭରିଦିଏ । ଆମର ସମ୍ବନ୍ଧ ଓ ସଂସାର ଏକ ଓ ଅନେକ ସତ୍ୟ ଉପରେ ପ୍ରତିଷ୍ଠିତ ହୁଏ । ପ୍ରଚଳିତ ଦାର୍ଶନିକ ଭାଷାରେ ଏହାକୁ ଆମେ Hermeneutics of recovery ପୁନର୍ବର୍ତ୍ତନର ବ୍ୟାଖ୍ୟା ବୋଲି କହିପାରିବା ଯେଉଁ ସଂପର୍କରେ ଦାର୍ଶନିକ ପଲ୍ ରିକର (Paul Ricoeur) ଅନେକ ଗଭୀର ଆଲୋଚନା କରିଛନ୍ତି । ମାତ୍ର ଏହା କେବଳ ପୁନର୍ବର୍ତ୍ତନ ନୁହେଁ ଯାହା ହଜିଯାଇଛି ତାର କେବଳ ପୁନଃପ୍ରାପ୍ତି ନୁହେଁ, ଧରାଶାୟୀ ଦୁର୍ଗ ଓ ହର୍ମ୍ୟ ମାନଙ୍କର କେବଳ ପୁନଃ-ନିର୍ମାଣ ନୁହେଁ, ଏହା ଜୀବନର ସମ୍ବନ୍ଧ, ସଂସାର, ଶାସ୍ତ୍ର ଓ ଜୀବନର ଏକ ନବସୃଜନ, ନବରଚନା, ରୂପାନ୍ତରକାରୀ ସଂରଚନା, ସହ-ରଚନା ଓ ସହ-ସୃଜନ ଯେଉଁଥିରେ ସଂଶ୍ଳିଷ୍ଟ ଆମେ ସମସ୍ତେ... ଦୁର୍ଗର ପ୍ରାକ୍ତନ ପ୍ରହରୀ ଓ ଏହାକୁ ଭାଙ୍ଗୁଥିବା ସାଂପ୍ରତିକ ବୈପ୍ଲବିକ ବ୍ୟାଖ୍ୟାକାରମାନେ... ସାଙ୍ଗହୋଇ ନାନା ଆହ୍ୱାନ ଓ ଦ୍ୱିଧା ସତ୍ତ୍ୱେ ଏକ ନୂତନ ରୂପାନ୍ତରିତ ସହ-ଭୂମି ସୃଷ୍ଟି କରୁଛୁ । ଏହା hermeneutics of suspicion ଓ hermeneutics of recovery ସହିତ hermeneutics of reconstitution, regeneration ଓ transformation ଅଟେ ।

-୨-

ଏମିତି ବ୍ୟାଖ୍ୟା ଜୀବନର ଏକ ଆବଦ୍ଧ ଭୂମିରେ ସୀମିତ ନୁହେଁ । ଏଥିରେ ଆମର ଜୀବନର ପରିଚିତ ଧର୍ମ ଓ ବଳୟରୁ କେତେ ଭୂମି ଓ କ୍ଷିତିଜକୁ ଆମକୁ ଗମିବାକୁ ହୋଇଥାଏ । ଏମିତି ବହୁ-ଭୂମି ସହିତ ଗମନ, ଭୂମିରୁ ଭୂମିକୁ ଗମନ ଆମ ଜୀବନର ଏକ ଅବଶ୍ୟମ୍ଭାବୀ ଧାରା ଯାହା ଆମର ଜାଗରଣ, ଆସ୍ପୃହା ଓ ପ୍ରାର୍ଥନା ବଳରେ ଆହୁରି ଅଧିକ ଜାଗ୍ରତ ଓ ସୃଜନଶୀଳ ହୋଇପାରେ । ଠିକ୍ ଏହିସବୁ ଜୀବନ ଅନୁଭବ ଓ ସତ୍ୟକୁ ଆଖିରେ ରଖି ଆମ ସମୟର ବରେଣ୍ୟ ଦାର୍ଶନିକ ଓ ଚିନ୍ତାବିଦ୍ ଶ୍ରୀଯୁକ୍ତ ରାଇମଣ୍ଡ ପାନିକକ୍ର ଆମକୁ diatopial hermeneutics ସମ୍ବନ୍ଧରେ କହିଛନ୍ତି ।(୪) ଶ୍ରୀଯୁକ୍ତ ପାନିକକ୍ରଙ୍କ ଅନୁଭବରେ ମନୁଷ୍ୟମାତ୍ରକେ ଆମର ଦୁଇଟି ପାଦ ରହିଛି । ଗୋଟିଏ ପାଦ ଆମର ଗୋଟିଏ ଭୂମିରେ... ଜନ୍ମ ହୋଇଥିବା ଭୂମିରେ ଓ ଆମର ଆଉ ଏକ ପାଦ ଅନ୍ୟ ଏକ ଭୂମିରେ । ଅନ୍ୟଏକ ଭୂମି ଆମର ଗମୁଥିବା ଭୂମି । ଏହି ନୂତନ ଭୂମିରେ ଅନେକ ଆହ୍ୱାନ ରହିଛି, ଆମନ୍ତ୍ରଣ ମଧ୍ୟ । ଆମେ ଯେତେବେଳେ ଜୀବନକୁ ବୁଝୁଛୁ ବା ବ୍ୟାଖ୍ୟା କରୁଛୁ, ଏହା କେବଳ ଆମର ଜନ୍ମିଥିବା ପରିଚିତ ଭୂମିରୁ ନୁହେଁ, ଏହା ଆମେ ଗମୁଥିବା ଅପରିଚିତ ମାତ୍ର ପରିଚୟ ପାଇଁ ଆଲିଙ୍ଗନ ଅପେକ୍ଷାମାଣ ଭୂମିରୁ ମଧ୍ୟ । ଏହି ଦୁଇଟି ଭୂମି ମଧ୍ୟରେ ଥିବା ସାକ୍ଷାତକାର,

ସଂଳାପ ଓ ସଂଘାତରୁ ଆମ ଜୀବନର ସମୀକ୍ଷାତ୍ମକ, ଚଳମାନ ଓ ସୃଜନଶୀଳ ବ୍ୟାଖ୍ୟା ଆରମ୍ଭ ହୋଇଥାଏ ଓ କେତେ ଦିଗକୁ ଓ ପ୍ରସାରିତ ହୋଇଥାଏ ।(୫)

ଏହି ଦୁଇ ଭୂମୀୟ ବ୍ୟାଖ୍ୟା ଓ ସମୀକ୍ଷାକୁ ବୁଝିବାକୁ ହେଲେ ଆମେ ଆଧୁନିକ ଭାରତବର୍ଷର ବ୍ୟାଖ୍ୟାର ବହୁମୁଖୀ ସ୍ରୋତକୁ ବୁଝିବାକୁ ପ୍ରୟାସ କରିପାରିବା । ଆଧୁନିକ ଭାରତବର୍ଷର ସକଳ ସାଧକ ଓ ରୂପାନ୍ତରକାରୀ ସ୍ରଷ୍ଟାମାନେ ଆପଣାର ଗୋଟିଏ ପାଦ ଭାରତବର୍ଷରେ ରଖିଥିବାବେଳେ ଅନ୍ୟପାଦ ଅନ୍ୟଭୂମି, ସଂସ୍କୃତି, ବିଶେଷକରି ପାଶ୍ଚାତ୍ୟ ଦେଶମାନଙ୍କରେ ରଖିଛନ୍ତି । ଗାଂଧୀ ଭାରତବର୍ଷରେ ଜନ୍ମ ହୋଇ ଇଂଲଣ୍ଡ ଯାଇଛନ୍ତି ଆପଣାର ଅଧ୍ୟୟନ ପାଇଁ । ଏହି ଯାତ୍ରା ଓ ଅବସ୍ଥାନ ପର୍ବରେ ସେ ଅନେକ ଆତ୍ମା, ଦୃଷ୍ଟିକୋଣ ଓ ଆନ୍ଦୋଳନମାନଙ୍କୁ ଭେଟିଛନ୍ତି । ଏଠାରେ ପ୍ରଣିଧାନଯୋଗ୍ୟଯେ' ଗାଂଧୀ ଶ୍ରୀମଦ୍‌ଭାଗବଦ୍‌ଗୀତାକୁ ପ୍ରଥମ ଥର ପାଇଁ ବିଲାତରେ ଆବିଷ୍କାର କରିଛନ୍ତି ଓ ଏହାକୁ ପଢ଼ି ଗଭୀରଭାବେ ପ୍ରଭାବିତ ହୋଇଛନ୍ତି । ପରେ ଏହାକୁ ସେ ଗୁଜରାତୀରେ ଅନୁବାଦ କରିଛନ୍ତି ଓ ଅନାସକ୍ତି ଯୋଗ ନାମକ ଏହାର ବ୍ୟାଖ୍ୟା ସେ ରଚନା କରିଛନ୍ତି । ଏହି ଅଧ୍ୟୟନ ଓ ବ୍ୟାଖ୍ୟାରେ ସେ ଟଲଷ୍ଟୟ ଦ୍ୱାରା ପ୍ରେରିତ ଓ ପ୍ରଭାବିତ ହୋଇଛନ୍ତି । ତାରକନାଥ ଦାସ ନାମକ ଜଣେ ଭାରତୀୟ ସ୍ୱାଧୀନତା ସଂଗ୍ରାମୀଙ୍କୁ ଟଲଷ୍ଟୟ ଯେଉଁ ପତ୍ର ଲେଖିଥିଲେ ସେହି ପତ୍ର Letter to a Hindoo ଦ୍ୱାରା ଗାଂଧୀ ପ୍ରଭାବିତ ହୋଇଛନ୍ତି । ଏହି ପତ୍ରରେ ଟଲଷ୍ଟୟ ତାରକନାଥ ଦାସଙ୍କୁ ଲେଖିଛନ୍ତି ଯେ' ଭାରତୀୟମାନେ ବ୍ରିଟିଶ ପରାଧୀନତାରୁ ନିଜଦେଶକୁ ମୁକୁଳାଇବା ପାଇଁ ସଂଗ୍ରାମୀ କରୁଥିବାବେଳେ ନିଜ ସମାଜକୁ ଜାତିପ୍ରଥାର କବଳରୁ ମୁକୁଳାଇବା ପାଇଁ ସଂଗ୍ରାମ କରିବା ଉଚିତ । ଭାରତୀୟମାନେ କେବଳ ବିଦେଶୀ ଶାସନ ଦ୍ୱାରା ପରାଧୀନ ନୁହନ୍ତି । ଏମାନେ ମଧ୍ୟ ନିଜର ଜାତିବ୍ୟବସ୍ଥା ଦ୍ୱାରା ପରାଧୀନ ।(୬) ଏଠାରେ ଭାରତୀୟ ସ୍ୱାଧୀନତାର ଏହି ଅନ୍ତର୍ନିହିତ ଓ ଅନ୍ତର୍ଭେଦୀ ପ୍ରଶ୍ନ ଭାରତୀୟ ଇତିହାସରେ ଉପନିଷଦଠାରୁ ଆରମ୍ଭକରି, ବୁଦ୍ଧ, ରାମାନୁଜ, ନାନକ, କବୀର, ଜ୍ୟୋତିବାଫୁଲେ, ପେରିୟାର ଏବଂ ଆମ୍ବେଦକର ପଚାରିଛନ୍ତି ଓ ଏବେବି ଜାତୀୟ ସ୍ୱାଧୀନତା ସହିତ ଜାତିପ୍ରଥାରୁ ସ୍ୱାଧୀନତା କିପରି ଅଙ୍ଗାଙ୍ଗୀ ଭାବେ ଜଡିତ ଏହା ଆମ ସମ୍ମୁଖରେ ଏକ ମୌଳିକ ପ୍ରଶ୍ନ । ଗାଂଧୀ ଦୁଇ ଭୂମିରେ ପାଦଦେଇ ପରମ୍ପରା ଓ ଆଧୁନିକତାର ଏହିସବୁ ପ୍ରଶ୍ନମାନଙ୍କୁ ସମ୍ମୁଖ କରିଛନ୍ତି ଓ ଏହାର ସୃଜନଶୀଳ ଉତ୍ତର ଖୋଜିଛନ୍ତି । ସମାନ ଦୁଇ-ଭୂମୀୟ ଯାତ୍ରା ଓ ବ୍ୟାଖ୍ୟା ଆମେ ଶ୍ରୀଅରବିନ୍ଦ, ସ୍ୱାମୀ ବିବେକାନନ୍ଦ, ରବୀନ୍ଦ୍ରନାଥ ଓ ପଣ୍ଡିତା ରମାବାଈଙ୍କ ମଧ୍ୟରେ ଦେଖିଥାଉ ।

ଗାଂଧୀ ଦୁଇଭୂମିରେ ଚାରଣା କରିଥିଲେ । ଭାରତୀୟ ଓ ପାଶ୍ଚାତ୍ୟ ଭୂମିରେ ।

ପାଇଁ ମୁକ୍ତିସଦନ ନାମକ ଏକ ଶିକ୍ଷା ଓ ଆବାସ କେନ୍ଦ୍ର ପ୍ରତିଷ୍ଠା କରିଥିଲେ ଯାହା ଆଜିବି କ୍ରିୟାଶୀଳ । ପଣ୍ଡିତା ରମାବାଇ ନିଜେ ହିବ୍ରିଉ ଭାଷା ଶିକ୍ଷାକରି ବାଇବେଲ୍‌କୁ ହିବ୍ରିଉ ଭାଷାରୁ ମରାଠୀ ଭାଷାକୁ ଅନୁବାଦ କରିଥିଲେ ଓ ଶ୍ରୀଯୁକ୍ତ ଚିତ୍ତରଂଜନ ଦାସଙ୍କର ଅଧ୍ୟୟନାତ୍ମକ ଦୃଷ୍ଟିକୋଣରେ ଏହି ଅନୁବାଦ ଏକ ଅନେକ ସୁନ୍ଦର ଓ ଲାଳିତ୍ୟପୂର୍ଣ୍ଣ ଅନୁବାଦ ଥିଲା ।(୧୦) ପଣ୍ଡିତା ରମାବାଇ ହିନ୍ଦୁ ସମାଜରେ ନାରୀମାନଙ୍କର ଅମର୍ଯ୍ୟାଦାର ସ୍ଥାନକୁ ନେଇ ସ୍ୱାମୀ ବିବେକାନନ୍ଦଙ୍କୁ ପ୍ରଶ୍ନ କରିଥିଲେ ମାତ୍ର ଏହି ପ୍ରଶ୍ନ ମଧ୍ୟରେ କେବଳ ପାଶ୍ଚାତ୍ୟ ସମାନତାର ସ୍ୱର ନଥିଲା ବା ଖ୍ରୀଷ୍ଟଧର୍ମର ପ୍ରଭାବ; ଏଥିରେ ବେଦାନ୍ତର ସ୍ୱର ମଧ୍ୟ ଥିଲା । ଉଭୟେ ପଣ୍ଡିତା ରମାବାଇ ଓ ସ୍ୱାମୀ ବିବେକାନନ୍ଦ ଅନେକ ଭୂମି ଅତିକ୍ରମ କରିଥିଲେ ଓ ତାଙ୍କର ସମାଜ, ସଂସ୍କୃତି ଓ ଶାସ୍ତ୍ରର ବ୍ୟାଖ୍ୟା ବହୁ-ଭୂମୀୟ ବ୍ୟାଖ୍ୟା ଥିଲା, multitopial ବ୍ୟାଖ୍ୟା ଓ hermeneutics ଥିଲା ।

ସମାନ ବହୁଭୂମୀୟ ବ୍ୟାଖ୍ୟା ଆମେ ଶ୍ରୀଅରବିନ୍ଦ, ରବୀନ୍ଦ୍ରନାଥ ଓ ଆମ ଓଡିଶା ଭୂମିରୁ ବିଶ୍ୱଯାତ୍ରୀ ଓ ସମୀକ୍ଷକ ଚିତ୍ତରଂଜନ ଦାସଙ୍କ ମଧ୍ୟରେ ଦେଖିଥାଉ । ଯଦିଓ ଶ୍ରୀଅରବିନ୍ଦ ଇଂଲଣ୍ଡରୁ ଫେରି ଭାରତବର୍ଷରେ ହିଁ ସାରାଜୀବନ ବିତାଇଥିଲେ ଓ ଟାଗୋରଙ୍କ ଭଳି ସେ ସାରାପୃଥିବୀରେ ବୁଲି ନଥିଲେ, ସେ ଅନେକ ଭାଷା ଶିଖିଥଲେ ଓ ତାଙ୍କର ଜୀବନ ବ୍ୟାଖ୍ୟାରେ ଏହି ବହୁଭାଷାର ଝଲକ୍ ଥିଲା । ଶ୍ରୀଅରବିନ୍ଦଙ୍କ ପରି ଗାଂଧୀ ମଧ୍ୟ ୧୯୧୫ ମସିହାପରେ ପୃଥିବୀର ସେତେବେଶୀ ଦେଶ ଯାଇ ପାରିନଥିଲେ ମାତ୍ର ଟାଗୋର ପୃଥିବୀର ଅନେକ ଦେଶ ଭ୍ରମଣ କରିଥିଲେ: ସୋଭିଏତ ରୁଷ, ଚୀନ, ଜାପାନ, ଇଣ୍ଡୋନେସିଆ, ଆର୍ଜେଣ୍ଟିନା ଓ ତାଙ୍କର ସାହିତ୍ୟ, ଜୀବନ ଓ ସଂସାରର ବ୍ୟାଖ୍ୟା ବହୁ-ଭୂମୀୟ ଥିଲା । ଠିକ୍ ସେମିତି ଗୁରୁଦେବଙ୍କ ପ୍ରତିଷ୍ଠିତ ଶାନ୍ତିନିକେତନରେ ଉଭୟ ଗାଂଧୀ ଓ ରବୀନ୍ଦ୍ରନାଥଙ୍କର ଦର୍ଶନ ଓ ଜୀବନବ୍ୟାଖ୍ୟା ସହିତ ବାଟଚାଲିଥିବା ଆମ ଓଡିଶା ଭୂମିରୁ ଚିତ୍ତରଂଜନ । ଭାରତଛାଡ୍ ଆନ୍ଦୋଳନରେ ଯୋଗଦେଇ ବାଙ୍ଗାଲୋରରେ କାରାବରଣରୁ ମୁକ୍ତିପାଇ ଦିନେ ସକାଳେ ରାତି ଟ୍ରେନ୍‌ରୁ ଓହ୍ଲାଇ ଚିତ୍ତରଂଜନ ଶାନ୍ତିନିକେତନରେ ପହଁଚିଗଲେ । ଶାନ୍ତିନିକେତନ ସହିତ ଜଣେ ବ୍ରତନିଷ୍ଠ ସାଧକଭାବେ କେତେ ବାଟଚାଲି ସେ ଦାର୍ଶନିକ ସ୍ପିନୋଜାଙ୍କ ଉପରେ ଆପଣାର ବି.ଏ. ନିବନ୍ଧ ରଚନା କଲେ ।(୧୧) ଏହାପରେ ଓଡିଶାର ମହିମାଧର୍ମ ସଂପର୍କରେ ଗବେଷଣା: ବଡି ଖରାରେ ଜୋରନ୍ଦାରେ ଚାଲିଚାଲି ମହିମାଧର୍ମର ମାହାତ୍ମ୍ୟକୁ ଅନୁଭବ କରିବା ଓ ବ୍ୟାଖ୍ୟା କରିବାର ଅଦମ୍ୟ ପିପାସା ଓ ପ୍ରୟାସ । ଏହାପରେ ଚିତ୍ତରଂଜନଙ୍କର ସାଗରଯାତ୍ରା ଡେନମାର୍କରେ ଅଧ୍ୟୟନ ପାଇଁ । ଡେନମାର୍କରୁ ଫିନ୍‌ଲାଣ୍ଡ ଓ ୟୁରୋପର କେତେ କେତେ ଦେଶ, ଫେରିବା ବାଟରେ ଏହି ଘରବାହୁଡା ରୋହିତ ଆଫ୍ରିକା ଓ

ଇସ୍ରାଏଲ ଦେଇ ଫେରିଲେ ଓ ବାଟରେ ଆଲବର୍ଟ ସ୍ୱାଇସର ଓ ମାର୍ଟିନ୍ ବୁବୁରଙ୍କ ସହିତ ଖଟି କରି ଆସିଲେ, ଗଣ୍ଠି ଲଗାଇ ଆସିଲେ । "ଡେନମାର୍କ ଚିଠି"ରୁ ଆରମ୍ଭ କରି ଚିତ୍ତରଂଜନଙ୍କର ଶେଷ ପୁସ୍ତକ "ବେନେଡିକ ସ୍ପିନୋଜା: ଜୀବନ ଓ ଦର୍ଶନ" ପର୍ଯ୍ୟନ୍ତ ସବୁଥିରେ ଆମେ ଏକ ବହୁ ଭୂମୀୟ ବ୍ୟାଖ୍ୟା ଅନୁଭବ କରିଥାଉ ଯାହା ଆମର ସମ୍ବନ୍ଧ, ଶାସ୍ତ୍ର ଓ ସଂସାରକୁ ନୂଆରୂପେ ବ୍ୟାଖ୍ୟା କରିବାକୁ ଓ ନୂଆଭାବେ ସୃଷ୍ଟି କରିବାକୁ ଆହ୍ୱାନ, ପ୍ରେରଣା ଓ ଆମନ୍ତ୍ରଣ ଜଣାଉଥାଏ ।(୧୨)

ଭୂମିରୁ ଭୂମିକୁ ଏହି ଯେଉଁ ବହୁ-ଭୂମୀୟ ଯାତ୍ରା ଏହା କେବଳ ବାହାରେ ନୁହେଁ, ଏହା ଆମର ଅନ୍ତର ମଧ୍ୟରେ ମଧ୍ୟ । ଏହି ଗଲା ସପ୍ତାହରେ ମୁଁ ଶାନ୍ତିନିକେତନରେ କିଛିଦିନ ବିତାଇଥିଲି । ସେଠାରେ ଏକ ସେମିନାରରେ IIT Kharagpur ରୁ ଆସିଥିବା ବଂଧୁ ଜୟ ସେନ୍ କହିଲେଯେ' ରବୀନ୍ଦ୍ରନାଥ ଯେତେବେଳେ ପ୍ରଥମେ ଶାନ୍ତିନିକେତନର ଏହି ଭୂମିକୁ ଆସିଥିଲେ ସେତେବେଳେ ଏହି ଭୂମିରେ ପଦଚାରଣା କଲାବେଳେ ଟାଗୋରଙ୍କର ଏକ ଗଭୀର ଆଧ୍ୟାତ୍ମିକ ଅନୁଭବ ହୋଇଥିଲା । ଶାନ୍ତିନିକେତନର ଭୂମିରେ ପଦଚାରଣା କଲାବେଳେ ଯେମିତି ସେ ଅନ୍ତରରେ ଏକ ଗଭୀର ଭୂମିକୁ ଚାଲିଯାଇଥିଲେ । ଏହାକୁ ଆମେ କୁଣ୍ଡଳିନୀ ଜାଗରଣ ରୂପେ ଅନୁଭବ କରିପାରିବା । ବହୁଭୂମିରେ ପଦଚାରଣା କଲାବେଳେ ଆମର କୁଣ୍ଡଳିନୀ ଜାଗ୍ରତ ହୋଇଥାଏ । ଭାରତୀୟ ଜୀବନ ଓ ଅଧ୍ୟାତ୍ମଧାରାରେ ଯେଉଁ କୁଣ୍ଡଳିନୀର ଜାଗରଣ ବିଷୟରେ କୁହାଯାଇଛି ଆମର ଭୂମିଚାରଣା ବେଳେ ଏହି ସୁପ୍ତ କୁଣ୍ଡଳିନୀ ଜାଗ୍ରତ ହୁଏ । ଏହି ଜାଗରଣ ପର୍ବରେ ଆମର ସ୍ୱପ୍ନ ଭଂଗ ଘଟେ, ନିର୍ଝରର ସ୍ୱପ୍ନଭଂଗ ଘଟେ । ଏହି ସ୍ୱପ୍ନଭଂଗ ପର୍ବରେ ଆମେ ରବୀନ୍ଦ୍ରନାଥଙ୍କ "ନିର୍ଝରର ସ୍ୱପ୍ନଭଂଗ" କବିତାକୁ ମୁକ୍ତଛନ୍ଦରେ ଗାଇଥାଉ:

ଆଜି ପ୍ରଭାତରେ ରବିର କର
କିପରି ମୋ ପ୍ରାଣକୁ ସ୍ପର୍ଶ କଲା କେଜାଣି !
ଏହି ଗୁହାର ଅନ୍ଧାରଟାରେ କିପରି ଆସି ପଶିଗଲା-
ପ୍ରଭାତ ପକ୍ଷୀର ସଂଗୀତ ଏବଂ ଏତେଦିନ ପରେ
ମୋର ଏହି ପ୍ରାଣ ଜାଗୃତ ହୋଇ ଉଠିଲା ?
ହଁ, ଆଜି ପ୍ରାଣହିଁ ଜାଗି ଉଠିଲା ଏବଂ
ଏହି ଜଳରାଶି ମଧ୍ୟ ଉଚ୍ଛୁଳି ଉଠିଲା
ଏବଂ, ସେହି କାରଣରୁ ହିଁ, ମୁଁ...
ମୋର ପ୍ରାଣର ବାସନାକୁ, ପ୍ରାଣର ଏହି ଆବେଗକୁ ଆଉ ମୋଟେ

ରୋଧି କରି ରଖିପାରୁନାହିଁ ॥

ଏହି ଭୂଧରଟା ହିଁ ଥରହର ହୋଇ କମ୍ପି ଉଠୁଛି,
ଶିଳାମାନେ ରାଶି ରାଶି ହୋଇ
ଖସି ପଡୁଛନ୍ତି ।
ଏହି ଫେନିଳ ଜଳରାଶି ଫୁଲିଫୁଲି
ଦାରୁଣ ରୋଷରେ ଗର୍ଜନ କରି ଉଠୁଛି ।
ଏଠି, ସେଠି ପାଗଳଙ୍କ ପରି, ଭଉଁରୀ କାଟି
ମାତି ଉଠୁଛି । ବାହାରି ଯିବାକୁ ଉଚ୍ଛନ୍ନ ହେଉଛି,
ଏହି କାରାଗାରର ଦୁଆରଟା ଯେ କେଉଁଠି
ଏମାନେ ଦେଖିପାରୁନାହାନ୍ତି (୧୩)

ଗୋଟିଏ ଭୂମିରୁ ଆଉ ଗୋଟିଏ ଭୂମିକୁ ଯାତ୍ରା ଓ ପରିଚିତ ଭୂମିରେ ଯାତ୍ରା କଲାବେଳେ ଆମେ ଆମର ଚକ୍ରରେ ଏମିତି ଯାତ୍ରା କରିଥାଉଁ, ଆମର ନିମ୍ନ ଚକ୍ର ମାନଙ୍କରୁ ଉପରିସ୍ଥ ଚକ୍ରମାନଙ୍କୁ ବିଚରଣ କରୁଁ । ମନୁଷ୍ୟମାତ୍ରକେ ଆମର ମେରୁଦଣ୍ଡ ଓ ଶରୀରର ବିଭିନ୍ନ ଚକ୍ର ରହିଛି । ଆମର ନିମ୍ନସ୍ଥ ଚକ୍ରମାନ ଆହାର, ଭୟ, ମୈଥୁନ ଆଦି ଭାବଦ୍ୱାରା ପ୍ରଭାବିତ ଓ କବଳିତ । ଆମେ ଅନେକ ସମୟରେ ନିଜକୁ, ଅପରକୁ, ନିଜ ସମାଜର ସଂସ୍କୃତି, ଆମର ସମାଜ ଓ ସଂସ୍କୃତି ଏବଂ ନିଜର ଓ ଅପରର ଶାସ୍ତ୍ର ଓ ସଂସାରକୁ ନିମ୍ନସ୍ଥ ଚକ୍ରରେ ଥାଇ ଦେଖୁଁ । ନିମ୍ନସ୍ଥ ଚକ୍ରମାନଙ୍କର କାମନା ଓ ବାସନାରେ ଆବଦ୍ଧ ଓ ବନ୍ଦୀ ହୋଇ ଆମେ ନିଜର ଓ ଅପରର ଶାସ୍ତ୍ର, ସମ୍ବନ୍ଧ, ସଂସାର ଓ ଜୀବନକୁ ବ୍ୟାଖ୍ୟା କରୁ । ଏହି ବ୍ୟାଖ୍ୟାର ଧାରାରେ ଆମେ ସବୁଠି ନିମ୍ନ ପ୍ରକୃତିର ନୃତ୍ୟ ଦେଖୁଥାଉଁ.... ଆମର ଜୀବନ ବ୍ୟାଖ୍ୟାରେ କାମ, କ୍ରୋଧ, ଭୟ, କ୍ଷମତା ପ୍ରାଧାନ୍ୟ ଲାଭ କରନ୍ତି । ଶାସ୍ତ୍ର, ସମ୍ବନ୍ଧ ଓ ସମାଜରେ କାମନାକୁ ବର୍ଣ୍ଣନା, ବ୍ୟାଖ୍ୟା ଓ ଆଲୋଚନା କଲାବେଳେ ଆମେ କେବଳ କାମନା ଭିତରେ ବାଂଧି ହୋଇ ରହିଯାଉ । କାମନା ମଧ୍ୟରେ ଆତଯାତ କରୁଥିବାବେଳେ ଉପନ୍ୟାସ ଓ ଜୀବନର ଆତ୍ମାମାନେ ତଥାପି କେମିତି କାମନାର ଉତ୍ତରଣ କରୁଛନ୍ତି ଏହି ସବୁର ବର୍ଣ୍ଣନା, ବ୍ୟାଖ୍ୟା ଓ ଆଲୋଚନା ଆମେ କମ୍ କରୁ । ଯଦିଓ କେତେକ ଆତ୍ମଯାତ୍ରୀ ସ୍ରଷ୍ଟାଙ୍କର ସୃଷ୍ଟିରେ ତାହା ଆମେ ଏମିତି ଉତ୍ତରଣ ଦେଖିଥାଉଁ ଯେମିତି ମନୋଜ ଦାସଙ୍କର ଆକାଶର ଇସାରା ଉପନ୍ୟାସରେ । ଆମ ଭାରତର ଶାସ୍ତ୍ର, ସମାଜ ଓ ଆଧ୍ୟାତ୍ମିକ ଧାରାକୁ ବ୍ୟାଖ୍ୟା କଲାବେଳେ ଅନେକ ପାଶ୍ଚାତ୍ୟ ବ୍ୟାଖ୍ୟାକାର ଏଥିରେ ପ୍ରଧାନତଃ ଯୌନବାସନାର ସ୍ୱର ଶୁଣିଛନ୍ତି । କେତେକ ବ୍ୟାଖ୍ୟାକାର ଶ୍ରୀରାମକୃଷ୍ଣ ପରମହଂସଙ୍କ ମଧ୍ୟରେ ଗଭୀର

ଆତ୍ମରତି ବା Autoeroticism ରହିଛି ବୋଲି କହିଛନ୍ତି । ଏହି କ୍ଷେତ୍ରରେ ଭାରତୀୟ ସଂସ୍କୃତିକୁ ବେଳେବେଳେ ଅନେକ ଗର୍ବର ସହିତ ବ୍ୟାଖ୍ୟା କରୁଥିବା ଶ୍ରୀଯୁକ୍ତ ରାଜୀବ ମାଲହୋତ୍ରା ଆମକୁ ବୁଝିବାକୁ ଆହ୍ୱାନ କରୁଛନ୍ତି ଯେ' ଏମିତି ବ୍ୟାଖ୍ୟା ମୂଳତଃ ନିମ୍ନଚକ୍ରସ୍ଥ ବ୍ୟାଖ୍ୟା... କାମନା ଓ ବାସନାର ଚକ୍ରମାନଙ୍କରେ ଆବଦ୍ଧ ଓ ବନ୍ଦୀ ହୋଇ ରହିଥିବା ବ୍ୟାଖ୍ୟାକାରମାନଙ୍କର ବ୍ୟାଖ୍ୟା । ଏହି ବ୍ୟାଖ୍ୟାକାରମାନେ ଯଦି ସେମାନଙ୍କର ନିମ୍ନଚକ୍ରରୁ ଉପରିସ୍ଥ ଚକ୍ରମାନଙ୍କୁ ଯାଆନ୍ତେତେବେ ବ୍ୟାଖ୍ୟା କରୁଥିବା ଶାସ୍ତ୍ର, ସ୍ରଷ୍ଟା, ଆତ୍ମା, ସମ୍ବନ୍ଧ ଓ ସଂସାର ମଧ୍ୟରେ କାମନା ସହିତ କାମନାର ଉତ୍ତରଣର ସାଧନା କେମିତି ଚାଲିଛି ଏହା ପ୍ରତି ଜାଗ୍ରତ ହୋଇପାରନ୍ତେ ଓ ଏହାକୁ ଅନୁଭବ କରିପାରନ୍ତେ ଓ ଏହାକୁ ଅନୁଭବ କରି ତଦନୁସାରେ ଏକ ଭିନ୍ନ ଓ ପୂର୍ଣ୍ଣାଙ୍ଗ ବ୍ୟାଖ୍ୟା ପ୍ରଦାନ କରିପାରନ୍ତେ । ମାତ୍ର ଚକ୍ରରୁ ଚକ୍ର ଯାତ୍ରା, ନିମ୍ନ ଚକ୍ରରୁ ଉପରିସ୍ଥ ଚକ୍ରମାନଙ୍କୁ ଯାତ୍ରା କିପରି ସମ୍ଭବ ? ଭୂମି ମଧ୍ୟରେ ଓ ଭୂମିର ଭୂମିକୁ ଯାତ୍ରା ଭଳି ଏଥିପାଇଁ ଧ୍ୟାନ ଓ ସାଧନା ଆବଶ୍ୟକ । ଏହା ସହିତ ଚେତନା ଓ ସଂସାରରେ ଅନେକ ଯାତ୍ରା । ବହୁ-ଚକ୍ରୀୟ ଓ ନିମ୍ନରୁ ଉର୍ଦ୍ଧ୍ୱ ଚକ୍ରର ଯାତ୍ରା ଓ ବହୁଭୂମୀୟ ବ୍ୟାଖ୍ୟା ଆମ ଜୀବନରେ ପ୍ରସାରଣ, ଗଭୀରତା ଓ ଉଚ୍ଚତା ଆଣେ । ଏକା ସାଙ୍ଗରେ ଆମେ ଜୀବନର ଅନୁପ୍ରସ୍ଥ କ୍ଷେତ୍ରରେ କ୍ଷେତ୍ରରୁ କ୍ଷେତ୍ରକୁ ଓ କ୍ଷିତିଜକୁ ପ୍ରସାରିତ ହେଉ ଓ ଅନୁଲମ୍ବକ୍ଷେତ୍ରରେ ଗଭୀର ଓ ଉଚ୍ଚକୁ ଯାଉ । ଆମେ ଅନୁପ୍ରସ୍ଥ ଓ ଅନୁଲମ୍ବକୁ ସମନ୍ୱୟ କରି କେତେ spiral ମାନଙ୍କୁ ଲମ୍ଫ ଦେଉ, ଆମ ଜୀବନ ଓ ବ୍ୟାଖ୍ୟାରେ ଏକ spiral ବା ସର୍ପିଳ ଚଳତକ୍ରିୟା ବା spiral dynamism ଆରମ୍ଭ ହୁଏ । ଏହି ଚଳତକ୍ରିୟାରେ ଆମେ ଗୋଟିଏ ସ୍ଥାନ, ଭୂମି ଓ ଚକ୍ରରେ ଆଉ ଆବଦ୍ଧ ହୋଇ ରହୁନା । ଯେଉଁ କୂଳ, ସ୍ଥାନ, ଜାତି, ଲିଙ୍ଗ ଓ ଚକ୍ରରେ ଆମେ ଜନ୍ମ ହୋଇଛୁଁ ବୋଲି ଆମେ ଧରିନେଇଥାଉ ଆମେ ଏହି ଓ ସେହି ସ୍ଥାନରେ ଆବଦ୍ଧ ହୋଇରହୁନା, ଆମେ ସ୍ଥାନ ପରିବର୍ତ୍ତନକରୁ ଓ ଏହା ସହିତ ସମ୍ବନ୍ଧ, ଚେତନା ଓ ବ୍ୟାଖ୍ୟାର ମଧ୍ୟ । ଆମେ ସ୍ଥାନସ୍ଥ ନହୋଇ ସ୍ଥାନ-ଅତିକ୍ରାନ୍ତ ବା transpositional ହେଉ ।(୧୪) ଏକ ନିର୍ଦ୍ଦିଷ୍ଟ ସ୍ଥାନରେ ଆବଦ୍ଧ ହୋଇ ଆମର ଶାସ୍ତ୍ର, ସମ୍ବନ୍ଧ ଓ ଜୀବନର ବ୍ୟାଖ୍ୟା ସ୍ଥାନସ୍ଥ, ସ୍ଥାନୀୟ, ସ୍ଥାନବଦ୍ଧ ଓ positional ବ୍ୟାଖ୍ୟା ହୋଇ ରହିଯାଉଥିବାବେଳେ ଚକ୍ରରୁ ଚକ୍ରକୁ ଓ ସ୍ଥାନରୁ ସ୍ଥାନକୁ ଆମର ଯାତ୍ରା ଆମର ବ୍ୟାଖ୍ୟାକୁ transpositional କରାଏ ଓ ଏହି ସ୍ଥାନ-ଅତିକ୍ରାନ୍ତ ଏବଂ ସ୍ଥାନ-ଅତିକ୍ରମଣଶୀଳ ବ୍ୟାଖ୍ୟା ଆମର ବ୍ୟାଖ୍ୟାରେ ବ୍ୟାପ୍ତି ଆଣେ ।

ଏମିତି ସ୍ଥାନ-ଅତିକ୍ରମଣକାରୀ ଏବଂ ଅତିକ୍ରମଣଶୀଳ ବ୍ୟାଖ୍ୟା ଓ ଯାତ୍ରାକୁ ବୁଝିବାକୁ ହେଲେ ଆମେ ପୁଣି ଆମର ପୂର୍ବ ଆଲୋଚିତ ଜାତି ଓ ଲିଙ୍ଗର ଜୀବନକୁ

ଆସିବା । ମନୁଷ୍ୟମାତ୍ରକେ ଆମେ ଭୌତିକ ଦୃଷ୍ଟିରୁ ଗୋଟିଏ ଲିଙ୍ଗ ମଧ୍ୟରେ ଜନ୍ମ ହୋଇଥାଉ... ପୁରୁଷ ଓ ନାରୀ । ଏହା ସହିତ ଆମ ମଧ୍ୟରୁ କେତେକ ଦିବ୍ୟଲିଙ୍ଗ ବା **trans-gender** ରେ ଜନ୍ମ ହୋଇଥାନ୍ତି । ମତ୍ର ଆମେ ଏହି ତିନୋଟି ମଧ୍ୟରୁ ଯେକୌଣସି ଲିଙ୍ଗରେ ଜନ୍ମ ହୋଇଥିଲେ ମଧ୍ୟ ଆମେ ଆମର ଜୀବନଯାତ୍ରା ଓ ବ୍ୟାଖ୍ୟାରେ ଆମେ କେବଳ ଜନ୍ମିତ ଲିଙ୍ଗ ମଧ୍ୟରେ ସୀମାବଦ୍ଧ ହୋଇରହୁନା ଓ କେବଳ ଏହି ଆବଦ୍ଧ ଭୂମିରୁ ଆମେ ନିଜକୁ ଓ ଅପରକୁ ବ୍ୟାଖ୍ୟା କରୁନା । ଆମ ଭିତରୁ ଯେଉଁମାନେ ପୁରୁଷ ଲିଙ୍ଗରେ ଜନ୍ମ ହୋଇଥାନ୍ତି ସେମାନେ ନାରୀମାନଙ୍କର ବିଭିନ୍ନ ପରିପ୍ରକାଶ ସହିତ ଯାତ୍ରା କରନ୍ତି ଯଥା ଜାୟା, ଜନନୀ, ଭଗିନୀ ଓ କନ୍ୟା ରୂପ ସହିତ । ଏମିତି ଯାତ୍ରା ସହିତ ସେମାନେ ନାରୀମାନଙ୍କୁ ବୁଝିପାରନ୍ତି, ନାରୀମାନଙ୍କର ଜୀବନଯାତ୍ରାକୁ ଅନୁଭବ କରନ୍ତି ଏବଂ ନାରୀ ହୁଅନ୍ତି । ଆମର ଭାରତୀୟ ଅଧ୍ୟାତ୍ମ ପରମ୍ପରାରେ ଅର୍ଦ୍ଧନାରୀଶ୍ୱରର ଯେଉଁ ବାସ୍ତବତା, ଆହ୍ୱାନ ଓ ପ୍ରାର୍ଥନା ଏହା ଏହି ପ୍ରକାରର । ଚେତନା ଓ ସମ୍ବନ୍ଧରେ ପୁରୁଷମାନେ ପୁରୁଷ-ନାରୀ ହୁଅନ୍ତି ଯେମିତି ନାରୀମାନେ ନାରୀ-ପୁରୁଷ ହୁଅନ୍ତି ଓ ଏମିତି ସ୍ଥାନ-ଅତିକ୍ରମଣଶୀଳ (**trans-positional**) ଯାତ୍ରାରେ ଆମ ଆମର ଶାସ୍ତ୍ର, ସମ୍ବନ୍ଧ, ସଂସାର ଓ ଜୀବନକୁ କେବଳ ପୁରୁଷ ବା କେବଳ ନାରୀର ନାରୀର ଦୃଷ୍ଟିରୁ ଦେଖୁନା, ଆମେ ଉଭୟର ଅନୁଭବ ଓ ଆହ୍ୱାନର ଦିଗକୁ ଶାସ୍ତ୍ର, ସମ୍ବନ୍ଧ ଓ ଜୀବନକୁ ବ୍ୟାଖ୍ୟା କରୁ ।

ଆମ ଭାରତୀୟ ସମାଜରେ ଆମେ ବିଭିନ୍ନ ଜାତିରେ ଜନ୍ମ ହୋଇଥାଉ । ଆମ ଭିତରୁ ଅନେକ ଜାତି ବ୍ୟବସ୍ଥାର ନିମ୍ନରେ ଜନ୍ମ ହୋଇଥାଉ ଯାହାଙ୍କୁ ଆମେ ଏବେ ଦଳିତ ବୋଲି କହୁଛୁ । ଦଳିତ ହୋଇ ଜନ୍ମ ହୋଇଥିଲେ ଆମେ ଜୀବନରେ କେତେ ବାରଣ, ହିଂସା ଓ ଦମନ ମଧ୍ୟରେ ଯାଉ ଏହାକୁ କେବଳ ଅନୁଭବୀହିଁ ଅନୁଭବ କରିପାରେ । ଖାସ୍ ସେଇଥିପାଇଁ ହୁଏତ ଗାଂଧୀ କହିଥିଲେଯେ' ସେ ଆପଣାର ପର ଜୀବନରେ ଜଣେ ଭଙ୍ଗୀ ହୋଇ ଜନ୍ମହେବାକୁ ଚାହାନ୍ତି । ଗାଂଧୀଙ୍କର ଏହି ପ୍ରାର୍ଥନାର ଅନେକ ବର୍ଷ ବିତିଗଲା ମାତ୍ର ଯଦିବି ଗାଂଧୀ ଏକ ଦଳିତ ପରିବାରରେ ଜନ୍ମହୋଇଥାନ୍ତି ସେ କଣ ଆମର ପରିଚିତ ଅହିଂସ ଗାଂଧୀ ହୋଇ ରହିପାରିଥାନ୍ତେ ବା ଆମ୍ବେଦକରଙ୍କ ଭଳି ଅନେକ କ୍ରୋଧାନ୍ୱିତ ଗାଂଧୀ ହୋଇଥାନ୍ତେ? ଦଳିତ ରୂପେ ଜନ୍ମ ହେବାର ସକଳ ଆହ୍ୱାନ ସତ୍ତ୍ୱେ ଆମର ଜୀବନ, ଏପରିକି ଦଳିତ ମାନଙ୍କର ଜୀବନରେ କେବଳ ଦଳିତମାନେ ନାହାନ୍ତି । ଏହି ଜୀବନ, ଦଳିତ ମାନଙ୍କର ଜୀବନ ଓ ଆମର ଜୀବନରେ ଦଳିତମାନଙ୍କ ସହିତ ଅନ୍ୟମାନେ ଅଛନ୍ତି, ବ୍ରାହ୍ମଣମାନେ ମଧ୍ୟ ଅଛନ୍ତି । ଏହି ବ୍ରାହ୍ମଣମାନଙ୍କ ମଧ୍ୟରୁ ସମସ୍ତେ ଦଳିତ ବିରୋଧୀ ବା ଦଳିତ ହନନକାରୀ ନୁହନ୍ତି

ଇତିହାସରେ ଓ ସାମ୍ପ୍ରତିକ ସମୟରେ । ବ୍ରାହ୍ମଣ ରାମାନୁଜ ନିଜ ଜୀବନକୁ ରାସ୍ତାକୁ ଫିଙ୍ଗି ଶୂଦ୍ରମାନଙ୍କର ମର୍ଯ୍ୟାଦା ପାଇଁ ସଂଗ୍ରାମ କରିଛନ୍ତି ଓ ଅନ୍ୟମାନେ ମଧ୍ୟ । ମାତ୍ର ଏହିସବୁ ସତ୍ତ୍ୱେ ବ୍ରାହ୍ମଣବାଦ ଏବେବି କ୍ଷମତାଶୀଳ ହୋଇ ରହିଛି । କ୍ଷମତାଶୀଳ ବ୍ରାହ୍ମଣବାଦ, ହିନ୍ଦୁତ୍ୱର ସାଂସ୍କୃତିକ ଓ ରାଜନୈତିକ ଆଦର୍ଶରେ ଅଧିକ ବଳବତ୍ତର ହେଉଛି । ଏହି ସବୁସତ୍ତ୍ୱେ ଆମେ ଯେଉଁମାନେ ଦଳିତ କୂଳରେ ବା ବ୍ରାହ୍ମଣ କୂଳରେ ଜନ୍ମ ହୋଇଛୁ ଆମ ଉଭୟଙ୍କୁ ଆମ ନିଜ ନିଜ ସ୍ଥାନରୁ ଯାଇ ପରସ୍ପରକୁ ବୁଝିବାକୁ ଚେଷ୍ଟା କରିପାରିବା । ଏହି ପ୍ରୟାସ ଏକ ଗଭୀର ଓ ବିସ୍ତାରଣର ପ୍ରୟାସ । ଏହା କେବଳ ଅନୁକରଣ ନୁହେଁ । ଆମ ଜାତି ବ୍ୟବସ୍ଥାର ନିମ୍ନରେ ଥିବା ବ୍ୟକ୍ତି ଓ ସମୁଦାୟମାନେ ଉପରେ ଥିବା ଜାତିର ଲୋକମାନଙ୍କର ଆଚାର ବ୍ୟବହାରକୁ ଆପଣାର ବ୍ୟକ୍ତିଗତ ଓ ସାମୁଦାୟିକ ଜୀବନରେ ବେଳେବେଳେ ଅନୁକରଣ କରିବାକୁ ପ୍ରୟାସ କରନ୍ତି ଯାହାକୁ ସମାଜଶାସ୍ତ୍ରୀ ଏମ୍.ଏନ୍. ଶ୍ରୀନିବାସ Sanskritization ବୋଲି କହିଛନ୍ତି । ମାତ୍ର ଏହି ଅନୁକରଣ ପ୍ରକ୍ରିୟାରେ ଦଳିତ ଓ ମଧ୍ୟସ୍ଥ ଅନ୍ୟ ଜାତିର ଲୋକମାନେ ଯଥା OBC ମାନେ ବେକରେ ପଇତା ପକାଇାବକୁ ଚେଷ୍ଟା କରୁଥିବାବେଳେ ସେମାନଙ୍କ ମଧ୍ୟରୁ ହୁଏତ କମ୍ ବ୍ରାହ୍ମଣର ଯଥାର୍ଥ ଜୀବନ ସୃଷ୍ଟି ଯାହା ବ୍ରହ୍ମ ଅନ୍ୱେଷଣ ପାଇଁ ସମର୍ପିତ ତାକୁ ବୁଝିବାକୁ ଚେଷ୍ଟା କରିଛନ୍ତି । ଏହି ବ୍ରହ୍ମ ଜିଜ୍ଞାସା ଯେଉଁ ପୁସ୍ତକ ମାନଙ୍କ ମଧ୍ୟରେ ରହିଛି ଯଥା ଶ୍ରୀମଦ୍‌ଭଗବତ୍ ଗୀତା ଓ ଉପନିଷଦ ଏହିସବୁ ବ୍ରାହ୍ମଣଜାତି ମଧ୍ୟରେ ସୀମାବଦ୍ଧ ନୁହେଁ, ଏହା ସଭିଙ୍କ ପାଇଁ । ସ୍ୱୟଂ ଆମ୍ବେଦକର ନିଜେ ଏହିସବୁ ଗ୍ରନ୍ଥମାନଙ୍କୁ ସଂସ୍କୃତରେ ଅଧ୍ୟୟନ କରିବାକୁ ଆଗ୍ରହ ରଖିଥିଲେ ଓ ସେଥିପାଇଁ ସେ ଜର୍ମାନୀର ବନ୍ ବିଶ୍ୱବିଦ୍ୟାଳୟ (Bonn)ରେ ସଂସ୍କୃତ ଅଧ୍ୟୟନ କରିବାକୁ ପ୍ରୟାସ କରିଥିଲେ ଯାହା କୌଣସି କାରଣରୁ ଫଳବତୀ ହୋଇପାରିନଥିଲା । ମାତ୍ର ଏବର ଦଳିତମାନେ, ବିଶେଷକରି ସାମାଜିକ କର୍ମୀ ଓ ବୁଦ୍ଧିଜୀବୀମାନେ, କେତେଦୂର ଏହି ବ୍ରହ୍ମବିଦ୍ୟାର ଶାସ୍ତ୍ରମାନଙ୍କୁ ପଢିବାକୁ ଆଗ୍ରହୀ ଓ ଅଙ୍ଗୀକାରବଦ୍ଧ ? ଏମାନଙ୍କ ମଧ୍ୟରୁ ଅଧିକାଂଶ କେବଳ ଆମ୍ବେଦକରଙ୍କର ପୁସ୍ତକମାନଙ୍କୁ ବେଦରଗାର ରୂପେ ଧରିନେଉଛନ୍ତି ଓ ଅନ୍ୟକୌଣସି ଶାସ୍ତ୍ରକୁ ଅଧ୍ୟୟନ କରିବାକୁ ଆଗ୍ରହୀ ନୁହନ୍ତି । ଯେଉଁମାନଙ୍କ ମଧ୍ୟରେ ଜାତିପ୍ରଥାର କୌଣସି ଲେଶ ନାହିଁ ଓ ଜାତିପ୍ରଥା ବିରୁଦ୍ଧରେ ସଂଗ୍ରାମ ପାଇଁ ଅନେକ ପ୍ରେରଣା ରହିଛି ଯଥା ଉପନିଷଦମାନଙ୍କରେ । ଠିକ୍ ସେମିତି ବ୍ରାହ୍ମଣମାନଙ୍କ ମଧ୍ୟରୁ କେତେଜଣ ରାମାନୁଜଙ୍କ ପରି ଦଳିତମାନଙ୍କର ମୁକ୍ତିପାଇଁ ଆଗଭର ? କେତେଜଣ ଅନୁଭବ କରୁଛନ୍ତିଯେ' ଦଳିତମାନଙ୍କର ମୁକ୍ତି ବିଶେଷକରି ସାମାଜିକ-ଅର୍ଥନୈତିକ ହିଂସା ଓ ଜାତିପ୍ରଥାରୁ ମୁକ୍ତି ବିନା ବ୍ରାହ୍ମଣମାନଙ୍କର

ମୁକ୍ତି ଓ ସମାଜର ମୁକ୍ତି ସମ୍ଭବ ନୁହେଁ । ଏମାନଙ୍କ ମଧ୍ୟରୁ କେତେଜଣ ଅନୁଭବ କରୁଛନ୍ତିଯେ' ଜୀବନ ପାଇଁ ବ୍ରହ୍ମାଙ୍କର ମୁଖରୁ ଜନ୍ମ ହୋଇଥିବା ବ୍ରାହ୍ମଣମାନେ ଯେତିକି ଜରୁରୀ, ବ୍ରହ୍ମାଙ୍କ ପାଦରୁ ଜନ୍ମିଥିବା ଶୂଦ୍ରମାନେ ସେତିକି ଜରୁରୀ । ପାଦହିଁ ଜୀବନର ଭୂମି ଓ ଅବଲମ୍ବ ଓ ଶୂଦ୍ରମାନଙ୍କୁ ବିନା ଆମର ଜୀବନ ସମ୍ଭବ ନୁହେଁ । ଆମେ ସମସ୍ତେ ଜୀବନରେ ଶୂଦ୍ର, ଜୀବନରେ ବ୍ରାହ୍ମଣ । ଆମେ ପାଦରେ ଚାଲି ଯେତେବେଳେ ଜୀବନର ଅର୍ଥକୁ ବୁଝୁ ସେତେବେଳେ ଆମେ ଶୂଦ୍ର ଓ ଏହି ବୁଝୁଥିବା ଅର୍ଥକୁ ଯେତେବେଳେ ଆମ ମୁଖରେ ଉଚ୍ଚାରଣ କରୁ ଏହାକୁ ନେଇ ଗୀତ ଗାଉ ଓ ଏହି କାବ୍ୟକୁ ନେଇ ଯେତେବେଳେ ଆମେ ଧ୍ୟାନ କରୁଁ ଆମେ ବ୍ରାହ୍ମଣ । ଆମର ଜୀବନରେ ଆମେ ଏକାସଙ୍ଗେ ବ୍ରାହ୍ମଣ ଓ ଶୂଦ୍ର ଓ ବୈଶ୍ୟ ଓ କ୍ଷତ୍ରିୟ । ବ୍ରାହ୍ମଣ, କ୍ଷତ୍ରିୟ, ବୈଶ୍ୟ ଓ ଶୂଦ୍ର ଜାତି ବ୍ୟବସ୍ଥାର ଆବଦ୍ଧ ଓ ଅପରିବର୍ତ୍ତନୀୟ ବୈଷମ୍ୟର ଅଙ୍ଗ ନୁହନ୍ତି; ଏହିସବୁ ଆମ ପ୍ରତ୍ୟେକଙ୍କ ଜୀବନରେ ଚର୍ତୁବିଧ ଗୁଣ ଓ କର୍ମ । ବେଦର ପୁରୁଷ ସୁକ୍ତରେ ବ୍ରାହ୍ମଣମାନେ ମୁଖରୁ ଜାତ ଓ ଶୂଦ୍ରମାନେ ପାଦରୁ ଜାତ ବୋଲି କୁହାଯାଇଛି ମାତ୍ର ସେଥିରେ କୁହାଯାଇଛି କି ମୁଖ ପାଦ ଠାରୁ ଅଧିକ ମହତ୍ତ୍ୱପୂର୍ଣ୍ଣ ଓ ମୁଖକୁ ପାଦକୁ ଶୋଷଣ କରିଥାଏ ? ଜାତିବ୍ୟବସ୍ଥାରେ ବ୍ରାହ୍ମଣମାନେ ଉପରେ, ଶୂଦ୍ରମାନେ ନିମ୍ନରେ ମାତ୍ର ଏମିତି ଉପର-ନୀଚ ବ୍ୟବସ୍ଥାଗତ ଭେଦ ପୁରୁଷସୁକ୍ତର ଏହି ଉକ୍ତିରେ ରହିଛି କି ? ବ୍ୟାଖାର ଧାରାରେ ଆମକୁ ଏମିତି ମୂଳଭୂତ ପ୍ରଶ୍ନମାନ ପଚାରିବାକୁ ହେବ ଓ ଏହି ପ୍ରଶ୍ନରେ ଆମେ ଧରିନେବା ନାହିଁ ଯେ ପୁରୁଷସୁକ୍ତ ବ୍ରାହ୍ମଣବାଦର ସମର୍ଥନ କରୁଛି ।

ଏଥିପାଇଁ ଆମର ବ୍ୟାଖ୍ୟା, ସାଧନା ଓ ସଂଗ୍ରାମରେ ଏକାସାଙ୍ଗରେ ବହୁ ପ୍ରସ୍ଥ ଓ ଦିଗ ସହିତ ବ୍ୟାଖ୍ୟା ଓ hermeneutics ଆବଶ୍ୟକ ଯାହାକୁ ଆମେ simultaneous hermeneutics ବା ଯୁଗପତ୍ ବ୍ୟାଖ୍ୟା ବୋଲି କହିପାରିବା । ଏକା ସାଙ୍ଗରେ ଆମକୁ ବ୍ରାହ୍ମଣ ଓ ଶୂଦ୍ର ଦୃଷ୍ଟିର ବ୍ୟାଖ୍ୟା କରିବାକୁ ହେବ । ବ୍ରାହ୍ମଣ ଏକ କର୍ମ ଓ ଗୁଣ ରୂପେ... ଜାତିବ୍ୟବସ୍ଥାର ଅଧ୍ୟାୟରୂପେ ନୁହେଁ.... ଜ୍ଞାନ ଓ ବ୍ରହ୍ମଜିଜ୍ଞାସାର ଏକ ବହୁବିଧ ସାଧନା । ଶୂଦ୍ର ଶ୍ରମର ଅନେକାନ୍ତ ସାଧନା ଓ ସଂଗ୍ରାମ । ମାତ୍ର ଜାତିବ୍ୟବସ୍ଥାରେ ଉଭୟେ ବ୍ରହ୍ମସାଧନା ଓ ଶୂଦ୍ରର ସାଧନା ବଂଦୀ ହୋଇରହିଛି ଓ ଆମ ଜୀବନରେ ଏକା ସହିତ ବ୍ୟାଖ୍ୟା ଏହି ଉପାୟ ସହିତ ସଂଳାପ କରି ଏହି ଉଭୟକୁ ଓ ବୈଶ୍ୟଶକ୍ତି ଓ କ୍ଷତ୍ରିୟର ଶକ୍ତିକୁ ଆମ ସଭିଙ୍କ ଜୀବନରେ ପ୍ରସ୍ଫୁଟିତ କରାଇବ । ଏକାସାଙ୍ଗରେ ଆମକୁ ଏହି ପୂର୍ଣ୍ଣାଙ୍ଗ ବ୍ୟାଖ୍ୟା ପାଇଁ ଗାଂଧୀ ଓ ଆମ୍ବେଦକରଙ୍କ ସହିତ ସଂଳାପ କରିବାକୁ ହେବ । ଆମଭିତରୁ ଯେଉଁମାନେ ଗାଂଧୀବାଦୀ ଆମେ ନିଜକୁ କେବଳ ଗାଂଧୀଙ୍କର ପଣତ କାନିରେ ନିଜକୁ ଲୁଚାଇ ରଖିଲେ ଏହା ସମ୍ଭବ

ନୁହେଁ ଯେମିତି ଆମ ଭିତରୁ ଯେଉଁମାନେ ଆମ୍ବେଦକରବାଦୀ ଆମକୁ ଆମ୍ବେଦକରଙ୍କର ପଣତକାନି ଭିତରେ ଲୁଚାଇ ରଖିଲେ ହେବନାହିଁ । ଆମକୁ ଏକାସାଙ୍ଗରେ ଉଭୟଙ୍କ ସହିତ ବାଟଚାଲି ଧ୍ୟାନକରି ଏହା ସହିତ ଆହୁରି ଅନେକଙ୍କ ସହିତ ବାଟ ଚାଲିବାକୁ ହେବ ଯଥା ଶ୍ରୀଅରବିନ୍ଦ, ପଣ୍ଡିତା ରମାବାଈ, ସାବିତ୍ରୀ ଫୁଲେ, ଜ୍ୟୋତିବା ଫୁଲେ, ବିର୍ସା ମୁଣ୍ଡା, ସୁମୋନୀ ଝୋଡିଆ ଓ ଆହୁରି କେତେ ତେଜୋଦୀପ୍ତ ସଂଗ୍ରାମୀ, ସାଧକ ଓ ସାଧିକାମାନଙ୍କ ସହିତ । ଆମ ଭାରତୀୟ ସମାଜରେ ଯେ କେବଳ ଜାତିମାନେ ଅଛନ୍ତି ତାହାନୁହେଁ ଏଥିରେ ଆଦିବାସୀମାନେ ଅଛନ୍ତି ଯେଉଁମାନେ ଆମର ତଥାକଥିତ ଜାତିବ୍ୟବସ୍ଥାର ଅଙ୍ଗ ନୁହନ୍ତି ଓ ଏମାନେ ଆମର ଏହି ଜାତି ବ୍ୟବସ୍ଥାର ଜୀବନକୁ ପ୍ରଶ୍ନ କରିଛନ୍ତି । ଏହି ସାଧନାରେ ଏକଲବ୍ୟ, ବିର୍ସା ମୁଣ୍ଡା ଓ ସୁମୋନୀ ଝୋଡିଆ ଅଛନ୍ତି । ଏକଲବ୍ୟ ଆପଣାର ତୀବ୍ର ଜ୍ଞାନପିପାସାକୁ ନେଇ ଗୁରୁ ଦ୍ରୋଣାଚାର୍ଯ୍ୟଙ୍କର ମୂର୍ତ୍ତି ରଖି ନିଜର କୁଡିଆରେ ଓ ଆଦିବାସୀ ଗାଆଁରେ ଧନୁର୍ବିଦ୍ୟା ଶିକ୍ଷା କରିଥିଲେ । ବ୍ରାହ୍ମଣଗୁରୁ ଦ୍ରୋଣାଚାର୍ଯ୍ୟ ତାଙ୍କର ଆଙ୍ଗୁଠି କାଟିନେଲେ ମାତ୍ର ଏବେ ଏକଲବ୍ୟହିଁ ଆମର ଆଦର୍ଶ । ଯଦିଓ ହରିୟାନାର ବି.ଜେ.ପି. ସରକାର ଗୁରୁଗାଓଁକୁ ଦ୍ରୋଣାଚାର୍ଯ୍ୟଙ୍କ ନାମରେ ଗୁରୁଗ୍ରାମ ରୂପେ ପୁନଃର୍ନାମିତ କରିଛନ୍ତି ମାତ୍ର ଆମ ଭିତରୁ ପ୍ରକାଶ୍ୟରେ ବହୁତ କମ୍ ଶିକ୍ଷକ ଶିଷ୍ୟର ବାସ୍ତବତା, ସମ୍ଭାବନା ଓ ସାଧନାର ଆଙ୍ଗୁଠି କାଟି ନେଇଥିବା ଦ୍ରୋଣାଚାର୍ଯ୍ୟଙ୍କୁ ଆଦର୍ଶରୂପେ ଗ୍ରହଣ କରୁ । ରଜନୀଶଙ୍କର ମତରେ, ଏମିତି ଜଣେବି ଆଚାର୍ଯ୍ୟ ଏହି ଧରତୀମାତାରେ ଜନ୍ମ ନହୁଅନ୍ତୁ ଯିଏ ଦ୍ରୋଣାଚାର୍ଯ୍ୟ ହେଉ । ଏହା ସହିତ ଆମେ ମଧ୍ୟ ଆଶା କରିବା ଆମର ସକଳ ଶିଷ୍ୟ ଏକଲବ୍ୟ ହୁଅନ୍ତୁ ଓ ଯେତେବେଳେ ଦ୍ରୋଣାଚାର୍ଯ୍ୟମାନେ ତାଙ୍କର ଆଙ୍ଗୁଠି ବା ଅଙ୍ଗସ୍ପର୍ଶ ମାଗୁଛନ୍ତି ସେମାନେ ତାଙ୍କୁ ପ୍ରଶ୍ନ କରନ୍ତୁ, ତାଙ୍କୁ ସାହାଯ୍ୟ କରନ୍ତୁ ସେମାନଙ୍କ ନିମ୍ନପ୍ରକୃତିର ଚକ୍ରରୁ ଉଚ୍ଚ ପ୍ରକୃତିର ଚକ୍ରକୁ ଆସିବାକୁ ଓ ଏହି ସହାୟତା କିଛି କାମ ନଦେଲେ ଏମିତି ଆଚାର୍ଯ୍ୟମାନଙ୍କ ମୁହଁରେ ଛେପ ପକାନ୍ତୁ । ସେମାନେ ବିର୍ସା ମୁଣ୍ଡାଙ୍କ ଠାରୁ ପ୍ରେରଣା ଲାଭ କରନ୍ତୁ । ବିର୍ସା ମୁଣ୍ଡା ଆପଣାର ଆଙ୍ଗୁଠି ପ୍ରଦାନ କରିନଥିଲେ । ସେ ଆମର ସ୍ୱାଧୀନତା ପାଇଁ ବ୍ରିଟିଶ ଔପନିବେଶବାଦୀ ମାନଙ୍କ ସହିତ ଯୁଦ୍ଧ କରିଥିଲେ । ସ୍ୱାଧୀନତାର ଭାରତବର୍ଷରେ କାଶୀପୁରର ସୁମୋନି ଝୋଡିଆ ଜଣେ ଜୀବନଦାତ୍ରୀ ରୂପେ କେତେ ସଂଗ୍ରାମ କରିଛନ୍ତି । ନାରୀର ସମସ୍ୟା ଓ ଆଦିବାସୀ ସମସ୍ୟାକୁ ନେଇ ସେ ସାଧନା ଓ ସଂଗ୍ରାମ କରିଛନ୍ତି । ତାଙ୍କର ଝୋଡିଆ ସମୁଦାୟକୁ ଯେତେବେଳେ ରାଜନୈତିକ ଚାଲରୁ ଆଦିବାସୀ ସମୁଦାୟ ତାଲିକାରୁ କାଢି ନିଆଯାଇଛି ତାହାର ଏ ପ୍ରତିବାଦ କରିଛନ୍ତି । ଆଦିବାସୀ ସମାଜକୁ ଆମ ଭାରତୀୟ ସମାଜର ଏକ ଅଙ୍ଗରୂପେ ଗ୍ରହଣ କଲେ ଆମେ ଅନୁଭବ

କରିବାଯେ ଆମର ଭାରତୀୟ ସମାଜରେ ଜାତିବ୍ୟବସ୍ଥା ଆଦିବାସୀ ସମାଜରେ ନାହିଁ ବା ବହୁତ କମ୍ ଓ ଜାତି ବ୍ୟବସ୍ଥାର ରୂପାନ୍ତର ପାଇଁ ଆମେ ଆମର ଆଦିବାସୀ ଭାଇ-ଭଉଣୀ ମାନଙ୍କ ପାଖରୁ ଅନେକ କିଛି ଶିଖିପାରିବା ଓ ସେମାନଙ୍କ ସହିତ ବାଟଚାଲି ଆମେ ବ୍ୟକ୍ତି, ସମାଜ ଓ ସଂସ୍କୃତି ଓ ବିଶ୍ୱର ଏକ ନୂତନ ବ୍ୟାଖ୍ୟା କରିପାରିବା । ସାରା ପୃଥିବୀରେ ଆଦିବାସୀ ସମାଜ ଏବେ ଜାଗ୍ରତ ହେଉଛନ୍ତି । ଏହି ଜାଗରଣ ଆମକୁ ପ୍ରକୃତି -- ଉଭୟେ ଅନ୍ତଃ ପ୍ରକୃତି ଓ ବହିଃ ପ୍ରକୃତି -- ପାଖକୁ ଘେନିଆସେ । ଆଧୁନିକତାର ପର୍ବରେ ଆମେ ଆମର ପ୍ରକୃତିଠାରୁ ଦୂରେଇ ଯାଇଛୁ, ପ୍ରକୃତିକୁ ଆମେ ଦମନ କରିବାକୁ କେତେ ଚେଷ୍ଟା କରିଛୁ । ଉଭୟେ ବାହ୍ୟ ପ୍ରକୃତି ଓ ଅନ୍ତଃପ୍ରକୃତିକୁ ଆମେ ଦମନ କରିବାକୁ ଚେଷ୍ଟା କରିଛୁ । ଅର୍ଥନୀତି, ରାଜନୀତି ଓ ବିଜ୍ଞାନ କ୍ଷେତ୍ରରେ ବହିଃପ୍ରକୃତି ଉପରେ ବିଜୟ ହାସଲର ପ୍ରୟାସ ଓ ମନସ୍ତତ୍ତ୍ୱ କ୍ଷେତ୍ରରେ ଅନ୍ତଃପ୍ରକୃତି ଉପରେ ଜୟ । ମାତ୍ର ମନସ୍ତତ୍ତ୍ୱ ସହିତ ବିଶେଷ କରି ଫ୍ରୟେଡ୍‌ଙ୍କର ମନସ୍ତତ୍ୱ ସହିତ ଯେମିତି ଆମେ ଆମର କାମନା ଓ ବାସନାମାନଙ୍କୁ ରୂପାନ୍ତରିତ କରିପାରିବା ନାହିଁ ଠିକ୍ ସେମିତି ବିଜ୍ଞାନ, ଶିଳ୍ପୀକରଣ, ରାଜନୀତି ଓ ଅର୍ଥନୀତି ଦ୍ୱାରା ଆମେ ଆମର ବହିଃପ୍ରକୃତିକୁ ଦମନ କରିପାରିବା ନାହିଁ । ଉଭୟେ ବହିଃପ୍ରକୃତି ଓ ଅନ୍ତଃପ୍ରକୃତି ସହିତ ଶ୍ରଦ୍ଧା ଓ ସାହସର ସହିତ ବାଟଚାଲି ଆମକୁ ଆମର ଜୀବନର ବ୍ୟଖ୍ୟା କରିବାକୁ ହେବ ଓ ଏହାକୁ ମର୍ଯାଦା, ସଂଳାପ ଓ ସୌନ୍ଦର୍ଯ୍ୟର ଭୂମିରୂପେ ନୂଆକରି କେତେରୂପେ ସର୍ଜନା କରିବାକୁ ହେବ ।

ଏହି ବ୍ୟାଖ୍ୟା, ଯାତ୍ରା, ସାଧନା ଓ ସଂଗ୍ରାମରେ ଆମର ଆଦିବାସୀ ଭାଇଭଉଣୀମାନେ ଆମର ଶିକ୍ଷକ ହୋଇପାରିବେ । ଏବେ ଜଳବାୟୁ ପରିବର୍ତ୍ତନ ବା Climate change କୁ ନେଇ ଆମ ସମ୍ମୁଖରେ ଯାହାସବୁ ଆହ୍ୱାନ... ଏହାର ସୃଜନଶୀଳ ଉତ୍ତର ପାଇଁ ଆମେ ଆଦିବାସୀ ଭାଇ ଭଉଣୀମାନଙ୍କ ପାଖରୁ ଅନେକ କିଛି ଶିକ୍ଷା କରିପାରିବା । ଏବେବି ଆମର ପୃଥିବୀର ପ୍ରାକୃତିକ ସମ୍ପଦମାନ ଯଥା ବହୁମୂଲ୍ୟ ଧାତୁ ଓ ଜଙ୍ଗଲମାନ ଆଦିବାସୀ ଅଧ୍ୟୁଷିତ ଭୂମିମାନଙ୍କରେ ରହିଛି । କ୍ଷମତାଶାଳୀ ଅନ୍ୟ ସମସ୍ତେ ଏହାକୁ ଅଧିକାର କରିବାକୁ ଆଦିବାସୀମାନଙ୍କର ଭୂମି ଓ ଆମ ସମସ୍ତଙ୍କର ସମ୍ପଦକୁ ନାରଖାର କରୁଛନ୍ତି । ଶିଳ୍ପୀକରଣ ନାଆଁରେ ଆଦିବାସୀ ଓ ଅନ୍ୟମାନଙ୍କର ଜମିକୁ ବଳପୂର୍ବକ ଅଧିକାର କରି ଏହାକୁ ଅନ୍ୟତ୍ର ବିକ୍ରୀ କରୁଛନ୍ତି ବା ପକାଇ ରଖୁଛନ୍ତି । ଆମର ଆଦିବାସୀ ଭାଇଭଉଣୀମାନେ ଏହା ବିରୁଦ୍ଧରେ ସଂଗ୍ରାମ କରୁଛନ୍ତି । ଏମାନେ କେବଳ ସେମାନଙ୍କ ପାଇଁ ସଂଗ୍ରାମ କରୁନାହାନ୍ତି ଆମ ସମସ୍ତଙ୍କ ପାଇଁ ସଂଗ୍ରାମ କରୁଛନ୍ତି, ଧରତୀ ମାତାର ସନ୍ତାନ, ସନ୍ତତି, ରକ୍ଷକ ଓ ରକ୍ଷୟିତ୍ରୀ ହିସାବରେ ଆମ ସମସ୍ତଙ୍କର ଓ

ମାନବ ସମାଜର ସୁରକ୍ଷା ପାଇଁ ଆମର ଆଦିବାସୀ ଭାଇ, ଭଉଣୀମାନେ ସାଧନା ଓ ସଂଗ୍ରାମ କରୁଛନ୍ତି (୧୫)।

ଏହି ସାଧନା ଓ ସଂଗ୍ରାମରେ କେବଳ ପ୍ରକୃତିର ସୁରକ୍ଷା ହେଉନାହିଁ, ଗଣତନ୍ତ୍ରର ସମୀକ୍ଷା ହେଉଛି ଏବଂ ପୁନଃସର୍ଜନା ହେଉଛି। ଦକ୍ଷିଣ ଆମେରିକା ଓ ଲାଟିନ ଆମେରିକାରେ ଆମର ଆଦିବାସୀ ଓ ଆଦି ଭାଇ-ଭଉଣୀମାନେ କ୍ଷମତାର ନୂତନ ସର୍ଜନା କରୁଛନ୍ତି। ସେମାନେ ବ୍ୟକ୍ତିଗତ ଓ ସାମୂହିକ କ୍ଷମତା ଓ ସଶକ୍ତୀକରଣ ପାଇଁ କେବଳ ରାଷ୍ଟ୍ରପାଖରେ ମୁଣ୍ଡ ନୁଆଇଁ ଓ ପାଦଭାଙ୍ଗି ଛିଡା ହେଉନାହାନ୍ତି, ସେମାନେ ନିଜ ନିଜ ସହିତ କାମ ଓ ଧ୍ୟାନ କରି, ବ୍ୟକ୍ତିଗତ ଓ ସାମୂହିକ ଜୀବନରେ ସାଙ୍ଗହୋଇ କାମ କରିବା ଓ ନିଷ୍ପତ୍ତି ନେବାର ପ୍ରକ୍ରିୟାରେ ନିଜର ଜୀବନ ପାରସ୍ପରିକ ଜୀବନ ଓ ସାମୁଦାୟିକ ଜୀବନରେ କ୍ଷମତା ସର୍ଜନା କରୁଛନ୍ତି। ଏଥିରେ ଏମାନେ କ୍ଷମତାକୁ ଅନ୍ୟ ଉପରେ ଆଧିପତ୍ୟ ବିସ୍ତାର କରିବାକୁ ଅନ୍ୟକୁ ଅବଦମାନ କରିବାକୁ ବ୍ୟବହାର କରୁନାହାନ୍ତି, ଏମାନେ କ୍ଷମତାକୁ ଆତ୍ମା ଓ ସମୁଦାୟର ମଂଗଳ ରୂପେ ବ୍ୟବହାର କରୁଛନ୍ତି। (୧୬) ଜୀବନର ବ୍ୟାଖ୍ୟା ଓ ରୂପାନ୍ତର ପାଇଁ ସାହିତ୍ୟ ଓ ସମାଜରେ କ୍ଷମତାର ରୂପାନ୍ତର ଆବଶ୍ୟକ। କ୍ଷମତାର ଏହି ରୂପାନ୍ତରୀକରଣ କେବଳ ଆମର ପରିଚିତ ବିକେନ୍ଦ୍ରୀକରଣର ଚର୍ଚ୍ଚା ବା ନୀତିମାନ ନୁହେଁ। ଆମ ଭାରତବର୍ଷରେ ପଞ୍ଚାୟତ ରାଜ ପାଇଁ ଆମର ସମ୍ବିଧାନର ପରିବର୍ତ୍ତନ ହେଲା। ଆଦିବାସୀ ଅଞ୍ଚଳରେ ସ୍ୱତନ୍ତ୍ର ବିକେନ୍ଦ୍ରୀକରଣର କେତେ ନିୟମ ହେଲା ଯଥା PESA। ମାତ୍ର ଏହିସବୁ ସତ୍ତ୍ୱେ ଆମ ଭାରତବର୍ଷର ବିକେନ୍ଦ୍ରୀକରଣ ପ୍ରକ୍ରିୟା କେନ୍ଦ୍ର କ୍ଷମତା କେନ୍ଦ୍ରମାନଙ୍କର ଦାସ। ଏହା ଏକ ସୃଜନଶୀଳ କ୍ଷମତାର ରୂପାନ୍ତର ନୁହେଁ। ଏହି କ୍ଷେତ୍ରରେ ଆମେ ଲାଟିନ୍ ଆମେରିକା ଓ ଦକ୍ଷିଣ ଆମେରିକାରେ ହେଉଥିବା ସାମାଜିକ ଓ ସାଂସ୍କୃତିକ ଆନ୍ଦୋଳନ ମାନଙ୍କ ପାଖରୁ ଅନେକ କିଛି ଶିଖିପାରିବା।

ବହୁ ଭୂମୀୟ, ବହୁ ଚକ୍ରୀୟ ଓ ଏକାସାଙ୍ଗରେ ବହୁ ପ୍ରେରଣା ଓ ଆହ୍ୱାନ ସହିତ ଏହି ଯେଉଁ ବ୍ୟାଖ୍ୟା ଓ ଯାତ୍ରା ତାହା ଏକା ସାଙ୍ଗରେ ସ୍ଥାନୀୟ, ପ୍ରାନ୍ତୀୟ, ଜାତୀୟ, ଆନ୍ତର୍ଜାତୀୟ ଓ ବିଶ୍ୱମୟ। ଶାସ୍ତ୍ର, ସମ୍ବନ୍ଧ, ସାହିତ୍ୟ ଓ ଜୀବନର ବ୍ୟାଖ୍ୟା, ସମୀକ୍ଷା ଓ ରୂପାନ୍ତରର ପ୍ରକ୍ରିୟାରେ ଆମକୁ ଏକା ସାଙ୍ଗରେ ବହୁ ଭୂମି, ବହୁଚକ୍ର ଓ ବହୁ ମନୁଷ୍ୟମାନଙ୍କ ସହିତ ବାଟ ଚାଲିବାକୁ ହେବ, ଧ୍ୟାନ କରିବାକୁ ହେବ। ଏହି ପ୍ରକ୍ରିୟାରେ ଆମେ ପାଶ୍ଚାତ୍ୟ, ପ୍ରାଚ୍ୟ, ଦକ୍ଷିଣ ଓ ଉତ୍ତରର ବଂଧନୀ ଭିତରେ ବାନ୍ଧି ହୋଇ ପାରିବାନାହିଁ। ଆମକୁ ଆମର ଭୂମିରୁ ଆରମ୍ଭ କରି ସହ-ଅନେକ ଭୂମି ଓ ସ୍ରଷ୍ଟାମାନଙ୍କର ହାତଧରି ବିଶ୍ୱମୟ ହେବାକୁ ହେବ, ଭୂମାମୟ ହେବାକୁ ହେବ।

ଏଥିପାଇଁ ସାମ୍ଭାବ୍ୟ ଓ ଅନ୍ତଃହୀନ କେତେ ଯାତ୍ରା ଓ ପ୍ରୟାସ । ଏହା ସହିତ ଅଧ୍ୟୟନ । ବ୍ୟାଖ୍ୟା ପାଇଁ ଅଧ୍ୟୟନ ଆବଶ୍ୟକ ମାତ୍ର ଏହି ଅଧ୍ୟୟନ କେବଳ ପୁସ୍ତକମାନଙ୍କ ମଧ୍ୟରେ ସୀମାବଦ୍ଧ ନୁହେଁ । ଏହି ଅଧ୍ୟୟନ ଜୀବନର, ଆମର ଅଙ୍ଗ ଓ ଆତ୍ମାର । ଆମ ବିଶ୍ୱ ଇତିହାସରେ ଏବେବି ଅନେକ ଜ୍ଞାନ ଲିଖିତ ଭାବରେ ନାହିଁ, ମୌଖିକ ଭାବରେ ରହିଛି । ପୟଗମ୍ବର ମହମ୍ମଦ ଓ ସମ୍ରାଟ୍ ଆକବର ନିରକ୍ଷର ଥିଲେ ମାତ୍ର ସେମାନେ ଜୀବନର ଅଧ୍ୟୟନ ଓ ବ୍ୟାଖ୍ୟା କରୁଥିଲେ । ଦେବଦୂତ ଗାବ୍ରିଏଲେଙ୍କଠାରୁ ଦେବବାଣୀ ଓ ଦେବଜ୍ଞାନ ପାଇବା ପୂର୍ବରୁ ପୟଗମ୍ବର ମହମ୍ମଦ କେତେ ବାଟ ବୁଲୁଥିଲେ । ଓଟ ପଛରେ ସହରରୁ ସହର । ଏହା ସହିତ ସେ ମଧ୍ୟ ଆପଣାର ଜନ୍ମ ସହର ମକ୍କାରୁ ନିକଟସ୍ଥ ପାହାଡ ପାଖକୁ ନୀରବରେ ବୁଲିଯାଉଥିଲେ । ଏହି ନୀରବ ଓ ଧ୍ୟାନମୟ ଯାତ୍ରାହିଁ ତାଙ୍କୁ ଦେବଦୂତ ଗାବ୍ରିଏଲଙ୍କର ବାଣୀ ପାଇଁ ପ୍ରସ୍ତୁତ କରିଥିଲା । ସମ୍ରାଟ ଆକବର ନିରକ୍ଷର ଥିଲେ ମାତ୍ର ତାଙ୍କର ଜୀବନର ଶିକ୍ଷା ପାଇଁ କେତେ ଗଭୀର ଓ ବ୍ୟାପ୍ତ ଆଗ୍ରହ ଥିଲା । ସେ ରାମାୟଣକୁ ପାର୍ସୀ ଭାଷାରେ ସଚିତ୍ର ଅନୁବାଦ ପାଇଁ ପ୍ରୟାସ କରିଥିଲେ । ସମ୍ରାଟ ଆକବର ସେତେବେଳେ ପ୍ରତିଷ୍ଠିତ ବିଦ୍ୟାଳୟମାନଙ୍କରେ ଅନୁବାଦ ପାଇଁ ପ୍ରୋତ୍ସାହନ ଦେଉଥିଲେ । ବିଦ୍ୟାଳୟରେ ଗୋଟିଏ ଭାଷାରୁ ଅନ୍ୟ ଭାଷାକୁ କେମିତି ଅନୁବାଦ ହୋଇପାରିବ ଏଥିପାଇଁ ସେ ଆବଶ୍ୟକୀୟ ସମର୍ଥନ ଓ ପ୍ରେରଣାର ଭୂମି ସୃଷ୍ଟି କରିଥିଲେ । ଏହି ଧାରାରେ ତାଙ୍କର ପଣନାତି ଦାରାସୁର୍ଖୋ ଉପନିଷଦକୁ ପାର୍ସୀ ଭାଷାରେ ଅନୁବାଦ କରିଥିଲେ । ଏହି ଅନୁବାଦହିଁ ଉପନିଷଦକୁ ପରେ ପାଶ୍ଚାତ୍ୟ ଜଗତ ପାଖରେ ପହଞ୍ଚାଇଲା ଯାହା ଫଳରେ ପ୍ରାଚ୍ୟ ଓ ପାଶ୍ଚାତ୍ୟର କେତେ ନୂଆ ସାକ୍ଷାତ ଓ ସମୁଖୀନତା ସମ୍ଭବ ହେଲା । ପବିତ୍ର ଗ୍ରନ୍ଥ କୁରାନ ଓ ଉପନିଷଦକୁ ସାଙ୍ଗହୋଇ ପଢି ଓ ପଢିବାବେଳେ "ବିସମିଲା ଇର ରହେମାନଇ ରହିମ୍" ଏବଂ "ଓଁ ଗଣେଶାୟ ନମୋଃ"କୁ ସାଙ୍ଗହୋଇ ଉଚ୍ଚାରଣ କରି ଦାରାସୁଖୋ କେବଳ ଜନ୍ମିତ ଧର୍ମର ଅର୍ଥ ଜନ୍ମ ହୋଇଥିବା ଇସଲାମ୍‌ର ସ୍ୱାଧ୍ୟାୟ କରୁନଥିଲେ; ସେ ସହଯାତ୍ରୀ ଓ ସହ ସତ୍ୟ-ସଂଧାନୀରୂପେ ଉପନିଷଦର ସହ-ଅଧ୍ୟୟନ କରୁଥିଲେ ଓ ଏହି ସହ-ଅଧ୍ୟୟନ ପ୍ରକ୍ରିୟାରେ ଆପଣାର ମହାନ ଗ୍ରନ୍ଥ ଦୁଇ ସାଗରର ମିଳନ ଆମକୁ କାଳଜୟୀ ଭେଟି ପ୍ରଦାନ କରିଥିଲେ । (୧୭)

ବହୁଭୂମୀୟ ବ୍ୟାଖ୍ୟା ପାଇଁ ସ୍ୱାଧ୍ୟାୟ ସହିତ ସହାଧ୍ୟାୟ । ଆମର ଭାରତର ଯୋଗ ପରମ୍ପରାରେ ସ୍ୱାଧ୍ୟାୟ କଥା କୁହାଯାଇଛି । ପାତଞ୍ଜଳିଙ୍କର ଯୋଗରେ ସ୍ୱାଧ୍ୟାୟ ଆମର ଯୋଗଯୁକ୍ତ ଜୀବନର ଏକ ପ୍ରଧାନ ଅବଲମ୍ବ । ଶ୍ରୀମଦ୍‌ଭଗବତ୍ ଗୀତାରେ ମଧ୍ୟ କୁହାଯାଇଛି "ସ୍ୱାଧ୍ୟାୟାତ୍ମାଂ ପମଦଃ" ଅର୍ଥାତ୍ ଆମେ ସ୍ୱାଧ୍ୟାୟରେ ପ୍ରମତ୍ତ ହୋଇରହିବା ।

ପ୍ରମତ୍ତଃ ହୋଇ ରହିବା, ସ୍ୱାଧ୍ୟାୟରେ ଆନନ୍ଦ ଲାଭ କରିବା । ମାତ୍ର ଏହି ସ୍ୱାଧ୍ୟାୟର ଅର୍ଥ କଣ ? ସ୍ୱାଧ୍ୟାୟ... ସ୍ୱର ଅଧ୍ୟୟନ । ସ୍ୱ ପୁଣି କିଏ ? ଏହା ନିଜକୁ ବୁଝାଏ, ଆତ୍ମାକୁ ବୁଝାଏ । ଏହା ସହିତ ନିଜର ଶାସ୍ତ୍ର ଓ ପରମ୍ପରାର ଅଧ୍ୟୟନକୁ ବୁଝାଇଥାଏ । ମାତ୍ର ପ୍ରତ୍ୟେକ ସ୍ୱ ସହିତ ସହ ସଂଯୁକ୍ତ ହୋଇ ରହିନାହିଁ କି ? ତେଣୁ ସ୍ୱ ର ଅଧ୍ୟୟନ ପାଇଁ ସହ ର ଅଧ୍ୟୟନ ଅତ୍ୟାବଶ୍ୟକ ଓ ଅବଶ୍ୟମ୍ଭାବୀ ନୁହେଁକି ? ଆମର ନିଜର ଶାସ୍ତ୍ର ମାନଙ୍କର ଅଧ୍ୟୟନ ସହିତ ଅନ୍ୟର ଶାସ୍ତ୍ର ମାନଙ୍କର ଅଧ୍ୟୟନ ଜରୁରୀ ନୁହେଁକି ? ଆମର ସ୍ୱାଧ୍ୟାୟ ଆମକୁ ଆମର ଓ ଆମର ଶାସ୍ତ୍ରର ଅଧ୍ୟୟନ ଭିତରେ ସୀମାବଦ୍ଧ ହୋଇ ରହିପାରିବକି ? ଆମ ନିଜର ଧର୍ମ ଓ ପରମ୍ପରାର ଶାସ୍ତ୍ର ମାନଙ୍କୁ ଅନ୍ୟ ଧର୍ମର ଶାସ୍ତ୍ର ଓ ପରମ୍ପରା ସହିତ ସାଙ୍ଗ ହୋଇ ଅଧ୍ୟୟନ କରିବା ବିଧେୟ ନୁହେଁକି ?

ମାତ୍ର ଏହି କ୍ଷେତ୍ରରେ ଆମର ଆହୁରି ଅଧିକ ପ୍ରସ୍ତୁତି, ସାଧନା ଓ ସକେନ୍ଦ୍ରୀକରଣ ଆବଶ୍ୟକ । ଏହି କ୍ଷେତ୍ରରେ ମୋର ଗୁଜରାଟ୍‌ର ସ୍ୱାଧ୍ୟାୟ ଆନ୍ଦୋଳନ ସହିତ କ୍ଷେତ୍ର ଗବେଷଣା ମନେପଡେ । ଏହି ଆନ୍ଦୋଳନରେ କ୍ଷେତ୍ର ଗବେଷଣା କରୁଥିବାବେଳେ ମୁଁ ସ୍ୱାଧ୍ୟାୟର ଜଣେ ଭାଇଙ୍କୁ ଥରେ ପଚାରିଲି ସେ କେବେ ଖ୍ରୀଷ୍ଟଧର୍ମ ଓ ଇସଲାମ୍‌ର ଧର୍ମଗ୍ରନ୍ଥ ମାନଙ୍କର ଅଧ୍ୟୟନ କରନ୍ତିକି ? ସେ ନାହିଁ କହିଲେ । ଆଜକୁ ତିନିବର୍ଷ ତଳେ ମୁଁ ଇଣ୍ଡୋନେସିଆର ପେକାଲୋଗାନ୍ ନାମକ ଏକ ସମୁଦ୍ରକୂଳବର୍ତ୍ତୀ ଗୋଟିଏ ସହରକୁ ଯାଇଥିଲି । ସେଠାରେ ଜଣେ ମୁଫ୍‌ତି ଧର୍ମଗୁରୁଙ୍କୁ ଭେଟିଲି ଯିଏ ଧର୍ମ-ଧର୍ମ ମଧ୍ୟରେ ସଂଳାପ ଓ ସୌହାର୍ଦ୍ଦ୍ୟ ପ୍ରତିଷ୍ଠା ପାଇଁ ଅନେକ କାମ କରନ୍ତି । ମୁଁ ତାଙ୍କୁ ମଧ୍ୟ ପଚାରିଲି ସେ ଅନ୍ୟଧର୍ମର ଶାସ୍ତ୍ର ଓ ଗ୍ରନ୍ଥମାନଙ୍କୁ ପଢନ୍ତିକି ? ସେ ମଧ୍ୟ ନାହିଁ ଭରିଲେ । ଏହି କ୍ଷେତ୍ରରେ ଆଉ କେତେଜଣ ଆତ୍ମା ଅଛନ୍ତି ଯେଉଁମାନେ କେବଳ ସ୍ୱାଧ୍ୟାୟ କରନ୍ତି ନାହିଁ ସହ-ଅଧ୍ୟୟନ କରନ୍ତି । କାଥୋଲିକ୍ ଖ୍ରୀଷ୍ଟିୟାନ୍ ଧର୍ମଧାରାରେ Francis D'sa ବୋଲି ଜଣେ ଧର୍ମତତ୍ତ୍ୱବିତ୍ ଓ ଚିନ୍ତକ ଅଛନ୍ତି । ସେ ପୁନାରେ ଜ୍ଞାନଦୀପ ସେମିନାରୀରେ ପଢ଼ାଉଥିଲେ । ଅନେକ ବର୍ଷ ତଳେ ସେ ମୋତେ କହିଥିଲେଯେ' ସେ ବାଇବେଲର ନୂତନ Testament ରେ ଯାହା ଲେଖାହୋଇଛି ତାହାର ଅର୍ଥକୁ ଶ୍ରୀମଦ୍‌ଭାଗବତ୍‌ଗୀତା ପଢିବାଦ୍ୱାରା ପୂର୍ଣ୍ଣାଙ୍ଗ ଭାବେ ବୁଝିପାରନ୍ତି । ଗୀତାର ସହ-ଅଧ୍ୟୟନ ତାଙ୍କୁ ବାଇବେଲର New Testament କୁ ବୁଝିବାରେ ସାହାଯ୍ୟ କରେ ।

ସହ-ଅଧ୍ୟୟନ ନିଜକୁ ଓ ଅପରକୁ ବୁଝିବା ଓ ବ୍ୟାଖ୍ୟା କରିବାରେ କେତେ ସାହାଯ୍ୟ କରିଥାଏ । ଆମ ଭିତରେ କେତେକ ଗ୍ରନ୍ଥ ରହିଛି ଯାହା ସହ-ଅଧ୍ୟୟନର ଗଭୀର ସାଧନା ଅଟେ ଯେପରିକି ଶିଖ୍ ଧର୍ମଗ୍ରନ୍ଥ ଗୁରୁଗ୍ରନ୍ଥ ସାହେବ । ଗୁରୁଗ୍ରନ୍ଥ ସାହେବରେ ଅନେକ ଧର୍ମ ଓ କବିତାରୁ ବାଣୀମାନ ରହିଛି । ଏଥିରେ ଜୟଦେବଙ୍କର

ଗୀତ ଗୋବିନ୍ଦ ଓ କବୀରଙ୍କର ଦୋହାର ବାଣୀମାନ ରହିଛି । ଶ୍ରୀଅରବିନ୍ଦଙ୍କ ବିଚାରରେ, ଶିଖଧର୍ମହିଁ ଇସଲାମ ଓ ଅଦ୍ୱୈତ ଆଧ୍ୟାତ୍ମିକତାର ସହ-ସାଧନା କରି ଏକ ସମନ୍ୱୟ ସୃଷ୍ଟି କରିବାକୁ ପ୍ରୟାସ କରିଥିଲା । ମାତ୍ର ଏହା ଦୁଃଖର କଥାଯେ ଏହି ସହାଧ୍ୟାୟର ସାଧନା ବେଶୀବାଟ ଯାଇପାରିଲା ନାହିଁ । ଗାଂଧୀ, ସ୍ୱାମୀ ବିବେକାନନ୍ଦ, ରବୀନ୍ଦ୍ରନାଥ ଏବଂ ସ୍ୱାମୀ ଅଭିଷିକ୍ତାନନ୍ଦ ଯିଏ ଜଣେ ଅନେକ ଗଭୀର ଖ୍ରୀଷ୍ଟିୟାନ୍ ପାଦ୍ରୀ ଥିଲେ ଓ ରମଣ ମହର୍ଷିଙ୍କ ଦ୍ୱାରା ପ୍ରଭାବିତ ହୋଇଥିଲେ... ଏମାନେ ସମସ୍ତେ ସହ-ଅଧ୍ୟୟନ କରିଥିଲେ । ଆମର ଶାସ୍ତ୍ର, ସମ୍ବନ୍ଧ, ଆତ୍ମା, ସମାଜ, ସଂସ୍କୃତି ଓ ସଂସାରର ବ୍ୟଖ୍ୟା ପାଇଁ ଆମକୁ ସ୍ୱାଧ୍ୟାୟ ସହିତ ସହ-ଅଧ୍ୟୟନ କରିବାକୁ ହେବ ଏବଂ ସ୍ୱାଧ୍ୟାୟକୁ ବହୁ ଆୟାମଯୁକ୍ତ ସହାଧ୍ୟାୟରେ ରୂପାନ୍ତରିତ କରିବାକୁ ହେବ ।

ଏହି ସହାଧ୍ୟାୟରେ ପଥରେ ଯାତ୍ରୀ ହେଲେ ଆମେ ନିଜ ଓ ପର ମଧ୍ୟରେ ଥିବା ସମାନତା, ବୈଷମ୍ୟ ଓ ଏହାର ଉତ୍ତରଣ ସମ୍ପର୍କରେ ନୂଆ କେତେ ପଥ ଗମିପାରୁ । ଶ୍ରୀମଦ୍‌ଭାଗବତ୍‌ଗୀତାରେ ଧର୍ମଯୁଦ୍ଧ କଥା କୁହାଯାଇଛି, କୋରାନ୍‌ରେ ଜିହାଦ୍ ସମ୍ପର୍କରେ କୁହାଯାଇଛି । ଧର୍ମଯୁଦ୍ଧ ଓ ଜିହାଦ୍ ମଧ୍ୟରେ କିଛି ସଂପର୍କ ଅଛିକି ? ଧର୍ମଯୁଦ୍ଧ ପାଇଁ ଯୁଦ୍ଧ, ଧର୍ମ ସହିତ ଯୁଦ୍ଧ। ଏହି ଯୁଦ୍ଧ ହିଂସ୍ର ହୋଇପାରେ ଯଦି ଆବଶ୍ୟକ ହୁଏ ମାତ୍ର ଏହା ମୂଳତ ଏକ ଅହିଂସ ଯୁଦ୍ଧ । ଧର୍ମ ଏଠାରେ ହିନ୍ଦୁ ଧର୍ମ ବା ମୁସଲମାନ ଧର୍ମକୁ ବୁଝାଏନି । ଏହା ଜୀବନକୁ ପ୍ରସ୍ଫୁଟନ କରୁଥିବା ଧର୍ମକୁ ବୁଝାଏ, ଯାହା ଧାରଣ କରି ରଖେ ତାହାକୁ ବୁଝାଏ । ଜୀବନର ପ୍ରସ୍ଫୁଟନ ପାଇଁ ଧାର୍ମିକ ପନ୍ଥାରେ ଯୁଦ୍ଧ । ଠିକ୍ ସେମିତି ଜିହାଦ୍ । ଜିହାଦ୍‌ର ଅନେକ ଅର୍ଥ ରହିଛି । ଏହାର ପ୍ରଧାନ ଅର୍ଥ ହେଉଛି ପ୍ରଲୋଭନ ଓ ନାନା ଆହ୍ୱାନ ସହିତ ଯୁଦ୍ଧକରି, ବିଶେଷ କରି ଆପଣାର ନିମ୍ନପ୍ରକୃତି ସହ ଯୁଦ୍ଧକରି, ଏକ ଇଶ୍ୱର-ସମର୍ପିତ ଆଧ୍ୟାତ୍ମିକ ଜୀବନଯାପନ କରିବା । ଏହା ଅନ୍ୟଧର୍ମର ଲୋକମାନଙ୍କୁ ବା ତଥାକଥିତ କାଫେରମାନଙ୍କ ବିରୁଦ୍ଧରେ ଯୁଦ୍ଧ କରିବାକୁ ବୁଝାଏନାହିଁ ଓ ସେମାନଙ୍କୁ ନିଧନ କରିବାକୁ ବୁଝାଏନା । ଯଦିଓ ଏମିତି ଅର୍ଥ ଓ ବ୍ୟାଖ୍ୟା ଇସଲାମର ଆରମ୍ଭରୁ ରହିଆସିଛି ଓ ଏବେ ଏହା ମଧ୍ୟ ରକ୍ତର ହୋଲି ଖେଳାଇ ଆତଙ୍କବାଦରେ ପ୍ରକଟିତ ହେଉଛି । ମାତ୍ର ଜିହାଦ୍ କେବଳ ଏହାନୁହେଁ, ଏହା ବିଧର୍ମୀ ମାନଙ୍କ ବିରୁଦ୍ଧରେ ଯୁଦ୍ଧ କରିବାକୁ ବୁଝାଏନି । ଏହି ଅର୍ଥରେ ଜିହାଦ୍ ଓ ଧର୍ମଯୁଦ୍ଧ ମଧ୍ୟରେ ସାମଞ୍ଜସ୍ୟ ରହିଛି ଯାହାକୁ ଆମେ ଆହୁରି ଅଧିକ ସମୀକ୍ଷାତ୍ମକ ଓ ସୃଜନଶୀଳ ରୂପେ ବ୍ୟାଖ୍ୟା କରିପାରିବା । ଉଭୟ ଧର୍ମଯୁଦ୍ଧ ଓ ଜିହାଦ୍‌ରେ ନିମ୍ନ ପ୍ରକୃତିରୁ ... ନିମ୍ନଚକ୍ରରୁ ଊର୍ଦ୍ଧ୍ୱଚେତନାକୁ ଉତ୍ତରିତ ହେବାର ଏକ ଓ ଅନେକ ସାଧନା ଓ ସଂଗ୍ରାମ ରହିଛି, ଯାହାକୁ ଆମେ କୁଣ୍ଡଳିନୀର ସାଧନା ଓ ସଂଗ୍ରାମ ରୂପେ ଅନୁଭବ କରିପାରିବା ।

ବ୍ୟାଖ୍ୟା ଓ ବ୍ୟାପ୍ତି

ଶ୍ରୀମଦ୍‌ଭାଗବତଗୀତାରେ ସ୍ୱଧର୍ମେ ନିଧନଂ ଶ୍ରେୟଃ ପରଧର୍ମୋଃ ଭୟାବହଃ ବୋଲି କୁହାଯାଇଛି । ମାତ୍ର ଏଠାରେ ସ୍ୱଧର୍ମ ଓ ପରଧର୍ମର ଅର୍ଥ କଣ ? ସ୍ୱ ର ଅର୍ଥ କଣ ? ସ୍ୱ ଜଣେ ସମାଜିକ ବ୍ୟକ୍ତି ଓ ତାର ସାମାଜିକ ପରିଚିତିକୁ କେବଳ ବୁଝାଏ ଅଥବା ଏହା ଆମର ଆତ୍ମିକ ଜୀବନକୁ ବୁଝାଏ ଯାହା ସମାଜ ଓ ସଂସ୍କୃତିର ଭୂମିରେ ଜନ୍ମ ହୋଇଥିଲେହେଁ ଏହା କେବଳ ଏହାରି ମଧ୍ୟରେ ସୀମାବଦ୍ଧ ନୁହେଁ । ସ୍ୱଧର୍ମ ହେଉଛି ଆତ୍ମାର ଧର୍ମ : ଆମର ଆତ୍ମା ଓ ସ୍ୱଭାବ ଗୋଟିଏ ପଥରେ ବିକଶିତ ହେବାକୁ ଚାହେଁ । ଉଦାହରଣ ସ୍ୱରୂପ, ହିଟଲର୍ । ହିଟଲର ପିଲାବେଳେ ଜଣେ ଚିତ୍ରଶିଳ୍ପୀ ହେବାକୁ ଚାହୁଁଥିଲେ । ହୁଏତ ଏହା ତାଙ୍କର ଅନ୍ତରର ଆଗ୍ରହ, ପିପାସା ଓ ପଥ ଥିଲା । ମାତ୍ର ତାଙ୍କର ବାପା-ମା ତାଙ୍କର ଏହି ଆସ୍ପୃହାର ପ୍ରସ୍ଫୁଟନ ପାଇଁ ଉପଯୁକ୍ତ ସୁଯୋଗ ଦେଲେ ନାହିଁ । ଏମିତି ସୁଯୋଗ ପ୍ରଦାନ କରିଥିଲେ ହୁଏତ ହିଟଲର୍ ଜଣେ ସୃଜନଶୀଳ ଆତ୍ମା ହୋଇ ଏହି ସଂସାରରେ ବାଟ ଚାଲୁଥାନ୍ତେ, ସେ ଭୟାବହ ଏହି ସଂସାରରେ ଏତେ ହତ୍ୟାର କାଣ୍ଡ କରିନଥାନ୍ତେ । ସ୍ୱଧର୍ମକୁ ଆମେ ସାମାଜିକ, ସାଂସ୍କୃତିକ ଓ ସାମାଜିକ ଧର୍ମଦୃଷ୍ଟିରୁ ଦେଖିଲେ ଏହା ଜନ୍ମ ହୋଇଥିବା ଧର୍ମକୁ ବୁଝାଏ । ମାତ୍ର ଏକ ଗଭୀର ଓ ବ୍ୟାପ୍ତ ଦୃଷ୍ଟିରୁ ସ୍ୱଧର୍ମକୁ ବ୍ୟାଖ୍ୟାକଲେ ଆମେ ଆମର ସ୍ୱଧର୍ମ ମଧ୍ୟରେ ଏକ ଗଭୀର ଜୀବନ ବିକାଶର ଆତ୍ମିକ ଆହ୍ୱାନକୁ ଶୁଣିଥାଉ ଯାହା ଅନୁଷ୍ଠାନଗତ ଧର୍ମ ଯଥା ହିନ୍ଦୁଧର୍ମ ଓ ଇସଲାମର ଉର୍ଦ୍ଧ୍ୱରେ । ଆମର ବ୍ୟାଖ୍ୟାର ବ୍ୟାସମାନ ସଂକୀର୍ଣ୍ଣତାରୁ ବ୍ୟାପ୍ତ ହେଲେ ଆମର ସ୍ୱଧର୍ମ ଗଭୀର ଓ ବ୍ୟାପ୍ତ ହୁଏ । ଆମର ଆତ୍ମାର ବିକାଶ ଓ ପ୍ରସ୍ଫୁଟନ ସ୍ୱଧର୍ମକୁ ବୁଝାଉଥିଲାବେଳେ ପରଧର୍ମ ଏଠାରେ ଯାହା ଆମର ଆତ୍ମାର ହନନ କରେ ତାକୁ ବୁଝାଏ ।

ଶ୍ରୀମଦ୍‌ଭାଗବତଗୀତାରେ ସ୍ୱଧର୍ମ ଓ ପରଧର୍ମର ଭାଷା ବ୍ୟବହାର କରାଯାଇଛି ଯାହାକୁ କେତେକ ମୌଳବାଦୀମାନେ ଅନ୍ୟର ଧର୍ମ ଯଥା ମୁସଲମାନ ମାନଙ୍କର ଧର୍ମ ବା ଖ୍ରୀଷ୍ଟିୟାନ ମାନଙ୍କର ଧର୍ମକୁ ଭୟାବହ ରୂପେ ପ୍ରତିପାଦିତ କରିଛନ୍ତି । ଏମିତି ବ୍ୟାଖ୍ୟା ଓ ପ୍ରତିପାଦନରେ ଅନେକ ସଂକୀର୍ଣ୍ଣତା ଓ ହିଂସା ରହିଛି । ହିଂସା ଓ ସଂକୀର୍ଣ୍ଣତାର ଏହି ପୃଥିବୀରେ ଆମେ କଲବଲ ହୋଇ ମରୁଥିବାବେଳେ କଣ ପାଇଁ ଆମେ ଏମିତି ସଂକୀର୍ଣ୍ଣ ବ୍ୟାଖ୍ୟା ମଧ୍ୟରେ ଆବଦ୍ଧ ହୋଇରହିବା ? ଆମେ କଣ ପାଇଁ ଏକ ନୂତନ ଭାଷା, ବ୍ୟାଖା ଓ ଜୀବନର ସାଧନା କରିବାନାହିଁ ? ଏହି ସାଧନା ପର୍ବରେ ଆମେ ସ୍ୱଧର୍ମ ଓ ପରଧର୍ମର ସଂକୀର୍ଣ୍ଣ ବ୍ୟାଖ୍ୟାର ଉର୍ଦ୍ଧ୍ୱକୁ ଯାଇ ଆଉ ଏକ ଜୀବନଭାଷା ଓ ସମ୍ବନ୍ଧ ସୃଷ୍ଟିକରିପାରିବା ଯାହାକୁ ଆମେ ସହଧର୍ମ ବୋଲି କହିପାରିବା । ଆମ

ଜୀବନରେ ସବୁଧର୍ମର ଅନେକ ଭୂମି ଓ ଆକାଶ ମଧ୍ୟରୁ ଆମେ ଏଠାରେ ଦୁଇଟିକୁ ବୁଝିବାକୁ ଓ ବିକଶିତ କରିବାକୁ ପ୍ରୟାସ କରିପାରିବା । ସେହି ଦୁଇଟି ହେଉଛି ଆମର ଭାଷା ଓ ଆମର ପରିବେଶ । ମନୁଷ୍ୟ ମାତ୍ରକେ ଆମ ସମସ୍ତଙ୍କର ଭାଷା ରହିଛି, ଆମର ମାତୃଭାଷା କହୁଥିବା ଆତ୍ମାମାନେ ବିଭିନ୍ନ ଆନୁଷ୍ଠାନିକ ଧର୍ମର । ଆମ ଓଡିଶାରେ ଓଡିଆ କେବଳ ହିନ୍ଦୁମାନଙ୍କର ମାତୃଭାଷା ନୁହେଁ ଏହା ଓଡିଶାରେ ବସବାସ କରୁଥିବା ମୁସଲମାନ, ଖ୍ରୀଷ୍ଟିୟାନ ଓ ଆହୁରି ଅନେକ ଧର୍ମ ଓ ସମ୍ପ୍ରଦାୟର ମାତୃଭାଷା । ଆମର ମାତୃଭାଷା ମରିଗଲେ ଆମେ ସମସ୍ତେ ମରିଯିବା ଓ ଆମର ମାତୃଭାଷାର ଲାଳନପାଳନ, ବିକାଶ ଓ ଅଭ୍ୟୁଦୟ ଆମ ସମସ୍ତଙ୍କର କର୍ତ୍ତବ୍ୟ ଓ ଧର୍ମ; ଏହା କେବଳ ଓଡିଶାରେ ରହୁଥିବା ହିନ୍ଦୁ ଓଡିଆମାନଙ୍କର ନୁହେଁ । ଆମ ଓଡିଶାରେ ରହୁଥିବା ମୁସଲମାନ ଭାଇମାନେ ଓଡିଆ ଭାଷାରେ ଅଧିକ ରଚନା କରି ଏହାକୁ ପରିଚିତ ଆରବିକ୍, ପାର୍ସୀ ଓ ଉର୍ଦ୍ଦୁ ଭାଷା ଦ୍ୱାରା ଆହୁରି ସମୃଦ୍ଧ କରିପାରନ୍ତେ । ଓଡିଆ ଭାଷା ଇଂରାଜୀ ଭାଷା ସହିତ ସଂସ୍ରବ କରିବାରୁ ଆମର ଯେମିତି ଭାଷାର ସମୃଦ୍ଧି ଘଟିଛି ଓ ଏହା କେବଳ ଶବ୍ଦକୋଷରେ ନୁହେଁ, ଏହା ଆମର ଭାଷାର ବ୍ୟାକରଣରେ ମଧ୍ୟ ଠିକ୍ ସେମିତି ଆମେ ଆମର ଓଡିଶାର ମୁସଲମାନ ଭାଇମାନଙ୍କ ସହ ଆମେ ଉର୍ଦ୍ଦୁ, ଆରବିକ ଓ ପାର୍ସୀ ଭାଷାର ବିପୁଳାଶ୍ମ ସମୃଦ୍ଧି ଦ୍ୱାରା ଆମର ଭାଷାକୁ ସମୃଦ୍ଧ ଓ ବିଶ୍ୱମୟ କରିପାରିବା । ଆମର ମାତୃଭାଷା ଆମର ସହଧର୍ମର ଭୂମି ଓ ଭାଷା... ଏହା ଆମର ମାତୃଭାଷା ହେଉ ବା ଅନ୍ୟର ମାତୃଭାଷା ହେଉ... ଏହା ଆମର ସହଧର୍ମର ଭୂମି । ଭାଷାବିନା ମନୁଷ୍ୟ ଜୀବନ ସମ୍ଭବ ନୁହେଁ ଓ ଏହି ପ୍ରାରମ୍ଭିକ ସ୍ତରରେ ଭାଷା ଆମ ସମସ୍ତଙ୍କର ସହଧର୍ମ । ଇଂରାଜୀ ଆମର ମାତୃଭାଷା ନହୋଇପାରେ, ମା କୋଳରେ ଆମେ ବଂଗଳା ନକହି ପାରିଥାଉ ମାତ୍ର ଭାଷାର ସହଧର୍ମର ଧାରାରେ ଆମେ ବଂଗଳା, ଇଂରାଜୀ ଓ ଅନ୍ୟଭାଷାମାନଙ୍କୁ ଆମର ମାତୃଭାଷା ରୂପେ ଅନୁଭବ କରିପାରିବା । ଆମର ଭାଷାର ବିକାଶ ଓ ସମୃଦ୍ଧି ପାଇଁ ଆମକୁ କେବଳ ମୁଖରେ ଭାଷାମାନଙ୍କୁ ଉଚ୍ଚାରଣ କରିବାକୁ ହୁଏନାହିଁ । ଭାଷାସହିତ ପାଦରେ ଜୀବନ ଚାଲି ଆମକୁ ଆମର ଭାଷାର ଲାଳନପାଳନ କରିବାକୁ ହୋଇଥାଏ, ନୂତନ ଭାଷା ସୃଷ୍ଟି କରିବାକୁ ହୁଏ । ଭାଷା ସଂପର୍କରେ ଆଲୋଚନା କରିଥିବା ଉଭୟେ ଭର୍ତ୍ତୃହରି ଓ ମାର୍ଟିନ ହାଇଡିଗାରଙ୍କ ସହିତ ବାଟଚାଲି ଆମକୁ ମୁଖ ଓ ପାଦ ସହ, ବ୍ରାହ୍ମଣ ଓ ଶୂଦ୍ର ଜୀବନ ଭକ୍ତି ଓ ଶକ୍ତି ସହ ବାଟଚାଲି ଆମର ଭାଷାକୁ ସହଧର୍ମର ଭୂମି ଓ ଭୂମା ରୂପେ ସୃଷ୍ଟି କରିବାକୁ ହୋଇଥାଏ ।

ଭାଷା ଯେମିତି ଆମର ସହଧର୍ମର ଭୂମି ଓ ଧାରା ଠିକ୍ ସେମିତି ପରିବେଶ । ଆମର ଗାଆଁରେ ନଦୀଟିଏ ବହିଯାଉଛି । ଏହି ନଦୀତୁଠରୁ ପାଣି ନେବାକୁ ଗାଆଁର

ସବୁଜାତିର ଓ ସବୁଧର୍ମର ଝିଅମାନେ ଆସୁଛନ୍ତି ଯଦିଓ କେତେ ଜାଗାରେ ପାଣିନେବାକୁ ବିଭିନ୍ନ ଜାତି ଓ ଭିନ୍ନ ଧର୍ମର ଲୋକମାନଙ୍କ ପାଇଁ ଅଲଗା ତୁଠ ରହି ଥାଇପାରେ । ଆମ ଗାଆଁର ନଦୀ ଆମ ସମସ୍ତଙ୍କର ସହଧର୍ମର ଧାରା । ଆମର ନଦୀ ଶୁଷ୍କ ହୋଇଗଲେ ଯାହା ଅନେକ କ୍ଷେତ୍ରରେ ଘଟୁଛି ଆମ ସମସ୍ତଙ୍କର ଜୀବନ ମରିମରିଯାଏ । ନଦୀ ଭଳି ଆମର ପରିବେଶ, ଜଂଗଲ ଓ ଆଉସବୁ ସାଧାରଣ କ୍ଷେତ୍ର ଯଥା ଗୋଚର ଭୂମିମାନ ଆମର ସହଧର୍ମର ଧାରା । ଭାଷା ଓ ପରିବେଶର ଏହି ସବୁଧର୍ମର ଧାରା ସହିତ ସନ୍ତରଣ କରି ଆମେ ଅନୁଭବ କରିପାରିବାଯେ' ଆମର ଜୀବନ ସ୍ୱଧର୍ମ ଓ ପରଧର୍ମର ନୁହେଁ; ଏହା ସହଧର୍ମର । ସହଧର୍ମକୁ ନେଇ ଆମେ ଜୀବନର ବ୍ୟାଖ୍ୟା କରିପାରିବା ଓ ଅନୁଭବ କରିପାରିବାଯେ' ଆମର ସ୍ରଷ୍ଟା ସ୍ୱଧର୍ମ ଓ ପରଧର୍ମର ସ୍ରଷ୍ଟା ନୁହନ୍ତି, ସିଏ ସହଧର୍ମର ସ୍ରଷ୍ଟା ଓ ଆମ ସହିତ ସତତ ସହଯାତ୍ରୀ ।

ଆମର ବ୍ୟାଖ୍ୟା ବ୍ୟାପ୍ତ ହେଲେ ଏହା ଆମ ଜୀବନରେ ବ୍ୟାପ୍ତି ଆଣେ । ଏହି ବ୍ୟାପ୍ତି ଆମ ଜୀବନରେ କେତେ କ୍ରାନ୍ତି ଆଣିଥାଏ । ଏହି କ୍ରାନ୍ତି ବହୁପରିସରୀୟ... ଏହା ସମ୍ବନ୍ଧରେ କ୍ରିୟା ଓ ଚେତନାର କ୍ରାନ୍ତି । ଏହା ରାଜନୈତିକ କ୍ରାନ୍ତି ଓ ଆଧ୍ୟାତ୍ମିକ କ୍ରାନ୍ତି । ଆମର ଆଧୁନିକ ପର୍ବରେ ଆମର କ୍ରାନ୍ତି ଚର୍ଚ୍ଚା ଓ ଚାରଣା ମୂଳତଃ ରାଜନୈତିକ ହୋଇ ରହିଯାଇଥିବାରୁ, ଆମର କ୍ରାନ୍ତିମାନ ଏକ ନିବୁଜ ଆଦର୍ଶବାଦ ମଧ୍ୟରେ ବଂଦୀ ହୋଇରହିଯାଇଥିଲା । ଆଦର୍ଶବାଦ ଆଦର୍ଶବାଦ ମଧ୍ୟରେ ସଂଘର୍ଷରେ କେତେ ରକ୍ତ ବୋହିଛି ତଥାପି ଆମର ମାଣ ଅପୂର୍ଣ୍ଣ ହୋଇ ରହିଛି । ଆଦର୍ଶବାଦକୁ ନେଇ କ୍ରାନ୍ତିମାନ ପରସ୍ପରର ସହିତ ଲଢୁଥିବାବେଳେ ଗୋଟିଏ ଆଦର୍ଶ ଜୀବନର ଆହ୍ୱାନକୁ ଶୁଣିଲେ ଓ ଏହାର ଯୋଗ୍ୟହେଲେ ଆମର ଆଦର୍ଶବାଦ ଜନିତ ବିଭକ୍ତ କ୍ରାନ୍ତିମାନ ସଂଯୁକ୍ତ ହୁଅନ୍ତି । ଆମର କ୍ରାନ୍ତିମାନ ବ୍ୟାପ୍ତ ହୁଅନ୍ତି, ସହଧର୍ମର କ୍ରାନ୍ତି ହୁଅନ୍ତି ଓ ଏହି କ୍ରାନ୍ତି ଚେତନା ଓ ସମ୍ବନ୍ଧର ଉତ୍‌କ୍ରାନ୍ତି ଆଣେ ।

ଗ୍ରନ୍ଥ ସୂଚନା:

୧. Fred Dallmayr, On the Boundary: A Life Remembered (Rowman and Littlefield, 2017); Hans-Herbert Kogler, The Power of Dialogue: Critical Hermeneutics After Gadamer and Foucault. Cambridge, MA: The MIT Press, 1999.

୨. ଏ ସଂପର୍କରେ ଦାର୍ଶନିକ ପଲ ରିକର ଆଲୋଚନା କରିଛନ୍ତି । ଦ୍ରଷ୍ଟବ୍ୟ, Paul

Ricouer, Freud and Philosophy: An Essay on Interpretation. New Haven: Yale U. Press.

୩. Jurgen Habermas, Moral Consciousness and Communicative Action. Cambridge, MA: The MIT Press; ଅନନ୍ତ କୁମାର ଗିରି, ସମୀକ୍ଷା ଓ ପୁରୋଦୃଷ୍ଟି ।

୪. Raimundo Panikkar, "Diatopial Hermeneutics." From the web; ଏବଂ Boaventura De Sousa Santos, Epistemologies of the South: Justice Against Epistemicide. Boulder, CO: Paradigm Publishers, 2014.

୫. ଏହି କ୍ଷେତ୍ରରେ ଚିତ୍ତ ରଞ୍ଜନ ଦାସ ଯାହା ଲେଖିଛନ୍ତି ତାହା ପ୍ରଣିଧାନଯୋଗ୍ୟ : "ସାହିତ୍ୟ ହେଉଛି ଏକ ଏକାତ୍ମକତା ଅର୍ଜନ କରିବାର ପଥ । ସବୁ ମଣିଷ ଆପଣାର ଦୁଆରଟିକୁ ଖୋଲି ପାରନ୍ତି ନାହିଁ । ସମସ୍ତେ ସଙ୍ଗାତ ବସି ପାରନ୍ତି ନାହିଁ । ମାତ୍ର ଯେଉଁମାନେ ପାରନ୍ତି, ସେହିମାନେ ହିଁ ସାହିତ୍ୟଲାଗି ସାହସ କରନ୍ତି, ସଙ୍ଗୀତ ଓ କଳାଲାଗି ସାହସ କରନ୍ତି, ଯଥାର୍ଥ ବିଜ୍ଞାନଲାଗି ସାହସ କରନ୍ତି । ଗୋଟିଏ କଥାରେ କହିଲେ, ଉନ୍ମୋଚନ ଲାଗି ସାହସ କରନ୍ତି । ସେମାନଙ୍କର ଭିତର ବାହାର ସର୍ବାଙ୍ଗଟାଯାକ ଏଇଠି ଆତଯାତ ହେଉଥିଲେ ମଧ୍ୟ ସେମାନଙ୍କର ଡେଣାଗୁଡାକ କେତେ କେଉଁ ସ୍ୱପ୍ନମୟ ନୀଳିମା, ଅର୍ଥାତ୍ ଏକ ସର୍ବନିକେତ ଆତ୍ମୀୟତା ମଧ୍ୟକୁ ବିସ୍ତୃତ ହୋଇ ରହିଥାଏ । ଆପଣାକୁ ପ୍ରସାରିତ ଓ ସମର୍ପିତ କରି ରଖିପାରିବାର କଳାଟିକୁ ସେମାନେ ଜୀବନ ବଞ୍ଚିବାର ସର୍ବପ୍ରଥମ କଳାବୋଲି ଗ୍ରହଣ କରି ନେଇଥାନ୍ତି । ସେମାନେ ଅନ୍ୟଏକ ଭୂଗୋଳ ଏବଂ ଅନ୍ୟଏକ ଇତିହାସ ମଧ୍ୟରେ ବିଚରଣ କରୁଥାନ୍ତି । ତେଣୁ ଆମର ତଥାକଥିତ ଭୂଗୋଳ ଓ ତଥାକଥିତ ଇତିହାସଜନିତ ବିବାଦଗୁଡ଼ାକ ସେମାନଙ୍କର ଅକଲ ସତରେ ମୋଟେ ଖାପଖାଇ ପାରେନାହିଁ ।", ଚିଦ୍‌ବିସ୍ତାର, କଟକ: ମିତା ବୁକ୍‌ସ୍, ପୃ.୩।

୬. Christian Bartolf, (ed.) Letter to a Hindoo: Tarakanath Das, Leo Tolstoi and Mahatma Gandhi Berlin: Gandhi Information Center, 1997.

୭. Rammohan Roy, Tuhfatul Muhwadin; Rammohan Roy

& Joshua Marshman, The Precepts of Jesus: The Guide to Peace and Happiness. Chizine Publlication; and Abidullah Al-Ansari Ghazi. 2010. Raja Rammohan Roy: An Encounter With Islam and Christianity and Articulation of Hindu Self-Consciousness. Xlibris Corporation.

୮. Narasingha Prasad Sil. 1997. Swami Vivekananda: A Reassessment. London: Associated University Presses, ପୃଷ୍ଠା ୫୩-୫୪ ।

୯. Pandita Ramabai Sarawati. The High Caste Hindu Women. Philadelphia: J.B. Rodgers Printing, 1887; Pandita Ramabai's America: Conditions of Life in the United States. Edited by Robert E. Frynkenberg. Grand Rapids, MI: W.B. Eerdams, 2003.

୧୦. Chitta Ranjan Das, "Jews of Israel from India." In Chitta Ranjan Das, Adventures in Education: Vistas and Variations. Delhi: Daanish Books, 2013.

୧୧. Chitta Ranjan Das, Benedict Spinoza. Delhi: Supra, 2009.

୧୨. Chitta Ranjan Das, ଡେନମାର୍କ ଚିଠି ।

୧୩. Chitta Ranjan Das, ରବୀନ୍ଦ୍ର କତିପୟ, ଭୁବନେଶ୍ୱର: ପଥିକ ପ୍ରକାଶନୀ, ପୃ. ୨ ।

୧୪. Ananta Kumar Giri, Transforming the Subjective and the Objective: Transpositional Subjectobjectivity. Madras Institute of Development Studies: Paper.

୧୫. ନୃତତ୍ତ୍ୱବିଦ୍ ବି.କେ. ରୟ ବର୍ମନ୍ ଏହି ସଂପର୍କରେ ଆଲୋଚନା କରିଛନ୍ତି ।

୧୬. ନୃତତ୍ତ୍ୱବିଦ୍ Arturo Escobar ଏହି ସଂପର୍କରେ ଆଲୋଚନା କରିଛନ୍ତି । ଦ୍ରଷ୍ଟବ୍ୟ, Arturo Escobar, Territories of Difference: Place, Movements, Life, Reeds. Durham, Duke U. Press,

2008; Designs for the Pluriverse: Radical Interdependence, Autonomy, and the Making of Worlds. Durham: Duke University Press, 2018.

୧୨. Prince Muhamamad Dara Sukho, The Commingling of Two Oceans: Majma ul Bahrain. Gurgaon: Hope India Publications. 2006.

ରୂପାନ୍ତରକାରୀ ସଂହତି

ସଂହତି ଆମ ଜୀବନର ଭୂମି ଓ ଆକାଶ । ସଂହତି-- ସାଙ୍ଗ ହୋଇ ଜୀବନ ବଞ୍ଚିବା, ସଂହତ ହୋଇ ଜୀବନର ସାଧନା କରିବା ଓ ସଂଗ୍ରାମ କରିବା-- ଆମ ଜୀବନର ଭିତ୍ତିଭୂମି । ମାତ୍ର ସାଙ୍ଗ ହୋଇ ଜୀବନ ବଞ୍ଚିବା ଏକ ସତତ ଆହ୍ୱାନ । ଆମ ନିଜ ଓ ପରସ୍ପର ମଧ୍ୟରେ ଅନେକ ପ୍ରକାରର ଧାରା ଓ ପ୍ରବାହ ରହିଛି । ଆମର ଆତ୍ମିକ ଜୀବନରେ ଅନେକ ଧାରା ଓ ପ୍ରବାହ ରହିଛି ଯାହା ଆମକୁ ତଳକୁ ଟାଣେ ଓ ନିଜକୁ ତଳକୁ ଟାଣିବା ସହିତ ଅନ୍ୟମାନଙ୍କୁ ମଧ୍ୟ ତଳକୁ ଟାଣେ । ଏହାକୁ ଆମେ ବେଳେବେଳେ ନିମ୍ନ ପ୍ରକୃତି ବୋଲି କହିଥାଉ ଯଥା ଘୃଣା, କ୍ରୋଧ, ଈର୍ଷା ଓ ଏମିତି କେତେ ଧାରା । ଏହା ସହିତ ଆମର ଜୀବନରେ ମଧ୍ୟ ଏମିତି ଧାରା ଓ ପ୍ରବାହ ରହିଛି ଯାହାକୁ ଆମକୁ ଏହିସବୁ ପ୍ରବାହରୁ ଅନ୍ୟ ଏକ ପ୍ରବାହକୁ ଆଣେ... ଆମର ଉଚ୍ଚତର ଓ ଗଭୀର ଜୀବନ ସ୍ତରକୁ ଆଣେ । ଆମକୁ ପ୍ରେମ, ପାରସ୍ପରିକତା ଓ ସାର୍ବଜନୀନତା ଆଡକୁ । ଆମକୁ ଆଲୋକାଭିମୁଖୀ କରାଏ ଓ ପରସ୍ପର ପ୍ରତି ଆକର୍ଷିତ ଓ ଅଙ୍ଗୀକାରବଦ୍ଧ କରାଏ । ଆମକୁ ଗାତରୁ ସମତଳ ଓ ଶିଖର ଆଡକୁ ଆଣେ । ଏହାକୁ ଆମେ ଉଚ୍ଚ ପ୍ରକୃତି ବୋଲି କହିପାରିବା । ସଂହତିର ଯାତ୍ରା, ସାଧନା ଓ ସଂଗ୍ରାମ ଉଭୟ ନିମ୍ନପ୍ରକୃତି ଓ ଉଚ୍ଚ ପ୍ରକୃତିର ବାସ୍ତବତା ଓ ରୂପାନ୍ତର ସହ ଏକ ସତତ ସାଧନା ଓ ସଂଗ୍ରାମ । ନିମ୍ନପ୍ରକୃତି... ତଥାକଥିତ ନିମ୍ନ ପ୍ରକୃତିକୁ ରୂପାନ୍ତରିତ କରିବାକୁ ହୁଏ । ଏହାକୁ ମାରିଦେଲେ, ଚପାଇଦେଲେ ବା ନୀତିବାଣୀ ଶୁଣାଇ ଶାସ୍ତ୍ର ଲେଖିଲେ ଓ ଶାସ୍ତ୍ରମାନ ବାଣ୍ଟିଦେଲେ ଏହାର ସମାଧାନ ହୁଏନାହିଁ; ନିମ୍ନ ପ୍ରକୃତିର ରୂପାନ୍ତର ପାଇଁ ଆତ୍ମିକ ସ୍ତରରେ, ପାରସ୍ପରିକତା ଭୂମିରେ ଓ ସାମାଜିକ ଓ ସାଂସ୍କୃତିକ କ୍ଷେତ୍ରେର ନାନା ସୃଜନଶୀଳ ପ୍ରୟାସ କରିବାକୁ ହୋଇଥାଏ । ଆମର ପ୍ରତ୍ୟେକଙ୍କ ଜୀବନରେ ବହୁବିଧ ପ୍ରବାହ- ଯଥା ନିମ୍ନ ପ୍ରକୃତି ଓ ଉଚ୍ଚ ପ୍ରକୃତିକୁ ସ୍ଥିର କରି ଓ ଏହାକୁ ରୂପାନ୍ତର କଲେ ଯାଇ ଆମ ଜୀବନରେ ସଂହତିର ଧାରା ବୁହେ ଓ ଯାହା ବାଟରେ ଅନେକ ପଥର, ପର୍ବତ ଓ ପ୍ରତିବଂଧକକୁ ମଧ୍ୟ ସମ୍ମୁଖ କରିଥାଏ ।

ଆମର ବ୍ୟକ୍ତିଗତ ଜୀବନ, ଆତ୍ମିକ ଜୀବନରେ ସଂହତିର ଏହି ଯେଉଁ ବହୁବିଧ ଧାରା, ସାଧନା ଓ ସଂଗ୍ରାମ; ଆମର ପାରସ୍ପରିକତା, ସମ୍ବନ୍ଧଗତ ଓ ସାମାଜିକ ଜୀବନରେ ମଧ୍ୟ ସଂହତିର ସେମିତି ବାସ୍ତବତା ଓ ଆହ୍ୱାନ । ଆମର ପାରସ୍ପରିକତା ଭୂମିରେ ଆମେ ଏକ ଓ ଅନେକ... ଏକ, ଦୁଇ, ତିନି, ଚାରି, ପାଞ୍ଚ ଓ ସହସ୍ର । ଏହି ସମସ୍ତଙ୍କ ସହିତ ସାଙ୍ଗ ହୋଇ ବାଟ ଚାଲିବା, ବଢ଼ିବା, ସାଙ୍ଗ ହୋଇ ଭାବିବା, ସ୍ୱପ୍ନ ଦେଖିବା, ଚିନ୍ତା କରିବା ଓ ପରସ୍ପର ମନନ ଓ ମାନସିକତା ମଧ୍ୟରେ ଥିବା ଏକତ୍ୱର ଧ୍ୱନିକୁ ଅନୁଭବ କରିବା ଓ ଶୁଣିବା ଏକ ଆହ୍ୱାନ । ଋଗ୍ ବେଦର ଶେଷମନ୍ତ୍ର ଆମକୁ ଏହି ଶାଶ୍ୱତ ଓ ଚିରନ୍ତନ ଆହ୍ୱାନ ଶୁଣାଇଥାଏ ।

ସମଗଧ୍ୱଂ ସମବଧ୍ୱଂ ସମ୍ବୋମନାଂସି ଜାୟତାମ୍...

ଆମେ ସାଙ୍ଗ ହୋଇ ବାଟ ଚାଲିବା, ଆମେ ସାଙ୍ଗ ହୋଇ କଥା ହେବା ଓ ଆମ୍ଭର ମନ ସାଙ୍ଗହୋଇ ପରସ୍ପରର ପାଖକୁ ଆସିବ । ଆମ ଜୀବନରେ ଆମେ ଏପରିକି ଅନ୍ତରଙ୍ଗ ଭୂମିରେ ଯଥା ପ୍ରେମର ସମ୍ବନ୍ଧରେ ବା ପାରିବାରିକ ସମ୍ବନ୍ଧରେ ଅନୁଭବ କରି ସାଙ୍ଗହୋଇ ବାଟଚାଲିବା, ପରସ୍ପର ସହିତ କଥାହେବା ଓ ଆମର ମନକୁ ପରସ୍ପରର ଆଲିଙ୍ଗନ ପାଖକୁ ଆଣିବା କେତେ କଷ୍ଟ । ଆମର ପାରସ୍ପରିକ ଜୀବନରେ ବାଟ ଚାଲିବା ବେଳେ ଯଥା ବିବାହର ବେଦୀକୁ ଗଲାବେଳେ ଆଗେ ବର ତାପରେ କନ୍ୟା, କଥା ହେବାବେଳେ ତଥାକଥିତ ଉପରିସ୍ଥ ମାନଙ୍କର ବଚନ ଆଗ ଓ ମାନସିକତା କ୍ଷେତ୍ରରେ ସାଙ୍ଗହୋଇ ମନନ କରିବା ପ୍ରକ୍ରିୟା କେତେ କଷ୍ଟ । ଏହିସବୁ ସୀମିତତା ଓ ଆହ୍ୱାନ ସତ୍ତ୍ୱେ ତଥାପି ସଂହତିର ବାସ୍ତବତା ଓ ସମ୍ଭାବନା ଆମକୁ ସତତ ଆହ୍ୱାନ ଜଣାଉଥାଏ ଏହିସବୁ କ୍ଷେତ୍ରରେ କେବଳ ସ୍ଥିତାବସ୍ଥା ମଧ୍ୟରେ ବାନ୍ଧି ନରହି ନାନା ନୂତନ ପ୍ରୟାସ କରିବାକୁ ହୋଇଥାଏ ।

ସଂହତି... ସାଙ୍ଗହୋଇ ସଂହତ ଭାବେ ବଞ୍ଚିବା, ଭାବିବା, ସ୍ୱପ୍ନ ଦେଖିବା ଓ ବିବର୍ତ୍ତନର ନାନା ଗିରିକୁ ଲଂଘିବା... କେବଳ ଏକ ଅବସ୍ଥା ନୁହେଁ । ଏହା ବହୁବିଧ ପ୍ରକ୍ରିୟା, ଧାରା, ସାଧନା ଓ ସଂଗ୍ରାମ । ଆମ ଜୀବନର ଅନେକ ଶବ୍ଦ ଓ ସ୍ଥିତିଭଳି ସଂହତି ଏକ ବିଶେଷ୍ୟ ଅଟେ । ମାତ୍ର ଏହା କେବଳ ବିଶେଷ୍ୟ ନୁହେଁ; ଏହା ଏକ ବହୁବିଧ କ୍ରିୟା ଯେଉଁ କ୍ରିୟାରେ ଉଭୟେ କ୍ରିୟା ଓ ମନନଶୀଳତା ରହିଛି । ସଂହତି ପାଇଁ ସାଙ୍ଗହୋଇ କାର୍ଯ୍ୟ କରିବା ଓ ସାଙ୍ଗହୋଇ ଆମର ମନକୁ ବିକାଶ କରିବା ଆବଶ୍ୟକ । ଉଦାହରଣ ସ୍ୱରୂପ, ଆମ ଗାଆଁରେ ଯେତେବେଳେ ଆମେ ସାଙ୍ଗହୋଇ ରାସ୍ତାଟିଏ ନିର୍ମାଣକରୁ ବା ବଂଧଟିଏ ବାଂଧୁ ଯେଉଁ ପ୍ରକ୍ରିୟାରେ ଗାଆଁରେ ସମସ୍ତେ ବ୍ରାହ୍ମଣଠାରୁ ହରିଜନ ପର୍ଯ୍ୟନ୍ତ ଯୋଗ ଦିଅନ୍ତି... ଏହା ସଂହତିର ପ୍ରକ୍ରିୟା ସୃଷ୍ଟିକରେ ।

ଏହି ପ୍ରକ୍ରିୟା କେବଳ ପ୍ରକ୍ରିୟାର ସମୟ ମଧ୍ୟରେ ଯଥା ମାଟି ପକାଉଥିବା ସମୟ ମଧ୍ୟରେ ସୀମିତ ହୋଇ ରହେନାହିଁ ଏହା ଅନ୍ୟ ସମୟ ଓ ସ୍ଥାନ ମଧ୍ୟକୁ ମଧ୍ୟ ସଞ୍ଚାରି ଯାଇଥାଏ ଅଥବା ସଞ୍ଚାରିଯିବାର ସମ୍ଭାବନା ରଖିଥାଏ । ଆମ ସମାଜରେ କେତେ ପ୍ରକାର ଦ୍ୱନ୍ଦ୍ୱ ଓ ଅସମାନତା ଥାଏ । ଏହି ସବୁକୁ ରୂପାନ୍ତର କରିବାପାଇଁ ସାଙ୍ଗହୋଇ କାମ କରିବାର ନାନା ପ୍ରକ୍ରିୟା ଆମକୁ ସାହାଯ୍ୟ କରିଥାଏ ଯଦିଓ ଏହିସବୁରୁ ସଂଶ୍ଳିଷ୍ଟ ଅନ୍ୟ ରୂପାନ୍ତର ମଧ୍ୟ ଜରୁରୀ ଯେମିତି ବ୍ରାହ୍ମଣ ଓ ହରିଜନ ମଧ୍ୟରେ ଥିବା ଜାତିଭେଦ ବ୍ୟବସ୍ଥାର ରୂପାନ୍ତର । ଏହି ବିଭେଦ ବ୍ୟବସ୍ଥାର ରୂପାନ୍ତର ପାଇଁ ସାଙ୍ଗହୋଇ କାମ କରିବା ଅତ୍ୟାବଶ୍ୟକ ଅଟେ ।

ସାଙ୍ଗହୋଇ କାମ କରିବା ସହିତ, ସାଙ୍ଗହୋଇ ମନନ କରିବା, ସାଙ୍ଗହୋଇ ଭାବିବା, ସାଙ୍ଗହୋଇ ଆଲୋଚନା କରିବା, ସାଙ୍ଗହୋଇ, ପରସ୍ପର ସହିତ ଓ ଆପଣାର ପାଖରେ ବସି ଆଲୋଚନା କରିବା । ଆମର ନିଜର ମନକୁ ପରସ୍ପରର ମନ ପାଖକୁ ଆଣିବା । ଏହି ପ୍ରକ୍ରିୟାରେ ଆମ ପାରସ୍ପରିକ ମନ ମଧ୍ୟରେ ଥିବା ବିଭିନ୍ନ ପ୍ରକାର ଧାରାରେ ଭାବିବାର ପ୍ରକ୍ରିୟାକୁ ସ୍ୱୀକାର କରି ପରସ୍ପରର ମନର ଐକ୍ୟତାନ ଅନୁଭବ କରିବା ଓ ଶୁଣିବା । ସମ୍ପୋମନାଂସି ଜାୟତାଂ....

ଆମର ମନ ଭିତରେ ଥିବା ପାରସ୍ପରିକତାର ଐକ୍ୟତାନକୁ ଶୁଣିବା ଓ ଏହାକୁ ଆହୁରି ପାରସ୍ପରିକ କରିବା, ପରିବେଶଗତ, ବା ecological କରିବା । ସଂହତି ପାଇଁ ଏମିତି ପାରସ୍ପରିକ ମନ ଓ ଧ୍ୟାନର ଧାରା ଅତ୍ୟାବଶ୍ୟକ ଓ ଜରୁରୀ ଅଟେ । (୧)

ସଂହତିର ଏମିତି ଅନ୍ତର୍ନିହିତ ରୂପାନ୍ତରକାରୀ ଧାରା ସତ୍ତ୍ୱେ ସଂହତିର ଚର୍ଚ୍ଚା ଓ ପରିପ୍ରକାଶ ଅନେକ ସମୟରେ ସ୍ଥିତାବସ୍ଥାର ନାନା ବଂଧନୀ ଓ ବଂଧନ ମଧ୍ୟରେ ବାଂଧି ହୋଇରହିଥାଏ । ଆମର ଜୀବନର ସ୍ଥିତାବସ୍ଥାରେ ନାନା ଶୋଷଣ ଓ ଦମନ ଚାଲିଥାଏ । ମାତ୍ର ସଂହତି ନାମରେ ଆମେ ଏହିସବୁ ପ୍ରତି ଆଖି ବୁଜିଦେଉ । ଉଦାହରଣ ସ୍ୱରୂପ, ପରିବାରରେ ନାରୀ ଓ ପିଲାମାନଙ୍କୁ ପରିବାରର ସଂହତି ପାଇଁ ଏହିସବୁକୁ ମାନିନେବାକୁ କୁହାଯାଇଥାଏ । ମାତ୍ର ସଂହତି ସ୍ଥିତାବସ୍ଥାରେ ଥିବା ଶୋଷଣ ଓ ଦମନକୁ ମାନିନେବାକୁ ବୁଝାଏନାହିଁ; ଏହାକୁ ସମ୍ମୁଖ କରି, ଏହାକୁ ଟକ୍କର ଦେଇ ଏହାକୁ ରୂପାନ୍ତର କରିବାକୁ ବୁଝାଏ ଯାହାଦ୍ୱାରା ପରିବାର ସମସ୍ତଙ୍କ ପାଇଁ ଆତ୍ମବିକାଶ ଓ ପାରସ୍ପରିକ ପ୍ରସ୍ଫୁଟନର ଏକ ମର୍ଯ୍ୟାଦାବନ୍ତ ଭୂମି ହୋଇପାରିବ । ପରିବାର କ୍ଷେତ୍ରରେ ଯେମିତି, ଆମର ସମ୍ବନ୍ଧର ଅନ୍ୟଭୂମିରେ ମଧ୍ୟ ସମାନ ଦମନ ଓ ରୂପାନ୍ତରର ଆହ୍ୱାନ । ଯଥାର୍ଥ ରାଷ୍ଟ୍ରର ଜାତୀୟ ସଂହତି, ଆମର ଜାତି-ରାଷ୍ଟ୍ର ମଧ୍ୟରେ କେତେ ପ୍ରଦେଶ, ଧର୍ମ, ଭାଷା ଓ ବିଭିନ୍ନତା । ଏହା ସହିତ ଆମ ଭାରତବର୍ଷରେ ହିନ୍ଦୁମାନେ ସଂଖ୍ୟା

ଦୃଷ୍ଟିରୁ ସଂଖ୍ୟାଗରିଷ୍ଠ। ଆମ ଭାରତବର୍ଷର ବିଭିନ୍ନ ପ୍ରାନ୍ତରେ ଯଥା କାଶ୍ମୀର, ଉଭୟ ପୂର୍ବ ଭାରତ ଓ କେନ୍ଦ୍ର ଭାରତରେ ଆମର ଭାଇ-ଭଉଣୀମାନେ ଅନୁଭବ କରନ୍ତି ଯେ' ଆମର ଜାତି-ରାଷ୍ଟ୍ର ବା nation-state ସେମାନଙ୍କର ଦୁଃଖ ଓ ଐତିହାସିକ ଯନ୍ତ୍ରଣାକୁ ବୁଝିପାରୁନାହିଁ ଓ ସେମାନଙ୍କ ଉପରେ ଜାତି-ରାଷ୍ଟ୍ରର ବିରାଟଶକ୍ତିକୁ ଲଦି ଦେଉଛି। ଆମର ଜାତୀୟ ସଂହତି ପାଇଁ ଆମକୁ ଏହିସବୁ ଦମନ-ଶୋଷଣ, ଦୁଃଖ ଓ ଯନ୍ତ୍ରଣାକୁ ରୂପାନ୍ତରିତ କରିବାକୁ ହେବ। ଦମନ ସୃଷ୍ଟି କରୁଥିବା ଶକ୍ତି ଓ ପ୍ରକ୍ରିୟାକୁ ସମ୍ମୁଖ କରି ତାକୁ ରୂପାନ୍ତରିତ କରିବାକୁ ହେବ। ମାତ୍ର ସ୍ଥିତାବସ୍ଥାରେ ଥିବା ଦମନ ଓ ଶୋଷଣକୁ ଟକ୍‌କର ଦେବାବେଳେ ଟକ୍‌କର ଦେଉଥିବା ଆମେ ସମସ୍ତେ ସଂହତି ସୃଷ୍ଟି କରିବାକୁ ଆମର ନିଜସ୍ୱ ଦାୟିତ୍ୱକୁ ଭୁଲିଯିବା ନାହିଁ। ରୂପାନ୍ତର କାର୍ଯ୍ୟ ସଂହତି ମର୍ଯ୍ୟାଦା ହନନକାରୀ ଦମନ ଓ ଶୋଷଣର ରୂପାନ୍ତର ପାଇଁ ସାଧନା ଓ ସଂଗ୍ରାମ କରୁଥିବାବେଳେ ଏହା ସାଧନା ଓ ସଂଗ୍ରାମଶୀଳ ସମସ୍ତଙ୍କର ସଂହତି ପ୍ରତିଷ୍ଠା ପାଇଁ ଦାୟିତ୍ୱ ଉପରେ ମଧ୍ୟ ଗୁରୁତ୍ୱ ଦେଇଥାଏ।

ହଁ ରୂପାନ୍ତରକାରୀ ସଂହତି ଆମ ଜୀବନରେ, ସମ୍ବନ୍ଧ, ସମାଜ ଓ ପୃଥିବୀରେ ବହୁପରିସରୀୟ ସାଧନା ଓ ସଂଗ୍ରାମ ଅଟେ। ଏଥିରେ ଉଭୟେ ଆତ୍ମିକ ଓ ସମାଜିକ ଉଦ୍‌ବେଳନ ଓ ଆନ୍ଦୋଳନ ଥାଏ ଯେଉଁ ଉଦ୍‌ବେଳନ ଓ ଆନ୍ଦୋଳନ ଏକା ସାଙ୍ଗରେ ସାମାଜିକ, ରାଜନୈତିକ ଓ ଆଧ୍ୟାତ୍ମିକ। ଏହି ସାଧନା ଓ ସଂଗ୍ରାମରେ ମର୍ଯ୍ୟାଦା, ସୌନ୍ଦର୍ଯ୍ୟ ଓ ସଂଳାପର ଧାରା ଆମ ଜୀବନରେ ବୁହାଇବା ପାଇଁ ପ୍ରୟାସ ଚାଲିଥାଏ। ଏହି ପ୍ରୟାସରେ ନୀତିସୂତ୍ର କେବଳ ନୀତିଶାସ୍ତ୍ର ନୁହେଁ ଯାହା ଆମର ଜୀବନକୁ ପ୍ରସ୍ଫୁଟିତ କରିବାରେ ସାହାଯ୍ୟ କରିଥାଏ ତାହାର କର୍ଷଣ ଚାଲିଥାଏ; ଏହା ସହିତ ଜୀବନରେ ସୌନ୍ଦର୍ଯ୍ୟ ପ୍ରସ୍ଫୁଟନର ସାଧନା ଓ ଦାୟିତ୍ୱବୋଧ ବିଶେଷକରି ପାରସ୍ପରିକ ଦାୟିତ୍ୱବୋଧର ସାଧନା। ରୂପାନ୍ତରକାରୀ ସଂହତି ନୀତିସୂତ୍ର, ସୌନ୍ଦର୍ଯ୍ୟ ସୂତ୍ର ଓ ପାରସ୍ପରିକ ଦାୟିତ୍ୱବୋଧ ସୂତ୍ରର ସଂଗମ ଓ ଉତ୍ତୋଳନକାରୀ ଓ ବିବର୍ତ୍ତନମାନ ତ୍ରିକୋଣଭୂମି ଅଟେ।

ସଂହତିର ଚର୍ଚ୍ଚା

ଆମର ସାମ୍ପ୍ରତିକ ପୃଥିବୀରେ ସଂହତିର କେତେ ପ୍ରକାର ଚର୍ଚ୍ଚା ଓ ପ୍ରୟାସ। ଆମ ସମୟର ଗଭୀର ଅଧ୍ୟାତ୍ମ ସାଧକ ଓ ସହଯାତ୍ରୀ ଦଲାଇଲାମା ଆମକୁ ସଂହତିର ଆବଶ୍ୟକତାକୁ ଅନୁଭବ କରିବାକୁ ଆହ୍ୱାନ ଦେଉଛନ୍ତି ଓ ଏହା ସହିତ ଏହାକୁ ପାରସ୍ପରିକ ଓ ଜାଗତିକ ଦାୟିତ୍ୱବୋଧ ସହିତ ଯୁକ୍ତ କରିବାକୁ ମଧ୍ୟ। ଲିଓ ସେମାସ୍କୋ (Leo Semashko) ଋଷିଆର ସେଣ୍ଟ ପିଟରସ୍‌ବର୍ଗ (St. Petersberg)

ସହରରେ ବାସକରୁଥିବା ଜଣେ ଦରଦୀ ଓ ବିଶ୍ୱପ୍ରାଣ ସମାଜଶାସ୍ତ୍ରୀ । ସେ କେତେକ ବଂଧୁମାନଙ୍କ ସହିତ ମିଳିତ ହୋଇ ଜାଗତିକ ସଂହତି ଅନୁଷ୍ଠାନ ବା Global Harmony Association (GHA) ସୃଷ୍ଟି କରିଛନ୍ତି । ସେମାସ୍କୋ ଓ ଏହି ଜାଗତିକ ସଂହତି ଅନୁଷ୍ଠାନର ବଂଧୁମାନେ ଆମକୁ ସାମ୍ପ୍ରତିକ ଜୀବନ, ସମାଜ ଓ ସଂସାରରେ ସଂହତିର ଆବଶ୍ୟକତା ବିଷୟରେ କହିଥାନ୍ତି । ସେମାସ୍କୋ ଏହି କ୍ଷେତ୍ରରେ ସଂହତିର ମୂଲ୍ୟ ପ୍ରାଥମିକତା ବା value priority of harmony ସଂପର୍କରେ କହିଥାନ୍ତି । ଆଧୁନିକ ଶିଳ୍ପ-କୈନ୍ଦ୍ରିକ ସମାଜରେ ସ୍ୱାଧୀନତାକୁ ଦିଆଯାଇଥାଏ । ମାତ୍ର ଏହି ପ୍ରାଥମିକତା ଅଧିକାଂଶ ସମୟରେ ପାରସ୍ପରିକତା ଓ ପାରସ୍ପରିକ ସଂହତିକୁ ଭୁଲିଯାଇଥାଏ । ମାତ୍ର ସଂହତିକୁ ଆମେ ପ୍ରାଥମିକତା ଦେଲେ ଆମେ ସ୍ୱାଧୀନତାର ବାସ୍ତବତା, ସମ୍ଭାବନା ଓ ସୀମିତତାକୁ ଅନୁଭବ କରି ଏହାକୁ ରୂପାନ୍ତର କରିବାକୁ ସମର୍ଥ ହେଉ । ସଂହତି ଆମକୁ ସ୍ୱାଧୀନତାର ସୀମିତତା ଅନୁଭବ କରିବା ସହିତ ଆମକୁ ଆତ୍ମ-ନିୟନ୍ତ୍ରଣ କରିବାରେ ସାହାଯ୍ୟ କରେ । ସଂହତି ସଂପର୍କରେ ଏହି ଜାଗତିକ ସଂବାଦରେ ଭାଗ ନେଉଥିବା ନୁର୍ ଗିଲାନି କହନ୍ତି ଯେ' ସଂହତିର ମୂଲ୍ୟବୋଧ ଆମକୁ ବସ୍ତୁବାଦ ଉପରେ ପ୍ରାଥମିକତା ନଦେଇ ଆଧ୍ୟାତ୍ମିକତା ଆଡ଼କୁ ନେଇଯାଇଥାଏ । ଶ୍ରୀଯୁକ୍ତ ଗିଲାନୀଙ୍କ ମତରେ, ସଂହତି ଓ ଆଧ୍ୟାତ୍ମିକତା ପରସ୍ପର ସହିତ ଜଡ଼ିତ (୨) ।

ସେମାସ୍କୋ ଓ ଜାଗତୀୟ ସଂହତି ଅନୁଷ୍ଠାନର ବଂଧୁମାନେ ଆଧୁନିକ ଶିଳ୍ପ-କୈନ୍ଦ୍ରିକ ଓ ବ୍ୟକ୍ତି କୈନ୍ଦ୍ରିକ ସଭ୍ୟତାର ଧ୍ୱଂସଭୂମିରୁ ସଂହତିର ଯେଉଁ ସୃଜନ ହେଉଛି ତାହାକୁ ବୁଝିବାକୁ ଆମକୁ ଆହ୍ୱାନ ଦିଅନ୍ତି । ସେମାନେ ସାଙ୍ଗହୋଇ ସଂହତିର ସଭ୍ୟତା ବା Harmonious Civilization ନାମକ ପୁସ୍ତକଟିଏ ରଚନା କରିଛନ୍ତି ଯେଉଁଥିରେ ସଂପୃକ୍ତ ସମସ୍ତେ ସଂହତି ସର୍ଜନାର ବିଭିନ୍ନ ଦିଗ ବିଷୟରେ ଆଲୋଚନା କରିଛନ୍ତି । ସଂହତିର ସଭ୍ୟତା ସଂହତି ଶିକ୍ଷା ଉପରେ ଗୁରୁତ୍ୱ ଦେଇଥାଏ ଏବଂ ଏହା ଶିଶୁମାନଙ୍କ ଉପରେ ମଧ୍ୟ । ଏହା ସହିତ ଏହା ସବୁଜ ଅର୍ଥନୀତି ଓ ଅହିଂସା ଉପରେ ମଧ୍ୟ । ଏହି ବଂଧୁମାନେ ମଧ୍ୟ "Harmone" ନାମରେ ଏକ ନୂତନ ଜାଗତିକ ମୁଦ୍ରା ପ୍ରତିଷ୍ଠା କରିବା ବିଷୟରେ କୁହନ୍ତି ଯେଉଁ ମୁଦ୍ରା ଲାଭ ଦ୍ୱାରା ପ୍ରେରିତ ନହୋଇ ସଂହତି ପ୍ରତିଷ୍ଠା କରିବାର ମୂଲ୍ୟବୋଧ ଦ୍ୱାରା ପ୍ରେରିତ ହେବ ।

ସଂହତି ଓ ଅସଂହତି

ସେମାସ୍କୋ ଓ ଜାଗତୀୟ ସଂହତି ଅନୁଷ୍ଠାନର ବଂଧୁମାନେ ସଂହତିର ସଭ୍ୟତା ବା civilization of harmony ବିଷୟରେ ଆମକୁ କହୁଛନ୍ତି । ସେମାସ୍କୋ ମଧ୍ୟ

ଆମକୁ କହୁଛନ୍ତି ଯେ' ସଂହତି ଅସଂହତିଠାରୁ ପୁରାପୁରି ବିଚ୍ଛିନ୍ନ ନୁହେଁ । ଏହାର ଅର୍ଥ ଯେଉଁ ଅବସ୍ଥା, ବ୍ୟବସ୍ଥା ଓ ସଭ୍ୟତାକୁ ଆମେ ସଂହତ ବା harmonious ବୋଲି ଧରିନେଉଛୁ ତା ମଧ୍ୟରେ ଅନେକ ଅସଂହତି ରହିଛି ଯେପରିକି ସଂହତ ପରିବାର ବ୍ୟବସ୍ଥାରେ ନାରୀ ଓ ପୁରୁଷ ଓ ବଡ-ସାନ ମଧ୍ୟରେ ବୈଷମ୍ୟ ଓ ଶୋଷଣର ଅସଂହତି । ତେଣୁ ସଂହତି ଓ ଅସଂହତି ମଧ୍ୟରେ ଥିବା ବହୁବିଧ ସମ୍ପର୍କକୁ ଆମକୁ ବୁଝିବାକୁ ହେବ । ଏହି କ୍ଷେତ୍ରରେ ସମାଜଶାସ୍ତ୍ରୀ ଆଣ୍ଡେବେତେ ଆମକୁ ସମାଜ ଓ ଇତିହାସରେ ଦୁଇପ୍ରକାର ସଂହତ ବ୍ୟବସ୍ଥା ଥିବା ବିଷୟରେ ଆମକୁ କହୁଛନ୍ତି... ସଂହତ ବ୍ୟବସ୍ଥା ଓ ଅସଂହତ ବ୍ୟବସ୍ଥା... Harmonic ଏବଂ Disharmonic systems । ବେତେଙ୍କ ସମାଜତାତ୍ତ୍ୱିକ ବିଶ୍ଳେଷଣରେ ସଂହତ ବା Harmonic system ହେଉଛି ଏମିତି ଏକ ବ୍ୟବସ୍ଥା ଯେଉଁଥିରେ ସମାଜର ନୀତି ଓ ଆଦର୍ଶର ଛାଞ୍ଚ (normative order) ଏବଂ ସ୍ଥିତାବସ୍ଥାର ଛାଞ୍ଚ (existential order) ମଧ୍ୟରେ ସ୍ଥିରତା (consistency) ଥାଏ । ସମାଜ ଉଚ୍ଚ-ନୀଚରେ ଭାଗ ଭାଗ ହୋଇଥାଏ, ଉପର ଓ ତଳେ ଓ ଏହି ବିଭାଜନକୁ ପ୍ରାକୃତିକ ବୋଲି ସଂପୃକ୍ତ ସମସ୍ତେ ଧରି ନେଇଥାନ୍ତି ଯେମିତି ପ୍ରାଚୀନ ଓ ମଧ୍ୟଯୁଗୀୟ ଭାରତବର୍ଷର ଜାତିବ୍ୟବସ୍ଥାରେ ଏବଂ ୟୁରୋପୀୟ ମଧ୍ୟଯୋଗର ସମାନ୍ତବାଦୀ ବ୍ୟବସ୍ଥାରେ ।

ବେତେଙ୍କ ବିଚାରରେ ଏହିସବୁ ସମାଜରେ ସଂହତି ବୈଷମ୍ୟ (hierarchy) ମଧ୍ୟରେ ହିଁ ପ୍ରକଟିତ ହେଉଥିଲା । ଭାରତୀୟ ସମାଜରେ ଏହି ବୈଷମ୍ୟ (hierarchy) ଜାତିବ୍ୟବସ୍ଥାର ବୈଷମ୍ୟ ମଧ୍ୟରେ ପ୍ରକଟିତ ହେଉଥିଲା । ଏହି ଜାତିବ୍ୟବସ୍ଥାର ବୈଷମ୍ୟ ସମଗ୍ର ଓ ସର୍ବଗ୍ରାସକାରୀ ଥିଲା । ବେତେଙ୍କ ମଧ୍ୟରେ ଆଧୁନିକ ପୂର୍ବ ୟୁରୋପୀୟ ସଭ୍ୟତା ବୈଷମ୍ୟର ସଭ୍ୟତା ଥିଲା ଯଦିଓ ଏହି ବୈଷମ୍ୟ ଜାତିବ୍ୟବସ୍ଥାର ବୈଷମ୍ୟ ଭଳି ସେତେ ସର୍ବଗ୍ରାସକାରୀ ଓ ସର୍ବପ୍ରଭାବଶାଳୀ ନଥିଲା । ଉଭୟ କ୍ଷେତ୍ରରେ ସମାଜରେ ଧରିନେଇଥିବା ଓ ଗ୍ରହଣ କରିନେଇଥିବା ଆଦର୍ଶ ଓ ସମାଜରେ ପ୍ରଚଳିତ ବୈଷମ୍ୟର ବ୍ୟବସ୍ଥା ମଧ୍ୟରେ ଏକ ସଂହତି ଥିଲା । ମାତ୍ର ଆଧୁନିକତା ଆସିବାପରେ ଏହି ସଂହତି ଭାଙ୍ଗିଗଲା । ଆଧୁନିକତା ବୈଷମ୍ୟର ଏହି ସଂହତିକୁ ପ୍ରଶ୍ନ କଲା । ଆଧୁନିକ ସ୍ୱାଧୀନତା ଓ ସମାନତାର ଆଦର୍ଶ ଓ ଚଳଣି ବିଷୟରେ କହିଲା ଓ ଏଥିପାଇଁ ଆଧୁନିକତାର ନାନା ମୁକ୍ତି ଆନ୍ଦୋଳନ କିଛି ମାତ୍ରାରେ ସାଧନା ଓ ସଂଗ୍ରାମ କରେ । ସମାନତାର ଏହି ଚର୍ଚ୍ଚା, ସାଧନା ଓ ସଂଗ୍ରାମ ବଳରେ ସଂହତି ସାମାଜିକ ବ୍ୟବସ୍ଥାରେ ଅସଂହତି ସୃଷ୍ଟି ହେଲା । ଅସଂହତ ଓ ସାମାଜିକ ବ୍ୟବସ୍ଥା disharmonic system ମୁଣ୍ଡ ଟେକିଲା । ମାତ୍ର ଆଧୁନିକ ସମାଜ ଓ

ଚେତନାରେ ସମାନତାର ସ୍ୱର ଓ ଆନ୍ଦୋଳନ ମୁଣ୍ଡ ଟେକିଥିଲେ ମଧ୍ୟ ଏହା ବୈଷମ୍ୟ ଓ ଅସମାନତାକୁ ସଂପୂର୍ଣ୍ଣରୂପେ ମୂଳୋତ୍ପାଟିତ କରିପାରିଲା ନାହିଁ ।

ଏହାକୁ ବୁଝାଇବାକୁ ଯାଇ ବେତେ ଆମକୁ ଆଧୁନିକ ସମାଜରେ ଥିବା ଶ୍ରେଣୀ ସଂରଚନା ଓ ବୈଷମ୍ୟ ବିଷୟରେ ଆଲୋଚନା କରୁଛନ୍ତି । ଆଧୁନିକ ସମାଜରେ ସମାନତା ପ୍ରତିଷ୍ଠିତ ହୋଇଛି ବୋଲି କୁହାଯାଇଛି । ମାତ୍ର ଆଧୁନିକତାର ସମାନତାର ସମାଜରେ ତଥାପି କେତେ ବୈଷମ୍ୟ ଓ ଅସମାନତା ଯେମିତି ଶ୍ରେଣୀଗତ ଅସମାନତା ଓ ବୈଷମ୍ୟ । ଆଧୁନିକ ସମାନତାର ସମାଜରେ ଶ୍ରେଣୀଗତ ଦୃଷ୍ଟିରୁ ପୁଂଜିବାଦୀ ଓ ସର୍ବହରାଙ୍କ ମଧ୍ୟରେ ବୈଷମ୍ୟ ଯେଉଁ ବ୍ୟବସ୍ଥାରେ ପୁଂଜିବାଦୀମାନେ ସର୍ବହରା ଓ ଅନ୍ୟଶ୍ରେଣୀର ଲୋକମାନଙ୍କୁ ଶୋଷଣ କରିଥାନ୍ତି । ଏମିତି ବୈଷମ୍ୟ ଓ ଶୋଷଣର ସମାଜରେ ତଥାକଥିତ ସମାନତାକୁ ପ୍ରଶ୍ନ କରିଥାଏ; ଏହା ସମାଜର ଯଥାର୍ଥତାର ପ୍ରଶ୍ନ ମଧ୍ୟ ଉଠାଇଥାଏ । ଆଧୁନିକ ସମାଜରେ ଶ୍ରେଣୀଗତ ବୈଷମ୍ୟ ଆମର ସମାଜ ଓ ସମାନତା ଯଥାର୍ଥ ବୋଲି ପ୍ରଶ୍ନ କରିଥାଏ ଯଯାହାକି ବ୍ୟକ୍ତି ଓ ସମାଜରେ ଯଥାର୍ଥ୍ୟତାର ସଂକଟ ବା crisis of legitimation ସୃଷ୍ଟି କରିଥାଏ । ବେତେଙ୍କ ମତରେ: "ପ୍ରତ୍ୟେକ ଆଧୁନିକ ସମାଜର ଶ୍ରେଣୀ ସଂରଚନାର ମଥା ଉପରେ ଯାଥାର୍ଥ୍ୟର ସଂକଟ ଝୁଲୁଛି" (୩) । ବେତେ ଆମକୁ ମଧ୍ୟ କହୁଛନ୍ତି ଯେ' ସଂହତ ବ୍ୟବସ୍ଥା ଓ ଅସଂହତ ବ୍ୟବସ୍ଥା ମଧ୍ୟରେ ଫରକ୍ କଥା ଆଲୋଚନା କଲାବେଳେ ସେ ଆମକୁ ଏହି ଯଥାର୍ଥ୍ୟର ସଂକଟ କଥା ସୂଚାଇ ଦେଉଛନ୍ତି । ସେ କୌଣସି bliss ବା ଚିରାନନ୍ଦର ଅବସ୍ଥା କହୁନାହାନ୍ତି ।

ଆଧୁନିକ ସମାଜରେ କେବଳ ଶ୍ରେଣୀର ବୈଷମ୍ୟ ଯେ ଯଥାର୍ଥ୍ୟର ସଂକଟ ସୃଷ୍ଟି କରୁଛି ତାହା ନୁହେଁ ଏହା ସହିତ ଅନ୍ୟ ବୈଷମ୍ୟ ଯଥା ଲିଙ୍ଗ ବୈଷମ୍ୟ, ବର୍ଣ୍ଣ ବୈଷମ୍ୟ ଓ ଔପନିବେଶବାଦୀ ବୈଷମ୍ୟ ଯେଉଁ ସଂପର୍କରେ ଆପଣାର ପ୍ରବଂଧରେ ବେତେ ଆଲୋଚନା କରିନାହାନ୍ତି । ଆଧୁନିକ ସମାଜରେ ଲିଙ୍ଗ ବୈଷମ୍ୟର କେତେ ଭୟାନକ ସ୍ୱରୂପ ଓ ପରିପ୍ରକାଶ । ଆଧୁନିକ ପାଶ୍ଚାତ୍ୟ ସମାଜରେ ଲିଙ୍ଗ ବୈଷମ୍ୟ ବିରୁଦ୍ଧରେ ସଂଗ୍ରାମ ଦ୍ୱିତୀୟ ବିଶ୍ୱଯୁଦ୍ଧ ପରେ ହିଁ କିଛି କିଛି ଉଠିଲା । ନାରୀ ଆନ୍ଦୋଳନମାନ ଲିଙ୍ଗ ବୈଷମ୍ୟ, ନାରୀ ଓ ପୁରୁଷ ମାନଙ୍କ ମଧ୍ୟରେ ଥିବା ବୈଷମ୍ୟ ବିରୁଦ୍ଧରେ ପ୍ରତିବାଦ କରିଥିଲା । ଏହି ପ୍ରତିବାଦ ତଥାକଥିତ ସଂହତି କ୍ଷେତ୍ରରେ ନାନା ଅସଂହତି ଆଣିଲା ଏହା ମଧ୍ୟ ସମାଜରେ ଯଥାର୍ଥ୍ୟର ସଂକଟ ସୃଷ୍ଟି କଲା । ନାରୀ ଆନ୍ଦୋଳନ ଆମ ସମସ୍ତଙ୍କୁ ପ୍ରଶ୍ନ କରୁଛି ଯେଉଁ ସମାଜରେ ଲିଙ୍ଗ-ଲିଙ୍ଗ ମଧ୍ୟରେ, ନାରୀ-ପୁରୁଷ ଓ ଅନ୍ୟ ଲିଙ୍ଗ ଯଥା ଦିବ୍ୟାଙ୍ଗଙ୍କ ମଧ୍ୟରେ ସମାନତା ଓ ସମାନ ମର୍ଯ୍ୟାଦା

ନାହିଁ, ସେହି ସମାଜ ଯଥାର୍ଥ କି, ସେହି ସମାଜ ସମାଜ ପଦବାଚ୍ୟ କି? ଲିଙ୍ଗ ବୈଷମ୍ୟ ସହିତ ସମାଜରେ ବର୍ଣ୍ଣ-ବୈଷମ୍ୟ । ଉଦାହରଣ ସ୍ୱରୂପ, ଆଧୁନିକ ସମାଜରେ ବିଭିନ୍ନ ବର୍ଣ୍ଣ ମଧ୍ୟରେ ବୈଷମ୍ୟ ଯଥା ଗୋରା ଓ କଳା ଲୋକମାନଙ୍କ ମଧ୍ୟରେ । ଗଲା ଶତାବ୍ଦୀର ଷାଠିଏ ଦଶକରେ ଆମେରିକାରେ ଏହା ବିରୁଦ୍ଧରେ ନାଗରିକୀୟ ଅଧିକାର ଆନ୍ଦୋଳନ ବା civil rights ଆନ୍ଦୋଳନ ହୋଇଥିଲା, ଯାହା ସମାଜର ଯାଥାର୍ଥ୍ୟର ସଂକଟର ପ୍ରଶ୍ନକୁ ଆମ ସମସ୍ତଙ୍କ ସମ୍ମୁଖରେ ଉପସ୍ଥାପନା କରିଥିଲା । ନାଗରିକୀୟ ଅଧିକାର ଆନ୍ଦୋଳନର ଏତେବର୍ଷ ପରେବି ଆମେରିକୀୟ ସମାଜ ଓ ରାଜନୀତିରେ ବର୍ଣ୍ଣ ବିଦ୍ୱେଷର କେତେ ଭୟାବହ ରୂପ । ଆମେରିକାର ସାମ୍ପ୍ରତିକ ରାଷ୍ଟ୍ରପତି ଡୋନାଲଡ୍ ଟ୍ରମ୍ପ (Donald Trump) ଜଣେ ଧଳା ଉଗ୍ରବାଦୀ ବା white supermacist ରୂପେ ପରିଚିତ ଓ ତାଙ୍କର ନୀତି ଓ ରାଜନୀତି ଆମେରିକାରେ ଏକ ନୂତନ ଯଥାର୍ଥ୍ୟର ସଂକଟ ସୃଷ୍ଟି କରୁଛି ।

ବର୍ଣ୍ଣବ୍ୟବସ୍ଥା ସହିତ ଔପନିବେଶବାଦ ଜଡିତ । ୟୁରୋପରୁ ଯେତେବେଳେ ଅନ୍ୟଦେଶ ଓ ମହାଦେଶକୁ ଆବିଷ୍କାର କରିବାକୁ ବାହାରିଲେ ସେତେବେଳେ ସେମାନେ ଆବିଷ୍କୃତ ଦେଶ ଓ ମହାଦେଶମାନଙ୍କରେ ବାସ କରୁଥିବା ଲୋକମାନଙ୍କ ଉପରେ ଆଧିପତ୍ୟ ସ୍ଥାପନ କଲେ । ଉଦାହରଣ ସ୍ୱରୂପ କଲମ୍ବସ ଭାରତବର୍ଷ ଖୋଜିଖୋଜି ଆମେରିକାରେ ପହଞ୍ଚିଲେ ଓ କଲମ୍ବସଙ୍କର ଏହି ଆବିଷ୍କାର ପରେ ୟୁରୋପୀୟମାନେ ଆମେରିକାକୁ ଦଖଲ କଲେ । ଆମେରିକୀୟ ଅଧିବାସୀମାନଙ୍କୁ ବିଭିନ୍ନ ଉପାୟରେ କଳେବଳେ ଛଳେ ନିପାତ କରିଦେଲେ । ଔପନିବେଶବାଦର ଏହି ପ୍ରକ୍ରିୟାରେ ୟୁରୋପୀୟମାନେ ଆଫ୍ରିକାରେ ପହଞ୍ଚିଲେ । ଆଫ୍ରିକାର ଲୋକମାନଙ୍କୁ କ୍ରୀତଦାସ କରି ଆମେରିକା ଓ ୟୁରୋପକୁ ଆଣିଲେ । ଏହାପରେ ୟୁରୋପୀୟ ଶକ୍ତିମାନେ ପୃଥିବୀର ଅନ୍ୟଦେଶ ମାନଙ୍କରେ ଉପନିବେଶ ସ୍ଥାପନ କଲେ... ଆଫ୍ରିକା, ଏସିଆ, ଉତ୍ତର ଓ ଦକ୍ଷିଣ ଆମେରିକାର ଅନେକ ଦେଶମାନଙ୍କରେ । ୟୁରୋପୀୟ ଦାର୍ଶନିକ ଓ ମୁକ୍ତିକାମୀ ଆନ୍ଦୋଳନମାନେ ନିଜ ନିଜ ଦେଶମାନଙ୍କରେ ବୈଷମ୍ୟ ଦୂରକରି ସମାନତାର ପ୍ରତିଷ୍ଠା କରିବା କଥା କହୁଥିବାବେଳେ ଏମାନେ ଔପନିବେଶବାଦର ବୈଷମ୍ୟ, ଶୋଷଣ, ଦମନ, ହତ୍ୟା ଓ ଧର୍ଷଣ ସଂପର୍କରେ ପ୍ରାୟ ନୀରବ ଥିଲେ । ଆଧୁନିକ ସମାଜରେ ଔପନିବେଶବାଦର ଏହି ଯେଉଁ ବୈଷମ୍ୟ, ଦମନ ଓ ହିଂସା ଏହା ମଧ୍ୟ ଆଧୁନିକ ସମାଜରେ ଯାବତୀୟ ସଂକଟ ସୃଷ୍ଟି କରୁଛି ।

ତେଣୁ ସମାଜ ଓ ଇତିହାସରେ ସଂହତ ବ୍ୟବସ୍ଥା ଓ ଅସଂହତ ବ୍ୟବସ୍ଥା ମଧ୍ୟରେ ଥିବା ଫରକକୁ ବୁଝିବାକୁ ହେଲେ ଆମକୁ ଏମିତି ଜଟିଳ ଐତିହାସିକ

ଧାରାକୁ ବୁଝିବାକୁ ହେବ । ଆଧୁନିକ ସମାଜରେ ସମାନତା ନାଆଁରେ ନାନାପ୍ରକାର ଅସାମନତା ଓ ବୈଷମ୍ୟ ଏବଂ ଏହି ବୈଷମ୍ୟ ବିରୁଦ୍ଧରେ ଆନ୍ଦୋଳନ ମଧ୍ୟ ଯେମିତି ଶ୍ରମିକ ଆନ୍ଦୋଳନ, ଉପନିବେଶବିରୋଧୀ ଆନ୍ଦୋଳନ, ନାରୀମୁକ୍ତିର ଆନ୍ଦୋଳନ, ବର୍ଣ୍ଣ ଓ ଜାତି ବ୍ୟବସ୍ଥା ବିରୁଦ୍ଧରେ ଆନ୍ଦୋଳନ । ଏହି ଆନ୍ଦୋଳନରେ ଯେଉଁମାନେ ଭାଗ ନେଇଛନ୍ତି ସେମାନେ ଆଧୁନିକ ସମାଜର ଅନେକ ବ୍ୟବସ୍ଥାକୁ ଟକ୍‌କର ଦେଉଛନ୍ତି ଓ ଏହି ପ୍ରକ୍ରିୟା ନିଜର ଜୀବନକୁ ମଧ୍ୟ ବାଜି ଦେଉଛନ୍ତି । ଠିକ୍ ସେମିତି ମଧ୍ୟ ପାରମ୍ପରିକ ସମାଜରେ ଅନେକେ ସମାଜର ପ୍ରଚଳିତ ବ୍ୟବହାର ତଥାକଥିତ ନାନା ରୁଗ୍‌ଣ ସଂହତିକୁ ଟକକ୍‌ର ଦେଇ ଏମାନେ ଏକ ନୂତନ ମର୍ଯ୍ୟାଦାବନ୍ତ ସଂହତିର ପ୍ରତିଷ୍ଠା ପାଇଁ ସାଧନା ଓ ସଂଗ୍ରାମ କରିଛନ୍ତି । ଏମାନଙ୍କ ମଧ୍ୟରେ ଅନେକ ପ୍ରଚଳିତ ସମାଜଠାରୁ ଦୂରେଇ ଯାଇ ଏହାକୁ ପ୍ରଶ୍ନ କରିବା ସହିତ ଓ ଏହାର ରୂପାନ୍ତର ପାଇଁ ସାଧନା ଓ ସଂଗ୍ରାମ କରିଛନ୍ତି । ଏମାନେ ସଂସାରକୁ ତ୍ୟାଗ କରିଛନ୍ତି ପୁଣି ସଂସାର ପାଖକୁ ଏକ ନୂତନ ସାମାଜିକ ସଂରଚନା ଓ ସଂହତିର ମନ୍ତ୍ର ଓ ସୂତ୍ର ଧରି ଫେରି ଆସିଛନ୍ତି ଯେମିତି ବୁଦ୍ଧ, ନାନକ, କବୀର, ମୀରାବାଇ, ଅରକ୍ଷିତ ଦାସ, ପଣ୍ଡିତା ରମାବାଇ, ସ୍ୱାମୀ ବିବେକାନନ୍ଦ ଓ ଗାଂଧୀ । ଏମାନଙ୍କୁ ଆମେ ପ୍ରଚଳିତ ସମାଜକୁ ପ୍ରଶ୍ନକରି ସମାଜକୁ ତ୍ୟଜ୍ୟ କରୁଥିବା ଓ ସମାଜକୁ ବଦଳାଇବା ପାଇଁ ଫେରୁଆସୁଥିବା ସନ୍ନ୍ୟାସୀ ବୋଲି କହିପାରିବା । ଆଧୁନିକ ସମାଜର ସଂହତି ନାମରେ ଥିବା ନାନା ଅସହଂତିକୁ ରୂପାନ୍ତର କରିବାକୁ ପ୍ରୟାସ କରୁଥିବା ଆତ୍ମାମାନଙ୍କ ମଧ୍ୟରେ ଏବଂ ଆଧୁନିକ-ପୂର୍ବ ତଥାକଥିତ ପାରମ୍ପରିକ ବା traditional ସମାଜରେ ସଂହତି ନାମରେ ଥିବା ଅନେକ ଅସଂହତିର ରୂପାନ୍ତର କରିବାକୁ ସାଧନା ଓ ସଂଗ୍ରାମ କରୁଥିବା ସନ୍ନ୍ୟାସୀ... ଉଭୟେ ସଂସାରସ୍ଥ ଓ ସଂସାର ବହିରସ୍ଥ... ମଧ୍ୟରେ ଅନେକ ସାମଞ୍ଜସ୍ୟ ରହିଛି (୪) । ସାମାଜିକ ବ୍ୟବସ୍ଥାରେ ସଂହତିର ଯେଉଁ ସଂକଟ ବିଶେଷକରି ଯଥାର୍ଥରେ ଯେଉଁ ସଂକଟ ତାହା ଉଭୟେ ଆଧୁନିକ ସମାଜରେ ରହିଛି ଓ ଆଧୁନିକ-ପୂର୍ବ ପାରମ୍ପରିକ ସମାଜରେ ମଧ୍ୟ । ଆଧୁନିକ-ପୂର୍ବ ପାରମ୍ପରିକ ସମାଜରେ, ଭାରତବର୍ଷରେ ଓ ୟୁରୋପରେ... ଏହି ବିଷୟରେ ଅନେକ ଆନ୍ଦୋଳନ ହୋଇଛି । ଉପନିଷଦୀୟ ଋଷି ଓ ବୁଦ୍ଧଙ୍କଠାରୁ ଆରମ୍ଭ କରି ଭକ୍ତି ଆନ୍ଦୋଳନ ବାଟ ଦେଇ ଭାରତବର୍ଷରେ ସଂହତି ନାମରେ ଜାତିବ୍ୟବସ୍ଥା ଓ ଲିଙ୍ଗ ବୈଷମ୍ୟର ପ୍ରତିବାଦ ହୋଇଛି । ଏହି ପ୍ରତିବାଦ ପାରମ୍ପରିକ ସଂହତି ବ୍ୟବସ୍ଥାକୁ ଅସଂହତ କରି ଏକ ନୂଆ ସଂହତି ପ୍ରତିଷ୍ଠା ପାଇଁ ପ୍ରୟାସ କରିଛି । ବେତେ ଏହିସବୁ ଆନ୍ଦୋଳନ ସମ୍ପର୍କରେ ଆପଣାର ନିବନ୍ଧରେ ଦୃଷ୍ଟିପାତ କରିନାହାନ୍ତି ।

ରୂପାନ୍ତରକାରୀ ସଂହତି

ରୂପାନ୍ତରକାରୀ ସଂହତି ସମାଜ ବ୍ୟବସ୍ଥାର ପ୍ରଚଳିତ ସଂହତିକୁ ଧରିନେଇ ତାହାରି ମଧ୍ୟରେ ଅଟକି ଯାଏନାହିଁ। ସମାଜର ପ୍ରଚଳିତ ବ୍ୟବସ୍ଥା ଓ ପ୍ରଚଳିତ ସଂହତି ବ୍ୟବସ୍ଥାର ଏକ ନିର୍ଦ୍ଦିଷ୍ଟ ଛାଞ୍ଚ ଓ ଚଳଣି... type ଓ convention ଥାଏ ଯାହାକୁ ଶ୍ରୀଅରବିନ୍ଦଙ୍କ ଭାଷାରେ ଆମେ typal- conventional ବୋଲି କହିପାରିବା। ଏମିତି ଛାଞ୍ଚ ଓ ଚଳଣି ମଧ୍ୟରେ ଅନେକ ଅସଂହତି ଓ କ୍ରୁରତା ଥାଏ। ଛାଞ୍ଚଯୁକ୍ତ ଓ ଚଳଣିବନ୍ଦୀ ସଂହତି ସମାଜର ସମସ୍ୟା ମାନଙ୍କଠାରୁ ସହଜ ଓ ଶୀଘ୍ର ସମ୍ମତି ଅପେକ୍ଷା କରିଥାଏ। ଆମେ ସମସ୍ତେ ସମାଜର ଛାଞ୍ଚ ଓ ଚଳଣିକୁ ଯଥାଶୀଘ୍ର ମାନିନେଉ ବା ମାନିନେବା ଉଚିତ। ଏମିତି ପ୍ରକ୍ରିୟାକୁ ଶ୍ରୀଯୁକ୍ତ ଚିତ୍ତରଂଜନ ଦାସ ଦାନବୀୟ ପ୍ରକ୍ରିୟା ଓ ଦାନବୀୟ ସଂହତି ବୋଲି କହିଛନ୍ତି। ଏହି କ୍ଷେତ୍ରରେ ଚିତ୍ତରଂଜନ ଭିନ୍ନ ଏକ ସଂହତି ପ୍ରତିଷ୍ଠା ପାଇଁ ଆମକୁ ଆହ୍ୱାନ ଦେଇଛନ୍ତି ଯେଉଁ ସଂହତି ସମାଜର ସଂହତି ନାମରେ ପ୍ରଚଳିତ ନାନା ଅସଂହତିକୁ ଟକକ୍ର ଦେଇ ଓ ଏହା ବିରୁଦ୍ଧରେ ଆନ୍ଦୋଳନ କରି ପ୍ରତିଷ୍ଠା କରିବ। ଆନ୍ଦୋଳନ ମଧ୍ୟରେ, ଗତିଶୀଳତା ମଧ୍ୟରେ ସଂହତି। ନିତ୍ୟନିୟତ ଆରୋହଣ ଓ ଚଳତକ୍ରିୟା ମଧ୍ୟରେ ସଂହତି। ଚିତ୍ତରଂଜନ ଏହାକୁ ଆଧ୍ୟାତ୍ମିକ ସଂହତି ବୋଲି କହିଛନ୍ତି (୫)।

ସଂହତି ସ୍ଥାଣୁ ନୁହେଁ; ସଂହତି କ୍ରିୟାଶୀଳ ଓ ଗତିଶୀଳ। ଆମେରିକାର ସମାଜଶାସ୍ତ୍ରୀ ରବର୍ଟ ବେଲ୍ଲା (Robert N. Bellah) ଜାପାନୀୟ ଧର୍ମ ଓ ସଂସ୍କୃତି ବିଷୟରେ ଅଧ୍ୟୟନ କରିଛନ୍ତି। ଜାପାନୀୟ ଧର୍ମ ଓ ସଂସ୍କୃତିରେ ସଂହତି ଉପରେ ଗୁରୁତ୍ୱ ଦିଆଯାଇଥାଏ ମାତ୍ର ବେଲ୍ଲାଙ୍କର ବିଶ୍ଳେଷଣ ଓ ଅନୁଭବରେ ଏହି ସଂହତି ସ୍ଥାଣୁ ନୁହେଁ ଏହା ଗତିଶୀଳ। ଜାପାନୀୟ ଧର୍ମ ଓ ସଂସ୍କୃତିରେ ମନୁଷ୍ୟ, ପ୍ରକୃତି ଓ ବିଶ୍ୱ ମଧ୍ୟରେ ଐକ୍ୟ ପ୍ରତିଷ୍ଠା ଉପରେ ଗୁରୁତ୍ୱ ଦିଆଯାଇଥାଏ ମାତ୍ର ଏହି ଐକ୍ୟ ଏକ ସ୍ଥାଣୁତାର ଐକ୍ୟ ନୁହେଁ। ବରଂ ଏହା ମଧ୍ୟରେ ଅନେକ ଚାପ (tension) ଥାଏ। ଆପଣାର ଉପରିସ୍ଥ ଦିବ୍ୟସତ୍ତା ମାନଙ୍କ ପାଖରେ ଜଣକର ଯେଉଁ କୃତଜ୍ଞତା ଥାଏ, ଏହି କୃତଜ୍ଞତାର ପାଳନ ଏକ ସହଜିଆ କଥା ନୁହେଁ ବରଂ ଏଥିପାଇଁ ଆପଣାର ଅନେକ ସ୍ୱାର୍ଥକୁ ଏପରିକି ନିଜକୁ ମଧ୍ୟ ବଳିଦେବାକୁ ହୋଇଥାଏ। ଗୋଟିଏ ସ୍ଥାଣୁତାର ଶୟନ ନିଦ୍ରା ବା coma ମଧ୍ୟରେ ଥାଇ ଜଣେ ଜୀବନସତ୍ତାର ମୂଳଭୂତ ଭୂମି ସହିତ ଐକ୍ୟ ପ୍ରତିଷ୍ଠା କରି ନପାରେ ବରଂ ଜୀବନରେ ହଠାତ୍ କୌଣସି ଚହଲେଇ ଦେଉଥିବା ନିଦଭାଙ୍ଗି ଦେଉଥିବା ଅନୁଭବରୁ ଏମିତି ଐକ୍ୟ-ଅନୁଭବ ସମ୍ଭବ ହୋଇଥାଏ। ଗୋଟିଏ ବିଧିବଦ୍ଧ, ସଂହତ ଶିକ୍ଷଣର ଧାରା ଅପେକ୍ଷା କିଛି ଅପ୍ରତ୍ୟାଶିତ ଓ ଅସଂହତ

ହିଁ ଜୀବନରେ ସତ୍ୟକୁ ପ୍ରକାଶ କରିଥାଏ । ବେଲାଙ୍କ ବିଚାରରେ ଖାସ୍ ଏଇଥିପାଇଁ ହୁଏତ ଜାପାନୀୟ କଳା ଓ ସୌନ୍ଦର୍ଯ୍ୟ ବିଚାରରେ ଅପ୍ରତ୍ୟାଶିତ ଉପରେ ଅଧିକ ଗୁରୁତ୍ୱ ଦିଆଯାଇଥାଏ (୬) ।

ସଂହତି ତେଣୁ ସ୍ଥାଣୁ ନୁହେଁ; ସଂହତି ଗତିଶୀଳ ଓ ରୂପାନ୍ତରକାରୀ । ଏମିତି ଗତିଶୀଳ ଓ ରୂପାନ୍ତରକାରୀ ସଂହତିର ଝଲକ୍ ଆମେ ପୃଥିବୀର ଅନେକ ଧର୍ମ ଓ ଦାର୍ଶନିକ ପରମ୍ପରାରେ ପାଉଥାଉଁ ଯେମିତି କାଶ୍ମୀର ଶୈବଧାରାରେ । କାଶ୍ମୀର ଶୈବ ଧାରାରେ ଶିବ ଓ ଶକ୍ତି, ପୁରୁଷ ଓ ପ୍ରକୃତି, ପ୍ରକାଶ ଓ ବିମର୍ଷ, ଅହଂ ଏବଂ ଇଦମ୍ ମଧ୍ୟରେ ଯେଉଁ ସଂପର୍କ ଏହା ଏକ ସ୍ଥାଣୁତାର ସଂପର୍କ; ଏହା ଏକ ଗତିଶୀଳ ସଂହତି ଅଟେ (୭)।।

ରୂପାନ୍ତରକାରୀ ସଂହତି: ସହୃଦୟତା ଓ ସମ୍ମୁଖୀନତା

ରୂପାନ୍ତରକାରୀ ସଂହତି ପ୍ରଚଳିତ ସଂହତି ମଧ୍ୟରେ ଥିବା ନାନା ଅସଂହତିକୁ ସମ୍ମୁଖ କରିଥାଏ ମାତ୍ର ଅସଂହତିକୁ ସମ୍ମୁଖ କଲାବେଳେ ଏହା ସହୃଦୟତାର ଦାୟିତ୍ୱକୁ ଭୁଲିଯାଇ ନଥାଏ । ସଂହତି ମଧ୍ୟରେ ଥିବା ପ୍ରଚଳିତ ଅସଂହତିର ଧାରାକୁ ସମ୍ମୁଖ କଲାବେଳେ ବ୍ୟକ୍ତି ଓ ଆନ୍ଦୋଳନମାନେ ହିଂସ୍ର ବା ଅହିଂସ ହୋଇପାରନ୍ତି । ମାତ୍ର ହିଂସାକୁ ଅବଲମ୍ବନ କରୁଥିବାବେଳେ ମଧ୍ୟ ଜଣେ ହିଂସାକୁ ଏକ ତାତ୍କାଳିକ ଆବଶ୍ୟକତା ରୂପେ ଗ୍ରହଣ କରିପାରେ ଓ ହିଂସାକୁ ଯେତେଶୀଘ୍ର ସମ୍ଭବ ସମାପ୍ତ କରି ଜଣେ ଅହିଂସ ସମ୍ବନ୍ଧ ପ୍ରତିଷ୍ଠା ପାଇଁ ତତ୍ପର ହୋଇପାରେ । ଅହିଂସ ମାର୍ଗରେ ଯେଉଁମାନେ ପ୍ରଚଳିତ ସଂହତିକୁ ଟକ୍‌କର ଦିଅନ୍ତି ସେମାନଙ୍କ ମଧ୍ୟରେ ପ୍ରଚଳିତ ସମାଜ ବ୍ୟବସ୍ଥାରେ ବଞ୍ଚିଥିବା ଲୋକମାନଙ୍କ ପାଇଁ ସହୃଦୟତା ଥାଏ । ଏମିତି ସହୃଦୟତା ଆମେ ଗାଂଧୀ ଓ ମାର୍ଟିନ୍ ଲୁଥର କିଙ୍ଗ୍‌ଙ୍କ ମଧ୍ୟରେ ଦେଖିଥାଉ । ଗାଂଧୀ ଭାରତବର୍ଷର ସଂହତି ନାମରେ ଥିବା ନାନା ଅସଂହତିକୁ ଟକକ୍‌ର ଦେଇଥିଲେ । ଗାଂଧୀ ଅସ୍ପୃଶ୍ୟତା ଓ ଜାତିପ୍ରଥାର ବିରୋଧ କରିଥିଲେ । ମାତ୍ର ଏମିତି ବିରୋଧ କରୁଥିବାବେଳେ ଗାଂଧୀ ଅସ୍ପୃଶ୍ୟତା ଓ ଜାତିପ୍ରଥାର ଅବଲମ୍ବନ କରୁଥିବା ଉଚ୍ଚ ଜାତିର ଲୋକମାନଙ୍କର ସୀମିତତା ଓ ସମ୍ଭାବନାକୁ ସହୃଦୟତାର ସହିତ ବୁଝୁଥିଲେ । ଗାଂଧୀ ଉଚ୍ଚଜାତିର ଲୋକମାନଙ୍କର ସୀମିତତା ଓ ସମ୍ଭାବନାକୁ ସହୃଦୟତାର ସହିତ ବୁଝି ସେମାନଙ୍କୁ ଟକ୍‌କର ଦେଉଥିଲେ । ଠିକ୍ ସେମିତି ମାର୍ଟିନ୍ ଲୁଥର କିଙ୍ଗ୍ । କିଙ୍ଗ ଆମେରିକାର ବର୍ଣ୍ଣ ବ୍ୟବସ୍ଥାର ରୂପାନ୍ତର ପାଇଁ ସାଧନା ଓ ସଂଗ୍ରାମ କରୁଥିବାବେଳେ ଏହି ବର୍ଣ୍ଣବ୍ୟବସ୍ଥାର ଚେତନା ମଧ୍ୟରେ ବଂଦୀ ହୋଇରହିଥିବା ଶ୍ୱେତକାୟ ଓ କୃଷ୍ଣକାୟ ଉଭୟଙ୍କୁ ସହୃଦୟତାର ସହିତ ବୁଝି ସେମାନଙ୍କୁ

ସମ୍ମୁଖ କରିଥିଲେ । ଗାଂଧୀ ଓ ମାର୍ଟିନ୍ ଲୁଥରଙ୍କ ମଧ୍ୟରେ ଉଭୟେ ସହୃଦୟତା ଓ ସମ୍ମୁଖୀନତା ଥିଲା ଯାହାକୁ ଆମେ ସହୃଦୟାତ୍ମକ ସମ୍ମୁଖୀନତା ବା ସମ୍ମୁଖୀନାତ୍ମକ ସହୃଦୟତା ବୋଲି କହିପାରିବା । ରୂପାନ୍ତରକାରୀ ସଂହତି ମଧ୍ୟରେ ସମ୍ମୁଖୀନତାତ୍ମକ ସହୃଦୟତା ଓ ସହୃଦୟାତ୍ମକ ସମ୍ମୁଖୀନତା ଥାଏ ।

ସଂହତି, ସହୃଦୟତା ଓ ସମ୍ମୁଖୀନତା ମଧ୍ୟରେ ବହୁବିଧ ସଂପର୍କ ଥାଏ । ସହୃଦୟତା କେବଳ ତଥାକଥିତ ସହୃଦୟତା ମଧ୍ୟରେ ସୀମାବଦ୍ଧ ନୁହେଁ; ଏହା ନିଜର ଓ ଅନ୍ୟ ଜୀବନରେ ବିକାଶ ଓ ସମୃଦ୍ଧି ପାଇଁ ସୁଯୋଗ ସୃଷ୍ଟି କରିବାକୁ ବୁଝାଇଥାଏ (୮) । ଆମେ ନିଜକୁ ଓ ଅନ୍ୟକୁ ସହୃଦୟତାର ସହିତ ବୁଝିବା ସହିତ ନିଜ ଓ ଅନ୍ୟପାଇଁ ବୃଦ୍ଧି, ସମୃଦ୍ଧି ଓ ଚେତନାର ବିକାଶ ପାଇଁ ସୁଯୋଗ ସୃଷ୍ଟି କରିବା । ଏମିତି ସୁଯୋଗ ସୃଷ୍ଟି କରିବା ଦ୍ୱାରା ଆମେ ନିଜପାଇଁ, ଅନ୍ୟ ପାଇଁ ଓ ସମାଜ ପାଇଁ ସୁରକ୍ଷା ସୃଷ୍ଟି କରୁ । ସାମାଜିକ ସୁରକ୍ଷା ସାମାଜିକ ସଂହତି ପାଇଁ ଆବଶ୍ୟକ ଓ ଉଠିବା ପାଇଁ ସହୃଦୟତା ଆବଶ୍ୟକ । ଏମିତି ସହୃଦୟତାର ଧାରା ଆମେ ନାନା ସାମାଜିକ ଆନ୍ଦୋଳନ ମଧ୍ୟରେ ଦେଖିପାରିବା । ବୌଦ୍ଧଧର୍ମ ସହୃଦୟତା ବା compassion କଥା କହିଥାଏ । ଶ୍ରୀଲଙ୍କା, ଥାଇଲାଣ୍ଡ ଓ ଆହୁରି ଅନେକ ବୌଦ୍ଧଧର୍ମାବଲମ୍ବୀ ଦେଶରେ ଅନେକ ବୌଦ୍ଧଧର୍ମ ପ୍ରେରିତ ଆନ୍ଦୋଳନ ମାନ ଗଢ଼ି ଉଠିଛି ଯେଉଁମାନେ ସମାଜର ଦୁଃଖ ଓ ଯନ୍ତ୍ରଣାକୁ ଲାଘବ କରିବା ପାଇଁ ଉଦ୍ୟମ କରୁଛନ୍ତି । ଏଥିମଧ୍ୟରେ ଶ୍ରୀଲଙ୍କାର ସର୍ବୋଦୟ ଶ୍ରମଦାନ ଆନ୍ଦୋଳନ ରହିଛି । ଏହି ଆନ୍ଦୋଳନ ଉଭୟ ଗାଂଧୀ ଓ ବୁଦ୍ଧଙ୍କ ଠାରୁ ପ୍ରେରଣା ନେଇ ଶ୍ରୀଲଙ୍କାର ଗାଆଁ ମାନଙ୍କରେ ରାସ୍ତାଘାଟ ନିର୍ମାଣ କରିବା ସହିତ ଦାରିଦ୍ର୍ୟ ଦୂରୀକରଣ ଓ ଶାନ୍ତି ପ୍ରତିଷ୍ଠା ପାଇଁ କାର୍ଯ୍ୟ କରୁଛି । ଶ୍ରୀଲଙ୍କାରେ ତାମିଲ ଓ ସିଂହଳୀୟ ଲୋକମାନଙ୍କ ମଧ୍ୟରେ କେତେ ଦ୍ୱେଷ, ହିଂସା ଓ ଶତ୍ରୁତା । ଏଥିପାଇଁ ମଧ୍ୟ ସେଠାରେ ଅନ୍ତଃଯୁଦ୍ଧ ବା civil war ଚାଲିଥିଲା । ମାତ୍ର ତାମିଲ ଓ ସିଂହଳୀୟ ଲୋକ ଓ ରାଷ୍ଟ୍ର ମଧ୍ୟରେ ଅନ୍ତଃଯୁଦ୍ଧ ଚାଲିଥିବାବେଳେ ମଧ୍ୟ ଶ୍ରୀଲଙ୍କାର ସର୍ବୋଦୟ ଶ୍ରମଦାନ ଆନ୍ଦୋଳନ ଶାନ୍ତି ଓ ସଂହତି ପ୍ରତିଷ୍ଠା ପାଇଁ ଉଦ୍ୟମ କରିଥିଲା । ଶ୍ରୀଲଙ୍କାର କାଣ୍ଡିରେ ଥିବା ପ୍ରଖ୍ୟାତ ବୌଦ୍ଧ ମଠ ଭିତରେ ଏହା ତାମିଲ ଓ ସିଂହଳୀ ଲୋକମାନଙ୍କୁ ଏକତ୍ର ବସାଇ ଧ୍ୟାନ କରିବାକୁ ପ୍ରୟାସ କରିଥିଲା ଯଦିଓ ତଥାକଥିତ ସୁରକ୍ଷାକୁ ଆଖିରେ ରଖି ସିଂହଳୀୟ ରାଷ୍ଟ୍ର ଏହି ସମବେତ ଧ୍ୟାନକୁ ଅନୁମତି ଦେଇନଥିଲେ । କଲମ୍ବୋ ନିକଟରେ ମୋରାଟୁଆ ନାମକ ଏକ ଗାଆଁରେ ସର୍ବୋଦୟ ଶ୍ରମଦାନର ମୁଖ୍ୟକେନ୍ଦ୍ର ରହିଛି । ଏହି କେନ୍ଦ୍ରରେ ଏକ ଶାନ୍ତିର ଉଦ୍ୟାନ ରହିଛି ଯେଉଁଥିରେ ଶାନ୍ତି ଯାତ୍ରାପଥ ରହିଛି । ଏହି ଶାନ୍ତିଯାତ୍ରା ପଥରେ ତାମିଲ, ସିଂହଳୀ ଓ ବିଭିନ୍ନ ମତ ଓ ଧର୍ମର ଲୋକମାନେ ଶାନ୍ତି

ପାଇଁ ଶାନ୍ତି ସହିତ ଯାତ୍ରା କରନ୍ତି । ଗଲା ୨୦୧୪ ମସିହାରେ ମୁଁ ଏହି ଆନ୍ଦୋଳନର ପ୍ରତିଷ୍ଠାତା ଡ. ଏ.ଟି. ଆର୍ଯ୍ୟରତ୍ନେଙ୍କୁ ସାକ୍ଷାତ କରିଥିବାବେଳେ ଓ ସେଠାରେ ରହିବାବେଳେ ଡ. ଆର୍ଯ୍ୟରତ୍ନେ ମୋତେ ସର୍ବୋଦୟ ଶ୍ରମଦାନର ସଂହତି ଓ ଶାନ୍ତି ପ୍ରତିଷ୍ଠା ପାଇଁ ତାଙ୍କର ଓ ସର୍ବୋଦୟ ଶ୍ରମଦାନ ଆନ୍ଦୋଳନ କାର୍ଯ୍ୟ ବିଷୟରେ କହିଥିଲେ । ଏହାପରେ ମୋର ରହଣି ସମୟରେ ମୁଁ ଉଭୟେ ସକାଳ ସଂଧ୍ୟାରେ ଶାନ୍ତିଯାତ୍ରା ପଥରେ ବିଚରଣ କରୁଥିଲି । ସର୍ବୋଦୟ ଶ୍ରମଦାନ ଆନ୍ଦୋଳନକୁ ଆମେ ସମାଜର ରୂପାନ୍ତରକାରୀ ବୌଦ୍ଧଧର୍ମ ବା Engaged Buddhism ବୋଲି କହିପାରିବା । ସର୍ବୋଦୟ ଶ୍ରମଦାନ ଭଳି ଅନେକ ଏମିତି ଆନ୍ଦୋଳନ ରହିଛି ଯେଉଁଥିରେ ଆମେ ସଂହତି, ସୁରକ୍ଷା, ଶାନ୍ତି ଓ ସହୃଦୟତା ମଧ୍ୟରେ ସୃଜନଶୀଳ ସଂପର୍କ ଦେଖିଥାଉ । ମାତ୍ର ସହୃଦୟତା ମଧ୍ୟରେ ଏଠାରେ ମର୍ଯ୍ୟାଦାବନ୍ତ ସହୃଦୟତା । ସହୃଦୟତାର ଅର୍ଥନୁହେଁ ଅନ୍ୟ ବା ନିଜର ଶୋଷଣ ଓ ଯାତନାକୁ ମଥାପାତି ଗ୍ରହଣ କରିନେବା ଓ ଅନ୍ୟକୁ ନିଜ ମୁଣ୍ଡରେ ଚଢ଼ି ନିଜକୁ ଦଳି ଚକଟି ଦେବା (୯)।।

ରୂପାନ୍ତରୀକରଣ ସଂହତିରେ ସହୃଦୟତା ଓ ସମ୍ମୁଖୀନତା ଥାଏ । ସାଧନା ଓ ସଂଗ୍ରାମ ଥାଏ । ରୂପାନ୍ତରକାରୀ ସଂହତି ପାଇଁ ଆମକୁ ଯୋଗ୍ୟ ହେବାକୁ ବୀରଯୋଦ୍ଧା ହେବାକୁ ହୋଇଥାଏ (୧୦)।। ଆମ ନିଜ ଭିତରେ କେତେ ଅସଂହତି ରହିଛି ଯାହା ବାହାରେ ଅସଂହତି ସୃଷ୍ଟି କରିଥାଏ । ଉଦାହରଣ ସ୍ୱରୂପ, ଆମ ମଧ୍ୟରେ ତିନିଗୁଣର ଧାରା ଯଥା ସତ୍ତ୍ୱ, ରଜଃ ଓ ତମୋ ପ୍ରବାହିତ ହେଉଥାଏ । ତମୋଗୁଣ ଆମକୁ ତମିସ୍ରା ବା ଅନ୍ଧକାର ମଧ୍ୟରେ ବାଂଧିରଖେ । ଆମେ ତମିସ୍ରାରେ ବାଂଧିହୋଇ ଅନ୍ୟକୁ ତମିସ୍ରାରେ ବାଂଧି ରଖିବାକୁ କେତେ ଛଳନା ଓ କଷ୍ଟ କରୁ । ରଜୋଗୁଣର ଦାସ ହୋଇ ଆମେ କ୍ଷମତାର ଦାସ ହେଉ ଓ ନିଜକୁ ଓ ଅନ୍ୟକୁ କ୍ଷମତା ପାଖରେ ବାଂଧି ରଖିବାକୁ କେତେ ଚେଷ୍ଟା କରୁ । ଏହିସବୁ ନିଜ ଜୀବନରେ, ଅନ୍ୟ ଜୀବନରେ ଓ ସାମାଜିକ ବ୍ୟବହାରରେ ଅସଂହତି ସୃଷ୍ଟି କରେ । ସଂହତି ପାଇଁ ଆମ ଜୀବନରେ, ଅନ୍ୟର ଜୀବନ ଓ ସାମାଜିକ ଭୂମିରେ ବହୁଥିବା ରଜୋ ଓ ତମୋକୁ ରୂପାନ୍ତର କରିବା ପାଇଁ ଓ ସତ୍ତ୍ୱର ପ୍ରତିଷ୍ଠା ପାଇଁ ସାଧନା ଓ ସଂଗ୍ରାମ କରିବାକୁ ହୋଇଥାଏ । ଏହାକୁ ଆମେ ଧର୍ମଯୁଦ୍ଧ ବୋଲି କହିପାରିବା । ଏହି ଧର୍ମଯୁଦ୍ଧ ଏହା କେବଳ ଅନ୍ୟମାନଙ୍କ ବିରୁଦ୍ଧରେ ନୁହେଁ, ଏହା କେବଳ କୌରବମାନଙ୍କ ବିରୁଦ୍ଧରେ ନୁହେଁ, ଏହା ଉଭୟେ ପାଣ୍ଡବ ଓ କୌରବମାନଙ୍କ ସହିତ । ଖାସ୍ ସେଇଥିପାଇଁ ଶ୍ରୀକୃଷ୍ଣ ଭଗବତ୍‌ଗୀତାରେ ଅର୍ଜୁନଙ୍କୁ କୌରବମାନଙ୍କ ବିରୁଦ୍ଧରେ ଧର୍ମଯୁଦ୍ଧ କରିବାକୁ ଆହ୍ୱାନ ଦେଲାବେଳେ ଗୁଣତ୍ରୟିବିଭାଗ ଯୋଗରେ ଆମ ଜୀବନରେ ତ୍ରିଗୁଣ... ସତ୍ତ୍ୱ, ରଜଃ ଓ ତମୋର... କ୍ରିୟାଶୀଳତା ବିଷୟରେ କହିଛନ୍ତି

ଓ ଏହାର ରୂପାନ୍ତର ପାଇଁ ଯୁଦ୍ଧ କରିବାକୁ ଆମକୁ ଆହ୍ୱାନ ଦେଉଛନ୍ତି । ଏହି ଆହ୍ୱାନ ଦୁର୍ଯ୍ୟୋଧନ ପାଇଁ ଯେମିତି ପ୍ରଯୁଜ୍ୟ, ଅର୍ଜୁନଙ୍କ ପାଇଁ ମଧ୍ୟ ସେତିକି ପ୍ରଯୁଜ୍ୟ ।

ଶ୍ରୀମଦ୍‌ଭଗବତ୍‌ଗୀତାରେ ଧର୍ମଯୁଦ୍ଧ କଥା କୁହାଯାଇଛି ପବିତ୍ର ଗ୍ରନ୍ଥ କୁରାନରେ ଜିହାଦ୍ ବିଷୟରେ କୁହାଯାଇଛି । ଗୀତାର ଧର୍ମଯୁଦ୍ଧ ବୋଲି ଆକ୍ଷରିକ ପାରମ୍ପରିକ ଦୃଷ୍ଟିରୁ ଜିହାଦ୍ ଶତ୍ରୁମାନଙ୍କ ବିରୁଦ୍ଧରେ, ବିଧର୍ମୀ ଲୋକମାନଙ୍କ ବିରୁଦ୍ଧରେ । ମାତ୍ର ଗୀତାରେ ନିଜ ସହିତ ଯୁଦ୍ଧକରି ଏହାକୁ ରୂପାନ୍ତର କରିବାର ଯେଉଁ ଆହ୍ୱାନ ଜିହାଦ୍‌ରେ ମଧ୍ୟ ସମାନ ଆହ୍ୱାନ । ଆମ ନିଜ ଭିତରେ ଅନେକ ପ୍ରକ୍ରିୟା କାମ କରୁଛି ଯାହା ଆମକୁ ପ୍ରବୃତ୍ତି ଓ ନିମ୍ନପ୍ରକୃତିର ଦାସ କରାଇ ଆମକୁ ଆମର ବାସ୍ତବ ପ୍ରକୃତି, ଉଚ୍ଚ ପ୍ରକୃତି ଏବଂ ଈଶ୍ୱରଙ୍କଠାରୁ ଦୂରେଇ ଦେଉଛି । ଜିହାଦ୍‌ର ସଂଗ୍ରାମ ଏହି ସବୁ ଶକ୍ତିମାନଙ୍କ ବିରୁଦ୍ଧରେ ପ୍ରତ୍ୟେକ ମୁହୂର୍ତ୍ତର ସଂଗ୍ରାମ... ଦୈନନ୍ଦିନ ସଂଗ୍ରାମ । ଜିହାଦ୍ ତେଣୁ କେବଳ ଅପରବିରୁଦ୍ଧରେ ଯୁଦ୍ଧକୁ ବୁଝାଏ ନାହିଁ, ଏହା ନିଜ ସହିତ ଯୁଦ୍ଧକୁ ବୁଝାଏ (୧୧) ॥

ଧର୍ମଯୁଦ୍ଧ ଓ ହିଜାଦ୍ ଭଳି ବୌଦ୍ଧଧର୍ମରେ ନିର୍ବାଣ କଥା କୁହାଯାଇଛି । ନିର୍ବାଣ କେବଳ ଜୀବନ ନିର୍ବାପିତ ହୋଇପାରେ ଯେ ପ୍ରାପ୍ତ ହୁଏ ତାହାନୁହେଁ । ଆମେ ଯେତେବେଳେ ଜୀବନର ତାତ୍କାଳିକତା ଅନୁଭବ କରି ଜୀବନକୁ ଜାବୋଡ଼ି ନଧରି ଚିନ୍ତା ଓ କର୍ମକରୁ ଆମେ ନିର୍ବାଣ ପ୍ରାପ୍ତ ହୋଇଥାଉ । ଜୀବନର ଦୈନନ୍ଦିନ ଜୀବନରେ ଆମେ ଯେତେବେଳେ କାମନା ଓ ବାସନାର ଭୃତ୍ୟ ନହୋଇ ଆମ କାମନା ଓ ବାସନା ସହିତ ଜୀବନ ଉତ୍ତୋଳନକାରୀ ବଂଧୁଭାବେ ଜୀବନଯାପନ କରୁଁ ସେତେବେଳେ ଆମେ ନିର୍ବାଣ ଲାଭ କରୁଥାଉ । ଏମିତି ନିର୍ବାଣକୁ ଆମେ ଦୈନନ୍ଦିନ ପ୍ରୟୋଗାତ୍ମକ ନିର୍ବାଣ ବୋଲି କହିପାରିବା ଯେମିତି ଧର୍ମଯୁଦ୍ଧ ଓ ଜିହାଦକୁ ଆମେ ଦୈନନ୍ଦିନ ପ୍ରୟୋଗାତ୍ମକ ଧର୍ମଯୁଦ୍ଧ ଓ ପ୍ରୟୋଗାତ୍ମକ ଜିହାଦ୍‌ରୂପେ ଅନୁଭବ କରିପାରିବା(୧୨) । ରୂପାନ୍ତରକାରୀ ସଂହତି ପ୍ରତିଷ୍ଠା ପାଇଁ ଆମକୁ ଧର୍ମର ପ୍ରଚଳିତ ବ୍ୟାଖ୍ୟାକୁ ନୂଆରୂପେ ବ୍ୟାଖ୍ୟା କରିବାକୁ ହେବ ଓ ସେହି ଅନୁସାରେ ଭିନ୍ନ ଜୀବନ କାଟିବାକୁ ହେବ ॥

ରୂପାନ୍ତରକାରୀ ସଂହତିର ବହୁପରିସରୀୟ ସାଧନା

ସଂହତି ଓ ରୂପାନ୍ତରକାରୀ ସଂହତିର ଏମିତି ବିଭିନ୍ନ ପାର୍ଶ୍ୱ ଓ ପରିସର ସଂପର୍କରେ ଇଂରାଜୀରେ ମୁଁ ଏକ ପୁସ୍ତକ ସମ୍ପାଦନା କରିଛି । ଏଥିରେ ପୃଥିବୀର ବିଭିନ୍ନ ପ୍ରାନ୍ତରୁ ପଚାଶଜଣ ଲେଖକ ଓ ଲେଖିକା ଲେଖିଛନ୍ତି । ଏଥିରେ ଏହି ସମ୍ପାଦିତ ପୁସ୍ତକରୁ ସାମାନ୍ୟ କିଛି ଝଲକ୍ ଆମକୁ ଚିନ୍ତନ ଓ ଜୀବନ ଯାତ୍ରାରେ ସହାୟକ ହୋଇପାରେ ।

ଏହି ପୁସ୍ତକର ମୁଖବଂଧ ଆମ ସମୟର ଗଭୀର ଚିନ୍ତାବିଦ୍ ଅଧ୍ୟାପକ ଫ୍ରେଡ୍ ଡାଲମାୟାର ଲେଖିଛନ୍ତି । ଆପଣାର ମୁଖବଂଧରେ ସଂହତିର ଚିରନ୍ତନ ଓ ସାମ୍ପ୍ରତିକ ଆହ୍ୱାନ ବିଷୟରେ ଆମକୁ ଜାଗ୍ରତ କରିବାକୁ ସେ କାଥୋଲିକ୍ ଧର୍ମମୁଖ୍ୟ ପୋପ୍ ଫ୍ରାନସିସ୍‌ଙ୍କର ପୁସ୍ତକ The Church of Mercy ବା କରୁଣାର ଚର୍ଚ୍ଚ ସମ୍ପର୍କରେ ଆଲୋଚନା କରିଛନ୍ତି । ଏହି ପୁସ୍ତକରେ "The Loge of Power and Violence" ନାମକ ଅଧ୍ୟାୟଟିଏ ରହିଛି ଯେଉଁ ଅଧ୍ୟାୟରେ ପୋପ୍ ଫ୍ରାନ୍‌ସିସ୍ ଆମକୁ କହୁଛନ୍ତି କେମିତି କ୍ଷମତା ଓ ହିଂସା ଆମକୁ ଶାନ୍ତି ଓ ସଂହତିଠାରୁ ଦୂରାଇ ନେଇଥାଏ । ପୋପ୍ ଫ୍ରନ୍‌ସିସ୍‌ଙ୍କ ଅନୁଭବ ଅନୁଭବ ଓ ଜୀବନମାର୍ଗରେ ଜୀବନରେ ସଂହତିଥାଏ ଅଥବା ଜୀବନରେ ବିନାଶ ଘଟେ, ଅବ୍ୟବସ୍ଥା (Chaos) ରାଜତ୍ୱ କରେ । ଜୀବନରେ ଅସଂହତି ବୋଲି କିଛି ନଥାଏ; ଅସଂହତିର ଅନ୍ୟନାମ ଅବ୍ୟବସ୍ଥା, ହିଂସା, ଦ୍ୱନ୍ଦ୍ୱ, ଭୟ ଓ ବିନାଶ ।

ଏହି କ୍ଷେତ୍ରରେ ପୋପ୍ ଫ୍ରାନ୍‌ସିସ୍ ଆମକୁ ବାଇବେଲରେ ବର୍ଣ୍ଣିତ ଗଳ୍ପ କେନ୍ ଓ ଆବେଲ୍ ସଂପର୍କରେ କହୁଛନ୍ତି । କେନ୍ ଓ ଆବେଲ୍ ଦୁଇ ଭାଇ । ଏହି ଗପରେ କେନ୍ ଆପଣାର ଭାଇ ଆବେଲକୁ ନିଜ ସ୍ୱାର୍ଥପାଇଁ ହତ୍ୟା କରିଛି । ମାତ୍ର ଯେତେବେଳେ ଈଶ୍ୱର କେନ୍‌ଙ୍କୁ ପ୍ରଶ୍ନ କରିଛନ୍ତ, "ତୁମର ଭାଇ ଆବେଲ୍ କାହିଁ?" କେନ୍ ଉତ୍ତର ଦେଇଛି, "ମୁଁ ଜାଣେନାହିଁ; ମୁଁ କଣ ମୋର ଭାଇର ରକ୍ଷକ?" ପୋପ୍ ଫ୍ରାନ୍‌ସିସଙ୍କ ଚିନ୍ତନ ଓ ଜୀବନ ସାଧନାରେ, ଆମ୍ଭେମାନେ ସର୍ବଦା ଏହି ପ୍ରଶ୍ନର ସମ୍ମୁଖୀନ ହେଉଛୁଁ: ଆମ୍ଭର ଭାଇ କାହିଁ ଓ ଆମେ ଆମର ଭାଇର ରକ୍ଷକ କି? ଏହା ସହିତ ଆମେ ମଧ୍ୟ ଆଉ ଗୋଟିଏ ସଂଶ୍ଳିଷ୍ଟ ପ୍ରଶ୍ନ ଓ ଆହ୍ୱାନକୁ ଆମେ ଏଠାରେ ଅନୁଭବ କରିପାରିବା: ଆମର ଭଉଣୀମାନେ କାହାନ୍ତି, ଆମର ମା ମାନେ କାହାନ୍ତି ଓ ସେମାନଙ୍କ ପାଇଁ ଆମେ ଦାୟିତ୍ୱବଦ୍ଧ କି? ପୋପ୍ ଫ୍ରାନ୍‌ସିସଙ୍କ ବିଚାରରେ, ମନୁଷ୍ୟ ହେବାର ଅର୍ଥ ହେଉଛି ଅନ୍ୟର ଯତ୍ନ ନେବା ।

ମାତ୍ର ଆମର ଯାହାର ଯତ୍ନ ନେବା କଥା ଯଥା ଆମର ଭାଇ ଓ ଭଉଣୀମାନଙ୍କର ଆମେ ସେମାନଙ୍କୁ ହତ୍ୟା କରୁଛୁଁ । ଆମର ସାମ୍ପ୍ରତିକ ସମାଜରେ ଆମେ ଆମର ଭାଇ ଭଉଣୀମାନଙ୍କୁ ପ୍ରକାଶ୍ୟରେ ବା ଅପ୍ରକାଶ୍ୟରେ ନିଧନ କରୁଛୁଁ । ପୋପ୍ ଫ୍ରାନସିସ୍‌ଙ୍କ ବିଚାରରେ, ଆମେ ଯେତେବେଳେ ହିଂସ୍ର ହେଉ ଓ ଯୁଦ୍ଧ କରୁ ଓ ଏହି ହିଂସା ଓ ଯୁଦ୍ଧରେ ଅନ୍ୟମାନଙ୍କୁ ନିଧନ କରୁ ସେତେବେଳେ ଆମ ଭିତରେ ଆମେ ଭ୍ରାତୃହନ୍ତା କେନ୍‌କୁ ଜନ୍ମଦେଉ । ଆମେ ଯେତେବେଳେ ନିଜର ଲାଭ ପାଇଁ ଜୀବନରେ ସବୁକିଛି ବଜାରରେ ପ୍ରତିମା ବା idols of the market place ର ତରାଜୁରେ ମାପୁଁ, ଆମେ ଅନେକ ଜୀବନକୁ ହନନ କରୁଁ । ପୋପ୍‌ଙ୍କ ଭାଷାରେ, "ଆମ୍ଭେ ଆମର

ଅସ୍ତ୍ରମାନଙ୍କୁ ସୁରକ୍ଷିତ କରି ରଖିଛୁ ଯେତେବେଳେ ଆମର ବିବେକ ଶୋଇପଡିଛି । ଏହା ଏକ ମାମୁଲି ଓ ସାଧାରଣ କଥାଭଳି ଆମେ ବିନାଶ, ଯନ୍ତ୍ରଣା ଓ ମୃତ୍ୟୁର ବୀଜ ବୁଣିବାରେ ଲାଗିଛୁଁ ।" ଡାଲମାୟାର୍ ପୋପ୍ ଫ୍ରାନ୍‌ସିସଙ୍କୁ ଏହି ଚିନ୍ତନକୁ ଆମକୁ ଉପହାର ଦେଇ କହୁଛନ୍ତି ଯେ' ଅବ୍ୟବସ୍ଥାରୁ ସଂହତି ଆଡକୁ ଯିବାପାଇଁ ଆମ ଜୀବନରେ ମୂଳଭୂତ ରୂପାନ୍ତର ଆବଶ୍ୟକ ।

ରୂପାନ୍ତରକାରୀ ସଂହତି ରୂପାନ୍ତରର ବହୁ-ପରିସରୀୟ ସାଧନା ଓ ସଂଗ୍ରାମ । ଏହି ସାଧନାରେ ଅନେକ ବଂଧନ ଭାଙ୍ଗିଯାଏ ଯେପରିକି ଯୁଦ୍ଧ ଓ ସଂହତିର ନାନା ନୂଆ ଛନ୍ଦତୋଳି ଉଠେ ଯେମିତି ରବୀନ୍ଦ୍ରନାଥ ଆପଣାର ଏକ କବିତାରେ ନଟରାଜଙ୍କୁ ଉଦ୍‌ବୋଧନ କରି କହୁଛନ୍ତି:

ହେ ନଟରାଜ ! ତୁମର ନୃତ୍ୟର ପ୍ରତି ତାଳେ
ମୋର ବଂଧନକୁ ଗୋଟିଗୋଟି କାଟିଦିଅ
ମୋତେ ଉଠାଇଦିଅ ଓ ମୋର ଚେତନାରେ
ସମୟର ଆୟୁତଯୁଗର ମୁକ୍ତିର ମନ୍ତ୍ର ତୋଳି ଦିଅ ।

ଆମର ଏହି ସଂକଳନରେ ଅନେକ ଲେଖାମାନଙ୍କ ମଧ୍ୟରୁ ଗୋଟିଏ ରଚନା ହେଉଛି ସାରା ହାଓଆର୍ଡଙ୍କର । ସାରା ଯୁକ୍ତରାଷ୍ଟ୍ର ଆମେରିକାର ବଷ୍ଟୋନ ନଗରୀରେ କାମ କରନ୍ତି । ସେ ଓ ତାଙ୍କର ସହକର୍ମୀମାନେ Earthos Institute ନାମକ ଅନୁଷ୍ଠାନଟିଏ ଗଢ଼ିଛନ୍ତି । Earthos... Earth... ଭୂମି... Earth ଭୂମି ସହିତ ସଂଯୁକ୍ତ ଏକ ଅନୁଷ୍ଠାନ । ସାରା ଓ ଏହା ସହିତ ସଂପୃକ୍ତ ବଂଧୁମାନେ ଯଥା ଏହାର ସହ-ପ୍ରତିଷ୍ଠାତା ଫିଲିପ୍ ହେଉଛନ୍ତି Architect... ଗୃହଯନ୍ତ୍ରୀ । ମାତ୍ର ଏମାନେ ଏମିତି ଘର ଓ ସହର ବନାଇବାକୁ ଚାହାନ୍ତି ଯାହା ଭୂମି ସହିତ ତାଳ ଦେଇଚାଲେ, ଭୂମିର କଥା ଶୁଣିପାରେ । ଏମାନେ ପ୍ରତ୍ୟେକ ସହର ଓ କ୍ଷେତ୍ରକୁ bio-region ବା ଜୈବ-କ୍ଷେତ୍ର ରୂପେ ଅନୁଭବ ଓ ସର୍ଜନା କରିବାକୁ ଚାହାନ୍ତି । ଗୋଟିଏ ବଡ ସହର ବା ଭୂମିକୁ ଏମାନେ ବିଭିନ୍ନ ଜୈବ-କ୍ଷେତ୍ରର ସମଷ୍ଟି ବୋଲି ଭାବନ୍ତି ଓ ପ୍ରତ୍ୟେକ ଜୈବ-କ୍ଷେତ୍ରର ଆବଶ୍ୟକତା ଅନୁସାରେ ସେହି କ୍ଷେତ୍ରର ଯୋଜନା ପାଇଁ କାମ କରନ୍ତି । ପ୍ରତ୍ୟେକ ଜୈବ-କ୍ଷେତ୍ରରେ ନାନା ପ୍ରାକୃତିକ ଓ ସାମାଜିକ ସଂପଦ ହେଉଛି ଯଥା ନଦୀ, ବନାନୀ ଓ ଐତିହାସିକ ଓ ସାଂସ୍କୃତିକ ସ୍ଥିତି । ବଷ୍ଟୋନ୍‌ର ଆଲେଆଇଫ୍ (Alewfi) ନାମକ ପ୍ରାନ୍ତରେ Mystic ନାମରେ ନଦୀଟିଏ ବହିଯାଉଛି । ସହରର ନିର୍ମାଣ ଓ ବିକାଶ ପ୍ରକ୍ରିୟା ଫଳରେ ଏହି ନଦୀ ପ୍ରତି କେତେ ବିପଦ । ସାରା ଏହି ନଦୀ ଓ ନଦୀ ନିକଟସ୍ଥ କ୍ଷେତ୍ରର ରକ୍ଷଣାବେକ୍ଷଣ ଓ ପରିବେଶଗତ ବିକାଶ ପାଇଁ କାମ କରୁଛି । ଏହା ସହିତ

ଏଲେନ୍ ମାସ୍ ନାମକ ଜଣେ କର୍ମୀ ସଂଶ୍ଳିଷ୍ଟ । ମୁଁ ୨୦୧୫ ମସିହାରେ ନଭେମ୍ବର ମାସରେ ଏଲେନ୍‌ଙ୍କୁ ବଷ୍ଟୋନ୍‌ର ଆଲୋଚନାଚକ୍ରରେ ଭେଟିଥିଲି । ଏହାପରେ ଏଲେନ୍ ମିଷ୍ଟିକ୍ ନଦୀର ଏକ ଉଦ୍ୟାନରେ ଏକ ଭୂମିପୂଜା କରିଥିଲେ ଓ ଏହି ଭୂମିପୂଜା ସହ ମିଳନ ଓ ଆଲୋଚନା । ଏହି ଆଲୋଚନାରେ ମୁଁ ଯୋଗଦେଇଥିଲି । ଏହାପରେ ବଷ୍ଟୋନ୍‌ର ଲେସ୍‌ଲି ବିଶ୍ୱବିଦ୍ୟାଳୟରେ Sustainable Development ସଂପର୍କରେ ମୁଁ ଏକ ବ୍ୟାଖ୍ୟାନ ପ୍ରଦାନ କରିଥିଲି । ଏହାକୁ ଏଲେନ୍ ଆୟୋଜନ କରିଥିଲେ ଏବଂ ଏହି ଆଲୋଚନାରେ ସାରା ଯୋଗ ଦେଇଥିଲେ । ମୁଁ ସେତେବେଳେ ରୂପାନ୍ତରକାରୀ ସଂହତି ସଂପର୍କରେ ଏହି ପୁସ୍ତକଟିଏ ସମ୍ପାଦନା କରୁଥିଲି ଓ ଏଥିରେ ପ୍ରବଂଧଟିଏ ଲେଖିବାକୁ ସାରାଙ୍କୁ ଅନୁରୋଧ କରିଥିଲି ।

ଆପଣାର ପ୍ରବଂଧରେ ସାରା ବଷ୍ଟୋନ୍‌ରେ Earthos ଅନୁଷ୍ଠାନର ନାନାକାର୍ଯ୍ୟ ସଂପର୍କରେ ବର୍ଣ୍ଣନା କରିବା ସହିତ ନିଜ ଜୀବନରେ ସଂହତିର ସଞ୍ଚାର ଓ ସର୍ଜନା ବିଷୟରେ କହୁଛନ୍ତି । ବଷ୍ଟୋନ ଏକ ବହୁବର୍ଣ୍ଣର ସହର । ଏଠାରେ କୃଷ୍ଣକାୟ ଲୋକମାନଙ୍କର ସୃଜନ ଓ ସଂଗ୍ରାମର ଏକ ଦୀର୍ଘ ଇତିହାସ ରହିଛି । ବଷ୍ଟୋନ୍ ସହର କେନ୍ଦ୍ରରେ Earthos ଦୁଇମାଇଲ ଦୀର୍ଘବ୍ୟାପୀ ଏକ ସାଂସ୍କୃତିକ ସ୍ମୃତିପଥ ତିଆରି କରିବାକୁ ଚେଷ୍ଟା କରୁଛି । ଏହି ସ୍ମୃତିପଥରେ ବଷ୍ଟୋନ୍ ସହରର ବଭିନ୍ନ ବର୍ଣ୍ଣର ଲୋକମାନଙ୍କର ଛାପ ରହିବ ବିଶେଷକରି ସହରର କୃଷ୍ଣକାୟ ଲୋକମାନଙ୍କର ସୃଜନ ଓ ସଂଗ୍ରାମର ଇତିହାସ । ଏମିତି ସ୍ମୃତିପଥରେ ବୁଲିବାବେଳେ ବିଭିନ୍ନ ବର୍ଣ୍ଣର ଲୋକମାନେ ପରସ୍ପରର ସୃଜନଶୀଳତାକୁ ସ୍ୱୀକାର କରିପାରିବେ ଓ ପରସ୍ପରର ବିଦ୍ୱେଷକୁ ଭୁଲି ସଂହତି ପ୍ରତିଷ୍ଠା କରିପାରିବେ ।

ସଂହତି ବାହାରେ ଓ ଭିତରେ; ଶରୀର, ସମାଜ ଓ ବିଶ୍ୱରେ । ଆପଣାର ପ୍ରବଂଧର ଆରମ୍ଭରେ ସାରା ଆମକୁ ନିଜର ଦେହ, ମନ ଓ ସମ୍ବନ୍ଧର ଅସୁସ୍ଥତା କଥା କହୁଛନ୍ତି । ତାଙ୍କର ଦେହରେ ଅନେକ ଅସୁସ୍ଥତା, ପାଦରେ ଶିଥିଳତା । ସମ୍ବନ୍ଧରେ ଶିଥିଳତା । ତାଙ୍କର ବିବାହଟି ସ୍ନେହର ଅଭାବରୁ ଭାଙ୍ଗି ଯାଇଥିଲା । ମନରେ କେତେ ଚିନ୍ତା ଓ ଦୁଶ୍ଚିନ୍ତା । ମାତ୍ର ଏହିସବୁକୁ ଚୁମା ଦେଇ ସାରା ବଷ୍ଟୋନ୍‌ରୁ ସ୍ପେନ୍ ଆସିଛନ୍ତି । ସ୍ପେନ୍‌ର ପ୍ରସିଦ୍ଧ କାମିନୋ ଡି ସାଣ୍ଟିଆଗୋର ତୀର୍ଥଯାତ୍ରାର ପଥରେ ପାଞ୍ଚଶହ କି.ମି. ପଦଯାତ୍ରା କରିଛନ୍ତି । ସାରାଙ୍କ ଭାଷାରେ "ରୂପାନ୍ତରକାରୀ ସଂହତି ସହିତ ମୋର ଯାତ୍ରା ଆରମ୍ଭ ହେଲା ଯେତେବେଳେ ମୁଁ ଆମ ପୃଥିବୀର ଗୋଟିଏ ପ୍ରାନ୍ତରେ ପାଦଚାରଣା କରିବାକୁ ଆରମ୍ଭ କଲି । ମୋର ପିଚାର ହାଡଟିଏ ଖସି ପଡିଥିଲା ଓ ଏହାର ଗୋଟିଏ ବର୍ଷପରେ ମୁଁ ଚାଲିବାକୁ ଆରମ୍ଭ କଲି । ଚାଲିବା ମୋର ସୁସ୍ଥ ହେବା ପ୍ରକ୍ରିୟାର ଏକ

ଅଙ୍ଗ ଥିଲା । ମୋର ନିଜର ଦ୍ୱିଧା ଓ ଡାକ୍ତରମାନଙ୍କର ପରାମର୍ଶ ସତ୍ତ୍ୱେ ମୁଁ ଅଗଷ୍ଟ ୨୦୧୩ରେ ଏହି ଯାତ୍ରାକୁ ସମାପନ କରିଥିଲି । ଏହାର କାରଣ ସ୍ପେନର ଗ୍ରାମାଞ୍ଚଳର ଏହି ଯାତ୍ରାରେ ମୁଁ ମୋର ଶରୀରକୁ ମୋତେ ବାଟ ଚଲାଇନେବାକୁ ଛାଡିଦେଲି । ମୋର ପିଚା ଓ ପାଦ ମୋର ପ୍ରତ୍ୟେକ ପାଦ (step)କୁ ବାଟ ବତାଇଦେଲେ ଏବଂ ମୋତେ କହିଲେ ମୁଁ କେମିତି ଆଗକୁ ଯିବି ଓ କେତେ ସଅଳ ଆଗକୁ ଯିବି ।" ଏହି ଯାତ୍ରାରେ ସାରା ଆପଣାର ଶରୀରର ସ୍ୱର ଓ ନିର୍ଦ୍ଦେଶକୁ ଶୁଣିଛନ୍ତି ।

ଶୁଣିବାହିଁ ସଂହତିର ଅନ୍ୟତମ ମୂଳଭୂତ ପାବଚ୍ଛ ଓ ଧାରା । ଆପଣାର ପ୍ରବଂଧରେ ସାରା ଆମକୁ କହୁଛନ୍ତି ଯେ' ରୂପାନ୍ତର ସଂହତି ପାଇଁ ଶୁଣିବା ଆବଶ୍ୟକ । ନିଜ ଜୀବନରେ ଶରୀରକୁ ଶୁଣିବା... ଏହା ସହିତ ମନ, ଆତ୍ମା ଓ ବିବେକ । ଅନ୍ୟକୁ ମଧ୍ୟ ଶୁଣିବା । ପ୍ରକୃତି ଓ ଆମ ସମାଜରେ ବିଭିନ୍ନ ଭୂକ୍ଷେତ୍ରର ସ୍ୱରକୁ ଶୁଣିବା । ଶୁଣିବା ପାଇଁ ମାନସିକ ଇଚ୍ଛାଶକ୍ତି ସହିତ ଚେତନା ଓ ଜାଗୃତି (awareness) ର ବିକାଶ ଆବଶ୍ୟକ । ଆମର ମନ ଓ ଶରୀରକୁ ଶୁଣିପାରିଲେ ଆମେ ଅନୁଭବ କରିପାରିବାଯେ' ଆମର ଜୀବନରେ ଆମେ ଶରୀର ଓ ମନ ସହ ବଞ୍ଚିବା ଓ ଆମ ଶରୀର ଉପରେ ମନର ଆଧିପତ୍ୟ ଓ ଦୌରାତ୍ମ୍ୟ ବିସ୍ତାର କରିପାରିନି । ଆମର ଜୀବନ ଯେମିତି ଏକ ଜୀବନ୍ତ ବ୍ୟବସ୍ଥା ଓ ଧାରା, ଆମର ସମାଜ ଓ ସଂସ୍କୃତି ମଧ୍ୟ ଜୀବନ୍ତ ବ୍ୟବସ୍ଥା ଓ ଧାରା । ରୂପାନ୍ତରକାରୀ ସଂହତି ପାଇଁ ଆମର ସମାଜକୁ କେବଳ ଯନ୍ତ୍ର ବୋଲି ଭାବିବା ନାହିଁ, ଆମେ ଏହାକୁ ଜୀବନ୍ତ ବୋଲି ଅନୁଭବ କରିବା; ଏହାର ଯନ୍ତ୍ରଣା ଓ ଆନନ୍ଦର ସ୍ୱରକୁ ଶୁଣିବା ଓ ଏମିତି ସ୍ୱରକୁ ଶୁଣି ଆମେ ନିଜକୁ ଓ ସମାଜକୁ ନୂଆରୂପେ ସହ-ସୃଷ୍ଟି ବା co-create କରିବା ।

'ରୂପାନ୍ତରକାରୀ ସଂହତି' ପୁସ୍ତକରେ ସଂହତିର ବିଭିନ୍ନ ଦିଗ ଉପରେ ଏମିତି ପଚାଶଟି ପ୍ରବଂଧ ରହିଛି । ଏହି ପ୍ରବଂଧମାନ ସଂହତିର ଆହ୍ୱାନ ଓ ଆମନ୍ତ୍ରଣ କ୍ଷେତ୍ରରେ ଆମକୁ ନାନା ଖୋରାକ୍ ପ୍ରଦାନ କରିଥାଏ । ଅଧିକାର ଓ ନ୍ୟାୟ ପାଇଁ ସଂଗ୍ରାମ ସାଧନରେ ଜୀବନରେ ସଂହତିର ବାସ୍ତବତା, ଆବଶ୍ୟକତା ଓ ଆହ୍ୱାନକୁ ଭୁଲି ନଯିବାକୁ ଏହା ଆମକୁ ଆହ୍ୱାନ ଦେଇଥାଏ । ସଂହତି ନାଆରେ ସ୍ଥାଣୁତା ମଧ୍ୟରେ ବାଂଧି ନ ହୋଇଯାଇ ରୂପାନ୍ତରକାରୀ ସଂହତିର ସାଧନା ଓ ସଂଗ୍ରାମରେ ନିମଜ୍ଜିତ ହେବାକୁ ଏହା ଆମକୁ ଆହ୍ୱାନ ଦେଇଥାଏ ।

ଗ୍ରନ୍ଥସୂଚନା ଓ ଟିପ୍‌ପଣୀ

୧. Gregory Bateson, ଆପଣାର ପୁସ୍ତକ Steps Towards an Ecology of Mind ରେ ଆମକୁ କହୁଛନ୍ତି ଆମର ମନ କିପରି ପରିବେଶଗତ

ବା ecological । ଏହାର ପଚାଶ ବର୍ଷ ପୂର୍ବରୁ ଗଭୀର ସମାଜଶାସ୍ତ୍ରୀ ଜର୍ଜ ହର୍ବାଟ୍ ମିଡ୍ (G. H. Mead) ଆପଣାର Mind, Self and Society ପୁସ୍ତକରେ ଏହା ଆମର ମନ କିପରି ସମାଜର ଭୂମିରେ ଜାତ ହୁଏ ସେ ବିଷୟରେ କହିଛନ୍ତି । ଆମର ମନକୁ ସଂହତ କରିବାକୁ ହେଲେ ଆମକୁ ଏହାକୁ ସାମାଜିକତା, ପ୍ରକୃତି ଓ ପରିବେଶ ସହିତ ସୃଜନଶୀଳ ଭାବେ ଯୋଡିବାକୁ ହେବ । ଏହି କ୍ଷେତ୍ରରେ ଦଲାଇଲାମା ଯାହା କହୁଛନ୍ତି ତାହା ମଧ୍ଯ ପ୍ରଣିଧାନଯୋଗ୍ୟ । ଅକ୍ଟୋବର ୨୦୧୬ ମସିହାରେ ମୁଁ ଧର୍ମଶାଳାରେ ଦଲାଇଲାମାଙ୍କର ବ୍ୟାଖ୍ୟାନ ଶୁଣୁଥିଲି । ସେ କହିଲେ ଯେ' ସେ ପ୍ରତ୍ୟେକଦିନ ପ୍ରାୟ ରାତି ତିନିଟାବେଳୁ ଉଠି ନିଜର ମନକୁ ବୁଦ୍ଧଙ୍କର ଚିତ୍ତ... ବୁଦ୍ଧଙ୍କର ମନରେ ପରିଣତ ହେବାକୁ ପ୍ରାର୍ଥନା କରନ୍ତି ଯେଉଁ ମନରେ ସବୁ ପ୍ରାଣୀଙ୍କ ମଂଗଳ ପାଇଁ ମାନସିକତା, ଚିନ୍ତନ ଓ କର୍ମ-ପ୍ରେରଣା ଥିବ । ବେଟସନ ଓ ମିଡ୍ ଆମର ମନକୁ ସାମାଜିକ ଓ ପରିବେଶଗତ ପାଇଁ ପ୍ରସ୍ତୁତ କରିବାକୁ ଆହ୍ୱାନ ଦେଇଥିବାବେଳେ ଆମେ ଦଲାଇଲାମାଙ୍କର ହାତଧରି ଏହାକୁ ବୋଧିଚିତ୍ତ କରିପାରିବା । ବ୍ୟକ୍ତି ଓ ସାମାଜିକ ଜୀବନରେ ସଂହତି ପାଇଁ ଆମ୍ଭର ଏମିତି ସାମାଜିକ ପରିବେଶଗତ ବୋଧିଚିତ୍ତ ଆବଶ୍ୟକ ।

୨. Leo Semaskho, Harmonious Civilization, St. Petersburg: Global Harmony Association, 2009 ।

୩. Andre Beteille, "Harmonic and Disharmonic Social Systems." The Idea of Natural Inequality and Other Essays. Delhi: Oxford U. Press, 1983 ।

୪. Alaine Touraine, Can We Live Together? Equality and Difference. Cambridge: Polity Press, 2009 ।

୫. ଦ୍ରଷ୍ଟବ୍ୟ, ଚିତ୍ତରଂଜନ ଦାସ, ବୀର ଯୋଦ୍ଧା କରି (ଭୁବନେଶ୍ୱର: ସୁହୃତ୍ ଗୋଷ୍ଠୀ, ୨୦୦୬) ଏବଂ ଶିକ୍ଷାର ବିବେକ (ଭୁବନେଶ୍ୱର: ପଥିକ ପ୍ରକାଶନୀ, ୨୦୦୬) ।

୬. ଦ୍ରଷ୍ଟବ୍ୟ, Robert N. Bellah, Tokugawa Religion. New York: Free Press ।

୭. ଦ୍ରଷ୍ଟବ୍ୟ, Harsh V. Deheja, "Kashmir Saivism: A Note." In Abhinavagupta: Reconsiderations (ed.) Makarand Paranjape. Delhi: Samvad ।

୮. ଏହି ସମ୍ପର୍କରେ ଥାଇଲାଣ୍ଡର ରାଜନୀତିବିଦ୍ ବୀର ସମ୍ବୋନ୍ ଆଲୋଚନା କରିଛନ୍ତି । ଦ୍ରଷ୍ଟବ୍ୟ, Vira Samboon, Ariyavinaya in the Age of Extreme Modernism. Bangkok: Komol Keemthong Foundation ।

୯. ଏହି ବିଷୟରେ ହେଲେନା ଟାଗସନ ଆମକୁ ଜାଗ୍ରତ ରହିବାକୁ ଆହ୍ୱାନ ଦେଇଛନ୍ତି । ଦ୍ରଷ୍ଟବ୍ୟ, Helena Tagesson, "A Yearning of the Heart: Spirituality and Politics." In The Modern Prince and the Modern Sage: Transforming Power and Freedom, (ed.), Ananta Kumar Giri. Delhi: Sage ।

୧୦. ଚିତ୍ତରଂଜନ ଦାସ, ବୀର ଯୋଦ୍ଧା କରି ।

୧୧. ଏହି କ୍ଷେତ୍ରରେ ପ୍ରଖ୍ୟାତ ସମାଜସେବୀ ଓ ଚିନ୍ତକ ଆସଗର ଅଲି ଇଂଜିନିୟରଙ୍କର ଆଲୋଚନା ପ୍ରଣିଧାନଯୋଗ୍ୟ । ଦ୍ରଷ୍ଟବ୍ୟ ତାଙ୍କର ଆତ୍ମଜୀବନୀ, *A Living Faith: My Quest for Peace, Harmony and Social Change.* Hyderabad: Orient Blackswan, 2012 ।

୧୨. ଏହି କ୍ଷେତ୍ରରେ ଲେଖକଙ୍କର ନିମ୍ନ କବିତାଟି ଦ୍ରଷ୍ଟବ୍ୟ ଯାହା ତାଙ୍କର ପ୍ରକାଶନ୍ମୋମୁଖୀ 'ଶିଖର ଓ ବୁଦ୍ଧପାଦ' କବିତା ସଂକଳନରେ ସନ୍ନିବିଷ୍ଟ:

ହେ ବୁଦ୍ଧ

ହେ ବୁଦ୍ଧ !
ମୁଁ ବୁଦ୍ଧ କରଇ ପରଶ
ତୁମ ହୃଦ କୋମଳରେ
ହେ ତାରା, ହୃଦୟର ତାରା
ସ୍ତନ ହୋଇ ନମେ ତବ ସ୍ତନ
ରୂପାନ୍ତର ଲଭେ ସ୍ତନ ଲୋଭ
ବାସନା ହୁଏ ଶୁଭ୍ରଫୁଲ
କୀଟମାନେ ହୁଅନ୍ତି ଗୋଲାପ
ଚୁମନ୍ତି ମୋତେ ଓ ତୁମକୁ
ସକଳ ଜୀବଙ୍କୁ

■

ଅର୍ଥ ସଂକଟ ଓ ଜୀବନାର୍ଥର ଲୋକସଂଗ୍ରହ

ଅର୍ଥ ଆମ ଜୀବନର ଭୂମି । ଏହି ଅର୍ଥ ଉଭୟ ଲୋକାର୍ଥ ଓ ପରମାର୍ଥ । ଅର୍ଥ ଏଠାରେ ଉଭୟ ଅର୍ଥ ସମ୍ପଦକୁ ବୁଝାଏ ଓ ଭାଷା, ଭାବ, ଶବ୍ଦ, ବାକ୍ୟ ଓ ଜୀବନର ଅର୍ଥକୁ ବୁଝାଏ... ବାଗାର୍ଥକୁ ବୁଝାଏ । ଅର୍ଥ ଆମର ଜୀବନର ଚତୁର୍ବିଧ ପୁରୁଷାର୍ଥର ଏକ ଅଂଶ.... ଧର୍ମ, ଅର୍ଥ, କାମ ଓ ମୋକ୍ଷ । ପୁରୁଷାର୍ଥର ଏକ ଅଂଶ ଓ ଉପାଦାନ ଭାବେ ଆମେ ଅର୍ଥକୁ କେବଳ ଅର୍ଥ ସମ୍ପଦରୂପେ ଭାବୁଁ ମାତ୍ର ଅର୍ଥ ଏଠାରେ ମଧ୍ୟ ବାକ୍ୟ, ଶବ୍ଦ, ଭାଷା ଓ ଭାବର ଅର୍ଥ.... ବାଗାର୍ଥ । ଉଭୟ ଅର୍ଥ ସମ୍ପଦ ଓ ବାଗାର୍ଥ ଆମର ଜୀବନର ଭୂମି ଓ ଧାରା । ଏହା ଆମ ଜୀବନକୁ ସୁନ୍ଦର ଓ ଯଥାର୍ଥ ଭାବେ ବଞ୍ଚିବାରେ ସାହାଯ୍ୟ କରେ । ମାତ୍ର ଜୀବନର ଆବହମାନ କାଳରୁ ଆମର ବ୍ୟକ୍ତିଗତ ଓ ସାମୂହିକ ଜୀବନରେ ଅର୍ଥର ସୁସ୍ଥ, ସାମଗ୍ରିକ ଓ ପୂର୍ଣ୍ଣାଙ୍ଗ ଧାରା ଓ ବାସ୍ତବାୟନ ଅନେକ ଆହ୍ୱାନ ମଧ୍ୟଦେଇ ଗତି କରିଆସିଛି । ଅର୍ଥ ସଂପଦ କ୍ଷେତ୍ରରେ ଅର୍ଥକୁ ମହାଲକ୍ଷ୍ମୀ ରୂପେ ଅର୍ଚ୍ଚନା ନକରି ଆମେ ଅର୍ଥ ଲୋଭୀ ହୋଇଯାଇଥାଉଁ ଓ ଅର୍ଥକୁ କୁଅର୍ଥରେ ପରିଣତ କରୁ । ଶ୍ରୀଅରବିନ୍ଦ କହିବାଭଳି ଆମେ ମହାଲକ୍ଷ୍ମୀଙ୍କୁ ଆମର ବ୍ୟକ୍ତିଗତ ଓ ସାମୂହିକ ଜୀବନର ପ୍ରସ୍ଫୁଟନ ଓ ବିବର୍ତ୍ତନ ରୂପେ ବ୍ୟବହାର ନକରି ଆମେ ଏହାକୁ ଲୋଭ, କ୍ଷମତା ଓ ଶୋଷଣ ମଧ୍ୟରେ ବାଂଧି ରଖୁଁ ।(୧) ଆମେ ଅର୍ଥକୁ ଧର୍ମ ଓ ମୋକ୍ଷ ସହିତ ଯୋଡୁନା... ଅର୍ଥାତ ଅର୍ଥକୁ ଏମିତି ରୂପେ ବ୍ୟବହାର କରୁନା ଯାହା ଆମର ବ୍ୟକ୍ତିଗତ ଓ ସାମୂହିକ ଜୀବନରେ ଏହା ଧର୍ମ ଓ ମୋକ୍ଷ ସୃଷ୍ଟି କରିପାରିବ । ଧର୍ମ ଏଠାରେ କୌଣସି ନିର୍ଦ୍ଦିଷ୍ଟ ଓ ସଂଗଠିତ ଧର୍ମକୁ ବୁଝାଏନା ଯାହା ଇଂରାଜୀ ଶବ୍ଦ Religion ଦ୍ୱାରା ବୁଝାଯାଏ । ଧର୍ମ ଏଠାରେ ଏକ ଯଥାର୍ଥ ଜୀବନମାର୍ଗକୁ ବୁଝାଏ । ମୋକ୍ଷ ମଧ୍ୟ ଏଠାରେ ସଂସାରକୁ ଛାଡି ଅନ୍ୟ ଏକ ଲୋକରେ ମୋକ୍ଷପ୍ରାପ୍ତିକୁ ବୁଝାଏ ନାହିଁ; ଏହା ଆମର ବ୍ୟକ୍ତିଗତ, ପାରସ୍ପରିକ ଓ ସାମୂହିକ ଜୀବନର ଏକ ମୋକ୍ଷ ଅବସ୍ଥାକୁ ବୁଝାଏ ଯେଉଁଥିରେ ଆମେ ପରସ୍ପର ସହିତ ମର୍ଯ୍ୟାଦା, ସୌନ୍ଦର୍ଯ୍ୟ ଓ ସଂଳାପର ସହିତ ବଞ୍ଚୁଛୁଁ ଓ ଏମିତି ପ୍ରୟାସ, ସାଧନା ଓ ସମ୍ବନ୍ଧରେ ଆମେ ଯେଉଁ ଆନନ୍ଦ ପାଉ ତାହା ଆମକୁ ମୋକ୍ଷର ଆନନ୍ଦ

ଦେଇଥାଏ । ଅର୍ଥ ସଂକଟ ସେତେବେଳେ ଆରମ୍ଭ ହୁଏ ଯେତେବେଳେ ଆମେ ଅର୍ଥକୁ ଆମର ଜୀବନର ଧର୍ମ ଓ ମୋକ୍ଷ ସହିତ ସଂଯୁକ୍ତ କରୁନା ଓ ଏକ ଯଥାର୍ଥ ଆନନ୍ଦର ଜୀବନ ବଞ୍ଚିପାରୁନା ।

ଏମିତି ଅର୍ଥ ସଂକଟ ଆମ ଜୀବନର ଆବହମାନ କାଳରୁ ଆମ ସହିତ ରହିଆସିଛି । ମାତ୍ର ଜୀବନ, ସମାଜ ଓ ଅର୍ଥନୀତିର ବିବର୍ତ୍ତନ ଧାରାରେ ଆମେ ଯେତେବେଳେ ଆଧୁନିକ ପୁଂଜିବାଦୀ ଅର୍ଥନୈତିକ ବ୍ୟବସ୍ଥାରେ ପହଞ୍ଚିଛୁ ସେତେବେଳେ ଅର୍ଥସଂକଟ ଏକ ନୂତନ ରୂପ ଧାରଣ କରିଛି । ପୁଂଜିବାଦୀ ବ୍ୟବସ୍ଥାରେ ପୁଂଜି ମନୁଷ୍ୟ ତୁଳନାରେ ଅଧିକ ମୂଲ୍ୟ ପାଇଛି । ପୁଂଜିବାଦୀ ଅର୍ଥବ୍ୟବସ୍ଥାର ପ୍ରାରମ୍ଭିକ କାଳରେ ଦାର୍ଶନିକ ଓ ଅର୍ଥଶାସ୍ତ୍ରୀ ଆଡାମ୍ ସ୍ମିଥ୍ ଏହି ସଂପର୍କରେ ଆମକୁ ଜାଗ୍ରତ କରିବାକୁ ଚେଷ୍ଟା କରିଥିଲେ । ଆଡାମ ସ୍ମିଥ୍ Wealth of Nations ନାମକ ପୁସ୍ତକ ରଚନା କରିଥିଲେ ଯାହାକୁ ଆଧୁନିକ ପୁଂଜିବାଦୀ ଅର୍ଥବ୍ୟବସ୍ଥାର ଏକ ବାଇବେଲ୍ ରୂପେ ବୋଲି କୁହାଯାଇପାରିବ । ମାତ୍ର Wealth of Nationରେ ମଧ୍ୟ ଆଡାମ୍ ସ୍ମିଥ୍ ଅର୍ଥର ସାମାଜିକ ଓ ନ୍ୟାୟଗତ ଦିଗ ଉପରେ ଜାଗ୍ରତ ରହିବାକୁ ସେ ଆମକୁ ଆହ୍ୱାନ ଦେଇଛନ୍ତି । ଏହି ଜାଗରଣ ଓ ଆହ୍ୱାନ ତାଙ୍କର A Theory of Moral Sentiments ପୁସ୍ତକରେ ଅଧିକ ସ୍ୱଷ୍ଟଭାବେ ପ୍ରକାଶିତ ହୋଇଛି ।(୨) ଏଥିରେ ସ୍ମିଥ୍ ଆମର ଅର୍ଥ ଉପାର୍ଜନକୁ ନୈତିକ ମନୋବୃତ୍ତି ଓ ସାମାଜିକ ଅନୁଷ୍ଠାନ ସହିତ ସଂଯୁକ୍ତ କରିବାକୁ ଆମକୁ ଆହ୍ୱାନ ଦେଇଛନ୍ତି । ଏଥିପାଇଁ ଆମକୁ ନୈର୍ବ୍ୟକ୍ତିତ ଅବଲୋକନକାରୀ ଶକ୍ତି ବିକଶିତ କରିବାକୁ ହେବ ଯେଉଁଥିରେ ଆମେ ନିଜକୁ ଓ ଅନ୍ୟକୁ ନୈର୍ବ୍ୟକ୍ତିକ ବା impersonally ଅବଲୋକନ କରିପାରିବା । ଯଦି ଆମେ ଅର୍ଥ ଉପାର୍ଜନ କରିବା ପାଇଁ ଅର୍ଥ ସଞ୍ଚୟ କରିବାପାଇଁ ଆମେ ଅନ୍ୟର ଜୀବନକୁ ଧ୍ୱଂସ କରିବାକୁ ମନବଳାଉଛୁ ଓ ଏମିତି କରୁଛୁଁ ଯେମିତି ଫକୀରମୋହନଙ୍କ ଛ ମାଣ ଆଠଗୁଣ୍ଠରେ ରାମଚନ୍ଦ୍ର ମଙ୍ଗରାଜ କରିଛନ୍ତି ସାରିଆ ଓ ଭଗିଆର ଜମି ନେଇ ବା ଯେମିତି ତଣ୍ଟିକାଟି ତେବେ ଆମର ଏମିତି ମନୋଭାବ ଓ ବ୍ୟବହାରକୁ ଆମେ ନିରପେକ୍ଷ ଭାବେ ଅବଲୋକନ କରିପାରିବା ଓ ଏମିତି ଅବଲୋକନ ଦ୍ୱାରା ଆମେ ଏକ ବିକଳ୍ପ ମାନସିକତା ଓ ସମ୍ବନ୍ଧ ସୃଷ୍ଟି କରିପାରିବା ଯାହା ଆମର ଜୀବନରେ ଅର୍ଥ ସଂକଟରୁ ଆମକୁ ମୁକ୍ତ କରି ଏକ ନୂତନ ଅର୍ଥ ସୃଷ୍ଟି କରିପାରିବ ଯାହା ନୀତିଗତ ଓ ଧର୍ମ ଓ ମୋକ୍ଷ ସହିତ ସଂଯୁକ୍ତ ।

ପୁଂଜିବାଦୀ ଅର୍ଥବ୍ୟବସ୍ଥାର ଏହି ପ୍ରାରମ୍ଭିକ ଆଲୋଚନା ଓ ସମୀକ୍ଷାପରେ ଆମେ କାର୍ଲମାର୍କସଙ୍କର ପୁଂଜିବାଦୀ ଅର୍ଥନୀତିର ସମୀକ୍ଷା ପାଖରେ ପହଞ୍ଚିଥାଉ । ମାର୍କସ୍ ୧୮୧୮ ମସିହାରେ ଜନ୍ମଗ୍ରହଣ କରିଥିଲେ ଓ ଗଲାବର୍ଷ ଆମେ ତାଙ୍କର ଦୁଇଶହ

ବର୍ଷର ଜନ୍ମ ଦିବସ ମନେପକାଉଥିଲୁଁ । ମାର୍କସ୍ ଆମକୁ ପଂଜିବାଦୀ ଅର୍ଥନୀତି ବ୍ୟବସ୍ଥାରେ ଥିବା ଶୋଷଣକୁ ସମ୍ମୁଖକୁ ଆଣିଥିଲେ । ପୁଂଜିବାଦୀ ଅର୍ଥନୀତି ବ୍ୟବସ୍ଥାରେ ପୁଂଜି ଅଧିକ ମୂଲ୍ୟବାନ, ବସ୍ତୁ (commodity) ଅଧିକ ମୂଲ୍ୟବାନ୍ । ପୁଂଜି ଓ ବସ୍ତୁକୁ ସୃଷ୍ଟି କରୁଥିବା ଓ ବ୍ୟବହାର କରୁଥିବା ବ୍ୟକ୍ତିମାନେ ପୁଂଜି ଓ ବସ୍ତୁମାନଙ୍କର ଦାସ । ପୁଂଜିବାଦୀ ବୁର୍ଜୁୟାମାନେ ଶ୍ରମିକମାନଙ୍କୁ ସର୍ବହରା କରୁଛନ୍ତି ଓ ଶ୍ରମିକମାନଙ୍କୁ ସର୍ବହରା କରି ସେମାନଙ୍କୁ ଶୋଷଣ କରୁଛନ୍ତି ଓ ସେମାନଙ୍କର ଜୀବନର ଅର୍ଥକୁ ନଷ୍ଟ କରୁଛନ୍ତି ଓ ଧ୍ୱଂସ କରୁଛନ୍ତି । ପୁଂଜି ଓ ବସ୍ତୁ ମନୁଷ୍ୟ ତୁଳନାରେ ଅଧିକ ମୂଲ୍ୟବାନ ଏହା ଏକ ପ୍ରକାର ପୌତ୍ତଳିକତା ସୃଷ୍ଟି କରୁଛି ଯାହାକୁ ମାର୍କସ୍ Commodity Fetishism ବୋଲି କହିଛନ୍ତି ।(୩) ଏହା କେବଳ ଏକ fetishism ନୁହେଁ, ଏହା ଏକ ଅଜ୍ଞତା, ଏକ ଅବିଦ୍ୟା । ଏହା ଏକ ପ୍ରକାର ବାସ୍ତବତାର ମିଥ୍ୟା ସରଞ୍ଚନା ଯାହାକୁ ବୁଝିବାକୁ ଆମେ ଆଦି ଶଙ୍କର ଓ ଶ୍ରୀଅରବିନ୍ଦଙ୍କର ସାହାଯ୍ୟ ନେଇପାରିବା । ପୁଂଜିବାଦୀ ଅର୍ଥ ବ୍ୟବସ୍ଥା ପୁଂଜି ଓ ବସ୍ତୁକୁ ମନୁଷ୍ୟ ଓ ଜୀବନଠାରୁ ଅଧିକ ମୂଲ୍ୟଦେଇ ଆମର ସଂସାରକୁ ଏକ ମିଥ୍ୟାର ସଂସାରରେ ପରିଣତ କରୁଛି, ଏହା ଆମର ସଂସାରକୁ... ଅର୍ଥନୀତି ଓ ଅନ୍ୟ ସଂଶ୍ଳିଷ୍ଟ ଭୂମିକୁ... ଏକ ଅଜ୍ଞତା ଓ ଅବିଦ୍ୟାର ସଂସାରରେ ପରିଣତ କରୁଛି ଯାହା ଆମକୁ ଆମ ନିଜର ଆତ୍ମା ଓ ଯଥାର୍ଥ ସମ୍ବନ୍ଧଠାରୁ ଦୂରେଇ ନେଇଯାଇଛି । ଆମକୁ ଏହା ବାହ୍ୟ ପରିସର ଯଥା ପୁଂଜି ଓ ବସ୍ତୁ ଉପରେ ଅଧିକ ଗୁରୁତ୍ୱ ଦେଇ ଆମକୁ ନିଜର ଆତ୍ମା ଓ ପ୍ରିୟ ପରିଜନକୁ ଭୁଲାଇ ଦେଉଛି ଓ ଆମର ଆତ୍ମା, ସହ ଆତ୍ମା, ଦିବ୍ୟ, ପ୍ରକୃତି ଓ ସମ୍ବନ୍ଧଠାରୁ ଦୂରାଇ ନେଉଛି । ଏମିତି ଅର୍ଥ ବ୍ୟବସ୍ଥା ଆମ ଜୀବନରେ ଏକ ମୂଳଭୂତ ଅର୍ଥ ସଂକଟ ସୃଷ୍ଟି କରୁଛି ଯେଉଁଥିରେ ଆମେ ବାହ୍ୟ ଅର୍ଥକୁ ଆମର ଆତ୍ମା ଓ ପାରସ୍ପରିକ ସ୍ନେହ ଓ ଶ୍ରଦ୍ଧା ତୁଳନାରେ ଅଧିକ ମୂଲ୍ୟ ଦେଉଛୁଁ ।

ଏହି ଅର୍ଥ ସଂକଟ ଆମର ସାମ୍ପ୍ରତିକ ନବ-ଉଦାରବାଦୀ ଅର୍ଥ ବ୍ୟବସ୍ଥାରେ ଆହୁରି ବିକଟ ରୂପ ଧାରଣ କରିଛି । ଗଲା ପଚାଶ ବର୍ଷ ଧରି ନବ୍ୟ-ଉଦାରବାଦୀ ଅର୍ଥ ବ୍ୟବସ୍ଥା ଓ ଅର୍ଥ ଦୃଷ୍ଟିକୋଣ ସମଗ୍ର ଜଗତକୁ ଗ୍ରାସ କରୁଛି । ଏଥିରେ ମୂଳକଥା ହେଉଛି ଲାଭ । ଲାଭ ପାଇଁ ଲୋଭ । ଅର୍ଥ ଓ ପୁଂଜି ଜୀବନର ସକଳ ପରିସରକୁ ଗ୍ରାସ କରୁଛି । ଏହି ପ୍ରକ୍ରିୟାରେ ମନୁଷ୍ୟ ଓ ପ୍ରକୃତି ବଳି ପଡୁଛନ୍ତି । ଚୀନ୍, ଭାରତବର୍ଷ, ଋଷିଆ, ବ୍ରାଜିଲ, ଯୁକ୍ତରାଷ୍ଟ୍ର ଆମେରିକା ଓ ସାମ୍ପ୍ରତିକ ପୃଥିବୀର ଅନେକଦେଶରେ ପୁଂଜିବାଦୀ କମ୍ପାନୀମାନେ ନାନା ପ୍ରାକୃତିକ ଅଞ୍ଚଳ ଯଥା ଜଂଗଲ, ଖଣି ଓ କୃଷି ଭୂମିକୁ ଅଧିକରଣ କରି ଲାଭ ପାଇଁ ଏହାକୁ ଧ୍ୱଂସ କରୁଛନ୍ତି । ଆମ ଭାରତବର୍ଷରେ ଅର୍ଥନୈତିକ ଉଦାରୀକରଣ ପରେ ଏମିତି ପୁଂଜିବାଦୀ ସର୍ବଗ୍ରାସର ପ୍ରକ୍ରିୟା ଆହୁରି

ପ୍ରଖର ହୋଇଛି । ଏହାଫଳରେ ମଣିଷ ଓ ପରିବେଶ ବଳି ପଡୁଛନ୍ତି ।

ଏମିତି ବଳି ପଡିବାର ଗୋଟିଏ ମୁଖ୍ୟ ସୂଚନାଙ୍କ ହେଉଛି ଆମ ସମାଜରେ ବଢୁଥିବା ଅର୍ଥନୈତିକ ଓ ସାମାଜିକ ବୈଷମ୍ୟ ଓ ବିଷମତା । ଆମ ଭାରତବର୍ଷରେ ଅର୍ଥନୈତିକ ଉଦାରବାଦ ପରେ କୋଟିପତି ମାନଙ୍କ ସଂଖ୍ୟା ବଢିଛି । ଅବଶ୍ୟ ଏହି ସମୟରେ ଆମର ସମାଜରେ ଦରିଦ୍ରମାନଙ୍କର ଜୀବନଭୂମିରେ କିଛି ପରିବର୍ତ୍ତନ ଘଟିଛି । ବର୍ତ୍ତମାନ ଆମ ସମାଜରେ ଗରିବ ଲୋକମାନେ ଆଗରୁ ଯେମିତି କ୍ଷୁଧାରେ କାଳାତିପାତ କରୁଥିଲେ ସେମିତି ଦୁଃସ୍ଥିତିରେ ନାହାନ୍ତି । ଉଭୟେ ଭାରତ ଓ ଚୀନ୍‌ରେ ଗରିବ ଲୋକମାନଙ୍କର ସଂଖ୍ୟା ସଂଖ୍ୟାଦୃଷ୍ଟିରୁ କମିଛି । ମାତ୍ର ସେମାନଙ୍କର ଜୀବନର ଗୁଣାତ୍ମକ ଜୀବନବୃଦ୍ଧି ସେତେବେଶୀ ହୋଇନାହିଁ । ଗରିବ ଲୋକମାନେ ସିନା କ୍ଷୁଧାରେ ଆମର ଯେମିତି ମରୁଥିଲେ ସେମିତି ମରୁନାହାନ୍ତି ମାତ୍ର ସେମାନେ ସ୍ୱାସ୍ଥ୍ୟସେବା ଓ ଶିକ୍ଷାର ସୁଯୋଗ ଅଭାବରୁ ଜୀବନର ଅର୍ଥକୁ ହରାଉଛନ୍ତି । ଆମର ସମାଜ ଓ ଅର୍ଥନୀତିରେ ସାମାଜିକ ଓ ଅର୍ଥନୈତିକ ବୈଷମ୍ୟ ବଢି ବଢି ଯାଉଛି ଯାହା ଆମ ଜୀବନରେ ଅର୍ଥସଂକଟ ସୃଷ୍ଟିକରୁଛି ଓ ଜୀବନ ସଂକଟ ସୃଷ୍ଟି କରୁଛି । ଯେତେବେଳେ ଅର୍ଥଭାବରୁ ଆମେ ଆମେ ନିଜ ଜୀବନକୁ ହରାଇ ବସୁଛୁ ଓ ନଷ୍ଟ କରୁଛୁ ସେତେବେଳେ ଆମେ ନିଜକୁ ଏକ ସଂକଟାତ୍ମକ ପ୍ରଶ୍ନ କରୁ : ଯାହା ପାଖରେ ଅର୍ଥ ଅଛି ସେ କ'ଣ ଅର୍ଥ ନଥିବା ଲୋକଠାରୁ ଭିନ୍ନ? ସାରିଆ, ଭଗିଆ ଓ ରାମଚନ୍ଦ୍ର ମଙ୍ଗରାଜ କ'ଣ ସମାନ ମନୁଷ୍ୟ ନୁହନ୍ତି ? ଯେଉଁ ଚାଷୀମାନେ ଆତ୍ମହତ୍ୟା କରୁଛନ୍ତି ଓ ଯେଉଁ ମନ୍ତ୍ରୀ ଏହାକୁ ନିଜର କୁର୍ସି ପାଇଁ ଏହାକୁ ଅସ୍ୱୀକାର କରୁଛନ୍ତି ସେମାନେ କ'ଣ ସମାନ ମନୁଷ୍ୟ ନୁହନ୍ତି ? ବମ୍ବେର ଧାରାଭିରେ ବଞ୍ଚୁଥିବା ଲୋକମାନେ ଓ ଏହାର ପାଖରେ ୨୭ ତାଲାରେ ଆଣ୍ଟିଲାରେ ରହୁଥିବା ମୁକେଶ ଆମ୍ବାନି କ'ଣ ସମାନ ମନୁଷ୍ୟ ନୁହନ୍ତି ? ଆମ ଜୀବନରେ ଏମିତି ଅର୍ଥନୈତିକ ଓ ସାମାଜିକ ବୈଷମ୍ୟ ସଂପର୍କରେ ସାମ୍ପ୍ରତିକ ଅର୍ଥନୀତିବିଦ୍ ଥମାସ୍ ପିକେଟି ତାଙ୍କର Capital in 21st Century ପୁସ୍ତକରେ ଆମକୁ ସଚେତନ କରିଛନ୍ତି ଯେମିତି ଅମର୍ତ୍ତ୍ୟ ସେନ ଓ ଜୋସେଫ୍ ଷ୍ଟିଗଲିଚ୍ ତାଙ୍କର ଅନେକ ରଚନାରେ ।(୪)

ଏହି ଅର୍ଥ ସଂକଟ ସହିତ ଗୋଟିଏ ମୂଳଭୂତ ସଂକଟ ଆମ ଜୀବନରେ ଉପୁଜିଛି ଯାହା ହେଉଛି ଯେ ଆମେ ଭାବୁଛୁ ଯେ ଅର୍ଥ ଦ୍ୱାରା ଆମେ ସବୁକିଛି କିଣିପାରିବା । ଏପରିକି ଆଜି ପ୍ରେମ ଅର୍ଥର ସଉଦା ହେବାରେ ବସିଛି । ଖାସ୍ ସେଥିପାଇଁ ହୁଏତ ପ୍ରଖ୍ୟାତ ଦାର୍ଶନିକ ମାଇକେଲ ସାଣ୍ଡେଲ ଆମକୁ ମୂଳଭୂତ ପ୍ରଶ୍ନଟିଏ ପଚାରିଛନ୍ତି ଅର୍ଥ କଣ କିଣି ନପାରିବ: What Money Can't Buy ?(୫) ଏହି ପ୍ରଶ୍ନ ଆମେ ଜୀବନରେ ନିଜକୁ ଓ ପରସ୍ପରକୁ ପଚାରିପାରିବା ? ଏହି ପ୍ରଶ୍ନ ଓ ଉତ୍ତରର ଧାରାରେ

ଆମେ ଆମେରିକାର ଅନ୍ୟଏକ ଅର୍ଥନୀତିବିତ୍ ଜେଫରି ସାକସ୍ (Jeffrey Sachs)ଙ୍କର The Cost of Civilization କୁ ଆମ ଜୀବନକୁ ଆମନ୍ତ୍ରଣ କରିପାରିବା(୬) ଯେଉଁଥିରେ ଅଧ୍ୟାପକ ସାକ୍ସ ଆମକୁ କହୁଛନ୍ତି ଯେ' ଅର୍ଥନୈତିକ ଅଭିବୃଦ୍ଧି ପଛରେ ଧାଇଁଧାଇଁ ଆମେରିକୀୟ ସମାଜ ଜୀବନର ମୂଳଭୂତ ମୂଲ୍ୟବୋଧ ହରାଇବସିଛି । ଅର୍ଥ ଉପାର୍ଜନ ପାଇଁ, ପଇସା ପାଇଁ, ଲାଭ ପାଇଁ ସାମ୍ପ୍ରତିକ ଆମେରିକୀୟ ସମାଜରେ ଅନେକେ ନିଜ ପ୍ରତି ଓ ପରସ୍ପର ପ୍ରତି ଦୃଷ୍ଟି ଦେଇପାରୁନାହାନ୍ତି ଓ ଏହାଫଳରେ ପାରସ୍ପରିକ ଓ ସାମାଜିକ ବିଶ୍ୱାସ (trust) ହରାଉଛନ୍ତି । ଶ୍ରୀଯୁକ୍ତ ସାକ୍ସ ଆମକୁ କହୁଛନ୍ତି ଯେ ଏହି ଅର୍ଥସଂକଟରୁ ଉଦ୍ଧାର ପାଇଁ ଆମକୁ ଏକ ସମାଜ ଓ ଅର୍ଥନୀତି ସୃଷ୍ଟି କରିବାକୁ ହେବ ଯେଉଁଥିରେ ଆମେ ନିଜର ଆତ୍ମା, ଅନ୍ୟର ଆତ୍ମା ଓ ସାମାଜିକ ସମ୍ବନ୍ଧ ଉପରେ ଧ୍ୟାନ (attention) ଦେବୁ ଓ ପାରସ୍ପରିକ ଧ୍ୟାନ ଓ ଯତ୍ନର ଏକ ସମାଜ ଓ ଅର୍ଥନୀତି ସୃଷ୍ଟି କରିବୁ । ସାମ୍ପ୍ରତିକ ସମାଜ ଓ ଅର୍ଥନୀତି ଆମ ଜୀବନରେ ଓ ସମ୍ବନ୍ଧରେ distraction ସୃଷ୍ଟି କରୁଛି; ଏହା ଆମ ଜୀବନରେ ଆମକୁ ନିଜର ଆତ୍ମା ଓ ପରସ୍ପରର ଆତ୍ମାଠାରୁ ଦୂରାଇ ନେଉଛି । ଏଠାରେ ବୁଦ୍ଧ, ମାର୍କସ, ଶଙ୍କର ଓ ଶ୍ରୀଅରବିନ୍ଦଙ୍କୁ ସାଙ୍ଗହୋଇ ହାତଧରି ଆମର ଅର୍ଥସଂକଟର ସାମ୍ପ୍ରତିକ distractionକୁ ଅନୁଭବ କରିପାରିବା । ଏହି କ୍ଷେତ୍ରରେ ସ୍ମରଣୀୟ ଯେ' ସାକ୍ସ୍ attentiveness ବା ଧ୍ୟାନ ଦେବାକଥା କହୁଥିବାବେଳେ ଗଭୀର ଆମେରିକୀୟ ସମାଜଶାସ୍ତ୍ରୀ ଶ୍ରୀଯୁକ୍ତ ରବର୍ଟ ବେଲ୍ଲା ମଧ୍ୟ ଆମ ଜୀବନରେ ଏହି distractionର ଆହ୍ୱାନ ବିଷୟରେ କହିଛନ୍ତି । ୧୯୯୧ ମସିହାରେ ଶ୍ରୀଯୁକ୍ତ ବେଲ୍ଲା ଆପଣାର ସହ-ରଚିତ ପୁସ୍ତକ ଉତ୍ତମ ସମାଜ (The Good Society) ପୁସ୍ତକରେ କହୁଛନ୍ତି ଯେ' ଉତ୍ତମ ସମାଜ ହେଉଛି ଏମିତି ଏକ ସମାଜ ଯେଉଁଥିରେ ଆମେ ପରସ୍ପର ପ୍ରତି ଧ୍ୟାନ ଦେଉଛୁ, ପରସ୍ପରର ଆବଶ୍ୟକତା, ସ୍ୱପ୍ନ, ସାଧନା ଓ ଆସ୍ପୃହା ପାଇଁ ଧ୍ୟାନ ଦେଉଛୁଁ ।(୭) ମାତ୍ର ଏହାପାଇଁ ଏକ ଉପଯୁକ୍ତ ଆନୁଷ୍ଠାନିକ ବାତାବରଣ ଆବଶ୍ୟକ । ସମାଜର ଅନୁଷ୍ଠାନମାନ.... ପରିବାରଠାରୁ ରାଷ୍ଟ୍ର ପର୍ଯ୍ୟନ୍ତ... ଆମକୁ ଏହି ଧ୍ୟାନ ଓ ପାରସ୍ପରିକ ଧ୍ୟାନ ପାଇଁ ଶିକ୍ଷା ପ୍ରଦାନ କରୁଛନ୍ତି ଓ ପ୍ରୋତ୍ସାହନ ଦେଉଛନ୍ତି ଓ ଏମିତି ଶିକ୍ଷଣ ଓ ପାରସ୍ପରିକ ପ୍ରେରଣାର ଧାରା ଓ ପ୍ରକ୍ରିୟାରେ ଆମେ ଅନେକ distraction କୁ ଅତିକ୍ରମ କରିପାରୁଛୁଁ । ଆମେ ମଧ୍ୟ ଅନୁଭବ କରିପାରୁଛୁ ଯେ' ପୁଂଜି ଓ ବସ୍ତୁ ମନୁଷ୍ୟ ଓ ଜୀବନଠାରୁ ଅଧିକ ମୂଲ୍ୟବାନ ନୁହଁନ୍ତି । ଆପଣାର ଧ୍ୟାନମୂଳକ ସମାଜତତ୍ତ୍ୱରେ ଶ୍ରୀଯୁକ୍ତ ବେଲ୍ଲା ଆପଣାର ଧର୍ମ ଓ ଆଧ୍ୟାତ୍ମିକ ପରମ୍ପରା ଯଥା ଜନ୍ମିତ ଖ୍ରୀଷ୍ଟଧର୍ମ ପରମ୍ପରାଠାରୁ ପ୍ରେରଣା ଲାଭ କରିଛନ୍ତି ଯେମିତି ଶ୍ରୀଯୁକ୍ତ ସାକସ୍ ବୁଦ୍ଧଧର୍ମଠାରୁ ପ୍ରେରଣା ଲାଭ କରିଛନ୍ତି ।

ବୁଦ୍ଧଧର୍ମଠାରୁ ପ୍ରେରଣା ଲାଭ କରି ଶ୍ରୀଯୁକ୍ତ ସାକ୍‌ସଙ୍କ ପୂର୍ବରୁ ଶ୍ରୀଯୁକ୍ତ E.F. Schunacher ବୁଦ୍ଧ ଅର୍ଥନୀତି ସଂପର୍କରେ ପୁସ୍ତକଟିଏ ରଚନା କରିଥିଲେ । (୮) E.F. Schunacher ଆପଣାର ଏହି ବିକଳ୍ପ ଅର୍ଥନୀତି ଚିନ୍ତନ ଓ ପ୍ରୟାସରେ J.C. Kumarappaଙ୍କର ଅର୍ଥନୈତିକ ଚିନ୍ତନ, ସାଧନା ଓ ସଂଗ୍ରାମରୁ ପ୍ରେରଣା ପାଇଥିଲେ ।

ଏଠାରେ ସ୍ମରଣୀୟ ଶ୍ରୀଯୁକ୍ତ କୁମାରାପ୍ପାଙ୍କର Economics of Permanence ବା ଚିରନ୍ତନତାର ଅର୍ଥନୀତି, ଏହି କ୍ଷେତ୍ରରେ ଏକ ମୂଳଭୂତ ବିକଳ୍ପଧାରା ଯାହା ଉଭୟେ ଯୀଶୁଖ୍ରୀଷ୍ଟ ଓ ଗାଂଧୀଙ୍କଠାରୁ ପ୍ରେରଣା ଲାଭ କରିଥିଲା । ବୁଦ୍ଧ, ଯୀଶୁଖ୍ରୀଷ୍ଟ ଓ ଗାଂଧୀ ଆମକୁ ଆମର ଜୀବନର ମୂଳଭୂତ ଅର୍ଥସଂକଟକୁ ବୁଝିବାକୁ ଓ ଏହାକୁ ଅତିକ୍ରମ କରିବାକୁ ଆହ୍ୱାନ ଦେଇଛନ୍ତି ଓ ବାଟ ଦେଖାଇଛନ୍ତି ।(୯) ଏହି ଆହ୍ୱାନ ଓ ପଦଚାରଣାର ମୂଳ କଥାଟି ହେଉଛି: ପୁଂଜି, ଅର୍ଥ ଓ ବସ୍ତୁ ଜୀବନ ଓ ମନୁଷ୍ୟଠାରୁ ଅଧିକ ମୂଲ୍ୟବାନ ନୁହନ୍ତି ଯେ ଏହାକୁ ହାସଲ କରିବାପାଇଁ ଆମେ ଆମର ଆତ୍ମା, ଜୀବନ ଓ ମନୁଷ୍ୟକୁ ବଳି ଦେବା । ଏମିତି ଭାବିବା ଓ ଏମିତି ଆଚରଣ କରିବା ଆମ ଜୀବନର ଏକ ମୂଳଭୂତ ପାପ ବା ମହାପାପ । ଆପଣାର God Has a Dream ପୁସ୍ତକରେ ଦକ୍ଷିଣ ଆଫ୍ରିକାର ଗଭୀର ଚିନ୍ତାନାୟକ ଓ ଧର୍ମତତ୍ତ୍ୱବିଦ୍ ଡେସମଣ୍ଡ ଟୁଟୁ ଆମକୁ କହୁଛନ୍ତି ଯେ' ଅର୍ଥ ଓ ଲାଭ ଯେ ମନୁଷ୍ୟଠାରୁ ଅଧିକ ମୂଲ୍ୟବାନ୍ ଏମିତି ଭାବିବା ହେଉଛି ଏକ ପ୍ରଧାନ ପାପ ଓ ଧର୍ମଦ୍ରୋହ ବା sacrilege ।(୧୦) ଏହାର କାରଣ ମନୁଷ୍ୟ ଭିତରେ ଓ ସହିତ ବାଟ ଚାଲୁଥିବା ଈଶ୍ୱରଙ୍କୁ ମଧ୍ୟ ପୁଂଜି ଓ ଲାଭ ତୁଳନାରେ ଗଣ୍ୟ, ନ୍ୟୂନ ଓ ବିକ୍ରୟସାପେକ୍ଷ ବୋଲି ଭାବୁଛୁଁ । ଏହି ଅର୍ଥସଂକଟର ଉତ୍ତରଣ ପାଇଁ ଏବେ ସାମ୍ପ୍ରତିକ ପୃଥିବୀରେ ଗଢ଼ି ଉଠୁଥିବା ଅନେକ ଆନ୍ଦୋଳନରେ ଗୋଟିଏ ଜୀବନ ଉତ୍ତୋଳନକାରୀ ମନ୍ତ୍ରବାକ୍ୟ ହେଉଛି-- People not profit, the world is not for sale -- ଲାଭ ନୁହେଁ ଲୋକ; ଏହି ପୃଥିବୀ ପଣ୍ୟ ପାଇଁ ନୁହେଁ । ଏହା ସହିତ ଆମେ ମଧ୍ୟ ନୂତନ ମନ୍ତ୍ରବାକ୍ୟ ସର୍ଜନା କରିପାରିବା-- Soul, Not Profit, the world is not for sale । The Divine, not Profit, the world is not for sale । Nature not profit, the world is not for sale । ଅର୍ଥାତ୍ -- ଲାଭ ନୁହେଁ ଦିବ୍ୟ; ଏହି ପୃଥିବୀ ପଣ୍ୟ ପାଇଁ ନୁହେଁ; ଲାଭ ନୁହେଁ ପ୍ରକୃତି; ଏହି ପୃଥିବୀ ପଣ୍ୟ ପାଇଁ ନୁହେଁ ।

ଅର୍ଥସଂକଟର ଏମିତି ଅନ୍ତଃନିହିତ, ଐତିହାସିକ ଓ ସାମ୍ପ୍ରତିକ ସ୍ୱରୂପ ଓ ପରିପ୍ରକାଶକୁ ଅଧ୍ୟୟନ, ବିଶ୍ଳେଷଣ କରି ଆମେ ବିକଳ୍ପ ଅର୍ଥନୀତି ଓ ଜୀବନାର୍ଥ ସୃଷ୍ଟି କରିପାରିବା । ଏମତି ପ୍ରୟାସ, ସାଧନା ଓ ସଂଗ୍ରାମ ଇତିହାସରେ ନାନାରୂପେ ହୋଇଛି ।

ପୁଂଜିବାଦର ବିକଳ୍ପରୂପେ ସମାଜବାଦୀ ଅର୍ଥନୀତିର ପ୍ରୟାସ ହୋଇଛି ମାତ୍ର ସମାଜବାଦୀ ଅର୍ଥନୀତି ଏକ ରାଷ୍ଟ୍ର ପୁଂଜିବାଦରେ ସୀମିତ ହୋଇ ଶେଷରେ ସୋଭିଏତ ଋଷିଆ ଓ ଅନେକ ସମାଜବାଦୀ ରାଷ୍ଟ୍ରମାନଙ୍କରେ ଭୁଷୁଡି ପଡିଛି ଯେମିତି ଏହି ଦେଶମାନେ ମଧ୍ୟ । ସାମ୍ପ୍ରତିକ କମ୍ୟୁନିଷ୍ଟ ଚୀନରେ ସମାଜବାଦୀ ଅର୍ଥନୀତି ମଧ୍ୟ ମରିମରି ଯାଉଛି ଯେଉଁଠାରେ ଉଭୟେ ରାଷ୍ଟ୍ର ଓ ବଜାର ବ୍ୟବସ୍ଥା ଅର୍ଥନୀତିକୁ କବଳିତ କରିରଖିଛି । ମାତ୍ର ଏହାର ବିକଳ୍ପ ରୂପେ କିଛି ଅର୍ଥନୈତିକ ପ୍ରୟାସ ହେଉଛି । Solidarity Economics ବା ସଂହତିର ଅର୍ଥନୀତି ଦକ୍ଷିଣ ଆମେରିକାର ବିଭିନ୍ନ ଦେଶରେ ମୁଣ୍ଡ ଟେକୁଛନ୍ତି ।(୧୧) Solidarity Economics ରେ ଲୋକମାନେ ଓ ଲୋକମାନଙ୍କ ମଧ୍ୟରେ ସମ୍ବନ୍ଧ ଓ ସଂହତି ମୂଳକଥା । ଠିକ ସେମିତି ସ୍ୱୟଂ ସହାୟକ ଗୋଷ୍ଠୀ ଓ ପାରସ୍ପରିକ ସହାୟକ ଗୋଷ୍ଠୀମାନଙ୍କ ମଧ୍ୟରେ ଗଢି ଉଠୁଥିବା ଅର୍ଥନୀତିରେ । ଆମ ଓଡିଶା ଓ ଭାରତବର୍ଷରେ ସ୍ୱୟଂ ସହାୟିକା ଗୋଷ୍ଠୀମାନ ଗଲା ତିରିଶ ବର୍ଷ ମଧ୍ୟରେ ଗଢି ଉଠୁଛନ୍ତି । ଏମିତି ଗୋଷ୍ଠୀମାନଙ୍କରେ ସଂପୃକ୍ତ ମା ଓ ଭଉଣୀମାନେ ନିଜସ୍ୱ ଧାରାରେ ନାନା ସୀମିତତା ଓ ସମ୍ଭାବନା ସହିତ ଏକ ସମ୍ବନ୍ଧ ଓ ସଂହତିର ଅର୍ଥନୀତି ସୃଷ୍ଟି କରୁଛନ୍ତି । ଯଦିଓ ସାମ୍ପ୍ରତିକ ସ୍ୱୟଂ ସହାୟିକା ଗୋଷ୍ଠୀ ମିଟିଂରେ କିଏ ଋଣ ନେଇଛନ୍ତି ଓ କିଏ ଋଣ ଦେଇଛନ୍ତି ଏହି ବିଷୟରେ ହିଁ ମୂଳତଃ ଆଲୋଚନା ହୋଇଥାଏ ଓ ଜୀବନର କଳା, ଅର୍ଥ ଓ ଜୀବନାର୍ଥର ପ୍ରାୟ କୌଣସି ଆଲୋଚନା ହୁଏନାହିଁ ତଥାପି ଏହି ଗୋଷ୍ଠୀମାନଙ୍କ ମଧ୍ୟରେ ଏକ ଜୀବନାର୍ଥର ସୃଜନଶୀଳତାର ସମ୍ଭାବନା ରହିଛି । ଏହି କ୍ଷେତ୍ରରେ ଆମେ ବଂଗଳାଦେଶରେ ଗଢିଉଠୁଥିବା ଗ୍ରାମୀଣ ବ୍ୟାଙ୍କର ପ୍ରତିଷ୍ଠାତା ଓ ଅର୍ଥନୀତିରେ ନୋବେଲ ପୁରସ୍କାର ବିଜେତା ଅର୍ଥନୀତିବିଦ୍ ମହମ୍ମଦ ୟୁନୁସ୍ ଆମକୁ ମଧ୍ୟ ଜୀବନର ମୂଳଭୂତ ପ୍ରଶ୍ନଟିଏ ପଚାରିଛନ୍ତି । ଶ୍ରୀଯୁକ୍ତ ୟୁନୁସ୍ କହିଛନ୍ତି ଆମେ ଜନ୍ମ ହୋଇଛୁ କେବଳ ନିଜର ଆତ୍ମ-ସ୍ୱାର୍ଥର ପରିପୁଷ୍ଟି ପାଇଁ ନୁହେଁ ଏହା ପାରସ୍ପରିକ ସ୍ୱାର୍ଥ ଓ ମଙ୍ଗଳ ପାଇଁ ।(୧୨) ଅର୍ଥନୀତିରେ ସଂଶ୍ଳିଷ୍ଟ ଆମେ ସମସ୍ତେ ବିଶେଷକରି ଯେଉଁମାନେ Social Business ବା ସାମାଜିକ ବ୍ୟବସାୟରେ ସଂଶ୍ଳିଷ୍ଟ ସେମାନେ ଏହାକୁ ଅନୁଭବ କରୁଛନ୍ତିଯେ : ଆପଣାର ବ୍ୟବସାୟରେ ସେମାନେ ଏମିତି ବ୍ୟବସାୟ କରିବେ ଯାହାଦ୍ୱାରା ନିଜର ଭରଣାପୋଷଣ ଓ ଅଭିବୃଦ୍ଧି ସହିତ ଅନ୍ୟର, ପରସ୍ପରର ଓ ସମାଜର ମଂଗଳ, ବିକାଶ ଓ ଅଭ୍ୟୁଦୟ ହୋଇପାରିବ । ମାତ୍ର ଏଥିରେ ମୂଳଭୂତ ପ୍ରଶ୍ନ, ସାଧନା, ଅନୁଭବ ଓ ବାସ୍ତବାୟନ ହେଉଛି: ଆମ ଜୀବନର ନିଜର ଅର୍ଥନୈତିକ ସୁରକ୍ଷା ଓ ଅଭିବୃଦ୍ଧି ପାଇଁ କାମ କରିବାବେଳେ ଆମକୁ କେବଳ ନିଜର ଅର୍ଥ ଓ ସ୍ୱାର୍ଥ ମଧ୍ୟରେ

ସୀମିତ ଓ ଆବଦ୍ଧ ହେବାକୁ ହେବନାହିଁ । ଆମେ ଅନ୍ୟର ଅର୍ଥ, ସ୍ୱାର୍ଥ ଓ ଅଭିବୃଦ୍ଧିକୁ ନିଜର ଅର୍ଥ, ସ୍ୱାର୍ଥ ଓ ଅଭିବୃଦ୍ଧି ସହିତ ସହଯୋଗ କରିପାରିବା ।

ଏମିତି ପ୍ରୟାସ, ସାଧନା ଓ ସଂଗ୍ରାମର ପ୍ରକ୍ରିୟା ଲୋକସଂଗ୍ରହର ପ୍ରକ୍ରିୟା । ଲୋକସଂଗ୍ରହ ସଂପର୍କରେ ଶ୍ରୀମଦ୍‌ଭଗବତଗୀତାରେ କୁହାଯାଇଛି ଓଏହାର ଅର୍ଥକୁ ଆମେ ଲୋକମଂଗଳ ରୂପେ ବୁଝିଥାଉଁ । ମାତ୍ର ଲୋକମଂଗଳ ଲୋକସଂଗ୍ରହର ଆଗ୍ରହ ଓ ପ୍ରକ୍ରିୟା ମଧ୍ୟରେ ହୋଇଥାଏ ଯେଉଁଥିରେ ଲୋକମାନେ ପରସ୍ପର ପାଖକୁ ଆସନ୍ତି, ପରସ୍ପରର ଦୁଃଖସୁଖ ଶୁଣନ୍ତି, ପରସ୍ପର ପ୍ରତି ଧ୍ୟାନ ଓ ଦୃଷ୍ଟି ଦିଅନ୍ତି ଓ ଏହି ପ୍ରକ୍ରିୟାରେ ଆତ୍ମଜ୍ଞାନ ଓ ପାରସ୍ପରିକ ଧ୍ୟାନର ସହସ୍ଥିତି, ସମ୍ବନ୍ଧ ଓ ଅନୁଭବ ସୃଷ୍ଟି କରନ୍ତି । ଲୋକସଂଗ୍ରହ ପ୍ରକ୍ରିୟାରେ ଆତ୍ମାମାନେ ପରସ୍ପର ପାଖକୁ ଆସନ୍ତି । ଆତ୍ମାର ଆତ୍ମା ମଧ୍ୟରେ ଉଚ୍ଚତମ ଦିଗ ଓ ନିମ୍ନତମ ଦିଗ ପରସ୍ପର ପାଖକୁ ଆସନ୍ତି; ଆତ୍ମାର ଯେଉଁ ଦିଗ ଆମକୁ ସ୍ୱାର୍ଥର ଉର୍ଦ୍ଧ୍ୱକୁ ନେଇଯାଏ ଓ ଯେଉଁଦିଗ ଆମକୁ ସ୍ୱାର୍ଥ ଭିତରେ ବାନ୍ଧିରଖେ ଓ ଏହାକୁ ଆତ୍ମାରୁ ତଳକୁ ଟାଣିଆମେ ଏହି ସବୁ ଧାରା ପରସ୍ପରକୁ ଆଲିଙ୍ଗନ କରି ରୂପାନ୍ତର କରନ୍ତି । ଲୋକସଂଗ୍ରହର ପ୍ରକ୍ରିୟା ତେଣୁ ଏକ ଆତ୍ମସଂଗ୍ରହର ପ୍ରକ୍ରିୟା, ଏହା ମଧ୍ୟ ସହ-ଆତ୍ମାର ସଂଗ୍ରହର ପ୍ରକ୍ରିୟା ଯେଉଁ ପ୍ରକ୍ରିୟାରେ ଆତ୍ମା କେବଳ ନିଜଦ୍ୱାରା ଉର୍ଦ୍ଧ୍ୱକୁ ନେଇଯାଏନାହିଁ-- ଆତ୍ମେନ ଉଦ୍ଧରାତ୍ମନ୍; ଏହି ପ୍ରକ୍ରିୟାରେ ଆତ୍ମାମାନେ ପରସ୍ପରର ହାତଧରି ପରସ୍ପରକୁ ତଳୁ ଉପରକୁ ଉଠାଇନିଅନ୍ତି -- ଉର୍ଦ୍ଧ୍ୱରେ ପରସ୍ପରାତ୍ମନ୍ । ଅର୍ଥସଂକଟର ଉତ୍ତରଣ ପାଇଁ ଆମକୁ ଏମିତି ଆତ୍ମ-ସଂଗ୍ରହ, ସହ-ସଂଗ୍ରହ ଓ ଲୋକ ସଂଗ୍ରହର ପ୍ରକ୍ରିୟାରେ ସଂଶ୍ଳିଷ୍ଟ ହେବାକୁ ହେବ ।(୧୩)

ଲୋକସଂଗ୍ରହ ଆମକୁ ଜୀବନାର୍ଥ ଓ ଲୋକାର୍ଥର ଏମିତି ନୂତନ ଅନୁଭବ, ଓ ବାସ୍ତବତା ପ୍ରଦାନ କରିଥାଏ । ଲୋକସଂଗ୍ରହ ଲୋକାର୍ଥ କଥା କହିଥାଏ ଯାହା ଆମର ପୁରୁଷାର୍ଥର ଚର୍ଚ୍ଚା, ପ୍ରୟାସ ଓ ଅଭ୍ୟାସକୁ ଏକ ନୂତନ ଭୂମି ଓ ଆକାଶ ପ୍ରଦାନ କରିଥାଏ । ଲୋକସଂଗ୍ରହରେ ଅର୍ଥ ପୁରୁଷାର୍ଥର ଅଙ୍ଗ ମାତ୍ର ଏହି ଅର୍ଥ କେବଳ ଆତ୍ମାର୍ଥ ଓ ସ୍ୱାର୍ଥ ମଧ୍ୟରେ ସୀମିତ ନୁହେଁ; ଏହା ଲୋକାର୍ଥ ସହିତ ସଂଯୁକ୍ତ । ଲୋକସଂଗ୍ରହରେ ଅର୍ଥ, ଧର୍ମ ଓ ମୋକ୍ଷ ସହିତ ସଂଯୁକ୍ତ । ଏହା ମଧ୍ୟ କାମ ସହିତ ସଂପୃକ୍ତ ଯେଉଁଥିରେ କାମନାର ଅର୍ଥ ହେଉଛି--- ବହୁସ୍ୟାୟଂ ପ୍ରଜାୟେୟ ଇତି ।୧୪) ମୁଁ ବହୁକୁ ସୃଷ୍ଟି କରିବି, କେବଳ ନିଜକୁ ଓ ନିଜର ସୀମିତ ସ୍ୱାର୍ଥକୁ ନୁହେଁ । ଅର୍ଥ ଏଠାରେ ଏକ ପୂର୍ଣ୍ଣାଙ୍ଗ ପୁରୁଷାର୍ଥର ଅଂଗ ଓ ଗତିଶୀଳ ଧାରା । ଅର୍ଥ ଏଠାରେ ଜୀବନାର୍ଥର ଲୋକସଂଗ୍ରହର ଭୂମି, ଗତିଶୀଳ ଓ ବିବର୍ତ୍ତନଶୀଳ ଧାରା ।

-୨-

ଅର୍ଥସଂକଟ ଓ ବାଗାର୍ଥର ସଂକଟ ଓ ବାଗାର୍ଥର ଲୋକସଂଗ୍ରହ

ଅର୍ଥସଂକଟ ସଂପର୍କରେ ଏହି କିଛି ଚିନ୍ତନମାନ ମୁଁ ଏବେ ଚେନ୍ନାଇର ଏକ ହୃଦୟସ୍ପର୍ଶୀ ସଂଗୀତ ସଭାରେ ଲେଖୁଛି ଯେଉଁଥିରେ ଘଣ୍ଟାଏ ପୂର୍ବରୁ ଜଣେ କନ୍ୟା ଭର୍ତ୍ତୃହରିଙ୍କର ହୃଦୟସ୍ପର୍ଶୀ ବାକ୍ୟ ଓ ପ୍ରାର୍ଥନା ବାଗାର୍ଥକୁ ଗାଉଥିଲେ ।(୧୫) ଅର୍ଥ କେବଳ ଅର୍ଥ ନୁହେଁ, ପଇସା ନୁହେଁ, ଏହା ବାକ୍ୟର ଅର୍ଥ, ଶବ୍ଦର ଅର୍ଥ, ଅଭିବ୍ୟକ୍ତିର ଅର୍ଥ, ଭାଷାର ଅର୍ଥ । ବାଗାର୍ଥକୁ ଆମେ ଏମିତି ଏକ ସଂଶ୍ଳିଷ୍ଟ, ଗଭୀର ଓ ବୃହତ୍ତର ଅର୍ଥରୂପେ ବ୍ୟାଖ୍ୟା କରିପାରିବା, ବୁଝିପାରିବା ଓ ଅନୁଭବ କରିପାରିବା ।

ବାଗାର୍ଥ -- ବାକ୍‌ର ଅର୍ଥ, ଶବ୍ଦର ଅର୍ଥ, ବାକ୍ୟର ଅର୍ଥ ଓ ଭାଷାର ଅର୍ଥ । ଶବ୍ଦ, ବାକ୍ୟ ଓ ଭାଷା -- ଏହାର ବହୁତ ପରିସର ଓ ସ୍ତର ରହିଛି । ଗୋଟିଏ ସ୍ତରରେ ଏହି ସବୁର ଅର୍ଥ ଆକ୍ଷରିକ; ଏହା ସହିତ ସଂଶ୍ଳିଷ୍ଟ ଏକ ସ୍ତରରେ ଏହିସବୁର ଅର୍ଥ ଏକାସାଙ୍ଗରେ ଆକ୍ଷରିକ ଓ ପ୍ରତୀକାତ୍ମକ ଯେପରି ଅକ୍ଷର ଅ ରୁ କ୍ଷ ମଧ୍ୟରେ ଓ ଅ ରୁ କ୍ଷ ସହିତ ଏକ ବହୁପରିସରୀୟ ତାତ୍କାଳିକ ଓ ଚିରନ୍ତନ ଯାତ୍ରା ।(୧୬) ଅର୍ଥସଂକଟ ଓ ବାଗାର୍ଥର ସଂକଟ ଆମେ ଯେତେବେଳେ ଆମେ ଆକ୍ଷରିକ କରି ଦେଉ; ଅକ୍ଷର ମଧ୍ୟରେ ଥିବା ଅକ୍ଷୟ ଅକ୍ଷରର ପ୍ରତୀକ ଓ ଅର୍ଥକୁ ଅକ୍ଷରରେ ଥିବା ଅର୍ଥକୁ କେବଳ ବୁଝିବାକୁ ଓ ଅନୁଭବ କରିବାକୁ ପ୍ରୟାସ କରୁନା । ପ୍ରତୀକମାନେ ଶବ୍ଦ, ବାକ୍ୟ ଓ ଭାଷାର କେବଳ ସୂଚନାଙ୍କ ବା index କହନ୍ତି; ଏହା ସୂଚନାଙ୍କ ହେବା ସହିତ ପ୍ରତୀକ ଅଟନ୍ତି ଯାହାକୁ ଆମେ ଗଭୀର ଆମେରିକୀୟ ଦାର୍ଶନିକ Charles Sanders Peirceଙ୍କ ଧାରାରେ indexical symbol ରୂପେ ଅନୁଭବ କରିପାରିବା ।(୧୭) ପ୍ରତୀକ ମାନେ ପ୍ରତିମା ନୁହଁନ୍ତି; ପ୍ରତୀକମାନେ ପତାକା ନୁହନ୍ତି; ପ୍ରତୀକମାନେ ପତାକା ଓ ପ୍ରତିମା ସହିତ ବାଟଚାଲି ଆମକୁ ଏହାକୁ ଅତିକ୍ରମ କରିବାକୁ ସତତ ଆହ୍ୱାନ ଦେଇଥାନ୍ତି ।(୧୮) ଏହି ଯାତ୍ରା ଆତ୍ମ-ଆବିଷ୍କାର, ପରସ୍ପର ଆବିଷ୍କାର ଓ ଜଗତର ଆବିଷ୍କାରର ଯାତ୍ରା ଅଟେ । ବାଗାର୍ଥର ସଂକଟ ସେତିକିବେଳେ ଉପୁଜେ ଯେତେବେଳେ ଆମେ ଅର୍ଥମାନଙ୍କୁ ଆକ୍ଷରିକ କରିଦେଉ ଓ ଏହାର ପ୍ରତୀକାତ୍ମକ ଅର୍ଥ ବୁଝିବା ପାଇଁ ଓ ଅନୁଭବ କରିବା ପାଇଁ ଆତ୍ମ-ଆବିଷ୍କାର ଓ ସହ ଆବିଷ୍କାରର ପ୍ରୟାସ ଓ ସାଧନାରେ ବ୍ରତୀ ହେଉନା ।

ବାଗାର୍ଥର ସଂକଟର ଅନ୍ୟତମ କାରଣ ହେଉଛି ଶବ୍ଦ, ବାକ୍ୟ ଓ ଭାଷାର ଅବମୂଲ୍ୟାୟନ ବା devaluation । ଶବ୍ଦ, ବାକ୍ୟ ଓ ଭାଷା ଆମର ମଣିଷ ସମାଜ ଓ ସଂସ୍କୃତି ପାଇଁ ପ୍ରକୃତି, ମନୁଷ୍ୟ ଓ ଦିବ୍ୟର ଏକ ବିବର୍ତ୍ତନାତ୍ମକ ବରଦାନ । ଏହିସବୁ ସହିତ ସମ୍ବନ୍ଧିତ ହେଲାବେଳେ ଓ ଏହାକୁ ବ୍ୟବହାର କଲାବେଳେ ଆମେ ଏହି

ବରଦାନ ପାଇଁ କୃତଜ୍ଞ ରହିବା । ଶବ୍ଦ, ବାକ୍ୟ, ଭାଷା ଓ ଏହାକୁ ନେଇ ଜନ୍ମିଥିବା ସାହିତ୍ୟ କାଳକାଳର ସାଧନା ଦ୍ୱାରା ସୃଷ୍ଟି ହୋଇଛି ଓ ଏହାକୁ ବ୍ୟବହାର କଲାବେଳେ ଆମ ଏହି ସାଧନା ଓ ଉତ୍ସର୍ଗକୁ ଭୁଲିଯିବା ନାହିଁ । ବାଗାର୍ଥର ସଂକଟ ସୃଷ୍ଟି ହୁଏ ଯେତେବେଳେ ଆମେ ଶବ୍ଦ, ବାକ୍ୟ, ଭାଷା ଓ ସାହିତ୍ୟ ସହିତ ସଂଶ୍ଲିଷ୍ଟ ସାଧନା ଓ ତ୍ୟାଗ ଓ ଉତ୍ସର୍ଗର ଇତିହାସକୁ ଭୁଲିଯାଉ ଓ ଯେତେବେଳେ ଆମେ ଏହିସବୁକୁ ନିଜର ସ୍ୱାର୍ଥ ପାଇଁ କୁଅର୍ଥ କରୁ, କଦାର୍ଥ କରୁ ।(୧୯)

ଆମର ଶବ୍ଦମାନେ କେବଳ ଶବ୍ଦ ନୁହଁନ୍ତି । ଆମର ଶବ୍ଦମାନେ ମନ୍ତ୍ର । ମନ୍ତ୍ରରୂପେ ଶବ୍ଦମାନେ ଆମକୁ ପରିଚିତ ଓ ଅପରିଚିତ ଜଗତର କେତେ ବାର୍ତ୍ତା ଓ ପଥ ଆଣି ଦିଅନ୍ତି; ଏହା ସହିତ ଅତୀତ, ବର୍ତ୍ତମାନ ଓ ଭବିଷ୍ୟତରୁ । ଶବ୍ଦମାନେ ଅଭିଧାନ ଓ ବଜାରରୁ ମିଳନ୍ତି ନାହିଁ, ଶବ୍ଦମାନେ ଜୀବନର ସାଧନା, ସ୍ୱପ୍ନ ଓ ସଂଗ୍ରାମରୁ ଜନ୍ମ ନିଅନ୍ତି । ଶବ୍ଦ, ବାକ୍ୟ, ଭାଷା ଓ ସାହିତ୍ୟ ଆମର ଜୀବନର ସାଧନା ଓ ସଂଗ୍ରାମରୁ ଜନ୍ମ ନିଅନ୍ତି । ବାଗାର୍ଥର ସଂକଟ ସୃଷ୍ଟି ହୁଏ ଯେତେବେଳେ ଶବ୍ଦ, ବାକ୍ୟ, ଭଷା ଓ ସାହିତ୍ୟ ଆମର ସାଧନା ଓ ସଂଗ୍ରାମ ମରି ମରିଯାଏ ଓ ଆମେ ପ୍ରଚଳିତ ବ୍ୟାକରଣ, ଚଳଣି, ରୀତି ଓ ଅଭ୍ୟାସରେ ବାଂଧି ହୋଇଯାଏ । ବାଗାର୍ଥର ସଂକଟ ସୃଷ୍ଟି ହୁଏ ଯେତେବେଳେ ଶବ୍ଦ, ବାକ୍ୟ, ଭାଷା ଓ ସାହିତ୍ୟରେ ରୀତି ପ୍ରଧାନ ହୋଇଯାଏ ଓ ପ୍ରୀତି ଓ ପ୍ରେମ କମି କମିଯାଏ (୨୦) ।

ଜୀବନରେ ଯେତେବେଳେ ବ୍ୟାକରଣ ଓ କରଣି ପ୍ରଧାନ ଓ ପ୍ରବଳ ହୁଏ ଓ ଏହା ସାଧନା ଓ ଉତ୍ତୋଳନର ପ୍ରୟାସକୁ ମାରିଦିଏ ସେତେବେଳେ ଅର୍ଥ ସଂକଟ ଉପୁଜିଥାଏ । ଏହି ପ୍ରକ୍ରିୟାରେ ବାଗାର୍ଥର ଅବମୂଲ୍ୟାୟନ ଘଟେ । ଆମର ସାମ୍ପ୍ରତିକ କାଳରେ ବାଗାର୍ଥର ଅବମୂଲ୍ୟାୟନ ବିଭିନ୍ନ ପ୍ରକାରରେ ଓ ରୂପରେ ଘଟୁଛି । ଶବ୍ଦକୁ ବ୍ୟବହାର କଲାବେଳେ ଆମେ ଏହାର ଅର୍ଥକୁ କୁଅର୍ଥ କରୁଛୁଁ । ଉଦାହରଣ ସ୍ୱରୂପ, ଗଣତନ୍ତ୍ର ଶବ୍ଦଟିଏ । ଏହି ଶବ୍ଦଟି ଗଣତନ୍ତ୍ର, ଲୋକତନ୍ତ୍ର ଓ ଲୋକସଂଗ୍ରହକୁ ବୁଝାଏ । ମାତ୍ର ଏବେ ଗଣତନ୍ତ୍ର ଗୋଟିଏ ସମସ୍ୟାତ୍ମକ ଓ ସାମୟିକ ବହୁତନ୍ତ୍ରର ଏକତନ୍ତ୍ର ହୋଇ ଯାଉଛି । ଉଭୟେ ସାମ୍ପ୍ରତିକ ଭାରତବର୍ଷ ଓ ସାମ୍ପ୍ରତିକ ଯୁକ୍ତରାଷ୍ଟ୍ର ଆମେରିକା ଗଣତନ୍ତ୍ରର ଚର୍ଚ୍ଚା ଓ ବ୍ୟବହାରରେ ଆମେ ଏକତନ୍ତ୍ରର ଏକଛତ୍ରବାଦ ଦେଖୁଁ । ଏହି ଦୁଇ ଗଣତନ୍ତ୍ରର ନିର୍ବାଚିତ ନେତାମାନେ ବିଶେଷକରି ଭାରତବର୍ଷର ପ୍ରଧାନମନ୍ତ୍ରୀ ନରେନ୍ଦ୍ର ଭାଇ ମୋଦି ଓ ଆମେରିକାର ରାଷ୍ଟ୍ରପତି ଡୋନାଲଡ ଟ୍ରମ୍ପ ଶବ୍ଦମାନଙ୍କୁ ପ୍ରତିଦ୍ୱନ୍ଦ୍ୱୀ ମାନଙ୍କୁ ଗାଳି ଦେବାରେ ବ୍ୟବହାର କରୁଛନ୍ତି; ପ୍ରତିପକ୍ଷ ମାନଙ୍କୁ ସମାଲୋଚନା କଲାବେଳେ ଏହି ଦୁଇନେତା ଶବ୍ଦମାନଙ୍କୁ ଅପବ୍ୟବହାର କରୁଛନ୍ତି; ଏହାର ଅବମୂଲ୍ୟାୟନ କରୁଛନ୍ତି ।

ଡୋନାଲଡ ଟ୍ରମ୍ପ୍ ଆପଣାର ପ୍ରତିଦ୍ୱନ୍ଦୀ ହିଲାରି କ୍ଲିଣ୍ଟନ୍‌ଙ୍କୁ Crooked Hillary ରୂପେ ଶବ୍ଦାୟିତ କରି ତାଙ୍କୁ ଗାଳି ଦେଉଥିଲେ । ଶବ୍ଦମାନଙ୍କର ଏପରି ଅପବ୍ୟବହାର ଓ ଅବମୂଲ୍ୟାୟନରେ କେବଳ ମୋଦି ଓ ଟ୍ରମ୍ପ୍ ଭାଗୀଦାରଯେ ତାହା ନୁହେଁ ଏଥିରେ ଆମେ ସମସ୍ତେ ଊଣା ଅଧିକେ ଭାଗୀଦାର । ଆମର ଦୈନନ୍ଦିନ ଜୀବନରେ ଶବ୍ଦମାନଙ୍କୁ ବ୍ୟବହାର ଓ ଉଚ୍ଚାରଣ କଲାବେଳେ ଆମେ ସବୁବେଳେ ଜାଗ୍ରତ ନୋହୁଁ କେମିତି ଶବ୍ଦ ବ୍ୟବହାର କରିବା ଯାହାଦ୍ୱାରା ଶବ୍ଦମାନେ ସେତୁରୂପେ ଆମ ଭିତରେ ଫୁଟି ଉଠିବେ ଓ ଆମ ମଧ୍ୟରେ ଗାଳି, ଗୁଲଜ, ଘୃଣା ଓ ଅସୂୟାର ବାଡ଼ ଓ ବଂଧନୀ ସୃଷ୍ଟି କରିବନାହିଁ । ଶବ୍ଦ ବ୍ରହ୍ମ; ଉଭୟ ଶବ୍ଦ ଓ ବ୍ରହ୍ମ ଏକ ଓ ବହୁଧା ଓ ଏହା ସମ୍ବନ୍ଧ, ସେତୁ ଓ ସୂତ୍ର ସର୍ଜ୍ଜନାର ନାନାକେତେ ସାଧନା ଓ ଧାରା । ବ୍ରହ୍ମସାଧନା ଓ ଶବ୍ଦ ସାଧନା ଅଙ୍ଗାଙ୍ଗୀ ଭାବେ ଜଡିତ ଓ ଶବ୍ଦ ସହିତ ଆମର ଜୀବନ ଚଳଣିରେ ଯେତେବେଳେ ଆମେ ଶବ୍ଦକୁ ଅନ୍ୟକୁ ଗାଳି ଦେବାକୁ, ଅପମାନ ଦେବାକୁ ଓ ହନନ କରିବାକୁ ବ୍ୟବହାର କରୁ ସେତେବେଳେ ଶବ୍ଦ ସଂକଟ ସୃଷ୍ଟି ହୁଏ ଓ ବ୍ରହ୍ମ ସଂକଟ ମଧ୍ୟ । ଶବ୍‌ଦକୁ ନେଇ ଓ ଶବ୍‌ଦ ସହିତ ଯେଉଁ ହିଂସା ହୁଏ ଏହି ହିଂସା ଶବ୍ଦକୁ ମାରିଦିଏ, ଜୀବନକୁ ମାରିଦିଏ ଓ ବ୍ରହ୍ମଙ୍କୁ ଆମ ଜୀବନରୁ ବହିଷ୍କୃତ କରିରଖେ ।

ଏବେ ଶବ୍ଦକୁ ନେଇ ଓ ଶବ୍ଦକୁ ମାଧ୍ୟମ କରି ହିଂସା ବଢୁଛି । ଟେଲିଭିଜନରେ ଯେତେସବୁ ଆଲୋଚନା ହେଉଛି ଆମର ଜୀବନର ଓ ସଂସାରର ମହତ୍ତ୍ୱପୂର୍ଣ୍ଣ ବିଷୟମାନଙ୍କୁ ନେଇ ସେଥିରେ ଶବ୍ଦକୁ ନେଇ ଏତେ କୋଳାହଳ, ଏତେ ରଣ ହୁଂକାର । ଏହାର ନମୁନା ହିସାବରେ ଆମେ ଟେଲିଭିଜନରେ ଅର୍ଣ୍ଣବ ଗୋସ୍ୱାମୀଙ୍କ ଦ୍ୱାରା ଆଲୋଚନାକୁ ବୁଝିବାକୁ ଚେଷ୍ଟା କରିପାରିବା । ଶ୍ରୀଯୁକ୍ତ ଗୋସ୍ୱାମୀ ଆଲୋଚନା କଲାବେଳେ ଶବ୍ଦକୁ ନେଇ କେତେ କୋଳାହଳ କରନ୍ତି । ଆଲୋଚନା ଆରମ୍ଭ କଲାବେଳେ ଆଲୋଚକ / ଆଲୋଚିକା ମାନଙ୍କୁ ରଣହୁଂକାର ଦିଅନ୍ତି । ଆଲୋଚକ / ଆଲୋଚିକା ମାନେ ମଧ୍ୟ ପରସ୍ପର ସହିତ କଥାହେବା ପରିବର୍ତ୍ତେ ପରସ୍ପରକୁ ରଣହୁଂକାର ଦିଅନ୍ତି । ଏହି କୋଳାହଳ ଓ ଯୁଦ୍ଧ ମଧ୍ୟରେ କେହି କାହାରିକୁ ଶୁଣନ୍ତି ନାହିଁ; ସମସ୍ତେ ସମସ୍ତଙ୍କୁ ଚିତ୍କାର କରନ୍ତି । ଏହିସବୁ ଭିତରେ ଶବ୍ଦମାନ ମରିଯାଆନ୍ତି ।

ଶବ୍ଦମାନେ କେବଳ କହିବା ପାଇଁ ନୁହେଁ, ଶବ୍ଦମାନେ ଶୁଣିବାପାଇଁ, ମନନ ପାଇଁ ଓ ଏହାକୁ ନେଇ ନିଦିଧ୍ୟାସନ ପାଇଁ ମଧ୍ୟ । ଏହିସବୁ ଶବ୍ଦ ସହିତ ଆମର ଯାତ୍ରା, ବିଚରଣ, ଚଳଣି ଓ ସାଧନାର ଅଙ୍ଗ । ମାତ୍ର ଶବ୍ଦକୁ ନେଇ ଯେତେବେଳେ ଆମେ କେବଳ ନିଜ କଥାକୁ ବକ୍‌ବକ୍ ହେଉ ଓ ଅନ୍ୟର ଶବ୍ଦ ଓ କଥାକୁ ଶୁଣୁନା ସେତେବେଳେ ଆମେ ଶବ୍ଦ ସହ ଅବମାନନା ଓ ଅବମୂଲ୍ୟାୟନ କରୁଁ ଯାହା ଆମ

ଜୀବନରେ ଶବ୍ଦ ସଂକଟ ଓ ଅର୍ଥ ସଂକଟ ସୃଷ୍ଟି କରେ । ଶବ୍ଦ କହିବା ଓ ଶୁଣିବାର ଧାରାରେ ଜୀବନ୍ତ ହୁଏ, ଚଳମାନ ହୁଏ । ଏହା ସହିତ ନୀରବତା । ଶବ୍ଦମାନ ନୀରବତାର ଅନନ୍ତ ଓ ଅକାଳ ସ୍ରୋତରୁ ଜନ୍ମନିଅନ୍ତି ଓ ବିବର୍ତ୍ତିତ ହୁଅନ୍ତି ମାତ୍ର ଏହି ନୀରବତା କେବଳ ଏକକାଳୀନ ନୁହେଁ । Big Bang ପୂର୍ବରୁ ଶୂନ୍ୟତାରୁ ଆମର ବ୍ରହ୍ମାଣ୍ଡ ସୃଷ୍ଟି ହୋଇଛି ମାତ୍ର ଏହି ଶୂନ୍ୟତା କେବଳ ପ୍ରାକ୍-ସୃଷ୍ଟିର ଏକକାଳୀନ ଶୂନ୍ୟତା ନୁହେଁ । ଏହି ଶୂନ୍ୟତା ସୃଷ୍ଟି ସହିତ ବାଟ ଚାଲୁଛି । ଠିକ୍ ସେମିତି ନୀରବତାରୁ ଶବ୍ଦମାନ ସୃଷ୍ଟି ହୁଅନ୍ତି ମାତ୍ର ଏହି ନୀରବତା ଶବ୍ଦମାନ ସୃଷ୍ଟି ହେଲାପରେ ମଧ୍ୟ ଶବ୍ଦମାନଙ୍କ ସହ ବାଟଚାଲିଥାଏ । ଶବ୍ଦମାନଙ୍କୁ ନେଇ ଯେତେବେଳେ କୋଳାହଳ ବଢିଯାଏ ଯେଉଁଥିରେ ଶବ୍ଦମାନେ ନୀରବରେ ଓ ଅସହାୟ ଭାବରେ ଆଖିରୁ ଲୁହ ଗଡାନ୍ତି ସେତେବେଳେ ନୀରବତା ଆମକୁ ପ୍ରକୃତିସ୍ଥ କରାଏ, ଆତ୍ମସ୍ଥ କରାଏ ଓ ସହ-ଧ୍ୟାନସ୍ଥ କରାଏ । ନୀରବତା ଆମକୁ ଶବ୍ଦମାନଙ୍କୁ ଓ ପରସ୍ପରକୁ ଆଲିଙ୍ଗନ କରିବାକୁ ଆହ୍ୱାନ ଦିଏ, ଜାଗ୍ରତ କରାଏ ।

ଶବ୍ଦମାନଙ୍କୁ ଉଚ୍ଚାରଣ କରିବା ପାଇଁ, ଲେଖିବାପାଇଁ ସମୟ ଦରକାର । ଶବ୍ଦମାନଙ୍କୁ ସୂତାରୂପେ ଗୁନ୍ଥି ଆମେ ବାକ୍ୟ ରଚନା କରୁଁ, ବାକ୍ୟରୁ ଭାଷା ଓ ସାହିତ୍ୟ । ଶବ୍ଦ, ବାକ୍ୟ, ଭାଷା ଓ ସାହିତ୍ୟ ସହିତ ବାଟ ଚାଲିବା ପାଇଁ ସମୟ ସହିତ ଆମକୁ ସାଧନା କରିବାକୁ ହୋଇଥାଏ । ଆମେ ଯେତେବେଳେ କହିବାବେଳେ ଦ୍ରୁତଗତିରେ କହୁ ସେତେବେଳେ ଆମର ସଂଯୁକ୍ତ ଅନ୍ୟମାନେ ଏହାକୁ ବୁଝିପାରନ୍ତି ନାହିଁ । ଆମେ ତରତର ଶବ୍ଦ ସହିତ ଧାଇଁଲେ ଏଥିରେ ଶବ୍ଦ ଓ ଆମେ ସମସ୍ତେ ଅଣନିଃଶ୍ୱାସୀ ହୋଇଯାଉ । ଆମେ ପରସ୍ପରକୁ ଶୁଣିପାରୁନା, ବୁଝିପାରୁନା । ମାତ୍ର ଆମର ଶବ୍ଦ ଓ ମାନବ ସମାଜର ଇତିହାସରେ ଆମେ ସମୟ ସହିତ ଧୀର ହୋଇ ବସିପାରୁନା । ସମୟ ଆଧୁନିକତା ପର୍ବରେ ଧାଇଁବା ଆରମ୍ଭ କରିଛି ଓ ଏହା ସହିତ ଆମେ ସମସ୍ତେ ଧାଉଁଛୁ । ଏହି ଧାଇଁବାରେ ଶବ୍ଦ, ସମୟ ଓ ଆମେ ସମସ୍ତେ ଧଇଁସଇଁ ହୋଇଯାଉଛୁ ଯାହା ଆମ ଜୀବନରେ ଅର୍ଥ ସଂକଟ ସୃଷ୍ଟି କରୁଛି । ପୃଥିବୀର ଅନେକ ଭାଷା ଉଚ୍ଚାରଣର ପରିବର୍ତ୍ତନକୁ ଯେତେବେଳେ ଅଧ୍ୟୟନ କରୁ ସେତେବେଳେ ଆମେ ଅନୁଭବ କରୁଯେ ଆଧୁନିକତା ଓ ଉତ୍ତର ଆଧୁନିକତା ପର୍ବରେ ଆମର ଶବ୍ଦ ଉଚ୍ଚାରଣର ଧାରା ଦ୍ରୁତଗାମୀ ହୋଇଛି: ଆମେ ପରସ୍ପରକୁ ବୁଝିବା ଭଳି ଧୀରେ ସୁସ୍ପଷ୍ଟ ନକହି ବହୁତ ଶୀଘ୍ର ଶୀଘ୍ର କହୁଛୁ । ୧୯୯୪ ମସିହାରେ ମୁଁ ପ୍ରଥମେ ଡେନମାର୍କରେ ପହଞ୍ଚିଥିଲି । ଏହାର ଦଶ ବର୍ଷ ପରେ ୨୦୦୪ରେ ମୁଁ ଡେନମାର୍କର ଉତ୍ତର ଭାଗରେ ଅବସ୍ଥିତ ଆଲବୋର୍ଗ ବିଶ୍ୱବିଦ୍ୟାଳୟରେ ଅତିଥି ଅଧ୍ୟାପକ ରୂପେ ବରଷଟିଏ ବିତାଇଥିଲି । ଏହି ସମୟରେ

ମୁଁ ମୋତେ ନିମନ୍ତ୍ରଣ କରିଥିବା ବଂଧୁ ଜୋହାନସଙ୍କ ସହିତ ଅନେକ ସମୟ ବିତାଉଥିଲି, କଥା ହେଉଥିଲି । ସେ ମୋତେ କହୁଥିଲେ ଡେନମାର୍କର ଲୋକମାନେ କେମିତି କହିଲାବେଳେ ଏତେ ଦ୍ରୁତ ଗତିରେ କହୁଛନ୍ତି । ଗଲା କୋଡିଏ ବର୍ଷ ମଧ୍ୟରେ ମୁଁ ଜର୍ମାନୀକୁ ଅନେକଥର ଯାଇଛି ଓ ସେଠାରେ ମଧ୍ୟ କିଛି ସମୟ ରହିଛି । ସେଠାରେ ମଧ୍ୟ ଶବ୍ଦ ଉଚ୍ଚାରଣର ଧାରା ଦ୍ରୁତ ଓ ତୀବ୍ର ହୋଇଛି ।

ଶବ୍ଦ ଉଚ୍ଚାରଣର ଏହି ଦ୍ରୁତଗତି ଶବ୍ଦ ଓ ଅର୍ଥ ପାଇଁ ସଂକଟ ସୃଷ୍ଟି କରିଥାଏ । ଏହି ସଂକଟ ଆମର ସମୟକୁ ନେଇ ସଂକଟ ସହିତ ଜଡିତ । ଆଧୁନିକ ପୁଂଜିବାଦୀ ସମାଜରେ କେବଳ ପୁଂଜି ଓ ମନୁଷ୍ୟ, ବାଣିଜ୍ୟ ସାମଗ୍ରୀ ବା commodity ତାହା ନୁହେଁ; ଏହା ସହିତ ସମୟ ମଧ୍ୟ । ସମୟ ଏକ commodity ହୋଇଛି, Time Money ହୋଇଛି, ସମୟ ପଇସା ହୋଇଛି ଓ ହେଉଛି । ସମୟର ଏହି ବାଣିଜ୍ୟକରଣ ଶବ୍ଦ, ବାକ୍ୟ ଓ ଭାଷା ଉପରେ ଅନେକ ଚାପ ପକାଉଛି । ଏହି ପ୍ରକ୍ରିୟାରେ ସମୟର ସଂକୋଚନ ଘଟୁଛି, ଯେଉଁ ସଂପର୍କରେ ଗଭୀର ଭୌଗୋଳିକ ଓ ଚିନ୍ତାବିଦ୍ ଶ୍ରୀଯୁକ୍ତ ଡାଭିଡ୍ ହାରଭି ଆଲୋଚନା କରିଛନ୍ତି । ସମୟର ଏହି ସଂକୋଚନ ଆମର ପ୍ରେମର ଜୀବନକୁ ଦ୍ରୁତବେଗୀ କରାଇ କେମିତି ପ୍ରେମକୁ ମାରି ଦେଉଛି ଏହି ସଂପର୍କରେ ପ୍ରାୟ ଆଜକୁ ତିରିଶବର୍ଷ ତଳେ ମୋର ଏକ ପ୍ରବଂଧରେ ମୁଁ ଆଲୋଚନା କରିଥିଲି ।(୨୧) ସମୟ ସଂକୁଚିତ ହେଲେ ପ୍ରେମ ଅଣନିଃଶ୍ୱାସୀ ହୋଇଯାଏ, ମରି ମରିଯାଏ; ପରସ୍ପରକୁ ଆଲିଙ୍ଗନ କରି ଓ ପରସ୍ପରକୁ ଅନାବୃତ କରି ପରସ୍ପର ସହିତ ପ୍ରୀତି ରମଣରେ ବୁଡିଯାଉଥିବାବେଳେ ମଧ୍ୟ ଆମେ ସମୟର ସଂକୋଚନରେ ଘଣ୍ଟା ଦେଖିବା ଆରମ୍ଭ କରୁଁ । ପ୍ରେମ ଏଥିରେ ପ୍ରତ୍ୟାହୃତ ହୁଏ । ଠିକ୍ ସେମିତି ସମୟର ସଂକୋଚନରେ ଶବ୍ଦମାନ ପ୍ରତ୍ୟାହୃତ ହୁଅନ୍ତି, ମରି ମରିଯାଆନ୍ତି । ସମୟର ସଂକୋଚନ ଓ ଶବ୍ଦର ଦ୍ରୁତ ଉଚ୍ଚାରଣ ଆମ ଜୀବନରେ ଶବ୍ଦ ସଂକଟ, ଅର୍ଥ ସଂକଟ ଓ ସମ୍ବନ୍ଧ ସଂକଟ ସୃଷ୍ଟି କରିଥାଏ ।

ଆଧୁନିକତାର ଆରମ୍ଭଠାରୁ ସମୟ ସଂକୁଚିତ ହୋଇଆସିଛି । ଆଧୁନିକ ପୂର୍ବ ସମାଜରେ ସମୟକୁ ନେଇ ଏତେ ବ୍ୟସ୍ତତା, ବ୍ୟଗ୍ରତା ଓ ଉତ୍କଣ୍ଠା ନଥିଲା । ଆମେ ଘଣ୍ଟା, ଘଣ୍ଟା, ଦିନଦିନ ପରସ୍ପର ସହିତ କଥା ହେଉଥିଲୁଁ । ମାତ୍ର ଆଧୁନିକତାର ଆରମ୍ଭରୁ ଏହି ସମୟ ସଂକୁଚିତ ହୋଇଯାଇଛି । ଏହା ସହିତ ସ୍ଥାନ ମଧ୍ୟ ଯାହାକୁ ଡାଡିର ହାର୍ଭି ସମୟ-ସ୍ଥାନ ସଂକୋଚନ ବା space-time compression ବୋଲି କହୁଛନ୍ତି ।(୨୨) ବର୍ତ୍ତମାନ ସମୟରେ ଏହି ସମୟ ଓ ସ୍ଥାନ ସଂକୋଚନର ଧାରା ଆହୁରି ହୁଏତ ତୀବ୍ର ହୋଇଛି । ଏହି ପ୍ରକ୍ରିୟାର ଟେଲିଫୋନ, ଇଣ୍ଟରନେଟ ଓ

ସୋସିଆଲ ମିଡିଆରେ ସମୟ ଓ ସ୍ଥାନ ଉଭୟେ ସଂକୁଚିତ ହୋଇଯାଇଛନ୍ତି । ଆମକୁ ଇମେଲରେ ବା whatsappରେ ବାର୍ତ୍ତାଟିଏ ମିଳିଲେ ଏହି ବିଷୟରେ ନଭାବି ନଚିନ୍ତି ଆମେ ସାଙ୍ଗେସାଙ୍ଗେ ଏହାର ପ୍ରତିକ୍ରିୟାଟିଏ ଲେଖୁଛୁଁ । ଆମେ ଆମର ବାର୍ତ୍ତାମାନଙ୍କୁ ଧୀରେସୁସ୍ଥେ ପଢିପାରୁନା ମଧ୍ୟ । ଆମର କ୍ରିୟା ଓ ପ୍ରତିକ୍ରିୟାରେ ଆମର ମାନସିକ ଶାନ୍ତି ବାଧାପ୍ରାପ୍ତ ହେଉଛି । ଏହା ଆମ ଜୀବନରେ ଅର୍ଥ ସଂକଟ ସୃଷ୍ଟି କରୁଛି ।

ଶବ୍ଦର ଚାରଣ, ପାରସ୍ପରିକ ଯାତ୍ରା ଓ ବିକାଶ ପାଇଁ ସମୟ ଦରକାର, ଏହା ସହିତ ସ୍ଥାନ ମଧ୍ୟ । ସ୍ଥାନ ଓ ସମୟ ସଂକୋଚନର ଆହ୍ୱାନ ସହିତ ଆମକୁ ସମୟ ଓ ସ୍ଥାନର ପ୍ରସାରଣ କରିବାକୁ ହୋଇଥାଏ ଶବ୍ଦ ଓ ଜୀବନର ବିକାଶ ଓ ଅଭିବୃଦ୍ଧି ପାଇଁ । ଯଦିଓ ସମୟ ଓ ସ୍ଥାନ ସଂକୋଚନ ମାନବ ସମାଜର ଇତିହାସରେ ଏକ ଧାରା, ମାତ୍ର ଏହା କେବଳ ଓ କଦାପି ସରଳରୈଖିକ ଓ ଅବଶ୍ୟମ୍ଭାବୀ ନୁହେଁ । ସାମ୍ପ୍ରତିକ ସମୟ ଓ ସ୍ଥାନ ସଂକୋଚନର ପ୍ରକ୍ରିୟା ସହିତ ଆମେ ସମୟ ଓ ସ୍ଥାନ ପ୍ରସାରଣର ପ୍ରକ୍ରିୟା ମଧ୍ୟ ସୃଷ୍ଟି କରିପାରିବା । ଆମେ ଯେତେବେଳେ ପରସ୍ପର ସହିତ କଥା ହେବାପାଇଁ ଦଣ୍ଡିଏ ଅଟକିଯାଉ ସେତେବେଳେ ଧାଉଁଥିବା ସମୟ ଆମ ସହିତ ବସିପଡେ, ଆମର ମୁଣ୍ଡ ଆଉଁସିଦିଏ ।(୨୩) ଠିକ୍ ସେମିତି ଆମେ ଯେତେବେଳେ ପରସ୍ପରକୁ କୋଳାଇ ନେଉ ଓ ଆଲିଙ୍ଗନ କରି ସାଙ୍ଗ ହୋଇ ଧୀରେଧୀରେ ନିଃଶ୍ୱାସ ନେଉ ସମୟ ପ୍ରସାରିତ ହୁଏ । ଆମେ ଯେତେବେଳେ ପରସ୍ପର ସହିତ ମିଶି ସାଙ୍ଗହୋଇ କାମ କରୁଁ ଓ ସମୟକୁ ପଇସା ହିସାବରେ ବ୍ୟବହାର ନକରି ପରସ୍ପରର ସେବାରେ ସମୟଦେଉ ସେତେବେଳେ ସମୟ ପ୍ରସାରିତ ହୁଏ । ଆମେ ଯେତେବେଳେ ଆମର ସ୍ଥାନ ମାନଙ୍କୁ କେବଳ ବାଣିଜ୍ୟ ଦ୍ରବ୍ୟ ନକରି, ବ୍ୟକ୍ତିଗତ ସମ୍ପତ୍ତି ନକରି ପରସ୍ପର ସହିତ ମିଳନକ୍ଷେତ୍ର ରୂପେ ବ୍ୟବହାର କରୁ ସେତେବେଳେ ସ୍ଥାନ ମଧ୍ୟ ପ୍ରସାରିତ ହୁଏ । ଆମ ଘରେ ଓ ହୃଦୟରେ ଅନେକଙ୍କୁ ସ୍ଥାନଦେଲେ ଆମର ଘର ଓ ହୃଦୟ ପ୍ରସାରିତ ହୁଏ । ଏହି ପ୍ରସାରଣ ଶବ୍ଦ, ବାକ୍ୟ, ଭାଷା ଓ ସାହିତ୍ୟ ପାଇଁ ଉତ୍ସ, ପ୍ରେରଣା ଓ ସମ୍ଭାବନା ସୃଷ୍ଟି କରେ ।

ସମୟ ଓ ସ୍ଥାନ ସଂକୋଚନ କଦାପି ଓ କେବଳ ଆମର ଭାଗ୍ୟ ନୁହେଁ । ଆଧୁନିକତାର ଆରମ୍ଭଠାରୁ ନାନା କଳା ଆନ୍ଦୋଳନ, ସାହିତ୍ୟ, ସାମାଜିକ ଓ ସାଂସ୍କୃତିକ ଆନ୍ଦୋଳନ ଏହି ସମୟ ଓ ସ୍ଥାନ ସଂକୋଚନକୁ ଟକ୍କର ଦେଇ ଏକ ନୂତନ ସମୟ ଓ ସ୍ଥାନ ଜାଗରଣ ସୃଷ୍ଟି କରିଛି । ସମୟ ଓ ସ୍ଥାନ ପଣ୍ୟବସ୍ତୁ ନୁହେଁ । ଏହା କେବଳ ବିକାକିଣା ପାଇଁ ନୁହେଁ; ଏହା ଆମର ଜୀବନ ପାଇଁ, ଲୋକ ସଂଗ୍ରହ ପାଇଁ । ଆଧୁନିକ ପର୍ବରେ ଉପନ୍ୟାସ ମାନ ଜନ୍ମ ନେଇଛନ୍ତି ଓ ଏହି ଉପନ୍ୟାସମାନେ ଅନେକ ସମୟରେ ଦୀର୍ଘ ହୋଇଛନ୍ତି । ଏହି ଉପନ୍ୟାସ ମାନେ ଆଧୁନିକ ମାନବ ସମାଜ ଓ ଇତିହାସର

ନାନା ଘାତ, ପ୍ରତିଘାତ, ସୀମିତତା ଓ ସମ୍ଭାବନା ମାନଙ୍କୁ ବିଶଦ୍ ଭାବରେ ବର୍ଣ୍ଣନା କରିଛନ୍ତି । ଏହି ବିଶଦ୍ ବର୍ଣ୍ଣନା କରିବାବେଳେ ଆମର ସଂକୁଚିତ ସମୟ ପ୍ରସାରିତ ହୋଇଯାଇଛି ଓ ଏହି ପ୍ରସାରିତ ସମୟ ନୂତନ ମୁକ୍ତି ଚେତନା ସୃଷ୍ଟି କରିଛି । Uncle Tom's Cabin ପରି ଅନେକ ଉପନ୍ୟାସ ଆମେରିକାର ଦାସତ୍ୱ ପ୍ରଥା ବିରୁଦ୍ଧରେ ଲେଖିଛନ୍ତି । ଠିକ୍ ସେମିତି ଟଲଷ୍ଟୟଙ୍କର ଦୀର୍ଘ ଉପନ୍ୟାସ ଯଥା War and Peace, Anna Karenina ଓ ଏମିତି ଅନେକ ଦୀର୍ଘ ଉପନ୍ୟାସ ପଢ଼ି ଆମେ ସମୟ ସଂକୋଚନକୁ ଟକ୍କର ଦେଇଛୁ, ସମୟକୁ ପ୍ରସାରିତ କରିଛୁ । ଏହି ପ୍ରସାରିତ ସମୟରେ ଆମର ଶବ୍ଦ, ବାକ୍ୟ, ଭାଷା ଓ ସାହିତ୍ୟ ନୂଆରୂପେ ଜନ୍ମ ନିଅନ୍ତି । ଆମର ଶବ୍ଦମାନେ ପ୍ରସାରିତ ଧରିତ୍ରୀ ହୁଅନ୍ତି, ଆକାଶ ହୁଅନ୍ତି; ଶବ୍ଦର ଧରିତ୍ରୀ ଓ ଆକାଶ କେବଳ ଶବ୍ଦର ଧରିତ୍ରୀ ଓ ଆକାଶ ନହୋଇ ଏହା ଆମର ସମ୍ବନ୍ଧର ଧରିତ୍ରୀ ଓ ଆକାଶ ହୁଏ; ଆମର ଚେତନାର ଧରିତ୍ରୀ ଓ ଆକାଶ ହୁଏ; ଆମର ଚିଦ୍‌ବିସ୍ତାରର ଧରିତ୍ରୀ ଓ ଆକାଶ ହୁଏ ।(୨୪)

ଶବ୍ଦ, ବାକ୍ୟ, ଭାଷା ଓ ସାହିତ୍ୟରେ ଥିବା ଅର୍ଥକୁ ବୁଝିବାବେଳେ ଆମେ ଆଧୁନିକ କାଳରେ ମୂଳତଃ ଏକ ବୈଜ୍ଞାନିକ ବସ୍ତୁନିଷ୍ଠବାଦ ବା positivismର ସାହାଯ୍ୟ ନେଇଥାଉ । ବିଜ୍ଞାନ ଆମର ମୂଳ ଜୀବନ ଦୃଷ୍ଟି, ଅଧ୍ୟୟନ ମାର୍ଗ ଓ ମେଦିନୀ ଦୃଷ୍ଟି ହୋଇଥାଏ । ବୈଜ୍ଞାନିକ ପଦ୍ଧତି ଓ ବୈଜ୍ଞାନିକ ଜୀବନଦୃଷ୍ଟି ଅବଲମ୍ବନ କରି ଆମେ ଶବ୍ଦ, ବାକ୍ୟ, ଭାଷା ଓ ସାହିତ୍ୟର ଅର୍ଥ କିଛିମାତ୍ରାରେ ବୁଝିପାରୁ ମାତ୍ର ଏହି ବୁଝିବାରେ ମୂଳରୁ ଓ ତଥାପି ଅନେକ ସମସ୍ୟା ଥାଏ ଯଥା ଆଧୁନିକ ବିଜ୍ଞାନର ଖଣ୍ଡ ଚେତନା ଓ ବିଭାଜନ ଚେତନା । ଆଧୁନିକ ବିଜ୍ଞାନ ଦେଖୁଥିବା ଓ ଅଧ୍ୟୟନ କରୁଥିବା ବସ୍ତୁ, ଶବ୍ଦ ଓ ବାକ୍ୟମାନଙ୍କୁ ଖଣ୍ଡଖଣ୍ଡ କରି ଦେଖେ, ସମଗ୍ର ଭାବେ ଦେଖିପାରେନା । ଏହା ମଧ୍ୟ ଆସୟ subject ଓ ବିଷୟ object କୁ ଅଲଗା ଅଲଗା କରି ଦେଖେ; ଏମାନଙ୍କୁ ବିଭାଜିତ କରିଦେଖେ ଓ ଏମାନଙ୍କ ମଧ୍ୟରେ ଥିବା ସୂତ୍ରକୁ ଆବିଷ୍କାର ଓ ଅନୁଭବ କରି ଏକ ପୂର୍ଣ୍ଣାଙ୍ଗ ଗବେଷଣା ପଦ୍ଧତି ଓ ଜୀବନଦୃଷ୍ଟି ସଞ୍ଚାର କରିବାକୁ ପ୍ରୟାସ କରିନଥାଏ । ଅର୍ଥକୁ ଅନୁସଂଧାନ କରିବାକୁ ଓ ବୁଝିବାକୁ ବିଶେଷକରି ବାଗାର୍ଥର ଅନୁସଂଧାନ ଓ ଅବଧାରଣା ପାଇଁ ପ୍ରଚଳିତ ଓ ପ୍ରଭାବଶାଳୀ ବୈଜ୍ଞାନିକ ପଦ୍ଧତି ଓ ଜୀବନଦୃଷ୍ଟି ଅନେକ ବାଧା ଓ ସଂକଟ ସୃଷ୍ଟି କରିଥାଏ । ଆମର ସାମ୍ପ୍ରତିକ ଅର୍ଥ ସଂକଟ.... ଜୀବନାର୍ଥ ଓ ବାଗାର୍ଥର ଅର୍ଥ ସଂକଟର ଏହା ଏକ ମୂଳ କାରଣ ।

ଏହି ସଂକଟ ଅତିକ୍ରମଣ କରିବା ପାଇଁ ସାରା ପୃଥିବୀରେ ଗଲା ପଚାଶ ବର୍ଷ ଧରି ଅନେକ ଆନ୍ଦୋଳନ ହୋଇଛି ଯାହା ଆମକୁ ଏକ ସଂକୀର୍ଣ୍ଣ ବୈଜ୍ଞାନିକବାଦ ବା

positivism ଠାରୁ ଦୂରାଇ ନେଇ ନୂତନ ଜୀବନଦୃଷ୍ଟି, ଅନୁସଂଧାନ ମାର୍ଗ ଓ ଜୀବନ ପଥ ସୃଷ୍ଟି କରିଛି । ଏହି ସବୁଥିରେ ମୂଳ ପ୍ରଶ୍ନ ହେଉଛି ଯାହାକୁ ଆମ ସମୟର ଗଭୀର ଦାର୍ଶନିକ ଜୁର୍ଗେନ୍ ହାବରମାସ୍ ଏମିତି ବ୍ୟକ୍ତ କରିଛନ୍ତି-- ଆମେ କେମିତି ଏମିତି ଏକ ବିଜ୍ଞାନ ଦର୍ଶନ ଅବଲମ୍ବନ କରିପାରିବା ଯାହା କେବଳ ବୈଜ୍ଞାନିକ ନୁହେଁ-- how can we have a philosophy of science which is not scientistic ? (୨୫) । Positivism ର ବିକଳ୍ପ ରୂପେ ଅନେକ ଚିନ୍ତା ଆନ୍ଦୋଳନ ଓ ସାମାଜିକ ଓ ସାଂସ୍କୃତିକ ଆନ୍ଦୋଳନ ଗଢି ଉଠିଛନ୍ତି । ଏହି ବିଷୟରେ ଆମ ସମୟର ଅନ୍ୟଜଣେ ବରେଣ୍ୟ ଦାର୍ଶନିକ ଓ ଚିନ୍ତାବିତ ଶ୍ରୀଯୁକ୍ତ R. Sundar Rajan ଆଲୋଚନା କରିଛନ୍ତି । ଦୁଇ ଦଶନ୍ଧି ତଳେ ଆପଣାର ପ୍ରକାଶିତ ପୁସ୍ତକ Beyond the Crisis of European Science Towards New Begining ରେ ସ୍ୱର୍ଗୀୟ ଶ୍ରୀଯୁକ୍ତ ସୁନ୍ଦରରାଜନ ଆମକୁ କହୁଛନ୍ତି ଯେ ଗଲା ଶତାବ୍ଦୀରେ ବିଶେଷକରି ଗଲା ଅର୍ଦ୍ଧ ଶତାବ୍ଦୀରେ ଏହି ତିନୋଟି ଆନ୍ଦୋଳନ ଆମକୁ ବ୍ୟକ୍ତି, ବିଷୟ, ବିଜ୍ଞାନ, ଜୀବନ, ସମାଜ ଓ ସଂସ୍କୃତି ଭାଷାରେ ମୂଳଭୂତ ଭାବେ ପୁନର୍ବିଚାର କରିବାକୁ ଆହ୍ୱାନ ଦେଇଛି ।(୨୬) ଏହି ତିନୋଟି ହେଉଛି- ପରିବେଶଗତ ଆନ୍ଦୋଳନ, ନାରୀ ଆନ୍ଦୋଳନ ଓ ଭାଷା ସଂପର୍କୀୟ ନୂତନ ଚିନ୍ତନ ଯାହାକୁ ସେ "linguistic turn" ବୋଲି କହୁଛନ୍ତି ।

ପରିବେଶଗତ ଆନ୍ଦୋଳନ ବା ecological turn ଆମକୁ ବିଜ୍ଞାନ, ସଂସାର ଓ ପରିବେଶକୁ ନୂତନ ଭାବେ ବୁଝିବାକୁ ଆହ୍ୱାନ ଦେଇଥାଏ । ଆମ ଜୀବନରେ ଯେଉଁସବୁ ବୃକ୍ଷମାନେ ରହିଛନ୍ତି ଯଥା ବିଜ୍ଞାନର ଆସୟ subject ଓ ବିଷୟ (object) ଏମାନେ ଅଲଗା ଅଲଗା ବୃକ୍ଷ ନୁହନ୍ତି : ଏମାନେ ଏକ ପରିବେଶ, ଏକ ଅରଣ୍ୟର ଅଂଶ । ପରିବେଶଗତ ଚେତନା କେବଳ ପରିବେଶ କଥା କୁହେନାହିଁ, ଏହା କେବଳ ବୃକ୍ଷ ଓ ଅରଣ୍ୟ କଥା କୁହେନାହିଁ; ଏହା ସମ୍ବନ୍ଧ ଓ ସମଗ୍ରତାର କଥା କହିଥାଏ । ଆମେ ଯାହାର ଅର୍ଥ ବୁଝିବାକୁ ଚାହୁଁଛୁ-- ଶବ୍ଦ, ବାକ୍ୟ, ଭାଷା, ଜୀବନ ଓ ସାହିତ୍ୟର.... ଏହାର ସ୍ଥିତି ଏକ ଖଣ୍ଡଖଣ୍ଡ ଓ ଖଣ୍ଡିତ ସ୍ଥିତି ନୁହେଁ.... ଏହା ଏକ ସମ୍ବନ୍ଧ ଓ ସମଗ୍ର ପରିବେଶର ଅଂଶ । ଏହି ପରିବେଶ କେବଳ ବାହ୍ୟ ପରିବେଶ ନୁହେଁ, ଏହା ମଧ୍ୟ ଅନ୍ତଃପରିବେଶ । ପରିବେଶଗତ ଆନ୍ଦୋଳନ ଶବ୍ଦ, ବାକ୍ୟ, ଭାଷା, ବିଜ୍ଞାନ, ଜୀବନ, ସାହିତ୍ୟ ଓ ସଂସ୍କୃତିକୁ ଏକ ସମ୍ବନ୍ଧ ଓ ସମଗ୍ରତାର ପରିବେଶରୂପେ ବୁଝିବାକୁ ଓ ଅନୁଭବ କରିବାକୁ ଆହ୍ୱାନ ଦେଇଥାଏ । ଶବ୍ଦ, ବାକ୍ୟ, ଭାଷା ଓ ସାହିତ୍ୟର ଅର୍ଥ ବୁଝିବାକୁ ହେଲେ ଆମକୁ ଏହାର ପରିବେଶକୁ ବୁଝିବାକୁ ହୋଇଥାଏ । ପରିବେଶରେ ଥିବା

ସମ୍ବନ୍ଧ ଓ ସମଗ୍ରତାର ସୂତା ଓ ସୂତ୍ରମାନଙ୍କୁ ଅଧ୍ୟୟନ, ଅନୁସଂଧାନ ଓ ଅନୁଭବ କରିବାକୁ ହୁଏ । ଏହି ଅର୍ଥ ଅନୁସଂଧାନ ଓ ଅନୁଭବର ଯାତ୍ରାରେ ପରିବେଶକୁ ଆମେ ବେଳେବେଳେ ପରିପ୍ରେକ୍ଷୀ ବା context ରୂପେ ମଧ୍ୟ ବୁଝିଥାଉ । ଶବ୍ଦ, ବାକ୍ୟ, ଭାଷା ଓ ସାହିତ୍ୟର ଅର୍ଥ ବୁଝିବାକୁ ହେଲେ ଆମକୁ ତାହାର contextରେ ବୁଝିବାକୁ ହେବ । ଏହି context ଏକ ସାମାଜିକ context; ଏହା ସହିତ ଏହା ମଧ୍ୟ ଐତିହାସିକ । ଅର୍ଥମାନେ ସାମାଜିକ ଓ ଐତିହାସିକ ପୃଷ୍ଠଭୂମିରେ ଜନ୍ମ ନିଅନ୍ତି ଓ ଏହି ପୃଷ୍ଠଭୂମି ଓ ପରିପ୍ରେକ୍ଷୀରେହିଁ ଏହାର ଅର୍ଥ ବୁଝିବାକୁ ହୋଇଥାଏ । ମାତ୍ର ପୃଷ୍ଠଭୂମି ଓ ସାମାଜିକ ଓ ଐତିହାସିକ ପରିପ୍ରେକ୍ଷୀରେ ଅର୍ଥକୁ ବୁଝିବାବେଳେ ଆମେ ଅର୍ଥକୁ ଏହି ପୃଷ୍ଠଭୂମି ଓ ପରିପ୍ରେକ୍ଷୀରେ ଆତଯାତ କରୁଥିବାବେଳେ ମଧ୍ୟ ଏହି ଭିତରେ ସୀମିତ, ଆବଦ୍ଧ ଓ ବଂଦୀ ନୁହେଁ । ଆମେ ଯେତେବେଳେ ଏହାକୁ ସୀମିତ, ଆବଦ୍ଧ ଓ ବଂଦୀ କରିଦେଉ ସେତେବେଳେ ଅର୍ଥସଂକଟ ଉପୁଜିଥାଏ । ସମ୍ବନ୍ଧ ଓ ସମଗ୍ରତାର ପରିବେଶଗତ ଚେତନା ଦ୍ୱାରା ପ୍ରେରିତ ହୋଇ ଆମେ ଶବ୍ଦ, ବାକ୍ୟ, ଭାଷା, ସାହିତ୍ୟ ଓ ଜୀବନର ଅର୍ଥକୁ ସାମାଜିକ ଓ ଐତିହାସିକ ପୃଷ୍ଠଭୂମି ଓ ପରିପ୍ରେକ୍ଷୀରେ ବୁଝିବା ଓ ଅନୁଭବ କରିବା ମାତ୍ର ଏହି ପୃଷ୍ଠଭୂମି ଓ ପରିପ୍ରେକ୍ଷୀ ମଧ୍ୟରେ ଆବଦ୍ଧ ସୀମିତ ଓ ବଂଦୀ ନ ହୋଇ ଆମେ ଏହାକୁ ଅତିକ୍ରମ କରିଯିବା, ଉତ୍ତରଣ କରିବା । ଅର୍ଥ ସଂକଟ, ଅବଧାରଣା ଓ ଅନୁଭବ ଯାତ୍ରାରେ ଆମ ଉଭୟେ ପରିପ୍ରେକ୍ଷୀ-ସଚେତନତା ଓ ପରିପ୍ରେକ୍ଷୀ-ଉତ୍ତରଣର ସହଯାତ୍ରୀ ଓ ସାଧକ ହେବା ।

ପରିବେଶଗତ ଆନ୍ଦୋଳନ ଅର୍ଥକୁ ଉଭୟେ ପରିବେଶ ସଚେତନତା ଓ ପରିବେଶ-ଉତ୍ତରଣ ମାଧ୍ୟମରେ ପରିବେଶଗତ କରାଏ । ମାତ୍ର ଆମର ପରିବେଶରେ.... ପୃଷ୍ଠଭୂମି ଓ ପରିପ୍ରେକ୍ଷୀରେ ଅନେକ ବୈଷମ୍ୟ, ବିଭାଜନ, ଶୋଷଣ ଓ ଦମନ ରହିଥାଏ । ଶବ୍ଦ, ବାକ୍ୟ, ଭାଷା ଓ ଜୀବନର ଅର୍ଥ ବୁଝିବାକୁ ହେଲେ ପରିବେଶରେ ଥିବା ବୈଷମ୍ୟ, ବିଭାଜନ, ଶୋଷଣ ଓ ଦମନକୁ ବୁଝିବାକୁ ହୋଇଥାଏ । ଏମିତି ବୈଷମ୍ୟ, ଶୋଷଣ ଓ ଦମନ ମଧ୍ୟରେ ଲିଙ୍ଗ ଜନିତ ଶୋଷଣ ଓ ଦମନ ଏକ ପ୍ରଧାନ ଦମନ । ନାରୀ-ପୁରୁଷ ମଧ୍ୟରେ ଭିନ୍ନତା ରହିଛି ମାତ୍ର ଏହି ଭିନ୍ନତାକୁ ଦ୍ୱାହି ଦେଇ ନାରୀମାନଙ୍କୁ ନ୍ୟୁନ କରିବା ଓ ତାଙ୍କୁ ଶୋଷଣ, ଅବଦମନ ଓ ହନନ କରିବା ଜୀବନର ଅର୍ଥକୁ ନଷ୍ଟ କରିଥାଏ, ଧ୍ୱଂସ କରିଥଆଏ । ମାନବ ଇତିହାସର ଅନେକ କାଳରୁ ଧର୍ମ, ରାଜନୀତି ଓ ସମାଜ ବ୍ୟବସ୍ଥାରେ ପୁରୁଷ ପ୍ରଧାନତା ଚଳି ଆସିଛି । ଆଧୁନିକ ରାଜନୈତିକ ମୁକ୍ତି ଆନ୍ଦୋଳନମାନ ଏଥିରେ ବେଶୀକିଛି ଫରକ୍ ଆଣି ପାରିନଥିଲା । ଏହାର ଉତ୍ତରରେ ଦ୍ୱିତୀୟ ବିଶ୍ୱଯୁଦ୍ଧପରେ ଯୁକ୍ତରାଷ୍ଟ୍ର ଆମେରିକା, ୟୁରୋପ ଓ ପୃଥିବୀର

ଅନେକ ଦେଶରେ ନାରୀ ଆନ୍ଦୋଳନମାନ ଗଢ଼ି ଉଠିଛି । ଏହି ଆନ୍ଦୋଳନମାନେ ଶବ୍ଦ, ବାକ୍ୟ, ଭାଷା, ସାହିତ୍ୟ, ସଂସ୍କୃତି ଓ ରାଜନୀତିରେ ସବୁ ସ୍ଥାନରେ ପୁରୁଷ ପ୍ରାଧାନ୍ୟତାକୁ ଟକ୍‌କର ଦେଇଛନ୍ତି । ଇଂରାଜୀ ଭାଷାରେ ମନୁଷ୍ୟକୁ He ବୋଲି ଲେଖୁଥିବାବେଳେ ନାରୀ ଆନ୍ଦୋଳନ ସହିତ ସଂଶ୍ଳିଷ୍ଟ ସମସ୍ତେ.... ଉଭୟେ ପୁରୁଷ ଓ ନାରୀ... ଏହାକୁ ଉଭୟ He ଓ She ଲେଖିବାକୁ ଆମକୁ ବାଧ କରିଛନ୍ତି । ନାରୀ ଆନ୍ଦୋଳନ ବିଜ୍ଞାନ ଓ ସମାଜକୁ ମଧ୍ୟ ପ୍ରଶ୍ନ କରିଛି । ବିଜ୍ଞାନ କିପରି ପୁରୁଷ-ପ୍ରଧାନ ଓ ପୁରୁଷ-କୈନ୍ଦ୍ରିକ ହୋଇ ରହିଛି ଓ ଏହା କିପରି ନାରୀମାନଙ୍କୁ ସ୍ଥାନ ଦେଇନାହିଁ, ନାରୀ ଆନ୍ଦୋଳନ ଏହି ସବୁ ମୂଳଭୂତ ପ୍ରଶ୍ନ କରିଛି । ବୈଜ୍ଞାନିକ ଗବେଷଣା ପଦ୍ଧତି କିପରି ପୁରୁଷ-ପ୍ରଧାନ ଓ ଏଥିରେ କିପରି Women's standpoint.... ନାରୀର ଦଣ୍ଡାୟମାନ ଦୃଷ୍ଟିକୋଣ.... ରହିବା ଆବଶ୍ୟକ ବାମାବାଦୀ ଆନ୍ଦୋଳନ ଏହି ସଂପର୍କରେ ଆମକୁ ଆହ୍ୱାନ ଦେଇଛି । ଶ୍ରୀଯୁକ୍ତ ସୁନ୍ଦରରାଜନଙ୍କ ଚିନ୍ତନରେ Feminist turn ହେଉଛି ଅନ୍ୟତମ ଆନ୍ଦୋଳନ ଯାହା ଆମକୁ positivismର ଉର୍ଦ୍ଧ୍ୱକୁ ନେଇ ଏକ post-positivist ସମ୍ବନ୍ଧ, ଜୀବନଭୂମି ଓ ଅଧ୍ୟୟନ ଓ ଅବଧାରଣା ମାର୍ଗ ସୃଷ୍ଟି କରିବେ । ଏହି ଆନ୍ଦୋଳନ ଶବ୍ଦ, ବାକ୍ୟ, ଭାଷା ଓ ସାହିତ୍ୟରେ ଥିବା ପୁରୁଷ ପ୍ରାଧାନ୍ୟତାକୁ ଟକ୍‌କର ଦେଇଛି ଓ ଶବ୍ଦ, ସାହିତ୍ୟ ଓ ଜୀବନର ଅର୍ଥକୁ ଏକ ସଂଶ୍ଳିଷ୍ଟ ଓ ମର୍ଯ୍ୟାଦାବନ୍ତ ଜୀବନାର୍ଥର ଭୂମିରେ ବୁଝିବାକୁ ଓ ଅନୁଭବ କରିବାକୁ ସାହାଯ୍ୟ କରିଛି ।

Ecological ଓ Feminist turn ସହିତ ଆଉ ଏକ ଆନ୍ଦୋଳନ ଯାହା ଆମର ପୃଷ୍ଠଭୂମି, ପରିପ୍ରେକ୍ଷୀ ଓ ପରିବେଶରେ ଥିବା ହିଂସା, ଶୋଷଣ ଓ ଦମନକୁ ଟକ୍‌କର ଦେଇଛି ଓ ଏହାକୁ ରୂପାନ୍ତରିତ କରିବାକୁ ସାଧନା ଓ ସଂଗ୍ରାମ କରିଛି ତାହା ହେଉଛି ଉପନିବେଶବିରୋଧୀ ଚିନ୍ତନ ଓ ଆନ୍ଦୋଳନ ଯାହାକୁ ଆମେ de-colonial turn ବୋଲି କହିପାରିବା । ମାନବ ଇତିହାସରେ ୧୪୯୨ରେ ଯେତେବେଳେ ଖ୍ରୀଷ୍ଟୋଫର କଲମ୍ବୋ ଆମେରିକାରେ ପହଞ୍ଚିଲେ ସେତେବେଳେ ଏହା ଉପନିବେଶବାଦର ବୀଜ ପୋତିଥିଲା । ସ୍ପେନିୟ ଲୋକମାନେ ଆମେରିକାର ମୂଳ ଅଧିବାସୀମାନଙ୍କୁ ଦାସ କଲେ, ସେମାନଙ୍କୁ ମାରିଦେଲେ, ସେମାନଙ୍କର ରକ୍ତରେ ସେମାନଙ୍କ କ୍ଷେତରେ ନୂଆ କ୍ଷେତ ଉପୁଜାଇଲେ (୨୭) । ଏହାପରେ ଆଫ୍ରିକା, ଏସିଆ, ଦକ୍ଷିଣ ଆମେରିକା ଓ ପୃଥିବୀର ଅନେକ ପ୍ରାନ୍ତରେ ଔପନିବେଶବାଦର ଶାସନ, ଦମନ ଓ ହିଂସାର ବ୍ୟବସ୍ଥା । ଔପନିବେଶବାଦର ଦମନ ଓ ହିଂସା ଆମର ଶବ୍ଦ, ବାକ୍ୟ, ଭାଷା ଓ ସାହିତ୍ୟକୁ ମଧ୍ୟ ନାନା ପ୍ରକାରେ ବଶୀଭୂତ କରାଇଛି । ଔପନିବେଶକମାନଙ୍କର ଶବ୍ଦ ଓ ଭାଷା ଆମର ଶବ୍ଦ ଓ ଭାଷା ହୋଇଛି । ଆମେ

ଉଭୟ ହିଂସା ଓ ପ୍ରବର୍ତ୍ତନା ମାଧ୍ୟମରେ ଆମ ନିଜର ଭାଷା, ଶବ୍ଦ, ସାହିତ୍ୟ ଓ ଜ୍ଞାନକୁ ହେୟ ମଣି କରିଛୁଁ । ୧୮୩୫ ମସିହାରେ ଲର୍ଡ ମାକାଲେ ଯେଉଁ ଶିକ୍ଷାନୀତି ପ୍ରଣୟନ କରିଥିଲେ ସେଥିରେ ଆମକୁ ଇଂରାଜୀ ଭାଷା, ସାହିତ୍ୟ ଓ ପାଶ୍ଚାତ୍ୟ ଜ୍ଞାନକୁ ଶିଖିବାକୁ ବାଧ୍ୟ କରାଗଲା । ଆମର ଭାରତୀୟ ଭାଷା, ସାହିତ୍ୟ ଓ ଜ୍ଞାନକୁ ଶିଖିବାକୁ ଓ ବୁଝିବାକୁ ଗୁରୁତ୍ୱ ଦିଆଗଲା ନାହିଁ । ୧୮୩୫ ରେ ପ୍ରଣୀତ ଏହି ଔପନିବେଶକ ଶିକ୍ଷାନୀତି ପରେ ୧୯୪୭ରେ ଆମର ଦେଶ ଉପନିବେଶବିରୋଧୀ ଆନ୍ଦୋଳନ ମାଧ୍ୟମରେ, ରାଜନୈତିକ ସ୍ୱାଧୀନତା ହାସଲ କରିଛି ମାତ୍ର ଏହି ସ୍ୱାଧୀନତାର ୭୨ ବର୍ଷପରେ ମଧ୍ୟ ଆମର ଶିକ୍ଷା, ଜୀବନଦୃଷ୍ଟି ଓ ଅନୁସଂଧାନ ପ୍ରଣାଳୀ ମୂଳତଃ ଔପନିବେଶିକ ହୋଇରହିଛି । ଆମର ଶବ୍ଦ, ବାକ୍ୟ, ଭାଷା ଓ ସାହିତ୍ୟରେ His Masters ଶବ୍ଦ, ବାକ୍ୟ ଓ ଭାଷା ପ୍ରଧାନ ହୋଇରହିଛି । ଔପନିବେଶବାଦହିଁ ଆମର ଶବ୍ଦ, ବାକ୍ୟ, ଭାଷା ଓ ସାହିତ୍ୟରେ ନାନାସଂକଟ ସ୍ପର୍ଶ କରିଛି ଓ ଆମର ଅର୍ଥ ସଂକଟ.... ବାଗାର୍ଥ ଓ ଜୀବନାର୍ଥର.... ଉତ୍ତରଣ ପାଇଁ ଆମକୁ ଆମର ଚିନ୍ତନ, କର୍ମ ଓ ସମ୍ବନ୍ଧରେ ଔପନିବେଶବାଦରୁ ମୁକୁଳିବାକୁ ହେବ ଓ ଏକ ନୂତନ ଅର୍ଥର ସମ୍ବନ୍ଧ ଓ ସୃଷ୍ଟି କରିବାକୁ ହେବ । (୨୮)

ଔପନିବେଶବିରୋଧୀ ଆନ୍ଦୋଳନ ମଧ୍ୟ ବିଜ୍ଞାନରେ ଥିବା ଔପନିବେଶବାଦକୁ ପ୍ରଶ୍ନ କରିଛି । ଏହି ପରିପ୍ରେକ୍ଷୀରେ ଭାରତବର୍ଷର ଏକ ବିକଳ୍ପ ବୈଜ୍ଞାନିକ ଆନ୍ଦୋଳନ Alternative Science Movement ମଧ୍ୟ ବିଜ୍ଞାନରେ ଥିବା ଔପନିବେଶବାଦକୁ ପ୍ରଶ୍ନ କରିଛି ଓ ଏହାର ବିକଳ୍ପ ପ୍ରତିଷ୍ଠା କରିବାକୁ ଆହ୍ୱାନ ଦେଇଛି । ଔପନିବେଶ ବିରୋଧୀ ଆନ୍ଦୋଳନ ମଧ୍ୟ post-positivist ଆନ୍ଦୋଳନର ଏକ ଅଙ୍ଗ । ମାତ୍ର ଉଭୟେ ହାବରମାସ ଓ ସୁନ୍ଦରରାଜନ ଏହି ଔପନିବେଶବିରୋଧୀ ଆନ୍ଦୋଳନରେ ଜୀବନର ନୂତନ ଅର୍ଥ ଖୋଜିବା ପାଇଁ ମହତ୍ୱ ବିଷୟରେ ନୀରବ ରହିଛନ୍ତି ।

ଏହିସବୁ ସହିତ ଭାଷା ସଂପର୍କରେ ଏକ ନୂତନ ସଚେତନତା ଯାହାକୁ ସୁନ୍ଦରରାଜନ୍ lingustic turn ବୋଲି କହିଛନ୍ତି । ଭାଷାଜନିତ ଏହି ଆନ୍ଦୋଳନରେ ମୂଳକଥା ହେଉଛି ଭାଷା ଆମ ଜୀବନର ମୂଳାଧାର । ଭାଷା କେବଳ କଥିତ ଭାଷା ମଧ୍ୟରେ ସୀମିତ ନୁହେଁ; ଆମର ସମାଜ ଓ ସଂସ୍କୃତି ମଧ୍ୟ ଏକ ଏକ ଭାଷା । ଭାଷା ଆମ ଜୀବନର ଏକ ଜୀବନ ସ୍ୱରୂପ ଯାହାକୁ ଦାର୍ଶନିକ ଲୁଡ୍‌ଉଗ୍ ଉଇଟଗେନ୍‌ଷ୍ଟାଇନ୍ (Ludwig Wuthgenstein) form of life ବୋଲି କହିଛନ୍ତି ।(୨୯) ମାତ୍ର ଜୀବନର ଏହି ସ୍ୱରୂପ ଏକ ଆବଦ୍ଧ ସ୍ୱରୂପନୁହେଁ ବା ଢାଞ୍ଚା ନୁହେଁ । ଏହି ଭିତରେ ଅନେକ ଚଳମାନତା ରହିଛି । ଆମର ଚଳତକ୍ରିୟାରୁ ହିଁ ଭାଷାର ରୂପ ଓ ଢାଞ୍ଚା ଗଢ଼ିଉଠେ

ଯାହାକୁ ଅନ୍ୟତମ ଦାର୍ଶନିକ ମାର୍ଟିନ୍ ହାଇଡିଗର୍ way-making movement ବୋଲି କହିଛନ୍ତି ।(୩୦) ଆମର ଜୀବନର ପଥଚାରଣାରୁ ଭାଷାମାନ ସୃଷ୍ଟି ହୁଏ ଓ ଏହି ଭାଷା କ୍ରମଶଃ ଏକ ରୂପ ଓ ଛାଞ୍ଚରେ ପରିଣତ ହୁଏ । ମାତ୍ର ଭାଷା ଛାଞ୍ଚରେ ପରିଣତ ହେଲେ ମଧ୍ୟ, ଭାଷା ବ୍ୟାକାରଣ ଦ୍ୱାରା ପରିଚାଳିତ ହେଲେ ମଧ୍ୟ ଭାଷା ସ୍ୱରୂପ, ଛାଞ୍ଚ ଓ ବ୍ୟାକରଣ ମଧ୍ୟରେ ବଂଦୀ ନୁହେଁ । ଆମେ ଯେତେବେଳେ ଭାଷାକୁ ସ୍ୱରୂପ, ଛାଞ୍ଚ ଓ ବ୍ୟାକରଣ ମଧ୍ୟରେ ବଂଦୀ କରିଦେଉଁ ସେତେବେଳେ ସଂକଟ ସୃଷ୍ଟି ହୁଏ... ଅର୍ଥ ସଂକଟ, ଭାଷା ସଂକଟ ଓ ଜୀବନ ସଂକଟ ସୃଷ୍ଟି ହୁଏ । ସ୍ୱୟଂ ଉଇଟ୍ ଗେନ୍‌ଷ୍ଟାଇନ୍ ଖାସ୍ ଏଇଥିପାଇଁ ହୁଏତ ଆମକୁ ଭାଷା ଓ ଜୀବନର ପ୍ରକରଣ ସହିତ ଅନ୍ତର୍ନିହିତ ସଂଗ୍ରାମ ବିଷୟରେ କହିଛନ୍ତି ଯେଉଁ ସଂଗ୍ରାମ ଏକ ଆଧ୍ୟାତ୍ମିକ ସଂଗ୍ରାମ ଅଟେ ।(୩୧) ଆମର ପ୍ରଚଳିତ ଜୀବନ ଓ ଭାଷାର ପ୍ରକରଣ ଅନେକ ସମୟରେ ଅନେକ ଶୋଷଣ, ଅମର୍ଯ୍ୟାଦା ଓ ଅସୁନ୍ଦରତାକୁ ଘୋଡାଇ ରଖିଥାଏ । ଉଦାହରଣ ସ୍ୱରୂପ ଉଭୟ ଲିଙ୍ଗ, ଜାତି ଓ ରାଷ୍ଟ୍ରର ଭାଷା ଅନେକ ଅମର୍ଯ୍ୟାଦା, ଶୋଷଣ ଓ କୁତ୍ସିତତା ସୃଷ୍ଟି କରିଛି ଓ କରୁଛି ଯାହା ଆମର ଭାଷାରଓ ଜୀବନର ବ୍ୟାକରଣରେ ପ୍ରକଟିତ ହୋଇଛି । ଆମେ ଅନେକ ସମୟରେ ସମାଜବ୍ୟବସ୍ଥାର ନୀଚ ଜାତିର ଲୋକମାନଙ୍କୁ ଆବେ ପାଣ, ଆବେ କଣ୍ଡରା ବୋଲି କହୁଛୁ । ଏହା ସହିତ ନାରୀମାନଙ୍କୁ ମଧ୍ୟ ଅନେକ ସମୟରେ ଅମର୍ଯ୍ୟାଦାର ଭାଷାରେ ସମ୍ବୋଧିତ କରୁ । ଆମର ସମାଜ ଓ ସାହିତ୍ୟର ଆସରମାନଙ୍କରେ ଏବେ ବହୁତ କମ୍ ଉଚ୍ଚ ଜାତିର ଓ ନାରୀମାନଙ୍କୁ ଦେଖୁଁ । ଏପରିକି ଆମ ସାମ୍ପ୍ରତିକ ଓଡିଆ ସାହିତ କ୍ଷେତ୍ରରେ ଆମର ଭାଷା ଓ ବ୍ୟବସ୍ଥା ନାରୀ ଓ ଦଳିତ ମାନଙ୍କୁ ଉପଯୁକ୍ତ ସ୍ଥାନ ଦେଇପାରିନାହିଁ । ଏଥିପାଇଁ ଉଭୟ ଭାଷା, ସମାଜ-ସାଂସ୍କୃତିକ ବ୍ୟବସ୍ଥା ଓ ଆମର ଚେତନା ସହିତ ସଂଗ୍ରାମ ଓ ସାଧନା ଆବଶ୍ୟକ ଯାହା ଏକାସାଙ୍ଗରେ ସାମାଜିକ, ଆତ୍ମିକ, ସାଂସ୍କୃତିକ, ରାଜନୈତିକ ଓ ଆଧ୍ୟାତ୍ମିକ ।

ଆମର ଭାଷା ମଧ୍ୟରେ ମଧ୍ୟ ଆହୁରି କେତେ ଆଲିଙ୍ଗନ ଓ ରୂପାନ୍ତରର ଆହ୍ୱାନ । ଆମ ଭାରତବର୍ଷରେ ଭାଷା ଭିତ୍ତିରେ ଓଡିଶାହିଁ ପ୍ରଥମ ରାଜ୍ୟ । ଏହାପରେ ୧୯୫୬ ମସିହାରେ ସାରା ଭାରତବର୍ଷରେ ଭାଷାଭିତ୍ତିରେ ରାଜ୍ୟଗଠନ ହୋଇଥିଲା । ମାତ୍ର ଏହି ଭାଷା-ଭିତ୍ତିକ ରାଜ୍ୟମାନଙ୍କରେ ଗୋଟିଏ ପ୍ରଧାନ ଭାଷା ଥିଲେହେଁ, ଏହି ରାଜ୍ୟମାନଙ୍କର ଅନେକ ଭାଷା ରହିଛି । ମାତ୍ର ଭାଷାଭିତ୍ତିକ ରାଜ୍ୟର ପ୍ରଧାନ ଭାଷା ଯଥା ଓଡିଆ, ବାଙ୍ଗଲା ବା ତାମିଲ ଏହି ରାଜ୍ୟରେ ଥିବା ଅନ୍ୟଭାଷାକୁ ହୁଏତ ପ୍ରୋତ୍ସାହନ ଦେଇନାହିଁ ଓ ଏହା ଉପରେ ନିଜର ଆଧିପତ୍ୟ ବିସ୍ତାର କରୁଛି । ଆମ ଓଡିଶାରେ କେବଳ ଓଡିଆ ଭାଷା ନାହିଁ; ଏଠାରେ କୋଶଲୀ, ତେଲୁଗୁ ଓ ଅନେକ

ଆଦିବାସୀ ଭାଷା ଓ ଆହୁରି କେତେ ଭାଷା । ଆମ ଓଡିଶାର ପ୍ରାୟ ଏକ ଚତୁର୍ଥାଂଶ ଆଦିବାସୀ ଓ ଏମାନଙ୍କର ଭାଷା ଓଡିଆ ନୁହେଁ । ଆମର ଏହି ଆଦିବାସୀ ଇଲାକାରେ ଅନେକ ସରକାରୀ ଓ ବେସରକାରୀ କାର୍ଯ୍ୟକ୍ରମ ହେଉଛି ଯାହା ସେମାନଙ୍କର ଜୀବନର ମୂଳକୁ ଉତ୍ପାଟିତ କରିଦେଉଛି । ଏହି ଆଦିବାସୀ ଇଲାକାରେ ଖଣିମାନ ଖୋଲା ହେଉଛି ଯେମିତି ଅବିଭକ୍ତ କୋରାପୁଟ ଜିଲ୍ଲାର ବିଭିନ୍ନ ସ୍ଥାନରେ ଯଥା- ସାମ୍ପ୍ରତିକ ରାୟଗଡା ଜିଲ୍ଲାର କାଶୀପୁର ଅଞ୍ଚଳର । ମାତ୍ର ଏହି ସବୁ ବିକାଶ ଓ ବିନାଶର ସୂଚନା । ଆମର ଭାଇଭଉଣୀମାନଙ୍କୁ ଦିଆଯାଉନାହିଁ ବା ଯଦିବି କେଉଁଠି କିଛି ତଥ୍ୟ ଲୁଚି ରହିଛି ସେହିସବୁ ଇଂରାଜୀ ଭାଷାରେ ବା କଦବା କ୍ୱଚିତ ଓଡିଆ ଭାଷାରେ । ମାତ୍ର କେବେ ଏହିସବୁ ସୂଚନା ଆମର ଆଦିବାସୀ ଭାଇ ଭଉଣୀମାନଙ୍କୁ ଭାଷାରେ ନୁହେଁ । ତେଣୁ ଆମର ଭାଷାଭିତ୍ତିକ ରାଜ୍ୟର ପ୍ରକରଣ ଓ ଏଥିରେ ଓଡିଆ ଭାଷାର ପ୍ରାଧାନ୍ୟ ଆମ ଓଡିଶାରେ ଜନ୍ମ ହୋଇଥିବା ଓ ବଞ୍ଚୁଥିବା ଓଡିଆ ଭାଇ ଭଉଣୀମାନଙ୍କର ଜୀବନରେ ଅର୍ଥ ସଂକଟ, ଭାଷା ସଂକଟ ଓ ଜୀବନ ସଂକଟ ସୃଷ୍ଟି କରୁଛି ଯାହାକୁ ଆମେ ପ୍ରଥମେ ବୁଝିବା ଓ ଏହାକୁ ବୁଝିବାପରେ ଆମେ ବହୁପରିସରୀୟ ସାଧନା ଓ ସଂଗ୍ରାମରେ ସଂଶ୍ଳିଷ୍ଟ ହେବା ଯେମିତି ଏବେ କେତେକ ବିଦ୍ୟାଳୟରେ ଆଦିବାସୀ ଭାଷାରେ ପିଲାମାନଙ୍କୁ ପଢାଯାଉଛି । ମୋର ପ୍ରିୟ ଓ ସୃଜନଶୀଳ ବଂଧୁ ଓ ସାହିତ୍ୟପ୍ରେମୀ ଡ. ମହେନ୍ଦ୍ର କୁମାର ମିଶ୍ର ଯେବେ ଓଡିଶାର ଶିକ୍ଷା ବିଭାଗରେ ଥିଲେ ସେ ଓଡିଶା ସରକାରଙ୍କ ଶିକ୍ଷା ବିଭାଗ ତରଫରୁ ସୃଜନୀ ନାମକ ଏକ କାର୍ଯ୍ୟକ୍ରମ କରୁଥିଲେ । ଏଥିରେ ଆଦିବାସୀ ଅଞ୍ଚଳରେ ଆଦିବାସୀ ପିଲାମାନଙ୍କୁ ମାତୃଭାଷାରେ ପଢା ଯାଉଥିଲା । ଆମ ଓଡିଶାରେ ସୃଜନଶୀଳ ଶିକ୍ଷା ସହିତ ସଂଶ୍ଳିଷ୍ଟ ସ୍ୱେଚ୍ଛାସେବୀ ଅନୁଷ୍ଠାନ ଶିକ୍ଷାସଂଧାନ ମଧ୍ୟ ଆପଣାର କ୍ରିୟାଭୂମିରେ ଆଦିବାସୀ ପିଲାମାନଙ୍କୁ ଆପଣାର ମାତୃଭାଷାରେ ଶିକ୍ଷା ପ୍ରଦାନ କରୁଛି । ଏମିତି ସୃଜନଶୀଳ ପ୍ରୟାସ, ସାଧନା ଓ ସଂଗ୍ରାମ ଦ୍ୱାରା ଓଡିଶାରେ ଓଡିଆ ଭାଷାର ପ୍ରକରଣ, ବ୍ୟାକରଣ ଓ ପ୍ରାଧାନ୍ୟତାକୁ ଯେଉଁ ହିଂସା ଓ ସଂକଟ ତାହାକୁ କିଛି ମାତ୍ରାରେ ରୂପାନ୍ତରିତ କରି ହେଉଛି । ତେଣୁ ଭାଷାଜନିତ ଜୀବନ ସଂକଟ ଓ ଅର୍ଥ ସଂକଟର ରୂପାନ୍ତର ପାଇଁ ଆମକୁ ଆମର ପ୍ରଚଳିତ ପ୍ରଧାନ ଭାଷାର ପ୍ରାଧାନ୍ୟ ମଧ୍ୟରେ ବାନ୍ଧିହେଲେ ହେବନାହିଁ ଆମକୁ ଆମର ପ୍ରଚଳିତ ପ୍ରଧାନ ଭାଷା ସହିତ ସାଧନା ଓ ସଂଗ୍ରାମର ସହିତ ବାଟଚାଲି ଆମକୁ ବହୁଭାଷୀ ହେବାକୁ ହେବ ଓ ଆମର ପ୍ରଚଳିତ ଭାଷା ପ୍ରାଧାନ୍ୟକୁ ରୂପାନ୍ତରିତ କରିବାକୁ ହେବ ।

"ଶବ୍ଦ କି ଚୋଟ", ଅର୍ଥ ସଂକଟ ଓ ନୂତନ ଅର୍ଥ ସର୍ଜନା

ଶବ୍ଦ, ଭାଷା ଓ ସାମାଜିକ ବ୍ୟବସ୍ଥାର ପ୍ରଚଳିତ ସଂରଚନା ଓ ସଂଗଠନ ଆମ ଜୀବନରେ କ୍ଷତ ଓ ସଂକଟ ସୃଷ୍ଟିକରେ, ଏହା ଆମ ଜୀବନରେ ସ୍ୱପ୍ନ ଓ ମର୍ଯ୍ୟାଦା ସ୍ଥାନରେ ସ୍ୱପ୍ନଭଂଗ ଓ ଅମର୍ଯ୍ୟାଦା ସୃଷ୍ଟିକରେ । ଏମିତି କ୍ଷତ ଓ ଅମର୍ଯ୍ୟାଦା ଆମର ଆତ୍ମା ଓ ସମାଜର ବାସ୍ତବତା ଓ ସମ୍ଭାବନାକୁ ହନନ କରିଥାଏ । (୩୨)

ଭାଷାକୁ ନେଇ ଯେଉଁ କ୍ଷତ ସୃଷ୍ଟି ହେଉଛି, ଶବ୍ଦକୁ ନେଇ ଯେଉଁ କ୍ଷତ ସୃଷ୍ଟି ହେଉଛି... ଯାହାର ଉଦାହରଣ ଆମେ ପୂର୍ବ ଆଲୋଚନାରେ ପାଇଲେ... ଏହାକୁ ବୁଝିବାକୁ ହେଲେ ଆମକୁ ଶବ୍ଦ ଓ ଭାଷାର ଆହୁରି ଗଭୀରକୁ ଯିବାକୁ ହେବ । ଏହାକୁ ବୁଝିବାକୁ ହେଲେ ଆମେ କବୀର ଯେଉଁ ଶବଦ କି ଚୋଟ ବିଷୟରେ କହିଛନ୍ତି ଏଠାରେ ଆମେ ଆମର ଚିନ୍ତନ, ଚେତନା ଓ ଜୀବନଯାତ୍ରାକୁ ଆମନ୍ତ୍ରଣ କରିପାରିବା । କବୀରଙ୍କ ମତରେ ଶବଦ ଆମକୁ ଚୋଟ୍ ମାରେ, ଆମର ପ୍ରଚଳିତ ଚେତନାରେ ଚୋଟ୍ ମାରେ । ଆମର ପ୍ରଚଳିତ ଚିନ୍ତା, ଚେତନା ଓ ଭାଷାରେ ଆମେ ଶବଦର ଅର୍ଥ ବୁଝିପାରୁନା । ଶବଦ ଅନାହତ ଓ ଶ୍ରୁତ ଓ ଶବଦ୍‌କୁ ସ୍ୱର ଶୁଣିବାକୁ ହେଲେ ଆମେ ଆମର ପ୍ରଚଳିତ ଜୀବନକୁ ରୂପାନ୍ତରିତ କରିବାକୁ ହୁଏ । ମାତ୍ର ଆମେ ଯେତେବେଳେ ଶବଦର ସ୍ୱର ଶୁଣିବାକୁ ଚାହୁଁନା, ଶବଦ୍ ଆମକୁ ଚୋଟ ମାରେ, ମା କାଳୀ ଭଳି ଶବଦ ଆମକୁ ଚୋଟ୍ ମାରି ହଲାଇ ଦିଏ, ଅନନ୍ତ ନାଗ ହୋଇ ଅନନ୍ତ ଶବଦ ଆମକୁ ଜୀବନର ମୁହୂର୍ତ୍ତ ଓ ଅନନ୍ତ କାଳରେ ଚୋଟ ମାରେ, ଆମକୁ ଜାଗ୍ରତ କରାଏ । ଶବଦର ଏହି ଚୋଟ୍ ପାଇ ଆମେ ଚେତା ହରାଇ ବସୁ ଓ ଶବଦର ଚୋଟ ଦ୍ୱାରା ଆହତ ହେଉ । (୩୩) ଆମ ମାନବ ଇତିହାସର ସକଳ ସନ୍ଥ, ମହାମାନବ, ମହାମାନବୀ (Prophet) ଓ ଭାଷା ଓ ଦର୍ଶନର ଅନେକ ସାଧକ-ସାଧିକା ଶବ୍‌ଦର ଚୋଟ ଦ୍ୱାରା ଆହତ ହୋଇଛନ୍ତି, ଚେତା ହରାଇଛନ୍ତି ଓ ନୂତନ ଚେତନା ଲାଭ କରିଛନ୍ତି ଯାହା ହେଉଛି ଏକ ନୂତନ ଶବ୍ଦ ଚେତନା, ଅର୍ଥ ଚେତନା, ସମ୍ବନ୍ଧ ଚେତନା, ସମାଜ ଚେତନା, ସଂସାର ଚେତନା ଓ ବ୍ରହ୍ମାଣ୍ଡ ଚେତନା ।

ଶବଦର ଚୋଟ୍ ଦ୍ୱାରା ଆଘାତ ପାଇବାପରେ ଜଣେ ଆହତ ଶବ୍ଦ ଓ ସମ୍ବନ୍ଧକୁ ପୁଣି ନୂଆକରି ବୁଣେ । ଶବ୍ଦର ଚୋଟ ଓ ଆଘାତ ଆମକୁ ନୂତନ ଶବ୍ଦ, ନୂତନ ସମ୍ବନ୍ଧ ଓ ନୂତନ ଭାଷାକୁ ବୁଣିବାକୁ ଗୁନ୍ଥିବାକୁ ଆହ୍ୱାନ ଓ ପ୍ରେରଣା ଦେଇଥାଏ । କ୍ଷତ, ସଂକଟ ଓ ଆଘାତ ସହ ଓ ସହିତ ଏହା ନୂତନ ସୂତ୍ର ବୁଣିବାକୁ ପ୍ରେରଣା ଦିଏ । "ଶବଦକା ଚୋଟ" ଆମକୁ ଭିନ୍ନ ଏକ ଭାଷା, ଶବ୍ଦ, ସମ୍ବନ୍ଧ ଓ ଚେତନା ସାଧନା ଆମେ ଅନେକଙ୍କ ମଧ୍ୟରେ ଦେଖିଥାଉ ଯେମିତି ଆସିସିର ସନ୍ଥ ଫ୍ରାନ୍‌ସିସ୍, ବାବା ଫରିଦ୍, ଗୁରୁ ନାନକ, ହାନସ୍ ଖ୍ରୀଷ୍ଟିୟାନ୍ ଆଣ୍ଡରସନ ଏବଂ ଗାଂଧୀ । ଇଟାଲୀର

ଫ୍ରାନ୍‌ସିସ୍‌ର ସନ୍ଥ ଆସିସି ଶବଦ, ସମ୍ବନ୍ଧ, ଈଶ୍ୱର, ପଶୁପକ୍ଷୀ, ଅନ୍ୟ ମନୁଷ୍ୟ-ମନିଷୀମାନଙ୍କ ସହ ନୂତନ ସୂତ୍ର ବୁଣୁଥିଲେ । ସେ ନିଜେ ସୂତା ବୁଣୁଥିଲେ ଓ ସଂଗୀତର ନୂତନ ଭାଷା । ତାଙ୍କ ସମୟରେ ପ୍ରଚଳିତ La Troubader ଭ୍ରାମ୍ୟମାଣ ସଂଗୀତ ଗୋଷ୍ଠୀ ଓ ଆନ୍ଦୋଳନ ଦ୍ୱାରା ସେ ପ୍ରଭାବିତ ହୋଇଥିଲେ ଓ ଟ୍ରୁବାଡର ଭଳି ସେ ସ୍ଥାନରୁ ସ୍ଥାନକୁ ପ୍ରେମର ସଂଗୀତ ଗାଇ ବୁଲୁଥିଲେ । ସେତେବେଳେ ଖ୍ରୀଷ୍ଟିୟାନ୍ ଧର୍ମର ପ୍ରାଣକେନ୍ଦ୍ର ଜେରୁଜେଲମ୍‌କୁ ଅଧିକାର କରିବା ପାଇଁ ଖ୍ରୀଷ୍ଟିୟାନ ରାଜା ଓ ଧର୍ମଗୁରୁମାନେ ଧର୍ମଯୁଦ୍ଧ ବା Crusade କରୁଥାନ୍ତି । ସନ୍ଥଫ୍ରାନ୍‌ସି ପ୍ରେମ ଓ ନୂତନ ଜୀବନାର୍ଥର ସୂତା ବୁଣିବୁଣି ଇଟାଲିର ଆସିସି ସହରରୁ ଚାଲି ଇଜିପିଟକୁ ଆସି ସେଠାକାର ସୁଲତାନଙ୍କୁ ଭେଟିଥିଲେ । ଏହି ସାକ୍ଷାତ ସନ୍ଥଫ୍ରାନସିସ ଓ ସୁଲତାନଙ୍କ ମଧ୍ୟରେ ସଂଳାପର ସୂତ୍ରଟିଏ ପ୍ରତିଷ୍ଠା କରିଥିଲା ଓ ସାମ୍ପ୍ରତିକ ଘୃଣା ଓ ଯୁଦ୍ଧର ଭାଷା ଓ ପ୍ରକ୍ରିୟାକୁ କିଛି ମାତ୍ରାରେ ରୂପାନ୍ତରିତ କରିଥିଲା ।

ବାବା ଫରିଦ୍ ମଧ୍ୟ ଶବ୍ଦ ଓ ସମ୍ବନ୍ଧକୁ ନେଇ ନୂତନ କେତେ ସୂତ୍ର ବୁଣିଥିଲେ । ତାଙ୍କର ଗୋଟିଏ ଅମର ବାକ୍ୟ ହେଉଛି । "ତୁମେ ମୋତେ କଇଁଚି ଦିଅନାହିଁ ମୁଁ ଜାଣେନା କେମିତି କାଟିବାକୁ, ମୋତେ ତୁମେ ଛୁଞ୍ଚିଟିଏ ଦିଅ ମୁଁ ବୁଣିବାକୁ ଚାହେଁ ।" ବାବାଫରିଦ୍ ଧର୍ମ-ଧର୍ମ ଭିତରେ ପ୍ରେମର ସୂତାଟିଏ ବୁଣୁଥିଲେ । ପରିଚିତି ଓ ଧର୍ମକୁ ନେଇ ଧାର୍ମିକ ଦିଆଯାଉଥିବା ବେଳେ ସେ ସହ-ଶବ୍ଦ ଓ ସମ୍ବନ୍ଧର ସୂତାଟିଏ ବୁଣୁଥିଲେ ଯାହା ଗୁରୁ ନାନକଙ୍କୁ ପ୍ରଭାବିତ କରିଥିଲା । ଗୁରୁ ନାନକ ବାବା ଫରିଦ୍, କବୀର, ଜୟଦେବ, ଗୀତା, ଉପନିଷଦ ଓ କୋରାଣ ଠାରୁ ପ୍ରେରଣା ନେଇ ଶବଦ୍ ଓ ସମ୍ବନ୍ଧର ଏକ ନୂତନ ଆତ୍ମଯାତ୍ରା ଓ ସମାଜଯାତ୍ରା ଆରମ୍ଭ କରିଥିଲେ । ଗୁରୁ ନାନକ ଆମକୁ ଜୀବନ ଓ ବ୍ରହ୍ମାଣ୍ଡର ଶବଦ ଓ ବାଣୀ ଶୁଣି ଜୀବନର ଏକ ନୂତନ ଗୀତ... ପ୍ରେମର ଗୀତ... ଗାଇବାକୁ ସାଧନା କରିଥିଲେ । ଆପଣାର ମୁସଲମାନ ସହଯାତ୍ରୀ ମରଦାନା ଓ ହିନ୍ଦୁ ସହଯାତ୍ରୀ ସହ ସେ ସମୟର ପୃଥିବୀର କେତେ ଭୂମି ପାଦରେ ଚାଲିଚାଲି ଯାଉଥିଲେ... ତିରିଶ ହଜାର କି.ମି. । ପଶ୍ଚିମରେ ମକ୍‌କା ଓ ମଦିନାଠାରୁ ଆରମ୍ଭ କରି ଉତ୍ତରରେ ତିବତ୍ ଓ ପୂର୍ବରେ ଆମର ଶ୍ରୀକ୍ଷେତ୍ର । ଶ୍ରୀମନ୍ଦିର ସମ୍ମୁଖରେ ଛିଡାହୋଇ ସେ ଆକାଶର ତାରକାକୁ ନେଇ ଯେଉଁ ଆଳତି ଯେଉଁ ବିଧାନରେ ବିଶ୍ୱକବି ରବୀନ୍ଦ୍ରନାଥ କହିଥିଲେ ଯେ' ଗୁରୁନାନକଙ୍କର ଏହି ବିଶ୍ୱ ଆଳତି ପରେ ସେ କଣ ବା ବିଶ୍ୱକବିତା ରଚନା କରିବେ ? ଗୁରୁ ନାନକ ଆମକୁ ଶବ୍ଦର ଉଭୟେ ଆହତ ଓ ଅନାହତ ସ୍ୱରକୁ ଶୁଣିବାକୁ ଆହ୍ୱାନ ଦେଉଛନ୍ତି । ଗୁରୁନାନକ ହିନ୍ଦୁ ଓ ମୁସଲମାନ ଧର୍ମରୁ ପ୍ରେରଣାନେଇ ଏକ ନୂତନ ସହ-ଯାତ୍ରାର ସାଧନା ଆରମ୍ଭ କରିଥିଲେ । ଶ୍ରୀଅରବିନ୍ଦଙ୍କର ଚିନ୍ତନରେ,

ଏହା ଆମର ବଡ ଦୁର୍ଭାଗ୍ୟ ଯେ ଏହି ସାଧନା ଏବେବି ବାସ୍ତବାୟିତ ହୋଇପାରିନାହିଁ । ଏହି ସପ୍ତାହତଳେ ମୁଁ ସିମ୍‌ଲାର Indian Institute of Advanced Study ରେ ଗୁରୁନାନକଙ୍କର ୫୫୦ ବର୍ଷ ଉପଲକ୍ଷେ ଆୟୋଜିତ ଏକ ସଂପାନରେ ଯୋଗ ଦେଇଥିଲି । ସେଠାରେ ଅନେକ ଗବେଷକ ଓ ସାଧକ-ସାଧିକାଙ୍କୁ ଭେଟିଲି ଯାହା ମୋତେ ଗୁରୁନାନକ ଶିଖଧର୍ମର ଅମର ମନ୍ତ୍ର "ଏକ ଓଂକାର"କୁ ଅନୁଭବ କରିବାକୁ ସାହାଯ୍ୟ କଲା ।

ହାନ୍‌ସ ଖ୍ରୀଷ୍ଟିୟାନ ଆଣ୍ଡରସନ୍ ଡେନମାର୍କର ଓଡେନ୍‌ସେ ସହରରେ ଜନ୍ମଗ୍ରହଣ କରିଥିଲେ । ସେ ଜୀବନ ଓ ସମାଜକୁ ନେଇ କେତେ ଗଭୀର ଗପ ଓ ଉପନ୍ୟାସ ମାନ ଲେଖିଛନ୍ତି । ଏହି ଦୁଇବରଷ ତଳେ ମୁଁ ତାଙ୍କର ଜନ୍ମସହର ନିକଟସ୍ଥ ଅନ୍ୟ ଏକ ସୁନ୍ଦର ସାଂସ୍କୃତିକ ନଗରୀ ଆରହୁସ୍‌କୁ ଯାଇଥିଲି । ସେଠାରେ ମୋର ନମସ୍ୟା ମାତୃତୁଲ୍ୟ ବଂଧୁ ଏଲିଜାବେଥ୍‌ଙ୍କ ଘରେ ରହୁଥିଲି । ସେଠାରେ ମୁଁ ଆଣ୍ଡରସନ୍‌ଙ୍କର ସାହିତ୍ୟ ସାଧନା ଉପରେ ଏକ ଗଭୀର ସମୀକ୍ଷା ପୁସ୍ତକଟିଏ ପଢିଥିଲି ଯେଉଁଥିରେ ସମୀକ୍ଷକ କାଇ ମୋଗେନ୍‌ସେନ୍ (Kaj Mogensen) ଆଣ୍ଡରସେନ କେମିତି ଆପଣାର ଗପ ଓ ଉପନ୍ୟାସରେ ଚରିତ୍ରମାନଙ୍କ ମଧ୍ୟରେ ଏକ ନୂତନ ଜୀବନ ସମ୍ବନ୍ଧ ଓ ଜୀବନାର୍ଥର ସୂତା ବୁଣୁଛନ୍ତି ସେହି ସମ୍ପର୍କରେ କହୁଛନ୍ତି ।(୩୪) ଏହି ଆଣ୍ଡରସନଙ୍କର ଉପନ୍ୟାସମାନଙ୍କରେ ଓ ସେମାନଙ୍କର ଚରିତ୍ରମାନଙ୍କ ମଧ୍ୟରେ ଏକ ଅଦୃଶ୍ୟ ସୂତ୍ର ରହିଛି ଯାହାକୁ ଆମେ ଅନାହତ ଶବଦ ବୋଲି ଅନୁଭବ କରିପାରିବା ଓ ଏହି ଅଦୃଶ୍ୟ ସୂତ୍ର ମଧ୍ୟ ପାଠକମାନଙ୍କ ମଧ୍ୟରେ ଜୀବନର ଏକ ଅଦୃଶ୍ୟ ସୂତ୍ର ସ୍ଥାପନ କରିଥାଏ । ଆଣ୍ଡରସନ୍‌ଙ୍କର ଉପନ୍ୟାସ ଜୀବନରେ ସୂତ୍ର ବୁଣିବାର ଏକ କାବ୍ୟ ସୃଷ୍ଟିକରେ ଯେଉଁଥିରେ ଉପନ୍ୟାସ ଏକ କାବ୍ୟ ହୋଇ ଶବ୍ଦ ଭାଷା, ସାହିତ୍ୟ ଓ ଜୀବନରେ ବହିଯାଏ ଓ ଆମକୁ ଅନୁଭବ କରିବାକୁ ଆହ୍ୱାନ ଦିଏ ଓ ସମର୍ଥ କରେ ଯେ' ଆମର ଜୀବନର ଅଦୃଶ୍ୟ ସୃଷ୍ଟିମାନେ ହେଉଛନ୍ତି ବାସ୍ତବ ସୂତ୍ର... real threads of life । ଅଣ୍ଡରସେନଙ୍କର ଉପନ୍ୟାସରେ ଇଶ୍ୱରଙ୍କ ଉପରେ ଓ ଇଶ୍ୱରଙ୍କ ସହିତ ବିଶ୍ୱାସ ଓ ଶ୍ରଦ୍ଧାହିଁ ଉପନ୍ୟାସର ଚରିତ ଓ ପାଠକମାନଙ୍କ ମଧ୍ୟରେ ସୂତ୍ର ପ୍ରତିଷ୍ଠା କରିଥାଏ ।(୩୫)

ଗାଂଧୀ ମଧ୍ୟ ଶବ୍ଦ, ଭାଷା, ଭାବ, ହୃଦୟ ଓ ସୂତାକୁ ନେଇ କେତେ ସୂତ୍ର ବୁଣୁଥିଲେ । ଗାଂଧୀ ଚରଖାରେ କେବଳ ସୂତା ବୁଣୁନଥିଲେ ଓ ସୂତାରୁ ଲୁଗା । ସେ ଅନେକ ବଂଧନୀ ଓ ବିଭକ୍ତି ମଧ୍ୟରେ ପ୍ରେମ ଓ ବିଶ୍ୱାସର ସୂତା ବୁଣୁଥିଲେ । ସେ ପରସ୍ପରାର୍ଥ ଓ ଜୀବନାର୍ଥର କେତେ ନୂଆ ସୂତ୍ର ବୁଣିଥିଲେ । ଗାଂଧୀଙ୍କର ଭାଷା ସତ୍ୟ, ପ୍ରେମ ଓ ହୃଦୟର ଭାଷା ଥିଲା । ତାଙ୍କର ପ୍ରତ୍ୟେକ ଅକ୍ଷର ଶବ୍ଦ, ସମ୍ବନ୍ଧ ଓ ଜଗତର

ସାଧନା ଥିଲା । ଗାଂଧୀ ଅନେକ ଧ୍ୟାନସ୍ଥ ହୋଇ ଲେଖୁଥିଲେ । ତାଙ୍କର ପ୍ରତ୍ୟେକ ବାକ୍ୟ ଏକ କଳାତ୍ମକ ସୃଷ୍ଟି ଥିଲା । ଆପଣାର ରଚନାରେ ଗାଂଧୀ ନୂତନ ବ୍ୟାଖ୍ୟା ଓ ଅର୍ଥ ସୃଷ୍ଟି କରୁଥିଲେ । ଆପଣାର ସଂପାଦିତ Young India ଓ Harijan ପତ୍ରିକା ମାନଙ୍କ ମାଧ୍ୟମରେ ସେ ପାଠକ-ପାଠିକାମାନଙ୍କ ମଧ୍ୟରେ ହାନ୍ସ ଖ୍ରିଷ୍ଟିୟାନ୍ ଆଣ୍ଡରସନ୍ଙ୍କ ଭଳି ଏକ ଅଦୃଶ୍ୟ ଓ ଦୃଶ୍ୟମାନ ସୂତ୍ର ସ୍ଥାପନା କରିଥିଲେ । ଗାଂଧୀ ଉଚ୍ଚବର୍ଣ୍ଣ-ନିମ୍ନବର୍ଣ୍ଣ, ହିନ୍ଦୁ ଓ ମୁସଲମାନ ଓ ଏମିତି ଅନେକ ବିଭକ୍ତି ମଧ୍ୟରେ ପ୍ରେମ ଓ ବିଶ୍ୱାସର ସୂତ୍ର ବୁଣୁଥିଲେ ଯାହା ପାରସ୍ପରିକ ସମ୍ବନ୍ଧ ସଂକଟ ଓ ବିଶ୍ୱାସ ସଂକଟକୁ ରୂପାନ୍ତରିତ କରିବାକୁ ସାହାଯ୍ୟ କରିଥିଲା । ଗାଂଧୀଙ୍କ ସହ ବାଟଚାଲି ଓ ଧ୍ୟାନକରି ଆମେ ଆମର ସାମ୍ପ୍ରତିକ ଭାଷା, ଭାବ, ସମ୍ବନ୍ଧ ଓ ଜୀବନାର୍ଥର ଅର୍ଥସଂକଟକୁ ଆମେ ରୂପାନ୍ତରିତ କରିପାରିବା ଯେମିତି ବାବା ଫରିଦ, ସନ୍ଥ ଫ୍ରାନ୍ସିସ୍, କବୀର, ଗୁରୁ ନାନକ ଓ ହାନ୍ସ ଖ୍ରିଷ୍ଟିୟାନ୍ ଆଣ୍ଡରସନ୍ଙ୍କ ସହ ମଧ୍ୟ ବାଟଚାଲି ଓ ସଂଗୀତ ଗାନ କରି ।

ଜୀବନାର୍ଥର ଲୋକସଂଗ୍ରହ

ଆମ ଜୀବନର ଅର୍ଥ ଏକ ନିକାଞ୍ଚନ ଅର୍ଥ ନୁହେଁ । ଶବ୍ଦ ପରସ୍ପରକୁ ଚୁମା ଦେଇ ବାକ୍ୟ ହୁଅନ୍ତି । ବାକ୍ୟମାନେ ପରସ୍ପରକୁ ଆଲିଙ୍ଗନ କରି ଭାଷା ସୃଷ୍ଟି କରନ୍ତି । ଶବ୍ଦ, ବାକ୍ୟ ଓ ଭାଷା ପାଣି, ପବନ, ଆକାଶ, ଜୀବନ, ସମାଜ, ପୃଥିବୀ ସହିତ ଡେଇଁଡେଇଁ ସମ୍ବନ୍ଧର ଭୂମି ଓ ଧାରାରେ ଅର୍ଥ ସର୍ଜନା କରନ୍ତି । ଆମର ଏହି ଅର୍ଥ ଯାତ୍ରାରେ ଆତ୍ମାର ସାଧନା ରହିଛି, ଏହା ସହିତ ସମ୍ବନ୍ଧ ଓ ସଂପର୍କର ସାଧନା ମଧ୍ୟ । ଅର୍ଥ ସଂକଟ ସେତିକିବେଳେ ଆରମ୍ଭ ହୁଏ ଯେତେବେଳେ ଆମେ ଶବ୍ଦ, ଭାଷା ଓ ଜୀବନର ଅର୍ଥକୁ ଏକାସାଙ୍ଗରେ ଆତ୍ମା ଓ ସମ୍ବନ୍ଧ ସହିତ ଯୋଡୁଛୁ ।

ଅର୍ଥ ଆତ୍ମା ଓ ସମ୍ବନ୍ଧର ବହୁପରିସରୀୟ ଭୂମି, ଧାରା ଓ ଚଳତକ୍ରିୟା । ଏହି ଧାରା ଓ ଚଳତକ୍ରିୟାରେ ଆମେ ନିଜକୁ ପରସ୍ପର ସହିତ ଯୋଡି, ନିଜର ସୂତାକୁ ଅନ୍ୟମାନଙ୍କର ସୂତା ସହିତ ବୁଣି ଆତ୍ମା ଓ ଅନ୍ୟ ଆତ୍ମାମାନଙ୍କୁ ସଂଗ୍ରହ କରୁ । ଆମର ଜୀବନ ଚାରଣା ଓ ସାଧନାର ଟୋକଇରେ ଆମେ ଆତ୍ମା, ଅନ୍ୟ ଆତ୍ମା, ସହ ଆତ୍ମା ଓ ସମାଜକୁ ସଂଗ୍ରହ କରି ବାଟ ଚାଲୁଁ । ଏହି ସଂଗ୍ରହ ଏକ ବହୁପରିସରୀୟ ସାଧନା ଓ ସଂଗ୍ରାମ । ଏଥିରେ ଆତ୍ମ ସଂଗ୍ରହ ରହିଛି, ପାରସ୍ପରିକ ସଂଗ୍ରହ ରହିଛି ଏବଂ ଲୋକସଂଗ୍ରହ ରହିଛି । ଲୋକ ସଂଗ୍ରହ ବିଷୟରେ ଶ୍ରୀମଦ୍ ଭାଗବତ୍ ଗୀତାରେ ଶ୍ରୀକୃଷ୍ଣ ଆମକୁ କହିଛନ୍ତି । ଲୋକସଂଗ୍ରହ ସଂଗ୍ରହର ସାଧନା ଓ ସଂଗ୍ରାମ ମାଧ୍ୟମରେ ଲୋକକଲ୍ୟାଣ

ସୃଷ୍ଟିକରେ ଯେଉଁଥିରେ ଉଭୟେ ଆତ୍ମ ସଂଗ୍ରହ ଓ ଲୋକସଂଗ୍ରହ ରହିଛି । ଆତ୍ମ ସଂଗ୍ରହର ସାଧନା ଓ ସଂଗ୍ରାମରେ ଆତ୍ମିକ ସ୍ତରରେ ଆମ ଭିତରେ ଥିବା ଉଭୟେ ବଂଧୁ ସତ୍ତା ଓ ରିପୁ ସତ୍ତାକୁ ସଂଗ୍ରହ କରି ଏହାକୁ ଜୀବନାଭିମୁଖୀ ଓ ଜୀବନ ସର୍ଜନକାରୀ କରିବାକୁ ହୋଇଥାଏ । ଶ୍ରୀମଦ୍ ଭଗବତ୍‌ଗୀତାରେ ଶ୍ରୀକୃଷ୍ଣ ଆମର ଜୀବନରେ ସତ୍ୟ, ରଜ ଓ ତମୋ ଗୁଣର ଚଳତକ୍ରିୟା ବିଷୟରେ ସବିଶେଷ ବର୍ଣ୍ଣନା କରିଛନ୍ତି । ଆତ୍ମ ସଂଗ୍ରହର ସାଧନା ଓ ସଂଗ୍ରାମରେ ଆମକୁ ରଜୋ ଓ ତମୋ ସହିତ ସାଧନା ଓ ସଂଗ୍ରାମ କରି ଏହାକୁ ସାତ୍ତ୍ୱିକରେ ରୂପାନ୍ତରିତ କରିବାକୁ ହୋଇଥାଏ ଓ ଗୁଣମାନଙ୍କ ସହିତ ବାଟଚାଲି ଗୁଣାତୀତ ହେବାକୁ ହୋଇଥିବା । ଏମିତି ଆତ୍ମସଂଗ୍ରହର ସାଧନା ଓ ସଂଗ୍ରାମ ଆମକୁ ପରସ୍ପର ପାଖକୁ ଶ୍ରଦ୍ଧା, ସାହସ ଓ ବିଶ୍ୱାସର ସହ ଘେନିଆସେ । ଏହା ଲୋକସଂଗ୍ରହ ସୃଷ୍ଟି କରେ । ଅନେକ ବିଭକ୍ତି ଓ ବିଭାଜନ ମଧ୍ୟରେ ଏହା ସଂଗ୍ରହର ସୂତ୍ର ବୁଣି ଲୋକସଂଗ୍ରହ ସୃଷ୍ଟିକରେ ।

ଏହି ଲୋକସଂଗ୍ରହ ଆତ୍ମା ଓ ସମାଜର ସମ୍ବନ୍ଧରେ ଏହା ମଧ୍ୟ ଶବ୍ଦ, ବାକ୍ୟ ଓ ଭାଷାର ଅର୍ଥରେ । ଶବ୍ଦ, ଭାଷା ଓ ବାକ୍ୟର ଅର୍ଥ ବିଷୟରେ ଆଲୋଚନା କଲାବେଳେ ଆମେ ଏହାକୁ ଲୋକସଂଗ୍ରହ ଦୃଷ୍ଟିରେ ଏପର୍ଯ୍ୟନ୍ତ ଦେଖିନାହୁଁ । ଉଦାହରଣ ସ୍ୱରୂପ ପୂର୍ବ ଆଲୋଚିତ ଭାଷା ତତ୍ତ୍ୱମାନଙ୍କରେ ଆମେ ଲୋକସଂଗ୍ରହର ଚିନ୍ତନ ଓ ସାଧନା ସଂପର୍କରେ ଆଲୋଚନା କରିନାହୁଁ । ଭାଷାକୁ ଉଇଟଗେନଷ୍ଟାଇନ୍ ଜୀବନର ପ୍ରକରଣ ବା Form of Life କହିଛନ୍ତି । ଏହି ଜୀବନର ପ୍ରକରଣ ଲୋକସଂଗ୍ରହର ଭୂମି ଓ ଧାରା । ଭାଷାକୁ ହାଇଡିଗର୍ ପଥ-ସୃଜନକାରୀ ଚଳତକ୍ରିୟା ବା Way-making movement ବୋଲି କହିଛନ୍ତି ଏହାକୁ ମଧ୍ୟ ଆମେ ଲୋକ ସଂଗ୍ରହର ସହିତ ସଂଯୁକ୍ତ କରିପାରିବା । ଏମିତି ଯୋଗ ଓ ସୂତ୍ର ରଚନା ମାଧ୍ୟମରେ ଆମେ ଭାଷା କ୍ଷେତ୍ରରେ ଅର୍ଥର ଲୋକ ସଂଗ୍ରହ ସୃଷ୍ଟିକରିବା ଯେଉଁ ଲୋକସଂଗ୍ରହ ଆମକୁ ଜୀବନର ଅନ୍ୟଭୂମିରେ ଯେମିତି ଅର୍ଥନୀତିର ଭୂମିରେ ମଧ୍ୟ ଅର୍ଥର ଲୋକସଂଗ୍ରହ ସୃଷ୍ଟି କରିପାରିବା ।

ଲୋକସଂଗ୍ରହ ଆମ ଜୀବନର ସୁଖ ଓ ବିକାଶର ବହୁପରିସରୀୟ ସ୍ୱପ୍ନ, ସାଧନା, ସଂଗ୍ରାମ ଓ ପ୍ରାର୍ଥନା । ଲୋକାଃ ସମସ୍ତାଃ ସୁଖୀନଃ ଭବନ୍ତୁ... ଲୋକମାନେ ସମସ୍ତେ ସୁଖୀ ହୁଅନ୍ତୁ । କେବଳ ମୁଁ ନୁହେଁ, ହିନ୍ଦୁମାନେ ନୁହେଁ, କ୍ଷମତାଶାଳୀ ମାନେ ନୁହେଁ, ବ୍ରାହ୍ମଣମାନେ ଓ କେବଳ ମନୁଷ୍ୟମାନେ ମଧ୍ୟ ନୁହେଁ, ସମସ୍ତେ... ମନୁଷ୍ୟ ଓ ଅନ୍ୟ ଜୀବମାନେ... ସୁଖରେ ରୁହନ୍ତୁ । ଆମର ଶବ୍ଦ, ଭାଷା, ସମ୍ବନ୍ଧ ଓ ଜୀବନର ସାଧନା ଓ ସଂଗ୍ରାମ ସଭିଙ୍କ ପାଇଁ ସୁଖ ସର୍ଜନା କରୁ । ଆମର ଶବ୍ଦ ଓ ଭାଷା ମଧ୍ୟ କେବଳ ମଣିଷ ମାନଙ୍କ ମଧ୍ୟରେ ସୀମିତ ନରହି ଏହା ଅନ୍ୟ ପ୍ରାଣୀମାନଙ୍କର ଶବ୍ଦ ଓ ସ୍ୱରମାନଙ୍କୁ ବୁଝୁ

ଓ ଏମିତି ଶୁଣିବା ଓ ବୁଝିବାର ଧାରାରେ ସକଳ ପ୍ରାଣୀଙ୍କର ପାଇଁ ଏକ ପାରସ୍ପରିକ ଅର୍ଥର ଲୋକସଂଗ୍ରହ ସୃଷ୍ଟି କରୁ । ଆମର ଅର୍ଥନୈତିକ ବିକାଶର ପ୍ରୟାସ ମଧ୍ୟ ବୃକ୍ଷ, ପ୍ରକୃତି ଓ ଅନ୍ୟ ପ୍ରାଣୀମାନଙ୍କର ଭାଷା ଓ ମର୍ଯ୍ୟାଦାକୁ ବୁଝୁ ଯାହାଦ୍ୱାରା ଆମର ବିକାଶ ଅନ୍ୟମାନଙ୍କର ବିନାଶ ନହେଉ । ଲୋକସଂଗ୍ରହ ଲୋକ ବିନାଶକୁ ରୂପାନ୍ତରିତ ନକରୁ ।

ଲୋକାଃ ସମସ୍ତାଃ ସୁଖିନୋ ଭବନ୍ତୁ । ମାତ୍ର ଏହି ସୁଖ କ'ଣ ? ଶବ୍ଦ, ବାକ୍ୟ ଓ ଭାଷା କ୍ଷେତ୍ରରେ ସୁଖ କ'ଣ ? ଆମେ ଶବ୍ଦ, ବାକ୍ୟ ଓ ଭାଷାକୁ ବ୍ୟବହାର କରି ଅନେକ ସମୟରେ ନିଜକୁ କେବେ ଫୁଲେଇ ହୋଇ ପ୍ରକାଶ କରୁ । ଆମେ ନିଜକୁ ଶ୍ରେଷ୍ଠ ବୋଲି ପ୍ରତିପାଦିତ କରୁ । ଆମର ଶବ୍ଦ, ବାକ୍ୟ ଓ ଭାଷା ଆମର ଅହଂକାରର ଶବ୍ଦ, ବାକ୍ୟ ଓ ଭାଷା ହୁଏ । ଅହଂକାର ମାଧ୍ୟମରେ ଆମେ ସୁଖ ଲାଭ କରିବାକୁ ମନକରୁ । ଶବ୍ଦ, ବାକ୍ୟ ଓ ଭାଷା ବ୍ୟବହାର କରି ଆମେ ଅନ୍ୟକୁ ଗାଳି ଦେଉ, ଅପମାନ ଦେଉ ଓ ଅନ୍ୟର ଅବମାନନା କରୁ ଓ ଏହା ମାଧ୍ୟମରେ ଆମେ ସୁଖ ପାଇବାକୁ ମନକରୁ । ମାତ୍ର ଏମିତି ସୁଖ କଣ ଯଥାର୍ଥ ସୁଖ ? ଠିକ୍ ସେମିତି ଜୀବନର ସଂଯୁକ୍ତ ଅନ୍ୟଭୂମିରେ ଯଥା ଅର୍ଥନୀତିର ଭୂମିରେ ଆମେ କେବଳ ଖାଇଖାଇ, ଘିଅ ପିଇପିଇ ଓ ଏଥିପାଇଁ ଋଣ କରିବାକୁ ହେଲେ ମଧ୍ୟ ଏଥିପାଇଁ ଭ୍ରୂକ୍ଷେପ ନକରି ଆମେ ସୁଖ ପାଇବାକୁ ମନକରୁ । ଅନ୍ୟକୁ ଶୋଷଣ କରି, ଅନ୍ୟର ରକ୍ତ ଶୋଷି ଆମେ ବ୍ୟକ୍ତିଗତ ସୁଖର ଅଟ୍ଟାଳିକା ନିର୍ମାଣ କରିବାକୁ ପାଗଳ ହେଉ । ମାତ୍ର ଏହି ସୁଖ କେତେଦିନ ? ଏହି ସୁଖ କଣ ଆମକୁ ଆତ୍ମା ଓ ସମ୍ବନ୍ଧର ଆନନ୍ଦ ପ୍ରଦାନ କରିପାରିବ ? ସାମ୍ପ୍ରତିକ ଅର୍ଥନୀତିରେ ସୁଖର ଅର୍ଥନୀତି ବିଷୟରେ କୁହାଯାଇଛି ମାତ୍ର ଏଥିରେ ଆନନ୍ଦର ଅର୍ଥନୀତି ବିଷୟରେ କୁହାଯାଇନାହିଁ । ଜୀବନାର୍ଥରେ ଲୋକସଂଗ୍ରହ ଆମକୁ ଉଭୟ ବାଧାର୍ଥ ଓ ଅର୍ଥର ଭୂମିରେ ଆନନ୍ଦର ଲୋକସଂଗ୍ରହ ସୃଷ୍ଟି କରିବାକୁ ଆହ୍ୱାନ ଓ ଆମନ୍ତ୍ରଣ ଜଣାଇଥାଏ ।

ଆନନ୍ଦର ଲୋକସଂଗ୍ରହ ପାଇଁ ସୃଜନଶୀଳତା ଆବଶ୍ୟକ । ଆମେ ପ୍ରଚଳିତ ଶବ୍ଦ, ବାକ୍ୟ ଓ ଭାଷାକୁ ପୁନରାବୃତ୍ତି କରି ଯଥାର୍ଥ ଆନନ୍ଦ ପାଇପାରିବା ନାହିଁ । ଏହାକୁ ନୂତନ ଭାବେ ସର୍ଜନା କରିହିଁ ଆନନ୍ଦ ଲାଭ କରିପାରିବା । ଠିକ୍ ସେମିତି ସମ୍ବନ୍ଧ ଓ ଅର୍ଥନୀତି କ୍ଷେତ୍ରରେ ଭୋଜନ କରିକରି ଆମେ ସୁଖଲାଭ କରିପାରିବା ନାହିଁ, ପରସ୍ପର ସହିତ ସହଭାଗୀ ହୋଇ ଓ ପରସ୍ପର ସହିତ ସୃଜନ କରିହିଁ ଆମେ ଆନନ୍ଦ ଲାଭ କରିବା । ଜୀବନାର୍ଥର ଲୋକସଂଗ୍ରହ ଓ ଆନନ୍ଦର ଲୋକସଂଗ୍ରହର ତେଣୁ ଏକ ସଂଯୁକ୍ତ ସାଧନା ଓ ପ୍ରାର୍ଥନା ହେଉଛି, ଲୋକାଃ ସମସ୍ତାଃ ସଜନଂ ଭବନ୍ତୁ । ଲୋକମାନେ ସଜନ ହୁଅନ୍ତୁ । ଲୋକାଃ ସମସ୍ତାଃ ସ୍ରଷ୍ଟା ଭବନ୍ତୁ ... ଲୋକମାନେ ସମସ୍ତେ ସ୍ରଷ୍ଟା ହୁଅନ୍ତୁ । ଲୋକାଃ ସମସ୍ତାଃ ସହ-ସ୍ରଷ୍ଟା ଭବନ୍ତୁ.... ଲୋକମାନେ ସମସ୍ତେ ସହ-ସ୍ରଷ୍ଟା ହୁଅନ୍ତୁ ।

ଗ୍ରନ୍ଥ ଟିପ୍ପଣୀ

୧. Sri Aurobindo, The Mother ଏବଂ ଚିତ୍ତରଂଜନ ଦାସ, ଏ ପ୍ରସ୍ଥରୁ ସେ ପ୍ରସ୍ଥକୁ: ମାଆ ବହିର ସାନ୍ନିଧ୍ୟରେ ।

୨. Adam Smith, The Theory of Moral Sentiments. Strand & Edinburg: A. Millar.

୩. Karl Marx, A Contribution to the Critique of Political Economy. 1859.

୪. Thomas Picketty, Capital in the 21st Century. Cambridge, MA: Harvard U. Press, 2014.

୫. Michael Sandel, What Money Cannot Buy: The Moral Limits of Markets. Penguin: 2012.

୬. Jeffrey Sachs, The Price of Civilization: Reawakening American Virtues and Prosperity. Delhi: Random House, 2011.

୭. Robert N. Bellah et al. The Good Society. New York: Alfred A. Knof.

୮. E.F. Schumacher, Small is Beautiful: Economics As If People Mattered. London: Vintage.

୯. J.C. Kumarappa, Economy of Permanence.

୧୦. Desmond Tutu, God Has a Dream: A Vision of Hope for our Times. Penguin Random House.

୧୧. Peter Uting. 2015. Social and Solidarity Economics: Beyond the Fringe?. London: Zed Books.

୧୨. Muhammad Yunus, Building Social Business: The New Kind of Capitalism That Serves Humanity's Most Pressing Needs.

୧୩. ଶ୍ରୀମଦ୍‌ଭାଗବତରେ ଉଦ୍ଧରେ ଉଦ୍ଧରାତ୍ମନମ୍ ବିଷୟରେ କୁହାଯାଇଛି ।

୧୪. ତୃତ୍ରେୟ ଉପନିଷଦ

୧୫.

୧୬. ଚିତ୍ତରଂଜନ ଦାସ, ଅ ରୁ କ୍ଷ ।

୧୭. Peirce ଓ Stanley J. Tambiah, Culture, Thought and Action: An Anthropological Perspective. Cambridge, MA: Harvard U. Press.

୧୮. ଆତ୍ମ-ଆବିଷ୍କାରର ଯାତ୍ରାରେ ଶ୍ରୀଯୁକ୍ତ ଚିତ୍ତରଂଜନ ଦାସଙ୍କ ମତରେ, "ପ୍ରତୀକମାନେ ଖସିପଡିବେ, କୌଣସି ପ୍ରକାରର ଅପସରଣର କୌଣସି ପ୍ରମାଦ ମଧ୍ୟ ନଥିବ । ଇପସିତ ସଙ୍ଗ ଗୁଡିକହିଁ ଉପଲବ୍ଧ ହୋଇ ଆସିବେ । ଚିତ୍ତରଂଜନ ଦାସ, ସେ ପ୍ରସ୍ଥରୁ ଏ ପ୍ରସ୍ଥକୁ, ପୃ.୬୦୩ ।"

୧୯.

୨୦. ରୀତି ଓ ପ୍ରୀତିର ଚିରନ୍ତନ ଭିନ୍ନତା ଓ ଆହ୍ୱାନ ବିଷୟରେ ଶ୍ରୀଯୁକ୍ତ ଚିତ୍ତରଂଜନ ଦାସ ତାଙ୍କର ଓଡିଆ ସାହିତ୍ୟରେ ବିକାଶ ଧାରା ପୁସ୍ତକରେ ଆଲୋଚନା କରିଛନ୍ତି । ଭୁବନେଶ୍ୱର: ଓଡିଶା ସାହିତ୍ୟ ଏକାଡେମୀ, ୧୯୮୧.

୨୧. ଅନନ୍ତ କୁମାର ଗିରି, "ସମୟର ସଂକୋଚନ ଓ ପ୍ରେମର ଜୀବନ" ବାଆଁ ଗାଲର ତିଳଚିହ୍ନ, ଭୁବନେଶ୍ୱର: ପଥିକ ପ୍ରକାଶନୀ ।

୨୨. David Harvey, The Condition of Postmodernity: An Inquiry into Conditions of Cultural Change. Cambridge, MA: Basil Blackwell.

୨୩. ଏହି କ୍ଷେତ୍ରରେ ଲେଖକଙ୍କର କବିତାଟିଏ ପ୍ରଣିଧାନଯୋଗ୍ୟ ।

୨୪. ସୀତାକାନ୍ତ ମହାପାତ୍ର, ଶବ୍ଦର ଆକାଶ; ଚିତ୍ତରଂଜନ ଦାସ, ଚିଦ୍‌ବିସ୍ତାର ।

୨୫. ଏହି କ୍ଷେତ୍ରରେ Jurgen Habermas ଯାହା ଲେଖିଛନ୍ତି ତାହା ଆମର ପ୍ରଣିଧାନଯୋଗ୍ୟ:

If there exists a philosophy in the face of which the question "Does philosophy still have a purpose" need no longer be raised, then today, according to our reflections, it would have to be a philosophy of science which is not scientistic [..] It would incur a politically effective task in as much it went against the two-fold irrationality of a positivistically restricted self-understanding of the sciences and a technocratic administration isolated from publicly discursive formation of will.

ଦ୍ରଷ୍ଟବ୍ୟ, Jurgen Habermas, Philosophical-Political Profiles. Cambridge, MA: The MIT Press, 1981.

୨୬. R. Sundara Rajan, Beyond the Crises of European Sciences: New Beginnings. Shimla: Indian Institute of Advanced Study, 1988.

୨୭. ଚିତ୍ତରଂଜନ ଦାସ, ଆମେରିକାରୁ ଆସିଲି ।

୨୮. Sabelo J. Ndlovu - Gatsheni's Epistemic Freedom in Africa, London: Routleofic, 2018.

୨୯. Ludwig Wittgenstein, Philosophical Investigations. London: Macmillan, 1953.

୩୦. Martin Heidegger, "The Way to Language." In Basic Writings of Martin Heidegger. New York: Basic Books, 2004.

୩୧. ଏହି ବିଷୟରେ ବୀଣା ଦାସ ଯାହା ଲେଖିଛନ୍ତି ତାହା ଆମର ପ୍ରଣିଧାନଯୋଗ୍ୟ: When anthropologists have evoked the idea of forms of life, it has often been to suggest the importance of thick description, local knowledge or what it is to learn a rule. For Cavell, such conventional views of the idea of form of life eclipse the spiritual struggle of his [Wittgenstein's] investigations. What Cavell finds wanting in this conventional view of forms of life is that it not only obscures the mutual absorption of the natural and the social but also emphasizes form at the expense of life [..] the vertical sense of the form of life suggests the limit of what or who is recognized as human within a social form and provides the conditions of the use of criteria as applied to others. Thus the criteria of pain do not apply to that which does not exhibit signs of being a form of life—we do not ask whether a tape recorder that can be tuned on to play a shriek is feeling the pain. The distinction between the horizontal and vertical axes of forms of life takes us at least to the point at which we can appreciate not only the security provided by belonging to a community with shared agreements but also the dangers that human beings pose to each other. These dangers relate to not only disputation over forms but also what constitutes life. The blurring between what is human and what is not human sheds into blurring over what is life and what is not life ଦ୍ରଷ୍ଟବ୍ୟ, Veena Das, Life and Words: Violence and the Descent into the Ordinary. Berkeley: University of California Press, 1987, prushta, 15-16.

୩୨. ଦ୍ରଷ୍ଟବ୍ୟ, Axel Honneth, Disrespect: Normative Foundations of Critical Theory. Cambridge, MA: Polity Press, 2007.

୩୩. ଜ୍ୟୋତିସାହି କବିଙ୍କର ଶବ୍ଦ କି ଚୋଟ ସମ୍ପର୍କରେ ଆଲୋଚନା କରିଛନ୍ତି । ଏହି କ୍ଷେତ୍ରରେ ଦେଖନ୍ତୁ, Jyoti Sahi, "Art and Ecological Sustainability: Sustaining the Imagination." In Cultural Spaces for Sustainable Futures (ed.) Siddhartha. Bangalore: Pippal Tree, 2017.

୩୪. ହାନ୍ସ୍ ଖ୍ରିଷ୍ଟିୟାନ ଆଣ୍ଡରସନଙ୍କ ସଂପର୍କରେ କାଜ ମୋରଗେନସେନ୍‌ଙ୍କ ପୁସ୍ତକ ।

୩୫. ତ୍ରତୈବ ।

ଦ୍ୱିତୀୟ ସ୍ତବକ

ସାମାଜିକ ସ୍ୱାସ୍ଥ୍ୟ ଓ ନିରାମୟତା: ଏକ ସୁନ୍ଦର ଜୀବନର ସର୍ଜନା

ସ୍ୱାସ୍ଥ୍ୟ କେବଳ ରୁଗ୍ଣତାର ଏକ କର୍ମକୁ ଅନୁପସ୍ଥିତି ନୁହେଁ; ଏହା ଆମର ଭୌତିକ, ମାନସିକ ଓ ସାମାଜିକ ସ୍ୱାସ୍ଥ୍ୟ ଅଟେ। ବିଶ୍ୱ ସ୍ୱାସ୍ଥ୍ୟ ସଂଘର ଏହି କଥାଟି ସ୍ୱାସ୍ଥ୍ୟ ଓ ନିରାମୟତା ବିଷୟରେ ଭାବିବାକୁ ଏବେବି ଅନେକ ପ୍ରାସଙ୍ଗିକ। ସ୍ୱାସ୍ଥ୍ୟ ଓ ସୁସ୍ଥତା ବ୍ୟକ୍ତି ଜୀବନରେ ରହିଛି; ଏହାର ଧାରା ବ୍ୟକ୍ତି ଜୀବନରେ ବହି ଯାଉଛି। ବ୍ୟକ୍ତି ସମାଜ, ସଂସ୍କୃତି ଓ ବିଶ୍ୱରେ ବଞ୍ଚୁଛି ଓ ଏହାର ଭୌତିକ, ମାନସିକ ଓ ପରିବେଶଗତ ଅବସ୍ଥା ଦ୍ୱାରା ବ୍ୟକ୍ତି ପ୍ରଭାବିତ। ବ୍ୟକ୍ତିଗତ ଜୀବନରେ ଆମେ ସୁସ୍ଥ ରହିଥାଇପାରୁ ମାତ୍ର ଆମେ ବଞ୍ଚୁଥିବା ସାମାଜିକ, ସାଂସ୍କୃତିକ ଓ ବିଶ୍ୱମୟ ଜୀବନରେ ସହଜତା, ସୁସ୍ଥତା ଓ ନିରାମୟତା ଥିଲେ ଓ ଏଥିରେ ରୁଗ୍ଣତା ଥିଲେ ଆମେ ଏହି ରୁଗ୍ଣତା ଦ୍ୱାରା ପ୍ରଭାବିତ ହୋଇ ନିଜେ ରୁଗ୍ଣ ହେଉ। ସାମାଜିକ ରୁଗ୍ଣତାର ଅନେକ ପ୍ରକାର ରହିଛି। ଏହି ଜାତି ବ୍ୟବସ୍ଥା ଅନୁସାରେ ଆମେ ତଥାକଥିତ ନୀଚ ଜାତିରେ ଥିବା ଲୋକମାନଙ୍କୁ ନିମ୍ନ ଦୃଷ୍ଟିରେ ଦେଖୁ, ସେମାନଙ୍କ ପ୍ରତି ହିଂସାଚରଣ କରୁ। ଜାତିପ୍ରଥାର ତଳେ ଥିବା ଲୋକମାନେ ଯଥା ଦଳିତ ଲୋକମାନଙ୍କ ଉପରେ ବିଶେଷ କରି ଦଳିତ ମହିଳାମାନଙ୍କ ଉପରେ ହିଂସା ଆକ୍ରମଣ ହେଉଛି। ଏମିତି ଜାତିପ୍ରଥା ଓ ଜାତିପ୍ରଥା ଜନିତ ହିଂସା ଓ ଅବମାନନାକୁ ଆମେ ସାଧାରଣ ବୋଲି ଧରିନେଇଛୁ। ମାତ୍ର ଏହା ବ୍ୟାଧି ରୂପେ ଆମ ସମସ୍ତଙ୍କୁ ଘାରି ଯାଉଛି। ଠିକ୍ ସେମିତି ଆଧୁନିକ ପୁଞ୍ଜିବାଦୀ ସାମାଜିକ ଓ ଅର୍ଥନୈତିକ ବ୍ୟବସ୍ଥା। ଏହି ବ୍ୟବସ୍ଥାରେ ପ୍ରତିଦ୍ୱନ୍ଦ୍ୱିତା ଉପରେ ଗୁରୁତ୍ୱ ଦିଆଯାଇଥାଏ। ପ୍ରତିଦ୍ୱନ୍ଦିତା ହିଁ ବ୍ୟକ୍ତିଗତ ଗୁଣକର୍ମ ଓ ଉତ୍କର୍ଷର ମାନପତ୍ର। ମାତ୍ର ଗୋଟିଏ ପ୍ରତିଦ୍ୱନ୍ଦ୍ୱିତାମୟ ସମାଜରେ ଯେତେବେଳେ ପ୍ରତିଦ୍ୱନ୍ଦିତା ହିଁ ଆମର ମୁଖ୍ୟ କାର୍ଯ୍ୟ ଓ ପରିଚୟ ହୁଏ ସେତେବେଳେ

ଆମେ ନିଜର ଆତ୍ମ ସତ୍ତାକୁ ଭଲ ଭାବେ ପ୍ରସ୍ଫୁଟିତ କରି ପାରୁନା। ପ୍ରତିଯୋଗିତାର ଦୌଡରେ ଯୋଗ ଦେଇ ଓ ଆମେ ଅନେକ ସମୟରେ ଅସଫଳ ହୋଇଯାଉ। ପ୍ରତିଯୋଗିତାରେ ଯୋଗଦେଇ ଆମେ ସଫଳ ହେଲେ ଆମେ ଗ୍ରହଣୀୟ ହେଉ ଓ ଯଦି ଆମେ ଅସଫଳ ହେଉ ତେବେ ନିଜ ଆଖିରେ ଓ ସମାଜ ଆଖିରେ ଆମେ ନିଜକୁ ହେୟ ମନେକରୁ। ଆମର ଏହି ହେୟମନ୍ୟତା ଆମ ଭିତରେ ବ୍ୟାଧି ସୃଷ୍ଟି କରେ। ପୁଂଜିବାଦୀ ପ୍ରତିଦ୍ୱନ୍ଦିତାପୂର୍ଣ୍ଣ ସମାଜରେ ଅର୍ଥକୁ ଅଧିକ ଗୁରୁତ୍ୱ ଦିଆଯାଇଥାଏ ଓ ବ୍ୟକ୍ତିକୁ କମ୍ ଗୁରୁତ୍ୱ ଦିଆଯାଇ ଥାଏ। ଅର୍ଥ ଦ୍ୱାରା ଆମେ ସବୁକିଛି କିଣିପାରୁ ବୋଲି ଆମ ଭିତରେ ଏକ ଭ୍ରମ ସୃଷ୍ଟି ହୁଏ। ଆମ ସହିତ ଆତ୍ମା, ପ୍ରକୃତି ଓ ଦିବ୍ୟ ରହିଛି ଓ ଗୋଟିଏ ପୁଂଜିବାଦୀ ସମାଜରେ ଏହି ସବୁର କିଛି ମୂଲ୍ୟ ରହି ନଥାଏ। ଏହା ଏକ ଆତ୍ମା ହୋଇ ଓ ଈଶ୍ୱର ହୋଇ ପରିସ୍ଥିତି ସୃଷ୍ଟି କରେ। ଯେଉଁଥିରେ ଆମେ ପୁଂଜିକୁ ବ୍ୟକ୍ତି, ଆତ୍ମା, ପ୍ରକୃତି ଓ ଈଶ୍ୱରଠାରୁ ଅଧିକ ବଡ଼ ବୋଲି ଦେଖୁଁ।(୧) ଏହି ସବୁ ଚିନ୍ତା, ଚେତନା ଓ ଅବସ୍ଥା ବ୍ୟକ୍ତି ଜୀବନ ଓ ସାମାଜିକ ଜୀବନରେ କେତେ ବ୍ୟାଧି ସୃଷ୍ଟି କରେ ଯେଉଁ ବ୍ୟାଧି ଭୌତିକ ଦୃଷ୍ଟିରୁ ବ୍ୟକ୍ତିକୁ ମଧ୍ୟ ଆକ୍ରାନ୍ତ କରେ।

ତେଣୁ ସୁସ୍ଥତା ଓ ରୁଗ୍ଣତା ବିଷୟରେ ଭାବିବାକୁ ହେଲେ ଓ ଆମ ଜୀବନରେ ସୁସ୍ଥତା ଓ ନିରାମୟତା ପାଇଁ ଆମକୁ ଏକା ସାଙ୍ଗରେ ବ୍ୟକ୍ତିଗତ ରୁଗ୍ଣତା ଓ ସାମାଜିକ ସାଂସ୍କୃତିକ ଓ ପରିବେଶଗତ ରୁଗ୍ଣତା କଥା ଭାବିବାକୁ ହେବ ଓ ଏହି ରୁଗ୍ଣତାକୁ ସ୍ୱାସ୍ଥ୍ୟରେ ରୂପାନ୍ତରିତ କରିବାକୁ ହେବ। ପୂର୍ବ ଆଲୋଚିତ ସାମାଜିକ ରୁଗ୍ଣତା ସହିତ, ସାଂସ୍କୃତିକ ରୁଗ୍ଣତା ହେଉଛି ସାଂସ୍କୃତିକ ସଂକୀର୍ଣ୍ଣତା। ସଂସ୍କୃତି ଏକ ଓ ଅନେକ ଚଳମାନ ଧାରା। ବ୍ୟକ୍ତି, ସମାଜ, ପ୍ରକୃତି ଓ ଦିବ୍ୟକୁ ନେଇ ସଂସ୍କୃତିର ଆବହମାନ କାଳରୁ ଆମ ଜୀବନ ସହିତ ସାଧନା ଯେମିତି ଆମର ସଂସ୍କୃତି ସହିତ। ଏହି ସାଧନାରେ ଦେଶ, କାଳ, ପରିବେଶ ଓ ପାତ୍ରକୁ ନେଇ କେତେକେତେ ସୀମା ଓ ବନ୍ଧନ ମାତ୍ର ଏହି ସୀମା ସହିତ ମଧ୍ୟ ଅସୀମର ପ୍ରେମ, ଆଲିଙ୍ଗନ ଓ ସ୍ୱପ୍ନ। ସଂସ୍କୃତି ସହିତ ଯେଉଁ ବନ୍ଧନମାନ ରହିଛି ଏହି ବଂଧନମାନ ଆମକୁ ସକେନ୍ଦ୍ରିତ କରିବାକୁ ଉଦ୍ଦିଷ୍ଟ, ଆମର ଶକ୍ତିକୁ ସଂରକ୍ଷଣ କରିବା ପାଇଁ ମନ୍ତ୍ର। ଏହା ଆମର ବଂଧ ଓ ବଂଧୁ ହୋଇ ମଧ୍ୟ ବିଶ୍ୱାଭିମୁଖୀ କରିବାକୁ ଉଦ୍ଦିଷ୍ଟ। ବଂଧ ଦେଇ, ବାତାୟନ ଦେଇ ଆମ ନିଜ ସଂସ୍କୃତି ଓ ଅନ୍ୟ ସଂସ୍କୃତି ସହିତ ସୂତ୍ର ସ୍ଥାପନା ପାଇଁ। ମାତ୍ର ଗୋଟେ ସଂସ୍କୃତି ଯେତେବେଳେ ନିଜକୁ ବଡ଼ କରି ଅନ୍ୟକୁ ଛୋଟ କରି ଦେଖେ ଓ ନିଜର ସାଂସ୍କୃତିକ ଧାରାକୁ ଗୋଟିଏ ଗାଡ଼ିଆ ଭିତରେ ଆବଦ୍ଧ କରି ନିଜେ ସେଥିରେ ବେଙ୍ଗ ଭଳି ଖପଖପ ହେଉଥାଏ ଏହା ଏକ ସଂକୀର୍ଣ୍ଣ ଜଳାଶୟ ସୃଷ୍ଟି କରେ ଯେଉଁଥିରେ ଅନେକ ରୋଗ ଉତ୍ପନ୍ନ ହୁଏ। ମନୁଷ୍ୟ ଭାବେ

ଆମେ ପକ୍ଷୀ ଭଳି ଉଡ଼ିବାକୁ ଚାହୁଁ, ଆମ ପାଦରେ ସାରା ଜଗତ ବୋଲି ଭିନ୍ନ ଭିନ୍ନ ସଂସ୍କୃତିକୁ ଅନୁଭବ କରି ନିଜ ଜୀବନକୁ ପରିପୂର୍ଣ୍ଣ କରିବାକୁ ଚାହୁଁ। ମାତ୍ର ସାଂସ୍କୃତିକ ଅହଂ ପ୍ରାଧାନ୍ୟ ଓ ସର୍ବଶ୍ରେଷ୍ଠତା ସାଂସ୍କୃତିକ ସଂକୀର୍ଣ୍ଣତା ସୃଷ୍ଟି କରେ ଯେଉଁ ସଂକୀର୍ଣ୍ଣତା ଆମର ସମ୍ଭାବନାକୁ ପ୍ରସ୍ଫୁଟନ କରିବାରେ ସାହାଯ୍ୟ କରେନି। ଆମର ବାସ୍ତବତାମାନଙ୍କୁ, ଆମର ବାସ୍ତବ ଆଲୋକ ପ୍ରେମ ଓ ପ୍ରସାରଣ ମାନଙ୍କୁ ମଧ୍ୟ ଏହା ନଷ୍ଟ କରିଦିଏ। ଅନେକଙ୍କ ଭିତରେ, ଯେଉଁସବୁର ଏକ ପୂର୍ଣ୍ଣାଙ୍ଗ ଆଲୋଚନା ଏହି ରଚନାରେ ସମ୍ଭବ ନୁହେଁ... ସାଂସ୍କୃତିକ ଅହଂ ପ୍ରାଧାନ୍ୟତା ଓ ସଂକୀର୍ଣ୍ଣତା ଏକ ରୁଗ୍ଣତା ଯାହା ଆମକୁ ମଧ୍ୟ ରୁଗ୍ଣ କରେ। ଗୋଟିଏ ସୁସ୍ଥ ବ୍ୟକ୍ତିକୁ ସାଂସ୍କୃତିକ ରୁଗ୍ଣତା ରୁଗ୍ଣ କରିଦିଏ। ଉଦାହରଣ ସ୍ୱରୂପ, ଆମର ପୂର୍ବ - କଳ୍ପିତ ଧାରଣା ଅନୁସାରେ ଯଦି ଅନ୍ୟ ଧର୍ମ ଓ ସଂସ୍କୃତିର ଲୋକଙ୍କୁ ନେଲେ ଆମର ନାହି ଡିଏଁ, ତେବେ ଏହାସବୁ ଆମକୁ ମଧ୍ୟ କିଛିମାତ୍ରାରେ ରୁଗ୍ଣ କରିଦିଏ।

ସାଂସ୍କୃତିକ ରୁଗ୍ଣତା ସହିତ ପରିବେଶଗତ ରୁଗ୍ଣତା। ଆମେ ପ୍ରକୃତି କୋଳରେ ଜନ୍ମ ହେଉଛୁ। ପ୍ରକୃତି ଆମର ମାଆ। ଆମର ଭୂମି, ବୃକ୍ଷଲତା, ଆକାଶ ଓ ଆମର ଏହି ପଞ୍ଚ ମହାଭୂତ.... ଭୂମି, ଜଳ, ଅଗ୍ନି, ବାୟୁ ଓ ଆକାଶ... ଏହାର ସ୍ନେହ ଓ କରୁଣାର ଭୂମିରେ ଆମେ ଜୀବନ ଲାଭ କରୁଛୁ ଓ ଆମ ଜୀବନରେ ଆତଯାତ ହେଉଛୁ। ଆମର ସମାଜ ଓ ସଂସ୍କୃତି ଆମର ପ୍ରକୃତିର ଏକ ଓ ଅନେକ ଅଙ୍ଗ। ଆମେ ପ୍ରକୃତି ଦ୍ୱାରା ସରଳ ଭାବେ ନିୟନ୍ତ୍ରିତ ନୋହୁଁ ମାତ୍ର ପ୍ରକୃତି ଠାରୁ ଆମର ଖିଅ କଟିଗଲେ ଆମେ ପ୍ରକୃତି ଛଡ଼ା ହେଉ, ସୃଷ୍ଟିଛଡ଼ା ହେଉ। ମାନବ ସମାଜର ଇତିହାସର ଧାରାରେ ଆଧୁନିକତାର ପର୍ବରେ ବ୍ୟକ୍ତି ଓ ସମାଜ ପ୍ରକୃତି ଠାରୁ ନିଜକୁ ଦୂରେଇ ନେଇଛନ୍ତି, ପ୍ରକୃତି ଉପରେ ଆଧିପତ୍ୟ ବିସ୍ତାର କରିଛନ୍ତି। ଏହି ପ୍ରକ୍ରିୟାରେ ଆମର ବଣ, ଜଙ୍ଗଲ ଧ୍ୱଂସ ହୋଇଛି। ଏହା ଫଳରେ ଆମକୁ ଶୁଦ୍ଧ ଜଳ, ପବନ ଓ ଅନ୍ୟ ଜୀବନ ଉପାଦାନ ମାନ ମିଳୁନାହିଁ। ଏହିସବୁ ଅଭାବ ଆମର ସ୍ୱାସ୍ଥ୍ୟକୁ ମଧ୍ୟ ଅଭାବନୀୟ କରୁଛି, ଆମକୁ ଅସୁସ୍ଥ କରୁଛି। ଏହିସବୁ ପ୍ରକ୍ରିୟାରେ ଜଳବାୟୁ ପରିବର୍ତ୍ତନ ଘଟୁଛି ଓ ଏହା ସହିତ ଜଳବାୟୁ ସଂକଟ। ଜଳବାୟୁ ସଂକଟ ଫଳରେ ଆମ ସ୍ୱାସ୍ଥ୍ୟ ଉପରେ କେତେ ପ୍ରଭାବ। ଏଇ ଅଢ଼େଇ ବର୍ଷ ହେଲା ଆମ ସମସ୍ତଙ୍କୁ କରୋନା ମହାମାରୀ ଆକ୍ରାନ୍ତ କରୁଛି। ଏହି ମହାମାରୀ ଆମର ପ୍ରକୃତିର ଉପରେ ଧ୍ୱଂସାତ୍ମକ ହସ୍ତକ୍ଷେପର ଏକ ଫଳ ସ୍ୱରୂପ। ଏହି ମହାମାରୀ ଆମ ଅନେକଙ୍କ ଜୀବନ ନେଇଛି। ଏହା ସହିତ ଆମର ଅନେକ ପରିବେଶଗତ ଅସୁସ୍ଥତା। ଏବେ ସାରା ପୃଥିବୀରେ ଅନେକ ସହରରେ ବାୟୁ ପ୍ରଦୂଷଣ। ଏହି ପ୍ରଦୂଷିତ ବାୟୁମଣ୍ଡଳ ବ୍ୟକ୍ତିଗତ ସ୍ୱାସ୍ଥ୍ୟକୁ ପ୍ରଭାବିତ କରୁଛି। ଜଣେ ବ୍ୟକ୍ତି ଆପଣାର

ବ୍ୟକ୍ତିଗତ ଜୀବନ ବଳୟରେ ଯେତେ ସୁସ୍ଥ ରହିଲେ ମଧ୍ୟ ଓ ନିଜକୁ ଯେତେ ଯୋଗ ଓ ପ୍ରାଣାୟମ କଲେ ମଧ୍ୟ ଗୋଟିଏ ପ୍ରଦୂଷିତ ବାୟୁମଣ୍ଡଳ ମଧ୍ୟରେ ରହିଲେ; ଏହି ପ୍ରଦୂଷିତ ବାୟୁମଣ୍ଡଳ ତା'ର ବ୍ୟକ୍ତିଗତ ସ୍ୱାସ୍ଥ୍ୟକୁ ଗଭୀର ଭାବେ ପ୍ରଭାବିତ କରିଥାଏ। ଏହା ସହିତ ଶବ୍ଦ ପ୍ରଦୂଷଣ। ଆମର ଘର ଭିତରେ ଟି.ଭି. ଓ ମୋବାଇଲରୁ କେତେ ଶବ୍ଦ। ରାସ୍ତାଘାଟରେ ଯିବାବେଳେ ଯାନବାହାନର କେତେ ଶବ୍ଦ। ଏହିସବୁ ଶବ୍ଦ ପ୍ରଦୂଷଣ ଆମକୁ ରୁଗଣ କରିଥାଏ। ଆମ ଜୀବନର ସୂକ୍ଷ୍ମ ଶ୍ରବଣ ଓ କଥୋପକଥନକୁ ଭାଂଗି ଏକ କୋଳାହଳମୟ ସ୍ଥୁଳତା ଓ ରୁଗ୍ଣତା ଆଡ଼କୁ ଘେନିଯାଏ।

ତେଣୁ ଆମର ରୁଗ୍ଣତା ଓ ସୁସ୍ଥତାର ବ୍ୟକ୍ତିଗତ, ସାମାଜିକ, ସାଂସ୍କୃତିକ ଓ ପରିବେଶଗତ ପରିସର ଓ ପଦକ୍ଷେପ ରହିଛି। ସ୍ୱାସ୍ଥ୍ୟ ଓ ସୁସ୍ଥତାର ସାଧନା ଓ ସଂଗ୍ରାମ ଏକ ସଂଯୁକ୍ତ ସାଧନା ଓ ସଂଗ୍ରାମ। ଏହା ସହିତ ଆମର ଜୀବନ ବଞ୍ଚିବାର ମାର୍ଗ ବା ଶୈଳୀ। ଆମ ବ୍ୟକ୍ତିଗତ, ସାମାଜିକ, ସାଂସ୍କୃତିକ ଓ ପରିବେଶଗତ ଜୀବନରେ ଆମେ କେମିତି ଜୀବନ ବଞ୍ଚୁଛୁ ଏହା ଆମର ସ୍ୱାସ୍ଥ୍ୟ ଓ ରୁଗ୍ଣତାକୁ ପ୍ରଭାବିତ କରିଥାଏ। ଯଦି ଏକ ସୁନ୍ଦର, ସତ୍ୟବନ୍ତ ଓ ନ୍ୟାୟପୂର୍ଣ୍ଣ ଜୀବନ ବଞ୍ଚୁ ତେବେ ଏହି ଜୀବନରେ ଆମର ଆତ୍ମା, ବ୍ୟକ୍ତି, ସମାଜ, ପ୍ରକୃତି ଓ ଦିବ୍ୟ ପ୍ରସ୍ଫୁଟିତ ହୁଅନ୍ତି ଓ ଏହି ଜୀବନ ଆମକୁ ସୁସ୍ଥ କରି ରଖେ। ଏମିତି ଜୀବନରେ ବାହାର ଓ ଭିତର ମଧ୍ୟରେ କମ୍ ଦୂରତା ଥାଏ। ଆମେ ସତ୍ୟବନ୍ତ ଜୀବନ ବଞ୍ଚିଲେ ସତ୍ୟ ହିଁ ଜନନୀ ଭଳି ଆମକୁ ମୁକ୍ତ ଓ ସୁସ୍ଥ କରି ରଖେ। ଆମ ମନରୁ ଭୟ ଏକ ସତ୍ୟନିଷ୍ଠା ଓ ସତ୍ୟ ବିଶ୍ୱାସରେ ରୂପାନ୍ତରିତ ହୁଏ ଓ ଏହି ଭୟଶୂନ୍ୟତା ଆମ ମନରୁ ଅନେକ ଉଦ୍ ବିଗ୍ନତା ଦୂର କରିଦିଏ। ଆମେ ଉଦବିଗ୍ନ ହେଲେ ଆମେ ରୁଗ୍ଣ ହୋଇପଡୁ। ସତ୍ୟବନ୍ତ ଜୀବନରେ ଅନେକ ଆହ୍ୱାନ ରହିଛି ମାତ୍ର ଏହି ଆହ୍ୱାନମାନ ଆମକୁ ଦିବ୍ୟଯୁକ୍ତ ଓ ସତ୍ୟମୟ ସମ୍ବନ୍ଧ ସହିତ ଯୁକ୍ତ କରେ। ଏହା ଆମକୁ ଦିବ୍ୟଶକ୍ତ ଓ ସମ୍ବନ୍ଧଶକ୍ତ କରିଥାଏ। ଠିକ୍ ସେମିତି ଆମ ଜୀବନରେ ଯେତେଯେତେ ସାଧୁତାର ଜୀବନ ବଞ୍ଚୁ, ଆମର ଜୀବନ ସେତିକି ସୁସ୍ଥ ରହେ। ମିଛ କହିଲେ ଆମ ଜୀବନ ବ୍ୟବସ୍ଥାରେ ଯେଉଁ ଅସହଂତି ଆସେ, ଏହି ଅସହଂତି ହିଁ ଆମକୁ ଧୀରେ ଧୀରେ ଖାଇଯାଏ। ଏହା ସହିତ ଏକ ନ୍ୟାୟବନ୍ତ ଜୀବନ। ନ୍ୟାୟବନ୍ତ ଜୀବନ.... ମର୍ଯ୍ୟାଦାର ଜୀବନ। ଆମେ ନିଜକୁ ଓ ଅନ୍ୟମାନଙ୍କୁ ମର୍ଯ୍ୟାଦାର ସହ କୋଳାଇ ନେବା, ଉତ୍ତୋଳିତ କରି ରଖିବା। ଆମେ ନିଜକୁ ଓ ଅନ୍ୟମାନଙ୍କୁ ଅମର୍ଯ୍ୟାଦା କରିବା ନାହିଁ । ଆମ ଶରୀରକୁ ଶାରିରୀକ ସୁଖ ନାଆଁରେ ଅମର୍ଯ୍ୟାଦା କରିବା ନାହିଁ। ଯେଉଁ ଅମର୍ଯ୍ୟାଦା ଓ ଉଲଂଘନ ହିଁ ଆମ ଜୀବନରେ ଅନେକ ବ୍ୟାଧି ସୃଷ୍ଟି କରେ। ସାମ୍ପ୍ରତିକ ଜୀବନରେ କାମନା ଓ ବାସନାର ଭୃତ୍ୟ ହୋଇ ଆମେ ଆମ ନିଜର ଓ

ଅନ୍ୟର ଅଂଗ ଓ ଆତ୍ମାକୁ କେତେ ଅମାର୍ଯ୍ୟଦା କରୁଛୁ। ଏହିସବୁ ଆମକୁ ରୁଗ୍ଣତା କରିଦେଉଛି। ଏହା ସହିତ ଆମେ ଯେତେବେଳେ ଅନ୍ୟପ୍ରତି ଅନ୍ୟାୟ କରୁ, ଅନ୍ୟର ଜୀବନ ଉପରେ ଅବଦମନ ଓ ଆଧିପତ୍ୟ ବିସ୍ତାର କରୁଁ ତାହା ନିଜ ପାଇଁ ଓ ଅନ୍ୟ ପାଇଁ ଏକ ରୁଗ୍ଣ ପରିସ୍ଥିତି ସୃଷ୍ଟି କରେ। ଆମର ପୁରାଣ ମାନଙ୍କରେ ମତ୍ସ୍ୟ ନ୍ୟାୟ କଥା କୁହାଯାଇଛି ଯେଉଁଥିରେ ବଡ଼ ମାଛମାନେ ସାନ ମାଛମାନଙ୍କୁ ଗିଳି ପକାଉଛନ୍ତି। ଏମିତି ଗିଳି ପକାଇବା ଆମକୁ ରୁଗ୍ଣ କରେ। ମତ୍ସ୍ୟ ନ୍ୟାୟ ସ୍ଥାନରେ ଆମେ ଯେତେବେଳେ ଜନନୀ ନ୍ୟାୟର ଚିନ୍ତନ ଓ ପଥ ଅବଲମ୍ବନ କରୁ। ନ୍ୟାୟ ଓ ମର୍ଯ୍ୟାଦା ଓ ଅନ୍ୟଟି ହେଉଛି ସଂଳାପ ।(୨) ଗୋଟିଏ ସୁନ୍ଦର ଜୀବନରେ ସୌନ୍ଦର୍ଯ୍ୟ ନ୍ୟାୟ ମର୍ଯ୍ୟାଦା ଓ ସଂଳାପ ତ୍ରିବେଣୀ ଭାବେ ସଦା ବହିଯାଉଥାଆନ୍ତି ଓ ଆମ ଜୀବନରେ ବିକାଶଶୀଳ ଓ ବିବର୍ତ୍ତନମୟ ଏକ ଓ ଅନେକ ସଙ୍ଗମ ସୃଷ୍ଟି କରୁଥାନ୍ତି। ସଂଳାପହିଁ ଆମକୁ ନିଜ ସହିତ ପରସ୍ପର ସହିତ ଓ ପରସ୍ପର ପାଖକୁ ପରସ୍ପର ସହିତ ଆଣେ। ସଂଳାପରେ ସୌନ୍ଦର୍ଯ୍ୟ ସୃଷ୍ଟି ହୁଏ। ପାରସ୍ପରିକ କଥୋପକଥନ ଓ ସଂଳାପ ରହିଥିଲେ ଆମେ ପରସ୍ପର ଉପରେ ଆସ୍ଥା ସ୍ଥାପନ କରିପାରୁ, ବିଶ୍ୱାସ ରଖୁ ଓ ଏହି ଆସ୍ଥା ଓ ବିଶ୍ୱାସ ଆମ ଭିତରୁ ଭୟ ଦୂର କରେ, ଶଙ୍କା ଦୂର କରେ ଓ ଆମକୁ ଯୁକ୍ତ କରାଏ ଯେଉଁ ଯୋଗ ଆମକୁ ସୁସ୍ଥ ରଖେ ଓ ସୁସ୍ଥ କରେ। ପାରସ୍ପରିକ କଥୋପକଥନ ଓ ସଂଳାପ ବିନା ଆମ ଜୀବନ ମରୁଭୂମିରେ ପରିଣତ ହୁଏ। ଆମ ଜୀବନ ଶୁଷ୍କ ହୋଇଯାଏ।

ସ୍ୱାସ୍ଥ୍ୟ ପାଇଁ ସୁନ୍ଦର ଜୀବନ, ସୁନ୍ଦର ଜୀବନ ସହିତ ଆମର ସ୍ୱାସ୍ଥ୍ୟ। ସୁନ୍ଦର ଜୀବନ ଏକ ପ୍ରାଣବନ୍ତ ଜୀବନ। ଦକ୍ଷିଣ ଆମେରିକାରେ ଏହାକୁ Bon vivier ବୋଲି କୁହାଯାଏ। ଆଫ୍ରିକାରେ ଉବୁନ୍ତୁ ହେଉଛି ଏକ ଜୀବନ ଭୂମି ଓ ଆକାଶ ଯେଉଁଠାରେ ଜଣଙ୍କର ସୁସ୍ଥତା ଅନ୍ୟ ଜଣଙ୍କର ସୁସ୍ଥତା, ଆମ ସଭିଙ୍କ ସୁସ୍ଥତା ଉପରେ ନିର୍ଭର କରେ। ଉବୁନ୍ତୁ ଜୀବନ ମାର୍ଗରେ ଜଣେ କୁହେ: 'ମୁଁ ଭଲ ଅଛି କାରଣ ଆପଣ ଭଲ ଅଛନ୍ତି।' ଉବୁନ୍ତୁ ଜୀବନ ପଥ ଏକ ଉବୁନ୍ତୁବନ୍ତ ବ୍ୟକ୍ତି ଓ ସମାଜ ସୃଷ୍ଟି କରେ ଯାହା ଏକ ସୁସ୍ଥ ଜୀବନ ସୃଷ୍ଟି କରେ। ଏହା ସହିତ ଆମ ଭାରତୀୟ ଅଧ୍ୟାତ୍ମ ପରମ୍ପରାରେ ଅଦ୍ୱୈତ । ପର ଓ ଅପର ମଧ୍ୟରେ ବିଭାଜନ ଆମ ଜୀବନରେ ଭ୍ରମ ଓ ଅଜ୍ଞାନତା ସୃଷ୍ଟି କରେ। ବିଭଜନକୁ ଅତିକ୍ରମ କରି ଆମେ ଐକ୍ୟଯୁକ୍ତ ହେବା। ବିଭାଜନ ହିଁ ରୁଗ୍ଣତା, ବିଭାଜନ ହିଁ ମୃତ୍ୟୁ, ଐକ୍ୟଯୁକ୍ତତା ହେଉଛି ଆମର ଜୀବନ ଓ ସୁସ୍ଥତା।

ସୁନ୍ଦର ଜୀବନ ଏକ ଉତ୍ତମ ଜୀବନ। ଉତ୍ତମ ଜୀବନ ସହିତ ଉତ୍ତମ ସମାଜ। ସେହି ସମାଜଟି ଉତ୍ତମ ଯେଉଁଥିରେ ଆମେ ସମସ୍ତେ ସୃଜନଶୀଳ। ଆମେ ପରସ୍ପର

ସହିତ ଯୁକ୍ତ ଓ ଧ୍ୟାନମୟ ହେଉ... attentive ହେଉ। (୩) ଆମେ ପରସ୍ପରର ମୁଖଶ୍ରୀକୁ ଚାହିଁ ପରସ୍ପରର ବିକାଶ ପାଇଁ ସାଧନା ଓ ସଂଗ୍ରାମ କରୁ। ଉତ୍ତମ ସମାଜରେ ଅନୁଷ୍ଠାନମାନ ଆମକୁ ଆମର ସମ୍ଭାବନାର ପ୍ରସ୍ଫୁଟନ ପାଇଁ ସାହାଯ୍ୟ କରନ୍ତି। ଅନୁଷ୍ଠାନମାନେ ଆମକୁ ଶୃଙ୍ଖଳ ଜଞ୍ଜିରରେ ବାନ୍ଧି ରଖନ୍ତି ନାହିଁ। ଅନୁଷ୍ଠାନମାନଙ୍କ ସହିତ ବ୍ୟକ୍ତି ଓ ଆତ୍ମା ମଧ୍ୟ ନିଜ ଓ ଅନ୍ୟମାନଙ୍କର ସ୍ୱାସ୍ଥ୍ୟ ଓ ବିକାଶ ପାଇଁ ଯତ୍ନଶୀଳ ହୁଏ।

ଉତ୍ତମ ସମାଜକୁ ଇଂରାଜୀ ଭାଷାରେ Good Society ବୋଲି କୁହାଯାଏ। ଆଧୁନିକ ରାଜନୈତିକ ଦର୍ଶନରେ Good – ଉତ୍ତମ ଓ ଅଧିକାର Right ଭିତରେ ସଂପର୍କ ବିଷୟରେ ଆଲୋଚନା କରାଯାଇଛି। ଆମ ସମୟର ଅନେକ ରାଜନୈତିକ ଦାର୍ଶନିକମାନେ ଆମକୁ ଆହ୍ୱାନ ଦିଅନ୍ତି ଯେ' ଆମେ ଯାହାକୁ ଉତ୍ତମ ଜୀବନ ଓ ଉତ୍ତମ ସମାଜ ବୋଲି ଭାବୁଛୁ ଓ କହୁଛୁ... ଏହି ସମାଜରେ ଯଦି ଅଧିକାର ଓ ନ୍ୟାୟ ନଥାଏ ତେବେ ଏହା ଏକ ଉତ୍ତମ ସମାଜ ନୁହେଁ; ଏହା ଏକ ରୁଗ୍ଣ ସମାଜ। ଜନ୍ ରାଲସ୍, ଜୁର୍ଗେନ୍ ହାବରମସ୍ ଓ ଅମର୍ତ୍ତ୍ୟ ସେନ ତାଙ୍କର ନିଜ ନିଜ ଧାରାରେ ଆମକୁ priority of Rights over Good ସଂପର୍କରେ କହିଛନ୍ତି।(୪) ମାତ୍ର ଏକ ସୁସ୍ଥ ଓ ଉତ୍ତମ ସମାଜରେ ଆମେ ସାଙ୍ଗ ହୋଇ Right ଓ Good କୁ ପ୍ରସ୍ଫୁଟିତ କରାଇବା। Right କଥା କହିବାବେଳେ ଆମେ କେବଳ ଆଧୁନିକ ଅଧିକାର ବିଷୟରେ କହିବା ନାହିଁ ଆମେ ମଧ୍ୟ Right living ଓ Right thinking ବିଷୟରେ ଚିନ୍ତା କରିବା ଓ ଆମେ ଏହାକୁ ଆମ ଜୀବନରେ ବଞ୍ଚିବା। ଏହା ସହିତ Rite। ଚୀନ୍‌ର କନଫୁସିଆନ୍ ଜୀବନ ମାର୍ଗରେ Rite.... ଆମର ଜୀବନ ଶୈଳୀ ଉପରେ ଗୁରୁତ୍ୱ ଦିଆଯାଇଥାଏ। Right, Good ସହିତ Rite ଓ ଏହା ସହିତ God.... ଦିବ୍ୟ। ଏହି ଦିବ୍ୟ ଜଣେ ଓ ଅନେକ ବଂଧନହୀନ ଦିବ୍ୟ ଯାହାର ସଂକେତ ଆମକୁ ଶ୍ରୀଅରବିନ୍ଦ ଆପଣାର ଦିବ୍ୟ ଜୀବନ ଗ୍ରନ୍ଥରେ ପ୍ରଦାନ କରିଛନ୍ତି। ତେଣୁ ସ୍ୱାସ୍ଥ୍ୟ ଓ ସୁସ୍ଥତା ପାଇଁ ଆମେ ଏକ ସୁନ୍ଦର ଓ ଉତ୍ତମ ଜୀବନଯାପନ କରିବା, ଏକ ସୁନ୍ଦର ଓ ଉତ୍ତମ ସମାଜ ସ୍ଥାପନା କରିବା ଯେଉଁଥିରେ Good, God, Right ଓ Rite... ଉତ୍ତମ ଜୀବନ, ଦିବ୍ୟ ଜୀବନ, ଅଧିକାର ଯୁକ୍ତ ଜୀବନ, ସମ୍ୟକ୍ ଚିନ୍ତା ଓ କର୍ମର ଜୀବନ ଓ ଏକ ଜୀବନଶୈଳୀ... ସଂଯୁକ୍ତ ହୋଇ ରହନ୍ତି ଓ କର୍ଷିତ ହୋଇ ରହନ୍ତି।

ଏହିସବୁ ସଂଯୁକ୍ତ ପରିସର ଓ ପରିପ୍ରେକ୍ଷୀରେ ଆମେ ବୁଝିପାରିବା ସ୍ୱାସ୍ଥ୍ୟ ଓ ସୁସ୍ଥତା ଆମେ କେଉଁ ପ୍ରକାର ଜୀବନ ବଞ୍ଚୁଛୁ ଓ ଏହା ଉପରେ ନିର୍ଭର କରେ। ୟୁରୋପର ପ୍ରଖ୍ୟାତ ଦାର୍ଶନିକ ଗାଡାମାର ଆପଣାର ପୁସ୍ତକ The Enigma of

Health: The Art of Healing in a Scientific Age ରେ ଆମକୁ କହୁଛନ୍ତି, 'ଆମର ସ୍ୱାସ୍ଥ୍ୟ manipulation ବା ଶକ୍ତିଶାଳୀ ହସ୍ତକ୍ଷେପ ଉପରେ ନିର୍ଭର କରେ ନାହିଁ। ଆମର ସ୍ୱାସ୍ଥ୍ୟ ଆମେ ବଞ୍ଚୁଥିବା ଜୀବନ ଉପରେ ନିର୍ଭର କରେ।' ଆମ ଓଡ଼ିଶାରେ ଶ୍ରୀଯୁକ୍ତ ଚିତ୍ତରଞ୍ଜନ ଦାସ ଆପଣାର ଅନେକ ପୁସ୍ତକ ଓ ଆଲୋଚନାରେ ଆମକୁ କୁହନ୍ତି ଯେ, ଆମର ବ୍ୟକ୍ତିଗତ ଓ ସାମାଜିକ ସ୍ୱାସ୍ଥ୍ୟ ଆମେ କେଉଁ ପ୍ରକାର ଜୀବନ ବଞ୍ଚୁଛୁ ଓ କେଉଁ ପ୍ରକାରର ସମାଜରେ ବଞ୍ଚୁଛୁ ଏହା ଉପରେ ନିର୍ଭର କରେ।(୫)

-୨-

ସ୍ୱାସ୍ଥ୍ୟର ଏହି ପ୍ରାରମ୍ଭିକ ଆଲୋଚନା ଓ ଦ୍ୱାର ଉନ୍ମୋଚନ ସହିତ ଆମେ ଏହା ସହିତ ସଂଶ୍ଳିଷ୍ଟ କେତେକ ଗୁରୁତ୍ୱପୂର୍ଣ୍ଣ ପ୍ରଶ୍ନ କେତେଟାକୁ ଏବେ ଆଲୋଚନା କରିପାରିବା। ଏହି ସଂକ୍ରାନ୍ତରେ ଗୋଟିଏ ମହତ୍ତ୍ୱପୂର୍ଣ୍ଣ ଆଲୋଚନା ହେଉଛି ଯେ, ବ୍ୟକ୍ତି ଯେ' କେବଳ ରୋଗୀ ତାହା ନୁହେଁ, ସମାଜ ମଧ୍ୟ ରୋଗୀ ହୋଇପାରେ। ଆମେରିକୀୟ ମନସ୍ତତ୍ତ୍ୱବିଦ୍ Lawrence K. Frank ଆପଣାର 'Society as a Patient' ଶୀର୍ଷକ ପ୍ରବନ୍ଧ ଓ ପୁସ୍ତକରେ ଏହି ବିଷୟରେ ଆଲୋଚନା କରିଛନ୍ତି।(୬) ୧୯୩୩ ମସିହାରେ ପ୍ରଥମେ ପ୍ରକାଶିତ ଆପଣାର ପ୍ରବନ୍ଧରେ ଶ୍ରୀଯୁକ୍ତ ଫ୍ରାଙ୍କ ଆମକୁ କହୁଛନ୍ତି, 'ଚିନ୍ତାଶୀଳ ବ୍ୟକ୍ତିମାନଙ୍କ ପକ୍ଷରେ କ୍ରମଶଃ ଏମିତି ଏକ ଅନୁଭବ ହେଉଛି ଯେ' ଆମର ସଂସ୍କୃତି ରୋଗଗ୍ରସ୍ତ।' ଶ୍ରୀଯୁକ୍ତ ଫ୍ରାଙ୍କ କହୁଛନ୍ତି ଯେ' ଆମର ସମାଜ ଓ ସଂସ୍କୃତିରେ ଏହି ରୋଗଗ୍ରସ୍ତତା ଏମିତି ଚରିଯାଇଛି ଯେ' ଆମ ପକ୍ଷେ କହିବା କାଠିକର ପାଠ କେଉଁଟା ସୁଗୁଣ ଓ କେଉଁଟି ଅସୁସ୍ଥତା। ପୂର୍ବ ଆଲୋଚିତ ଆଲୋଚନାର ଧାରାରେ ଶ୍ରୀଯୁକ୍ତ ଫ୍ରାଙ୍କ ଆମକୁ କହୁଛନ୍ତି: ସମାଜର ସଂଗଠନ ଆମକୁ କେବଳ ପରସ୍ପର ସହିତ ପ୍ରତିଦ୍ୱନ୍ଦିତା ପାଇଁ। ଶ୍ରୀଯୁକ୍ତ ଫ୍ରାଙ୍କ ଆମକୁ କହୁଛନ୍ତି ଯେ' ଆମେରିକୀୟ ସମାଜରେ ପରିବାର ଓ ବିଦ୍ୟାଳୟରେ ଯେମିତି ପ୍ରତିଦ୍ୱନ୍ଦିତା ଉପରେ ଗୁରୁତ୍ୱ ଦିଆଯାଏ ତାହା ଅନେକ ବିଭ୍ରାନ୍ତି ଓ କ୍ଷତ ସୃଷ୍ଟି କରେ; ଏହା ସମାଜକୁ ରୋଗୀ କରି ପକାଏ। ଯେଉଁମାନେ ପ୍ରତିଦ୍ୱନ୍ଦ୍ୱିତାରେ ଜିତି ନପାରନ୍ତି ସେମାନେ ତଳେ ପଡ଼ି ଯାଆନ୍ତି, ବିଦ୍ୟାଳୟ ଓ ସମାଜରୁ ଆପଣାକୁ ବହିଷ୍କୃତ ଓ ଦରିଦ୍ର ରୂପେ ଅନୁଭବ କରନ୍ତି। ଶ୍ରୀଯୁକ୍ତ ଫ୍ରାଙ୍କଙ୍କ ମତରେ ଯେଉଁ ସମାଜର ଶ୍ରେଣୀ ବ୍ୟବସ୍ଥା ଏତେ ବଡ଼ ଧରଣର ଦାରିଦ୍ର୍ୟ ସୃଷ୍ଟି କରେ ତାହା ସମାଜକୁ ରୋଗଗ୍ରସ୍ତ କରେ। ଶ୍ରୀଯୁକ୍ତ ଫ୍ରାଙ୍କଙ୍କର ଏହି ସମୀକ୍ଷାତ୍ମକ ଆଲୋଚନାକୁ ଆମେ ଏକ ସମୀକ୍ଷାତ୍ମକ ମାନଦଣ୍ଡ ରୂପେ ବ୍ୟବହାର କରିବା। ସମାଜର ରୁଗ୍ଣତାକୁ ବିଚାର କରିବାକୁ ଏଥିରେ ଥିବା ପ୍ରତିଦ୍ୱନ୍ଦିତାର ସଂଘାତ ଓ ଦାରିଦ୍ର୍ୟକୁ ବୁଝିବା ଓ ବିଚାରକୁ ନେବା। ସମାଜରେ ଦାରିଦ୍ର୍ୟ ରହିଛି, ଏହି ଦାରିଦ୍ର୍ୟର ସ୍ୱରୂପ କ'ଣ, ତାକୁ

ବୁଝି କେତେମାତ୍ରାରେ ରୁଗ୍ଣ ତାହାକୁ ବୁଝିବାକୁ ପ୍ରୟାସ କରିବା ।

ସାମାଜିକ ବ୍ୟାଧି ସଂପର୍କରେ ଶ୍ରୀଯୁକ୍ତ ଫ୍ରାଙ୍କଙ୍କ ଏହି ମହତ୍ତ୍ୱପୂର୍ଣ୍ଣ ଆଲୋଚନାର ପ୍ରାୟ ପଞ୍ଚଷଠି ବର୍ଷପରେ ଫ୍ରାନସର ସମାଜବିତ୍ ଶ୍ରୀଯୁକ୍ତ ପିଅର ବୁର୍ଦ୍ଦୁଓ (Pierre Bourdiue) ଓ ତାଙ୍କର ସହଯୋଗୀମାନେ ଏକ ମହତ୍ତ୍ୱପୂର୍ଣ୍ଣ ଅଧ୍ୟୟନ ଓ ଆଲୋଚନା କରିଛନ୍ତି ଯାହାର ନାମ ହେଉଛି ସାମାଜିକ ଯନ୍ତ୍ରଣା ବା social suffering ।(୮) ଏହି ପୁସ୍ତକରେ ଶ୍ରୀଯୁକ୍ତ ବୁର୍ଦ୍ଦୁଓ ଓ ତାଙ୍କର ସହଯୋଗୀମାନେ ତାଙ୍କର ନିଜର ଦେଶ ଫ୍ରାନସରେ କିପରି ସାମାଜିକ ଯନ୍ତ୍ରଣା ସୃଷ୍ଟି ହେଉଛି ସେହି ସଂପର୍କରେ ଆଲୋଚନା କରିଛନ୍ତି । ଏହି ପୁସ୍ତକରେ ଶ୍ରୀଯୁକ୍ତ ପ୍ୟାଟ୍ରିକ୍ ଚାମ୍ପାଗାନେ (Patrick Champagne) ଆମକୁ କହୁଛନ୍ତି କେମିତି ରାଷ୍ଟ୍ର ସକଳ ସାମାଜିକ ବ୍ୟାଧିକୁ କେବଳ ଭେଷଜ ଦୃଷ୍ଟିରେ ଦେଖୁଛି । ଉଦାହରଣ ସ୍ୱରୂପ, ଫ୍ରାନସ ସମାଜରେ ଯେଉଁ ଦାରିଦ୍ର୍ୟ ଓ ବର୍ଣ୍ଣ ବିଦ୍ୱେଷ ରହିଛି, ଯେଉଁଥିରେ ଆଫ୍ରିକାରେ ଥିବା ଫ୍ରାନସର ପୂର୍ବ ଉପନିବେଶରୁ ଆସୁଥିବା ଲୋକମାନେ ନିଜକୁ ନିମ୍ନ ବୋଲି ଭାବନ୍ତି । ଏହା ଫଳରେ ସେମାନଙ୍କ ମଧ୍ୟରୁ କେତେକ ମାନସିକ ରୋଗରେ ପଡ଼ନ୍ତି । ମାତ୍ର ଏହାର କେବଳ ଔଷଧ ନୁହେଁ । ଏମିତି ସମାଜ ଓ ରାଷ୍ଟ୍ରର ପରିବର୍ତ୍ତନ ଆବଶ୍ୟକ । ଫ୍ରାନସର ବିଦ୍ୟାଳୟ ବ୍ୟବସ୍ଥା କିପରି ଅନେକ ଛାତ୍ର-ଛାତ୍ରୀମାନଙ୍କୁ ସ୍କୁଲରୁ ବାହାରକୁ ଠେଲି ଦେଉଛି ସେମାନଙ୍କ ଅସଫଳତା ପାଇଁ । ଏହି ବିଷୟରେ ଶ୍ରୀଯୁକ୍ତ ଚାମ୍ପ ଓ ଶ୍ରୀଯୁକ୍ତ ବୁର୍ଦ୍ଦୁଓ ଆପଣାର ଅଧ୍ୟାୟରେ ଆଲୋଚନା କରିଛନ୍ତି । ସେମାନଙ୍କ ଅନୁଭବରେ, ବିଦ୍ୟାଳୟ ଏମିତି ବହିଷ୍କୃତ ଛାତ୍ର-ଛାତ୍ରୀମାନଙ୍କୁ ସୃଷ୍ଟି କରିବାର ସ୍ଥାୟୀ ଘର ହୋଇଯାଇଛି । ଏମିତି ପ୍ରକ୍ରିୟା ବ୍ୟକ୍ତି ଓ ସମାଜର ଜୀବନରେ ଯନ୍ତ୍ରଣା ସୃଷ୍ଟି କରେ ଓ ଏମିତି ସାମାଜିକ ଯନ୍ତ୍ରଣା ନଷ୍ଟ ଜୀବନମାନ (wasted lives) ସୃଷ୍ଟି କରେ । ମଲିକ ନାମକ ଜଣେ ଛାତ୍ର ସଂପର୍କରେ ଶ୍ରୀଯୁକ୍ତ ବୁର୍ଦ୍ଦୁଓ ଲେଖୁଛନ୍ତି, ମଲିକକୁ ମାତ୍ର ଉଣେଇଶ ବର୍ଷ ଓ ସେ ଅନେକ ଜୀବନ ବଞ୍ଚି ସାରିଛି । ଆମେ ଯେତେବେଳେ ତାକୁ ଭେଟିଲୁ ସେ ଗୋଟିଏ ନିମ୍ନମାନର ସହର ଉପାନ୍ତ ସ୍କୁଲରେ ପଢୁଥିଲା । ସେ କୌଣସି ଦରମା ନପାଇ ଗୋଟିଏ ସଂସ୍ଥାରେ intern ରୁପେ କାର୍ଯ୍ୟ କରୁଥିଲା, ସେ ଆପଣାକୁ ସଂଜ୍ଞାହୀନ ଏକ ଚାକିରି ପଥ ଓ ଜୀବନ ପଥ ପାଇଁ ପ୍ରଶିକ୍ଷିତ କରୁଥିଲା । ଏମିତି ପ୍ରକ୍ରିୟାରେ ସମାଜର ଅନୁଷ୍ଠାନ ମାନଙ୍କରେ ଆମେ ଦୃଶ୍ୟମାନ ଓ ଅଦୃଶ୍ୟ ହିଂସା ଦେଖୁ । ବିଦ୍ୟାଳୟ ବ୍ୟବସ୍ଥା ଏକ ହିଂସ୍ର ବ୍ୟବସ୍ଥା ଯେଉଁଥିରେ ସମାଜର ତଳ ସ୍ତରରୁ ଓ immigrant ଅବସ୍ଥାରୁ ଆସୁଥିବା ପିଲାମାନେ ବିଦ୍ୟାଳୟ ବ୍ୟବସ୍ଥା ସହିତ ଖାପ ଖୁଆଇ ନପାରି ବିଦ୍ୟାଳୟରୁ ଖସି ପଡ଼ନ୍ତି । ଏହି ପ୍ରକ୍ରିୟାରେ ସମାଜ ଓ ବିଦ୍ୟାଳୟ ଯାହା ଦିଏ ତାହା ଏକ 'ବିଷଯୁକ୍ତ ଦାନ' ବା

'poisoned gift' ରେ ପରିଣତ ହୁଏ। ସମାଜର 'super high way' ମାନ ରାଜରାସ୍ତାମାନ dead end street ବା ଶେଷ ରାସ୍ତାରେ ପରିଣତ ହୁଅନ୍ତି। ସାମାଜିକ ଯନ୍ତ୍ରଣାରେ ସାଧାରଣ ରାସ୍ତାମାନ ଏକ ମରୁଭୂମିର ରାସ୍ତାରେ ପରିଣତ ହୁଏ। (୯)

ସାଧାରଣ ଯନ୍ତ୍ରଣା ଓ ବ୍ୟାଧି ସଂପର୍କରେ ଏହି ଆଲୋଚନା ସହିତ ଆମେ ପ୍ରଖ୍ୟାତ ମନସ୍ତତ୍ତ୍ୱବିଦ୍ Victor Frankl ଙ୍କର ଆଲୋଚନାକୁ ଏହା ସହିତ ଯୋଡ଼ିପାରିବା। (୧୦) ଶ୍ରୀଯୁକ୍ତ ଫ୍ରାଙ୍କଲ୍ ଆମ ସମୟର ସାମୂହିକ ମାନସିକ ବ୍ୟାଧି ସଂପର୍କରେ କହିଛନ୍ତି। ଏହାର ନିମ୍ନ କେତୋଟି ପ୍ରଧାନ ଲକ୍ଷ୍ୟ ହେଉଛି: କ) ଜୀବନ ପ୍ରତି ଏକ ଭାସମାନ ବା ephemeral ଦୃଷ୍ଟି, ଖ) ଜୀବନ ପ୍ରତି ଏକ ଭଗ୍ୟବାଦୀ ଦୃଷ୍ଟି ଯାହା ମନୁଷ୍ୟକୁ ପରିବେଶର ଦ୍ୱାରା ସୃଷ୍ଟ ଓ ନିର୍ଣ୍ଣୟିତ ଏକ ପ୍ରାଣୀ ବୋଲି ଭାବେ: ଗ) ମାନିନେବା ଓ ସମଷ୍ଟିମୂଳକ ଚିନ୍ତା ଅର୍ଥାତ୍ ସମଷ୍ଟି ଯେମିତି ଚିନ୍ତା କରୁଛି ସେହି ଅନୁସାରେ ଚିନ୍ତା କରିବା ଓ ତାହାକୁ ମାନିନେବା। ଶ୍ରୀଯୁକ୍ତ ଫ୍ରାଙ୍କଲଙ୍କ ବିଚାରରେ ଏହି ଚାରୋଟି ଲକ୍ଷଣ ଗୋଟିଏ ମୂଳଭୂତ ସମସ୍ୟା ସହିତ ଜଡିତ ତାହା ହେଉଛି ସ୍ୱାଧୀନତା ଓ ଦାୟିତ୍ୱରୁ ପଳାୟନ। ମାତ୍ର ସ୍ୱାଧୀନତା ଓ ଦାୟିତ୍ୱ ଗୋଟିଏ ମନୁଷ୍ୟକୁ ଏକ ଆଧ୍ୟାତ୍ମିକ ସତ୍ତା ରୂପେ ସୃଷ୍ଟି କରେ।

ଫ୍ରାଙ୍କଲ ଆମକୁ ସ୍ୱାଧୀନତା ଓ ଦାୟିତ୍ୱରୁ ପଳାୟନ ସଂପର୍କରେ କହିଛନ୍ତି। ଏହି କ୍ଷେତ୍ରରେ ଆମେ ମନସ୍ତତ୍ତ୍ୱବିଦ୍ ଏରିକ ଫ୍ରାମ୍‌ଙ୍କର Escape from Freedom ଆଲୋଚନାକୁ ମନେ ପକାଇ ପାରିବା। ଆମେ ଅନେକ ସମୟରେ ସ୍ୱାଧୀନତା ଠାରୁ ପଳାୟନ କରୁ। (୧୧) ଏରିକ୍ ଫ୍ରମ୍ sane society କଥା କହିଛନ୍ତି ଓ sane society ପାଇଁ ଆମକୁ ଉଭୟ ସ୍ୱାଧୀନତା ଓ ଦାୟିତ୍ୱ ସହିତ ଯୁକ୍ତ ହୋଇ ରହିବାକୁ ହୋଇଥାଏ। (୧୨) ଯେତେବେଳେ ଆମେ ଏହି ଦୁଇଟିରୁ ପଳାୟନ କରୁ ସେତେବେଳେ ଆମେ ରୋଗାକ୍ରାନ୍ତ ହୋଇଉଠୁ... ମାନସିକ ଓ ଭୌତିକ ଦୃଷ୍ଟିରେ ମଧ୍ୟ। ଦାୟିତ୍ୱ ଓ ସ୍ୱାସ୍ଥ୍ୟ ଭିତରେ ଥିବା ନାନା ସୂତ୍ରକୁ ବୁଝିବାକୁ ହେଲେ ଆମେ ଏଠାରେ ଗାଂଧୀଙ୍କର ଜୀବନ ଓ ଦର୍ଶନକୁ ଆମ ପାଖକୁ ଆମନ୍ତ୍ରଣ କରିପାରିବା। ଗାଂଧୀ ଆମକୁ ଆମର ଦାୟିତ୍ୱ ପ୍ରତି ବିଶେଷ କରି ସମାଜର ଦରିଦ୍ରରୁ ଦରିଦ୍ରତମ ବ୍ୟକ୍ତି ପାଇଁ ଆମର ଦାୟିତ୍ୱ ପ୍ରତି ସଦା ଜାଗ୍ରତ ହେବାକୁ କୁହନ୍ତି। ଆମ ଭିତରେ ଯେତେବେଳେ କିଛି ନୂଆ ଆସେ ସେତେବେଳେ ଆମ ସହିତ ଦରିଦ୍ରରୁ ଦରିଦ୍ରତମ ଲୋକମାନଙ୍କର ମୁଖଶ୍ରୀକୁ ଆମେ ମନେ ପକାଇପାରିବା ଓ ଆମେ ନିଜକୁ ପଚାରିପାରିବା ଆମେ ଯାହା କରୁଛୁ ଏହା ବ୍ୟକ୍ତିର ଜୀବନରେ ସ୍ୱରାଜ ଆଣି ଦେଇପାରିବ, ଆନନ୍ଦର ଲହରୀ ବୁହାଇପାରିବ ଅଥବା ଯନ୍ତ୍ରଣା, ଅବକ୍ଷୟ ଓ ଅବମାନନା ସୃଷ୍ଟି କରିବ। ନିଜ ଭିତରେ

ବାନ୍ଧି ହୋଇଯିବା, ନିଜକୁ ସବୁବେଳେ ପ୍ରାଧାନ୍ୟ ଦେବା ଏକ ବ୍ୟାଧି। ଗାଂଧୀଙ୍କର ଏହି ଜୀବନ ଓ ଚିନ୍ତନ ପଥ ଆମକୁ ଆତ୍ମ କୈନ୍ଦ୍ରିକତାର ଏହି ବ୍ୟାଧିରୁ ମୁକ୍ତ କରେ ଓ ଆମକୁ ବ୍ୟକ୍ତି ଓ ସାମାଜିକ ସ୍ୱାସ୍ଥ୍ୟ ଓ ନିରାମୟତା ଆଡ଼କୁ ଘେନିଯାଏ। ଗାଂଧୀଙ୍କ ଭଳି ଦାର୍ଶନିକ ଇମାନୁଏଲ୍ ଲେଭିନାସ୍ ମଧ୍ୟ ଆମକୁ ନିଜ ଭିତରେ ବୁଡ଼ି ନଯାଇ ଓ କେବଳ ନିଜର ମୁହଁକୁ ଦର୍ପଣରେ ହଜାରବାର ନଦେଖି ଅନ୍ୟର ମୁଖଶ୍ରୀକୁ ଦେଖିବାକୁ ଆହ୍ୱାନ ଦିଅନ୍ତି। ଲେଭିନାସ୍‌ଙ୍କ ଅନୁଭବ ଓ ଆହ୍ୱାନର ଜୀବନ ଦର୍ଶନ ଓ ପଥରେ, ଅନ୍ୟର ମୁଖଶ୍ରୀଟି କେବଳ ମୋ ସମ୍ମୁଖରେ ନାହିଁ, ଏହା ମୋର ଆତ୍ମାରେ ରହିଛି। ଅନ୍ୟର ମୁଖଶ୍ରୀ ଓ ଜୀବନ ଆବଶ୍ୟକତା ମୁଁ ମୋର ଆତ୍ମ-କୈନ୍ଦ୍ରିକତା ଓ ଆବଶ୍ୟକତା ଠାରୁ ଊର୍ଦ୍ଧ୍ୱରେ ରଖି ମୁଁ ଅନ୍ୟ ସହିତ ଯତ୍ନ ଓ ଦାୟିତ୍ୱର ସହିତ ଯୁକ୍ତ ହେବି। ଏହି ଯୁକ୍ତମୟତା ହିଁ ମୋତେ ମୋ ଭିତରେ ବୁଡ଼ି ରହିବାର ବ୍ୟାଧିରୁ ମୁକ୍ତ କରିବ ଓ ମୋତେ ସୁସ୍ଥ ଓ ନିରାମୟ ରଖିବ।

ଏହି କ୍ଷେତ୍ରରେ ଗାଂଧୀ ଓ ଲେଭିନାସ୍‌ଙ୍କ ଆଗରୁ ଆସିଥିବା ଓ ଆମ ସହିତ ଏବେବି ଜୀବନ୍ତ ଭାବେ ବାଟ ଚାଲୁଥିବା ଡେନମାର୍କର ଦାର୍ଶନିକ ସୋରେନ୍ କିଏରକଗୋରଙ୍କ ଚିନ୍ତନ ଓ ଆଲୋଚନା ସହିତ ବାଟ ଚାଲିପାରିବା, ଧ୍ୟାନ କରିପାରିବା। ଆପଣାର 'Sickness unto Death' ପୁସ୍ତକରେ କିଏରକ୍ ଗୋର୍ ଆମକୁ despair ବା ହତାଶା ସମ୍ପର୍କରେ ଆଲୋଚନା କରିଛନ୍ତି।

ଏଥିରେ କିଏରକଗୋର୍ ଆମକୁ କହୁଛନ୍ତି: ମୃତ୍ୟୁଗାମୀ ରୋଗଟି ଏମିତି ଯେଉଁଥିରେ ଆମେ ଭାବୁ ଆମର ରୋଗର ଏକମାତ୍ର ସମାଧାନ ହେଉଛି ମୃତ୍ୟୁ ମାତ୍ର ମୃତ୍ୟୁ ମଧ୍ୟ ଆମ ପାଖକୁ ଆସେ ନାହିଁ। ମୃତ୍ୟୁହିଁ ଆମ ଜୀବନର ଶେଷ ଆଶା, ତାହା ମଧ୍ୟ ଘୁଞ୍ଚିଘୁଞ୍ଚି ଯାଏ। ହତାଶା ହେଉଛି ଏମିତି ଅବସ୍ଥା ଆମେ ମରିବାକୁ ନ ଚାହିଁବାରେ ମଧ୍ୟ ଆମେ ମରିପାରୁ। (୧୪) କିଏରକଗୋର୍ ଆମକୁ କହୁଛନ୍ତି ଯେ ଆମେ ଯେତିକି କମ୍ ସଚେତନ ରହୁ, ଗୋଟିଏ ବିଷୟ ବା ଅବସ୍ଥା ବିଷୟରେ ଆମେ ଯେତିକି କମ୍ ସଚେତନ ରହୁ, ସେହି ଚେତନାର ଅଭାବ ମଧ୍ୟ ଆମ ଭିତରେ କମ୍ ହତାଶା ସୃଷ୍ଟି କରେ। ଏହି କ୍ଷେତ୍ରରେ କିଏରକଗୋର୍ ଆମକୁ ଅନେକ ମହତ୍ତ୍ୱ ପୂର୍ଣ୍ଣ କଥାଟିଏ କହୁଛନ୍ତି: ଆଧୁନିକ ଜୀବନରେ ରାଷ୍ଟ୍ର (State) ଗୋଟିଏ ପ୍ରମୁଖ ଭୂମିକା ଗ୍ରହଣ କରେ ଓ ରାଷ୍ଟ୍ରର ନୀତି ଓ କାର୍ଯ୍ୟ ଆମ ଜୀବନରେ ଅନେକ ସମୟରେ ହତାଶା ସୃଷ୍ଟି କରିପାରେ। ମାତ୍ର ରାଷ୍ଟ୍ର ଜାଣେ ନାହିଁ ଯେ ହତାଶା ବୋଲି ଏମିତି ଏକ ଅବସ୍ଥା ରହିଛି। ରାଷ୍ଟ୍ରର ନୀତି ଓ ନିୟମରୁ ଯେଉଁ ଯନ୍ତ୍ରଣା ସୃଷ୍ଟି ହୁଏ ବ୍ୟକ୍ତି ଓ ସମାଜ ଜୀବନରେ ସେଥିପାଇଁ ରାଷ୍ଟ୍ର ବା ରାଷ୍ଟ୍ରର ଶାସନ ଓ ପରିଚାଳନା କରୁଥିବା

ବ୍ୟକ୍ତିମାନଙ୍କ ଆଖିରୁ କେବେ ଧାରଟିଏ ଲୁହ ଗଡ଼େନାହିଁ। ରାଷ୍ଟ୍ରର ନିୟମ ଅନୁସାରେ ନଦୀମାନଙ୍କ ଉପରେ ବଡ଼ ବଡ଼ ବଂଧମାନ ନିର୍ମାଣ କରାଯାଉଛି ଓ ଏହି ବଂଧମାନଙ୍କ ଦ୍ୱାରା କେତେକେତେ ଲୋକ ବିସ୍ଥାପିତ ହେଉଛନ୍ତି। କେତେ ଗାଆଁ, ସମୁଦାୟ ଓ ସଂସ୍କୃତି ଜଳରେ ବୁଡ଼ି ଯାଉଛନ୍ତି। ଆମ ଓଡ଼ିଶାରେ ମହାନଦୀରେ ହୀରାକୁଦ ବଂଧ ନିର୍ମାଣ ହେଲା। ଏହି ବଂଧ ନିର୍ମାଣ ଦ୍ୱାରା ଅନେକ ଗାଆଁ, ଲୋକ ଓ ସେଠାରେ ସଂସ୍କୃତି ବିସ୍ଥାପିତ ହେଲା। ମାତ୍ର ଏତେ ବଡ଼ ବଂଧ ନକରି ସାନସାନ ଅନେକ ବଂଧ କରିଥିଲେ ମଧ୍ୟ ସମାନ କାର୍ଯ୍ୟ କରାଯାଇ ପାରିଥାନ୍ତା: ଜଳସେଚନ, ବନ୍ୟା ନିୟନ୍ତ୍ରଣ, ବିଦ୍ୟୁତ ଉତ୍ପାଦନ। ମାତ୍ର ସେତେବେଳର ରାଷ୍ଟ୍ରର ଶାସକ ଓ ନିୟମକର୍ତ୍ତାମାନେ ଏମିତି ବିକଳ୍ପ କଥା ଭାବିଲେ ନାହିଁ, ଭାବିପାରିଲେ ନାହିଁ। ଆପଣାର ଉପନ୍ୟାସ 'ମହାପୁର ଉଠିଲେଣି'ରେ ଯଶୋଧାରା ମିଶ୍ର ଜଣେ ବୁଢ଼ୀ ମା'ଙ୍କ ଭାଷାରେ ଆମର ପ୍ରଥମ ପ୍ରଧାନମନ୍ତ୍ରୀ ନେହୁରଙ୍କ ସଂପର୍କରେ ଏମିତି ପ୍ରଶ୍ନଟିଏ ପଚାରିଛନ୍ତି: 'ଯଦି ତା'ର ବଂଧ ବଂଧାଇ ମନ୍ଦିର ବନାଇବାକୁ ଏତେ ମନଥିଲା ତେବେ ତା'ର ନିଜ ଗାଆଁରେ ଏହି ମନ୍ଦିର ବନାଇଲା ନାହିଁ?' (୧୪) ଏଠାରେ ପ୍ରଣିଧାନଯୋଗ୍ୟ ଯେ, ଆମର ଅନେକ ସମ୍ବେଦନଶୀଳ ମୁଖ୍ୟମନ୍ତ୍ରୀ ଶ୍ରଯୁକ୍ତ ନବକୃଷ୍ଣ ଚୌଧୁରୀ ଯାହାଙ୍କ ମୁଖ୍ୟମନ୍ତ୍ରୀତ୍ୱ ସମୟରେ ହୀରାକୁଦ ବଂଧ ନିର୍ମାଣ ହୋଇଥିଲା ସେ ବିସ୍ଥାପିତ ଲୋକମାନଙ୍କ ଲୁହଭିଜା ଆଖି ସହ ହୁଏତ କେବେ ଲୁହ ଗଡ଼ାଇ ନାହାନ୍ତି।

ମାତ୍ର ରାଷ୍ଟ୍ର ଓ ରାଷ୍ଟ୍ରକୃତ ଯନ୍ତ୍ରଣା ଆମର ଭାଗ୍ୟ ବା କପାଳ ଲିଖନ ନୁହେଁ। ଏଥିରେ ରୂପାନ୍ତର ସମ୍ଭବ। ରାଷ୍ଟ୍ରର ରୂପାନ୍ତର ସମ୍ଭବ। ରାଷ୍ଟ୍ରର ରୂପାନ୍ତର ପାଇଁ। ସଚେତନ ଆତ୍ମସତ୍ତା, ସାମାଜିକ, ସାଂସ୍କୃତିକ ଓ ଆଧ୍ୟାତ୍ମିକ ଆନ୍ଦୋଳନ ଆବଶ୍ୟକ। ଏହି ଆନ୍ଦୋଳନ ଓ ବ୍ୟକ୍ତିମାନେ ରାଷ୍ଟ୍ରକୁ ଆପଣାର ନୀତି, ନିୟମ ଓ ଦାୟିତ୍ୱ ବିଷୟରେ ସଚେତନ କରାନ୍ତି। ରାଷ୍ଟ୍ର ଓ ରାଷ୍ଟ୍ରର ଶାସକ ଓ ପରିଚାଳକମାନେ ଯଦି ଶୁଣିବାକୁ ଚାହାନ୍ତି ତେବେ କିଛି ସମ୍ଭବ ହୁଏ ମାତ୍ର ରାଷ୍ଟ୍ର ଓ ରାଷ୍ଟ୍ର ଶାସକ ଓ ପରିଚାଳକମାନେ ଯଦି ଆପଣାର ସାମାଜିକ ଯନ୍ତ୍ରଣା ସୃଷ୍ଟି କରି ନିୟମମାନଙ୍କୁ ଲୋକମାନଙ୍କ ଉପରେ ଲଦି ଦିଅନ୍ତି ତେବେ ଜୀବନ ଦୁର୍ବିସହ ହୋଇପଡ଼େ, ରୂପାନ୍ତର କଠିନ ହୁଏ। ଏମିତି ହତାଶାବୋଧ କ୍ଷେତ୍ରରେ ତଥାପି ଯେ ଆଲୋକ ସମ୍ଭବ, ଏମିତି ଆଶାଟିଏ ପୋଷଣ କରିବାକୁ ହୋଇଥାଏ। ଏହି କ୍ଷେତ୍ରରେ ଜାଗ୍ରତ ଆତ୍ମସତ୍ତା ଓ ନାଗରିକୀୟ ସମାଜର ଭୂମିକା ଗୁରୁତ୍ୱପୂର୍ଣ୍ଣ। ହୀରାକୁଦ ବଂଧ ନିର୍ମାଣ କଲାବେଳେ ଲୋକମାନଙ୍କ ମଧ୍ୟରେ ଯେଉଁ ଅସହାୟତା ଥିଲା ନର୍ମଦା ବଂଧ ନିର୍ମାଣ

ବେଳେ ବଂଧ ନିର୍ମାଣ ହେବା ସତ୍ତ୍ୱେ ଲୋକମାନଙ୍କ ମଧ୍ୟରେ ଅଧିକ ସାହସ, ଶକ୍ତି ଓ ପୁନଃବସତିର ଅଧିକ ମର୍ଯ୍ୟାଦାବନ୍ତ ସମ୍ଭାବନା ସୃଷ୍ଟି ହେଲା କାରଣ ନର୍ମଦା ବଚାଓ ଆନ୍ଦୋଳନ ନାମକ ଏକ ସାମାଜିକ ଆନ୍ଦୋଳନ ଲୋକମାନଙ୍କ ସହିତ ରାଷ୍ଟ୍ରର ନିୟମ ବିରୁଦ୍ଧରେ ସଂଗ୍ରାମ କଲା। ଏହାର ନେତ୍ରୀ ମେଧା ପାଟେକର ଓ ତାଙ୍କର ସହଯୋଗୀ ଭାଇ ଭଉଣୀମାନେ ଲୋକମାନଙ୍କ ସହିତ ମିଶି ସେମାନଙ୍କ ପ୍ରତିରୋଧ ଓ ନୂତନ ଜୀବନ ସ୍ଥାପନାର କଳା ଶିଖାଇଲେ। ନର୍ମଦା ତଟର କିଛି ଗାଆଁରେ ମେଧା ତାଇ ଓ ତାଙ୍କର ସହଯୋଗୀ ଭାଇ ଭଉଣୀମାନେ ଜୀବନଶାଳା ବିଦ୍ୟାଳୟମାନ ସ୍ଥାପନା କରିଛନ୍ତି, ଯାହା ସଂପୃକ୍ତ ସଭିଙ୍କ ଭିତରେ ବିଶେଷ କରି ପିଲାମାନଙ୍କ ମଧ୍ୟରେ ଏକ ନୂତନ ଜୀବନ ଆଶା ସଞ୍ଚାର କରୁଛି।

ଆମର ବ୍ୟକ୍ତି ଓ ସାମାଜିକ ଜୀବନରେ ଅନେକ ହିଂସା ଓ କ୍ଷତ। ଆମ ନଦୀ ମାନଙ୍କରେ ବଡ଼ ବଡ଼ ବଂଧ ନିର୍ମାଣ କରି ଲୋକମାନଙ୍କୁ ବିସ୍ଥାପିତ କରିବା... ଏକ ପ୍ରକାର ହିଂସା। ଏହା ସହିତ ଜାତି, ଧର୍ମ ଓ ଅନ୍ୟ ବିଭେଦକୁ ନେଇ ଦଙ୍ଗା ଓ ହିଂସା। ୧୯୮୪ ମସିହାରେ ପ୍ରଧାନମନ୍ତ୍ରୀ ଶ୍ରୀମତୀ ଇନ୍ଦିରା ଗାନ୍ଧୀଙ୍କର ହତ୍ୟା ପରେ ଦିଲ୍ଲୀରେ ଓ ଭାରତବର୍ଷର ଅନ୍ୟ କିଛି ସହରରେ ଶିଖ ଧର୍ମାଲମ୍ବୀମାନଙ୍କ ଉପରେ ଆକ୍ରମଣ ହୋଇଥିଲା। ଏଥିରେ ଅନେକ ନିରୀହ ଜୀବନ ବଳିପଡିଲେ। ଗୁଜରାଟର ଗୋଧ୍ରା ଠାରେ ୨୦୦୬ ମସିହାରେ ଅଯୋଧ୍ୟାରୁ ଫେରୁଥିବା କରସେବକମାନଙ୍କୁ ଗୋଟିଏ ଡବାରେ ଜୀଅନ୍ତା ଜାଳି ଦେଇଥିଲେ କିଛି ଦୁର୍ବୃତ୍ତମାନେ। ଏହାପରେ ମୁସଲମାନ ଭାଇ ଭଉଣୀମାନଙ୍କ ଉପରେ ଆକ୍ରମଣ ହୋଇଥିଲା। ଅନେକ ନିରୀହ ଓ ନିଷ୍ପାପ ଜୀବନ ବଳି ପଡ଼ିଥିଲେ। ଏହି ଦଙ୍ଗାମାନଙ୍କ ପରେ କିଛି ସମ୍ବେଦନଶୀଳ ବ୍ୟକ୍ତି ଓ ସାମାଜିକ ସ୍ୱେଚ୍ଛାସେବୀ ଗୋଷ୍ଠୀମାନ ନ୍ୟାୟ ଓ ପାରସ୍ପରିକ ବୁଝାମଣା ପାଇଁ ଉଦ୍ୟମ କରିଥିଲେ ଯାହା ହିଂସା ଓ କ୍ଷତକୁ ପ୍ରଶମିତ କରିବାରେ କିଛମାତ୍ରାରେ ସାହାଯ୍ୟ କରିଥିଲା। ଏହା ସହିତ ନ୍ୟାୟପାଇଁ ସାଧନା ଓ ସଂଗ୍ରାମ। ଏହି ଦୁଇଟି ଦଙ୍ଗାରେ ଲୋକମାନେ ଦଙ୍ଗା କରୁଥିଲେ, ନିରୀହ ଲୋକମାନଙ୍କୁ ଗୋଡ଼ାଇ ମାରିଥିଲେ। ସେମାନଙ୍କ ମଧ୍ୟରୁ ଅନେକ ଏବେବି ମୁକ୍ତ ହୋଇ ବୁଲୁଛନ୍ତି। ଏମାନଙ୍କୁ କୌଣସି ଦଣ୍ଡ ମିଳିନାହିଁ। ପାରସ୍ପରିକ ଶାନ୍ତି, ସୌହାର୍ଦ୍ଦ୍ୟ ଓ ନିରାମୟତା ପାଇଁ ନ୍ୟାୟ ଜରୁରୀ। ପ୍ରେମ, ଶ୍ରଦ୍ଧା ଓ ନ୍ୟାୟ ଏହିସବୁ ସହିତ ଆମକୁ ସାମାଜିକ ଓ ପାରସ୍ପରିକ କ୍ଷତମାନଙ୍କୁ ଶୁଖାଇ ସୁସ୍ଥତା ଓ ନିରାମୟତା ସୃଷ୍ଟି କରିବାକୁ ହୋଇଥାଏ।

(୩)

ସାମାଜିକ ନିରାମୟତା

ସାମାଜିକ ଯନ୍ତ୍ରଣା ସହିତ ସାମାଜିକ ନିରାମୟତା ପାଇଁ ସାଧନା ଓ ସଂଗ୍ରାମ । ସମାଜବିଜ୍ଞାନରେ ସାମାଜିକ ଯନ୍ତ୍ରଣା ସମ୍ପର୍କରେ ଆଲୋଚନା ହୋଇଛି; ସେହି ତୁଳନାରେ ସାମାଜିକ ନିରାମୟତା ଉପରେ ସେତେ ବେଶୀ ଆଲୋଚନା ହୋଇନାହିଁ । ଏହି କ୍ଷେତ୍ରରେ ସାମାଜିକ ଶାନ୍ତି ଉପରେ ଗବେଷଣା କରୁଥିବା ଗବେଷକ ଦ୍ୱୟ ଜନ୍ ପି. ଲେଡେରାକ୍ (John P. Lederach) ଓ ଆଞ୍ଜେଲା ଜୀଲ୍ ଲେଡେରାକ୍ (Angela Jill Lederach) ଆଲୋଚନା କରିଛନ୍ତି । ସେମାନଙ୍କ ମତରେ ବ୍ୟକ୍ତିଗତ ନିରାମୟତା ସମଷ୍ଟିଗତ ପାରସ୍ପରିକ ବୁଝାମଣା (Reconcilation) ମଧ୍ୟରେ ସାମାଜିକ ନିରାମୟତା Social healing କାର୍ଯ୍ୟ କରିଥାଏ । ସାମାଜିକ ଦ୍ୱନ୍ଦ୍ୱ, ହିଂସା ଓ ଆକ୍ରମଣ ଦ୍ୱାରା ସୃଷ୍ଟି ହୋଇଥିବା କ୍ଷତକୁ ଶୁଖାଇବାକୁ ସାମାଜିକ ନିରାମୟତା ପ୍ରୟାସ କରିଥାଏ ।

ସାମାଜିକ ନିରାମୟତା କ୍ଷେତ୍ରରେ ଗୋଟିଏ ମହତ୍ୱପୂର୍ଣ୍ଣ ପ୍ରୟାସ ହେଉଛି ଦକ୍ଷିଣ ଆଫ୍ରିକାର Peace and Reconcilation Commission ଶାନ୍ତି ଓ ମିଳାମିଶାର କମିଶନ । ଦକ୍ଷିଣ ଆଫ୍ରିକାରେ ବର୍ଣ୍ଣବିଦ୍ୱେଷ ସରକାର ଅନେକ ହିଂସା ଓ ହତ୍ୟାକାଣ୍ଡ କରାଇଥିଲେ । ଏହି ସରକାରଙ୍କ ବିରୁଦ୍ଧରେ ଯେଉଁମାନେ ଲଢୁଥିଲେ ସେମାନେ ମଧ୍ୟ ପ୍ରତିପକ୍ଷ ଉପରେ ହିଂସା ଓ ଆକ୍ରମଣ କରିଥିଲେ । ଦକ୍ଷିଣ ଆଫ୍ରିକାରେ ବର୍ଣ୍ଣ-ବୈଷମ୍ୟ ସରକାରଙ୍କର ପତନ ପରେ ସେଠାରେ ଯେଉଁ ଗଣତାନ୍ତ୍ରିକ ସରକାର ଗଢ଼ି ଉଠିଥିଲା ତାହାର ନେତୃତ୍ୱ ନେଇଥିଲେ ଶ୍ରୀଯୁକ୍ତ ନେଲସନ୍ ମାଣ୍ଡେଲା । ଶ୍ରୀଯୁକ୍ତ ମାଣ୍ଡେଲା ଅନ୍ୟଜଣେ ଶାନ୍ତିକାମୀ ସାଧକ ଓ ସଂଗ୍ରାମୀ ବିସପ୍ ଡେସମଣ୍ଡ ଟୁଟୁଙ୍କ ନେତୃତ୍ୱରେ ସେଠାରେ ଶାନ୍ତି ଓ ମିଳାମିଶାର କମିଶନ୍ ପ୍ରତିଷ୍ଠା କରିଥିଲେ । ଦକ୍ଷିଣ ଆଫ୍ରିକାରେ ହିଂସା ପ୍ରପୀଡ଼ିତ ବ୍ୟକ୍ତିମାନେ ଏହି କମିଶନରେ ପରସ୍ପରକୁ ଭେଟିଥିଲେ । ଉଦାହରଣ ସ୍ୱରୂପ ଯେଉଁ ପୋଲିସ୍ ଅଫିସର୍ ଯାହାର ପୁଅକୁ ମାରିଛି ତା'ର ବାପା-ମା ଓ ହତ୍ୟାକାରୀ ପରସ୍ପରକୁ ଭେଟିଛନ୍ତି । ଯନ୍ତ୍ରଣା, ପ୍ରେମ ଓ ନ୍ୟାୟର ଆହ୍ୱାନ ମଧ୍ୟରେ ପରସ୍ପରକୁ ଭେଟିଛନ୍ତି । ହିଂସା ଓ ହତ୍ୟାର victims ହିଂସାକାରୀ ଓ ହତ୍ୟାକାରୀମାନଙ୍କୁ କ୍ଷମା କରିବାକୁ ଚେଷ୍ଟା କରିଛନ୍ତି । କେତେକ କ୍ଷେତ୍ରରେ ଏହା ସହଜ ହୋଇଛି ଓ ଆଉ କେତେକ କ୍ଷେତ୍ରରେ ଏହା ଅନେକ ଆହ୍ୱାନମୟ ହୋଇଛି । ଏହିସବୁ ସହିତ ଏମିତି ଶାନ୍ତି ଓ ମିଳାମିଶାର କମିଶନ ବ୍ୟକ୍ତି, ସମାଜ ଓ ରାଷ୍ଟ୍ର ଜୀବନରେ ହୋଇଥିବା କ୍ଷତକୁ କିଛିମାତ୍ରାରେ ଶୁଖାଇବାକୁ ସମର୍ଥ ହୋଇଛି ।

ଆମ ଭାରତୀୟ ସମାଜରେ ଜାତି, ଧର୍ମ, ଲିଙ୍ଗ ଓ ରାଷ୍ଟ୍ରକୁ ନେଇ କେତେ

ହିଂସା, କେତେ କ୍ଷତ। ଏହିସବୁ କ୍ଷେତ୍ରରେ ଆମର ଯଦି ଶାନ୍ତି ଓ ମିଳାମିଶାର କମିଶନ ଥାଆନ୍ତା ତେବେ ଏହା ଆମର ଅନେକ କ୍ଷତକୁ ଶୁଖାଇବାରେ ଓ ବ୍ୟକ୍ତି ଓ ସାମାଜିକ ଜୀବନରେ ସୁସ୍ଥତା ଓ ନିରାମୟତା ପ୍ରତିଷ୍ଠା କରିବାରେ ସହାୟକ ହୋଇଥାନ୍ତା। ଏହା ହିଂସାକାରୀ ଓ ହତ୍ୟାକାରୀମାନଙ୍କୁ ଓ ଏହାର ପୀଡିତାମାନଙ୍କୁ ମୁହାଁମୁହିଁ ଆଣି ଏମାନଙ୍କ ମଧ୍ୟରେ ବୁଝାମଣା ସୃଷ୍ଟି କରିବାରେ କିଛି ପଦକ୍ଷେପ ନେଇପାରିଥାନ୍ତା।

(୪)

ସାମାଜିକ ନିରାମୟତା ଓ ଏକ ଉଚ୍ଚତର ରୁଗ୍ଣତାର ଆହ୍ୱାନ ଓ ଆମନ୍ତ୍ରଣ

ସାମାଜିକ ଯନ୍ତ୍ରଣା ସାମାଜିକ ବ୍ୟାଧି ବା ସୃଷ୍ଟି social pathology କରେ। ଏହାର ରୂପାନ୍ତର ପାଇଁ ଆମର ସୃଜନଶୀଳ ଓ ରୂପାନ୍ତରକାରୀ ପ୍ରୟାସ ଆବଶ୍ୟକ ଓ ଏହା ସହିତ ନୂଆ ପ୍ରକାର ସାମାଜିକ ଅନୁଷ୍ଠାନ ଯେମିତି ଶାନ୍ତି ଓ ମିଳାମିଶାର କମିଶନ। ଆମର ଅନୁଷ୍ଠାନ ମାନଙ୍କୁ ନେଇ ଆମର ଯେଉଁ ଖରାପ ବିଶ୍ୱାସ ବା bad faith ରହିଛି ତା'ର ମଧ୍ୟ ରୂପାନ୍ତର ଆବଶ୍ୟକ। ଉଦାହରଣ ସ୍ୱରୂପ ଆମ ସମାଜରେ ସ୍ୱାସ୍ଥ୍ୟ ଓ ନିରାମୟତା ପାଇଁ ଯେଉଁସବୁ ଅନୁଷ୍ଠାନମାନ ରହିଛି ସେମାନଙ୍କ ଉପରୁ ବିଶ୍ୱାସ ଆମର କ୍ରମେ ତୁଟିଯାଉଛି। ଡାକ୍ତରମାନଙ୍କ ଉପରୁ ବିଶ୍ୱାସ ହଟୁଛି, ପୋଲିସ୍‌ମାନେ ରକ୍ଷକ ନାଆରେ ଭକ୍ଷକ ହେଉଛନ୍ତି ଓ ଚିକିତ୍ସାଳୟମାନେ ରୋଗକୁ ଭଲ କରିବା ନାଆରେ ଅଧିକାଂଶ ସମୟରେ ଅଧିକ ରୋଗ ସୃଷ୍ଟି କରୁଛନ୍ତି। ଏହି କ୍ଷେତ୍ରରେ ଆମକୁ ନୂତନ ଅନୁଷ୍ଠାନମାନ ସୃଷ୍ଟିକରି ଅନୁଷ୍ଠାନମାନଙ୍କ ଉପରେ ପ୍ରତ୍ୟୟ ସୃଷ୍ଟି କରିବାକୁ ହେବ ଯେଉଁ ପ୍ରତ୍ୟୟ ସାମାଜିକ ସୁସ୍ଥତା ଓ ନିରାମୟତା ସୃଷ୍ଟି କରିବାରେ ସାହାଯ୍ୟ କରିବ।

ସୃଜନଶୀଳ ସାମାଜିକ ପ୍ରୟାସ ଓ ରୂପାନ୍ତରଶୀଳ ଅନୁଷ୍ଠାନ ସହିତ ସୃଜନଶୀଳ ସ୍ୱେଚ୍ଛାକୃତ କଷ୍ଟବରଣ। ସାମାଜିକ ଯନ୍ତ୍ରଣା ବ୍ୟକ୍ତି, ସମାଜ ଓ ରାଷ୍ଟ୍ର ଅନ୍ୟମାନଙ୍କୁ କଷ୍ଟ ଦେଇଥାଏ। ସାମାଜିକ ନିରାମୟତା ପାଇଁ ବ୍ୟକ୍ତି ଓ ସମାଜକୁ ସ୍ୱେଚ୍ଛାକୃତ ଭାବେ କଷ୍ଟବରଣ କରିବାକୁ ହୋଇଥାଏ। ସ୍ୱେଚ୍ଛାକୃତ କଷ୍ଟବରଣ ବ୍ୟକ୍ତି ଓ ସାମାଜିକ ଜୀବନରେ ଅନେକ ଯନ୍ତ୍ରଣାକୁ ରୂପାନ୍ତରିତ କରିପାରେ। ସମାଜ ସାମାଜିକ ଯନ୍ତ୍ରଣା ସୃଷ୍ଟି କରୁଥିବା ବେଳେ ବ୍ୟକ୍ତି ଓ ସମାଜର ସ୍ୱେଚ୍ଛାକୃତ କଷ୍ଟବରଣ ଏହି ସାମାଜିକ ଯନ୍ତ୍ରଣାକୁ ରୂପାନ୍ତରିତ କରିପାରେ। ଗାଂଧୀ ଓ ଭିକ୍ଟର ଫ୍ରାଙ୍କଲ୍ ଏବଂ ଅନ୍ୟ ଜୀବନ ସାଧକମାନେ ଆମକୁ ଏହି ବିଷୟରେ କହିଥାନ୍ତି।

ସ୍ୱେଚ୍ଛାକୃତ କଷ୍ଟବରଣ କଲେ ଆମେ ଅନୁଭବ କରିପାରିବା ଯେ ଆମେ ଯାହାକୁ normal ବା ସୁସ୍ଥ କହୁଛୁ ତାହା ମଧ୍ୟ ରୋଗଗ୍ରସ୍ତ ବା pathological

ହୋଇପାରେ। ପୂର୍ବବର୍ଣ୍ଣିତ ଆଲୋଚନା ଅନୁସାରେ ଆମେ ସଫଳତା ହାସଲକୁ ସୁସ୍ଥ ବୋଲି ଭାବୁ ମାତ୍ର ଏହା ମଧ୍ୟ ଏକ ଅସୁସ୍ଥତା; ଅଣନିଃଶ୍ୱାସୀ ପ୍ରତିଦ୍ୱନ୍ଦିତା ଆମର ସୁସ୍ଥ ସମାଜ ଭିତରେ ଥିବା ରୁଗ୍ଣତାକୁ ଲୁଚାଇ ରଖେ। ଅପରପକ୍ଷରେ ଯେଉଁମାନେ ସ୍ୱେଚ୍ଛାକୃତ ରୁଗ୍ଣତାକୁ କରନ୍ତି, ସେମାନେ ଏକ ଉଚ୍ଚତର ରୁଗ୍ଣତାକୁ ଆପଣା ଜୀବନକୁ ଆବାହନ କରନ୍ତି ଓ ଏହି ଅନୁସାରେ ଜୀବନ ବଞ୍ଚନ୍ତି। ଆମେରିକୀୟ ମନସ୍ତତ୍ତ୍ୱବିଦ୍ ଆବ୍ରାହମ୍ ମାସଲୋ (Abraham Maslow) ଏହାକୁ Metapathology ବୋଲି କହିଛନ୍ତି। (୧୭) ସାମାଜିକ ସୁସ୍ଥତା ପାଇଁ ସୁସ୍ଥତାର ପ୍ରଚଳିତ ଅଭିଧାନ, ସଂଜ୍ଞା ଓ ଚଳତକ୍ରିୟାକୁ ଆମକୁ ପ୍ରଶ୍ନ କରିବାକୁ ହୋଇଥାଏ। ଏହି ପ୍ରଶ୍ନ ସମାଜକୁ ନେଇ, ବ୍ୟକ୍ତିକୁ ନେଇ। ଏହି ପ୍ରଶ୍ନ ବ୍ୟକ୍ତି ଓ ସମାଜର ରୂପାନ୍ତର ପାଇଁ। ସ୍ୱେଚ୍ଛାକୃତ ଓ ସୃଜନଶୀଳ କଷ୍ଟବରଣ ସାମାଜିକ ଯନ୍ତ୍ରଣାକୁ କିଛିମାତ୍ରାରେ ରୂପାନ୍ତରିତ କରେ। ମାତ୍ର ପୂର୍ଣ୍ଣ ରୂପାନ୍ତର ପାଇଁ ସମାଜ ଓ ସଂସ୍କୃତିର ରୂପାନ୍ତର ଆବଶ୍ୟକ ସ୍ୱେଚ୍ଛାକୃତ କଷ୍ଟବରଣର ଅର୍ଥ ନୁହେଁ ଆମେ ଜାଣିଜାଣି ନିଜକୁ କଷ୍ଟଦେବା ଯାହାକୁ Masochism ବୋଲି କୁହାଯାଇଥାଏ।

ସାମାଜିକ ନିରାମୟତା ପାଇଁ ଆମକୁ ବ୍ୟକ୍ତି ଓ ସାମାଜିକ ପରିବେଶରେ ଉପଯୁକ୍ତ ବାତାବରଣ ସୃଷ୍ଟି କରିବାକୁ ହୋଇଥାଏ। ବ୍ୟକ୍ତିଗତ ମନସ୍ତତ୍ତ୍ୱ ଜଗତରେ ଯେତେବେଳେ କୌଣସି ସମସ୍ୟା ଉପୁଜେ ସେତେବେଳେ ସଂପୃକ୍ତ ବ୍ୟକ୍ତିଟି ପରାମର୍ଶ ପାଇଁ ଜଣେ ମନସ୍ତତ୍ତ୍ୱବିଦଙ୍କ ପାଖକୁ ଯାଏ ଯାହାକୁ therapy ବୋଲି କୁହାଯାଏ। ସାମାଜିକ ଭୂମିରେ ମଧ୍ୟ ସେମିତି ଏକ therapy ଆବଶ୍ୟକ ଯେଉଁଥିରେ ସମାଜ ଓ ଗୋଷ୍ଠୀର ସଦସ୍ୟମାନେ ପରସ୍ପର ସହିତ ଆପଣାର ମନସ୍ତାତ୍ତ୍ୱିକ ଓ ସାମାଜିକ ସମସ୍ୟାକୁ ନେଇ କଥାବାର୍ତ୍ତା କରନ୍ତି ସେମାନେ ପରସ୍ପରର therapist ହୁଅନ୍ତି। ଆମେରିକୀୟ ମନସ୍ତତ୍ତ୍ୱବିଦ୍ Lois Holzman ଏହାକୁ social therapy ବୋଲି କହିଛନ୍ତି। ପୂର୍ବ ଆଲୋଚିତ ମନସ୍ତତ୍ତ୍ୱବିଦ୍ Viktor Frankl ଆତ୍ମ therapy ବା logo therapy ସଂପର୍କରେ କହିଛନ୍ତି। ସମାଜର ବ୍ୟକ୍ତିମାନେ ପରସ୍ପର ସହିତ କଥା ହୋଇ ସେମାନେ ମଧ୍ୟ ପରସ୍ପରର ଆତ୍ମାକୁ ସ୍ପର୍ଶ କରି ପାରିବେ.... ଏହି ପ୍ରକ୍ରିୟାରେ ଏହା ଏକ ସାମାଜିକ ଆତ୍ମା ଥେରାପି ବା social logo therapy ସୃଷ୍ଟି କରିଥାଏ।

ସ୍ୱାସ୍ଥ୍ୟ, ସୁସ୍ଥତା ଓ ନିରାମୟତା ପାଇଁ ଆମେ ସମୟ ସହିତ ଏକ ନୂତନ ସମ୍ବନ୍ଧରେ ସମ୍ବନ୍ଧିତ ହେବା ଚାହି। ସମୟ ଆମର ଜନନୀ। ସମୟ ସହିତ ବାଟ ଚାଲି ଆମେ ଜୀବନରେ ବଞ୍ଚୁ। ମାତ୍ର ଆମେ ଯେତେବେଳେ ସମୟ ସହିତ ଅଣନିଃଶ୍ୱାସୀ ହୋଇ ଧାଉଁ ସେତେବେଳେ ଆମେ ପରସ୍ପର ସହିତ ସମୟ ଦେଇପାରୁନା, ନିଜ ସହିତ ସମୟ ଦେଇପାରୁନା। ନିଜ ଓ ପରସ୍ପର ସହିତ ଆମେ କଥା ହୋଇ ପାରୁନା।

ସ୍ୱାସ୍ଥ୍ୟ ଓ ନିରାମୟତା ପାଇଁ ଆମର ଏକ ନୂତନ ସମୟ ସାଧନା ଆବଶ୍ୟକ। ଏକ ଗର୍ଭମୟ ସମୟ ଚେତନା ଓ ସମୟ ସମ୍ବନ୍ଧ ଯେଉଁଥିରେ ଧୀରେଧୀରେ କେତେ ନୂଆ ସମ୍ବନ୍ଧ ସୃଷ୍ଟି ହୁଏ। ଏହି ଗର୍ଭମୟ ସମୟ ସମ୍ବନ୍ଧରେ ଆମେ ପରସ୍ପରକୁ ଗର୍ଭମୟୀ ଜନନୀ ରୂପେ ମିଳିତ ହେଉ ଓ ପରସ୍ପରକୁ ନୂତନ ଭାବେ ଜନ୍ମ ଦେଉଥାଉ। ନୂତନ ସମୟ ଚେତନା ସହିତ ଏକ ନୂତନ ସ୍ଥାନ ଚେତନା। ଏହି ସ୍ଥାନ କେବଳ ପୂର୍ବ ନିର୍ଦ୍ଧାରିତ ସ୍ଥାନ ନୁହେଁ। ଆମର ପାରସ୍ପରିକ ସଂଳାପର ପ୍ରକ୍ରିୟାରେ ଆମର ସ୍ଥାନ ମଧ୍ୟ ନୂତନ ରୂପ ଧାରଣ କରେ। ଆମେ ଆମର ସ୍ଥାନକୁ ସୁନ୍ଦର ଭାବେ ସଜାଇ ଦେଲେ, ସେଠାରେ ଚିତ୍ରକଳା ଆଙ୍କିଲେ, ଆମେ ଏହି ସ୍ଥାନରେ ପରସ୍ପରକୁ ନୂଆ ରୂପେ ଅନୁଭବ କରିପାରୁ।

ଏହି କ୍ଷେତ୍ରରେ ଆମେ ଆମର ଚିକିତ୍ସାଳୟ ମାନଙ୍କର ସ୍ଥାନ ଓ ସମୟ ବିଷୟରେ ଭାବିପାରିବା। ଆମେ ଯେତେବେଳେ ଚିକିତ୍ସାଳୟକୁ ଆସି ଡାକ୍ତରଙ୍କୁ ସାକ୍ଷାତ କରିବାକୁ ଅପେକ୍ଷା କରୁ ସେତେବେଳେ ଆମେ ଏକାଏକା କେତେ ଉତ୍କଣ୍ଠିତ ହୋଇ ଅପେକ୍ଷା କରୁ। ଅପେକ୍ଷା କରିଥିବା ଆମେ ପରସ୍ପର ସହିତ କଥା ହେଉନା। ଆମେ ଯଦି ଡାକ୍ତରଙ୍କ ପାଇଁ ଅପେକ୍ଷା ଗୃହରେ ପରସ୍ପର ସହିତ କଥା ହେଉ, ଗୀତ ଗାଉ, ତେବେ ଏହା ଆମର ଅପେକ୍ଷାର କକ୍ଷକୁ ଏକ ସୃଜନଶୀଳତାର କକ୍ଷରେ ରୂପାନ୍ତରିତ କରେ। ଏମିତି ଏକ ଅନୁଭବ ମୋର କିଛି ବର୍ଷ ତଳେ ହୋଇଥିଲା। ଡିସେମ୍ବର ୨୦୧୩ ମସିହାରେ ବାଲେଶ୍ୱର ଜିଲ୍ଲାର ଭୋଗରାଇ ବ୍ଲକ୍‌ର ତଲାଡି ଗ୍ରାମରେ ମୁଁ ମୋର ଡାକ୍ତର ବଂଧୁ ରବିନା (ଡ. ରବିନାରାୟଣ ଦାଶ ଯିଏ ସ୍ୱିଡେନର ଲୁଣ୍ଡ ସହରରେ ରୁହନ୍ତି ଓ ସେଠାରେ Rhuematolgy ରେ ଡାକ୍ତର ଅଛନ୍ତି) ଓ ବ୍ରାଜିଲରେ ସମାଜ ବିଜ୍ଞାନ ପଢ଼ାଉଥିବା ବଂଧୁ ଫ୍ରେଡେରିକ୍ ଏକ ସ୍ୱାସ୍ଥ୍ୟ ଶିବିର କରିଥିଲୁ। ଗୋଟିଏ କକ୍ଷରେ ରବିନା ଆଗନ୍ତୁକ ବ୍ୟକ୍ତିମାନଙ୍କୁ ଦେଖୁଥିଲେ ଓ ଫ୍ରେଡେରିକ୍ ତାକୁ ଦେଖିବାରେ ସାହାଯ୍ୟ କରୁଥିଲେ। ଅପେକ୍ଷା କକ୍ଷରେ ମୁଁ ଆସୁଥିବା ଓ ବସିଥିବା ମା, ଭଉଣୀ, ଅପା, ଭାଇ ମାନଙ୍କ ସହିତ କଥା ଆରମ୍ଭ କଲି। ମୁଁ ଜଣେ ମାଉସୀଙ୍କୁ କହିଲି: ମାଉସୀ ଆପଣ ଗୋଟିଏ ଗୀତ ଗାଇବେ। ସିଏ କହିଲେ ନାହିଁ। ମୁଁ କହିଲି ଠିକ୍ ଅଛି ଆପଣ ଘରେ କେଉଁ ପ୍ରକାର ପିଠା ତିଆରି କରନ୍ତି କୁହନ୍ତୁ। ମୁଁ କହିଲି ଆପଣମାନେ ମତେ ସହିତ ଯୋଗ ଦିଅନ୍ତୁ। ଆମେ ସାଙ୍ଗ ହୋଇ ଗୀତଟିଏ ଗାଇବା। ଧୀରେ ଧୀରେ ଆମର ଅପେକ୍ଷା ଘରଟି ଗୀତ ଓ କାହାଣୀରେ ପୁରି ଉଠିଲା। ଅପେକ୍ଷାର ଘର ଉତ୍କଣ୍ଠାର କକ୍ଷ ନ ରହି ଏକ ସଂଗୀତ ଓ ସୃଜନଶୀଳତାର କକ୍ଷ ରୂପେ ଫୁଟିଉଠିଲା। ଆମର ଚିକିତ୍ସାଳୟର ପ୍ରତ୍ୟେକ ଅପେକ୍ଷା କକ୍ଷ ଯଦି ଏମିତି ଏକ ପାରସ୍ପରିକ ସୃଜନଶୀଳତାର କକ୍ଷ

ହୋଇପାରନ୍ତା। ତେବେ ଏହା ଆମକୁ ସୁସ୍ଥ ଭାବରେ ଓ ସୁସ୍ଥ ରହିବାରେ ଅନେକ ସାହାଯ୍ୟ କରିପାରନ୍ତି।

ସୁସ୍ଥତା ଓ ନିରାମୟତା ପାଇଁ ସୃଜନଶୀଳତା ଆବଶ୍ୟକ। ଚିତ୍ରକଳା, କାବ୍ୟ ଓ ସାହିତ୍ୟ ଆମକୁ ଏହି ପ୍ରକ୍ରିୟାରେ ସାହାଯ୍ୟ କରନ୍ତି। ଆମର ବ୍ୟକ୍ତିଗତ ଓ ସାମାଜିକ ଜୀବନରେ ଆମେ ଯେତିକି ଯେତିକି ସୃଜନଶୀଳ ହେବା ଓ ଏହି ଭୂମିମାନଙ୍କରେ ବିଶେଷକରି ଶିକ୍ଷା ଓ ସ୍ୱାସ୍ଥ୍ୟ କେନ୍ଦ୍ରମାନଙ୍କରେ ଯେତିକି ଯେତିକି ସୃଜନଶୀଳତାର କ୍ଷେତ୍ରମାନ ଫୁଟି ଉଠିବ ଆମେ ସେତିକି ସେତିକି ସୁସ୍ଥ ରହିବା ଓ ଆମର ବ୍ୟକ୍ତିଗତ ଓ ସାମାଜିକ ବ୍ୟାଧି ନାନା ରୂପରେ ରୂପାନ୍ତରିତ ହେବ।

(୪)

ସ୍ୱାସ୍ଥ୍ୟ ଏକ ସମଗ୍ରତାର ଯାତ୍ରା

ସ୍ୱାସ୍ଥ୍ୟ ସମଗ୍ରତାର ଏକ ଓ ଅନେକ ଯାତ୍ରା। ଉତ୍ତମ ସ୍ୱାସ୍ଥ୍ୟ, ଉତ୍ତମ ଜୀବନ ଓ ଉତ୍ତମ ସମାଜ ଉପରେ ନିର୍ଭର କରେ। ସ୍ୱାସ୍ଥ୍ୟ ଓ ନିରାମୟତା କେବଳ ବିଶେଷ୍ୟ (noun) ନୁହେଁ; ଏହା କ୍ରିୟା (verb)। ଏହି କ୍ରିୟା କେବଳ କର୍ମ ଚଞ୍ଚଳ କ୍ରିୟା ନୁହେଁ; ଏହା ମଧ୍ୟ ଧ୍ୟାନମଗ୍ନ କ୍ରିୟା। ସ୍ୱାସ୍ଥ୍ୟ ଓ ନିରାମୟତା ଆମର ଧ୍ୟାନମଗ୍ନ କ୍ରିୟା ଉପରେ ନିର୍ଭର କରିଥାଏ।

ସ୍ୱାସ୍ଥ୍ୟ ସଂପର୍କରେ ପୂର୍ବ ସୂଚିତ ଆପଣାର ପୁସ୍ତକରେ ହାନସ ଜର୍ଜ ଗାଡାମାର୍ ଆମକୁ ସ୍ୱାସ୍ଥ୍ୟ ପାଇଁ ଆମ ଜୀବନରେ ସମଗ୍ରତାର ଜାଗରଣ ଓ ପ୍ରସ୍ଫୁଟନ ବିଷୟରେ କହିଛନ୍ତି। (୧୯) ଚିତ୍ତ ରଂଜନ ଦାସ ମଧ୍ୟ ସ୍ୱାସ୍ଥ୍ୟକୁ ଶିଖର ଅଭିମୁଖୀ ଏକ ନିରବଚ୍ଛିନ୍ନ ଯାତ୍ରା ବୋଲି କହିଛନ୍ତି। (୨୦) ଆମ ଜୀବନରେ ସମତଳ ରହିଛି, ଶିଖର ରହିଛି। ସମତଳ ରେ ଆମେ ସମଗ୍ର ଭାବେ ବଞ୍ଚିବା.... ଜୀବନର ଅନୁଲମ୍ବ ଓ ଅନୁପ୍ରସ୍ଥ ଦୁଇଟି ଦିଗକୁ ସମନ୍ୱୟ କରି ଆମେ ବଞ୍ଚିବା। ଏହା ସହିତ ଆମେ ଶିଖରକୁ ଯିବା, ଆମର ସୃଜନଶୀଳତା, ପ୍ରେମ ଓ ସମ୍ବନ୍ଧ ବସ୍ତବାୟନର ଶିଖରକୁ ଯିବା। ଆମେ ସୋପାନ ପରେ ସୋପାନ ଯିବା। ଏହି ଯାତ୍ରାହିଁ ଆମକୁ ସୁସ୍ଥ କରି ରଖେ; ଶିଖରରେ ପହଞ୍ଚି ଶିଖରର ଅନୁଭୂତି ଆମକୁ ସୁସ୍ଥତା ଓ ନିରାମୟତା ପ୍ରଦାନ କରେ। ଏହା ସହିତ ଏହା ମଧ୍ୟ ଆମକୁ ନୂତନ ଶିଖରର ଦୃଶ୍ୟ ଓ ଆଚରଣ ଆମକୁ ପ୍ରଦାନ କରେ।

ଏହି ଯାତ୍ରାରେ ଆମକୁ ନିଜକୁ, ପରସ୍ପରକୁ ଓ ସମାଜକୁ ଅନେକ ପ୍ରଶ୍ନ ପଚାରିବାକୁ ହୋଇଥାଏ। ବ୍ୟକ୍ତିଗତ ବ୍ୟାଧି ଓ ସାମାଜିକ ବ୍ୟାଧିକୁ ଯୁକ୍ତ କରି ଶ୍ରୀଯୁକ୍ତ ଦାସ ଆମକୁ କୁହନ୍ତି: ଅନ୍ୟକୁ ଶୋଷଣ କରିବା ହେଉଛି ବ୍ୟାଧି ଯେପରିକି ଅନ୍ୟର

ଶୋଷଣକୁ ସହିବା । ଜଣେ ସୁସ୍ଥ ମଣିଷକୁ ଏହିସବୁ ବିଷୟରେ ସଜାଗ ରହି ଏହିସବୁକୁ ପ୍ରତିରୋଧ ହୁଏ । ଜଣେ ସୁସ୍ଥ ମଣିଷ ସମାଜର ପ୍ରଚଳିତ ଶୋଷଣ ଓ ସହିଷ୍ଣୁତାର ବ୍ୟବସ୍ଥାରେ ଖାପ ଖାଇଯାଏ ନାହିଁ । ସେ ଏହାକୁ ରୂପାନ୍ତର କରିବାକୁ ସାଧନା ଓ ସଂଗ୍ରାମ କରେ । ଜଣେ ସୁସ୍ଥ ମଣିଷ ଆପଣଙ୍କୁ ଧୋକା ଦିଏ ନାହିଁ; ନିଜ ଭିତରେ ଓ ସମାଜ ଭିତରେ ଥିବା ସମ୍ଭାବନାକୁ ପ୍ରବଞ୍ଚିତ କରେ ନାହିଁ; ବରଂ ସେ ଏହାର ପ୍ରସ୍ଫୁଟନ ପାଇଁ ଓ ବାସ୍ତବାୟନ ପାଇଁ ପ୍ରୟାସ କରିଥାଏ ।

ଲରେନସ୍ ଫ୍ରାଙ୍କଙ୍କ ସମାଜ କିପରି ଏକ ରୋଗୀର ପୂର୍ବାଲୋଚନା ପ୍ରସଙ୍ଗରେ ଶ୍ରୀଯୁକ୍ତ ଦାସ ଏଠାରେ ଯାହା କହନ୍ତି ତାହା ପ୍ରଣିଧାନଯୋଗ୍ୟ । ବୃହତ୍ତର ସମାଜର ବ୍ୟବସ୍ଥା ଓ ସଂଗଠନ ଯାହା ସାମାଜିକ ବ୍ୟାଧି ସୃଷ୍ଟି କରେ ସେ ବିଷୟରେ ସଚେତନ ରହିବାକୁ ଶ୍ରୀଯୁକ୍ତ ଦାସ ଆମକୁ ଆହ୍ୱାନ ଦେଇଛନ୍ତି । ଜାତି ବ୍ୟବସ୍ଥା ଓ ଜଣେ ଯେ' ଆପଣାର ଭାଗ୍ୟକୁ ବଦଳାଇପାରିବ ନାହିଁ ଏହା ବ୍ୟକ୍ତି ଓ ସାମାଜିକ ଜୀବନରେ ବ୍ୟାଧି ସୃଷ୍ଟି କରେ । ସେହିପରି ବିଜ୍ଞାନ ଓ କାରିଗରୀ ବିଦ୍ୟାକୁ ମଣିଷର କଲ୍ୟାଣ ପାଇଁ ବ୍ୟବହାର ନକରି ଲାଭ ଓ ଯୁଦ୍ଧ ପାଇଁ ବ୍ୟବହାର କରେ ଏହା ମଧ୍ୟ ସାମାଜିକ ରୁଗ୍ଣତା ସୃଷ୍ଟି କରେ ।

ଶ୍ରୀଯୁକ୍ତ ଦାସ ମଧ୍ୟ ଆମକୁ କହନ୍ତି ସୁସ୍ଥତା ଓ ରୁଗ୍ଣତା ମଧ୍ୟରେ ଏକ ଅଭେଦ୍ୟ ପ୍ରାଚୀର ନାହିଁ । ତଥାକଥିତ ସୁସ୍ଥ ବ୍ୟକ୍ତି ମଧ୍ୟରେ ଅନେକ ରୁଗ୍ଣତା ରହିଛି ବିଶେଷ କରି ସାମାଜିକ ରୁଗ୍ଣତା ରହିଛି ଯେମିତି ରୁଗ୍ଣ ବ୍ୟକ୍ତି ମଧ୍ୟରେ ସୁସ୍ଥ ହେବା ପାଇଁ ଏକ ଗଭୀର ଆସ୍ପୃହା ରହିଛି । ଠିକ୍ ସେମିତି ଡାକ୍ତର କେବଳ ଡାକ୍ତର ନୁହେଁ, ରୋଗୀ କେବଳ ରୋଗୀ ନୁହେଁ । ଏହା କେବଳ ନୁହେଁ ଯେ ଡାକ୍ତର ଖାଲି ଇଲାଜ ଲେଖିଦେବେ ଓ ରୋଗୀ ଖାଲି ଶୁଣିବେ । ଉଭୟ ଡାକ୍ତର ଓ ରୋଗୀଙ୍କୁ ପରସ୍ପରଙ୍କୁ ଶୁଣିବାକୁ ହୋଇଥାଏ ।(୨୧)

ଗାଡ଼ାମାର ଓ ଚିତ୍ତରଂଜନଙ୍କର ସ୍ୱାସ୍ଥ୍ୟ ଓ ସମଗ୍ରତା ସଂପର୍କୀୟ ଏହି ଆଲୋଚନା ଆମକୁ ଆଲଫ୍ରେଡ୍ କୋରଜିବସ୍କିଙ୍କର ଏହି ସଂପର୍କୀୟ ଏକ ମହତ୍ତ୍ୱପୂର୍ଣ୍ଣ ଆଲୋଚନାକୁ ମନେପକେଇ ଦିଏ । ଆପଣାର Science and Society ପୁସ୍ତକରେ ଶ୍ରୀଯୁକ୍ତ କୋରଜିବସ୍କି ଆମକୁ କହୁଛନ୍ତି ନିକଟ ଅତୀତ ପର୍ଯ୍ୟନ୍ତ ଔଷଧ ବିଷୟରେ ଆମର ଏକ ଦ୍ୱୈତ୍ୟ ବିଭାଜନ ରହିଥିଲା ।(୨୨) ଏହାର ଗୋଟିଏ ଶାଖା ସାଧାରଣ ଔଷଧ ବିଦ୍ୟା ମନର ଶରୀର ଉପରେ ଗୁରୁତ୍ୱ ଦେଉଥିଲା ଏବଂ ଅନ୍ୟ ଶାଖାଟି 'ଆତ୍ମାରେ' ଯେପରିକି ମନସ୍ତତ୍ତ୍ୱ ବିଦ୍ୟାର କିଛି ବିଭାଗରେ । ଶ୍ରୀଯୁକ୍ତ କୋରବଜିସ୍କି ଔଷଧ ବିଦ୍ୟା ଓ ଚିକିତ୍ସାରେ ଶରୀର ଓ ଆତ୍ମାର ସମନ୍ୱୟ ସଂପର୍କରେ କହିଛନ୍ତି । ଶ୍ରୀଯୁକ୍ତ କୋରବଜିସ୍କି ଆମକୁ

କହୁଛନ୍ତି ଏମିତି ସମନ୍ୱୟ ଜୀବନର ଏକ ନୂତନ ଭାଷାର ଅପେକ୍ଷା ରଖେ। ସ୍ୱାସ୍ଥ୍ୟ ଓ ନିରାମୟତାକୁ ଆମକୁ ଏକା ସାଙ୍ଗରେ ଏକ ବିଶେଷ୍ୟ ଓ କ୍ରିୟା ରୂପେ ପ୍ରସ୍ଫୁଟିତ କରିବାକୁ ହୋଇଥାଏ । ଶ୍ରୀଯୁକ୍ତ କୋରଜବସ୍କିଙ୍କ ମତରେ ଜୀବନର extension ଓ intension ଦୁଇଟି ଦିଗକୁ ଯୋଡିବାକୁ ହୋଇଥାଏ। ଶ୍ରୀଯୁକ୍ତ କୋରବଜସ୍କି ଆମକୁ କହୁଛନ୍ତି ଯେ, ଆମେ ଯେତେବେଳେ intension ବା ବାଚନିକ ସଂଜ୍ଞା ଦ୍ୱାରା ଜୀବନର ସଂଜ୍ଞା ନିରୂପଣ କରୁ ଆମ ମୂଳତଃ ଲୁକ୍କାୟିତ ଅଞ୍ଚଳ ଭିତରେ ସୀମିତ ରହୁ। ମାତ୍ର ଆମେ ଯେତେବେଳେ extension ମାଧ୍ୟମରେ ଜୀବନର ସଂଜ୍ଞା ନିରୂପଣ କରୁ ସେତେବେଳେ ଏହା ଆମର ମସ୍ତିଷ୍କର Ithalmatic ଅଞ୍ଚଳ ଉପରେ ନିର୍ଭର କରୁଥିଲେ ମଧ୍ୟ ଏହା ଲୁକ୍କାୟିତ ଅଞ୍ଚଳକୁ ସଂଯୁକ୍ତ କରିରଖେ । Extension ବାପ୍ରସାରଣ ଦ୍ୱାରା ଆମର ଜୀବନର ବ୍ୟାକରଣ ଓ ଜୀବନ ଅଧିକ ଯୁକ୍ତ ଓ ସୁସ୍ଥ ହୋଇଥାଏ । ଶ୍ରୀଯୁକ୍ତ କୋରବଜସ୍କିଙ୍କ ମତରେ ମନସ୍ତାତ୍ତ୍ୱିକ ଥେରାପିରେ extension ମାଧ୍ୟମରେ ଗୋଟିଏ ରୋଗୀ ତାର ଡାକ୍ତର ସହିତ ଯୁକ୍ତ ହୋଇଯାଏ । ସ୍ୱାସ୍ଥ୍ୟ ଓ ନିରାମୟତା ପାଇଁ ଆମ ଜୀବନରେ ପ୍ରସାରଣ ଆବଶ୍ୟକ ।

ଆରମ୍ଭ, ଶେଷ ଓ ପୁନଃ ଅନ୍ୱେଷଣ

ଏହି ରଚନାରେ ଆମେ ବ୍ୟକ୍ତିଗତ ଓ ସାମାଜିକ ସୁସ୍ଥତା ଓ ରୁଗ୍ଣତାର ବିଭିନ୍ନ ଦିଗ ବିଷୟରେ ଆଲୋଚନା କରିଛୁ । ସୁସ୍ଥତା ଓ ନିରାମୟତା ଏକ ଓ ଅନେକ ବହୁ-ପରିସରୀୟ ଧାରା। ବ୍ୟକ୍ତି ଜୀବନର ରୁଗ୍ଣତା ସାମାଜିକ, ସାଂସ୍କୃତିକ ଓ ବିଶ୍ୱମୟ ପରିବେଶ ଉପରେ ନିର୍ଭର କରେ।

ଗ୍ରନ୍ଥ ଟିପ୍‌ପଣୀ:

୧. Desmond Tutu, *God Has a Dream.* 2005

୨. Ananta Kumar Giri, *The Calling of Global Responsibility: New Initiatives in Justice, Dialogues and Planetary Realizations.* London: Routledge, 2023

୩. Robert N. Bellah et al. *The Good Society*. New York: Alfred A. Knof, 1991

୪. John Rawls, *A Theory of Justice*. Cambridge, MA: Harvard University Press, 1971; Jurgen Habermas, *Moral Consciousness and Communicative Action.*

Cambridge, MA: The MIT Press, 1990; Amartya Sen, *The Idea of* Justice. Cambridge, MA: Belknap Press, Harvard University Press, 2009

୫. Hans-George Gadamer, *The Enigma of Health: Art of Healing in a Scientific Age*. Stanford: Stanford U. Press, 1996.

ଚିତ୍ତରଂଜନ ଦାସ, ବ୍ୟକ୍ତି ଓ ବ୍ୟକ୍ତିତ୍ୱ, ଭୁବନେଶ୍ୱର: ପଥିକ ପ୍ରକାଶନୀ

୬. Frank, Lawrence K. 1933. "Society as the Patient." *American Journal of Sociology;* 1948. *Society as the Patient*. New York: Rutgers

୭. Bourdieu, Pierre et al. *The Weight of the World: Social Suffering in Contemporary Society.* Cambridge: Polity Press, 1999.

୮. ତତ୍ରୈବ

୯. ତତ୍ରୈବ

୧୦. Frankl, Victor. 1967. *Psychotherapy and Existentialism: Selected Papers on Logotherapy*. Hammondsworth: Penguin.

୧୧. Eric Fromm, Escape from Freedom. 1965.

୧୨. Eric Fromm, The Sane Society. London: Routledge & Kegan Paul, 1956

୧୩. Emmanuel Levinas, *Otherwise Than Being or Beyond Essence.* Pittsburg, PA: Duquesne Press.

୧୪. Soren Kierkegaard,. *Sickness Unto Death*. London: Penguin, 1989/1948

୧୫. Yasodhara Mishra, ମହାପୁରୁ ଉଠିଲେଣି ।

୧୬. John P. Lederach & Angela Jill Lederach. *When Blood and Bones Cry Out*. St. Lucia: University of Queensland Press, 2010

୧୭. Maslow, Abraham. *The Farther Reaches of Human Nature*. New York: The Viking Press, 1971

୧୮. ଚିତ୍ତରଂଜନ ଦାସ ଆବ୍ରାହମ ମାସଲୋଙ୍କ ଏହି ତତ୍ତ୍ୱକୁ ଆପଣାର ବ୍ୟକ୍ତି ଓ ବ୍ୟକ୍ତିତ୍ୱ ପୁସ୍ତକରେ ଆଲୋଚନା ।

୧୯. Hans-George Gadamer, *The Enigma of Health: Art of Healing in a Scientific Age*. Stanford: Stanford U. Press, 1996.

୨୦. ଚିତ୍ତରଞ୍ଜନ ଦାସ, ଯୋଗ ସମନ୍ୱୟ: ଏକ ପ୍ରବେଶିକା, ଭୁବନେଶ୍ୱର: ପଥିକ ପ୍ରକାଶନୀ, ୨୦୧୦ ।

୨୧. ତତ୍ରୈବ ।

୨୨. Alfred J. Korzybski, *Science and Sanity: An Introduction to Non-Aristotelian Systems and General Semantics*. Brooklyn, New York: Institute of General Semantics.

■

ଜାତି ପ୍ରଥାର ବିଲୋପ, ଜାତି ପ୍ରଥାର ରୂପାନ୍ତର: ଆମ୍ବେଦକର, ଶଙ୍କର ଓ ଚେତନା କାର୍ଯ୍ୟର ନବୀନ ପଥ ଓ ଦିଗନ୍ତ

(...) ବ୍ରାହ୍ମଣବାଦ ହେଉଛି ଏକ ବିଷ ଯାହା ହିନ୍ଦୁ ଧର୍ମକୁ ନଷ୍ଟ କରିଛି। ତୁମେ ଯଦି ବ୍ରାହ୍ମଣବାଦକୁ ନିଧନ କରିବ ତେବେହିଁ ତୁମେ ହିନ୍ଦୁ ଧର୍ମକୁ ରକ୍ଷା କରିବାରେ ସଫଳ ହୋଇପାରିବ। ଏହି ସଂସ୍କାର ପାଇଁ କୌଣସି ପକ୍ଷରୁ ବିରୋଧ ଆସିବା ଉଚିତ ନୁହେଁ। ଏହା ଆର୍ଯ୍ୟ ସମାଜୀ ମାନଙ୍କ ଦ୍ୱାରା ମଧ୍ୟ ସ୍ୱାଗତଯୋଗ୍ୟ ହେବା ଉଚିତ କାରଣ ଏହା ସେମାନଙ୍କର ଗୁଣ-କର୍ମ ସିଦ୍ଧାନ୍ତର ଏକ ପ୍ରୟୋଗ ମାତ୍ର।

ତୁମେ ଏହା କର ବା ନକର, ତୁମେ ନିଜର ଧର୍ମକୁ ଏକ ନୂତନ ସୈଦ୍ଧାନ୍ତିକ ଆଧାର ଦେବା ବିଧେୟ ଯାହା ସ୍ୱାଧୀନତା, ସମାନତା ଓ ଭ୍ରାତୃତ୍ୱ ସହିତ .... ସଂକ୍ଷେପରେ ଗଣତନ୍ତ୍ର ସହିତ .... ସଙ୍ଗତ ହେବ। ମୁଁ ଏହି ବିଷୟରେ ଜଣେ ପ୍ରବୀଣ ନୁହେଁ। ମୋତେ କୁହାଯାଉଛି ଯେ' ଏହି ଧାର୍ମିକ ସିଦ୍ଧାନ୍ତ ମାନଙ୍କ ପାଇଁ ତୁମକୁ ବିଦେଶୀ ଉତ୍ସରୁ ଉଧାର ଆଣିବାକୁ ହେବ ନାହିଁ, ତୁମେ ଉପନିଷଦର ଏହି ପ୍ରକାରର principles ରୁ ଆଣିପାରିବ। ମାତ୍ର ତୁମେ ଏହା ସଂପୂର୍ଣ୍ଣ ପୁନର୍ବିର୍ଷଣ ବିନା ବା ଅଧିକ କାଟିବା ବା ଛେଲିବା ଦ୍ୱାରା କରାଯାଇପାରିବ କି ନାହିଁ ଏହି ବିଷୟରେ ମୁଁ ବେଶୀ କିଛି କହିପାରିବି ନାହିଁ। ଏହାର ଅର୍ଥ ଜୀବନର ମୂଳଭୂତ ଧାରଣାମାନର ସଂପୂର୍ଣ୍ଣ ପରିବର୍ତ୍ତନ। ଏହାର ଅର୍ଥ ଦୃଷ୍ଟିକୋଣରେ ଓ ମନୁଷ୍ୟ ଓ ବ୍ୟକ୍ତି ଦୃଷ୍ଟିକୋଣରେ ସଂପୂର୍ଣ୍ଣ ପରିବର୍ତ୍ତନ। ଏହାର ଅର୍ଥ ଧର୍ମ ପରିବର୍ତ୍ତନ ମାତ୍ର ତୁମକୁ ଯଦି ଏହି ଶବ୍ଦଟି ଭଲ ଲାଗୁନାହିଁ ତାହେଲେ ମୁଁ କହିବି ଏକ ନୂତନ ଜୀବନ।

– B.R. Ambedkar (2000), "Annihilation of Caste" (୧)

> ସୀତାଙ୍କର ରନ୍ଧନଶାଳା ହେଉଛି ଆତ୍ମ-ପ୍ରତିମା ଶବ୍ଦର କ୍ଷେତ୍ର ଯାହା ଧରିତ୍ରୀ ଦ୍ୱାରା ପ୍ରତିନିଧିତ୍ୱ ହୋଇଥାଏ.... ରାମଙ୍କ ସତ୍ୟ ହେଉଛି ଅଦ୍ୱୈତର ସତ୍ୟ, ଧ୍ୱଂସ କରିବା ଏହା ହେଉଛି ଦ୍ୱୈତବାଦ । ଦ୍ୱୈତବାଦ ହେଉଛି ଏହି ପ୍ରକାର ପ୍ରତିବଦ୍ଧତା ଯେଉଁଥିରେ ଆତ୍ମା ଓ ଅନ୍ୟ ଆତ୍ମା ସବୁବେଳେ ପରସ୍ପର ବିରୁଦ୍ଧରେ ଯୁଦ୍ଧରେ ଅଛନ୍ତି ।
>
> – ରାମଚନ୍ଦ୍ର ଗାଂଧୀ (୧୯୯୨), *Sita's Kitchen* (୨)

ଉପକ୍ରମଣ

ଜାତିପ୍ରଥା ଭାରତୀୟ ସମାଜରେ ବିଶେଷକରି ହିନ୍ଦୁ ସମାଜରେ ବିଭିନ୍ନ ପ୍ରକାରରେ ଅନେକ ଦିନରୁ ରହିଆସିଛି ଓ ଇତିହାସର ଧାରାରେ ଏହାର ପରିବର୍ତ୍ତନ ପାଇଁ ଅନେକ ପ୍ରୟାସ ହୋଇଛି, ବ୍ୟକ୍ତିଗତ ଓ ସାମାଜିକ ସ୍ତରରେ ସାଧନା ଓ ସଂଗ୍ରାମ ହୋଇଛି ଓ ଏହା ମଧ୍ୟ ଏବେବି କ୍ରିୟାଶୀଳ। ଋଗ୍‌ବେଦର ପୁରୁଷ ସୁକ୍ତରେ ଏହା କୁହାଯାଇଛି ଯେ' ବ୍ରାହ୍ମଣମାନେ ବ୍ରହ୍ମାଙ୍କ ମୁଖରୁ ଓ ଶୂଦ୍ରମାନେ ତାଙ୍କର ପାଦରୁ ଜନ୍ମ ହୋଇଛନ୍ତି; କ୍ଷତ୍ରିୟମାନେ ବାହୁରୁ ଓ ବୈଶ୍ୟମାନେ ଉଦରରୁ। ମୁଖରୁ ନିଃସୃତ ହୋଇଥିବାରୁ ବ୍ରାହ୍ମଣମାନେ ଉପରେ ଏବଂ ପାଦରୁ ଜନ୍ମ ହୋଇଥିବା ଶୂଦ୍ରମାନେ ସବାତଳେ । ମାତ୍ର ପୁରୁଷ ସୁକ୍ତରେ କୁହାଯାଇନାହିଁ ଯେ' ମୁଖ ପାଦ ତୁଳନାରେ ଅଧିକ ମହତ୍ୱପୂର୍ଣ୍ଣ। ସମାଜରେ ଜାତିପ୍ରଥାର ଉଚ୍ଚନୀଚ ଭେଦଭାବ ଓ ଦମନ ବ୍ୟବସ୍ଥା (system of domination) ଯେତେବେଳେ ଅଧିକ ବଳବତ୍ତର ହେଲା ସେତେବେଳେ ପୁରୁଷ ସୁକ୍ତର ଏହି ଧାଡ଼ିଟିକୁ ଜାତି ବ୍ୟବସ୍ଥାର ସମର୍ଥନ ବୋଲି ଉଭୟ ଏହାର ସମର୍ଥକ ଓ ବିରୋଧୀମାନେ ବ୍ୟବହାର କରିବାକୁ ଲାଗିଲେ। ଶ୍ରୀମଦ୍ ଭଗବତ ଗୀତାରେ ଶ୍ରୀକୃଷ୍ଣ ଆମକୁ କହୁଛନ୍ତି ଯେ' ଗୁଣ ଓ କର୍ମ ଅନୁସାରେ ସେ ଚତୁର୍ବର୍ଣ୍ଣ... ଚାରୋଟି ବର୍ଣ୍ଣ ସୃଷ୍ଟି କରିଛନ୍ତି। ଜନ୍ମକୁଳ ଓ ଏହାର ଉତ୍ତରାଧିକାର ଦ୍ୱାରା ବର୍ଣ୍ଣ ବ୍ୟବସ୍ଥା ସୃଷ୍ଟି ହୋଇନାହିଁ । ଶ୍ରୀମଦ୍ ଭଗବତ୍‌ଗୀତାରେ ତିନୋଟି ଗୁଣର ବର୍ଣ୍ଣନା ରହିଛି .... ସତ୍ୱ, ରଜ ଓ ତମୋଃ । ସତ୍ୱ: ସତ୍ୟ ଓ ଆଲୋକର ଗୁଣ । ରଜଃ: କ୍ଷମତା ଓ ତହିଁ ମଧ୍ୟରେ ବାଂଧି ହୋଇଯିବାର ଗୁଣ। ତମୋଃ: ଅନ୍ଧକାର ଓ ନିମ୍ନ କାମନା ଓ ବାସନାର ସ୍ଥିତି। ପ୍ରତ୍ୟେକ ବ୍ୟକ୍ତି ଓ ପ୍ରତ୍ୟେକ ସାମାଜିକ ଗୋଷ୍ଠୀ ମଧ୍ୟରେ ଏହି ତିନୋଟି ଗୁଣ ରହିଛି । ଯିଏ ଏହି ତିନିଗୁଣ ମଧ୍ୟରେ ରହି ରଜୋ ଓ ତମୋକୁ ଅତିକ୍ରମ କରି ଆପଣାର ଜୀବନ ଭୂମି, ସମ୍ବନ୍ଧ ଓ ଆକାଶରେ ସତ୍ୟ ଓ ଆଲୋକର ଜୀବନ ବଞ୍ଚିଛି, ସିଏ ଉପରେ। ଏହା ସହିତ କର୍ମ। ଯିଏ ବ୍ରହ୍ମକୁ ଜାଣିବାର କାର୍ଯ୍ୟ କରୁଛି ଓ ଯିଏ ବ୍ରାହ୍ମଣର ଜୀବନ ବଞ୍ଚୁଛି, ସିଏ ବ୍ରାହ୍ମଣ । ଯିଏ ସମାଜରେ ନାନା ଶ୍ରମ ଓ ସେବା

କରୁଛି ସେ ଶୂଦ୍ର। ଶ୍ରମ ଓ ସେବାର କାର୍ଯ୍ୟ ମାଧମରେ ସେ ବ୍ରହ୍ମଙ୍କ କାର୍ଯ୍ୟ କରୁଛି, ସେ ମଧ ବ୍ରହ୍ମକାମୀ, ବ୍ରହ୍ମଯାତ୍ରୀ ଓ ବ୍ରାହ୍ମଣ।

ଯଦିଓ ଶ୍ରୀକୃଷ୍ଣ ଚତୁର୍ବର୍ଣ୍ଣ ବଂଶ, କୁଳ ଓ ଜନ୍ମ ଉପରେ ନିର୍ଭର କରେ ନାହିଁ ବୋଲି ଶ୍ରୀମଦ୍‌ଭଗବତରେ କହିଛନ୍ତି, ଶ୍ରୀମଦ୍‌ଭଗବତଗୀତାର ପ୍ରଥମ ଅଧ୍ୟାୟ ଅର୍ଜୁନସ୍ୟ ବିଷାଦ ଯୋଗରେ ଅର୍ଜୁନ କହୁଛନ୍ତି ଯୁଦ୍ଧର ଭୟାବହ ବିଭୀଷିକା ସମ୍ପର୍କରେ। ଅର୍ଜୁନ ଶ୍ରୀକୃଷ୍ଣଙ୍କୁ କହୁଛନ୍ତି ଯେ, ଯୁଦ୍ଧ ଫଳରେ ଅନେକ ଯୋଦ୍ଧା ମାନେ ନିହତ ହେବେ। ଏମାନଙ୍କର ସ୍ୱାମୀମାନେ ବିଧବା ହେବେ। ଏତେ ପୁରୁଷମାନଙ୍କର ନିଧନ ଫଳରେ ସମାଜର ନାରୀମାନେ ଗୋଟିଏ ବର୍ଣ୍ଣରୁ ଆଉ ଗୋଟିଏ ବର୍ଣ୍ଣକୁ ବିବାହ କରିବେ। ଏହାଫଳରେ ସମାଜରେ ମିଶ୍ରିତ ବର୍ଣ୍ଣ ବା ବର୍ଣ୍ଣ ଶଙ୍କର ସୃଷ୍ଟି ହେବେ। ଏହା ସାମାଜିକ ବ୍ୟବସ୍ଥାକୁ ବିପଥଗାମୀ କରିବ। ବର୍ଣ୍ଣ ଶଙ୍କର ଅବସ୍ଥା ଏକ ବିପଦ। ନହେଲେ ଅର୍ଜୁନ କ'ଣ ପାଇଁ ଯୁଦ୍ଧର ଭୟାବହ ଫଳରୂପେ ବର୍ଣ୍ଣ ଶଙ୍କରକୁ ଏକ ସମସ୍ୟା ରୂପେ ଶ୍ରୀକୃଷ୍ଣଙ୍କ ପାଖରେ କହିଥାନ୍ତେ। ଏଥିରୁ ଆମେ ବୁଝିପାରିବା ଯେ ଯଦିଓ ସ୍ୱୟଂ ଶ୍ରୀକୃଷ୍ଣ ଗୁଣ ଓ କର୍ମ ଅନୁସାରେ ଚାତୁର୍ବର୍ଣ୍ଣ୍ୟର ସୃଷ୍ଟି କଥା କହୁଛନ୍ତି, ସମାଜର ବ୍ୟବସ୍ଥାରେ ଏହା ଜନ୍ମିତ ଜାତିପ୍ରଥା ରୂପେ କାମ କରୁଛି। ମହାଭାରତ ସମୟରେ ଆଦର୍ଶ ଓ ବାସ୍ତବତା ମଧ୍ୟରେ ଆକାଶ ପାତାଳ ଫରକ୍ ରହିଛି ଯେମିତି ଇତିହାସର ଅନେକ ପର୍ବରେ -- ଆଧୁନିକ ଓ ସାମ୍ପ୍ରତିକ ପର୍ବରେ। ଚାତୁର୍ବର୍ଣ୍ଣ୍ୟର ଏକ ଆଦର୍ଶମୟ ବ୍ୟାଖ୍ୟା ଦ୍ୱାରା ପ୍ରଭାବିତ ହୋଇ ଜୀବନର ଆଦ୍ୟ ପ୍ରାନ୍ତରେ ଆଧୁନିକ ଭାରତବର୍ଷର କୃଷ୍ଣ ମୋହନ ଦାସ - ମୋହନ ଦାସ କରମଚାନ୍ଦ ଗାନ୍ଧୀ -- ଜାତିପ୍ରଥାକୁ ବିରୋଧ କରିବା ସହିତ ବର୍ଣ୍ଣ ବ୍ୟବସ୍ଥାକୁ ସମର୍ଥନ କରିଛନ୍ତି। ଏହି ସମର୍ଥନ କଲାବେଳେ ସେ କର୍ମ କଥା କହିଛନ୍ତି -- ଯିଏ ଯେଉଁ ଜାତିରେ ଜନ୍ମ ହୋଇଛି ସେ ତା'ର ଜାତିକର୍ମ କରିବ, ଅର୍ଥାତ୍ ମେହେନ୍ତର ସଫା କରିବ, ବ୍ରାହ୍ମଣ ପାଠ ପଢ଼ିବ ଓ ପଢ଼ାଇବ ମାତ୍ର ମେହେନ୍ତର ସଫା କରୁଛି ବୋଲି ସେ ନୀଚରେ ନୁହେଁ ଓ ବ୍ରାହ୍ମଣ ଉପରେ ନୁହେଁ। ଗାଂଧୀ ଏହି ବର୍ଣ୍ଣ ବ୍ୟବସ୍ଥାର ସମର୍ଥନ କଲାବେଳେ ସେ ଗୁଣର କ୍ରିୟାଶୀଳତା ବିଷୟରେ ଆଲୋଚନା କରିନାହାନ୍ତି -- କିପରି ସମସ୍ତେ ବର୍ଣ୍ଣ ସତ୍ୱ, ରଜଃ ଓ ତମୋଃ ଦ୍ୱାରା ପ୍ରଭାବିତ ଓ ଏହାର ସାଧନା ଓ ଉତ୍ତରଣ କିପରି ଆବଶ୍ୟକ। ଏହାପରେ ଯେତେବେଳେ ଗାଂଧୀ ସମାଜ ଭିତରକୁ ଅଧିକ ପ୍ରବେଶ କରିଛନ୍ତି ଓ ଯେତେବେଳେ ଲଣ୍ଡନର ଗୋଲଟେବୁଲ ବୈଠକରେ ବି.ଆର. ଆମ୍ବେଦକରଙ୍କୁ ଭେଟିଛନ୍ତି ଓ ଆମ୍ବେଦକର ଜାତି ବ୍ୟବସ୍ଥାର ଦମନ, ଶୋଷଣ ଓ ନିର୍ଯ୍ୟାତନା ବିଷୟରେ ପ୍ରଶ୍ନ କରିଛନ୍ତି ସେତେବେଳେ ଗାଂଧୀ ଏହି ପ୍ରଶ୍ନ ମାନଙ୍କୁ ଆଲିଙ୍ଗନ କରିଛନ୍ତି। ଏହା ସହିତ ଗାଂଧୀଙ୍କର ଜଣେ ସହଯାତ୍ରୀ

ଆନ୍ଧ୍ର ପ୍ରଦେଶର ବ୍ରାହ୍ମଣ କୁଳରେ ଜନ୍ମିତ ଗୋରା ଯିଏ ଜଣେ ଦଳିତ କନ୍ୟାଙ୍କୁ ବିବାହ କରିଥିଲେ ଓ ଜାତି-ଜାତି ମଧ୍ୟରେ ବିବାହ ଦ୍ୱାରା ହିଁ ଜାତିପ୍ରଥା ଓ ଜାତି ଦମନର ରୂପାନ୍ତର ସମ୍ଭବ କେବଳ ଅସ୍ପୃଶ୍ୟତାର ନିବାରଣ ଦ୍ୱାରା ନୁହେଁ -- ସପରିବାରେ ଗାଂଧୀଙ୍କ ସହିତ ସାବରମତୀ ଆଶ୍ରମରେ ରହିଛନ୍ତି। ଆମ୍ବେଦକର ଓ ଗୋରାଙ୍କର ପ୍ରଶ୍ନ ଗାଂଧୀଙ୍କୁ ଦୋହଲାଇ ଦେଇଛି ଓ ଗାଂଧୀ ଆଉ ପୂର୍ବ ଭଳି ଚାତୁର୍ବର୍ଣ୍ଣ୍ୟ ବ୍ୟବସ୍ଥାର ସମର୍ଥନ କରିନାହାନ୍ତି। ଜାତି-ଜାତି ମଧ୍ୟରେ ବିବାହ ଆବଶ୍ୟକ ଓ ଜାତି-ଜାତି ମଧ୍ୟରେ ବିବାହ (inter-caste marriage) ଦ୍ୱାରା ହିଁ ଅସ୍ପୃଶ୍ୟତାର ନିବାରଣ ଓ ଜାତିପ୍ରଥାର ରୂପାନ୍ତର ସମ୍ଭବ ବୋଲି ଗାଂଧୀ ଜୋର୍ ଦେଇ କହିଛନ୍ତି। ଏହାପରେ ଗାଂଧୀ କେବଳ ସେହିସବୁ ବିବାହରେ ଯୋଗ ଦେଇଛନ୍ତି ଯାହା ଜାତି-ଜାତି ମଧ୍ୟରେ ବିବାହ।

ଜାତିପ୍ରଥାର ଆମୂଳଚୁଳ ପରିବର୍ତ୍ତନ ପାଇଁ ଗାଂଧୀ ସାଧନା ଓ ସଂଗ୍ରାମ କରିଛନ୍ତି। ଆମ୍ବେଦକର ଜାତିପ୍ରଥାର ବିଲୋପ -- Annihilation of Caste ର ଆହ୍ୱାନ ଦେଇଛନ୍ତି। ଆମ୍ବେଦକର ଏପ୍ରିଲ ୧୪, ୧୮୯୧ ରେ ଇନ୍ଦୋର ନିକଟବର୍ତ୍ତୀ ମୋହୋ (Mhow) ଗ୍ରାମରେ ଜନ୍ମଗ୍ରହଣ କରିଥିଲେ ଯେଉଁଠାରେ ତାଙ୍କର ପିତା ରାମଜୀ ସକପାଳ ଏକ ସେନା ବିଦ୍ୟାଳୟରେ ଶିକ୍ଷକ ଥିଲେ। ଆମ୍ବେଦକରଙ୍କର ପୈତୃକ ଗାଆଁ ପୂର୍ବତନ ବମ୍ବେ ପ୍ରଦେଶର ରତ୍ନଗିରି ଜିଲ୍ଲାର ମାନ୍ଦେଗେଡ ତାଲୁକର ଆମ୍ବାରାଡ ଗାଆଁରେ ଥିଲା। ଏହାପରେ ପ୍ରାୟ ୧୯୦୦ ମସିହା ବେଳକୁ ଆମ୍ବେଦକରଙ୍କର ବାପା ରତ୍ନଗିରି ଜିଲ୍ଲାର ବାପୋଲକୁ ଫେରି ଆସିଲେ। ଆମ୍ବେଦକରଙ୍କର ବାପା ଗୋରେଗାଓ ନାମକ ଗୋଟିଏ ସ୍ଥାନରେ କାମ କରୁଥାନ୍ତି ଓ ଆମ୍ବେଦକର ଆପଣାର ଭାଇ ଓ ଭଣଜାମାନଙ୍କ ସହିତ ଗାଆଁରେ ଜଣେ ଭିନ୍ନକ୍ଷମା ଅପାଙ୍କ ପାଖରେ ରହୁଥାନ୍ତି।(୩) ୧୯୦୧ ମସିହାର ଗ୍ରୀଷ୍ମ ଅବକାଶ ବେଳେ ଆମ୍ବେଦକରଙ୍କର ବାପା ପିଲାମାନଙ୍କୁ କହିଲେ ଛୁଟିରେ ତାଙ୍କ ପାଖକୁ ଆସିବାକୁ। ଆମ୍ବେଦକର, ତାଙ୍କର ବଡ଼ ଭାଇ ଓ ଦୁଇଜଣ ଭଣଜା କେତେ ଆନନ୍ଦରେ ଆପଣାର ଗାଆଁରୁ ଗୋଟିଏ ଟାଙ୍ଗାରେ ବସି ନିକଟସ୍ଥ ଷ୍ଟେସନରୁ ଟ୍ରେନ ଧରି ଗୋରେଗାଉଁ ନିକଟବର୍ତ୍ତୀ ମୋଗୁର ଷ୍ଟେସନରେ ଓହ୍ଲାଇଲେ। ଯାତ୍ରା ପାଇଁ ସମସ୍ତେ ଇଂରାଜୀ କାଇଦାରେ ତିଆରି ହୋଇଥିବା ସାର୍ଟ ପିନ୍ଧିଥାନ୍ତି ଓ ଅଳଙ୍କାର ଖଚିତ ଟୋପି। ଷ୍ଟେସନରେ ସଂଧ୍ୟା ପାଞ୍ଚଟା ବେଳେ ଓହ୍ଲାଇ ନଅ ବର୍ଷର ବାଳକ ଆମ୍ବେଦକର ସହଯାତ୍ରୀ ତିନିଜଣଙ୍କ ସହ ବାପା ପଠାଉଥିବା ଟୋଙ୍ଗା ପାଇଁ ଅପେକ୍ଷା କରିଥାନ୍ତି। ଘଣ୍ଟା ପରେ ଘଣ୍ଟା ବିତିଗଲା। ଟୋଙ୍ଗାର ଦେଖା ଦର୍ଶନ ନାହିଁ। ଏହି ଚାରିଜଣଙ୍କୁ ଏକାଏକା ଦେଖି ଷ୍ଟେସନ ମାଷ୍ଟର ଆସି ସେମାନଙ୍କ ସହିତ କଥା ହେଲେ ମାତ୍ର ଯେତେବେଳେ ସେ ଜାଣିଲେ ଯେ -- ସେମାନେ

ମାହାର ଜାତିର ଯାହା ସେତେବେଳେ ଅସ୍ପୃଶ୍ୟ ବୋଲି ଗଣିତ ହେଉଥିଲା, ଷ୍ଟେସନ ମାଷ୍ଟର ସେମାନଙ୍କୁ ଛାଡ଼ି ହତବାକ ହୋଇ ତାଙ୍କ ଅଫିସକୁ ଚାଲିଗଲେ। ଆମ୍ବେଦକର ଷ୍ଟେସନ ବାହାରକୁ ଆସି ବାପା ରହୁଥିବା ଗୋରେଗାଓଁକୁ ଯିବା ପାଇଁ ଟୋଙ୍ଗାଟିଏ ଖୋଜିଲେ। କେତେ ଟୋଙ୍ଗା ରହିଛି ମାତ୍ର ଇତିମଧ୍ୟରେ ସମସ୍ତେ ସେମାନେ ମାହାର ବୋଲି ଜାଣି ସେମାନଙ୍କୁ କେହି ନେବାକୁ ଆସିଲେ ନାହିଁ। ମୂଲ୍ୟର ଦୁଇଗୁଣା ଦେବାକୁ ଟୋଙ୍ଗା ବାଲା ମାନଙ୍କୁ କହିଲେ ମାତ୍ର କେହିବି ଆସିଲେ ନାହିଁ। ଶେଷରେ ଷ୍ଟେସନ ମାଷ୍ଟର ଆସି କହିଲେ ଯେ' "ତୁମେ ଟୋଙ୍ଗା ଟାଣି ପାରିବ ?" ଆମ୍ବେଦକର ହଁ ଭରିବାରୁ ଜଣେ ଟୋଙ୍ଗାବାଲା ଆସିଲେ, ଟୋଙ୍ଗାରେ ଜିନିଷପତ୍ର ରଖି ଟୋଙ୍ଗା ଟାଣିଲେ ଓ ଟୋଙ୍ଗାବାଲା ଜଣକ ତାଙ୍କ ସହିତ ଚାଲି ଚାଲି ଗଲେ। କିଛି ଘଣ୍ଟାପରେ ଟୋଙ୍ଗାବାଲା ଜଣକ ଟୋଙ୍ଗାଟି ଟାଣିଲା। ବାଟରେ ସେ ମାହାର ହୋଇଥିବାରୁ ତାଙ୍କୁ କେହି ପାଣି ଦେଲେ ନାହିଁ। ଉତ୍କଟ ଓପାସ ଓ ଭୟ ମଧ୍ୟରେ ଶେଷରେ ପଅରଦିନ ଏଗାରଟା ବେଳେ ବାପାଙ୍କ ବସାରେ ପହଞ୍ଚିଲେ। ତାଙ୍କୁ ଦେଖି ତାଙ୍କର ବାପା ଆଶ୍ଚର୍ଯ୍ୟ ହୋଇଗଲେ। ଆମ୍ବେଦକର କହିଲେ ସିଏ ଆସୁଛନ୍ତି ବୋଲି ଚିଠିଟିଏ ଦେଇଥିଲେ ଓ ଷ୍ଟେସନରେ ଟୋଙ୍ଗା ପାଇଁ ଅପେକ୍ଷା କରିଥିଲେ। ସେ କହିଲେ ଯେ' ସେ କୌଣସି ଚିଠି ପାଇନାହାନ୍ତି। ଏହାପରେ ଜଣାପଡ଼ିଲା ଯେ' ତାଙ୍କର ଚାକର ଏହି ଚିଠିପାଇ ତାଙ୍କୁ ଦେଇ ନଥିଲେ। (୪)

ଯାତ୍ରା ସମୟର ଏହି ଯନ୍ତ୍ରଣା ଓ ଯାତନା ଆମ୍ବେଦକରଙ୍କୁ ଗଭୀର ଭାବେ ପ୍ରଭାବିତ କରିଥିଲା ଓ ଏତେ ଅଳ୍ପ ବୟସରେ ମାତ୍ର ନଅ ବରଷରେ ଆମ୍ବେଦକର ଅନୁଭବ କରିପାରିଲେ ଯେ' ଅସ୍ପୃଶ୍ୟ କୁଳରେ ଜନ୍ମ ହୋଇଥିବାରୁ ଯେତେବି ଗୁଣ ଓ କର୍ମ ଥିଲେ ମଧ୍ୟ ପାଖରେ ଯେତେ ପଇସା ଓ ଖାଦ୍ୟ ଥିଲେ ମଧ୍ୟ ସେ ନିଜେ ଟୋଙ୍ଗା ନିଜେ ଟାଣି ଯିବେ ଓ ଅଧାଦିନ, ପୁରାରାତି ଓ ଅଧାଦିନ ଭୋକିଲା ରହି ନିଜର ଅଦୃଶ୍ୟ ଗନ୍ତବ୍ୟ ସ୍ଥାନରେ ପହଞ୍ଚିବେ। ଏଠାରେ ସ୍ମରଣୀୟ ଯେ' ଜୀବନର ଯାତ୍ରା ପଥରେ ଟ୍ରେନରେ ଯାଉଥିବାବେଳେ ଗାଂଧୀ ମଧ୍ୟ ସମାନ ପ୍ରକାର ସଂଯୁକ୍ତ ଅନ୍ୟ ଏକ ବର୍ଣ୍ଣ ବ୍ୟବସ୍ଥାର ଶରବ୍ୟ ହୋଇଥିଲେ। ଯେତେବେଳେ ଉଚ୍ଚ ଡବାର ଟିକେଟ ଥାଇ ସେ ଜଣେ ଅଣ-ଶ୍ୱେତକାୟ କୁଲି ହୋଇଥିବାରୁ ଟ୍ରେନର କଣ୍ଡକ୍ଟର ଟ୍ରେନ୍ ଡବାରୁ ତାଙ୍କୁ ଓ ତାଙ୍କ ଜିନିଷପତ୍ରକୁ ତଳକୁ ଫିଙ୍ଗି ଦେଇଥିଲେ ଓ ଆମ୍ବେଦକରଙ୍କ ଭଳି ଗାଂଧୀ ମଧ୍ୟ ସାରାରାତି ଷ୍ଟେସନରେ ଯାତନା ଓ ଯନ୍ତ୍ରଣାରେ କଟାଇଥିଲେ। ଏହାର ରୂପାନ୍ତର ପାଇଁ ସେହି ରାତିରେ ହିଁ ଗାଂଧୀ ଶପଥ ନେଇଥିଲେ ଓ ସତ୍ୟାଗ୍ରହର ବୀଜ ସେଇଠାରେ ହିଁ ଅଙ୍କୁରିତ ହୋଇଥିଲା। ଆମ୍ବେଦକରଙ୍କ ଭଳି ଗାଂଧୀ ବ୍ରାହ୍ମଣ କୁଳରେ

ଜନ୍ମ ହୋଇନଥିଲେ ଓ ସେ ଷୋହଳ ବରଷରେ ସମୁଦ୍ର ଅତିକ୍ରମ କରି ବିଲାତରେ ପଢ଼ିବାକୁ ଯେତେବେଳେ ସୌରାଷ୍ଟ୍ର ଛାଡ଼ିଲେ ସେତେବେଳେ ତାଙ୍କର ଜାତି ସମୁଦାୟ ପ୍ରଚଳିତ ଜାତିନିୟମ ଯଥା କେହି ସାଗର ଅତିକ୍ରମ କରି ଅନ୍ୟ ଦେଶକୁ ଯାଇପାରିବେ ନାହିଁ ତା'ର ପାଳନ କରି ଗାଂଧୀଙ୍କୁ ଜାତିରୁ ବାସନ୍ଦ କରିଥିଲେ । ଜାତିପ୍ରଥା ଓ ଅସ୍ପୃଶ୍ୟତାର ସମର୍ଥନକାରୀ ମାନେ ହିନ୍ଦୁ ଶାସ୍ତ୍ରର ଯୁକ୍ତି ଓ ଧାଡ଼ି ମାନଙ୍କୁ ଉଦ୍ଧାର କରୁଥିବା ବେଳେ ଉଭୟେ ଗାଂଧୀ ଓ ଆମ୍ବେଦକର ଅସ୍ପୃଶ୍ୟତା ଓ ଜାତିପ୍ରଥା ଯଥାର୍ଥ ଶାସ୍ତ୍ରର ବିଧି ନୁହେଁ ବୋଲି ଯୁକ୍ତି କରିଛନ୍ତି । ଉଭୟେ ବ୍ରାହ୍ମଣ ଜାତିରେ ବାହାରୁ ଆସି ଓ ଜାତିପ୍ରଥା ଦ୍ୱାରା ନିଜସ୍ୱ ଧାରାରେ ନିର୍ଯାତିତ ହୋଇ ହିନ୍ଦୁ ଧର୍ମ ମଧ୍ୟରେ ଥିବା ଜାତିପ୍ରଥାର ସମର୍ଥନ ଓ ଏହାର ପ୍ରତ୍ୟାଖ୍ୟାନର ସମ୍ଭାବନାକୁ ନିଜସ୍ୱ ଧାରାରେ ଅନୁଭବ କରିଛନ୍ତି (୫)। ଖାସ୍ ସେଇଥିପାଇଁ ହୁଏତ ଆମ୍ବେଦକର ଆପଣାର Riddles of Hinduism ରେ କହୁଛନ୍ତି ଯେ' ଅଦ୍ୱୈତ ବେଦାନ୍ତ କହେ ଯେ' ଆମେ ସମସ୍ତେ ବ୍ରହ୍ମଙ୍କର ସନ୍ତାନ ଓ ସନ୍ତତି ଓ ଏହି ଅନୁସାରେ ଆମ ଭିତରେ କୌଣସି ପ୍ରକାର ବିଚାର ନାହିଁ, ବିଭେଦ ନାହିଁ, ଉଚ୍ଚନୀଚ ଭେଦଭାବ ନାହିଁ । ଏହା ବ୍ରହ୍ମ ଉପରେ ଗୁରୁତ୍ୱ ଦେଇଥାଏ ଯାହାକୁ ଆମ୍ବେଦକର ବ୍ରହ୍ମବାଦ ବା Brahmaism ବୋଲି କହିଛନ୍ତି । ଆମ୍ବେଦକର ଆପଣାର ପୁସ୍ତକରେ ଓ ଜୀବନର ସାଧନା ଓ ସଂଗ୍ରାମରେ ଆମକୁ ଏହି ପ୍ରଶ୍ନ ପଚାରୁଛନ୍ତି:

> ବ୍ରହ୍ମବାଦ କଣ ପାଇଁ ଏକ ନୂତନ ସମାଜ ସୃଷ୍ଟି କରିପାରିଲା ନାହିଁ ? ଏହା ଗୋଟିଏ ବଡ଼ ପରସ୍ପର ବିରୋଧୀ ରହସ୍ୟ ଏପରି ନୁହେଁ ଯେ ବ୍ରାହ୍ମଣମାନେ ବ୍ରହ୍ମବାଦର ସିଦ୍ଧାନ୍ତକୁ ଚିହ୍ନି ପାରିଲେ ନାହିଁ, ସେମାନେ କଲେ । ମାତ୍ର ସେମାନେ କିପରି ବ୍ରାହ୍ମଣ ଓ ଶୂଦ୍ର ମଧ୍ୟରେ, ପୁରୁଷ ଓ ନାରୀ ମଧ୍ୟରେ, ଜାତି ମନୁଷ୍ୟ ଓ ଅଜାତି ମନୁଷ୍ୟ ମଧ୍ୟରେ ବୈଷମ୍ୟକୁ ସମର୍ଥନ କରି ପାରିଲେ -- ଏହି ପ୍ରଶ୍ନଟି ପଚାରିଲେ ନାହିଁ। ଏହାର ଫଳରେ ଆମ ପାଖରେ ଏକ ପାଖରେ ସବୁଠାରୁ ଅଧିକ ଗଣତାନ୍ତ୍ରିକ ସିଦ୍ଧାନ୍ତ ବ୍ରହ୍ମବାଦ ରହିଛି ଓ ଅପର ପକ୍ଷରେ ଜାତି, ଉପଜାତି, ଆଦିମ ଆଦିବାସୀ ଏବଂ ଅପରାଧୀ (criminal) ଆଦିବାସୀ (୬)।

ନଅ ବର୍ଷର ବାଳକ ଭୀମରାଓ ଜାତିପ୍ରଥାର ଯନ୍ତ୍ରଣାକୁ ଅଙ୍ଗେ ନିଭାଇ ଶିକ୍ଷା ମାଧ୍ୟମରେ ଆଗକୁ ଯାଇଛନ୍ତି । ବରୋଦାର ମହାରାଜା ଶ୍ରୀଯୁକ୍ତ ଗାଏକ୍‌ୱାଡ୍‌ଙ୍କର ଦ୍ୱାରା ପ୍ରଦତ୍ତ ଏକ ବୃତ୍ତି ପାଇ ଆମ୍ବେଦକର କଲମ୍ବିଆ ବିଶ୍ୱବିଦ୍ୟାଳୟରେ ପାଠ ପଢ଼ିଛନ୍ତି । ୧୯୧୬ ମସିହାରେ ନୃତତ୍ତ୍ୱବିଦ୍ Goldenweiser ଙ୍କ ନୃତତ୍ତ୍ୱବିଦ୍ୟା ଶ୍ରେଣୀରେ ସେ ଜାତି ସଂପର୍କରେ ଏକ ନିବନ୍ଧ ରଚନା କରି ଉପସ୍ଥାପନା କରିଛନ୍ତି । କଲମ୍ବିଆ

ବିଶ୍ୱବିଦ୍ୟାଳୟରେ ପଢୁଥିବାବେଳେ ଆମେରିକାର ପ୍ରଖ୍ୟାତ ଦାର୍ଶନିକ ଜନ୍ ଡୁଇ (John Dewey)ଙ୍କ ଦ୍ୱାରା ପ୍ରଭାବିତ ହୋଇଛନ୍ତି ଯିଏ ମଧ୍ୟ କଲମ୍ବିଆରେ ଦର୍ଶନ ଶାସ୍ତ୍ରର ଅଧ୍ୟାପକ ଥିଲେ ଓ ଯାହାଙ୍କର ଗଣତାନ୍ତ୍ରିକ pragmatism ର ଦର୍ଶନ ଆମ୍ବେଦକରଙ୍କୁ ପ୍ରଭାବିତ କରିଥିଲା। ଏହାପରେ ଆମ୍ବେଦକର London School of Economics ରୁ ଅର୍ଥଶାସ୍ତ୍ର ବିଭାଗରେ ଗବେଷଣା କରି ପି.ଏଚ୍.ଡି. ପାଇଛନ୍ତି । ସଂସ୍କୃତ ଭାଷା ଓ ବିଦ୍ୟା ଅଧ୍ୟୟନ କରିବାକୁ ସେ ଜର୍ମାନୀର ବନ୍ ବିଶ୍ୱବିଦ୍ୟାଳୟକୁ ଆବେଦନ କରିଛନ୍ତି ମାତ୍ର କେତେକ କାରଣରୁ ସେ ସେଠାରେ ପଢ଼ି ପାରିନାହାନ୍ତି । ଭାରତବର୍ଷ ଫେରି ସେ ବରୋଦାରେ ରାଜାଙ୍କ ଶାସନରେ କାମ କରିଛନ୍ତି ଓ ଏହାପରେ ବମ୍ବେରେ ଅଧ୍ୟାପନା। ତତ୍କାଳୀନ ଭାରତ ବର୍ଷର ପ୍ରାୟ ସର୍ବାଧିକ ଶିକ୍ଷା ପ୍ରାପ୍ତ ଆମ୍ବେଦକରଙ୍କୁ ଜାତି ବିଭେଦର ତାଡନା ତଥାପି ଛାଡ଼ି ନାହିଁ। ନଅ ବର୍ଷର ବାଳକ ଭୀମରାଓଙ୍କୁ ଯେମିତି ଯିବା ପାଇଁ ଟୋଙ୍ଗା ମିଳିନାହିଁ ଠିକ୍ ସେମିତି ଶିକ୍ଷିତ ଆମ୍ବେଦକରଙ୍କୁ ରହିବା ପାଇଁ ଉଚ୍ଚ ଜାତିର ସାହି ମାନଙ୍କରେ ଘର ମିଳିନାହିଁ।

୧୯୨୭ ମସିହାରେ ଆମ୍ବେଦକର ମହାରାଷ୍ଟ୍ରର ମାହାଡ୍ ନାମକ ଗ୍ରାମରେ ଅସ୍ପୃଶ୍ୟ ଜାତିର ଲୋକମାନେ କେମିତି ନିକଟସ୍ଥ ନଦୀ ସମସ୍ତଙ୍କ ଭଳି ବିନା ବାରଣରେ ପ୍ରବେଶ କରିପାରିବେ ଓ ସେଥିରୁ ପାଣି ଆଣିପାରିବେ, ଏଥିପାଇଁ ସତ୍ୟାଗ୍ରହ କରିଛନ୍ତି । ଏହାପରେ ୧୯୩୨ ରେ ବିଟ୍ରିଶ ସରକାରଙ୍କ ଦ୍ୱାରା ଆୟୋଜିତ ଗୋଲଟେବୁଲ ବୈଠକରେ ନିଷ୍ପେସିତ ଜାତିର ଲୋକମାନଙ୍କର ପ୍ରତିନିଧି ରୂପେ ଯୋଗ ଦେଇଛନ୍ତି ଯେଉଁଠାରେ ଆମ୍ବେଦକର ଏହି ଜାତିମାନଙ୍କ ପାଇଁ ଅଲଗା ନିର୍ବାଚନ ମଣ୍ଡଳୀ (separate electorate) ପାଇଁ ଦାବୀ କରିଛନ୍ତି ଯାହାକୁ ବ୍ରିଟିଶ ସରକାର ଗ୍ରହଣ କରିଛନ୍ତି । ଏହି ବ୍ୟବସ୍ଥା କାର୍ଯ୍ୟକାରୀ ହେଲେ ଭାରତୀୟ ସମାଜ ଓ ରାଜ୍ୟ ବ୍ୟବସ୍ଥା ନାନା ଖଣ୍ଡରେ ପରିଣତ ହୋଇଯିବ ବୋଲି ଆଶଙ୍କା କରି ଗାଂଧୀ ଏହି ନୀତି ବିରୁଦ୍ଧରେ ପୁନାରେ ଆମରଣ ଅନଶନ କରିଛନ୍ତି। ଶେଷରେ ଗାଂଧୀ ଓ ଆମ୍ବେଦକରଙ୍କ ଭିତରେ ପୁନା ବୁଝାମଣା ବା Poona Pact ସ୍ୱାକ୍ଷରିତ ହୋଇଛି। ଯାହା ଫଳରେ ନିଷ୍ପେସିତ ଜାତି ମାନଙ୍କ ପାଇଁ ଅଲଗା ନିର୍ବାଚନ ମଣ୍ଡଳୀ ରହିବ ନାହିଁ ମାତ୍ର କେତେକ ନିର୍ବାଚନ ମଣ୍ଡଳୀ ସେମାନଙ୍କ ପାଇଁ ସଂରକ୍ଷିତ ରହିବ । ଏହାପରେ ଗାଂଧୀ ଅସ୍ପୃଶ୍ୟତା ନିବାରଣ ପାଇଁ ଅନଶନ କରିଛନ୍ତି ଓ ଭାରତୀୟ ଜାତୀୟ କଂଗ୍ରେସ ଓ ଭାରତୀୟ ସମାଜ ସମ୍ମୁଖରେ ଏହାକୁ ଏକ ପ୍ରଧାନ ଆହ୍ୱାନରୂପେ ଉପସ୍ଥାପନା କରିଛନ୍ତି।

୧୯୩୬ ମସିହାରେ ଲାହୋରର ଜାତପାତ ତୋଡ଼କ ମଣ୍ଡଳ ସଂସ୍ଥା ଦ୍ୱାରା ନିମନ୍ତ୍ରିତ ହୋଇ 'ଜାତିପ୍ରଥାର ବିଲୋପ' 'Annihilation of Caste' ନାମକ

ପ୍ରବଂଧ ରଚନା କରିଛନ୍ତି ମାତ୍ର ସ୍ଥାନୀୟ ଉଚ୍ଚଜାତି ମାନଙ୍କର ବିରୋଧ ଫଳରେ ଆମ୍ବେଦକର ଏହା ଲୋହୋରକୁ ଯାଇ ଉପସ୍ଥାପନା କରିପାରି ନାହାନ୍ତି ଯଦିଓ ତାଙ୍କର ପ୍ରବଂଧଟି ଏକ ପୁସ୍ତିକା ରୂପେ ପ୍ରକାଶିତ ହୋଇଛି । ଏହାପରେ ଜୀବନର ଓ ଭାରତୀୟ ସମାଜର ନାନା ଉତ୍‌ଥାନ ପତନ ମଧ୍ୟଦେଇ ୧୯୪୭ ମସିହାରେ ଭାରତବର୍ଷ ସ୍ୱାଧୀନ ହୋଇଛି । ସ୍ୱାଧୀନ ଭାରତବର୍ଷର ସମ୍ବିଧାନ ନିର୍ମାଣ ସଭାର ସଭାପତି ଭାବେ ଆମ୍ବେଦକର ଭାରତୀୟ ସମ୍ବିଧାନ ପ୍ରଣୟନ କରିଛନ୍ତି । ଏହାପରେ ଆମ୍ବେଦକର ପ୍ରଧାନମନ୍ତ୍ରୀ ଜବାହରଲାଲ ନେହେରୁଙ୍କ କ୍ୟାବିନେଟ୍‌ରେ ଆଇନ ମନ୍ତ୍ରୀ ହିସାବରେ କାମ କରିଛନ୍ତି । ଏହାପରେ ସେ Hindu Code Bill ପ୍ରଣୟନ ବେଳେ ପ୍ରଧାନମନ୍ତ୍ରୀ ନେହେରୁଙ୍କ ସହ ମତାନ୍ତର ପାଇଁ ଆମ୍ବେଦକର ନେହେରୁଙ୍କ ମନ୍ତ୍ରୀମଣ୍ଡଳର କ୍ୟାବିନେଟରୁ ଇସ୍ତଫା ଦେଇଛନ୍ତି । ଏହାପରେ ୧୯୫୬ ମସିହାରେ ଆମ୍ବେଦକର ନାଗପୁରର ଦୀକ୍ଷା ଭୂମିଠାରେ ବୌଦ୍ଧ ଧର୍ମ ଗ୍ରହଣ କରିଛନ୍ତି ଓ ଏହାପରେ ବୁଦ୍ଧ ଏବଂ ତାଙ୍କର ଧର୍ମ Buddha and His Dhamma ନାମକ ପୁସ୍ତକ ରଚନା କରିଛନ୍ତି ।

ଆମ୍ବେଦକରଙ୍କ ଜୀବନ ଓ ଦର୍ଶନର ଏହି ସଂକ୍ଷିପ୍ତ ବର୍ଣ୍ଣନା ଆମକୁ ଆମ୍ବେଦକର ଓ ତାଙ୍କର 'ଜାତିପ୍ରଥାର ବିଲୋପ' ଆହ୍ୱାନକୁ ବୁଝିବାରେ ସାହାଯ୍ୟ କରିଥାଏ । 'ଜାତିପ୍ରଥାର ବିଲୋପ' ପ୍ରବଂଧରେ ଆମ୍ବେଦକର ଆମକୁ କହୁଛନ୍ତି ଯେ' ଜାତିପ୍ରଥାର ସବୁଠାରୁ ବଡ଼ ସୀମିତତା ହେଉଛି ଯେ' ଏହା ମନୁଷ୍ୟକୁ ମନୁଷ୍ୟ ରୂପେ ଗ୍ରହଣ କରେନାହିଁ । ଏହା ପ୍ରତ୍ୟେକ ମନୁଷ୍ୟର ନିଜସ୍ୱତା ଓ ସ୍ୱକୀୟତାକୁ ସ୍ୱୀକାର କରେନାହିଁ ଏବଂ ଏହା ମଣିଷକୁ ଏକ ଗାତ ଭିତରେ ପୁରାଇ ଦିଏ .... 'pigeon men into holes.' (୭) ।

ଆମ୍ବେଦକର ଜାତିପ୍ରଥାର ସୀମିତତା, ବଂଧନ ଓ ରୂପାନ୍ତର ଯେଉଁ ପ୍ରଶ୍ନ କରିଛନ୍ତି ତାହା ବୁଦ୍ଧ ମଧ୍ୟ ପଚାରିଛନ୍ତି । ଉପନିଷଦ ମଧ୍ୟ ଜାତି ବ୍ୟବସ୍ଥାକୁ ସ୍ୱୀକାର କରିନାହିଁ । ଭାରତବର୍ଷର ଭକ୍ତି ଆନ୍ଦୋଳନ ଜାତିପ୍ରଥାକୁ ବିରୋଧ କରିଛି ଓ ଏଠାରେ ସ୍ମରଣୀୟ ଯେ' ଆମ୍ବେଦକରଙ୍କ ପିତା ରାମଜୀ ମହାରାଷ୍ଟ୍ରର Warkari ଭକ୍ତି ଆନ୍ଦୋଳନ ଓ କବୀରପନ୍ଥୀ ମାନଙ୍କ ସହ ସଂପୃକ୍ତ ଥିଲେ ଓ ଏହି ପ୍ରଭାବ ମଧ୍ୟ ଆମ୍ବେଦକରଙ୍କ ଉପରେ ପଡିଥିବ । ଗୁରୁ ନାନକ, ଶ୍ରୀ ରାମକୃଷ୍ଣ ପରମହଂସ, ସ୍ୱାମୀ ବିବେକାନନ୍ଦ, ଶ୍ରୀ ନାରାୟଣ ଗୁରୁ ଓ ଭୀମଭୋଇ ଜାତିପ୍ରଥାର ପରିବର୍ତ୍ତନ ଓ ରୂପାନ୍ତରର ଆହ୍ୱାନ ଦେଇଛନ୍ତି ଯେଉଁଥିରେ ସ୍ୱାଧୀନ ଭାରତର ସମ୍ବିଧାନ ମଧ୍ୟ ସଂଶ୍ଳିଷ୍ଟ । ତେଣୁ ଆମ୍ବେଦକରଙ୍କ 'ଜାତିପ୍ରଥାର ବିଲୋପ' ଦର୍ଶନ ଆହ୍ୱାନକୁ ବୁଝିବାକୁ ହେଲେ ଓ ସାଂପ୍ରତିକ ଜାତିପ୍ରଥାର ରୂପାନ୍ତର ପାଇଁ ସାଧନା ଓ ସଂଗ୍ରାମ କରିବାକୁ ହେଲେ ଆମକୁ ଏହିସବୁ ଦର୍ଶନ, ଜୀବନ ଓ ଆନ୍ଦୋଳନ ମାନଙ୍କୁ ବୁଝିବାକୁ ହେବ ।

ଏହି ରୂପାନ୍ତର କାର୍ଯ୍ୟରେ ଆମକୁ ଆମ୍ବେଦକରଙ୍କ ସହିତ ରୂପାନ୍ତର ସମ୍ଭାବନା ଥିବା ଅନେକ ଉତ୍ସ ସହିତ ସଂଳାପ କରିବାକୁ ହେବ ଓ ସେଥିରୁ ସମ୍ଭାବନା ଥିବା ପ୍ରେରଣା ଲାଭ କରିବାକୁ ହେବ। ଆଗରୁ ଆଲୋଚିତ ଅଦ୍ୱୈତ ବେଦାନ୍ତରୁ ପ୍ରେରଣା ଲାଭ କରିବାକୁ ହେବ। ଉଦାହରଣ ସ୍ୱରୂପ, ଶଙ୍କରାଚାର୍ଯ୍ୟ ଆପଣାର 'ଆତ୍ମ ଶତକମ୍'ରେ ଲେଖିଛନ୍ତି ଆତ୍ମାର କୌଣସି ଜାତି ନାହିଁ, ଆତ୍ମାର କୌଣସି ମୃତ୍ୟୁ ଭୟ ନାହିଁ। ଆମେ 'ଚିଦାନନ୍ଦ ରୂପ'। ଆମେ ସମସ୍ତେ ଚିଦାନନ୍ଦ ରୂପ, ଆମର ପରିଚୟ ଚାତୁର୍ବର୍ଣ୍ଣ୍ୟ ନୁହେଁ, ଆମେ ଚାତୁର୍ବର୍ଣ୍ଣ୍ୟ ନୋହୁଁ। ଆମେ ଚାତୁର୍ବର୍ଣ୍ଣର ଗାତ ଭିତରେ ନାହୁଁ.... ଆମେ ଚିଦାନନ୍ଦ ରୂପ। ଶଙ୍କରଙ୍କ ଏହି ଆତ୍ମ ଶତକମ୍‌ର ଏହି ଚିଦାନନ୍ଦ ରୂପ ମଧ୍ୟରେ ଜାତିପ୍ରଥାର ବିଲୋପ ପାଇଁ ଏକ ସମ୍ଭାବନା ରହିଛି... ହୁଏତ ଐତିହାସିକ ଦୃଷ୍ଟିରୁ ଏହି ସମ୍ଭାବନା ଅନେକ କ୍ଷୀଣ କାରଣ ସ୍ୱୟଂ ଶଙ୍କରାଚାର୍ଯ୍ୟ ଜାତିପ୍ରଥାର ଅନେକ ବୈଷମ୍ୟକୁ ହିଁ ସମର୍ଥନ କରିଛନ୍ତି। ତଥାପି ଆତ୍ମ ଶତକମ୍‌ର ଚିଦାନନ୍ଦ ଜୀବନ ଚିନ୍ତନ ମଧ୍ୟରେ ଥିବା ସମ୍ଭାବନା ସହିତ 'ଜାତିପ୍ରଥାର ବିଲୋପ'ର ଆହ୍ୱାନ ସହିତ ସଂଳାପ କଲେ ଆମେ ଜାତିପ୍ରଥାର ରୂପାନ୍ତର ପାଇଁ ବହୁ ପରିସରୀୟ ସାଧନା ଓ ସଂଗ୍ରାମ କରିପାରିବା ଓ ଏଥିରେ ବ୍ରାହ୍ମଣ, ଶୂଦ୍ର, ବୈଶ୍ୟ, କ୍ଷତ୍ରିୟ ଓ ସବୁ ଜାତି ଓ ମନୁଷ୍ୟ ଭିତରେ ଥିବା ରୂପାନ୍ତରକାରୀ ଆତ୍ମା, ଦର୍ଶନ ଓ ସାମାଜିକ ପ୍ରକ୍ରିୟା ମାନଙ୍କ ସହିତ ସଂହତି ସ୍ଥାପନ କରିପାରିବା।

ଜାତିପ୍ରଥାର ବିଲୋପ

'ଆପଣାର ଜାତିପ୍ରଥାର ବିଲୋପ' ପ୍ରବନ୍ଧ ପୁସ୍ତିକାରେ ଆମ୍ବେଦକର ଜାତିପ୍ରଥାର ବିଲୋପ ପାଇଁ ଆହ୍ୱାନ ଦେଇଛନ୍ତି। ଜାତିପ୍ରଥା ମନୁଷ୍ୟକୁ ମନୁଷ୍ୟ ରୂପେ ସାଙ୍ଗ ହୋଇ ମିଳିତ ହେବାକୁ ବାରଣ କରେ, ମିଳିତ ହୋଇ ସାଧାରଣ କାର୍ଯ୍ୟରେ ଯେଉଁ ସାଧାରଣ କାର୍ଯ୍ୟରେ ଯୋଗଦାନ ସେମାନଙ୍କ ମନରେ ସମାନ ଭାବନା (common emotion) ସୃଷ୍ଟି କରିପାରିବ -- ଏମିତି ସାଧାରଣ କାର୍ଯ୍ୟରେ ଯୋଗଦେବାରୁ ବଞ୍ଚିତ କରେ। ଏହି ବାରଣ ପାଇଁ ଜାତିପ୍ରଥାର ପ୍ରବର୍ତ୍ତକ ଓ ବ୍ୟବସ୍ଥାପକମାନେ ଶାସ୍ତ୍ରରୁ କେତେକେତେ କାରଣ ଦେଇଥାଆନ୍ତି। ମାତ୍ର ଯଦି ମନୁଷ୍ୟମାନେ ସାଙ୍ଗ ହୋଇ ମିଳିତ ହୋଇ କାମ କରିପାରିବେ ନାହିଁ, ତେବେ ସେମାନେ ଏକ ସମାଜର ଅଙ୍ଗ ବୋଲି କିପରି ନିଜକୁ ଅନୁଭବ କରିପାରିବେ ଓ ସାଙ୍ଗ ହୋଇ ଗୋଟିଏ ସମାଜ କିପରି ସୃଷ୍ଟି କରିପାରିବେ। ଆମ୍ବେଦକରଙ୍କ ଅନୁଭବାତ୍ମକ ବିଚାରରେ: 'ଜାତିପ୍ରଥା ସାଧାରଣ କାର୍ଯ୍ୟକୁ ବାରଣ କରିଛି ଓ ଏମିତି ବାରଣ କରିବା ଦ୍ୱାରା ଏକତ୍ରିତ ଓ ନିଜର ସତ୍ତା

ଥିବା ଏକ ସମାଜର ଅଙ୍ଗ ହେବାରୁ ବଞ୍ଚିତ କରାଇଛି ।(୮) ଆମ୍ବେଦକର ଏଠାରେ ଚାତୁର୍ବର୍ଣ୍ଣ୍ୟ ବ୍ୟବସ୍ଥା ସଂପର୍କରେ ଆଲୋଚନା କରିଛନ୍ତି । ଏଠାରେ ଆମ୍ବେଦକର କହୁଛନ୍ତି ଯେ' ଜାତିପ୍ରଥା ପଛରେ ଥିବା principle (ସିଦ୍ଧାନ୍ତ) ବର୍ଣ୍ଣ ବ୍ୟବସ୍ଥାର ସିଦ୍ଧାନ୍ତ ଠାରୁ ଭିନ୍ନ ସେମାନେ ଯେ' କେବଳ ପରସ୍ପର ଠାରୁ ଭିନ୍ନ ନୁହନ୍ତି ସେମାନେ ମଧ୍ୟ ପରସ୍ପରକୁ ବିରୋଧ କରନ୍ତି । ବର୍ଣ୍ଣ ବ୍ୟବସ୍ଥା ବ୍ୟକ୍ତିର worth -- ମୂଲ୍ୟ -- ଉପରେ ପର୍ଯ୍ୟବସିତ । ଯେଉଁମାନେ ଜନ୍ମ ଦୃଷ୍ଟିରୁ ଏକ ଉଚ୍ଚସ୍ଥାନରେ ଅଛନ୍ତି ଓ ଯେଉଁମାନଙ୍କ ପାଖରେ ଯୋଗ୍ୟତା ନାହିଁ, ସେମାନଙ୍କୁ ସେମାନଙ୍କର ଜନ୍ମ ଅଧିକୃତ ଉଚ୍ଚସ୍ଥାନରୁ କିପରି ତଳକୁ ଆସିବାକୁ ବାଧ୍ୟ କରାଯାଇପାରିବ ? ତୁମେ କିପରି ଲୋକମାନଙ୍କୁ ସମାଜର ନିମ୍ନ ସ୍ଥାନରେ ଥିବା ଜଣେ ଲୋକ ପାଖରେ ଥିବା ଉଚ୍ଚତର ମୂଲ୍ୟକୁ ସ୍ୱୀକୃତି ପ୍ରଦାନ କରିବାକୁ ବାଧ୍ୟ କରି ପାରିବ । ବର୍ଣ୍ଣ ବ୍ୟବସ୍ଥାର ପ୍ରତିଷ୍ଠା ପାଇଁ ତୁମକୁ ଜାତି ବ୍ୟବସ୍ଥାକୁ ଭାଙ୍ଗିବାକୁ ହେବ । ଚାତୁର୍ବର୍ଣ୍ଣ ଯୋଗ୍ୟତାର ମହତ୍ତ୍ୱ ବିଷୟରେ କହୁଛି ଓ ଆର୍ଯ୍ୟ ସମାଜ ମଧ୍ୟ ଚାତୁର୍ବର୍ଣ୍ଣ୍ୟର ଗୁଣ କର୍ମ ଉପରେ ଗୁରୁତ୍ୱ ଦେଇଛି । ମାତ୍ର ଆମ୍ବେଦକର ପ୍ରଶ୍ନ ପଚାରୁଛନ୍ତି ଆର୍ଯ୍ୟ ସମାଜ ତଥାପି କାହିଁକି ମନୁଷ୍ୟ ମାନଙ୍କୁ ବ୍ରାହ୍ମଣ, କ୍ଷତ୍ରିୟ ବୈଶ୍ୟ ଓ ଶୂଦ୍ର ଏମିତି ଚାରୋଟି ଗୋଷ୍ଠୀ ନାମରେ ନାମିତ କରିବାକୁ ଚାହୁଁଛି । ଏମିତି ବିଭାଜନ ଓ ଶ୍ରେଣୀକରଣ ଦ୍ୱାରା ପ୍ରତ୍ୟେକ ବ୍ୟକ୍ତିର ଅଦ୍ୱିତୀୟ ମୂଲ୍ୟକୁ କିପରି ଚିହ୍ନି ପାରିବ ଓ ସ୍ୱୀକୃତି ପ୍ରଦାନ କରିପାରିବ ? ପୁନଶ୍ଚ, ଚାତୁର୍ବର୍ଣ୍ଣ୍ୟ ବ୍ୟବସ୍ଥା ଧରି ନେଇଥାଏ ଯେ' ତୁମେ ମନୁଷ୍ୟମାନଙ୍କୁ ଚାରୋଟି ଶ୍ରେଣୀରେ ଶ୍ରେଣୀଭୁକ୍ତ କରିପାରିବ ମାତ୍ର ଏହା କ'ଣ ସମ୍ଭବ ? ଆମ୍ବେଦକରଙ୍କ ବିଚାରରେ ଚାତୁର୍ବର୍ଣ୍ଣ୍ୟର ideal (ଆଦର୍ଶ) ଓ ପ୍ଲାଟୋଙ୍କ ideal ମଧ୍ୟରେ ସାମଞ୍ଜସ୍ୟ ରହିଛି । ପ୍ଲାଟୋଙ୍କ ମତରେ ପ୍ରକୃତି ଅନୁସାରେ ମନୁଷ୍ୟମାନେ ତିନୋଟି ଶ୍ରେଣୀରେ ଅଛନ୍ତି -- ଶ୍ରମିକ ଓ ବ୍ୟବସାୟୀ ଶ୍ରେଣୀ; ରକ୍ଷକ ଓ ଅଭିଭାବକ ଶ୍ରେଣୀ ଏବଂ ନିୟମ – ଦାତା ମାନଙ୍କର ଶ୍ରେଣୀ । ମାତ୍ର ଆମ୍ବେଦକରଙ୍କ ବିଚାରରେ ପ୍ଲାଟୋଙ୍କ ଚିନ୍ତନରେ ବ୍ୟକ୍ତିର ଅଦ୍ୱିତୀୟତା- ସ୍ୱକୀୟ ସ୍ୱତନ୍ତ୍ରତା ସଂପର୍କରେ କୌଣସି ଧାରଣା ହିଁ ନଥିଲା ଯେମିତି ଚାତୁର୍ବର୍ଣ୍ଣ୍ୟ ବ୍ୟବସ୍ଥାର ।

ପ୍ଲାଟୋଙ୍କର ଶ୍ରେଣୀକରଣ ବ୍ୟବସ୍ଥାର ମୂଳଭୂତ ସୀମିତତା ସଂପର୍କରେ ଆଲୋଚନା କରି ଆମ୍ବେଦକର କହନ୍ତି ଯେ' : ପ୍ରତ୍ୟେକ ବ୍ୟକ୍ତି ଯେ ନିଜେ ନିଜେ ଶ୍ରେଣୀ ଏହି କଥା ପ୍ଲାଟୋ ଭାବିବି ପାରି ନଥିଲେ । ଅସୀମ ବହୁବିଧ କ୍ରିୟାଶୀଳ ପ୍ରବୃତ୍ତି ଓ ଏହି ପ୍ରବୃତ୍ତି ମାନର ପାଇଁ ବ୍ୟକ୍ତି ଥିବାର ସାମର୍ଥ୍ୟ ବିଷୟରେ ପ୍ଲାଟୋଙ୍କର କୌଣସି ସ୍ୱୀକୃତି ହିଁ ନଥିଲା । ପ୍ଲାଟୋଙ୍କ ପାଇଁ ବ୍ୟକ୍ତି ସମ୍ବିଧାନ ମଧ୍ୟରେ faculty ଓ କ୍ଷମତାର ବିଭିନ୍ନ ପ୍ରକାର ରହିଛି ମାତ୍ର ଏହିସବୁ ଭୁଲ ବୋଲି ପ୍ରମାଣିତ ହୋଇ ସାରିଛି । ଆଧୁନିକ

ବିଜ୍ଞାନ ଆମକୁ ଦେଖାଇ ଦେଇଛି ଯେ' ମନୁଷ୍ୟ ମାନଙ୍କୁ କେତୋଟି ଚିହ୍ନିତ ଶ୍ରେଣୀ ମାନଙ୍କ ମଧ୍ୟରେ ବିଭାଜିତ କରିବା ଅର୍ଥ ମନୁଷ୍ୟ ସଂପର୍କରେ ଗୋଟିଏ ଉପରଠାଉରିଆ ଦୃଷ୍ଟି ଯାହା ଗୁରୁତ୍ୱପୂର୍ଣ୍ଣ ବିଚାରର ଯୋଗ୍ୟ ନୁହେଁ। ଏମିତି ଶ୍ରେଣୀକରଣ ବ୍ୟବସ୍ଥାରେ ବ୍ୟକ୍ତିସତ୍ତାର ଗୁଣର ଉପଯୋଗ ସମ୍ଭବ ନୁହେଁ। ଚାତୁର୍ବର୍ଣ୍ଣ୍ୟ ସେଇଥିପାଇଁ ଫେଲ୍ ମାରିଯାଏ ଯେଉଁଥିପାଇଁ ପ୍ଲାଟୋଙ୍କର ସାଧାରଣତନ୍ତ୍ର (Republic) ଫେଲ୍ ମାରିଯାଏ ଓ ତାହା ହେଉଛି ମଣିଷମାନଙ୍କୁ ଗୋଟିଏ ଗାତ ଭିତରେ ପୁରାଇ ଶ୍ରେଣୀଭୁକ୍ତ କରାଯାଇ ପାରିବ ନାହିଁ -- 'It is not possible to pigeon men into holes' (୯)। ଏହାର ପ୍ରମାଣ ହେଉଛି ଏବେ ମନୁଷ୍ୟ ମାନଙ୍କୁ ଚାରିଟି ବର୍ଣ୍ଣ ମଧ୍ୟରେ ଶ୍ରେଣୀଭୁକ୍ତ କରିବାକୁ ଅସମ୍ଭବ ହେବାରୁ ଏବେ ପ୍ରାରମ୍ଭର ଚାରୋଟି ବର୍ଣ୍ଣ ଏବେ ଚାରିହଜାର ଜାତିରେ ପରିଣତ ହୋଇଯାଇଛି (୧୦)।

ଏମିତି ମୂଳଭୂତ ପ୍ରଶ୍ନ ଓ ସମୀକ୍ଷା ସହିତ ଆମ୍ବେଦକର ଜାତି ଓ ଧର୍ମ ଭିତରେ ଥିବା ଜଟିଳ ସଂପର୍କର ଆଲୋଚନା କରିଛନ୍ତି। ଏହି କ୍ଷେତ୍ରରେ ଧର୍ମର ଦୁଇ ପ୍ରକାର ସଂରଚନା ଓ ପରିପ୍ରକାଶ ସମ୍ପର୍କରେ ଆମ୍ବେଦକର ଆମକୁ କହୁଛନ୍ତି - ନିୟମର ଧର୍ମ (religion of rules) ଓ ସିଦ୍ଧାନ୍ତର ଧର୍ମ (religion of principles)। ଜାତିପ୍ରଥାର ଧର୍ମ ହେଉଛି ନିୟମର ଧର୍ମ -- ତୁମେ ଏହା କରିପାରିବ, ଏହା ନକରିପାରିବ, ଏମିତି କେତେ ନିୟମମାନ ରହିଛି। ଏହି ନିୟମମାନ ଅଭ୍ୟାସଗତ ହୋଇଯାଇଛି, ଅଭ୍ୟାସରେ ପରିଣତ ହୋଇଛି ଯାହାଦ୍ୱାରା ତୁମକୁ ଏହି ବିଧାନରେ କିଛି ଭାବିବାକୁ ହୁଏ ନାହିଁ। ଏହି ନିୟମ ମାନଙ୍କୁ ଦେବା ଓ ପାଳନ କରିବାରେ ବିଚାର ନଥାଏ, ବିବେକ ନଥାଏ। ଏଥିରେ କୌଣସି ଦାୟିତ୍ୱବୋଧ ନଥାଏ। ମାତ୍ର ସିଦ୍ଧାନ୍ତ ଉପରେ ପର୍ଯ୍ୟବେସିତ ଧର୍ମରେ -- religion of principles ରେ ଦାୟିତ୍ୱବୋଧ ରହିଥାଏ। ଆମ୍ବେଦକରଙ୍କର ଏହି ଜଟିଳ ଯୁକ୍ତିରୁ ଆମେ ଏମିତି ବୁଝିପାରିବା ଯେ' ନାନା ବାରଣ ଓ ବାସନ୍ଦର ନିୟମ ବାଡ଼ି ଜାତିବ୍ୟବସ୍ଥା ହିନ୍ଦୁ ଧର୍ମକୁ ଏକ ନିୟମ ବଂଧା ଧର୍ମରେ ସଂକୁଚିତ କରିଛି, ଅଧଃପତିତ କରିଛି ଓ ଏହି ଧର୍ମ ମଧ୍ୟରୁ ବିବେକ ଓ ସିଦ୍ଧାନ୍ତକୁ ନିହତ କରିଛି।

ମାତ୍ର ଏମିତି ଦୁଇପ୍ରକାର ଧର୍ମ ସଂପର୍କରେ ଚିନ୍ତା କେତେ ଜଟିଳ ସେହି ସଂପର୍କରେ ସ୍ୱୟଂ ଆମ୍ବେଦକର ଲେଖୁଛନ୍ତି: 'ସିଦ୍ଧାନ୍ତଟି ଭୁଲ ହୋଇପାରେ ମାତ୍ର କର୍ମଟି ସଚେତନ ଓ ଦାୟିତ୍ୱବନ୍ଧ ଥାଏ। ନିୟମଟି ହୁଏତ ଠିକ୍ ହୋଇଥାଇପାରେ ମାତ୍ର କର୍ମଟି ଯନ୍ତ୍ରବତ୍ ହୋଇଥାଏ (୧୧)। ଏଥିପାଇଁ ଧର୍ମକୁ କେବଳ ସିଦ୍ଧାନ୍ତର ଧର୍ମ ହେବାକୁ ହେବ। ଏହା ଯେତେବେଳେ ନିୟମ ଭିତରକୁ ଅବକ୍ଷୟିତ (degenerated) ହୋଇଯାଏ ସେତେବେଳେ ତାହା ଆଉ ଧର୍ମ ହୋଇ ରହେ

ନାହିଁ (୧୨)। ଏହି କ୍ଷେତ୍ରରେ ଆମ୍ବେଦକର ମନୁଙ୍କ ଦ୍ୱାରା ଆଲୋଚିତ ସଦାଚାର ସଂପର୍କରେ ଆଲୋଚନା କରିଛନ୍ତି। ଆମ୍ବେଦକରଙ୍କ ବିଚାରରେ, ସଦାଚାର ଦ୍ୱାରା ଯଦି ଆମେ ଭାବିପାରିବା ଯେ' ଏହା ସତ୍ ଆଚାର, ସଠିକ୍ ଓ ଭଲ କାର୍ଯ୍ୟ ଓ ଏହା ଭଲ ଓ righteous ମନୁଷ୍ୟମାନଙ୍କ ଦ୍ୱାରା ସମ୍ପାଦିତ ତେବେ ଆମେ ଭୁଲ କରି ବସିବା। 'ସଦାଚାର ଭଲ କର୍ମ ବା ଭଲ ଲୋକମାନଙ୍କ ଦ୍ୱାରା ସମ୍ପାଦିତ କାର୍ଯ୍ୟକୁ ବୁଝାଏ ନାହିଁ। ଏହା ପ୍ରାଚୀନ ପ୍ରଥାକୁ ବୁଝାଇଥାଏ -- ଭଲ ଅବା ମନ୍ଦ (୧୩) ମାତ୍ର ଏଠାରେ ଆମ୍ବେଦକରଙ୍କ ସହିତ ସାଙ୍ଗ ହୋଇ ସମୀକ୍ଷା ଓ ପ୍ରଶ୍ନ କରିବାର ଦାୟିତ୍ୱର ଆହ୍ୱାନ ଆମ ପାଖରେ ରହିଛି। ନିୟମ ମାନେ ଯଦି ଯାନ୍ତ୍ରିକ ହୁଅନ୍ତି ତେବେ ସିଦ୍ଧାନ୍ତ ମାନ କ'ଣ ଯାନ୍ତ୍ରିକ ହୋଇପାରିବେ ନାହିଁ ? ସିଦ୍ଧାନ୍ତ ମାନେ କ'ଣ ଅଭ୍ୟାସଗତ ଓ ଯନ୍ତ୍ରବତ୍ ହୋଇ ଯାଆନ୍ତି ନାହିଁ ? ଆମ୍ବେଦକରଙ୍କ ନିଜ ଭାଷାରେ କହିଲେ ଯେଉଁ ସିଦ୍ଧାନ୍ତ ସଠିକ୍ ନୁହେଁ ତାହା ପୁଣି କିପରି ଦାୟିତ୍ୱ ସମ୍ପନ୍ନ ଅଟେ ? ନିୟମକୁ ନେଇ ସମାଜରେ ଯେମିତି ଶୋଷଣ କରାଯାଏ, ସିଦ୍ଧାନ୍ତକୁ ନେଇ ମଧ୍ୟ ସମାଜରେ -- ଧର୍ମ ନାମରେ ଜାତିପ୍ରଥାର ମଧ୍ୟ ସମର୍ଥନ ଘଟିଥାଏ। ତେଣୁ ଆମେ ଯେ କେବଳ ନିୟମମାନଙ୍କୁ ସମାଲୋଚନା ଓ ରୂପାନ୍ତର କରିବା ଯେ ଆବଶ୍ୟକ ତାହା ନୁହେଁ ଆମେ ସିଦ୍ଧାନ୍ତ ମାନଙ୍କୁ ମଧ୍ୟ ସମୀକ୍ଷା କରିବା ଆବଶ୍ୟକ। ସିଦ୍ଧାନ୍ତ ମାନଙ୍କର ନୈତିକ ଭିତ୍ତିଭୂମି ଓ ଏହାର ବ୍ୟକ୍ତି, ସମାଜ, ସଂସ୍କୃତି ଓ ବିଶ୍ୱ ଉପରେ ଯେଉଁ ପ୍ରଭାବ ପଡୁଛି ଓ ସିଦ୍ଧାନ୍ତ ନାଆରେ ଆମେ ସମାଜରେ କେତେ ଅନ୍ୟାୟ ସୃଷ୍ଟି କରୁଛି ସେହି ସଂପର୍କରେ ଆମେ ସଚେତନ ହେବା ଆବଶ୍ୟକ, ପରସ୍ପର ସହିତ ଆଲୋଚନା କରିବା ଆବଶ୍ୟକ। (୧୪) ଏହା ସହିତ ସିଦ୍ଧାନ୍ତ ମାନଙ୍କୁ କେବଳ ଧର୍ମର ସୀମା ମଧ୍ୟରେ ନଦେଖି ଆମକୁ ଏହାକୁ ଆଧ୍ୟାତ୍ମିକ ଗଭୀରତା, ବ୍ୟାପ୍ତି ଓ ଉଚ୍ଚତା ପ୍ରଦାନ କରିବାକୁ ହୋଇଥାଏ। ଧର୍ମ ନାଆରେ ସିଏ ନିୟମର ଧର୍ମ ହେଉ ବା ସିଦ୍ଧାନ୍ତର ଧର୍ମ ହେଉ - ଏହି ଧର୍ମର ସୀମିତତାକୁ ସ୍ୱୀକାର କରି ଏହାର ଆଧ୍ୟାତ୍ମିକ ରୂପାନ୍ତରରେ ଆମକୁ ବ୍ରତୀ ହେବାକୁ ହୋଇଥାଏ।

ଏହି କ୍ଷେତ୍ରରେ ଆମ୍ବେଦକରଙ୍କର ଧର୍ମ ଓ ଦର୍ଶନର ଏକ ମୂଳଭୂତ ସମୀକ୍ଷା କରି ଶ୍ରୀଯୁକ୍ତ ରାମେଶ୍ୱର ରାୟ ଯିଏ ଜଣେ ଗଭୀର ରାଜନୀତି ବିଜ୍ଞାନୀ କହନ୍ତି ଯେ ଆମ୍ବେଦକର ବୁଦ୍ଧ ଧର୍ମ ଗ୍ରହଣ କରି ଯେତେବେଳେ ବୌଦ୍ଧ ଧର୍ମର ଆଲୋଚନା କରିଛନ୍ତି ସେଥିରେ ସେ ଆଧ୍ୟାତ୍ମିକ ଅନୁଭବ ଓ ସାଧନା ଉପରେ ସେତେ ଅଧିକ ଗୁରୁତ୍ୱ ଦେଇନାହାନ୍ତି। ସେ ବାହ୍ୟ କେତେକ ritual ପାଳନର ଆବଶ୍ୟକତା ସଂପର୍କରେ କହିଛନ୍ତି। ପୁନଶ୍ଚ ଆମ୍ବେଦକର ବୁଦ୍ଧ କହିଥିବା ପ୍ରଜ୍ଞାକୁ ମୂଳତଃ ଆଧୁନିକ ବୈଜ୍ଞାନିକ ବୁଦ୍ଧିମତ୍ତା (rationality) ଦୃଷ୍ଟିରୁ ଦେଖିଛନ୍ତି।(୧୫) ଏମିତି ଦୃଷ୍ଟିକୋଣ, ବ୍ୟାଖ୍ୟା ଓ

ଧର୍ମଚର୍ଯ୍ୟାର ଏକ ଆଧାତ୍ମିକ ଜାଗରଣ ଓ ଉତ୍ତରଣ ଆବଶ୍ୟକ ଯେଉଁଥିପାଇଁ ଆମ୍ବେଦକରଙ୍କର ଭିକ୍ଷୁ ଜୀବନ ଆମ ପାଇଁ ଅଧିକ ଆଧାତ୍ମିକ ସାଧନା ଓ ଜାଗରଣର ଆରମ୍ଭ ବିନ୍ଦୁ ହୋଇଥାଏ। ଏଠାରେ ବୁଦ୍ଧଙ୍କ ସହିତ ନିତ୍ୟ ନିୟତ ଆଧାତ୍ମିକ ସାଧନାରେ ସହଯାତ୍ରୀ ଓ ସହ ସାଧକ / ସାଧିକା ହେବାକୁ ହୋଇଥାଏ ଯେଉଁଥିରେ ଆମେ ଆମ ସତ୍ତା ଭିତରେ ଥିବା ନିମ୍ନ ସତ୍ତା ଯାହା ନିୟମ ଓ ସିଦ୍ଧାନ୍ତର ନାନା ଜୀବନ ହନନକାରୀ ବାସନା ଓ କ୍ରିୟାରେ ବାଂଧି ହୋଇ ରହିଥାଏ ତାକୁ ଅତିକ୍ରମ କରି ଆମ ଭିତରେ ଥିବା ଉଚ୍ଚତର ସତ୍ତାକୁ ବିକଶିତ କରାଉ, ପ୍ରସ୍ଫୁଟିତ କରାଉ ଯେଉଁ ସତ୍ତା ନିଜ ଭିତରେ ଓ ପରସ୍ପର ଭିତରେ ପ୍ରେମ, ମୈତ୍ରୀ ଓ ଶ୍ରଦ୍ଧାର ସୂତ୍ର ସ୍ଥାପନ କରେ ଓ ଯାହା ବାସନା ଓ ବିଭାଜନକୁ ଅତିକ୍ରମ କରେ।

ଜାତିପ୍ରଥାର ବିଲୋପ: ଉପନିଷଦ, ଆତ୍ମ ଶତକମ୍ ଏବଂ ରୋହିତ ଭେମୁଲା

ଆପଣାର 'ଜାତିପ୍ରଥାର ବିଲୋପ' ପ୍ରବଂଧରେ ଆମ୍ବେଦକର ସ୍ୱୟଂ ନିଜେ ଲେଖିଛନ୍ତି ଯେ' ଆଧୁନିକ ସମାଜର ମୁକ୍ତିର ସ୍ୱପ୍ନ ଓ ପଥମାନ -- ସ୍ୱାଧୀନତା, ସମାନତା ଓ ଭ୍ରାତୃଭାବର ଆଦର୍ଶ କେବଳ ଫରାସୀ ବିପ୍ଳବରୁ ଆସିନାହିଁ, ଏହାର ଉତ୍ସ ଆମେ ମଧ୍ୟ ଉପନିଷଦ ମଧ୍ୟରେ ପାଇପାରିବା। ମାତ୍ର ଆମ୍ବେଦକର ଓ ଆମ୍ବେଦକରଙ୍କ ପରବର୍ତ୍ତୀ କର୍ମୀ ଓ ବ୍ୟାଖ୍ୟାକାରମାନେ ଏହି ବିଷୟରେ ଆଲୋଚନା କରିନାହାନ୍ତି। ଉପନିଷଦ ଜାତିପ୍ରଥା, ଜାତି ବିଭାଜନ ଓ ଜାତି ବୈଷମ୍ୟ ସୃଷ୍ଟି କରେନାହିଁ ଓ ଏହାକୁ ସମର୍ଥନ କରେନାହିଁ। ଉପନିଷଦର ସତ୍ୟ, ଜ୍ଞାନ ଓ ଜୀବନ ସାଧନାରେ ସମସ୍ତେ ସମାନ। ଉପନିଷଦ ପରବର୍ତ୍ତୀ କାଳରେ ବେଦାନ୍ତକୁ ଜନ୍ମ ଦେଇଛି। ବେଦାନ୍ତ ମଧ୍ୟ ତା'ର ଦର୍ଶନରେ ଜାତିପ୍ରଥାକୁ ସମର୍ଥନ କରେନାହିଁ ଯଦିଓ ବେଦାନ୍ତର ଅଧିକାଂଶ ପ୍ରବକ୍ତା -- ଦ୍ୱୈତ ହେଉ ବା ଅଦ୍ୱୈତ ହେଉ -- ସେମାନେ ଜନ୍ମିତ ବ୍ରାହ୍ମଣ କୁଳରୁ ଓ ସେମାନଙ୍କର ଜୀବନ ଓ ସାମାଜିକ ଆଚାରରେ ଜାତିଭେଦ ଓ ବୈଷମ୍ୟକୁ ସମର୍ଥନ କରିଛନ୍ତି। ଅଦ୍ୱୈତ ବେଦାନ୍ତର ପ୍ରବର୍ତ୍ତକ ଶଙ୍କରାଚାର୍ଯ୍ୟ ଓ ଦ୍ୱୈତ ବେଦାନ୍ତର ଶ୍ରୀରାମାନୁଜାଚାର୍ଯ୍ୟ ଶୂଦ୍ରମାନେ ବେଦ ପଢ଼ି ପାରିବେ ନାହିଁ ବିଭେଦର ଗାର ଭିତରେ ଅଛନ୍ତି -- ଏହାକୁ ସେମାନେ ପ୍ରଶ୍ନ କରିନାହାନ୍ତି ବା ଅତିକ୍ରମ କରିନାହାନ୍ତି ଯଦିଓ ଶ୍ରୀରାମାନୁଜ ଆପଣାର ଭକ୍ତି ଓ ଅଧ୍ୟାତ୍ମ ପଥରେ ସବୁ ଜାତିର ଲୋକମାନଙ୍କୁ ସ୍ୱାଗତ କରିଛନ୍ତି ଓ ସବୁ ଜାତିର ଲୋକମାନଙ୍କୁ ଆଲିଙ୍ଗନ କରିଛନ୍ତି ସେଥିପାଇଁ ତାଙ୍କୁ ଜାତିପ୍ରଥାର ସମର୍ଥକ ରାଜା ଓ ପଣ୍ଡିତ ମାନଙ୍କ ଠାରୁ ଅତ୍ୟାଚାର ସହିବାକୁ ପଡିଛି ଓ ତାଙ୍କ ଜୀବନ ଉପରେ ହୋଇଥିବା ଆକ୍ରମଣରୁ ଭାଗ୍ୟକୁ ବଞ୍ଚି ଯାଇଛନ୍ତି। ଆଦି ଶଙ୍କର ଆତ୍ମ ଶତକମ୍ ରଚନା କରିଛନ୍ତି ଯେଉଁଥିରେ ସେ କହିଛନ୍ତି ଆମର ଜାତି, ଲିଙ୍ଗ ନାହିଁ -- ଆମେ

ସମସ୍ତେ ଚିଦାନନ୍ଦ ରୂପ। ଆମେ ବର୍ଣ୍ଣ ନିୟନ୍ତ୍ରିତ ନୋହୁଁ, ଆମେ ଚାତୁର୍ବର୍ଣ୍ଣ୍ୟ ନୋହୁଁ - - ଆମେ ଚିଦାନନ୍ଦ ରୂପ । ଆମେ ସମସ୍ତେ ସତ୍, ଚିତ୍ ଓ ଆନନ୍ଦର ସତ୍ତା ଓ ପ୍ରବାହମାନା ଧାରା ।

ଏଠାରେ ଆଦି ଶଙ୍କରଙ୍କର ଜୀବନୀରୁ କାହାଣୀଟିଏ ଆମର ପ୍ରଣିଧାନଯୋଗ୍ୟ । ଆଦି ଶଙ୍କର ଆପଣାର ଯାତ୍ରା ପଥରେ ବାରଣାସୀ ଅଭିମୁଖେ ଆସୁଥିଲେ। ରାସ୍ତାରେ ସେ ଜଣକୁ ଭେଟିଲେ ଓ କହିଲେ : ହେ ଚଣ୍ଡାଳ, ମୋର ବାଟ ଛାଡ଼ିଦେ। ତଥାକଥିତ ଚଣ୍ଡାଳ ଉଠିପଡ଼ି ସେଇଠୁ ପଚାରିଲେ: ମୁଁ ଶରୀରରେ ବା ଆତ୍ମାରେ ଚଣ୍ଡାଳ ? ଏହି ପ୍ରଶ୍ନ ଶୁଣି ଶଙ୍କରଙ୍କ ଚେତା ଫେରିଲା । ସେ ତାଙ୍କର ପାଦ ତଳେ ପଡ଼ିଗଲେ ଓ ଏହାପରେ ଚଣ୍ଡାଳଙ୍କୁ ସ୍ୱୟଂ ଶିବ ରୂପେ ଦର୍ଶନ କଲେ। ମାତ୍ର ଯଦି ଚଣ୍ଡାଳ ଶିବ ନହୋଇ ଆମ୍ବେଦକର ରୂପେ ଛିଡ଼ା ହେବେ ଓ ସେ ଶଙ୍କରଙ୍କୁ ତାଙ୍କର ତଥାପି ଭିତରେ ଥିବା ଜାତିଆଣ ଭାବ ଓ ଦର୍ଶନର ଆମୂଳଚୁଳ ବିଲୋପ ବିନା ବାଟ ଛାଡ଼ିବେ ନାହିଁ, ତେବେ ପରିସ୍ଥିତି କ'ଣ ହେବ ? ଉଭୟେ ପରସ୍ପର ସହିତ କଥାହେବେ, ଶଙ୍କର, ଆମ୍ବେଦକରଙ୍କର ଜାତିପ୍ରଥାର ବିଲୋପ ପ୍ରବଂଧ ଓ ଭାରତର ସମ୍ବିଧାନକୁ ପଢ଼ିବେ ଓ ଆମ୍ବେଦକର ଆତ୍ମ ଶତକମ୍ ପଢ଼ିବେ ଓ ଆମେ ସମସ୍ତେ ଚିଦାନନ୍ଦ ରୂପ ବୋଲି ଅନୁଭବ କରିବେ।

ଆପଣାର ଆତ୍ମ ଶତକମ୍‌ରେ, ଶଙ୍କର ଲେଖିଛନ୍ତି: ନମେ ମୃତ୍ୟୁ ଶଙ୍କା, ନମେ ଜାତି ଭେଦଃ, ଚିଦାନନ୍ଦ ରୂପଃ, ଶିବୋଽହମ୍, ଶିବୋଽହମ୍। ମୋର ମୃତ୍ୟୁ ଶଙ୍କା ନାହିଁ, ମୃତ୍ୟୁର ଭୟ ନାହିଁ, ମୁଁ ଚିଦାନନ୍ଦ ରୂପ, ମୁଁ ଶିବ, ମୁଁ ଶିବ। ମାତ୍ର ସମାଜ ଓ ଇତିହାସରେ ଜାତି ବ୍ୟବସ୍ଥାକୁ ନେଇ ଅନେକ ଭୟ; ଏହାର ବାରଣରୁ ଗାରଟିଏ ଟିକିଏ ଡେଇଁଲେ, ମୃତ୍ୟୁ ବା ହତ୍ୟା ଅନିର୍ବାଯ୍ୟ ଯେମିତି ତଳେ ଥିବା ଜାତିର ପୁଅଟିଏ ଉଚ୍ଚରେ ଥିବା ଜାତିର ଝିଅଟିକୁ ପ୍ରେମ କଲେ ବା ବିବାହ କଲେ। ଏଠାରେ ଶିବ ଶବ ହୋଇପାରେ । ଏମିତି ଜଣେ ଆତ୍ମା ନିଜର ଶିବରୂପକୁ ଶବରେ ପରିଣତ କରିବା ପୂର୍ବରୁ ସିଏ ଆମକୁ ଚିଠିଟିଏ ଲେଖିଛନ୍ତି। ଏହି ଶିବଙ୍କର ନାମ ରୋହିତ ଭେମୁଲା। ହାଇଦ୍ରାବାଦର କେନ୍ଦ୍ରୀୟ ବିଶ୍ୱବିଦ୍ୟାଳୟରେ ସମାଜ ବିଜ୍ଞାନରେ ପି.ଏଚ.ଡ଼ି କରୁଥିଲେ। ବିଜ୍ଞାନର ସମାଜତତ୍ତ୍ୱ - sociology of science - ରେ ତାଙ୍କର ଆଗ୍ରହ ଥିଲା। ବିଶ୍ୱ ବିଦ୍ୟାଳୟର ଦଳିତ ଛାତ୍ର ରାଜନୀତିରେ ସେ ପ୍ରମୁଖ ଅଂଶଗ୍ରହଣ କରୁଥିଲେ। ବିଶ୍ୱ ବିଦ୍ୟାଳୟରେ ଦଳିତ ଗବେଷକ ଓ ଗବେଷିକା ମାନଙ୍କ ଉପରେ ହେଉଥିବା ନାନା ଅତ୍ୟାଚାର ଓ ଶୋଷଣ ବିରୁଦ୍ଧରେ ସେ ସଂଗ୍ରାମ କରୁଥିଲେ । ବିଶ୍ୱ ବିଦ୍ୟାଳୟ କର୍ତ୍ତୃପକ୍ଷ ତାଙ୍କର ଛାତ୍ରବୃତ୍ତି ଦେଲେନାହିଁ। ତାଙ୍କୁ ବିଶ୍ୱ ବିଦ୍ୟାଳୟରୁ ବହିଷ୍କାର କରିବାକୁ

ନିର୍ଦ୍ଦେଶ ଦେଲେ। ଏହିସବୁ ଭିତରେ ଜାନୁୟାରୀ ୧୬, ୨୦୧୬ରେ ରହୁଥିବା ଛାତ୍ରାବାସରେ ଆପଣାର ଜଣେ ସହନିବାସୀ କକ୍ଷରେ ସେ ଆପଣାର ବେକରେ ଦଉଡ଼ି ଲଗାଇଦେଲେ। ଏହା ପୂର୍ବରୁ ସେ ଆମ ସଭିଙ୍କ ପାଇଁ ଚିଠିଟିଏ ଲେଖି ଯାଇଛନ୍ତି। ଆମେ ରୋହିତଙ୍କର ଏହି ପତ୍ର, ଶଙ୍କରଙ୍କର ଆତ୍ମ ଶତକମ୍ ଏବଂ ଆମ୍ବେଦକରଙ୍କର 'ଜାତିପ୍ରଥାର ବିଲୋପ'କୁ ସାଙ୍ଗ ହୋଇ ପଢ଼ି ପାରିବା। ଆପଣାର ପତ୍ରରେ ରୋହିତ ଆମକୁ କୁହନ୍ତି ଯେ' ତାଙ୍କୁ ଅନ୍ତରୀକ୍ଷକୁ ଅନାଇବାକୁ ଭଲଲାଗେ। ଆମେ କେବଳ ଜାତି ନୋହୁ -- ଆମର ପରିଚିତି କେବଳ ଜାତିର ପରିଚିତି ନୁହେଁ। ଆମେ ସମସ୍ତେ ମନ (mind) ଏବଂ ଆମ ସମସ୍ତଙ୍କ ଭିତରେ ତାରକାର ଜ୍ୟୋତି ରହିଛି : ଆମେ ସମସ୍ତେ ଛାୟାରୁ ତାରକା। ଜାତିପ୍ରଥାର କରାଳ ଶୋଷଣର ସୂଚନା ଦେଇ ତାଙ୍କ ଚିଠିର ଶେଷ ଧାଡ଼ିରେ ଲେଖୁଛନ୍ତି: 'ମୁଁ ଗଲାପରେ ଏଥିପାଇଁ ପାଇଁ ମୋର ବଂଧୁ ଓ ଶତ୍ରୁମାନଙ୍କୁ ହଇରାଣ କରିବନାହିଁ।' ଜାତି ବ୍ୟବସ୍ଥାର ଶୋଷଣ, ବୈଷମ୍ୟ ଓ ନିର୍ଯ୍ୟାତନାର ନୀରବ ପ୍ରତିବାଦ କରି ଆପଣାର ଜୀବନ ନାଶ ସହିତ ସମସ୍ତଙ୍କ ପ୍ରତି ରୋହିତର ପ୍ରେମ। ଏହା ଏକ ବୈପ୍ଳବିକ ପ୍ରେମ, ଏକ ବୈପ୍ଳବିକ ଦଳିତ ପ୍ରେମ ଯାହା ବ୍ରାହ୍ମଣମାନଙ୍କୁ ମଧ୍ୟ ପ୍ରେମ କରେ -- ବ୍ରାହ୍ମଣମାନଙ୍କୁ ଏହି ପ୍ରେମରୁ ଅଲଗା କରେ ନାହିଁ (୧୬)।

ଜାତିପ୍ରଥାର ବିଲୋପ: ସାମାଜିକ ଓ ରାଜନୈତିକ ଉଦ୍‌ବେଳନ ଓ ଚେତନାର ରୂପାନ୍ତର

ଜାତିପ୍ରଥାର ବିଲୋପ ପାଇଁ ଆଇନଗତ ପଦକ୍ଷେପ ନିଆଯାଇଛି। ସ୍ୱାଧୀନ ଭାରତବର୍ଷର ସମ୍ବିଧାନ ଏହାକୁ ବେଆଇନ ବୋଲି ଘୋଷଣା କରିଛି। ଏହା ସହିତ ଜାତିପ୍ରଥା ବିରୁଦ୍ଧରେ ନାନା ସାମାଜିକ ଓ ରାଜନୈତିକ ଆନ୍ଦୋଳନମାନ ଗଢ଼ି ଉଠିଛି। ଆମ୍ବେଦକରଙ୍କ ଠାରୁ ପ୍ରେରଣା ନେଇ ଦଳିତ ମାନଙ୍କ ମଧ୍ୟରେ ଓ ଅନ୍ୟ ଜାତି ମାନଙ୍କ ମଧ୍ୟରେ ମଧ୍ୟ ଜାତି ବିରୋଧୀ ଆନ୍ଦୋଳନ ମାନ ଗଢ଼ି ଉଠୁଛି ଓ ଏବେ ଏହା କ୍ରିୟାଶୀଳ। ମାତ୍ର ଯେଉଁମାନେ ଜାତିପ୍ରଥା ବିରୁଦ୍ଧରେ ଆନ୍ଦୋଳନ କରୁଛନ୍ତି ସେମାନେ ଅନ୍ୟ ଜାତିର ଶୋଷଣ କଥା କହୁଛନ୍ତି ମାତ୍ର ନିଜ ଜାତିର ଜାତି-ପରିଚିତି ଓ ଜାତି ଚେତନା ଭିତରେ ବାନ୍ଧି ହୋଇ ଅଛନ୍ତି। ଯେଉଁ ଦଳିତ ଓ ଆମ୍ବେଦକରବାଦୀ ଏବେ ଜାତିପ୍ରଥା ବିରୁଦ୍ଧରେ ସ୍ୱରୋତ୍ତଳନ କରୁଛନ୍ତି ସେମାନେ ମୂଳତଃ ବ୍ରାହ୍ମଣବାଦ ବିରୁଦ୍ଧରେ ଲଢୁଛନ୍ତି -- ନିଜର ଦଳିତ ଜାତିଗତ ଚେତନାର ଯେ ରୂପାନ୍ତର ଆବଶ୍ୟକ ଏ ବିଷୟରେ ସଚେତନ ନୁହନ୍ତି। ଜାତିପ୍ରଥା ବିରୁଦ୍ଧରେ ଲଢୁଥିବା ସାମାଜିକ ଓ ରାଜନୈତିକ ଆନ୍ଦୋଳନ ଏବଂ ସାମାଜିକ ଓ ରାଜନୈତିକ କର୍ମୀମାନେ ନିଜେ ଜାତିଆଣ ଭାବ ଓ

ସାମାଜିକ ଢାଞ୍ଚା ଭିତରେ ବାନ୍ଧି ହୋଇଛନ୍ତି; ଏହିସବୁ ଗାତ ଭିତରେ ସେମାନେ ବୁଜି ହୋଇଛନ୍ତି। ମାତ୍ର ଆମ୍ବେଦକରଙ୍କର ଜାତିପ୍ରଥାର ବିଲୋପ କେବଳ ବ୍ରାହ୍ମଣବାଦ ବିରୁଦ୍ଧରେ ନୁହେଁ; ଏହା ଜାତିପ୍ରଥାର ବିଭାଜନ ବ୍ୟବସ୍ଥା ବିରୁଦ୍ଧରେ। ଏହା ଗାତରେ ରହିବା ବିରୁଦ୍ଧରେ ଓ ଗାତରେ ପଶାଇବା ବିରୁଦ୍ଧରେ। ଏଥିପାଇଁ ଚେତନା କାର୍ଯ୍ୟ ଆବଶ୍ୟକ, ଚେତନାର ରୂପାନ୍ତର ଆବଶ୍ୟକ। ଅର୍ଥାତ୍ ଜାତିପ୍ରଥାର ବିଲୋପ ପାଇଁ କେବଳ ଆଇନକାନୁନ ଓ ରାଷ୍ଟ୍ରର policy ଓ ନିଷ୍ପତ୍ତି ଯଥେଷ୍ଟ ନୁହେଁ। ସମାଜରୁ ଜାତିପ୍ରଥାର ବିଲୋପ ପାଇଁ ଆମ୍ବେଦକର ରାଷ୍ଟ୍ର ଉପରେ ଅଧିକ ଗୁରୁତ୍ୱ ଦେଉଥିଲେ। ଆମ୍ବେଦକରଙ୍କର ଏମିତି ଗୁରୁତ୍ୱାରୋପଣ ବୁଝି ହେଉଛି। ସାମାଜିକ ବ୍ୟବସ୍ଥାରେ ଜାତି ବ୍ୟବସ୍ଥା ଏତେ ହିଂସ୍ର ଓ କ୍ଷମତାଶାଳୀ ଯେ' ଏଥିରୁ ମୁକୁଳିବା ପାଇଁ ରାଷ୍ଟ୍ରର ସାହାଯ୍ୟ ଓ ଶକ୍ତି ଆବଶ୍ୟକ। ମାତ୍ର ରାଷ୍ଟ୍ରଶକ୍ତି ଯେତିକି ସାହାଯ୍ୟ କରେ ଏହା ମଧ୍ୟ ବ୍ୟକ୍ତି ଓ ସମାଜର ମୁକ୍ତି ପଥରେ ସେତିକି ବାଧା ସୃଷ୍ଟି କରେ। ରାଷ୍ଟ୍ରଶକ୍ତି ସହିତ, ସମାଜ, ସମୁଦାୟ ଓ ବ୍ୟକ୍ତି ଜୀବନରେ ଜାତିପ୍ରଥା ବିରୋଧୀ ଓ ଜାତିପ୍ରଥାର ଊର୍ଦ୍ଧ୍ୱରେ ଆତ୍ମଶକ୍ତି, ସହଶକ୍ତି, ସାମୁଦାୟିକ ଶକ୍ତି ଓ ଚେତନାର ଶକ୍ତି ଆବଶ୍ୟକ।

ମାତ୍ର ଚେତନା ଏହା ପୁଣି କ'ଣ ? ଚେତନା ବ୍ୟକ୍ତି, ସମାଜ, ସଂସ୍କୃତି ଓ ଇତିହାସର ଭୂମିରେ କାର୍ଯ୍ୟ କରିଥାଏ .... ଏହିସବୁ ଭୂମି ଓ ପ୍ରକ୍ରିୟା ଦ୍ୱାରା ଚେତନା ପ୍ରଭାବିତ, ମାତ୍ର ସଂପୂର୍ଣ୍ଣ ରୂପେ ନିରୂପିତ ବା ନିର୍ଦ୍ଧାରିତ ନୁହେଁ। ଚେତନାର ସ୍ୱକୀୟ ଶକ୍ତି ରହିଛି। ଚେତନାର ଧାରାରେ ଆମର ସ୍ଥିତି ଓ ଦାୟିତ୍ୱ ସଂପର୍କରେ ଆମେ ସଚେତନ ହେଉ। ଚେତନାର କ୍ରିୟା ଫଳରେ ଆମେ ଯିଏ ଯେଉଁ ଜାତିରେ ଜନ୍ମ ହେଉଥାଉନା କାହିଁକି ଆମେ ଜାତିପ୍ରଥାର ହିଂସା ଓ ସୀମିତତାକୁ ଅନୁଭବ କରିପାରୁ ଓ ଆପଣାର ବ୍ୟକ୍ତିଗତ ଓ ସାମାଜିକ ଜୀବନରେ ଆମେ ଜାତିପ୍ରଥାର ଗାତ ଭିତରେ ଗୁଡାଇତୁଡାଇ ନରହି ଓ ଏହି ଗାତ ଭିତରେ ଅନ୍ୟମାନଙ୍କୁ ନ ପୁରାଇ ଆମେ ଆତ୍ମା ଓ ସହ-ଆତ୍ମା ଜୀବନ ଯାପନ କରିଥାଉ।

ମାତ୍ର 'ଚେତନା ବଡ଼ ଅଡୁଆ।' (୧୭) ଚେତନା କାର୍ଯ୍ୟ ଏତେ ସହଜ ନୁହେଁ। ଅନ୍ୟ ଜାତି ବିରୁଦ୍ଧରେ ଲଢ଼ିବା ସହଜ, ଅନ୍ୟ ଶ୍ରେଣୀ ବିରୁଦ୍ଧରେ ଲଢିବା ସହଜ। ମାତ୍ର ନିଜ ଜାତି ଓ ନିଜ ଶ୍ରେଣୀ ବିରୁଦ୍ଧରେ ନୁହେଁ। ମାର୍କସ୍ ଏକ ଶ୍ରେଣୀହୀନ ସମାଜ କଥା କହିଥିଲେ, ଆମ୍ବେଦକର ଜାତିବିହୀନ ସମାଜ ସଂପର୍କରେ। ମାତ୍ର ଇତିହାସର ଧାରାରେ ଯେଉଁମାନେ ଶ୍ରେଣୀବିହୀନ ସମାଜ ପାଇଁ ଲଢ଼ିଥିଲେ ସେମାନେ କ୍ଷମତା ଦଖଲ କରି କ୍ଷମତାର ଶ୍ରେଣୀ ଭିତରେ ରହିଲେ। ଅନ୍ୟମାନଙ୍କୁ ପୋକମାଛି ପରି ମାରିଲେ। ଯେଉଁ ବୁଦ୍ଧିଜୀବୀମାନେ ସମାନତାର କଥା କହିଲେ, ସମାଜବାଦର

ଭାଷଣ ଦେଲେ ସେମାନେ ନିଜ ଜୀବନରେ ସମାନତାର ଜୀବନ ବଞ୍ଚିଲେ ନାହିଁ। ଖାସ୍ ଏଇଥିପାଇଁ ହୁଏତ ମାର୍କସବାଦୀ ଦାର୍ଶନିକ ଜେରି କୋହେନ୍ (G.A. Cohen) ଆପଣାର If you are an Egalitarian How come you are So Rich ବୋଲି ଆମ ସମସ୍ତଙ୍କୁ ପ୍ରଶ୍ନ ପଚାରିଛନ୍ତି -- ଅର୍ଥାତ୍ ତୁମେ ଯଦି ସମାନତାବାଦୀ ତେବେ ତୁମେ ଏତେ ଧନୀ କିପରି, ବିତ୍ତଶାଳୀ କିପରି ? (୧୮) ସମାନ ପ୍ରଶ୍ନ ଜାତିପ୍ରଥାର ବିଲୋପ କଥା କହୁଥିବା ଆମ ସମସ୍ତଙ୍କ ପାଇଁ... ତୁମେ ଯଦି ଏତେ ଜାତିବିରୋଧୀ ତେବେ ତୁମେ ଏତେ ଜାତିଆଣ କିପରି ?

ଚେତନାର କଠିନ କାର୍ଯ୍ୟ ଚେତନାବାଦୀ ମାନଙ୍କ ପାଇଁ ମଧ୍ୟ। ଚେତନାର କାର୍ଯ୍ୟ କେବଳ ଇଚ୍ଛା ଓ ପ୍ରାର୍ଥନା ମଧ୍ୟରେ ସୀମିତ ନୁହେଁ, ଏଥିପାଇଁ ବ୍ୟବସ୍ଥିତ ସାମାଜିକ ଓ ରାଜନୈତିକ ବ୍ୟବସ୍ଥାର ରୂପାନ୍ତର। ଶଙ୍କର ଆମେ ସମସ୍ତେ ଚିଦାନନ୍ଦ ରୂପ ବୋଲି କହିଛନ୍ତି। ମାତ୍ର ଶଙ୍କରାଚାର୍ଯ୍ୟ ନିର୍ମିତ କୌଣସି ମଠରେ ଦଳିତ ଓ ନାରୀମାନେ ମଠାଧୀଶ ନୁହଁନ୍ତି। ଦଳିତ ଓ ନାରୀମାନେ କ'ଣ ଚିଦାନନ୍ଦ ରୂପ ନୁହଁନ୍ତି ? ଆପଣାର 'ଜାତିପ୍ରଥାର ବିଲୋପ' ପ୍ରବଂଧରେ ଆମ୍ବେଦକର ଉତ୍ତରାଧିକାରୀ ପୂଜକ ଜାତି ପ୍ରଥାକୁ ବଦଳାଇ ଏହାକୁ ସମସ୍ତଙ୍କ ପାଇଁ ଉନ୍ମୁକ୍ତ କରିବାକୁ ଆହ୍ୱାନ ଦେଇଛନ୍ତି ଯାହାଦ୍ୱାରା ସମସ୍ତେ ପୂଜକ ହୋଇପାରିବେ, ପୂଜିକା ହୋଇପାରିବେ।

ବୁଦ୍ଧପଥ, ବେଦାନ୍ତ ଓ ତନ୍ତ୍ର

ଜାତିବର୍ଣ୍ଣ ଓ ଲିଙ୍ଗ ନିର୍ବିଶେଷରେ ସମସ୍ତେ ପୂଜକ ପୂଜକ ଓ ପୂଜିକା ହୋଇପାରିବେ। ଆମେ ସମସ୍ତେ ଈଶ୍ୱରଙ୍କ ପୁତ୍ର ଓ ପୁତ୍ରୀ-- ସନ୍ତାନ ଓ ସନ୍ତତି ଏହା ବେଦାନ୍ତର କଥା। ମାତ୍ର ଏହା ଏକ ଜୀବନ୍ତ ବେଦାନ୍ତରେ ପରିଣତ ହୋଇନାହିଁ(୧୯)। ବୁଦ୍ଧ ଜାତିପ୍ରଥାର ବିରୋଧ କରିଥିଲେ। ମନୁଷ୍ୟ ମାତ୍ରକେ ଆମେ ସମସ୍ତେ ନିଃଶ୍ୱାସ ପ୍ରଶ୍ୱାସ ନେଉ ଓ ଏହି ନିଃଶ୍ୱାସ ପ୍ରଶ୍ୱାସ ସମ୍ବନ୍ଧରେ ଆମେ ସଚେତନ ହୋଇପାରିବା। ଏଥିପାଇଁ ଆମକୁ ନିଜର ଆତ୍ମାର ସ୍ଥିତି ବା ଈଶ୍ୱରଙ୍କ ବିଷୟରେ ବଡ଼ ବଡ଼ କଥା କହିବାର ଆବଶ୍ୟକତା ନାହିଁ। ଆମେ ନିଜର ଆଚରଣରେ ଧ୍ୟାନମୟ ହେବା ଓ ଏହି ଧ୍ୟାନମୟତା ଆମର ପ୍ରକୃତି ମଧ୍ୟରେ ରହିଛି: ଅନ୍ତଃ ପ୍ରକୃତି ଓ ବାହ୍ୟ ପ୍ରକୃତି ମଧ୍ୟରେ ରହିଛି। ଆମ ଜୀବନ ଯନ୍ତ୍ରଣାରେ ପୂର୍ଣ୍ଣ ଓ ଯନ୍ତ୍ରଣା ପଛରେ ସାମାଜିକ ବ୍ୟବସ୍ଥା ଯଥା ଆମର ଜାତିପ୍ରଥା ରହିଛି ଓ ଏହା ସହିତ ଆମର ଅଜ୍ଞାନତା। ବେଦ ଆତ୍ମା କଥା କହୁଥିବା ବେଳେ ବୁଦ୍ଧ ଅନତ୍ତ କଥା କହିଛନ୍ତି। ଆମ ସମସ୍ତଙ୍କ ମଧ୍ୟରେ ଶୂନ୍ୟତା ରହିଛି, ଏହି ଶୂନ୍ୟତାକୁ ସ୍ୱୀକାର ଓ ବିକଶିତ କରି ଆମେ ପରସ୍ପରର ସମ୍ବନ୍ଧ ଓ ସମ୍ପର୍କକୁ ଅନୁଭବ କରିବା। ଆମେ ସମସ୍ତେ ପରସ୍ପର ସହିତ ସଂଯୁକ୍ତ ହୋଇ ଜାତ

ହୋଇଛନ୍ତୁ ଓ ଆମର ଜୀବନର ଧ୍ୟାନ ଓ କ୍ରିୟା ମଧ୍ୟ ଏହି ପାରସ୍ପରିକ ସହ-ଉନ୍ମେଷ ଓ ସହ-ଅବସ୍ଥାନର ଧାରା । ବୁଦ୍ଧ ଏହାକୁ ପଟ୍ଟିଚ୍ଚ ସମୁପଦ ବୋଲି କହିଛନ୍ତି ଓ ଇଂରାଜୀରେ ଏହାକୁ **co-dependent origination** ବୋଲି କୁହାଯାଇଛି । ଆମେ ଯେତେବେଳେ ଆମର ସମ୍ବନ୍ଧିତ ସହ-ଉନ୍ମେଷ ସହ ସ୍ଥିତିକୁ ନେଇ ଜୀବନ ବଞ୍ଚୁ ସେତେବେଳେ ଏହା ଆମର ବାସ୍ତବ ଜୀବନରେ ପ୍ରସ୍ଫୁଟିତ ହୁଏ, ଏହା ଜୀବନ୍ତ ଓ ବାସ୍ତବ ହୁଏ । ଥାଇଲାଣ୍ଡର ବୁଦ୍ଧ ଭିକ୍ଷୁ ଓ ଚିନ୍ତାବିଦ୍ ବୁଦ୍ଧଦାସ ଭିକ୍ଷୁ ଏହାକୁ practical dependent origination ବୋଲି କହିଛନ୍ତି ।(୨୦) ଜାତି ବିଭାଜନର ଗାତ ଭିତରେ ବୁଡ଼ି ରହିଲେ ଆମେ ଜୀବନର ଏହି ବାସ୍ତବତା ଓ ସମ୍ଭାବନାକୁ ଅନୁଭବ କରିପାରୁନା । ବୁଦ୍ଧ ମଧ୍ୟ ଆମର ନିମ୍ନ ଆତ୍ମା ଓ ଉଚ୍ଚତର ଆତ୍ମା ସମ୍ପର୍କରେ କହିଛନ୍ତି -- ନିମ୍ନ ଆତ୍ମା ହେଉଛି ଯାହା ଆମର ନିମ୍ନତର ବାସନା ଓ ଚେତନା ଭିତରେ ବୁଡିରହେ । ଜାତିଗତ ଚେତନା ଏମିତି ନିମ୍ନ ଆତ୍ମାର ଲକ୍ଷଣ, ଜାତି ଊର୍ଦ୍ଧ୍ୱରେ ସମସ୍ତଙ୍କୁ ଏକ ସମ୍ବନ୍ଧର ସୂତ୍ର ରୂପେ ଅନୁଭବ କରିବା, ଏହା ହେଉଛି ଅମର ଉଚ୍ଚତର ସତ୍ତା । (୨୧)

ଆପଣାର ସାଧନା ଓ ଜାତିବାଦରେ ବୁଦ୍ଧ ଉପନିଷଦ ଠାରୁ ପ୍ରେରଣା ପାଇଥିଲେ । ବୁଦ୍ଧ ଜନପଦ ଜନପଦ ମଧ୍ୟରେ ଭ୍ରମଣ କରୁଥିଲେ, ସେ ଆଦିବାସୀ ଜନଜାତିଙ୍କ ମଧ୍ୟରେ ବିଚରଣ କରୁଥିଲେ । ଜାତିପ୍ରଥା ବିରୁଦ୍ଧରେ ଆପଣାର ପ୍ରତିବାଦ ଓ ସମାନତାର ସାଧନା ଓ ସଂଗ୍ରାମରେ ବୁଦ୍ଧ ଆଦିବାସୀ ସଂସ୍କୃତି ଓ ଜୀବନ ଦର୍ଶନ ଠାରୁ ମଧ୍ୟ ପ୍ରେରଣା ଲାଭ କରିଥିଲେ । ଆଦିବାସୀ ସଂପ୍ରଦାୟ ଭିତରେ ଜାତିପ୍ରଥା ନାହିଁ ଓ ଜାତିପ୍ରଥାର ବିଲୋପ ପାଇଁ ଆମେ ବୁଦ୍ଧ ପଥ ସହ ସହଯାତ୍ରୀ ହେବା ସହିତ ଯାହାର ଅର୍ଥ ନୁହେଁ ଆମେ ହିନ୍ଦୁଧର୍ମ ଛାଡ଼ି ବୌଦ୍ଧଧର୍ମ ଗ୍ରହଣ କରିବା ମାତ୍ର ବୁଦ୍ଧଙ୍କର ଦର୍ଶନ ଓ ସାଧନା ସହିତ ସହଯାତ୍ରୀ ହେବା -- ଆମେ ଆଦିବାସୀ ସମାଜ ଓ ସଂସ୍କୃତି ଠାରୁ ଶିକ୍ଷା ଗ୍ରହଣ କରିପାରିବା । ଆମର ଜାତି ସମାଜର ଧାରେଧାରେ ଆମର ଅନେକ ଗାଆଁ ଓ ଜୀବନରେ ଆଦିବାସୀ ଗାଆଁମାନ ରହିଛି । ଆମେ ଆମର ଆଦିବାସୀ ଭାଇ ଭଉଣୀମାନଙ୍କ ପାଖରୁ ଜାତିପ୍ରଥାର ଊର୍ଦ୍ଧ୍ୱରେ ଜୀବନ ବଞ୍ଚିବାର କଳାକୁ ଶିକ୍ଷା କରିପାରିବା । ମାତ୍ର ଆମର ପାରସ୍ପରିକ ଓ ପ୍ରଚଳିତ ଭାରତୀୟ ସମାଜରେ ଆମେ ଆଦିବାସୀ ମାନଙ୍କୁ ନିମ୍ନ ଚକ୍ଷୁରେ ଦେଖୁଛୁ, ଘୃଣା କରୁଛୁ । ସ୍ୱୟଂ ଆମ୍ବେଦକର ମଧ୍ୟ ଆପଣାର 'ଜାତିପ୍ରଥାର ବିଲୋପ' ପ୍ରବଂଧରେ ଆଦିବାସୀ ମାନଙ୍କୁ ମଧ୍ୟ ନିମ୍ନ ଦୃଷ୍ଟିରେ ଦେଖିଛନ୍ତି । ଆମ ଭାରତର ଅନେକ ଜୀବନ ଭୂମିରେ ଦଳିତ ବ୍ୟବସାୟୀ ମାନେ ଆଦିବାସୀମାନଙ୍କୁ ଶୋଷଣ କରୁଛନ୍ତି ଓ ଦଳିତ ଜାତିପ୍ରଥା ବିରୋଧୀ ସଂଗ୍ରାମ ଆଦିବାସୀ ମୁକ୍ତି ସଂଗ୍ରାମ ସହିତ ସଂଯୁକ୍ତ ହୋଇ ପାରିନାହିଁ ଯଦିଓ ଗାଂଧି ପ୍ରେରିତ ସାମାଜିକ ଆନ୍ଦୋଳନ ଏକତା ପରିଷଦ ଉଭୟ

ଦଳିତ ଓ ଆଦିବାସୀ ମାନଙ୍କୁ ସଂଯୁକ୍ତ କରି ଭୂମିହୀନ ମାନଙ୍କର ଭୂମି ଅଧିକାର ପାଇଁ ସଂଗ୍ରାମ କରୁଛି । (୨୨)

ଆମ୍ବେଦକର ହିନ୍ଦୁଧର୍ମ ତ୍ୟାଗ କରି ୧୯୫୬ ମସିହାରେ ବୌଦ୍ଧଧର୍ମ ଗ୍ରହଣ କରିଥିଲେ। ଆମ୍ବେଦକରଙ୍କ ସହିତ ଅନେକ ଦଳିତ ଭାଇ ଭଉଣୀମାନେ ବୌଦ୍ଧଧର୍ମ ଗ୍ରହଣ କରିଥିଲେ। ଶଙ୍କର ବେଦାନ୍ତ ପ୍ରତିଷ୍ଠା ପାଇଁ ବୌଦ୍ଧମାନଙ୍କ ବିରୁଦ୍ଧରେ ଲଢ଼ିଥିଲେ। ଶଙ୍କର ଦିଗ୍‌ବିଜୟ ଫଳରେ ବୌଦ୍ଧ ମାନଙ୍କ ଉପରେ ଆକ୍ରମଣ ବଢ଼ିଲା ବୋଲି କେତେକ ମତ ଦିଅନ୍ତି। ମାତ୍ର ବୌଦ୍ଧମାନଙ୍କ ବିରୁଦ୍ଧରେ ଲଢୁଥିବା ବେଳେ ମଧ୍ଯ ଶଙ୍କର ବୁଦ୍ଧଙ୍କ ଦ୍ୱାରା ପ୍ରଭାବିତ ହୋଇଥିଲେ ବୋଲି କେତେକ ଶଙ୍କରଙ୍କୁ ପ୍ରଚ୍ଛନ୍ନ ବୁଦ୍ଧ ବୋଲି କହନ୍ତି। ଠିକ୍ ସେମିତି ଆମ୍ବେଦକରଙ୍କୁ ଆମେ ସମ୍ଭାବନାମୟ ବେଦାନ୍ତୀ ବୋଲି ଅନୁଭବ କରିପାରିବା କି ?

ଜାତିପ୍ରଥାର ବିଲୋପ ଓ ରୂପାନ୍ତର ପାଇଁ ଆମେ ବୁଦ୍ଧପଥ ଓ ବେଦାନ୍ତ ପଥ ସହିତ ସହସାଧକ ଓ ସହସଂଗ୍ରାମୀ ହୋଇପାରିବା। ଏହା ସହିତ ତନ୍ତ୍ର। ତନ୍ତ୍ର ଜାତିପ୍ରଥାରେ ବିଶ୍ୱାସ କରେନାହିଁ; ଏହା ମଧ୍ଯ ଲିଙ୍ଗ ବୈଷମ୍ୟରେ ନୁହେଁ। ରାଜା ରାମମୋହନ ରାୟ ଜାତି ବୈଷମ୍ୟ ଓ ଲିଙ୍ଗ ବୈଷମ୍ୟ ବିରୁଦ୍ଧରେ ଲଢି ଭାରତବର୍ଷରେ ସମାନତାର ମୂଳଦୁଆ ପକାଉଥିବା ବେଳେ ସେ 'ମହାନିର୍ବାଣ ତନ୍ତ୍ର' ଠାରୁ ପ୍ରେରଣା ଲାଭ କରିଥିଲେ (୨୩)। ତନ୍ତ୍ର ଜାତିପ୍ରଥାରେ ବିଶ୍ୱାସ କରେନାହିଁ; ଏହା ମଧ୍ଯ ଲିଙ୍ଗ ବୈଷମ୍ୟ ଓ ଭେଦଭାବ ଦ୍ୱାରା ସୀମିତ ନୁହେଁ। ତନ୍ତ୍ର ନାରୀମାନଙ୍କ ମର୍ଯ୍ୟାଦା କଥା କହିଥାଏ ଯଦିଓ ସବୁ କଥନ ଭଳି ବାସ୍ତବତାରେ ତନ୍ତ୍ରରେ ମଧ୍ଯ ନାରୀମାନଙ୍କୁ ସମ୍ଭୋଗର ମାଧ୍ୟମ ରୂପେ ବ୍ୟବହାର କରାଯାଇଛି । ଏହା ସତ୍ତ୍ୱେ ଜାତିପ୍ରଥାର ବିଲୋପ ପାଇଁ ତନ୍ତ୍ର ମଧ୍ଯ ଏକ ରୂପାନ୍ତରକାରୀ ଉତ୍ସ ହୋଇପାରିବ। ଆପଣାର Riddles of Hinduism (୨୪) ପୁସ୍ତକରେ ଆମ୍ବେଦକର ସ୍ୱୟଂ ଏହି ଦିଗରେ ନିର୍ଦ୍ଦେଶ ଦେଉଛନ୍ତି ଯାହା ଏବେ ଅଧିକ ଗଭୀର ଚିନ୍ତନ ଓ ରୂପାନ୍ତରକାରୀ କର୍ମକୁ ଅପେକ୍ଷା କରୁଛି।

ତନ୍ତ୍ର ଜାତି-ଧର୍ମ, ବର୍ଣ୍ଣ ଓ ଲିଙ୍ଗ ନିର୍ବିଶେଷରେ ଆମର ଶରୀରର ଉଷ୍ମତା ଓ ଦିବ୍ୟତାକୁ ଅନୁଭବ କରି ପ୍ରେମ ଅଗ୍ନି ସୃଷ୍ଟି କରିବାକୁ ଆହ୍ୱାନ ଦେଇଥାଏ। ଜାତି-ଜାତି ମଧ୍ୟରେ ବିବାହ ବା ଆନ୍ତଃ-ଜାତିଗତ ବିବାହ ମାଧ୍ୟମରେ ବିଭିନ୍ନ ଜାତିର ଲୋକମାନେ ପାରସ୍ପରିକ ପ୍ରେମ ଓ ଉଷ୍ମତା ଅନୁଭବ କରିପାରିବେ ଓ ଏହି ପଥରେ ସେମାନେ ତନ୍ତ୍ର ଠାରୁ ପ୍ରେରଣା ଲାଭ କରିପାରିବେ।

ଆପଣା ଜୀବନର ପ୍ରଥମ ପର୍ଯ୍ୟାୟରେ ବର୍ଣ୍ଣାଶ୍ରମ ଧର୍ମ ସପକ୍ଷରେ ଥିଲେ ମାତ୍ର ସେତେବେଳେ ତାଙ୍କର ପାଖରେ ବର୍ଣ୍ଣାଶ୍ରମର ଏକ ଆଦର୍ଶ ନକ୍ ସାଟିଏ ଥିଲା।

ବର୍ଣ୍ଣାଶ୍ରମ କର୍ମ ଅନୁସାରେ ବର୍ଣ୍ଣ ମାନର ବିଭାଜନ ମାତ୍ର ଏଥିରେ କୌଣସି ଉଚ୍ଚନୀଚ ନାହିଁ । ବର୍ଣ୍ଣାଶ୍ରମରେ, ଗାଂଧିଙ୍କର ଆଦର୍ଶମୟ ଅନୁଭବ ଅନୁସାରେ, କୌଣସି ଅସ୍ପୃଶ୍ୟତା ନାହିଁ। ମାତ୍ର ଗାଂଧୀ ଭାରତୀୟ ସମାଜ ସହିତ ଅଧିକ ବ୍ୟାପ୍ତ ଓ ଗଭୀର ଯାତ୍ରାରେ ଅନୁଭବ କରିପାରିଲେ ଯେ ଭାରତବର୍ଷରେ କଳ୍ପିତ ବର୍ଣ୍ଣାଶ୍ରମ ଧର୍ମ ଆଉ ନାହିଁ ଓ କର୍ମ ଭିତ୍ତିକ ବର୍ଣ୍ଣ ନାଆରେ ଏଠାରେ ଜାତିଭେଦ ଓ ଅସ୍ପୃଶ୍ୟତା ରହିଛି ।

୧୯୩୨ରେ ଲଣ୍ଡନରେ ଅନୁଷ୍ଠିତ ଗୋଲଟେବୁଲ ବୈଠକରେ ଗାଂଧୀ ଆମ୍ବେଦକରଙ୍କୁ ପ୍ରଥମ ଥର ପାଇଁ ଭେଟିଥିଲେ ଓ ଏହାପରେ ଆମ୍ବେଦକର ଅନୁସୂଚିତ ଜାତିମାନଙ୍କ ପାଇଁ ସ୍ୱତନ୍ତ୍ର ନିର୍ବାଚନ ମଣ୍ଡଳୀ ପାଇଁ ଦାବୀ କରିଥିଲେ ଯାହା ବ୍ରିଟିଶ୍ ସରକାର ଗ୍ରହଣ କରିଥିଲେ। ଏହାର ବିରୁଦ୍ଧରେ ଗାଂଧୀ ଆମରଣ ଅନଶନ କରିଥିଲେ କାରଣ ଗାଂଧୀ ଭୟ କରିଥିଲେ ଯେ ଏହାଦ୍ୱାରା ଭାରତୀୟ ସମାଜ ଜାତି ବ୍ୟବସ୍ଥା ଦ୍ୱାରା ଆହୁରି ବିଭାଜିତ ହୋଇଯିବ । ପରେ ପୁନା ଠାରେ ଗାଂଧୀ-ଆମ୍ବେଦକର ଚୁକ୍ତି ହୋଇଥିଲା ଯାହାଫଳରେ ଆମ୍ବେଦକର ଅନୁସୂଚିତ ଜାତିମାନଙ୍କ ପାଇଁ ସ୍ୱତନ୍ତ୍ର ନିର୍ବାଚନ ମଣ୍ଡଳୀ ଦାବୀରୁ ଓହରି ଯାଇଥିଲେ।

ଗାଂଧୀ ଭାରତୀୟ ସ୍ୱାଧୀନତା ସଂଗ୍ରାମରେ ଓ ସ୍ୱରାଜ ହାସଲ ପଥରେ ଅସ୍ପୃଶ୍ୟତା ନିବାରଣ ଓ ଜାତିପ୍ରଥାର ରୂପାନ୍ତର ପାଇଁ ପ୍ରାଧାନ୍ୟ ଦେଇଥିଲେ। ଏଥିପାଇଁ ଗାଂଧୀ ସତ୍ୟାଗ୍ରହ କରିଥିଲେ ଓ ଉପବାସ କରିଥିଲେ। ଗାଂଧୀଙ୍କର ଜଣେ ସହଯାତ୍ରୀ ଗୋରା ଯିଏ ଆନ୍ଧ୍ରପ୍ରଦେଶର ବିଜୟୱାଡାରେ ରହୁଥିଲେ ଓ ବ୍ରାହ୍ମଣ କୂଳରେ ଜାତ ହୋଇ ଜଣେ ହରିଜନ କନ୍ୟାଙ୍କୁ ବିବାହ କରିଥିଲେ... ଗୋରା ତାଙ୍କର ପରିବାର ସହିତ ଆସି ଗାଂଧୀଙ୍କ ସହିତ ସେବାଗ୍ରାମ ଆଶ୍ରମରେ ରହିଥିଲେ । ଆମ୍ବେଦକର, ଗୋରା ଓ ଅଗଣିତ ନିଷ୍ପେସିତ ଓ ସଂଗ୍ରାମୀ ଆତ୍ମାମାନେ ଗାଂଧୀଙ୍କୁ ପ୍ରଭାବିତ କରିଥିଲେ ଯାହାଫଳରେ ଗାଂଧୀ ୧୯୩୦ର ମଧ୍ୟଭାଗ ଠାରୁ ଜାତି-ଜାତି ମଧ୍ୟରେ ବିବାହ ଦ୍ୱାରା ହିଁ ଜାତିପ୍ରଥାର ରୂପାନ୍ତର ସମ୍ଭବ ହୋଇପାରିବ ବୋଲି କହିଥିଲେ । ଗାଂଧୀ କେବଳ ସେହି ବିବାହ ମାନଙ୍କରେ ଯୋଗ ଦେଉଥିଲେ ଯେଉଁ ବିବାହମାନ ଆନ୍ତଃ-ଜାତିଗତ ବିବାହ ଥିଲା। ସେଥିପାଇଁ ଆପଣାର ପୁତ୍ରତୁଲ୍ୟ ନାରାୟଣ ଦେଶାଇ ଯିଏ ଆପଣାର ପ୍ରିୟ ସେକ୍ରେଟାରୀ ମହାଦେବ ଦେଶାଇଙ୍କର ପୁଅ ତାଙ୍କ ବିବାହରେ ଯୋଗ ଦେଇ ନଥିଲେ କାରଣ ଏହା ଆନ୍ତଃ-ଜାତିକ ବିବାହ ନଥିଲା ଯଦିଓ ସିଏ ଜନ୍ମ ବେଳରୁ ଗୁଜୁରାଟର ସୀମା ଟପି ନବକୃଷ୍ଣ ଚୌଧୁରୀଙ୍କ କନ୍ୟାକୁ ବିବାହ କରିଥିଲା । ଆନ୍ତଃ-ଜାତି ବିବାହ ଓ ଜାତିପ୍ରଥାର ରୂପାନ୍ତର ଚିନ୍ତନ, ସାଧନା ଓ ସଂଗ୍ରାମରେ ଗାଂଧୀ ଉଭୟେ ବେଦାନ୍ତ ଓ ତନ୍ତ୍ର ଠାରୁ ଦୃଶ୍ୟମାନ ଭାବେ ବା ଅଦୃଶ୍ୟ ଭାବେ ପ୍ରେରଣା ଲାଭ କରିଥିଲେ। ଆମ୍ବେଦକର

ଆପଣାର ପ୍ରିୟ ସ୍ତ୍ରୀ ରମା ବାଈଙ୍କର ମୃତ୍ୟୁ ପରେ ସବିତାଙ୍କୁ ବିବାହ କରିଥିଲେ ଯିଏ ବ୍ରାହ୍ମଣ କୁଳରେ ହୋଇଥିଲେ ଓ ଏହି ଆନ୍ତଃ-ଜାତି ବିବାହକୁ ତାନ୍ତ୍ରିକ ଉଷ୍ମତା ଦୃଷ୍ଟିରୁ ଆମେ ମଧ୍ୟ ଅନୁଭବ କରିପାରିବା।

ଆମ୍ବେଦକର ବୁଦ୍ଧଙ୍କ ଦ୍ୱାରା ପ୍ରେରିତ ହୋଇଥିଲେ, ସେ ଜୀବନର ଶେଷଭାଗରେ ବୌଦ୍ଧ ଧର୍ମ ଗ୍ରହଣ କରିଥିଲେ ଓ Buddha and His Dhamma ନାମକ ଏକ ପୁସ୍ତକ ରଚନା କରିଥିଲେ (୨୫)। ୧୯୫୬ ମସିହାରେ ନାଗପୁରର ଦୀକ୍ଷା ଭୂମିରେ ଆମ୍ବେଦକର ବୌଦ୍ଧ ଧର୍ମ ଗ୍ରହଣ କଲାବେଳେ ଭିକ୍ଷୁ ଭାବରେ ବୌଦ୍ଧ ଧର୍ମ ଗ୍ରହଣ କରିଥିଲେ। ଆମ୍ବେଦକରଙ୍କର ପ୍ରାୟ ସକଳ ଚିତ୍ରମାନ ସୁଟସାର୍ଟ ପିନ୍ଧିଥିବା ଓ ହାତରେ ସମ୍ବିଧାନ ଧରିଥିବାର ଚିତ୍ର। ଆମେ କେଉଁଠି ଆମ୍ବେଦକରଙ୍କର ଏହି ଭିକ୍ଷୁ ଚିତ୍ରକୁ ଆମେ ଦେଖୁନା। ଜୁନ୍ ୨୦୧୬ ମସିହାରେ ଥରେ ସେବାଗ୍ରାମ ଆଶ୍ରମରେ ରାତିଟିଏ ବିତାଇ ତହିଁ ପରଦିନ ସକାଳେ ନିକଟସ୍ଥ ଗାଆଁ ଓ ଏହାର ହରିଜନ-ଦଳିତ ଭୂମିରେ ବୁଲି ମୁଁ ନାଗପୁରର ଦୀକ୍ଷାଭୂମିରେ ପହଞ୍ଚିଲି। ସେଠାରେ ରବିବାରର ବୁଦ୍ଧ-ଉପାସନା ପରେ ଭାଇ-ଭଉଣୀମାନେ ପିଲାମାନଙ୍କୁ ପାଠ ପଢ଼ାଉଥିଲେ ଓ କେତେକ ବ୍ୟକ୍ତିଙ୍କୁ ଭେଟିଲି ଯେଉଁମାନେ ଭାରତର ସମ୍ବିଧାନକୁ ମରାଠୀରେ ଅନୁବାଦ କରି ଗାଆଁ ଗାଆଁ ବୁଲୁଛନ୍ତି ଓ ଆମ୍ବେଦକରଙ୍କର ଆମ ସମସ୍ତଙ୍କ ପାଇଁ କେବଳ ଦଳିତ ମାନଙ୍କ ପାଇଁ ନୁହେଁ... ଏହି ଜାଗରଣ ସୃଷ୍ଟି କରୁଛନ୍ତି। ମାତ୍ର ସେମାନେ ଓ ଆମେ ସମ୍ବିଧାନ ପ୍ରଣେତା ଆମ୍ବେଦକରଙ୍କୁ ଜଣେ ଭିକ୍ଷୁ ଭାବେ ଅନୁଭବ କରୁଛୁ କି ? ଭିକ୍ଷୁ ଆମ୍ବେଦକର ବୁଦ୍ଧଙ୍କ ଦ୍ୱାରା ପ୍ରେରିତ ହେବା ସଂଗେସଂଗେ ବେଦାନ୍ତ ଓ ଉପନିଷଦରେ ଜାତି ମୁକ୍ତି ଓ ମାନବ ମୁକ୍ତିର ସମ୍ଭାବନା ସମ୍ପର୍କରେ ଉନ୍ମୁକ୍ତ ଥିଲେ। ସେ ମଧ୍ୟ ତନ୍ତ୍ରର ସମ୍ଭାବନା ସଂପର୍କରେ ଉନ୍ମୁକ୍ତ ଥିଲେ। ମାନବ ଐକ୍ୟର ଆଦର୍ଶ ଓ ବାସ୍ତବତା ଧାରାରେ ସେ ଜଣେ ସାଧକ ଓ ସଂଗ୍ରାମୀ ଥିଲେ। ଆମ୍ବେଦକରଙ୍କର ବୁଦ୍ଧପଥକୁ ନବ୍ୟ-ବୌଦ୍ଧଧର୍ମ ବା Neo-Buddhism ବୋଲି କୁହାଯାଉଥାଏ ମାତ୍ର ଏହି ନବ୍ୟ-ବୌଦ୍ଧଧର୍ମରେ ବୁଦ୍ଧଙ୍କର ପ୍ରଭାବ ସହିତ, ବେଦାନ୍ତ, ତନ୍ତ୍ର ଓ ଆଧୁନିକ ମୁକ୍ତିକାମୀ ଦର୍ଶନ ଯେମିତି ଆମେରିକାର ଦାର୍ଶନିକ ଓ ଆମ୍ବେଦକରଙ୍କର ଶିକ୍ଷକ ଜନ ଡୁଇ (John Dewey)ଙ୍କର ପ୍ରଭାବ ରହିଛି (୨୬)।

ଜାତିପ୍ରଥାର ରୂପାନ୍ତର ଓ ମାନବ ଐକ୍ୟ ଆଦର୍ଶ ଓ ବାସ୍ତବାୟନ ପଥରେ ଗାଂଧୀ ମଧ୍ୟ ଏକ ସାଧକ ଓ ସଂଗ୍ରାମୀ ଥିଲେ। ସାଧନା ଓ ସଂଗ୍ରାମ ପଥରେ ଗାଂଧୀ ବେଦାନ୍ତର ଐକ୍ୟ ଆଦର୍ଶ ଓ ଆମ ଭିତରେ କୌଣସି ବିଭାଜନ ଓ ବୈଷମ୍ୟ ନାହିଁ। ଗାଂଧୀଙ୍କର ପରିବାର ଓ ବିଶେଷକରି ତାଙ୍କର ମାଆ ପୁତଳିବାଇ ପ୍ରଣାମୀ ଧର୍ମ ମାର୍ଗର

ଉପାସିକା ଥିଲେ। ପ୍ରଣାମୀ ଧର୍ମ ଓ ଅଧ୍ୟାତ୍ମ ମାର୍ଗରେ ସବୁ ଧର୍ମର ପୁସ୍ତକ ମାନଙ୍କୁ ଉପାସନା କରାଯାଏ ଓ ଗାଂଧୀ ଜାତିପ୍ରଥାର ରୂପାନ୍ତର ଓ ମାନବ ଐକ୍ୟ ପ୍ରତିଷ୍ଠାର ସାଧନା ପଥରେ ଇସଲାମ ଓ ଖ୍ରୀଷ୍ଟ ଧର୍ମ ଦ୍ୱାରା ପ୍ରଭାବିତ ହୋଇଥିଲେ। ଗାଂଧୀ ଟଲଷ୍ଟୟଙ୍କର Letter to a Hindoo ଚିଠିଟି ପଢିଥିଲେ। ଭାରତୀୟ ବିପ୍ଳବୀ ତାରକନାଥ ଦାସଙ୍କୁ ଏକ ପତ୍ରରେ ଟଲଷ୍ଟୟ ଲେଖିଥିଲେ ଭାରତର ବିପ୍ଳବୀମାନେ ବ୍ରିଟିଶ ସରକାର ହଟିଯାଉ ବୋଲି ଚାହୁଁଛନ୍ତି ମାତ୍ର ଜାତିପ୍ରଥାର ବିଲୋପ ପାଇଁ ସେତିକି ସଚେତନ ଓ ଅଙ୍ଗୀକାରବଦ୍ଧ କି ? ଏହି ଚିଠିରେ ଟଲଷ୍ଟୟ ଭଗବଦ୍ ଗୀତାର ଉଦ୍ଧାର କରିଥିଲେ। ଏହି ଚିଠିଟି ପଢ଼ି ଗାଂଧୀ ଟଲଷ୍ଟୟଙ୍କ ସହ ପତ୍ରାଳାପ କରିଥିଲେ ଓ ଟଲଷ୍ଟୟଙ୍କର ଅଧ୍ୟାତ୍ମ-ପ୍ରେରିତ ଖ୍ରୀଷ୍ଟପଥ ଦ୍ୱାରା ପ୍ରେରିତ ହୋଇଥିଲେ। ଏହା ସହିତ ଗାଂଧୀ କେରଳର ଶ୍ରୀ ନାରାୟଣ ଗୁରୁଙ୍କ ଦ୍ୱାରା ଜାତିପ୍ରଥାର ରୂପାନ୍ତର ଓ ଐକ୍ୟ ପ୍ରତିଷ୍ଠାର ସାଧନା ଦ୍ୱାରା ପ୍ରେରିତ ହୋଇଥିଲେ। ଏଠାରେ ସ୍ମରଣୀୟ ଯେ' ଶ୍ରୀ ନାରାୟଣ ଗୁରୁ କେରଳର ଇରାଭା ନାମକ ଏକ ନିମ୍ନ ସାମାଜିକ ବର୍ଗରେ ଜନ୍ମଗ୍ରହଣ କରିଥିଲେ। ଜାତିପ୍ରଥାର ରୂପାନ୍ତର ପାଇଁ ସେ ବେଦାନ୍ତ ଠାରୁ ପ୍ରେରଣା ପାଇଥିଲେ ଓ ଏଥିପାଇଁ ସେ ନୂତନ ମନ୍ଦିରମାନ ପ୍ରତିଷ୍ଠା କରିଥିଲେ ଯେଉଁଠାରେ ସବୁ ଧର୍ମର ଲୋକମାନଙ୍କର ପ୍ରବେଶ ଥିଲା। କେରଳର ଭାଇକୋମରେ ଥିବା ମନ୍ଦିରରେ ସବୁ ଜାତିର ଲୋକମାନଙ୍କର ପ୍ରବେଶ ପାଇଁ ଭାଇକୋମ ସତ୍ୟାଗ୍ରହ ହୋଇଥିଲା। ଗାଂଧୀ ଏହି ସତ୍ୟାଗ୍ରହରେ ଯୋଗଦେଇ ଥିଲେ ଓ ଏହି ଅବଶେଷରେ ଶ୍ରୀ ନାରାୟଣ ଗୁରୁଙ୍କୁ ସାକ୍ଷାତ କରିଥିଲେ ଯେଉଁ ସାକ୍ଷାତ ସମୟରେ ଶ୍ରୀ ନାରାୟଣ ଗୁରୁ ଗାଂଧୀଙ୍କୁ କେବଳ ମନ୍ଦିରର ପ୍ରବେଶାଧିକାର ବିଷୟରେ କହି ନଥିଲେ; ସେ ମଧ୍ୟ ବିଦ୍ୟାଳୟ ଓ ଶିକ୍ଷକେନ୍ଦ୍ର ମାନଙ୍କର ମହତ୍ତ୍ୱ ବିଷୟରେ କହିଥିଲେ। ଆମ୍ବେଦକରଙ୍କର ବେଦାନ୍ତକୁ ନବ୍ୟ-ବୌଦ୍ଧଧର୍ମ ବୋଲି କୁହାଯାଉ ଥିବାବେଳେ ଗାଂଧୀଙ୍କର ବେଦାନ୍ତକୁ ନବ୍ୟ-ବେଦାନ୍ତ ବୋଲି କୁହାଯାଏ ମାତ୍ର ଆମ୍ବେଦକରଙ୍କର ନବ୍ୟ-ବୌଦ୍ଧଧର୍ମ ଯେମିତି କେବଳ ବୌଦ୍ଧଧର୍ମ ମଧ୍ୟରେ ସୀମିତ ନଥିଲା, ସେମିତି ଗାଂଧୀଙ୍କର ବେଦାନ୍ତ କେବଳ ବେଦାନ୍ତ ମଧ୍ୟରେ ସୀମିତ ନଥିଲା। ଏହା ଇସଲାମ୍, ଖ୍ରୀଷ୍ଟପଥ ଓ ଆଧୁନିକ ମୁକ୍ତିକାମୀ ଚିନ୍ତାଧାରା ଯେମିତି ଟଲଷ୍ଟୟ, ରସ୍କିନ ଓ ଥୋରୋଙ୍କର ଚିନ୍ତାଧାରା ଦ୍ୱାରା ପ୍ରଭାବିତ ହୋଇଥିଲା।

ଜାତିପ୍ରଥାର ରୂପାନ୍ତର: ଆମ୍ବେଦକର, ଗାଂଧୀ ଓ ଶ୍ରୀଅରବିନ୍ଦ

ଜାତିପ୍ରଥାର ରୂପାନ୍ତର ପାଇଁ ନିଜସ୍ୱ ଧାରାରେ ଗାଂଧୀ ଓ ଆମ୍ବେଦକର ପ୍ରୟାସ କରିଥିଲେ। ଜାତିପ୍ରଥାର ରୂପାନ୍ତର ଆଲୋଚନାରେ ଆମେ କେବଳ ଗାଂଧୀ ଓ ଆମ୍ବେଦକରଙ୍କର ଆଲୋଚନା କରୁ; ଏଠାରେ ଆମେ ଶ୍ରୀଅରବିନ୍ଦଙ୍କ ସହିତ ସଂଳାପ

କରୁନା । ଶ୍ରୀଅରବିନ୍ଦ ଭାରତୀୟ ସ୍ୱାଧୀନତା ସଂଗ୍ରାମର ଜଣେ ଆଦ୍ୟ ପୁରୋଧା ଥିଲେ । ବିଲାତରେ ଶିକ୍ଷା ସମାପ୍ତ କରି ୧୮୯୩ ମସିହାରେ ଭାରତବର୍ଷ ଫେରିବା ଠାରୁ ଶ୍ରୀଅରବିନ୍ଦ ଭାରତବର୍ଷର ପୂର୍ଣ୍ଣ ସ୍ୱରାଜ ପାଇଁ ଦାବୀ କରିଥିଲେ । ଏହାପରେ କଲିକତା ଆସି ସେ ସ୍ୱଦେଶୀ ଆନ୍ଦୋଳନ ଓ ବନ୍ଦେମାତରମ୍ ସଂଗ୍ରାମରେ ଯୋଗଦେଇଥିଲେ । ଆପଣା ଦ୍ୱାରା ସମ୍ପାଦିତ ବନ୍ଦେମାତରମ୍‌ର ୨୦ ସେପ୍ଟେମ୍ବର ୧୯୦୭ ସଂଖ୍ୟାରେ ଶ୍ରୀଅରବିନ୍ଦ 'The UnHindu Spirit of Caste Rigidity' ନାମକ ଏକ ପ୍ରବଂଧ ଲେଖିଥିଲେ । ଏଥିରେ ଶ୍ରୀଅରବିନ୍ଦ ଆମକୁ ଆହ୍ୱାନ ଦେଇଥିଲେ ଯେ' ଏକ ଜାତି-ଶାସିତ ସମାଜ ଗଣତାନ୍ତ୍ରିକ ଧର୍ମ ଓ ଦର୍ଶନ ସହ ସହାବସ୍ଥାନ କରିପାରେନା ଓ ଭାରତୀୟ ଜାତୀୟତାବାଦକୁ ଏହି ପ୍ରଶ୍ନକୁ ସମ୍ମୁଖ କରିବାକୁ ହେବ । ଶ୍ରୀଅରବିନ୍ଦଙ୍କ ଭାଷାରେ ଜାତୀୟତାବାଦୀ ଓ ସ୍ୱାଧୀନତା ସଂଗ୍ରାମୀମାନଙ୍କୁ 'anti-democratic caste organization' (ଅଗଣତାନ୍ତ୍ରିକ ଜାତି ସଂଗଠନ) ମାନଙ୍କୁ 'pliable, self-adapting, democratic distribution of function'ରେ ପରିଣତ କରିବାକୁ ହେବ (୨୭) । ଜଣେ ସମାଲୋଚକଙ୍କ ବିଚାରରେ ଆମ୍ବେଦକର ଶ୍ରୀଅରବିନ୍ଦଙ୍କର ଏହି ପ୍ରବଂଧଟି ପଢିଥିଲେ ଓ ଏହାଦ୍ୱାରା ପ୍ରେରିତ ହୋଇଥିଲେ ।

ଶ୍ରୀଅରବିନ୍ଦ ଜାତିପ୍ରଥାର ସମର୍ଥନ କରି ନଥିଲେ ମାତ୍ର ସେ ମନୁଷ୍ୟ ମାନଙ୍କର ମନସ୍ତାତ୍ତ୍ୱିକ ଚଳତ୍‌କ୍ରିୟାକୁ ବୁଝିବାକୁ ଆମକୁ ଆହ୍ୱାନ ଦେଇଥିଲେ ଯାହାଫଳରେ ବିଭିନ୍ନ ମନୁଷ୍ୟମାନେ ବିଭିନ୍ନ ପ୍ରକାର କାମ କରିବାକୁ ଆଗ୍ରହ ପ୍ରକାଶ କରନ୍ତି... କେତେକ ବିଦ୍ୟା ଓ ବ୍ରହ୍ମ ବିଦ୍ୟାରେ ଅଧିକ ସମୟ ଦେବାକୁ, କେତେ ବେପାର, ବଣିଜରେ, କେତେକ ସୁରକ୍ଷା ପ୍ରଦାନ ଓ ରକ୍ଷାଜନିତ କାର୍ଯ୍ୟରେ ଓ ଆଉକେତେକ ଶ୍ରମ ଓ ସେବା କାର୍ଯ୍ୟରେ । ଭାରତବର୍ଷର ପ୍ରାଚୀନ ବର୍ଣ୍ଣ ବ୍ୟବସ୍ଥା ପ୍ରାଥମିକ ଅବସ୍ଥାରେ ବଂଶାନୁକ୍ରମିକ ନଥିଲା ଓ ଏହି ବର୍ଣ୍ଣଯୁକ୍ତ କାର୍ଯ୍ୟ ପଛରେ ବ୍ୟକ୍ତିର ମନସ୍ତାତ୍ତ୍ୱିକ ଦିଗବିନ୍ୟାସ (orientation) କାମ କରୁଥିଲା । ଆମ୍ବେଦକରଙ୍କ ଅନୁସାରେ ଜାତିପ୍ରଥାର ବିଲୋପ ପରେ ମଧ୍ୟ ଆମେ ସମସ୍ତେ ସକଳ କାର୍ଯ୍ୟ କରିବାକୁ ମନ କରି ନପାରୁ । କେତେକ ବିଦ୍ୟାଯୁକ୍ତ କାର୍ଯ୍ୟ କରିବାରେ ଅଧିକ ଆଗ୍ରହୀ ହେବେ ଓ ଆଉ କେତେକ ଶାରୀରିକ ଶ୍ରମଯୁକ୍ତ କାର୍ଯ୍ୟ । ଜାତିପ୍ରଥାର ରୂପାନ୍ତରର ମୂଳ ଆହ୍ୱାନ ହେଉଛି ଆମର ସ୍ୱଭାବ, ମନବିନ୍ୟାସ ଓ ସାମାଜିକ, ସାଂସ୍କୃତିକ, ଆଧାତ୍ମିକ ଆସ୍ପୃହା ଅନୁସାରେ ଆମେ ଆମର ଜୀବନର କର୍ମ ଓ କର୍ମ କ୍ଷେତ୍ର ଜାଣିବା ଓ ଏଥିରେ କୌଣସି ପ୍ରକାର ବୈଷମ୍ୟ ରହିବ ନାହିଁ ଓ ସମସ୍ତଙ୍କୁ ସମାନ ସୁଯୋଗ ଓ ଅଧିକାର ମିଳିବ ।

ଏହି ସମାନ ଜୀବନ ଯାତ୍ରାରେ ଆମ ଉପରେ କେହି ପ୍ରଭୁ ନାହାନ୍ତି, ଆମ

ଉପରେ କେହି ଭୂଦେବ ନାହାନ୍ତି ଅଥବା ଆମେ ଭୂଦେବ ନୋହୁଁ । ଆମ୍ବେଦକର ଆଲୋଚକ ଗୋପାଳ ଗୁରୁ ଏହି କ୍ଷେତ୍ରରେ ମନୁଙ୍କର ଭୂଦେବ ବିଷୟରେ ଆଲୋଚନା କରିଛନ୍ତି । ଭୂଦେବ ଯିଏ ଉପରେ । ଆମ୍ବେଦକର ମନୁପ୍ରଣୀତ ଏହି ଭୂଦେବ ଜୀବନ ପଥରେ ବିଶ୍ୱାସ କରୁ ନଥିଲେ । (୨୮) ଜର୍ମାନୀ ଦାର୍ଶନିକ ନୀତ୍‌ସେ Superman ବିଷୟରେ କହିଛନ୍ତି -- ଅତିମାନବ ବିଷୟରେ କହିଛନ୍ତି । ବର୍ଣ୍ଣ ବ୍ୟବସ୍ଥା ଦୃଷ୍ଟିରୁ ବ୍ରାହ୍ମଣମାନେ Superman । ଏମାନଙ୍କ ପାଖରେ ଅଧିକ କ୍ଷମତା ରହିଛି ଓ ଯେତେଯାହାକଲେ ବି ମନୁ ସଂହିତା ଅନୁସାରେ ଏମାନଙ୍କର ଶାସ୍ତି ଅନ୍ୟମାନଙ୍କ ତୁଳନାରେ ଢେର କମ୍ । ଜାତିପ୍ରଥାର ବିଲୋପ ପାଇଁ ଜାତିପ୍ରଥାରୁ ସୃଷ୍ଟି ଏମିତି ଅତିମାନବମାନଙ୍କୁ ଆମକୁ ପ୍ରତିରୋଧ କରିବାକୁ ହେବ, ରୂପାନ୍ତରିତ କରିବାକୁ ହେବ । ଏହି କ୍ଷେତ୍ରରେ ଶ୍ରୀଅରବିନ୍ଦ ଆମକୁ ବିକଳ୍ପ ମାର୍ଗଟିଏ ପ୍ରଦାନ କରିଥାନ୍ତି । ଶ୍ରୀଅରବିନ୍ଦ ମଧ୍ୟ ଆମେ ସମସ୍ତେ କେମିତି ମନୁଷ୍ୟତାର ସୀମିତତାକୁ ଅତିକ୍ରମ କରି ଅତିମାନବ ହେବା ଉଚିତ -- ଏହି ବିଷୟରେ କହିଛନ୍ତି ମାତ୍ର ଏହି ଅତିମାନବ କ୍ଷମତା ଓ ଅବଦମନର ଅତିମାନବ ନୁହେଁ । ଏହା ସେବା, ଜ୍ଞାନ ଓ ମନର ସୀମିତତା ଓ ବିଭାଜନ ଯେମିତି ଜାତି ବିଭାଜନକୁ ଅତିକ୍ରମ କରିବାର ଅତିମାନବତ୍ୱ । ଆମ୍ବେଦକର ନୀତ୍‌ସେଙ୍କର ଅତିମାନବତ୍ୱକୁ ପ୍ରଶ୍ନ କରିଛନ୍ତି ମାତ୍ର ସିଏ ଯଦି ଶ୍ରୀଅରବିନ୍ଦଙ୍କର ଦର୍ଶନ, ରାଜନୀତି ଓ ଅଧ୍ୟାତ୍ମ ସାଧନା ସହିତ ବାଟ ଚାଲିଥାନ୍ତେ ତେବେ ଜାତିପ୍ରଥାର ବିଲୋପ ପାଇଁ ଏକ ବିକଳ୍ପ ଅତିମାନବୀୟ ସାଧନା ଓ ସଂଗ୍ରାମର ପରିଚୟ ପାଇଥାନ୍ତେ ଯାହା ଆମକୁ ଜ୍ଞାନ, ସେବା ଓ ଅତିମାନସିକ ସାହସ ଦ୍ୱାରା ଉଦ୍‌ବୁଦ୍ଧ କରି ଜାତିପ୍ରଥାର ଊର୍ଦ୍ଧ୍ୱକୁ ଯିବାରେ ପ୍ରେରଣା ଦେଇପାରିଥାନ୍ତା । ଆମ୍ବେଦକର ସ୍ୱୟଂ ଶ୍ରୀଅରବିନ୍ଦଙ୍କ ସହ ଏହି ସଂଳାପ ଓ ସାଧନା କରିନଥିଲେ ବି, ଏବେ ଆମ୍ବେଦକର ସହଯାତ୍ରୀ ଆମେ ସମସ୍ତେ ଏମିତି ସଂଳାପ ଓ ସହଯାତ୍ରା କରିପାରିବା ।

ଜାତିପ୍ରଥାର ବିଲୋପ : ମୈତ୍ରୀ ଓ ରୂପାନ୍ତରକାରୀ ସଂହତି

ଜାତିପ୍ରଥାର ବିଲୋପ ପାଇଁ ରାଜନୈତିକ ଓ ସାମାଜିକ ସାଧନା ଓ ସଂଗ୍ରାମ ସହିତ ମୈତ୍ରୀର ସାଧନା ଓ ସଂଗ୍ରାମ ଆବଶ୍ୟକ । ଭାରତୀୟ ସମ୍ବିଧାନରେ ମୈତ୍ରୀକୁ ସ୍ଥାନିତ କରିବାରେ ଆମ୍ବେଦକରଙ୍କର ଏକ ପ୍ରମୁଖ ଭୂମିକା ରହିଛି (୨୯) ବୁଦ୍ଧ ପଥରେ ଭିକ୍ଷୁ ହୋଇ ଆମ୍ବେଦକର ମୈତ୍ରୀର ମହତ୍ୱକୁ ମଧ୍ୟ ଉପଲବ୍ଧି କରିଛନ୍ତି ଓ ଜାତିପ୍ରଥାର ବିଲୋପ ପାଇଁ ଆମକୁ ଜାତି-ଜାତି ମଧ୍ୟରେ, ବ୍ୟକ୍ତି ବ୍ୟକ୍ତି ମଧ୍ୟରେ ମୈତ୍ରୀ ସ୍ଥାପନ କରି ଏହାକୁ ରୂପାନ୍ତରିତ କରିବାକୁ ହେବ । ଏହି କାର୍ଯ୍ୟ ଅନେକ ଆହ୍ୱାନମୂଳକ ସଂପୃକ୍ତ ସଭିଙ୍କ ପାଇଁ କାରଣ ଏବେବି ଜାତିର ବଂଧନୀକୁ ମଜବୁତ୍ କରିବାପାଇଁ

କେତେ ହିଂସା । ନିକଟ ଅତୀତରେ ଗୁଜରାତର ଦୁର୍ଗାପୂଜା ବେଳେ ଦାଣ୍ଡିଆ ନୃତ୍ୟରେ ଜଣେ ଦଳିତ ଯୁବକ ସବର୍ଣ୍ଣମାନଙ୍କ ସହିତ ନାଚିଦେଲେ ବୋଲି ତାଙ୍କୁ ପିଟିପିଟି ମାରି ଦିଆଗଲା । ଏମିତି ହତ୍ୟାକାରୀମାନଙ୍କର ସଂଗୀନ ସମ୍ମୁଖରେ କିଏ ଅବା ମୈତ୍ରୀର ଗୀତ ଗାଇବ ?

ହିଂସାର ବିଲୋପ, ରୂପାନ୍ତର ଓ ଆମ ସମସ୍ତଙ୍କୁ ସୁରକ୍ଷା ସହିତ ତଥାପି ମୈତ୍ରୀର ସାଧନା ଓ ସଂଗ୍ରାମ । ଏମିତି ଆହ୍ୱାନ ଆମକୁ ଆମ୍ବେଦକର, ଗାଂଧୀ ଓ ଶ୍ରୀଅରବିନ୍ଦ ପ୍ରଦାନ କରିଥାନ୍ତି । ମୈତ୍ରୀ ଦ୍ୱାରା ଆମେ ପରସ୍ପର ସହିତ ସଂହତି ସ୍ଥାପନା କରିବା ଯାହା ଜାତିଆଣ ସ୍ଥିତାବସ୍ଥାକୁ ଧରି ରଖେ ନାହିଁ ମାତ୍ର ଏକ ବିବର୍ତ୍ତନକାରୀ ସଂହତି ସୃଷ୍ଟି କରେ ଯେଉଁ ପ୍ରକ୍ରିୟାରେ ଆମେ ବିବର୍ତ୍ତିତ ଓ ରୂପାନ୍ତରିତ ହେଉ । ଏହି ରୂପାନ୍ତର ବ୍ୟବସ୍ଥାର ରୂପାନ୍ତର । ଏହା ସହିତ ଆମର ବ୍ୟବସ୍ଥିତ ଚେତନାର ରୂପାନ୍ତର ।

ଗ୍ରନ୍ଥ ସୂଚନା:

୧. B.R. Amedakar, B.R. 2002 [1936]. *Annihilation of Caste.* In *The Essential Writings of B.R. Ambedkar*, ed. Valerian Rodrigues, pp. 263-305. Delhi: Oxford University Press.

୨. Ramachandra Gandhi, Sita's Kitchen. A Testemony of Faith and Inquiry Albany: State University of New York Press.

୩. Aakash Singh Rathore, Becoming Baba Saheb: The Life and Times of Bhimrao Ramji Ambedkar. Delhi: Harper Collins

୪. B.R. Ambedkar, "On the Way to Goregaon." In In *The Essential Writings of B.R. Ambedkar*, ed. Valerian Rodrigues. Delhi: Oxford University Press.

୫. Karl-Julius Reubke. *Struggles for Justice and Peace: India, Ekta Parishad and the Globalization of Solidarity.* Delhi: Studera, 2020.

୬. B.R. Ambedkar, *The Riddles of Hinduism*. Ed. Vasant Moon. New Delhi, Government of India: Dept of

Information and Broadcasting, 2008.
୭. B.R. Amedakar, B.R. 2002 [1936]. *Annihilation of Caste.* In *The Essential Writings of B.R. Ambedkar*, ed. Valerian Rodrigues, pp. 263-305. Delhi: Oxford University Press.
୮. ତତ୍ରୈବ
୯. ତତ୍ରୈବ
୧୦. ତତ୍ରୈବ
୧୧. ତତ୍ରୈବ
୧୨. ତତ୍ରୈବ
୧୩. ତତ୍ରୈବ
୧୪. Jurgen Habermas, *Moral Consciousness and Communicative Action.* Cambridge: Polity Press, 1990.
୧୫. Ramashroy Roy. *Gandhi and Ambedkar: A Study in Contrast*. Delhi: Shipra Publications, 2006.
୧୬. Suraj Yengde, *Caste Matters*. Delhi: Penguin, 2020
୧୭. ଚିତ୍ତରଂଜନ ଦାସ, *ଚେତନା ବଡ଼ ଅଡୁଆ* ।
୧୮. Cohen, G.A. 2001. *If You Are An Egalitarian, How Come You are So Rich?.* Cambridge: Harvard University Press.
୧୯. ମାତା ଅମ୍ରିତାନନ୍ଦମୟୀ ଏବଂ ଅନେକ ସାଧକ, ସାଧିକା ଓ ଦାର୍ଶନିକମାନେ ବେଦାନ୍ତ ସମ୍ପର୍କରେ ଆଲୋଚନା କରିଛନ୍ତି ଏବଂ ଆମକୁ ସେହି ଅନୁସାରେ ଜୀବନ ବଞ୍ଚିବାକୁ ଆହ୍ୱାନ ଏବଂ ଆମନ୍ତ୍ରଣ କରିଛନ୍ତି । ଏହି ସଂକ୍ରାନ୍ତରେ ଦେଖନ୍ତୁ, Swami Ramakrishnapuri, *Living Vedanta: Amma and Advaita*. Amritapuri, Kollam, Kerala: Mata Amritanandamayee Matha.
୨୦. Buddhadasa Bhikkhu, *Paticcasamuppada: Practical Dependent Origination.*

୨୧. ଚିତ୍ତରଂଜନ ଦାସ, "ଗୌତମ ବୁଦ୍ଧ ଓ ଓଡିଶା", ବର୍ତ୍ତିକା ପୂଜା ବିଶେଷାଙ୍କ ୨୦୧୦ ।

୨୨. Karl-Julius Reubke. *Struggles for Justice and Peace: India, Ekta Parishad and the Globalization of Solidarity.* Delhi: Studera, 2020.

୨୩. H. Watanabe, "The Influence of Hindu Tantrism on Rammohan Roy's Ideas." *Journal of Indian and Buddhist Studies* 48 (2): 1140-1136, 2020.

୨୪. B.R. Ambedkar, *The Riddles of Hinduism*. Ed. Vasant Moon. New Delhi, Government of India: Dept of Information and Broadcasting, 2008.

୨୫. B.R. Ambedkar, *The Buddha and His Dhamma*. A Critical Edition. Edited by Aakash Singh Rathore and Ajay Varma. Delhi: Oxford U. Press, 2011.

୨୬. Scott R. Shroud, *The Evolution of Pragmatism in India: Ambedkar, Dewey, and the Rhetoric of Reconstruction*. Chicago: University of Chicago Press, 2023.

୨୭. Arabindan Neelakandan, "Ambedkar, Democracy and Upanishads." *Swarajya* 2016.

୨୮. Gopal Guru, "Bhimrao Ramji Ambedkar's Modern Moral Idealism: A Metaphysics of Emancipation," *Oxford Handbook of Indian Philosophy* edited by Jonardan Ganeri, pp 743-744. NY: Oxford U. Press, 2017.

୨୯. Aakash Singh Rathore, *Ambedkar's Preamble: A Secret History of the Constitution of India*. New Delhi: Penguin Random House, 2022.

ହିନ୍ଦୁ-ଖ୍ରୀଷ୍ଟିୟାନ ଧର୍ମ ଓ ଆଧ୍ୟାତ୍ମିକ ଧାରା: ସଂଗମ, ସଂବାଦ, ସଂଘାତ ଓ ଉତ୍ତରଣ

ଜଣେ ଭଲ ହିନ୍ଦୁ ହେବାକୁ ହେଲେ ମୋତେ ମଧ୍ୟ ଜଣେ ଭଲ ଖ୍ରୀଷ୍ଟିୟାନ୍ ହେବାକୁ ହେବ।

- ମୋହନଦାସ କରମଚାନ୍ଦ ଗାଂଧୀ (୧)

ଭବିଷ୍ୟତର ଖ୍ରୀଷ୍ଟିୟାନ୍ ଜଣକ mystic (ରହସ୍ୟ ପ୍ରେମୀ) ହେବ, ଏହା ନହେଲେ ସେ ଖ୍ରୀଷ୍ଟିୟାନ୍ ହୋଇହିଁ ପାରିବ ନାହିଁ।

- Karl Rahner (1973) "The Spirituality of the Church of the future." ପୃ.୧୪୯ (୨)

ହିନ୍ଦୁ ଓ ଖ୍ରୀଷ୍ଟ ଧର୍ମ ଓ ଆଧ୍ୟାତ୍ମିକ ଧାରା ବହୁକାଳରୁ ପରସ୍ପର ସହିତ ସଂଯୁକ୍ତ ହୋଇଛନ୍ତି, ପରସ୍ପରକୁ ଭେଟିଛନ୍ତି ଓ ଚିନ୍ତନ, ସାଧନା ଓ ଇତିହାସ ଧାରାରେ ବାଟ ଚାଲିଛନ୍ତି। ଯୀଶୁ ଭାରତବର୍ଷ ଓ ଏସିଆର ଯୋଗ ଓ ଅଧ୍ୟାତ୍ମ ମାର୍ଗ ଦ୍ୱାରା ପ୍ରଭାବିତ ହୋଇଥିଲେ ଓ କେତେକଙ୍କ ମତରେ ସିଏ ଭାରତବର୍ଷ ଆସିଥିଲେ, ତିବତ୍ ଯାଇଥିଲେ ଓ ଏଠାରେ ଧ୍ୟାନ ଓ ଯୋଗ ମାର୍ଗ ଶିକ୍ଷା କରିଥିଲେ। (୧) ହିନ୍ଦୁ ଧର୍ମ ଓ ଅଧ୍ୟାତ୍ମ ଧାରାର ଅନେକ ଯୋଗୀ ଓ ସାଧକମାନେ - ରାମକୃଷ୍ଣ ପରମହଂସ, ଯୋଗାନନ୍ଦ ପରମହଂସ, ସ୍ୱାମୀ ବିବେକାନନ୍ଦ - ଯୀଶୁଙ୍କ ମଧ୍ୟରେ ଜଣେ ଯୋଗୀ, ଆଧ୍ୟାତ୍ମିକ ସାଧକ, ଗୁରୁ ଓ ଇଶ୍ୱର ପୁତ୍ରଙ୍କୁ ଅନୁଭବ କରିଛନ୍ତି। ଏମାନେ ଯୀଶୁଙ୍କର ଅଧ୍ୟାତ୍ମ ସାଧନା ଓ ଧର୍ମ ଦର୍ଶନ ଠାରୁ ପ୍ରେରଣା ଲାଭ କରିଛନ୍ତି। ଇତିହାସର ଧାରାରେ ଖ୍ରୀଷ୍ଟଧର୍ମର ଅୟମାରମ୍ଭରୁ ଏହା ଭାରତବର୍ଷକୁ ଆସିଛି। ଯୀଶୁଖ୍ରୀଷ୍ଟଙ୍କର ଜଣେ ସହଯାତ୍ରୀ ସେଣ୍ଟ ଥମାସ ଖ୍ରୀଷ୍ଟଧର୍ମର ଆରମ୍ଭ ପର୍ବରେ ଦକ୍ଷିଣ ଭାରତ ଆସିଛନ୍ତି - ଏବକାର କେରଳ ଓ ତାମିଲନାଡୁ। ସେ ଏଠାରେ ଯୀଶୁଖ୍ରୀଷ୍ଟଙ୍କର ଶୁଭବାର୍ତ୍ତା ପ୍ରଚାର କରିଛନ୍ତି ଓ ଏହି ଧାରାରେ ସେ ଶହୀଦ ହୋଇଛନ୍ତି। ବର୍ତ୍ତମାନ ଚେନ୍ନାଇର ସେଣ୍ଟ

ଥମାସ ମାଉଣ୍ଟରେ ବୋଲି ଏକ ଶିଖର ରହିଛି ଯେଉଁଠାରେ ସନ୍ଥ ଥମାସଙ୍କର ସ୍ମୃତି ଉଦ୍ଦେଶ୍ୟରେ ଏକ ଗୀର୍ଜା ରହିଛି। ଥମାସ୍ ପ୍ରବର୍ତ୍ତିତ ଖ୍ରୀଷ୍ଟ ମାର୍ଗରେ ବର୍ତ୍ତମାନ କେରଳର ଅନେକ ଖ୍ରୀଷ୍ଟିୟାନ୍ ସଂଯୁକ୍ତ ଓ ଏହି ମାର୍ଗରେ ସେମାନେ ଆପଣାର ଧର୍ମ ଓ ଅଧ୍ୟାତ୍ମ ଉପାସନା କରନ୍ତି ଯାହାର ହିନ୍ଦୁ ଜାତିର ଉଚ୍ଚବର୍ଣ୍ଣର ଯଥା ବ୍ରାହ୍ମଣମାନଙ୍କ ଉପାସନା ସହିତ କିଛି ସାମଞ୍ଜସ୍ୟ ରହିଛି କାରଣ ଏହି ଉଚ୍ଚବର୍ଣ୍ଣ ବ୍ରାହ୍ମଣମାନେ ଅଧିକାଂଶ ସଂଖ୍ୟାରେ ସେହି କାଳରେ ଖ୍ରୀଷ୍ଟ ଧର୍ମ ଗ୍ରହଣ କରିଥିଲେ। ମାତ୍ର ଇତିହାସର ଧାରାରେ ଆଧୁନିକ ପର୍ବରେ ଦଳିତ ମାନେ ଜାତିପ୍ରଥା ଓ ହିନ୍ଦୁଧର୍ମ ସଂଯୁକ୍ତ କେତେକ ଶୋଷଣ ଓ ଦମନରୁ ମୁକ୍ତି ପାଇଁ ଖ୍ରୀଷ୍ଟଧର୍ମ ଗ୍ରହଣ କରିଛନ୍ତି ମାତ୍ର ଏବେ ଏପରିକି କେରଳ ଓ ତାମିଲନାଡୁର ଗୀର୍ଜାମାନଙ୍କ ମଧ୍ୟରେ ଜାତିପ୍ରଥା ରହିଛି। ବର୍ତ୍ତମାନର ଦଳିତ ଖ୍ରୀଷ୍ଟିୟାନ୍ ମାନେ ଖ୍ରୀଷ୍ଟିୟାନ୍ ଧର୍ମ ମଧ୍ୟରେ ଥିବା ଜାତିପ୍ରଥା ବିରୁଦ୍ଧରେ ଲଢ଼ିଛନ୍ତି ଯେମିତି ଦଳିତ ହିନ୍ଦୁମାନେ ଜାତିପ୍ରଥା ବିରୁଦ୍ଧରେ। ଏହି ସାଧନା ଓ ସଂଗ୍ରାମରେ ହିନ୍ଦୁ ଓ ଖ୍ରୀଷ୍ଟଧର୍ମ ପରସ୍ପର ସହିତ ମିଳିତ ହେଉଛନ୍ତି ଓ ରୂପାନ୍ତରର ଆହ୍ୱାନକୁ ଏକାଏକା ଓ ସାଙ୍ଗହୋଇ ସମ୍ମୁଖ କରୁଛନ୍ତି। ଏହି ସାଧନା ଓ ସଂଗ୍ରାମର ଏକ ବହୁପରିସରୀୟ ଐତିହାସିକ ଓ ସାମ୍ପ୍ରତିକ ଭିତ୍ତିଭୂମି ରହିଛି।

ହିନ୍ଦୁ-ଖ୍ରୀଷ୍ଟ ମିଳନ ଧାରା: ସଂଘାତ, ସାକ୍ଷାତକାର ଓ ଅତିକ୍ରମଣର ଆହ୍ୱାନ

ପର୍ତ୍ତୁଗୀଜମାନେ ପଞ୍ଚଦଶ ଶତାବ୍ଦୀରେ ଗୋଆ ଉପରେ ଔପନିବେଶିକ ଆଧିପତ୍ୟ ପ୍ରତିଷ୍ଠା କଲେ। ଏହାପରେ ରବର୍ଟ ଡି ନୋବିଲି (Robert de Nobili) (୧୫୭୭-୧୬୫୬) ଜଣେ ଖ୍ରୀଷ୍ଟିୟାନ୍ ପ୍ରଚାରକ ବା ମିସନାରୀ ରୂପେ ଗୋଆକୁ ଆସିଥିଲେ। ଖ୍ରୀଷ୍ଟଧର୍ମର ପ୍ରଚାର ପାଇଁ ସେ ସ୍ଥାନୀୟ ଅଧିବାସୀମାନଙ୍କ ସହ ମିଶିଥିଲେ, ସେମାନଙ୍କର ବେଶପୋଷାକ ପରିଧାନ କରିଥିଲେ। ସେ ତତ୍କାଳୀନ ସମାଜର ଉଚ୍ଚଜାତିର ଲୋକମାନଙ୍କ ସହିତ ମିଶିଥିଲେ ଓ ଜଣେ ବ୍ରାହ୍ମଣ ସ୍ୱାମୀ ବା ଗୁରୁ ରୂପେ ଆପଣାକୁ ଉପସ୍ଥାପନା କରିଥିଲେ। ସେ ହୁଏତ ସେତେବେଳର ନିମ୍ନ ଜାତିର ଲୋକମାନଙ୍କର ବେଶଭୂଷା ପିନ୍ଧି ନଥିଲେ ଓ ସାମ୍ପ୍ରତିକ ଖ୍ରୀଷ୍ଟଧର୍ମରେ ଯେଉଁ ଜାତିପ୍ରଥା ରହିଛି ଏହାକୁ ଆମେ ଏମିତି ପ୍ରାରମ୍ଭିକ ଜାତିପ୍ରଥା ଓ ବୈଷମ୍ୟ ସହିତ ଯୋଡି ଦେଇପାରିବା।

ଇତିହାସର ଧାରାରେ ଯେତେବେଳେ ଆମେ ଆଉ କିଛି ପାଦ ଯାଉ, ଆମେ ଅନୁଭବ କରିଥାଉ ଯେ' ଖ୍ରୀଷ୍ଟଧର୍ମ ଭକ୍ତି ଆନ୍ଦୋଳନକୁ ପ୍ରଭାବିତ କରିଥିଲା। ଖ୍ରୀଷ୍ଟଧର୍ମ ମଧ୍ୟରେ ଥିବା ସାମାଜିକ ଓ ଆଧ୍ୟାତ୍ମିକ ସମାନତା ଯାହା ପ୍ରଭୁ ଯୀଶୁଖ୍ରୀଷ୍ଟଙ୍କର ଜୀବନ ଓ ଦର୍ଶନରେ ପ୍ରତିପାଦିତ, ଏହା ଭାରତୀୟ ମାନଙ୍କୁ ବର୍ଣ୍ଣ ଓ ଲିଙ୍ଗ ବୈଷମ୍ୟ ଓ

ତତ୍କାଳୀନ ସାମନ୍ତବାଦ ବିରୁଦ୍ଧରେ ସ୍ୱର ଉତ୍ତୋଳନ କରିବାକୁ ଓ ଲଢ଼ିବାକୁ ପ୍ରେରଣା ଦେଇଥିଲା। ଭାରତବର୍ଷର ଭକ୍ତି ଆନ୍ଦୋଳନ ଯେମିତି ସୁଫୀ ଧାରାଠାରୁ ପ୍ରେରଣା ଲାଭ କରିଥିଲା ସେମିତି ଖ୍ରୀଷ୍ଟଧର୍ମ ଠାରୁ ମଧ୍ୟ। ଏହି କ୍ଷେତ୍ରରେ ଗବେଷିକା ଗେଲ୍ ସେଭେଟ୍ ଆମକୁ କହନ୍ତି ଯଦିଓ ଆମେ କବୀରଙ୍କର ସାଇଁଙ୍କୁ ଖ୍ରୀଷ୍ଟଧର୍ମର ଈଶା ସହିତ ସଂଯୁକ୍ତ କରିପାରିବା ନାହିଁ, ତଥାପି ଏହା ସମ୍ଭବ ଯେ' କବୀରଙ୍କ ନାମ ବ୍ୟବହାର କରୁଥିବା ଜଣେ ପରବର୍ତ୍ତୀ ସନ୍ଥ ଖ୍ରୀଷ୍ଟଧର୍ମ ଦ୍ୱାରା ପ୍ରେରିତ ହୋଇଥିଲେ।(୩) ଷୋଡ଼ଶ ଶତାବ୍ଦୀ ପରଠାରୁ ବିଶେଷ କରି ୧୫୪୫ ପରେ ଯେତେବେଳେ ଯେସୁଇଟି (Jesuit) ପ୍ରଚାରକ ଓ ପାଦ୍ରୀମାନେ ଭାରତବର୍ଷରେ - ଦକ୍ଷିଣ ଓ ଉତ୍ତର ଭାରତରେ - ବିଚରଣ କରିବାକୁ ଲାଗିଲେ ସେତେବେଳେ ଖ୍ରୀଷ୍ଟଧର୍ମର ଚିନ୍ତା ଚେତନାର ବ୍ୟାପକ ପ୍ରଚାର ଓ ପ୍ରସାର ହୋଇଥିଲା ଯାହା ଭାରତର ଜନମାନସକୁ ପ୍ରଭାବିତ କରିଥିଲା। ମହାରାଷ୍ଟ୍ରରେ ୧୬୨୬ ମସିହାରେ କୋଙ୍କଣୀ/ ମରାଠୀ ଭାଷାରେ ଏକ ଖ୍ରୀଷ୍ଟ ପୁରାଣ ରଚିତ ହୋଇଥିଲା ଯାହାକୁ ଜଣେ ଇଂରାଜୀ ଯେସୁଇଟ୍ ପାଦ୍ରୀ ଥମାସ୍ ଷ୍ଟିଫେନ୍ (Thomas Stephen: ୧୫୪୯-୧୬୧୯) ରଚନା କରିଥିଲେ।

ଏହି ଧାରାରେ ଆମେ ରାମମୋହନ ରାୟ (୧୭୭୨-୧୮୮୩) ଙ୍କ ପାଖରେ ପହଞ୍ଚିବା। ରାମମୋହନ ଖ୍ରୀଷ୍ଟଧର୍ମ ପଥରୁ ତା'ର ନୈତିକତାକୁ ପ୍ରାଧାନ୍ୟ ଦେଇଥିଲେ। ସେ ଯେପରି ହିନ୍ଦୁ ଅବତାର ମାନଙ୍କୁ ଦିବ୍ୟ ଅବତାର ରୂପେ ଗ୍ରହଣ କରି ନଥିଲେ ସେ ମଧ୍ୟ ଯୀଶୁଖ୍ରୀଷ୍ଟଙ୍କୁ ଦିବ୍ୟ ଅବତାର ରୂପେ ଗ୍ରହଣ କରି ନଥିଲେ। ମାତ୍ର ଯୀଶୁଖ୍ରୀଷ୍ଟଙ୍କର ଧର୍ମ ଓ ଅଧ୍ୟାତ୍ମ ସାଧନାରେ ଯେଉଁ ନୈତିକ ଜୀବନର ସାଧନା ରହିଛି ଯାହା New Testament ର Sermon on the Mount ରେ ପ୍ରତିଫଳିତ ଯଥା - ତୁମର ପ୍ରତିବେଶୀଙ୍କୁ ତୁମେ ନିଜ ଭଳି ଭଲପାଅ - ଏହାକୁ ଆମର ଜୀବନରେ ଓ ସମାଜରେ ବଞ୍ଚିବାକୁ ରାମମୋହନ ଆହ୍ୱାନ ଦେଇଥିଲେ। ଏହି ପରିପ୍ରେକ୍ଷୀରେ ସେ The Ethical Precepts of Jesus ନାମକ ପୁସ୍ତକଟିଏ ରଚନା କରିଥିଲେ। ଏହି ନୈତିକ ଜୀବନ ସାଧନା ଓ ସଂଗ୍ରାମ ସହ ତତ୍କାଳୀନ ହିନ୍ଦୁ ସମାଜରେ ପ୍ରଚଳିତ ଜୀବନ ହନନକାରୀ ପ୍ରଥା ଯଥା ସତୀ ପ୍ରଥାକୁ ବନ୍ଦ କରିବାକୁ ରାମମୋହନ ଲଢ଼ିଥିଲେ। ମାତ୍ର ସେତେବେଳର ଖ୍ରୀଷ୍ଟଧର୍ମର ତତ୍ତ୍ୱବିଦ୍ ମାର୍ସମାନ୍ ରାମମୋହନଙ୍କର ଖ୍ରୀଷ୍ଟଧର୍ମ ପଥର ଏହି ନୈତିକ ବ୍ୟାଖ୍ୟାକୁ ଗ୍ରହଣ କରି ନଥିଲେ। ସେ ଖ୍ରୀଷ୍ଟଧର୍ମ ପଥର ବିଶ୍ୱାସ ଓ ଧର୍ମ ଚଳଣି ଯଥା baptism ଉପରେ ଗୁରୁତ୍ୱ ଦେଇଥିଲେ। ଖ୍ରୀଷ୍ଟଧର୍ମର ନୈତିକ ଜୀବନଧାରା ଯାହା ଅନ୍ୟକୁ ଭଲପାଇବାରେ ଓ ଅନ୍ୟକୁ ଘୃଣା ନକରି ଜୀବନ ବଞ୍ଚିବା ଉପରେ ଗୁରୁତ୍ୱ ଦେଇଥାଏ - ଯେଉଁ ଜୀବନ ସମସ୍ତେ - ଖ୍ରୀଷ୍ଟିୟାନ୍

ହିନ୍ଦୁ ସମସ୍ତେ - ବଞ୍ଚିବା ବିଧେୟ - ଏହା ଉପରେ ମାର୍ସମାନ୍ ଗୁରୁତ୍ୱ ଦେଇ ନଥିଲେ। ଏହାଫଳରେ କେତେକ ସମୀକ୍ଷକଙ୍କ ମତରେ ଖ୍ରୀଷ୍ଟଧର୍ମ ସମାଜର ବୃହତ୍ତର ଆହ୍ୱାନ ମାନଙ୍କ ସହିତ ଯୁକ୍ତ ହେବାର ଏକ ବଡ଼ ସୁଯୋଗ ହରାଇଲା। (୪) ବର୍ତ୍ତମାନ ଭାରତୀୟ ସମାଜରେ ଏହି ସ୍ଥିତି ଭିନ୍ନ ନୁହେଁ। ଏଠାରେ ସ୍ମରଣୀୟ ଯେ, ରାମମୋହନ ମଧ୍ୟ ଇସଲାମ୍ ଧର୍ମ ଦ୍ୱାରା ଅନୁପ୍ରେରିତ ହୋଇଥିଲେ । ରାମମୋହନଙ୍କ ପ୍ରଥମ ପୁସ୍ତକ ଇସଲାମ ଉପରେ ଥିଲା ଯାହାର ଶୀର୍ଷକ Tuhfat-al-Muwathidden (A present to the Believers in one God)। ରାମମୋହନ ଏହାକୁ ପାରସୀ ଭାଷାରେ ରଚନା କରିଥିଲେ ଓ ଏହାର ମୁଖବନ୍ଧକୁ ସେ ଆରବିକ୍ ଭାଷାରେ ଲେଖିଥିଲେ।

ରାମମୋହନଙ୍କ ପରେ ବ୍ରାହ୍ମ ସମାଜରେ କେଶବ ଚନ୍ଦ୍ର (କେଶବ ଚନ୍ଦ୍ର ସେନ୍, ୧୮୩୩-୧୮୮୪) ଆସିଥିଲେ ଓ ସେ ହିନ୍ଦୁଧର୍ମ ଓ ଖ୍ରୀଷ୍ଟଧର୍ମ ସହ ରାମମୋହନଙ୍କର ସୃଜନଶୀଳ ସଂଳାପକୁ ଆଗକୁ ନେଇଥିଲେ। ସେ ରାମମୋହନଙ୍କ ବୌଦ୍ଧିକ ଯୁକ୍ତି କ୍ଷେତ୍ରକୁ ଭକ୍ତି ଆଣିଲେ। ସେ ବଙ୍ଗ ଭୂମିରେ ପ୍ରବାହିତ ଚୈତନ୍ୟ ଭକ୍ତି ଧାରାକୁ ବ୍ରାହ୍ମ ସମାଜ ମଧ୍ୟକୁ ଆଣିଲେ ଯାହା ବ୍ରାହ୍ମ ସମାଜର ସାମାଜିକ ଭୂମିକୁ ପ୍ରସାରିତ କରିଥିଲା। ଏହି ପ୍ରସାରଣ ପର୍ବରେ କେଶବ ଚନ୍ଦ୍ର ମଧ୍ୟ ରାମକୃଷ୍ଣ ପରମହଂସଙ୍କ ଦ୍ୱାରା ପ୍ରଭାବିତ ହୋଇଥିଲେ ଯଦିଓ କେତେକ ମଧ୍ୟ କହନ୍ତି ଯେ କେଶବ ରାମକୃଷ୍ଣଙ୍କୁ ପ୍ରବାଭିତ କରିଥିଲେ। କେଶବ ଉଭୟ ବଙ୍ଗଳା ଓ ଇଂରାଜୀ ଭାଷାରେ ଲେଖୁଥିଲେ ଓ ତାଙ୍କର ବଙ୍ଗ ଭାଷାର ରଚନାମାନ ବ୍ରାହ୍ମ ସମାଜର ହିନ୍ଦୁ-ଖ୍ରୀଷ୍ଟଧର୍ମର ସଂଳାପ ଧାରାକୁ ସାଧାରଣ ଲୋକମାନଙ୍କ ପାଖକୁ ଘେନି ଆସିଥିଲା। କେଶବ ଖ୍ରୀଷ୍ଟଧର୍ମକୁ ଭାରତୀୟ ଜୀବନଧାରା ସହିତ ଯୋଡିବାକୁ ପ୍ରୟାସ କରିଥିଲେ। ତେଣୁ ସେ ପବିତ୍ର ପ୍ରସାଦ ଗ୍ରହଣ ସମୟରେ ପ୍ରଚଳିତ ମଦ ଓ ପାଉଁରୁଟି (wine and bread) ବ୍ୟବହାର ନକରି ଭାତ ଓ ଜଳ ବ୍ୟବହାର କରିଥିଲେ। ସେ ମଧ୍ୟ ଯୀଶୁଖ୍ରୀଷ୍ଟଙ୍କୁ ପ୍ରାଚ୍ୟର ଯୀଶୁଖ୍ରୀଷ୍ଟ, Oriental Christ ରୂପେ ଅନୁଭବ କରିବାକୁ ଆହ୍ୱାନ ଦେଉଥିଲେ। ସେ କହୁଥିଲେ : "ଦେଖ, ସେ ଆମ ପାଖକୁ ତାଙ୍କର ଉଡୁଥିବା ପୋଷାକ ସହିତ ଆସିଛନ୍ତି। ତାଙ୍କର ପୋଷାକ ଓ ରୂପ ଜଣେ ପ୍ରାଚ୍ୟ ମନିଷୀଙ୍କର ଅଟେ।"(୫)

କେଶବ ଚନ୍ଦ୍ରଙ୍କର ଉତ୍ତରାଧିକାରୀ ପି.ସି. ମଜୁମଦାର (୧୮୪୦-୧୯୦୫) କେଶବଚନ୍ଦ୍ରଙ୍କର ପ୍ରାଚ୍ୟ ଯୀଶୁଖ୍ରୀଷ୍ଟଙ୍କୁ ଅନୁଭବ କରି ବାଟ ଚାଲିବାର ପଥଟିକୁ ମଧ୍ୟ ଆପଣାଇ ନେଇଥିଲେ। ମଜୁମଦାର ପ୍ରାଚ୍ୟ ଯୀଶୁଖ୍ରୀଷ୍ଟଙ୍କର ଆଲୋକକୁ ଅନୁସରଣ

କରିବାକୁ ଆମକୁ ଆହ୍ୱାନ ଦେଇଥିଲେ। ସେ ମଧ୍ୟ ଆମର ଖ୍ରୀଷ୍ଟଧର୍ମ ଉପାସନାରେ Holy Spirit ବା ପବିତ୍ର ଆତ୍ମାଙ୍କର ମହତ୍ତ୍ୱ ଉପରେ ଗୁରୁତ୍ୱ ଦେଇଥିଲେ। (୬)

ଊନବିଂଶ ଶତାବ୍ଦୀରେ ହିନ୍ଦୁ-ଖ୍ରୀଷ୍ଟିୟାନ ସଂଳାପ ଓ ସାକ୍ଷାତ ଧାରାରେ ଶ୍ରୀରାମକୃଷ୍ଣ ପରମହଂସ ଓ ସ୍ୱାମୀ ବିବେକାନନ୍ଦ ସୃଜନଶୀଳ ସଂଳାପ ସାଧକ ଓ ତପସ୍ୱୀ ରୂପେ ବାଟ ଚାଲିଛନ୍ତି। ଆପଣାର ଧର୍ମ ଓ ଅଧ୍ୟାତ୍ମ ଜୀବନରେ ଶ୍ରୀରାମକୃଷ୍ଣ ଜଣେ ଖ୍ରୀଷ୍ଟ ଉପାସକ ରୂପେ କିଛି ସମୟ ଅତିବାହିତ କରୁଥିଲେ, ଯେମିତି ଜଣେ ଆଲା-ଉପାସକ ମୁସଲମାନ ଭାବେ। ଯଦୁ ମଲ୍ଲିକ ନାମକ ଆପଣାର ଜଣେ ଶିଷ୍ୟଙ୍କ ଘରେ ଶ୍ରୀରାମକୃଷ୍ଣ ମାଡୋନା -- ମା ମେରୀଙ୍କର ଫଟୋଟିଏ ଦେଖିଥିଲେ। ଏହି ଫଟୋ ଦ୍ୱାରା ସେ ତତ୍‌କ୍ଷଣାତ୍ ଅଭିଭୂତ ହୋଇପଡିଥିଲେ। ସେ ମଧ୍ୟ ଆପଣାର ସାଧନାର ଧାରାରେ ଥରେ ପ୍ରଭୁ ଯୀଶୁଖ୍ରୀଷ୍ଟଙ୍କୁ ଦର୍ଶନ କରିଥିଲେ। ପିଟର୍ ପାଣି ଉପରେ ଚାଲୁଛନ୍ତି -- ବାଇବେଲର ଏହି କାହାଣୀ ରାମକୃଷ୍ଣଙ୍କୁ ମଧ୍ୟ ଗଭୀର ଭାବେ ପ୍ରଭାବିତ କରିଥିଲା। ଏହି କାହାଣୀର ଏକ ଚିତ୍ର ରାମକୃଷ୍ଣଙ୍କର ମନ୍ଦିର କାନ୍ଥରେ ଟଙ୍ଗା ହୋଇଥିଲା -- ଖ୍ରୀଷ୍ଟଧର୍ମର ଏହି ଏକମାତ୍ର ଚିତ୍ର ହିଁ ତାଙ୍କ ମନ୍ଦିର କାନ୍ଥରେ ଥିଲା। (୭)

ସ୍ୱାମୀ ବିବେକାନନ୍ଦଙ୍କ ଜୀବନ ମଧ୍ୟ ଆପଣାର ଗୁରୁଙ୍କର ଆଧ୍ୟାତ୍ମିକ ଓ ମରମୀ (mystical) ଅନୁଭବ ଦ୍ୱାରା ଗଠିତ ହେଇଥିଲା। ସ୍ୱାମୀ ବିବେକାନନ୍ଦଙ୍କର ଅନୁଭବରେ, ଯୀଶୁଖ୍ରୀଷ୍ଟଙ୍କ ଉପରେ ସର୍ବଶ୍ରେଷ୍ଠ ବିବରଣୀ ହେଉଛି ତାଙ୍କର ନିଜର ଜୀବନ ଯେତେବେଳେ ଯୀଶୁଖ୍ରୀଷ୍ଟ ପବିତ୍ର ଧର୍ମଗ୍ରନ୍ଥ ବାଇବେଲରେ କହୁଛନ୍ତି : "ଶିଆଳ ମାନଙ୍କର ଗାତ ରହିଛି, ଆକାଶର ପକ୍ଷୀ ମାନନଙ୍କର ନୀଡ଼ ରହିଛି, ମାତ୍ର ମନୁଷ୍ୟ ପୁତ୍ର ପାଇଁ ମୁଣ୍ଡ ରଖିବାକୁ କୌଣସି ସ୍ଥାନ ନାହିଁ।" ଯୀଶୁଖ୍ରୀଷ୍ଟଙ୍କ ସମ୍ପର୍କରେ ସ୍ୱାମୀ ବିବେକାନନ୍ଦ ଲେଖିଛନ୍ତି: "ଜୀବନ ତାଙ୍କର କୌଣସି କାର୍ଯ୍ୟ ନଥିଲା, ତାଙ୍କ ମନରେ ଆଉ କୌଣସି ଚିନ୍ତା ନଥିଲା; ସେ କେବଳ Spirit ଥିଲେ। କେବଳ ତାହା ନୁହେଁ ତାଙ୍କର ବିଚକ୍ଷଣ ପରାବିଲୋକନ ଦ୍ୱାରା ସେ ଆବିଷ୍କାର କରିଥିଲେ ଯେ' ପ୍ରତ୍ୟେକ ମନୁଷ୍ୟ ସେ ପୁରୁଷ ହେଉ ବା ନାରୀ ହେଉ, ସନ୍ଥ ହେଉ ବା ପାପୀ ହେଉ, ଅମର ଆତ୍ମାର ଗୋଟିଏ ଗୋଟିଏ ମୂର୍ତ୍ତ ପରିପ୍ରକାଶ। (୮) ତୁମେ ସମସ୍ତେ ଈଶ୍ୱର ପୁତ୍ର, ଅମର ଆତ୍ମା (Immortal Spirit)। ସେ ଘୋଷଣା କରିଥିଲେ : "ତୁମେ ଜାଣ ଯେ' ଈଶ୍ୱରଙ୍କ ରାଜ୍ୟ ତୁମ ଭିତରେ ରହିଛି", "ମୁଁ ଏବଂ ମୋର ପିତା ଏକ" ତୁମେ ସାହାସୀ ହୋଇ ଛିଡ଼ା ହୋଇ କୁହ "ମୁଁ ଯେ' କେବଳ ଈଶ୍ୱରଙ୍କ ପୁତ୍ର ତାହା ନୁହେଁ ମୁଁ ମୋର ହୃଦୟରେ ଆବିଷ୍କାର କରିବି ଯେ ମୁଁ ଏବଂ ମୋର ପିତା ଏକ" (୯)।

ସ୍ୱାମୀ ବିବେକାନନ୍ଦ ଯୀଶୁଖ୍ରୀଷ୍ଟଙ୍କୁ ପ୍ରାଚ୍ୟର ଜଣେ ଈଶ୍ୱର-ପୁତ୍ର ଭାବେ ଅନୁଭବ କରିଥିଲେ। ଖ୍ରୀଷ୍ଟ ଧର୍ମ ପ୍ରାଚ୍ୟର ଏକ ଧର୍ମ। ସ୍ୱାମୀ ବିବେକାନନ୍ଦ ଯୀଶୁଖ୍ରୀଷ୍ଟଙ୍କର ଐତିହାସିକ ଜୀବନ ବିଷୟରେ ସେତେବେଶୀ ଭାବୁନଥିଲେ ଅର୍ଥାତ୍ ସେ ଜଣେ କୁମାରୀଙ୍କ ଗର୍ଭରୁ ଜନ୍ମ ହୋଇଛନ୍ତି କି ନାହିଁ। ସ୍ୱାମୀ ବିବେକାନନ୍ଦ ଯୀଶୁଖ୍ରୀଷ୍ଟଙ୍କୁ ଈଶ୍ୱର ରୂପେ ହିଁ ଅନୁଭବ କରିଥିଲେ। ସ୍ୱାମୀ ବିବେକାନନ୍ଦଙ୍କ ଭାଷାରେ: "ପ୍ରାଚ୍ୟରେ ଜନ୍ମିତ ଜଣେ ମନୁଷ୍ୟ ରୂପେ ମୁଁ ଯେତେବେଳେ ନାଜାରେଥ୍‌ରେ ଜନ୍ମିତ ଯୀଶୁଙ୍କୁ ଉପାସନା କରେ ସେତେବେଳେ କେବଳ ଗୋଟିଏ ମାର୍ଗରେ ହିଁ ମୁଁ ତାଙ୍କୁ ଉପାସନା କରିପାରିବି: ତାଙ୍କୁ ଈଶ୍ୱର ରୂପେ ହିଁ ଉପାସନା କରିବି, ଆଉକିଛି ନୁହେଁ।" (୧୦)

ସ୍ୱାମୀ ବିବେକାନନ୍ଦ ଯୀଶୁଖ୍ରୀଷ୍ଟ ପ୍ରବର୍ତ୍ତିତ Sermon on the Mount କୁ ମୂଳତଃ ନୈତିକ ପ୍ରବଚନ ଭାବେ ଅନୁଭବ କରିଥିଲେ। ଏଥିରେ ଥିବା ସୁବର୍ଣ୍ଣ ନିୟମ ବା Golden Rule କୁ ସ୍ୱାମୀ ବିବେକାନନ୍ଦ ଆମର ସର୍ବୋଚ୍ଚ ଉପଲବ୍ଧି ବୋଲି ଅନୁଭବ କରିନଥିଲେ। ଏହି Golden Rule ରେ କୁହାଯାଇଛି : ତୁମେ ଅନ୍ୟମାନଙ୍କ ପାଇଁ ତାହା କରିବ ନାହିଁ ଯାହା ତୁମେ ନିଜ ପାଇଁ କରିବ ନାହିଁ। ଏହି ସୁବର୍ଣ୍ଣ ନିୟମରେ ନିଜର ଆତ୍ମସତ୍ତା କେନ୍ଦ୍ରରେ ... ଆମେ ତାହା କରିବା ନାହିଁ ଯାହା ଅନ୍ୟମାନଙ୍କ ପାଇଁ କରିବା ନାହିଁ। ସ୍ୱାମୀ ବିବେକାନନ୍ଦ ଏଠାରେ ଆମକୁ ଆହ୍ୱାନ ଦିଅନ୍ତି ଯେ' ଆମକୁ ଆମର ଆତ୍ମ-ସତ୍ତା ଓ ଆତ୍ମ-କୈନ୍ଦ୍ରିକତାକୁ ଅତିକ୍ରମଣ କରିବାକୁ ହେବ। ଧର୍ମର ହୃଦୟ ବିନ୍ଦୁରେ ଏହାହିଁ ପ୍ରାଥମିକ: ଆମକୁ ଆମର ଆତ୍ମସତ୍ତାକୁ ଅତିକ୍ରମ କରି ଈଶ୍ୱରଙ୍କ ସହିତ ଆମର ଐକ୍ୟକୁ ଅନୁଭବ କରିବାକୁ ହେବ। Sermon on the Mount ର ଗୋଟିଏ ବାକ୍ୟ ଏକ ବ୍ୟତିକ୍ରମ ଥିଲା ଯାହାହେଉଛି: "Blessed are the pure in heart for they will see God" ଅର୍ଥାତ୍ ସ୍ୱଚ୍ଛ ହୃଦୟଯୁକ୍ତ ବ୍ୟକ୍ତିମାନେ ଆଶିଷପ୍ରାପ୍ତ, ସେମାନେ ହିଁ ଈଶ୍ୱରଙ୍କୁ ସନ୍ଦର୍ଶନ କରିବେ। ଯୀଶୁଖ୍ରୀଷ୍ଟଙ୍କ ଅଧ୍ୟାତ୍ମ ସାଧନାରେ ନୈତିକ ସାଧନା ଥିଲା। ଏହା ସହିତ ଉତ୍ତରଣଶୀଳ ମରମୀ (mystical) ସାଧନା। ନୀତି, ନ୍ୟାୟ ଓ ଦୈନନ୍ଦିନ ଜୀବନର ପ୍ରସ୍ଫୁଟନ ଓ ରୂପାନ୍ତର ପାଇଁ ଯୀଶୁଖ୍ରୀଷ୍ଟ ଯେଉଁ ସାଧନା ଓ ସଂଗ୍ରାମ କରିଥିଲେ, ସ୍ୱାମୀଜୀ ଏହାଦ୍ୱାରା ପ୍ରଭାବିତ ହୋଇଥିଲେ। ସ୍ୱାମୀ ବିବେକାନନ୍ଦଙ୍କର ବ୍ୟବହାରଶୀଳ ବେଦାନ୍ତ ବା practical vedanta ଯୀଶୁଖ୍ରୀଷ୍ଟଙ୍କ ଦ୍ୱାରା ପ୍ରଭାବିତ ହୋଇଥିଲା। ଜଣେ ସମୀକ୍ଷକ ମତରେ: ସ୍ୱାମୀ ବିବେକାନନ୍ଦଙ୍କର ଧର୍ମ ବେଦାନ୍ତ ଓ ଖ୍ରୀଷ୍ଟଧର୍ମର ଏକ ସମନ୍ୱୟ ଥିଲା।(୧୧) ମାତ୍ର ସ୍ୱାମୀ ବିବେକାନନ୍ଦଙ୍କର

ବ୍ୟବହାରଶୀଳ ବେଦାନ୍ତ କେବଳ ପରୋପକାର ନଥିଲା; ଏହା ମଧ୍ୟ ଆଧ୍ୟାତ୍ମିକ ଅନୁଭବ ଓ ଉତ୍ତରଣଶୀଳ ମରମୀ ଅନୁଭବ ଓ ସାଧନାର ଏକ ମାର୍ଗ ଥିଲା।

ସ୍ୱାମୀ ବିବେକାନନ୍ଦ ଯୀଶୁଖ୍ରୀଷ୍ଟଙ୍କ ଦ୍ୱାରା ଗଭୀର ଭାବେ ପ୍ରଭାବିତ ହୋଇଥିଲେ ଓ ସେ ଆପଣାର ଗୁରୁଭାଇ ମାନଙ୍କୁ ଏହି ବିଷୟରେ କହିଥିଲେ। (୧୨) ସ୍ୱାମୀ ବିବେକାନନ୍ଦ ଓ ତାଙ୍କର ଗୁରୁଭାଇମାନେ ସାଙ୍ଗହୋଇ ରାମକୃଷ୍ଣ ମିଶନ ପ୍ରତିଷ୍ଠା କରିଥିଲେ। ପ୍ରତିଷ୍ଠା ଦିବସରେ ଅଗ୍ନି ଯଜ୍ଞ ହୋଇଥିଲା ଓ ଏହା ଚାରିପାଖରେ ଯେଉଁ ପୁସ୍ତକମାନ ପଢ଼ା ହୋଇଥିଲା ସେଥିରେ New Testament ଥିଲା। ଯୀଶୁଖ୍ରୀଷ୍ଟଙ୍କ ଜୀବନୀ The Imitation of Christ ପୁସ୍ତକଟିକୁ ସ୍ୱାମୀଜୀ ଓ ଅନ୍ୟ ସ୍ୱାମୀଜୀମାନେ ନିୟମିତ ପଠନ କରୁଥିଲେ। ରାମକୃଷ୍ଣ ମିଶନରେ ଖ୍ରୀଷ୍ଟମାସ ବଡଦିନ ଏକ ଛୁଟି ରହି ଆସିଛି ଓ ଏହାକୁ ସ୍ୱାମୀ ବିବେକାନନ୍ଦଙ୍କର ଉତ୍ତରାଧିକାରୀ ସ୍ୱାମୀ ବ୍ରହ୍ମାନନ୍ଦ ଆରମ୍ଭ କରିଥିଲେ। ରାମକୃଷ୍ଣ ମିଶନର ଅନ୍ୟ ସ୍ୱାମୀ ମାନେ ଯୀଶୁଖ୍ରୀଷ୍ଟଙ୍କ ସହିତ ଧ୍ୟାନ କରିଛନ୍ତି, ବାଟ ଚାଲିଛନ୍ତି। ସ୍ୱାମୀ ଅଖିଳାନନ୍ଦ Hindu View of Christ ଲେଖିଛନ୍ତି, ସ୍ୱାମୀ ରଙ୍ଗନାଥାନନ୍ଦ Christ We Adore ପୁସ୍ତକ ରଚନା କରିଛନ୍ତି। ସ୍ୱାମୀ ବିବେକାନନ୍ଦଙ୍କ ଭଳି ରଙ୍ଗନାଥାନନ୍ଦ ଆମକୁ କହନ୍ତି ଯେ' "ଈଶ୍ୱରଙ୍କ ରାଜ୍ୟ ତୁମ ମଧ୍ୟରେ ରହିଛି" : ଏହା ହିନ୍ଦୁମାନଙ୍କ ପାଇଁ ଅସାଧାରଣ ମହତ୍ତ୍ୱ ରଖିଥାଏ। ସ୍ୱାମୀ ରଙ୍ଗନାଥାନନ୍ଦ 'within you'କୁ ଆମର ଅନ୍ତରାତ୍ମା ବା inner self ରୂପେ ଅନୁଭବ କରିବାକୁ ଆହ୍ୱାନ ଦିଅନ୍ତି। ଅନ୍ତରର ସ୍ୱଚ୍ଛତା ଏହି ଯାତ୍ରାରେ ପ୍ରଧାନ କଥା। ରାମକୃଷ୍ଣ, ବିବେକାନନ୍ଦ ଓ ରାମକୃଷ୍ଣ ମିଶନ୍ ଆଧୁନିକ ହିନ୍ଦୁଧର୍ମକୁ ଗଭୀର ଭାବେ ପ୍ରଭାବିତ କରିଛନ୍ତି ଓ ଏହି ପ୍ରଭାବ ପଛରେ ଯୀଶୁଖ୍ରୀଷ୍ଟ ଓ ଖ୍ରୀଷ୍ଟଧର୍ମ ସହିତ ସାକ୍ଷାତ ଓ ସାଧନାର ସହଯାତ୍ରା ଏକ ପ୍ରଧାନ ଭୂମିକା ଗ୍ରହଣ କରିଛି। ଏହା ମଧ୍ୟ ଅନେକ ହିନ୍ଦୁଙ୍କୁ ଖ୍ରୀଷ୍ଟଧର୍ମମୁଖୀ କରାଇଛି ଯେମିତି ତାମିଲନାଡୁର ଜାତୀୟତାବାଦୀ ନେତା ଭେଙ୍ଗଲ୍ ଚକ୍‌କରାଇ (Vengal Chakkarai) ଯିଏ ହିନ୍ଦୁଭାବେ ଜନ୍ମହୋଇ ଖ୍ରୀଷ୍ଟଧର୍ମକୁ ଆଲିଙ୍ଗନ କରିଛନ୍ତି (୧୩)।

ଯୋଗାନନ୍ଦ ପରମହଂସ ହିନ୍ଦୁ ଧର୍ମ ଅଧ୍ୟାତ୍ମ ସାଧନାରୁ ସମଗ୍ର ବିଶ୍ୱ ପାଇଁ ଜଣେ ମହାନ ଆଶିଷ। ତାଙ୍କର ଯୋଗୀର ଆତ୍ମକଥା -- The Autobiography of a Yogi -- ସାରା ବିଶ୍ୱର ଲକ୍ଷ ଲକ୍ଷ ଆତ୍ମାଙ୍କ ହୃଦୟକୁ ସ୍ପର୍ଶ କରିଛି। ଯୋଗାନନ୍ଦ ଯୀଶୁଖ୍ରୀଷ୍ଟଙ୍କୁ ଜଣେ ଯୋଗୀ ରୂପେ ଅନୁଭବ କରିଛନ୍ତି। ଗଭୀର ଦାର୍ଶନିକ ଏସ. ରାଧାକ୍ରିଷ୍ଣନ୍ ଯୀଶୁଙ୍କ ଅହଂର ଆହୁତି ଦେଇଥିବା ଜଣେ ଯଜ୍ଞକାର ରୂପେ ଅନୁଭବ କରିଛନ୍ତି। କ୍ରୁଶରେ ଛିଡା ହୋଇ ଯୀଶୁ ଆପଣାଙ୍କୁ ଶୂନ୍ୟ କରିଛନ୍ତି ଓ ଏହି ଶୂନ୍ୟତା ଓ

ସମର୍ପଣ ଯଜ୍ଞର ସାଧନା ଆମ ସମସ୍ତଙ୍କ ପାଇଁ ମହତ୍ତ୍ୱପୂର୍ଣ୍ଣ । ଖ୍ରୀଷ୍ଟ ଧର୍ମ ତତ୍ତ୍ୱବିତ୍ ସୁବାଷ ଆନନ୍ଦ ବେଦର ପୁରୁଷ ଯଜ୍ଞର ବର୍ଣ୍ଣନା ଦ୍ୱାରା ପ୍ରେରିତ ହୋଇ Trinity -- Father, Son ଓ Holy Spririt -- କୁ self giving ବା ଆତ୍ମ-ଦାନ ରୂପେ ଅନୁଭବ କରିଛନ୍ତି: "ପିତା ପିତା ଅଟନ୍ତି କାରଣ ସେ ସଂପୂର୍ଣ୍ଣରୂପେ ପୁତ୍ରଙ୍କ ପାଖରେ ଦେଇ ଦିଅନ୍ତି; ପୁତ୍ର ପୁତ୍ର କାରଣ ସେ ପିତାଙ୍କ ପାଖରେ ସଂପୂର୍ଣ୍ଣ ଭାବେ ଦେଇ ଦିଅନ୍ତି ଏବଂ ପବିତ୍ର ଆତ୍ମା ବା Spirit ହେଉଛନ୍ତି ଏହି ପାରସ୍ପରିକ ଦାନ" (୧୪)

ଯୀଶୁଖ୍ରୀଷ୍ଟଙ୍କ ମଧ୍ୟରେ ଏହି ଯେଉଁ ଆତ୍ମୋତ୍ସର୍ଗର ସାଧନା ଏହା ଆମକୁ ଗାଂଧୀଙ୍କ ପାଖକୁ ଘେନି ଆସିଥାଏ । ଗାଂଧୀ ଯୀଶୁଙ୍କର କ୍ରସ୍ ବା କ୍ରୁଶକୁ ସମାଜ ଓ ଇତିହାସରେ ଅନୁଭବ କରିଛନ୍ତି । ଗାଂଧୀଙ୍କୁ ଯୀଶୁ ଜଣେ ସତ୍ୟାଗ୍ରହୀ ରୂପେ ଅନୁଭବ କରିଛନ୍ତି । ଭାରତୀୟ ସ୍ୱାଧୀନତା ସଂଗ୍ରାମରେ ଅନେକ ଖ୍ରୀଷ୍ଟାମ୍ବଲମ୍ବୀମାନେ ଗାଂଧୀଙ୍କର ଅସହଯୋଗ ଆନ୍ଦୋଳନ ଯୀଶୁଖ୍ରୀଷ୍ଟଙ୍କର କ୍ରୁଶକୁ ମୁକ୍ତି ପାଇଁ ବହନ କରିବାର ଏକ ସଂଗ୍ରାମ ବୋଲି ଅନୁଭବ କରିଛନ୍ତି । ଏହି କ୍ଷେତ୍ରରେ ଖ୍ରୀଷ୍ଟଧର୍ମାବଲମ୍ବୀ ଓ ଦାର୍ଶନିକ S.K. Georgeଙ୍କର ପୁସ୍ତକ Gandhi's Challenge to Chrisianity ପ୍ରଣିଧାନଯୋଗ୍ୟ (୧୫)। ଶ୍ରୀଯୁକ୍ତ ଜର୍ଜ ଶାନ୍ତିନିକେତନରେ ଇଂରାଜୀ ଅଧ୍ୟାପକ ଥିଲେ ଓ ଜଣେ ଯୁବକ ଭାବେ ଗାଂଧୀଙ୍କର ଅସହଯୋଗ ଆନ୍ଦୋଳନ ଦ୍ୱାରା ପ୍ରଭାବିତ ହୋଇଥିଲେ ଓ ସେଥିରେ ସେ ଅଂଶଗ୍ରହଣ କରିଥିଲେ। ତାଙ୍କର ଯୁବମନକୁ ଗାଂଧୀଙ୍କର ଅସହଯୋଗ ଆନ୍ଦୋଳନ ଯୀଶୁଖ୍ରୀଷ୍ଟଙ୍କର ଆଦର୍ଶକୁ ଏକ ବାସ୍ତବ ରୂପରେଖ ପ୍ରଦାନ କରିଥିଲା। ୧୯୩୦-୩୨ର ଅସହଯୋଗ ଆନ୍ଦୋଳନରେ ଯୋଗଦେବାକୁ ସେ ଭାରତର ସମସ୍ତ ଖ୍ରୀଷ୍ଟିୟାନ୍ ମାନଙ୍କୁ ଆବେଦନ କରିଥିଲେ। ମାତ୍ର ଏଥିପାଇଁ ସେ ଯେ କେବଳ କଲିକତାରେ ପଢ଼ାଉଥିବା ତାଙ୍କର Theological College ରେ ଚାକିରୀ ହରାଇ ବସିଲେ ତାହା ନୁହେଁ ସେ ମଧ୍ୟ ଆପଣାର ଚର୍ଚ୍ଚ ସହିତ ଯୋଗସୂତ୍ର ହରାଇଲେ। ମାତ୍ର ଏହାଦ୍ୱାରା ସେ ପରାଜିତ ହୋଇ ନଥିଲେ। ସେ ଏକ ମୁକ୍ତ ଖ୍ରୀଷ୍ଟଧର୍ମର ଜୀବନ ବଞ୍ଚିଥିଲେ । ଜଣେ ସତ୍ୟାଗ୍ରାହୀ ରୂପେ ଜୀବନ ବଞ୍ଚିଥିଲେ। ଆପଣାର Gandhi's Challenge to Christianity ପୁସ୍ତକରେ ସେ ଗାଂଧୀଙ୍କୁ ଏକ spritual fact ରୂପେ ପ୍ରତିପାଦନ କରିଥିଲେ ଏବଂ ଗାଂଧୀ Sermon on the Mount ର ପରିପୂର୍ଣ୍ଣ ରାଜନୀତି (Perfect Politics) ରୂପେ ବଞ୍ଚୁଛନ୍ତି ବୋଲି କହିଥିଲେ। ଏହି ପୁସ୍ତକର ମୁଖବଂଧରେ ଦାର୍ଶନିକ ଏସ୍. ରାଧାକ୍ରିଷନ୍ ଲେଖିଥିଲେ: "ୟୁରୋପୀୟ ମହାଦେଶୀୟ ଧର୍ମତତ୍ତ୍ୱବିଦ୍ ମାନେ ଯାହା କୁହନ୍ତୁନା କାହିଁକି, ଜଣେ ଭାରତୀୟ ଧର୍ମତତ୍ତ୍ୱବିଦ୍ ପାଇଁ ଏମିତି ଧାରଣା

ନ ରଖିବା ଅସମ୍ଭବ ଯେ' ଈଶ୍ୱର ମଣିଷର ଯୁଗ ଯୁଗର ଆଲୋକ ପାଇଁ ସଂଗ୍ରାମରେ ଉପସ୍ଥିତ ଅଛନ୍ତି। ଗାଂଧୀଙ୍କର fact ଖ୍ରୀଷ୍ଟଧର୍ମର ଏକଚାଟିଆ ଦାବୀ ପ୍ରତି ଏକ ଆହ୍ୱାନ।" (୧୬)

ଏହିସବୁ ଆଲୋଚନା ମଧ୍ୟରେ ଆମେ ଏବେ ଗାଂଧୀଙ୍କ ପାଖକୁ ଆସିବା। ଗାଂଧୀ ଯୀଶୁଖ୍ରୀଷ୍ଟ ଓ ତାଙ୍କର ଶିଖରର ପ୍ରବଚନ ବା Sermon on the Mount ଦ୍ୱାରା ପ୍ରଭାବିତ ହୋଇଥିଲେ। ଗାଂଧୀ ଟଲଷ୍ଟୟ ଓ ଟଲଷ୍ଟୟଙ୍କର ଖ୍ରୀଷ୍ଟଧର୍ମ ସାଧନା ଯାହା ସେବା ଓ ସଂଳାପ ଉପରେ ଗୁରୁତ୍ୱ ଦେଉଥାଏ, ଏହାଦ୍ୱାରା ପ୍ରଭାବିତ ହୋଇଥିଲେ। ଆପଣାର ଧର୍ମ ଓ ଆଧ୍ୟାତ୍ମିକ ଯାତ୍ରାରେ ଏକ ସମୟରେ ଗାଂଧୀ ଖ୍ରୀଷ୍ଟଧର୍ମ ଗ୍ରହଣ କରିବାକୁ ଭାବୁଥିଲେ ମାତ୍ର ସେ ଧର୍ମ ପରିବର୍ତ୍ତନ କରିବା ଅପରିହାର୍ଯ୍ୟ ବୋଲି ଭାବି ନଥିଲେ। ଇତିମଧ୍ୟରେ ଗାଂଧୀ ଜୈନ ସାଧକ ରାଇଚଂଦ ଭାଇଙ୍କ ସହିତ ଯୋଗାଯୋଗରେ ଆସିଥିଲେ ଓ ତାଙ୍କଠାରୁ ସେ ଜୈନ ଧର୍ମର ଅନେକାନ୍ତବାଦ ଓ ଅନେକାନ୍ତ ପଥ ଶିକ୍ଷା କରିଥିଲେ ଓ ଏହାକୁ ଆପଣାର ଜୀବନ ସାଧନାରେ ଅନୁଭବ କରିଥିଲେ। ଧର୍ମ ପରିବର୍ତ୍ତନ ନକରି ଆମେ ଅନେକ ଧର୍ମର ମହତ୍ତ୍ୱ ଓ ସତ୍ୟକୁ ଆମେ ଆମ ଜୀବନରେ ବଞ୍ଚି ପାରିବା ବୋଲି ଗାଂଧୀ ଅନୁଭବ କରିଥିଲେ ।

ଗାଂଧୀ ମିଛ ଉପାୟ ଅବଲମ୍ବନ କରି ଧର୍ମ ପରିବର୍ତ୍ତନ କରିବା ସପକ୍ଷରେ ନଥିଲେ। ଆନ୍ଧ୍ରପ୍ରଦେଶରେ ଜନ୍ମ ଲାଭ କରିଥିବା ଓ ସମାଜର ନିଷ୍ପେସିତ ବର୍ଗର ଲୋକଙ୍କ ସହିତ କାର୍ଯ୍ୟ କରୁଥିବା ବିଶପ୍ ଅଜରାଇୟା ଗାଂଧୀଙ୍କ ସହିତ ଏଥିରେ ଏକମତ ହୋଇନଥିଲେ। ଅଜରାଇୟା କହିଥିଲେ ଧର୍ମାନ୍ତରୀକରଣ କେବଳ ବିଦେଶୀ ମିଶନାରୀ ମାନଙ୍କ ଦ୍ୱାରା ହେଉନାହିଁ; ଏଥିରେ ଆମରି ଦେଶରେ ଜନ୍ମ ହୋଇଥିବା ଓ ସେମାନଙ୍କର ସୁଖଦୁଃଖରେ ସାମିଲ ହୋଇଥିବା ମିଶନାରୀମାନେ ହିଁ ନିଷ୍ପେସିତ ଲୋକମାନଙ୍କର ପାଖରେ ଖ୍ରୀଷ୍ଟଧର୍ମର ମୁକ୍ତିର ବାର୍ତ୍ତା ପହଞ୍ଚାଉଛନ୍ତି। ସମାଜର ନିଷ୍ପେସିତ ଓ ଦଳିତ ବର୍ଗର ଲୋକମାନେ ଯେଉଁମାନେ ଦାରିଦ୍ର୍ୟ ଓ ଜାତିପ୍ରଥାର କଷଣ ଦ୍ୱାରା ଯନ୍ତ୍ରାରୁଢ ସେମାନେ ଆପଣାର ମୁକ୍ତି ପାଇଁ ଆତ୍ମସତ୍ତାକୁ ଜାହିର କରି ଆପଣାର ଜନ୍ମିତ ଧର୍ମକୁ ତ୍ୟାଗ କରି ଖ୍ରୀଷ୍ଟଧର୍ମ ଗ୍ରହଣ କରିଛନ୍ତି। ଯେଉଁମାନେ ଚାଉଳ ପାଇବା ପାଇଁ ଖ୍ରୀଷ୍ଟଧର୍ମ ଗ୍ରହଣ କରୁଛନ୍ତି ଯାହାଙ୍କୁ Rice Christian ରୂପେ ନିନ୍ଦା କରାଯାଇଥାଏ ସେମାନଙ୍କର ଚାଉଳ ଓ ଅନ୍ୟ ଭୌତିକ ସାହାଯ୍ୟ ଲାଭ କରିବା ଇଚ୍ଛା ମଧ୍ୟରେ ସେମାନଙ୍କର ଆତ୍ମସତ୍ତା ଓ ଏହାର ନିଷ୍ପତ୍ତି କ୍ରିୟାଶୀଳ। ଆମେ ଏମିତି କହିପାରିବା ନାହିଁ ଯେ' ଯେଉଁମାନେ ଧାର୍ମିକ ଓ ଆଧ୍ୟାତ୍ମିକ

ଅନୁଭବ ଓ ବିକାଶ ପାଇଁ ଖ୍ରୀଷ୍ଟଧର୍ମ ଅବଲମ୍ବନ କରୁଛନ୍ତି ସେମାନେ ଯଥାର୍ଥ ଧର୍ମାବଲମ୍ବୀ ବା ଧର୍ମ ପରିବର୍ତ୍ତନକାରୀ ଓ ଯେଉଁମାନେ ଅର୍ଥନୈତିକ, ସାମାଜିକ ସୁଯୋଗ ପାଇଁ ଧର୍ମ ପରିବର୍ତ୍ତନ କରୁଛନ୍ତି ସେମାନେ ନକଲି ଧର୍ମାବଲମ୍ବୀ ଓ ଧର୍ମ ପରିବର୍ତ୍ତନକାରୀ। (୧୭) ଧର୍ମାନ୍ତରୀକରଣ ବିଷୟରେ ଗାଂଧୀ ଯାହା କହିଛନ୍ତି ଏହାକୁ ଆମକୁ ଆହୁରି ଗଭୀର ଓ ସମୀକ୍ଷାତ୍ମକ ଭାବେ ଭାବିବାକୁ ହେବ ଓ ଏଠାରେ ଆମକୁ ଗାଂଧୀ ଓ ଅଜରାଇୟାଙ୍କୁ ସାଙ୍ଗ ହୋଇ ବୁଝିବାକୁ ହେବ। ପ୍ରଲୋଭନ ଦେଖାଇ ଧର୍ମାନ୍ତରୀକରଣ ବିରୁଦ୍ଧରେ ଗାଂଧୀ ଥିଲେ, ଏହା ସହିତ ଗାଂଧୀ ଖ୍ରୀଷ୍ଟଧର୍ମକୁ ଭଲ ପାଉଥିଲେ; ଯୀଶୁଖ୍ରୀଷ୍ଟଙ୍କୁ ଆପଣାର ସାମାଜିକ ଓ ଆଧ୍ୟାତ୍ମିକ ସାଧନାର ତାରକା ରୂପେ ଅନୁଭବ କରିଥିଲେ। ଗାଂଧୀ ଏକାଧାରରେ ଆପଣାକୁ ହିନ୍ଦୁ, ଖ୍ରୀଷ୍ଟିୟାନ୍, ମୁସଲମାନ, ବୌଦ୍ଧ ଓ ଆହୁରି ଅନେକ ରୂପେ ଅନୁଭବ କରୁଥିଲେ। ଗାଂଧୀ ଅନ୍ୟ ଧର୍ମ ବିରୋଧୀ ନଥିଲେ। ଗାଂଧୀଙ୍କର ପ୍ରଲୋଭନ ଦ୍ୱାରା ଧର୍ମାନ୍ତରୀକରଣ ବିରୋଧକୁ ଆଲୋଚିକା Gail Omvedt 'ନରମ ହିନ୍ଦୁତ୍ୱ' ବା Soft Hindutva ବୋଲି କହିଛନ୍ତି। ମାତ୍ର ଏହା ଗାଂଧୀଙ୍କର ସାଧନା ଓ ସଂଗ୍ରାମ ପ୍ରତି ନ୍ୟାୟ ପ୍ରଦାନ କରେ ନାହିଁ। (୧୮)

ଗାଂଧୀଙ୍କର ଯୀଶୁଙ୍କ ସହ ଧ୍ୟାନ ଓ ସହଚାରଣା ସହ ଆମେ ଏଠାରେ ଆହୁରି ଅନେକ ସାଧକଙ୍କର ଅନୁଭବ ଓ ଦର୍ଶନ ସହିତ ବାଟ ଚାଲିପାରିବା। ଏଠାରେ ଚିତ୍ତରଞ୍ଜନ ଦାସଙ୍କର ଅନୁଭବ ଓ ଚିନ୍ତନ ପ୍ରଣିଧାନଯୋଗ୍ୟ। ଆପଣାର 'Jesus Christ, White, Black or Yellow?' ପ୍ରବଂଧରେ ଚିତ୍ତରଞ୍ଜନ ଆମକୁ କହନ୍ତି : ଇତିହାସରେ ଯୀଶୁଙ୍କ ବିଷୟରେ ଯାହାକିଛି କୁହାଯାଇଥିଲେ ମଧ୍ୟ, ଯୀଶୁ ମାନବ ଇତିହାସରେ ଜଣେ ମୁଖ୍ୟ ପ୍ରେରଣା ହୋଇ ରହିଛନ୍ତି ଓ ସେ ଆଜି ବି ଆମର ଅନନ୍ତ ଓ ଜୀବନ୍ତ ପ୍ରେରଣା ରୂପେ କାମ କରୁଛନ୍ତି। (୧୯) ସେ ଏଠାରେ ମାଇଷ୍ଟର ଏକହାର୍ଟଙ୍କ କଥା ଆମକୁ କହନ୍ତି ଯେ' ଯୀଶୁ କେବଳ ଇତିହାସରେ ଗୋଟିଏ ଥର ଜନ୍ମ ହୋଇ ନଥିଲେ, ସେ ଆମ ଜୀବନରେ ପ୍ରତ୍ୟେକ ମୁହୂର୍ତ୍ତରେ ଜନ୍ମ ହେଉଛନ୍ତି। ଯୀଶୁ କେବଳ ଇତିହାସର ଏକ ଘଟଣା ହୋଇ ରହନ୍ତି ନାହିଁ, ସେ ଏକ ଆହ୍ୱାନ ହୋଇ ଅଛନ୍ତି। ମାତ୍ର ଏହାକୁ ଅନୁଭବ କରିବାକୁ ହେଲେ ଆମକୁ କେବଳ ଖ୍ରୀଷ୍ଟଧର୍ମ ବା ଖ୍ରୀଷ୍ଟଧର୍ମତତ୍ତ୍ୱ ଭିତରେ ସୀମିତ ରହିଲେ ହେବନାହିଁ; ଆମକୁ ଯୀଶୁଙ୍କୁ ଜଣେ ଅନନ୍ତ ଦିବ୍ୟ ପ୍ରେରଣା ଓ ଧାରା ରୂପେ ଅନୁଭବ କରିବାକୁ ହେବ। ଏହି ଦିବ୍ୟ ସାଧନାରେ ଏକ ଅଧ୍ୟାତ୍ମ ଜୀବନର ସାଧନା ରହିଛି ଯେଉଁ ସାଧନାରେ ପ୍ରେମ, ସ୍ୱେଚ୍ଛାକୃତ ଦାରିଦ୍ର୍ୟ ଓ ଆପଣାକୁ କ୍ଷମତା ମଧ୍ୟରେ ବାଂଧି ନହୋଇ ଶୂନ୍ୟ ଭାବରେ ଅନୁଭବ କରିବାର ସାଧନା ରହିଛି, ଯାହାକୁ ଖ୍ରୀଷ୍ଟଧର୍ମ ଓ ଅଧ୍ୟାତ୍ମ ସାଧନାରେ Kenosis ବୋଲି

କୁହାଯାଇଛି । ଯୀଶୁଖ୍ରୀଷ୍ଟ ଆମେ ସମସ୍ତେ ଅଧିକ ଲୋଭ କରି, ଅଧିକ ଜିନିଷପତ୍ର ଓ ସମ୍ପତ୍ତି ଠୁଳ ନକରି ଜଣେ ଦରିଦ୍ରର ଜୀବନ ବଞ୍ଚିବାକୁ କହିଥିଲେ । ମାତ୍ର ଇତିହାସର ଧାରାରେ ଯେତେବେଳେ ଖ୍ରୀଷ୍ଟଧର୍ମ ରାଜଧର୍ମରେ ପରିଣତ ହୋଇଛି ଓ ଯେତେବେଳେ ଖ୍ରୀଷ୍ଟଧର୍ମର ବଡପାର୍ଦ୍ରୀ ବା Pope ରାଜାରେ ସାର୍ବଭୌମ କ୍ଷମତା ହାସଲ କରିଛନ୍ତି ସେମାନେ ଯୀଶୁଖ୍ରୀଷ୍ଟଙ୍କର ଜୀବନ ସାଧନା ମାର୍ଗମାନ ଯଥା ପ୍ରେମ, ଦାରିଦ୍ର୍ୟ ଓ କ୍ଷମତାହୀନ ଶୂନ୍ୟ ଜୀବନମାର୍ଗକୁ ପରିତ୍ୟାଗ କରିଛନ୍ତି ଓ ଏହିସବୁକୁ ନିନ୍ଦା କରିଛନ୍ତି । ବାଇବେଲରେ ଯୀଶୁଖ୍ରୀଷ୍ଟ କହିଛନ୍ତି ଯେ' ଗୋଟିଏ ଓଟକୁ ଗୋଟିଏ ଛୁଞ୍ଚି ମଧ୍ୟରେ ପ୍ରବେଶ କରିବା ଯେତେ କଷ୍ଟ ନୁହେଁ, ଜଣେ ଧନୀ ଲୋକ ପକ୍ଷେ ଈଶ୍ୱରଙ୍କର ସାମ୍ରାଜ୍ୟ ମଧ୍ୟକୁ ପ୍ରବେଶ କରିବା ତାଠାରୁ ଅଧିକ କଷ୍ଟ । ଯୀଶୁ ନିଜେ ଜଣେ ଦରିଦ୍ର ଭିକ୍ଷୁର ଜୀବନଯାପନ କରୁଥିଲେ । ତାଙ୍କର କୌଣସି ସମ୍ପତ୍ତି ନଥିଲା । ଯୀଶୁଖ୍ରୀଷ୍ଟଙ୍କଠାରୁ ପ୍ରେରଣା ନେଇ ଯୁଗେଯୁଗେ ଅନେକ ସନ୍ଥ ଓ ମନୁଷ୍ୟ-ମାନୁଷୀମାନେ ସରଳ, ଆଡମ୍ବରହୀନ, ସେବାଯୁକ୍ତ ଓ ଈଶ୍ୱରଯୁକ୍ତ ଦରିଦ୍ର ଜୀବନଯାପନ କରିଛନ୍ତି । ଇତାଲୀର ସନ୍ଥ ଫ୍ରାନସିସ୍ (St. Francis of Assiss) ଏମିତି ଏକ ସେବା, ପ୍ରେମ ଓ ସଂଳାପର ଜୀବନ ବଞ୍ଚିଛନ୍ତି । ମାତ୍ର ଏହି କ୍ଷେତ୍ରରେ ଚିତ୍ତରଂଜନ ଆମକୁ କହନ୍ତି ଯେ' ୧୩୨୨ ମସିହାରେ Pope John XXII ଖ୍ରୀଷ୍ଟଙ୍କର ଦାରିଦ୍ର୍ୟ ତତ୍ତ୍ୱକୁ ନିନ୍ଦା କରିଛନ୍ତି ଓ ସନ୍ଥ ଫ୍ରାନ୍ସିସ୍ଙ୍କ ଆଦ୍ୟ ଜୀବନକୁ ପୁର୍ନଲିଖନ କରିଛନ୍ତି ଯାହାଦ୍ୱାରା ସନ୍ଥ ଫ୍ରାନ୍ସିସଙ୍କର ଦାରିଦ୍ର୍ୟ-ପ୍ରେମକୁ ଜୀବନକୁ ଇତିହାସକାରମାନେ ଓ ଖ୍ରୀଷ୍ଟିୟାନ୍‌ମାନେ ଭୁଲିଯାଆନ୍ତି ।

ଦୀପକ୍ ଚୋପ୍ରା ଆମର ସମୟର ଜଣେ ଗଭୀର ଚିନ୍ତାବିଦ୍ ଓ ଅଧ୍ୟାତ୍ମ-ସାଧକ । ଆପଣାର Third Jesus ପୁସ୍ତକରେ ଶ୍ରୀଯୁକ୍ତ ଚୋପ୍ରା ଆମକୁ କହୁଛନ୍ତି ଯେ ଯୀଶୁଖ୍ରୀଷ୍ଟଙ୍କ କଥା କହିଲେ ଆମେ ପ୍ରଧାନତଃ ଦୁଇ ପ୍ରକାର ଯୀଶୁଙ୍କ କଥା କହୁ - ଜଣେ ଯିଏ ପାଲେଷ୍ଟାଇନ୍‌ର ନାଜାରୋଥରେ ଜନ୍ମ ଗ୍ରହଣ କରିଥିଲେ ଓ ଗାଲିଲି ସାଗର ତଟରେ ଧର୍ମ ପ୍ରଚାର କରିଥିଲେ । (୨୦) ଦ୍ୱିତୀୟ ଖ୍ରୀଷ୍ଟ ହେଉଛନ୍ତି ଗୋଟିଏ ଧର୍ମତତ୍ତ୍ୱବିଦ୍ ମାନଙ୍କ ଦ୍ୱାରା ନିର୍ମିତ ଯୀଶୁ ଯିଏ ଈଶ୍ୱରଙ୍କର ସନ୍ତାନ, Trinity -- Father, Son ଓ Holy Spirit ମଧ୍ୟରେ ପୁତ୍ର ଓ ସମଗ୍ର ବିଶ୍ୱର ନିୟନ୍ତା । ଏମିତି ଯୀଶୁଖ୍ରୀଷ୍ଟଙ୍କୁ ୩୨୫ AD ରେ Nicaea ଠାରେ ଅନୁଷ୍ଠିତ ଧର୍ମତତ୍ତ୍ୱ ଆଲୋଚନାରେ ଧର୍ମତତ୍ତ୍ୱବିଦ୍‌ମାନେ ସୃଷ୍ଟି କରିଥିଲେ । ଏହାସହିତ ଆଉ ଜଣେ ଯୀଶୁ ସର୍ବଦା ଆମ ସହିତ ବାଟ ଚାଲୁଛନ୍ତି ଯିଏ ହେଉଛନ୍ତି ଅନନ୍ତ ଦିବ୍ୟ-ଚେତନା, ଈଶ୍ୱର-ଚେତନା-- God Consciousness । ସାରା ପୃଥିବୀରେ ଆମେ ସମସ୍ତେ - ଖ୍ରୀଷ୍ଟଧର୍ମରେ

ଜନ୍ମ ହେଉ କି ନାହିଁ, ଏହି ତୃତୀୟ ଯୀଶୁଙ୍କୁ ଆମେ ଅନ୍ତରରେ ଅନୁଭବ କରିପାରିବା ଓ ତାଙ୍କ ସହିତ ଆମର ଦୈନନ୍ଦିନ ଜୀବନରେ ଓ ଚିରନ୍ତନ କାଳଯୋଗରେ ସମ୍ପର୍କିତ ହୋଇପାରିବା ।

ହିନ୍ଦୁ-ଖ୍ରୀଷ୍ଟିୟାନ ସଂଳାପ: ଖ୍ରୀଷ୍ଟଧର୍ମ ଅଧ୍ୟାତ୍ମ ମାର୍ଗରୁ

ହିନ୍ଦୁ ଧର୍ମରେ ଜନ୍ମ ହୋଇ ଅନେକ ଆତ୍ମା, ସାଧକ ଓ ଜୀବନଯାତ୍ରୀ ଯେମିତି ଯୀଶୁଙ୍କଠାରୁ ପ୍ରେରଣା ଲାଭ କରିଛନ୍ତି ଠିକ୍ ସେମିତି ଖ୍ରୀଷ୍ଟ ଧର୍ମ ଅଧ୍ୟାତ୍ମ ମାର୍ଗରୁ ଅନେକେ ହିନ୍ଦୁ ଧର୍ମ - ଅଧ୍ୟାତ୍ମ ଧାରାର ପ୍ରେରଣା ଲାଭ କରିଛନ୍ତି । ଏମିତି ଉନ୍ମୋଚନ ଓ ସହ-ଅନୁଭବର ଏକ ଦୀର୍ଘ ଇତିହାସ ରହିଛି । ଏହା ସ୍ୱୟଂ ଯୀଶୁଙ୍କଠାରୁ । ଯୀଶୁ ପାଲେଷ୍ଟାଇନ୍‌ରେ ଜନ୍ମଗ୍ରହଣ କରିଥିଲେ ଓ ତାଙ୍କ ଜୀବନର କିଛିବର୍ଷ ସେ ଆପଣାର ଜନ୍ମଭୂମି ପାଲେଷ୍ଟାଇନ୍‌ରେ ନଥିଲେ । କେତେକ ଆଲୋଚକ ଓ ସାଧକମାନେ କହନ୍ତି ଯେ' ଏହି ବର୍ଷମାନଙ୍କରେ ଯୀଶୁଖ୍ରୀଷ୍ଟ ପ୍ରାଚ୍ୟକୁ ଆସିଥିଲେ -- ଭାରତବର୍ଷ ଓ ତିବ୍‌ତ ଆସିଥିଲେ ଓ ଏଠାରେ ସେ ଯୋଗ ଓ ଧ୍ୟାନ ଶିକ୍ଷା କରିଥିଲେ । (୨୧) ଏହି କ୍ଷେତ୍ରରେ ଶ୍ରୀଅରବିନ୍ଦ ଆମକୁ କହନ୍ତି ଯେ' ଯୀଶୁଖ୍ରୀଷ୍ଟଙ୍କ ଧର୍ମ-ଅଧ୍ୟାତ୍ମ ସାଧନା ମାର୍ଗରେ ପ୍ରେମ ଉପରେ ଯେଉଁ ଗୁରୁତ୍ୱ ଦିଆଯାଇଛି (Love Thy Neighbor as Thyself) ଏହା ଶ୍ରୀକୃଷ୍ଣଙ୍କ ପ୍ରେମ ଓ ବୈଷ୍ଣବ ପ୍ରେମଲୀଳା ଦ୍ୱାରା ପ୍ରଭାବିତ । ଯୀଶୁ ଇହୁଦୀ ଧର୍ମରେ ଜନ୍ମ ଗ୍ରହଣ କରିଥିଲେ ଏବଂ ଇହୁଦୀ ଧର୍ମରେ ନିୟମ ଉପରେ ଅଧିକ ଗୁରୁତ୍ୱ ଦିଆଯାଇଥାଏ । ଏହି କ୍ଷେତ୍ରରେ ଯୀଶୁଖ୍ରୀଷ୍ଟ ଆମକୁ ନୂତନ Testament ରେ କହୁଛନ୍ତି: Love is the fulfilling of Law ଅର୍ଥାତ୍ ପ୍ରେମହିଁ ନୀତି-ନିୟମକୁ ପୂର୍ଣ୍ଣ କରିଥାଏ; ପ୍ରେମ ବିନା ନୀତିନିୟମ ଅଧୁରା ରହିଯାଏ । ଯୀଶୁଖ୍ରୀଷ୍ଟ ମଧ୍ୟ ନିଜକୁ ସାର୍ବଭୌମ ଓ ସର୍ବଶକ୍ତିମାନ ରୂପେ ପ୍ରତିପାଦିତ ନକରି ନିଜକୁ ଶୂନ୍ୟ ରୂପେ ଅନୁଭବ କରିବାକୁ ଆମକୁ ଆହ୍ୱାନ ଦେଇଛନ୍ତି ଯାହାକୁ ଆତ୍ମ-ଶୂନ୍ୟକରଣ ବା Self-emptying ଓ kenosis ବୋଲି କୁହାଯାଏ । ଶ୍ରୀଅରବିନ୍ଦଙ୍କର ଅଧ୍ୟାତ୍ମ ସାଧନା ଅନୁସାରେ ଯୀଶୁଖ୍ରୀଷ୍ଟ, ବୁଦ୍ଧ ଧର୍ମ-ଅଧ୍ୟାତ୍ମ ଦ୍ୱାରା ପ୍ରଭାବିତ ହୋଇଛନ୍ତି । ଯୀଶୁଙ୍କ ଧର୍ମ-ଅଧ୍ୟାତ୍ମ ସାଧନାରେ ଇହୁଦୀ ଧର୍ମ, ଶ୍ରୀକୃଷ୍ଣ-ବୈଷ୍ଣବ ପ୍ରେମଧାରା ଓ ବୌଦ୍ଧ ଶୂନ୍ୟ ସାଧନାର ମିଳନ ଘଟିଛି । ଏହି ମିଳନ ଭିତରେ ମାନବ ସମାଜ ପାଇଁ ଅନେକ ସମ୍ଭାବନା ଲୁକ୍କାୟିତ ହୋଇରହିଥିଲା ଏବଂ ଏବେବି ରହିଛି । ମାତ୍ର ଏହା ଧର୍ମ, ଅଧ୍ୟାତ୍ମ, ଇତିହାସ ଓ ମାନବ ସମାଜର ବଡ ବିଡମ୍ବନା ଯେ' ଯୀଶୁଖ୍ରୀଷ୍ଟଙ୍କ ପରେ ଏହି ସଙ୍ଗମର ସାଧନା ବେଶୀ ବାଟ ଯାଇପାରି ନାହିଁ ମାତ୍ର

ଏବେବି ଆମେ ଯଦି ଯୀଶୁଖ୍ରୀଷ୍ଟଙ୍କର ଏହି ତ୍ରିବେଣୀ ସାଧନା -- ନିୟମ, ପ୍ରେମ ଓ ଶୂନ୍ୟତାକୁ ଆମେ ଆମ ଆତ୍ମା, ପରିବାର, ସମାଜ, ସଂସ୍କୃତି, ଧର୍ମ ଓ ବିଶ୍ୱରେ ବୁହାଇବା ତେବେ ଆମର ଜୀବନ, ଧର୍ମ ଓ ପୃଥିବୀ ଭିନ୍ନ ପ୍ରକାରେ ହେବ ।

ଯୀଶୁଖ୍ରୀଷ୍ଟଙ୍କ ସହିତ ଓ ତାଙ୍କଠାରୁ ଇତିହାସର ଧାରାରେ ଅନେକେ ଖ୍ରୀଷ୍ଟପଥଯାତ୍ରୀ ଓ ଖ୍ରୀଷ୍ଟଧର୍ମାବଲମ୍ବୀ ହିନ୍ଦୁଧର୍ମ, ଦର୍ଶନ ଓ ଅଧ୍ୟାତ୍ମ ସାଧନା ସହିତ ସଂଳାପ କରିଛନ୍ତି ଓ ବାଟ ଚାଲିଛନ୍ତି । ଏମାନେ ସଂଳାପ, ସହ-ଶିକ୍ଷଣ ଓ ସହ-ସାଧନାର ଉଦାହରଣ ହୋଇ ରହିଛନ୍ତି ଯେଉଁ ମାନଙ୍କର ଚିନ୍ତାଧାରାକୁ ଆଲୋଚିକା Victoria Harrison ଉଦାହରଣୀୟ ଚିନ୍ତନ ବା "Exemplary reasoning" ବୋଲି କହିଛନ୍ତି । (୨୨) ଏହି ଉଦାହରଣୀୟ ଶକ୍ତି, ଚିନ୍ତନ ଓ ଚେତନାର ଆନ୍ଦୋଳନରୁ ଆମେ ଅନେକ କିଛି ଶିଖିପାରିବା, ଅନେକ ସୃଜନଶୀଳ ବାଟ ପାଇପାରିବା । ଏମିତି ସହ-ଶିକ୍ଷଣର ଯାତ୍ରାରେ ଆମେ ଆଧୁନିକ ପର୍ବକୁ ଆସିବା ଓ ବ୍ରହ୍ମବନ୍ଧବ ଉପାଧ୍ୟାୟ (୧୮୬୧-୧୯୦୭)ଙ୍କ ପାଖରେ ଦଣ୍ଡେ ଅଟକିପାରିବା । ବ୍ରହ୍ମବନ୍ଧବ ସ୍ୱାମୀ ବିବେକାନନ୍ଦଙ୍କର ସହପାଠୀ ଓ ସମବୟସୀ ଥିଲେ । ସେ ଖ୍ରୀଷ୍ଟଧର୍ମ ଗ୍ରହଣ କରିଥିଲେ । ବ୍ରହ୍ମବନ୍ଧବ ସ୍ୱଦେଶୀ ଆନ୍ଦୋଳନରେ ଭାଗ ନେଇଥିଲେ ଓ ସେ ଶ୍ରୀଅରବିନ୍ଦଙ୍କ ସହିତ କାର୍ଯ୍ୟ କରିଥିଲେ । ବ୍ରହ୍ମବନ୍ଧବ ଖ୍ରୀଷ୍ଟଧର୍ମରେ Trinity -- ତ୍ରିସତ୍ତାକୁ -- ସଚ୍ଚିଦାନନ୍ଦ ରୂପେ ଅନୁଭବ କରିବାକୁ ଆହ୍ୱାନ ଦେଇଥିଲେ ଓ ଏମିତି ଅନୁଭାବାତ୍ମକ ଚିନ୍ତନ ଖ୍ରୀଷ୍ଟଧର୍ମରେ ସର୍ବପ୍ରଥମ ଥିଲା (୨୩) । ଖ୍ରୀଷ୍ଟଧର୍ମ ତତ୍ତ୍ୱକୁ ବୁଝିବାକୁ ସେ ବେଦାନ୍ତ ଦର୍ଶନର ସାହାଯ୍ୟ ନେଇଥିଲେ ଓ ଖ୍ରୀଷ୍ଟଧର୍ମତତ୍ତ୍ୱ ଏଷଣା ଓ ବିଶ୍ଳେଷଣରେ ବେଦାନ୍ତ ଦର୍ଶନ ଓ ଅଧ୍ୟୟନ ମାର୍ଗକୁ ପ୍ରୟୋଗ କରିଥିଲେ । ମାତ୍ର ଜଣେ ସମୀକ୍ଷକଙ୍କ ମତରେ, ଏହି ପ୍ରୟୋଗରେ ବ୍ରହ୍ମବାନ୍ଧବ ଅଧିକ ତତ୍ତ୍ୱବିଦ୍ ଥିଲେ ସେ ସ୍ୱାମୀ ବିବେକାନନ୍ଦଙ୍କ ଭଳି ମରମୀ ବା Mystical ନଥିଲେ । କଲିକତାରେ ବ୍ରହ୍ମବନ୍ଧବ ଗୋଟିଏ ଆଶ୍ରମ ପ୍ରତିଷ୍ଠା କରିଥିଲେ ଓ ଏଥିରେ ସେ ସରସ୍ୱତୀ ପୂଜା ପ୍ରବର୍ତ୍ତନ କରାଇଥିଲେ । ସେ ଆପଣାର ଧର୍ମ ଓ ଅଧ୍ୟାତ୍ମ ମାର୍ଗକୁ ଏକ କାଥୋଲିକ୍ ହିନ୍ଦୁ ଭାବେ ଅନୁଭବ କରିଥିଲେ, ଉପସ୍ଥାପନା କରିଥିଲେ : "ଆମ୍ଭମାନେ ହିନ୍ଦୁକୂଳରେ ଜନ୍ମ ହୋଇଛୁ ଏବଂ ମୃତ୍ୟୁ ପର୍ଯ୍ୟନ୍ତ ଆମେ ହିନ୍ଦୁ ହୋଇ ରହିବୁ । ମାତ୍ର ଦ୍ୱିଜ ଭାବେ - ଦୁଇଜନ୍ମୀ - ଭାବେ ଖ୍ରୀଷ୍ଟଧର୍ମ ଗ୍ରହଣ କଲାପରେ ଆମେ କାଥୋଲିକ୍ ଖ୍ରୀଷ୍ଟିୟାନ୍ ଅଟୁଁ" (୨୪) ।

ଏମିତି ଆଉଜଣେ ଉଦାହରଣୀୟ ବ୍ୟକ୍ତିତ୍ୱ ହେଉଛନ୍ତି ପଣ୍ଡିତା ରମାବାଇ (୧୮୫୮-୧୯୨୨) । ସେ ଜଣେ ମହାନ୍ ପରିବ୍ରାଜିକା, ସାହସିନୀ ବିଦ୍ରୋହିଣୀ ଓ

ସୃଜନଶୀଳ ସତ୍ତା ଥିଲେ । ସେ ଏକ ବ୍ରାହ୍ମଣ ପରିବାରରେ ଜନ୍ମଗ୍ରହଣ କରିଥିଲେ ଏବଂ ନିଜର ଚାରଣ ବାପା ଓ ମା'ଙ୍କ ସହ ଯିଏ ପାଦରେ ସାରା ଭାରତ ବୁଲୁଥିଲେ ଓ ଧର୍ମକଥା କହୁଥିଲେ -- ସିଏ ମଧ୍ୟ ପିଲାବେଳୁ ପାଦରେ ଭାରତବର୍ଷ ବିଭିନ୍ନ ପ୍ରାନ୍ତ ବୁଲିଥିଲେ । ପଣ୍ଡିତା ରମାବାଇ ପୁରୁଷ-କୈନ୍ଦ୍ରିକ ହିନ୍ଦୁ ଧର୍ମକୁ ସମାଲୋଚନା କରିଥିଲେ । ଆପଣାର ଜୀବନର ଧର୍ମ ଓ ଆଧ୍ୟାତ୍ମିକ ଯାତ୍ରାରେ ସେ ଖ୍ରୀଷ୍ଟଧର୍ମ ଗ୍ରହଣ କରିଥିଲେ । ସେତେବେଳକୁ ସେ ପୁନାରେ ଅବସ୍ଥାନ କରୁଥିଲେ । ପୁନେର ବ୍ରାହ୍ମଣ ସଂସ୍କାରକ ଓ ଜାତୀୟବାଦୀ ନେତା ଶ୍ରୀଯୁକ୍ତ ଏମ୍.ଜି. ରାନାଡେ ଏଥିପାଇଁ ପଣ୍ଡିତାଙ୍କୁ ସମାଲୋଚନା କରିଥିଲେ ମାତ୍ର ନିଷ୍ପେଷିତ ବର୍ଗର ମୁକ୍ତି ଓ ବିଶ୍ୱମୁକ୍ତି ପାଇଁ ସାଧନା ଓ ସଂଗ୍ରାମ କରୁଥିବା ମହାତ୍ମା ଜ୍ୟୋତିରାଓ ଫୁଲେ ତାଙ୍କୁ ସମର୍ଥନ କରିଥିଲେ । ପୁନେ ନିକଟସ୍ଥ ଖେଡାଗାଓରେ ରମାବାଇ ଅନାଥ ମହିଳାମାନଙ୍କ ପାଇଁ ମୁକ୍ତି ସଦନ ନାମକ ଏକ ଆଶ୍ରମ ପ୍ରତିଷ୍ଠା କରିଥିଲେ । ଏଠାରେ ସିଏ ନାରୀମାନଙ୍କୁ ବିଭିନ୍ନ ଜୀବନ କୌଶଳ ଓ ଜୀବିକା ଉପାର୍ଜନର ମାର୍ଗ ଶିକ୍ଷା ଦେଉଥିଲେ ଯାହାଦ୍ୱାରା ସେମାନେ ସ୍ୱାଧୀନ ଜୀବନ ବଞ୍ଚିପାରିବେ । ରମାବାଇ ହିବ୍ରୀୟୁ ଭାଷା ଶିକ୍ଷା କରି ବାଇବେଲ୍‌କୁ ହିବ୍ରୀୟୁ ଭାଷାରୁ ମରାଠୀକୁ ଅନୁବାଦ କରିଥିଲେ । ରମାବାଇଙ୍କର ଅନୁଦିତ ବାଇବେଲ୍ ସାଧାରଣ ଲୋକମାନଙ୍କର ଭାଷାରେ ପହଞ୍ଚିପାରିଥିଲା ଓ ଅଧିକ ଲାଳିତ୍ୟମୟ ଓ ବୋଧଗମ୍ୟ ହୋଇପାରିଥିଲା । ପୂର୍ବରୁ ଇଂରାଜୀ ଭାଷାରୁ ମରାଠିକୁ ଅନୁଦିତ ବାଇବେଲ୍ ଅଧିକ ସଂସ୍କୃତଭାଷା ପ୍ରଧାନ ଥିଲା ଓ କ୍ଲିଷ୍ଟଭରା ମଧ୍ୟ । (୨୫)

ପଣ୍ଡିତା ରମାବାଇ ଯୁକ୍ତରାଷ୍ଟ୍ର ଆମେରିକାରେ ସେହି ସମୟରେ ଭ୍ରମଣ କରୁଥିଲେ ଓ ଭାଷଣ ଦେଉଥିଲେ ଯେତେବେଳେ ସ୍ୱାମୀ ବିବେକାନନ୍ଦ ଆମେରିକା ଭ୍ରମଣରେ ଥିଲେ ଓ ସେ ମଧ୍ୟ ଭାଷଣ ଦେଉଥିଲେ । ସ୍ୱାମୀ ବିବେକାନନ୍ଦ ଭାରତୀୟ ସମାଜ, ଧର୍ମ ଓ ଦର୍ଶନ ସଂପର୍କରେ ଆପଣାର ଭାଷଣରେ ନାରୀ ମାନଙ୍କର ବିଶେଷକରି ଉଚ୍ଚଜାତିର ମହିଳାମାନଙ୍କର ଦୁଃଖ ଦୁର୍ଦ୍ଦଶା ସମ୍ପର୍କରେ ନୀରବ ରହିଛନ୍ତି ବୋଲି ପଣ୍ଡିତା ରମାବାଇ କହୁଥିଲେ । ମାତ୍ର ସେ ଆପଣାର ବ୍ରାହ୍ମଣ ପରମ୍ପରାର ଆତ୍ମ-ସମୀକ୍ଷା ଓ ସମାଲୋଚନା ସହିତ ସେ ମଧ୍ୟ ଇଂଲିଶ୍ ଓ ପାଶ୍ଚାତ୍ୟ ଖ୍ରୀଷ୍ଟଧର୍ମ ପରମ୍ପରାର ସମାଲୋଚନା କରିଥିଲେ । ରାମମୋହନ ରାୟଙ୍କ ଭଳି ସେ ହିନ୍ଦୁମାନଙ୍କୁ **'Heathen'** ବୋଲି ଆଖ୍ୟାୟିତ କରିବାକୁ ବିରୋଧ କରିଥିଲେ । ସମାଲୋଚକ ଶ୍ରୀଯୁକ୍ତ ସ୍କାଉଟନ୍‌ଙ୍କ ମତରେ, "ଭାରତୀୟ ପାଠକମାନଙ୍କ ପାଇଁ ଖ୍ରୀଷ୍ଟଧର୍ମ ବିଶ୍ୱାସକୁ ରକ୍ଷା କରିବା ସହିତ ସେ ଇଂରାଜୀ ପାଠକମାନଙ୍କୁ ଭାରତର ଉଚ୍ଚ ସଭ୍ୟତର ଏକ ଅବଧାରଣା ପ୍ରଦାନ କରିଥିଲେ" (୨୬) ।

ସାଧୁ ସୁନ୍ଦର ସିଂହ (୧୮୮୯-୧୯୨୯) ଶିଖଧର୍ମ ପଥରୁ ଖ୍ରୀଷ୍ଟଧର୍ମ ପଥକୁ ଆସିଥିଲେ । ସେ ଜଣେ ଭ୍ରାମ୍ୟମାଣ ସନ୍ନ୍ୟାସୀ ରୂପେ ଜୀବନଯାପନ କରୁଥିଲେ । ସେ ଭାରତ ଓ ତିବ୍ବତ୍ ଆଦି ଦେଶ ଭ୍ରମଣ କରିଥିଲେ । ଭାରତବର୍ଷର ଚର୍ଚ୍ଚ, ଗୀର୍ଜା-- ଏହି ମାଟିର ସଂସ୍କୃତିକୁ ପ୍ରତିଫଳିତ କରୁ ବୋଲି ସେ କହୁଥିଲେ । ତାଙ୍କ ମତରେ "ଜୀବନର ଜଳକୁ ଏପର୍ଯ୍ୟନ୍ତ ୟୁରୋପୀୟ ପାତ୍ରରେ ଦିଆଯାଉଛି ଏବେ ଏହାକୁ ଭାରତୀୟ ପାତ୍ରରେ ପରଷିବାକୁ ହେବ" । ତାହା କଲେ ହିଁ ସତ୍ୟକୁ ଅନ୍ୱେଷଣ କରୁଥିବା ସରଳ ନର-ନାରୀମାନେ ଏହାକୁ ଗ୍ରହଣ କରିବେ (୨୭) ।

ଖ୍ରୀଷ୍ଟଧର୍ମ ମାର୍ଗରୁ ହିନ୍ଦୁ ଧର୍ମ ଓ ଅଧ୍ୟାତ୍ମ ମାର୍ଗ ସହ ସଂଳାପ ଧାରାରେ ଆମେ ଏବେ ସି.ଏଫ୍. ଆଣ୍ଡ୍ରିୟୁସ୍ (C.F. Andrews: ୧୮୭୧-୧୯୪୦) ପାଖରେ ପହଞ୍ଚିବା । (୨୮) ଶ୍ରୀଯୁକ୍ତ ଆଣ୍ଡ୍ରିୟୁସ୍ ଜଣେ ଇଂରାଜୀ ପାଦ୍ରୀ ଭାବେ ଭାରତକୁ ଆସିଥିଲେ ଏବଂ ଭାରତୀୟ ସ୍ୱାଧୀନତା ସଂଗ୍ରାମରେ ଝାସ ଦେଇଥିଲେ । ଫିଜି, ଦକ୍ଷିଣ ଆଫ୍ରିକା ଏବଂ ଅନ୍ୟ ଦେଶରେ କାର୍ଯ୍ୟ କରିଥିବା ପ୍ରବାସୀ ଭାରତୀୟ ଶ୍ରମିକମାନଙ୍କର ଅଧିକାର, ସୁରକ୍ଷା ଏବଂ ମର୍ଯ୍ୟାଦା ପାଇଁ ମଧ୍ୟ ସେ ସଂଗ୍ରାମ କରିଥିଲେ । ସିଏ ମଧ୍ୟ ଦିଲ୍ଲୀର St. Stephens କଲେଜ ଓ ବିଶ୍ୱଭାରତୀ ଶାନ୍ତିନିକେତନରେ ଅଧ୍ୟାପନା କରିଥିଲେ । ଶ୍ରୀଯୁକ୍ତ ଆଣ୍ଡ୍ରିୟୁସ୍ ସାଧାରଣ ଲୋକମାନଙ୍କର ଦୁଃଖଦୁର୍ଦ୍ଦଶା ସହିତ ଏକାତ୍ମ ହୋଇଥିଲେ । ଗାଂଧୀଙ୍କୁ ଥରେ ପଚରାଯାଇଥିଲା ଜଣେ ମିସନାରୀ ଭାରତରେ କେମିତି କାର୍ଯ୍ୟ କରିବା ବିଧେୟ । ଗାଂଧୀ ଏଠାରେ ମାତ୍ର ତିନୋଟି ଶବ୍ଦ କହିଥିଲେ: Copy Charles Andrews । ଅର୍ଥାତ୍ ଚାର୍ଲି ଆଣ୍ଡ୍ରିୟୁଙ୍କ ଭଳି ।

ଫ୍ରାନ୍ସରୁ Henri Le Saux ନାମକ ଜଣେ ପାଦ୍ରୀ ୧୯୪୯ ମସିହାରେ ତାମିଲନାଡୁରେ ପହଞ୍ଚିଥିଲେ । ୧୯୫୦ ମସିହାରେ ସେ ତାଙ୍କର ଦଶବର୍ଷ ପୂର୍ବରୁ ଆସିଥିବା Fr. Morchanin ଙ୍କ ସହ ତିରୁଚିରାପଲ୍ଲୀ ନିକଟରେ ଶାନ୍ତିବନ ନାମକ ଆଶ୍ରମଟିଏ ପ୍ରତିଷ୍ଠା କରିଥିଲେ । ଏହି ଆଶ୍ରମରେ ଖ୍ରୀଷ୍ଟ ଆରାଧନା ଓ ପୂଜା ଅର୍ଚ୍ଚନାରେ ଭାରତୀୟ ଓ ହିନ୍ଦୁ ପଦ୍ଧତିରେ ପୂଜାର୍ଚ୍ଚନା କରାଯାଏ । କିଛି ବର୍ଷତଳେ ଏକ ସଂଧ୍ୟାରେ ମୁଁ ଶାନ୍ତିବନର ଏହି ଆଶ୍ରମକୁ ଆସିଥିଲି ଓ ସଂଧ୍ୟାରେ ଚର୍ଚ୍ଚରେ ଉପାସନା ବେଳେ ସଂଧ୍ୟା ଆଳତୀରେ ଯୋଗଦେଇଥିଲି । ଚର୍ଚ୍ଚରେ ଆଳତି ହୁଏନାହିଁ ମାତ୍ର ଶାନ୍ତିବନରେ ଦୀପ ଜଳାଇ ଆଳତି ହୁଏ । ମାତ୍ର ଏମିତି ଉପାସନାର ସମନ୍ୱୟ କେବଳ ବାହ୍ୟସ୍ତରରେ ନୁହେଁ ଏହା ମଧ୍ୟ ଆଧ୍ୟାତ୍ମିକ ସାଧନାର କ୍ଷେତ୍ର । ହେନ୍‌ରି ଲେ ସକ୍‌ସ ରମଣ ମହର୍ଷିଙ୍କ ଦ୍ୱାରା ପ୍ରଭାବିତ ହୋଇଥିଲେ ଓ ଶ୍ରୀ ରମଣଙ୍କର ସାଧନାପୀଠ

ଥିରୁଭନ୍‌ମଲ୍ଲାଇ ନିକଟସ୍ଥ ଏକ ଗୁମ୍ଫାରେ କିଛି ସମୟ ପାଇଁ ରହିଥିଲେ । ଶ୍ରୀ ରମଣଙ୍କ ପାଇଁ ଗୁହାନ୍ତର - ହୃଦୟ ଗୁହାରେ ସବୁ ପ୍ରକାର ଦ୍ୱୈତ ଭାବନା ଓ ସ୍ଥିତିରେ ଅତିକ୍ରମଣ ଘଟେ ଓ ଜଣେ ଅଦ୍ୱୈତ ଅନୁଭବ ଲାଭ କରିଥାଏ ଓ ଏହି ଗୁହାନ୍ତରହିଁ ହେନରିଙ୍କର ମୁଖ୍ୟ ପ୍ରତୀକ ଥିଲା ଯିଏ ଆପଣାର ସାଧନା ଧାରାରେ ସ୍ୱାମୀ ଅଭିଷିକ୍ତାନନ୍ଦ ରୂପେ ପରିଚିତ ହେବାକୁ ଲାଗିଲେ । ସ୍ୱାମୀ ଅଭିଷିକ୍ତାନନ୍ଦ ଅଦ୍ୱୈତ ଦ୍ୱାରା ପ୍ରଭାବିତ ହୋଇଥିଲେ ଓ ସେ ଏକଦା କହିଥିଲେ ଯେ' ଜଣେ ଖ୍ରୀଷ୍ଟିୟାନ୍ ପାଇଁ ଅଦ୍ୱୈତର ସବୁଠାରୁ ଭୟାତ୍ମକ ଅନୁଭବ ହେଉଛି ଯେ ସ୍ୱୟଂ ଈଶ୍ୱର ଏଥିରୁ ଚାଲିଯାଆନ୍ତି । ସେ ଚର୍ଚ୍ଚ ଓ ପ୍ରଭୁ ଖ୍ରୀଷ୍ଟଙ୍କ ସହ ଥିବା ବଂଧନକୁ କାଟି ଚାଲିଯାଆନ୍ତି । ଅର୍ଥାତ୍ ଅଦ୍ୱୈତ ଅନୁଭବରେ ଜଣେ ଖ୍ରୀଷ୍ଟିୟାନ ସାଧକ ଭାବେ ସେ ଈଶ୍ୱରଙ୍କୁ ମୁକ୍ତ ଭାବେ ଅନୁଭବ କରିପାରନ୍ତି । ସେ ମଧ୍ୟ ଲେଖିଛନ୍ତି:

> ମୁଁ ଭାରତରେ ଯେତେ ଅଧିକ ରହୁଛି ମୁଁ ସେତିକି ଅଧିକ ନିଶ୍ଚିତ ହେଉଛି ଯେ' କେବଳ ଆଧ୍ୟାତ୍ମିକ ଉପାୟ ଦ୍ୱାରା ଆମେ Gospel ବା ସୁଷମାଚାରକୁ ଲୋକଙ୍କ ପାଖରେ ପହଞ୍ଚାଇପାରିବା । ରୋମାନ ସାମ୍ରାଜ୍ୟର ପ୍ରଥମ ତିନି ଶତାବ୍ଦୀରେ ଚର୍ଚ୍ଚ ଦରିଦ୍ର ଥିଲା ଓ ତାକୁ ନୀଚ୍ କରି ରଖାଯାଇଥିଲା । ମାତ୍ର ସେ ବିଜୟୀ ଥିଲା ମାତ୍ର ଏଠାରେ ଚାରି ଶତାବ୍ଦୀ ମଧ୍ୟରେ ଧନ, ସୁନ୍ଦର କାର୍ଯ୍ୟ, ସୁରକ୍ଷା ଓ (ଔପନିବେଶୀୟ) କ୍ଷମତା ସହିତ ଓ ଏତେ ସଂଖ୍ୟାରେ ପାଦ୍ରୀମାନେ ଆସିଥିଲେ ମଧ୍ୟ ଆମେ ଭାରତର ଉପରିଭାଗକୁ ସାମାନ୍ୟ ଭାବରେ ହିଁ ସ୍ପର୍ଶ କରି ପାରିଛୁ ।

ସ୍ୱାମୀ ଅଭିଷିକ୍ତାନନ୍ଦଙ୍କର ଆଉ ଜଣେ ସମଧର୍ମୀ ଖ୍ରୀଷ୍ଟ ସାଧକ ଓ ହିନ୍ଦୁ-ଖ୍ରୀଷ୍ଟ ସଂଳାପର ଯାତ୍ରୀ ହେଉଛନ୍ତି ଶ୍ରୀଯୁକ୍ତ ବିଡ୍ ଗ୍ରିଫଥିସ୍ (Bede Griffiths) । ବିଡ୍ ଗ୍ରିଫ୍‌ଥ୍ ଇଂଲଣ୍ଡରେ ଜନ୍ମ ହୋଇଥିଲେ ଓ ସେ ଭାରତବର୍ଷ ଆସି ଭାରତର ଆଧ୍ୟାତ୍ମିକ ପରମ୍ପରାରୁ ଅନେକ କିଛି ଶିଖିଥିଲେ । ସେ ସ୍ୱାମୀ ଅଭିଷିକ୍ତାନ୍ଦଙ୍କ ସହ ଶାନ୍ତିବନ ଆଶ୍ରମରେ ଥିଲେ ଓ ଏହାପରେ ସେ କେରଳର କୁରୁସିମାଙ୍କ ଆଶ୍ରମରେ ମଧ୍ୟ ଅନେକ ବର୍ଷ ରହିଥିଲେ । ଏହି ଆଶ୍ରମଟି କେରଳର କୋଟାୟମ୍ ଜିଲ୍ଲାର ଭାଗାମୋନ ନାମକ ସୁନ୍ଦର ପର୍ବତ ଭୂମିରେ । ଏହାକୁ ବେଲଜିୟମ୍‌ରୁ ଆସିଥିବା Fr. Francis Acharya (ଯାହାଙ୍କର ମୂଳନାମ Francis Mahieu ଥିଲା) ଆରମ୍ଭ କରିଥିଲେ ଓ ସେ ଗାଂଧୀଙ୍କର bread labor ବା ଆହାର ଶ୍ରମ ଦର୍ଶନ ଓ ସାଧନା ଦ୍ୱାରା ପ୍ରଭାବିତ ହୋଇଥିଲେ । ଏହି ଆଶ୍ରମରେ ୨୦୧୪ ମସିହାରେ ମୁଁ କିଛିଦିନ ଥିଲି । ଏଠାକାର ଅନ୍ତେବାସୀ ସନ୍ନ୍ୟାସୀ ବା Monk ମାନେ ଆପଣାର ଆଶ୍ରମର ଗୋ

ଶାଳାରେ କାମ କରନ୍ତି । ଶାନ୍ତିବନ ଭଳି ଏଠାକାର ଉପାସନା ପଦ୍ଧତି ମଧ୍ୟ ହିନ୍ଦୁ ଉପାସନା ପଦ୍ଧତି ସହ ଅନେକ ସାମଞ୍ଜସ୍ୟ ରହିଥିଲା । ଏଠାରେ ଉପାସନା ସମୟ ଦୀପ ଆଳତି ଜଳାଇ ପ୍ରାର୍ଥନା କରାଯାଏ । ଶାନ୍ତିବନ ପରେ ବିଡ୍ ଗ୍ରିଫ୍‌ଥ୍ ଏହି ଆଶ୍ରମରେ ରହିଥିଲେ ।

ବିଡ୍ ଗ୍ରିଫଥ୍ ଶଙ୍କର ଓ ଶ୍ରୀଅରବିନ୍ଦଙ୍କୁ ପଢ଼ିଛନ୍ତି ଓ ତାଙ୍କର ଆଧ୍ୟାତ୍ମିକ ମାର୍ଗରେ ଚାଲିବାକୁ ପ୍ରୟାସ କରିଛନ୍ତି । ତାଙ୍କର ଅନୁଭବରେ ଭାରତବର୍ଷ ଖ୍ରୀଷ୍ଟଧର୍ମର mystical ବା ମରମୀ ପରିସରକୁ ଅନୁଭବ କରିବାକୁ ଆମନ୍ତ୍ରଣ କରିଥାଏ । ଏହି କ୍ଷେତ୍ରରେ ସେ ଶଙ୍କର ଓ ଖ୍ରୀଷ୍ଟଧର୍ମତତ୍ତ୍ୱବିଦ୍ Thomas Aquinas ଙ୍କ ମଧ୍ୟରେ ସମାନତା ଅନୁଭବ କରିଥିଲେ ଯେ' ଉଭୟେ ଆମର ଇନ୍ଦ୍ରିୟକୁ ଅତିକ୍ରମ କରି ଈଶ୍ୱରଙ୍କୁ ଅନୁଭବ କରିବାକୁ ଆହ୍ୱାନ ଦିଅନ୍ତି । ଶ୍ରୀଅରବିନ୍ଦଙ୍କ ପୂର୍ଣ୍ଣାଙ୍ଗ ଯୋଗ ଓ ଦର୍ଶନ ସହିତ ବାଟ ଚାଲି ଗ୍ରିଫଥ୍ ଯୋଗକୁ ଖ୍ରୀଷ୍ଟିୟାନ୍ ମାନଙ୍କ ପାଇଁ ଏକ ଆଧ୍ୟାତ୍ମିକ ସାଧନାର ମାର୍ଗ ବୋଲି କହିଥିଲେ । ଶ୍ରୀଅରବିନ୍ଦ ଆଶ୍ରମର ସାଧକ, ଦାର୍ଶନିକ, କବି ଓ ସମୀକ୍ଷକ ଅମଲ୍ କିରଣ୍ (ଶ୍ରୀଯୁକ୍ତ କେ.ଡି. ସେଠ୍‌ନା)ଙ୍କ ସହ ଏହି ବିଷୟରେ ସେ ପତ୍ରାଳାପ କରିଥିଲେ ଓ ତାଙ୍କର ପତ୍ରାଳାପକୁ ନେଇ ପୁସ୍ତକଟିଏ ମଧ୍ୟ ପ୍ରକାଶିତ ହୋଇଛି (୨୯) ।

ଏମିତି ସଂଳାପ ଓ ସହ-ସାଧନାର ଧାରାରେ ଆଉ ଗୋଟିଏ ଆଶ୍ରମ ପ୍ରାୟ ଅନୁଷ୍ଠାନ ରହିଛି । ଏହାର ନାମ Sameekhya Center for Indian Spirituality । ଏହା ଆଦି ଶଙ୍କରଙ୍କର ଜନ୍ମକ୍ଷେତ୍ର କାଲାଡି, କେରଳରେ ଅବସ୍ଥାପିତ । ଏହାକୁ ସେବାଷ୍ଟିୟାନ୍ ପାଇନାଡାଥ୍ ନାମକ ପାଦ୍ରୀ ପ୍ରତିଷ୍ଠା କରିଛନ୍ତି । Fr. ସେବାଷ୍ଟିଆନ୍ ଜଣେ ଗଭୀର ଆଧ୍ୟାତ୍ମିକ ଓ ସଂଳାପୀ ସାଧକ । ସମୀକ୍ଷା କେନ୍ଦ୍ରରେ ହିନ୍ଦୁ-ଖ୍ରୀଷ୍ଟିୟାନ୍ ଧର୍ମ ସହିତ ଅନ୍ୟ ଧର୍ମ ସହିତ ସଂଳାପ ହୋଇଥାଏ । Fr. ସେବାଷ୍ଟିଆନ୍ We are Co-Pilgrims ଆମେ ସହ-ତୀର୍ଥଯାତ୍ରୀ ନାମକ ପୁସ୍ତକଟିଏ ରଚନା କରିଛନ୍ତି ।(୩୦) ଏଥିରେ ସେ କହୁଛନ୍ତି ହିନ୍ଦୁଧର୍ମ ଧାରାରେ ସବୁବେଳେ ମନୁଷ୍ୟ, ସମାଜ ଓ ଇତିହାସରେ ପ୍ରବାହିତ ଏକ ଉତ୍ତରଣଶୀଳ ଓ ମରମୀ (mystical) ସ୍ଥିତି, ଦିଗ ଓ ଦିଗନ୍ତ ପାଇଁ ଶ୍ରଦ୍ଧା ଓ ଉନ୍ମୁକ୍ତତା ରହିଛି । ଇତିହାସର ଧାରାରେ ଇତିହାସୋତ୍ତର ବାସ୍ତବତା, ଶକ୍ତି ଓ ସମ୍ଭାବନା ପାଇଁ ଶ୍ରଦ୍ଧା ଓ ସମର୍ପଣ ରହିଛି । ଏମତି ମରମୀ ଉତ୍ତରଣଶୀଳତା (mystical transcendence) ଅନେକ ଆଶୀର୍ବାଦମୟ ହୋଇଥିଲେ ମଧ୍ୟ ସମାଜ ଓ ଇତିହାସ ଧାରାରେ ହୋଇଥିବା ଓ ହେଉଥିବା ଅନେକ ସାମାଜିକ, ସାଂସ୍କୃତିକ, ଧାର୍ମିକ ଓ ଆଧ୍ୟାତ୍ମିକ ଶୋଷଣ,

ଅମର୍ଯ୍ୟାଦା ଓ ଅବଦମନ ପାଇଁ ହିନ୍ଦୁଧର୍ମ ସେତେବେଶୀ ସଚେତନ ହୋଇପାରି ନାହିଁ । ଉଦାହରଣସ୍ୱରୂପ, ଇତିହାସର ଗୋଟିଏ ପର୍ଯ୍ୟାୟରେ ହିନ୍ଦୁଧର୍ମ ଓ ସାମାଜିକ-ଐତିହାସିକ ବ୍ୟବସ୍ଥାରେ ଜାତିପ୍ରଥା ଓ ଲିଙ୍ଗ ବିଭାଜନ ଓ ଲିଙ୍ଗଯୁକ୍ତ ବୈଷମ୍ୟ ଓ ଅତ୍ୟାଚାର ଅନେକ ଅତିଷ୍ଟ ହୋଇଛି । ଏବେବି ହିନ୍ଦୁଧର୍ମ ଓ ସମାଜରେ ଦଳିତ ଓ ନାରୀମାନଙ୍କୁ ଅନେକ ଶୋଷଣ, ଅତ୍ୟାଚାର, ହିଂସା ଓ ହନନ ମଧ୍ୟଦେଇ ଗତିକରିବାକୁ ହେଉଛି । ହିନ୍ଦୁଧର୍ମର ଏହି ବୈଷମ୍ୟ ଓ ଶୋଷଣ ବିରୁଦ୍ଧରେ ବୁଦ୍ଧଙ୍କଠାରୁ ଶ୍ରୀଚୈତନ୍ୟ, ରାମକୃଷ୍ଣ ପରମହଂସ, ସ୍ୱାମୀ ବିବେକାନନ୍ଦ, ଶ୍ରୀଅରବିନ୍ଦ, ବାବାସାହେବ ଆମ୍ବେଦକର, ମାତା ଅମୃତାନନ୍ଦମୟୀ ଓ ଅଗଣିତ ଆହୁରି ଅନେକ ପ୍ରତିବାଦ କରିଛନ୍ତି ଓ ସଂଳାପ, ସୌହାର୍ଦ୍ଦ୍ୟ ଓ ମର୍ଯ୍ୟାଦାର କ୍ଷେତ୍ର ଓ ଚେତନା ସୃଷ୍ଟି କରିବାକୁ ସାଧନା ଓ ସଂଗ୍ରାମ କରିଛନ୍ତି । ଏମାନେ ସମସ୍ତେ prophet ବା ମହାମାନବ ଓ ମହାମନିଷୀ ରୂପେ ସମାଜ ଓ ସଂସ୍କୃତିରେ ଧର୍ମସଂଯୁକ୍ତ ଶୋଷଣ ଓ ଅବଦମନ ବିରୁଦ୍ଧରେ ଲଢ଼ିଛନ୍ତି ଓ ଲଢୁଛନ୍ତି । ଏହି ମହାମାନବୀୟ ଓ ମହାମନିଷୀୟ ଜୀବନଧାରା -- prophetic consciousness ହିନ୍ଦୁଧର୍ମ ମଧ୍ୟରେ ଅଧିକ ଉଦୟ ଓ ବାସ୍ତବାୟିତ ହେବା ଆବଶ୍ୟକ । ଖ୍ରୀଷ୍ଟଧର୍ମ ଓ ଆବ୍ରାହମ ଧର୍ମ ପରମ୍ପରାରେ ଯଥା ଇହୁଦୀ ଧର୍ମ, ଖ୍ରୀଷ୍ଟଧର୍ମ ଓ ଇସଲାମରେ prophet ମାନେ ସମାଜ ଓ ଇତିହାସରେ ଥିବା ଅନ୍ୟାୟ ବିରୁଦ୍ଧରେ ଲଢ଼ିଛନ୍ତି । ନ୍ୟାୟ ଓ ମର୍ଯ୍ୟାଦା ପାଇଁ ଖ୍ରୀଷ୍ଟଧର୍ମରେ ଓ ବାଇବେଲରେ ବର୍ଣ୍ଣିତ ମହାମାନବୀୟ (prophetic) ଧାରାରୁ ସାମାଜିକ ଓ ମାନବୀୟ ମୁକ୍ତିପାଇଁ ଲଢୁଥିବା ହିନ୍ଦୁ ମାନେ-ବ୍ୟକ୍ତି, ଅନୁଷ୍ଠାନ ଓ ଆନ୍ଦୋଳନମାନ - ପ୍ରେରଣା ପାଇପାରିବେ ଯେମିତି ଖ୍ରୀଷ୍ଟଧର୍ମରେ ଥିବା ମହାମାନବୀୟ ଧାରା ହିନ୍ଦୁଧର୍ମରେ ପ୍ରବାହିତ ଉତ୍ତରଣଶୀଳ ଓ ମରମୀ (mystical) ଧାରାରୁ ପ୍ରେରଣା ଲାଭ କରିପାରିବ । ମହାମାନବୀୟ ଓ ଉତ୍ତରଣଶୀଳ ମରମୀଧାରାର ମିଳନ, ସମନ୍ୱୟ ଓ ନବସୃଜନ ଏହାଦ୍ୱାରା ହୋଇପାରିବ ଓ ଏହା ଉଭୟ ହିନ୍ଦୁଧର୍ମ ଓ ଖ୍ରୀଷ୍ଟଧର୍ମର ପ୍ରଚଳିତ ଚିନ୍ତା, ଜୀବନମାର୍ଗ ଓ ଦର୍ଶନକୁ ବହୁମୁଖୀ, ଗଭୀର ଓ ରୂପାନ୍ତରଣଶୀଳ କରିବ । (୩୧)

ଏମିତି ସହ-ଯାତ୍ରାର ଧାରାରେ ଆମେ ମାଇକେଲ୍ ଅମଲାଦାସ୍ ଓ ସୁବାଷ ଆନନ୍ଦଙ୍କ ପାଖରେ ପହଞ୍ଚିଯିବା । ମାଇକେଲ୍ ଅମଲାଦାସ୍ ଜଣେ ଖ୍ରୀଷ୍ଟଧର୍ମ ତତ୍ତ୍ୱବିଦ୍ ଓ ସେ ଧର୍ମ-ଧର୍ମ ମଧ୍ୟରେ ସଂଳାପ ଉପରେ ଗୁରୁତ୍ୱ ଦିଅନ୍ତି । ମାଇକେଲ ଆପଣାର ଧାର୍ମିକ-ଆଧ୍ୟାତ୍ମିକ ଯାତ୍ରାକୁ ହିନ୍ଦୁ-ଖ୍ରୀଷ୍ଟିୟାନ୍ ଯାତ୍ରା ବୋଲି ଅନୁଭବ କରିଛନ୍ତି । ସେ ଏହି ବିଷୟରେ କୁହନ୍ତି:

ଆମେ ଆମ ଭିତରୁ ଅନ୍ୟଏକ ଦଣ୍ଡାୟମାନ ଦୃଷ୍ଟିକୋଣ ସଂପର୍କରେ ଭାବିପାରିବା । ମୁଁ ଜଣେ ଭାରତୀୟ ଖ୍ରୀଷ୍ଟିୟାନ୍: ମୋ ପାଇଁ ହିନ୍ଦୁ ଧର୍ମ ଏକ ବୈଦେଶିକ ଧର୍ମନୁହେଁ ଯେମିତି ବିଦେଶରୁ ଆସିଥିବା ମିସନାରୀମାନଙ୍କ ପାଇଁ । ଏହା ମୋର ପୂର୍ବସୂରୀମାନଙ୍କର ଧର୍ମ ଯାହା ମାଧ୍ୟମରେ ଇଶ୍ୱର ମୋର ପୂର୍ବପୁରୁଷ ଓ ପୂର୍ବମହିଳା ମାନଙ୍କ ସହିତ କଥା ହୋଇଛନ୍ତି । ମୋର ଚେରମାନ ଏହି ଧର୍ମ ମଧ୍ୟରେ ରହିଛି । ମୁଁ ଏମିତି କହିପାରିବି : ମୋର ଦୁଇଟି ଚେର ରହିଛି: ହିନ୍ଦୁଧର୍ମ ଓ ଖ୍ରୀଷ୍ଟଧର୍ମ । ମାନବୀୟ ସୃଜନଶୀଳତା ପାଇଁ ଏହି ଦୁଇ ଧର୍ମରେ ଥିବା ଐଶ୍ୱର୍ଯ୍ୟମାନଙ୍କୁ ଯେପର୍ଯ୍ୟନ୍ତ ମୁଁ ସମନ୍ୱୟ ନକରିଛି ସେ ପର୍ଯ୍ୟନ୍ତ ମୁଁ ନିଜକୁ ପାଇପାରିବିନାହିଁ । ମୁଁ ହିନ୍ଦୁ ଶାସ୍ତ୍ର, ପ୍ରତୀକ ଓ ଚଳଣି ମାନଙ୍କୁ ଆଉ ବାହାରୁ ଅନ୍ୟ ବୋଲି ଦେଖିପାରିବି ନାହିଁ । ମାତ୍ର ମୋ ନିଜ ଭିତରୁ ମୋରି ବୋଲି ହିଁ ଦେଖିବି ଜଣେ ଖ୍ରୀଷ୍ଟିୟାନ ଭାବେ ଅନ୍ୟଧର୍ମରୁ ମୋର ଧର୍ମଧାରାରେ ସମନ୍ୱୟ ପ୍ରଭୁ ଯୀଶୁଖ୍ରୀଷ୍ଟଙ୍କର ଅନୁଭବ ଦ୍ୱାରାହିଁ ପ୍ରଭାବିତ । ମୋତେ ଖ୍ରୀଷ୍ଟ ଐତିହାସିକ ପରମ୍ପରାକୁ ପ୍ରତ୍ୟାଖ୍ୟାନ କରିବାକୁ ହେବନାହିଁ ମାତ୍ର ଦେଖିବାକୁ ହେବଯେ ମୋ ଭିତରେ ଓ ମୋ ସମୁଦାୟ ଭିତରେ ହିନ୍ଦୁ ଓ ଖ୍ରୀଷ୍ଟୀୟାନ ପରମ୍ପରା ସୃଜନଶୀଳ ଭାବେ ସଂପର୍କ ସ୍ଥାପନ କରୁଛନ୍ତି । ଏହି ଧାରାରେ ମୁଁ କେବଳ ଭାରତୀୟ ଖ୍ରୀଷ୍ଟିୟାନ୍ ନୁହେଁ, ମୁଁ ଜଣେ ହିନ୍ଦୁ ଖ୍ରୀଷ୍ଟିୟାନ୍- ଖ୍ରୀଷ୍ଟିୟାନ ପରିଚିତି ଏଠାରେ ମୁଖ୍ୟ ଅଟେ । ମୋର ବ୍ୟକ୍ତିଗତ କ୍ଷେତ୍ରରେ ମୁଁ ହିନ୍ଦୁଧର୍ମ ବିଷୟରେ ଯାହା କହୁଛି ଏହା ବୌଦ୍ଧଧର୍ମ, ଇସଲାମ, ଆଦିବାସୀ, ଦଳିତ ଓ ଅନ୍ୟଧର୍ମରୁ ଆସିଥିବା ଖ୍ରୀଷ୍ଟିୟାନ୍ ମାନଙ୍କ ପାଇଁ ସେତିକି ପ୍ରଯୁଜ୍ୟ (୩୨) ।

ଅମଲା ଦାସଙ୍କ ଭଳି ସୁବାଷ ଆନନ୍ଦ ମଧ୍ୟ ହିନ୍ଦୁ ଧର୍ମ-ଅଧ୍ୟାତ୍ମ-ଦର୍ଶନ ଓ ଅନୁଭବ ଧାରାରେ ସ୍ନାନ କରିଛନ୍ତି । ଉପନିଷଦର ବଂଧୁ ଦର୍ଶନ ଓ ସାଧନାକୁ ଆନନ୍ଦ ହିନ୍ଦୁ-ଖ୍ରୀଷ୍ଟିୟାନ ସଂପର୍କର ଡୋରି ମଧ୍ୟକୁ ଆଣିଛନ୍ତି ଅର୍ଥାତ୍ ହିନ୍ଦୁ-ଖ୍ରୀଷ୍ଟିୟାନମାନେ ବଂଧୁଭାବେ ପରସ୍ପରକୁ ଭେଟିବେ ଓ ଏହାପରେ ପରସ୍ପରର ଧର୍ମ, ଦର୍ଶନ ଓ ଅଧ୍ୟାତ୍ମର ଗଭୀରତା ଓ ଉଚ୍ଚତାକୁ ଆବିଷ୍କାର ଓ ଅନୁଭବ କରିବେ । ଆନନ୍ଦ କହନ୍ତି ଯେ ସେ ଯେତେବେଳେ ଚର୍ଚ୍ଚ ମଧ୍ୟରେ ପ୍ରବେଶ କରନ୍ତି ସେତେବେଳେ କ୍ରୁଶରେ କ୍ରୁଶବିଦ୍ଧ ଯୀଶୁଖ୍ରୀଷ୍ଟଙ୍କୁ ଜଣେ ନଟରାଜ, ନୃତ୍ୟରାଜ, ଖ୍ରୀଷ୍ଟ ନୃତ୍ୟରାଜ ରୂପେ ଅନୁଭବ କରନ୍ତି ଯେମିତି ଶିବାଳୟରେ ଶିବ ନଟରାଜଙ୍କୁ ସେ ନୃତ୍ୟରାଜ ରୂପେ ଅନୁଭବ କରନ୍ତି । ତାଙ୍କର ଅନୁଭବରେ "ବାସ୍ତବରେ, ଯୀଶୁ ହେଉଛନ୍ତି ନୃତ୍ୟର ଈଶ୍ୱର, ସେ ମଧ୍ୟ

ନୃତ୍ୟର ଦେବତା ...Indeed, Jesus is the Dance of God, Way he is also the Lord of Dance" (୩୩) । ଆନନ୍ଦ ମଧ୍ୟ ଅନୁଭବ କରନ୍ତି ଯେ' ଶିବ ଜଣେ କେବଳ ପିତା ନୁହନ୍ତି, ସେ ମଧ୍ୟ ମାତା । ଶିବ ଜଣେ ଗର୍ଭ ଯିଏ ଆପଣାର ଗର୍ଭରେ ଏହି ସୃଷ୍ଟିକୁ ସର୍ଜନା କରନ୍ତି ଯାହା ଆମକୁ ଯୀଶୁଖ୍ରୀଷ୍ଟକୁ ଜଣେ ସର୍ଜନାତ୍ମକ ଗର୍ଭରୂପେ ଅନୁଭବ କରିବାକୁ ଆହ୍ୱାନ ଓ ଆମନ୍ତ୍ରଣ ଜଣାଉଥାଏ (୩୪) ।

ଫ୍ରାନ୍‌ସିସ୍ କ୍ଲୁନି (Francis X. Clooney) ଜଣେ ଖ୍ରୀଷ୍ଟିୟାନ୍ ଧର୍ମତତ୍ତ୍ୱବିଦ୍ ଓ ସାଧକ ଯିଏ ଏବେ ହାର୍ଭାଡ୍ ବିଶ୍ୱବିଦ୍ୟାଳୟର School of Divinity ରେ ଅଧ୍ୟାପନା କରୁଛନ୍ତି । ସେ Cross-Cultural theology ବା ଧର୍ମତତ୍ତ୍ୱର ଜଣେ ସମର୍ପିତ ପ୍ରବକ୍ତା ଓ ଗବେଷକ । (୩୫) ସେ ହିନ୍ଦୁଧର୍ମ ଓ ଖ୍ରୀଷ୍ଟଧର୍ମ ମଧ୍ୟରେ ଥିବା ନାରୀଯୁକ୍ତ ଆଧ୍ୟାତ୍ମିକତା... feminine spirituality ସଂପର୍କରେ ଲେଖିଛନ୍ତି । ଏହି ସଂକ୍ରାନ୍ତରେ ତାଙ୍କର ବହିଟିର ନାମ ହେଉଛି Divine Mother, Blessed Mother ।(୩୬) ଏହି ପୁସ୍ତକରେ ଶ୍ରୀଯୁକ୍ତ କ୍ଲୁନି ହିନ୍ଦୁ ଦେବୀମାନଙ୍କୁ ଓ ଖ୍ରୀଷ୍ଟଧର୍ମ ଅଧ୍ୟାତ୍ମ ସାଧନାରେ କୁମାରୀ ମେରୀଙ୍କୁ ଏକା ସାଙ୍ଗରେ ବୁଝିବାକୁ ଓ ଅନୁଭବ କରିବାକୁ ପ୍ରୟାସ କରିଛନ୍ତି । ସିଏ ମଧ୍ୟ Learning Interreligiously : In the Text, in the World ନାମକ ପୁସ୍ତକଟିଏ ରଚନା କରିଛନ୍ତି ଯେଉଁ ବହିଟିକୁ ମୁଁ ତାଙ୍କୁ ହାର୍ଭାର୍ଡରେ ୨୦୧୮ ମସିହାରେ ସାକ୍ଷାତ କରିବା ସମୟରେ ସେ ମୋତେ ପ୍ରଦାନ କରିଥିଲେ ।(୩୭) ଏହି ବହିରେ ସେ ହିନ୍ଦୁଧର୍ମ ଓ ଖ୍ରୀଷ୍ଟଧର୍ମର ଅନେକ ଦର୍ଶନ ଓ ଉତ୍ସବକୁ ସାଙ୍ଗହୋଇ ବୁଝିବାକୁ ପ୍ରୟାସ କରିଛନ୍ତି । ଖ୍ରୀଷ୍ଟଧର୍ମରେ ପ୍ରଭୁ ଯୀଶୁଖ୍ରୀଷ୍ଟଙ୍କ ଜନ୍ମଦିନ ପୂର୍ବରୁ Advent ବା ଆଗମନ ସମୟକୁ ଉପାସନା କରାଯାଉଥାଏ, ପ୍ରଭୁ ଯୀଶୁଖ୍ରୀଷ୍ଟଙ୍କର ଆଗମନ ପାଇଁ ପ୍ରାର୍ଥନା ହେଉଥାଏ । ଏହି ଆଗମନ ଉପାସନା ସମୟରେ ଖ୍ରୀଷ୍ଟିୟାନମାନେ ଶ୍ରୀକୃଷ୍ଣଙ୍କର ଆଗମନ ପ୍ରାର୍ଥନା ଓ ଉପାସନା ସହିତ ଯୁକ୍ତ ହୋଇପାରିବେ - ଏହି ଆଗମନ ଉପାସନାରୁ ଆପଣାର ଆଗମନ ଉପାସନା ପାଇଁ ଶିଖିପାରିବେ । ଜଣେ ଖ୍ରୀଷ୍ଟିୟାନ୍ ହୁଏତ ଶ୍ରୀକୃଷ୍ଣଙ୍କର ସହିତ ସଂଯୁକ୍ତ ସମସ୍ତ ଅଲୌକିକ କାହାଣୀରେ ବିଶ୍ୱାସ ନକରିପାରେ ଯେମିତି ହିନ୍ଦୁମାନେ ଯୀଶୁଖ୍ରୀଷ୍ଟଙ୍କର କୁମାରୀ ମାତୃଗର୍ଭରୁ ଜନ୍ମରେ ହୁଏତ ସଂପୂର୍ଣ୍ଣ ଭାବେ ବିଶ୍ୱାସ ନକରିପାରନ୍ତି ମାତ୍ର ସେମାନେ ଯୀଶୁ ଓ କୃଷ୍ଣଙ୍କ ପାଇଁ ଅପେକ୍ଷା କରିବାର ପରସ୍ପରର ଆଗମନ ପର୍ବରେ ପରସ୍ପରକୁ ଆଲିଙ୍ଗନ କରିପାରିବେ ।

ପ୍ରଫେସର କ୍ଲୁନିଙ୍କର ସହିତ ଗଲା ଦୁଇ ଦଶନ୍ଧି ଧରି ମୁଁ ସଂଯୁକ୍ତ ହେବାର ସୌଭାଗ୍ୟ ଲାଭ କରିଛି । ସେ ଜଣେ ସ୍ନେହଶୀଳ ଓ ଶ୍ରମସାଧନାଯୁକ୍ତ ଗବେଷକ ଓ

ଆଧ୍ୟାତ୍ମିକ ଯାତ୍ରୀ । ଆମେରିକାର ନ୍ୟୁୟର୍କ ସହରରେ ସେ ଜନ୍ମ ହୋଇଛନ୍ତି ଓ ସେ ଖ୍ରୀଷ୍ଟଧର୍ମଧାରାରେ **Society of Jesus** ରେ ଜଣେ ପାଦ୍ରୀ ହେବାକୁ ଜୀବନବ୍ରତ ଗ୍ରହଣ କରିଛନ୍ତି । ଯୁବାବସ୍ଥାରେ ସେ ନେପାଳ ଆସି କିଛିବର୍ଷ ରହିଛନ୍ତି । ଏଠାରେ ସେ ଲୋକମାନଙ୍କର ସେବା କରିବା ସହିତ ସେ ହିନ୍ଦୁଧର୍ମ ଓ ବୌଦ୍ଧଧର୍ମ ଜୀବନଧାରା ସହିତ ଯୁକ୍ତ ହୋଇଛନ୍ତି । ଏହାପରେ ସେ ଗବେଷଣା ଓ ଧର୍ମ-ଅଧ୍ୟାତ୍ମ ଅନୁଭବ ପାଇଁ ତାମିଲନାଡୁ ଆସିଛନ୍ତି- ତାମିଲ ଭାଷା ଶିକ୍ଷା କରିଛନ୍ତି । ସେ ଚିକାଗୋ ବିଶ୍ୱବିଦ୍ୟାଳୟରୁ ଆପଣାର ପିଏଚ୍.ଡି. ଗବେଷଣା କରିଛନ୍ତି । ସେ ଉଭୟ ତାମିଲ ଓ ସଂସ୍କୃତ ଭାଷା ଶିକ୍ଷା କରିଛନ୍ତି । ସେ ତାମିଲ ପୁସ୍ତକ ଅଧ୍ୟୟନ କରି ଏହାକୁ ଇଂରାଜୀକୁ ଅନୁବାଦ କରିଛନ୍ତି ।

ଏହି ଗଲା ଜୁଲାଇ ମାସରେ - ଜୁଲାଇ ୨୦୨୩ରେ -ଫ୍ରାଙ୍କ୍ ଚେନ୍ନାଇରେ ପ୍ରାୟ ଦୁଇ ସପ୍ତାହ ବିତାଇଥିଲେ ଓ ଏଠାକାର ବିଭିନ୍ନ ଗବେଷଣାକେନ୍ଦ୍ର ଓ ବିଶ୍ୱବିଦ୍ୟାଳୟମାନଙ୍କରେ ଆପଣାର ଧର୍ମତତ୍ତ୍ୱର ସାଧନା ବିଷୟରେ କହିଥିଲେଯେ' ସେ ହିନ୍ଦୁ-ଖ୍ରୀଷ୍ଟିୟାନ ସହଯାତ୍ରାରେ ଜଣେ ଖ୍ରୀଷ୍ଟିୟାନ୍ ଭାବେ ଏଥିରେ ସହଯାତ୍ରୀ ହୋଇଛନ୍ତି । ମାତ୍ର ଏହା ସହଜ ହୋଇନାହିଁ । ଅନେକବର୍ଷ ତଳେ ଆପଣାର ଆଦ୍ୟ ତାମିଲନାଡୁ ସଂଯୋଗ ସମୟରେ ସେ ଚେନ୍ନାଇର ପ୍ରସିଦ୍ଧ ପାର୍ଥସାରଥି ମଂଦିର ପାଖରେ ପହଞ୍ଚିଲେ । ପୂଜକମାନେ ତାଙ୍କୁ ପଚାରିଲେ ସେ ହିନ୍ଦୁ କି -- ସେ ନୁହନ୍ତି ବୋଲି କହିଲେ । ଅନେକ ବର୍ଷପରେ ନିକଟ ଅତୀତରେ ପୂଜକମାନେ ସେ ହିନ୍ଦୁ ନୁହଁନ୍ତି ବୋଲି ଜାଣି ମଧ୍ୟ ତାଙ୍କୁ ମନ୍ଦିର ଭିତରକୁ ପାଛୋଟି ନେଲେ । ସେମାନେ ଇତିମଧ୍ୟରେ ଅନୁଭବ କରିସାରିଥିଲେ ଏହି ଆତ୍ମା ଜଣକ ହିନ୍ଦୁଧର୍ମରେ ଜନ୍ମ ନହୋଇଥିଲେ ମଧ୍ୟ ତାଙ୍କର ହିନ୍ଦୁଧର୍ମ, ଦର୍ଶନ ଓ ଆଧ୍ୟାତ୍ମିକ ମାର୍ଗ ପାଇଁ ଗଭୀର ଶ୍ରଦ୍ଧା ଓ ଶ୍ରମ-ଏଷଣା ରହିଛି ।

ଏହି ପାରସ୍ପରିକ ଯାତ୍ରା ଓ ସହ-ସଂପର୍କର ଧାରାରେ ଆମେ ଫେଲିକ୍ସ ଉଇଲଫ୍ରେଡ୍ଙ୍କ ପାଖରେ ପହଞ୍ଚିବା । ଶ୍ରୀଯୁକ୍ତ ଉଇଲଫ୍ରେଡ୍ ଜଣେ ସୃଜନଶୀଳ ଧର୍ମତତ୍ତ୍ୱବିଦ୍ । ସେ ଅନେକ ବର୍ଷଧରି ମାଡ୍ରାସ ବିଶ୍ୱବିଦ୍ୟାଳୟରେ **Department of Christian Studies** ରେ ଅଧ୍ୟାପନା କରିଥିଲେ । ୨୦୦୩ ମସିହାରେ ଏଠାରୁ ଅବସର ପରେ ସେ ଚେନ୍ନାଇରେ **Asian Centre for Cross-Cultural Studies** ନାମକ ଗବେଷଣା ଓ ସଂଳାପ କେନ୍ଦ୍ରଟିଏ ସ୍ଥାପନା କରିଥିଲେ । ଏହି ଜାନୁୟାରୀ ୨୦୨୫ରେ ତାଙ୍କର ପରଲୋକ ହୋଇଗଲା । ସେ ଖ୍ରୀଷ୍ଟଧର୍ମ ଓ ଧର୍ମତତ୍ତ୍ୱର ଗଭୀରତାକୁ ଯିବା ସହିତ ଅନ୍ୟ ଧର୍ମ ବିଶେଷ କରି ହିନ୍ଦୁଧର୍ମର

ଗଭୀରତାକୁ ଯିବାକୁ ଆଜୀବନ ପ୍ରୟାସ କରିଛନ୍ତି । ଏହି କ୍ଷେତ୍ରରେ ସେ ଶ୍ରୀକୃଷ୍ଣଙ୍କର ଲୀଳା ପଥ ଦ୍ୱାରା ପ୍ରେରିତ ହୋଇଛନ୍ତି । ଶ୍ରୀକୃଷ୍ଣଙ୍କର ଲୀଳା ଆମକୁ ସୃଷ୍ଟିକୁ ଲୀଳା ରୂପେ ଅନୁଭବ କରିବାକୁ ଆହ୍ୱାନ, ଆମନ୍ତ୍ରଣ ଓ ପ୍ରେରଣା ଦେଇଥାଏ । ଏହି ସମ୍ପର୍କରେ, ଉଇଲଫ୍ରେଡ୍ ତାଙ୍କର Margins: Site of Asian Theologies ରେ ଆମକୁ କହୁଛନ୍ତି :

> New Testament ପଢ଼ିଲେ ଆମେ ଜାଣିପାରିବା ମୋକ୍ଷ ପାଇଁ ଯାହାକିଛି ଆବଶ୍ୟକ ଏହିସବୁ ଏଥିରେ ରହିଛି ମାତ୍ର ମୁଁ ଏଥିରେ ଗୋଟିଏ ଅଭାବ ଦ୍ୱାରା ପ୍ରଭାବିତ ହୋଇଛି ତାହାହେଉଛି ହାସ୍ୟ ବା humour । ଯଦିଓ Gospel ଆନନ୍ଦ ଓ ଶାନ୍ତିର ବାର୍ତ୍ତା ପ୍ରଦାନ କରିବାପାଇଁ ଉଦ୍ଦିଷ୍ଟ ମାତ୍ର ଏଥିରେ ହାସ୍ୟମୟତାର କୌଣସି ସ୍ଥାନ ନାହିଁ । ଶ୍ରୀକୃଷ୍ଣଙ୍କର ଅବତାର ମାଧ୍ୟମରେ ମଣିଷର ଇତିହାସରେ ଦିବ୍ୟଙ୍କର କାର୍ଯ୍ୟର ଅଧ୍ୟୟନ ଏହା ଆମ ଜୀବନରେ ଓ ଦିବ୍ୟଙ୍କ ମଧ୍ୟରେ ଲୀଳାର ଉପାଦାନଟିକୁ ଆଣିଥାଏ । ଏହି ଲୀଳା କୌଣସି frivolity ବା ବିହେଉଲାପଣର ପରିପ୍ରକାଶ ନୁହେଁ । କ୍ରିଷ୍ଣଙ୍କ ଲୀଳା ମଧ୍ୟରେ ଈଶ୍ୱରଙ୍କର ଓ ଈଶ୍ୱର ସୃଷ୍ଟିର ଅବନ୍ଧନୀୟ freedom (ସ୍ୱାଧୀନତା)ର ପରିପ୍ରକାଶ ଘଟିଥାଏ । ବାସ୍ତବରେ ସୃଷ୍ଟି ଈଶ୍ୱରଙ୍କର ଲୀଳା ରୂପେ ଦୃଷ୍ଟ ହୁଏ । ଗୋପୀମାନେ ଶ୍ରୀକୃଷ୍ଣଙ୍କ ପ୍ରତି ଯେଉଁ ଚୁମ୍ବକୀୟ ଆକର୍ଷଣ ଅନୁଭବ କରନ୍ତି ତାହା ଦିବ୍ୟଶକ୍ତି ସକଳ ବସ୍ତୁଙ୍କୁ ତାଙ୍କ ପ୍ରତି ଟାଣିବା ବ୍ୟତୀତ ଆଉକିଛି ନୁହେଁ । ଖ୍ରୀଷ୍ଟ ପରମ୍ପରାରେ ଆମେ କ୍ରୁଶଙ୍କର ଶକ୍ତି ଆମ ସମସ୍ତଙ୍କୁ ଆକର୍ଷଣ କରିବା ବୋଲି ଅନୁଭବ କରୁ- New Testament ର କ୍ରୁଶ ପ୍ରତୀକକୁ ଆମେ ବଂଶୀ ବଜାଉଥିବା ଶ୍ରୀକୃଷ୍ଣଙ୍କର କାହାଣୀ ମାଧ୍ୟମରେ ପଢ଼ିଲେ ଏହା ଉଭୟ ପରମ୍ପରା ପ୍ରତିତ ଅନେକ enriching ହେବ [...] ଏହା ଆମକୁ masochism ବା ଆତ୍ମପୀଡନର ସମ୍ଭାବ୍ୟ ବିପଦରୁ ସୁରକ୍ଷିତ କରି ରଖିବ (୩୮) ।

ଏହି ସହଯାତ୍ରା, ସହାଧ୍ୟାୟ ଓ ସହ ସଂଧାନ ଖ୍ରୀଷ୍ଟପନ୍ଥୀମାନଙ୍କୁ ଅନୁଭବ କରିବାକୁ ସମର୍ଥ କରାଇବ ଯେ' ଖ୍ରୀଷ୍ଟଧର୍ମ କେବଳ ଏକମାତ୍ର ଧର୍ମ ନୁହେଁ ଓ ଖ୍ରୀଷ୍ଟଧର୍ମ କେବଳ ଏକମାତ୍ର ସତ୍ୟ ନୁହଁ । ଜୀବନ ଓ ସତ୍ୟ ବିଷୟରେ ଆଲୋଚନା ଓ ଅନୁଭବର ଧାରାରେ ଆପେକ୍ଷିକବାଦ ଓ ଆପେକ୍ଷିକ ପଥ relativism ବିଷୟରେ କୁହାଯାଇଛି । ଶ୍ରୀଯୁକ୍ତ ଉଇଲଫ୍ରେଡଙ୍କର ଏଷଣା ଓ ଅନୁଭବର ଧାରାରେ ଖ୍ରୀଷ୍ଟଧର୍ମ ଓ ଖ୍ରୀଷ୍ଟସାଧନା କେବଳ ଏକାନ୍ତବାଦୀ ଓ ଏକପାର୍ଶ୍ୱୀ ନୁହେଁ ଯେ' ସତ୍ୟ କେବଳ

ଏକାନ୍ତଭାବେ ଖ୍ରୀଷ୍ଟଧର୍ମ ମାର୍ଗରେ ରହିଛି; ଖ୍ରୀଷ୍ଟଧର୍ମ ମଧ୍ୟରେ ମଧ୍ୟ ଆପେକ୍ଷିକତାର ସାଧନା ହୋଇଛି ଓ ହେଉଛି ଓ ଏହି ଧାରା ଗୀତ ଗାଇଗାଇ ବହିଯାଉଛି । ଉଇଲଫ୍ରେଡ୍‌ଙ୍କ ସାଧନା ଦୃଷ୍ଟିରେ, ଖ୍ରୀଷ୍ଟଧର୍ମାବଲମ୍ବୀମାନଙ୍କୁ ଖ୍ରୀଷ୍ଟଧର୍ମ ଯେ ଏକମାତ୍ର ସତ୍ୟ ଏମିତି ଭାବନା ଓ ମନୋବୃତ୍ତିକୁ ରୂପାନ୍ତରିତ କରି ଖ୍ରୀଷ୍ଟଧର୍ମ ଯେ' ପରମସତ୍ୟର ଏକ ଆପେକ୍ଷିକ ପରିପ୍ରକାଶ ଓ ଏକ ସମ୍ବନ୍ଧଗତ ସତ୍ୟ-- ଏହାକୁ ଅନୁଭବ କରିବାକୁ ହେବ । ଏହା ସହିତ ଖ୍ରୀଷ୍ଟିୟାନ୍ ଅନୁଷ୍ଠାନମାନଙ୍କୁ ସାଧାରଣ ଲୋକମାନଙ୍କ ସହିତ ଶ୍ରଦ୍ଧା ଓ ଉତ୍ତରଦାୟିତାର ସୂତ୍ରରେ ସମ୍ବନ୍ଧିତ ହେବାକୁ ହେବ । ଭାରତୀୟ ସମାଜରେ କେତେକ ଖ୍ରୀଷ୍ଟିୟାନ୍ ଅନୁଷ୍ଠାନମାନଙ୍କ ପାଖରେ ଯଥା ଖ୍ରୀଷ୍ଟିୟାନ୍ ଶିକ୍ଷାନୁଷ୍ଠାନମାନଙ୍କ ପାଖରେ -- ସ୍କୁଲ, କଲେଜ ଓ ବିଶ୍ୱବିଦ୍ୟାଳୟ -- ମାନଙ୍କ ପାଖରେ ଅନେକ କ୍ଷମତା ରହିଛି । ଏହି ଅନୁଷ୍ଠାନମାନେ ସଂଖ୍ୟାଲଘୁ ଅନୁଷ୍ଠାନ ହୋଇଥିବାରୁ ସଂଖ୍ୟାଲଘୁ ଅନୁଷ୍ଠାନ ନାଆଁରେ ଏମାନଙ୍କ ପାଖରେ ଆହୁରି ଅଧିକ ସ୍ୱାୟତ୍ତତା ରହିଛି । ଶ୍ରୀଯୁକ୍ତ ଉଇଲଫ୍ରେଡଙ୍କ ଦୃଷ୍ଟିରେ ଖ୍ରୀଷ୍ଟିୟାନ ସାମାଜିକ ଓ ଶିକ୍ଷାନୁଷ୍ଠାନମାନଙ୍କୁ ନିଜର ଅନୁଷ୍ଠାନରେ କ୍ଷମତା ଓ ପ୍ରାଧାନ୍ୟତା ମଧ୍ୟରେ ବନ୍ଧା ନହୋଇ ସେମାନଙ୍କୁ ସାଧାରଣ ମଣିଷ ଓ ନାଗରିକୀୟ ସମାଜ ବା Civil Society ପାଖରେ ଉତ୍ତରଦାୟୀ ହେବାକୁ ହେବ । ସ୍ନେହ, ସମ୍ବନ୍ଧ, ପାରସ୍ପରିକତା ଓ ଦାୟିତ୍ୱର ସୂତ୍ରଟିଏ ବୁଣିବାକୁ ହେବ । ଏହିଧାରା ଭାରତବର୍ଷର ସାଧାରଣ ମଣିଷ, ଖ୍ରୀଷ୍ଟିୟାନ ଅନୁଷ୍ଠାନ ଓ ଖ୍ରୀଷ୍ଟଧର୍ମ ମଧ୍ୟରେ ଅଧିକ ବୁଝାମଣା ସ୍ଥାପିତ ହୋଇପାରିବ । (୩୯)

ହିନ୍ଦୁ-ଖ୍ରୀଷ୍ଟିୟାନ ସମ୍ବନ୍ଧ: ଦଳିତ ଓ ଆଦିବାସୀ

ହିନ୍ଦୁମାନେ ଏକ ସମରୂପୀ ଗୋଷ୍ଠୀ ନୁହଁନ୍ତି । ଅନୁସୂଚିତ ଜାତି ବା scheduled caste ଯେଉଁମାନଙ୍କୁ ଏବେ ଦଳିତ ବୋଲି କୁହାଯାଉଛି ସେମାନେ ହିନ୍ଦୁ ସମାଜର ଏକ ମୁଖ୍ୟ ଭାଗ । ଦଳିତମାନେ ବ୍ରାହ୍ମଣମାନଙ୍କର ଆଧିପତ୍ୟକୁ ପ୍ରଶ୍ନ କରିଛନ୍ତି ଓ ପ୍ରତିରୋଧ କରିଛନ୍ତି ଓ ସେମାନେ ହିନ୍ଦୁ ଖ୍ରୀଷ୍ଟିୟାନ ବା ହିନ୍ଦୁ କାଥୋଲିକ୍ ହିନ୍ଦୁ ଶବ୍ଦକୁ ବିରୋଧ କରନ୍ତି । ଏମିତି ଶବ୍ଦମାନ ଉଚ୍ଚଜାତିର ହିନ୍ଦୁମାନଙ୍କ ଦ୍ୱାରା ସୃଷ୍ଟି ହୋଇଛି ଯେଉଁମାନେ ହିନ୍ଦୁଧର୍ମରୁ ଖ୍ରୀଷ୍ଟଧର୍ମକୁ ଆସିଛନ୍ତି, ଧର୍ମ ପରିବର୍ତ୍ତନ କରିଛନ୍ତି । ସେମାନେ ହିନ୍ଦୁଧର୍ମର ଉଚ୍ଚତର ଓ ରହସ୍ୟାତ୍ମକ (mystical) ଦର୍ଶନର ଦୃଷ୍ଟିରେ ଖ୍ରୀଷ୍ଟଧର୍ମକୁ ଦେଖିଛନ୍ତି । ବେଦାନ୍ତ ଦୃଷ୍ଟିରେ ଖ୍ରୀଷ୍ଟଧର୍ମର ତ୍ରିସତ୍ତା ବା Trinity କୁ ଅନୁଭବ କରିଛନ୍ତି । ମାତ୍ର ଏମାନେ ଦଳିତ ଓ ନିଷ୍ପେଷିତ ବର୍ଗର ଗର୍ଭଯନ୍ତ୍ରଣା ଓ ଜୀବନ ଦୁଃଖକୁ ଅନୁଭବ କରିନାହାନ୍ତି । କତିପୟ ଉଚ୍ଚଜାତିର ହିନ୍ଦୁମାନେ ଖ୍ରୀଷ୍ଟଧର୍ମକୁ

ଧର୍ମାନ୍ତରିତ ହୋଇ ଆସିଲେ ଏହାଦ୍ୱାରା ସମାଜର ଚଳତ୍‌କ୍ରିୟା ଓ ଚେତନାରେ ବେଶୀ କିଛି ପରିବର୍ତ୍ତନ ହୋଇଯାଏ ନାହିଁ। ଏପରିକି ଦଳିତ ମାନେ ଅନେକ ସଂଖ୍ୟାରେ ଖ୍ରୀଷ୍ଟଧର୍ମ ଗ୍ରହଣ କରିଥିଲେ ମଧ୍ୟ ଖ୍ରୀଷ୍ଟିୟାନ ସମାଜ ଓ ଆରାଧନା ଭୂମିରେ ଦଳିତମାନେ ସମାନ ପ୍ରକାର ଜାତିଭେଦ ଓ ଅମର୍ଯ୍ୟାଦାକୁ ସମ୍ମୁଖ କରୁଛନ୍ତି। ଦଳିତ ଖ୍ରୀଷ୍ଟିୟାନମାନେ ଉଚ୍ଚଜାତିର ଖ୍ରୀଷ୍ଟିୟାନ୍ ମାନଙ୍କ ସହିତ ଗୋଟିଏ ଉପାସନା ମନ୍ଦିରରେ ସାଙ୍ଗହୋଇ ଆରାଧନା କରିପାରୁନାହାନ୍ତି। ସେମାନଙ୍କ ପାଇଁ ସ୍ୱତନ୍ତ୍ର ଗୀର୍ଜା ରହିଛି। ମାତ୍ର ଭାରତବର୍ଷରେ ଓ ସମଗ୍ର ପୃଥିବୀରେ ଦଳିତ ଚେତନାର ଜାଗରଣ ସହିତ ଏବେ ଦଳିତ ଖ୍ରୀଷ୍ଟିୟାନ ମାନଙ୍କର ମଧ୍ୟ ସାମାଜିକ, ଧାର୍ମିକ, ଆଧ୍ୟାତ୍ମିକ ଓ ଚେତନାଗତ ଉଦ୍‌ବେଳନ ଘଟୁଛି। ତାମିଲନାଡୁ ଭଳି ପ୍ରଦେଶରେ ଦଳିତ ଖ୍ରୀଷ୍ଟିୟାନ୍‌ମାନେ ସଂଗଠିତ ହୋଇଛନ୍ତି ଓ ସେମାନେ ଖ୍ରୀଷ୍ଟିୟାନ୍ ଚର୍ଚ୍ଚ ମଧ୍ୟରେ ଓ ବୃହତ୍ତର ସମାଜରେ ଜାତିବିଭେଦ ଓ ବୈଷମ୍ୟ ବିରୁଦ୍ଧରେ ସ୍ୱର ଉତ୍ତୋଳନ କରୁଛନ୍ତି। ଦଳିତ ଜୀବନ ଜଗତରୁ ଆସିଥିବା ପାର୍ଦ୍ରୀମାନେ ପ୍ରତିଷ୍ଠିତ ଓ ମୁଖ୍ୟସ୍ରୋତରେ ଥିବା ଗୀର୍ଜାମାନଙ୍କ ଭିତରେ ଥିବା ଜାତିଗତ ବୈଷମ୍ୟକୁ ବିରୋଧ କରୁଛନ୍ତି, ସେମାନେ ମଧ୍ୟ ଚର୍ଚ୍ଚ ଶାସନରେ ଦଳିତ ପାର୍ଦ୍ରୀମାନଙ୍କର ସ୍ଥାନ ପାଇଁ ଦାବୀ କରୁଛନ୍ତି ଅର୍ଥାତ୍ ସେମାନେ କିପରି ବିଶପ୍ ଓ ଆର୍କବିଶପ୍ ହୋଇପାରିବେ ତାଦ୍ୱାରା ଚର୍ଚ୍ଚ ଶାସନ କେବଳ ଉଚ୍ଚଜାତି ଓ ବର୍ଗରୁ ଆସିଥିବା ଖ୍ରୀଷ୍ଟିୟାନ୍ ପାର୍ଦ୍ରୀମାନଙ୍କ ମଧ୍ୟରେ ସୀମିତ ହୋଇରହିବ ନାହିଁ।

ଏହି କ୍ଷେତ୍ରରେ ସଂରକ୍ଷଣର ସୁବିଧା ମଧ୍ୟ ଗୋଟିଏ ବିରାଟ ପ୍ରଶ୍ନ। ଅନ୍ୟ ଦଳିତମାନେ ଶିକ୍ଷା ଓ କର୍ମଭୂମିରେ ସଂରକ୍ଷଣର ସୁବିଧା ପାଉଥିବାବେଳେ ଦଳିତ ଖ୍ରୀଷ୍ଟିୟାନ୍ ଯେମିତି ଦଳିତ ମୁସଲମାନମାନେ ଏମିତି ସୁବିଧାରୁ ବଞ୍ଚିତ ହୋଇଥାନ୍ତି। ବର୍ତ୍ତମାନ ଦଳିତ ଖ୍ରୀଷ୍ଟିୟାନ୍ ଓ ଦଳିତ ମୁସଲମାନ ମାନେ ଏକ ବୃହତ୍ତର ଦଳିତ ଓ ସାମାଜିକ ଆନ୍ଦୋଳନର ଅଂଶଭାବେ ଏହାର ବିରୋଧ କରୁଛନ୍ତି ଓ ସଂରକ୍ଷଣର ସୁଯୋଗ ସେମାନଙ୍କୁ ମିଳୁ ବୋଲି ଆନ୍ଦୋଳନ କରୁଛନ୍ତି। ଇତିମଧ୍ୟରେ କେତେକ ସ୍କୁଲମାନଙ୍କରେ ଦଳିତ ଖ୍ରୀଷ୍ଟିୟାନମାନେ ସଂରକ୍ଷଣର ସୁଯୋଗ ପାଇଁ ହିନ୍ଦୁନାମ ବ୍ୟବହାର କରୁଛନ୍ତି। (୪୦)

ଏହିକ୍ଷେତ୍ରରେ ଦଳିତ ଖ୍ରୀଷ୍ଟିୟାନମାନେ ସେମାନଙ୍କର ନିଜର ଧର୍ମତତ୍ତ୍ୱକୁ ଉପସ୍ଥାପନା କରୁଛନ୍ତି ଓ ଜାହିର କରୁଛନ୍ତି। ପ୍ରସନ୍ନ କୁମାରୀ ନାମ୍ନୀ ଜଣେ ଧର୍ମତତ୍ତ୍ୱ ବିଦୁଷୀଙ୍କ ବିଚାରରେ, ଦଳିତ ମାନଙ୍କ ପାଇଁ ମାର୍ଟିନ୍ ଲୁଥରଙ୍କର Theology of Cross ସବୁଠାରୁ ଅଧିକ ପ୍ରଯୁଜ୍ୟ ଯାହା ଦଳିତମାନଙ୍କର ଯନ୍ତ୍ରଣା ଓ ମୁକ୍ତିପ୍ରୟାସୀ ସାଧନା ଓ ସଂଗ୍ରାମକୁ ପ୍ରତିଫଳିତ କରାଇଥାଏ। (୪୧) ଧର୍ମତତ୍ତ୍ୱବିଦ୍ ଏ. ଅରୁଲ

ରାଜା ଦଳିତ ଧର୍ମତତ୍ତ୍ୱ ଓ ଆଧ୍ୟାତ୍ମିକତା କିପରି ବ୍ୟବସ୍ଥା ବିରୋଧୀ ଓ ମୁକ୍ତି ସଂଗ୍ରାମକାମୀ -- ଏହି ବିଷୟରେ ଆଲୋଚନା କରନ୍ତି। ଦଳିତମାନେ ତାଙ୍କର ଦୈନନ୍ଦିନ ଜୀବନରେ drum ବା ବାଜା ବଜାଇଥାନ୍ତି ଏବଂ ଦଳିତ ଧର୍ମତତ୍ତ୍ୱ ହେଉଛି drum ବ୍ୟବହାରର ଧର୍ମତତ୍ତ୍ୱ ଯେଉଁଥିରେ ଦଳିତ ଖ୍ରୀଷ୍ଟିଆନମାନେ ଓ ସଂପୃକ୍ତ ଅନେକେ ଶୋଷଣ ଓ ଦମନ ବିରୁଦ୍ଧରେ ବାଜା ବଜାନ୍ତି। (୪୨) ଏହି କ୍ଷେତ୍ରରେ ଧର୍ମତତ୍ତ୍ୱବିଦ୍ ସାଥିଆନାଥନ୍ କ୍ଲାର୍କ କହନ୍ତି: "ବାଜା ଦଳିତମାନଙ୍କ ମଧ୍ୟରେ ଖ୍ରୀଷ୍ଟଙ୍କର ଉପସ୍ଥିତିକୁ ପ୍ରତିନିଧିତ୍ୱ କରିଥାଏ।" (୪୩) Drum ମାଧ୍ୟମରେ ଦଳିତମାନେ, ବାଛନ୍ଦମାନେ ଜାତି ବ୍ୟବସ୍ଥାର ମୂଲ୍ୟବୋଧକୁ ପ୍ରତିରୋଧ କରନ୍ତି, ଟକ୍କର ଦିଅନ୍ତି। ଯନ୍ତ୍ରଣାର ଜୀବନରୁ ମୁକ୍ତିପାଇଁ ଅତ୍ୟାଚାର ବିରୁଦ୍ଧରେ drum ବଜାଇବା ଆବଶ୍ୟକ ଓ ଏହା ଯୀଶୁଖ୍ରୀଷ୍ଟଙ୍କର ମୁକ୍ତିପଥ ସହ ସଂପୃକ୍ତ। ତାମିଲନାଡୁର ଦଳିତ ଖ୍ରୀଷ୍ଟିୟାନ୍ ମାନଙ୍କର ଜାଗରଣ ଘଟିଛି ଯେଉଁଥିରେ ଦଳିତ ଖ୍ରୀଷ୍ଟିୟାନମାନେ ଓ ଦଳିତ ଖ୍ରୀଷ୍ଟିୟାନ ସମୁଦାୟରୁ ଆସିଥିବା ପାଦ୍ରୀମାନେ ଗୀର୍ଜା ଓ ଚର୍ଚ୍ଚ ସମୁଦାୟ ମଧ୍ୟରେ ଥିବା ଜାତିଭେଦ ଉଚ୍ଚନୀଚ ଓ ଦମନ ପ୍ରକ୍ରିୟାକୁ ବିରୋଧ କରନ୍ତି (୪୪)। ଅନ୍ୟ ଦଳିତମାନେ ସଂରକ୍ଷଣ ସୁବିଧା ପାଉଥିବାବେଳେ ଦଳିତ ଖ୍ରୀଷ୍ଟିୟାନମାନେ ଏହି ସୁବିଧାରୁ ବଞ୍ଚିତ ଓ ଦଳିତ ଖ୍ରୀଷ୍ଟିୟାନମାନେ ତାମିଲନାଡୁ ଓ ସାରା ଭାରତବର୍ଷରେ ଏମିତି ସଂରକ୍ଷଣ ବ୍ୟବସ୍ଥା ବିରୋଧରେ ପ୍ରତିବାଦ କରନ୍ତି ଓ ସେମାନେ ଦଳିତ ହୋଇଥିବାରୁ ସେମାନଙ୍କୁ ମଧ୍ୟ ସଂରକ୍ଷଣ ମିଳୁ ବୋଲି ଦାବୀ କରନ୍ତି।

ଦଳିତ ଖ୍ରୀଷ୍ଟିୟାନ୍ ମାନେ ସେମାନଙ୍କର ନିଜର ଦଳିତ ଧର୍ମତତ୍ତ୍ୱକୁ ଉପସ୍ଥାପନା କରନ୍ତି। ଏହି କ୍ଷେତ୍ରରେ ଶ୍ରୀଯୁକ୍ତା ପ୍ରସନ୍ନା କୁମାରୀ କହନ୍ତି ଯେ', "ମାର୍ଟିନ୍ ଲୁଥରଙ୍କର କ୍ରୁଶର ଧର୍ମତତ୍ତ୍ୱ (Theology of the Cross) ଦଳିତ ଖ୍ରୀଷ୍ଟିୟାନ୍ ମାନଙ୍କ ପାଇଁ ସର୍ବାଗ୍ରେ ପ୍ରଯୁଜ୍ୟ। ଏହି କ୍ରୁଶର ଧର୍ମତତ୍ତ୍ୱ ଆମର ଆତ୍ମିକ ଓ ସାମାଜିକ ଯନ୍ତ୍ରଣାକୁ ସୂଚାଇଥାଏ ଓ ଏହାକୁ ରୂପାନ୍ତରିତ କରିବାକୁ ପ୍ରୟାସ କରିଥାଏ।" (୪୫) ଶ୍ରୀଯୁକ୍ତ ସାଥିଆନଥନ୍ କ୍ଲାର୍କ ଏହି କ୍ଷେତ୍ରରେ drum ବା ବାଜାର ଧର୍ମତତ୍ତ୍ୱ ବିଷୟରେ କହିଥାନ୍ତି "ଯେଉଁ ବାଜା ଦଳିତ ମାନଙ୍କର ଶୋଷଣ ବିରୁଦ୍ଧରେ ଓ ମୁକ୍ତିପାଇଁ ସଂଗ୍ରାମ କରିଥାଏ। ଦଳିତ ଧର୍ମତତ୍ତ୍ୱ ହେଉଛି ମୁକ୍ତି ବାଦ୍ୟର ଧର୍ମତତ୍ତ୍ୱ।" ଶ୍ରୀଯୁକ୍ତ କ୍ଲାର୍କ ଏହି କ୍ଷେତ୍ରରେ କହନ୍ତି : "[...] drum ବା ବାଦ୍ୟ ଦଳିତମାନଙ୍କ ମଧ୍ୟରେ ଖ୍ରୀଷ୍ଟଙ୍କର ସ୍ଥିତିକୁ ପ୍ରତିନିଧିତ୍ୱ କରେ। ବାଦ୍ୟ ପାଇଥିବା ବହିଷ୍କୃତ ମାନଙ୍କର ଜାତି ସମୁଦାୟର ମୂଲ୍ୟବୋଧ ବ୍ୟବସ୍ଥା ବିରୁଦ୍ଧରେ ପ୍ରତିବାଦର ନାଁକୁ ପ୍ରତିନିଧିତ୍ୱ କରେ। ଯନ୍ତ୍ରଣା ଓ ଯୀଶୁଖ୍ରୀଷ୍ଟଙ୍କର ପଥ ସହିତ drum ବା ବାଦ୍ୟ ଅଙ୍ଗାଙ୍ଗୀ ଭାବେ ସଂପୃକ୍ତ।" (୪୬)

ଦଳିତ ଖ୍ରୀଷ୍ଟିୟାନ୍ ମାନେ କେବଳ ଖ୍ରୀଷ୍ଟଧର୍ମତତ୍ତ୍ୱ ତଥା ଲୁଥରଙ୍କର କ୍ରୁଶ ଧର୍ମତତ୍ତ୍ୱଠାରୁ ପ୍ରେରଣା ଲାଭ କରନ୍ତି ତାହାନୁହେଁ, ସେମାନେ ମଧ୍ୟ କବୀର, ରାଇଦାସ ଓ ଭାରତବର୍ଷର ନିର୍ଗୁଣ ଆଧ୍ୟାତ୍ମିକ ପରମ୍ପରାଠାରୁ ପ୍ରେରଣା ଲାଭ କରନ୍ତି । ଏହି କ୍ଷେତ୍ରରେ ମାଥିଉ ସ୍ମାଲ୍ଜ (Mathew Schmalz) ନାମକ ଜଣେ ନୃତତ୍ତ୍ୱବିଦ୍ ଉତ୍ତରପ୍ରଦେଶର ଜନ୍ ମାସି ନାମକ ଜଣେ ଦଳିତ ଖ୍ରୀଷ୍ଟିୟାନ୍ଙ୍କ ସହିତ କଥାବାର୍ତ୍ତା କରିଛନ୍ତି । ଉତ୍ତରପ୍ରଦେଶର ଗୋଟିଏ ଖ୍ରୀଷ୍ଟିୟାନ୍ ଆଶ୍ରମରେ ଜନ୍ ଯୋଗ ଦେଇଥିଲେ ଯାହା ଭାରତର ଆଧ୍ୟାତ୍ମିକ ଧାରାକୁ ଖ୍ରୀଷ୍ଟ ଧର୍ମ ଅଧ୍ୟାତ୍ମ ଧାରା ସହିତ ସଂଯୁକ୍ତ କରିବାକୁ ଆଗ୍ରହୀ ଥିଲା । ମାତ୍ର ସେ ଦେଖିଲେ ଯେ ଏହି ଆଶ୍ରମରେ କବୀର ଓ ରାଇଦାସଙ୍କ ସହିତ କୌଣସି ସଂଳାପ ନାହିଁ । ତାଙ୍କର ଅନୁଭବରେ, "କବୀର ଓ ରବିଦାସ ସେତିକି ଭାରତୀୟ ଯେମିତି ପତଞ୍ଜଳି ଓ ଶଙ୍କର । ମାତ୍ର କବୀରଙ୍କର ନାମ ଆଶ୍ରମରେ କେହି କହୁନଥିଲେ .... ସକାଳର ଧ୍ୟାନରେ ଅଥବା ଭାରତୀୟ ଖ୍ରୀଷ୍ଟୀୟାନ୍ ଅନୁଭବ ସମ୍ପର୍କରେ" (୪୭) । ତାଙ୍କର ନିମ୍ନସ୍ଥ ସ୍ଥିତିକୁ ବ୍ୟକ୍ତ କରି ସେ ଏକ କବିତା ଲେଖିଥିଲେ: "ଜଣେ କିପରି ଆପଣାର ସଂଗ୍ରାମକୁ ଜାରି ରଖିବ ଯେତେବେଳେ ଜଣେ ଭଙ୍ଗା ଆଇନା ରୂପେ ଜଣେ ଜୀବନକୁ ପାର ହୋଇଥାଏ [...] ଓହୋ ମୁଁ ପଂଜୁରୀରେ ଥିବା ଗୋଟିଏ ବାଘ" (୪୮) ।

ଭାରତବର୍ଷର ଆଦିବାସୀ ସମୂହଙ୍କ ମଧ୍ୟରେ ମଧ୍ୟ ଖ୍ରୀଷ୍ଟଧର୍ମ ଅନେକ ମାର୍ଗରେ -- ଧର୍ମାନ୍ତରୀକରଣ ଓ ସ୍ୱେଚ୍ଛାକୃତ ଧର୍ମ ଗ୍ରହଣ ପ୍ରକ୍ରିୟାରେ ... ପ୍ରସାରିତ ହୋଇଛି । ଆଦିବାସୀ ସମୁଦାୟକୁ କେତେକ ହିନ୍ଦୁମାନେ ବିଶେଷକରି ହିନ୍ଦୁ ମୌଳବାଦୀମାନେ କେବଳ ହିନ୍ଦୁରୂପେ ଧରି ନେଇଥାଆନ୍ତି । ଆଦିବାସୀମାନଙ୍କର ଯେ ସ୍ୱକୀୟ ଧର୍ମ, ସାଂସ୍କୃତିକ ଓ ଆଧ୍ୟାତ୍ମିକ ଜୀବନ ରହିଛି ଏହାକୁ ହିନ୍ଦୁ ମୌଳବାଦୀମାନେ ଗ୍ରହଣ କରିପାରନ୍ତି ନାହିଁ । ଆଦିବାସୀ ମାନଙ୍କର ଦାରିଦ୍ର୍ୟ ଓ ସ୍ୱାସ୍ଥ୍ୟସେବା ଅଭାବର ସୁଯୋଗ ନେଇ ଖ୍ରୀଷ୍ଟିୟାନ୍ ମିସନାରୀମାନେ ଆଦିବାସୀମାନଙ୍କୁ ଖ୍ରୀଷ୍ଟଧର୍ମକୁ ଧର୍ମାନ୍ତରିତ କରନ୍ତି ବୋଲି ହିନ୍ଦୁ ମୌଳବାଦୀମାନେ ଅଭିଯୋଗ କରନ୍ତି ଓ ଏହି ପ୍ରକ୍ରିୟାରେ ଖ୍ରୀଷ୍ଟିୟାନ୍ ମିସନାରୀମାନଙ୍କ ଉପରେ ଆକ୍ରମଣ କରନ୍ତି । ଖ୍ରୀଷ୍ଟିୟାନ୍ ମିସନାରୀମାନେ ଧର୍ମାନ୍ତରୀକରଣବେଳେ ବେଳେବେଳେ ହିନ୍ଦୁଧର୍ମ ଉପରେ ଦେଉଥିବା ମନ୍ତବ୍ୟରେ ମର୍ଯ୍ୟାଦାବନ୍ତ ନୁହନ୍ତି । ବେଳେବେଳେ ସେମାନେ ହିନ୍ଦୁ ଦେବାଦେବୀଙ୍କ ସଂପର୍କରେ ସମ୍ମାନହାନୀ ମନ୍ତବ୍ୟ ଦେଇଥାନ୍ତି ଯେଉଁ ସଂପର୍କରେ ଅନେକବର୍ଷ ତଳେ ସ୍ୱୟଂ ଫକୀରମୋହନ ମଧ୍ୟ ଲେଖିଛନ୍ତି । ମାତ୍ର ଆଦିବାସୀମାନେ ଯେଉଁ ଜୀବନ ଆହ୍ୱାନ ଭିତରେ ରହିଛନ୍ତି... ଯଥା ସେମାନଙ୍କର ଭୂମିହୀନତା, ଶିକ୍ଷା ଓ ସ୍ୱାସ୍ଥ୍ୟ ସେବା ଅଭାବର

ସଂକଟ... ଏହିସବୁ ସହିତ ଖ୍ରୀଷ୍ଟିୟାନ୍ ଧର୍ମ ଓ ସାମାଜିକ ଅନୁଷ୍ଠାନ ମାନ କିଛି ମାତ୍ରାରେ ସଂଶ୍ଲିଷ୍ଟ। ସେମାନେ ଆଦିବାସୀ ମାନଙ୍କର ସୁଖଦୁଃଖରେ ଭାଗନେଇ ସେମାନଙ୍କ ଜୀବନଭୂମିରେ କିଛି ପରିବର୍ତ୍ତନ ଆଣିବାକୁ ଚେଷ୍ଟା କରିଛନ୍ତି। ଏହି ପ୍ରୟାସ ଫଳରେ ଆଦିବାସୀ ମାନଙ୍କର କିଛି ଜାଗରଣ ଘଟିଛି ଯାହାଫଳରେ ସେମାନେ ଅନ୍ୟାୟକୁ ମଥାପାତି ଗ୍ରହଣ କରି ନେଉନାହାନ୍ତି। ଏହାଫଳରେ ଆଦିବାସୀ ସମାଜରେ ପୂର୍ବରୁ ଶାସନ କରୁଥିବା ସାମନ୍ତମାନେ କ୍ଷୁବ୍ଧ। ଏହିସବୁ ପ୍ରକ୍ରିୟାରେ ହିନ୍ଦୁ ମୌଳବାଦୀ ସଂସ୍ଥାମାନେ ଧର୍ମାନ୍ତରୀକରଣ ବିରୁଦ୍ଧରେ ଲଢୁଛନ୍ତି ଓ ଯେଉଁମାନେ ଧର୍ମ ପରିବର୍ତ୍ତନ କରିଛନ୍ତି ସେମାନଙ୍କୁ ହିନ୍ଦୁଧର୍ମକୁ ଆସିବାକୁ କେତେକ କ୍ଷେତ୍ରରେ ବାଧ୍ୟ କରୁଛନ୍ତି। ହିନ୍ଦୁଧର୍ମକୁ ଫେରିଆସି ଏହି ବ୍ୟକ୍ତି ଓ ପରିବାରକୁ ଅନେକ ପୂଜା, ହୋମ କରିବାକୁ ହୋଇଥାଏ। ଜାତି-ଭାଇମାନଙ୍କୁ ଭୋଜି ଦେବାକୁ ହୋଇଥାଏ। ଏହି ପ୍ରକ୍ରିୟାରେ ଅନେକ ପରିବାର ତଳିତଳାନ୍ତ ହୋଇଯାଆନ୍ତି। ଖ୍ରୀଷ୍ଟଧର୍ମରେ ଥିବାବେଳେ ଚର୍ଚ୍ଚ ଓ ଅନେକ ଅନୁଷ୍ଠାନମାନେ ଆଦିବାସୀମାନଙ୍କୁ ପିଇବାକୁ, ନିଶାସକ୍ତ ହୋଇ ଗଡିବାକୁ ଓ ନିଜକୁ, ପରିବାରକୁ ଓ ଜୀବନ ନଷ୍ଟ ନ କରିବାକୁ ବାରଣ କରିଥାଏ। ମାତ୍ର ହିନ୍ଦୁଧର୍ମକୁ ଆସିଲେ ଏହି ଆଦିବାସୀ ମାନଙ୍କ ଉପରେ ଏହି ବାରଣ କଟିଯାଏ। ହିନ୍ଦୁ ମୌଳବାଦୀ ସଂସ୍ଥାମାନେ ଆଦିବାସୀ ଅଞ୍ଚଳରେ ଜମି ଅଧିକାର, ଶିକ୍ଷା ଓ ସ୍ୱାସ୍ଥ୍ୟସେବାର ପ୍ରସାର ପାଇଁ ପ୍ରାୟ ଆଗ୍ରହୀ ଓ ଅଙ୍ଗୀକାରବଦ୍ଧ ନୁହନ୍ତି। ଧର୍ମାନ୍ତରୀକରଣ ବିରୁଦ୍ଧରେ ଆକ୍ରମଣରେ ଏମାନେ ଆବଦ୍ଧ ଓ ଅନେକ ସମୟରେ ଏହି ଆକ୍ରମଣ ବର୍ବରୋଚିତ ରୂପ ନେଇଥାଏ। ୧୯୯୯ ମସିହାରେ କେଉଁଝରର ମନୋହରପୁର ଗାଆଁରେ ଦାରା ସିଂହ ଓ ତାଙ୍କର କେତେକ ସହଯୋଗୀ ଗ୍ରାହାମ୍ ଷ୍ଟାଇନ୍ ଓ ତାଙ୍କର ଦୁଇ ଶିଶୁପୁତ୍ରକୁ ସେମାନେ ଜିପ୍‌ରେ ଶୋଇଥିବାବେଳେ ନିଆଁ ଲଗାଇ ଜିଅନ୍ତା ପୋଡିଦେଲେ।

ଏମିତି ଆହ୍ୱାନ, ଆକ୍ରମଣ ଓ ହତ୍ୟା ମଧ୍ୟରେ ଆଦିବାସୀ ଖ୍ରୀଷ୍ଟିୟାନ୍ ମାନଙ୍କ ମଧ୍ୟରେ ଏକ ଚେର ସଚେତନ ଜାଗରଣ ଘଟୁଛି ଯେ' ସେମାନେ ଏହି ଭୂମିର, ଏହି ସଂସ୍କୃତିର, ଏଇ ମାଟିର ଓ ଏଇ ଦେଶର। ସେମାନେ ଖ୍ରୀଷ୍ଟିୟାନ୍ ହୋଇଥିବାରୁ ବିଦେଶୀୟ ନୁହନ୍ତି। ଭାରତ ବର୍ଷର ଉତ୍ତର ପୂର୍ବାଞ୍ଚଳରେ ଅନେକ ଆଦିବାସୀମାନେ ଖ୍ରୀଷ୍ଟଧର୍ମ ଗ୍ରହଣ କରିଛନ୍ତି। ଏହି ପ୍ରକ୍ରିୟାର ପ୍ରଥମ ଓ ପ୍ରଭାବଶାଳୀ ପର୍ଯ୍ୟାୟରେ ସେଠାକାର ଆଦିବାସୀ ଖ୍ରୀଷ୍ଟିୟାନ୍‌ମାନେ ନିଜର ଚେର ଓ ସଂସ୍କୃତି ହରାଇଛନ୍ତି। ସେମାନେ ନିଜର ଆଦିବାସୀ ସଂସ୍କୃତିକୁ ଆପଣାର ଖ୍ରୀଷ୍ଟଧର୍ମ ଉପାସନା ମଧ୍ୟରେ ସୃଜନଶୀଳ ଭାବେ ପ୍ରକାଶିତ କରିପାରି ନାହାନ୍ତି। ମାତ୍ର ଏବେ ସେଠାକାର ଖ୍ରୀଷ୍ଟିୟାନ୍ ମାନେ ଏକା ସାଙ୍ଗରେ ଆପଣାକୁ ଖ୍ରୀଷ୍ଟିୟାନ୍ ଓ ନାଗାରୂପେ ଅନୁଭବ କରୁଛନ୍ତି,

ସେମାନଙ୍କ ମଧ୍ୟରେ ମର୍ଯ୍ୟାଦାବନ୍ତ ସହ-ପରିଚିତିର ଜାଗରଣ ଘଟୁଛି। ନାଗାଲାଣ୍ଡର ଏକ ଖ୍ରୀଷ୍ଟିୟାନ୍ ନେତା ଏହି କ୍ଷେତ୍ରରେ କହନ୍ତି:

> [...] ମୋର ନାଗା ଲୋକମାନଙ୍କ ଭଳି ମୁଁ ଜଣେ ଖ୍ରୀଷ୍ଟିୟାନ୍ ମାତ୍ର ମୁଁ ୟୁରୋପୀୟ ନୁହେଁ। ମୋର ଈଶ୍ୱରଙ୍କ ସହିତ ମୋର ଏକ ସମ୍ପର୍କ ରହିଛି। ମୋର Anglican ପୂର୍ବପୁରୁଷମାନଙ୍କ ଭଳି ମୋର ଈଶ୍ୱର ମୋତେ ସ୍ୱପ୍ନରେ କହନ୍ତି। ମୋତେ Anglican ବା Catholic ହେବାକୁ ହେବ ନାହିଁ ଏବଂ ଏହିସବୁ rituals ବା ଉପଚାର ମଧ୍ୟରେ ଯିବାକୁ ହେବନାହିଁ। ମୋର ଏସବୁ କିଛି ଦରକାର ନାହିଁ। ମୁଁ ଏଠାରେ ନାଗା ଖ୍ରୀଷ୍ଟଧର୍ମ କଥା କହୁଛି... ଏକ ଦେଶଜ ନାଗା ଖ୍ରୀଷ୍ଟଧର୍ମ କଥା କହୁଛି (୪୯) ।

ଏମିତି ଦେଶଜ ଖ୍ରୀଷ୍ଟଧର୍ମର ପରିପ୍ରକାଶ ଓ ଜାଗରଣ ଏକ ଆଦିବାସୀ ଧର୍ମତତ୍ତ୍ୱ ସୃଷ୍ଟି କରୁଛି। ଏହି ଆଦିବାସୀ ଧର୍ମତତ୍ତ୍ୱ ବା tribal theology ରେ ପୂର୍ବ ବର୍ଣ୍ଣିତ Dalit theology ଭଳି ଆଦିବାସୀ ଧର୍ମ ଓ ସଂସ୍କୃତି ଓ ଖ୍ରୀଷ୍ଟିୟାନ୍ ଧର୍ମତତ୍ତ୍ୱ ମଧ୍ୟରେ ସଂଳାପ ଘଟୁଛି। ମାତ୍ର ଏହି କ୍ଷେତ୍ରରେ ଆହ୍ୱାନମାନ ମଧ୍ୟ ରହିଛି। ସମୀକ୍ଷକ ଶ୍ରୀଯୁକ୍ତ ନାନ୍‌ସି ଲୋବୋ ଏଠାରେ ଆମକୁ କହନ୍ତି ଯେ' ଦେଶଜୀକରଣର ପ୍ରକ୍ରିୟା ମାଧ୍ୟମରେ କାଥୋଲିକ୍ ଚର୍ଚ୍ଚ ଆଦିବାସୀ ସଂସ୍କୃତି ସହିତ ସଂଯୋଗ ସ୍ଥାପନା କରୁଛି। ମାତ୍ର କାଥୋଲିକ୍ ଚର୍ଚ୍ଚରେ ବଡପଣ୍ଡା ବା ଉପରିସ୍ଥ ଏଲିଟ୍ (elite) ମାନେ ଏହି ପ୍ରକ୍ରିୟାକୁ ନିୟନ୍ତ୍ରଣ କରିବାକୁ ଚେଷ୍ଟା କରୁଛନ୍ତି। (୫୦) ସେମାନେ ଆଦିବାସୀ ସଂସ୍କୃତିର ବ୍ୟାଖ୍ୟା ଓ ଉପସ୍ଥାପନା ନିଜର ସୀମିତ ଉପରିସ୍ଥ ଅନୁଭବ ଓ ଦୃଷ୍ଟିକୋଣରୁ କରୁଛନ୍ତି।

ମାତ୍ର ଉଚ୍ଚ ଜାତିର ହିନ୍ଦୁମାନେ ଧର୍ମାନ୍ତରୀକରଣରେ ଆଗ୍ରହୀ ନଥିଲେ। ନିମ୍ନଜାତି ଓ ବର୍ଗର ହିନ୍ଦୁମାନେହିଁ ମିସନ୍ କାର୍ଯ୍ୟକୁ ସମର୍ଥନ କରିଥିଲେ। ଏମାନେ ବାଇବେଲ, ଧର୍ମ ପୁସ୍ତକ ଓ ବିଶ୍ୱାସର ଉପାଦାନ ମାନଙ୍କ ଉପରେ ଯେତିକି ଆଗ୍ରହୀ ନଥିଲେ, ଏମାନେ ଭୌତିକ ଓ ଆର୍ଥିକ ସାହାଯ୍ୟ, ଲାଭ ଓ ଅଭ୍ୟୁଦୟରେ ଅଧିକ ଆଗ୍ରହୀ ଥିଲେ। ଉଦାହରଣ ସ୍ୱରୂପ ଏମାନଙ୍କ ମଧ୍ୟରୁ ଅନେକ ଦାରିଦ୍ର୍ୟ, କ୍ଷୁଧା ଓ ସ୍ୱାସ୍ଥ୍ୟ ସେବାର ଅଭାବ ଦ୍ୱାରା ପୀଡିତ ଥିଲେ ଓ ଖ୍ରୀଷ୍ଟିୟାନ୍ ମିସନାରୀମାନେ ଏମିତି ସେବା ଓ ସାହାଯ୍ୟ ପ୍ରଦାନ କରୁଥିବାରୁ ସେମାନେ ଖ୍ରୀଷ୍ଟଧର୍ମ ଗ୍ରହଣ କରିଥିଲେ। ସମାଲୋଚକମାନେ ଯେଉଁମାନେ ଏମିତି କ୍ଷୁଧା ଓ ଜୀବନ କଷଣର ଭୁକ୍ତଭୋଗୀ ନୁହଁନ୍ତି ସେମାନେ ଅଙ୍ଗୁଳି ନିର୍ଦ୍ଦେଶ କରନ୍ତିଯେ' ଏହି ଲୋକମାନେ ଅନ୍ନମୁଠାକ ପାଇଁ, ପେଟ ଚାଖଣ୍ଡକ ପାଇଁ ଆପଣାର ଧର୍ମ ପରିବର୍ତ୍ତନ କରୁଛନ୍ତି। ସେମାନେ ହେଉଛନ୍ତି Rice Christian -- ଚାଉଳିଆ ଖ୍ରୀଷ୍ଟିୟାନ୍। ମାତ୍ର ଏହା ଏକ ସୀମିତ, ଉପରିସ୍ଥ ଓ ଉପରଠାଉରିଆ

ସମାଲୋଚନା। ଏଠାରେ ଶ୍ରୀଯୁକ୍ତ ଫେଲିକସ ଉଇଲଫ୍ରେଡ୍ ଆମକୁ ମନନ ଓ ଆତ୍ମ-ଅନୁଶୀଳନ କରିବାକୁ ଆହ୍ୱାନ ଦିଅନ୍ତି : ଯେଉଁମାନେ ଆଧାତ୍ମିକ ଆଲୋକନ ପାଇଁ ଧର୍ମ ପରିବର୍ତ୍ତନ କରନ୍ତି ସେମାନେ କ'ଣ ପାଇଁ ପେଟ ଚାଖଣ୍ଡକ ପାଇଁ ଧର୍ମାନ୍ତରଣ କରୁଥିବା ଲୋକମାନଙ୍କ ଅପେକ୍ଷା ଅଧିକ ମହତ୍ତ୍ୱପୂର୍ଣ୍ଣ ? (୫୧) ସେମାନେ କ'ଣ ପାଇଁ ଅନ୍ନ ପାଇଁ ଲଢୁଥିବା ଲୋକମାନଙ୍କ ତୁଳନାରେ ବଡ଼ ? ଏହି କ୍ଷେତ୍ରରେ ଶ୍ରୀଯୁକ୍ତ ଉଇଲଫ୍ରେଡ୍ ଆମକୁ ଏଥିରେ ସଂଶ୍ଳିଷ୍ଟ ଦୈତାତ୍ମକ ଯୁକ୍ତି, ଚିନ୍ତନ ଓ ଧର୍ମ ବିଶ୍ୱାସ ସମ୍ପର୍କରେ ସଚେତନ ହେବାକୁ ଆହ୍ୱାନ ଦିଅନ୍ତି ଯାହା ଆତ୍ମାର ଆସ୍ପୃହାକୁ ଶରୀରର ଆବଶ୍ୟକତା ତୁଳନାରେ ଅଧିକ ମହତ୍ତ୍ୱପୂର୍ଣ୍ଣ ବୋଲି ଗ୍ରହଣ କରିଥାଏ। ଆମ ଜୀବନରେ ଉଭୟେ ଅନ୍ନ ଓ ଆନନ୍ଦ ସମାନ ଭାବରେ ମହତ୍ତ୍ୱପୂର୍ଣ୍ଣ। ଯେଉଁମାନେ ଅନ୍ନପାଇଁ ଧର୍ମ ପରିବର୍ତ୍ତନ କରୁଛନ୍ତି ସେମାନଙ୍କର ସେତିକି ଅଧିକାର ଓ ଯଥାର୍ଥତା ରହିଛି ଯେଉଁମାନେ ଆନନ୍ଦ ପାଇଁ ଧର୍ମ ପରିବର୍ତ୍ତନ କରୁଛନ୍ତି। ଯେଉଁମାନେ ଅନ୍ନ, ସାମାଜିକ ସୁରକ୍ଷା ଓ ସାମାଜିକ ମର୍ଯ୍ୟାଦା ପାଇଁ ଧର୍ମ ପରିବର୍ତ୍ତନ କରୁଛନ୍ତି ସେମାନଙ୍କର ଯନ୍ତ୍ରଣା, ଯଥାର୍ଥ୍ୟ, ମୁକ୍ତିକାମୀ ସ୍ୱପ୍ନ, ଆସ୍ପୃହା, ସାଧନା ଓ ସଂଗ୍ରାମକୁ ଆମକୁ ବୁଝିବାକୁ ହେବ। ଏହି କ୍ଷେତ୍ରରେ ଫେଲିକସ୍ ଉଇଲ୍‌ଫ୍ରେଡ୍, ଓ୍ୱାଲଟାର ଫେର୍ଣ୍ଣାଡେଜ୍ ଓ ଅନ୍ୟ ଧର୍ମତତ୍ତ୍ୱବିତ୍ ଓ ଚିନ୍ତାବିଦ୍‌ମାନେ ଆମକୁ ଅନୁଭବ କରିବାକୁ ଆହ୍ୱାନ ଦିଅନ୍ତି : ଧର୍ମାନ୍ତର କେବଳ ହିନ୍ଦୁ ଓ ଖ୍ରୀଷ୍ଟଧର୍ମ ମଧ୍ୟରେ ସାକ୍ଷାତ ନୁହେଁ ଏହା ଦଳିତମାନଙ୍କ ପକ୍ଷରେ ସାମାଜିକ ନ୍ୟାୟ ପାଇଁ ପ୍ରତିବାଦ ଅଟେ। (୫୨)

ଧର୍ମ ପରିବର୍ତ୍ତନ ବିଷୟରେ ଆଲୋଚନା ବେଳେ ଆମେ ମନେରଖିବା ଯେ' ସମସ୍ତ ନିମ୍ନଜାତିର ନିକ୍ଷେପିତ ମାନେ ଧର୍ମ ପରିବର୍ତ୍ତନ କରିନଥିଲେ। ଦକ୍ଷିଣ ଭାରତର ଟ୍ରାଭାଙ୍କୋରର ସାନାର୍ ଜାତିର ଲୋକମାନେ ଖ୍ରୀଷ୍ଟଧର୍ମକୁ ଆସିଲେ, ଇରାଭା ଜାତିର ଲୋକମାନେ ଶ୍ରୀ ନାରାୟଣ ଗୁରୁଙ୍କ ଧର୍ମ ଓ ଆଧାତ୍ମିକ ଜାଗରଣରେ ଯୋଗଦେଲେ। ଦକ୍ଷିଣ ଟ୍ରାଭାଙ୍କୋରରେ ମୁଟୁକୁଟି ନାମକ ଜଣେ ଧର୍ମଗୁରୁ ଓ ସାମାଜିକ ସଂସ୍କାରକଙ୍କର ଆବିର୍ଭାବ ହୋଇଥିଲା ଯିଏ ନିମ୍ନଜାତିର ଲୋକମାନଙ୍କୁ ମର୍ଯ୍ୟାଦା ଓ ଜଗତ ସ୍ୱୀକୃତିର ଏକ ବିକଳ୍ପ ମାର୍ଗ ପ୍ରଦାନ କରିଥିଲେ। ତାଙ୍କଠାରୁ ପ୍ରେରଣା ନେଇ ଆୟା ବଳି ନାମକ ଏକ ଆନ୍ଦୋଳନ ଗଢି ଉଠିଥିଲା ଯାହା ସେତେବେଳେ ନିମ୍ନରେ ଥିବା ସାନାର ଜାତିକୁ ସମାଜିକ ଉତ୍ତୋଳନର ମାର୍ଗ ଯୋଗାଇ ଦେଇଥିଲା। କେତେକ ସାନାରମାନେ ମୁଟୁକୁଟିଙ୍କୁ ଗ୍ରହଣ କରିଥିଲେ। ମାତ୍ର London Missionary Society ର ମିସନାରୀମାନେ ମୁଟୁକୁଟିଙ୍କୁ ଜଣେ ସଇତାନ୍ ରୂପେ ଅବିହିତ କରିଥିଲେ। (୫୩)

ମିସନାରୀ ମାନଙ୍କର କାର୍ଯ୍ୟ ଓ ଧର୍ମାନ୍ତରଣର ଧାରା ପ୍ରଚଳିତ ସମାଜରେ ଅନେକ

ଆଲୋଡନ ସୃଷ୍ଟି କରିଥିଲା। ଏହା ଅନେକ ସୃଜନଶୀଳ ପ୍ରୟାସକୁ ଜନ୍ମ ଦେଇଥଲା ଓ ଏହା ସହିତ ଧର୍ମାନ୍ତରଣ ବିରୋଧୀ ଶକ୍ତିମାନ ଓ ପୂର୍ବର ଜାତିପ୍ରଥାର ଦୃଢ଼ୀକକରଣ। ତାମିଲନାଡୁରେ, ଶ୍ରୀଯୁକ୍ତ ଏଚ୍.ଏ. କ୍ରିଷ୍ଣ ପିଲାଇ (HA Krishna Pillai) (୧୮୨୭-୧୯୦୦) ରକ୍ଷାଣି ଯାତ୍ରିକମ୍ ନାମକ ଏକ କାବ୍ୟ ରଚନା କରିଥିଲେ ଯାହା John Buryan ଙ୍କର Pilgrims Progress ର ଏକ ତାମିଲ ସୃଷ୍ଟି ଥିଲା। ଚାରି ହଜାର ପଦରେ ରଚିତ ଏହି କାବ୍ୟଟି ଖ୍ରୀଷ୍ଟିୟ ଚିନ୍ତା ଓ ଭାବନାକୁ ପ୍ରାଚୀନ ତାମିଲ ସଂଗମ କାବ୍ୟ ଶୈଳୀରେ ପ୍ରକାଶିତ କରିଥିଲା। ତାଙ୍କର କାବ୍ୟ ଅତୀତ ସହିତ continuity ବହନ କରିଥିଲା। ଶ୍ରୀବୈଷ୍ଣବ ଓ ଖ୍ରୀଷ୍ଟିୟ ମରମୀ ତତ୍ତ୍ୱ ଓ ଚେତନା ମଧ୍ୟରେ ସେତୁ ସ୍ଥାପନ କରିଥିଲା। ଏହା ସହିତ ସିଏ ଖ୍ରୀଷ୍ଟଧର୍ମ ପୂର୍ବରୁ ଓ ଖ୍ରୀଷ୍ଟଧର୍ମ ପରର ଧାର୍ମିକ ଅନୁଭୂତିର ପାର୍ଥକ୍ୟକୁ ଏଠାରେ ମଧ୍ୟ ପ୍ରତିପାଦିତ କରିଥିଲେ : ଖ୍ରୀଷ୍ଟଧର୍ମ ଅବଲମ୍ବନ ପୂର୍ବରୁ ସେ କିପରି ଭ୍ରମରେ ଥିଲେ, ଏହା ମଧ୍ୟ କହିଥିଲେ। କ୍ରିଷ୍ଣା ପିଲାଇଙ୍କର ଭାଇ ମୁତାୟା ପିଲାଇ ହିନ୍ଦୁଧର୍ମ ଓ ଖ୍ରୀଷ୍ଟଧର୍ମର ପ୍ରତୀକମାନଙ୍କ ମଧ୍ୟରେ ଥିବା ପାର୍ଥକ୍ୟକୁ ବୁଝିବା ଉପରେ ଗୁରୁତ୍ୱ ଦେଇଥିଲେ ଓ ଏହି ସଂପର୍କରେ ସେ ମଧ୍ୟ ଏକ ପୁସ୍ତିକା ରଚନା କରିଥିଲେ।

ହିନ୍ଦୁ-ଖ୍ରୀଷ୍ଟିୟାନ ସମ୍ବନ୍ଧ : ପରିବାହିତ ଓ ସାମ୍ପ୍ରତିକ ଆହ୍ୱାନ

ଔପନିବେଶବାଦ, ଧର୍ମ ପ୍ରଚାର ଓ ଧର୍ମ ରୂପାନ୍ତରର ଆହ୍ୱାନ କେବଳ ଅତୀତ ମଧ୍ୟରେ ସୀମାବଦ୍ଧ ନୁହେଁ। ବର୍ତ୍ତମାନ ଏହିସବୁ ମଧ୍ୟ ଆମ ପାଇଁ ଆହ୍ୱାନଜନକ। ଅନେକ ସମୟରୁ ହିନ୍ଦୁମାନେ ଧର୍ମାନ୍ତର ପ୍ରକ୍ରିୟାରେ ଅସ୍ୱସ୍ତ ଅନୁଭବ କରିଛନ୍ତି ଓ ଏହାର ପ୍ରତିବାଦ କରିଛନ୍ତି। ମହାତ୍ମା ଗାନ୍ଧୀ ଧର୍ମାନ୍ତରକୁ ସମାଲୋଚନା କରିଥିଲେ। ରାଷ୍ଟ୍ରୀୟ ସ୍ୱୟଂମ ସେବକ ଓ ବଜରଙ୍ଗ ଦଳ ଭଳି ହିନ୍ଦୁ ସଂଗଠନମାନେ ଏହାର ବିରୋଧ କରିଛନ୍ତି ଓ ସେମାନଙ୍କ ମଧ୍ୟରୁ କେତେକେ ଖ୍ରୀଷ୍ଟିୟାନ, ଖ୍ରୀଷ୍ଟଧର୍ମ ସଂସ୍ଥା ଓ ଖ୍ରୀଷ୍ଟ ଉତ୍ସବ ଯଥା ଯୀଶୁଖ୍ରୀଷ୍ଟଙ୍କର ଜନ୍ମୋତ୍ସବ ବଡଦିନକୁ ଆକ୍ରମଣ କରିଥାନ୍ତି। ଏମାନେ ଯେତେବେଳେ ରାଷ୍ଟ୍ରର ସୁରକ୍ଷା ପାଆନ୍ତି ଯେମିତି ସାମ୍ପ୍ରତିକ ଭାରତବର୍ଷର ରାଜନୈତିକ ଶାସନ ପର୍ବରେ, ଏହି ଆକ୍ରମଣକାରୀମାନଙ୍କର ହିଂସା ଓ ନିୟମ ଉଲଂଘନର କୌଣସି ବଂଧନ ନଥାଏ, ସେମାନେ ଲଗାମ୍ ଛଡା ହୋଇ ହିଂସାଚରଣ କରନ୍ତି। ଏହା ସହିତ ସାଧାରଣ ଅନେକେ ହିନ୍ଦୁ ଏହି ଆକ୍ରମଣକୁ ସମର୍ଥନ କରନ୍ତି ନାହିଁ, ଏମାନେ ମଧ୍ୟ ଦୃଶ୍ୟ ଭାବରେ ଏହାର ପ୍ରତିବାଦ ଓ ପ୍ରତିରୋଧ କରନ୍ତି ନାହିଁ। ଅନେକେ ହିନ୍ଦୁ ଖ୍ରୀଷ୍ଟିୟାନ୍ ଧର୍ମ ପ୍ରଚାରକ ମାନଙ୍କର ପ୍ରଚାର ଓ ବିଚାରର ପ୍ରତିବାଦ କରନ୍ତି। ସେମାନେ ଅନୁଭବ

କରନ୍ତିଯେ' ଅନେକ ଖ୍ରୀଷ୍ଟଧର୍ମ ପ୍ରଚାରକ ମାନେ ହିନ୍ଦୁ ଧର୍ମ ଓ ଦର୍ଶନର କୁତ୍ସାରଟନା କରନ୍ତି; ହିନ୍ଦୁ ଦେବାଦେବୀ ମାନଙ୍କୁ ଅବମାନନା କରନ୍ତି। କେତେକ ପ୍ରଚାରକ ଓ ପ୍ରଚାରକ ସଂସ୍ଥାମାନେ ଯଥା Jehova's Witness ଓ Pentecostal ମାନେ ଏବେ ଏମିତି ଧର୍ମପ୍ରଚାର କରନ୍ତି ଯେଉଁଥିରେ ସେମାନେ ସେମାନଙ୍କର ଧର୍ମକୁ ସର୍ବୋତ୍ତମ ବୋଲି କହନ୍ତି ଓ ଅନ୍ୟ ଧର୍ମମାନେ ହୀନ ବୋଲି କହନ୍ତି ଓ ଖ୍ରୀଷ୍ଟଧର୍ମ ମୁକ୍ତିର ଏକମାତ୍ର ପଥ ବୋଲି ଡିଣ୍ଡିମ ପିଟନ୍ତି।

ସ୍ୱାଧୀନୋତ୍ତର ଭାରତବର୍ଷରେ ଧର୍ମାନ୍ତରକୁ ଆଇନ ବନ୍ଧିତ କରିବା ପାଇଁ ଅନେକ ନିୟମ କାନୁନମାନ ଗଢା ହୋଇଛି । ମାତ୍ର ଧର୍ମାନ୍ତର ବିରୋଧୀ ଏହି ନିୟମମାନ ବୃହତ୍ତର ସାମାଜିକ ଓ ରାଜନୈତିକ ପ୍ରକ୍ରିୟା ଦ୍ୱାରା ପ୍ରଭାବିତ। ହିନ୍ଦୁ ମୌଳବାଦୀ ସଂସ୍ଥା ଓ ଦଳ ମାନେ ଯେତେବେଳେ ସମାଜ ଓ ରାଷ୍ଟ୍ର ଶାସନରେ ପ୍ରଭାବଶାଳୀ ହୁଅନ୍ତି ସେମାନେ ଏହି ଧର୍ମାନ୍ତର ବିରୋଧୀ ନିୟମମାନଙ୍କୁ ନିଜର ହିନ୍ଦୁ ପ୍ରାଧାନ୍ୟତା ପାଇଁ ବ୍ୟବହାର କରନ୍ତି। ଆଇନ ଓ ଆଇନ ବାହାରେ କେତେ ହିଂସା ହୁଏ, କେତେ ରକ୍ତ ବୋହିଯାଏ, କେତେ ଜୀବନ ଓ ଘର ଜିଅନ୍ତା ପୋଡିଯାଆନ୍ତି। ୧୯୯୦ ଦଶକର ଶେଷ ଭାଗରେ ଗୁଜରାତ୍‌ର ଡାଙ୍ଗ ଆଦିବାସୀ ଅଞ୍ଚଳରେ ଖ୍ରୀଷ୍ଟିୟାନ୍ ମାନଙ୍କ ଉପରେ ଆକ୍ରମଣ ହୁଏ; ଓଡିଶାର ମନୋହରପୁରରେ ଦାରା ସିଂହ ଓ ତାଙ୍କର ସହଯୋଗୀମାନେ ଗ୍ରାହାମ୍ ଷ୍ଟାଇନସ୍ ଓ ତାଙ୍କର ଦୁଇ ଶିଶୁପୁତ୍ର ଫିଲିପ୍ ଓ ଟିମୋଥିଙ୍କୁ ଜିଅନ୍ତା ପୋଡି ମାରି ଦିଅନ୍ତି। ଧର୍ମାନ୍ତର ବିରୋଧ କରୁଥିବା ଓ ଘୃଣାର ପବନ ବୁହାଉଥିବା ସ୍ୱାମୀ ଲକ୍ଷ୍ମଣାନନ୍ଦଙ୍କର ହତ୍ୟା କନ୍ଧମାଳରେ ହୁଏ ଓ ଏହାପରେ ଖ୍ରୀଷ୍ଟିୟାନ ବିରୋଧୀ ହିଂସା ଓ ଆକ୍ରମଣ ଏବଂ ହିନ୍ଦୁ ଖ୍ରୀଷ୍ଟିୟାନ ଦଙ୍ଗା ଅନେକ ଧର୍ମ, ଜୀବନ, ସଂସାର ଲୋଟି ନିଏ। ଏହିସବୁ ଆମକୁ ହିଂସା ଓ ଏହାର ବହୁପରିସରୀୟ ରୂପାନ୍ତରର ଆହ୍ୱାନକୁ ଆମକୁ ଅନୁଭବ କରିବାକୁ ଓ ତଦନୁଯାୟୀ କର୍ମ କରିବାକୁ ଆହ୍ୱାନ ଦେଇଥାଏ, ଆମନ୍ତ୍ରଣ କରେ।

ହିନ୍ଦୁ-ଖ୍ରୀଷ୍ଟ ସମ୍ବନ୍ଧ : ସୀମା ଓ ସମ୍ଭାବନା

ଏହି ପ୍ରବଂଧ ଯାତ୍ରାରେ ଆମେ ହିନ୍ଦୁ-ଖ୍ରୀଷ୍ଟିୟାନ ସମ୍ବନ୍ଧର ବିଭିନ୍ନ ଦିଗ ଓ ପରିସରକୁ ସ୍ପର୍ଶ କରିଛୁ। କ୍ଷମତା, ବିଶ୍ୱାସ, ଆତ୍ମ-ଅନୁଭବ ଓ ଆତ୍ମ-ବାସ୍ତବାୟନର ଜଟିଳ ଐତିହାସିକ, ସାମାଜିକ, ରାଜନୈତିକ ଓ ସାଂସ୍କୃତିକ କ୍ଷେତ୍ର ଓ ଧାରାରେ ହିନ୍ଦୁ ଓ ଖ୍ରୀଷ୍ଟିୟାନ୍ ମାନେ ପରସ୍ପର ସହିତ ସମ୍ବନ୍ଧିତ ହୋଇଛନ୍ତି। ଏଥିରେ ଉଭୟ ହିନ୍ଦୁ ଓ ଖ୍ରୀଷ୍ଟଧର୍ମ ପଥରୁ ପରସ୍ପରକୁ ଜାଣିବାର ପ୍ରୟାସ ଓ ଆସ୍ପୃହା ରହିଛି ଯେମିତି କେତେକ

ମଧ୍ୟରେ ପରସ୍ପର ପ୍ରତି ନିସ୍ପୃହା, ଘୃଣା ଓ ବିଦ୍ୱେଷ। ଏହି ପାରସ୍ପରିକ ସମ୍ବନ୍ଧରେ ଇତିହାସ ଓ ଧର୍ମ ବଂଧନୀର ସୀମିତତା ରହିଛି, ଏହା ସହିତ ଏହି ବଂଧନୀମାନଙ୍କୁ ଅତିକ୍ରମ କରି ଜ୍ଞାନ, କର୍ମ ଓ ଭକ୍ତିର ନାନା ସେତୁ ଓ ସୂତ୍ର ପ୍ରତିଷ୍ଠା କରିବାର ସାଧନା ଓ ସଂଗ୍ରାମ।

ଗ୍ରନ୍ଥ ସୂଚନା:

୧. Mohandas Karamchand Gandhi, "Christianity." In *India of My Dreams*. Ahmedabad: Navajivan Trust.

୨. Karl Rahner, "The Spirituality of the Church of the Future."

୨. Gail Omvedt, Seeking Begumpura: The Social Mission of Anti-Caste Intellectuals. Delhi: Navayana, 2008

୪. Felix Wiflred, Asian Public Theology: Critical Currents in Challenging Times. Delhi: ISPCK, 2010.

୫. M.M. Thomas, The Acknowledged Christ of Indian Renaissance. Madras: Christian Literature Society, 1970

୬. ତତ୍ରୈବ।

୭. Jan Peter Schouten, *Jesus as Guru: The Image of Christ Among Hindus and Christians in India*. Delhi: Overseas Press, 2010.

୮. ତତ୍ରୈବ।

୯. Swami Vivekanada, *Christ the Messenger*. Mayavati, Almora: Advaita Ashram, 2011 [1990]

୧୦. ତତ୍ରୈବ।

୧୧. M.M. Thomas, The Acknowledged Christ of Indian Renaissance. Madras: Christian Literature Society, 1970

୧୨. ଏଠାରେ ଦ୍ରଷ୍ଟବ୍ୟ, Romain Rolland, 1954 [1929]. The Life

of Ramakrishna; 2012 [1931] The Life of Swami Vivekananda. Mayavati, Almora: Advaita Ashram.

୧୩. MSS Pandian, "Nation as Nostalgia; The Ambiguous Spiritual Journey of Vengal Chakkarai." In *Discourse, Democracy and Difference: Perspectives on Community, Politics and Culture*, eds, M.T. Ansari & Deeptha Achar, pp. 23-48. Delhi: Sahitya Akademi.

୧୪. Subhash Anand, *Hindu Inspiration for Christian Reflections: Towards a Hindu Christian Theology*. Anand: Gujarat Sahitya Prakashan, 2004, p. 45

୧୫. S.K. George, *Gandhi's Challenge to Christianity*. London: Goerge Allen & Unwin Ltd, 1939.

୧୬. S. Radhakrishnan, Foreword to S.K. George, *Gandhi's Challenge to Christianity*

୧୭. Felix Wilfred, "Rice Christians: A Quest for Life." In *Oxford Encyclopedia of South Asian Christianity*, ed. Roger Hedlund. Delhi: Oxford University Press, 2012.

୧୮. Gail Omvedt, Seeking Begumpura: The Social Mission of Anti-Caste Intellectuals. Delhi: Navayana, 2008

୧୯. Chitta Ranjan Das, "Jesus Christ, White, Black or Yellow?" In *The Essays of Chitta Ranjan Das On Literature, Culture, and Society: On the Side of Life In Spite Of*, eds, Ananta Kumar Giri and Ivan Marquez. New Castle Upon Tyne, Cambridge Scholars Press.

୨୦. Deepak Chopra, *The Third Jesus: How to Find Truth and Love in Today's World*. London: Reider.

୨୧. Yogananda Paramahamsa, *The Hidden Truths in the Gospels*.

୨୨. Victoria Harrison, "Embodied Values and Muslim-

Christian Dialogue: 'Exemplary Reasoning' as a Model for Inter-Religious Conversations." *Studies in Interreligious Dialogue* 21 (1): 20-35.

୨୩. M.M. Thomas, *The Acknowledged Christ of the Indian Renaissance*. Madras: Christian Literature Society, 1970.

୨୪. M.M. Thomas, p. 109.

୨୫. Chitta Ranjan Das, "Jews in Israel from India," In *Adventures in Education: Vistas and Variations*. Delhi: Daanish Books.

୨୬. Jan Peter Scouten, *Jesus as Guru: The Image of Christ Among Hindus and Christians in India*. Delhi: Overseas Press, 2010.

୨୭. C.F. Andrews, *Sadhu Sundar Singh: A Personal Memoir*.

୨୮. Banarasi Chaturvedi and Marjorie Sykes, *Charles Freer Andrews*. New Delhi: Publication Division, 2017

୨୯. *A Follower of Christ and a Disciple of Sri Aurobindo: Correspondence Between Bede Griffith and K.D. Sethna*. Pondicherry: Clear Ray Trust, 1996.

୩୦. S. Painadath, *We Are Co-Pilgrims: Towards a Culture of Inter-religious Harmony*. Delhi: ISPCK, 2007.

୩୧. ତତ୍ରୈବ ।

୩୨. Michael Amaladoss, SJ. *Beyond Dialogue: Pilgrims in the Absolute*. Bangalore: Asian Trading Corporation, 2008.

୩୩. Subhash Anand, *Hindu Inspiration for Christian Reflections: Towards a Hindu Christian Theology*. Anand: Gujarat Sahitya Prakashan, 2004

୩୪. ତଦ୍ରେବ ।

୩୫. Francis Xavier Clooney, SJ. *Comparative Theology: Deep Learning Across Religious Borders*. Oxford: Wiley-Blackwell, 2010.

୩୬. Francis Xavier Clooney, *Divine Mother, Blessed Mother: Hindu Goddesses and the Virgin Mary*. New York: Oxford University Press, 2015.

୩୭. Francis Xavier Clooney, *Learning Inter-religiously: In the Text, in the World*. Minneapolis: Fortress Press, 2018.

୩୮. Felix Wilfred, *Margins: Sites of Asian Theology*. Delhi: ISPCK, 2009.

୩୯. Felix Wilfred, *Asian Dreams and Christian Hopes*. Delhi: ISPCK, 2000.

୪୦. Ashok Kumar & Rowena Robinson, "Legally Hindu: Dalit Lutheran Christians of Coastal Andhra Pradesh." In *Margins of Faith: Dalit and Tribal Christianity in India*, ed., Rowena Robinson & Joseph M. Kuzur. Delhi: Sage, 2010.

୪୧. Samuel E. Meshak (ed.), *Mission with the Marginalized: Life and Witness of Rev Dr. Prasanna Kumari Samuel*. Tiruvalla: Christian Sahitya Samiti.

୪୨. A. Marial Arul Raja, "Assertive Sprout from Wounded Psyche: Glimpses into Dalit Spirituailty," *Practical Spiritualty and Human Development: Creative Experiments for Alternative Futures*, ed. Ananta Kumar Giri. Singapore, Palgrave Macmillan, 2019

୪୩. Sathianathan Clarke (eds.), *Dalit Theology in the Twenty-first Century: Discordant Voices, Discerning Pathways*. Delhi: Oxford University Press, 2010.

୪୪. David Mosse, "The Catholic Church and Dalit Christian Activism in Contemporary Tamil Nadu." In *Margins of Faith: Dalit and Tribal Christianity in India*, ed., Rowena Robinson & Joseph M. Kuzur. Delhi: Sage, 2010.

୪୫. Samuel E. Meshak (ed.), *Mission with the Marginalized: Life and Witness of Rev Dr. Prasanna Kumari Samuel*. Tiruvalla: Christian Sahitya Samiti.

୪୬. Sathianathan Clarke et al. (eds.), *Dalit Theology in the Twenty-first Century: Discordant Voices, Discerning Pathways*. Delhi: Oxford University Press, 2010.

୪୭. Mathew N. Schmalz, "Broken Mirror: John Masih's Journey from Isaih to Dalit." In *Margins of Faith: Dalit and Tribal Christianity in India*, ed., Rowena Robinson & Joseph M. Kuzur. Delhi: Sage, 2010.

୪୮. ଉଦ୍ଧୃବ ।

୪୯. Robert E. Frynkenberg, *Christianity in India: From the Beginnings to the Present*. Oxford: Oxford University Press, 2010, p. 443

୫୦. Nancy Lobo, "Christianization, Hinduization and Indigenous Revivalism among the Tribals of Gujarat." In *Margins of Faith: Dalit and Tribal Christianity in India*, ed., Rowena Robinson & Joseph M. Kuzur. Delhi: Sage, 2010.

୫୧. Felix Wilfred, "Rice Christians: A Quest for Life." In *Oxford Encyclopedia of South Asian Christianity*, ed. Roger Hedlund. Delhi: Oxford University Press, 2012.

୫୨. ଉଦ୍ଧୃବ ।

୫୩. G. Patrick, *Religion and Subaltern Agency*. Chennai: Dept. of Christian Studies, 2003.

ଭାଷା, ବ୍ୟକ୍ତି, ସମାଜ ଓ ରାଷ୍ଟ୍ରର ପୁନର୍ଚିନ୍ତନ ଓ ରୂପାନ୍ତର: ଶ୍ରୀଅରବିନ୍ଦ ଓ ବିଶ୍ୱମୟ ନୂତନ ଚିନ୍ତନ ଓ ଚେତନାର ଉଦ୍‌ବେଳନ

-୧-

ଆମର ପୃଥିବୀ ଏକ ଓ ଅନେକ ମୂଳଭୂତ ସଂକଟ ମଧ ଦେଇ ଯାଉଛି ଓ ଏହି ସଂକଟ ମାନଙ୍କ ମଧ୍ୟରେ ଏହି ସଂକଟ ମାନଙ୍କର ସମୀକ୍ଷାତ୍ମକ ଓ ସୃଜନଶୀଳ ଅତିକ୍ରମଣ ଓ ଉତ୍‌କ୍ରମଣ ପାଇଁ ନାନାବିଧ ପ୍ରୟାସ ହେଉଛି। ଆମର ପ୍ରଚଳିତ ଜୀବନ ସଂଜ୍ଞା ଓ ସଂଗଠନ ମାନ ଆମର ସଂକଟମାନଙ୍କୁ ସୃଷ୍ଟି କରିଛି ଓ ଏଥିପାଇଁ ଆମର ପ୍ରଚଳିତ ସଂଜ୍ଞା ଓ ଚିନ୍ତନ ମାନଙ୍କର ଏକ ମୂଳଭୂତ ପୁନର୍ଚିନ୍ତନ ଓ ରୂପାନ୍ତର ଆବଶ୍ୟକ। ଏହି ପୁନର୍ଚିନ୍ତନ ସହିତ ନୂତନ ପ୍ରକାରର ଜୀବନ ବିନ୍ୟାସ, ସମାଜର ସଂଗଠନ ଓ ଆମ ଜୀବନକୁ ଉତ୍ତୋଳିତ ଓ ବିବର୍ତ୍ତିତ କରିବାକୁ ନୂତନ ଅନୁଷ୍ଠାନ, ଉଦ୍‌ବେଳନ ଓ ଆନ୍ଦୋଳନ ମାନ। ଏହି ପୁନର୍ଚିନ୍ତନ ଓ ରୂପାନ୍ତର ପ୍ରକ୍ରିୟାରେ ଶ୍ରୀଅରବିନ୍ଦ ଜଣେ ସହଯାତ୍ରୀ ସାଧକ ଓ ସଂଗ୍ରାମୀ ଭାବେ ଆମ ସହିତ ବାଟ ଚାଲୁଛନ୍ତି ଓ ବିବର୍ତ୍ତନାତ୍ମକ ପ୍ରୟୋଗର କେତେ ଆଗକୁ ଓ ଉଚ୍ଚକୁ ଯାଇ ପାରିବା, ଲକ୍ଷ ପ୍ରଦାନ କରିପାରିବା।

ଶ୍ରୀଅରବିନ୍ଦ ଜଣେ ସଂଗ୍ରାମୀ କବି ଓ ଯୋଗୀ। ଶ୍ରୀଅରବିନ୍ଦ ଭାରତବର୍ଷର ବହୁପରିସରୀୟ ମୁକ୍ତି... ରାଜନୈତିକ, ସାମାଜିକ ଓ ଆଧାତ୍ମିକ ମୁକ୍ତି ପାଇଁ ସଂଗ୍ରାମ କରିଥିଲେ। ଭାରତବର୍ଷର ମୁକ୍ତି ସଂଗ୍ରାମ ଏବେବି ଅଧୁରା ହୋଇ ରହିଛି। ଭାରତବର୍ଷର ସ୍ୱାଧୀନତା ଦିବସ ଅଗଷ୍ଟ ୧୫, ୧୯୪୭ ରେ ସେଥିପାଇଁ ସିଏ ତାଙ୍କର ପାଞ୍ଚୋଟି ସ୍ୱପ୍ନ କଥା କହିଛନ୍ତି ଯେଉଁ ସ୍ୱପ୍ନ ମାନେ ଯଥା ବିଭାଜିତ ଭାରତବର୍ଷର ଐକ୍ୟ, ଏସିଆର

ଐକ୍ୟ ଆମକୁ ଐକ୍ୟ ସ୍ଥାପନାକୁ ମୁକ୍ତି ସହିତ ସଂଯୋଗ କରିବାକୁ ଆହ୍ୱାନ ଦେଉଛି। ବିଭାଜିତ ଭାରତବର୍ଷର ଐକ୍ୟ ରାଜନୈତିକ ସ୍ତରରେ ହେବ ନାହିଁ; ଏଥିପାଇଁ ଆମକୁ ସହୃଦୟତାର ସହିତ ପରସ୍ପର ସହିତ ସମ୍ବନ୍ଧିତ ହୋଇ ସାଧାରଣ କାର୍ଯ୍ୟ ମାନ ହାତକୁ ନେବାକୁ ହେବ। ଭାରତବର୍ଷ ଓ ପାକିସ୍ତାନ... ଏହି ଦୁଇ ରାଷ୍ଟ୍ରକୁ ଗୋଟିଏ ରାଷ୍ଟ୍ର କରିଦେଲେ ବିଭାଜିତ ଭାରତବର୍ଷର ଐକ୍ୟ ପ୍ରତିଷ୍ଠା ହୋଇପାରିବ ନାହିଁ। ଆମକୁ ରାଷ୍ଟ୍ରକୁ ହିଁ ଭିନ୍ନ ଭାବେ ଭାବିବାକୁ, ଅନୁଭବ କରିବାକୁ ଓ ବାସ୍ତବାୟିତ କରିବାକୁ ହେବ। ରାଷ୍ଟ୍ର ବ୍ୟକ୍ତି ଉପରେ ସବାର ନହୋଇ, ତା'ର ଆତ୍ମସତ୍ତା ଓ ସୃଜନଶୀଳତାକୁ ଦବାଇ ନଦେଇ, ଦଳି ଚକଟି ନଦେଇ ଓ ଏହାକୁ ନିଃଶେଷ କରି ନଦେଇ ଏହାର ସୃଜନଶୀଳ ଓ ବିବର୍ତ୍ତନଶୀଳ ବିକାଶ ପାଇଁ ସାହାଯ୍ୟ କରିବ। ସ୍ୱ-ବିକଶିତ ଓ ସହ ବିକଶିତ ବ୍ୟକ୍ତିମାନେ ରାଷ୍ଟ୍ରର ବଂଧନୀ ଡେଇଁ ବ୍ୟକ୍ତିଗତ ଓ ସାମୂହିକ ସ୍ତରରେ ପରସ୍ପରକୁ ଆଲିଙ୍ଗନ କରିବେ ଓ ଏହି ଆଲିଙ୍ଗନ ଯୋଗରେ ପରସ୍ପର ସହିତ ଐକ୍ୟ ଯୋଗ ସ୍ଥାପନ କରିବେ। ଏହି ପ୍ରକ୍ରିୟାରେ ରାଷ୍ଟ୍ର ରୂପାନ୍ତରିତ ହେବ, ବ୍ୟକ୍ତି ମଧ୍ୟ ରୂପାନ୍ତରିତ ହେବ। ବ୍ୟକ୍ତି ଆପଣାର ଅହଂ ମଧ୍ୟରେ କିଳି ନହୋଇ ସେ ଏହି ଆଲୋକମୟ ପୃଥିବୀକୁ ଆସିବ। ଅହଂରୁ ଆତ୍ମାକୁ ନିଜ ଭିତରେ ଓ ପରସ୍ପର ଭିତରେ ଆସିବ, ସମାଜ, ରାଷ୍ଟ୍ର, ପୃଥିବୀ ମଧ୍ୟକୁ ଆସିବ। ଏହି ପ୍ରକ୍ରିୟାରେ ବ୍ୟକ୍ତି ଆପଣାକୁ ସ୍ୱଭାବ, ପ୍ରକୃତି, ସମାଜ ଓ ଦିବ୍ୟ ସହ ଏକ ଓ ଅନେକ ସହଯୋଗର ଲୀଳା ରୂପେ ଅନୁଭବ କରି ସେ ସମାଜ, ରାଷ୍ଟ୍ର ଓ ବିଶ୍ୱର ଲୀଳାମୟ ସହଯୋଗୀ ହେବ... ସମାଜ, ରାଷ୍ଟ୍ର ଓ ବିଶ୍ୱକୁ ଲୀଳାମୟ କ୍ଷେତ୍ର ରୂପେ ବିକଶିତ, ବାସ୍ତବାୟିତ ଓ ରୂପାନ୍ତରିତ କରିବ।

ଏଥିପାଇଁ ଆମର ଏକ ଓ ଅନେକ ନୂତନ ଭାଷା ଓ ସଂଜ୍ଞା ଆବଶ୍ୟକ। ବ୍ୟକ୍ତି, ସମାଜ, ରାଷ୍ଟ୍ର ଓ ବିଶ୍ୱର ନୂତନ ଭାଷା ଓ ଅନୁଭବ ଯଥା ଏହିସବୁ ସହଯୋଗର ଲୀଳାକ୍ଷେତ୍ର... ଏହା ଅହଂର ଶ୍ମଶାନ ଓ ବହ୍ନିର ସ୍ଥଳୀ ନୁହେଁ... ଆମକୁ ପ୍ରଚଳିତ ସଂଜ୍ଞାକୁ ପୁନଚିନ୍ତନ କରିବା ସହିତ ଏହାକୁ ନୂତନ ଭାବେ ବ୍ୟକ୍ତ କରି, ବ୍ୟାଖ୍ୟା କରି ନୂତନ ଭାବେ ଜୀବନ ବଞ୍ଚିବାରେ ସାହାଯ୍ୟ କରିଥାଏ। ଏହି ସବୁର ଏକ ନୂତନ ଭାଷା ସହିତ ଆମକୁ ଭାଷାକୁ ନୂଆରୂପେ ଅନୁଭବ କରିବାକୁ ହୋଇଥାଏ। ଆମର ଭାଷା କେବଳ ବ୍ୟବହାରିକ ନୁହେଁ, ଏହା ଆତ୍ମିକ; ଏହା ଯାନ୍ତ୍ରିକ ନୁହେଁ, ଏହା ପ୍ରାଣବନ୍ତ ଓ ଜୀବନ୍ତ। ଭାଷାର ଏହି ନୂତନ ଅନୁଭବ ଓ ଅଭିବ୍ୟକ୍ତିରେ ଶ୍ରୀଅରବିନ୍ଦ ଆମକୁ ସାହାଯ୍ୟ କରିଥାନ୍ତି। ଶ୍ରୀଅରବିନ୍ଦଙ୍କ ସହିତ ଅନ୍ୟ ଭାଷା ସାଧକ ଓ ଦାର୍ଶନିକ ମାନେ ଯଥା ଲୁଡଉଇଗ୍ ଉଇଟଗେନ୍‌ଷ୍ଟାଇନ (Ludwig Wittgenstein) ଓ ମାର୍ଟିନ୍ ହାଇଡିଗାର (Marten Heidegger)। ଶ୍ରୀଅରବିନ୍ଦ, ଉଇଟଗେନ୍‌ଷ୍ଟାଇନ ଓ

ହାଇଡିଗାର ଆମ ଜୀବନରେ ଭାଷା ପ୍ରତି ସଚେତନ ହେବା ସହିତ ଏହାକୁ ଏକ ସାଧନା କ୍ଷେତ୍ର ରୂପେ ଆବିଷ୍କାର କରିବାକୁ ଓ ବିକଶିତ କରିବାକୁ ଆମକୁ ଆହ୍ୱାନ ଓ ଆମନ୍ତ୍ରଣ କରନ୍ତି।

-୨-

ଭାଷା ଆମର ଜନନୀ। ବାଇବେଲ୍‌ରେ କୁହାଯାଇଛି ଆରମ୍ଭରେ ଶବ୍ଦହିଁ ରହିଛି... In the beginning is the word। ଅପକ୍ରେତେ ସଲିଳ ଯୁଗରେ ଶବ୍ଦ। ଏହି ଶବ୍ଦ ପୁଣି କେଉଁଠୁ ଆସିଛି ? ଏହି ଶବ୍ଦ ଶବ୍ଦରୁ ଆସିବା ସହିତ ନୀରବତାରୁ ମଧ୍ୟ ଆସିଛି। ଭାଷା ଶବ୍ଦ ଓ ନୀରବତାର ବହୁପରିସରୀୟ ପରିପ୍ରକାଶ ଓ ଯାତ୍ରା। ଭାଷାରେ ଶବ୍ଦ ରହିଛି, ବାକ୍ୟ ରହିଛି, କଥୋପକଥନ ରହିଛି ଏହା ସହିତ ନୀରବତା ରହିଛି, ଧ୍ୟାନ ରହିଛି, ମନନଶୀଳତା ରହିଛି, ଯୋଗ ରହିଛି। ଏଥିପାଇଁ ଭାଷା ସହିତ ଆମକୁ ଏକ ନୂତନ ସମ୍ବନ୍ଧ ସ୍ଥାପନ କରିବାକୁ ହେବ, ଏହାକୁ କେବଳ ଏକ ବ୍ୟବହାର ଓ ଉପଯୋଗର ମାଧ୍ୟମ ରୂପେ ବିଚାର ନକରି ଏହାକୁ ଜୀବନ୍ତ ଉତ୍ସ ଓ ଧାରା ରୂପେ ଅନୁଭବ କରିବାକୁ ହେବ। ଏହି କ୍ଷେତ୍ରରେ ଭାଷା ସମ୍ବନ୍ଧରେ ଶ୍ରୀଅରବିନ୍ଦ ଯାହା ଲେଖିଛନ୍ତି ପ୍ରଣିଧାନଯୋଗ୍ୟ:

> ସାଧାରଣ ଭାଷା ବାକ୍ୟକୁ ସଂଯୋଗର ସୀମିତ ଆଚରଣ ଉପଯୋଗ ରୂପେ ବ୍ୟବହାର କରେ। ଏହା ଜୀବନ ପାଇଁ ଓ ଅନୁଭବ ଓ ଚିନ୍ତାର ଅଭିବ୍ୟକ୍ତି ପାଇଁ ଏହାକୁ ବ୍ୟବହାର କରେ। ଏମିତି କରିବା ମାଧ୍ୟମରେ ଆମେ ଶବ୍ଦକୁ ଚିନ୍ତାର ଏକ ପ୍ରଚଳିତ ସଂକେତ (conventional sign) ରୂପେ ହିଁ ବ୍ୟବହାର କରୁ ଓ ଏହାର ପ୍ରାକୃତିକ ବଳକୁ ପୂର୍ଣ୍ଣଭାବେ ଧ୍ୟାନ ଦେଇଥାଉ; ଆମେ ଏହାକୁ ଏକ ଯନ୍ତ୍ର ବା ଏକ ସରଳ ପୂରକ ରୂପେ ବ୍ୟବହାର କରୁ; ଆମେ ଶବ୍ଦ ଓ ଭାଷା ଜୀବନ ପାଇଁ ଉପଯୋଗୀ ହୋଇଥିବା ବେଳେ ଆମେ ଏହାକୁ ଜୀବନହୀନ ରୂପେ ଧରି ନେଇଥାଉ। ଆମେ ଯେତେବେଳେ ଏଥିରେ ଅଧିକ ପ୍ରାଣ ଶକ୍ତି ଦେବାକୁ ଚାହୁଁ ଆମକୁ ଏହାକୁ ଆମ ନିଜ ଭିତରୁ ଦେବାକୁ ହୋଇଥାଏ ଆମର ସ୍ୱରର ବିଶିଷ୍ଟ ଚିହ୍ନମାର୍କ ଦ୍ୱାରା (...) ମାତ୍ର ଆମେ ଯଦି ଭାଷାର ଇତିହାସର ପୂର୍ବ ପଟକୁ ଯିବା ଆମେ ଅନୁଭବ କରିପାରିବାଯେ' ମାନବୀୟ ଅଭିବ୍ୟକ୍ତି ସହିତ ଏହା ସବୁବେଳେ ଏମିତି ନଥିଲା। ଶବ୍ଦ ମାନଙ୍କର ଯେ କେବଳ ନିଜର ବାସ୍ତବ ଓ ପ୍ରାଣବନ୍ତ ଜୀବନ ଥିଲା ତାହାନୁହେଁ ବକ୍ତା ମଧ୍ୟ ଏହି ବିଷୟରେ ସଚେତନ ଥିଲେ ଯାହାକୁ ଆମେ ଆମର ଯାନ୍ତ୍ରିକ ଓ sophisticated (ପରିଷ୍କୃତ) ବୁଦ୍ଧିରେ ହୁଏତ ବୁଝିପାରିବା ନାହିଁ।.... (.....)

(୧)

ଶ୍ରୀଅରବିନ୍ଦ ଭାଷା ଭିତରେ ଥିବା ମନ୍ତ୍ରର ସ୍ଥିତି ଓ ଶକ୍ତିକୁ ଅନୁଭବ କରିବାକୁ ଆମକୁ ଆମନ୍ତ୍ରଣ କରନ୍ତି। ଆମର ଭାଷା, କବିତା ଓ ଗଦ୍ୟ ମନ୍ତ୍ର ରୂପେ ଫୁଟିଉଠିବ; ଆମେ ଆମର ଭାଷାକୁ ମନ୍ତ୍ରମୟ କରିବା ଯାହା ଜୀବନରେ ଆମର ଭାଷା ଉଚ୍ଚତର ଓ ଗଭୀରତର ଦିବ୍ୟଚେତନାର ପ୍ରକାଶଧାରା ହୋଇପାରିବ। ଆପଣାର ଭବିଷ୍ୟତର କାବ୍ୟ, Future Poetry ଓ ଅନ୍ୟ ରଚନା ମାନଙ୍କରେ ଶ୍ରୀଅରବିନ୍ଦ ଆମକୁ ଭାଷା ସହିତ, କାବ୍ୟ ଓ ଅଭିବ୍ୟକ୍ତି ସହିତ ଏକ ମାନ୍ତ୍ରିକ ଓ ମନ୍ତ୍ରମୟ ଯୋଗ ସାଧନା କରିବାକୁ ଆମନ୍ତ୍ରଣ କରନ୍ତି। ଏହି ସମ୍ପର୍କରେ ଆଲୋଚନା କରି ସମୀକ୍ଷକ ଶ୍ରୀଯୁକ୍ତ ହାରୋଲଡ କାଓଆର୍‌ଡ (Harold Coward) ଆମକୁ କହନ୍ତି ଯେ ଶ୍ରୀଅରବିନ୍ଦଙ୍କ ବିଚାରରେ ଭାଷା କେତେକ ବୀଜ-ଧ୍ୱନିରୁ ମୂଳ ଶବ୍ଦ ମାନଙ୍କୁ ବିବର୍ତ୍ତିତ ହୋଇ ଆସେ ଯେଉଁଥିରେ ଅନେକ ସୃଷ୍ଟି କରିବାର ଶକ୍ତି ଥାଏ (...)। ଭାଷା କେବଳ ବିବର୍ତ୍ତିତ ହୁଏ ତାହା ନୁହେଁ ବୀଜ ଶବ୍ଦ ମନ୍ତ୍ର ମାନଙ୍କରେ ମହାବ୍ୟାପ୍ତି ଓ ଅତିକ୍ରମଣଶୀଳ ଶକ୍ତି ସକେନ୍ଦ୍ରିତ ହୋଇଥାଏ ଯାହା ବିବର୍ତ୍ତନାତ୍ମକ ଆଧ୍ୟାତ୍ମିକ ବିକାଶରେ ସାହାଯ୍ୟ କରିଥାଏ (୨)।

ଆପଣାର ରଚନା... ଉଭୟ ଗଦ୍ୟ ଓ ପଦ୍ୟରେ... ଶ୍ରୀଅରବିନ୍ଦଙ୍କ ଭାଷା ଓ ଭାଷା ସହ ସାଧନା ଭାଷା ମନ୍ତ୍ରଯୋଗର ଏକ ଓ ଅନେକ ସାଧନା। ଦିବ୍ୟ ଜୀବନ, ମାନବ ଯୁଗଚକ୍ର, ଯୋଗ ସମନ୍ୱୟ, ବନ୍ଦେ ମାତରମ୍, ସାବିତ୍ରୀ ଓ ଶ୍ରୀଅରବିନ୍ଦଙ୍କ ସମସ୍ତ ରଚନାରେ ଆମେ ଭାଷା ସହ ଏକ ମନ୍ତ୍ରମୟ ଯୋଗ ସାଧନାର ସ୍ପର୍ଶ ପାଇଥାଉ ଯେଉଁ ସାଧନା ଆମ ଭିତରେ ଥିବା 'ଲୁକ୍‌କାୟିତ ଅନନ୍ତତା' (hidden eternities) ବ୍ୟକ୍ତ କରିବାକୁ ସାହାଯ୍ୟ କରିଥାଏ। ଆପଣାର ମହାକାବ୍ୟ 'ସାବିତ୍ରୀ'ରେ ଶ୍ରୀଅରବିନ୍ଦ ଆମକୁ ଆମନ୍ତ୍ରଣ କରନ୍ତି:

You shall reveal to them the hidden eternities
The breath of infinitudes not yet revealed (୩)

ଭାଷା ସହିତ ଆମର ସାଧନାରେ ଆମର ଲୁକ୍‌କାୟିତ ଅନନ୍ତତା ପ୍ରକାଶିତ ହେବା ସହ ଏପର୍ଯ୍ୟନ୍ତ ପ୍ରକାଶିତ ହୋଇନଥିବା ଅସୀମତାକୁ ଆମର ଭାଷା ଓ ସମ୍ବନ୍ଧରେ ବ୍ୟକ୍ତ କରିଥାଏ (...) ଏହି ପ୍ରକାଶ ଓ ବ୍ୟକ୍ତତା ମାଧ୍ୟମରେ ଆମର ଭାଷା, ସାହିତ୍ୟ ଓ ସମ୍ବନ୍ଧ ଓ ବ୍ୟକ୍ତିତ୍ୱରେ ବ୍ୟାପ୍ତି ଫୁଟି ଉଠେ... ଆମେ ଶ୍ରୀଅରବିନ୍ଦଙ୍କର ସାବିତ୍ରୀରେ ସାଧନାର ମନ୍ତ୍ରମୟ ଅଭିବ୍ୟକ୍ତି ଭଳି ଆମେ ବ୍ୟାପ୍ତି (vastitude)ର ଏକ ଓ ଅନେକ ନୃତ୍ୟ ଓ ଧାରା ହେଉ - ନୃତ୍ୟ ଧାରା ହେଉ।

ଭାଷା ସହିତ ଏମିତି ସାଧନା ଓ ସମ୍ବନ୍ଧ ପାଇଁ ଆମକୁ ପ୍ରଚଳିତ ଭାଷାର ବ୍ୟବହାରିକତା ଏବଂ ଜୀବନ ଦୃଷ୍ଟିର ଅନେକ ଗଭୀର ଓ ଉଚ୍ଚକୁ ଯିବାକୁ ହୋଇଥାଏ।

ଆମକୁ ଆମର ମନ ଓ ବୁଦ୍ଧିର ଊର୍ଦ୍ଧ୍ୱକୁ ଯିବାକୁ ହୋଇଥାଏ। ଶ୍ରୀଅରବିନ୍ଦଙ୍କ କବିତାରେ overhead poetry ର ସର୍ଜନା ଓ ଚଳତ୍‌କ୍ରିୟା ବିଷୟରେ କହିଛନ୍ତି ଓ ଶ୍ରୀଅରବିନ୍ଦଙ୍କ କାବ୍ୟ overhead କାବ୍ୟ ଅଟେ। ଏହି ସମ୍ପର୍କରେ ଆଲୋଚନା କରି ଦାର୍ଶନିକ ରଘୁନାଥ ଘୋଷ କହନ୍ତି ଯେ, ଶ୍ରୀଅରବିନ୍ଦଙ୍କର କାବ୍ୟ ହେଉଛି overmind କାବ୍ୟ ଯାହା supermind ର ନିକଟତର (....)। ମନ ଊର୍ଦ୍ଧ୍ୱର ଏହି ଅଭିବ୍ୟକ୍ତିରେ ଏହାର ତଳେ ଥିବା ଭାବ, ଭାଷା ଓ ଚେତନା ମିଳିତ ହୁଅନ୍ତି। ଏହି ପ୍ରକ୍ରିୟାରେ ଏମାନେ ବ୍ରହ୍ମାଣ୍ଡର ସଂହତି (cosmic harmony) ଏବଂ ବ୍ରହ୍ମାଣ୍ଡୋତ୍ତର ମରମୀତ୍ୱ ଓ ରହସ୍ୟ (supracosmic mystery) ସହିତ ଓ ଅନ୍ତଃ-ଏକାତ୍ମ ହୋଇ ରୂପାନ୍ତରିତ ହୁଅନ୍ତି। ଏମିତି ଏକ ପରିବେଶରେ ଓ ପ୍ରକ୍ରିୟାରେ ଭାଷା ମନ୍ତ୍ର ହୋଇଥାଏ। ଶ୍ରୀଅରବିନ୍ଦଙ୍କ କବିତା ଆମକୁ ଦର୍ଶାଇଥାଏ କେମିତି ଓ କେତେବେଳେ ମନ୍ତ୍ର ସମ୍ଭବ ହୁଏ (୪)।

ଶ୍ରୀଅରବିନ୍ଦ କାବ୍ୟ ସାଧନା, ପୂର୍ଣ୍ଣାଙ୍ଗ ଯୋଗ ଓ ବେଦ ଓ ଅନ୍ୟାନ୍ୟ ଚିରନ୍ତନ ସାହିତ୍ୟରେ ଭାଷା ଶବ୍ଦମାନଙ୍କ ସହିତ ଧ୍ୟାନ ଓ ଯାତ୍ରା କରି ଆପଣାର ଭାଷା ସମ୍ବନ୍ଧୀୟ ଚିନ୍ତନକୁ ବିକଶିତ କରିଛନ୍ତି। ମାତ୍ର ଭାଷା ସଂପର୍କୀୟ ଏହି ଚିନ୍ତନ ଓ ଅନୁଭବ କେବଳ ବେଦ, ଉପନିଷଦ ବା ଥିରୁକୁରଲ୍ଲୁର ଭାଷା ମଧ୍ୟରେ ସୀମିତ ନୁହେଁ। ପ୍ରତ୍ୟେକ ଭାଷା ମଧ୍ୟରେ ମନ୍ତ୍ର ଏକ ବାସ୍ତବତା ଓ ସମ୍ଭାବନା ରୂପେ ରହିଥାଏ। ଆମ ଜୀବନ, ସମାଜ, ସମ୍ବନ୍ଧ, ବିଶ୍ୱ-ପ୍ରକୃତି ଓ ଦିବ୍ୟ ସହିତ ସାଧନା, ଧ୍ୟାନ ଓ ଯାତ୍ରା କଲେ ଆମ ଭିତରେ ଓ ସହିତ ଭାଷା ମନ୍ତ୍ରରୂପେ ଜନ୍ମନିଏ ଓ ଆମର ଶବ୍ଦ, ବାକ୍ୟ, ଭାଷା, ସାହିତ୍ୟ, ସମାଜ, ସମ୍ବନ୍ଧ ଓ ଜଗତକୁ ମନ୍ତ୍ରମୟ କରିଥାଏ।

ଶ୍ରୀଅରବିନ୍ଦଙ୍କ ଭାଷା ସଂପର୍କୀୟ ଚିନ୍ତନ ଓ ଅନୁଭବ ବୁଝିବାକୁ ହେଲେ ଆମେ ଆଉ କେତେଜଣ ଦର୍ଶନ, ଚିନ୍ତନ ଓ ଅନୁଭବ ସହିତ ମଧ୍ୟ ଚିନ୍ତା ଓ ଯାତ୍ରା କରିପାରିବା। 'Way to Language' ପ୍ରବଂଧରେ ଦାର୍ଶନିକ ମାର୍ଟିନ ହାଇଡିଗାର୍ ଆମକୁ କହନ୍ତି ଯେ, ଭାଷାରେ କହିବା ମଧ୍ୟରେ, ଅଭିବ୍ୟକ୍ତି ମାଧ୍ୟମରେ ଏକ ନିର୍ଦ୍ଦେଶନା ଥାଏ... pointure ଥାଏ। ଭାଷା ସହିତ ଓ ଆଡ଼କୁ ଯାତ୍ରା ହେଉଛି ପଥ-ନିର୍ମାଣକାରୀ (way-making) ଯାତ୍ରା ଅଟେ। (୫) ଏହି ପଥ-ନିର୍ମାଣକାରୀ ଯାତ୍ରାରେ ଭାଷା ସହିତ ଥିବା ଅର୍ଥ ଓ ପରମାର୍ଥ ଲୁକ୍କାୟିତ ହୋଇଥାଏ ଓ ଏହାକୁ ଯେଉଁମାନେ ଶୁଣିବାକୁ ଚାହାନ୍ତି ସେମାନେହିଁ ଭାଷା ଭିତରେ ଥିବା ଦର୍ଶିତ ଅର୍ଥକୁ ଶୁଣିପାରନ୍ତି। ଭାଷା ସହିତ ବାଟ ଚାଲିବାକୁ ହେଲେ ଆମକୁ କହିବା, କଥନୀୟତା ମଧ୍ୟରେ ସୀମିତ ନହୋଇ ଆମକୁ ଶୁଣିବାକୁ ହୁଏ। ଅନ୍ତର, ବାହାର, ସମ୍ବନ୍ଧ, ପଥ, ଦିବ୍ୟ, ପ୍ରକୃତି ସବୁକୁ ଧ୍ୟାନସ୍ଥ ହୋଇ ଶୁଣିବାକୁ ହୁଏ।

ଭାଷାର ପଥ-ରଚନାକାରୀ ଯାତ୍ରା ଓ ଉଦ୍ ବେଳନ ଆମକୁ ପରିଚିତ ଭାଷାରୁ ନୂତନ ଭାଷା, ଆସ୍ପୃହା, ସମ୍ବନ୍ଧ ଓ ଜଗତ ଆଡ଼କୁ ନେଇଯାଏ ଯେଉଁଥିପାଇଁ ଆମର ପ୍ରଚଳିତ ଓ ପରିଚିତ ଭାଷା ଯଥେଷ୍ଟ ନୁହେଁ। ଜୀବନ ସହିତ ଓ ଭାଷା ସହିତ ଯାତ୍ରା ପଥରେ ଆମର ପରିଚିତ ବଳୟ ଓ ରୂପରୁ ଅନେକ ଆଗକୁ ଓ ଗଭୀରକୁ ଯିବାକୁ ହୁଏ। ଏଥିପାଇଁ ଆମର ପ୍ରଚଳିତ ବ୍ୟାକରଣ ସହାୟକ ନୁହେଁ; ଆମ ପ୍ରଚଳିତ ବ୍ୟାକରଣ ଅନେକ ସମୟରେ ଆମର ଭାଷା ଜୀବନ ସାଧନା ଓ ଯାତ୍ରାରେ ବାଧକ ହୋଇଥାଏ। ଭାଷା ସଂପର୍କରେ ଆଲୋଚନା କରିଥିବା ଆମର ଅନ୍ୟ ଏକ ଗଭୀର ଦାର୍ଶନିକ ଉଇଟ୍‌ଗେନ୍‌ଷ୍ଟାଇନ୍ ଆମକୁ କହନ୍ତି ଯେ' ଭାଷା ସହିତ ଯାତ୍ରା କରିବାକୁ ହେଲେ ଆମକୁ ଅନେକ ସମୟରେ ଅ-ବୈକାରଣିକ ହେବାକୁ ହୋଇଥାଏ.... ungrammatical ହେବାକୁ ହୋଇଥାଏ। ପ୍ରଚଳିତ ବ୍ୟାକରଣ ଓ ଜୀବନର ଗଦ୍ୟ ଭାଷା ଓ ଜୀବନଯାତ୍ରାର ଗତିଶୀଳତାକୁ ପ୍ରକାଶ କରିପାରେ ନାହିଁ। ଭାଷା ସଂପର୍କରେ ଆପଣାର ଦର୍ଶନ ଓ ଚିନ୍ତନରେ ଉଇଟ୍‌ଗେନ୍‌ଷ୍ଟାଇନ୍ ଭାଷାକୁ ଜୀବନର ପ୍ରକରଣ ବା form of life ବୋଲି କହିଛନ୍ତି। ମାତ୍ର ଏହି ପ୍ରକରଣ କେବଳ ଏକ ବ୍ୟବସ୍ଥା ଓ ବ୍ୟବସ୍ଥିତ ପ୍ରକରଣ ନୁହେଁ; ଏହା ଏକ ଛାଞ୍ଚ ନୁହେଁ। ଏହି ପ୍ରକରଣ ମଧ୍ୟରେ ସାଧନା ଓ ସଂଗ୍ରାମର କେତେ ଧାରା ବୋହି ଯାଉଥାଏ ଯେଉଁ ଧାରାମାନ ଉଦ୍‌ବେଳନକାରୀ ବନ୍ୟାରୂପେ ପରିଚିତ ବ୍ୟବସ୍ଥା ଓ ବ୍ୟାକରଣର କୂଳଲଂଘି ନୂଆ କେତେ ପ୍ରକରଣ, ବ୍ୟାକରଣ, ଛନ୍ଦ ଓ ସ୍ପନ୍ଦନ ସୃଷ୍ଟି କରେ। ଭାଷା ବ୍ୟବସ୍ଥାର ଛାଞ୍ଚ ହୋଇଗଲେ ଏହି ବ୍ୟବସ୍ଥା ଭିତରେ ଅନେକ ଆତ୍ମା ଓ ଭିନ୍ନତା ଶ୍ୱାସରୁଦ୍ଧ ହୋଇଯାଆନ୍ତି, ଯନ୍ତ୍ରଣା ପାଆନ୍ତି। (୬) ଭାଷା ସହିତ ଯାତ୍ରା କଲାବେଳେ ପ୍ରଚଳିତ ବ୍ୟବସ୍ଥା ଓ ଭାଷାର ଦମନ ଓ ତତ୍‌ଜନିତ ଆତ୍ମା ଓ ସମାଜର ଯନ୍ତ୍ରଣାକୁ ଅନୁଭବ କରିବାକୁ ହୋଇଥାଏ ଓ ଏହାର ରୂପାନ୍ତର ପାଇଁ ସାଧନା ଓ ସଂଗ୍ରାମ କରିବାକୁ ହୋଇଥାଏ।

ଏହାକୁ ବୁଝିବାକୁ ହେଲେ ଆମେ ଓଡ଼ିଶା ଓ ଓଡ଼ିଆ ଭାଷାକୁ ବୁଝିବାକୁ ଚେଷ୍ଟା କରିପାରିବା। ଭାଷା ଭିତ୍ତିରେ ଓଡ଼ିଶା ହିଁ ଆଧୁନିକ ଭାରତବର୍ଷର ପ୍ରଥମ ଭାଷାଭିତ୍ତିକ ରାଜ୍ୟ। ମାତ୍ର ଓଡ଼ିଶା ଓ ଓଡ଼ିଆ ଏକା କଥା କି ? ଓଡ଼ିଶା ଆମର ଭୂମି ଓ ଏଥିରେ ଓ ଏଥିରେ ଓଡ଼ିଆ ଆମର ଏକ ଭାଷା। ମାତ୍ର ଏହା ଓଡ଼ିଶାର ଏକମାତ୍ର ଭାଷା ନୁହେଁ ଯଦିଓ ଏହା ଆମର ରାଜ୍ୟ ଭାଷା। ଓଡ଼ିଶା ମଧ୍ୟରେ ଅନେକ ଭାଷାଭାଷୀ ଲୋକେ ବଞ୍ଚୁଛନ୍ତି ମାତ୍ର ଏହି ଭାଷାସବୁ ଭିତରେ ଓଡ଼ିଆ ଭାଷାର ଏକ ଶାସକୀୟ ପ୍ରାଧାନ୍ୟତା ରହିଛି। ଉଇଟ୍‌ଗେନ୍‌ଷ୍ଟାଇନ୍‌ଙ୍କ ଭାଷାରେ କହିଲେ ଓଡ଼ିଆ ଭାଷା ଆମ ଓଡ଼ିଶାର ଏକ 'form of life' ମାତ୍ର ଏହି form of life ମଧ୍ୟରେ ଅନେକ ଭାଷା,

ଅନେକ ସ୍ରୋତ ପ୍ରବାହିତ ଯେମିତି ଓଡ଼ିଆ ଭାଷା ମଧ୍ୟ ଦେଇ ସଂସ୍କୃତ, ପ୍ରାକୃତ ଓ ଦ୍ରାବିଡ଼ ଭାଷା ପ୍ରବାହିତ। ଉତ୍ତର ଭାରତ ଓ ଦକ୍ଷିଣ ଭାରତର ଭାଷାର ପାରସ୍ପରିକ ମିଳନ ଓ ଯାତ୍ରା ପଥରେ ଓଡ଼ିଆ ଭାଷା ଏକ ଜନନୀମୟୀ ମଧ୍ୟବିନ୍ଦୁ ରୂପେ କାର୍ଯ୍ୟ କରିଛି ଯେଉଁ ସମ୍ପର୍କରେ ଓଡ଼ିଆ ସାହିତ୍ୟର ସାଂସ୍କୃତିକ ବିକାଶଧାରା ଭଳି ଅନେକ ମହତ୍ତ୍ୱପୂର୍ଣ୍ଣ ପୁସ୍ତକରେ ଚିତ୍ତରଂଜନ ଦାସ ଆମକୁ କହିଛନ୍ତି। ମାତ୍ର ସାମ୍ପ୍ରତିକ ଓଡିଶା ଓ ଓଡ଼ିଆରେ ଏହି ଗତିଶୀଳତା କେତେଦୂର ଗତିମାନ ବା ଓଡ଼ିଆ ଏକ ରାଜ୍ୟ ଭାଷା ରୂପେ ସ୍ଥାଣୁ ହୋଇଯାଇଛି କି? ଆମ ଓଡ଼ିଶାରେ ଅନ୍ୟ ଯେଉଁ ଭାଷା ମାନ ରହିଛି ଯଥା କୋଶଳ, ଆଦିବାସୀ ଭାଷା ମାନଙ୍କୁ ଆମେ କେତେ ସମ୍ମାନ ଓ ଶ୍ରଦ୍ଧା କରୁଛୁ ? ଆମ ଓଡ଼ିଶାରେ ଆମେ ଅନ୍ୟ ଭାଷା ମାନଙ୍କୁ ଯଥା ଆଦିବାସୀ ଭାଷା ମାନଙ୍କୁ ଅବହେଳା କରୁଛୁ କି ଓ ସେମାନଙ୍କ ଭାଷାରେ ଆଧିପତ୍ୟ ବିସ୍ତାର କରୁଛୁ କି ? ଆମ ଓଡ଼ିଶାରେ ଆଦିବାସୀ ଇଲାକାରେ ଯେଉଁସବୁ ଜୀବନନୀତିମାନ ଲେଖାଯାଉଛି ଏହା ଏପରିକି ଓଡ଼ିଆ ଭାଷାରେ ଲେଖାଯାଇନାହିଁ ଆଦିବାସୀ ଲେଖିବା ତ ଦୂରର କଥା। ଓଡ଼ିଶାରେ ଇଂରାଜୀ ଓ ଓଡ଼ିଆ ଭାଷାର ପ୍ରାଧାନ୍ୟତା ଫଳରେ ଯେଉଁ ଆତ୍ମିକ ଓ ସାମାଜିକ ଯନ୍ତ୍ରଣା ସୃଷ୍ଟି ହୋଇଛି, ଭାଷା ସହିତ ମନ୍ତ୍ରରୂପେ ବାଟ ଚାଲିଲେ ଏହି ଯନ୍ତ୍ରଣା ସୃଷ୍ଟିକାରୀ ବ୍ୟବସ୍ଥା ମାନଙ୍କ ସହିତ ଲଢ଼ିବାକୁ ହୁଏ, ସାଧନା ଓ ସଂଗ୍ରାମ କରିବାକୁ ହୁଏ ଯେପରି ଭାଷାର ମନ୍ତ୍ରକାରୀ ଓ ମନ୍ତ୍ରମୟ ସାଧକ ଶ୍ରୀଅରବିନ୍ଦ ମୁକ୍ତି ସଂଗ୍ରାମୀ ଓ ସାଧକ।

ଭାଷା ସଂପର୍କୀୟ ଏହି ସଂଳାପରେ ଆମେ ଏଠାରେ ଚିତ୍ତରଂଜନ ଦାସଙ୍କ ସହିତ କଥା ହୋଇପାରିବା। ଓଡ଼ିଆ ସାହିତ୍ୟରେ ଚିତ୍ତରଂଜନ ଭଗୀରଥ ଭାବେ ଶ୍ରୀଅରବିନ୍ଦ ଚିନ୍ତା, ଚେତନା ଓ ରଚନାକୁ ଆଣିଛନ୍ତି। ସେ Life Divine, Human Cycle, Synthesis of Yoga ଓ War and Self Determination କୁ ଓଡ଼ିଆରେ ଅନୁବାଦ କରିଛନ୍ତି। ଭାଷା ସହିତ ଆମର ସୋପାନ ପରେ ସୋପାନ ଅତିକ୍ରମଣର ଯାତ୍ରାକୁ ବୁଝିବାକୁ ହେଲେ ଆପଣାର ରୋହିତର ଡାଏରୀରେ ଲେଖିଥିବା ଅନୁଭବାତ୍ମକ ଅଭିବ୍ୟକ୍ତି ଆମକୁ ସାହାଯ୍ୟ କରିଥାଏ :

> ଯେତେବେଳେ ସୋପାନ ଉଠିବା ବେଳ ଆସି ପହଞ୍ଚେ, ଠିକ୍ ସେତିକିବେଳେ ଅବସାଦ ଆସେ। ସୋପାନର ରୀତି ଗୁଡ଼ିକ ଆଦୌ ଯଥେଷ୍ଟ ବୋଲି ମନେହୁଏ ନାହିଁ। ଅନ୍ତର ବେଦନାର idiom ଗୁଡ଼ିକ ଏକ vertical integration ର କାମନା କରୁଥାନ୍ତି ଏବଂ ମୁଁ ତାହାର ଯୋଗ୍ୟ ହେବା ପର୍ଯ୍ୟନ୍ତ ଅପେକ୍ଷା କରି ରହିଥାନ୍ତି। ଚିହ୍ନା ଶବ୍ଦ ଗୁଡ଼ାକ ଆଉ ମୋଟେ ଯଥେଷ୍ଟ ବୋଲି ମନେ ହୁଅନ୍ତି ନାହିଁ। (୭)

ଚିତ୍ତରଂଜନ ଶ୍ରୀଅରବିନ୍ଦଙ୍କୁ ଓଡ଼ିଆରେ ଅନୁବାଦ କରିଛନ୍ତି ଯେମିତି ଶ୍ରୀଅରବିନ୍ଦ ମଧ୍ୟ ଅନୁବାଦ କରିଛନ୍ତି। ଶ୍ରୀଅରବିନ୍ଦ ଆମକୁ କହନ୍ତି ଯେ ଆମର ଜୀବନ ହେଉଛି ଦିବ୍ୟ ଜୀବନର ହେଉଛି ଏକ ଓ ଅନେକ ଅନୁବାଦ। ଅନୁବାଦ ଆମର ଭାଷାକୁ ଗତିମୟ କରାଏ।

ବ୍ୟକ୍ତି, ସମାଜ ଓ ରାଷ୍ଟ୍ରର ପୁନଃଚିନ୍ତନ ଓ ରୂପାନ୍ତର

ବ୍ୟକ୍ତି କେବଳ ସାମାଜିକ ଓ ସାଂସ୍କୃତିକ ବ୍ୟକ୍ତି ନୁହେଁ। ସମାଜ ବିଜ୍ଞାନ ଓ ନୃତତ୍ତ୍ୱ ବିଦ୍ୟାରେ ବ୍ୟକ୍ତିକୁ ମୂଳତଃ ସାମାଜିକ ଓ ସାଂସ୍କୃତିକ ସତ୍ତା ରୂପେ ବିଚାର କରାଯାଇଥାଏ। ମାତ୍ର ବ୍ୟକ୍ତି କେବଳ ସାମାଜିକ ଓ ସାଂସ୍କୃତିକ ପ୍ରକ୍ରିୟା ଦ୍ୱାରା ଗଠିତ ଓ ନିୟନ୍ତ୍ରିତ ନୁହେଁ; ବ୍ୟକ୍ତି ଭିତରେ ଏ ସହିତ ଆତ୍ମା ରହିଛି, ଦିବ୍ୟ ସତ୍ତା ରହିଛି। ସମାଜ ସହିତ ମଧ୍ୟ ଦିବ୍ୟସତ୍ତାର ସହ-ଉପସ୍ଥିତି ରହିଛି। ଶ୍ରୀଅରବିନ୍ଦ ଆମକୁ ବ୍ୟକ୍ତି ଓ ସମାଜକୁ ଦିବ୍ୟ ରୂପେ ବିଚାର କରିବାକୁ ଓ ବାସ୍ତବାୟିତ କରିବାକୁ ଆହ୍ୱାନ କରନ୍ତି। ବ୍ୟକ୍ତି ଦିବ୍ୟଙ୍କର ପ୍ରକାଶ ଗ୍ରନ୍ଥରେ ଶ୍ରୀଅରବିନ୍ଦ ଆମକୁ କହନ୍ତି ଯେ ସମାଜର ୟୁରୋପୀୟ ଅବଧାରଣା vital dynamism ବା ପ୍ରାଣଗତ ଚଳତ୍‌କ୍ରିୟା ଉପରେ ପ୍ରତିଷ୍ଠିତ ଓ ଏହା ମଣିଷର ଆଧ୍ୟାତ୍ମିକ ଉପାଦାନକୁ ଉପେକ୍ଷା କରିଛି ଯାହା ହେଉଛି ତାର ଅସଲ ସତ୍ତା। ବ୍ୟକ୍ତି ଓ ସମାଜ ଦିବ୍ୟଙ୍କର ପରିପ୍ରକାଶ; ସେମାନେ କେବଳ ପ୍ରାଣିକ ବା ଯାନ୍ତ୍ରିକ ନୁହନ୍ତି।

ଠିକ୍ ସେମିତି ରାଷ୍ଟ୍ର ମଧ୍ୟ କେବଳ ଏକ ଯାନ୍ତ୍ରିକ ସଂଗଠନ ନୁହେଁ। ଆଧୁନିକ ଯୁଗରେ ରାଷ୍ଟ୍ର ଏକ ଯାନ୍ତ୍ରିକ ଅନୁଷ୍ଠାନ ଯାହା ଫଳରେ ହିଂସାର ସକଳ ଆଲୁଅ ମାନ ରହିଛି ଓ ଯାହା ରାଷ୍ଟ୍ରାୟିତ ସକଳ ଉପରେ ଆବଶ୍ୟକ ହେଲେ ହିଂସା ପ୍ରୟୋଗ କରିପାରିବ। ଆଧୁନିକ ରାଷ୍ଟ୍ରରେ ଯଥାର୍ଥ ହିଂସାର ବ୍ୟବହାରର ରେଖା ବଦଳି ବଦଳି ଯାଇଛି ଓ ରାଷ୍ଟ୍ର ଯେତେବେଳେ ଚାହିବ ସେତେବେଳେ ହିଂସାଚରଣ କରିପାରିବ। ଶ୍ରୀଅରବିନ୍ଦ ଆମକୁ ଏମିତି ରାଷ୍ଟ୍ର ସଂଗଠନକୁ.... ଏହାର ଯାନ୍ତ୍ରିକତା ଓ ହିଂସାକୁ ରୂପାନ୍ତରିତ କରିବାକୁ ଆମକୁ ଆହ୍ୱାନ ଦେଉଛନ୍ତି। ଆପଣାର ମାନବ ଏକତାର ଆଦର୍ଶ ପୁସ୍ତକରେ 'The Inadequacy of the State Idea' ଅଧ୍ୟାୟରେ ଶ୍ରୀଅରବିନ୍ଦ ଆମକୁ କହୁଛନ୍ତି ଯେ, ସଂଗଠିତ ରାଷ୍ଟ୍ର ଜାତି (Nation)ର ସର୍ବୋତ୍ତମ ଚିନ୍ତା (best mind) ନୁହେଁ ଓ ଏହା ସାମୁଦାୟିକ ଶକ୍ତିର sum ମଧ୍ୟ ନୁହେଁ ରାଷ୍ଟ୍ର, ବ୍ୟକ୍ତି, ସମୁଦାୟ ଓ ଏହାର ସୃଜନଶୀଳତାକୁ ଅନେକ ସମୟରେ ଗିଳି ପକାଏ।(୮) ଏହା ଏକ ଦାନବକାୟ ଯନ୍ତ୍ର ସୃଷ୍ଟି କରେ ଯାହା ବ୍ୟକ୍ତିର ସ୍ୱାତନ୍ତ୍ର, ପ୍ରୟାସ ଓ ବିକାଶକୁ ଦଳି

ଦେଇଥାଏ। ଶ୍ରୀଅରବିନ୍ଦ ରାଷ୍ଟ୍ରକୁ ପୁନଃଚିନ୍ତନ ଓ ରୂପାନ୍ତରିତ କରିବାକୁ ଆହ୍ୱାନ ଦିଅନ୍ତି ଯାହା ବ୍ୟକ୍ତି ଓ ସମୁଦାୟକୁ ବିକଶିତ କରିବାରେ ସହାୟକ ହେବ, ଏମାନଙ୍କର ବାଧକ ହେବ। ବ୍ୟକ୍ତି ମଧ୍ୟରେ ଯେମିତି ଅସହାୟକାରୀ ଓ ଧ୍ୱଂସକାରୀ ଅହଂବାଦ ରହିଛି ସମାଜ ଓ ରାଷ୍ଟ୍ର ମଧ୍ୟରେ ମଧ୍ୟ ଅହଂବାଦ ରହିଛି। ଶ୍ରୀଅରବିନ୍ଦଙ୍କ ଭାଷାରେ, ଜାତି ଓ ରାଷ୍ଟ୍ର କ୍ଷେତ୍ରରେ ଏହି ଅହଂବାଦ ଏକ ପବିତ୍ର ଅହଂବାଦ 'sacred egoism' ରେ ପରିଣତ ହୋଇଛି। ଏଥିପାଇଁ ରାଷ୍ଟ୍ରର ଶିକାରୀ ବା ଡକାୟତୀ (predatory) ପ୍ରକୃତିକୁ ଅତିକ୍ରମ କରିବା ପାଇଁ ମାନବୀୟ ଚିନ୍ତନରେ କୌଣସି ଯଥାର୍ଥ ଆଲୋକମୟ ଚେତନା ନାହିଁ, କୌଣସି ଆନ୍ତର୍ଜାତିକ ନିୟମ ନାହିଁ।

ରାଷ୍ଟ୍ରକୁ ଆନ୍ତର୍ଜାତିକ ବ୍ୟବସ୍ଥାର ଅଙ୍ଗ ହେବାକୁ ହେବ ଯେମିତି ବ୍ୟକ୍ତି ଓ ସମାଜକୁ। ବ୍ୟକ୍ତି, ସମାଜ ଓ ରାଷ୍ଟ୍ରକୁ ଆପଣାର ଅହଂକାର, ଯାନ୍ତ୍ରିକତା ଓ ହିଂସାପ୍ରବଣତାକୁ ଅତିକ୍ରମ କରିବାକୁ ହେବ।

ଏଥିପାଇଁ ବ୍ୟକ୍ତି, ସମାଜ ଓ ରାଷ୍ଟ୍ରର ମୌଳିକ ରୂପାନ୍ତର ଓ ବିକାଶ ଆବଶ୍ୟକ। ବ୍ୟକ୍ତିକୁ ଆପଣାର ଅହଂକାର ଉତ୍ତରଣ କରି ସମାଜ ଓ ରାଷ୍ଟ୍ରର ସାମୂହିକ କାର୍ଯ୍ୟରେ ସଂଯୁକ୍ତ ହେବାକୁ ହେବ। ରାଷ୍ଟ୍ରକୁ ମଧ୍ୟ ବ୍ୟକ୍ତି ଓ ସମାଜର ବିକାଶରେ ସହାୟକ ହେବ; ବ୍ୟକ୍ତି ଓ ସମାଜ ଉପରେ ଭାର ହୋଇ ନବସି ବ୍ୟକ୍ତି ଓ ସମାଜର ମିତ୍ର ହୋଇ ସେମାନଙ୍କର ବିବର୍ତ୍ତନାତ୍ମକ ବିକାଶରେ ସାହାଯ୍ୟ କରିବାକୁ। ମାତ୍ର ଏଥିପାଇଁ ଏପର୍ଯ୍ୟନ୍ତ ଆମେ ଆମର ବ୍ୟକ୍ତି କଳ୍ପନା ଓ ରାଷ୍ଟ୍ର କଳ୍ପନାରେ ଆମେ ଦୁହିଁଙ୍କୁ ପରସ୍ପରର ବିରୋଧୀ ଭାବେ ଦେଖିଆସିଛୁ। ପ୍ରକୃତିର କ୍ରିୟା ଏହି ଦୁଇଟି ପରସ୍ପରର ବିରୋଧୀ ରୂପେ ଆମକୁ ପ୍ରତୀୟମାନ ହେଉଛି। ଗୋଟିଏ ପାଖରେ ରାଷ୍ଟ୍ରର କର୍ତ୍ତୃତ୍ୱ, ପରିପୂର୍ଣ୍ଣତା ଓ ବିକାଶ ଓ ଅନ୍ୟ ପକ୍ଷରେ ବ୍ୟକ୍ତି ମନୁଷ୍ୟର ସ୍ୱାଧୀନତା, ପରିପୂର୍ଣ୍ଣତା ଓ ବିକାଶ। ଦୁଇଟିଯାକ ଏକ ନିତ୍ୟ ନିୟତ ବିରୋଧାଭାସରେ ପ୍ରତୀୟମାନ। ରାଷ୍ଟ୍ରର ଆକାର ଏଥିରେ କିଛି ଫରକ୍ ପକାଏ ନାହିଁ। ଆଗରୁ ଏହା ପରିବାର, tribe (ଜନଜାତି), ନଗର ଓ polis ଥିଲା; ଏବେ ଏହା ଜାତି ବା nation। ଆସନ୍ତାକାଲି ଏହା ସମଗ୍ର ମାନବ ସମାଜ ହେବ। ମାତ୍ର ତଥାପି ମନୁଷ୍ୟ ଓ ମାନବିକତା, ଆତ୍ମ-ମୁକ୍ତ ବ୍ୟକ୍ତି ଓ ଅଭିନିବିଷ୍ଟ (engrossing) ସମଷ୍ଟି ମଧ୍ୟରେ ଥିବା ପ୍ରଶ୍ନଟି ରହିଥିବ (...)। (୯)

ଏଥିପାଇଁ ଚିନ୍ତନ ଓ ସାମୂହିକ ସଂଗଠନ କ୍ଷେତ୍ରରେ ବ୍ୟକ୍ତି ଧାରଣା ଓ ସଂଗଠନ ଓ ରାଷ୍ଟ୍ର ଧାରଣା ଓ ସଂଗଠନର ମୂଳଭୂତ ରୂପାନ୍ତର ଓ ବିଲିନ ଆବଶ୍ୟକ। ବ୍ୟକ୍ତିକୁ ଏମିତି ରୂପାନ୍ତରିତ ଓ ବିଲିନ ହେବାକୁ ହେବ ଯାହାଫଳରେ ସେ ବ୍ୟକ୍ତି ହେବା ସହିତ ନିଜ ଭିତରର ବୃହତ୍ତର ଓ ପ୍ରଶସ୍ତ ଆତ୍ମସତ୍ତାକୁ ଅନୁଭବ କରିବ ଓ ରାଷ୍ଟ୍ର ମଧ୍ୟ

ଏମିତି ରୂପାନ୍ତରିତ ଓ ବିଲିନ ହେବ ଯାହା ଦିବ୍ୟସତ୍ତାର ପରିପ୍ରକାଶ ହେବ। ଯାନ୍ତ୍ରିକତା ସ୍ଥାନରେ ଆତ୍ମିକ ହେବ, କେବଳ ଜାତି ରାଷ୍ଟ୍ର ମଧ୍ୟରେ ବାଂଧି ନହୋଇ ମାନବ ଏକତାର ସାଧନା କରିବ। ରୂପାନ୍ତରିତ ବ୍ୟକ୍ତି ଧାରଣା, ରାଷ୍ଟ୍ର ଧାରଣା ଓ ସଂଗଠନ ଆମକୁ ବିବର୍ତ୍ତନରେ ସାହାଯ୍ୟ କରିବେ।

ଏହି ବିବର୍ତ୍ତନ ସାଧନାରେ ବଂଧୁତା ଓ ଭ୍ରାତୃଭାବର ଏକ ସ୍ୱତନ୍ତ୍ର ମହତ୍ତ୍ୱ ରହିଛି।

ଭ୍ରାତୃତ୍ୱ ଓ ମୈତ୍ରୀ

ଫରାସୀ ବିପ୍ଳବ ଯାହା ଆଧୁନିକ ଜଗତରେ ବିପ୍ଳବାତ୍ମକ ପରିବର୍ତ୍ତନ ଆଣିବ ବୋଲି କେତେ କେତେ ମୁଣ୍ଡ କାଟିଥିଲା ଓ କେତେ ବଜାଇଥିଲା... ଏହା liberty, equality ଓ fraternity... ସ୍ୱାଧୀନତା, ସମାନତା ଓ ଭ୍ରାତୃତ୍ୱ ପ୍ରତିଷ୍ଠା କରିବା କଥା କହିଥିଲା। ମାତ୍ର ଆଧୁନିକ ଜଗତରେ ଏହାର ବହୁତ ଅପୂର୍ଣ୍ଣ ପରିପ୍ରକାଶ ଘଟିଛି। ସ୍ୱାଧୀନତା ଓ ସମାନତା ପ୍ରତିଷ୍ଠା ପାଇଁ ସମାଜ ଓ ରାଜନୀତିରେ କିଛି ଉଦ୍ୟମ ହୋଇଛି ଯେମିତି ଉଦାରବାଦୀ ଗଣତନ୍ତ୍ର ବା liberal democracy ରେ ଏବଂ କମ୍ୟୁନିଜିମ୍ ଓ ସମାଜବାଦରେ। ମାତ୍ର ଭ୍ରାତୃତ୍ୱ ପ୍ରତିଷ୍ଠା ପାଇଁ ବେଶୀ କିଛି ସାଧନା ହୋଇନାହିଁ। ଭ୍ରାତୃତ୍ୱ ପ୍ରତିଷ୍ଠା କେବଳ ରାଜନୀତି ବା ରାଷ୍ଟ୍ର ଉପରେ ନିର୍ଭର କରେନାହିଁ ଯଦିଓ ରାଜନୀତି ଓ ରାଷ୍ଟ୍ରର ଭ୍ରାତୃତ୍ୱର ଜୀବନ ବଞ୍ଚିବା ପାଇଁ ଅନୁକୂଳ ଅନୁଷ୍ଠାନ ଓ ପରିବେଶ ସର୍ଜନା ଆମକୁ ଆମର ବ୍ୟକ୍ତିଗତ ଓ ସଂଯୁକ୍ତ ବୃହତ୍ତର ଜୀବନରେ ଭ୍ରାତୃତ୍ୱ, ମୈତ୍ରୀ ଓ ବଂଧୁତାର ଜୀବନ ବଞ୍ଚିବାରେ ସହାୟକ ହୋଇଥାଏ।

ଭ୍ରାତୃତ୍ୱ ସଂପର୍କରେ ଶ୍ରୀଅରବିନ୍ଦ ଲେଖିଛନ୍ତି :

> Yet is brotherhood the real key to the triple gospel of the idea of humanity. The union of liberty and equality can only be achieved by the power of human brotherhood and it can not be founded on anything else. But brotherhood exists only in the soul and by the soul; it can exist by nothing else. For this brotherhood is not a matter either of physical kinship or of vital association or intellectual agreement. When the soul claims freedom, it is the freedom of its self-development, the self-

development of the divine in man in all his being. When it claims equality, what it is claiming is that freedom equally for all and the recognition of the same soul, the same godhead in all human beings. When it strives for brotherhood, it is founding that equal freedom of self- development on a common aim, a common life, a unity of mind and feeling founded upon the recognition of this inner spiritual unity. These three things are in fact the nature of the soul; for freedom, equality, unity are the eternal attributes of the Spirit. It is the practical recognition of this truth, it is the awakening of the soul in man and the attempt to get him to live from his soul and not from his ego which is the inner meaning of religion, and it is that to which the religion of humanity also must arrive before it can fulfil itself in the life of the race. (୧୦)

ଭ୍ରାତୃତ୍ୱ ହିଁ ସମାନତା ଓ ସ୍ୱାଧୀନତା ପ୍ରତିଷ୍ଠାର ସ୍ନେହପୂର୍ଣ୍ଣ ଜୀବନ୍ତ ଓ ଆତ୍ମିକ ସମ୍ବନ୍ଧଗତ ଆଧାର ଓ ଧାରା । ମାତ୍ର ଇଂରାଜୀରେ ଯାହାକୁ fraternity ବା brotherhood ବୋଲି କୁହାଯାଇଛି, ଏହା ବଂଧୁତା ଓ ମୈତ୍ରୀକୁ ବୁଝାଇଥାଏ; ଏହା ଉଭୟ ନାରୀ, ପୁରୁଷ, ବୃକ୍ଷଲତା ଓ ଅନ୍ୟ ପ୍ରାଣୀମାନଙ୍କ ସହିତ ସ୍ନେହ, ଶ୍ରଦ୍ଧା ଓ ଯତ୍ନର ସମ୍ବନ୍ଧକୁ ବୁଝାଇଥାଏ । Fraternity, brotherhood ଓ ଭ୍ରାତୃତ୍ୱ ଶବ୍ଦମାନ ପ୍ରଚଳିତ ସାମାଜିକ ଓ ରାଜନୈତିକ ବ୍ୟବସ୍ଥାରେ ପୁରୁଷ-ପ୍ରଧାନ ଓ ପୁରୁଷ-କୈନ୍ଦ୍ରିକ । ଫରାସୀ ବିପ୍ଳବ ପୁରୁଷ-କୈନ୍ଦ୍ରିକ ଥିଲା ଯେମିତି ପରବର୍ତ୍ତୀ ଓ ପୂର୍ବବର୍ତ୍ତୀ ଅନେକ ବିପ୍ଳବ ଯଥା ଆମେରିକୀୟ ବିପ୍ଳବ, ଋଷ ବିପ୍ଳବ ଏବଂ ଚାଇନିଜ୍ ବିପ୍ଳବ । ଏହିସବୁ ବିପ୍ଳବମାନ ହିଂସ୍ର ବିପ୍ଳବ ହୋଇଥିବାରୁ ଏଠାରେ ହିଂସ୍ର ବିପ୍ଳବକାରୀମାନେ ଅଧିକାଂଶ ପୁରୁଷ ଥିଲେ । ଭାରତୀୟ ସ୍ୱାଧୀନତା ସଂଗ୍ରାମରେ ଗାଂଧୀଙ୍କର ପ୍ରେରଣା ଓ ନେତୃତ୍ୱରେ ଅନେକ ନାରୀମାନେ ଯୋଗଦେଇଥିଲେ ଓ ଏହା ମୂଳତଃ ଅହିଂସ ଆନ୍ଦୋଳନ ଥିଲା । ଆଧୁନିକ ଜଗତର ଅନେକ ଆନ୍ଦୋଳନମାନ ଯେମିତି ନାରୀ

ଆନ୍ଦୋଳନ ଓ ପରିବେଶଗତ ଆନ୍ଦୋଳନ ଯେଉଁଥିରେ ନାରୀମାନେ ପ୍ରମୁଖ ଭୂମିକା ଗ୍ରହଣ କରିଥିଲେ ଯେମିତି ଚିପ୍‌କୋ ଆନ୍ଦୋଳନ ପୁରୁଷ-ପ୍ରଧାନ ସମ୍ବନ୍ଧ, ଭ୍ରାତୃତ୍ୱ, ରାଜନୀତି, ସମାଜନୀତି ଓ ରାଷ୍ଟ୍ରକୁ ଟକ୍‌କର ଦେଇଛନ୍ତି ଓ ଏହାକୁ ପୁରୁଷ, ନାରୀ, ପ୍ରକୃତି, ଦିବ୍ୟ ଓ ଅନ୍ୟ ସକଳ ପ୍ରାଣୀମାନଙ୍କର ମୈତ୍ରୀର ଭୂମି ଓ ଆକାଶ ରୂପେ ଅନୁଭବ କରିବାକୁ ଓ ପ୍ରତିଷ୍ଠିତ କରିବାକୁ ଆମକୁ ଆହ୍ୱାନ ଓ ଆମନ୍ତ୍ରଣ ଜଣାଇଛନ୍ତି। ବର୍ତ୍ତମାନର ଜଳବାୟୁ ସଂକଟ ପରିପ୍ରେକ୍ଷୀରେ ଆମର ଅନେକ ନାରୀ ଓ ପରିବେଶଗତ ଆନ୍ଦୋଳନମାନ... ଆମକୁ ଭ୍ରାତୃତ୍ୱ ଓ ମୈତ୍ରୀକୁ କେବଳ ମନୁଷ୍ୟ କୈନ୍ଦ୍ରିକତା ମଧ୍ୟରେ ସୀମିତ ନକରି ସକଳ ଜଗତ ଓ ସକଳ ପ୍ରାଣୀଙ୍କ ଆଲିଙ୍ଗନ କରିବାକୁ ଆହ୍ୱାନ ଦେଉଛି ଯେଉଁ ଆହ୍ୱାନଟି ଆମେ ଭୀମଭୋଇଙ୍କର ଏହି ଶାଶ୍ୱତ ଧାଡିମାନଙ୍କରେ ଶୁଣିବାକୁ ପାଇଥାଉ : ପ୍ରାଣୀଙ୍କ ଆରତ ଦୁଃଖ ଅପ୍ରମିତ ଦେଖୁ ଦେଖୁ କେବା ସହୁ। ଭ୍ରାତୃତ୍ୱ ଓ ମୈତ୍ରୀ ଏଠାରେ ସବୁ ପ୍ରାଣୀଙ୍କର ଦୁଃଖ ସହିତ ଏକାତ୍ମ ହୋଇ ଆତ୍ମର ସମ୍ବନ୍ଧ ଓ ଚେତନାରେ ଆନନ୍ଦ, ମର୍ଯ୍ୟାଦା ଓ ସୌନ୍ଦର୍ଯ୍ୟ ସୃଷ୍ଟି କରିବାକୁ ବୁଝାଏ।

ମୈତ୍ରୀ ଓ ବଂଧୁତାକୁ ଜୀବନଧାରା ଓ ଜୀବନସଙ୍ଗୀ କରି ଆମକୁ ଭାଷାକୁ ପୁନଚିନ୍ତନ କରିବାକୁ ହେବ, ନୂଆ ଭାଷା ସୃଷ୍ଟି କରିବାକୁ ହେବ। ମୈତ୍ରୀରୁ ଅନ୍ତରଂଗତା, ନୈକଟ୍ୟ, ଜୀବନ ଶ୍ରଦ୍ଧା ଓ ସାହସ ଆମ ଜୀବନରେ ଓ ଭାଷାରେ ଏକ ଓ ଅନେକ ନୂତନ ଉପନିଷଦ ସୃଷ୍ଟିକରେ ଯେଉଁଥିରେ ଆମେ ଜୀବନ ହନନକାରୀ, ଧ୍ୱଂସକାରୀ ଶକ୍ତି, ବ୍ୟବସ୍ଥା ଓ ଭାଷାମାନଙ୍କୁ ଟକ୍‌କର ଦେଉ ଓ ଏହା ସଙ୍ଗରେ ଜୀବନ ପ୍ରସ୍ଫୁଟନକାରୀ, ଉତ୍ତୋଳନକାରୀ ନୂତନ ଭାଷା ସୃଷ୍ଟି କରୁ। (୧୧) ଉପନିଷଦୀୟ ଜୀବନ ପଥ ଓ ଶିକ୍ଷଣଧାରା ହେଉଛି ପରସ୍ପର ପାଖରେ ବସି ପରସ୍ପର ସହିତ ଅନ୍ତରଂଗ ଓ ଜୀବନ ଉତ୍ତୋଳନକାରୀ ଭାଷାରେ କଥାହୋଇ ପ୍ରଚଳିତ ଜୀବନ ଓ ସମ୍ବନ୍ଧର ସୀମିତତାକୁ ଅନୁଭବ କରିବା ଓ ଏକ ନୂତନ ଜୀବନ ସମ୍ବନ୍ଧ, ସମାଜ ଓ ଭାଷାରେ ସୃଷ୍ଟି କରିବା। ମୈତ୍ରୀ ଏହି ଉପନିଷଦୀୟ ସାଧନା ଓ ସଂଗ୍ରାମରେ ଆମକୁ ସାହାଯ୍ୟ କରିଥାଏ ଯେମିତି ଏହା ଆମ ଭାଷା, ସମାଜ, ସଂସ୍କୃତି, ଜୀବନ ଓ ଜଗତରେ ଏକ ଓ ଅନେକ ନୂତନ ଉପନିଷଦ ସୃଷ୍ଟି କରେ।

ମୈତ୍ରୀକୁ ଆଧାର ଓ ସହଯାତ୍ରିଣୀ କରି ଆମେ ବ୍ୟକ୍ତି, ସମାଜ ଓ ରାଷ୍ଟ୍ରକୁ ମଧ୍ୟ ପୁନଃଚିନ୍ତନ କରୁ, ରୂପାନ୍ତର କରୁ। ବ୍ୟକ୍ତି, ସମାଜ ଓ ରାଷ୍ଟ୍ର ମୈତ୍ରୀର ଭୂମି, ବୃତ୍ତ ଓ ଆକାଶ ହୁଏ। ମନୁଷ୍ୟଭାବେ ଆମେ ଏହି ସଂସାରକୁ ଆସିଛୁ ବଂଧୁ ହେବାକୁ; ନାନା ବଂଧନ ଅତିକ୍ରମ କରି ବଂଧୁ ହେବାକୁ, ଆପଣାକୁ ବଂଧକରି, ସେତୁକରି ବଂଧୁ

ହେବାକୁ । ଗ୍ରୀକ୍ ନାଟ୍ୟକାର ସୋଫୋକ୍ଲିସ୍ ଆଜକୁ ପ୍ରାୟ ଅଢ଼େଇଶହ ବର୍ଷ ତଳେ କହିଥିଲେ : Not to hate but to love was I born । ଘୃଣା କରିବାକୁ ନୁହେଁ ମାତ୍ର ପ୍ରେମ କରିବାକୁ ମୁଁ ଜନ୍ମ ହୋଇଛି । ମାତ୍ର ଆମ ଜୀବନରେ ଅନେକ ଶତ୍ରୁମାନେ ଅଛନ୍ତି, ରିପୁମାନେ ମଧ୍ୟ ଅଛନ୍ତି । ନିଜ ଭିତରେ ଓ ବାହାରେ ଥିବା ଶତ୍ରୁମାନଙ୍କ ସହିତ ମୈତ୍ରୀର ଧାରାରେ ସମ୍ବନ୍ଧିତ ହୋଇ ଆମେ ଏମାନଙ୍କୁ ଟକ୍‌କର ଦେବା ଓ ରୂପାନ୍ତରିତ କରିବାକୁ ସାଧନା ଓ ସଂଗ୍ରାମ କରିବା । ଏହି ସାଧନା ଓ ସଂଗ୍ରାମରେ ଆମେ ଅହିଂସ ଉପାୟ ଅବଲମ୍ବନ କରିବା ଓ ଯେଉଁଠାରେ ହିଂସା ନିହାତି ଆବଶ୍ୟକ ସେତେବେଳେ ହିଂସା ପାଇଁ ହିଂସ୍ର ନହୋଇ ଆମେ ଜୀବନର ଉତ୍ତୋଳନ ପାଇଁ ହିଂସାକୁ ଯେତେଦୂର କମ୍ ବ୍ୟବହାର କରିବା । ଆମ ଜୀବନରେ ବାହାରର ଓ ଅନ୍ତରର କିଛି ଶତ୍ରୁମାନେ ଅଛନ୍ତି ମାତ୍ର ଆମେ ସମସ୍ତଙ୍କୁ ଶତ୍ରୁ ବୋଲି ଦେଖିବାନାହିଁ, ଆମେ ନିଜକୁ, ପରସ୍ପରକୁ, ସମାଜ, ରାଷ୍ଟ୍ର ଓ ଜଗତକୁ ମୂଳତଃ ମିତ୍ର ବୋଲି ଦେଖିବା ।

ମିତ୍ରସ୍ୟ ଚକ୍ଷୁସାରେ ଆମେ ଜୀବନ ବଞ୍ଚିବା, ଏହା ସହିତ ସମାଜ, ରାଷ୍ଟ୍ର ଓ ସଭ୍ୟତାକୁ ପୁନର୍ଚିନ୍ତନ ଓ ରୂପାନ୍ତରିତ କରିବା । (୧୨) ଆମର ପ୍ରଚଳିତ ସମାଜ ବ୍ୟବସ୍ଥାରେ କେତେ ଶୋଷଣ, ଦମନ ଓ ଶତ୍ରୁତା । ଆମର ସାମାଜିକ ବ୍ୟବସ୍ଥା ଆମ ଅନେକଙ୍କୁ ପରସ୍ପରର ଶତ୍ରୁରୂପେ ତିଆରି କରୁଛି । ଯେଉଁ ସମାଜରେ ଧର୍ମ, ଜାତି ଓ ଲିଙ୍ଗ ନାଆଁରେ ମନୁଷ୍ୟମାନଙ୍କୁ ବାଛବିଚାର କରାଯାଏ, ଉଚ୍ଚନୀଚ କରାଯାଏ ଓ ସମାନ ସୁଯୋଗ ଓ ଆଲୋକରୁ ବଞ୍ଚିତ କରାଯାଏ, ସେହି ସମାଜ ଆମକୁ ପରସ୍ପରର ଶତ୍ରୁ ରୂପେ ତିଆରି କରେ । ଠିକ୍ ସେମିତି ରାଷ୍ଟ୍ର । ଆଧୁନିକ ଜଗତରେ ରାଷ୍ଟ୍ର ହିଂସାର ଯାନ୍ତ୍ରିକ ଓ ଏକକ ଅଧିକାରୀ ହୋଇଛି । ଗୋଟିଏ ରାଷ୍ଟ୍ର ରାଷ୍ଟ୍ରବାଦ ନାଆଁରେ ଅନ୍ୟକୁ ଶତ୍ରୁ ବୋଲି ଦେଖୁଛି । କଥାରେ ଅଛି କେତେକ ଲୋକ ଯଦି ଶତ୍ରୁର ମନ୍ଦ ଚିନ୍ତା ନକରିବେ ତେବେ ସେମାନଙ୍କର ଖାଦ୍ୟ ହଜମ ହୁଏନାହିଁ ବା ରାତିରେ ନିଦ ହୁଏନାହିଁ । ଆମର ସମାଜ ଓ ରାଷ୍ଟ୍ର ବ୍ୟବସ୍ଥାରେ ସେମିତି ରୁଗ୍‌ଣତା ରହିଛି । ଶ୍ରୀଅରବିନ୍ଦ ମାନବ ଏକତାର ଯେଉଁ ଆଦର୍ଶ କଥା କହିଛନ୍ତି ସେଥିରେ ବ୍ୟକ୍ତି, ସମାଜ ଓ ରାଷ୍ଟ୍ରମାନେ ପରସ୍ପରକୁ ଶତ୍ରୁ ବୋଲି ଦେଖିବେ ନାହିଁ, ପରସ୍ପର ସହିତ ଶତ୍ରୁ ରୂପେ ସମ୍ବନ୍ଧିତ ହେବେନାହିଁ । ପରସ୍ପରକୁ ଶତ୍ରୁ ରୂପେ ନଦେଖି ପରସ୍ପର ସହିତ ମିତ୍ର ହେବେ ।

ଭାଷା, ବ୍ୟକ୍ତି, ସମାଜ ଓ ରାଷ୍ଟ୍ରର ପୁର୍ନଚିନ୍ତନ ଓ ରୂପାନ୍ତର ସହିତ ସଭ୍ୟତାର ପୁନର୍ବିଚାର ଓ ରୂପାନ୍ତର । ଆମ ସଭ୍ୟତା ଓ ଜଗତର ଆଦିପର୍ବରେ ହିଂସା ମଧ୍ୟରେ,

ସ୍ନେହ, ଶ୍ରଦ୍ଧା, ଯତ୍ନ ଓ ଅହିଂସା ପାଇଁ ଅନେକ ସ୍ଥାନ ଥିଲା । ଆଦିପର୍ବରେ ଆମର ଧର୍ମ ଓ ସମାଜରେ ମା ମାନେ ଓ ଦେବୀମାନେ ମୁଖ୍ୟ ଭୂମିକା ଗ୍ରହଣ କରିଥିଲେ । ମାତ୍ର ପ୍ରାୟ ଖ୍ରୀଷ୍ଟପୂର୍ବ ଅଷ୍ଟମ ଶତାବ୍ଦୀ ବେଳକୁ ପାଲେଷ୍ଟାଇନ୍, ଭାରତ ଓ ଚୀନରେ ଏକ ନୂତନ ପ୍ରକାର ସଭ୍ୟତା ଜନ୍ମ ନେଲା ଯାହାକୁ ଦାର୍ଶନିକ ଓ ଇତିହାସକାର **Karl Jaspers Axial Age Civilization** ବା ଅକ୍ଷ ଯୁଗର ସଭ୍ୟତା ବୋଲି କହିଛନ୍ତି (୧୩)। ଅକ୍ଷଯୁଗର ଏହି ସଭ୍ୟତାରେ ପାଲେଷ୍ଟାଇନରେ ଇହୁଦୀ ଧର୍ମ ଆସିଛି, ଭାରତବର୍ଷରେ ବୈଦିକ ଓ ବୁଦ୍ଧଧର୍ମ ଓ ଚାଇନାରେ କନଫୁସିୟସଙ୍କର ଦର୍ଶନ, ନୀତିପଥ ଓ ଧର୍ମ । ଏହିସବୁ ଧର୍ମ ଓ ନୀତିପଥମାନଙ୍କରେ ପ୍ରେମ କଥା କୁହାଯାଇଛି ଓ ଏଥିରେ ମଧ୍ୟ ଅନେକ ହିଂସା ରହିଛି । ଏହି ସବୁ ଧର୍ମମାନ କେବଳ ବୌଦ୍ଧଧର୍ମକୁ ଛାଡିଦେଲେ ପୁରୁଷ ପ୍ରଧାନ । ବୌଦ୍ଧ ଧର୍ମରେ ଉଭୟେ ଭିକ୍ଷୁ ଓ ଭିକ୍ଷୁଣୀମାନଙ୍କୁ ଗ୍ରହଣ କରାଯାଇଥିଲେ ମଧ୍ୟ ଏଠାରେ ଭିକ୍ଷୁମାନେ ପ୍ରମୁଖ ଭୂମିକା ଗ୍ରହଣ କରିଥାଆନ୍ତି । ଇହୁଦୀ ଧର୍ମ, ଖ୍ରୀଷ୍ଟଧର୍ମ, ଇସଲାମ ଓ ବ୍ରାହ୍ମଣବାଦୀ ବୈଦିକ ହିନ୍ଦୁଧର୍ମରେ ପୂଜକମାନେ ସମସ୍ତେ ପୁରୁଷ । ଏହି ପୁରୁଷ-ପ୍ରାଧାନ୍ୟ ଧର୍ମର ଆବିର୍ଭାବ ପୂର୍ବରୁ ଆମର ଧର୍ମ ଓ ସମାଜ ଅଧିକ ନାରୀଯୁକ୍ତ ଥିଲା ମାତୃଯୁକ୍ତ ଥିଲା ଯେଉଁଥିରେ ମାତୃଦେବୀମାନେ ପ୍ରଧାନ ଭୂମିକା ଗ୍ରହଣ କରୁଥିଲେ । ଅକ୍ଷଯୁଗର ସଭ୍ୟତା ଏହ ମାତୃଦେବୀମାନଙ୍କୁ ହତ୍ୟା କରିଛି, ଏମାନଙ୍କ ପ୍ରତି ହିଂସାଚରଣ କରିଛି ଓ ସଭ୍ୟତାର ନାନା ଉତ୍‌ଥାନ ପତନ ମଧ୍ୟରେ ଏହି ମୂଳଭୂତ ହିଂସା ଅର୍ଥାତ୍ ସଭ୍ୟତା ନାଆଁରେ ବା ସଭ୍ୟତାର ଦ୍ୱାହିଦେଇ ନାରୀମାନଙ୍କୁ ଅବଦମିତ କରି ରଖିବା, ଶୋଷଣ କରିବା ଓ ହତ୍ୟା କରିବା... ଏବେ ନାନା ପ୍ରକାରର ପ୍ରାୟ ସବୁ ଆଡେ ଚାଲିଛି । ଆମର ସାମ୍ପ୍ରତିକ ପୃଥିବୀରେ ନାରୀମାନଙ୍କ ଉପରେ ଯେଉଁ ହିଂସା ଏହାର ଉତ୍ସ ହେଉଛି ଆମର ଅକ୍ଷଯୁଗର ସଭ୍ୟତା । ଏହା ସହିତ ଅକ୍ଷଯୁଗରେ ନାରୀମାନଙ୍କ ଉପରେ ହିଂସା, ମାତୃଦେବୀ ଓ ମାତୃପୂଜାରିଣୀ ମାନଙ୍କ ଉପରେ ହିଂସା ।

ଅକ୍ଷ ଯୁଗର ସଭ୍ୟତାରେ ରାଷ୍ଟ୍ରର କେନ୍ଦ୍ରକାରୀ ରାଜନୈତିକ ଅନୁଷ୍ଠାନମାନେ ଅଧିକ ଶକ୍ତିଶାଳୀ ହୋଇଛନ୍ତି ଯାହାକୁ ଶ୍ରୀଯୁକ୍ତ ଜାସପର "Conscious depotism" ବୋଲି କହିଛନ୍ତି । (୧୪) ଅକ୍ଷଯୁଗର ସଭ୍ୟତା ପୂର୍ବରୁ ଆମର ରାଜନୈତିକ ଓ ସାମାଜିକ ଏକକମାନ ସାନସାନ ଥିଲା ଓ କ୍ଷମତା ଗୋଟିଏ ଶକ୍ତିଶାଳୀ ରାଷ୍ଟ୍ରକେନ୍ଦ୍ରରେ ସୀମାବଦ୍ଧ ନଥିଲା । ମାତ୍ର ଅକ୍ଷଯୁଗର ସଭ୍ୟତାରେ କ୍ଷମତାର କେନ୍ଦ୍ରୀକରଣ ଅନେକ ହିଂସା ଓ ଯାତନା ସୃଷ୍ଟିକରିଛି । ମାନବ ଇତିହାସରେ କେନ୍ଦ୍ରୀକରଣ ଓ ବିକେନ୍ଦ୍ରୀକରଣ ମଧ୍ୟରେ ସର୍ବଦା ସଂଗ୍ରାମ ଚାଲିଆସିଛି ଓ ଅକ୍ଷଯୁଗର

ସଭ୍ୟତାରେ ଅନେକ ସମୟରେ କେନ୍ଦ୍ରୀୟ ରାଷ୍ଟ୍ରଶକ୍ତି ମାନ ଜିତିଛନ୍ତି ଓ ଏମାନେ ସାନ ସାନ ରାଜନୈତିକ ଓ ସାମାଜିକ ସମୁଦାୟମାନଙ୍କୁ ଧ୍ୱଂସ କରିଛନ୍ତି । ଫରାସୀ ବିପ୍ଳବ ଓ ଏହାର ପୂର୍ବବର୍ତ୍ତୀ ଓ ପରବର୍ତ୍ତୀ ବିପ୍ଳବମାନେ କ୍ଷମତାର କେନ୍ଦ୍ରୀକରଣକୁ ଟକ୍କର ଦେଇନାହାନ୍ତି, ରୂପାନ୍ତରିତ କରିନାହାନ୍ତି; ବରଂ ଏମାନେ ସାନସାନ ସାମାଜିକ ଓ ରାଜନୈତିକ ସମୁଦାୟମାନଙ୍କୁ ଧ୍ୱଂସ କରି ଅଧିକ କ୍ଷମତାଧାରୀ ସର୍ବଗ୍ରାସୀ ଓ ସର୍ବବିନାଶକାରୀ ରାଷ୍ଟ୍ର ଓ ରାଷ୍ଟ୍ରଶକ୍ତି ସୃଷ୍ଟି କରିଛନ୍ତି । ଏହି ପରିପ୍ରେକ୍ଷୀରେ ଆମେରିକୀୟ ବିପ୍ଳବର ଅନ୍ୟତମ ପୁରୋଧା ଥମାସ୍ ଜେଫେରସନ୍ କେବଳ ରାଷ୍ଟ୍ରକୁ କ୍ଷମତାଶାଳୀ ନକରି ଆମର neighbourhood ମାନଙ୍କୁ ଶକ୍ତିମନ୍ତ କରିବାକୁ ଆହ୍ୱାନ ଦେଇଛନ୍ତି । ମହାତ୍ମା ଗାଂଧୀ ପ୍ରତ୍ୟେକ ଗାଆଁମାନଙ୍କୁ ଶକ୍ତିମୟ, କ୍ଷମତାଧାରୀ ଓ ସୃଜନଶୀଳ କରିବାକୁ ଆହ୍ୱାନ ଦେଇଛନ୍ତି । ଆମ ଜୀବନ ଓ ଜଗତରେ ମୈତ୍ରୀର ପ୍ରତିଷ୍ଠା ପାଇଁ ଆମକୁ ବହୁ କ୍ଷମତାକେନ୍ଦ୍ର ସୃଷ୍ଟି କରିବାକୁ ହେବ; କେନ୍ଦ୍ରୀକରଣ ସ୍ଥାନରେ ଭାଷା, କ୍ଷମତା, ସମାଜ, ସଂସ୍କୃତି ଓ ଜୀବନକୁ ଅଣକେନ୍ଦ୍ରୀକରଣ ଓ ବିକେନ୍ଦ୍ରୀକରଣ କରିବାକୁ ହେବ । ଏହି ଅଣକେନ୍ଦ୍ରୀକରଣ ଓ ବିକେନ୍ଦ୍ରୀକରଣର ସାଧନା ଓ ସଂଗ୍ରାମରେ ଆମର ଏକ ସୃଜନଶୀଳ ଜାଗତିକ ଭବିଷ୍ୟତ ଗଢିଉଠୁଛି; ଏକ ନୂତନ ଭାଷା, ସମ୍ବନ୍ଧ, ରାଜନୀତି, ଜୀବନ ଓ ଜଗତ ପ୍ରସ୍ଫୁଟିତ ହେଉଛି । ଏହା ସହିତ ସଭ୍ୟତା ଓ ସଂସ୍କୃତିର ବିଘଟନ ଓ ନବଜାଗରଣ ।

ଆମ ପୃଥିବୀରେ ସଭ୍ୟତାର ଯେଉଁ ସଂକଟ ଏହା ହିଂସାର ସଂକଟ । ଅକ୍ଷଯୁଗର ସଭ୍ୟତାରେ ଥିବା ହିଂସାକୁ ଆମକୁ ପ୍ରତିରୋଧ ଓ ରୂପାନ୍ତରିତ କରି ଅହିଂସା ଓ ମୈତ୍ରୀର ଏକ ନୂତନ ସଭ୍ୟତା ସୃଷ୍ଟି କରିବାକୁ ହେବ । ଅକ୍ଷଯୁଗର ସଭ୍ୟତା ସ୍ଥାନରେ ମୈତ୍ରୀର ଯୁଗ ଓ ମୈତ୍ରୀର ସଭ୍ୟତା ସୃଷ୍ଟି କରିବାକୁ ହେବ । ଏଥିପାଇଁ ଆମର ଭାଷା, ବ୍ୟକ୍ତି, ସମାଜ, ରାଷ୍ଟ୍ର ଓ ବିଶ୍ୱକୁ ପୁନର୍ବିଚାର ଓ ରୂପାନ୍ତରିତ କରିବାକୁ ହେବ । ଏହି ପୁନର୍ବିଚାର ଓ ରୂପାନ୍ତରରେ ଶ୍ରୀଅରବିନ୍ଦ ଆମ ସହିତ ବାଟ ଚାଲୁଛନ୍ତି ଓ ଯୋଗ କରୁଛନ୍ତି ଯେମିତି ଗାଂଧୀ, ପଣ୍ଡିତା ରମାବାଇ, ସ୍ୱାମୀ ବିବେକାନନ୍ଦ, ରବୀନ୍ଦ୍ରନାଥ ଓ ଏହି ବିପୁଳାଷ୍ଟ ପୃଥିବୀ ଓ ଇତିହାସର ଅନେକ ସାଧକ ସାଧିକାମାନେ ।

ଗ୍ରନ୍ଥ ସୂଚନା:

୧. Sri Aurobindo, *The Origins of Aryan Speech.* Pondicherry: Sri Aurobindo Ashram, 2004

୨. Harold Coward, "Language in Sri Aurobindo." *Journal of*

South Asian Literature 24 (1): 141-153, 1989, prushta 155
୩. Sri Aurobindo, Savitri. Pondicherry: Sri Aurobindo Ashram, 1993, prushta 704
୪. Raghunath Ghosh, *Humanity, Truth and Freedom: Essays in Modern Indian Philosophy*. Delhi: Northern Book Centre, 2008
୫. Martin Heidegger, "The Way to Language." In idem, *Basic Writings*. London: Routledge, 2004
୬. Veena Das, *Life and Words: Violence and the Descent into the Ordinary*. Berkeley: University of California Press, 2007
୭. Chitta Ranjan Das, Rohitara Diary
୮. Sri Aurobindo, "The Inadequacy of the State Idea," *in Human Cycle and Ideals of Human Unity*. Pondicherry: Sri Aurobindo Ashram, 1962
୯. ତତ୍ରୈବ, ପୃ.୨୭୨-୨୭୩
୧୦. Sri Aurobindo, Social and Political Writings.
୧୧. Debashish Banerjee, *Meditations on the Isa Upanishad: Tracing the Philosophical Vision of Sri Aurobindo*. Mahabodhi Books, 2020.
୧୨. Chitta Ranjan Das, Mitrasya Chakhusa,
୧୩. Karl Jaspers, The Origin and Goal of History. London: Routledge, 2021.
୧୪. ତତ୍ରୈବ ।

ସ୍ୱଦେଶୀ, ସ୍ୱରାଜ ଓ ସତ୍ୟାଗ୍ରହ: ପୁନର୍ବିଚାର, ସହ-ସୃଜନ ଓ ଜାଗତିକ ରୂପାନ୍ତରୀକରଣର ସାମ୍ପ୍ରତିକ ଆହ୍ୱାନ

ମୋହନଦାସ କରମଚାନ୍ଦ ଗାଂଧୀଙ୍କର ଏବେ ୧୫୦ ପୁରୁଛି । ଏହା ସହିତ ତାଙ୍କର ସହଧର୍ମିଣୀ ଓ ସହଯାତ୍ରିଣୀ କସ୍ତୁରବାଙ୍କ । ବା ଓ ବାପୁ ସାଙ୍ଗ ହୋଇ ଅନେକ ବର୍ଷ ବାଟ ଚାଲିଛନ୍ତି । ମୋହନଦାସ ବ୍ୟକ୍ତି, ସମାଜ, ଦେଶ ଓ ବିଶ୍ୱର ମୁକ୍ତି ପାଇଁ ଅନେକ ସାଧନା ଓ ସଂଗ୍ରାମ କରିଛନ୍ତି । ଏହାସହିତ ନୂତନ ଚିନ୍ତନ ଓ ଚେତନା ପରିବର୍ତ୍ତନର ଆହ୍ୱାନ । ଗାଂଧୀଙ୍କ ଅନେକ ଚିନ୍ତନ, ସାଧନା ଓ ସଂଗ୍ରାମ ମଧ୍ୟରୁ ସ୍ୱଦେଶୀ, ସ୍ୱରାଜ ଓ ସତ୍ୟାଗ୍ରହ ଅନେକ ମହତ୍ତ୍ୱପୂର୍ଣ୍ଣ । ଭାରତବର୍ଷର ରାଜନୀତିରେ ଗାଂଧୀଙ୍କର ଆବିର୍ଭାବ ପୂର୍ବରୁ ସ୍ୱଦେଶୀ ଆନ୍ଦୋଳନ ଆରମ୍ଭ ହୋଇଯାଇଥିଲା ଯେଉଁଥିରେ ବେଙ୍ଗଲର ଅନେକ ନେତା ଓ ଶ୍ରୀଅରବିନ୍ଦ ପ୍ରମୁଖ ଭୂମିକା ଗ୍ରହଣ କରିଥିଲେ । ୧୯୦୯ ମସିହାରେ ଲଣ୍ଡନରୁ ଦକ୍ଷିଣ ଆଫ୍ରିକାକୁ ଜାହାଜରେ ବସି ଫେରିବାବେଳେ ଗାଂଧୀ ହିନ୍ଦ ସ୍ୱରାଜ ନାମକ ପୁସ୍ତିକାଟି ପ୍ରଥମେ ଗୁଜୁରାଟୀ ଭାଷାରେ ଲେଖିଲେ । ମାତ୍ର ଗାଂଧୀଙ୍କ ପୂର୍ବରୁ ବାଲ ଗଂଗାଧର ତିଲକ ସ୍ୱରାଜ ମୋର ଜନ୍ମ ଅଧିକାର ବୋଲି କହିଥିଲେ । ମାତ୍ର ଗାଂଧୀ ପ୍ରଚଳିତ ସ୍ୱଦେଶୀ ଓ ସ୍ୱରାଜ ଚର୍ଚ୍ଚା ଓ ରାଜନୀତିକୁ ଏକ ନୂତନ ଚିନ୍ତନ ଓ ମୋଡ଼ ଦେଇଥିଲେ । ଗାଂଧୀ ଉଭୟେ ସ୍ୱଦେଶୀ ଓ ସ୍ୱରାଜ ସହିତ ସତ୍ୟାଗ୍ରହକୁ ଏକ ଆତ୍ମ-ସମ୍ବନ୍ଧୀୟ ଓ ରୂପାନ୍ତରଣଶୀଳ ପ୍ରକ୍ରିୟାରୂପେ ସଂଯୋଗ କରିଥିଲେ । ୧୯୦୬ ମସିହରେ ଦକ୍ଷିଣ ଆଫ୍ରିକାରେ ଗାଂଧୀ ସତ୍ୟାଗ୍ରହ ଶବ୍ଦଟି ସୃଷ୍ଟି କରିଥିଲେ ଓ ସତ୍ୟାଗ୍ରହର ପ୍ରୟୋଗ କରିଥିଲେ । ସତ୍ୟାଗ୍ରହ... ସତ୍ୟ ସହିତ ସତ୍ୟ ପାଇଁ ଆଗ୍ରହ, ସାଧନା ଓ ସଂଗ୍ରାମ ।

ସତ୍ୟାଗ୍ରହ ରାଜନୈତିକ ଶୋଷଣ ଓ ଅତ୍ୟାଚାର ବିରୁଦ୍ଧରେ । ଏହା ସହିତ ଏହା ମଧ୍ୟ ଏକ ବହୁ-ପରିସରୀୟ ରୂପାନ୍ତରର ପ୍ରକ୍ରିୟା ଯାହା ବ୍ୟକ୍ତିଗତ, ସାମାଜିକ ଓ ଆଧ୍ୟାତ୍ମିକ ।

ସ୍ୱଦେଶୀ: ସ୍ୱଦେଶୀ, ସହଦେଶୀ ଓ ସାମ୍ପ୍ରତିକ ଜାଗତିକ ରୂପାନ୍ତର

ସ୍ୱଦେଶୀ ଆନ୍ଦୋଳନ ବିଂଶ ଶତାବ୍ଦୀର ପ୍ରଥମ ଦଶକରେ ବେଙ୍ଗଲରେ ଆରମ୍ଭ ହୋଇଥିଲା । ବଙ୍ଗଳାର ବିଭାଜନ ପରେ ଏହା ତ୍ୱରାନ୍ୱିତ ହୋଇଥିଲା ଓ ଏହା ବିରୁଦ୍ଧରେ ସ୍ୱଦେଶୀ ଆନ୍ଦୋଳନ ଜାଗି ଉଠିଥିଲା । ଏହି ଆନ୍ଦୋଳରେ ସ୍ୱଦେଶୀ ନିର୍ମାଣ, ଭୋଜନ, ଶିକ୍ଷା ଓ ସାମ୍ପ୍ରତିକ ନବଜାଗରଣ ଉପରେ ଗୁରୁତ୍ୱ ଦିଆଯାଇଥିଲା । ଶ୍ରୀଅରବିନ୍ଦ ଏହାର ଅନ୍ୟତମ ପୁରୋଧା ଥିଲେ ଓ ସେ ବରୋଦାରେ ଆପଣାର ଚାକିରୀରୁ ଇସ୍ତଫା ଦେଇ ଏହି ଆନ୍ଦୋଳନରେ ଯୋଗ ଦେଇଥିଲେ । ସେ ମଧ୍ୟ କଲିକତାରେ ସ୍ୱଦେଶ ଚିନ୍ତା ପ୍ରେରିତ ଜାତୀୟ ମହାବିଦ୍ୟାଳୟ ବା National Collegeରେ ଅଧ୍ୟକ୍ଷ ରୂପେ ଯୋଗ ଦେଇଥିଲେ । ଶ୍ରୀଅରବିନ୍ଦ ସ୍ୱଦେଶୀ ଆନ୍ଦୋଳନକୁ କେବଳ ରାଜନୈତିକ ଓ ଅର୍ଥନୈତିକ ଦୃଷ୍ଟିରୁ ଦେଖୁନଥିଲେ, ସେ ଏହାକୁ ଆମର ଜାତୀୟ spiritର ପୁନର୍ଜାଗରଣ ରୂପେ ଦେଖିଥିଲେ ଓ ଅନୁଭବ କରିଥିଲେ । ଶ୍ରୀଅରବିନ୍ଦଙ୍କ ବିଚାରରେ ବିଦେଶୀ ଦ୍ରବ୍ୟକୁ ବର୍ଜନ କରିବା କେବଳ ଦ୍ରବ୍ୟକୁ ବର୍ଜନ କରିବା ନୁହେଁ, ଏହା ଜାତୀୟ ଆତ୍ମ ମର୍ଯ୍ୟାଦାର ପୁନଃଆବିଷ୍କାର ଅଟେ ।

୧୯୧୫ ମସିହାରେ ଭାରତବର୍ଷ ଫେରିବା ପରେ ଗାଂଧୀ ଏହି ସ୍ୱଦେଶୀ ଆନ୍ଦୋଳନରେ ଯୋଗ ଦେଇଥିଲେ । ଗାଂଧୀ ଏଥିରେ ବିଦେଶୀ ଦ୍ରବ୍ୟମାନଙ୍କୁ ବର୍ଜନ କରି ସ୍ୱଦେଶୀ ଆନ୍ଦୋଳନରେ ଯୋଗ ଦେଇଥିଲେ । ଗାଂଧୀ ଏଥିରେ ବିଦେଶୀ ଦ୍ରବ୍ୟମାନଙ୍କୁ ବର୍ଜନ କରି ସ୍ୱଦେଶୀ କିଣିବାକୁ ଓ ସ୍ୱଦେଶୀ ନିର୍ମାଣ କରିବାକୁ ଆହ୍ୱାନ ଦେଇଥିଲେ । ଗାଂଧୀ ଆମ ସଭିଙ୍କୁ ଆପଣାର ଲୁଗା ନିଜେ ବୁଣିବାକୁ ଆହ୍ୱାନ ଦେଇଥିଲେ । ଆପଣାର ସ୍ୱଦେଶୀ ବ୍ରତ "The Swadeshi Vow" ରଚନାରେ ଗାଂଧୀ ଆମକୁ କହିଥିଲେ ଯେ' ବିଦେଶୀ ଦ୍ରବ୍ୟ କିଣି ଓ ବିଦେଶୀ ଲୁଗା ପରିଧାନ କରି ଆମେ ମହାପାପ କରୁଛୁଁ ।(୧) ଗାଂଧୀ ଓ ତାଙ୍କର ସହଯୋଗୀ ମାନେ ବିଦେଶୀ ଲୁଗାକୁ କୁଢ଼କୁଢ଼ କରି ପୋଡିଥିଲେ । ରବୀନ୍ଦ୍ରନାଥ ଏହାର ଦଶକ ପୂର୍ବରୁ ବଙ୍ଗଳାର ସ୍ୱଦେଶୀ ଆନ୍ଦୋଳନରେ ଯୋଗ ଦେଇଥିଲେ ଓ "ସ୍ୱଦେଶୀ ସମାଜ" ନାମକ ରଚନାଟିଏ ଲେଖିଥିଲେ ।(୨) ମାତ୍ର ଗାଂଧୀ ଓ ତାଙ୍କର ସହଯୋଗୀମାନେ ଯେମିତି ବିଦେଶୀ ଲୁଗା କୁଢ଼କୁଢ଼ କରି ଜାଳିବା ଆରମ୍ଭ କଲେ, ରବୀନ୍ଦ୍ରନାଥ ଏଥିରେ ବିପଦ ଆଶଙ୍କା କରିଥିଲେ ଓ ଏହାଦ୍ୱାରା ଆମ ଭିତରେ ବିଦେଶୀମାନଙ୍କ ପ୍ରତି ଘୃଣାଭାବ ସୃଷ୍ଟି ହେବ ବୋଲି ସତର୍କ କରାଇ ଦେଇଥିଲେ । ଏହାଦ୍ୱାରା ଆମେ ବିଦେଶରୁ ଆବଶ୍ୟକୀୟ

ଜୀବନ ଉତ୍ତୋଳନକାରୀ ଶିକ୍ଷାଗ୍ରହଣ କରିପାରିବା ନାହିଁ ବୋଲି ମଧ୍ୟ ସେ କହିଥିଲେ । ଗାଂଧୀ ଏହାର ଉତ୍ତରରେ କହିଥିଲେଯେ' ଏହା ଏମିତି କିଛି ନୁହେଁ । ସ୍ୱଦେଶୀ ଉଭୟେ ନିଜ ଦେଶ ଓ ପରଦେଶର ପ୍ରେମ ଓ ଲୋକକଲ୍ୟାଣର କର୍ମ ଓ ଆସ୍ପୃହା । ଗାଂଧୀ ସ୍ୱଦେଶୀ ଆନ୍ଦୋଳନକୁ ପ୍ରେମ ଓ ସତ୍ୟାଗ୍ରହ ସହିତ ସଂଯୋଗ କରିଥିଲେ ଓ ବିଦେଶୀ ଦ୍ରବ୍ୟ ବର୍ଜନ (boycott) ଓ ସ୍ୱଦେଶୀ ମଧ୍ୟରେ ଥିବା ଫରକକୁ ବୁଝିବାକୁ ଆହ୍ୱାନ ଦେଇଥିଲେ । ୧୯୧୯ ମସିହାରେ ଆପଣାର "ସ୍ୱଦେଶୀ ବ୍ରତ" ରଚନାରେ ସେଇଥିପାଇଁ ହୁଏତ ଗାଂଧୀ ଲେଖିଥିଲେ:

> ବିଦେଶୀ ଲୁଗାକୁ କିଣିବା ଦ୍ୱାରା ଆମେ ଏକ ଗଭୀର ପାପ କରୁଛୁଁ । ସ୍ୱଦେଶୀ ବ୍ରତ ଗ୍ରହଣ କରି ଆମେ ଆମର ପାପର ପ୍ରାୟଶ୍ଚିତ କରିବାକୁ ଚାହୁଁ, ଆମର ହରାଇଥିବା ହସ୍ତତନ୍ତର କଳାକୁ ପୁନର୍ଜୀବିତ କରିବାକୁ ଚାହୁଁ ଏବଂ ଆମର ହିନ୍ଦୁସ୍ଥାନରେ କୋଟିକୋଟି ଟଂକା ସଞ୍ଚୟ କରି ରଖିବାକୁ ଚାହୁଁ ଯାହାକୁ ଆମେ ବିଦେଶୀ ବସ୍ତ୍ର କିଣି ବାହାରକୁ ହରାଉଥିଲୁଁ । ସ୍ୱଦେଶୀ ବ୍ରତ କୌଣସି ବହିଃ-ଆସ୍ଥା ଦ୍ୱାରା ନିର୍ମିତ ନୁହେଁ ଯେତେବେଳେ ବିଦେଶୀ ଦ୍ରବ୍ୟ ବର୍ଜନ ମୂଳତଃ ଏକ ସାଂସାରିକ ଓ ରାଜନୈତିକ ଆୟୁଧ ଅଟେ । ଏହା ଅଶୁଭ ଇଚ୍ଛା ଓ ଦଣ୍ଡଦେବାର କାମନା ଦ୍ୱାରା ପ୍ରେରିତ । ମାତ୍ର ଯିଏ ଚିରନ୍ତନ ସତ୍ୟାଗ୍ରହୀ ହୋଇ ରହିବାକୁ ଚାହେଁ ସେ କୌଣସି ବର୍ଜନ ଆନ୍ଦୋଳନରେ ଯୋଗ ଦେଇପାରିବ ନାହିଁ ଏବଂ ସ୍ୱଦେଶୀ ବିନା ଜଣେ ଚିରନ୍ତନ ସତ୍ୟାଗ୍ରହୀ ସମ୍ଭବ ନୁହଁ (୩) ।

ବିଦେଶୀ ଦ୍ରବ୍ୟ ବର୍ଜନ ଓ ସ୍ୱଦେଶୀ ମଧ୍ୟରେ ଥିବା ଫରକକୁ ବୁଝିବାକୁ ଆହ୍ୱାନ ଦେଇ ଗାଂଧୀ କହିଥିଲେ ଯେ' ଆମେ ସମସ୍ତେ ନିଜ ନିଜର ଲୁଗା ବୁଣିବା ଉଚିତ ଓ ସ୍ଥାନୀୟ ନିର୍ମିତ ଦ୍ରବ୍ୟକୁ କିଣିବା ଉଚିତ । ଆମ ସଭିଙ୍କୁ ଘରେ ଘରେ ସୂତା ବୁଣି ନିଜର ବସ୍ତ୍ର ନିଜେ ନିର୍ମାଣ କରିବାକୁ ଗାଂଧୀ ଆହ୍ୱାନ ଦେଇଥିଲେ ଓ ଗାଂଧୀଙ୍କ ବିଚାରରେ ଘରେ ନିର୍ମିତ ବସ୍ତ୍ର ବଜାରରୁ କିଣୁଥିବା ବସ୍ତ୍ର ତୁଳନାରେ ଅଧିକ ସୁନ୍ଦର ଓ ପବିତ୍ର । ମେ ୨୬, ୧୯୧୯ରେ ଆୟୋଜିତ ନାରୀ ସମ୍ମିଳନୀରେ ଗାଂଧୀ କହିଥିଲେ ଯେ ନାରୀମାନେ ଯେମିତି ସେମାନଙ୍କର ଖାଦ୍ୟ ଘରେ ପ୍ରସ୍ତୁତ କରନ୍ତି ସେମାନେ ମଧ୍ୟ ସେମାନଙ୍କର ବସ୍ତ୍ର ଘରେ ପ୍ରସ୍ତୁତ କରିବା ଉଚିତ । ଯଦି ସବୁ ନାରୀମାନେ ନିଜର ଲୁଗା ବୁଣିପାରିବେ ନାହିଁ ସେମାନେ ନିଜ ଘରେ ଜଣେଜଣେ ବୁଣାକାର ରଖିପାରିବେ ଯେମିତି ସେମାନେ ଧୋବୀ ଓ ବାରିକ ରଖୁଛନ୍ତି ।

ଗାଂଧୀ ସ୍ୱଦେଶୀ ଆନ୍ଦୋଳନ ସହିତ ସତ୍ୟ ଓ ସାଧୁତାକୁ ସଂଯୋଗ କରିଥିଲେ ।

ସ୍ୱଦେଶୀ ଲୁଗା ଓ ଦ୍ରବ୍ୟମାନ ବିଦେଶୀ ଦ୍ରବ୍ୟ ତୁଳନାରେ ଅଧିକ ଦାମୀ ଥିଲା ଯାହାକୁ କିଣିବାକୁ ଗରିବ ଲୋକମାନଙ୍କ ପାଖରେ ସମ୍ବଳ ଓ ସାମର୍ଥ୍ୟ ନଥିଲା । ଗାଂଧୀଙ୍କ ପୂର୍ବ ବଙ୍ଗଳାର ସ୍ୱଦେଶୀ ଆନ୍ଦୋଳନରେ ମଧ୍ୟ ଏହା ଏକ ମୂଳଭୂତ ସମସ୍ୟା ଥିଲା । ସ୍ୱଦେଶୀ ପ୍ରଚାରକମାନେ ମୂଳତଃ ଧନୀ ଓ ଜମିଦାର ଶ୍ରେଣୀୟ ଥିଲେ ଓ ଗରିବ ଲୋକମାନେ ସ୍ୱଦେଶୀ ଲୁଗା ଓ ଅନ୍ୟବସ୍ତୁମାନଙ୍କୁ କିଣିବାକୁ ସମର୍ଥ ନଥିଲେ । ଏହି ଗରିବ ଲୋକମାନଙ୍କ ମଧ୍ୟରୁ ଅନେକେ ମଧ୍ୟ ମୁସଲମାନ ଥିଲେ ଓ ବେଙ୍ଗଲର ସ୍ୱଦେଶୀ ଆନ୍ଦୋଳନ ଦୁର୍ଭାଗ୍ୟବଶତଃ ଏମିତି ଏକ ସାମ୍ପ୍ରଦାୟିକ ବିଭେଦ ସୃଷ୍ଟି କରିଥିଲା ଯେଉଁବିଷୟରେ ରବୀନ୍ଦ୍ରନାଥ ତାଙ୍କର "ଘରେ ବାଇରେ" ଉପନ୍ୟାସରେ ସୂଚନା ଦେଇଛନ୍ତି । ଏହି ପରିପ୍ରେକ୍ଷୀରେ ଗାଂଧୀ ସ୍ୱଦେଶୀ ଆନ୍ଦୋଳନରେ ଗରିବ ଲୋକମାନଙ୍କର ଦାରିଦ୍ର୍ୟ ଓ ଅସାମର୍ଥ୍ୟ ସହିତ ଏକାତ୍ମ ହୋଇ ଏହାର ରୂପାନ୍ତର ପାଇଁ ଆହ୍ୱାନ ଦେଇଥିଲେ । ଗାଂଧୀ ମଧ୍ୟ କହିଥିଲେ ଯେ' ସ୍ୱଦେଶୀ ପାଇଁ ମିଲ ବ୍ୟବସାୟୀ ଓ ଅନ୍ୟ ନିର୍ମାତାମାନଙ୍କୁ ସେମାନଙ୍କର ଦାମକୁ ଏକ ଦେଶଭକ୍ତିର Spiritରେ ନିର୍ଣ୍ଣୟ କରିବାକୁ ହେବ । ସ୍ୱଦେଶୀ ଆଗକୁ ଯାଇପାରିବ ନାହିଁ ଯେପର୍ଯ୍ୟନ୍ତ ହଜାରହଜାର କ୍ଷୁଦ୍ର ବ୍ୟବସାୟୀ ଓ ଦୋକାନୀମାନେ ଯାହାଙ୍କ ପାଖରୁ ଗରିବ ଲୋକମାନେ କିଣନ୍ତି ସେମାନେ ସେମାନଙ୍କର ବ୍ୟବସାୟକୁ ସାଧୁତାର ସହନ କରିବେ ।

ଗାଂଧୀ ପ୍ରେରିତ ସ୍ୱଦେଶୀ ଆନ୍ଦୋଳନ ସ୍ଥାନୀୟ ନିର୍ମାତା ଓ ହସ୍ତକଳା ଓ ଅନ୍ୟକଳାର ପୁନର୍ଜାଗରଣ ଆଣିଥିଲା । ଏହି ବିଷୟରେ ଇତିହାସବିତ୍ ଜୁଡିଥ୍ ବ୍ରାଉନ୍ (Judith M. Brwon) ଏବଂ କ୍ରିସ୍ ବ୍ୟାଲି (Chris Bailey) ଆମକୁ କହିଛନ୍ତି ।(୪) ଇତିହାସବିତ୍ ବୋଲୀଙ୍କ ମତରେ, ଗାଂଧୀଙ୍କ ନେତୃତ୍ୱରେ ସ୍ୱଦେଶୀ ଆନ୍ଦୋଳନ ଏକ ଜାତୀୟ ଆନ୍ଦୋଳନର ରୂପ ନେଇଥିଲା । ବଙ୍ଗଳାର ସ୍ୱଦେଶୀ ଆନ୍ଦୋଳନ ସ୍ୱଦେଶୀକୁ ମୂଳତଃ ଏକ ରାଜନୈତିକ ପ୍ରତୀକରୂପେ ଗ୍ରହଣ କରିଥିବାବେଳେ ଗାଂଧୀ ସ୍ୱଦେଶୀକୁ ବ୍ୟକ୍ତିଗତ ଓ ଆଧ୍ୟାତ୍ମିକ ଚେତନା ସହିତ ଯୋଡିଥିଲେ । ଗାଂଧୀ ସ୍ୱଦେଶୀକୁ ବିଶେଷତଃ ନିଜ ହାତରେ ବୁଣିବାକୁ ଏକ ପ୍ରାର୍ଥନା ରୂପେ ଗ୍ରହଣ କରିଥିଲେ । ବଙ୍ଗଳାରୁ ଆରମ୍ଭ ହୋଇଥିବା ରାଜନୈତିକ ସ୍ୱଦେଶୀ ଆନ୍ଦୋଳନ ଗାଂଧୀଙ୍କର ଆନ୍ଦୋଳନରେ ନୈତିକ, ବ୍ୟକ୍ତିଗତ ଓ ଆଧ୍ୟାତ୍ମିକ ରୂପ ନେଇଥିଲା ।

ଗାଂଧୀଙ୍କ ପରେ ଆମ ଭାରତବର୍ଷରେ ସ୍ଥାନୀୟ ଅର୍ଥନୀତିର ବିକାଶ ପାଇଁ ଗାଂଧୀବାଦୀ ଓ ଅନ୍ୟ ନେତାମାନେ ପ୍ରୟାସ କରିଛନ୍ତି । ଯଦିଓ ସ୍ୱାଧୀନତା ପରବର୍ତ୍ତୀ ଭାରତୀୟ ଯୋଜନାରେ ଭାରମାନ୍ୟ ଶିଳ୍ପ (heavy industries) ଉପରେ ଅଧିକ

ଗୁରୁତ୍ୱ ଦିଆଗଲା । ଆମର ପ୍ରଥମ ପ୍ରଧାନମନ୍ତ୍ରୀ ନେହେରୁ କୁଟୀରଶିଳ୍ପ ଓ ସ୍ଥାନୀୟ ଅର୍ଥନୀତିର ବିକାଶ ପାଇଁ ହୁଏତ ସେତେବେଶୀ ଗୁରୁତ୍ୱ ଓ ପ୍ରୋତ୍ସାହନ ଦେଇ ନଥିଲେ । ସ୍ୱଦେଶୀ ଆନ୍ଦୋଳନ ତେଣୁ ଗାଂଧୀଙ୍କ ପରେ ସେତେବେଶୀ ଉଧେଇ ପାରିଲାନାହିଁ । ଏହାସବୁ ସତ୍ତ୍ୱେ, ସ୍ୱାଧୀନତା ପରବର୍ତ୍ତୀ ଭାରତବର୍ଷରେ ତଥାପି ସ୍ଥାନୀୟ ଅର୍ଥନୀତି, ପରିବେଶ ଓ କୁଟୀର ଶିଳ୍ପର ସୁରକ୍ଷା ପାଇଁ ଅନେକ ଆନ୍ଦୋଳନ ହୋଇଛି । ଏହି ଆନ୍ଦୋଳନମାନେ ସ୍ଥାନୀୟ ଭୂମିରେ Sustainable Development ପାଇଁ ପ୍ରୟାସ କରୁଛନ୍ତି ଏବଂ ସେମାନେ ବିଦେଶୀ ପୁଂଜି ଓ କମ୍ପାନୀମାନେ ଆମର ଭୂମି ଓ ଅର୍ଥନୀତିକୁ ଅଧିଗ୍ରହଣ ଓ କବଳିତ କରିବା ବିରୁଦ୍ଧରେ ସଂଗ୍ରାମ କରୁଛନ୍ତି (୫) ।

ଏବେ ସାରା ପୃଥିବୀରେ ସ୍ଥାନୀୟ ଓ ଜାତୀୟ ଅର୍ଥନୀତିକୁ ଜଗତୀକରଣ ଓ ବୈଶ୍ୱୀକରଣର କୁପ୍ରଭାବରୁ ମୁକ୍ତ ରଖିବାକୁ ଅନେକ ପ୍ରୟାସ ହେଉଛି । ଯୁକ୍ତରାଷ୍ଟ୍ର ଆମେରିକା ଯାହା ଆମର ଅର୍ଥନୀତିକୁ ଜଗତୀକରଣ କରିବାରେ ମୁଖ୍ୟ ଭୂମିକା ନେଇଥିଲା ତାହା ଏବେ ନିଜର ଅର୍ଥନୀତିକୁ ଜଗତୀକରଣର କୁପ୍ରଭାବରୁ ସୁରକ୍ଷିତ କରିବାକୁ ଚେଷ୍ଟା କରୁଛି । ରାଷ୍ଟ୍ରପତି ଡୋନାଲଡ୍ ଟ୍ରମ୍ପ୍ ଆମେରିକାର ଗରିବ ଲୋକମାନଙ୍କର ରକ୍ଷକରୂପେ ଚୀନ ବିରୁଦ୍ଧରେ ଡିଣ୍ଡିମ ପିଟୁଛନ୍ତି ଓ ଆମେରିକାରୁ ଚୀନ୍‌କୁ ଆସୁଥିବା ଦ୍ରବ୍ୟମାନଙ୍କ ଉପରେ ଅଧିକ ଟ୍ୟାକସ୍ ଲାଗୁ କରୁଛନ୍ତି । ଏହା ସହିତ ଟ୍ରମ୍ପ୍ ଓ ତାଙ୍କର ସମର୍ଥକମାନେ ଆମେରିକାକୁ ଆସୁଥିବା migrant ମାନଙ୍କ ବିରୁଦ୍ଧରେ ଅନେକ କ୍ରୁର ଓ ଅମାନୁଷିକ ନୀତି ପ୍ରଣୟନ କରୁଛନ୍ତି ଓ ପଦକ୍ଷେପ ନେଉଛନ୍ତି ଯାହାଦ୍ୱାରା ମେକ୍‌ସିକୋ, ଦକ୍ଷିଣ ଆମେରିକା ଓ ଅନ୍ୟଦେଶରୁ ଆସୁଥିବା migrant ଓ ଶରଣାର୍ଥୀମାନେ ଅନେକ ଦୁଃଖ, ଦୁର୍ଦ୍ଦଶାର ସମ୍ମୁଖୀନ ହେଉଛନ୍ତି । ଆମ ଭାରତବର୍ଷରେ ମଧ୍ୟ ଆମର ପ୍ରଧାନମନ୍ତ୍ରୀ ନରେନ୍ଦ୍ର ମୋଦି ଓ ଗୃହମନ୍ତ୍ରୀ ଅମିତ ଶାହା ଶରଣାର୍ଥୀ ଓ ଆଗନ୍ତୁକମାନଙ୍କ ବିରୁଦ୍ଧରେ ମିଛ ଭୟ ଓ ଘୃଣା ସୃଷ୍ଟି କରୁଛନ୍ତି ଯାହାଦ୍ୱାରା ଅନେକ ଦୁଃଖରେ କାଳାତିପାତ କରୁଥିବା ଶରଣାର୍ଥୀ ଯଥା ରୋହିଙ୍ଗୟାମାନଙ୍କ ଜୀବନ ଆହୁରି କଷ୍ଟପୂର୍ଣ୍ଣ ଓ ବିପଦଶଙ୍କୁଳ ହେଉଛି । ଟ୍ରମ୍ପ, ମୋଦି ଓ ଶାହାଙ୍କ ଭଳି ରାଜନୀତି ସ୍ୱଦେଶୀ ନାମରେ ଘୃଣା ଓ ଅସୂୟାର ବୀଜ ବୁଣୁଛି ଓ ଏହି କ୍ଷେତ୍ରରେ ଏମାନେ ସମସ୍ତେ ଗାଂଧୀଙ୍କଠାରୁ ସ୍ୱଦେଶୀ ପ୍ରେମ ଓ ସତ୍ୟର ଏକ ନିତ୍ୟନିୟତ ସହଯାତ୍ରୀ ରୂପେ ଅନୁଭବ କରିପାରିବେ ।

ସ୍ୱଦେଶୀ ଆନ୍ଦୋଳନର ସାମ୍ପ୍ରତିକ ସମୀକ୍ଷା, ନବୀକରଣ ଓ ପୁନର୍ଜାଗରଣ ପର୍ବରେ ଆମକୁ ସ୍ୱଦେଶୀ ଓ ବିଦେଶୀ ମଧ୍ୟରେ ଥିବା ଘୃଣା ଓ ଦ୍ୱୈତ ଭାବକୁ ଅତିକ୍ରମ କରିବାକୁ ହେବ । ସ୍ୱଦେଶୀ ଆନ୍ଦୋଳନକୁ ଏକ ସହଦେଶୀ ଆନ୍ଦୋଳନରେ ରୂପାନ୍ତରିତ କରିବାକୁ

ହେବ । ସ୍ୱଦେଶ, ସହଦେଶ ଓ ବିଶ୍ୱ । ଏବେ ସାରା ପୃଥିବୀରେ ଜଗତୀକରଣର ବିକଳ୍ପ ରୂପେ ସ୍ଥାନୀୟକରଣ ବା Localizationର ଆନ୍ଦୋଳନ ଗଢି ଉଠୁଛି ଯେଉଁଥିରେ ସଂପୃକ୍ତ ସମସ୍ତେ ସ୍ଥାନୀୟ ଅର୍ଥନୀତି, ରାଜନୀତି, ସଂସ୍କୃତି ଓ କଳାତ୍ମକ ପରମ୍ପରାର ଜାଗରଣ ପାଇଁ ପ୍ରୟାସ କରୁଛନ୍ତି । ଏହି ପ୍ରୟାସରେ ଅନ୍ୟ ଦେଶମାନଙ୍କ ବିରୁଦ୍ଧରେ ଘୃଣା ଓ ଦ୍ୱେଷ ନାହିଁ ବରଂ ପୃଥିବୀର ସବୁ ଜାଗାର ଲୋକମାନେ ନିଜ ନିଜର ଅର୍ଥନୀତି ଓ ସଂସ୍କୃତିକୁ କିପରି ସୁରକ୍ଷିତ କରିପାରିବେ ସେଥିପାଇଁ ସଦିଚ୍ଛା ଓ ସଂହତି ରହିଛି । ସ୍ଥାନୀୟ ସ୍ଥାନୀୟ ଅର୍ଥନୀତି ମଧ୍ୟରେ ଆଞ୍ଚଳିକ, ଜାତୀୟ ଓ ବିଶ୍ୱସ୍ତରରେ ସଂହତି ପ୍ରତିଷ୍ଠା ହେଉଛି ଯାହା ସ୍ୱଦେଶୀକୁ ସହ-ଦେଶୀ ଓ ବିଶ୍ୱମୟ କରୁଛି । ବଙ୍ଗଭୂମି ଯେଉଁଠାରୁ ସ୍ୱଦେଶୀ ଆନ୍ଦୋଳନ ଆରମ୍ଭ ହୋଇଥିଲା ଏବେ ଏକ ନୂତନ ପ୍ରକାର ସହଦେଶୀ ଆଞ୍ଚଳୀୟ ଅର୍ଥନୀତି ଓ ସଂସ୍କୃତି ଗଢି ଉଠୁଛି । ପଶ୍ଚିମବଂଗଳା, ଆସାମ, ଭାରତର ପୂର୍ବ ଉତ୍ତରୀୟ ରାଜ୍ୟମଣ୍ଡଳୀ (North Easter states), ନେପାଳ ଓ ବାଂଲାଦେଶ ଏକ ଆଞ୍ଚଳିକ ଅର୍ଥନୈତିକ ଓ ସମାଜିକ-ସାଂସ୍କୃତିକ ଅଞ୍ଚଳ ରୂପେ ଗଢି ଉଠୁଛି । ଭାରତ, ବାଲାଂଦେଶ ଓ ନେପାଳର ରାଷ୍ଟ୍ରଗତ ବଂଧନର ସୀମାକୁ ଅତିକ୍ରମ କରି ଜନସଂପଦ ଓ ଅନ୍ୟ ସଂପଦମାନଙ୍କର ସହଭାଗିତା ଏହି ଅଞ୍ଚଳରେ ଘଟୁଛି । ଏହା ସ୍ଥାନୀୟ ଓ ଆଞ୍ଚଳିକ ଅର୍ଥନୀତିକୁ ପ୍ରୋତ୍ସାହନ ଯୋଗାଉଛି ଓ ନୂତନ ସାମାଜିକ, ଅର୍ଥନୈତିକ ଓ ସାଂସ୍କୃତିକ ସଂହତି ପାଇଁ ଭୂମି ପ୍ରସ୍ତୁତ କରୁଛି । ଏଠାରେ ସ୍ୱଦେଶୀ ଆଞ୍ଚଳିକ ସହବେଶୀ ହେଉଛି ଏବଂ ସାରା ପୃଥିବୀରେ ବିଭିନ୍ନ ଅଞ୍ଚଳରେ ଧୀରେଧୀରେ ଏମିତି ଆଞ୍ଚଳିକ ସହଦେଶୀର ଜାଗରଣ ଘଟୁଛି । ଏମିତି ସ୍ୱଦେଶୀ ସହଦେଶୀ ହିଁ ଆମକୁ ଜାତୀୟ ଅର୍ଥନୀତି ଓ ରାଷ୍ଟ୍ରକୁ ସୁରକ୍ଷିତ କରିପାରିବ । ଏହା ହେଉଥିବା ଘୃଣାର ରାଜନୀତି ଓ ଅର୍ଥନୀତିରୁ ଆମକୁ ମୁକୁଳାଇ ପାରିବ ଓ ଏକ ଭିନ୍ନ ସ୍ୱଦେଶୀ ସହଦେଶୀ ସ୍ଥାନୀୟକରଣ ଓ ବିଶ୍ୱ ବାସ୍ତବାୟନକୁ ସମ୍ଭବ କରାଇପାରିବ ।

ସ୍ୱରାଜ, ସହରାଜ ଓ ସାମ୍ପ୍ରତିକ ରୂପାନ୍ତର

ସ୍ୱରାଜ: ନିଜ ରାଜ୍ୟରେ ନିଜେ ରାଜା, ନିଜ ରାଜ୍ୟ ଉପରେ ଅନ୍ୟ ରାଜ ନାହିଁ । ସ୍ୱରାଜ ମଧ୍ୟ ନିଜ ଉପରେ ନିଜର ରାଜ, ନିଜ ଉପରେ ପରର ରାଜତ୍ୱ ନାହିଁ । ସ୍ୱରାଜ ବ୍ୟକ୍ତିଗତ ଓ ସାମୂହିକ ସ୍ତରରେ ପ୍ରଯୁଜ୍ୟ । ବେଦରେ ସୁରାଟ କଥା କୁହାଯାଇଛି । ଏହାର ଅର୍ଥ ମଧ୍ୟ ସମାନ । ସ୍ୱ ନିଜର ମର୍ଯ୍ୟାଦା ଧରି ବାଟ ଚାଲିବ ଓ ଏହା ଉପରେ କେହି ଆଧିପତ୍ୟ ବିସ୍ତାର କରିବେନାହିଁ ବା ଲଦି ଦେବେନାହିଁ । ସ୍ୱରାଜ: ନିଜେ ନିଜ ଉପରେ ରାଜ୍ୟ କରିବା ମାତ୍ର ଏହା ରାଜ୍ୟ କରିବା ବା ଶାସନ କରିବାର ପ୍ରକ୍ରିୟାରେ କିଛି ପରିବର୍ତ୍ତନ ଆଣୁଛି କି? ଆମର ପାରମ୍ପରିକ ରାଜତ୍ୱ ଅନ୍ୟ ଉପରେ ନିଜର ବା

ଶାସକର କ୍ଷମତା ଓ ଇଚ୍ଛାଶକ୍ତିକୁ ଲଦିଦେବାକୁ ବୁଝାଏ । ଖାସ୍ ସେଇଥିପାଇଁ ପ୍ରଖ୍ୟାତ ରାଜନୀତିବିଦ୍ ଓ ସମାଜଶାସ୍ତ୍ରୀ ମାକ୍ସ ଭେବର୍ କ୍ଷମତାକୁ ଅନ୍ୟର ଇଚ୍ଛା ବିରୁଦ୍ଧରେ ନିଜର ଇଚ୍ଛାକୁ ଜାହିର କରିବା କଥା କହିଛନ୍ତି । ସ୍ୱରାଜ୍ୟର ଅର୍ଥ କଣ ନିଜେ ନିଜ ଉପରେ ରାଜା ହୋଇ ନିଜର ଇଚ୍ଛାଶକ୍ତିକୁ ନିଜ ଉପରେ ବା ଅନ୍ୟ ଉପରେ ଲଦିଦେବା ନା ନିଜ ସହିତ ଓ ଅନ୍ୟ ସହିତ ଏକ ଭିନ୍ନ ରୂପେ ସମ୍ବନ୍ଧିତ ହେବା ? କ୍ଷମତା ଓ ବଳପ୍ରୟୋଗର ରୂପାନ୍ତର କରି ଏହାକୁ ନିଜ ସହିତ ଓ ଅପର ସହିତ ଏକ ପ୍ରବର୍ତ୍ତନା ଓ ସହମତିର ସୂତ୍ର ଓ ସହସ୍ଥିତି ସୃଷ୍ଟି କରିବା ।

ଗାଂଧୀଙ୍କର ରଚିତ ହିନ୍ଦ ସ୍ୱରାଜରେ ଏମିତି ଆତ୍ମା, ପରାତ୍ମା, ସମାଜ ଓ ସଂସାରର ଏକ ବିକଳ୍ପ ଅବଧାରଣା ଓ ପ୍ରୟାସ ରହିଛି । ଆପଣାର ପୁସ୍ତିକା ହିନ୍ଦ ସ୍ୱରାଜରେ ଗାଂଧୀ ହିନ୍ଦ ସ୍ୱରାଜ, ଭାରତବର୍ଷର ସ୍ୱରାଜ ବିଷୟରେ ଲେଖିଛନ୍ତି । ହିଂସା ଓ ବଳପ୍ରୟୋଗ କରି ଏହି ସ୍ୱରାଜ, କେମିତି ହାସଲ କରିହେବ ନାହିଁ... ଏହି ବିଷୟରେ ମଧ୍ୟ ଗାଂଧୀ ଆଲୋଚନା କରିଛନ୍ତି । ହିନ୍ଦ ସ୍ୱରାଜରେ ମଧ୍ୟ ଗାଂଧୀ ଆଧୁନିକ ପାଶ୍ଚାତ୍ୟ ସଭ୍ୟତାର ମୂଳଭୂତ ସମୀକ୍ଷା ଓ ସମାଲୋଚନା କରିଛନ୍ତି । ଆଧୁନିକ ସଭ୍ୟତା ମୂଳତଃ ବାହ୍ୟ ଭୂଷଣ ଓ ଶାରୀରିକ Comfort (ଆରାମ) ଉପରେ ଗୁରୁତ୍ୱ ଦେଇଥାଏ । ଗାଂଧୀ କହିଛନ୍ତି ଯେ ଆଧୁନିକ ସଭ୍ୟତା ଆମକୁ ସ୍ୱରାଜ୍ୟର ବାଟ ଦେଖାଇପାରିବ ନାହିଁ କାରଣ ଏହା ଆମକୁ ଅନ୍ତରାତ୍ମାଠାରୁ ଦୂରେଇନେଇ ସର୍ବଦା ଆମକୁ ଅନ୍ୟ ଉପରେ ବାହାର ଉପରେ ନିର୍ଭରଶୀଳ କରାଇଥାଏ । ଏହି କ୍ଷେତ୍ରରେ ଆମକୁ ବୁଝିବାକୁ ହେବ ଯେ' "ହିନ୍ଦ ସ୍ୱରାଜ୍ୟରେ ଗାଂଧୀ ଯେଉଁ ସ୍ୱରାଜ୍ୟର କଥା କହିଥିଲେ ତାହା କେବଳ ବ୍ରିଟିଶ ଶାସନରୁ ଭାରତର ରାଜନୈତିକ ସ୍ୱାଧୀନତା ପାଇବାରେ ସୀମାବଦ୍ଧ ନୁହେଁ । ଏହା ଆତ୍ମା, ପରାତ୍ମା, ସମାଜ ଓ ବିଶ୍ୱର ଏକ ନୂତନ ଶାସନ, ସ୍ୱାୟତ୍ତତା ଓ ମୁକ୍ତି ପାଇଁ ପ୍ରୟାସ ଅଟେ । ଗାଂଧୀ ଏଠାରେ ଉଭୟେ ଭାରତୀୟ ଓ ଇଂରେଜୀ ମାନଙ୍କର ମୁକ୍ତିକଥା କହିଛନ୍ତି ।"(୬)

ତେଣୁ ସ୍ୱରାଜ୍ୟ କେବଳ ସ୍ୱରାଜ୍ୟ ନୁହେଁ ଏହା ସହରାଜ । ସ୍ୱ ଏଠାରେ କେବଳ ବ୍ୟକ୍ତିଗତ ଅହଂ ନୁହେଁ, ଏହା ନିଜ ମଧ୍ୟରେ ଓ ନିଜ ସହିତ ଥିବା ସାର୍ବଜନୀନ ଆତ୍ମା । ସ୍ୱ ସହିତ ଏକ ସାର୍ବଜନୀନତା ଥାଏ ଯାହା ନିଜ ଓ ପରର ବିଭେଦ ଓ ନାନା ଗାରକୁ ଡେଇଁ ସମ୍ବନ୍ଧ ଓ ସଂଯୋଗର ସୂତ୍ର ସ୍ଥାପନା କରିଥାଏ । ସ୍ୱରାଜ୍ୟ ନିଜର ବ୍ୟକ୍ତିଗତ ଓ ସାମୂହିକ ଅହଂର ଆଧିପତ୍ୟ ନୁହେଁ । ସ୍ୱରାଜ ନିଜ ଓ ଅନ୍ୟ ସହିତ ମିଶି ଏକ ସହରାଜ୍ୟ ଓ ସହସ୍ଥିତି ସୃଷ୍ଟି କରିବାର ପ୍ରକ୍ରିୟା ଅଟେ । ଏହି ପ୍ରକ୍ରିୟାରେ ଉଭୟେ ବ୍ୟକ୍ତିଗତ ଓ ସାମୂହିକ ସାର୍ବଭୌମତା (sovereignty) ଏକ ସହ-ସାର୍ବଭୌମତାରେ

ରୂପାନ୍ତରିତ ହୁଏ। ବ୍ୟକ୍ତି ଓ ରାଷ୍ଟ୍ର ସାର୍ବଭୌମ ମାତ୍ର ଆଂଶିକ ଭାବରେ। ଆମର ଜୀବନରେ ଆମର ସାର୍ବଭୌମତାକୁ ଅନ୍ୟସହିତ share କରିବାକୁ ହୋଇଥାଏ। ଉଦାହରଣ ସ୍ୱରୂପ ଭାରତବର୍ଷ ଓ ପାକିସ୍ଥାନ। ଉଭୟେ ସାର୍ବଭୌମ ରାଷ୍ଟ୍ର। କାଶ୍ମୀର ଉଭୟ ସହିତ ରହିଛି। କାଶ୍ମୀର ଭାଇଭଉଣୀ ମାନଙ୍କ ମଧ୍ୟରୁ କିଛି ଭାରତବର୍ଷରେ ଓ କିଛି ପାକିସ୍ଥାନରେ। ଆମେ ଯେତେ ବଳପ୍ରୟୋଗ କଲେ ବି କାଶ୍ମୀରର ଭାଇ ଭଉଣୀ ମାନଙ୍କର ହୃଦୟକୁ କ୍ଷମତା ଓ ମିଲିଟାରୀ ଅଧିଗ୍ରହଣ ଦ୍ୱାରା ଜୟ କରିପାରିବା ନାହିଁ। ଭାରତବର୍ଷ, କାଶ୍ମୀର, ପାକିସ୍ଥାନ ସବୁଠାରେ ଏବେ ହିଂସା, ଯୁଦ୍ଧ ଓ ଆତଙ୍କବାଦର ଆହ୍ୱାନ। ଏହି କ୍ଷେତ୍ରରେ ଭାରତ, ପାକିସ୍ଥାନ, କାଶ୍ମୀର ଓ ବାଂଲାଦେଶ ନିଜ ନିଜର ସାର୍ବଭୌମତ୍ୟ ଓ ଏକାନ୍ତ ରାଷ୍ଟ୍ରବାଦକୁ ପରିବାର କରି ଏକ ସହ-ସାର୍ବଭୌମତ୍ୟର ଭୂମି ପ୍ରସ୍ତୁତ କରିପାରିବେ। ଏହା ବ୍ୟତୀତ ଆମର ଏହି ଧାରଣକାରୀ ସହମାତୃଭୂମିରେ ଶାନ୍ତି, ସୁରକ୍ଷା, ବିକାଶ ଓ ସଂହତିର ଆଉ ଅନ୍ୟକୌଣସି ବାଟ ନାହିଁ। ସ୍ୱରାଜ ଏଠାରେ ସହରାଜ୍ୟ। ହିନ୍ଦ ସ୍ୱରାଜ୍ୟ ସାମ୍ପ୍ରତିକ ପରିସ୍ଥିତିରେ ପାକିସ୍ଥାନ, କାଶ୍ମୀର, ତିବତ୍, ବାଂଗଲାଦେଶ ଓ ଅନ୍ୟ ଅଞ୍ଚଳ ମାନଙ୍କର ସ୍ୱରାଜ୍ୟ ଓ ସହରାଜ ଆଡକୁ ଆମକୁ ନେଇଯାଇଥାଏ। ସ୍ୱରାଜ୍ୟ ଆମକୁ ଉଭୟେ ସ୍ୱ ଓ ଅନ୍ୟର ବିକାଶ ଓ ମଂଗଳ ପାଇଁ ଆହ୍ୱାନ ଦେଇଥାଏ। ଏହା ମଧ୍ୟ ଆମକୁ ଲୋକସଂଗ୍ରହ ଆଡକୁ ଘେନିଯାଇଥାଏ। ଲୋକସଂଗ୍ରହ ବିଷୟରେ ଶ୍ରୀମଦ୍‌ଭାଗବତ୍‌ଗୀତାରେ କୁହାଯାଇଛି ଓ ଏହା ଲୋକମାନଙ୍କର ସାଙ୍ଗହୋଇ ମିଳିତ ଓ ସଂଗୃହୀତ ହେବାକୁ ବୁଝାଏ। ମାତ୍ର ଏହି ମିଳନ ଓ ସଂଗ୍ରହ କେବଳ ବାହ୍ୟ ସ୍ତରରେ ନୁହେଁ; ଏହା ମଧ୍ୟ ଆତ୍ମିକ ସ୍ତରରେ। ଲୋକ ସଂଗ୍ରହ ଆତ୍ମ ସଂଗ୍ରହ ଓ ପରସ୍ପର ସଂଗ୍ରହକୁ ବୁଝାଇଥାଏ। ସ୍ୱରାଜ୍ୟ ଓ ସହରାଜ୍ୟ ଆତ୍ମ ସଂଗ୍ରହ, ପରସ୍ପର ସଂଗ୍ରହ ଓ ଲୋକ ସଂଗ୍ରହର ବହୁବିଧ ସାଧନା ଓ ସଂଗ୍ରାମ ଅଟେ(୭)।

ସ୍ୱରାଜ୍ୟ ଏମିତି ଏକ ଅବଧାରଣା ଓ ମାର୍ଗଚାରଣା ଆମକୁ ଆଫ୍ରିକାର ଉବୁଣ୍ଟୁ (Ubuntu) ଦର୍ଶନ ଓ ଜୀବନଚର୍ଯ୍ୟା ଆଡକୁ ଘେନି ଆସିଥାଏ। ଉବୁଣ୍ଟୁ ବିଚାର ଓ ଜୀବନମାର୍ଗରେ ସହ ବିକାଶ ଉପରେ ଗୁରୁତ୍ୱ ଦିଆଯାଇଥାଏ। ମୁଁ ଏଠାରେ ଅଛି କାରଣ ଆପଣମାନେ ଓ ଅନ୍ୟମାନେ ଅଛନ୍ତି। ସ୍ୱରାଜ୍ୟ ସହରାଜ୍ୟ ଓ ସହଭାଗିତା ରୂପେ ଉବୁଣ୍ଟୁ ସହିତ ସଂଶ୍ଳିଷ୍ଟ। ଖାସ୍ ଏଇ ଅର୍ଥରେ ହୁଏତ ଆମ ସମୟର ଗଭୀର ଚିନ୍ତାବିଦ୍ ମନୋରଂଜନ ମହାନ୍ତି ଆମକୁ ସ୍ୱରାଜ୍ୟ ଓ ଉବୁନ୍ଟୁ ମଧ୍ୟରେ ଥିବା ସମ୍ବନ୍ଧକୁ ଅନୁଭବ କରି ଜାଗତିକ ସ୍ୱରାଜ୍ୟ ଓ ଜାଗତିକ ଉବୁଣ୍ଟୁ ସଂପର୍କରେ କହିଛନ୍ତି। ସେ ମଧ୍ୟ ସ୍ୱରାଜବନ୍ତ ଓ ଉବୁଣ୍ଟୁବନ୍ତ ସମାଜ ନିର୍ମାଣ କରିବାକୁ ଆମକୁ ଆହ୍ୱାନ ଦେଉଛନ୍ତି

ଯେଉଁ ସମାଜରେ ଆମେ ପରସ୍ପରର କଲ୍ୟାଣ ପାଇଁ କାମ କରୁଛୁ ଓ ଆତ୍ମା ଓ ପରମାତ୍ମାର ନାନା ବଂଧନୀ ଓ ଦ୍ୱୈତରେଖାକୁ ଅତିକ୍ରମ କରୁଛୁ । ଆମେ ବ୍ୟକ୍ତିଗତ, ସାମୂହିକ ଓ ଜାଗତିକ ସ୍ତରରେ ଦ୍ୱୈତ ଭାବ ଓ ସଂଗଠନକୁ ଅତିକ୍ରମ କରି ଅଦ୍ୱୈତ ପ୍ରତିଷ୍ଠା କରୁଛୁଁ ।

ସତ୍ୟାଗ୍ରହ:

୧୯୦୬ ମସିହାରେ ଗାଂଧୀ ସତ୍ୟାଗ୍ରହ ଶବ୍ଦ ସହିତ ବାଟ ଚାଲିଥିଲେ, ଏହା ସହିତ ସତ୍ୟାଗ୍ରହ ଆନ୍ଦୋଳନ । ହାନ୍‌ରି ଡାଭିଡ୍ ଥୋରୋ (Henry David Thereau) ଙ୍କର "Civil Disobedience", ଟଲଷ୍ଟୟଙ୍କର ପ୍ରେମ ଓ ଅହିଂସାର ସାଧନା, ପ୍ରଚଳିତ Passive Reisitance ଚର୍ଚ୍ଚା ଓ ଭାରତୀୟ ଦର୍ଶନ ଓ ଇତିହାସରେ ଅନ୍ୟାୟ ବିରୁଦ୍ଧରେ ସଂଗ୍ରାମ ଦ୍ୱାରା ପ୍ରେରିତ ହୋଇ ଗାଂଧୀ ତାଙ୍କର ସହଯୋଗୀମାନେ ଦକ୍ଷିଣ ଆଫ୍ରିକାରେ ବର୍ଣ୍ଣବିଦ୍ୱେଷ ଓ ଏହା ସହିତ ସଂଶ୍ଳିଷ୍ଟ ଶୋଷଣ ବିରୁଦ୍ଧରେ ସତ୍ୟାଗ୍ରହ ଆରମ୍ଭ କରିଥିଲେ । ୧୯୧୫ରେ ଗାଂଧୀ ଭାରତବର୍ଷ ଫେରିବାପରେ ସତ୍ୟାଗ୍ରହ ଦ୍ୱାରା ପ୍ରେରିତ ହୋଇ ବ୍ରିଟିଶ ସରକାର ବିରୁଦ୍ଧରେ ଅସହଯୋଗ ଆନ୍ଦୋଳନ ଆରମ୍ଭ କରିଥିଲେ । ଏହାପରେ ୧୯୩୦ରେ ଗୁଜୁରାଟର ଦାଣ୍ଡୀଠାରେ ଲବଣ ସତ୍ୟାଗ୍ରହ । ଲବଣ ସତ୍ୟାଗ୍ରହରେ ଗାଂଧୀ ଓ ତାଙ୍କର ସହ ସତ୍ୟାଗ୍ରହୀ ଯାତ୍ରୀମାନେ ଅହମଦାବାଦର ସାବରମତୀ ଆଶ୍ରମରୁ ଦାଣ୍ଡୀ ପର୍ଯ୍ୟନ୍ତ ଚାଲିଚାଲି ଯାଇଥିଲେ । ଗାଂଧୀ ଯେତେବେଳେ ନିଜହାତରେ ଲୁଣଟିଏ ସମୁଦ୍ରକୂଳରୁ ଉଠାଇଥିଲେ ଏହା ବ୍ରିଟିଶ ସାମ୍ରାଜ୍ୟକୁ ଟକ୍‌କର ଦେଇଥିଲା ଓ ଏହି ସାମ୍ରାଜ୍ୟ କେତେ ଦୁର୍ବଳ ଏହା ଭାରତୀୟମାନଙ୍କୁ ଓ ବିଶ୍ୱକୁ ଅନୁଭବ କରିବାରେ ସାହାଯ୍ୟ କରିଥିଲା । ଏହି ଲବଣ ସତ୍ୟାଗ୍ରହ ପରେହିଁ ବ୍ରିଟିଶ ସାମ୍ରାଜ୍ୟ ଗାଂଧୀ ଓ ଭାରତୀୟ ମାନଙ୍କ ସହିତ ଭାରତର ସ୍ୱାଧୀନତା ସମ୍ପର୍କରେ ଆଲୋଚନା କରିବାକୁ ଲଣ୍ଡନରେ ୧୯୩୧ ମସିହାରେ Round Table ଅଧିବେଶନ ଆୟୋଜନ କରିଥିଲା ।

ଗାଂଧୀଙ୍କଠାରୁ ପ୍ରେରଣାନେଇ ସତ୍ୟାଗ୍ରହ ସାରା ପୃଥିବୀରେ ଅନ୍ୟାୟ, ଶୋଷଣ ଓ ବୈଷମ୍ୟ ବିରୁଦ୍ଧରେ ପ୍ରେମ ଓ ଅହିଂସାର ସାଧନା ଓ ସଂଗ୍ରାମ ରୂପେ କ୍ରିୟାଶୀଳ ହୋଇଛି । ଯୁକ୍ତରାଷ୍ଟ୍ର ଆମେରିକାରେ ମାର୍ଟିନ ଲୁଥର କିଙ୍ଗ ଓ ତାଙ୍କର ସହଯୋଗୀମାନେ ଆମେରିକାର ବର୍ଣ୍ଣବୈଷମ୍ୟ ବିରୁଦ୍ଧରେ ଅହିଂସ ଆନ୍ଦୋଳନ ଓ ସତ୍ୟାଗ୍ରହ କରିଛନ୍ତି । ମାର୍ଟିନ୍ ଲୁଥର କିଙ୍ଗ୍ ମଧ୍ୟ ଭିଏତନାମରେ ହେଉଥିବା ଆମେରିକାର ଯୁଦ୍ଧ ବିରୁଦ୍ଧରେ ସତ୍ୟାଗ୍ରହ କରିଛନ୍ତି । ଏହା ସହିତ ଦକ୍ଷିଣ ଆଫ୍ରିକାରେ ନେଲସନ୍ ମାଣ୍ଡେଲା ସେଠାକାର ବର୍ଣ୍ଣବୈଷମ୍ୟ ବିରୁଦ୍ଧରେ ଅହିଂସ ଆନ୍ଦୋଳନ ଓ ସତ୍ୟାଗ୍ରହ କରିଛନ୍ତି ଯଦିଓ ଏହି ସଂଗ୍ରାମର ପ୍ରାରମ୍ଭ ପରେ ସେ ଐତିହାସିକ ଆବଶ୍ୟକତା ଦୃଷ୍ଟିରୁ ଆଫ୍ରିକାର

ବର୍ଣ୍ଣବୈଷମ୍ୟର ସରକାର ବିରୁଦ୍ଧରେ ହିଂସ୍ର ଆନ୍ଦୋଳନର ଆହ୍ୱାନ ଦେଇଛନ୍ତି । ୧୯୬୦ ଦଶକରେ ମାଣ୍ଡେଲା ଏହି ହିଂସ୍ର ଆନ୍ଦୋଳନର ଆହ୍ୱାନ ଦେଇଥିବାବେଳେ ସେ ଏହି ପ୍ରତିରୋଧରେ ନିରୀହ ଲୋକମାନଙ୍କୁ ନମାରିବାକୁ ତାଗିଦ୍ କରିଛନ୍ତି । ହିଂସ୍ର ପ୍ରତିରୋଧକୁ ବାଧ୍ୟ ହୋଇ ସମର୍ଥନ କଲାବେଳେ ସେ ଅନେକ ସାହସ ଓ ଶ୍ରଦ୍ଧାର ସହିତ ତାଙ୍କର ସଂଗ୍ରାମର ଆଭିମୁଖ୍ୟ ଓ ଅଙ୍ଗୀକାରକୁ ବ୍ୟକ୍ତ କରି କହିଛନ୍ତି ଯେ' ତାଙ୍କର ଏହି ସଂଗ୍ରାମ ଶ୍ୱେତକାୟ ଲୋକମାନଙ୍କ ବିରୁଦ୍ଧରେ ନୁହେଁ । ସେ କୋର୍ଟରୁମ୍‌ରେ ବିଚାରଳୟ ସମ୍ମୁଖରେ ଯାହା କହିଥିଲେ ସେଥିରେ ଗାଂଧୀଙ୍କର ସତ୍ୟାଗ୍ରହର ସ୍ୱରର ରାଗିଣୀ ରହିଛି" "ମୁଁ ଶ୍ୱେତକାୟ ଲୋକମାନଙ୍କର ଆଧିପତ୍ୟ ବିରୁଦ୍ଧରେ ଲଢୁଛି, ମୁଁ ମଧ୍ୟ କୃଷ୍ଣକାୟ ଲୋକମାନଙ୍କର ଆଧିପତ୍ୟ ବିରୁଦ୍ଧରେ ସଂଗ୍ରାମ କରୁଛି । ମୁଁ ଏଥିପାଇଁ ଜୀବନ ଦେବାକୁ ପ୍ରସ୍ତୁତ ।" ମାଣ୍ଡେଲାଙ୍କର ଏହି ବକ୍ତବ୍ୟ ପରେ ତାଙ୍କର ଓକିଲମାନେ ଭୟ ଓ ଆଶଙ୍କାରେ ରାତିଟି ବିତାଇଥିଲେ ଯେ' ତହିଁପରଦିନ ବିଚାରପତି ତାଙ୍କୁ ମୃତ୍ୟୁଦଣ୍ଡ ଦେବେ । ମାତ୍ର ବିଚାରପତିଙ୍କ ହୃଦୟରେ ପ୍ରେମ ଓ ସତ୍ୟର ଧାରା ଶୁଷ୍କ ହୋଇଯାଇ ନଥିଲା । ନିୟମ ଅନୁସାରେ ଯଦିଓ ସେ ମାଣ୍ଡେଲାଙ୍କୁ ମୃତ୍ୟୁଦଣ୍ଡ ଦେଇପାରିଥାନ୍ତେ ମାତ୍ର ଏହା ନକରି ସେ ତାଙ୍କୁ ଆଜୀବନ କାରାଦଣ୍ଡ ଦେଲେ । ଦକ୍ଷିଣ ଆଫ୍ରିକାର ରବିନ୍ ଉପଦ୍ୱୀପରେ ମାଣ୍ଡେଲା ଅନ୍ୟ ସହଯୋଗୀମାନଙ୍କ ସହିତ ତିରିଶ ବର୍ଷ ଜେଲରେ ବିତାଇ ଜେଲ ବାହାରକୁ ଆସିଲେ । ଦକ୍ଷିଣ ଆଫ୍ରିକାର ତତ୍କାଳୀନ ରାଷ୍ଟ୍ରପତି ଡି କ୍ଲାର୍କଙ୍କ ସହିତ ବୁଝାମଣା କରି ଦକ୍ଷିଣ ଆଫ୍ରିକାର କୃଷ୍ଣକାୟ, ଶ୍ୱେତକାୟ ଓ ସମସ୍ତଙ୍କ ପାଇଁ ଏକ ସ୍ୱାଧୀନ ସମାଜ ଓ ରାଷ୍ଟ୍ର ପ୍ରତିଷ୍ଠା କରିଥିଲେ ଯାହାର ସେ ପ୍ରଥମ ନିର୍ବାଚିତ ରାଷ୍ଟ୍ରପତି ହୋଇଥିଲେ । ରାଷ୍ଟ୍ରପତି ହେବାପରେ ସେ ଦକ୍ଷିଣ ଆଫ୍ରିକାର ଶାନ୍ତିକାମୀ ଧର୍ମଗୁରୁ ବିଶପ୍ ଡେସମଣ୍ଡ ଟୁଟୁଙ୍କର ନେତୃତ୍ୱରେ Peace and Reconcilation Commission ସ୍ଥାପନା କରିଥିଲେ ଯେଉଁଥିରେ ହତ୍ୟା ଓ ହିଂସାରେ ଜଡିତ ସଂପୃକ୍ତ ସମସ୍ତେ ପରସ୍ପର ସହିତ କ୍ଷମା ପ୍ରାର୍ଥନା କରିପାରିବେ ଓ ଏହାସହିତ ଜୀବନ ଓ ସମାଜକୁ ଆଗକୁ ନେଇପାରିବେ । ମାର୍ଟିନ୍ ଲୁଥର କିଙ୍ଗ ଓ ମାଣ୍ଡେଲାଙ୍କ ଭଳି ପୋଲାଣ୍ଡରେ ଲେଚ୍ ୱାଲେସା ୧୯୭୦ ଦଶକର ଶେଷ ଆଡକୁ କମ୍ୟୁନିଷ୍ଟ ଶାସନ ବିରୁଦ୍ଧରେ ସମୁଦ୍ରକୂଳବର୍ତ୍ତୀ ଗାଡ଼ାନସକ୍ (Gadarnsk) ସହରରେ ଅହିଂସ ଆନ୍ଦୋଳନ ଆରମ୍ଭ କରିଥିଲେ । ଏଥିରେ ଗାଂଧୀଙ୍କର ଅହିଂସ ଆନ୍ଦୋଳନ ଓ ସତ୍ୟାଗ୍ରହର ଝଲକ୍ ଥିଲା । ୨୦୧୪ ମସିହାରେ ମୁଁ ଗାଡାନସ୍ ସହରକୁ ଯାଇଥିଲି ଓ ସେଠାରେ Solidarity ଆନ୍ଦୋଳନର ସଂଗ୍ରହାଳୟକୁ ଯାଇଥିଲି ।

ସତ୍ୟାଗ୍ରହ, ଶୋଷଣ, ଦମନ ଓ ଆଧିପତ୍ୟ ବିରୁଦ୍ଧରେ ବହୁ-ପରିସରୀୟ

ଆନ୍ଦୋଳନ । ମାତ୍ର ଏହା କେବଳ ରାଜନୈତିକ ଆନ୍ଦୋଳନ ନୁହେଁ । ଏହା ମଧ୍ୟ ଆଧ୍ୟାତ୍ମିକ ସାଧନା ଓ ସଂଗ୍ରାମ । ସତ୍ୟାଗ୍ରହର ମୂଳ ଆହ୍ୱାନ ହେଉଛି ଯେ' ସତ୍ୟାଗ୍ରହୀ ସତ୍ୟ ପାଇଁ ଓ ସତ୍ୟ ସହିତ ଅନ୍ୟ ବିରୁଦ୍ଧରେ ସାଧନା ଓ ସଂଗ୍ରାମ କରୁଛି ମାତ୍ର ସେ ମଧ୍ୟ ନିଜ ଓ ଅନ୍ୟପାଇଁ ଏକ ସହକ୍ଷେତ୍ର ପ୍ରସ୍ତୁତ କରୁଛି ଯେଉଁଥିରେ ଅନ୍ୟଜଣକ ମଧ୍ୟ ନିଜର ସତ୍ୟ ଓ ପ୍ରେମକୁ ଅନୁଭବ କରିପାରିବ ଓ ପୁନର୍ଜୀବିତ କରିପାରିବ । ଗାଂଧୀ ସେଇଥିପାଇଁ କହୁଥିଲେ ଯେ' ସେ ଯାହା ବିରୁଦ୍ଧରେ ସତ୍ୟାଗ୍ରହ କରୁଛନ୍ତି ସେ ତାଙ୍କର ଶତ୍ରୁ ନୁହନ୍ତି । ବ୍ରିଟିଶ ସରକାର ଓ ବ୍ରିଟିଶବାସୀମାନେ ତାଙ୍କର ଓ ଭାରତବାସୀଙ୍କର ଶତ୍ରୁ ନୁହନ୍ତି । ବ୍ରିଟିଶ ସରକାରଙ୍କ ବିରୁଦ୍ଧରେ ସତ୍ୟାଗ୍ରହ କରି ସେ ବ୍ରିଟିଶ ସରକାର ଓ ଲୋକମାନଙ୍କୁ ସେମାନଙ୍କର ଆଧିପତ୍ୟ ଓ ଦମନର ଦାସତ୍ୱରୁ ମୁକ୍ତକରି ମାନବିକତା ଓ ସହଭାଗିତାର କ୍ଷେତ୍ର ପ୍ରସ୍ତୁତ କରୁଛନ୍ତି । ଏମିତି ଏକ ସାଧନା ଓ ସଂଗ୍ରାମ ମୂଳତଃ ଏକ ଆଧ୍ୟାତ୍ମିକ ସାଧନା ଓ ସଂଗ୍ରାମ ଯେଉଁଥିରେ ନିଜ ଓ ପର ମଧ୍ୟରେ ଥିବା ବଂଧନୀ ଓ ଦ୍ୱୈତ ଓ ଦ୍ୱେଷକୁ ଅତିକ୍ରମ କରିବାର ଆହ୍ୱାନ, ସୁଯୋଗ, ସମ୍ଭାବନା ଓ ବାସ୍ତବତା ରହିଛି । ସତ୍ୟାଗ୍ରହ ଏକ ବହୁ ପରିସରୀୟ ଅଦ୍ୱୈତ ଦ୍ୱାରା ପ୍ରେରିତ ଯେଉଁଥିରେ ଆତ୍ମା ଓ ପରମାତ୍ମା ମଧ୍ୟରେ ଥିବା ଦ୍ୱୈତ ଓ ଦ୍ୱେଷକୁ ଅତିକ୍ରମ କରି ଅଦ୍ୱୈତର ସୂତ୍ର ଓ ସମ୍ବନ୍ଧ ପ୍ରତିଷ୍ଠିତ ହେଉଛି । ରୁଷିଆର ପ୍ରଖ୍ୟାତ ଶିକ୍ଷାବିତ୍ ଓ ଦାର୍ଶନିକ Leo Vygotsky ଶିକ୍ଷାକୁ Zones of Proximal Development ବୋଲି କହିଛନ୍ତି ।

ଶିକ୍ଷଣର ଭୂମି ପାରସ୍ପରିକ ବିକାଶର ସହଭୂମି ଓ ନିକଟଭୂମି ଯେଉଁଥିରେ ଉଭୟେ ଶିକ୍ଷକ ଓ ଶିକ୍ଷାର୍ଥୀ ସାଙ୍ଗ ହୋଇ ଶିକ୍ଷା କରୁଛନ୍ତି ଓ ପରସ୍ପରର ବିକାଶରେ ସାହାଯ୍ୟ କରୁଛନ୍ତି । ଠିକ୍ ସେମିତି ସତ୍ୟାଗ୍ରହ ପାରସ୍ପରିକ ଶିକ୍ଷଣ ଓ ବିକାଶର ସହଭୂମି ଓ ନିକଟଭୂମି ଅଟେ ଯେଉଁଥିରେ ପର ଓ ଅପର, ଦୂର ଓ ନିକଟ ମଧ୍ୟରେ ଥିବା ନାନା ଦ୍ୱେଷ ଓ ଦ୍ୱୈତକୁ ଅତିକ୍ରମ କରି ମୈତ୍ରୀ, ନ୍ୟାୟ ଓ ଶାନ୍ତିର ସୂତ୍ର ଓ ସମ୍ବନ୍ଧ ପ୍ରତିଷ୍ଠା ପାଇଁ ସାଧନା ଓ ସଂଗ୍ରାମ ଚାଲିଥାଏ ।

ସତ୍ୟାଗ୍ରହର ସତ୍ୟ ସହିତ ଆମର ବହୁପରିସରୀୟ ଜୀବନ ଭୂମିରେ ଯାତ୍ରା । ଆମର ଜୀବନ ଭୂମିରେ ସତ୍ୟ ରହିଛି । ଏହା ସହିତ ରଜଃ ଓ ତମୋଃ । ରଜ କ୍ଷମତା ସହିତ ସଂଶ୍ଳିଷ୍ଟ ଓ ତମୋଃ ଅନ୍ଧକାର ସହିତ । ଆମର ଜୀବନଭୂମିରେ ସତ୍ୟ ରଜଃ ଓ ତମୋଃ ସହ ନାନାରୂପେ ଛନ୍ଦାୟିତ ହୋଇ ରହିଛି ଓ ଅନେକ ସ୍ଥାନରେ ରଜୋ ଓ ତମୋଃ ସତ୍ୟକୁ ଆଚ୍ଛାଦିତ କରି ରଖିଛନ୍ତି ଓ ଏହାକୁ ମଧ୍ୟ ନିଃଶେଷ କରିବାକୁ ଚକ୍ରାନ୍ତ କରୁଛନ୍ତି ଯେମିତି ସବୁପ୍ରକାର ଦାସତା, ଉପନିବେଶବାଦ ଓ ଆଧିପତ୍ୱର ବ୍ୟବସ୍ଥା । ଏହିସବୁ ବ୍ୟବସ୍ଥାରେ ରାଜସିକ କ୍ଷମତା ଓ ତାମସିକ ଅନ୍ଧକାର ସାଙ୍ଗହୋଇ ଏହି

ସତ୍ୟକୁ ଘୋଡାଇଦେବାକୁ ଓ ନିଃଶେଷ କରିବାକୁ ଷଡଯନ୍ତ୍ର କରିଥାଏ ଯେ' ଆମେ ସମସ୍ତେ ସମାନ ସୌନ୍ଦର୍ଯ୍ୟ ଓ ମର୍ଯ୍ୟାଦାର ଅଧିକାରୀ । ରଜୋ ଓ ତମୋକୁ ସତ୍ୟକୁ ଏମିତି ଘୋଡାଇ ରଖିବାକୁ ଓ ନିଃଶେଷ କରିବାକୁ ଚେଷ୍ଟା କରୁଥିବାବେଳେ ସତ୍ୟାଗ୍ରହ ଏହା ସହିତ ଓ ଏହା ବିରୁଦ୍ଧରେ ସାଧନା ଓ ସଂଗ୍ରାମ କରିଥାଏ । ଏହି ସାଧନା ଓ ସଂଗ୍ରାମରେ ଉପନିଷଦର ଏହି ପ୍ରାର୍ଥନାଟି ଥାଏ:

ହିରଣ୍ମୟେନ ପାତ୍ରେଣ ସତ୍ୟସ୍ଯାପିହିତମ୍ ମୁଖମ୍ ସତ୍ୟଧର୍ମାୟ ଦୃଷ୍ଟୟେ ।

ଅର୍ଥାତ୍ ହିରଣ୍ମୟର ପାତ୍ର ଦ୍ୱାରା ସତ୍ୟ ଓ ଧର୍ମ ଆବୋରି ପଡିଛି । ଆମ ଏହି ଢାଙ୍କୁଣିକୁ ଖୋଲି ସତ୍ୟ ଓ ଧର୍ମକୁ ଦେଖିବା । ଏହି ପ୍ରକ୍ରିୟାରେ ଆମେ ନିଜ ମଧ୍ୟରେ ଥିବା ରଜୋ ଓ ତମୋଗୁଣକୁ ରୂପାନ୍ତରିତ କରି ଜୀବନକୁ ସତ୍ୟମୟ କରିବା । ସତ୍ୟାଗ୍ରହର ସାଧନା ଓ ସଂଗ୍ରାମ ଆମ ଜୀବନର ତ୍ରିଗୁଣର ପ୍ରବାହ ଓ ତାର ରୂପାନ୍ତର ସହିତ ସଂଶ୍ଲିଷ୍ଟ । ଆମ ନିଜ ଜୀବନରେ ରାଜସିକ ଓ ତାମସିକର ରୂପାନ୍ତର ବିନା ସତ୍ୟାଗ୍ରହ ଅନେକ କଷ୍ଟକର । ଏହି ରୂପାନ୍ତର କେବଳ ବ୍ୟକ୍ତିଗତ କ୍ଷେତ୍ରରେ ସୀମାବଦ୍ଧ ନୁହେଁ, ଏହା ମଧ୍ୟ ସାମୂହିକ ଜୀବନରେ । ଆମର ସମଷ୍ଟିଗତ ଜୀବନରେ ଯଥା ସମାଜ, ରାଷ୍ଟ୍ର ଓ ରାଜନୀତିରେ ଯେପର୍ଯ୍ୟନ୍ତ ଆମେ କେବଳ ରାଜସିକ ପ୍ରବୃତ୍ତି ଦ୍ୱାରା ପ୍ରେରିତ ହେଉଥିବା ସେତେବେଳେ ଆମେ କ୍ଷମତାକୁ ଅଙ୍କୁଶ କରି ଅନ୍ୟ ଉପରେ ଆଧିପତ୍ୟ ସ୍ଥାପନା କରିବାକୁ ବାଉଳି ହେଉଥିବା । ଆମର ସମାଜ ଓ ରାଷ୍ଟ୍ରର ନିୟମମାନ କେବଳ ରାଜସିକ ହୋଇ ଆମକୁ କ୍ଷମତାର ଆଧିପତ୍ୟ ଭିତରେ ହିଁ ବାନ୍ଧି ରଖିଥିବେ । ଏହି ବଂଧନରେ ଆମ ନିଜ ଭିତରେ, ପରସ୍ପର ମଧ୍ୟରେ, ଓ ସମାଜରେ ଶ୍ରଦ୍ଧା ମରିମରି ଯାଉଥିବ । ଠିକ୍ ସେମିତି ସମାଜ ଓ ରାଷ୍ଟ୍ର ମଧ୍ୟ ଏକ ଦୁଷ୍ଟ ଓ ହନନକାରୀ ତାମସିକତା ମଧ୍ୟରେ ବୁଡି ରହିଯାଇ ପାରିବ ଯେମିତି ସାରାପୃଥିବୀର ଅନେକ ସମାଜ ଓ ରାଷ୍ଟ୍ର । ଏଥିରେ ସମାଜ ଓ ରାଷ୍ଟ୍ର ଜାଣିଜାଣି ଆମ ଜୀବନରେ ଭୟ ଓ ଅଂଧକାର ସୃଷ୍ଟି କରୁଛି ଯାହାଦ୍ୱାରା ଆମେ ଆଲୋକରୁ ବଞ୍ଚିତ ହେଉ । ସତ୍ୟାଗ୍ରହ ଏମିତି ତମିସ୍ରା ଓ ତାମସିକତା ସହିତ ବହୁ ପରିସରୀୟ ସାଧନା ଓ ସଂଗ୍ରାମ ।

ଗାଂଧୀ ସତ୍ୟାଗ୍ରହ, ସ୍ୱରାଜ୍ୟ ଓ ସତ୍ୟାଗ୍ରହ ସହିତ ଓ ପାଇଁ ସାଧନା ଓ ସଂଗ୍ରାମ କରିଥିଲେ । ସତ୍ୟାଗ୍ରହ, ସ୍ୱରାଜ୍ୟ ଓ ସ୍ୱଦେଶୀକୁ ସାମ୍ପ୍ରତିକ ଆହ୍ୱାନମାନଙ୍କୁ ଆମକୁ ବୁଝିବାକୁ ହେବ ଓ ଏହାକୁ ଆମକୁ ନୂଆ ରୂପେ ବ୍ୟାଖ୍ୟା ଓ ବାସ୍ତବାୟିତ କରିବାକୁ ହେବ । କେବଳ ପୁନରାବୃତ୍ତି ନୁହେଁ । ନବୀନ, ସୃଜନଶୀଳ, ସମୀକ୍ଷାତ୍ମକ ଓ ରୂପାନ୍ତରଶୀଳ ବ୍ୟାଖ୍ୟା ଓ ବାସ୍ତବାୟନ ହିଁ ଗାଂଧୀକୁ ଓ ଆମକୁ ନୂଆରୂପେ ଜନ୍ମ ଦେବାରେ ସହାୟକ ହେବ ଓ ଆମର ସମାଜ, ସଂସ୍କୃତି ଓ ବିଶ୍ୱକୁ ନୂଆରୂପେ ସୃଷ୍ଟି କରିପାରିବ ।

ଗ୍ରନ୍ଥ ଟିପ୍ପଣୀ:

୧. M.K. Gandhi, (1919), “The Swadeshi Vow.” The Collected Works of Mahatma Gandhi.

୨. Rabindra Nath Tagore, Swadeshi Samaj.

୩. Gandhi, “The Swadeshi Vow.”

୪. ଦ୍ରଷ୍ଟବ୍ୟ, Judith M. Brown, Gandhi's Rise to Power: Indian Politics: 1915-1972 (Manchester: Manchester University Press, 1972) ebam, C.A. Bayly, ”The Origins of Swadeshi (Home Industry): Cloth and Indian Society, 1700-1930.” In idem, Origins of Nationality in South Asia: Patriotism and Ethical Government in the Making of Modern India (Delhi: Oxford U. Press, 1998).

୫. ଦ୍ରଷ୍ଟବ୍ୟ, Kusumlata Kedia & Aruna Sinha, "Swadeshi: A Question of Interpretation." Gandhi Marg, April-June, pp. 86-92, 1994.

୬. ଅନନ୍ତ କୁମାର ଗିରି, “ସ୍ୱରାଜ୍ୟ ଓ ସହପ୍ରସ୍ଫୁଟନ”, ବହୁଧାର ବର୍ଣ୍ଣବିଭା ।

୭. ଅନନ୍ତ କୁମାର ଗିରି, “ଲୋକସଂଗ୍ରହ”, ଶ୍ରୀଜଗନ୍ନାଥଙ୍କ ସହ (ଭୁବନେଶ୍ୱର, ବିଶ୍ୱଲେଖ, ୨୦୧୮) ।

ସତ୍ୟାଗ୍ରହ: ସତ୍ୟ, ଯାତ୍ରା ଓ ଅନୁବାଦ

ସତ୍ୟ ଓ ଅହିଂସା ଜୀବନର ଭୂମି, ଧାରା ଓ ଆକାଶ ଯାହା ମିଥ୍ୟା, ଅସତ୍ୟ ଓ ହିଂସାର ମଧ୍ୟରେ ଓ ଉର୍ଦ୍ଧ୍ୱରେ ବାଟ ଚାଲୁଥିଲେ । ସତ୍ୟ ଓ ଅହିଂସା ଜୀବନର ମୂଳରୁ ରହିଛି ଓ ଏହା ନଥିଲେ ଜୀବନ କେବେଠାରୁ ନିଶ୍ଚିହ୍ନ ହୋଇଯାଇଥାନ୍ତା । ଗାଂଧୀ ଆମକୁ ସେଇଥିପାଇଁ କେତେ ଶ୍ରଦ୍ଧା ଓ ସରାଗର ସହିତ କହିଛନ୍ତି ଯେ ସେ ସତ୍ୟ ଓ ଅହିଂସାର ପ୍ରାଧାନ୍ୟ, ପ୍ରାଥମିକତା ଓ ଅବଶ୍ୟାମ୍ଭିକତାକୁ ଆବିଷ୍କାର କରିନାହାନ୍ତି ମାତ୍ର ଏହାକୁ ଜୀବନର ବିନମ୍ର, ସମର୍ପିତ ଓ ସାହସୀ ସତ୍ୟାନୁଗ୍ରାହୀ ଓ ସହଯାତ୍ରୀ ରୂପେ ପ୍ରୟୋଗ କରିଛନ୍ତି । ସେଥିପାଇଁ ଗାଂଧୀଙ୍କର ଆତ୍ମଜୀବନୀର ନାମ : ସତ୍ୟ ସହିତ ମୋର ପ୍ରୟୋଗ । ଏହି ପ୍ରୟୋଗ ଉଭୟ ପ୍ରୟୋଗ ଓ ପରୀକ୍ଷା । ଏହି ପ୍ରୟୋଗ ଉଭୟ ନିଜ ସହିତ, ଅନ୍ୟମାନଙ୍କ ସହିତ, ପ୍ରକୃତି ଓ ଦିବ୍ୟଙ୍କ ସହିତ । ଗାଂଧୀ ଆପଣାର ସହଧର୍ମିଣୀ କସ୍ତୁରବାଙ୍କ ସହ ବ୍ରହ୍ମଚର୍ଯ୍ୟର ପ୍ରୟୋଗ କରିଛନ୍ତି । ଜୀବନଧାରାରେ ଗାଂଧୀ ଜଣେ ସୁନ୍ଦରୀ ଓ ତେଜସ୍ୱିନୀ ଆତ୍ମା ସାରଳା ଦେବୀଙ୍କ ପ୍ରତି ଆକୃଷ୍ଟ ହୋଇଛନ୍ତି ଓ ପରେ ସେ ଆପଣାର ଏହି ପ୍ରୀତି ବାସନାକୁ ଅତିକ୍ରମ କରିଛନ୍ତି । ଜୀବନର ଶେଷମୁହୂର୍ତ୍ତରେ ଗାଂଧୀ, ଯେତେବେଳେ ନୋଆଖାଲିରେ ଖାଲିପାଦରେ ବାଟ ଚାଲୁଛନ୍ତି ସାମ୍ପ୍ରଦାୟିକ ଘୃଣା ଓ ହିଂସାର ଅଗ୍ନିକୁ ପ୍ରଶମିତ ଓ ରୂପାନ୍ତରିତ କରିବାକୁ ସେ ସତ୍ୟ ସହିତ ଯାତ୍ରା କରିଛନ୍ତି । ଏହି ଯାତ୍ରାରେ ଓ ଭାରତ-ପାକିସ୍ଥାନ ବିଭାଜନର ଦାରୁଣ ସଂକଟ ଗାଂଧୀଙ୍କ ଚେତନା ଓ ଅନୁଭବରେ ଗଭୀର ଆତ୍ମ ସଂକଟ ସୃଷ୍ଟି କରିଛି । ଗାଂଧୀଙ୍କ ସହଯାତ୍ରୀମାନଙ୍କ ବିବରଣୀରୁ ଜଣାପଡେ ଯେ ଗାଂଧୀ ଅନେକ ସମୟରେ କହୁଥାନ୍ତି: "ଏହା କ'ଣ ହେଲା ? ମୁଁ କେଉଁଠି ଭୁଲ କଲି ?" ସତ୍ୟର ଶକ୍ତି ସହିତ ହିଂସାର ପ୍ରମତ୍ତ ପୃଥିବୀରେ ବାଟ ଚାଲିଥିବା ଗାଂଧୀ ଆପଣାକୁ ପରୀକ୍ଷା କରିବାକୁ ପ୍ରାର୍ଥନା କରିଛନ୍ତି । ସେ ଆପଣାର ନାତୁଣୀ ମନୁବେନ୍‌ଙ୍କ ସହିତ ବିଛଣାରେ ନଗ୍ନ ହୋଇ ଶୋଇଛନ୍ତି । ତହିଁପରଦିନ ସକାଳେ ଗାଂଧୀ ଏକ ସମର୍ପିତ ବିଜୟୀର ହାସ୍ୟକୁ ମୁଖରେ ଫୁଟାଇ ଏହି ସଂସାରରେ

ନିଜକୁ ସମର୍ପଣ କରିଛନ୍ତି: ଓହୋ ମୁଁ ଜିତିଗଲି । ମୋ ମଧ୍ୟରେ କାମନାର କୌଣସି ଲେଶମାତ୍ରହିଁ ନାହିଁ । ଏହି ପରୀକ୍ଷା ଓ ପ୍ରୟୋଗ ଗାଂଧୀଙ୍କୁ ଅନୁଭବ କରିବା ପାଇଁ ସମର୍ଥ କରାଇଛି ଯେ' ତାଙ୍କର ଶରୀର ମଧ୍ୟରେ ସତ୍ୟ ଓ spirit ର ଧାରା ପ୍ରବାହିତ ଓ ସେ ଆପଣାର ଦୈହିକ ବାସନା ଯଥା ଯୌନକାମନା ଉପରେ ବିଜୟ ହାସଲ କରିଛନ୍ତି । ଏହି ବିଜୟ ମଧ୍ୟ ଏକ ସହ-ବିଜୟ ଯେଉଁଥିରେ କେବଳ ଯେ ଗାଂଧୀ ଆପଣାର ଦୈହିକ ବାସନାକୁ ଅତିକ୍ରମ କରିଛନ୍ତି ତାହାନୁହେଁ ତାଙ୍କର ନାତୁଣୀ ମନୁ ଗାଂଧୀ ମଧ୍ୟ ଆପଣାର ଦୈହିକ ବାସନାକୁ ଅତିକ୍ରମ କରିଛନ୍ତି ଯଦିଓ ତାଙ୍କର ଅନୁଭୂତି, ଅନୁଭବ ଓ ସତ୍ୟାଗ୍ରହ ଯାତ୍ରା ସଂପର୍କରେ ଆମର ଆହୁରି ଅଧିକ ଜାଣିବାକୁ ଓ ଅନୁଭବ କରିବାକୁ ବାକୀ ଅଛି ।

ଦକ୍ଷିଣ ଆଫ୍ରିକାରେ ଭାରତୀୟ ମାନଙ୍କ ଉପରେ ହେଉଥିବା ବୈଷମ୍ୟ ଓ ଅତ୍ୟାଚାରର ପ୍ରତିରୋଧ କରିବାକୁ ଗାଂଧୀ ସତ୍ୟାଗ୍ରହ ଆରମ୍ଭ କରିଥିଲେ । ଏଥିପାଇଁ ଉପଯୁକ୍ତ ଶବ୍ଦଟିଏ ଖୋଜିବାକୁ ଯାଇ ଓ ପାରସ୍ପରିକ ସଂଳାପ ମାଧ୍ୟମରେ ଗାଂଧୀ ଓ ସତୀର୍ଥମାନେ ସତ୍ୟାଗ୍ରହ ଶବ୍ଦ ଓ ଧାରାକୁ ଜନ୍ମ ଦେଇଥିଲେ । ଆପଣାର ଏହି ସତ୍ୟାଗ୍ରହ ଅନୁଭବ, ଅନୁଭୂତି ଓ ପ୍ରୟୋଗ ସଂପର୍କରେ ଗାଂଧୀ ଆପଣାର ପୁସ୍ତକ ଦକ୍ଷିଣ ଆଫ୍ରିକାରେ ସତ୍ୟାଗ୍ରହରେ ବର୍ଣ୍ଣନା କରିଛନ୍ତି । ସତ୍ୟାଗ୍ରହରେ ଅନ୍ୟାୟ ଓ ଶୋଷଣ ବିରୁଦ୍ଧରେ ପ୍ରେମ ଓ ଅହିଂସା ମାଧ୍ୟମରେ ପ୍ରତିବାଦ ଓ ପ୍ରତିରୋଧ ହୋଇଥାଏ ମାତ୍ର ଏଥିରେ ଯାହାବିରୁଦ୍ଧରେ ପ୍ରତିବାଦ ହେଉଛି ତା ପ୍ରତି ଘୃଣା ଓ ବିଦ୍ୱେଷ ନଥାଏ । ଏହି ପ୍ରତିବାଦ ଓ ପ୍ରତିରୋଧ ଶୋଷଣ, ହିଂସା ଓ ଅନ୍ୟାୟ ସୃଷ୍ଟି କରୁଥିବା ବ୍ୟବସ୍ଥା ବିରୁଦ୍ଧରେ: ଏହା ବ୍ୟବସ୍ଥାକୁ ଚାଳନ କରୁଥିବା ଓ ଏହାର କାର୍ଯ୍ୟକର୍ତ୍ତା ମାନଙ୍କ ବିରୁଦ୍ଧରେ ବ୍ୟକ୍ତିଗତ ଘୃଣା ଓ ଅସୂୟାର ଧାରାନୁହେଁ । ସତ୍ୟାଗ୍ରହରେ ଗାଂଧୀ ସାଧନା ଓ ସଂଗ୍ରାମ କରିଛନ୍ତି ଅନୁଭବ କରିବାକୁ ଆମେ ବ୍ୟବସ୍ଥା ବିରୁଦ୍ଧରେ ପ୍ରତିବାଦ, ପ୍ରତିରୋଧ ଓ ସଂଗ୍ରାମ କଲାବେଳେ କେମିତି ବ୍ୟବସ୍ଥାକୁ ଚାଳନା କରୁଥିବା ବ୍ୟକ୍ତିମାନଙ୍କୁ ଘୃଣା ଓ ଅସୂୟା କରିବା ନାହିଁ ଏବଂ ଏହି ଆତ୍ମାମାନଙ୍କୁ ପ୍ରେମ ଓ ଶ୍ରଦ୍ଧା କରିପାରିବା । ଖାସ୍ ସେଇଥିପାଇଁ ଗାଂଧୀ ଦକ୍ଷିଣ ଆଫ୍ରିକାର ଶାସକ ଜେନେରାଲ ସ୍ମଟ୍ସ୍‌ଙ୍କୁ ପ୍ରେମ ଓ ଶ୍ରଦ୍ଧା କରୁଥିଲେ ଓ ତାଙ୍କ ଭିତରେ ଏକ ପ୍ରେମ ଓ ଶ୍ରଦ୍ଧାର ସଂପର୍କ ଗଢି ଉଠିଥିଲା । ବ୍ରିଟିଶ ସରକାରଙ୍କର ସକଳ ପ୍ରରୋଚନା ସତ୍ତ୍ୱେ ଜେନେରାଲ ସ୍ମଟ୍ସ୍ ଗାଂଧୀଙ୍କୁ ବ୍ୟକ୍ତିଗତ ଭାବେ କୌଣସିମତେ ଆଘାତ ଓ କ୍ଷତ କରିବାକୁ ଚାହୁଁନଥିଲେ । ସତ୍ୟାଗ୍ରହର ସାଧନା ଓ ସଂଗ୍ରାମରେ ଗାଂଧୀ ଅନ୍ୟକୁ ଶତ୍ରୁ ଭାବେ ନଗଣି ମିତ୍ରଭାବେ ଅନୁଭବ କରିବାକୁ ସତତ ପ୍ରୟାସୀ ଥିଲେ ।

ସତ୍ୟାଗ୍ରହ ଏହି ସାଧନା ଓ ସଂଗ୍ରାମରେ ଗାଂଧୀ ପର ଓ ଅପର ମଧ୍ୟରେ ଥିବା ବାଡକୁ ଭାଂଗି ଏହାକୁ ଅତିକ୍ରମ କରିବାକୁ ପ୍ରୟାସ କରୁଥିଲେ । ପର ଓ ଅପର ମଧ୍ୟରେ ଥିବା ଦ୍ୱେଷ ଓ ଦ୍ୱୈତକୁ ଅତିକ୍ରମ କରି ଗାଂଧୀ ଅଦ୍ୱୈତ ଓ ଅଦ୍ୱୟ ସ୍ଥାପନ କରିବାକୁ ପ୍ରୟାସ କରୁଥିଲେ । ଏହି ଅଦ୍ୱୈତ ଓ ଅଦ୍ୱୟ ସମ୍ବନ୍ଧ ଓ ନୂତନ ଉଦୟର ଅଦ୍ୱୈତ ଥିଲା ଯାହା ସମସ୍ତଙ୍କର ଭାବର ... ସର୍ବୋଦୟ । ସତ୍ୟାଗ୍ରହରେ ତେଣୁ ସତ୍ୟାଗ୍ରହୀ ଓ ବ୍ୟବସ୍ଥାର ସଞ୍ଚାଳକ ଉଭୟଙ୍କର ଉଦୟ ହୋଇଥାଏ ବିକାଶ ହୋଇଥାଏ । ସତ୍ୟାଗ୍ରହୀ ଜଣକ ଅନ୍ୟାୟ ବ୍ୟବସ୍ଥାର ବ୍ୟବସ୍ଥାପକ ଅନୁଭବ କରିବାକୁ ପ୍ରୟାସ କରିଥାଏ ଯେ' ସେ ମଧ୍ୟ ଘୃଣା ଓ ଅନ୍ୟାୟର ବ୍ୟବସ୍ଥାର ଜଣେ ଶରବ୍ୟ ବ୍ୟକ୍ତି । ସେ ମଧ୍ୟ ଜଣେ ଶିକାର । ସତ୍ୟାଗ୍ରହର ଧାରାରେ ସତ୍ୟାଗ୍ରହୀ ଓ ଯାହା ବିରୁଦ୍ଧରେ ସତ୍ୟାଗ୍ରହ ହେଉଛି ସେମାନେ ପରସ୍ପର ପାଖକୁ ଆସନ୍ତି । ଏହାକୁ ବୁଝିବାକୁ ଆମେ ଋଷିୟ ମନସ୍ତତ୍ତ୍ୱବିଦ୍ ଓ ଦାର୍ଶନିକ ଲିଓ ଭାଇଗୋଟ୍‌ସ୍କିଙ୍କର ବିଚାରକୁ ଆମ ମଧ୍ୟକୁ ଆମନ୍ତ୍ରଣ କରିପାରିବା । ଭାଇଗୋଟ୍‌ସ୍କି କହିଛନ୍ତି ଯେ, ଶିକ୍ଷଣ ପ୍ରକ୍ରିୟାରେ ଆମେ ପରସ୍ପର ସହିତ ମିଶୁ ପରସ୍ପର ପାଖକୁ ଆସୁ ଯାହା ପାରସ୍ପରିକ ବିକାଶର ଭୂମି ସୃଷ୍ଟିକରେ । ଭାଇଗୋଟ୍‌ସ୍କି ଏହାକୁ Zone of proximal development ବୋଲି କହିଛନ୍ତି । ଶିକ୍ଷଣର ଭୂମି ଏକ Zone of proximal development ଯେଉଁଥିରେ ଉଭୟ ଶିକ୍ଷକ / ଶିକ୍ଷୟିତ୍ରୀ ଛାତ୍ର/ଛାତ୍ରୀ ପରସ୍ପର ନିକଟରୁ ଶିଖନ୍ତି । ସତ୍ୟାଗ୍ରହ ସେମିତି ଏକ ପାରସ୍ପରିକ ମିଳନ ଓ ସମ୍ମୁଖୀନତାର ଭୂମି ସୃଷ୍ଟିକରେ ଯେଉଁଥିରେ ସମସ୍ତ ସଭିଏଁ ପରସ୍ପର ସହିତ ମିଳିତ ହୁଅନ୍ତି, ପରସ୍ପରକୁ ସମ୍ମୁଖ କରନ୍ତି ଓ ଘୃଣା ଓ ପ୍ରେମ, ହିଂସା ଓ ଅହିଂସାର ଏହି ସମ୍ମୁଖୀନତାରେ ପରସ୍ପରର ବିକାଶରେ ସାହାଯ୍ୟ କରନ୍ତି ।

ଏହି ଯାତ୍ରା ଅନେକ ଜଟିଳ ଓ ଆହ୍ୱାନ ମୂଳକ । ଗାଂଧୀଙ୍କର ସତ୍ୟାଗ୍ରହର ମୂଳ ପାବଚ୍ଛ ହେଉଛି ସତ୍ୟ ଓ ଅହିଂସା ଦ୍ୱାରା ଆମେ ନିଜକୁ ଅନ୍ୟର ସ୍ଥାନରେ ବସାଇବା, ଅନ୍ୟର ଦୃଷ୍ଟିକୋଣ ଓ ଘୃଣାକୁ ବୁଝିବାକୁ ଚେଷ୍ଟା କରିବା, ଅନ୍ୟ ବିରୁଦ୍ଧରେ ଲଢୁଥିବାବେଳେ ଆମେ ଅନ୍ୟକୁ ଘୃଣା କରିବା ନାହିଁ; ଅନ୍ୟର ଅହିତ କାମନା କରିବାନାହିଁ । ଦକ୍ଷିଣ ଆଫ୍ରିକାରେ ଗାଂଧୀ ସତ୍ୟାଗ୍ରହ ଆରମ୍ଭ କରିଥିଲେ ଓ ସେତେବେଳର ଶାସକ ଜେନେରାଲ ସ୍ମଟ୍‌ସ୍ ଗାଂଧୀଙ୍କ ଦ୍ୱାରା ପ୍ରଭାବିତ ହୋଇଥିଲେ । ଭାରତବର୍ଷରେ ଅନେକ ବ୍ରିଟିଶ ଶାସକ ଗାଂଧୀଙ୍କ ଦ୍ୱାରା କିଛିମାତ୍ରାରେ ପ୍ରଭାବିତ ହୋଇଥିଲେ; ଗାଂଧୀଙ୍କର ଓ ଭାରତୀୟ ମାନଙ୍କର ଦୃଷ୍ଟିକୋଣକୁ ବୁଝିବାକୁ ଚେଷ୍ଟା କରିଥିଲେ । ମାତ୍ର ବ୍ରିଟେନ୍‌ର ରାଜନେତା ଚର୍ଚ୍ଚିଲ୍ ଓ ଦ୍ୱିତୀୟ ବିଶ୍ୱଯୁଦ୍ଧ ସମୟର ପ୍ରଧାନମନ୍ତ୍ରୀ ଚର୍ଚ୍ଚିଲ ଗାଂଧୀଙ୍କୁ କେବେ ବୁଝିବାକୁ ଚେଷ୍ଟା କରିନଥିଲେ । ସେ ଗାଂଧୀଙ୍କୁ

ଯେ କେବଳ ଲଙ୍ଗଳା ଫକିର ରୂପେ ସମ୍ବୋଧନ କରିଥିଲେ ତାହାନୁହେଁ ସେ କହିଥିଲେ ଯେ' ଗାଂଧୀଙ୍କର ହାତ ଓ ଗୋଡ ବାଂଧି ତାଙ୍କୁ ଦିଲ୍ଲୀ ଗେଟ୍ ସାମ୍ନାରେ ଛାଡିଦେବା ଦରକାର ଓ ଭାରତର ନୂଆ ବଡଲାଟ୍ ଗୋଟିଏ ହାତୀ ଉପରେ ବସି ତାଙ୍କୁ ଦଳି ଚକଟି ମାଡିଦେବା ଉଚିତ । ଚର୍ଚ୍ଚିଲ ମାନବର ସ୍ୱାଧୀନତା, ମୁକ୍ତି ଓ ଗଣତନ୍ତ୍ର ପାଇଁ ଦ୍ୱିତୀୟ ବିଶ୍ୱଯୁଦ୍ଧରେ ହିଟଲର୍, ଜର୍ମାନୀ, ଫାସିବାଦ ଓ ଅକ୍ଷଶକ୍ତି ବିରୁଦ୍ଧରେ ଲଢିଥିଲେ । ମାତ୍ର ତଥାପି ଚର୍ଚ୍ଚିଲଙ୍କ ଭିତରେ କେଉଁପ୍ରକାର ମାନସିକତା ଥିଲା ଯେ' ସେ ଗାଂଧୀଙ୍କୁ ହାତ ଗୋଡ଼ ବାଂଧି ଗୋଟିଏ ହାତୀଦ୍ୱାରା ଚକଟି ମାରିବାକୁ ଚାହୁଁଥିଲେ । ଏହି ମାନସିକତା ହିଟଲର୍ଙ୍କର ମାନସିକତାଠାରୁ କିପରି ଭିନ୍ନ ଯିଏ ଘୃଣା କରୁଥିବା ଅନ୍ୟମାନଙ୍କୁ ଯଥା ଇହୁଦୀ, କମ୍ୟୁନିଷ୍ଟ ଓ ଅନ୍ୟମାନଙ୍କୁ ଜିଅନ୍ତା ପୋଡି ମାରିବାକୁ ଚାହୁଁଥିଲେ । ଚର୍ଚ୍ଚିଲ୍ ଓ ସମଗ୍ର ପୃଥିବୀ ହିଟଲରଙ୍କୁ ଗୋଟିଏ ଘୃଣ୍ୟ ଜନ୍ତୁ ବୋଲି ଭାବୁଥିବାବେଳେ ଗାଂଧୀ ହିଟଲରଙ୍କୁ ଦ୍ୱିତୀୟ ବିଶ୍ୱଯୁଦ୍ଧକୁ ସମାପ୍ତ କରିବା ପାଇଁ ପତ୍ର ଲେଖିଥିଲେ । ହିଟଲର୍ଙ୍କୁ ବଂଧୁଭାବେ ସମ୍ବୋଧନ କରି ଦୁଇଟି ପତ୍ର ଲେଖିଥିଲେ । ଏହି ପତ୍ର ଦୁଇଟିକୁ ବ୍ରିଟିଶ୍ ସରକାର ନିଜ ସିନ୍ଧୁକ ଭିତରେ ରଖିଦେଲେ, ଏହି ପତ୍ର ଦୁଇଟି କେବେ ହିଟଲରଙ୍କ ପାଖରେ ପହଞ୍ଚିଲା ନାହିଁ । ସତ୍ୟାଗ୍ରହର ଧାରାରେ ଗାଂଧୀ ସମସ୍ତଙ୍କୁ ପ୍ରେମ ଓ ଅହିଂସାର ସହିତ ଦେଖିବାକୁ ଶିଖିଲେ ଓ ମିତ୍ର ରୂପେ ଅନୁଭବ କଲେ ମାତ୍ର ଚର୍ଚ୍ଚିଲ ନିଜର ଘୃଣା ଓ ହିଂସା ଭିତରେ ବୁଡିରହିଲେ । ଗାଂଧୀଙ୍କ ପ୍ରତି ଘୃଣା ତାଙ୍କୁ ଏମିତି ଅନ୍ଧ କରିଦେଇଥିଲା ଯେ' ମୁକ୍ତ ପୃଥିବୀର ଏହି ବୀର ସେନାନୀ ଅନ୍ୟଜଣେ ବ୍ୟକ୍ତିଙ୍କୁ ହାତୀଦ୍ୱାରା ଦଳିଚକଟି ମାରିବାକୁ ଭାବି ପାରିଲେ ।

ଅନ୍ୟକୁ ହାତଗୋଡ ବାଂଧି ଦଳି ଚକଟି ହାତୀ ଦ୍ୱାରା ମାରିଦେବା ବା ମରାଇଦେବା ଏମିତି ଭାବନା ଆମ ଅନେକଙ୍କ ମଧ୍ୟରେ ଥାଏ ବା ଥାଇପାରେ । ଆମର ଓଡିଆରେ କଥାଟିଏ ରହିଛି, ଯିଏ ଯାହାକୁ ନ ଦେଖିପାରେ ଅଂଧାର ରାତିରେ ଉକୁଣିମାରେ । ଯାହାକୁ ଆମେ ନଦେଖିପାରୁ, ଯାହାକୁ ଆମେ ଶତ୍ରୁଭଳି ଭାବୁ ତାକୁ ଆମେ ମୂଳପୋଛ କରିବାକୁ ଚାହୁଁ; ତାକୁ ଆମେ ନିଶ୍ଚିହ୍ନ କରିଦେବାକୁ ଚାହୁଁ । ଏମିତି ଭାବନା ଏକ ତମୋଗୁଣର ଭାବନା । ଆମ ସମସ୍ତଙ୍କ ମଧ୍ୟରେଓ ବାହାରର ପ୍ରକୃତି ଓ ସମାଜରେ ତିନୋଟି ଗୁଣ ରହିଛି... ସତ୍ତ୍ୱ, ରଜୋଃ ଓ ତମୋଃ । ତମୋଗୁଣରେ ବଶବର୍ତ୍ତୀ ହୋଇ ଆମେ ଅନ୍ଧକାର ମଧ୍ୟରେ ଥାଉ ଓ ଅନ୍ୟର ଜୀବନରେ ଅନ୍ଧକାର ସୃଷ୍ଟିକରୁ, ବିନାଶ ସୃଷ୍ଟି କରୁ । ରଜୋଗୁଣରେ ଆମେ ମୂଳତଃ କ୍ଷମତା ମଧ୍ୟରେ ବାନ୍ଧି ହୋଇଯାଉ ଓ କ୍ଷମତାକୁ ଆୟୁଧ କରି ଆମର ତମୋଗୁଣକୁ ଆହୁରି ତମିସ୍ରାଗସ୍ତ ଓ ଘୃଣାମୟ କରିବାକୁ ମନକରୁ । ଆମର ଜୀବନ ଭୂମିରେ ସତ୍ତ୍ୱ ଗୁଣ ତମୋ ଓ ରଜୋର ଭୂମିରେ

ମଧ୍ୟ ଯେ ସତ୍ୟ ଲୁଚି ରହିଛି ତାହାକୁ ଅନୁଭବ କରିବାକୁ ସମର୍ଥ କରାଏ ଓ ଆମକୁ ରଜୋ ଓ ତମୋକୁ ଅତିକ୍ରମ କରି ସତ୍ୟ ଓ ଧର୍ମର ଜୀବନ ବଞ୍ଚିବାକୁ ସାହାଯ୍ୟ କରିଥାଏ । ହିରଣ୍ମୟ ପାତ୍ରରେ ସତ୍ୟ ଧର୍ମ ଲୁଚି ରହିଥାଏ... ଜୀବନର ସତ୍ୟାଗ୍ରହରେ ଆମେ ହିରଣ୍ମୟ ପାତ୍ରର ଢାଙ୍କୁଣି କାଢି ସତ୍ୟ ଧର୍ମ ଦର୍ଶନ କରିବାକୁ ସମର୍ଥ ହେଉ ।

ସତ୍ୟାଗ୍ରହର ସାଧନା ଓ ସଂଗ୍ରାମ ତେଣୁ ଏକ ବହୁ-ପରିସରୀୟ ସାଧନା ଓ ସଂଗ୍ରାମ । ଏହା କେବଳ ସାମାଜିକ ଓ ରାଜନୈତିକ ଆନ୍ଦୋଳନ ନୁହେଁ । ଏହା ନିଜ ସହିତ, ଅନ୍ୟ ସହିତ, ସମାଜ, ସଂସ୍କୃତି ଓ ବିଶ୍ୱ ସହିତ ଏକ ବହୁପରିସରୀୟ ସାଧନା ଓ ସଂଗ୍ରାମ । ସତ୍ୟାଗ୍ରହ ନିଜର ଓ ଅନ୍ୟର ଗୁଣମାନଙ୍କ ସହିତ ସାଧନା ଓ ସଂଗ୍ରାମ ଯେଉଁଥିରେ ଆମେ ଆମର ତମୋ ଓ ରଜଗୁଣକୁ ଅତିକ୍ରମ କରି ସତ୍ୟଗୁଣରେ ଜୀବନ ବଞ୍ଚିବାକୁ ଚାହୁଁ ଓ ସାମାଜିକ ଓ ରାଜନୈତିକ ସମ୍ବନ୍ଧ ପ୍ରତିଷ୍ଠା କରିବାକୁ ଚାହୁଁ । ସତ୍ୟାଗ୍ରହ ସତ୍ୟ ସହିତ ଯାତ୍ରା । ଏହି ଯାତ୍ରା ଏକ କୁଣ୍ଡଳିନୀର ଯାତ୍ରା ଯେଉଁଥିରେ ଆମେ ଆମର ପ୍ରକୃତି ଓ କୁଣ୍ଡଳିନୀର ନିମ୍ନଚକ୍ରରୁ ଯଥା ରଜୋ ଓ ତମୋଗୁଣରୁ ଊର୍ଦ୍ଧ୍ୱକୁ ଯିବାକୁ ପ୍ରୟାସ କରୁ । ଏହି କୁଣ୍ଡଳିନୀ ଯାତ୍ରା ଊର୍ଦ୍ଧ୍ୱମୁଖୀ ଓ ସାମାଜିକ ମଧ୍ୟ । ଆମେ ବ୍ୟକ୍ତିଗତ ଜୀବନରେ ଯେତେବେଳେ ପ୍ରକୃତିର ନିମ୍ନଚକ୍ରରୁ ଊର୍ଦ୍ଧ୍ୱକୁ ଯାଉ, ସେତେବେଳେ ଏହି ଊର୍ଦ୍ଧ୍ୱମୁଖୀ ଯାତ୍ରା ଆଲୋକ ଓ ପାଣି ପରି ଆମର ସଂଶ୍ଳିଷ୍ଟ ବ୍ୟକ୍ତି, ସମାଜ ଓ ପରିବେଶ ମଧ୍ୟକୁ ବିଚ୍ଛୁରିତ ହୋଇଯାଏ । ସତ୍ୟାଗ୍ରହର ଯାତ୍ରାରେ ଭୟରେ ଅନୁଲମ୍ବ ଓ ଅନୁପ୍ରସ୍ଥର ଯାତ୍ରା ହୋଇଥାଏ ଓ ଏହି ପ୍ରକ୍ରିୟାରେ ଊର୍ଦ୍ଧ୍ୱ ଓ ସମତୁଲ ମଧ୍ୟରେ ନାନା ରୂପାନ୍ତରର ସେତୁ ଗଢିଉଠେ ।

-୨-

ସତ୍ୟ

ସତ୍ୟ ବିଷୟରେ ଆପଣାର ଏକ ପତ୍ରରେ ଗାଂଧୀ ଲେଖିଛନ୍ତି: ସତ୍ୟ ସତ୍ ଶବ୍ଦରୁ ଆସିଛି ଯାହା ଅସ୍ତିତ୍ୱକୁ ବୁଝାଏ । ସ୍ଥିତିରେ ସତ୍ୟବିନା କୌଣସି ଜିନିଷ ଅବସ୍ଥାନ କରିନଥାଏ । ଏଇଥିପାଇଁ ସତ୍ ବା ସତ୍ୟ ହେଉଛି ଇଶ୍ୱରଙ୍କର ସର୍ବପ୍ରଧାନ ନାମ । ବାସ୍ତବରେ ଭଗବାନ ସତ୍ୟ ବୋଲି କହିବା ଅପେକ୍ଷା ଏହା କହିବା ଅଧିକ ଠିକ୍ ହେବ ସତ୍ୟ ହିଁ ଭଗବାନ ଏବଂ ଯେଉଁଠି ସତ୍ୟ ରହିଛି ସେଠାରେ ମଧ୍ୟ ଜ୍ଞାନ ରହିଛି ଯାହା ସତ୍ୟମୟ । ଯେଉଁଠି ସତ୍ୟନାହିଁ ସେଠାରେ ଜ୍ଞାନ ନାହିଁ । ସେଥିପାଇଁ ଚିତ୍ ବା ଜ୍ଞାନ ଇଶ୍ୱରଙ୍କର ନାମ ସହିତ ସଂଯୋଜିତ ହୋଇରହିଛି । ଯେଉଁଠି ସତ୍ୟ ନାହିଁ, ସେଠାରେ କୌଣସି ସତ୍ୟମୟ ଜ୍ଞାନ ସମ୍ଭବ ନୁହେଁ ଏବଂ ଯେଉଁଠି ସତ୍ୟମୟ ଜ୍ଞାନ ରହିଛି ସେଠାରେ ମଧ୍ୟ ଆନନ୍ଦ ରହିଛି ।

ସାଧାରଣ ଆମେ ଧରିନେଇଥାଉ ଯେ' ସତ୍ୟର ନିୟମ ମାନିବା ଅର୍ଥ ଆମେ ସତ କଥାହିଁ କହିବା । ମାତ୍ର ଆଶ୍ରମରେ ଆମେ ସତ୍ୟକୁ ବ୍ୟାପକ ଅର୍ଥରେ ଦେଖିବା ଉଚିତ । ସତ୍ୟ ଚିନ୍ତନ ବାକ୍ୟରେ ଓ ଏକ ବ୍ୟାପ୍ତ ଅର୍ଥରେ ରହିବା ଉଚିତ । ଯେଉଁ ବ୍ୟକ୍ତିଜଣକ ସତ୍ୟକୁ ପୂର୍ଣ୍ଣ ଅର୍ଥରେ ଅନୁଭବ କରିଛି ତା ପାଖରେ ଆଉ କିଛି ଜାଣିବାକୁ ବାକୀ ନାହିଁ କାରଣ ସମସ୍ତ ଜ୍ଞାନ ଏଥିରେ ସନ୍ନିବିଷ୍ଟ ରହିଛି । ଏଥିରେ ଯାହା ସନ୍ନିବିଷ୍ଟ ନୁହେଁ ତାହା ସତ୍ୟ ନୁହେଁ; ଏହା ସଠିକ୍ ଜ୍ଞାନ ନୁହେଁ ଏବଂ ସତ୍ୟମୟ ଜ୍ଞାନ ବିନା ଅନ୍ତରର ଜ୍ଞାନ ସମ୍ଭବ ନୁହେଁ । ଆମେ ଯଦି ସତ୍ୟର ଏହି କଦାପି ବିପଚଳ ନ ହେଉଥିବା ପରୀକ୍ଷାକୁ ଜୀବନରେ ପ୍ରୟୋଗ କରିବା ଆମେ ସଙ୍ଗେସଙ୍ଗେ ଜାଣିପାରିବା ଆମ ପକ୍ଷରେ କଣ କରଣୀୟ, କଣ ବର୍ଜନୀୟ ଏବଂ କଣ ପଠନୀୟ (୧) ।

ସତ୍ୟାଗ୍ରହ ସତ୍ୟ ସହିତ ବହୁପରିସରୀୟ ଯାତ୍ରା । ଗାଂଧୀଙ୍କ ସତ୍ୟ ଅନୁଭବ ଓ ସତ୍ୟ ସହିତ ଯାତ୍ରାକୁ ବୁଝିବାକୁ ହେଲେ ଆମେ ଉପନିଷଦର ଏହି ମହାବାକ୍ୟକୁ ଆମ ଜୀବନକୁ ଆମନ୍ତ୍ରଣ କରିପାରିବା ଓ ବୁଝିପାରିବା, ତତ୍ତ୍ୱମସି । ଏହି ମହାବାକ୍ୟଟି ସୂଚାଇ ଦିଏ ଯେ' ସତ୍ୟ ଉଭୟ ସ୍ଥିତି ଓ ସ୍ଥିତିକୁ ଅନୁଭବ କରିବାକୁ ବୁଝାଏ । ସମୀକ୍ଷକ ଓ ଚିନ୍ତାବିଦ୍ ଗଣେଶ ଦେବୀ ଏହି ସଂପର୍କରେ ଆପଣାର ଏକ ଅନେକ ମହତ୍ତ୍ୱପୂର୍ଣ୍ଣ ପ୍ରବଂଧରେ କହୁଛନ୍ତି ଯେ' ସତ୍ୟ ହେଉଛି ବାସ୍ତବତା ଓ ଅସ୍ତିତ୍ୱ ଓ ବ୍ୟକ୍ତି-ଆତ୍ମା ମଧ୍ୟରେ ଥିବା ପାରସ୍ପରିକ ଆବିଷ୍କାର ଓ ଅନୁଭବର ଚଳତ୍ ପ୍ରକ୍ରିୟାକୁ ବୁଝାଏ । ଶ୍ରୀଯୁକ୍ତ ଗଣେଶ ଦେବୀଙ୍କ ଭାଷାରେ: Truth is a "dynamic process of mutual discovery between reality and self" (୨) ଶ୍ରୀଯୁକ୍ତ ଦେବୀଙ୍କ ମତରେ ଯଦିଓ ସତ୍ୟ ସ୍ଥିତିକୁ ସର୍ଜନା କରେ ମାତ୍ର ଏହା କେବଳ ଆମର ଇନ୍ଦ୍ରିୟ ବା sense ମାନଙ୍କ ଦ୍ୱାରା ଅନୁଭବ୍ୟ ବାସ୍ତବତା ନୁହେଁ ବା empirical real ନୁହେଁ । ଶ୍ରୀଯୁକ୍ତ ଦେବୀଙ୍କ ଅନୁଭବ ଓ ମତରେ, "ଆମର ଇନ୍ଦ୍ରିୟମାନେ କେବଳ ବାସ୍ତବତାକୁ ଆଘ୍ରାଣ କରିପାରନ୍ତି ମାତ୍ର ବ୍ୟକ୍ତି-ଆତ୍ମା ସତ୍ୟକୁ ଦେଖିପାରେ । ସେଥିପାଇଁ ସତ୍ୟ ସହିତ ଯୁକ୍ତ ଜ୍ଞାନ ହିଁ କେବଳ ଜ୍ଞାନ... ଏହା ଏକ ସମଗ୍ର ଅବଧାରଣା ଯାହା ଜ୍ଞାତ ଓ ଇନ୍ଦ୍ରିୟ ମଧ୍ୟରେ ଥିବା ବଂଧନୀମାନଙ୍କୁ ଅତିକ୍ରମ କରେ ।"

ସତ୍ୟ ସହିତ ଏହି ଯାତ୍ରାରେ ଯାତ୍ରୀ ଜଣକ କର୍ମ ଓ ଭକ୍ତି ସହିତ ବାଟ ଚାଲିଥାଏ । ଏହା ଏକ ସମନ୍ୱୟ ଯୋଗର ଧାରା ଯେଉଁଥିରେ ଜ୍ଞାନ, କର୍ମ ଓ ଭକ୍ତି ସମ୍ମିଳିତ ହୁଅନ୍ତି । ଶ୍ରୀମଦ୍ ଭଗବତ୍ ଗୀତା ଯାହା ଏହି ତ୍ରିବେଣୀ ସଂଗମ ସଂପର୍କରେ ଆମକୁ କହୁଛି ଏହା ସତ୍ୟକୁ ଆମ ଜୀବନର ସର୍ବୋଚ୍ଚ ସ୍ଥାନ ଦେବାକୁ ଓ ଏହାକୁ ଆମ ଜୀବନ ଭୂମି ଓ ଆକାଶ ରୂପେ ଅନୁଭବ କରିବାକୁ ଆମନ୍ତ୍ରଣ କରିଥାଏ ।

ସତ୍ୟ ସହିତ ଯାତ୍ରା ଜ୍ଞାନ, ଭକ୍ତି ଓ କର୍ମର ବହୁ ପରିସରୀୟ ଯାତ୍ରା । ଆମର ମାନବ ଇତିହାସ, ଭାରତବର୍ଷର ଇତିହାସ ଓ ସାମ୍ପ୍ରତିକ ପୃଥିବୀରେ ଏହି ଯାତ୍ରା ନାନାମତେ ଚାଲିଛି । ଆମ ଭାରତବର୍ଷରେ ସତ୍ୟ ସହିତ ଯାତ୍ରାରେ ଓ ସତ୍ୟାନୁଭବର ଯାତ୍ରାରେ ଭକ୍ତି ଆନ୍ଦୋଳନ ଏକ ପ୍ରମୁଖ ଭୂମିକା ଗ୍ରହଣ କରିଛି । ଆମ ଜୀବନ ସତ୍ୟର ଭୂମିରେ ପ୍ରତିଷ୍ଠିତ ଓ ଆମ ଜୀବନରେ ସତ୍ୟ ବହିଯାଉଛି ମାତ୍ର ଏହି ସତ୍ୟ ସମାଜର ଶୋଷଣ ବ୍ୟବସ୍ଥା ଦ୍ୱାରା ନାନାମତେ ଲୁକ୍କାୟିତ ହୋଇରହିଛି; ସମାଜର ଦମନ ବ୍ୟବସ୍ଥାରେ ସତ୍ୟକୁ ଅନେକ ସମୟରେ ମାରି ଦିଆଯାଇଛି । ଉଦାହରଣ ସ୍ୱରୂପ, ଆମ ଭାରତବର୍ଷର ସାମନ୍ତବାଦୀ, ଜାତି ଓ ଲିଙ୍ଗ ବୈଷମ୍ୟର ବ୍ୟବସ୍ଥାରେ ଏହି ସତ୍ୟକୁ ଅବଦମିତ କରି ରଖାଯାଇଛି ଯେ' ଆମେ ସମସ୍ତେ ସମାନ ଧାରା, ଆମେ ସମସ୍ତେ ଦିବ୍ୟ । ଭାରତବର୍ଷରେ ଭକ୍ତି ଆନ୍ଦୋଳନ ଏହି ସତ୍ୟକୁ ସମ୍ଭବ କରିବା ପାଇଁ ସାଧନା ଓ ସଂଗ୍ରାମ କରିଛି । ଭକ୍ତି ସନ୍ଥ ଓ ଆନ୍ଦୋଳନମାନେ ଯଥା କବୀର, ନାନକ, ତୁକାରାମ, ମୀରାବାଇ, ଅଚ୍ୟୁତାନନ୍ଦ, ଜଗନ୍ନାଥ ଦାସ, ସାଲବେଗ ଓ ମାଧବୀ ଦାସ... ଏମିତି ଅଗଣିତ ସନ୍ଥମାନେ... ସମାଜର ସାମନ୍ତବାଦୀ, ଜାତିବାଦୀ ଓ ଲିଙ୍ଗବାଦୀ ଶୋଷଣ ଓ ଦମନ ବିରୁଦ୍ଧରେ ସାଧନା ଓ ସଂଗ୍ରାମ କରିଛନ୍ତି । ଏହି ସନ୍ଥମାନେ ଲୋକମାନଙ୍କର ଭାଷାରେ, ଲୋକଭାଷାରେ ଓ ମାତୃଭାଷାରେ ଲେଖିଛନ୍ତି । ଏମାନେ ସଂସ୍କୃତକୁ ଏକ ବଡବଡିଆମାନଙ୍କର ଭାଷା ବ୍ୟବହାର ବିରୁଦ୍ଧରେ ପ୍ରତିବାଦ କରିଛନ୍ତି । ଗଣେଶ ଦେବୀଙ୍କ ମତରେ, ଭକ୍ତି ଆନ୍ଦୋଳନ ଉଭୟ ଉପନିଷଦୀୟ ଧ୍ୟାନଧାରା ଓ ବୁଦ୍ଧଙ୍କର କରୁଣାର ଧାରା ଉପରେ ପ୍ରତିଷ୍ଠିତ । ଏହା ସହିତ ଆମେ ମଧ୍ୟ ଇସଲାମର ସୁଫି ଭକ୍ତିର ଧାରାକୁ ଯୋଡିପାରିବା । ଶ୍ରୀଯୁକ୍ତ ଦେବୀଙ୍କ ମତରେ, ଭକ୍ତି ଆନ୍ଦୋଳନରେ ଓ ଭକ୍ତିଧାରାର ମୂଳକଥା ହେଉଛି ସତ୍ୟ ତୁମର ଯଦି ତୁମେ ସତ୍ୟ ପାଖରେ ନିଜକୁ ସମର୍ପଣ କରିପାରିବ । ସତ୍ୟ ପାଖରେ ସମର୍ପଣ । ଏହି ସମର୍ପଣ ଆମେ ଗାଂଧୀଙ୍କ ମଧ୍ୟରେ ଦେଖିଥାଉ । ସତ୍ୟ ପାଖରେ ସମର୍ପଣର ମୂଳକଥା ହେଉଛି ସତ୍ୟ ଆମପାଖରୁ ଅନେକ କିଛି ଦାବୀ କରେ, ଆମର ସଂପୂର୍ଣ୍ଣ ଆନୁଗତ୍ୟ, ଆମର କର୍ମ, ଭକ୍ତି ଓ ଜ୍ଞାନର ସଂପୂର୍ଣ୍ଣ ଆନୁଗତ୍ୟ ।

ଭକ୍ତି ଆନ୍ଦୋଳନରେ ସତ୍ୟ ସହିତ ଏହି ଯାତ୍ରା ଆଧୁନିକ ଭାରତବର୍ଷର ଅନେକ ସାଧକ ଓ ସାଧିକାମାନଙ୍କୁ ପ୍ରଭାବିତ କରିଛି ଯଥା ସ୍ୱାମୀ ବିବେକାନନ୍ଦ, ଶ୍ରୀଅରବିନ୍ଦ, ରବୀନ୍ଦ୍ରନାଥ ଠାକୁର ଓ ଗାଂଧୀ । ଭାରତବର୍ଷର ଔପନିବେଶବାଦୀ ବ୍ୟବସ୍ଥା ଭକ୍ତିର ସମାନତାର ସଂସ୍କୃତି ଉପରେ ଏକ କୁଠାରଘାତ ଥିଲା ଭକ୍ତି ଆନ୍ଦୋଳନ ଆମ ସଭିଙ୍କ ମଧ୍ୟରେ ବିଦ୍ୟମାନ ଦିବ୍ୟ ଓ ସାମାଜିକ ସମାନତା ଓ ଏକାତ୍ମକତାର ପ୍ରତିଷ୍ଠା ପାଇଁ

ସାଧନା କରୁଥିବାବେଳେ ଭାରତର ପୂର୍ବ ପ୍ରଚଳିତ, ଐତିହାସିକ ଓ ସାମ୍ପ୍ରତିକ ସାମନ୍ତବାଦ ଓ ଔପନିବେଶବାଦ ଏହି ସମାନତା ସ୍ଥାନର ଅସାମନତା ଓ ବୈଷମ୍ୟ ସୃଷ୍ଟି କରିଥାଏ । ଭକ୍ତି ସମସ୍ତଙ୍କର ଜୀବନରେ ସତ୍ୟର ଉଦୟ ପାଇଁ ସାଧନା କରୁଥିବାବେଳେ ଔପନିବେଶବାଦ କେବଳ ଅଳ୍ପ କେତେକଙ୍କର ଜୀବନରେ ଅଧିକ କ୍ଷମତା, ପ୍ରୟୋଗ ଓ ପ୍ରାଚୁର୍ଯ୍ୟ ସୃଷ୍ଟି କରିବାରେ ବ୍ୟସ୍ତ ଓ ଅନ୍ଧଥିଲା । ବ୍ରିଟିଶ ଔପନିବେଶବାଦୀ ଓ ତାଙ୍କର ଭାରତୀୟ ଭୃତ୍ୟମାନେ ଭାରତବର୍ଷରେ ଅସମାନତାର ଏକ ନୂତନ ସାମନ୍ତବାଦ ସୃଷ୍ଟିକରେ । ଏମାନେ ନିଜପାଇଁ କ୍ଷମତା ଓ ପ୍ରାଚୁର୍ଯ୍ୟ ସୃଷ୍ଟିକରେ । ଏମାନେ ଇଂରାଜୀ ଭାଷାକୁ ମୁଷ୍ଟିମେୟ ଶାସକ ଓ ସେମାନଙ୍କର ଭୃତ୍ୟ ମାନଙ୍କ ମଧ୍ୟରେ ସୀମିତ ରଖି ଓ ଏହି ଭାଷାକୁ ଶାସନର ଭାଷାରୂପେ ବ୍ୟବହାର କରି ଲୋକମାନଙ୍କୁ ଶୋଷଣ କରେ । ଏହି ଶାସନ ବ୍ୟବସ୍ଥା ସହିତ ସଂପୃକ୍ତ ଥିବା ପଣ୍ଡିତମାନେ Orientalism ବା ପ୍ରାଚ୍ୟବିଦ୍ୟା ସୃଷ୍ଟିକରେ ଓ ଏମାନେ ପୁଣି ସଂସ୍କୃତକୁ ପ୍ରାଧାନ୍ୟ ଦେବାକୁ ବସିଲେ । ମାତ୍ର ଏହି ଅଳ୍ପ ସଂଖ୍ୟକ ମାନଙ୍କର ଦମନର ଭୂମିରେ କେତେଜଣ ବ୍ୟତିକ୍ରମ ଥିଲେ ଯଥା ଇଶ୍ୱରଚନ୍ଦ୍ର ବିଦ୍ୟାସାଗର । ବିଦ୍ୟାସାଗର ବ୍ରିଟିଶ ଔପନିବେଶବାଦ ସମୟରେ କଲିକତାର ଏକ ସଂସ୍କୃତ ମହାବିଦ୍ୟାଳୟରେ ଅଧ୍ୟାପକ ଥିଲେ । ଏହା ସହିତ ସେ ଇଂରାଜୀ ଓ ବଂଗଳାରେ ଲେଖୁଥିଲେ । ସେ ବିଧବା ବିବାହର ପ୍ରଚଳନ ପାଇଁ କେତେ କାମ କରିଥିଲେ । ଏହା ସହିତ ସମାଜର ଲୋକମାନଙ୍କର ଜୀବନର ବିକାଶ, ଶିକ୍ଷା ଓ ପ୍ରସ୍ଫୁଟନ ପାଇଁ । ବିଦ୍ୟାସାଗରଙ୍କର ସଂସ୍କୃତ ପ୍ରାଚ୍ୟବିଦ୍ୟାର ସଂସ୍କୃତ ନଥିଲା, ଏହା ଲୋକଭାଷା ସହିତ ସଂଶ୍ଳିଷ୍ଟ ସଂସ୍କୃତ ଥିଲା । ଭକ୍ତି ଆନ୍ଦୋଳନର ସନ୍ଥମାନଙ୍କ ଭଳି ବିଦ୍ୟାସାଗରଙ୍କର ଲୋକଭାଷା, ମାତୃଭାଷାରେ ରଚନା କରିଥିଲେ । ବିଦ୍ୟାସାଗରଙ୍କର ଏକ ପାଠ୍ୟ ପୁସ୍ତକକୁ ଫକୀରମୋହନ ଓଡିଆରେ ଅନୁବାଦ କରିଥିଲେ । ଔପନିବେଶବାଦର ଶାସନରେ ଆମର ଭାଷା, ଅସ୍ତିତ୍ୱ ଓ ସତ୍ୟର ଯେଉଁ ହନନ ହୋଇଥିଲା ଆମ ଭାରତବର୍ଷର ମୁକ୍ତି ସଂଗ୍ରାମ ଏହାର ଏକ ପ୍ରତିବାଦ ଥିଲା ଓ ଏହା ସତ୍ୟର ଏକ ନୂତନ ସମାଜ ପ୍ରତିଷ୍ଠା କରିବାକୁ ସଂଗ୍ରାମ କରୁଥିଲା ।

ମହାତ୍ମାଗାଂଧୀ ପ୍ରେରିତ ସତ୍ୟାଗ୍ରହ, ଏହି ସ୍ୱାଧୀନତା ସଂଗ୍ରାମର ଏକ ମୂଳ ଅଂଶ ଥିଲା । ଭାରତର ସ୍ୱାଧୀନତା ସଂଗ୍ରାମରେ ଗାଂଧୀ ଓ ଜାତୀୟ କଂଗ୍ରେସ ପ୍ରମୁଖ ଭୂମିକା ଗ୍ରହଣ କରିଥିଲା । ମାତ୍ର ଏହି ସଂଗ୍ରାମରେ ଅନ୍ୟ କେତେ ଧାରା ମଧ୍ୟ ଥିଲେ । କେତେ ରାଜାରାଜୁଡା, ପୁଂଜିପତି ଓ ଶିକ୍ଷିତମାନେ ଏଥିରେ ଥିଲେ ଯେମିତି ପାଠ ନପଢିଥିବା ଓ କମ୍ ସମ୍ବଳ ଥିବା ଅଗଣିତ ଅନେକ । ମାତ୍ର ଏହି ଆନ୍ଦୋଳନରେ ମଧ୍ୟ ଅନେକ ସାମନ୍ତବାଦୀ ଥିଲେ ଯେଉଁମାନେ ସମସ୍ତେ ଯେ' ସାମାଜିକ ଭାବେ ଓ

ଦିବ୍ୟଦୃଷ୍ଟିରୁ ସମାନ... ଏହି ସତ୍ୟକୁ ଅନୁଭବ କରିନଥିଲେ । ଗାଂଧୀଙ୍କର ସତ୍ୟାଗ୍ରହ ଏହି ସାମନ୍ତବାଦୀ ମାନଙ୍କର ବୈଷମ୍ୟ ଭାବନା ବିରୁଦ୍ଧରେ ମଧ୍ୟ ଏକ ସତ୍ୟାଗ୍ରହ ଥିଲା । ଗାଂଧୀଙ୍କର ସହଯାତ୍ରୀ ଓ ଉତ୍ତରାଧିକାରୀ ପଣ୍ଡିତ ଜବାହର ନେହେରୁ ସାମନ୍ତବାଦ ବିରୁଦ୍ଧରେ ଲଢୁଥିଲେ । ସେ ଓ ତାଙ୍କର ଅନ୍ୟ ସମାଜବାଦୀ ମିତ୍ର ଯଥା ସୁବାସ ଚନ୍ଦ୍ର ବୋଷ ଓ ଜୟପ୍ରକାଶ ନାରାୟଣ ରାଜା ରାଜୁଡାଙ୍କ ବିରୁଦ୍ଧରେ ଲଢୁଥିଲେ ଓ ସ୍ୱାଧୀନ ଭାରତବର୍ଷରେ ଜମିଦାରୀ ପ୍ରଥାର ଉଚ୍ଛେଦ ହେବ ବୋଲି ଘୋଷଣା କରିଥିଲେ । ଏହି ଘୋଷଣା ଶୁଣି ଅନେକ ଜମିଦାର ମାନେ ମୁସଲିମ୍ ଲିଗ୍‌କୁ ସମର୍ଥନ ଜଣାଇଥିଲେ । ମହମ୍ମଦ ଜିନ୍ନା ଧର୍ମ ଭିତ୍ତିରେ ପାକିସ୍ଥାନ ଗଠନ ପାଇଁ ଆନ୍ଦୋଳନ କରିଥିଲେ । ଏହି ଆନ୍ଦୋଳନରେ ସମସ୍ତଙ୍କର ସମାନତା ପାଇଁ କୌଣସି ସାଧନା ଓ ସଂଗ୍ରାମ ନଥିଲା । ମୁସଲମାନ ଜମିଦାରମାନେ ଜିନ୍ନା ଓ ମୁସଲିମ୍ ଲିଗ୍ ସହିତ ଯୋଗ ଦେଇଥିଲା । ଭାରତବର୍ଷ ସ୍ୱାଧୀନ ହେଲାପରେ ଆମର ସ୍ୱାଧୀନ ସରକାର ଭୂସଂସ୍କାର ଓ ଜମି ବଣ୍ଟନ ପାଇଁ କିଛି ପଦକ୍ଷେପ ନେଇଥିଲେ । ମାତ୍ର ପାକିସ୍ଥାନ ସରକାର ଏହି ଦିଗରେ କିଛି ପଦକ୍ଷେପ ନେଲେ ନାହିଁ । ସେଥିପାଇଁ ପାକିସ୍ଥାନରେ ଜମିଦାରମାନେ ଏବେବି ଆପଣାର ହଜାର ହଜାର ଏକର ଜମି ନେଇ ଅନେକଙ୍କ ଜୀବନରୁ ସତ୍ୟର ଆଲୋକକୁ ଚୋରାଇ ନେଉଛନ୍ତି । ଆମ ଭାରତବର୍ଷରେ କେବଳ ଯେ' ସରକାର ଭୂସଂସ୍କାର କରିବାପାଇଁ ପଦକ୍ଷେପ ନେଇଥିଲେ ତାହାନୁହେଁ, ବେସରକାରୀ ବ୍ୟକ୍ତି ଓ ଆନ୍ଦୋଳନମାନ ଯଥା ଗାଂଧୀଙ୍କର ସହଯାତ୍ରୀ ବିନୋବା ଭୂଦାନ ଆନ୍ଦୋଳନ ସୃଷ୍ଟି କରିଥିଲେ । ଏଥିପାଇଁ ସେ ତେରବର୍ଷ ସାରା ଭାରତବର୍ଷ ବୁଲିଥିଲେ । ଆମ ଓଡିଶାର କୋରାପୁଟରେ ଆଦିବାସୀମାନଙ୍କ ମଧ୍ୟରେ ଶ୍ରୀଯୁକ୍ତ ବିଶ୍ୱନାଥ ପଟ୍ଟନାୟକ ଭୂ ସତ୍ୟାଗ୍ରହ ଆରମ୍ଭ କରିଥିଲେ । ଏହି ଭୂ ସତ୍ୟାଗ୍ରହ ବିନୋବାଙ୍କର ଭୂଦାନଠାରୁ ପ୍ରେରଣା ପାଇଥିଲେ ମଧ୍ୟ ଏହା ତାଙ୍କର ମାର୍ଗଠାରୁ ଭିନ୍ନ ଥିଲା ଓ ଏହା ସରକାର ଓ ଜମିଦାରମାନଙ୍କ ବିଷୟରେ ଏକ ପ୍ରତ୍ୟକ୍ଷ ଟକ୍କର ଥିଲା ପ୍ରେମ, ହିଂସା ଓ ସତ୍ୟାଗ୍ରହ ମାଧ୍ୟମରେ (୩) ।

ଏହି ଭୂସତ୍ୟାଗ୍ରହର ଧାରାରେ ଏବେ ଭାରତବର୍ଷରେ ଏକତା ପରିଷଦ ନାମକ ଏକ ଆନ୍ଦୋଳନ କାମ କରୁଛି ଯାହା ଜମି ମର୍ଯ୍ୟାଦା ଓ ଲୋକ ମର୍ଯ୍ୟାଦା ପାଇଁ ସାଧନା ଓ ସଂଗ୍ରାମ କରୁଛି । ୨୦୧୨ ମସିହାରେ ଏକତା ପରିଷଦ ଗୁଆଲିଅର୍‌ରୁ ଦିଲ୍ଲୀ ପର୍ଯ୍ୟନ୍ତ ଏକ ଜନସତ୍ୟାଗ୍ରହ ଯାତ୍ରା ଆୟୋଜନ କରିଥିଲା ଯେଉଁଥିରେ ସାରା ଭାରତବର୍ଷରୁ ଓ ଭାରତ ବାହାରୁ ପ୍ରାୟ ପଚାଶ ହଜାର ଲୋକ ପଦଯାତ୍ରା କରିଥିଲେ ।

ମାତ୍ର ଏହିସବୁ ଆନ୍ଦୋଳନ ସତ୍ତ୍ୱେ ସାମ୍ପ୍ରତିକ ଭାରତବର୍ଷରେ ଅନେକ ଶୋଷଣ ଓ ଅତ୍ୟାଚାର ରହିଛି ଯେଉଁ ବିରୁଦ୍ଧରେ ସତ୍ୟାଗ୍ରହ ଆବଶ୍ୟକ । ଏଥିପାଇଁ ଅନେକ

ପ୍ରେମ ଓ ଅହିଂସ ଆନ୍ଦୋଳନ ହେଉଛି ଯାହାକୁ ଆମେ ସତ୍ୟାଗ୍ରହ ରୂପେ ଅନୁଭବ କରିପାରିବା । ଆମ ସମ୍ବିଧାନର ପ୍ରଣେତା ଆମ୍ବେଦକର କହୁଥିଲେ ଯେ' ସ୍ୱାଧୀନ ଭାରତରେ ସତ୍ୟାଗ୍ରହର ଆବଶ୍ୟକତା ନାହିଁ କାରଣ ଏମିତି ସତ୍ୟାଗ୍ରହ ଏକ ପ୍ରକାର ଅରାଜକତା ସୃଷ୍ଟି କରିବ । ମାତ୍ର ସମ୍ବିଧାନ ଓ ଏହାର ନିୟମମାନ କଣ ସମାଜରେ ସତ୍ୟ ଓ ନ୍ୟାୟ ପ୍ରତିଷ୍ଠା କରିପାରିବ ? ଆମର ସ୍ୱାଧୀନତାର ପଚସ୍ତରି ବର୍ଷପରେ ଆମେ ଅନୁଭବ କରୁଛୁଯେ' ଆମ ଜୀବନରେ ଓ ସମାଜରେ କେତେ ବୈଷମ୍ୟ, ଶୋଷଣ ଓ ହିଂସା ରହିଛି ଯେଉଁଥିପାଇଁ ସତ୍ୟାଗ୍ରହ ଆବଶ୍ୟକ ।

ଗଲାବର୍ଷ ଆମର କେନ୍ଦ୍ର ସରକାର ନାଗରିକ ସଂଶୋଧନ ବିଲ ପାର୍ଲିଆମେଣ୍ଟରେ ଆଗତ କଲେ । ଏହି ବିଲ୍ ଫଳରେ ପାକିସ୍ଥାନ, ବାଂଲାଦେଶ ଓ ଆଫଗାନିସ୍ଥାନରୁ ଆସୁଥିବା ଶରଣାର୍ଥୀମାନେ ଆମ ଦେଶର ନାଗରିକତ୍ୱ ପାଇବେ ମାତ୍ର ସେମାନେ ଯଦି ଇହୁଦୀ ବା ମୁସଲମାନ ହୋଇଥିବେ ସେମାନେ ନାଗରିକତ୍ୱ ପାଇବେ ନାହିଁ । ଏହି ନିୟମ ମୁସଲମାନ ଭାଇଭଉଣୀମାନଙ୍କୁ ସମାନ ସୁଯୋଗ ଓ ସତ୍ୟ ଉଭୟର ସମ୍ଭାବନା ପ୍ରଦାନ କରୁନାହିଁ । ଏହାର ପ୍ରତିବାଦରେ ସାରା ଭାରତବର୍ଷରେ ଓ ଭାରତ ବାହାରେ କେତେ ଆନ୍ଦୋଳନ ହେଉଛି ଓ ଏହା ଭିତରୁ ଅଧିକାଂଶ ଆନ୍ଦୋଳନ ସତ୍ୟାଗ୍ରହର ଆନ୍ଦୋଳନ । CAA ବିରୁଦ୍ଧରେ ଦିଲ୍ଲୀର ସାହିନବାଗରେ ମା' ମାନେ ଏକ ଅହିଂସ ଆନ୍ଦୋଳନ ଓ ଧାରଣା ଆରମ୍ଭ କରିଥିଲେ । ଏହା ଅନେକଙ୍କୁ ପ୍ରେରଣା ଓ ସାହସ ଦେଇଛି । ଏହି ଆନ୍ଦୋଳନ ଏବେବି ଚାଲିଛି । ୨୦୨୦ର ଜାନୁୟାରୀ ମାସ ଗୋଟିଏ ସଂଧ୍ୟାରେ ସାହିନବାଗର ଏହି ଧାରଣା ଓ ଆନ୍ଦୋଳନରେ ଯୋଗଦେବାକୁ ମୁଁ ଯାଇଥିଲି । ଏଥିରେ ହଜାର ହଜାର ଲୋକ ଆବାଳ ବୃଦ୍ଧବନିତା ଯୋଗ ଦେଇଥିଲେ । ଏଥିରେ ଗୋଟିଏ ପୁସ୍ତକାଳୟରେ ଭଉଣୀ ଜଣକ ଫଏଜ୍ ଅହମ ଫଇଦ୍ଙ୍କର "ହମ୍ ଦେଖେଙ୍ଗେ" କବିତା ଆବୃତି କରିଥିଲେ । ଏହି ଗାନପରେ ମୁଁ ଅନୁରୋଧ କରିଥିଲି ଗାନଟିଏ ଗାଇବାକୁ ଯାହାଥିଲା ଗାଂଧୀଙ୍କର ପ୍ରିୟ ଭଜନ ବୈଷ୍ଣବ ଜନତୋ ତେନ କରିୟେସ୍ତେ ।

ମାତ୍ର CAA ବିରୁଦ୍ଧରେ ଅହିଂସ ଓ ଶାନ୍ତିପୂର୍ଣ୍ଣ ଆନ୍ଦୋଳନ ଚାଲିଥିବାବେଳେ କେନ୍ଦ୍ର ସରକାର ଓ କେତେକ ରାଜ୍ୟ ସରକାର ଯଥା କର୍ଣ୍ଣାଟକର ଓ ଉତ୍ତର ପ୍ରଦେଶର ବିଜେପି ରାଜ୍ୟ ସରକାର ଏହି ଅହିଂସ ଆନ୍ଦୋଳନକାରୀମାନଙ୍କୁ ବର୍ବରୋଚିତ ହିଂସା ଓ ଘୃଣାର ସହିତ ଆକ୍ରମଣ କରିଛନ୍ତି । ଅନେକ ନିରୀହ ଲୋକମାନଙ୍କୁ ପୁଲିସ ଗୁଳି କରି ହତ୍ୟା କରିଛି । ଗଲା ମାସରେ ଦିଲ୍ଲୀର ନିର୍ବାଚନରେ ଏମିତି ହିଂସା ଓ ଘୃଣାର ଅନେକ ବର୍ଷା ହୋଇଥିଲା । ଏହି ସବୁଫଳରେ ଗଲାମାସ ଫେବୃୟାରୀ ୨୪, ୨୫ରେ

ଦିଲ୍ଲୀର ଉତ୍ତରପୂର୍ବ ଇଲାକାରେ ହିଂସା ଓ ହତ୍ୟାର ଲୀଳା ଚାଲିଲା । ଜୟ ଶ୍ରୀରାମ କହି ବଜରଙ୍ଗ ଦଳର ସମର୍ଥକମାନେ ଗୋଟିଏ ମସଜିଦ୍ ଉପରେ ଚଢ଼ି ଜୟ ଶ୍ରୀରାମ ବାନା ଉଡାଇଥିଲେ । ପୋଲିସ ପାଖରେ ରହି ଦେଖୁଥିଲେ । ବିହାରରୁ ଜଣେ ଅଟୋଚାଳକ ଘରେ ଆପଣାର ଗର୍ଭବତୀ ପତ୍ନୀଙ୍କୁ ଛାଡି ଅଟୋ ଚାଳନା କରିବାକୁ ଯାଇଥିଲେ । ବାଟରେ ହିଂସୁକମାନେ ତାଙ୍କୁ ଗୁଳିକରି ହତ୍ୟାକଲେ । ତିନି ଚାରିଦିନର ଏହି ହିଂସା ଓ ହତ୍ୟାର ଲୀଳା ଚାଲିଥିବାବେଳେ ଆମର ପ୍ରଧାନମନ୍ତ୍ରୀ ନରେନ୍ଦ୍ର ମୋଦି ଆଗନ୍ତୁକ ଆମେରିକୀୟ ରାଷ୍ଟ୍ରପତି ଡୋନାଲଡ୍ ଟ୍ରମ୍ପ୍ ମଉଜ ମଜଲିସ୍ କରୁଥିଲେ । ଗୃହମନ୍ତ୍ରୀ ଅମିତଶାହା ଯାହାଙ୍କ ଅଧୀନରେ ଦିଲ୍ଲୀ ପୋଲିସ୍ ଆଖିବୁଜି ଦେଇଥିଲେ ଓ ନବ ପୁନର୍ନିର୍ବାଚିତ ମୁଖ୍ୟମନ୍ତ୍ରୀ ଅରବିନ୍ଦ କେଜରିୱାଲ୍ ଘରୁ ପଦାକୁ ବାହାରିନଥିଲେ । ନିରୀହ ଲୋକମାନଙ୍କର ରକ୍ତ ହୋଲି ଖେଳୁଥିବାବେଳେ ପ୍ରଶାସକ ଓ ଏପରିକି ନ୍ୟାୟ ବ୍ୟବସ୍ଥାର ସମସ୍ତେ ଆଖି ବୁଜି ଦେଇଥିଲେ । ଦିଲ୍ଲୀ ହାଇକୋର୍ଟର ବିଚାରପତି ମୁରଲିଧରନ୍ ଆଦେଶ ଦେଲେ ଚବିଶ ଘଣ୍ଟା ଭିତରେ ଯେଉଁମାନେ ଘୃଣାର ଭାଷଣ ଦେଇଥିଲେ ତାଙ୍କ ବିରୁଦ୍ଧରେ FIR ଦାଖଲ କରିବାକୁ ମାତ୍ର ତାଙ୍କର ରାତାରାତି ବଦଳି ହୋଇଗଲା ।

ଏହିସବୁ ଘୃଣା ଓ ହତ୍ୟାର ଭୂମିରେ ସତ୍ୟାଗ୍ରହ କିପରି ସମ୍ଭବ ? ଗାଂଧୀ ଭାରତ ବିଭାଜନ ପରେ ଯେଉଁ ସାମ୍ପ୍ରଦାୟିକ ଦଙ୍ଗା ହୋଇଥିଲା ଗାଂଧୀ ହିଂସାର ଉନ୍ମତ୍ତ ପୃଥିବୀରେ ପ୍ରେମ, ସତ୍ୟ ଓ ଅହିଂସାର ସହିତ ବାଟ ଚାଲିଥିଲେ । ଗାଂଧୀଙ୍କର ପ୍ରେମ, ସତ୍ୟ ଓ ଅହିଂସାର ଯାତ୍ରା ଫଳରେ କଲିକତାରେ ସାମ୍ପ୍ରଦାୟିକ ହିଂସା ଶାନ୍ତ ହେଲା । ଯାହା ଦେଖି ତତ୍କାଳୀନ ବଡଲାଟ୍ ମାଉଣ୍ଟବ୍ୟାଟେନ୍ ମନ୍ତବ୍ୟ ଦେଇଥିଲେ ଯେ ବ୍ରିଟିଶ ସରକାରଙ୍କର ସମଗ୍ର ସେନାନୀ ଯେଉଁ ଶାନ୍ତି ପ୍ରତିଷ୍ଠା କରିପାରିନଥିଲେ ଗାଂଧୀଙ୍କର ଏକ ବ୍ୟକ୍ତିର ସେନା ଅର୍ଥାତ୍ ଗାଂଧୀ ଏହା କରିପାରିଲେ । ଗାଂଧୀ ସେମିତି ଖାଲିପାଦରେ ହିଂସା ଓ ଦଙ୍ଗାଗ୍ରସ୍ତ ନୋଆଖାଲିରେ ଯାଇ ଶାନ୍ତି ସ୍ଥାପନା କରିଥିଲେ । ଦିଲ୍ଲୀର ଏହି ହତ୍ୟାର ଲୀଳାପରେ ଆମ ଭିତରୁ କେତେଜଣ ଗାଂଧୀଙ୍କ ସହ ଏହି ଶାନ୍ତି, ପ୍ରେମ ଓ ସତ୍ୟର ଯାତ୍ରାରେ ଯୋଗ ଦେଇପାରିବା ?

-୩-

ଯାତ୍ରା

ସତ୍ୟ ଯେମିତି ଆମର ଜୀବନର ଭୂମି ଯାତ୍ରା ଆମ ଜୀବନର ଧାରା । ଜୀବନର ଧାରା ହେଉଛି ଗତିଶୀଳତା, ଚଳତ୍କ୍ରିୟା । ଆମେ ଜୀବନରେ ଗତିକରୁ ଓ ଏହି ଗତିଶୀଳତା ମଧ୍ୟରେ ଓ ସହିତ ଆମ୍ଭେ ଅନୁଭବ କରୁଯେ' ଆମର ଜୀବନ କେବଳ

ଆମ ନିଜପାଇଁ ନୁହେଁ; ଆମର ଅହଂକାର, ଅସତ୍ୟ ଓ ମିଥ୍ୟା ପାଇଁ ନୁହେଁ । ଆମର ଜୀବନ କେବଳ ଆମର ଭୋଗ ପାଇଁ ନୁହେଁ, ସମ୍ଭୋଗ ପାଇଁ ନୁହେଁ । ଏହା ପରସ୍ପର ସହିତ ସୁଖ ଦୁଃଖରେ ଭାଗନେଇ ବଞ୍ଚିବାକୁ; ଏହି ସହଭାଗିତା ମାଧ୍ୟମରେ ଜୀବନରେ ଭୋଗ କରିବାକୁ । ଇଶୋପନିଷଦର ଏହି ଅମର ବାଣୀଟି ଏହି ସତ୍ୟ ଓ ସତ୍ୟ ସହିତ ଯାତ୍ରାର ଆହ୍ୱାନ ଓ ଆମନ୍ତ୍ରଣ କେତେ ଶ୍ରଦ୍ଧା ଓ ସାହସର ସହ ଶୁଣାଇଥାଏ:

ଇସା ବାସ୍ୟଂମିଦ୍‌ମ୍ ସର୍ବମ୍ ଯତ୍ କିଞ୍ଚିତ୍ ଜଗତ୍ୟାଂ ଜଗତ୍,
ତେନ ତ୍ୟକ୍ତେନ ଭୁଞ୍ଜିଥା ମା ଗୃଧଃ କସ୍ୟସ୍ୱିଦ୍ଧନମ୍ ।।

ଅର୍ଥାତ୍ ଏହି ସଂସାରରେ ଯାହାକିଛି ଗତିଶୀଳ ଇଶ୍ୱର ସେଠାରେ ଅବସ୍ଥାନ କରନ୍ତି, ସେଥିପାଇଁ ତୁମେ ତ୍ୟାଗ କରି ଭୋଗକର ଓ ଗୃଧ ହୁଅନାହିଁ ।

ଜୀବନରେ ଗତିଶୀଳ ହେଲେହିଁ ଆମେ ଏହି ସତ୍ୟକୁ ଅନୁଭବ କରିପାରୁଁ । ଆମେ ଯେତେବେଳେ ଆମର ପରିଚିତ ବଳୟ ଭିତରେ ଥାଉଁ ଆମେ ସବୁକିଛି ଧରିନେଉଁ, ସବୁକିଛିକୁ ନେଇ ସ୍ଥିର ନିଶ୍ଚିତ ହୋଇରହୁ । ଆମେ ଯେତେବେଳେ ଆମର ପରିଚିତ ଘର ବା ଗାଆଁ ମଧ୍ୟରେ ଥାଉ ଆମେ ଆମ ଓ ଆମର ପରିଚିତ ଲୋକମାନଙ୍କ ବିଷୟରେ କିଛିମାତ୍ରାରେ ସ୍ଥିର ନିଶ୍ଚିତ ହୋଇପାରୁଁ । ମାତ୍ର ଆମେ ଯେତେବେଳେ ଜୀବନର ଯାତ୍ରାରେ ପରିଚିତ ବଳୟରୁ ଅପରିଚିତ ବଳୟକୁ ଆସୁ ସେତେବେଳେ ଆମେ ଅନ୍ୟ ଉପରେ ଅଧିକ ନିର୍ଭରଶୀଳ ହେଉ, ଆମେ ଆମର ଅହଂକୁ ଅତିକ୍ରମ କରି ପରସ୍ପର ସହିତ ସତ୍ୟ ସ୍ନେହ ଓ ସହଭାଗିତାର ସୂତ୍ରରେ ସମ୍ବନ୍ଧିତ ଆହ୍ୱାନ ଓ ଆମନ୍ତ୍ରଣ ପାଉ । ସତ୍ୟ, ସ୍ନେହ ଓ ସହଭାଗିତା ବିନା ଆମର ଜୀବନଯାତ୍ରା ସମ୍ଭବ ନୁହେଁ । ଆମର ଜୀବନର ଯାତ୍ରା ସତ୍ୟ ସହିତ ଯାତ୍ରା ଓ ଜୀବନ ଓ ଯାତ୍ରାରେ ଯାହାସବୁ ମିଥ୍ୟା ଓ ଅସତ୍ୟ ଥାଏ ତାକୁ ଅନୁଭବ କରିବାକୁ ସମର୍ଥ କରାଏ । ଏହା ମଧ୍ୟ ଆମକୁ ଅନୁଭବ କରିବାକୁ ଆହ୍ୱାନ ଦେଇଥାଏ ଯେ' ଅସତ୍ୟ ହେଉଛି ସ୍ଥାଣୁ ହୋଇ ରହିବା, ନିଜକୁ ସ୍ଥାଣୁଭୂତ ମୁରାରି ବୋଲି ଭାବି ସବୁକିଛି ନିଜପାଇଁ ଠୁଳ କରିରଖିବା । ଅସତ୍ୟ ହେଉଛି ଅନ୍ୟକୁ ସ୍ୱୀକାର ନକରିବା, ଜୀବନର କ୍ଷଣ ଭଙ୍ଗୁରତାକୁ ସ୍ୱୀକାର ନକରିବା ଓ ଏହି କ୍ଷଣ ଭଙ୍ଗୁରତାକୁ ସ୍ୱୀକାର କରି ପରସ୍ପର ସହିତ ସହଭାଗୀ ନହେବା (୪) । ଆମ ଜୀବନରେ ଯାତ୍ରା କଲେହିଁ ଆମେ ଅନୁଭବ କରୁଯେ' ଆମେ କେବଳ ପୂର୍ଣ୍ଣ ଓ ପରିପୂର୍ଣ୍ଣ ନୋହୁଁ; ଆମ ଶୂନ୍ୟ, ସହ-ଶୂନ୍ୟ । ନିଜର ଓ ପରସ୍ପରର ଶୂନ୍ୟତାକୁ ଅନୁଭବ କରି ଆମେ ପରସ୍ପରକୁ ପୂର୍ଣ୍ଣ କରୁ । ଆମେ ଅନୁଭବ କରୁଯେ' ଆମେ ପରସ୍ପର ସହିତ ନିର୍ଭରଶୀଳ ଓ ଏହି ପାରସ୍ପରିକ ନିର୍ଭରଶୀଳତାହିଁ ଆମର ଜନ୍ମ ଓ ଜୀବନଯାତ୍ରା ବୁଦ୍ଧଙ୍କର ଚିନ୍ତନ ଓ ସାଧନା ମାର୍ଗରେ ଏହି ସତ୍ୟ ସହିତ ଯାତ୍ରାକୁ

ଶୂନ୍ୟତା ଓ Co-dependent origination ସହିତ ସାଙ୍ଗ ହୋଇ ଯିବାକୁ ବୁଝାଇଥାଏ (୫)।

ଆମେ ଜୀବନରେ ଗତିକରୁ ଓ ଏହି ଗତିଶୀଳତା ମାଧ୍ୟମରେ ଜୀବନର ସତ୍ୟ ଓ ଅସତ୍ୟକୁ ଅନୁଭବ କରୁଁ। ଆପଣାର ଜୀବନରେ ସତ୍ୟାଗ୍ରହୀ ଗାଂଧୀ ଅନେକ ଗତିଶୀଳ ଥିଲେ। ଷୋହଳବର୍ଷ ବୟସରେ ସେ ଆପଣାର ପରିଚିତ ଜୀବନ ଭୂମି ଛାଡି ଲଣ୍ଡନ ଯାଇଥିଲେ ବାରିଷ୍ଟରୀ ପଢିବାକୁ। ଏଥିପାଇଁ ତାଂକର ସମ୍ପ୍ରଦାୟରୁ ତାଙ୍କୁ ବହିଷ୍କୃତ କରାଯାଇଥିଲା। କାରଣ ସେତେବେଳେ ତାଙ୍କର ଜାତି ମୋଧ ବଣିୟା ଜାତିରେ ଏହି ନିୟମ ଥିଲା ଯେ' ନିଜ ଜାତିର କୌଣସି ଲୋକ ଦରିଆପାରି ଯାଇପାରିବେ ନାହିଁ। ଗାଂଧୀ ଯେ କେବଳ ଦକ୍ଷିଣ ଆଫ୍ରିକାରେ ବୈଷମ୍ୟର ଆଘାତ ପାଇଥିଲେ ତାହାନୁହେଁ ଜ୍ଞାନ ପାଇଁ ଓ ଜୀବନ ପାଇଁ ଯାତ୍ରା ଆରମ୍ଭ କଲାବେଳେ ଗାଂଧୀ ଆପଣାର ସମୁଦାୟରୁ ଅନେକ ଆଘାତ ପାଇଥିଲେ ଯାହା ତାଙ୍କୁ ଜାତିବ୍ୟବସ୍ଥାର କ୍ରୁର ସତ୍ୟ ଓ ହିଂସାକୁ ଅନୁଭବ କରିବାକୁ ଆହ୍ୱାନ ଦେଇଥିଲା। ଏହି ବହିଷ୍କାର ଗାଂଧୀଙ୍କୁ ତଥାକଥିତ ହିନ୍ଦୁ ବର୍ଣ୍ଣବ୍ୟବସ୍ଥାର ବିରୋଧୀ କରିଥିଲା। ଏହାପରେ ଗାଂଧୀ ଇଂଲଣ୍ଡର ଜୀବନଯାତ୍ରାରେ କେତେ ନୂତନ ଆଲୋକ ଓ ଅନୁଭବର ସାକ୍ଷାତରେ ଆସିଲେ। ସେ ଜନ୍ ରସ୍କିନଙ୍କର "Unto This Last" ଚିନ୍ତନର ସାକ୍ଷାତରେ ଆସିଲେ ଯାହାଫଳରେ ସେ ଜୀବନର ଶେଷ ବ୍ୟକ୍ତିର ମହତ୍ୱ ବିଷୟରେ ଅନୁଭବ କରିପାରିଲେ। ଲଣ୍ଡନରେ ସେ ମଧ୍ୟ vegetarian societyର ସଂସ୍ପର୍ଶରେ ଆସିଲେ। ଲଣ୍ଡନରେ ମଧ୍ୟ ଗାଂଧୀ ପ୍ରଥମଥର ପାଇଁ ଭଗବତ୍‌ଗୀତାକୁ ଇଂରାଜୀ ଅନୁବାଦରେ ପଢିଥିଲେ।

ଗାଂଧୀ ଏହାପରେ ଦକ୍ଷିଣ ଆଫ୍ରିକା ଗଲେ। ଦକ୍ଷିଣ ଆଫ୍ରିକାରେ ଗାଂଧୀ କେତେ ଯାତ୍ରା କଲେ, କେତେ ପଦଯାତ୍ରା କଲେ, ସତ୍ୟାଗ୍ରହ କଲେ। ୧୯୧୫ ମସିହାରେ ଗାଂଧୀ ଭାରତବର୍ଷ ଫେରିବାପରେ ବରଷଟିଯାକ ସେ ଭାରତବର୍ଷର କୋଣେ ଅନୁକୋଣେ ଯାତ୍ରା କଲେ। ଏହି ଯାତ୍ରା ସମୟରେ ସେ ତୃତୀୟ ଶ୍ରେଣୀର ଡବାରେ ଯାତ୍ରା କରୁଥିଲେ। ଏହାଦ୍ୱାରା ସେ ଦେଶର ସାଧାରଣ ଜନତାଙ୍କ ସହ ମିଶି ସେମାନଙ୍କର ସୁଖଦୁଃଖରେ ଭାଗି ହୋଇପାରୁଥିଲେ, ସେମାନଙ୍କର ଜୀବନର ସତ୍ୟ ଓ ଅସତ୍ୟକୁ ସ୍ପର୍ଶ କରିପାରୁଥିଲେ।

ଗାଂଧୀ ଯାତ୍ରା କରୁଥିଲେ। କେତେକ ଯାତ୍ରାରେ ଗାଂଧୀ କ୍ଷିପ୍ର ଗତିରେ ଯାଉଥିଲେ ଯେମିତି ଲବଣ ସତ୍ୟାଗ୍ରହରେ। ଆଉ ଅନେକ ଯାତ୍ରାରେ ଗାଂଧୀ ଧୀରେ ଧୀରେ ଯାଉଥିଲେ, ଅନେକ ନମ୍ର ପଦରେ ଯାତ୍ରା କରୁଥିଲେ। ଗାଂଧୀ ଆଲୋକର ସହିତ lightly ଅର୍ଥାତ୍ ଅନେକ ହାଲୁକା ହୋଇ ବାଟ ଚାଲୁଥିଲେ। ସତ୍ୟାଗ୍ରହରେ

ସତ୍ୟ ସହିତ ଯାତ୍ରାରେ ଆମକୁ ସେଥିପାଇଁ ଆଲୋକର ସହିତ ଓ ହାଲୁକା ହୋଇ ଯିବାକୁ ହୁଏ । ଆମେ ଯଦି ଭାରି ଓ ଓଜନିଆ ହୋଇ ଗତିକରୁ ତେବେ ଆମର ଉପରେ ଅନେକ ସତ୍ୟ ପାଦତଳେ ଲୁଚିଯାଏ, ଦଳିଚକଟି ହୋଇଯାଏ । ଆମେ ଯଦି ଅହଂର ଓଜନରେ ଓଜନିଆ ହୋଇ ଚାଲୁ, ତେବେ ଆମର ଯାତ୍ରା ଆମକୁ ନିବୁଜ କରିଦିଏ, ଆତ୍ମ-କୈନ୍ଦ୍ରିକ କରେ ଓ ଏହା ଅନ୍ୟମାନଙ୍କୁ ଆମ ପାଖକୁ ଟାଣିପାରେନି । ଖାସ୍ ସେଇଥିପାଇଁ ହୁଏତ ଗାଂଧୀଙ୍କର ଅନ୍ୟତମ ଗୁରୁ ଥୋରୋ (Henry David Thoreau) ଆମକୁ ତାଙ୍କର "Walking" ପ୍ରବଂଧରେ ଆମକୁ କହୁଛନ୍ତିଯେ' ଯେତେବେଳେ ଆମେ ଚାଲିବା ସେତେବେଳେ ଆମେ ଓଟ ଭଳି ଧୀରେଧୀରେ ଚାଲିବା, ଆମେ ଧୀରେଧୀରେ ଚାଲିଲେହିଁ ଜୀବନଯାତ୍ରାରେ ଯେତେ ସତ୍ୟ ଓ ଅସତ୍ୟ ରହିଛି ତାକୁ ଦେଖିପାରିବା, ସ୍ପର୍ଶ କରିପାରିବା । ଆମେ ସଂସାର, ପ୍ରକୃତି ଓ ସମ୍ବନ୍ଧ ପାଖରେ ଛିଡାହୋଇ ଏହିସବୁର ସତ୍ୟ, ତଥ୍ୟ, ସୌନ୍ଦର୍ଯ୍ୟ, ଅସୌନ୍ଦର୍ଯ୍ୟ, ମହିମା ଓ ମାହାତ୍ମ୍ୟକୁ ଅନୁଭବ କରିପାରିବା । ଆମର ଧୀରଯାତ୍ରା ସତ୍ୟ ସହ ଯାତ୍ରାର ଏକ ଅଙ୍ଗ ।

ଆମେ ଯେତେବେଳେ ଚାଲୁଥିବା ଭୂମିରେ ଧୀରେଧୀରେ ଯାତ୍ରାକରୁ ସେତେବେଳେ ଭୂମିଟି ସହିତ ଆମ ସହିତ ବାଟଚାଲେ । ଆମର ଯାତ୍ରା ବେଳେ ଆମେ ଗମନ କରୁଥିବା ଭୂମିଟି ମଧ୍ୟ ଜାଗ୍ରତ ହୁଏ, ଏଥିରେ ବଞ୍ଚୁଥିବା ନିର୍ଝରିଣୀର ସ୍ୱପ୍ନଭଂଗ ହୁଏ, ଏହି ସ୍ୱପ୍ନଭଂଗ ଆମ ଜୀବନରେ ଅନେକ ପରିଚିତ ବଂଧନ ଭାଂଗିଦିଏ । ଆମେ ଯେଉଁ ଭୂମିରେ ଯାଉ ଏହି ଭୂମି କେବଳ ଶୀଳା ନୁହେଁ, ଏହା ଶୀଳାତୀର୍ଥ । ଯାତ୍ରୀ ଚିତ୍ତରଂଜନଙ୍କ ଭାଷାରେ କହିଲେ, ଶୀଳା ସହିତ ଆମର ଯାତ୍ରା ବେଳେ ଶୀଳା ମଧ୍ୟ କଥାକହେ, ତାର କାହାଣୀ କହେ । ଏହି କଥୋପକଥନ ଆମର ପରିଚିତ କେତେ ବଂଧନ ବାନ୍ଧିଦିଏ; ଜୀବନରେ ଆମର ସତ୍ୟ ଅନୁଭବ ଓ ସ୍ପର୍ଶ ପାଇଁ କେତେ ବାଟ ଉନ୍ମୋଚିତ କରେ । ଚିତ୍ତରଂଜନ ହିମାଳୟରେ ତାଙ୍କର ଛାତ୍ର ଓ ସହଯାତ୍ରୀ ସଦନ ଓ ତାଙ୍କ ପରିବାର ସହିତ ହିମାଳୟରେ ବାଟ ଚାଲିଛନ୍ତି । ଏହି ସହିତ ସାରାଜୀବନ ଅନ୍ତରରେ ଓ ବାହାରେ କେତେ ବାଟ ଚାଲିଛନ୍ତି ଜଣେ ରୋହିତ ଭାବେ ଯାହା ତାଙ୍କର ରୋହିତର ଡାଏରୀ ଜୀବନରେ ଲିପିବଦ୍ଧ । ଏହା ସହିତ ତାଙ୍କର ତିନି volume ର ମିତ୍ରସ୍ୟ ଚକ୍ଷୁସା, ସାଗରଯାତ୍ରୀ, ସାଗର ପଥ, ଡେନମାର୍କ ଚିଠି, ଭାରତରୁ ଚୀନ, ନେପାଳ ପଥେ, ଆମେରିକାରୁ ଆସିଲି ଓ ଏରେତେଜ ଇସ୍ରାଏଲ୍ । ଏହି ସବୁଥିରେ ଆମେ ଜଣେ ସତ୍ୟାଗ୍ରହୀର ଜୀବନଯାତ୍ରାକୁ ଅନୁଭବ କରୁ ଯାହା ଆମ ଜୀବନରେ ମଧ୍ୟ ସତ୍ୟାଗ୍ରହ ପାଇଁ ପ୍ରେରଣା ଦିଏ । ଚିତ୍ତରଂଜନ ଗାଂଧୀଙ୍କ ସତ୍ୟାଗ୍ରହ ଦ୍ୱାରା ପ୍ରଭାବିତ ହୋଇଥିଲେ ଯେମିତି ସକ୍ରେଟିସ୍ଙ୍କର ସତ୍ୟ ସାଧନା ଦ୍ୱାରା ତାଙ୍କର

ଭ୍ରମଣ କାହାଣୀ ଓ ଭ୍ରମଣ ଯାତ୍ରାରୁ ଆମେ ସତ୍ୟାଗ୍ରହ ଓ ଜୀବନଯାତ୍ରା ମଧ୍ୟରେ ଥିବା ବହୁବିଧ ସମ୍ବନ୍ଧକୁ ବୁଝିପାରୁ । ଚିତ୍ତରଂଜନଙ୍କର ରୋହିତର ଯାତ୍ରା ଆମକୁ ବୁଝିବାକୁ ଓ ଅନୁଭବ କରିବାକୁ ଆହ୍ୱାନ ଓ ଆମନ୍ତ୍ରଣ କରିଥାଏଯେ' ଆମକୁ ନିଜକୁ ଓ ନିଜର ସତ୍ୟକୁ ଅନୁଭବ କରିବାକୁ ହେଲେ ଆମକୁ ନାନାଦେଶ ଓ ସଂସ୍କୃତିରେ ପଥଚାରୀ ହେବାକୁ ହେବ । ଏହି ସଂପର୍କରେ ସହୃଦୟ ସହଯାତ୍ରୀ ଶ୍ରୀଯୁକ୍ତ ଶୈଳନ୍ ରାଉତରାୟ ଆପଣାର ଏକ ରଚନାରେ ଲେଖିଛନ୍ତି:

> ଜଣେ ଯୁବକ ଭାବେ ଚିତ୍ତରଂଜନ ଯେତେବେଳେ ଉର୍ଦ୍ଦୁ ଶିଖିବାକୁ ଆରମ୍ଭ କଲେ ସେ ଆବିଷ୍କାର କଲେ ଯେ ପାରସ୍ୟ ବା ପାର୍ସି ଭାଷାରେ ଯାହାକୁ ବିଲାୟତ୍ ବୋଲି କୁହାଯାଏ ଅଧିକାଂଶ ଭାରତୀୟ ଭାଷାରେ ଏହାକୁ ଘର ବା ଦେଶ ବୋଲି କୁହାଯାଏ । ଅର୍ଥରରୁ ଏମିତି ଏକ ଅଦ୍ଭୁତ ନୂଆରୂପ ଆମକୁ ଏହି ଅସ୍ତିତ୍ୱ ସତ୍ୟ ପାଖକୁ ଘେନିଆସେ ଯେ ଆମେ ଯାହାକୁ ଆମର ଦେଶ ବୋଲି କହୁଛୁ ଆମେ ତାହାକୁ ଜାଣିପାରିବା ଆମେ ଯେତେବେଳେ ଅନ୍ୟ ଭୂମିରେ ଭ୍ରମଣ କରୁ । (୬)

ଜୀବନଯାତ୍ରୀ ଚିତ୍ତରଂଜନ କେବଳ ଯେ ଗାଂଧୀଙ୍କ ଦ୍ୱାରା ପ୍ରଭାବିତ ହୋଇଥିଲେ ତାହାନୁହେଁ ସେ ମଧ୍ୟ ରବୀନ୍ଦ୍ରନାଥଙ୍କ ଦ୍ୱାରା । ଗୁରୁଦେବଙ୍କ ଶାନ୍ତିନିକେତନରେ ଚିତ୍ତରଂଜନ ପଢିଥିଲେ । ୨୦୧୭ ମସିହାର ବସନ୍ତ ପର୍ବରେ ମୁଁ ଶାନ୍ତିନିକେତନ ଯାଇଥିଲି । ସେହି ସମୟରେ ଶାନ୍ତିନିକେତନରେ Eco-Tourism ସଂପର୍କରେ ଏକ ସେମିନାର ଆୟୋଜନ ହେଉଥିଲା । ଏହି ସେମିନାରରେ ମୋର ଉପସ୍ଥାପନାରେ ମୁଁ କହିଥିଲି ଯେ' ରବୀନ୍ଦ୍ରନାଥ ପ୍ରଥମେ ଯେତେବେଳେ ବୀରଭୂମି ଜିଲ୍ଲାର ଏହି ଭୂମିକୁ ଆସିଥିଲେ ଏହି ଭୂମିରେ ଯେତେବେଳେ ପଦଚାରଣା କରୁଥିଲେ ସେ ଏକ ଅଦ୍ଭୁତ ଶିହରଣ ଅନୁଭବ କରିଥିଲେ । ଏହା ତାଙ୍କ ଜୀବନରେ ଏକ କୁଣ୍ଡଳିନୀ ଅନୁଭବ ଆଣି ଦେଇଥିଲା । ବୀରଭୂମିର ଭୂମି, ଶୀଳାତୀର୍ଥର ଭୂମି ଓ ପୃଥିବୀର ଅନେକ ଭୂମିରେ ସ୍ମୃତି ଓ ଧାରା ରହିଛି ଯାହା ଆମର ଅନୁଭବ ଓ ଚେତନାର ଅନେକ ବାଡ଼ ଭାଙ୍ଗିଦିଏ, ନୂଆ ପ୍ରସ୍ଥ ଓ ଦିଗ୍‌ବଳୟ ଖୋଲିଦିଏ । ଆମେ ସେମିତି ଜୀବନରେ ଅନେକ ଭୂମିରେ ଯାତ୍ରାକଲେ ଆମେ ଆମର ଜୀବନ ଓ ଚେତନାର ନିମ୍ନଚକ୍ରରୁ ଯଥା ତମୋ ଓ ରଜୋରୁ ସତ୍ତ୍ୱକୁ ଯାତ୍ରାକରୁ ଯେଉଁ ଯାତ୍ରା କେବଳ ଉର୍ଦ୍ଧ୍ୱଗାମୀ ନୁହେଁ, ଏହା ମଧ୍ୟ ପାରସ୍ପରିକ ଓ ସାମତାଳିକ । ଅର୍ଥାତ୍ ଜୀବନଯାତ୍ରାର ପଥରେ ଆମର ରଜୋ ଓ ତମୋଗୁଣକୁ ଅତିକ୍ରମ କରି ସତ୍ୟ-ଅଭିମୁଖୀ ଯାତ୍ରା ଆମର ସମ୍ବନ୍ଧ ଓ ପାରସ୍ପରିକ ଜଗତକୁ ପ୍ରଭାବିତ କରେ, ଆଲୋକ ପରି ଏହା ବିଚ୍ଛୁରିତ ହୋଇଯାଏ ।

ଆମର ଜୀବନଯାତ୍ରା ଆମର ଜୀବନ ପଥକୁ କିପରି ବଦଳାଇ ଦେଇପାରେ ଏହି କ୍ଷେତ୍ରରେ ଦୁଇଟି ଉଦାହରଣ ଆମେ ନେଇପାରିବା । ପ୍ରଥମ ଉଦାହରଣଟି ଆଧ୍ୟାତ୍ମିକ ସମାଜଶାସ୍ତ୍ରୀ ଶ୍ରୀଯୁକ୍ତ ଜେ.ପି.ଏସ୍. ଉବରୟଙ୍କର ଗବେଷଣା ଓ ଅନୁଭବରୁ । ଶ୍ରୀଯୁକ୍ତ ଉବରୟ ଭାରତ-ଆଫିଗାନିସ୍ଥାନର ହିନ୍ଦୁକୁଶ ସୀମାନ୍ତରେ ଗବେଷଣା କରିଛନ୍ତି । ଶ୍ରୀଯୁକ୍ତ ଉବରୟ କହନ୍ତିଯେ' ଯେତେବେଳେ ମୋଗଲ ସମ୍ରାଟମାନେ ସୀମାନ୍ତକୁ ଯାଆନ୍ତି; ଦିଲ୍ଲୀ ଓ ଆଗ୍ରାର ରାଜପ୍ରାସାଦ ଛାଡି ଯେତେବେଳେ ହିନ୍ଦୁକୁଶ ଉପତ୍ୟକାର ସୀମାନ୍ତକୁ ଆସନ୍ତି ସେତେବେଳେ ପ୍ରାସାଦ ଦୂରରେ ଅବସ୍ଥିତ ସୀମାନ୍ତ ସେମାନଙ୍କ ଜୀବନର ସତ୍ୟକୁ ସମ୍ମୁଖ କରିବାକୁ ସମର୍ଥ କରାଏ ଯେ ଜୀବନର ମଧ୍ୟ ଅନ୍ତଃ ରହିଛି; ସାମ୍ରାଜ୍ୟ ଓ ପ୍ରାସାଦର ଅନ୍ତଃ ରହିଛି ଓ ପ୍ରାସାଦ ଓ କ୍ଷମତା ଜୀବନରେ ସବୁକିଛି ନୁହେଁ । ହିନ୍ଦୁକୁଶ ସୀମାନ୍ତରୁ ସେମାନେ ଯେତେବେଳେ ପ୍ରାସାଦକୁ ଫେରି ଆସନ୍ତି ସେତେବେଳେ ବେଳେବେଳେ ସେମାନେ କ୍ଷମତାର ଭୃତ୍ୟ ନୁହେଁ ଏକେ ନୂତନ ଜୀବନ ସମ୍ବନ୍ଧରେ ସମ୍ବନ୍ଧିତ ହୁଅନ୍ତି । ଅନ୍ୟ ଉଦାହରଣ ହେଉଛି ବ୍ରିଟିଶ ଫ୍ରାନ୍ସସ ୟୁଙ୍ଗହଜବାଣ୍ଡ । ସେ ଜଣେ ପଣ୍ଡିତ ଗୁପ୍ତଚରଙ୍କର ସହାୟତା ଓ ଷଡଯନ୍ତ୍ରରେ ତିବତ୍ ଆସିଥିଲେ ଓ ଏହାପରେ ତିବତକୁ ଅଧିକାର କରିବାକୁ ଯାଇ ଅନେକ ହିଂସା ଓ ହତ୍ୟାର ରକ୍ତ ବୁହାଇଥିଲେ । ମାତ୍ର ସେ ଯେତେବେଳେ ତିବତ୍‌ରେ ରହିଲେ ଓ ତିବତ୍‌ର ସଂଧ୍ୟା ସମୟରେ ସୂର୍ଯ୍ୟାସ୍ତ ସହ ଦିନ ପରେ ଦିନ ବିତାଇଲେ ସେ ଜୀବନର ସନ୍ଧ୍ୟା ମୁହୂର୍ତ୍ତକୁ ଅନୁଭବ କଲେ; କ୍ଷମତା, ହତ୍ୟା ଓ ଧ୍ୱଂସର ସୀମିତତା ଅନୁଭବ କଲେ । ସଂଧ୍ୟା ସମୟରେ ହିମାଳୟ ଓ ସୂର୍ଯ୍ୟାସ୍ତ ସହ ଜୀବନଯାତ୍ରା ତାଙ୍କ ଜୀବନରେ କିଛିମାତ୍ରାରେ ପରିବର୍ତ୍ତନ ଆଣିଲା । ତାଙ୍କର ଜୀବନଯାତ୍ରା ତାଙ୍କୁ ଜୀବନ ସତ୍ୟ ପାଖକୁ ଘେନି ଆସିଲା ।

ଜୀବନଯାତ୍ରାରେ ସତ୍ୟ ସହ ଯାତ୍ରାରେ ଆମେ ଗୋଟିଏ ଭୂମିରୁ ଅନ୍ୟ ଭୂମିକୁ ଯାଇ ଗୋଟିଏ ଚକ୍ରରୁ ଅନ୍ୟଚକ୍ରକୁ ଯାଉ ଏହି ଯାତ୍ରାରେ ଆମେ କେତେ ନୂତନ ଅନୁଭବ ପାଇଥାଉ ଯାହା ଆମକୁ ସତ୍ୟ ସହିତ ଯାତ୍ରାରେ ଓ ସତ୍ୟକୁ ଅନୁଭବ କରିବାରେ ଆମକୁ ସାହାଯ୍ୟ କରେ । ଗୋଟିଏ ଭୂମିରୁ ଅନ୍ୟଭୂମିକୁ ଓ ଏହି ବହୁ-ଭୂମୀ ଯାତ୍ରାରେ ଆମେ ନିଜକୁ, ଅନ୍ୟମାନଙ୍କୁ, ସମାଜ ଓ ସମ୍ବନ୍ଧକୁ ନୂତନ ରୂପେ ଅନୁଭବ କରିପାରୁ, ବ୍ୟାଖ୍ୟା କରିପାରୁ ଯେଉଁ ଅନୁଭବ ଓ ବ୍ୟାଖ୍ୟା ଆମକୁ ଆମର ମିଥ୍ୟା, ଅଜ୍ଞତା, ଅଜ୍ଞାନ ଓ ଅସତ୍ୟକୁ ଅତିକ୍ରମ କରି ସତ୍ୟକୁ ଅନୁଭବ କରିବାରେ ସାହାଯ୍ୟ କରିଥାଏ । (୭)

-୪-

ଅନୁବାଦ

ଯାତ୍ରା ଯେମିତି ଜୀବନର ଭୂମି ଓ ଧାରା; ଅନୁବାଦ ମଧ୍ୟ ଆମ ଜୀବନର ଭୂମି ଓ ଧାରା। ଆମେ ଜୀବନର ଅର୍ଥକୁ ନିଜ ଓ ଅନ୍ୟପାଇଁ ଅନୁବାଦ କରିଥାଉ। ଆମ ଜୀବନର ଅର୍ଥମାନ ସବୁବେଳେ ଆକ୍ଷରିକ ନୁହନ୍ତି; ଏହା ଅନେକ କ୍ଷେତ୍ରରେ ପ୍ରତୀକାତ୍ମକ। ଆମ ଜୀବନର ପ୍ରତୀକାତ୍ମକ ଅର୍ଥକୁ ବୁଝିବାକୁ ଓ ଅନୁଭବ କରିବାକୁ ହେଲେ ଆମ ଜୀବନରେ ସତ୍ୟମୟତା ଓ ସତ୍ୟାଗ୍ରହ ଆବଶ୍ୟକ। ପ୍ରତ୍ୟେକ ଧର୍ମରେ ଓ ଧର୍ମଗ୍ରନ୍ଥରେ ଜୀବନର ସତ୍ୟ ଓ ସତ୍ୟମାନଙ୍କୁ ପ୍ରତୀକାତ୍ମକ ଭାବେ କୁହାଯାଇଛି। ଏହି ପ୍ରତୀକକୁ ବୁଝିବାକୁ ହେଲେ ଅନୁବାଦ ଆମର ପଥ ଓ ଜନନୀ। ମାତ୍ର ଏହି ଅନୁବାଦ କଲାବେଳେ ଆମର ଅନୁଭବ ଓ ଚେତନାର ସ୍ତର ଅନୁଯାୟୀ ଆମେ ଅନୁବାଦ କରୁ। ଏହି ଅନୁବାଦରେ ଆମେ ସଂକୀର୍ଣ୍ଣ ହୋଇପାରୁ ବା ବିସ୍ତୀର୍ଣ୍ଣ ହୋଇପାରୁ। ବାଇବେଲର New Testament ରେ ପ୍ରଭୁ ଯୀଶୁଖ୍ରୀଷ୍ଟ କହୁଛନ୍ତି: "Nobody comes to my Father Except Through Me" ଅର୍ଥାତ୍ ମୋର ପିତାଙ୍କ ପାଖକୁ ମୋ ମଧ୍ୟ ବିନା କେହି ଆସି ପାରନ୍ତି ନାହିଁ। ଠିକ୍ ସେମିତି ଶ୍ରୀମଦ୍‌ଭଗବତ୍‌ଗୀତାରେ ଆମର ପ୍ରଭୁ ଓ ସଖା ଶ୍ରୀକୃଷ୍ଣ ଆମକୁ କହୁଛନ୍ତି: ସର୍ବଧର୍ମାନ୍ ପରିତ୍ୟଜ୍ୟ ମାମେକଂ ଶରଣଂ ବ୍ରଜ। ଅର୍ଥାତ୍ ସବୁ ଧର୍ମ ପରିତ୍ୟାଗ କରି ମୋର ଶରଣ ନିଅ। ମାତ୍ର ଏହି ମାମେକ କିଏ ? ଏହି ମାମେକ ଶ୍ରୀକୃଷ୍ଣ ମାତ୍ର ଏଠି କେବଳ ସୁଗୁଣ ବା ସେ ମଧ୍ୟ ନିର୍ଗୁଣ ? ଶ୍ରୀକୃଷ୍ଣ ଏଠି କଣ କେବଳ ଜଣେ ବ୍ୟକ୍ତି ବା ସର୍ବବ୍ୟାପୀ ଓ ସର୍ବବ୍ୟାପ୍ତ ଚେତନା ? ଏକ ଭିତରେ ଅନେକ ନାହାନ୍ତି କି ? ବ୍ୟକ୍ତି ମଧ୍ୟରେ ବ୍ରହ୍ମାଣ୍ଡ ନାହାନ୍ତି କି ? ସବୁ ଧର୍ମକୁ ପରିତ୍ୟାଗ କରିବା କଥା କହିଲାବେଳେ କ'ଣ ଶ୍ରୀକୃଷ୍ଣ ଆମକୁ ସଂସାରର ଅନ୍ୟଧର୍ମ ଛାଡି ଯଦି ଖ୍ରୀଷ୍ଟଧର୍ମ, ବୌଦ୍ଧଧର୍ମ, ଇସଲାମ, ଶୈବ ଓ ଶାକ୍ତ ମାର୍ଗ ଛାଡି କେବଳ ଜଣେ ବ୍ୟକ୍ତି ଭାବେ ଶ୍ରୀକୃଷ୍ଣଙ୍କର ଶରଣାପନ୍ନ ହେବାକୁ କହୁଛନ୍ତି ? ଧର୍ମର ଏହି ବାହ୍ୟ ଧର୍ମକୁ ବୁଝାଏ ଓ ମାମେକ ଏଠାରେ ଏକ ବୃହତ୍ତର ବ୍ୟାପ୍ତିକୁ ବୁଝାଏ, ଏକ ବ୍ୟାପ୍ତ ଦିବ୍ୟଚେତନା ଓ ସମ୍ବନ୍ଧକୁ ବୁଝାଇଥାଏ। ଠିକ୍ ସେମିତି New Testament ରେ ପ୍ରଭୁ ଯୀଶୁଖ୍ରୀଷ୍ଟ ଯେତେବେଳେ ମୋ ବିନା କେହି ମୋର ପିତାଙ୍କର ପାଖକୁ ଆସି ପାରିବେନାହିଁ ବୋଲି କହୁଛନ୍ତି ସେତେବେଳେ ଆମେ ଏହି ମୁଁ କି ଯୀଶୁ ଜଣେ ବ୍ୟକ୍ତିରୂପେ ବୁଝିପାରିବା ଓ ଏହା ସହିତ ଏକ ବ୍ୟାପ୍ତ ଚେତନା। ଯୀଶୁଖ୍ରୀଷ୍ଟ ନିଜେ ଖ୍ରୀଷ୍ଟଧର୍ମ ପ୍ରଚାର କରିନଥିଲେ ଯେମିତି ଶ୍ରୀକୃଷ୍ଣ ବୈଷ୍ଣବ ଧର୍ମ ବା ISKON। ତେଣୁ ଉଭୟ କ୍ଷେତ୍ରରେ ଯେଉଁ ଜୀବନ ସତ୍ୟ, ସମ୍ବନ୍ଧ, ସତ୍ୟ ଓ ବ୍ରହ୍ମାଣ୍ଡ

ସତ୍ୟ ରହିଛି ଏହାକୁ ଅନୁବାଦ ଓ ଅନୁଭବ କରିବାକୁ ହେଲେ ଆମକୁ ମଧ୍ୟ ବ୍ୟାପ୍ତ ହେବାକୁ ହେବ । ଆମେ ଯଦି ଏକ ସଂକୀର୍ଣ୍ଣ ଅଜ୍ଞାନତା ମଧ୍ୟରେ ରହିଥିବା ଓ ଆମର ଠାକୁର ଯେ ଏକମାତ୍ର ବଡଠାକୁର ବୋଲି ଅହଂ ଭ୍ରମରେ ରହିଥିବା ତେବେ ଏହିସବୁ ପ୍ରତୀକାତ୍ମକ ସତ୍ୟ ଓ ଅର୍ଥକୁ ଆମେ ସଂକୀର୍ଣ୍ଣ ଆକ୍ଷରିକ ଭାବେ ଅନୁବାଦ କରିପାରେ ।

ଜୀବନର ପ୍ରତୀକ ଓ ଅର୍ଥକୁ ଅକ୍ଷରକୁ ଅନୁବାଦ କଲାବେଳେ ଆମେ ଅନୁଭବ କରୁଯେ ଅକ୍ଷର କେବଳ ଅକ୍ଷର ନୁହେଁ, ଅକ୍ଷର ମଧ୍ୟରେ ମଧ୍ୟ ଅଣକ୍ଷର ରହିଛି; ଅକ୍ଷର ମଧ୍ୟରେ ଅନନ୍ତ ରହିଛି । ଅକ୍ଷର ମଧ୍ୟରେ ଓ ସହିତ ଆପେକ୍ଷିକ ସତ୍ୟ ଓ ଅର୍ଥ ରହିଛି; ଏହା ସହିତ ଅନନ୍ତ ସତ୍ୟ । ଆମର ଜୀବନରେ ଅନେକ ସତ୍ୟ ଆପେକ୍ଷିକ । ଅର୍ଥାତ୍ ମୁଁ ଯଦି ପିଲାବେଲୁ ଶ୍ରୀମଦ୍‌ଭଗବତ୍‌ଗୀତା ପଢି ଆସୁଛି ତେବେ ଶ୍ରୀକୃଷ୍ଣଙ୍କର "ମାମେକ ଶରଣଂ ବ୍ରଜ" ପଢିବାବେଳେ ମୁଁ ଶ୍ରୀକୃଷ୍ଣଙ୍କୁ କେବଳ ଶ୍ରୀକୃଷ୍ଣ ବୋଲି ଅନୁଭବ କରିବି । ମାତ୍ର ମୁଁ ଯଦି ବଡିଖରାରେ ଗାଲିଲି ସାଗରତଟରେ ବୁଲିଥାଏ ଓ ବଡିଖରାରେ Mount of Beatitude ରୁ ଯେଉଁଠି ପ୍ରଭୁ ଯୀଶୁଖ୍ରୀଷ୍ଟ ଉପତ୍ୟକାରେ ଚାଲିଚାଲି ଗାଲିଲି ସାଗର ତଟରେ ପିଟର ଚର୍ଚ୍ଚ ପାଖରେ ସୂର୍ଯ୍ୟଙ୍କ ତର୍ପଣ କରିଥାଏ ତେବେ ମୁଁ ଶ୍ରୀକୃଷ୍ଣଙ୍କୁ ଯୀଶୁ ରୂପେ ଅନୁଭବ କରିପାରିବି ଓ ଯୀଶୁଙ୍କୁ ଶ୍ରୀକୃଷ୍ଣ ରୂପେ । ଆମ ଜୀବନର ଆପେକ୍ଷିକ ସତ୍ୟ ଏଠାରେ ଅପେକ୍ଷାମାଣ ହୋଇ ଏକ ସମ୍ବନ୍ଧମୟ ସତ୍ୟକୁ ଆଲିଙ୍ଗନ କରେ । Relative Truth Relational Truth କୁ ଆଲିଙ୍ଗନ କରେ । Relative Truth ମଧ୍ୟରେ ଏକ Relational Truth ଥାଏ ।

ଜୀବନର ଏମିତି ସତ୍ୟ ଓ ଅର୍ଥର ଅନୁବାଦ ସହ ଆମ ସାହିତ୍ୟ ଓ ସୃଜନଶୀଳତାରେ ଭାଷାରୁ ଭାଷାକୁ ଅନୁବାଦ ହୋଇଥାଏ । ଏହି ଅନୁବାଦ ଆମର ଭାଷା ଓ ସାହିତ୍ୟ ପ୍ରାନ୍ତୀୟ ଭାଷା ଓ ସାହିତ୍ୟକୁ ଆମ ପାଖକୁ ଆଣେ ଯେମିତି ବିଶ୍ୱ ସାହିତ୍ୟକୁ । ଅନୁବାଦ ଅସମ୍ଭବକୁ ସମ୍ଭବ କରାଇବାର ଧାରା । ଗୋଟିଏ ଭାଷାରୁ ଅନ୍ୟ ଭାଷାକୁ ଅନୁବାଦ କଲାବେଳେ ଆମେ ଏହାକୁ ସତ୍ୟପୂର୍ଣ୍ଣ ଭାବେ ହୁଏତ ଅନୁବାଦ କରିପାରୁନା । ଗୋଟିଏ ଭାଷାରୁ ଅନ୍ୟ ଭାଷାକୁ ଅନୁବାଦ କଲାବେଳେ ଆମେ ସଠିକ୍ ଭାଷାଟି ହାତ ପାଆନ୍ତାରେ ପାଇନପାରୁ । ଆମେ ଯଦି ସଅଳ ସଅଳ ଚଟାପଟ ଅନୁବାଦ ସାରିଦେବାକୁ ଚାହୁଁ ବା ମୁଣ୍ଡା ମାରିଦେବାକୁ ଚାହୁଁ ତେବେ ସତ୍ୟ ଓ ଅର୍ଥ ଅଧାପନ୍ତରିଆ ହୋଇ ଅଧାବାଟରେ ରହିଯାଏ । ଅନୁବାଦ କେବଳ ଶବ୍ଦର ଅନୁବାଦ ନୁହେଁ ଏହା ମଧ୍ୟ ଭାବ ଓ ସତ୍ୟର ଅନୁବାଦ । ଏହି ଅନୁବାଦବେଳେ ଆମେ ଯଦି ତତ୍କାଳିକ କାମନା ଓ ବାସନା ଦ୍ୱାରା ସୀମିତ ହୋଇଥିବା ତେବେ ଆମର ଅନୁବାଦ ମଧ୍ୟ ଅପୂର୍ଣ୍ଣ ହେବ । ମାତ୍ର ଅନୁବାଦର ଧାରା ଓ ଯାତ୍ରାରେ ଆମେ ଯଦି

ସତ୍ୟନିଷ୍ଠ ଓ ସତ୍ୟାଗ୍ରହୀ ହୋଇଥିବା ତେବେ ଅନୁବାଦ କରିବାବେଳେ ଅନୁବାଦ ମଧ୍ୟରେ ଥିବା ସତ୍ୟ କରୁଣାରୂପେ, ସଖା ରୂପେ ଆମର ହାତଧରି ଆଗକୁ ନେଇଯାଏ । ଆମର ଅନୁବାଦ ନବସୃଜନ ହୁଏ ଯାହା ଅର୍ଥ, ସତ୍ୟ ଓ ଭାବର ଏକ ସତ୍ୟମୟ ପ୍ରକାଶ ହୁଏ । ଆମେ ଯେତେବେଳେ ସତ୍ୟାଗ୍ରହୀ ଅନୁବାଦ ପଢୁ ସେତେବେଳେ ଅନୁବାଦର ଏହି ସତ୍ୟାଗ୍ରହ ଓ ସତ୍ୟଯାତ୍ରାକୁ ଅନୁଭବ କରିଥାଉ । ଏଠାରେ ଆମେ ସତ୍ୟାଗ୍ରହୀ ଓ ସତ୍ୟନିଷ୍ଠ ଅନେକ ଅନୁବାଦଙ୍କ ମଧ୍ୟରେ ଚିତ୍ତରଞ୍ଜନଙ୍କର ଅନୁବାଦ ସତ୍ୟାଗ୍ରହକୁ ଆମ ଜୀବନକୁ ଆମନ୍ତ୍ରଣ କରିପାରିବା । ଚିତ୍ତରଞ୍ଜନଙ୍କର ଅନୁବାଦ ସମୂହ ଡାକର ଜିଭାଗୋ, ଯାତ୍ରୀ କାମନୀତ, ଦିବ୍ୟ ଜୀବନ, ମାନବ ଯୁଗଚକ୍ର ଓ ଯୋଗ ସମନ୍ୱୟ ଆଦି ପୁସ୍ତକ ଯେତେବେଳେ ଆମେ ପଢୁ ସେତେବେଳେ ଆମେ ଅନୁଭବ କରୁ ଅନୁବାଦ କଲାବେଳେ ଚିତ୍ତରଂଜନ କେମିତ ଶବ୍ଦ, ଭାଷା, ଭାବ, ଅର୍ଥ ସହିତ ଯାତ୍ରା କରିଛନ୍ତି ଓ ମାନବୀୟ ସୀମିତା ସହିତ ଓ ସତ୍ତ୍ୱେ ଅନୁବାଦର ଯାତ୍ରାରେ ସତ୍ୟ ସହିତ ଯାତ୍ରା କରିଛନ୍ତି । ଆମେ ମଧ୍ୟ ଆମର ଜୀବନର ବହୁବିଧ ଅନୁବାଦ ଯାତ୍ରାରେ ସତ୍ୟ ସହିତ ଯାତ୍ରା କରିପାରିବା, ସତ୍ୟାଗ୍ରହୀ ହୋଇପାରିବା ।

ଆମ ଭାରତବର୍ଷରେ ଓ ଆମର ପୃଥିବୀରେ ଅନୁବାଦର ଅନେକ ଶ୍ରଦ୍ଧାମୟ ଓ ସାହସୀ ଉଦାହରଣ ରହିଛି । ମୋଗଲ ସମ୍ରାଟ୍ ଆକବର ଆପଣାର ବିଦ୍ୟାଳୟ ମାନଙ୍କରେ ଅନୁବାଦର ଶାଖାଟିଏ, ପ୍ରତ୍ୟେକ ବିଦ୍ୟାଳୟରେ ଶିକ୍ଷାର୍ଥୀମାନେ ଅନୁବାଦ କରିପାରିବାକୁ ଶିକ୍ଷା କରୁଥିଲେ । ଆକବର ରାମାୟଣକୁ ପାର୍ସି ଭାଷାରେ ଅନୁବାଦ କରିବାକୁ ଶ୍ରଦ୍ଧାମୟ ଓ ମହାନ୍ ପଦକ୍ଷେପ ନେଇଥିଲେ । ସେ ଏହି ଅନୁବାଦ ଗ୍ରନ୍ଥରେ ହୀରାମୋତି ଖଚିତ ଚିତ୍ରରେ ସଚିତ୍ର କରିବାକୁ ପାରସ୍ୟ ଦେଶରୁ କେତେ ଚିତ୍ରଶିଳ୍ପୀ ଡାକିଥିଲେ । ଆକବର ଯେଉଁ ଅନୁବାଦର ଧାରା ସୃଷ୍ଟି କରିଥିଲେ ତାର ଏକ ସ୍ୱର୍ଣ୍ଣମୟ ଦିବ୍ୟ ଆଶିଷରୂପେ ତାଙ୍କର ପଣନାତି ଅର୍ଥାତ୍ ତାଙ୍କର ନାତି ଶାହାଜାହାନଙ୍କର ବଡପୁଅ ଦାରାସିଖୋ ଉପନିଷଦକୁ ପାର୍ସିଆନ୍ ଭାଷାରେ ଅନୁବାଦ କରିଥିଲେ । ଏହି ଅନୁବାଦହିଁ ପାଶ୍ଚାତ୍ୟ ସମାଜରେ ପହଞ୍ଚିଥିଲା ଓ ଏହା ଭାରତୀୟ ଜ୍ଞାନ ଓ ଅଧ୍ୟାତ୍ମ ଓ ପାଶ୍ଚାତ୍ୟ ଅନୁସନ୍ଧିତ୍ସା ମଧ୍ୟରେ ଏକ ସୂତ୍ର ସ୍ଥାପନ କରିଥିଲା । ଦାରାସୁଖୋଙ୍କର ଗୋଟିଏ ଅନୁବାଦ ପୁସ୍ତକର ନାମ ହେଉଛି ମାଜ୍‌ମା-ଉଲ-ବାହାରିନ୍ ଯାହାକୁ ଇଂରାଜୀରେ The Mingling of Two Oceans ଅର୍ଥାତ୍ ଦୁଇ ସାଗରର ମିଳନ । ଏହି ପୁସ୍ତକରେ ଦାରାସୁଖୋ ଭାରତୀୟ ଅଧ୍ୟାତ୍ମ ଜ୍ଞାନ ଓ ଅନୁଭବର ଏକ ବ୍ରହ୍ମକୁ ଓ ଇସଲାମର ଏକ ଈଶ୍ୱର ଓ ଅନୁଭବ ମଧ୍ୟରେ ସୂତ୍ର ଓ ସେତୁ ପ୍ରତିଷ୍ଠା କରିଛନ୍ତି । ଦାରାସୁଖୋ ଜୀବନର ସତ୍ୟଯାତ୍ରା ଓ ଅନୁବାଦରେ ଗଭୀର ସାଧନା କରିଥିଲେ ।

ଏହା ଭାରତବର୍ଷ ଓ ସାରା ପୃଥିବୀର ଦୁର୍ଭାଗ୍ୟ ଯେ' ଶାହାଜାହାନ୍‌ଙ୍କ ପରେ କ୍ଷମତା ଯୁଦ୍ଧରେ ଶାହାଜାହାନଙ୍କର କନିଷ୍ଠ ପୁତ୍ର ଆଉରଙ୍ଗଜେବ ତାଙ୍କ ଜ୍ୟେଷ୍ଠଭ୍ରାତା ଦାରାସୁଖୋ ଓ ଦାରାସୁଖୋଙ୍କର ପୁତ୍ରକୁ ନିର୍ମମ ଭାବେ ଫାସିରେ ଝୁଲାଇଦେଲେ । ମାତ୍ର ଏହିସବୁ ସହିତ ଆଉରଙ୍ଗଜେବ ଦାରାସୁଖୋଙ୍କର ସାଧନା ଓ Spirit କୁ ମାରିପାରି ନାହାନ୍ତି । ଏହି ସାଧନା ଅମର ଓ ଚଳତଶୀଳ । ତାଙ୍କର ସାଧନା ହେଉଛି ପ୍ରେମ, ଅନୁବାଦ ଓ ସତ୍ୟାଗ୍ରହର ସାଧନା । ଆଜକୁ ପ୍ରାୟ ବାର ବର୍ଷ ତଳେ ମୁଁ ଦିଲ୍ଲୀର ଜାତୀୟ ସଂଗ୍ରହାଳୟକୁ ଯାଇଥିଲି ଯେଉଁଠି ମୁଁ ଦାରାସୁଖୋଙ୍କର Compass of Truth ନାମକ ପୁସ୍ତକଟି ପଢୁଥିଲି । ଏଥିରେ ଜଣେ ସତ୍ୟାଗ୍ରହୀ ରୂପେ ଦାରାସୁଖୋ ଯାହା ଲେଖିଚନ୍ତି ତାହା ଆମର ପ୍ରଣିଧାନଯୋଗ୍ୟ:

> ଏଥିରେ କୌଣସି asceticism ନାହିଁ, ଏଠାରେ ସବୁକିଛି ସହଜ, କୃପାପୂର୍ଣ୍ଣ ଏବଂ ମୁକ୍ତଦାନ । ଏପରିକି ଆଶିଷପ୍ରାପ୍ତ ପୟଗମ୍ବର ତାଙ୍କର ଶିଷ୍ୟମାନଙ୍କୁ ସହଯାତ୍ରୀ ଓ ସୁହୃଦ୍ ରୂପେ ସମ୍ବୋଧନ କରୁଥିଲେ । ଏବଂ ସେମାନଙ୍କୁ ସେ ପିରି ଓ ମୁରିଡି (ଶିକ୍ଷକ ଓ ଶିଷ୍ୟ) ରୂପେ ଚିହ୍ନଟ କରୁନଥିଲେ । ସେଥିପାଇଁ ଯେତେବେଳେ ଏହି ପୁସ୍ତକରେ ମିତ୍ର ଓ ସୁହୃତ୍ ଶବ୍ଦଟି ବ୍ୟବହାର କରାଯାଇଛି ସେହି କ୍ଷେତ୍ରରେ ଏହାକୁ ତୁମେ ଇଶ୍ୱର ଅନ୍ୱେଷୀ ରୂପେ ଭାବିବ ଓ ଅନୁଭବ କରିବ । ଯେ କୌଣସି ବ୍ୟକ୍ତି ଯାହାର ହୃଦୟ ଶୁଦ୍ଧ ଓ ଜାଗ୍ରତ ହୋଇଛି ସେ ଏହି ପୃଥିବୀରେ ସୁନ୍ଦର ଓ ଶୁଦ୍ଧ ରୂପ (form) ମାନ ଦେଖେ ଏବଂ ସୁନ୍ଦର ସଂଗୀତ ଶୁଣେ । (...) ମାତ୍ର ଯାହାର ହୃଦୟ ରୁକ୍ଷତା ଦ୍ୱାରା ଭାରପ୍ରାପ୍ତ ଏବଂ ଉଚ୍ଚତର ଅଭିମୁଖେ ଜାଗ୍ରତ ନୁହେଁ ସେ କୁତ୍ସିତ ରୂପ ଦେଖେ ଏବଂ ନିନ୍ଦାକର ଶବ୍ଦମାନ ଶୁଣେ । ଏବଂ ସେ ଭୌତିକ ସ୍ତରରେ ଯାହାଅଛି ତାହା ବ୍ୟତିରକେ ଆଉ କିଛି ଦେଖେନାହିଁ । (...) ଏବଂ ସେଥିପାଇଁ ହେ ବଂଧୁ ତୁମେ ପ୍ରଚେଷ୍ଟା ଓ ଧୈର୍ଯ୍ୟ ସହ ଧ୍ୟାନ ଅଭ୍ୟାସ କରିବ (...) ତୁମ ହୃଦୟରେ ଥିବା କଳ୍‌କିମାନ ଛାଡିଯିବେ ଏବଂ ତୁମର ଆତ୍ମାର ଦର୍ପଣ ଜାଜ୍ୱଲ୍ୟମାନ ହେବ । (୮)

ସତ୍ୟାଗ୍ରହୀ ସତ୍ୟ ନୁହେଁ ଅନୁବାଦକ ଦାରାସୁଖୋ ଆପଣାର ସତ୍ୟର କମ୍ପାସରେ ଯାହା ଦେଖିଛନ୍ତି ଏହା ସତ୍ୟାଗ୍ରହର ସାଧନା । ଏହି ସାଧନା ଆମ ସମୟର ମହାନ୍ ସତ୍ୟାଗ୍ରହୀ ଗାଂଧୀଙ୍କ ସାଧନାର ଜ୍ୟୋତି ଓ ଦୀପ୍ତି ଆମକୁ ପ୍ରଦାନ କରିଥାଏ । ସତ୍ୟାଗ୍ରହୀ ଗାଂଧୀ ମଧ୍ୟ ଅନୁବାଦ କରୁଥିଲେ । ସେ ଗୀତା, ଟଲଷ୍ଟୟ, ପ୍ଲାଟୋଙ୍କର ରଚନାକୁ ଗୁଜାରାତୀକୁ ଅନୁବାଦ କରିଥିଲେ । ସକ୍ରେଟିସ୍‌ଙ୍କର ସତ୍ୟ ସାଧନା ଓ ସତ୍ୟ ପାଇଁ ଜୀବନ ଦ୍ୱାରା ଗାଂଧୀଙ୍କର ପ୍ରଭାବିତ ହୋଇଥିଲେ ଓ ସକ୍ରେଟିସଙ୍କର ଚିନ୍ତନ ସମ୍ପର୍କରେ

ପ୍ଲାଟୋଙ୍କ ଲେଖାକୁ ଗୁଜୁରାଟିକୁ ଅନୁବାଦ କରିଥିଲେ । ଏଠାରେ ସ୍ମରଣାନ୍ତୟେ ଚିତ୍ତରଂଜନଙ୍କର ପ୍ରଥମ ଲେଖାଟି ହେଉଛି ମହାତ୍ମା ସକ୍ରେଟିସ୍ ।

-୫-

ଆପଣାର ପ୍ରବଂଧ, "ଗାଂଧୀ-ଶକ୍ତି : ସତ୍ୟାଗ୍ରହ-ଶକ୍ତି"ରେ ଚିତ୍ତରଂଜନ ଆମକୁ କୁହନ୍ତି:

> ସତ୍ୟାଗ୍ରହ କହିଲେ ମହାତ୍ମା ଗାନ୍ଧୀ ସତ୍ୟର ଆଗ୍ରହକୁ ବୁଝୁଥିଲେ । ସତ୍ୟ କହିଲେ କୌଣସି ଏକ ନିର୍ଦ୍ଦିଷ୍ଟ ମାର୍ଗ, ବାଦ ବା ଧର୍ମର ପ୍ରଚାରିତ ଫର୍ମୁଲାଗୁଡ଼ାକୁ ବୁଝାଏନାହିଁ । ସାରା ସଂସାରର, ଅର୍ଥାତ୍ ସମଗ୍ର ମାନବସମାଜର ଯେଉଁଥିରେ କଲ୍ୟାଣ ହୁଏ, ତାହାହିଁ ସତ୍ୟ । ଯେଉଁ ମାର୍ଗର ଅନୁସରଣ କଲେ ସଂସାରରେ ମାନବିକତା ବଢ଼େ, ତାହାହିଁ ସତ୍ୟର ମାର୍ଗ । ଆଗ୍ରହ କହିଲେ ଆପଣାର କରିନେବାର ଇଚ୍ଛା ଅର୍ଥାତ୍ ହୃଦୟର ସହିତ ବାନ୍ଧିବାର ଇଚ୍ଛାକୁ ବୁଝାଏ । ତେଣୁ ସତ୍ୟାଗ୍ରହ କହିଲେ ସକଳ ମାନବସମାଜ ଓ ମାନବତାର କଲ୍ୟାଣ ଲାଗି ଆପଣାକୁ ପ୍ରସ୍ତୁତ କରିନେବାର ବାସନାକୁ ହିଁ ବୁଝାଇବା ଉଚିତ । ଆପଣାର ଜୀବନକୁ ସତ୍ୟ ଅନୁସାରେ ମଣାଇନେଇ ପାରିଲେ ଆମ ଭିତରୁ ଯେକୌଣସି ବ୍ୟକ୍ତି ସତ୍ୟାଗ୍ରହର ପଥରେ ନିଶ୍ଚୟ ଆଗେଇଯାଇ ପାରିବ । ସତ୍ୟାଗ୍ରହୀ ହେବାକୁ ହେଲେ ଆପଣାର ଧର୍ମ ପରିବର୍ତ୍ତନ କରିବାର ଆଦୌ କୌଣସି ଆବଶ୍ୟକତା ନାହିଁ, ନୂଆ ମନ୍ତ୍ର ନେବାର ବି ପ୍ରୟୋଜନ ନାହିଁ । ଯିଏ ଯେଉଁଠାରେ ଅଛି, ସିଏ ସେହିଠାରେ ଥାଇ ମଧ୍ୟ ସତ୍ୟଲାଗି ଆଗ୍ରହ ପୋଷଣ କରିପାରିବ, ଏହି ଆଗ୍ରହକୁ ହିଁ ଜୀବନର ଅନ୍ୟ ସକଳ ଆଗ୍ରହର ଉତ୍ପ୍ରେରକ ରୂପେ ବ୍ୟବହାର କରିପାରିବ ।

ସତ୍ୟାଗ୍ରହ ଆମ ଜୀବନରେ ସତ୍ୟ, ଯାତ୍ରା ଓ ଅନୁବାଦ ସହିତ ବହୁପରିସରୀୟ ସାଧନା ଓ ସଂଗ୍ରାମ । ଏହା କେବଳ ଏକ ରାଜନୈତିକ ଆୟୁଧ ନୁହେଁ । ଏହା ଆମ ଜୀବନ ବଞ୍ଚିବାର ଓ ଜୀବନ ଓ ସମାଜକୁ ରୂପାନ୍ତରିତ କରିବାର ବହୁପରିସରୀୟ କଳା, ସାଧନା ଓ ସଂଗ୍ରାମ । ସତ୍ୟାଗ୍ରହ ସତ୍ୟ ସହିତ ଯାତ୍ରା ଓ ସତ୍ୟ ସହିତ ସତ୍ୟ ପାଇଁ ସାଧନା ଓ ସଂଗ୍ରାମ । ସତ୍ୟାଗ୍ରହ ମଧ୍ୟ ଆମକୁ ଗତିଶୀଳ କରାଏ; ସ୍ଥାଣୁତାକୁ ଚଳତ୍କ୍ରିୟ କରାଏ ଓ ସତ୍ୟକୁ ଚଳମାଣ ଭକ୍ତି, ଶକ୍ତି ଓ ସହଶକ୍ତିରୂପେ ଆମ ଜୀବନରେ ଅନୁଭବ କରିବାକୁ ସାହାଯ୍ୟ କରିଥାଏ । ଏହା ସହିତ ସତ୍ୟାଗ୍ରହ ଆମ ଜୀବନର ଅବିଚ୍ଛିନ୍ନ ଅନୁବାଦର ବହୁବିଧ ଧାରାରେ । ଆମେ ଜୀବନରେ ଇଙ୍ଗିତ, ଭାବ ଓ ଭାଷାକୁ ଅନୁବାଦ କରୁଥାଉଁ ଓ ଏହି ଅନୁବାଦରେ ସତ୍ୟ ଓ ସତ୍ୟାଗ୍ରହ ନଥିଲେ ଆମେ ଅନ୍ୟକୁ ଓ ନିଜକୁ ଅନ୍ୟାୟ କରୁଁ । ଆମର ଅନୁବାଦରେ ସତ୍ୟ ଓ ସତ୍ୟାଗ୍ରହ ଥିଲେ ଆମର ଜୀବନ

ସୁନ୍ଦର, ମର୍ଯ୍ୟାଦାବନ୍ତ ଓ ସଂଳାପମୟ ହୁଏ । ଅନୁବାଦ, ଯାତ୍ରା ଓ ସତ୍ୟ ସହିତ ବାଟଚାଲି ସତ୍ୟାଗ୍ରହ ଆମର ବାସ୍ତବତାର କେତେ ଗଭୀରତା ଓ ଉଚ୍ଚତା ଆଡକୁ ନେଇଯାଏ ଓ ଏହା ସହିତ ସତ୍ୟାଗ୍ରହ ଆମର ଜୀବନକୁ ବିବର୍ତ୍ତନଶୀଳ ଓ ରୂପାନ୍ତରଶୀଳ କରେ ।

ଗ୍ରନ୍ଥ ସୂଚନା:-

୧. M.K. Gandhi. 1955. *Truth is God.* Ahmedabad: Navajivan Publishing House.

୨. G. N. Devy. 2004. "*Truth in Indian Traditions.*" In Nadira Tazi (ed.) *Truth*. Delhi: Vistaar Publications.

୩. ଚିତ୍ତରଞ୍ଜନ ଦାସ, ୨୦୦୯ । *ଜଙ୍ଗଲ ଭିତରୁ ରାସ୍ତା*, ଭୁବନେଶ୍ୱର, ଶିକ୍ଷାସନ୍ଧାନ ।

୪. ଗଣେଶ ଦେବୀଙ୍କ ପୂର୍ବାଲୋଚିତ ପ୍ରବନ୍ଧ ।

୫. Buddhadasa Bhikhu. 1992. *Paticcasamuppada: Practical Dependent Origination*. Thailand: Suanmokh

୬. Rautray, Sailen. 2019. "A Requiem for Solidarity." *The Hindu*. March 30. https://www.thehindu.com/books/a-requiem-for-solidarity-the-travels-and-writings-of-chittaranjan-das/article26665390.ece (Accessed August 25, 2019).

୭. ଅନନ୍ତ କୁମାର ଗିରି, ୨୦୧୬। "ବ୍ୟାଖ୍ୟା, ବ୍ୟାପ୍ତି ଓ କ୍ରାନ୍ତି", *ଏଷଣା* ।

୮. Dara Shukoh, Muhammed. 1912. *The Compass of Truth or Risala-In-Haq-Numa*. Allahabad: The Panini Office. 2006. *Majma-Ul-Bahrain: Commingling of Two Oceans.* Gurgaon: Hope India Publications.

•

ସତ୍ୟ, ଇଶ୍ୱର, ନ୍ୟାୟ ଓ ସୃଜନଶୀଳ ଦାୟିତ୍ୱ ପଥ: ଗାଂଧୀଙ୍କ ସହ ଚିନ୍ତନ ଓ ସହଯାତ୍ରା

ସତ୍ୟ ସତ୍ ଶବ୍ଦରୁ ଆସିଛି ଯାହାର ଅର୍ଥ ହେଉଛି ସତ୍ତା ବା ଅସ୍ତିତ୍ୱ। ସତ୍ୟ ବିନା ବାସ୍ତବରେ କୌଣସି ଅବସ୍ଥାନ କରେନାହିଁ। ଖାସ୍ ସେଇଥିପାଇଁ ହୁଏତ ସତ୍ୟ ହେଉଛି ଇଶ୍ୱରଙ୍କର ସବୁଠାରୁ ଗୁରୁତ୍ୱପୂର୍ଣ୍ଣ ନାମ। ବାସ୍ତବରେ ଇଶ୍ୱର ସତ୍ୟ ବୋଲି କହିବା ଅପେକ୍ଷା ସତ୍ୟହିଁ ଇଶ୍ୱର ବୋଲି କହିବା ଅଧିକ ଉଚିତ୍ ହେବ। [...] ଯେଉଁଠାରେ ସତ୍ୟ ରହିଛି ସେଠାରେ ମଧ୍ୟ ଜ୍ଞାନ ରହିଛି ଯାହା ଠିକ୍। ଯେଉଁଠି ସତ୍ୟ ନାହିଁ ସେଠାରେ କୌଣସି ସଠିକ୍ ଜ୍ଞାନ ରହିପାରିବ ନାହିଁ। ସେଇଥିପାଇଁ ଚିତ୍ ବା ଜ୍ଞାନ ଇଶ୍ୱରଙ୍କ ନାମ ସହିତ ସଂଯୁକ୍ତ ହୋଇରହିଛି। ଏବଂ ଯେଉଁଠାରେ ସତକୁ ସତ ଜ୍ଞାନ ରହିଛି, ସେଠାରେ ଆନନ୍ଦ ରହିଛି।

ସତ୍ୟ ପ୍ରତି ଭକ୍ତିହିଁ ଆମ ଅସ୍ତିତ୍ୱର ଏକମାତ୍ର ଯଥାର୍ଥ୍ୟ। ଆମର ସକଳ କାର୍ଯ୍ୟ ସତ୍ୟ ଉପରେ କେନ୍ଦ୍ରିତ ହେବା ବିଧେୟ। ସତ୍ୟ ଆମର ନିଃଶ୍ୱାସ ହେବା ବିଧେୟ। ଜଣେ ତୀର୍ଥ ଯାତ୍ରୀର ବିକାଶର ଏହି ସ୍ତରରେ ଥରେ ଉପନୀତ ହେଲେ ସଠିକ୍ ଜୀବନ ଯାପନର ଅନ୍ୟ ସବୁ ନିୟମମାନ ସହଜରେ କୌଣସି ଚେଷ୍ଟା ନକରି ବଞ୍ଚିହେବ। [...] ମାତ୍ର ସତ୍ୟ ବିନା କୌଣସି ନିୟମ ବା principle ମାନିବା ସହଜ ନୁହେଁ।

ସାଧାରଣତଃ ସତ୍ୟର ନିୟମ ମାନିବା କଥା କହିବାବେଳେ ଆମେ କେବଳ ସତ୍ୟ କହିବାକୁ ଧରିନେଇଥାଉ। ମାତ୍ର ଆଶ୍ରମରେ ଆମେ ସତ୍ୟ ଶବ୍ଦକୁ ଏକ ବୃହତ୍ତର ଅର୍ଥରେ ବୁଝିବା ଉଚିତ। ସତ୍ୟ ଚିନ୍ତା, ବାକ୍ୟ ଓ କର୍ମରେ ରହିବା ବିଧେୟ। ଯେଉଁ ମନୁଷ୍ୟ ସତ୍ୟକୁ ଏହାର ଏହି ପୂର୍ଣ୍ଣତାରେ ଅନୁଭବ କରିଛି ତାହାପାଇଁ ଅଧିକ କିଛି ଜାଣିବାକୁ ନଥାଏ କାରଣ ଏଥିରେ ସବୁ ସଂଯୁକ୍ତ ହୋଇଥାଏ। ଏଥିରେ ଯାହା ଯୋଡ଼ି

ହୋଇ ନଥାଏ ତାହା ସତ୍ୟ ନୁହେଁ ଓ ଏହା ମଧ୍ୟ ସଠିକ୍ ଜ୍ଞାନ ନୁହେଁ ଏବଂ ସତ୍ୟପୂର୍ଣ୍ଣ ଜ୍ଞାନ ବିନା ଅନ୍ତର୍ମୁଖୀ ଶାନ୍ତି ସମ୍ଭବ ନୁହେଁ। ଆମେ ଯେତେବେଳେ କେବେ ବିଫଳ ହେଉନଥିବା ସତ୍ୟର ଏହି ପରୀକ୍ଷାକୁ ଆମ ଜୀବନରେ ପ୍ରୟୋଗ କରିବାକୁ ଶିଖିବା, ଆମେ ଏକା ସାଙ୍ଗରେ କ'ଣ କରିବା ଯଥାର୍ଥ, କ'ଣ ଦେଖିବା ଯଥାର୍ଥ, କ'ଣ ପଢ଼ିବା ଯଥାର୍ଥ ତାହା ଜାଣିପାରିବା।

- ମୋହନଦାସ କରମଚାନ୍ଦ ଗାଂଧୀ (୧୯୧୫), ସତ୍ୟ ହିଁ ଇଶ୍ୱର(୧)

ମୋତେ ନୂତନ ଅନୁଭବ ଭଲ ଲାଗେ। ମୁଁ ନୂତନ କ୍ଷେତ୍ର ଓ ତୃଣଭୂମିମାନଙ୍କୁ ଦେଖିବାକୁ ଭଲ ପାଉଥିଲି [...] ସୌରାଷ୍ଟ୍ରର ଷଡଯନ୍ତ୍ରପୂର୍ଣ୍ଣ ବାତାବରଣ ମୋତେ ଶ୍ୱାସରୁଦ୍ଧ କରି ରଖୁଥିଲା [...] ଏବଂ ଯେଉଁ ଜଳବାହୀ ଜାହାଜ ଏହି ଶ୍ରମିକମାନଙ୍କୁ ନାତାଲ (Natal) ପର୍ଯ୍ୟନ୍ତ ନେଇ ଯାଉଥିଲା ତାହାହିଁ ମଧ୍ୟ ସାଙ୍ଗରେ ମହାନ୍ ସତ୍ୟାଗ୍ରହ ଆନ୍ଦୋଳନର ବୀଜକୁ ସାଙ୍ଗରେ ଧାରଣ କରି ନେଇ ଯାଉଥିଲା।

- ମୋହନଦାସ କରମଚାନ୍ଦ ଗାଂଧୀ (୧୯୨୬), ଦକ୍ଷିଣ ଆଫ୍ରିକାରେ ସତ୍ୟାଗ୍ରହ(୨)

-୧-

ସତ୍ୟ ହିଁ ଇଶ୍ୱର (Truth is God) ଗାଂଧୀଙ୍କର ଅନେକ ରଚନାର ଏକ ସାଂଗ୍ରହ। ଏହା ଗାଂଧୀଙ୍କର ଚିନ୍ତାମାନଙ୍କର ଏକକ ଅମୂଲ୍ୟ ମଣିର ସଂକଳନ। ଜୀବନର ବହୁ ବିଭାଗ ସଂପର୍କରେ ବିଶେଷକରି ଶ୍ରଦ୍ଧା, ବିଶ୍ୱାସ, ଇଶ୍ୱର, ସତ୍ୟ, ନ୍ୟାୟ ଓ ଅହିଂସା ସମ୍ପର୍କରେ ଗାଂଧୀଙ୍କର ରଚନା ମାନଙ୍କର ଏହା ସଂକଳନ। ଏହି ରଚନାମାନ ଗାଂଧୀଙ୍କର ଗଭୀର ଆଧାତ୍ମିକ ଯାତ୍ରାର ସ୍ୱାକ୍ଷର ଓ ଜୀବନ ସାଧନାକୁ ବହନ କରିଛି ଯେଉଁ ଯାତ୍ରା ଓ ସାଧନା ଏକ ବିକଳ୍ପ ରାଜନୀତି ଓ ନୈତିକତା ସହିତ ସଂଯୁକ୍ତ।

ଏଠାରେ ଗାଂଧୀ ଆମକୁ ସତ୍ୟହିଁ ଇଶ୍ୱର ରୂପେ ଅନୁଭବ କରିବାକୁ ଆମନ୍ତ୍ରଣ କରୁଛନ୍ତି ଯାହା ଇଶ୍ୱରହିଁ ସତ୍ୟ ଚିନ୍ତା ଓ ଅନୁଭବ ସହିତ ସଂପୂର୍ଣ୍ଣ ଭାବେ ଖାପ୍ ଖାଏ ନାହିଁ । ସତ୍ୟ ଇଶ୍ୱର ଓ ଇଶ୍ୱର ପ୍ରତି ବିଶ୍ୱାସକୁ ସ୍ପର୍ଶ କରିଥାଏ ମାତ୍ର ଏହାଦ୍ୱାରା ସୀମିତ ନୁହେଁ । ଆମେ ଇଶ୍ୱରଙ୍କୁ ବିଶ୍ୱାସ କରୁ ବା ନକରୁ ସତ୍ୟ ଆମ ଜୀବନରେ ବିଦ୍ୟମାନ କ୍ରିୟାଶୀଳ। ସତ୍ୟ ଆମ ସହିତ ରହି ଆମ ରକ୍ତରେ ଥାଏ ଓ ଏହା ଆମକୁ ଆମର ବ୍ୟକ୍ତିଗତ, ପାରସ୍ପରିକ, ସାମାଜିକ, ବିଶ୍ୱମୟ ଓ ବ୍ରହ୍ମାଣ୍ଡଯୁକ୍ତ ଜୀବନରେ ସତ୍ୟକୁ ଅନୁଭବ କରିବାକୁ ଆମକୁ ଆମର ଦୈନନ୍ଦିନ ଜୀବନ ଓ ସଂଯୁକ୍ତ ବୃହତ୍ତର ସାମାଜିକ ଓ ଆନୁଷ୍ଠାନିକ ଜୀବନରେ ଆମକୁ ଅହିଂସାର ପଥରେ ବାଟ ଚାଲିବାକୁ ଓ ଜୀବନ ବଞ୍ଚିବାକୁ ହୋଇଥାଏ। ଗାଂଧୀଙ୍କ ଚିନ୍ତା ଓ ଅନୁଭବରେ "... ଅହିଂସା ବିନା ସତ୍ୟକୁ

ଖୋଜିବା ଓ ପାଇବା ଅସମ୍ଭବ।" (୩) ଗାଂଧୀ ପୁନଶ୍ଚ ଆମକୁ କହନ୍ତି ଯେ ଆମେ ଅବିରତ ପ୍ରୟାସ ଦ୍ୱାରାହିଁ ସତ୍ୟ ଓ ଅହିଂସାକୁ ଆମ ଜୀବନରେ ଅନୁଭବ କରିପାରିବା ଏବଂ ବାସ୍ତବାୟିତ କରିପାରିବା। (୪) ଗାଂଧୀଙ୍କ ଭାଷାରେ: "ସତ୍ୟର ପଥ ସେତିକି ସଂକୀର୍ଣ୍ଣ ଯେତିକି ସଳଖ। ଅହିଂସାର ପଥ ମଧ୍ୟ ଏହିଭଳି। ଏହା ଗୋଟିଏ ଧାର ଉପରେ ଭାରରଖି ଚାଲିବା ଭଳି। ସକେନ୍ଦ୍ରିତ କରି ଜଣେ acrobat ଗୋଟିଏ ଦଉଡ଼ି ଉପରେ ଚାଲିପାରେ। ମାତ୍ର ସତ୍ୟ ଓ ଅହିଂସା ପଥରେ ଚାଲିବା ପାଇଁ ଏହାଠାରୁ ଅଧିକ ସକେନ୍ଦ୍ରିକତା ଆବଶ୍ୟକ" (୫) ମାତ୍ର ଏହି କଠିନ ଯାତ୍ରାରେ ପ୍ରାର୍ଥନା, ବିଶ୍ୱାସ, ଇଶ୍ୱର ଓ ପରସ୍ପର ପ୍ରତି ଶ୍ରଦ୍ଧା ଆମକୁ ସାହାଯ୍ୟ କରିଥାଏ।

ଗାଂଧୀଙ୍କ ଚିନ୍ତନ ଓ ଅନୁଭବ ଯାତ୍ରାରେ ସତ୍ୟ ଓ ଅହିଂସା ପରସ୍ପର ସହିତ ଜଡ଼ିତ। ଅହିଂସା ହେଉଛି ଉପାୟ (means), ସତ୍ୟ ହେଉଛି ଲକ୍ଷ୍ୟ (End) । ଗାଂଧୀ ଆମକୁ ଏହି କ୍ଷେତ୍ରରେ କହୁଛନ୍ତି : "ଆମେ ଯଦି ଆମର ଉପାୟର ଯତ୍ନନେବା, ତେବେ ଆମେ ଶୀଘ୍ର ହେଉ ବା ବିଳମ୍ବରେ ହେଉ ନିଶ୍ଚୟ ଆମର ଲକ୍ଷ୍ୟ ପାଖରେ ପହଞ୍ଚିବା। ଆମେ ଯେତେ ବାଧାବିଘ୍ନ ଭେଟୁନା କାହିଁକି, ଯେତେ ବିପର୍ଯ୍ୟୟମାନ ଆମର ଜୀବନରେ ଆସିଲେ ମଧ୍ୟ ଆମେ ହୁଏତ ସତ୍ୟର ଅନ୍ୱେଷଣକୁ ପରିତ୍ୟାଗ କରିପାରିବା ନାହିଁ ଯାହାହିଁ କେବଳ ଇଶ୍ୱର।" (୬)

-୨-

ସତ୍ୟହିଁ ଇଶ୍ୱର ରୂପେ ଅନୁଭବ ଓ ବାସ୍ତବାୟିତ କରିବାକୁ ହେଲେ ଆମକୁ ଏକ ନ୍ୟାୟର ଜୀବନ ବଞ୍ଚିବାକୁ ହୋଇଥାଏ । ଗାଂଧୀଙ୍କ ଭାଷା ଓ ଅନୁଭବରେ: "ଯାହାକିଛି ଜୀବନ୍ତ ତାହାପ୍ରତି ଆମେ ନ୍ୟାୟର ସହିତ କର୍ମ କରିବା, ଇଶ୍ୱରଙ୍କୁ ଏହା ମାଗିବାଠାରୁ ଆଉ ବଡ କିଛି ନାହିଁ ।" (୭) ଯାହାକିଛିର ଜୀବନ ଅଛି ତାହା ସହିତ ନ୍ୟାୟପୂର୍ଣ୍ଣ ଭାବେ ସମ୍ବନ୍ଧିତ ହେବା ଏହା ଆମ ପାଇଁ ଏକ ସତତ ଆହ୍ୱାନ ଓ ଆମନ୍ତ୍ରଣ। ଆମର ଚିନ୍ତା, କର୍ମ ଓ ସମ୍ବନ୍ଧରେ ଯାହା କିଛି ବିଦ୍ୟମାନ ସମସ୍ତଙ୍କ ପ୍ରତି ଆମେ ନ୍ୟାୟପୂର୍ଣ୍ଣ ହେବା, ନ୍ୟାୟଯୁକ୍ତ ହେବା। କୌଣସି ବାଧା, ବାଡ ଓ ବଂଧନୀ ନରଖି ଆମେ ସମସ୍ତଙ୍କ ସହିତ ନ୍ୟାୟର ସୂତ୍ରରେ ସୂତ୍ରାୟିତ ହେବା। ଆମେ ଆମର ପରିବାରର ଲୋକମାନଙ୍କ ସହିତ ନ୍ୟାୟରେ ସୂତ୍ରରେ ଯୁକ୍ତ ହେବା; ପରିବାରରେ ଥିବା ନାରୀ, ପୁରୁଷ ଓ ପିଲାମାନଙ୍କ ସହିତ ସମସ୍ତଙ୍କ ସହିତ ନ୍ୟାୟପୂର୍ଣ୍ଣ ବ୍ୟବହାର କରିବା। ଆମେ ପରିବାରରେ ମୁରବୀ ପୁରୁଷ ହୋଇଥିଲେ ମଧ୍ୟ ନାରୀ ଓ ପିଲାମାନଙ୍କୁ ସେମାନଙ୍କର ନ୍ୟାୟ ଓ ମର୍ଯ୍ୟାଦାର ଭୂମି ଓ ଆସ୍ପୃହାରେ ସଂଯୁକ୍ତ ହେବା। ସେମାନଙ୍କର ମର୍ଯ୍ୟାଦା ଓ ନ୍ୟାୟପୂର୍ଣ୍ଣ ସ୍ଥିତି ଓ ସମ୍ଭାବନାକୁ ଆମେ କେବେଁ ଉଲଂଘନ କରିବା ନାହିଁ। ଖାଲି

ଆମର ପରିବାରର ଲୋକମାନଙ୍କ ସହିତ ଯେ ଆମେ ନ୍ୟାୟଯୁକ୍ତ ହେବା ତାହା ନୁହେଁ ଆମର ଏହି ବୃହତ୍ତର ମାନବୀୟ ପରିବାରର ସମସ୍ତଙ୍କ ସହିତ ଆମେ ନ୍ୟାୟଯୁକ୍ତ ହେବା। ଆମେ ଆମର ରାଷ୍ଟ୍ରର ଅଧିବାସୀମାନଙ୍କ ପ୍ରତି ଯେ କେବଳ ନ୍ୟାୟଯୁକ୍ତ ହେବା ତାହା ନୁହେଁ, ଆମ ରାଷ୍ଟ୍ର ବାହାରେ ଥିବା ସକଳଙ୍କ ପ୍ରତି ଆମେ ନ୍ୟାୟଯୁକ୍ତ ହେବା ।

ମାତ୍ର ନ୍ୟାୟ ସଂପର୍କରେ ପ୍ରଚଳିତ ନ୍ୟାୟତତ୍ତ୍ୱ ମାନ ଆମକୁ ଅନେକ ସମୟରେ ଆମର ନ୍ୟାୟର ଆହ୍ୱାନ ଓ ଆଚରଣକୁ ରାଷ୍ଟ୍ର ମଧ୍ୟରେ ସୀମାବଦ୍ଧ କରି ରଖିଥାଏ। ଆମେ ଆମ କ୍ଷେତ୍ରରେ ଆମେ ଆମ ଯୁଗର ପ୍ରଖ୍ୟାତ ରାଜନୈତିକ ଦାର୍ଶନିକ ଜନ୍ ରାଲସ୍ (John Rawls)ଙ୍କର A Theory of Justice (ନ୍ୟାୟର ଏକ ତତ୍ତ୍ୱ) ପୁସ୍ତକକୁ ସ୍ମରଣ କରିପାରିବା। (୮) ପଚାଶ ବର୍ଷ ତଳେ ୧୯୭୧ ମସିହାରେ ଶ୍ରୀଯୁକ୍ତ ରାଲସ୍ ଏହି ପୁସ୍ତକଟି ରଚନା କରିଥିଲେ ଯାହାର ସୁବର୍ଣ୍ଣ ଜୟନ୍ତୀ ଏବେ ପାଳିତ ହେଉଛି ଓ ଏହି ପଚାଶ ବର୍ଷ ଭିତରେ ଏହି ନ୍ୟାୟତତ୍ତ୍ୱ ଅନେକଙ୍କୁ ପ୍ରଭାବିତ କରିଛି। ସମାଜରେ ବଞ୍ଚୁଥିବା ସବୁଠାରୁ ଅବହେଳିତ ଲୋକମାନେ ସମାଜର ନ୍ୟାୟ ପାଆନ୍ତୁ ଓ ସେମାନଙ୍କର ଜୀବନ ଆଉ ନିମ୍ନଗାମୀ ନହେଉ। ନ୍ୟାୟ ପ୍ରତିଷ୍ଠା ଓ ପ୍ରଦାନ ପାଇଁ ସମାଜରେ ନ୍ୟାୟର ଅନୁଷ୍ଠାନମାନ ସୃଷ୍ଟି କରିବାକୁ ହେବ ଓ ତିଷ୍ଠି ରହିଥିବା ଅନୁଷ୍ଠାନମାନଙ୍କୁ ନ୍ୟାୟଯୁକ୍ତ କରିବାକୁ ହେବ। ମାତ୍ର ରାଲସଙ୍କର ନ୍ୟାୟତତ୍ତ୍ୱ ରାଷ୍ଟ୍ର ମଧ୍ୟରେ ସୀମାବଦ୍ଧ ହୋଇ ରହିଛି। ରାଷ୍ଟ୍ର ଭିତରେ ମଧ୍ୟ ମୂଳତଃ ଏହା ନାଗରିକମାନଙ୍କ ମଧ୍ୟରେ। ରାଷ୍ଟ୍ର ମଧ୍ୟରେ ଯେଉଁମାନଙ୍କର ନାଗରିକତା ପୂର୍ଣ୍ଣ ପ୍ରସ୍ଫୁଟିତ ହୋଇପାରିନାହିଁ ଓ ଯେଉଁମାନେ ଆଗନ୍ତୁକ ଓ ଶରଣାର୍ଥୀ ସେମାନଙ୍କ ପାଇଁ ରାଲସ୍‌ଙ୍କ ନ୍ୟାୟତତ୍ତ୍ୱରେ ବେଶୀ କିଛି ସୁଯୋଗ ନାହିଁ। ନ୍ୟାୟ ସମସ୍ତଙ୍କ ପାଇଁ, ରାଷ୍ଟ୍ର ଭିତରେ ଓ ରାଷ୍ଟ୍ର ବାହାରେ। ଏହି କ୍ଷେତ୍ରରେ ଅମର୍ତ୍ତ୍ୟ ସେନ୍ ଆମକୁ ଜାଗତିକ ନ୍ୟାୟର ଆହ୍ୱାନ ସମ୍ପର୍କରେ କହୁଛନ୍ତି। ସେନ୍ ହାଭାର୍ଡ ବିଶ୍ୱବିଦ୍ୟାଳୟରେ ରାଲ୍‌ସଙ୍କର ଜଣେ ସହକର୍ମୀ ଓ ସହଯୋଗୀ ଥିଲେ। ସେ ରାଲ୍‌ସଙ୍କ ନ୍ୟାୟତତ୍ତ୍ୱ ଦ୍ୱାରା ପ୍ରଭାବିତ। ଏହା ସହିତ ସେ ରାଲ୍‌ସଙ୍କ ନ୍ୟାୟତତ୍ତ୍ୱକୁ କିଛି ପାଦ ଆଗକୁ ଓ ଗଭୀରକୁ ନେବାକୁ ପଦକ୍ଷେପ ନେଇଛନ୍ତି। ଶ୍ରୀଯୁକ୍ତ ସେନ୍‌ଙ୍କ ବିଚାରରେ, ନ୍ୟାୟ ପ୍ରତିଷ୍ଠା ପାଇଁ ଉପଯୁକ୍ତ ଅନୁଷ୍ଠାନ ସହିତ ଉପଯୁକ୍ତ ବ୍ୟକ୍ତି ଆବଶ୍ୟକ ଯେଉଁ ବ୍ୟକ୍ତି ଜଣକ ଆପଣାର କ୍ଷୁଦ୍ର ସ୍ୱାର୍ଥକୁ ଅତିକ୍ରମ କରି ଏକ ନ୍ୟାୟବନ୍ତ ଜୀବନ ବଞ୍ଚିବାକୁ ବ୍ରତୀ ହୋଇଥିବ। ନ୍ୟାୟ ରାଷ୍ଟ୍ର ମଧ୍ୟରେ ସୀମାବଦ୍ଧ ନୁହେଁ। ନ୍ୟାୟର ଏକ ରାଷ୍ଟ୍ରୋତ୍ତର ଦିଗ ରହିଛି ଯେଉଁ ନ୍ୟାୟ ବା trans- national justice କେବଳ ରାଷ୍ଟ୍ର ରାଷ୍ଟ୍ର ମଧ୍ୟରେ ସୀମାବଦ୍ଧ ନାହିଁ; ଏହା ମଧ୍ୟ କେବଳ ସମାଜ-ସମାଜ ମଧ୍ୟରେ

ନୁହେଁ।(୯) ଏହି କ୍ଷେତ୍ରରେ ଶ୍ରୀଯୁକ୍ତ ସେନ୍ ଆମକୁ ଉଦାହରଣଟିଏ ପ୍ରଦାନ କରୁଛନ୍ତି। "ଆମେରିକାରେ ନାରୀମୁକ୍ତି ଓ ମର୍ଯ୍ୟାଦାରେ ବିଶ୍ୱାସ କରୁଥିବା ଜଣେ କର୍ମୀଟିଏ ରହିଛି। ସେ ଜାଗତିକ ନ୍ୟାୟ ଦ୍ୱାରା ପ୍ରେରିତ ହୋଇ ଆଫ୍ରିକା ଓ ଏସିଆ ମହାଦେଶରେ ନାରୀମାନଙ୍କର ଲିଂଗ-ବୈଷମ୍ୟ ଜନିତ ଦୁଃଖ ଓ ଦୁରାବସ୍ଥାକୁ ଲାଘବ କରିବାପାଇଁ ପ୍ରୟାସ କରୁଛି। ମାତ୍ର ଏଥିରେ ସେ କେବଳ ରାଷ୍ଟ୍ର ମଧ୍ୟରେ ଆବଦ୍ଧ ହୋଇ ଆଉ ଗୋଟିଏ ରାଷ୍ଟ୍ର ବା ମହାଦେଶର ନାରୀମାନଙ୍କ ସହିତ ସଂହତିଯୁକ୍ତା ହେଉନାହିଁ। ଜଣେ ବ୍ୟକ୍ତି ହିସାବରେ ତାର ଆତ୍ମ ପରିଚିତିରେ ବିସ୍ତାରଣ ହେଉଛି ଯେଉଁଠାରେ ସେ ରାଷ୍ଟ୍ର ବାହାରେ ଥିବା ନାରୀମାନଙ୍କ ଓ ଅନ୍ୟମାନଙ୍କ ସହିତ ଏକ ନ୍ୟାୟ ପ୍ରତିଷ୍ଠାର ସୂତ୍ରରେ ଜଡିତା ହୋଇପାରୁଛି। ଆମେରିକାରୁ ଆସି ସେ ବାଂଲାଦେଶର ନାରୀମାନଙ୍କ ସହିତ କାମ କରୁଥିବା ବେଳେ ଏହା ବିସ୍ତାରିତ ଆତ୍ମ-ପରିଚୟର ଏକ ପରିପ୍ରକାଶ: ଏହା କେବଳ ସମାଜ-ସମାଜ ବା ରାଷ୍ଟ୍ର-ରାଷ୍ଟ୍ର ମଧ୍ୟରେ ସୀମିତ ନୁହେଁ।"

ସେନ୍‌ଙ୍କର ଏମିତି ନ୍ୟାୟତତ୍ତ୍ୱ ଓ ନ୍ୟାୟପଥ ଗାଂଧୀଙ୍କର ନ୍ୟାୟତତ୍ତ୍ୱ ଓ ପଥକୁ ମଧ୍ୟ ସ୍ପର୍ଶ କରିଥାଏ। ଏହି କ୍ଷେତ୍ରରେ ରାଷ୍ଟ୍ରୋତ୍ତର ନ୍ୟାୟ ନାନାପ୍ରକାର ଅବଦମନ ଅତିକ୍ରମ କରି ଏକ ଅଣ-ଅବଦମନ (non-domination)ର ବ୍ୟକ୍ତି ଓ ସମାଜ ପ୍ରତିଷ୍ଠା କରିଥାଏ। ଏହି କ୍ଷେତ୍ରରେ ଆଉ ଜଣେ ନ୍ୟାୟତତ୍ତ୍ୱବିଦ୍ ଶ୍ରୀଯୁକ୍ତ ରାଇନାର୍ ଫର୍ଷ୍ଟ (Rainer Forst)ଙ୍କ ବିଚାର ପ୍ରଣିଧାନଯୋଗ୍ୟ। ନ୍ୟାୟ ଆମକୁ ସକଳ ଅବଦମନକୁ ଅତିକ୍ରମ କରି ବ୍ୟକ୍ତି, ସମାଜ, ରାଷ୍ଟ୍ର ଓ ରାଷ୍ଟ୍ରୋତ୍ତର ଭୂମିରେ ଏକ ମର୍ଯ୍ୟାଦାର ଭୂମି ଓ ସମ୍ବନ୍ଧ ପ୍ରତିଷ୍ଠା କରିବାକୁ ପ୍ରୟାସ କରିଥାଏ। ଶ୍ରୀଯୁକ୍ତ ଫର୍ଷ୍ଟ ଯାହାକୁ ଅଣ-ଅବଦମନ ବା non-domanation ବୋଲି କହୁଛନ୍ତି ଆମେ ତାକୁ ଅହିଂସା ସହିତ ସଂଯୁକ୍ତ କରି ଭାବି ପାରିବା ଓ ତଦନୁଯାୟୀ କର୍ମ କରିପାରିବା। ଏଥିପାଇଁ ବ୍ୟକ୍ତି ଓ ସମାଜକୁ ନିଜ ନିଜର ନିୟମ ସୃଷ୍ଟି କରିବାକୁ ହେବ। ସେମାନଙ୍କୁ ନିୟମର ନିର୍ମାତା - law maker - ହେବାକୁ ହେବ କେବଳ ନିୟମର ପାଳକ ନହୋଇ ନିୟମର ନିର୍ମାତା ହେବାକୁ ହେବ। ଏହି କ୍ଷେତ୍ରରେ ଶ୍ରୀଯୁକ୍ତ ଫର୍ଷ୍ଟ ଆଧୁନିକ ୟୁରୋପୀୟ ବର୍ଗରେ ଜଣେ ମୁଖ୍ୟ ପୁରୋଧା ଇମାନୁଏଲ କାଣ୍ଟଙ୍କର ଦର୍ଶନକୁ ଆଲୋଚନା କରିଛନ୍ତି। ଆପଣାର ସ୍ୱାତନ୍ତ୍ର୍ୟ ପାଇଁ ବ୍ୟକ୍ତିକୁ କେବଳ ନିୟମ-ପାଳକ ନହୋଇ ନିୟମ- ନିର୍ମାତା ହେବାକୁ ହେବ। ଏହା ମଧ୍ୟ ଗାଂଧୀଙ୍କର ସ୍ୱରାଜ- ଚିନ୍ତନ ଓ ପଥର ମୂଳକଥା। ବ୍ୟକ୍ତିକୁ କେବଳ ନିୟମ-ପାଳକ ନହୋଇ ନିୟମ- ନିର୍ମାତା ହେବାକୁ ହେବ।

ନ୍ୟାୟ ପ୍ରତିଷ୍ଠା ଓ ଅନୁଭବ ପାଇଁ ଆମକୁ ଅହିଂସା ଓ ଅଣ-ଅବଦମନର ନିୟମ ସୃଷ୍ଟି କରିବାକୁ ହେବ ଓ ଏହି ନିୟମ ଓ ଜୀବନ ଦୃଷ୍ଟିରେ ଆମକୁ ଜୀବନ

ବଞ୍ଚିବାକୁ ହେବ । ଏହି ଅହିଂସା ଓ ଅଣ-ଅବଦମନର ନିୟମ ଓ ଜୀବନଚର୍ଯ୍ୟା କେବଳ ରାଷ୍ଟ୍ର-ରାଷ୍ଟ୍ର ମଧ୍ୟରେ ସୀମିତ ନୁହେଁ; ଏହା ମନୁଷ୍ୟ-ମନୁଷ୍ୟ ମାନଙ୍କ ମଧ୍ୟରେ ସୀମିତ ନୁହେଁ । ଏହା ସକଳ ପ୍ରାଣୀ ଓ ବସ୍ତୁଙ୍କ ସହ... ଗଛଲତା, ନଦୀ ଓ ବସ୍ତୁମାନ । ଆଧୁନିକ ପର୍ବରେ ନ୍ୟାୟ ରାଷ୍ଟ୍ର ମଧ୍ୟରେ ସୀମିତ ହେବା ସହିତ ଏହା ମନୁଷ୍ୟ-କୈନ୍ଦ୍ରିକ । ମାତ୍ର ଗାଂଧୀ ଆମକୁ ଏଠାରେ ଆହ୍ୱାନ ଓ ଆମନ୍ତ୍ରଣ କରୁଛନ୍ତି ଯେ ଆମକୁ ସକଳ ପ୍ରାଣୀ ଓ ବସ୍ତୁମାନଙ୍କ ସହିତ ଅହିଂସା, ମର୍ଯ୍ୟାଦା ଓ ନ୍ୟାୟର ସହିତ ସମ୍ବନ୍ଧିତ ହେବାକୁ ହେବ । ଆମକୁ ମନୁଷ୍ୟ ଓ ମନୁଷ୍ୟତ୍ତୋର ସକଳ ପ୍ରାଣୀ... ଜୀବନ୍ତ ଓ ତଥାକଥିତ ଜୀବନହୀନ ସତ୍ତାମାନଙ୍କ ସହିତ ନ୍ୟାୟ ଓ ମର୍ଯ୍ୟାଦାର ସହିତ ବଞ୍ଚିବାକୁ ହେବ । ଏହି ସମ୍ପର୍କରେ ଚିନ୍ତାବିତ୍ ଡୋନା ହାରାୱେ (Donna Haraway) ଆମକୁ ବିଭିନ୍ନ ପ୍ରାଣୀମାନେ କେମିତି ପରସ୍ପର ସହିତ ଭେଟିପାରିବେ ସେଥିପାଇଁ ସଚେତନ ହେବାକୁ ଆହ୍ୱାନ ଦେଇଛନ୍ତି । (୧୧) ନ୍ୟାୟ ସଂପର୍କରେ ଆଲୋଚନା କରିଥିବା ମାର୍ଥା ନୁସ୍‌ବମ୍ (Martha Nussbaum) ଆମକୁ ନ୍ୟାୟ ଚିନ୍ତନ ଓ ନ୍ୟାୟ ବାସ୍ତବାୟନ କ୍ଷେତ୍ରରେ ଆମକୁ ପ୍ରାଣୀମାନଙ୍କ ମଧ୍ୟରେ ଥିବା ପାରସ୍ପରିକ ମର୍ଯ୍ୟାଦା (Cross-Species dignity)କୁ ଅନୁଭବ ଓ ବାସ୍ତବାୟିତ କରିବାକୁ ଆହ୍ୱାନ ଦେଇଛନ୍ତି (୧୨)।

ପ୍ରାଣୀ-ପ୍ରାଣୀଙ୍କ ମଧ୍ୟରେ ମର୍ଯ୍ୟାଦାକୁ ବୁଝିବାକୁ ମୁଁ ଏଠାରେ ମୋର ଅନୁଭୂତିଟିଏ ନିବେଦନ କରୁଛି । ଅନେକ ବର୍ଷ ତଳେ ୨୦୦୫ ମସିହାରେ ମୁଁ ସ୍ୱିଡେନର ସମୁଦ୍ର ତଟସ୍ଥ ନଗରୀ ମାଲ୍ ମୋ (Malmo) କୁ ଯାଇଥିଲି । ମୁଁ ମୋର ବଂଧୁ ମାଲମୋ ବିଶ୍ୱବିଦ୍ୟାଳୟର ଅଧ୍ୟାପକ ରୋନାଲଡ୍ ଷ୍ଟେଡ୍‌ଙ୍କ ସହିତ ସହଜରେ ବୁଲୁଥିଲି । କାର ପଛ ସିଟ୍‌ରେ ତାଙ୍କର ଶ୍ୱାନ ବସିଥିଲେ । ସମୁଦ୍ରତଟର ଗୋଟିଏ ପାର୍କରେ ରୋନାଲଡ୍ ଓହ୍ଲାଇଲେ ଯେଉଁ ପାର୍କଟି କେବଳ ଶ୍ୱାନମାନଙ୍କ ପାଇଁ ଉଦ୍ଦିଷ୍ଟ । ଏହି ପାର୍କରେ ରୋନାଲଡ୍ ସହବାସୀ ଶ୍ୱାନଜଣକ କେତେ ଆନନ୍ଦରେ ବୁଲିଲେ । ରୋନାଲଡ୍ କହିଲେ, "ଯେଉଁ ପାର୍କରେ ମନୁଷ୍ୟ ଓ ଶ୍ୱାନ ଉଭୟେ ବିଚରଣ କରନ୍ତି ସେଠାରେ ଶ୍ୱାନମାନେ ନିଜକୁ ଓ ଅନ୍ୟ ସହପ୍ରାଣୀ ଶ୍ୱାନମାନଙ୍କ ସହିତ ଭଲଭାବେ ଅଭିବ୍ୟକ୍ତ କରିପାରନ୍ତି ନାହିଁ । ସେଥିପାଇଁ ହୁଏତ ମାଲ୍‌ମୋ ନଗରୀ ଏବେ ଶ୍ୱାନମାନଙ୍କ କେବଳ ଗୋଟିଏ ପାର୍କ କରିଛି । ଏଠାରେ ଶ୍ୱାନମାନେ ପରସ୍ପର ସହିତ କେତେ ଆନନ୍ଦରେ ଖେଳନ୍ତି ।" ଏହି ବର୍ଷ (୨୦୨୫) ତାମିଲନାଡୁ ସରକାର ଚେନ୍ନାଇ ଓ ଅନ୍ୟ ସହରମାନଙ୍କରେ ଶ୍ୱାନମାନଙ୍କ ପାଇଁ ପାର୍କ ତିଆରି କରୁଛନ୍ତି ।

ଗୋଟିଏ ନଗରୀରେ ଶ୍ୱାନମାନଙ୍କ ପାଇଁ ଏକ ସ୍ୱତନ୍ତ୍ର ପାର୍କ ଏହା ଆମର

ନ୍ୟାୟ ଓ ପାରସ୍ପରିକ ପ୍ରାଣୀ-ମର୍ଯ୍ୟାଦା ଓ ସମ୍ବନ୍ଧ ଚେତନାରେ ଗୋଟିଏ ପାହୁଚ୍ ଆଗକୁ ଯାତ୍ରା। ଏଠାରେ ନ୍ୟାୟ ଚିନ୍ତନ ଓ କ୍ରିୟା କେବଳ ମନୁଷ୍ୟମାନଙ୍କ ମଧ୍ୟରେ ସୀମାବଦ୍ଧ ହୋଇ ରହିନାହିଁ। ଏଠାରେ ନ୍ୟାୟ କ୍ରିୟା ମନୁଷ୍ୟୋତ୍ତର ପ୍ରାଣୀମାନଙ୍କର ସ୍ୱତନ୍ତ୍ର ଆବଶ୍ୟକତା ଓ ମର୍ଯ୍ୟାଦାକୁ ବୁଝୁଛି। ଏହି କ୍ଷେତ୍ରରେ କ୍ରମେ ପଶୁପକ୍ଷୀ ଓ ଅନ୍ୟପ୍ରାଣୀ ମାନଙ୍କ ଉପରେ ଅତ୍ୟାଚାର ଓ ନିର୍ମମ ନିଷ୍ଠୁରତାକୁ ଅଗ୍ରହଣୀୟ ଓ ଦଣ୍ଡନୀୟ ଅପରାଧ ରୂପେ ବିଚାର କରାଯାଉଛି। ଏପରିକି ମାକ୍‌ଡୋନାଲଡ୍ ଭଳି ବହୁରାଷ୍ଟ୍ରୀୟ କମ୍ପାନୀମାନେ ତାଙ୍କର ପଶୁମାରଣ ସ୍ଥାନ ମାନଙ୍କରେ ଯଥା ଗାଇ, ଗୋରୁମାନଙ୍କ ସାମାନ୍ୟତମ ଯନ୍ତ୍ରଣା ସହିତ ନିଧନ କରିହେବ ସେଥିପାଇଁ କିଛି ପଦକ୍ଷେପ ନେଉଛନ୍ତି (୧୩) । ଆମ ଦେଶର କିଛି ହାଇକୋର୍ଟ ନଦୀର ଅଧିକାରକୁ ସ୍ୱୀକାର କଲେଣି। ବଲିଭିଆ ଭଳି ଦେଶ ଆପଣାର ସମ୍ବିଧାନରେ ପ୍ରକୃତିର ଅଧିକାର Right to Nature କୁ ସ୍ୱୀକାର କରିସାରିଲାଣି। ଯଦିଓ ପ୍ରକୃତିର ଅଧିକାର କଥା କହିବାବେଳେ ଆମକୁ ଅଧିକାର ଚର୍ଚ୍ଚାର ମୂଳଭୂତ ସୀମିତତାକୁ ସ୍ୱୀକାର କରିବାକୁ ହେବ ଓ ଏହାକୁ ଦାୟିତ୍ୱ ସହିତ ସଂଯୁକ୍ତ କରି ଏକ ନୂତନ ପ୍ରକୃତି ଓ ପରିବେଶ ଯୋଗ ସୃଷ୍ଟି କରିବାକୁ ହେବ, ଏହା ନ୍ୟାୟ ସମ୍ବନ୍ଧରେ ଚିନ୍ତନ ଓ ସାମ୍ବିଧାନିକ ଚିନ୍ତନର ଏକ ମହତ୍ତ୍ୱପୂର୍ଣ୍ଣ ପଦକ୍ଷେପ ଯାହାଠାରୁ ସାମ୍ପ୍ରତିକ ପୃଥିବୀର ବିଭିନ୍ନ ଦେଶ ଶିକ୍ଷା କରିପାରିବେ । ଆମେ ଭାରତବର୍ଷରେ ମଧ୍ୟ ଏହି ପ୍ରୟାସରୁ ଶିକ୍ଷାକରି ଆମେ ଆମର ସମ୍ବିଧାନରେ ମଧ୍ୟ କେବଳ ପ୍ରକୃତିର ଅଧିକାର କଥା ନକହି ପ୍ରକୃତି ସହ ମର୍ଯ୍ୟାଦାବନ୍ତ ସମ୍ବନ୍ଧ ଓ ଯୋଗକୁ ଆମର ସମ୍ବିଧାନ ଓ ସାମ୍ବିଧାନିକ ଚେତନାରେ ସ୍ଥାନ ଦେଇପାରିବା। ଏହି ପ୍ରକ୍ରିୟାରେ ଆମେ ବିଲିଭିଆ ଭଳି ଦେଶ ମାନଙ୍କଠାରୁ ଶିଖିବା ସହିତ ଚାଇନିଜ ସମ୍ବିଧାନରୁ ଶିକ୍ଷାଗ୍ରହଣ କରି ପାରିବା ଯେଉଁଥିରେ ଏକ ପରିବେଶ ସଚେତନ ସଭ୍ୟତା ନିର୍ମାଣ (ecological civilization) କଥା ସମ୍ବିଧାନରେ ଉଲ୍ଲେଖ କରାଇଛି। ଏହା ସହିତ ଆମେ ଆମର ଆଦି ଅଧିବାସୀ ଯାହାକୁ ଆମେ ଆଦିବାସୀ ବୋଲି କହୁଛୁ ତାଙ୍କଠାରୁ ପ୍ରକୃତି କୋଳରେ ପ୍ରକୃତି ସହ, ମର୍ଯ୍ୟାଦାବନ୍ତ ଭାବେ ଜୀବନ ବଞ୍ଚିବାକୁ ଶିଖିପାରିବା।

ନ୍ୟାୟ ତେଣୁ କେବଳ ସମାଜ, ବ୍ୟକ୍ତି ଓ ରାଷ୍ଟ୍ର ଭିତରେ ସୀମାବଦ୍ଧ ନୁହେଁ । ପ୍ରକୃତି ସହିତ ଆମର ସମ୍ବନ୍ଧ ଓ ପ୍ରକୃତି ବିଷୟରେ ଆମର ଚିନ୍ତା ଓ ଚେତନା ନ୍ୟାୟଯୁକ୍ତ ଓ ନ୍ୟାୟଧର୍ମୀ ହେଉ। ମନୁଷ୍ୟ ଇତିହାସର ଆଧୁନିକ ପର୍ବରେ ଶିଳ୍ପାୟନ ଓ ଅର୍ଥନୈତିକ ବିକାଶ ନାଆରେ ଆମ ପ୍ରକୃତିକୁ ଧ୍ୱଂସ କଲୁଁ। ମହାଭାରତରେ ଯେଉଁ ଖାଣ୍ଡବ ବନ ଦହନ ଆରମ୍ଭ ହୋଇଥିଲା ଯେଉଁଥିରୁ ଉଭୟ କୃଷ୍ଣ ଓ ଅର୍ଜୁନ ଗୋଡାଇ ଗୋଡାଇ କେତେକଙ୍କୁ ମାରିଲେ ଓ ଯେଉଁ ମୂଳଭୂତ ହିଂସାର ବିଚାର ଏପର୍ଯ୍ୟନ୍ତ ହୋଇନାହିଁ,

ଖାଣ୍ଡବ ବନ ଦହନ ଆଧୁନିକ ପର୍ବରେ ଶତଗୁଣିତ ହୋଇଛି। ପ୍ରକୃତି ଉପରେ, ଆମର ପୃଥିବୀର ଭୂଗୋଳ ଉପରେ ମଣିଷର ପ୍ରଭାବ ଓ ହସ୍ତକ୍ଷେପ ଏତେ ପ୍ରବଳ ଓ ନିର୍ଣ୍ଣୟାତ୍ମକ ହେଲାଣି ଯେ ଆମେ ଆମର ପୃଥିବୀର ଭୌଗୋଳିକ ଇତିହାସରେ ଏବଂ ମନୁଷ୍ୟ ପ୍ରଭାବର ଏକ ଭୂସମୟରେ ଉପନୀତ ହୋଇଛୁ ଯାହାକୁ ବୈଜ୍ଞାନିକମାନେ Anthropocene ବୋଲି କହୁଛନ୍ତି। ଏମିତି ଏକ ସମୟରେ ଆମର ଜଳବାୟୁ ପରିବର୍ତ୍ତନ ଓ ଜଳବାୟୁ ପତନ ହେଉଛି ଓ ଏହି ସମୟରେ ଆମକୁ ଅଧିକ ଯତ୍ନଶୀଳ ଭାବେ ପ୍ରକୃତି ସହିତ ବଞ୍ଚିବାକୁ ହେବ। ପରିବେଶ ଓ ପ୍ରକୃତି ସହିତ ଏକ ନୂତନ ଯୋଗ... ପ୍ରେମ, ଶ୍ରଦ୍ଧା ଓ ଯତ୍ନଶୀଳତାର ଯୋଗ କରିବାକୁ ହେବ। ପ୍ରକୃତି ଯୋଗ ଓ ନ୍ୟାୟର ସାମାଜିକ ଓ ଚେତନାଗତ ଉଦ୍‌ବେଳନ ସୃଷ୍ଟି କରିବାକୁ ହେବ ଯାହାକୁ ଶ୍ରୀଯୁକ୍ତ ଏମ.ଏସ୍. ସ୍ୱାମୀନାଥନ୍ Climate Care Movement ବୋଲି କହିଛନ୍ତି।(୧୪) ଏହି ଯୋଗ ଓ ଯତ୍ନଶୀଳତାର ଆନ୍ଦୋଳନରେ ଆମକୁ ଉଦାହରଣ ହେବାକୁ ହେବ, ବ୍ୟକ୍ତିଗତ ଓ ସାମୂହିକ କ୍ଷେତ୍ରରେ ଆମକୁ ଦୃଷ୍ଟାନ୍ତ ହେବାକୁ ହେବ। ଆପଣାର The Climate of History in a Planetary Age ପୁସ୍ତକରେ ଇତିହାସକାର ଦୀପେଶ୍ ଚକ୍ରବର୍ତ୍ତୀ ଗାଂଧୀଙ୍କୁ ପ୍ରକୃତି ସହିତ ଏକ ମର୍ଯ୍ୟାଦାପୂର୍ଣ୍ଣ ଓ ଦାୟିତ୍ୱ ସମ୍ପନ୍ନ ଜୀବନ ବଞ୍ଚିବାର ଜଣେ ଉଦାହରଣ ରୂପେ ଅନୁଭବ ଓ ଉପସ୍ଥାପନା କରିଛନ୍ତି। ଠିକ୍ ସେମିତି ସେ ମଧ୍ୟ Silent Spring ର ଲେଖିକା, ବୈଜ୍ଞାନିକ Rachel Carson ଙ୍କୁ।(୧୫)

ପ୍ରକୃତି ସହ ମର୍ଯ୍ୟାଦା ଓ ଯତ୍ନର ଯୋଗରେ ଆମେ ଗାଂଧୀ ଓ ରାଚେଲଙ୍କ ସହିତ ଆମେ ନିଜେ ଯୋଗୀ ହେବା ଓ ଦୃଷ୍ଟାନ୍ତ ହେବା। ଆମେ ପ୍ରଜାପତି ହେବା। ପ୍ରଜାପତି ହୋଇ ଆମ ପ୍ରକୃତି, ଦିବ୍ୟ ଓ ମନୁଷ୍ୟ ସହିତ ସମ୍ପନ୍ଧରେ ସୃଜନଶୀଳ କେତେ ଜୀବନ ସମ୍ବନ୍ଧ, ସମାଜ ସଂଗଠନ ଓ ଉତ୍ତରିତ ଚେତନା ଉଦ୍ୟାନକୁ ସୃଷ୍ଟି କରିପାରିବା। ମନୁଷ୍ୟର ଇତିହାସରେ ଆମେ ଅନେକ ସମୟରେ ସାଆବୁଲା ହୋଇ ପ୍ରକୃତି, ମନୁଷ୍ୟ ଓ ଦିବ୍ୟକୁ ଗିଳି ପକାଇଛୁ, ଧ୍ୱଂସ କରିଛୁ।

ଆମର ବ୍ୟକ୍ତିଗତ ଜୀବନ ଓ ସାମୂହିକ ଅର୍ଥନୈତିକ, ରାଜନୈତିକ ଓ ସାମାଜିକ ଜୀବନରେ ଏବେ ସାଆବୁଲାମାନେ ପ୍ରବଳ ହୋଇ ପ୍ରକୃତିକୁ ଧ୍ୱଂସ କରିବା ସହିତ ମଣିଷ ସମାଜକୁ ଓ ଭଗବାନଙ୍କୁ ମରଣ ମୁହଁକୁ ଠେଲି ଦେଇଛନ୍ତି। ଏହି କ୍ଷେତ୍ରରେ, ସାରା ପୃଥିବୀରେ ଅନେକ ବ୍ୟକ୍ତି ଓ ସମୁଦାୟମାନେ ପ୍ରକୃତିର ରକ୍ଷଣାବେକ୍ଷଣ ସହିତ ପ୍ରକୃତିର ପ୍ରସ୍ଫୁଟନ ପାଇଁ ପ୍ରୟାସ କରୁଛନ୍ତି ଯାହାକୁ ମୋର ବଂଧୁ ଶୈଳେସ୍ ରାଓ କାର୍ବନ ଯୋଗ - Carbon Yoga ବୋଲି କହିଛନ୍ତି (୧୬)। ଏହି Carbon

ଯୋଗରେ ପୃଥିବୀରେ ଅଙ୍ଗାରକାମ୍ଳର ମାତ୍ରାକୁ ରୋକିବା ପାଇଁ ଅନେକ ବ୍ୟକ୍ତି ଓ ସମୁଦାୟ ପ୍ରଜାପତି ହୋଇ ଓ ପ୍ରଜାପତି ରୂପେ କେତେ ସାଧନା ଓ ସଂଗ୍ରାମ କରୁଛନ୍ତି । ଏହି ପ୍ରଜାପତି ଯୋଗରେ ଗାଂଧୀ ଆମର ପ୍ରେରଣାର ଜୀବନ୍ତ ଧାରା ହୋଇ ରହିଛନ୍ତି ଓ ଆମ ସହିତ ଆଗକୁ ଯାଉଛନ୍ତି ।

ନ୍ୟାୟର ଏହି ବହୁପରିସରୀୟ ଚିନ୍ତନ ଓ ପଥ କେବଳ ରାଜନୈତିକ ନୁହେଁ । ଏହା ଏକା ସାଙ୍ଗରେ ରାଜନୈତିକ, ନୈତିକ ଓ ଆଧ୍ୟାତ୍ମିକ । ଏହା ପୂର୍ଣ୍ଣାଙ୍ଗ । ଗାଂଧୀ ଆମକୁ ପୂର୍ଣ୍ଣାଙ୍ଗ ନ୍ୟାୟ ପଥ ଓ ଦିଗନ୍ତ ବିଷୟରେ ପ୍ରେରଣା ଓ ଆହ୍ୱାନ ଦେଇଥାନ୍ତି । ଆଧୁନିକ ସମାଜ, ରାଜନୀତି ଓ ନ୍ୟାୟ ଚର୍ଚ୍ଚାରେ ନ୍ୟାୟ ହାସଲ ପାଇଁ ରାଜନୈତିକ କ୍ଷମତା ହାସଲ ଉପରେ ଅଧିକ ଗୁରୁତ୍ୱ ଦିଆଯାଇଛି । ମାତ୍ର ନ୍ୟାୟଲାଭ ପାଇଁ ରାଜନୈତିକ ସଂଗ୍ରାମରେ ଯଦି ନୈତିକ ଓ ଆଧ୍ୟାତ୍ମିକ ପ୍ରସ୍ତୁତି ନାହିଁ ତେବେ ଏହା ଅନେକ ସମୟରେ କ୍ଷମତା ଭିତରେ ବାଂଧି ହୋଇଯାଏ ଓ ନିଜର ଆତ୍ମାକୁ ଓ ସଂପୃକ୍ତ ସଭିଙ୍କୁ ନ୍ୟାୟ ପ୍ରଦାନ କରିପାରେନା । ନ୍ୟାୟ ପାଇଁ ନୈତିକ ଓ ଆଧ୍ୟାତ୍ମିକ ପ୍ରସ୍ତୁତି ସହିତ ପ୍ରେମ ଆବଶ୍ୟକ । ନ୍ୟାୟ ସମ୍ପର୍କୀୟ ଗଭୀର ଦାର୍ଶନିକମାନେ ଯଥା ପଲ୍ ରିକର୍ ଓ ଫ୍ରେଡ୍ ଡାଲମାୟାର୍ ପ୍ରେମ ଓ ନ୍ୟାୟ ମଧ୍ୟରେ ଥିବେ ଗଭୀର ସମ୍ବନ୍ଧକୁ ବୁଝି ଓ ଅନୁଭବ କରି ତଦନୁଯାୟୀ ଆମର ଜୀବନ ବଞ୍ଚିବାକୁ ଓ ସାମାଜିକ ଅନୁଷ୍ଠାନମାନ ସୃଷ୍ଟି କରିବାକୁ ଆହ୍ୱାନ ଦେଲେ । ଏହା ଗାଂଧୀଙ୍କର ଚିନ୍ତା ଓ ଜୀବନ ପଥର ଏକ ଓ ଅନେକ ବିସ୍ତାର । (୧୭)

ନ୍ୟାୟ ସହିତ ପ୍ରେମ । ଏଥିପାଇଁ ଅହିଂସା । ପ୍ରେମ ଓ ଅହିଂସାହିଁ ଆମକୁ ନିଜର ଆତ୍ମା ଓ ଅନ୍ୟମାନଙ୍କର ଏପରିକି ଅକୁହା ପ୍ରକୃତିର ଆମ ଉପରେ ଥିବା ନ୍ୟାୟର ଦାବୀ ସମ୍ପର୍କରେ ସଚେତନ କରାଏ, ଜାଗ୍ରତ କରାଏ । ଏହି କ୍ଷେତ୍ରରେ ଆମେ ଗାଂଧୀଙ୍କ ଦ୍ୱାରା ପ୍ରଦତ୍ତ ବିବେକର ମାନଦଣ୍ଡକୁ ସର୍ବଦା ମନେ ରଖିପାରିବା । ଗାଂଧୀ ଆମକୁ କହୁଛନ୍ତି: ଯେତେବେଳେ ତୁମେ ସଂଶୟରେ ପହଞ୍ଚିବ ତୁମେ କଣ କରିବ ବା ନକରିବ ସେତେବେଳେ ତୁମେ ଏହା ମନରେ ରଖିବ ତୁମେ ଯାହା କରିବାକୁ ଯାଉଛ ଏହା ଗରିବରୁ ଗରିବ ଓ ଅସହାୟରୁ ଅସହାୟ ବ୍ୟକ୍ତିଟିକୁ ମର୍ଯ୍ୟାଦା, ସୁରକ୍ଷା, ନ୍ୟାୟ ଓ ସ୍ୱରାଜ୍ୟ ପ୍ରଦାନ କରୁଛକି ? ଠିକ୍ ସେମିତି ଆମ ସମୟର ଗଭୀର ଦାର୍ଶନିକ ଇମାନୁଏଲ ଯେଭିନାସ୍ ଆମକୁ କହୁଛନ୍ତି ଯେ, ଆମେ ଆମର ସମ୍ବନ୍ଧରେ ସବୁବେଳେ ଅନ୍ୟର ମୁଖଶ୍ରୀକୁ ଅନାଇବା, ଅନ୍ୟର ମୁହଁକୁ ଚାହିଁବା । ଆମେ ମଧ୍ୟ ସଚେତନ ଓ ଜାଗ୍ରତ ରହିବା ଯେ, ଅନ୍ୟର ମୁହଁଟି କେବଳ ଆମ ସମ୍ମୁଖରେ ନାହିଁ, ଏହା ଆମର ଊର୍ଦ୍ଧ୍ୱରେ ରହିଛି । ଏଥିପାଇଁ ଆମର ଆତ୍ମ-କୈନ୍ଦ୍ରିକତାର ଉତ୍ତରଣ । ପ୍ରେମ ଓ ଅହିଂସାର ଜୀବନରେ

ଆମେ ଆତ୍ମ-କୈନ୍ଦ୍ରିକତାକୁ ଉତ୍ତରଣ କରି ଅନ୍ୟର ମର୍ଯ୍ୟାଦା, ନ୍ୟାୟ ଓ ଅଭିବୃଦ୍ଧି ପାଇଁ ସଚେତନ ହେଉ । ପ୍ରକୃତି ଯୋଗର ଧାରାରେ ଆମେ ମନୁଷ୍ୟ-କୈନ୍ଦ୍ରିକତାକୁ ଅତିକ୍ରମ ଓ ଉତ୍ତରଣ କରି ଆମେ ପ୍ରକୃତିର କ୍ରନ୍ଦନକୁ ଶୁଣୁ, ଆଶୀର୍ବାଦର ସଂଗୀତ ମଧ୍ୟ ଶୁଣୁ । ପ୍ରେମ ଓ ଅହିଂସା ପଥରେ ଆମେ ରାଷ୍ଟ୍ର-କୈନ୍ଦ୍ରିକତାର ନାନା ସୀମିତତାକୁ ଉତ୍ତରଣ କରି ଆମେ ସମଗ୍ର ମାନବ ସମାଜ ଓ ବିଶ୍ୱବ୍ରହ୍ମାଣ୍ଡର ନ୍ୟାୟ ଓ ଧର୍ମର ଆହ୍ୱାନ ବିଷୟରେ ଜାଗ୍ରତ ହେଉ ଓ ସେହି ଅନୁସାରେ ଜୀବନ ବଞ୍ଚୁ ଓ ସାମାଜିକ, ଅର୍ଥନୈତିକ ଓ ରାଜନୈତିକ ଅନୁଷ୍ଠାନମାନ ସୃଷ୍ଟି କରୁ ।

ପ୍ରେମ ଆମକୁ ଅହିଂସ କରାଏ ଯଦିଓ ଅସଚେତନ ପ୍ରେମ ମଧ୍ୟରେ ହିଂସା ଲୁଚି ରହିଥାଏ ବା ଲୁଚି ରହିପାରେ । ଅହିଂସା ଓ ପ୍ରେମ ଆମକୁ ପରସ୍ପର ପାଖରେ ଯଥାର୍ଥ କରିବାର, Justify କରିବାର ନୂତନ ମାର୍ଗ ପ୍ରଦାନ କରିଥାଏ । Justice ଏବଂ Justification -- ନ୍ୟାୟ ଓ ଯଥାର୍ଥ୍ୟକରଣ ମଧ୍ୟରେ ସମ୍ବନ୍ଧ ରହିଛି । ନ୍ୟାୟ ଚିନ୍ତନ ଓ ପ୍ରକ୍ରିୟାରେ ଆମେ ଅନେକ ସମୟରେ ନିଜର ନ୍ୟାୟ ଦାବୀକୁ, ନିଜକୁ କେନ୍ଦ୍ରରେ ରଖି ଉପସ୍ଥାପନା କରୁ, ନିଜକୁ Justify କରୁ, ନିଜର ଯୁକ୍ତି ଓ ବିଚାର ଦ୍ୱାରା ନିଜକୁ Justify କରୁ, ଯଥାର୍ଥ ରୂପେ ପ୍ରତିପାଦିତ କରୁ Justify ଏମିତି ଯଥାର୍ଥ୍ୟକରଣ ପ୍ରକ୍ରିୟା ଏକତରଫା ନ୍ୟାୟଦାବୀ ସୃଷ୍ଟି କରେ । ମାତ୍ର ପ୍ରେମ ଓ ଅହିଂସାର ଧାରାରେ ଆମେ ନିଜର ଯୁକ୍ତି ଓ ଅନୁଭବକୁ ଏକମାତ୍ର ପ୍ରାଧାନ୍ୟ ନଦେଇ ଆମେ ଅନ୍ୟର କଥା ଶୁଣୁ, ଅନ୍ୟ ସହିତ ସଂଳାପ କରୁ ଓ ଏହି ସଂଳାପରେ ଆମେ ପ୍ରେମ ଓ ଅହିଂସାର ସହିତ ଆମେ ନିଜର ଦାବୀଟିଟ ରଖୁ, ନିଜର ଯଥାର୍ଥତା ଉପସ୍ଥାପନା କରୁ ଓ ପାରସ୍ପରିକ ଯଥାର୍ଥତାକୁ ବୁଝୁ ।

ପ୍ରେମ, ଅହିଂସା ଓ ହିଂସାର ମାର୍ଗରେ ଆମେ ନ୍ୟାୟଯୁକ୍ତ ଜୀବନ ସମ୍ବନ୍ଧ ଓ ସମାଜକୁ ଅନୁଭବ କରୁ । ଏହି ଯାତ୍ରାରେ ଦିବ୍ୟଙ୍କ ସହିତ ସମ୍ବନ୍ଧ ଆମକୁ ସାହାଯ୍ୟ କରିଥାଏ । ଗାଂଧୀଙ୍କ ଚିନ୍ତନ ଓ ସାଧନାରେ ଆମେ ପ୍ରେମ, ଅହିଂସା, ସତ୍ୟ ଓ ଇଶ୍ୱରଙ୍କ ମଧ୍ୟରେ ଥିବା ପାରସ୍ପରିକ ସମ୍ବନ୍ଧକୁ ବୁଝିପାରୁ । ଅହିଂସା ଏଠାରେ ବହୁପରିସରୀୟ ଜୀବନ ଉତ୍ତୋଳନକାରୀ ଚିନ୍ତନ, ଶକ୍ତି ଓ ପ୍ରକ୍ରିୟା । ଅହିଂସା କେବଳ ହିଂସାର ଶୂନ୍ୟତା ନୁହେଁ; ଏହା ପ୍ରେମ ପାରସ୍ପରିକ ଓ ଜାଗତିକ ପ୍ରସ୍ଫୁଟନର ସାଧନା । ଅହିଂସା ଏଠାରେ ସମ୍ବନ୍ଧଗତ ଅହିଂସାକୁ ବୁଝାଏ -- ଅର୍ଥାତ୍ ଆମର ସମ୍ବନ୍ଧ ମାନଙ୍କରେ ଆମେ ହିଂସା ଓ ହିଂସ୍ରତାକୁ ଉତ୍ତରଣ କରି ଆମେ ଅହିଂସ ଧାରାରେ ପରସ୍ପର ସହିତ ସମ୍ବନ୍ଧିତ ହେଉ । ଏହା ସହିତ ଆମର ଚିନ୍ତାଗତ ଅହିଂସା ଯାହାକୁ ପ୍ରଖ୍ୟାତ ଦାର୍ଶନିକ ଜିତେନ୍ଦ୍ର ନାରାୟଣ ମହାନ୍ତି 'non-injury in modes of thinking' ବୋଲି କହିଛନ୍ତି । ଏହା ସହିତ

ଆମର ଜାଣିବାର ଓ ବୁଝିବାର ମାର୍ଗରେ ଅହିଂସା ଯାହାକୁ ଆମେ epistemic non-violence ବୋଲି କହିପାରିବା। ଏହା ସହିତ ଆମର ସତ୍ତାଗତ ଅହିଂସା -- ontological non-violence।

ଏମିତି ବହୁ- ପରିସରୀୟ ଅହିଂସା ଆମକୁ ଈଶ୍ୱର ଉପଲବ୍ଧିରେ ସାହାଯ୍ୟ କରିଥାଏ। ଅହିଂସାର ଯେଉଁ କୌଣସି ପରିସରରେ ପାଦ ଥାପିଲେ ଓ ସେଥିରେ ପାଦ ପରେ ପାଦ ଓ ପାହ୍ୱଚ ପରେ ପାହ୍ୱଚ ଗଲେ ଏହି ପାଦ ମାନଙ୍କରେ ଈଶ୍ୱର ପ୍ରସ୍ଫୁଟିତ ହୁଅନ୍ତି, ଫୁଟି ଉଠନ୍ତି। ଗାଂଧୀ ଆପଣାର କାଳଜୟୀ ବାକ୍ୟରେ ଆପଣାର ଅନୁଭବକୁ ଆମ ପାଖରେ କହୁଛନ୍ତି 'we become God like the extent we realize non-violence' (୧୮)। ଅର୍ଥାତ୍ ଆମେ ଯେତିକି ଆମର ଚିନ୍ତନ ଓ ଜୀବନଚର୍ଯ୍ୟାରେ ଅହିଂସାକୁ ଉପଲବ୍ଧି ଓ ବାସ୍ତବାୟିତ କରୁ, ଆମେ ସେତିକି ସେତିକି ଈଶ୍ୱରପ୍ରିୟ ହେଉ, ଈଶ୍ୱରୀୟ ହେଉ। ଗାଂଧୀ ମଧ୍ୟ ଆମକୁ କହୁଛନ୍ତି: ଅହିଂସା ହେଉଛି ଆତ୍ମାର ଶକ୍ତି ଓ ଏହା ଆମ ମଧ୍ୟରେ ଈଶ୍ୱରଙ୍କର ଶକ୍ତିହିଁ ଅଟେ (୧୯)। ଅହିଂସା ଆମକୁ ସଦା ଜାଗରଣ ଓ ପ୍ରୟାସ ପାଇଁ ଆବାହନ କରିଥାଏ। ଗାଂଧୀଙ୍କ ଅନୁଭବ ଓ ଜୀବନ ପଥରେ ଅହିଂସା ହେଉଛି 'radium in action' ଆମର କର୍ମରେ ଏକ ରାଡିୟମ୍। ଯେପରି ଲେଶମାତ୍ର ରାଡିୟମ୍ ଆମର tissue ରେ ହୋଇଥିବା ରୋଗଗ୍ରସ୍ତ ଅଭିବୃଦ୍ଧିକୁ ରୋକି ଏହାକୁ ପ୍ରଶମିତ ଓ ନିରାମୟ କରେ ଠିକ୍ ସେମିତି ଯଥାର୍ଥ ଅହିଂସା ଆମର ସମାଜର ରୁଗ୍ଣତାକୁ ପ୍ରଶମିତ କରେ, ଆମର ସମାଜକୁ ସୁସ୍ଥ ଓ ସାବଲୀଳ କରାଏ।

ଏଥିପାଇଁ ତ୍ୟାଗ ଆବଶ୍ୟକ, ଜୀବନ ଉତ୍ତୋଳନକାରୀ ତ୍ୟାଗ। ଅହିଂସା ପାଇଁ ଆମକୁ ଜୀବନରେ ଅପରିଗ୍ରହରେ ସାଧନା କରିବାକୁ ହୁଏ... ବସ୍ତୁ ଓ ବ୍ୟକ୍ତିମାନଙ୍କୁ ଅଧିକାର ନକରି ଆମକୁ ଅପରିଗ୍ରାହୀ ହେବାକୁ ହୁଏ। ଆମେ ଜୀବନରେ ଯେତିକି ଯେତିକି ଜାବୁଡି ଧରିବାକୁ ଚାହୁଁଥିବା, ଜମା, ଗଦା ଓ ଠୁଳ କରିବାକୁ ଚାହୁଁଥିବା ଆମେ ସେତିକି ସେତିକି ହିଂସ୍ର ହେଉଥିବା – ଏହି ଆଧିପତ୍ୟରୁ କିଏ ଟିକିଏ ଇୟାଡେ ସିଆଡେ ହୋଇଗଲେ ଆମେ ପୁଣି ଏହାକୁ ଆମର ଜମାକୁ ଆଣିବାକୁ କଳେବଳେ କେତେ କଥା କରୁଥିବା, କେତେ ହିଂସାଚରଣ କରୁଥିବା। ଅପରିଗ୍ରହ ଆମକୁ ଅହିଂସ ଭାବରେ ସାହାଯ୍ୟ କରେ ଯେମିତି ଏହା ମଧ୍ୟ ନ୍ୟାୟଯୁକ୍ତ ହେବାରେ। ଆମେ ଜୀବନରେ ଯେତିକି ଯେତିକି ଅପରିଗ୍ରାହୀ ହେଉ, ଆମର ସମ୍ବଳ ଓ ଶକ୍ତିମାନ ଅନ୍ୟମାନଙ୍କ ପାଖରେ ପହଂଚେ ଓ ଏହା ଆମର ସମ୍ବନ୍ଧକୁ ନ୍ୟାୟଧର୍ମୀ କରିବାରେ ସାହାଯ୍ୟ କରେ। ଅପରିଗ୍ରହ ଜୀବନ ମାର୍ଗରେ ଆମେ ଯେତେବେଳେ ଅଳପରେ ଜୀବନ ବଞ୍ଚୁ,

ସେତେବେଳେ ଏଥିରୁ ସ୍ୱଷ୍ଟ ଧର୍ମ-ସମ୍ବଳ ଅନ୍ୟମାନଙ୍କ ଜୀବନରେ ଦୀପ ଜାଳିଦିଏ। ଏମିତି ଅପରିଗ୍ରହର ଜୀବନ ବଞ୍ଚିବା ପାଇଁ ଆମକୁ ଅନୁଭବ କରିବାକୁ ହୋଇଥାଏ, ସଂପୃକ୍ତ ସମସ୍ତଙ୍କ ସହିତ ଆମର ସମ୍ବଳ ଓ ଶକ୍ତିକୁ ଅଂଶଗ୍ରହଣ ନକରି ଆମେ ଯେତେବେଳେ ଏକାଏକା ସବୁ ଗିଳିପକାଉ, ଝାମ୍ପି ନେଉ... ଏହା ଏକ ହିଂସାର ଜୀବନ... ଏହା ଉପନିଷଦର କହିବା ଭଳି ଏକ ଗୃଧ୍ରର ଜୀବନ। ଏହାର ବିକଳ୍ପ ହେଉଛି... ତେନ ତ୍ୟକ୍ତେନ ଭଂଜିଥାଃ ଅର୍ଥାତ୍... ଆମେ ତ୍ୟାଗ କରିହିଁ ଭୋଜନ କରିବା। ଗାଂଧୀଙ୍କ ଅନୁଭବାତ୍ମକ ଦର୍ଶନ ଓ ଜୀବନ ସାଧନାରେ ଅହିଂସା ବିନା ଏହି ତ୍ୟାଗ ସମ୍ଭବ ନୁହେଁ : "[---] perfect renunciation is impossible without perfect observation of Ahimsa in every shape and in every form" (୨୦)।

ଅହିଂସା, ତ୍ୟାଗ, ପ୍ରେମ ଓ ସତ୍ୟ ପାଇଁ ସାହସ ଓ ସାଧନା ଆବଶ୍ୟକ। ଗାଂଧୀଙ୍କ ଅନୁଭବରେ, ଯିଏ ସତ୍ୟର ଜୀବନ ବଂଚେ ସେ ଜାଣେ ଏହା କେତେ କଷ୍ଟକର। ସମଗ୍ର ପୃଥିବୀ ତାର ତଥାକଥିତ ବିଜୟକୁ କରତାଳି ଦେଇ ବାହାବାହା କରିପାରେ ମାତ୍ର ପୃଥିବୀ ତାର ନାନା ପତନ ବିଷୟରେ ଜାଣିନଥାଏ। ମାତ୍ର ସତ୍ୟ, ପ୍ରେମ ଓ ଅହିଂସାରେ ବଞ୍ଚୁଥିବା ମଣିଷଟି ଜାଣେ ସେ ଏହି ଜୀବନ ପଥରେ କେତେଥର ଝୁଣ୍ଟିପଡିଛି। "A man who wants to look the whole world including one who calls himself his enemy knows how impossible is to do so in his own strength" (୨୧)। ଅର୍ଥାତ୍ ଯିଏ ସମଗ୍ର ପୃଥିବୀକୁ ଭଲପାଇବାକୁ ଚାହେଁ ଓ ନିଜକୁ ଶତ୍ରୁ ବୋଲି ମଣିବାକୁ ଚାହେଁ (ନିଜର ଅହଂକୁ ଶତ୍ରୁ ବୋଲି ମଣିବା କଥା ଗାଂଧୀ ଏଠାରେ ସଙ୍ଗେ ସଙ୍ଗେ ସିଏ ଜାଣେ ତା ନିଜ ଶକ୍ତିରେ ଏହା କରିବା କେତେ କଷ୍ଟକର। ସେଥିରେ ତାକୁ ନମ୍ର ହୋଇ ପ୍ରେମରେ ବିକଶିତ ହୁଏ: 'He is nothing if he does not daily grow the human as he grows in love [--]' (୨୨) ଏହି ନମ୍ରତାର ନ୍ୟାୟ ତାକୁ ଈଶ୍ୱର ଓ ପ୍ରକୃତିଠାରୁ କରୁଣା ପ୍ରାର୍ଥନା କରିବାକୁ ହୋଇଥାଏ ଯେମିତି ମନୁଷ୍ୟମାନଙ୍କଠାରୁ ଓ ମନୁଷ୍ୟୋତ୍ତର ସକଳ ପ୍ରାଣୀଙ୍କଠାରୁ।

ଗ୍ରନ୍ଥ ସୂଚନା:-

୧. Mohandas Karamchand Gandhi, Truth is God. Ahmedabd: Navjivan Publishing House, 1948

୨. Mohandas Karamchand Gandhi, Satayagraha in South

Africa. Ahmedabad: Navjivan Publishing House.
୩. Truth is God, ପୃ.୩୫ ।
୪. ତତ୍ରୈବ ।
୫. ତତ୍ରୈବ, ପୃ.୩୫ ।
୫. ତତ୍ରୈବ, ପୃ.୩୫ ।
୬. ତତ୍ରୈବ, ପୃ.୩୫ ।
୭. ତତ୍ରୈବ, ପୃ.୪୮ ।
୮. John Rawls, A Theory of Justice. Cambridge, MA: Harvard University Press, 1971
୯. Amarya Sen, "Justice Across Borders." In Global Justice and Transnational Politics: Essays on the Moral and Political Challenges of Globalization, eds, P.D. Grieff and C.P. Cronin, pp. 37-51. Cambridge, MA: The MIT Press.
୧୦. Rainer Forst, Normativity and Power: Analyzing Social Orders of Justification. New York: Oxford University Press, 2017.
୧୧. Donnaa Haraway, When Species Meet. Durham, NC: Duke University Press, 2017.
୧୨. Martha Nussbaum, Frontiers of Justice: Disability, Nationality, Species Membership. Cambridge, MA: Harvard U. Press, 2006.
୧୩. Joe Jammit-Lucia, The New Political Capitalism: How Businesses and Societies Can Thrive a Deeply Politicized World. London: Bloomsberry, 2022.
୧୪. M.S. Swaminathan, In Search of Biohappiness. Singapore: World Scientific, 2011.
୧୫. Dipesh Chakraborty, The Climate of History in a

Planetary Age. Chicago: University of Chicago Press, 2021.

୧୬. Sailesh Rao, The Occupation of Butterflies. Phoenix: Climate Healers Publications, 2016.

୧୭. Fred Dallmayr, "Love and Justice: A Memorial Tribute to Paul Ricouer." In idem, In Search of the Good Life: A Pedagogy for Troubled Times. Lexington: University of Kentucky Press.

୧୮. Mohandas Karamchand Gandhi, Truth is God, ପୃ.୩୬ ।

୧୯. ତତ୍ରୈବ, ପୃ.୩୬ ।

୨୦. ତତ୍ରୈବ, ପୃ.୯୭ ।

୨୧. Truth is God.

୨୨. Truth is God.

ଚତୁର୍ଥ ସ୍ତବକ

ସମାଜ, ପରିବର୍ତ୍ତନ, ବିକାଶ ଓ ଆମର ବିକଳ୍ପ ଜାଗତିକ ଭବିଷ୍ୟତ

ଏହି ମହାମାନବ ଆସେ
ଦିଗେ ଦିଗେ ରୋମାଞ୍ଚ ଜାଗେ...
ମର୍ତ୍ତ୍ୟ ଧୂଳିର ଘାସେ ଘାସେ ।
- ରବୀନ୍ଦ୍ରନାଥ

(୧)

ଏହି ମହମାନବ ଆସେ । ଏହି ମହାମାନବ ଆସୁଛନ୍ତି । ତାଙ୍କର ଆଗମନରେ ଦିଗଦିଗରେ ରୋମାଞ୍ଚ ଜାଗି ଉଠୁଛି । ମର୍ତ୍ତ୍ୟ ଧୂଳିର ଘାସରେ ଘାସରେ । ଡିସେମ୍ବର ୧୯୮୧ର ଏକ ଶୀତୁଆ ଅପରାହ୍ନରେ ଚିତ୍ତଭାଇ ଓ ମୁଁ ଏହି ଗୀତଟି ଗାଇ ଆମ ଗାଆଁରୁ ଆମେ କଟା ହୋଇଥିବା ଧାନକ୍ଷେତ ଦେଇ ନିକଟସ୍ଥ ସଡକ ପାଖକୁ ଆସୁଥିଲୁ । ମୁଁ ସେତେବେଳେ ରେଭେନସା ମହାବିଦ୍ୟାଳୟରେ ଇଣ୍ଟରମିଡିଏଟ୍ ବିଜ୍ଞାନ ଅଧ୍ୟୟନର ଦ୍ୱିତୀୟ ବର୍ଷରେ ଥାଏ ଏବଂ ଚିତ୍ତଭାଇ ଓ ମୁଁ ଆମ ଗାଆଁ ଜମାଲପୁରକୁ ଖ୍ରୀଷ୍ଟମାସ-ଧାନକଟା ଛୁଟିରେ ଆସିଥାଉ । ବାଲେଶ୍ୱର ଜିଲ୍ଲାର ବସ୍ତା ବ୍ଲକରେ ଆମର ଏହି ଗାଆଁ ଜମାଲପୁରରେ ଆମେ ରତରତ ହେଉଥିବା ସୂର୍ଯ୍ୟଙ୍କ ସହିତ ଏହି ଗୀତଟି ସାଙ୍ଗହୋଇ ଗାଉଥାଉ । ତହିଁପରଦିନ ଚିତ୍ତଭାଇ ଓ ମୁଁ ଆମ ଗାଆଁ ପାଖ ଦରଡ଼ାରେ ହେଉଥିବା ହାଟ ବୁଲିବାକୁ ଗଲୁଁ । ଗଲାବେଳେ ଆମେ ସଡକ ବାଟଦେଇ ଗଲୁ ଓ ଫେରିବାବେଳେ ଆମେ ଗାଆଁ ବାଟରେ ଗାଆଁକୁ ଫେରୁଥିଲୁ । ବାଟରେ ପେଜଗଳା ନଈ ଓ ଏହା ଉପରେ ଏକ ବାଉଁଶ ପୋଲ । ଏହି ବାଉଁଶ ପୋଲରେ ଆମେ ନଦୀ ଏପଟକୁ ବାଉଁଶ ପୋଲ ଉପରକୁ ଧରି ଓ ତଳେ ପାଦ ପକାଇ ପକାଇ ଆସିବୁ । ପୋଲରେ ଗୋଟିଏ

ପାଦ ପକାଇ ଓ ହାତରେ ଶଙ୍ଖକୁ ଧରି, ଏହି ଅନୁଭୂତି ତାଙ୍କ ପାଇଁ ନୂଆ ଥିବାରୁ ଚିତ୍ତଭାଇ ନଦୀ ଉପରର ଏହି ପୋଲରେ ଯାଇପାରିବେ ନାହିଁ ଭାବିଲେ। ତତ୍‌କ୍ଷଣାତ୍ ଏହି ପୋଲ ଉପରେ ଜଣେ ଆପଣାର ବାଇସାଇକେଲକୁ କାନ୍ଧରେ ପକାଇ ସେ ପେଜଗଳା ନଦୀ ପାର ହୋଇଗଲେ। ଚିତ୍ତଭାଇ ସେଇଠୁ ବାଉଁଶ ପୋଲଧରି ନଦୀ ପାର ହେଲେ ଓ ଏହାପରେ ମୁଁ ଓ ମୋର ସାନଭାଇ ଅରୁଣ। ଚିତ୍ତଭାଇ ସେଇଠୁ କହିଲେ : "ଦେଖ, ଆମେ ପରସ୍ପରକୁ କେମିତି ବଳ ଦେଉ, ବିଶ୍ୱାସ ଦେଉ। ମୁଁ ପୋଲରେ ପାର ହୋଇପାରିବି ନାହିଁ ବୋଲି ଭାବୁଥିଲି। ଏହି ଲୋକଜଣକ ଆପଣାର ବାଇସାଇକେଲକୁ କାନ୍ଧରେ ଭାରକରି ନେଇଗଲେ ପୋଲ ଧରିଧରି। ମୁଁ ସେଇଠୁ ବଳ ପାଇଲି।"

ଜୀବନଯାତ୍ରାରେ, ସମାଜରେ ଆମେ ପରସ୍ପର ପାଖରୁ ବଳ ପାଉ, ବିଶ୍ୱାସ ପାଉ। ଚିତ୍ତଭାଇ ଜୀବନରୁ, ସମ୍ବନ୍ଧରୁ, ସଂସାରରୁ ଜୀବନଯାତ୍ରା ପାଇଁ ବଳ ପାଉଥିଲେ, ବିଶ୍ୱାସ ପାଉଥିଲେ ଓ ଏହା ସହିତ ସଂପୃକ୍ତ ସଭିଙ୍କୁ କେତେ ବିଶ୍ୱାସ ଦେଉଥିଲେ, କେତେ ଶ୍ରଦ୍ଧାମୟ ବଳ ପ୍ରଦାନ କରୁଥିଲେ। ଚିତ୍ତଭାଇ ସାଙ୍ଗରେ ଓ ଏକାଏକା ଜୀବନରେ କେତେ ଦିଗ ବୁଲିଛନ୍ତି; କେତେ ସମତଳ ଓ ଶିଖର ବିଚରଣ କରିଛନ୍ତି ଓ ସବୁଠାରେ ସେ ଜୀବନଶ୍ରଦ୍ଧାର ରୋମାଞ୍ଚ ସୃଷ୍ଟି କରିଛନ୍ତି; ଆମ ସମସ୍ତଙ୍କୁ ଜୀବନ ଅନୁରାଗୀ କରାଇଛନ୍ତି ଓ ଦିବ୍ୟ ଅନୁରାଗୀ କରାଇଛନ୍ତି। ମର୍ତ୍ତ୍ୟ ଧୂଳିର ଘାସେଘାସେ ବୁଲିଛନ୍ତି ଏହା ସହିତ କାଦୁଆ ମାଟିରେ। ଚିତ୍ତଭାଇ ୧୯୮୧ ମସିହାର ବର୍ଷାକାଳରେ ଆମ ଗାଆଁକୁ ଆସିଛନ୍ତି, ବାଟର କାଦୁଆ ରାସ୍ତାରେ ଗଲାବେଳେ ତାଙ୍କ ଗୋଡରେ କଣ୍ଟା ଫୋଡି ଯାଇଛି। ଏହାର ଅନେକ ମାସପରେ ଚିତ୍ତଭାଇ ମୋତେ କହିଲେ: "ତୁମେ କୁଣିଆ ହୋଇଯାଇଛ, କାଦରେ କାଦରେ କଣ୍ଟା ଫୋଡିଗଲା, ଏହି ବିଷୟରେ ତୁମେ କହିବ କି ?"

ଏହି ମାନବ ଆସେ, ଏହି ମହାମାନବ ଆସନ୍ତି, ଏହି ଏହି ମାନବ ଆସୁଛନ୍ତି, ଏହି ମହାମାନବ ଆମ ସହିତ ବାଟ ଚାଲୁଛନ୍ତି। ମହାମାନବ ଆମ ସହିତ ବାଟ ଚାଲୁଛନ୍ତି, ମହାମନିଷୀ ଆମ ସହିତ ବାଟ ଚାଲୁଛନ୍ତି। ମହାମାନବ ଓ ମହାମନୀଷୀ ଆମ ସହିତ ମର୍ତ୍ତ୍ୟଧୂଳିର ଘାସେ ଘାସେ ବାଟଚାଲି ଆମକୁ କହୁଛନ୍ତି ଯେ, ଆମ ସମସ୍ତଙ୍କ ମଧ୍ୟରେ ମହାମାନବ ଓ ମହାମନିଷୀର ସମ୍ଭାବନା ଓ ବାସ୍ତବତା ରହିଛି। ମହାମାନବ ସାଧାରଣ ହୋଇ ଆପଣାର ମହନୀୟତାକୁ ସମାଜ, ସଂସ୍କୃତି ଓ ସଂସାରର ପ୍ରକାଶିତ କରାନ୍ତି, ପ୍ରସ୍ଫୁଟିତ କରାନ୍ତି। ଏହି ପ୍ରକ୍ରିୟାରେ ମହାମାନବ ଶ୍ରୀ ସାମାନ୍ୟ ହୁଅନ୍ତି: ଶ୍ରୀ ଓ ସାମାନ୍ୟ। ମହାମାନବ ଓ ମହାମନିଷୀଙ୍କ ଜୀବନ ଓ ଚାରଣା ଆମର

ଆତ୍ମା, ସମାଜ ଓ ସଂସ୍କୃତିକୁ ଉଦ୍ବେଳିତ କରେ, ଜାଗ୍ରତ କରାଏ ଓ ଏକ ନୂତନ ଦିଗ ଦେଖାଏ ଯେମିତି ସମାଜ ଓ ସଂସ୍କୃତି ମଧ୍ୟ ଆମ ସଭିଙ୍କୁ ମହାମାନବ ଓ ମହାମନିଷୀ ରୂପେ ପ୍ରସ୍ତୁତ କରିବାକୁ ଏକ ଜନନୀ କ୍ଷେତ୍ର ରୂପେ ପ୍ରସ୍ତୁତ ହୁଏ ଓ ରୂପାନ୍ତରିତ ହୁଏ। ସମାଜ ଓ ସଂସ୍କୃତି ଆମର ଆତ୍ମ-ପ୍ରସ୍ଫୁଟନ ଓ ସହ ପ୍ରସ୍ଫୁଟନ ପାଇଁ ଏକ ପ୍ରେରଣାଦାୟକ ଓ ଆହ୍ୱାନମୂଳକ କ୍ଷେତ୍ର ହୁଏ ଯାହା ଆମର ସୀମିତତାକୁ ଅତିକ୍ରମଣ କରି ସମ୍ଭାବନାର ପରିପ୍ରକାଶ ପାଇଁ ଆମକୁ ସୁଯୋଗ, ଆହ୍ୱାନ ଓ ଆମନ୍ତ୍ରଣ ପ୍ରଦାନ କରିଥାଏ। ସମାଜ କେବଳ ନିୟନ୍ତ୍ରଣର ଭୂମି ନୁହେଁ; ଏହା ଆମର ବିକାଶ ଓ ପ୍ରସ୍ଫୁଟନର କ୍ଷେତ୍ର ଓ ଆକାଶ।

ଚିତ୍ତଭାଇ ଜଣେ ବହୁପରିସରୀୟ ସ୍ରଷ୍ଟା ଓ ଛାତ୍ର। ଆମର ସାକ୍ଷାତର ପ୍ରଥମ ଦିନ ମାନଙ୍କରେ ଚିତ୍ତଭାଇ ଗୋଟିଏ ସକାଳେ ମୋତେ କହୁଥିଲେ: ଉଦ୍ଧବଙ୍କର ଚବିଶ ଗୁରୁ। ଚିତ୍ତଭାଇଙ୍କର ସେମିତି ଚବିଶ ଗୁରୁ। ଚବିଶରୁ ସହସ୍ର ଗୁରୁ। ଜୀବନର ଛାତ୍ରଭାବେ ଏହି ବିପୁଳାଣ୍ଟ ଜୀବନରୁ ଚିତ୍ତଭାଇ ଶେଷ ନିଃଶ୍ୱାସ ତ୍ୟାଗ କରିବା ପର୍ଯ୍ୟନ୍ତ କେତେ ଶିକ୍ଷା କରିଛନ୍ତି, କେତେ ସୃଷ୍ଟି କରିଛନ୍ତି। ଶାନ୍ତିନିକେତନରୁ ଦର୍ଶନର ଛାତ୍ର ହିସାବରେ ଅଧ୍ୟୟନ ଓ ଗବେଷଣା ଆରମ୍ଭ କରି ଓଡିଆ ସାହିତ୍ୟ ଓ ଇତିହାସର ଗବେଷଣା କରିଛନ୍ତି। ସେ ଆମକୁ ଓଡିଶାର ମହିମାଧର୍ମ ଏବଂ ଅଚ୍ୟୁତାନନ୍ଦ ଓ ପଞ୍ଚସଖା ଧର୍ମ ପୁସ୍ତକ ଦୁଇଟି ଆମକୁ ଉପହାର ଦେଇଛନ୍ତି। ଏହାପରେ ଡେନମାର୍କର କୋପେନ୍‌ହେଗେନ୍ ବିଶ୍ୱବିଦ୍ୟାଳୟରେ ସେ ମନସ୍ତତ୍ତ୍ୱ ପଢ଼ିଛନ୍ତି। ଏହି ଅଧ୍ୟୟନ ଧାରାରେ ସିଏ ସାମାଜିକ ମନସ୍ତତ୍ତ୍ୱ Social Psychology ଅଧ୍ୟୟନ କରିଛନ୍ତି। ଏହାପରେ ସେ ଜୀବନ ବିଦ୍ୟାଳୟରେ ଶିକ୍ଷା ଓ ସୃଜନଶୀଳତାକୁ ପ୍ରୟୋଗ କରି ଆଗ୍ରା ନିକଟସ୍ଥ ବିଚପୁରୀର ଏକ ଉଚ୍ଚଶିକ୍ଷା କେନ୍ଦ୍ରରେ ମନସ୍ତତ୍ତ୍ୱ ଓ ସମାଜଶାସ୍ତ୍ର ପଢାଇଛନ୍ତି। ଏହି ଅଧ୍ୟାପନା ଓ ଅଧ୍ୟୟନ ସମୟରେ ୧୯୬୬ ମସିହା ଆରମ୍ଭରେ ସମାଜ; ପରିବର୍ତ୍ତନ ଓ ବିକାଶ ପୁସ୍ତକ ରଚନା କରିଛନ୍ତି।(୧) ପାଞ୍ଚଶହ ଛତିଶ ପୃଷ୍ଠାର ଏହି ପୁସ୍ତକଟି ଚିତ୍ତଭାଇଙ୍କର ପ୍ରେମ, ଶ୍ରଦ୍ଧା ଓ ଶ୍ରମର ଏକ ସର୍ଜନାତ୍ମକ ଓ ଅମର ସମର୍ପଣ। ଚିତ୍ତଭାଇଙ୍କର ଜୀବନ ବିଦ୍ୟାଳୟର ଛାତ୍ର ଓ ସହଯାତ୍ରୀ ଶଶିଭାଇ – ଶ୍ରୀଯୁକ୍ତ ଶଶିଭୂଷଣ ପାଣିଗ୍ରାହୀ- ଏହି ବିଷୟରେ ଆମକୁ କହନ୍ତି ଯେ ଜର୍ମାନୀରୁ ଫେରି ଚିତ୍ତଭାଇ ବହୁତ ହୃଷ୍ଟପୁଷ୍ଟ ଦେଖାଯାଉଥିଲେ ମାତ୍ର ସମାଜ: ପରିବର୍ତ୍ତନ ଓ ବିକାଶ ରଚନା କରି ଚିତ୍ତଭାଇ ଯେତେବେଳେ ତାଙ୍କର ଗାଆଁକୁ ଆସିଲେ ସେ ପୁରା ଝଡିଯାଇଥିଲେ। ମାତ୍ର ଏହି ପୁସ୍ତକଟି ରଚନା କରି ଚିତ୍ତଭାଇ କେତେ ଆନନ୍ଦିତ ଅନୁଭବ କରିଥିଲେ ଯେଉଁ ବିଷୟରେ ସିଏ ଆପଣାର ପ୍ରିୟ ଛାତ୍ର ଓ ସହଯାତ୍ରୀ ରମେଶ ଗୋଡେଙ୍କୁ ଲେଖିଛନ୍ତି(୨)।

ସମାଜ: ପରିବର୍ତ୍ତନ ଓ ବିକାଶ ସମାଜଶାସ୍ତ୍ର ସଂପର୍କରେ ସମ୍ଭବତଃ ଓଡିଶାରେ ପ୍ରଥମ ପୁସ୍ତକ। ଆଜି ସେପଟ୍ମେମ୍ବର ୧୬, ୨୦୨୨ରେ ଚିତ୍ତଭାଇଙ୍କର ଏହି ପୁସ୍ତକର ଆମେ ଆଲୋଚନା କରୁଛେ। ପ୍ରତ୍ୟେକ ମାସର ୧୬ ତାରିଖ ଚିତ୍ତଭାଇଙ୍କର ଜୀବନରେ ବଂଧୁତାର ଦିନ। ଜୀବନର ଆଦ୍ୟ ବିକାଶର ଗୋଟିଏ ମାସର ଷୋହଳ ତାରିଖରେ ଚିତ୍ତଭାଇ ଜୀବନର ବଂଧୁ, ପରମବଂଧୁଙ୍କର ସାକ୍ଷାତ ଓ ସାନ୍ନିଧ ପାଇଥିଲେ। ଚିତ୍ତଭାଇ ଆପଣାର ଦିନଲିପିକୁ ରୋହିତର ଡାଏରୀରେ ପ୍ରକାଶ କରିଛନ୍ତି ଯାହା ପଚିଶ ଖଣ୍ଡରେ ପ୍ରକାଶିତ। ଚିତ୍ତଭାଇଙ୍କର ଷୋହଳ ତାରିଖ ଦିନର ଦିନଲିପିକୁ ପଥୀ... ବନ୍ଧୁପ ନାମକ ଏକ ସଂକଳନରେ ପ୍ରକାଶିତ।(୩) ଆଜି ସେପଟ୍ମେମ୍ବର ୧୬, ୨୦୨୨ରେ ଚିତ୍ତଭାଇଙ୍କର ସମାଜ ପୁସ୍ତକକୁ ଆଲୋଚନା କଲାବେଳେ ଆମେ ନିଜକୁ ଓ ପରସ୍ପରକୁ ଚିତ୍ତାନୁରାଗୀ ରୂପେ ଅନୁଭବ କରିବା ସହିତ ଆମେ ଚିତ୍ତବଂଧୁ ଓ ଚିତ୍ତ ସମୀକ୍ଷକ ରୂପେ ଅନୁଭବ କରିପାରିବା। ଚିତ୍ତବଂଧୁ ଓ ଚିତ୍ତ ସମୀକ୍ଷକ ରୂପେ ଆମେ ଚିତ୍ତଭାଇଙ୍କର ସାଧନା ଓ ସୃଷ୍ଟି ସହିତ ବାଟଚାଲି ଚିତ୍ତଭାଇଙ୍କୁ ମଧ କିଛି ପ୍ରଶ୍ନ ପଚାରିବା, ଶ୍ରଦ୍ଧା ଓ ସମୀକ୍ଷାର ଧାରାରେ ଆମେ କିଛିପାଦ ଓ ଅନେକପାଦ ଯିବା।

ସେପ୍ଟେମ୍ବର ୧୬, ୧୯୬୦ରେ ଚିତ୍ତଭାଇ ଲେଖୁଛନ୍ତି : "କେବଳ ରାଜନୀତି ଦ୍ୱାରା ଭାରତବର୍ଷ ଏକ ହୋଇପାରିବ ନାହିଁ। କୌଣସି ନିର୍ଦ୍ଦିଷ୍ଟ କାର୍ଯ୍ୟକ୍ରମ ଅର୍ଥାତ୍ ଏକ ସାମୂହିକ ଆଦର୍ଶ ଦ୍ୱାରାହିଁ ଭାରତବର୍ଷ ଏକତ୍ର ହୋଇପାରିବ।"(୪) ଚିତ୍ତଭାଇ ସମାଜ ଓ ସାମାଜିକ ପରିବର୍ତ୍ତନକୁ ରାଜନୀତି ଭିତରେ ସୀମିତ କରୁନଥିଲେ। ଆମର ପରିବର୍ତ୍ତନ ପାଇଁ ରାଜନୈତିକ ପରିବର୍ତ୍ତନ ଓ ବିପ୍ଳବ ଯଥେଷ୍ଟ ନୁହେଁ। ମାର୍କସ୍ ଓ ଗାଂଧୀଙ୍କ ହାତଧରି ଚିତ୍ତଭାଇ ସବୁବେଳେ କହୁଥିଲେ, ସାମାଜିକ ପରିବର୍ତ୍ତନ ପାଇଁ ସାମାଜଜିକ ବିପ୍ଳବ ଆବଶ୍ୟକ ଯେଉଁ ବିପ୍ଳବ ଆମର ରାଜନୈତିକ ସ୍ୱାଧୀନତା ପରେ ପ୍ରବଞ୍ଚିତ ହୋଇ ରହିଛି ଯାହାକୁ ଚିତ୍ତଭାଇ ସେହି ୧୯୬୦ ଦଶକର ଏକ ଲେଖାରେ ପ୍ରବଞ୍ଚିତ ବିପ୍ଳବ ବୋଲି କହିଛନ୍ତି।(୫) ଏହା ସହିତ ଭାରତବର୍ଷର ଏକତା। ଭାରତବର୍ଷ ବହୁବିଧ ସମଷ୍ଟି ଓ ପ୍ରଦେଶର ଏକ ଓ ଅନେକ ସଂଗମ। ଭାରତବର୍ଷ - ଭାରତ ଓ ପାକିସ୍ଥାନ (ଚିତ୍ତଭାଇ ଲେଖିଥିବାବେଳେ) ବିଭାଜିତ ଓ ଏବେ ଭାରତ, ପାକିସ୍ଥାନ ଓ ବାଂଲାଦେଶରେ ବିଭାଜିତ। ଭାରତବର୍ଷର ଐକ୍ୟ ପାଇଁ - ଭାରତବର୍ଷ, ପାକିସ୍ଥାନ ଓ ବାଂଲାଦେଶର- ଐକ୍ୟ ପାଇଁ ରାଜନୈତିକ ଐକୀକରଣ ଯଥା ଏହି ତିନୋଟି ରାଷ୍ଟ୍ରକୁ ଗୋଟିଏ ରାଷ୍ଟ୍ରରେ ପରିଣତ କରିବା ଏକ ବାଟ ନୁହେଁ। ଭାରତବର୍ଷ ଭିତରେ ଓ ବାହାରେ ଆମେ ଯେତିକି ଯେତିକି ସଂଯୁକ୍ତ କାର୍ଯକ୍ରମ ଦ୍ୱାରା ଜଡିତ ହେବା ଯଥା ଆମ ଦେଶରୁ ଓ ଏହି ତିନି ଦେଶରୁ ଆମେ ଦାରିଦ୍ର୍ୟ ଓ ଆତଙ୍କବାଦର ବିଲୋପନ ଓ

ରୂପାନ୍ତର କରିବା ପାଇଁ ପ୍ରୟାସ କରିବା ଆମ ଭିତରେ ଓ ସମ୍ବନ୍ଧରେ ଆମେ ସେତିକି ସେତିକି ଐକ୍ୟ ଅନୁଭବ କରିପାରିବା। ଆପଣାର ୭୫ତମ ଜନ୍ମଦିନ ଓ ଭାରତବର୍ଷର ସ୍ୱାଧୀନତା ଦିବସ ଅଗଷ୍ଟ ୧୫, ୧୯୪୭ ଦିନ ଶ୍ରୀଅରବିନ୍ଦ ଆପଣାର ପାଞ୍ଚୋଟି ସ୍ୱପ୍ନ ମଧ୍ୟରୁ ଗୋଟିଏ ସ୍ୱପ୍ନରେ ଭାରତ ପାକିସ୍ଥାନ ବିଭାଜନ ପରିପ୍ରେକ୍ଷୀର ଐକ୍ୟ ପାଇଁ ସମାନ କାର୍ଯ୍ୟକ୍ରମ ଉପରେ ଗୁରୁତ୍ୱ ଦେଇଛନ୍ତି। ଆମେ ଯେତିକି ଯେତିକି ସଂଯୁକ୍ତ କାର୍ଯ୍ୟକ୍ରମରେ ଯୁକ୍ତ ହେବା ଓ ଯେତିକି ଯେତିକି ସାଙ୍ଗ ହୋଇ ମିଳିତ ହୋଇ କାର୍ଯ୍ୟ କରିବା, ଆମେ ଯେତିକି ଯେତିକି ପରସ୍ପରକୁ ଭେଟିବା ଓ ପରସ୍ପର ଦେଶ ଓ ଭୂମିରେ ବିଚରଣ କରିବା... ଆମେ ସେତିକି ସେତିକି ଆମର ଐକ୍ୟ ଅନୁଭବ କରିପାରିବା।

ଆପଣାର ସେପଟ୍ଟେମ୍ବର ୧୬, ୧୯୬୮ରେ ଚିତ୍ତଭାଇ ଆପଣାର ରୋହିତର ଡାଏରୀରେ ଲେଖୁଛନ୍ତି : "ହିନ୍ଦୁଘରେ ଜନ୍ମହେଲେ କେହି ହିନ୍ଦୁ ହୋଇଯାଏ ନାହିଁ [...] ହିନ୍ଦୁ ହେବାକୁ ପଡ଼େ [....] ହିନ୍ଦୁଧର୍ମ କହିଲେ ମୂଳତଃ କେତେଗୁଡିଏ ଜୀବନ ମୂଲ୍ୟକୁ ବୁଝାଏ ଏବଂ ସେହି ଜୀବନ ମୂଲ୍ୟଗୁଡିକର ଉପଲବ୍ଧି ଲାଗି ଏକ ଅନ୍ତଃପ୍ରେରିତ ଉଦ୍ୟମକୁ ମଧ୍ୟ ବୁଝାଏ। ସେହି ଉଦ୍ୟମ ଲାଗି ଏକ ମୂଳବାସନା ଉତ୍ପନ୍ନ ହୋଇ ନପାରିଥିଲା ପର୍ଯ୍ୟନ୍ତ ଆମେ ଜଣେ ମଣିଷକୁ କିପରି ଧାର୍ମିକ ବୋଲି କହିପାରିବା?"(୬) ହିନ୍ଦୁ ଘରେ ଜନ୍ମହେଲେ ଜଣେ ହିନ୍ଦୁ ହୋଇଯାଏ ନାହିଁ। ହିନ୍ଦୁ ହେବାକୁ ହେଲେ ଜଣକୁ ହିନ୍ଦୁ ଧର୍ମର ସାଧନା ଓ ଅଧ୍ୟୟନରେ ବ୍ରତୀ ହେବାକୁ ହୁଏ। ଠିକ୍ ସେମିତି ଜଣେ ଖ୍ରୀଷ୍ଟିୟାନ ବା ମୁସଲମାନ ଧର୍ମରେ ଜନ୍ମ ହେଲେ ଖ୍ରୀଷ୍ଟିୟାନ ଓ ମୁସଲମାନ ହୋଇଯାଏ ନାହିଁ। ଏହି ଧର୍ମରେ ଥିବା ସାଧନା ଓ ଅଧ୍ୟୟନ ସହିତ ସଂପୃକ୍ତ ହେଲେ ଓ ଜଣେ ସାଧକ ଓ ଆଜୀବନ ଛାତ୍ର-ଛାତ୍ରୀ ହେଲେହିଁ ଜଣେ ଜନ୍ମିତ ଧର୍ମରେ ଯଥାର୍ଥ ଧର୍ମୀ ହୁଏ। ଠିକ୍ ସେମିତି ସମାଜରେ ଜନ୍ମ ହେଲେ ଜଣେ ସାମାଜିକ ହୋଇଯାଏ ନାହିଁ। ସମାଜରେ ଆମେ ସମସ୍ତେ ଜନ୍ମ ହୋଇଛୁ, ସାମାଜିକ ହେବା ପାଇଁ ଆମେ ସମାଜରେ ଥିବା ସହଯୋଗ ଓ ପାରସ୍ପରିକତାର ସୂତ୍ରକୁ ଆମ ଜୀବନ ଓ ସମ୍ବନ୍ଧରେ ପ୍ରସ୍ଫୁଟିତ କଲେ ଆମେ ସାମାଜିକ ହେଉ।

ଏହି ଦିନଲିପିରେ ଚିତ୍ତଭାଇ ମଧ୍ୟ ଆମକୁ କହୁଛନ୍ତି, ସମାଜରେ ବଞ୍ଚିବା ପାଇଁ social ethics ବା ସାମାଜିକ ନୈତିକତା ଯଥେଷ୍ଟ ନୁହେଁ। ସାମାଜିକ ନୀତି ଗୋଟିଏ ସାମାଜିକ ସ୍ତରରେ କେଉଁଟା ଠିକ୍ କେଉଁଟା ଭଲ ଏହା ସ୍ଥିର କରିଥାଏ। ମାତ୍ର ସାମାଜିକ ନୀତି ନାମରେ ଆମେ ଯାହା ଧରି ନେଉ ଅଧିକାଂଶ ସମୟରେ ଏହା ଜୀବନ କ୍ଷୟକାରୀ ବା ବିନାଶକାରୀ ହୋଇପାରେ। ସାମାଜିକ ନୈତିକତା ମଧ୍ୟରେ ଯେମିତି ଉଚ୍ଚ ଜାତି-ନୀଚ ଜାତି ସଂପର୍କ ବା ନାରୀ-ପୁରୁଷ ସଂପର୍କ ମଧ୍ୟରେ ଅନେକ ସମସ୍ୟା, ନ୍ୟାୟ ଓ

ମର୍ଯ୍ୟାଦାର ଆହ୍ୱାନ ଥାଇପାରେ ଯାହାକୁ ପ୍ରଖ୍ୟାତ ଦାର୍ଶନିକ ଓ ସମାଜଶାସ୍ତ୍ରୀ ଜୁର୍ଗେନ୍ ହାବରମାସ୍ "instances of problematic justice" - ସମସ୍ୟାବହୁଳ ନ୍ୟାୟର କଥା ବୋଲି କହୁଛନ୍ତି (୭) । ଚିତ୍ତଭାଇ ମଧ୍ୟ ସମାଜକଥା କହିବାବେଳେ, ସାମାଜିକ ନ୍ୟାୟ କଥା କହିବାବେଳେ ଆମର ସାମାଜିକ ଓ ବ୍ୟକ୍ତିଗତ ନ୍ୟାୟ ଓ ମର୍ଯ୍ୟାଦା କଥା କହିଛନ୍ତି । ସମାଜ ପୁସ୍ତକର ପରବର୍ତ୍ତୀ ଅଧ୍ୟାୟ ମାନଙ୍କରେ ମହାଭାରତରେ ଯେଉଁ ମତ୍ସ୍ୟ ନ୍ୟାୟ କଥା କୁହାଯାଇଛି ଯେଉଁଥିରେ ବଡମାଛମାନେ ସାନମାଛମାନଙ୍କୁ ଗିଳି ପକାଉଛନ୍ତି ଏହାର ଆଲୋଚନା କରିଛନ୍ତି । ଚିତ୍ତଭାଇଙ୍କ ଅନୁଭବ ଓ ସମୀକ୍ଷାରେ ଭାରତବର୍ଷରେ - ପାରମ୍ପରିକ ଓ ଆଧୁନିକ ଭାରତବର୍ଷରେ -- ମତ୍ସ୍ୟ ନ୍ୟାୟ ଚାଲିଛି ଯେଉଁଥିରେ ବଡମାନେ ସାନମାନଙ୍କୁ ଗିଳି ପକାଉଛନ୍ତି ଓ ଏବେବି ଗିଳି ପକାଉଛନ୍ତି । ମାତ୍ର ଆଧୁନିକ ପାଶ୍ଚାତ୍ୟ ସମାଜରେ ମଧ୍ୟ ମତ୍ସ୍ୟନ୍ୟାୟ ଚାଲିଛି । ସେଠାରେ ମଧ୍ୟ ସମାନତାର ନୀତି ଓ କାନୁନ୍ ସତ୍ତ୍ୱେ ବଡମାଛମାନେ ସାନମାଛମାନଙ୍କୁ ଗିଳି ପକାଇଛନ୍ତି ଓ ପକାଉଛନ୍ତି । ଏହାର ବିକଳ୍ପ ରାଜନୀତି, ଦର୍ଶନ ଓ ସାମାଜିକ କ୍ରିୟା କ୍ଷେତ୍ରରେ ହୋଇଛି । ଆମେରିକାର ଦାର୍ଶନିକ ଜନ ରାଲସ୍ ଆପଣାର A Theory of Justice ରେ ଆମ ସମାଜର ରାଷ୍ଟ୍ର ଓ ନ୍ୟାୟ ବ୍ୟବସ୍ଥା ଏମିତି ହେବ ଯାହା ସବୁଠାରୁ ତଳେ ଥିବା ଲୋକମାନଙ୍କୁ ଆହୁରି ଦୁରାବସ୍ଥା ମଧ୍ୟକୁ ଠେଲି ନଦେଇ ସେମାନଙ୍କର ବିକାଶ ଓ ମଂଗଳରେ ସାହାଯ୍ୟ କରିବ(୮) । ମତ୍ସ୍ୟ ନ୍ୟାୟ ସ୍ଥାନରେ ଆମକୁ ଜନନୀ ନ୍ୟାୟ ପ୍ରତିଷ୍ଠା କରିବାକୁ ହେବ ଯେଉଁଥିରେ ସମାଜ ଓ ରାଷ୍ଟ୍ର ସମାଜର ତଳବର୍ଗର ଲୋକମାନଙ୍କର ମଙ୍ଗଳ ସହିତ ସଭିଙ୍କର ମଂଗଳ ପାଇଁ କାର୍ଯ୍ୟ କରିବେ । ଜନ ରାଲସ୍ ଆପଣାର ନ୍ୟାୟତତ୍ତ୍ୱରେ ଯଦିଓ ଜନନୀ ନ୍ୟାୟ ବିଷୟରେ କହିନାହାନ୍ତି, ଆମେ ମତ୍ସ୍ୟନ୍ୟାୟର ବିକଳ୍ପରୂପେ ଏବେ ଜନନୀ ନ୍ୟାୟକୁ ଆମରି ଚିନ୍ତା, ଚେତନା ଓ କାର୍ଯ୍ୟରେ ପ୍ରସ୍ଫୁଟିତ କରାଇପାରିବା । ଜନନୀ ନ୍ୟାୟରେ ସାନ ବଡ଼ ସମସ୍ତଙ୍କର ମର୍ଯ୍ୟାଦା, ମଂଗଳ ଓ ଅଭ୍ୟୁଦୟ ପାଇଁ ପ୍ରୟାସ ହେବ । ଚିତ୍ତଭାଇଙ୍କର ଦର୍ଶନ ଓ ମର୍ଯ୍ୟାଦା ସାଧନା ସହିତ ମଧ୍ୟ ଆମକୁ ମତ୍ସ୍ୟନ୍ୟାୟ ବଦଳରେ ଜନନୀ ନ୍ୟାୟ ପ୍ରତିଷ୍ଠା କରିବାକୁ ଆହ୍ୱାନ ଓ ଆମନ୍ତ୍ରଣ କରିଥାଏ ।

(୨)

ସମାଜ: ପରିବର୍ତ୍ତନ ଓ ବିକାଶକ ତିନିଭାଗ ସମ୍ବଳିତ ଏକ ବୃହତ ଓ ବହୁପରିସରୀୟ ପୁସ୍ତକ । ପ୍ରଥମ ଭାଗରେ ଚାରୋଟି, ଦ୍ୱିତୀୟ ଭାଗରେ ଚାରୋଟି ଏବଂ ତୃତୀୟ ଭାଗରେ, ଗୋଟିଏ ଅଧ୍ୟାୟ । ପ୍ରଥମ ଭାଗର ପ୍ରଥମ ଅଧ୍ୟାୟଟି ହେଉଛି

'ଆମ ସମାଜ ଓ ସମାଜ-ଜୀବନ'। ବହିର ଆରମ୍ଭରେ ଓ ପ୍ରଥମ ଅଧ୍ୟାୟରେ ଚିତ୍ତଭାଇ ଲେଖୁଛନ୍ତି:

> ସମାଜ କହିଲେ ପ୍ରଧାନତଃ ମଣିଷମାନଙ୍କୁ ବୁଝାଏ। କୌଣସି ଦେଶ କହିଲେ ପ୍ରଧାନତଃ ସେହି ଦେଶର ମଣିଷମାନଙ୍କୁ ବୁଝାଏ। (୯) ଚିତ୍ତଭାଇ ପୁନଶ୍ଚ ଲେଖୁଛନ୍ତି: "ସମାଜ ହେଉଛି ପ୍ରଧାନତଃ ମଣିଷର ସମାଜ, ତୁମ ଆମପରି ସାଧାରଣ ମଣିଷଙ୍କର ସମାଜ। ମଣିଷକୁ ଛାଡିଦେଲେ ଦେଶ, ଜାତି, ସଭ୍ୟତା, ସଂସ୍କୃତି, ଧର୍ମ ବା କୀର୍ତ୍ତିକରଣର କୌଣସି ମୂଲ୍ୟ ହିଁ ନାହିଁ। ଦେଶର ଗୌରବ କହିଲେ ମଣିଷର ଗୌରବକୁ ବୁଝାଇବା ଉଚିତ ଓ ସମାଜର ପ୍ରଗତି ମଣିଷମାନଙ୍କ ଜୀବନର ପ୍ରଗତିକୁ ବୁଝାଇବା ଉଚିତ। ସୁଖୀ ମଣିଷର ଗଣନା ନକଲେ ସୁଖର କି ଅର୍ଥ ରହିଛି ? ସ୍ୱାଧୀନ ମଣିଷ ବ୍ୟତିରକେ ସ୍ୱାଧୀନତାର ବା କି ଅର୍ଥ ରହିଛି; ଶିକ୍ଷିତ ମଣିଷକୁ ବାଦ୍ ଦେଇ ଶିକ୍ଷାର ମଧ୍ୟ କେଉଁ ତାତ୍ପର୍ଯ୍ୟ ରହିଛି ?" (ତତ୍ରୈୟ)

ଏହି ଧାଡ଼ି ମାନଙ୍କରେ ଚିତ୍ତଭାଇ ସମାଜରେ ମଣିଷର ସ୍ଥିତି ଓ ମର୍ଯ୍ୟାଦାକୁ ପ୍ରାଥମିକ ସ୍ଥାନ ଦେଇଛନ୍ତି। ଆମର ବିକାଶ ଚର୍ଚ୍ଚାରେ Gross Domestic Product କଥା କୁହାଯାଉଛି। ଏହା ସ୍ଥାନରେ Gross National Happiness। ଜାତୀୟ ସୁଖ। ଜାତୀୟ ସୁଖ କହିଲାବେଳେ ମଣିଷର ସୁଖ, ଦୁଃଖ; ପ୍ରତ୍ୟେକ ମଣିଷର ଓ ସବୁ ମଣିଷର ସୁଖ ଦୁଃଖ କେଉଁ ସ୍ତରରେ ରହିଛି ?

ଚିତ୍ତଭାଇ ପୁନଶ୍ଚ କହୁଛନ୍ତି, "ହଁ ବେଳେବେଳେ ଆମେ କେତେଜଣଙ୍କ ସୁଖକୁ ମଧ୍ୟ ସବୁ ମଣିଷଙ୍କର ସୁଖ ବୋଲି ଭାବି ନେବାକୁ ଚେଷ୍ଟା କରିଥାଉ, କେତେ ଜଣଙ୍କୁ ସ୍ୱାଧୀନତା ଦେଇ ଆମେ ଦେଶଟାଯାକ ସମସ୍ତେ ସ୍ୱାଧୀନ ହୋଇଗଲେ ବୋଲି ବିଶ୍ୱାସ କରିବାକୁ ପ୍ରଶସ୍ତ ପନ୍ଥା ବୋଲି ବିଚାରିଥାଉ ଏବଂ କେତେଜଣଙ୍କ ଲାଗି ବଢିଆରୁ ବଢିଆ ଶିକ୍ଷାର ବ୍ୟବସ୍ଥା କରି ତଦ୍ୱାରା ସବୁ ମଣିଷ ଶିକ୍ଷାର ଆଲୋକରେ ଅବଶ୍ୟ ଉପକୃତ ହୋଇଯିବେ ବୋଲି ମାନି ନେଇଥାଉ" (ତତ୍ରୈବ)। ଚିତ୍ତଭାଇଙ୍କର ସମାଜ ଚିନ୍ତାରେ ଏକ ବୈପ୍ଳବିକ ସାର୍ବଜନୀନତା ରହିଛି। ସମାଜର ଶିକ୍ଷା, ବିକାଶ ଓ ପ୍ରଗତି କହିଲେ ସବୁ ମଣିଷଙ୍କର ବିକାଶ, ଶିକ୍ଷା ଓ ପ୍ରଗତିକୁ ବୁଝାଏ। ଚିତ୍ତଭାଇ ଅନେକ ସମୟରେ କହନ୍ତି ଭାରତୀୟ ଅଧ୍ୟାତ୍ମ ଦର୍ଶନରେ ଆତ୍ମାର ସମାନତା କୁହାଯାଉଥିବାବେଳେ ଆମର ସାମାଜିକ ସମ୍ବନ୍ଧ ଓ ସାମାଜିକ ଅନୁଷ୍ଠାନ ମାନଙ୍କରେ ଏହି ସମାନତା ପ୍ରକାଶିତ, ପ୍ରକଟିତ ହୋଇନଥାଏ। ଚିତ୍ତଭାଇ ମଧ୍ୟ ଅନେକ ସମୟରେ କୁହନ୍ତି, ଭାରତବର୍ଷରେ ମନୁଷ୍ୟମାନଙ୍କ କଥା କହିବାବେଳେ କେଉଁ ସବୁ ମନୁଷ୍ୟମାନଙ୍କ କଥା କୁହାଯାଇନାହିଁ।

ସମାଜଚିନ୍ତନରେ ସମାଜ ବ୍ୟକ୍ତିକୁ ନିୟନ୍ତ୍ରଣ କରେ ଓ ଏଥିପାଇଁ ସମାଜ ବିଜ୍ଞାନରେ ଯାନ୍ତ୍ରିକ ନିୟନ୍ତ୍ରଣବାଦ ଚିନ୍ତନ ଓ ତତ୍ତ୍ୱ ରହିଛି। ସମାଜ ବ୍ୟକ୍ତିକୁ ପ୍ରଭାବିତ କରେ ମାତ୍ର ସମାଜ ବ୍ୟକ୍ତିକୁ ସମ୍ପୂର୍ଣ୍ଣ ଭାବେ ନିୟନ୍ତ୍ରଣ କରେନାହିଁ। ଭାରତବର୍ଷର ପାରମ୍ପରିକ ଭାଗ୍ୟବାଦ ଓ ଆଧୁନିକ ସମାଜ ବିଜ୍ଞାନର ନିୟନ୍ତ୍ରଣବାଦ ଆମେ ଯାହା ରହିଛି ତାହାକୁ ମାନିନେବାକୁ କହିଥାଏ। ମାତ୍ର ଏହି କ୍ଷେତ୍ରରେ ଚିତ୍ତଭାଇ ଲେଖୁଛନ୍ତି: "ଯୁଗକୁ ମାନିନେଲେ ଯୁଗ ବଦଳେନାହିଁ, ଭାଗ୍ୟକୁ ମାନିନେଲେ ଭାଗ୍ୟରେ ପରିବର୍ତ୍ତନ ହୁଏନାହିଁ" (୧୨)। ଚିତ୍ତଭାଇ କୁହନ୍ତି, "ଭାରତର ଗୌତମ ବୁଦ୍ଧ, ଶଙ୍କରାଚାର୍ଯ୍ୟ, ଗାଂଧୀ ଓ ବିନୋବା ସୁନାପୁଅ ପରି ପ୍ରଚଳିତ ସମାଜକୁ ମାନି ନେଇନାହାନ୍ତି। ସେମାନେ ଅଧିକ ଉପାଦେୟ କୌଣସି ଜୀବନମୂଲ୍ୟର ଅନୁପ୍ରେରଣାରେ ପ୍ରଚଳିତ ସମାଜର ଗୁରୁଜନ-ବାକ୍ୟଗୁଡିକୁ ମାନିବାକୁ ସଫା ନାହିଁ କରି ଦେଇଛନ୍ତି ଏବଂ ସେମାନଙ୍କ ସକାଶେ ଭାରତର ସମାଜ ଓ ଧର୍ମ ସ୍ଥାଣୁ ହୋଇ ମରି ନଯାଇ ନାନା ନୂତନ ବ୍ୟାଖ୍ୟାରେ ଆପଣାକୁ ବିକଶିତ କରିପାରିଛି"(ପୃ.୧୦)।

ବ୍ୟକ୍ତି ଓ ସମାଜ ସମ୍ବନ୍ଧରେ ସମାନତା ରହିଛି, ସୃଜନଶୀଳତା ରହିଛି। ଏହି ସୃଜନଶୀଳତାକୁ ବୁଝିବାପାଇଁ ସମାଜବିଜ୍ଞାନ ପ୍ରଚେଷ୍ଟା କରିବା ଆବଶ୍ୟକ। ଏହି କ୍ଷେତ୍ରରେ ଆପଣାର ସମାଜ ପୁସ୍ତକରେ ଚିତ୍ତଭାଇ ଲେଖୁଛନ୍ତି: "ମଣିଷ ପ୍ରକୃତିର ସୃଜନଶୀଳତାକୁହିଁ ଯେକୌଣସି ସମାଜ-ବିଜ୍ଞାନ ସକଳ ସୃଷ୍ଟି ଓ ସକଳ ଜିନିଷ ବୋଲି ଗ୍ରହଣ କରିଥାଏ [.] ଜିଜ୍ଞାସା ହେଉଛି ସକଳ ବିଜ୍ଞାନର ଜନନୀ। ବେଦାନ୍ତ-ଦର୍ଶନରେ ମଧ୍ୟ ବ୍ରହ୍ମ ଜିଜ୍ଞାସାକୁ ଧର୍ମ ବିଚାରର ଆଦିସୂତ୍ର ରୂପେ ବ୍ୟବହାର କରାଯାଇଛି। ସୃଷ୍ଟିଶୀଳତାହିଁ ଯେକୌଣସି ଯଥାର୍ଥ ବିଜ୍ଞାନର,- ବିଶେଷତଃ ସମାଜ ବିଜ୍ଞାନର ପ୍ରଧାନତମ ଆକାଙ୍କ୍ଷା ହୋଇ ରହିବା ଉଚିତ। ପୁରାତନ ବା ଆଧୁନିକ ଯେକୌଣସି ନିୟନ୍ତ୍ରଣବାଦ ଭିତରେ ଆମେ ମଣିଷ ଜୀବନ ଓ ତାର ସାମାଜିକ ଅଭିଯାତ୍ରାକୁ ବାନ୍ଧି ରଖିବାକୁ ବସିଲେ ଏହାଦ୍ୱାରା ଅନ୍ଧବିଶ୍ୱାସକୁ ଜାରି କରିବାହିଁ ସାର ହେବ।

ସମାଜରେ ବଞ୍ଚୁଥିବା ମଣିଷର ଅନେକ ପ୍ରବୃତ୍ତି ରହିଛି। ଏଥିରେ ଚିତ୍ତଭାଇ ସହଯୋଗ କରିବାର ପ୍ରବୃତ୍ତି ଉପରେ ଚିତ୍ତଭାଇ ଗୁରୁତ୍ୱ ଦେଇଛନ୍ତି। ପ୍ରତିଯୋଗିତା ସମାଜରେ ଓ ଜୀବ ଜଗତର ବିବର୍ତ୍ତନର କାମ କରିଛି। ଆପଣାର ଜୀବକୂଳର ଉଦ୍‌ଭବ (Origin of Species) ପୁସ୍ତକରେ ଚାର୍ଲସ ଡାରଉଇନ୍ ପ୍ରତିଯୋଗିତା ବିଷୟରେ ଆମକୁ କହିଛନ୍ତି। ମାତ୍ର ଆପଣାର Descent of Man ପୁସ୍ତକରେ ଡାରଉଇନ୍ ସହଯୋଗ ଦ୍ୱାରାହିଁ ମନୁଷ୍ୟ ସମାଜ କିପରି ବିକଶିତ ହୋଇଛି ଏହି ସଂପର୍କରେ ଆଲୋଚନା କରିଛନ୍ତି। ଚିତ୍ତଭାଇ ଏହି କ୍ଷେତ୍ରରେ ଡାରଉଇନ୍ ଙ୍କର ବିଚାରକୁ ଏମିତି

ଲେଖୁଛନ୍ତି: "ମଣିଷ ସମ୍ଭବତଃ ସମାଜର ସବୁରି ସହିତ ସହଯୋଗ କରି ରହିବାକୁ ଚାହେଁ ଓ ଏହିସବୁ ସହଯୋଗକୁ ମାନବୀୟ ସ୍ତରକୁ ଆସି ଆମକୁ ଜୀବନକୁ ଆଗେଇନେବାର ଏକ ପ୍ରଧାନ ପ୍ରବୃତ୍ତି ବୋଲି ଗ୍ରହଣ କରିବାକୁ ହେବ (ପୃ.୩୨)। କେବଳ ପ୍ରତିଦ୍ୱନ୍ଦିତା ଉପରେ ଯେଉଁ ଚିନ୍ତନମାନ ଗୁରୁତ୍ୱ ଦିଅନ୍ତି ଯଥା ସାମାଜିକ ଡାରଉଇନବାଦ, ଜାତୀୟତାବାଦ, ପୁଂଜିବାଦ ଓ ଔପନିବେଶବାଦ ଆମକୁ ଏହିସବୁକୁ ରୂପାନ୍ତରିତ କରିବାକୁ ହେବ।

ଆପଣାର ଦ୍ୱିତୀୟ ଅଧ୍ୟାୟ ଗୋଷ୍ଠୀ ଓ ଗୋଷ୍ଠୀ ଜୀବନରେ ଚିତ୍ତଭାଇ ଲେଖୁଛନ୍ତି: "ଗାଆଁ ସ୍ତରରେ ହେଉ, ଦେଶ ବା ପୃଥିବୀ ଯେକୌଣସି ସ୍ତରରେ ହେଉ ପଛକେ, ଯେପର୍ଯ୍ୟନ୍ତ ମଣିଷର ମନୁଷ୍ୟୋଚିତ ବିକାଶକୁ ଗୋଷ୍ଠୀ ଜୀବନର ପ୍ରଧାନତମ ଉଦ୍ଦେଶ୍ୟ ବୋଲି ଗ୍ରହଣ କରାଯାଉଥିବ, ସେ ପର୍ଯ୍ୟନ୍ତ ଆମେ ଗୋଟିଏ ଗୋଷ୍ଠୀକୁ ସୁସ୍ଥ ବୋଲି କହିପାରିବା।" (ପୃ.୬୨) ଦାର୍ଶନିକ ମାର୍ଟିନ ବୁବରଙ୍କର ବିଚାରକୁ ଉପସ୍ଥାପନ କରି ଚିତ୍ତଭାଇ ମଧ୍ୟ ଲେଖୁଛନ୍ତି, "ସମାଜ ଓ ବର୍ତ୍ତମାନ ଜୀବନ କ୍ଷେତ୍ରରେ ପ୍ରବଳ ପରାକ୍ରମଶାଳୀ କେନ୍ଦ୍ରୀକରଣ ପ୍ରବୃତ୍ତିକୁ ରୋକିବା ଲାଗି ସାମାଜିକ ଗୋଷ୍ଠୀର ଜୀବନକୁ ହିଁ ସ୍ୱର୍ଗତଃ ଦାର୍ଶନିକ ମାର୍ଟିନ ବୁବର ଏକମାତ୍ର ଉପାୟ ବୋଲି କହିଛନ୍ତି।" (ପୃ.୭୮)। ଗୋଷ୍ଠୀ ଜୀବନକୁ ଆମକୁ ସହାବସ୍ଥାନ ଓ ବ୍ୟକ୍ତିର ଆତ୍ମପ୍ରକାଶ ଓ ସହପ୍ରକାଶର ଭୂମିରୂପେ ଗଢ଼ିବାକୁ ହେବ। ସମାଜ ଯେମିତି କେବଳ ବ୍ୟକ୍ତି ଉପରେ ସବାର ହୋଇ ବସିବ ନାହିଁ। ଗୋଷ୍ଠୀ ସ୍ୱରାଜ ଓ ସ୍ୱୟଂଶାସନର ଗୋଷ୍ଠୀ ହେବ ଯେଉଁ ଗୋଷ୍ଠୀ ବ୍ୟକ୍ତିଗତ ଅହଂ, ଗୋଷ୍ଠୀଗତ ସାମୂହିକ ଅହଂ ଏବଂ ରାଷ୍ଟ୍ରର କେନ୍ଦ୍ରକାରୀ ଓ ବର୍ଦ୍ଧମାନ ଶକ୍ତିକୁ ରୂପାନ୍ତରିତ କରିପାରିବ।

ଏହାର ପରବର୍ତ୍ତୀ ଅଧ୍ୟାୟ ଗାଆଁ ଓ ସହରରେ ଚିତ୍ତଭାଇ ଆମକୁ କହୁଛନ୍ତି: "ଗାଆଁ ଓ ସହର ପରସ୍ପରଠାରୁ ବିଲଗ୍ନ ଦୁଇଟା ଅଲଗା ପୃଥିବୀ ନୁହନ୍ତି। ଗାଆଁ ଓ ସହର ପରସ୍ପର ପରିପୂରକ। ବିକାଶର ଧାରାରେ ସହରରେ ଶିକ୍ଷା ଓ ଅର୍ଥନୈତିକ ସୁଯୋଗର ସବୁ ସୁଯୋଗମାନ ଥିବାବେଳେ ଗାଆଁର ଲୋକମାନେ ସହରକୁ ଆସିଛନ୍ତି। ମାତ୍ର ଗ୍ରାମାଞ୍ଚଳରେ ଶିକ୍ଷା, ସ୍ୱାସ୍ଥ୍ୟ ଓ ଅର୍ଥନୈତିକ ବିକାଶ ଘଟିଲେ ଗ୍ରାମରୁ ସହରର ଏମତି ପ୍ରବଳ ସ୍ଥାନାନ୍ତର ହେବନାହିଁ।ଏବେ ସହରମାନଙ୍କ ଉପରେ ଜନସଂଖ୍ୟା ବୃଦ୍ଧିର ଯେଉଁ ଚାପ ପଡୁଛି ତାହାକୁ ରୋକିବାକୁ ଆମକୁ ଗ୍ରାମ ବିକାଶ ଉପରେ ଗୁରୁତ୍ୱ ଦେବାକୁ ହେବ।

ଚତୁର୍ଥ ଅଧ୍ୟାୟ ଭାରତୀୟ ଗାଆଁରେ ଚିତ୍ତଭାଇ ଭାରତୀୟ ଗ୍ରାମ ସମାଜର ଐତିହାସିକ ଓ ସାମ୍ପ୍ରତିକ ଚିତ୍ର ପ୍ରଦାନ କରିଛନ୍ତି। ମାତ୍ର ଏହି ସ୍ୱୟଂଶାସିତ ଗାଆଁମାନ,

ଐତିହାସିକ ଶ୍ରୀଯୁକ୍ତ ରମେଶ ଚନ୍ଦ୍ର ଦତ୍ତଙ୍କ ବିଚାର ଅନୁଯାୟୀ: "ବ୍ରିଟିଶ ଅମଳରେ ଅତିରିକ୍ତ ଶାସନ ଫଳରେହିଁ ଭାରତର ଗାଆଁ ବ୍ରିଟିଶ୍ ଶାସନ କାଳରୁ କାର୍ଯ୍ୟକାରୀ ହୋଇ ଆସିଥିବା ସ୍ୱାୟତ୍ତ-ଶାସନ ସଂସ୍ଥା ଗୁଡ଼ିକ କ୍ରମେ ହୀନପ୍ରଭ ହୋଇ ପଡୁଛନ୍ତି" (ସମାଜ,ପୃ.୧୩୦)। ଏହାର ପରବର୍ତ୍ତୀ ଅଧ୍ୟାୟରେ ଭାରତବର୍ଷର ଗାଆଁମାନଙ୍କରେ ସାମୁଦାୟିକ ବିକାଶ ସଂପର୍କରେ ହୋଇଥିବା ସ୍ୱାଧୀନୋତ୍ତର ରାଷ୍ଟ୍ରର କାର୍ଯ୍ୟକ୍ରମ ସମ୍ପର୍କରେ ଆଲୋଚନା କରିଛନ୍ତି। ସରକାରଙ୍କ ଦ୍ୱାରା ପ୍ରଣୀତ ସାମୁଦାୟିକ ବିକାଶରେ ଗ୍ରାମର କୃଷି, ସ୍ୱାସ୍ଥ୍ୟ, ପଶୁପାଳନ... ଏହିସବୁ ବିଷୟରେ କାର୍ଯ୍ୟ ହୋଇଛି। ଏହିସବୁ ବିକାଶଜନିତ କାର୍ଯ୍ୟ ସହ ସାମାଜିକ ନ୍ୟାୟ କେତେ ଗୁରୁତ୍ୱପୂର୍ଣ୍ଣ ଏହି ବିଷୟରେ ଚିତ୍ତଭାଇ ଆମକୁ ସଚେତନ କରାଇଛନ୍ତି। ତାଙ୍କ ଭାଷାରେ: "ତେଣୁ କେବଳ କୃଷିର ଉନ୍ନୟନ ନୁହେଁ, କେବଳ ମଣିଷ ବା ପଶୁକୁ ଟୀକାଦେଇ ରୋଗ ପ୍ରତିଶେଧ କରିବା ନୁହେଁ [..] ସମଗ୍ର ଗ୍ରାମ-ସମୁଦାୟକୁ ଏକକ ରୂପେ ଗ୍ରହଣ କରି ବିଭିନ୍ନ ଦିଗରୁ ବିକାଶ ଓ ଉନ୍ନୟନର ବ୍ୟବସ୍ଥାକୁହିଁ ସାମୁଦାୟିକ ବିକାଶ ଯୋଜନା କୁହାଯାଏ" (ପୃ.୧୮୬) ପୁନଶ୍ଚ: "ସାମାଜିକ ନ୍ୟାୟ ଉପରେ ବିଶ୍ୱାସ ନରଖିଲେ ଓ ସେହି ଅନୁସାରେ ସାହସର ସହିତ ଅଗ୍ରସର ନହେଲେ ସାମୁଦାୟିକ ବିକାଶ-ଯୋଜନାର କାର୍ଯ୍ୟକ୍ରମ ଭଣ୍ଡୁର ହୋଇଯିବ, ଗଣତନ୍ତ୍ର ଭଣ୍ଡୁର ହୋଇଯିବ" (ତତ୍ରୈବ, ପୃ.୨୧୬)।

ଏଠାରେ ପ୍ରଣିଧାନଯୋଗ୍ୟ ଯେ ସାମାଜିକ ନ୍ୟାୟର ସାଧନା ଓ ସଂଗ୍ରାମ ବିନା ବିକାଶ ଉପରୁ ଲଦି ଦିଆଯାଉଥିବା ଏକ ଦମନରେ ପରିଣତ ହୁଏ। ସାମାଜିକ ନ୍ୟାୟର ସାଧନା ଓ ସଂଗ୍ରାମରେ ତୃଣମୂଳ ସ୍ତରରୁ ନ୍ୟାୟ ପାଇଁ ସାଧନା ଓ ସଂଗ୍ରାମ ହୋଇଥାଏ ଯେଉଁଥିରେ ନାନା ସାମାଜିକ ଆନ୍ଦୋଳନମାନ ଭାଗ ନେଇଥାନ୍ତି। ଏଥିରେ ସାମାଜିକ ବିକାଶର ନୀତି ଓ ସୂତ୍ରମାନ ଲୋକମାନଙ୍କ ସହିତ ସଂଳାପରୁ ଜାତ ହୁଏ। ବିକାଶର ପ୍ରକ୍ରିୟାରେ ଗଲା ଚାଳିଶ ବର୍ଷଧରି ସାମାଜିକ ନ୍ୟାୟ ଉପରେ ଅଧିକ ଗୁରୁତ୍ୱ ଦିଆଯାଉଛି। ସାମାଜିକ ନ୍ୟାୟ ଚର୍ଚ୍ଚାରେ ରାଜନୀତି, ନୈତିକତା ଓ ଆଧ୍ୟାତ୍ମିକ ସାଧନା ଓ ସଂଗ୍ରାମ ନାନାଭାବେ ଯୁକ୍ତ ହେଉଛନ୍ତି। ସାମାଜିକ ନ୍ୟାୟ ପ୍ରତିଷ୍ଠା ପାଇଁ ଆମକୁ ରାଜନୈତିକ ନ୍ୟାୟ ସହିତ ପରସ୍ପରକୁ ମର୍ଯ୍ୟାଦା, ସଂଳାପ ଓ ସୌନ୍ଦର୍ଯ୍ୟର ଫୁଲରୂପେ ଗ୍ରହଣ କରିବାକୁ ହେବ ଓ ଏଥିପାଇଁ ଆମର ଆଧ୍ୟାତ୍ମିକ ପ୍ରସ୍ତୁତି, ସାଧନା ଓ ସଂଗ୍ରାମ ଆବଶ୍ୟକ।

ଆପଣାର ପୁସ୍ତକରେ ଚିତ୍ତଭାଇ ଏକ ସୃଜନଶୀଳ ବିଶ୍ୱଅଧ୍ୟୟନର ପଦ୍ଧତି ଅବଲମ୍ବନ କରିଛନ୍ତି। ସେ ଅନ୍ୟାନ୍ୟ ଦେଶରେ ସାମୁଦାୟିକ ବିକାଶର ଯୋଜନାର ଆଲୋଚନା କରିଛନ୍ତି। ଯୁକ୍ତରାଜ୍ୟ ଆମେରିକାର ଟେନେସି ନଦୀ ଉପତ୍ୟକା ଯୋଜନା

ସଂପର୍କରେ ଆଲୋଚନା କରିଛନ୍ତି । ଏହି ନଦୀ ଉପତ୍ୟକା ଯୋଜନାରେ ଆମେରିକା ଟେନେସି ପ୍ରଦେଶରେ ମିସିସିପି ନଦୀରେ ବନ୍ଧ ନିର୍ମାଣ ହୋଇଥିଲା । ୧୯୩୦ ଦଶକରେ ନିର୍ମିତ ଏହି ନଦୀ ଯୋଜନାକୁ ତତ୍କାଳୀନ ଆମେରିକାର ରାଷ୍ଟ୍ରପତି ଫ୍ରେଡେରିକ୍ ରୁଜ୍‌ଭେଲଟ ଆରମ୍ଭ କରିଥିଲେ । ଏହି ଯୋଜନାର ଦାୟିତ୍ୱ ସେ ଶିକ୍ଷାବିତ୍ ଓ ଇଂଜିନିୟର୍ ଆର୍ଥର ମୋରଗାନ୍‌ଙ୍କ ହାତରେ ନ୍ୟସ୍ତ କରିଥିଲେ । ଆରଥର ମୋରଗାନ୍ ଜଣେ ଭିନ୍ନ ପ୍ରକାରର ଇଂଜିନିୟର ଥିଲେ । ମୁଁ ଯେତେବେଳେ ୧୯୮୧ ମସିହାରେ ପ୍ରଥମେ ଚିତ୍ତଭାଇଙ୍କୁ ଭେଟିଲି ଏହାର କିଛିଦିନ ପରେ ସେ ମୋତେ ମୋର୍ଗାନ୍‌ଙ୍କର ଜୀବନୀ A Search for Purposeକୁ ପଢ଼ିବାକୁ ଦେଇଥିଲେ । ମୋର୍ଗାନ ଆପଣାର ବାପାଙ୍କ ପାଖରୁ hydraulic engineering ବା ଜଳ ଇଂଜିନିୟରିଙ୍ଗ ଶିକ୍ଷା କରିଥିଲେ । ଏହା ସହିତ ଶିକ୍ଷାରେ ସେ Yellow Spring, Ohioରେ Antioch College ନାମକ ଏକ ମହାବିଦ୍ୟାଳୟ ପ୍ରତିଷ୍ଠା କରିଥିଲେ ଯେଉଁଥିରେ ବିଦ୍ୟାର୍ଥୀ ବିଜ୍ଞାନ ଓ କଳାକୁ ଯୁକ୍ତ କରି ସାମୁଦାୟିକ ବିକାଶପାଇଁ କାର୍ଯ୍ୟ କରୁଥିଲେ । ମୋର୍ଗାନଙ୍କର ଦୃଷ୍ଟିକୋଣ ପୂର୍ଣ୍ଣାଙ୍ଗ ଥିଲା । ଖାସ୍ ସେଇଥିପାଇଁ ହୁଏତ ସେ ନଦୀରେ ବଂଧ ବଂଧାଇବା ସହିତ ନଦୀତଟସ୍ଥ ବିସ୍ଥାପିତ ମଣିଷମାନଙ୍କର ଥଇଥାନ ଓ ଶିକ୍ଷା ଉପରେ ଗୁରୁତ୍ୱ ଦେଉଥିଲେ । ଚିତ୍ତଭାଇ ଆପଣାର ପୁସ୍ତକରେ ଏହି ସଂକ୍ରାନ୍ତରେ ଲେଖିଛନ୍ତି "ଟେନେସି ନଦୀ ଉପତ୍ୟକା-ଯୋଜନା କେବଳ ଗୋଟାଏ ନଦୀବନ୍ଧ ନିର୍ମାଣ କାର୍ଯ୍ୟର ଯୋଜନା ନୁହେଁ, ନାନା ଦୃଷ୍ଟିରୁ ଦେଖିଲେ ଏହା ଏକ ସାମୁଦାୟିକ ବିକାଶ ଯୋଜନା" । ଆମ ଭାରତବର୍ଷରେ ସ୍ୱାଧୀନତା ପରେପରେ ହିରାକୁଦ ବଂଧ ସମେତ ଆହୁରି ଅନେକ ବନ୍ଧ ନିର୍ମିତ ହୋଇଥିଲା । ମାତ୍ର ଏହି ବଂଧ ନିର୍ମାଣ ସାମୁଦାୟିକ ବିକାଶ ଆଣିପାରିଲା କି ? ଏହି ନଦୀ ବନ୍ଧଦ୍ୱାରା ବିସ୍ଥାପିତ ଲୋକମାନେ ସତୁରୀ ବର୍ଷ ପରେ ବି ଏବେବି ଧୂଳିରେ ଗଡୁଛନ୍ତି । ସ୍ୱାଧୀନତା ସଂଗ୍ରାମୀ ଜବାହରଲାଲ ନେହରୁ ଓ ନବକୃଷ୍ଣ ଚୌଧୁରୀ ବିସ୍ଥାପିତ ଲୋକମାନଙ୍କ ସହିତ କାନ୍ଦି ନାହାନ୍ତି, ସେମାନଙ୍କ ଆଖିରୁ ଲୁହ ବୋହିନାହିଁ ।

ଶ୍ରୀଯୁକ୍ତ ମୋର୍ଗାନ୍‌ଙ୍କ ଆତ୍ମଜୀବନୀ ଚିତ୍ତଭାଇ ମୋତେ କେବଳ ଦେଇନଥିଲେ ସେ ତାଙ୍କୁ ଜାଣିଥିଲେ । ଚିତ୍ତଭାଇ କହୁଥିଲେ ସେ ବିଚପୁରୀରେ ପଢାଉଥିବାବେଳେ ଶ୍ରୀଯୁକ୍ତ ମୋର୍ଗାନ୍ ତାଙ୍କ ପାଖରେ ଆସି ରହିଥିଲେ । ମୋର୍ଗାନ୍ ମଧ୍ୟ ଚିତ୍ତଭାଇଙ୍କର ସୁରତ ଓ ଶାନ୍ତିନିକେତନ ସହପାଠୀ ଶ୍ରୀଯୁକ୍ତ କେ. ବିଶ୍ୱନାଥନଙ୍କ ପାଖକୁ ଆସିଛନ୍ତି ଓ ତାଙ୍କ ଦ୍ୱାରା ସ୍ଥାପିତ ମିତ୍ରନିକେତନରେ ସେ କିଛିଦିନ ରହିଛନ୍ତି । ମିତ୍ର ନିକେତନ ଗାଂଧୀ ଓ ରବୀନ୍ଦ୍ରନାଥଙ୍କ ପ୍ରେରଣା ନେଇ ସେ ସେଠାରେ ସାମୁଦାୟିକ ଶିକ୍ଷା ଓ

ସାମୁଦାୟିକ ବିକାଶ କାର୍ଯ୍ୟ କରିଛନ୍ତି। ବିଶ୍ୱନାଥନ ଇରାଭା ନାମକ ଏକ ତଥାକଥିତ ଅନୁନ୍ନତ ଜାତି ସମୁଦାୟରେ ଜନ୍ମ ହୋଇଥିଲେ ଓ ସେ ଶାନ୍ତିନିକେତନରେ ଅଧ୍ୟୟନ ପରେ ଆପଣାର ଗାଆଁକୁ ଫେରି ସେଠାରେ ସାମୁଦାୟିକ ବିକାଶର କାର୍ଯ୍ୟ ଆରମ୍ଭ କରିଥିଲେ। ଚିତ୍ତଭାଇ ଓ ଆର୍ଥର ମୋରଗାନ ଏଠାକୁ ଯାଇଛନ୍ତି ଓ ସେଠାକାର ଶିକ୍ଷା ବିକାଶର ପ୍ରକ୍ରିୟା ବିଷୟରେ ମୋର୍ଗାନ୍ It can be Done Through Education ନାମକ ଏକସଂସ୍ଥା ରଚନା କରିଛନ୍ତି। ଚିତ୍ତଭାଇ ମଧ୍ୟ ମୋତେ କହିଥିଲେ ଯେ, ସ୍ୱାଧୀନତାପରେ ଡ. ରାଧାକ୍ରିଷ୍ଣନ୍‌ଙ୍କ ଅଧ୍ୟକ୍ଷତାରେ ଯେଉଁ ଶିକ୍ଷା କମିସନ୍ ସ୍ଥାପିତ ହୋଇଥିଲା ସେଥିରେ ଆର୍ଥର ମୋରଗାନ ହିଁ ଏକମାତ୍ର ଭାରତବର୍ଷ ବାହାରୁ ସଦସ୍ୟ ଥିଲେ। ମୋର୍ଗାନହିଁ ଏକମାତ୍ର ସଦସ୍ୟ ଯିଏ ପ୍ରସ୍ତାବ ଦେଇଥିଲେ ଯେ, ସ୍ୱାଧୀନ ଭାରତରେ ଉଚ୍ଚ ଶିକ୍ଷାନୁଷ୍ଠାନମାନ ଗାଆଁରେ ସ୍ଥାପିତ ହେବା ଉଚିତ। ମାତ୍ର ତାଙ୍କର ଏହି ପ୍ରସ୍ତାବକୁ କମିଶନ ଗ୍ରହଣ କଲେନାହିଁ। ଚିତ୍ତଭାଇ ମଧ୍ୟ ଏହା ମୋତେ କହିଥିଲେ: "ଡ. ରାଧାକ୍ରିଷ୍ଣନ୍ ଯିଏ BHUରେ ପଢାଇବାବେଳେ ବନାରସରେ ରହିଛନ୍ତି, ସେ କେମିତି ରାଜି ହୋଇପାରନ୍ତେ ଗାଆଁରେ ରହିବାକୁ ବା ଗାଆଁରେ ଉଚ୍ଚତର ଶିକ୍ଷାନୁଷ୍ଠାନ ଗଢିଉଠୁ।" ମାତ୍ର ଯଦି ସ୍ୱାଧୀନୋତ୍ତର ଭାରତବର୍ଷର ଉଚ୍ଚତର ଶିକ୍ଷାନୁଷ୍ଠାନ ଗାଆଁରେ ଗଢିଉଠିଥାନ୍ତେ ତେବେ ଭାରତବର୍ଷର ବିକାଶ ଓ ପ୍ରସ୍ଫୁଟନ ଅନ୍ୟପ୍ରକାର ହୋଇଥାନ୍ତା; ଆମର ଶିକ୍ଷା ଓ ବିକାଶ ଔପନିବେଶବାଦ ଓ ସହରୀ ସାମନ୍ତବାଦରୁ କିଛିମାତ୍ରାରେ ମୁକୁଳି ପାରିଥାନ୍ତା। ମୋର୍ଗାନଙ୍କ ବିଷୟରେ ଆଉ କଥାଟିଏ ହେଉଛି ଜବାହର ମୋର୍ଗାନଙ୍କୁ ଅନେକ ଭଲପାଉଥିଲେ। ମୋର୍ଗାନ୍ ଜବାହରଙ୍କୁ ଆମେରିକାର ରାଷ୍ଟ୍ରପତି ଆବ୍ରାହମ୍ ଲିଙ୍କନ୍‌ଙ୍କର ଲେଖୁଥିବା ଗୋଟିଏ ହାତର ପ୍ରତିମୂର୍ତ୍ତି ଦେଇଥିଲେ ଯାହା ଲିଙ୍କନଙ୍କର ସଂକଳ୍ପର ପ୍ରତୀକ ଥିଲା। ଲିଙ୍କନ୍ ଆମେରିକାର ଗୃହଯୁଦ୍ଧ ସମୟରେ ଶ୍ରଦ୍ଧା ଓ ସଂକଳ୍ପର ସହିତ ଆମେରିକାରୁ ବିଭାଜନରୁ ରକ୍ଷାକରି ଏହାକୁ ଏକ କରି ରଖିପାରିଲା। ଜବାହର ଭାରତ ବିଭାଜନ ପରେ ଆମର ସ୍ୱାଧୀନ ଭାରତବର୍ଷକୁ ଏକ କରି ରଖିବାର ସଂକଳ୍ପରେ ଲିଙ୍ଗନଙ୍କ ସଂକଳ୍ପଠାରୁ ହୁଏତ ପ୍ରେରଣା ପାଉଥିଲେ।

ଚିତ୍ତଭାଇ ଅନ୍ୟାନ୍ୟ ଦେଶରେ ସାମୁଦାୟିକ ବିକାଶର ଯୋଜନାର ଆଲୋଚନା କଲାବେଳେ ଫିଲିପାଇନ୍ ର ଲୋକଶିକ୍ଷାବିତ୍ ଜୋସ୍ ରିଜାଲ୍ (Jose Rizal)ଙ୍କର ଲୋକଶିକ୍ଷା ସଂପର୍କରେ କାର୍ଯ୍ୟ ବିଷୟରେ ଆଲୋଚନା କରିଛନ୍ତି ଏବଂ ଏହା କିପରି ଲୋକମାନଙ୍କ ପାଖରେ ପହଞ୍ଚିପାରିଛି ସେହି ବିଷୟରେ ଆଲୋଚନା କରିଛନ୍ତି। ଏହା ସହିତ ପାକିସ୍ଥାନର ଗ୍ରାମ ବିକାଶ ଯୋଜନା। ଏହି ସବୁ ଯୋଜନା ଓ ଭାରତବର୍ଷର ଯୋଜନାରେ ମୂଳ ଆହ୍ୱାନ ହେଉଛି: ଉପରୁ ନୁହେଁ, ତଳସ୍ତରରୁ। ଆମେରିକାର

ପ୍ରାକ୍ତନ ରାଷ୍ଟ୍ରପତି ଉଡ୍ରୋ ଉଇଲସନ୍‌ଙ୍କର ଉକ୍ତିକୁ ଉଦ୍ଧୃତ କରି ସେ କହୁଛନ୍ତି: "[..] ଉପରୁ ନୁହେଁ, ତଳ ସ୍ତରରୁ ହିଁ ଯେ କୌଣସି ଜାତିର ପୁନର୍ଜନ୍ମ ସମ୍ଭବ ହୁଏ" (ପୃ.୨୭୮)।

ଆପଣାର ପୁସ୍ତକରେ ଚିତ୍ତଭାଇ ଭାରତର ସାମୁଦାୟିକ ବିକାଶ ଯୋଜନାରେ ଶ୍ରୀ ରବୀନ୍ଦ୍ରନାଥଙ୍କ ଦ୍ୱାରା ଆରମ୍ଭ ହୋଇଥିବା ଶ୍ରୀନିକେତନ ସମ୍ପର୍କରେ ଆଲୋଚନା କରିଛନ୍ତି। ଏହା ସହିତ ମହାତ୍ମା ଗାଂଧୀଙ୍କର ରଚନାତ୍ମକ କାର୍ଯ୍ୟକ୍ରମ। ସରକାରଙ୍କ ଦ୍ୱାରା ପ୍ରଣୀତ ସାମୁଦାୟିକ ବିକାଶ ଯୋଜନା ଓ ସର୍ବୋଦୟ ଭିତରେ ସଂପର୍କକୁ ମଧ୍ୟ ସାମାନ୍ୟ ଆଲୋଚନା କରିଛନ୍ତି। ତତ୍କାଳୀନ କେନ୍ଦ୍ରମନ୍ତ୍ରୀ ଶ୍ରୀଯୁକ୍ତ ଦେ ସାମୁଦାୟିକ ବିକାଶକୁ ସର୍ବୋଦୟ ବୋଲି କହୁଥିବାବେଳେ ସର୍ବୋଦୟ ନେତା ଓ କର୍ମୀମାନେ ସମ୍ଭବତଃ ଏହା ମୂଳତଃ ସରକାରଙ୍କ କାର୍ଯ୍ୟ ବୋଲି ଭାବୁଥିଲେ। ଭାରତବର୍ଷରେ ଥିଲାବାଲା ଓ ନଥିଲାବାଲାଙ୍କ ମଧ୍ୟରେ ଯେଉଁ ଅର୍ଥନୈତିକ ବୈଷମ୍ୟ ସୃଷ୍ଟି ହୋଇଛି ଏହାକୁ ସାମୁଦାୟିକ ବିକାଶ ଯୋଜନା ଦ୍ୱାରା କଣ ଦୂର କରିହେବ? ୧୯୬୫ ବେଳକୁ ଚିତ୍ତଭାଇ ଲେଖିବାବେଳେ ଥିଲାବାଲା ଓ ନଥିଲାବାଲାଙ୍କ ମଧ୍ୟରେ ଯେତିକି ଅର୍ଥନୈତିକ ବୈଷମ୍ୟ ଥିଲା ଏବେ ତାହା ଶତ ଓ ସହସ୍ରଗୁଣ ବଢ଼ିଲାଣି, ଯେଉଁ ସମ୍ପର୍କରେ ସାମ୍ପ୍ରତିକ ଅର୍ଥନୀତିବିଦ୍ ମାନେ କହୁଛନ୍ତି ଯଥା ଅମର୍ତ୍ତ୍ୟ ସେନ୍, ଥମାସ୍ ପିକେଟି ଏବଂ ଜୋସେଫ୍ ସିଗ୍‌ଲିଂଗ୍ ଆଲୋଚନା କରିଛନ୍ତି। ବର୍ଦ୍ଧିତ ଅର୍ଥନୈତିକ ବୈଷମ୍ୟ ମଧ୍ୟ ସାମାଜିକ ନ୍ୟାୟରେ ପ୍ରଶ୍ନ ସୃଷ୍ଟି କରୁଛି। ଏତେଏତେ ଅର୍ଥନୈତିକ ବୈଷମ୍ୟ ବଢ଼ିଲେ ଯେଉଁମାନେ ତଳେ ରହିଛନ୍ତି ସେମାନେ ମଧ୍ୟ ସ୍ୱପ୍ନ ଦେଖିପାରିବେନାହିଁ ଶିକ୍ଷା ଓ ସ୍ୱାସ୍ଥ୍ୟର ସମାନ ସୁଯୋଗ ପାଇଁ।

ଭାରତର ସାମୁଦାୟିକ-ବିକାଶ ଯୋଜନା : ସମୀକ୍ଷା ଅଧ୍ୟାୟରେ ଚିତ୍ତଭାଇ ଏହି ଯୋଜନାର ସମୀକ୍ଷା ବିଭିନ୍ନ ଦୃଷ୍ଟିକୋଣରୁ କରିଛନ୍ତି। ଏହି ଯୋଜନାର ସମୀକ୍ଷା ଉପରେ ହୋଇଥିବା ଅଧ୍ୟୟନର ଆଲୋଚନା କରିଛନ୍ତି। ଏହି ସାମୁଦାୟିକ ବିକାଶ ଯୋଜନା ମୂଳତଃ ଅମଲାତାନ୍ତ୍ରିକ ହୋଇଛି। ଉପରେ ଥିବା ବାବୁମାନେ ତଳକୁ ନିର୍ଦ୍ଦେଶ ଦେଇ ଚାଲିଛନ୍ତି ମାତ୍ର ଲୋକମାନଙ୍କ ସହିତ ଏକାତ୍ମ ହୋଇ ମିଶିନାହାନ୍ତି; ସେମାନଙ୍କ ସହିତ କଥାବାର୍ତ୍ତା ଓ ସଂଳାପ କରି ଲୋକମାନଙ୍କ ପାଇଁ ଯୋଜନା ମାନ ପ୍ରସ୍ତୁତ କରିନାହାନ୍ତି। ଉପରିସ୍ଥ ବାବୁମାନେ ସମସ୍ତେ ଅଫିସର ଭାବେ ହାକିମାତି କରିଛନ୍ତି ଓ କେବଳ ତଳେ ଥିବା କର୍ମୀ ଜଣକକୁ ଗ୍ରାମସେବକ ରୂପେ ଡକାଯାଇଛି। ସାମୁଦାୟିକ ବିକାଶ ଯୋଜନାରେ ଯାହାକିଛି ସମ୍ଭବ ହୋଇଛି ଏହି ଗ୍ରାମସେବକମାନେହିଁ କରିଛନ୍ତି। ମାତ୍ର ଗ୍ରାମସେବକମାନଙ୍କୁ ଉପରିସ୍ଥ ଅଫିସରମାନେ ମର୍ଯ୍ୟାଦାର ସହିତ ବ୍ୟବହାର

କରିନାହାନ୍ତି, ସେମାନଙ୍କର ସହକର୍ମୀ ଓ ସହଯାତ୍ରୀ ହୋଇନାହାନ୍ତି।

ଚିତ୍ତଭାଇ ମଧ୍ୟ ସ୍ୱୟଂ ପ୍ରଧାନମନ୍ତ୍ରୀ ଜବାହରଲାଲଙ୍କର ବାକ୍ୟକୁ ଉଦ୍ଧାର କରି କହିଛନ୍ତି: "[-] ଭାରତବର୍ଷରେ ସାମୁଦାୟିକ ଯୋଜନା ଯଦି ଭବିଷ୍ୟତରେ ଅସଫଳ ହୋଇଥାଏ, ତେବେ ଅର୍ଥାଭାବ ସକାଶେ କଦାପି ଅସଫଳ ହେବନାହିଁ, ମାତ୍ର ଉପଯୁକ୍ତ ତାଲିମ୍ ପାଇଥିବା ଓ ଉପଯୁକ୍ତ ଦୃଷ୍ଟିକୋଣ ରଖି କାର୍ଯ୍ୟ କରୁଥିବା କର୍ମକର୍ତ୍ତା ଓ କର୍ମୀଙ୍କର ଅଭାବ ସକାଶେହିଁ ଅସଫଳ ହେବ କେହି ରୋକିପାରିବେ ନାହିଁ। (ପୃ.୩୮)" ପୁସ୍ତକର ଶେଷରେ ଗାଂଧୀବାଦୀ ଚିନ୍ତକ ଓ କରମୀ ଜି. ରାମଚନ୍ଦ୍ରନଙ୍କର ବିଚାରକୁ ଉଦ୍ଧାର କରି ଚିତ୍ତଭାଇ ଲେଖୁଛନ୍ତି:

> ପ୍ରଖ୍ୟାତ ଗାନ୍ଧୀବାଦୀ ଓ ଗାନ୍ଧୀ ଶାନ୍ତିପ୍ରତିଷ୍ଠାନର ଅଧ୍ୟକ୍ଷ (ଏବେ ରାଜ୍ୟସଭାର ସଭ୍ୟ) ଶ୍ରୀଯୁକ୍ତ ରାମଚନ୍ଦ୍ରନ୍ ଅଳ୍ପଦିନ ତଳେ ଗୋଟିଏ ଅବସରରେ ପଞ୍ଚାୟତିରାଜକୁ ନେଇ ଖେଳ ଖେଳିବାଲାଗି ଆମର କୌଣସି ଅଧିକାର ନାହିଁ ବୋଲି ଘୋଷଣା କରି ଲେଖିଛନ୍ତି, "ଗାନ୍ଧୀଙ୍କର ଭାରତବର୍ଷରେ ଆମେ ଜନତାଙ୍କୁ କଦାପି ଦବାଇ ରଖିପାରିବାନାହିଁ। ଯେତେ ଅପରିପୂର୍ଣ୍ଣ ଭାବରେ ହେଲେ ମଧ୍ୟ ସେମାନେ ଏ ଦେଶରେ ମାନବଜାତିର ଅସ୍ତ୍ରାଗାରରେ ରହିଥିବା ଅଜେୟତମ ଅସ୍ତ୍ର ସତ୍ୟାଗ୍ରହର ପ୍ରୟୋଗ କରିବାର ତାଲିମ ପାଇଚନ୍ତି। ଆଜି ଆମେ ଇଚ୍ଛାକଲେ ସତ୍ୟାଗ୍ରହକୁ ହୁଏତ ହସରେ ଉଡ଼ାଇଦେବାକୁ ବି ଚେଷ୍ଟା କରିପାରିବା। ବ୍ରିଟିଶ୍ ଶକ୍ତି ମଧ୍ୟ ଦିନେ ଠିକ୍ ଏହିପରି କରୁଥିଲା। କିନ୍ତୁ ଦିନେ ନା ଦିନେ ଭାରତର ଜନସାଧାରଣ ଏହି ଅସ୍ତ୍ର ଉତ୍ତୋଳନ କରିବ ହିଁ କରିବ। ଏହି ଭାରତର ଆକାଶତଳେ ଦିନେ ଏହି ଘଟଣା ଘଟିବ ହିଁ ଘଟିବ।" (ପୃ.୩୮)

(୩)

ସମାଜ: ପରିବର୍ତ୍ତନ ଓ ବିକାଶରେ ଚିତ୍ତଭାଇଙ୍କର ଅଧ୍ୟୟନ ମାର୍ଗ ଓ ଅନ୍ୱେଷଣ ପଦ୍ଧତି ସୃଜନଶୀଳ ଓ ଉଦ୍‌ଘାଟନକାରୀ। ଚିତ୍ତଭାଇ କେତେ ଶ୍ରଦ୍ଧା, ଜ୍ଞାନ-ଯୁକ୍ତି ଓ ବିଚାର ସହିତ ସତ୍ୟ, ତଥ୍ୟ, ବିଷୟବସ୍ତୁ ଓ ବିଷୟ ବିଶ୍ୱକୁ ପରସ୍ତ ପରସ୍ତ କରି ଉନ୍ମୋଚିତ କରୁଛନ୍ତି, ପାହୁଚ ପରେ ପାହୁଚ ବାଟ ଚାଲୁଛନ୍ତି, ସୋପାନ ପରେ ସୋପାନ ଲିଖନ ଓ ଆଲୋଚନା ମାର୍ଗରେ ଆଗକୁ ଯାଉଛନ୍ତି ଓ ଆମ ସଭିଙ୍କ ହାତଧରି ଜଣେ ସହଯାତ୍ରୀ ଭାବେ ଯାଉଛନ୍ତି। ଏହି ଅଧ୍ୟୟନ ପଦ୍ଧତିରେ ତୁଳନାତ୍ମକ ଓ ବିଶ୍ୱମୟ ଏଷଣା, ଅନୁସଂଧାନ ଓ ଆଲୋଚନା ରହିଛି। ଭାରତବର୍ଷ ଗ୍ରାମ ଓ ଗ୍ରାମ ବିକାଶ ଯୋଜନାର ଆଲୋଚନା

କରିବାକୁ ଯାଇ ଚିତ୍ତଭାଇ ଅନ୍ୟଦେଶ ଯଥା ଯୁକ୍ତରାଷ୍ଟ୍ର ଆମେରିକା, ଋଷିଆ, ପାକିସ୍ଥାନ, ଫିଲିପାଇନସ୍ ଆଦି ଦେଶ ବିଷୟରେ ଆଲୋଚନା କରିଛନ୍ତି। ଚିତ୍ତଭାଇଙ୍କର ଏହି ଆଲୋଚନାରେ ଏକ ସୃଜନଶୀଳ ଅନ୍ତଃବିଷୟତା (interdisciplinarity) ରହିଛି ଯାହା କେବଳ ଅନ୍ତଃ-ବିଷୟ ମଧ୍ୟରେ ସୀମିତ ନୁହେଁ, ଏହା ମଧ୍ୟରେ ଏକ ଉତ୍ତରଣଶୀଳ ସହ-ବିଷୟତା ରହିଛି - trans disciplinarity ରହିଛି। ଅନ୍ତଃ-ବିଷୟତାରେ ଜଣେ ଗୋଟିଏ ବିଷୟରୁ ଅନ୍ୟ ବିଷୟକୁ ଆସୁଥିବାବେଳେ ଏଥିରେ ଅନ୍ୟ ବିଷୟରେ ମୂଳଭୂତ ଅନ୍ତଃ-ପ୍ରବେଶ ନଥାଏ; ଜଣେ ଆପଣାର ବିଷୟ ମଧ୍ୟରେ ସୁରକ୍ଷିତ ହୋଇ ରହିପାରେ ଓ ନିଜ ବିଷୟର ମୂଳଭୂତ ସମୀକ୍ଷା ପାଇଁ ପ୍ରସ୍ତୁତ ନ ହୋଇପାରେ। ଉତ୍ତରଣଶୀଳ ସହ-ବିଷୟତାରେ ଜଣେ ନିଜ ବିଷୟରେ ଥାଇ, ଏହାର ସୀମିତତା ଅନୁଭବ କରେ ଓ ନିଜର ଓ ଅନ୍ୟ ବିଷୟର ଗଭୀରକୁ ଯାଇ ଏହାର ସୀମିତତାକୁ ଉତ୍ତରଣ କରି ନୂତନ ଜ୍ଞାନମାର୍ଗ ସୃଷ୍ଟିକରେ। ଚିତ୍ତଭାଇ ଦର୍ଶନ ଓ ସାହିତ୍ୟ ଅଧ୍ୟୟନରୁ ଶାନ୍ତିନିକେତନରେ ଆପଣାର ଅନ୍ୱେଷଣ ଆରମ୍ଭ କରିଛନ୍ତି। ଏହାପରେ କୋପେନହେଗନ୍ ବିଶ୍ୱବିଦ୍ୟାଳୟରେ ମନସ୍ତତ୍ତ୍ୱ ଅଧ୍ୟୟନ କରିଛନ୍ତି। ଏହାପରେ ସେ ବିଚପୁରୀରେ ସମାଜଶାସ୍ତ୍ରର ଅଧ୍ୟାପନା କରିଛନ୍ତି। ଚିତ୍ତଭାଇଙ୍କ ସମାଜ ଚିନ୍ତନ ଓ ସମାଜ ଆଲୋଚନାରେ ଦର୍ଶନ, ମନସ୍ତତ୍ତ୍ୱ, ସାହିତ୍ୟ, ଇତିହାସ, ସମାଜଶାସ୍ତ୍ର ଓ ଆଧ୍ୟାତ୍ମିକତା ଏହିସବୁ ଫୁଟି ଉଠିଛନ୍ତି ଓ ଏକ ଜ୍ଞାନସଂଗମ ସୃଷ୍ଟି କରିଛନ୍ତି। ଆଜକୁ ଚାଳିଶ ବର୍ଷ ତଳେ ଚିତ୍ତଭାଇ ଥରେ ମୋତେ କହୁଥିଲେ: "ତୁମେ ଯଦି ସମାଜ ବିଜ୍ଞାନ, ମନସ୍ତତ୍ତ୍ୱ ଓ ଆଧ୍ୟାତ୍ମିକ ସୃଷ୍ଟିକୁ ତୁମର ଗବେଷଣା ମଧ୍ୟକୁ ଆଣିବ, ଦେଖିବ କେତେ ନୂଆ ଜ୍ଞାନ ସୃଷ୍ଟି ହେବ।"

ସମାଜ: ପରିବର୍ତ୍ତନ ଓ ବିକାଶରେ ଚିତ୍ତଭାଇ ବିଷୟବସ୍ତୁ ମାନଙ୍କର କେବଳ ବର୍ଣ୍ଣନା କରିନାହାନ୍ତି; ବିଷୟ ଓ ପ୍ରକ୍ରିୟା ମାନଙ୍କର ସମୀକ୍ଷା କରିଛନ୍ତି। ଭାରତର ଗ୍ରାମବିକାଶ ଯୋଜନାର ସମୀକ୍ଷା କରିଛନ୍ତି। ଏହି ସମୀକ୍ଷାକୁ ସେ ଅନ୍ୟମାନଙ୍କ ଅଧ୍ୟୟନ ଉପରେ ପର୍ଯ୍ୟବସିତ କରିଛନ୍ତି ମାତ୍ର ଏହି ବିଷୟରେ ଯଥା ଭାରତର ସାମୁଦାୟିକ ବିକାଶ ଯୋଜନା ଉପରେ ସେ ନିଜେ ଗବେଷଣା କରିନାହାନ୍ତି... କ୍ଷେତ୍ର ଗବେଷଣା କରିନାହାନ୍ତି ଯଦିଓ ଜଣେ ଶତଚକ୍ଷୁ ଓ ଶତବର୍ଣ୍ଣ ଉନ୍ମୁକ୍ତ ଆତ୍ମା ଓ ଅନୁସଂଧାନୀ ରୂପେ ଆପଣାର ଅନୁଭବ ଓ ଶିକ୍ଷଣଙ୍କୁ ସିଏ ଏହି ଆଲୋଚନାକୁ ଆଣିଛନ୍ତି। ଗ୍ରାମ ବିକାଶ ଯୋଜନାରେ ଗ୍ରାମସେବକ ସବାତଳେ ଓ ଏହାରି ଉପରେ ସମସ୍ତେ ଅଫିସର। ମାତ୍ର ଗ୍ରାମ ବିକାଶ ଯୋଜନାରେ ଯାହା କିଛି ସମ୍ଭବ ହୋଇଛି ତାହା ଏହି ସେବକମାନଙ୍କ ଦ୍ୱାରାହିଁ ହୋଇଛି ମାତ୍ର ସେବକମାନଙ୍କ ଉପରେ ଉପରିସ୍ଥ ଅଫିସରମାନେ ହାକିମାତି କରନ୍ତି। ଏହି କ୍ଷେତ୍ରରେ ଚିତ୍ତଭାଇ ଲେଖୁଛନ୍ତି:

ପ୍ରାୟ ଆଠବର୍ଷତଳେ ଓଡିଶାର ଏକ ଗ୍ରାମରେ ଜଣେ ଗ୍ରାମସେବକ ସହିତ ହୋଇଥିବା କଥାବାର୍ତ୍ତା ମୋର ଏପର୍ଯ୍ୟନ୍ତ ମନେଅଛି। ତାଙ୍କ ବିଭାଗ ଓ ସମଗ୍ରତଃ ବିକାଶ କାମରେ ଦୁଃଖସୁଖ ପଚାରନ୍ତେ ସେ ବଡ଼ ଅନୁପ୍ରାଣିତ ହେଲାପରି ମୁଖମୁଦ୍ରା ଦେଖାଇ କହିଲେ ଯେ, "ବିଭାଗର ସବୁ ଭଲ, କେବଳ ଗୋଟିଏ ଥାନରେ ଟିକିଏ ଗଲତି ରହିଯାଇଥିବାରୁ ସବୁକାମ ପ୍ରାୟ ଭଣ୍ଡୁର ହୋଇରହିଚି। ତାଙ୍କ ମତରେ ଗ୍ରାମସେବକଙ୍କୁ ଗ୍ରାମସେବକ ବୋଲି ନକହି ଯଦି ଗ୍ରାମ ଅଫିସର ବୋଲି କୁହାଯାଇଥାନ୍ତା, (ସିଏ ଇଂରାଜୀ ଉପପଦ ଗୁଡ଼ିକର ବ୍ୟବହାର କରି କହିଥିଲେ: ଯଦି Village Level Worker ବୋଲି କୁହାନଯାଇ Village Level Officer ବୋଲି କୁହାଯାଇଥାଆନ୍ତା) ତେବେ ବିକାଶ କାର୍ଯ୍ୟ ବଡ଼ ଦକ୍ଷତାର ସହିତ ଚାଲୁଥାଆନ୍ତା।"(ପୃ.୯)

୧୯୬୬ ମସିହାରେ ଚିତ୍ତଭାଇ ଏହି ବହିଟିକୁ ଲେଖିବା ବେଳେ ଭାରତବର୍ଷରେ ସବୁଜ ବିପ୍ଳବ ବା Green Revolution ଆରମ୍ଭ ହୋଇଥାଏ। ଆପଣାର ପୁସ୍ତକରେ ଗ୍ରାମବିକାଶ ଜରିଆରେ ସାର ଓ ବିହନ ଯୋଗାଇ ଦେବା ବିଷୟରେ ଚିତ୍ତଭାଇ ସୂଚନା ଦେଇଛନ୍ତି, ଏହି ବହିରେ ସବୁଜ ବିପ୍ଳବ ଓ ଏହାର ଗ୍ରାମକୃଷି ଓ ବିକାଶ ଉପରେ ଚିତ୍ତଭାଇ ଆଲୋଚନା କରିନାହାନ୍ତି ସମ୍ଭବତଃ ସବୁଜ ବିପ୍ଳବ ଏକ ପ୍ରାରମ୍ଭିକ ଅବସ୍ଥାରେ ଥିବାହେତୁ।

ସମାଜ: ପରିବର୍ତ୍ତନ ଓ ବିକାଶ। ସାମାଜିକ ବିକାଶ; ଏହା ସହିତ ଆତ୍ମିକ ବିକାଶ ଓ ଆତ୍ମାର ବିକାଶ। ସମାଜର ପରିବର୍ତ୍ତନ ସହିତ ସମାଜର ବିବର୍ତ୍ତନ। ସାମାଜିକ ବିବର୍ତ୍ତନ କେବଳ ଡାରଇନ୍‌ଙ୍କ ବିବର୍ତ୍ତନ ଧାରାରେ ହୁଏ ନାହିଁ; ପ୍ରତିଦ୍ୱନ୍ଦ୍ୱିତା ଦ୍ୱାରା ହୁଏ ନାହିଁ। ଏଥିପାଇଁ ସାହସ ଓ ସହଯୋଗ ଆବଶ୍ୟକ, ବିବର୍ତ୍ତନାତ୍ମକ ସାହସ ଓ ସହଯୋଗ। ସାମାଜିକ ବିବର୍ତ୍ତନ ପାଇଁ ବିବର୍ତ୍ତନାତ୍ମକ ସାମାଜିକ ଓ ସାଂସ୍କୃତିକ ଅନୁଷ୍ଠାନ ଆବଶ୍ୟକ। ଆମର ପ୍ରଚଳିତ ସାମାଜିକ ଅନୁଷ୍ଠାନମାନ ପ୍ରଚଳିତ ସମାଜ ପାଇଁ କ୍ଷେତ୍ର ପ୍ରସ୍ତୁତ କରୁଛନ୍ତି ମାତ୍ର ସାମାଜିକ ବିବର୍ତ୍ତନ ପାଇଁ ପ୍ରଚଳିତ ଅନୁଷ୍ଠାନମାନ ଯଥେଷ୍ଟ ନୁହନ୍ତି। ଏଥିପାଇଁ ଆମର ବିବର୍ତ୍ତନାତ୍ମକ ଅନୁଷ୍ଠାନମାନ ଆବଶ୍ୟକ ଯେଉଁ ଅନୁଷ୍ଠାନମାନ ଆମକୁ ମଧ୍ୟ ଆମର ଚେତନାର ବିକାଶ ଓ ରୂପାନ୍ତରରେ ସାହାଯ୍ୟ କରିବେ। ଚେତନାର ବିକାଶ ପାଇଁ ଆମକୁ ଚେତନାକୁ ଆମର ସମାଜ ସହିତ ଯୋଡିବା ସହିତ ଆମକୁ ପ୍ରକୃତି ଓ ଦିବ୍ୟ ସହିତ ସଂଯୋଗ କରିବାକୁ ହୋଇଥାଏ। ସମାଜ, ପ୍ରକୃତି ଓ ଦିବ୍ୟର ବହୁପରିସରୀୟ ମିଳନ ଓ ଉତକ୍ରମଣ ପାଇଁ କ୍ଷେତ୍ର ଓ ବୃତ୍ତ ପ୍ରସ୍ତୁତ କରିବାକୁ ହୁଏ।

ଏହି ମିଳନ, ସହଯାତ୍ରା ଓ ଅତିକ୍ରମଣରେ ଆମେ ମନୁଷ୍ୟ, ପ୍ରକୃତି, ସମାଜ ଓ ଦିବ୍ୟ ସହିତ ଯୁକ୍ତ ହୋଇ ରହିଛୁ, ସଂସ୍ଥିତ ହୋଇ ରହିଛୁ... coordinate... ହୋଇ ରହିଛୁ ଓ ଏହା ସହିତ ଆମେ ମଧ୍ୟ ଅତିକ୍ରମଣଶୀଳ ହୋଇ ରହିଛୁ... transcendent ହୋଇ ରହିଛି । ଚିତ୍ତଭାଇଙ୍କର ପୁସ୍ତକ ସମାଜରେ ଓ ତାଙ୍କର ସମାଜ-ଚିନ୍ତନରେ ଉଭୟେ immanence ଓ transcendence ରହିଛି - ସହସ୍ଥିତି, ସହ ଉପସ୍ଥିତି ରହିଛି । ଏହା ସହିତ ଅତିକ୍ରମଣ ରହିଛି । ଏହା ସହିତ ଆମେ ବ୍ୟକ୍ତି, ସମାଜ, ସଂସ୍କୃତି ଓ ଏହା ସହିତ ସଂଯୁକ୍ତ ଚେତନାକୁ ଆମେ ସହଯୁକ୍ତ ଓ ସହ ଅତିକ୍ରମଣଶୀଳ କରିପାରିବା... ଅତିକ୍ରମଣଶୀଳ ସଂସ୍ଥିତି (transcendental immanence) ଓ ସଂସ୍ଥିତ ଅତିକ୍ରମଣଶୀଳତା (immanent transcendence) କୁ ପ୍ରସ୍ଫୁଟିତ କରିପାରିବା ।

(୪)

ସମାଜ: ପରିବର୍ତ୍ତନ ଓ ବିକାଶ । ଚିତ୍ତଭାଇ ଯେତେବେଳେ ୧୯୭୨ ମସିହାରେ ଲେଖିଥିଲେ ସେତେବେଳେ ବିକାଶ ପାଇଁ ପ୍ରୟାସ ଚାଲିଥିଲା । ବିକାଶ ଯେ ଭିନ୍ନ ବିକାଶ ହେବ, ବିକାଶ ଯେ ଧାରଣଶୀଳ ବିକାଶ ବା Sustainable Development ହେବ ଏହି ବିଷୟରେ ଆଲୋଚନା ହୋଇଥିଲା । ୧୯୭୬ରେ The Club of Rome ଦ୍ୱାରା Limits to Growths: ଅଭିବୃଦ୍ଧିର ସୀମା ପ୍ରସ୍ତୁତ ହୋଇଥିଲା । ଚିତ୍ତଭାଇ ଏହି ପୁସ୍ତକକୁ ପଢିଥିଲେ । ୧୯୮୧ରେ ଯେତେବେଳେ ମୁଁ ଚିତ୍ତଭାଇଙ୍କୁ ଭେଟିଲି ସେ ଏହି ପୁସ୍ତକ ସଂପର୍କରେ କହୁଥିଲେ । ବିକାଶ କିପରି ବିନାଶରେ ପରିଣତ ହେଉଛି ସେ ସମ୍ପର୍କରେ ସେ ସଚେତନ ଥିଲେ । ଯଦିଓ ଚିତ୍ତଭାଇ ଜୀବନର ଆଦ୍ୟକାଳରେ ଆଧୁନିକତା ଓ ଆଧୁନିକ ବିକାଶର ପ୍ରତିଶ୍ରୁତି ଓ ସମ୍ଭାବନା ଦ୍ୱାରା ପ୍ରଭାବିତ ହୋଇଥିଲେ ଓ କିଛିମାତ୍ରାରେ ବିହ୍ୱଳିତ ହୋଇଥିଲେ, ମାତ୍ର ସେ ଆଧୁନିକତା ଓ ଆଧୁନିକ ବିକାଶର ସଂକଟ ସଂପର୍କରେ ସଚେତନ ଥିଲେ । ଆପଣାର ପରବର୍ତ୍ତୀ ଚିନ୍ତନ ଓ ଅନ୍ୱେଷଣରେ ଚିତ୍ତଭାଇ ଉତ୍ତର ଆଧୁନିକତା... Post modernity.. ର ଆଧୁନିକତାର ସୀମିତତା ସଂପର୍କୀୟ ଆଲୋଚନା ସହିତ ସଂଳାପ କରିଥିଲେ । ଚିତ୍ତଭାଇ ମଧ୍ୟ ପରମ୍ପରା ଭିତରେ ଥିବା ଜୀବନ ଉତ୍ତୋଳନକାରୀ ଉପାଦାନ ମାନଙ୍କୁ ପ୍ରସ୍ଫୁଟିତ କରିବାକୁ ସାଧନା କରୁଥିଲେ । ଭିନ୍ନ ବିକାଶପାଇଁ... ଧାରଣଶୀଳ ବିକାଶ ପାଇଁ, ଦୀର୍ଘସୂତ୍ରୀ ବିକାଶ ପାଇଁ ଆମକୁ ପରମ୍ପରା, ଆଧୁନିକତା ଓ ଉତ୍ତର-ଆଧୁନିକତା ସହିତ ବାଟ ଚାଲି ଆମକୁ ବିବର୍ତ୍ତନାତ୍ମକ ବିକାଶ ପାଇଁ ପ୍ରସ୍ତୁତ ହେବାକୁ ହେବ ।

ଆଗରୁ ଓ ବର୍ତ୍ତମାନ ଯେଉଁ ବିକାଶ ଚାଲିଛି ସେଥିରେ ଆମେ ପରିବେଶକୁ ନଷ୍ଟ କରୁଛୁ। ଚିତ୍ତଭାଇ ବିକାଶଧାରାକୁ ପରିବେଶ ପ୍ରତି ସଚେତନ ହେବାକୁ ଦେଉଥିଲେ ମାତ୍ର ସେ ପରିବେଶ ନାଆରେ ମନୁଷ୍ୟକୁ ଭୁଲି ନଯିବାକୁ ଆହ୍ୱାନ ଦେଉଥିଲେ। ଚିତ୍ତଭାଇ ସବାମୂଳରେ ମଣିଷ ଅଛନ୍ତି ବୋଲି କହୁଥିଲେ। ମାତ୍ର ସବାମୂଳରେ ମନୁଷ୍ୟକୁ ରଖିଲେ ଏହା ମନୁଷ୍ୟ-କୈନ୍ଦ୍ରିକତା ବା Anthropocentrism ସୃଷ୍ଟି କରିପାରେ। ମନୁଷ୍ୟ-କୈନ୍ଦ୍ରିକତା ସ୍ଥାନରେ ମନୁଷ୍ୟ ସଂଯୋଗ; ସବାମୂଳରେ ମଣିଷ ସ୍ଥାନରେ ସବୁ ସହିତ ମଣିଷ ବିଷୟରେ ଆମକୁ ଭାବିବାକୁ ହେବ ଏବଂ ଏକ ନୂତନ ଚିନ୍ତନ ଓ ସାମାଜିକ କ୍ରିୟା ସୃଷ୍ଟି କରିବାକୁ ହେବ।

ବିକାଶ ନାଆରେ ଆମେ ପରିବେଶ ଓ ଜୀବନ ମର୍ଯ୍ୟାଦାକୁ ଯେମିତି ଧ୍ୱଂସ କରୁଛୁ ସେହି କ୍ଷେତ୍ରରେ ଧାରଣଶୀଳ ବିକାଶ Sustainable Development। ଏବେ ଆମର ମିଳିତ ଜାତିସଂଘ ସାରା ପୃଥିବୀରେ Sustainable Development Goals ହାସଲ କଥା କହୁଛି। ଏହାର ପ୍ରଥମ ଲକ୍ଷ୍ୟ ହେଉଛି ଦାରିଦ୍ର୍ୟର ରୂପାନ୍ତର... No Poverty। ମାତ୍ର ଦାରିଦ୍ର୍ୟର ଅର୍ଥ କଣ? ଏହା କଣ କେବଳ ଅର୍ଥନୈତିକ ଦାରିଦ୍ର୍ୟକୁ ବୁଝାଏ? ଯାହାପାଖରେ ଅର୍ଥନାହିଁ ସେ କଣ କେବଳ ଦରିଦ୍ର? ଯାହାପାଖରେ ନୈତିକତା ନାହିଁ, ସମ୍ବେଦନଶୀଳତା ନାହିଁ, ସ୍ନେହ ଓ କରୁଣା ନାହିଁ.. ସେ କଣ ଦରିଦ୍ର ନୁହଁନ୍ତି? ଦାରିଦ୍ର୍ୟ ବୋଇଲେ ଅର୍ଥନୈତିକ, ନୈତିକ ଓ ଆଧ୍ୟାତ୍ମିକ ଦାରିଦ୍ର୍ୟକୁ ବୁଝାଏ। ମାତ୍ର ଏଥିପାଇଁ ବିଭିନ୍ନ ସଂସ୍କୃତି ଓ ସଭ୍ୟତାରେ ଥିବା ଦାରିଦ୍ର୍ୟର ବିଭିନ୍ନ ଅବଧାରଣା ଓ ଜୀବନଶୈଳୀ ମଧ୍ୟରେ ସଂଳାପ କରିବାକୁ ହେବ। ଆଧୁନିକ ପାଶ୍ଚାତ୍ୟ ସଭ୍ୟତାରେ ଦାରିଦ୍ର୍ୟକୁ ମୂଳତଃ ଏକ ସମସ୍ୟାରୂପେ ବିବେଚନା କରାଯାଇଛି। ହଁ, ଦାରିଦ୍ର୍ୟ ଆମର ଆହ୍ୱାନ। ଅର୍ଥନୈତିକ ଦାରିଦ୍ର୍ୟ ଆମର ଜୀବନକୁ ହୀନିମାନ କରେ। ଏହାର ରୂପାନ୍ତର ଆବଶ୍ୟକ ମାତ୍ର ଏହି ଧାରାରେ ସମାଜ, ରାଷ୍ଟ୍ର, ଅର୍ଥନୀତି, ବଜାର ବ୍ୟବସ୍ଥାର ସହଯୋଗ ସହିତ ବ୍ୟକ୍ତି ଓ ସମାଜର ଜୀବନରେ ଅଳପରେ.. ଅଳପ ସମ୍ବଳରେ ବଞ୍ଚିବାକୁ ହେବ। ଏହାକୁ ଆମେ ସ୍ୱେଚ୍ଛାକୃତ ଦାରିଦ୍ର୍ୟ ବୋଲି କହିପାରିବା। ଦାରିଦ୍ର୍ୟର ବିଲୋପ ଓ ରୂପାନ୍ତର ପାଇଁ ଆମକୁ ସ୍ୱେଚ୍ଛାକୃତ ଦାରିଦ୍ର୍ୟ ଜୀବନଶୈଳୀକୁ ବରଣ କରିବାକୁ ହେବ ଯେମିତି ନାନା ଅର୍ଥନୈତିକ ବିକାଶପଥକୁ ବରଣ କରିବାକୁ ହେବ। ଏବଂ ଏଥିପାଇଁ ଧାରଣଶୀଳ ବିକାଶରେ ସଭ୍ୟତାର ସଂଳାପ ଆବଶ୍ୟକ ଯେଉଁଥିରେ ଆମେ ଦାରିଦ୍ର୍ୟର କଷଣ ଓ ସୌଭାଗ୍ୟକୁ ଏକାସାଙ୍ଗରେ ଆମେ ଅନୁଭବ କରିବା।

Quality education ବା ଗୁଣାତ୍ମକ ଶିକ୍ଷା United Nations

Sustainable Development Goal ରେ ଗୋଟିଏ ପ୍ରଧାନ ଲକ୍ଷ୍ୟ। ଶିକ୍ଷାକ୍ଷେତ୍ରରେ ଚିତ୍ତଭାଇ ଅନେକ ସାଧନା ଓ ସଂଗ୍ରାମ କରିଛନ୍ତି: ଜୀବନ ବିଦ୍ୟାଳୟଠାରୁ ପୂର୍ଣ୍ଣାଙ୍ଗ ଶିକ୍ଷା ପର୍ଯ୍ୟନ୍ତ। ଶାନ୍ତି ପ୍ରତିଷ୍ଠା ଅନ୍ୟ ଏକ ଲକ୍ଷ୍ୟ। ଏହି କ୍ଷେତ୍ରରେ ମଧ୍ୟ ଚିତ୍ତଭାଇ ଅନେକ କାମ କରିଛନ୍ତି ଯେଉଁଥିରେ ସେ ସାମାଜିକ ଶାନ୍ତି ଓ ଆତ୍ମିକ ଶାନ୍ତି ଏବଂ ସାମାଜିକ ଓ ଆତ୍ମିକ ସାଧନା ଓ ସଂଗ୍ରାମ ଉପରେ ଗୁରୁତ୍ୱ ଦେଇଛନ୍ତି। ଧାରଣଶୀଳ ବିକାଶର ଚିନ୍ତା ଓ ପଥକୁ ଅଧିକ ଗଭୀର ଓ ବ୍ୟାପ୍ତ କରିବାକୁ ଏହାର ପ୍ରସ୍ତାବନାମାନ ଓ ଚିତ୍ତଭାଇଙ୍କର ଚିନ୍ତନ ଓ ସାଧନା ମଧ୍ୟରେ ବହୁପରିସରୀୟ ସଂଳାପ ହୋଇପାରିବ। ଏଥିପାଇଁ ଚିତ୍ତାନୁରାଗୀମାନେ ଚିତ୍ତସହଯାତ୍ରୀ ହୋଇ ଚିତ୍ତ ଗବେଷକ ଓ ସମୀକ୍ଷକ ହୋଇପାରିବେ ଓ ଏମିତି ସଂଳାପ ଓ ଗବେଷଣା କରିପାରିବେ।

(୫)

ପରିବର୍ତ୍ତନ ଓ ସୃଜନଶୀଳ ଧାରଣଶୀଳ ବିକାଶ ଆମପାଇଁ ସୃଜନଶୀଳ ଭବିଷ୍ୟତ ସୃଷ୍ଟିକରେ। ଅନେକ ସମୟରେ ଆମର ଭବିଷ୍ୟ ଚିନ୍ତନ ଓ ଭବିଷ୍ୟ ପଥ ବର୍ତ୍ତମାନର ପୁନରାବୃତ୍ତି ଅଟେ। ଆମର ବର୍ତ୍ତମାନ ସମାଜରେ ଯେଉଁମାନେ କ୍ଷମତାସୀନ ଓ ପ୍ରଭାବଶାଳୀ ଭବିଷ୍ୟତକୁ ସେମାନଙ୍କ ସ୍ୱାର୍ଥ ଅନୁସାରେ ତିଆରି କରିବାକୁ ଚାହାନ୍ତି। ବର୍ତ୍ତମାନର ପୁନରାବୃତ୍ତି ବିନା ଏହାର କୌଣସି ବିକଳ୍ପ ନାହିଁ ବୋଲି ଆମକୁ କହନ୍ତି। ମାତ୍ର ଆମର ଅତୀତ ଓ ବର୍ତ୍ତମାନ ଭିତରେ ଅନେକ ସୃଜନଶୀଳ ଜୀବନଧାରା ବହିଯାଉଛି। ଆମେ ବିକଶିତ ଓ ବିବର୍ତ୍ତିତ ହେଲେ ଆମେ ଏହି ସୃଜନଶୀଳ ବିକଳ୍ପ ଧାରାମାନଙ୍କୁ ଆମ ଜୀବନରେ ବୁହାଇପାରିବା। ଏଥିପାଇଁ ଅତୀତ ଓ ବର୍ତ୍ତମାନ ସହିତ ଏକ ଭିନ୍ନ ଧ୍ୟାନ ଓ ଯାତ୍ରା ଆବଶ୍ୟକ। ଏହାକୁ ଆପଣାର ରୋହିତର ଡାଏରୀର ତ୍ରୟଂବିଶ ଖଣ୍ଡରେ ଚିତ୍ତଭାଇ 'ନିତ୍ୟ ବର୍ତ୍ତମାନ' କଥା କହିଛନ୍ତି (୧୦) ଏହି 'ନିତ୍ୟ ବର୍ତ୍ତମାନ' ବର୍ତ୍ତମାନର ପ୍ରଭୁତ୍ୱଶାଳୀ ବ୍ୟବସ୍ଥାର ଭୃତ୍ୟ ନୁହେଁ। 'ନିତ୍ୟ ବର୍ତ୍ତମାନ' ପ୍ରଚଳିତ ବର୍ତ୍ତମାନର ଦାସ ନୁହେଁ। 'ନିତ୍ୟ ବର୍ତ୍ତମାନ' ବର୍ତ୍ତମାନର ସୀମିତତା ମଧ୍ୟରେ ବଂଦୀ ନହୋଇ ବର୍ତ୍ତମାନ ଭିତରେ ସୃଜନଶୀଳ ବିକଳ୍ପ ବାସ୍ତବତା ଓ ସମ୍ଭାବନାକୁ ପ୍ରସ୍ଫୁଟିତ କରିବାକୁ ସାଧନା ଓ ସଂଗ୍ରାମ କରିଥାଏ। ଆମ ସମୟର ଆଉଜଣେ ଗଭୀର ସମୀକ୍ଷକ ଓ ସାଧକ ମାଇକଲ ଫୁକୋ (Michel Foucault) ବର୍ତ୍ତମାନ ସହିତ ସର୍ଜନାତ୍ମକ ଓ ସମୀକ୍ଷାତ୍ମକ ସମ୍ବନ୍ଧକୁ 'a critical ontology of the present' ବୋଲି କହିଛନ୍ତି।(୧୧) ଏଥିରେ ବର୍ତ୍ତମାନର ସତ୍ତା ସହିତ ଆତ୍ମସତ୍ତାର ସୃଜନଶୀଳ ଓ ସମୀକ୍ଷାତ୍ମକ ସମ୍ବନ୍ଧ ଓ ସୂତ୍ର ସ୍ଥାପନା। ଏଥିରେ ବର୍ତ୍ତମାନ ଭିତରେ ସୃଜନଶୀଳ

ବ୍ୟକ୍ତି, ସମାଜ, ସଂସ୍କୃତି ଓ ବିଶ୍ୱପଥର ଆବିଷ୍କାର, ଅନୁଭବ ଓ ବାସ୍ତବାୟନ ରହିଛି ।

ଅତୀତ ଓ ବର୍ତ୍ତମାନ ସହିତ ଧ୍ୟାନ ଓ ପାଦଚାଲି ବିକଳ୍ପ ଭବିଷ୍ୟତର ଚିନ୍ତନ ଓ ପ୍ରସ୍ଫୁଟନ। ଏହି ଭବିଷ୍ୟତ ଜାଗତିକ ଭବିଷ୍ୟତ। ଆମର ଜାଗତିକ ଭବିଷ୍ୟତ ଆମ ସମସ୍ତଙ୍କର ଓ ଆମ ସମସ୍ତଙ୍କୁ ପ୍ରଭାବିତ କରେ। ବର୍ତ୍ତମାନ ଆମର ସମଗ୍ର ପୃଥିବୀରେ ଯେଉଁପ୍ରକାର ଆହ୍ୱାନମାନ ଆସୁଛି ଯେମିତି ଯୁଦ୍ଧ ଓ ଜଳବାୟୁ ପରିବର୍ତ୍ତନର ଆହ୍ୱାନ ଏଥିରେ ଆମର ଭବିଷ୍ୟତ କେବଳ ବ୍ୟକ୍ତିଗତ, ସାମାଜିକ ଓ ରାଷ୍ଟ୍ର ସୀମିତ ନୁହେଁ । ଆମର ଭବିଷ୍ୟତ, ପରସ୍ପରର ଭବିଷ୍ୟତ ସହିତ ସଂଯୁକ୍ତ ଓ ଆମେ ଏବେ ସାଙ୍ଗ ହୋଇ ଧ୍ୱଂସ ପାଇଯିବା ବା ପରସ୍ପରକୁ ଧ୍ୱଂସ କରିବା ଅଥବା ଆମେ ସାଙ୍ଗହୋଇ ବଞ୍ଚିବା ଓ ପ୍ରସ୍ଫୁଟିତ କରିବା।

ସୃଜନଶୀଳ ଜାଗତିକ ଭବିଷ୍ୟତ ପାଇଁ ଆମକୁ ସ୍ଥାନ ଓ ସମୟ ସହିତ ଏକ ନୂତନ ସମ୍ବନ୍ଧ ସ୍ଥାପନ କରିବାକୁ ହୁଏ । ଆମର ସ୍ଥାନ ମାନ ଏକ ଜାଗତିକ ପ୍ରକ୍ରିୟାର ଅସହାୟ ମାଟି ଗୋଡି ନୁହନ୍ତି। ଆମେ ଯେଉଁ ସ୍ଥାନରେ ଜନ୍ମ ହୋଇଛୁ ଓ ଯେଉଁଠାରେ ବାସ କରୁଛୁ ଏହି ସ୍ଥାନ ମାନଙ୍କରେ ଉଭୟେ ସ୍ଥାନୀୟତା ଓ ବିଶ୍ୱମୟତା ରହିଛି, ବିନ୍ଦୁ ଓ ବ୍ରହ୍ମାଣ୍ଡ ରହିଛି । ସ୍ଥାନ ସହିତ ଏକ ନୂତନ ଯୋଗରେ ଆମର ସ୍ଥାନ ଓ ସାଂସ୍କୃତିକ ଆତ୍ମ-ପରିଚିତି ଓ ସହପରିଚିତି ସୃଜନଶୀଳ ବିଶ୍ୱମୟ ହୁଏ (୧୨)। ଠିକ୍ ସେମିତି ସମୟ ସହିତ ଏକ ନୂତନ ଯୋଗ। ଆମେ ଅତୀତ, ବର୍ତ୍ତମାନ ଓ ଭବିଷ୍ୟତ ସହିତ ଏକ ନୂତନ ଯୋଗ ସ୍ଥାପନା କରୁ ଯେଉଁଥିରେ ଆମେ ସମୟର ବଂଦୀ ନହୋଇ ଆମେ ସମୟର ସହଯାତ୍ରୀ ଓ ବିବର୍ତ୍ତନାତ୍ମକ ଯୋଗୀ ହେଉ। ଚିତ୍ତଭାଇ ଏମିତି ଏକ ବିବର୍ତ୍ତନାତ୍ମକ ସମୟଯୋଗୀ ଥିଲେ, ସ୍ଥାନ ଯୋଗୀ ଥିଲେ। ସେ ମଧ୍ୟ ସୃଜନଶୀଳ ଭବିଷ୍ୟତର କବି, ଚିତ୍ରକର ଓ ପ୍ରବଂଧଯୋଗୀ ଥିଲେ।

ଏହି ଯୋଗରେ ସାଧନା ରହିଛି, ସଂଗ୍ରାମ ରହିଛି, ସମ୍ବେଦନଶୀଳତା ରହିଛି, ସାହସ ରହିଛି, ପ୍ରତିରୋଧ ରହିଛି, ନବସୃଜନ ରହିଛି। ଏଥିରେ ସତ୍ୟାଗ୍ରହ ରହିଛି । ବର୍ତ୍ତମାନର ପ୍ରଚଳିତ ବ୍ୟବସ୍ଥା ବିରୋଧରେ କେତେପ୍ରକାର ସତ୍ୟାଗ୍ରହ ମୁଣ୍ଡ ଟେକୁଛି । ଜଳବାୟୁ ସଂକଟ ଆମର ସମଗ୍ର ପୃଥିବୀର ଭବିଷ୍ୟତକୁ ସଂକଟାପନ୍ନ କରୁଥିବାବେଳେ ବର୍ତ୍ତମାନର ଯୁବକ, ଯୁବତୀମାନେ, ପୁଅ, ଝିଅମାନେ ଏହାର ପ୍ରତିବାଦ କରୁଛନ୍ତି। ଏମାନଙ୍କ ମଧ୍ୟରେ ସୁଇଡେନ୍‌ର ଛାତ୍ରୀ ଗ୍ରେଟା ଥର୍ଣ୍ଣବର୍ଗ (Greta Thurnberg) ଅଛନ୍ତି। ୨୦୧୬ ମସିହାରେ ସେ ସୁଇଡେନର ରାଜଧାନୀ ଷ୍ଟକ୍‌ହୋମର ଗୋଟିଏ ବିଦ୍ୟାଳୟରେ ପଢୁଥିବାବେଳେ ସେ ପ୍ରତି ଶୁକ୍ରବାର ଦିନ ସୁଇଡେନର ପାର୍ଲିଆମେଣ୍ଟ ଆଗରେ ଧାରଣା ଦେଲେ। ସେ ପାର୍ଲିଆମେଣ୍ଟରେ ଥିବା ନିର୍ବାଚିତ ପ୍ରତିନିଧିମାନଙ୍କୁ

ଜଳବାୟୁ ପରିବର୍ତ୍ତନ ସମ୍ପର୍କରେ ସୃଜନଶୀଳ ପଦକ୍ଷେପ ନେବାକୁ ଆହ୍ୱାନ ଦେଲେ । ଗ୍ରେଟାଙ୍କଠାରୁ ପ୍ରେରଣା ପାଇ ସମଗ୍ର ପୃଥିବୀର ପିଲାମାନେ ପ୍ରତି ଶୁକ୍ରବାର ଦିନ ନିଜ ନିଜ ଅଞ୍ଚଳରେ ସମ୍ମିଳିତ ହୋଇ ପଦଯାତ୍ରା କଲେ ଓ ସେମାନେ ପ୍ରଚଳିତ ରାଜନେତାମାନଙ୍କୁ ଓ ଚାଳକମାନଙ୍କୁ ପ୍ରଶ୍ନ କଲେ: "ତୁମର କଣ ଅଧିକାର ଅଛି ଆମର ଭବିଷ୍ୟତକୁ ଖାଇବାକୁ ? ତୁମର କେମିତି ସାହସ ହେଲା ଆମର ଭବିଷ୍ୟତ ସହିତ ଖେଳ ଖେଳିବାକୁ ?"

ଗ୍ରେଟା ଥର୍ଣ୍ଣବର୍ଗ ଭଳି ଆମର ପିଲାମାନେ ଆମର ବଡମାନଙ୍କୁ ପ୍ରଶ୍ନ କରୁଛନ୍ତି, ଟକ୍‌କର ଦେଉଛନ୍ତି । ଶ୍ରୀଅରବିନ୍ଦଙ୍କ ସାବିତ୍ରୀ ଭଳି ଗ୍ରେଟା ଥର୍ଣ୍ଣବର୍ଗ ବର୍ତ୍ତମାନର ଯମରାଜମାନଙ୍କ ସହିତ ସଂଳାପ କରୁଛନ୍ତି ଓ ସେମାନଙ୍କୁ ଟକ୍‌କର ଦେଉଛନ୍ତି । ଯୁକ୍ତରାଷ୍ଟ୍ର ତତ୍କାଳୀନ ରାଷ୍ଟ୍ରପତି ଡୋନାଲଡ୍ ଟ୍ରମ୍ପଙ୍କ ଉଦ୍ଦେଶ୍ୟରେ ସେ ଥରେ କହିଥିଲେ 'you cannot be making deal with physics' । ଅର୍ଥାତ୍ ନିଜର ଲାଭ ଓ କ୍ଷମତା ପାଇଁ ଟ୍ରମ୍ପ୍ ଜଳବାୟୁ ପରିବର୍ତ୍ତନର ଆହ୍ୱାନକୁ ହାଲୁକା କରି ଦେଖୁଥିବାବେଳେ ଗ୍ରେଟା ତାଙ୍କୁ କହୁଛନ୍ତି: "ନାଁ, ଏହା ଠିକ୍ ନୁହେଁ । ତୁମେ ପଦାର୍ଥ ବିଜ୍ଞାନ ସହିତ ଡିଲ କରିପାରିବ ନାହିଁ । ଆମର ଭବିଷ୍ୟତକୁ ତୁମେ ଧ୍ୱଂସ ମୁଖକୁ ଠେଲି ଦେଇପାରିବ ନାହିଁ ।"

ଗ୍ରେଟା ଆମର ଶାସନକର୍ତ୍ତା ବଡମାନଙ୍କୁ ପ୍ରଶ୍ନ କରୁଛନ୍ତି, ସେମାନଙ୍କୁ ପ୍ରଶ୍ନ କରୁଛନ୍ତି ଓ ଟକ୍‌କର ଦେଉଛନ୍ତି । ସେମାନେ ବଡ଼ ମାନଙ୍କର ନାନା ଆବରଣ ଓ ମିଥ୍ୟା ପ୍ରବଞ୍ଚନାକୁ ଉନ୍ମୋଚିତ କରୁଛନ୍ତି । ସେମାନେ ଆମକୁ କହୁଛନ୍ତି ଆମର ବଡ଼ମାନେ ଆମର ବିକାଶ, ପରିବର୍ତ୍ତନ ଓ ବିବର୍ତ୍ତନର ଆହ୍ୱାନ ସମ୍ମୁଖରେ ସେମାନେ ଫମ୍ପା । ସେମାନଙ୍କର ପୋଷାକମାନ ଭିତରେ ଥାଇ ସେମାନେ ନଗ୍ନ । ଡେନିସ୍ ଗଳ୍ପକାର ଖ୍ରିଷ୍ଟିଯାନ ଆନରସନ୍ ଆପଣାର ଏକ ଗପରେ କହୁଛନ୍ତି କିପରି ଗୋପେନହେଗେନର ରାଜରାସ୍ତାରେ ଯାଉଥିବା ରାଜାଜଣେ ପୃଥିବୀର ସବୁଠାରୁ ସୁନ୍ଦର ପୋଷାକ ପିନ୍ଧିଛନ୍ତି ବୋଲି ଭାବି ଯାଉଥିବାବେଳେ ଓ ତାଙ୍କର ମନ୍ତ୍ରୀ ସଭାପରିଷଦ ମାନେ ବାହା ବାହା କହୁଥିବାବେଳେ ରାସ୍ତାକଡରେ ଛିଡା ହୋଇଥିବା ଜଣେ ଛୋଟପିଲା କହୁଛି: "ଓହୋ ! ଦେଖ ରାଜା ଜଣକ ଲଙ୍ଗଳା ।"

[ସୁହୃଦ୍ ଗୋଷ୍ଠୀ, ଓଡିଶା, Folklore Foundation ଏବଂ ପ୍ରଗତି ଉତ୍କଳ ସଂଘର ମିଳିତ ଆନୁକୂଲ୍ୟରେ ଆୟୋଜିତ ଚିତ୍ତରଂଜନ ଶତବାର୍ଷିକୀ ବକ୍ତୃତାମାଳାରେ ସେପ୍ଟେମ୍ବର, ୨୦୨୨ରେ ପ୍ରଦତ୍ତ ଅଭିଭାଷଣ ଉପରେ ପର୍ଯ୍ୟବସିତ ।]

ଗ୍ରନ୍ଥ ସୂଚନା:-

୧. ଚିତ୍ତରଂଜନ ଦାସ, ସମାଜ: ପରିବର୍ତ୍ତନ ଓ ବିକାଶ। କଟକ: ଗ୍ରନ୍ଥ ମନ୍ଦିର, ୧୯୬୬।

୨. Ramesh Ghode, ed. Masterstrokes: Letters to Chittada; Pofessor Chitta Ranjan Das.

୩. ପଥୀ-ବଂଧୁପ, ଭୁବନେଶ୍ୱର: ପଥିକ ପ୍ରକାଶନୀ।

୪. ତତ୍ରୈବ

୫. ଚିତ୍ତରଂଜନ ଦାସ, "ପ୍ରବଞ୍ଚିତ ବିପ୍ଳବ"

୬. ପଥୀ ବଂଧୁପ।

୭. Jurgen Habermas, Moral Consciousness and Communicative Action. Cambridge, MA: The MIT Press

୮. John Rawls, A Theory of Justice. Cambridge, MA: Harvard University Press.

୯. ସମାଜ: ପରିବର୍ତ୍ତନ ଓ ବିକାଶ, ପୃ.୧

୧୦. ଚିତ୍ତରଂଜନ ଦାସ, ରୋହିତର ଡାଏରୀ, ତ୍ରୟବିଂଶ ଖଣ୍ଡ।

୧୧. Michel Forcault. "What is Enlighenement?" In Paul Rabinow, ed. Foucault Reader. 1983.

୧୨. ଚିତ୍ତରଂଜନ ଦାସ, "ଜଗତୀକରଣ ଓ ସାଂସ୍କୃତିକ ଆତ୍ମ ପରିଚିତି" ଏହା ତାଙ୍କର ପ୍ରବଂଧ ସଂକଳନ ମନକୁ ସ୍ୱିରୀବେଶ ପୁସ୍ତକରେ ସଂଶ୍ଳିଷ୍ଟ।

ସମାଜ, ସଂସ୍କୃତି ଓ ଦର୍ଶନ : ଚିତ୍ତରଂଜନଙ୍କର ରଚନା କତିପୟ

– ୧ –

ସମାଜ, ସଂସ୍କୃତି ଓ ଦର୍ଶନ ପରସ୍ପର ସହିତ ମଣିଷ ସହ ଜୀବନ ଯାତ୍ରାରେ ଅଧ୍ୟୟନ, ସାଧନା, ସଂଗ୍ରାମ ଓ ଉତ୍ କ୍ରମଣରେ ସଂଯୁକ୍ତ। ସମାଜ, ସଂସ୍କୃତି ଓ ଦର୍ଶନ ଜୀବନର ସଂଗମ, ସୃଜନଶୀଳତା ଓ ବଞ୍ଚିବାର ସାଧନା ଓ ସଂଗ୍ରାମ। ଏହି ସଂଗମରେ ଆମ ସଭିଙ୍କୁ ଅବଗାହନ କରିବାକୁ ହୋଇଥାଏ ଯଥାର୍ଥ ଜୀବନ ବଞ୍ଚିବା ପାଇଁ, ଜୀବନର ସ୍ଥିତାବସ୍ଥାରୁ ଅଧିକ ସୌନ୍ଦର୍ଯ୍ୟ, ମର୍ଯ୍ୟାଦା ଓ ସଂଳାପ ଆଡ଼କୁ ପାଦ ପକାଇବାକୁ, ସ୍ୱପ୍ନ ଦେଖିବାକୁ। ସମାଜ-ସଂସ୍କୃତି ଓ ଦର୍ଶନର ସଂଗମରେ ପହଁରିବାକୁ ହେଲେ ଆମକୁ ଅଧ୍ୟୟନ କରିବାକୁ ହୋଇଥାଏ... ସମାଜ, ସଂସ୍କୃତି ଓ ଦର୍ଶନକୁ ଅଧ୍ୟୟନ କରିବା ସହିତ, ନିଜକୁ ଅଧ୍ୟୟନ କରିବାକୁ ହୁଏ, ସୋଦରକୁ ଅଧ୍ୟୟନ କରିବାକୁ ହୁଏ, ଦୋସର ମାନଙ୍କୁ ମଧ୍ୟ ଅଧ୍ୟୟନ କରିବାକୁ ହୁଏ। ଏହି ଅଧ୍ୟୟନରେ ଆମର ପଦ୍ଧତି ଆବଶ୍ୟକ, ସହାୟକ ମାର୍ଗ ଆବଶ୍ୟକ ଯେମିତି ଉଭୟେ ମସ୍ତିଷ୍କ ଓ ହୃଦୟର ପଦ୍ଧତି ଓ ମାର୍ଗ, ବିଜ୍ଞାନ ଓ ଆଧ୍ୟାତ୍ମିକତାର ମାର୍ଗ। ମାତ୍ର ଏହି ଅଧ୍ୟୟନ ବାଛିବାକୁ ନୁହେଁ, ମୂଲ୍ୟାୟନ କରିବାକୁ ନୁହେଁ, ଏହା ନିଜକୁ, ଅପରକୁ, ସମାଜ, ସଂସ୍କୃତି ଓ ବିଶ୍ୱର ଦାର୍ଶନିକ ପରମ୍ପରା ମାନଙ୍କୁ ବୁଝିବାକୁ... କେବଳ ବୁଦ୍ଧି ଓ ମସ୍ତକ ଦ୍ୱାରା ନବୁଝି ହୃଦୟର ସହ ବୁଝିବାକୁ ଏବଂ ପାରସ୍ପରିକ ଓ ବିଶ୍ୱମୟ ସହୃଦୟତା ସୃଷ୍ଟି କରିବାକୁ।

ସମାଜ, ସଂସ୍କୃତି ଓ ଦର୍ଶନର ଅଧ୍ୟୟନ କରି ଓ ଏହା ସହିତ ଏକ ଓ ଅନେକ ନୂତନ ସମାଜ, ସଂସ୍କୃତି ଓ ଦର୍ଶନ ସ୍ରଷ୍ଟାର ଜଣେ ଭଗୀରଥ, ସାଧକ ଓ ତପସ୍ୱୀ ହେଉଛନ୍ତି ଚିତ୍ତରଂଜନ। ଉଣେଇଶ ବର୍ଷ ବୟସରେ 'ଆପଣାର ମହାତ୍ମା ସକ୍ରେଟିସ'ଙ୍କ ରଚନାରୁ ଆରମ୍ଭ କରି ଜୀବନର ଶେଷପର୍ଯ୍ୟାୟରେ ୨୦୧୧ରେ

ରଚିତ 'ବେନେଡିକ୍ସ ସ୍ପିନୋଜା: ଜୀବନ ଓ ଦର୍ଶନ'.... ଆଜୀବନ ଚିତ୍ତରଂଜନ ଦର୍ଶନ ବିଦ୍ୟାର କେବଳ ଛାତ୍ର ନୁହନ୍ତି ସେ ଦର୍ଶନର ଜଣେ ରୂପାନ୍ତରକାରୀ ସାଧକ, ଯେଉଁ ସାଧନାରେ ଦର୍ଶନ ଜୀବନରେ ଅଧ୍ୟୟନ, ସଂଗ୍ରାମ, ରୂପାନ୍ତର ଓ ଉତ୍ କ୍ରମଣ ସହିତ ସଂଯୁକ୍ତ। ଶାନ୍ତିନିକେତନରେ ଦର୍ଶନ ଅଧ୍ୟୟନ ଯାହା ତାଙ୍କୁ ଉଭୟ ଭାରତୀୟ ଓ ପାଶ୍ଚାତ୍ୟ ଓ ବିଶ୍ୱ ଦର୍ଶନ ସହ କରାଇଛି ଓ ଏହାପରେ ମନସ୍ତତ୍ତ୍ୱ ଓ ନୃତତ୍ତ୍ୱ ବିଦ୍ୟାର ଅଧ୍ୟୟନ ତାଙ୍କୁ ସମାଜ ଅଧ୍ୟୟନ ପାଇଁ ଏକ ବୃହତ୍ତର ଓ ଗଭୀରତର ପ୍ରସ୍ତୁତି ପ୍ରଦାନ କରିଛି ଯାହା କେବଳ ଭାରତବର୍ଷରେ କାହିଁକି ପୃଥିବୀର ସମାଜ ଅଧ୍ୟୟନ କ୍ଷେତ୍ରରେ ବିରଳ। ଆମେ ଏବେ ଯାହାକୁ ବହୁ-ବିଷୟକ ଅଧ୍ୟୟନ ବା multi-disciplinary study ବୋଲି କହୁଛୁ ବା ଅଧ୍ୟୟନ କହୁଛୁ ଚିତ୍ତରଂଜନ ଅନେକ ଆଗରୁ ଓ ଜୀବନ ସାଧନାର ଆରମ୍ଭରୁ ଏହାର ତପସ୍ୱୀ ଥିଲେ। ଚିତ୍ତରଂଜନଙ୍କର ସମାଜ: ପରିବର୍ତ୍ତନ ଓ ବିକାଶ ପୁସ୍ତକରେ ଆମେ ସମାଜ ବିଜ୍ଞାନ, ଦର୍ଶନ, ଇତିହାସ ଓ ମନସ୍ତତ୍ତ୍ୱର ସ୍ୱାଭାବିକ ଓ ସ୍ୱତଃସ୍ଫୂର୍ତ୍ତ ପ୍ରବାହ ଅନୁଭବ କରିପାରିବା ଯେମିତି ତାଙ୍କର ଓଡ଼ିଆ ସାହିତ୍ୟର ସାଂସ୍କୃତିକ ବିକାଶ ଧାରାରେ ଓ ଆପଣାର ମରଶରୀର ଛାଡ଼ିବାର ମାତ୍ର ବର୍ଷକ ପୂର୍ବରୁ ପ୍ରକାଶିତ 'ବ୍ୟକ୍ତି ଓ ବ୍ୟକ୍ତିତ୍ୱ'ରେ ଓ ଆଦ୍ୟକାଳର ଗବେଷଣା ଗ୍ରନ୍ଥ 'ଓଡ଼ିଶାରେ ମହିମା ଧର୍ମ'ରେ। ଚିତ୍ତରଂଜନଙ୍କର ଜନ୍ମବାର୍ଷିକୀ ପର୍ବରେ ଏହି ସଂକଳନରେ ଚିତ୍ତରଂଜନଙ୍କର... ଆମର ସହଯାତ୍ରୀ ଚିତ୍ତଭାଇଙ୍କ... ଦର୍ଶନ, ସମାଜ ଓ ସଂସ୍କୃତି...ର ବିଭିନ୍ନ ଦିଗ ଉପରେ ରଚିତ ରଚନା ମାନ ଏଠାରେ ଏକତ୍ର ହୋଇଛନ୍ତି।

ଦର୍ଶନ, ସମାଜ ଓ ସଂସ୍କୃତି ସମ୍ପର୍କରେ ଚିତ୍ତଭାଇ ଅନେକ ଲେଖିଛନ୍ତି। ଏହି ସବୁକୁ ଅଧ୍ୟୟନ କଲେ ଆମ ଭିତରେ ଜିଜ୍ଞାସା, ପ୍ରେମ ଓ ରୂପାନ୍ତର ଶକ୍ତି ଜାଗ୍ରତ ହୁଏ। ଏହି ରଚନାମାନ ଜୀବନ୍ତ ହୋଇ ଆମକୁ କୋଳାଇ ନିଅନ୍ତି, ଆମକୁ ଆହ୍ୱାନ ଦିଅନ୍ତି, ଯବନ ହୋଇ ବିଦ୍ରୋହ କରିବାକୁ ସାହସ ଦିଅନ୍ତି ଓ ଦାସିଆ ହୋଇ ଏହି ପୃଥିବୀକୁ ଅନ୍ୟ ଏକ ପୃଥିବୀ ସହିତ ଯୋଗଯୁକ୍ତ କରିବାକୁ ତପସ୍ୱୀ କରାନ୍ତି।(୧)

-୨-

ସଂକଳନଟି ଆରମ୍ଭ ହୋଇଛି ଚିତ୍ତଭାଇଙ୍କର ପ୍ରବନ୍ଧ 'ଦର୍ଶନ ଓ ସମାଜ'ରୁ ଯେଉଁଥିରେ ଚିତ୍ତଭାଇ ଆରମ୍ଭରେ ଆମକୁ କହୁଛନ୍ତି 'ଆଗ ସମାଜ, ତା'ପରେ ଦର୍ଶନ'। ଚିତ୍ତଭାଇ ମଧ୍ୟ ଆମକୁ କହୁଛନ୍ତି, 'ଦର୍ଶନ ଭିତରେ ସତତ ଗତିଶୀଳତା ରହିବା ଦରକାର ଓ ଜୀବନକୁ ଓ ସମାଜକୁ ଖଣ୍ଡ ଖଣ୍ଡ କରି ନଦେଖି ସମଗ୍ରତର କରି ଦେଖିବା ଦରକାର ଯାହା ସମାଜ-ବିବର୍ତ୍ତନର ଇତିହାସରେ ସମଦର୍ଶୀ ମାନଙ୍କର

ଆର୍ବିଭାବ ଦ୍ୱାରା ସମ୍ଭବ ହୁଏ। ଏହି ପ୍ରବନ୍ଧରେ ଚିତ୍ତରଂଜନ ପାରସ୍ପରିକତାର ମହତ୍ତ୍ୱ ଓ ଆଧ୍ୟାତ୍ମିକ ନୈରାଜ୍ୟବାଦ ଯାହା ସମାଜ ଓ ରାଷ୍ଟ୍ରର ସର୍ବଶକ୍ତିମତ୍ତାକୁ ପ୍ରଶ୍ନ କରି ସୃଜନଶୀଳ ସାମାଜିକ ଓ ଆତ୍ମିକତା ସୃଷ୍ଟି କରିଛୁ ଏହି ବିଷୟରେ ଆଲୋଚନା କରିଛନ୍ତି। ସମାଜ ସମ୍ପର୍କରେ ଚିତ୍ତରଂଜନଙ୍କର ଏଷଣା ତାଙ୍କର ଜୀବନରୂପୀ ଧ୍ୟେୟ ରୂପେ ଅନ୍ୟ ରଚନା ମାନଙ୍କ ମଧ୍ୟରେ ମଧ୍ୟ ପ୍ରସ୍ଫୁଟିତ ଯେମିତି ତାଙ୍କର ସମାଜ, ପରିବର୍ତ୍ତନ ଓ ବିକାଶ ପୁସ୍ତକରେ। ଏହି ସଂକଳନରେ ପୃଷ୍ଠାର ସୀମିତତା ଦୃଷ୍ଟିରୁ ଏହି ପୁସ୍ତକର ପ୍ରଥମ ଅଧ୍ୟାୟ, 'ଆମ ସମାଜ ଓ ସମାଜ-ଜୀବନ'ର ପ୍ରଥମ କେତୋଟି ପୃଷ୍ଠା କେବଳ ସନ୍ନିବିଷ୍ଟ ଯେଉଁଥିରେ ଚିତ୍ତରଂଜନ ଆମକୁ କହୁଛନ୍ତି 'ସମାଜ କହିଲେ ପ୍ରଧାନତଃ ମଣିଷ ମାନଙ୍କୁ ବୁଝାଏ (...) ମଣିଷକୁ ଛାଡ଼ିଦେଲେ ଦେଶ, ଜାତି, ସଭ୍ୟତା, ସଂସ୍କୃତି, ଧର୍ମ ବା କୀର୍ତ୍ତି ବଂଶର କୌଣସି ସ୍ଥାନ ହିଁ ନାହିଁ। (..)

ମଣିଷକୁ ନେଇ, ଜୀବନକୁ ନେଇ ଯେମିତି ଆମର, ଦର୍ଶନ ଓ ସମାଜ ଠିକ୍ ସେମିତି ମଣିଷକୁ ନେଇ ସଂସ୍କୃତି ମାତ୍ର ଆମର ସଂସ୍କୃତି ଜୀବନକୁ ଭୋଗ କରିବା ପାଇଁ ନୁହେଁ, ଏହା ଜୀବନକୁ ନେଇ ବଞ୍ଚିବାକୁ, କେବଳ ସ୍ଥିତାବସ୍ଥାରେ ବଞ୍ଚିବାକୁ ନୁହେଁ, ସମାଜ, ସଂସ୍କୃତି ଓ ବ୍ୟକ୍ତିକୁ ରୂପାନ୍ତରିତ କରି ବଞ୍ଚିବାକୁ। ଖାସ୍ ସେଇଥିପାଇଁ ହୁଏତ ଆପଣାର ଓଡ଼ିଆ ସାହିତ୍ୟର ସାଂସ୍କୃତିକ ବିକାଶଧାରା ପୁସ୍ତକରେ ଚିତ୍ତରଂଜନ ଆରମ୍ଭରେ ଆମକୁ କହୁଛନ୍ତି: "ଆଗ ମଣିଷ, ତା'ର ସଂସ୍କୃତି, ତା'ର ସଂଗେ ସଂଗେ ରହିଛି। ଏହି ସଂସ୍କୃତି ଏକ ଜୀବନ୍ତ ସଂସ୍କୃତି, ତାହା ଜୀବନର ସମବାଚୀ।" ପୁନଶ୍ଚ 'ସଂସ୍କୃତି ସମ୍ପତ୍ତି ନୁହେଁ, ସଂସ୍କୃତି ହେଉଛି ପ୍ରେରଣା' ସଂସ୍କୃତି ସହ ପ୍ରେରଣା ରୂପେ ବାଟ ଚାଲିଲେ ଆମେ ସଂସ୍କୃତି ମଧ୍ୟରେ ଆତ୍ମ ସମ୍ପଦ ଓ ପାରସ୍ପରିକ ସମ୍ପଦ ଅନୁଭବ କରିପାରିବା।

ଏହି ସଂକଳନରେ ସଂକଳିତ ଚିତ୍ତଭାଇଙ୍କର ପ୍ରବନ୍ଧ 'ଜଗତୀକରଣ : ସାଂସ୍କୃତିକ ପରିଚିତି' ଆମକୁ ଜଗତୀକରଣର ଆହ୍ୱାନ ଓ ରୂପାନ୍ତର ଓ ଆତ୍ମ ପରିଚିତି ଓ ସାଂସ୍କୃତିକ ପରିଚିତିର ରୂପାନ୍ତର ଆଡ଼କୁ ଘେନିଆସେ। ଏଥିରେ ଚିତ୍ତରଂଜନ ଆମକୁ 'ଅର୍ଥ ଓ ଉତ୍ପାଦନର ଜଗତୀକରଣ, ଶିକ୍ଷା ଓ ସଂଯୋଗର ଜଗତୀକରଣ, ମନୁଷ୍ୟ-ସମାଜ ଓ ମନୁଷ୍ୟ ସ୍ୱୀକୃତିର ଜଗତୀକରଣ' ସମ୍ପର୍କରେ କହୁଛନ୍ତି। ଜଗତୀକରଣ ଉଭୟେ ସମାଜବାଦ ଓ ଗଣତନ୍ତ୍ରକୁ ସମନ୍ୱୟ ଓ ରୂପାନ୍ତରିତ କରିବ ଏହା ସହିତ ଲୋକ ଶକ୍ତିର ମଧ୍ୟ ଜାଗରଣ କରାଇବ। ମାତ୍ର ଏହିସବୁ ସହିତ ହୃଦୟର ଜଗତୀକରଣ ଆବଶ୍ୟକ ଯାହାର ସୂଚନା ଏହି ରଚନାର ପ୍ରାୟ ପଚାଶ ବର୍ଷ ପୂର୍ବରୁ ଆପଣାର 'ଭାଷା – ହୃଦୟ ବିସ୍ତାରର ମାଧ୍ୟମ' ଲେଖାରେ ଚିତ୍ତରଂଜନ ସୂଚନା

ଦେଇଥିଲେ ଯାହା ଏହି ସଂକଳନରେ ସ୍ଥାନିତ।

ଏହିସବୁ ପାଇଁ ପରିବର୍ତ୍ତନ ଓ ରୂପାନ୍ତରର ସାଧନା, ସଂଗ୍ରାମ ଓ ଉତ୍‌କ୍ରମଣ। ଏହି ସଂକଳନରେ ସଂକଳିତ 'ବ୍ୟକ୍ତି ଓ ସମାଜର ପରିବର୍ତ୍ତନ' ପ୍ରବଂଧରେ ଚିତ୍ତରଂଜନ ଆମକୁ କହୁଛନ୍ତି : "ଆଧୁନିକ ବିଗତ ଶତାବ୍ଦୀ ଗୁଡ଼ିକର ନାନା ଦ୍ୱନ୍ଦ୍ୱ ମନୁଷ୍ୟ ସମୂହକୁ ଯେଉଁ ଜଟିଳ ସଂକଟଗୁଡ଼ିକ ମଧ୍ୟରେ ଆଣି ପକାଇ ଦେଇଛି, କେବଳ ଏକ ଉତ୍ କ୍ରମଣ ଦ୍ୱାରା ହିଁ ମାନବଜାତି ଆପଣାକୁ ସେଥିରୁ ଉଦ୍ଧାର କରି ନେଇ ଅଗ୍ରଗତି କରିପାରିବ। ଏହି ଉତ୍‌କ୍ରମଣ ହେଉଛି ଏକ ନୂତନ ଆତ୍ମୀୟତା ଯାହାକି ମନୁଷ୍ୟକୁ ଏକାଧାରରେ ବ୍ୟକ୍ତିକୁ ଆପଣା ପାଖକୁ, ଆପଣାର ସମଗ୍ର ପରିଚୟଟି ମଧ୍ୟକୁ ଫେରିଆସିବା ପାଇଁ ସମର୍ଥ କରିବ, ତଥା ଅନ୍ୟସବୁ ମଣିଷଙ୍କ ସହିତ ଯାବତୀୟ ନିବିଡ଼ତା ଯଥା ଯାବତୀୟ ଅଙ୍ଗୀକାରରେ ସମ୍ମିଳିତ ହୋଇ ରହିପାରିବା ଲାଗି ମଧ୍ୟ ସମର୍ଥ କରିବ।"

ଆମର ସଂକଳନର ଦ୍ୱିତୀୟ ସ୍ତବକଟିରେ ଚିତ୍ତରଂଜନଙ୍କର 'ସଂହତି ଓ ସଂଗ୍ରାମ' ଏବଂ 'ଏକଃ ତରତି ଦୁର୍ଗାଣି' ପ୍ରବଂଧ ରହିଛି। ଏହି ସ୍ତବକର ପ୍ରଥମ ପ୍ରବନ୍ଧ 'ସଂହତି ଓ ସଂଗ୍ରାମ'ରେ ଚିତ୍ତରଂଜନ ଆମକୁ ଭାରତୀୟ ସ୍ୱାଧୀନତା ସଂଗ୍ରାମ କିପରି ସଂହତି ପ୍ରତିଷ୍ଠାର ସଂଗ୍ରାମ ବୋଲି ଅନୁଭବ କରିବାକୁ ଆହ୍ୱାନ ଦେଇଛନ୍ତି। ସଂହତି ପାଇଁ ସାଧନା, ସଂହତି ପାଇଁ ସଂଗ୍ରାମ... ଏହା ପ୍ରେମର ସାଧନା ଓ ସଂଗ୍ରାମ। ଏକା ଏକା ରହିବାର ଅହଂକୈନ୍ଦ୍ରିକତା, ଆତ୍ମରତି ଓ ସାମନ୍ତବାଦ ବିରୁଦ୍ଧରେ ସଂଗ୍ରାମ ଓ ସଖ୍ୟମୟତାର ଜୀବନ। ଆପଣାର ପରବର୍ତ୍ତୀ ପ୍ରବଂଧ "ଏକଃ ତରତି ଦୁର୍ଗାଣି"ରେ ଚିତ୍ତଭାଇ ଆମକୁ ସମାଜ, ସାହିତ୍ୟ ଓ ବ୍ୟକ୍ତି ଜୀବନରେ ନିଃସଙ୍ଗତାର ଆହ୍ୱାନ ଓ ରୂପାନ୍ତର ସମ୍ପର୍କରେ ଆମର ଦୃଷ୍ଟି ଆକର୍ଷଣ କରିଛନ୍ତି।

ନିଃସଙ୍ଗତା ଏକ ପ୍ରକାର ଅସ୍ପୃଶ୍ୟତା। ନିଃସଙ୍ଗତାର ଅସ୍ପୃଶ୍ୟତା ସହିତ ସମାଜରେ ବିଶେଷକରି ଆମ ଭାରତୀୟ ସମାଜରେ ଅନେକ କାଳରୁ ଜାତିପ୍ରଥାର ବିଦ୍ୱେଷ, ବିଭାଜନ ଓ ଦମନ ବ୍ୟବସ୍ଥା ଓ ଅସ୍ପୃଶ୍ୟତା। ଜାତିପ୍ରଥାର ଅସ୍ପୃଶ୍ୟତା ଓ ନିର୍ଯ୍ୟାତନା ସହ ନାରୀ-ପୁରୁଷ ମଧ୍ୟରେ ନାନା ପ୍ରକାର ଲିଙ୍ଗଭେଦ ଓ ଜୀବନ ହନନକାରୀ ବୈଷମ୍ୟ। ଏହିସବୁର ରୂପାନ୍ତର ପାଇଁ ଆମର ଚେତନାର ରୂପାନ୍ତର, ମନୋଭାବର ପରିବର୍ତ୍ତନ, ସାମାଜିକ ରୂପାନ୍ତର ଓ ସାଂସ୍କୃତିକ ବିକାଶ ଆବଶ୍ୟକ। ସଂକଳନର ତୃତୀୟ ସ୍ତବକରେ ସଂକଳିତ ଚିତ୍ତରଂଜନଙ୍କ ପ୍ରବଂଧମାନ ଏହି ଆହ୍ୱାନ ମାନଙ୍କ ପାଇଁ ଓ ଏହାର ରୂପାନ୍ତର ପାଇଁ ଆମକୁ ପ୍ରସ୍ତୁତ କରାଉଛି। ଆପଣାର "ଅସ୍ପୃଶ୍ୟତା" ପ୍ରବଂଧରେ ଚିତ୍ତରଂଜନ ଏହାକୁ ଏକ ସାମାଜିକ ବ୍ୟାଧି ରୂପେ ସ୍ୱୀକାର

କରି ଏହାର ରୂପାନ୍ତର ପାଇଁ ସାଧନା ଓ ସଂଗ୍ରାମ ଆମକୁ ଆହ୍ୱାନ ଦେଇଛନ୍ତି । ଠିକ୍ ସେମିତି ନାରୀ-ପୁରୁଷ ସମ୍ବନ୍ଧ କ୍ଷେତ୍ରରେ ଆମେ ସମସ୍ତେ ପ୍ରଥମେ ନିଜକୁ ଜଣେ ମନୁଷ୍ୟ ରୂପେ ସ୍ୱୀକାର କରିବା ଓ ଏହା ସହିତ ଆତ୍ମା ରୂପେ ସାକାର କରିବା ଯେଉଁ ଆତ୍ମା ବ୍ରହ୍ମଯୁକ୍ତ ଓ ବ୍ରହ୍ମପ୍ରସ୍ଥ । ଆପଣାର ସଂକଳିତ ପରବର୍ତ୍ତୀ ପ୍ରବଂଧ 'ମନକୁ ସ୍ତ୍ରୀରି ବେଶ କରି'ରେ ଚିତ୍ତରଂଜନ ଆମକୁ ମରଦପଣିଆର ନାନା ମତ୍ତଗଜ ଛାଡ଼ି ପରସ୍ପର ପଟରେ, ପରସ୍ପର ବ୍ରହ୍ମ ପଟରେ ରହିବାକୁ ଆହ୍ୱାନ ଦେଇଛନ୍ତି ଯାହାଦ୍ୱାରା ଆମର 'ପ୍ରୀତିଟି ପ୍ରସାରିତ ହୋଇଯିବ' । ସନ୍ଥ ଅନନ୍ତ ଦାସଙ୍କର 'ହେତୁ ଉଦୟ ଭାଗବତ'ର ଆଲୋଚନାକୁ ଲିଙ୍ଗ ମୁକ୍ତିର ଆହ୍ୱାନ କ୍ଷେତ୍ରକୁ ଆଣି ଚିତ୍ତରଂଜନ ଆମକୁ କହୁଛନ୍ତି 'ମନଟି ଆମର ମତ୍ତଗଜ' । ନାରୀ-ପୁରୁଷ ଓ ସାମାଜିକ ବ୍ୟବସ୍ଥାର ଅନେକ କ୍ଷେତ୍ରରେ ଯଥା ଜାତିବିଭେଦ କ୍ଷେତ୍ରରେ ଆମର ମତ୍ତଗଜ ମନକୁ ବ୍ରହ୍ମ ବ୍ୟାକୁଳ କରାଇବାକୁ ହେବ, ବ୍ରହ୍ମ ବ୍ୟାପ୍ତ କରାଇବାକୁ ହେବ । ଏଥିପାଇଁ ଆମର ଚିନ୍ତା, ଚେତନା ଓ ସାମାଜିକ ବ୍ୟବସ୍ଥା ଓ ପାରସ୍ପରିକ ସମ୍ବନ୍ଧରେ ମୂଳଭୂତ ରୂପାନ୍ତର ଆବଶ୍ୟକ । ଏହା ସହିତ ବୌଦ୍ଧିକ ବିଚାର ଓ ପାରସ୍ପରିକ ଶିକ୍ଷଣର ଆହ୍ୱାନ କ୍ଷେତ୍ରରେ । ଓଡ଼ିଆ ସାହିତ୍ୟ ଓ ସମାଜର ଆଲୋଚନା କ୍ଷେତ୍ରରେ ପାଶ୍ଚାତ୍ୟ ଜଗତରେ ହୋଇଥିବା ଫେମିନିଷ୍ଟ ଆନ୍ଦୋଳନକୁ ବାମାବାଦୀ ଆନ୍ଦୋଳନ ବୋଲି କୁହାଯାଉଛି । ମାତ୍ର ଚିତ୍ତଭାଇ ଏଠାରେ ବିଚାରର ଅନୁବାଦ ଓ ରୂପାନ୍ତରର ଆହ୍ୱାନର କେତେକ ମୂଳଭୂତ ପ୍ରଶ୍ନ ପଚାରିଛନ୍ତି:

> ଏହି ଫେମିନିଜ୍‌ମ୍ କଥାଟିକୁ ବୁଝାଇବାକୁ ଓଡ଼ିଆରେ ସଂପ୍ରତି 'ବାମାବାଦ' ବୋଲି ଗୋଟିଏ ନୂଆ ଶବ୍ଦର ବ୍ୟବହାର ହେଲାଣି । ଯେତେଦୂର ଉତ୍ସଟିକୁ ନିରୂପଣ କରି ହେଉଛି, 'ବାମା' ଶବ୍ଦଟିକୁ ରୀତିଯୁଗର କାବ୍ୟମାନଙ୍କରେ କିଛି ବ୍ୟବହାର କରାଯାଇଥିଲା । ସେହି କାବ୍ୟକାରମାନେ ସମସ୍ତେ ପୁରୁଷ । ଏବେ ମଧ୍ୟ 'ବାମାବାଦ' କଥାଟିକୁ ଆମ ଚଳଣି ମଧ୍ୟରେ ଆଣି ପ୍ରବେଶ କରାଇବାର କୋଶିସ୍ କରୁଥିବା ପ୍ରବନ୍ଧକାରମାନେ ସମସ୍ତେ ସ୍ପଷ୍ଟଭାବରେ କେବଳ ପୁରୁଷ । ହଁ, ତନ୍ତ୍ରସାଧନାର ମାର୍ଗରେ ବାମମାର୍ଗ ବୋଲି ଯେଉଁ ବିଶେଷ ଆଚାର ବା ଆଚରଣଟିଏ ରହିଥିଲା, ତାହାର ଆମର ଏହି ବାମାବାଦ ସହିତ ମୋଟେ କୌଣସି ସମ୍ବନ୍ଧ ରହିବା ଉଚିତ ହେବନାହିଁ । ବାମପାର୍ଶ୍ୱରେ ବସନ୍ତି ବୋଲି ବାମା । ଦେବତାମାନେ ଡାହାଣପାଖରେ ଏବଂ ଦେବୀମାନେ ବାଆଁପଟେ । ବେଦୀଉପରେ ବର ଡାହାଣପଟେ ଏବଂ

କନ୍ୟା ବାଆଁପଟେ। ଏପରି ଗୋଟିଏ ନିର୍ଦ୍ଦିଷ୍ଟ ସାମାଜିକ ଅଗ୍ରାଧିକାର-ସୂଚକ ଶବ୍ଦଟି ଦ୍ୱାରା ଫେମିନିଜ୍‌ମ୍‌ର ମୁଖ୍ୟତଃ ପାଶ୍ଚାତ୍ୟ ସଂସ୍କୃତିର କଥାଟିକୁ ସୂଚିତ କରିବାର ପ୍ରୟାସଟି ମୋତେ ଶାଳୀନ ବୋଧ ହେବନାହିଁ। ପୁନଶ୍ଚ, ଏହି Feminism ହେଉଛି ଏକ ପରମ୍ପରାକୁ ଭାଙ୍ଗିବାର କାହାଣୀ ଏବଂ ସେଥିଲାଗି ଅଧିକ ସଭ୍ୟ ବୋଲି ବିଶ୍ୱମଣିଷଙ୍କ ମନରେ ସୃଷ୍ଟି କରା ଯାଇଥିବା ଖଣ୍ଡେ ଅଞ୍ଚଳର କାହାଣୀ। ବାମାବାଦ କହିଲେ ଫେମିନିଜ୍‌ମ୍ ପଛରେ ରହିଥିବା ଉଦ୍‌ବେଳନର ବାସ୍ତବ ଘଟଣାଟା ଆଦୌ ଧରି ହିଁ ହେଉନାହିଁ।

ପ୍ରଶ୍ନ, ପ୍ରଶ୍ନ ଓ ଆହୁରି ପ୍ରଶ୍ନ। ପ୍ରଶ୍ନ ସହିତ ପ୍ରେମ, ଜୀବନ ପ୍ରତ୍ୟୟକାରୀ ସୃଜନ, ପ୍ରଶ୍ନ ସହିତ ଏକ ନୂତନ ଆତ୍ମବୋଧ, ପାରସ୍ପରିକ ବୋଧ ଓ ବିଶ୍ୱବୋଧ। 'ଜାତିରେ ମୁଁ ଯବନ' ପ୍ରବଂଧରେ ଚିତ୍ତରଂଜନ ଆମକୁ ସମୀକ୍ଷା, ସଂଗ୍ରାମ ଓ ସୃଜନଶୀଳତାର କେତେ ପଥ ଓ ଦିଗନ୍ତ ପ୍ରଦାନ କରୁଛନ୍ତି। ଆମର ସାମାଜିକ ପରିଚିତି ଓ ଜାତିକରଣର ନାନା ସୀମା ଓ ବିଭାଜନ ମାନଙ୍କୁ ଡେଇଁ ଯାଇ ଆମକୁ ସଖ୍ୟର ପୃଥିବୀଟି ପ୍ରତିଷ୍ଠିତ କରିବାକୁ। ସେଥିପାଇଁ ଆମକୁ ବାଡ଼ ଭାଙ୍ଗିବାକୁ ହେବ, ବ୍ୟବସ୍ଥିତ ଜାତି ଓ ଲିଙ୍ଗ ବ୍ୟବସ୍ଥାକୁ ଭାଙ୍ଗିବାକୁ ହେବ, ଜାତୀୟତାବାଦର ସଂକୀର୍ଣ୍ଣତାକୁ ଅତିକ୍ରମ କରି ଆମକୁ ସମସ୍ତଙ୍କୁ ମନୁଷ୍ୟ, ମନିଷୀ ଓ ମନୁଷ୍ୟୋତ୍ତର ପ୍ରାଣୀ ସକଳକୁ ଧରଣୀମାତାଙ୍କର ସନ୍ତାନ ଓ ସନ୍ତତି ରୂପେ ଗ୍ରହଣ କରିବାକୁ। ଏହି ସମୀକ୍ଷା ଓ ସୃଜନଶୀଳତାର ସାଧନା ଓ ସଂଗ୍ରାମରେ ଚିତ୍ତରଂଜନ ଜାତିରେ ଯବନ ଓ ଆମେ ସମସ୍ତେ ମଧ୍ୟ ଜାତିରେ ଯବନ ହୋଇପାରିବା ଓ ଚିତ୍ତରଂଜନଙ୍କ କହିବା ଭଳି 'ଏହି ସଂସାରର ନିଦ ଭାଙ୍ଗିବାରେ' ଆମେ 'ନିମିତ୍ତ' ହୋଇ କାର୍ଯ୍ୟ କରିପାରିବା।

ଏହି କାର୍ଯ୍ୟ ବହୁପରିସରୀୟ। ଆମେ ସମସ୍ତେ ରୂପାନ୍ତର ଓ ଉତ୍‌କ୍ରମଣର ଏହି ବହୁପରିସରୀୟ ପଥରେ ଗୁଳାରୁ ବାହାରି ଭିନ୍ନ ରୂପେ ଚିନ୍ତା କରିପାରିବା, ଆସ୍ପୃହା କରିପାରିବା, ସ୍ୱପ୍ନ ଦେଖିପାରିବା, ପ୍ରେମ କରିପାରିବା ଓ ରଚନାତ୍ମକ କାର୍ଯ୍ୟରେ ପାଦଟିଏ ନିଶ୍ଚୟ ଆଗକୁ ବଢ଼ାଇ ପାରିବା। ଆମର ଚିନ୍ତା, ଚେତନା, ଆସ୍ପୃହା ଓ ସୃଜନଶୀଳତାର କୁନି କୁନି ପାଦରେ ଅସୀମତା ରହିଛି, ବ୍ୟାପ୍ତି ରହିଛି ଓ ଅନେକ ଶକ୍ତି ଓ ସମ୍ଭାବନା ରହିଛି। ଏଥିପାଇଁ ଆମର ବିସ୍ତାର ଆବଶ୍ୟକ... ଅଧ୍ୟୟନର ବିସ୍ତାର, ଜ୍ଞାନର ବିସ୍ତାର, ପ୍ରେମର ବିସ୍ତାର, କର୍ମର ବିସ୍ତାର ଓ ହୃଦୟର ବିସ୍ତାର। ଆମର ପ୍ରଚଳିତ ସମାଜ, ସଂସ୍କୃତି ଓ ଦର୍ଶନ ଆମକୁ ଅଳପରେ ବାଂଧି ରଖୁଥିବାବେଳେ, ସନ୍ତୁଷ୍ଟ କରି ରଖୁଥିବାବେଳେ ଆମକୁ ବିସ୍ତାର ପ୍ରେମୀ, ସାଧକ ଓ

ଚିତ୍ରକର ହେବାକୁ ହେବ। ଆପଣାର 'ଭାଷା-ହୃଦୟ ବିସ୍ତାରର ମାଧ୍ୟମ' ପ୍ରବଂଧରେ ଚିତ୍ତରଂଜନ ଭାଷା ଆମର ହୃଦୟ ବିସ୍ତାରର ମାଧ୍ୟମ ବୋଲି କହିବାବେଳେ ଆମକୁ ଅଧ୍ୟୟନ, ଜ୍ଞାନ ଓ କର୍ମର ସକଳ କ୍ଷେତ୍ରରେ ହୃଦୟ ବିସ୍ତାରରେ ସଂଯୁକ୍ତ ହେବାକୁ ଆମନ୍ତ୍ରଣ ଜଣାଉଛନ୍ତି ଓ ଆହ୍ୱାନ ଦେଉଛନ୍ତି। ହୃଦୟ ବିସ୍ତାର ସହିତ, ସମାଜ ବିସ୍ତାର, ସଂସ୍କୃତି ବିସ୍ତାର, ଦର୍ଶନ ବିସ୍ତାର, ସମ୍ବନ୍ଧ ବିସ୍ତାର ଓ ଚିଦ୍ ବିସ୍ତାର।

-୩-

ଚିତ୍ତରଂଜନ ସମାଜ, ସଂସ୍କୃତି ଓ ଦର୍ଶନର ଛାତ୍ର ହୋଇ ଆସିଛନ୍ତି ଓ ଏହା ସହିତ ଏସବୁଥିର ଏକ ସମଗ୍ରଦର୍ଶୀ ଗବେଷକ ଓ ରୂପାନ୍ତରକାରୀ ସାଧକ। ଆପଣା ସମୟରେ ଚିତ୍ତରଂଜନ ପୁରାତନ ଓ ସାମ୍ପ୍ରତିକ ଅନେକ ଚିନ୍ତାବିଦ୍‌ଙ୍କୁ ପଢ଼ିଛନ୍ତି ଓ ଜୀବନର ଶେଷ ପର୍ଯ୍ୟନ୍ତ ଜ୍ଞାନ ରାଜ୍ୟର ସଦ୍ୟତମ ଚିନ୍ତା ପ୍ରତି ସେ ଗ୍ରହଣଶୀଳ ଥିଲେ ଓ ଏହାର ବିନମ୍ର ଗବେଷକ ହୋଇ ରହୁଥିଲେ। ସମାଜ ଓ ସଂସ୍କୃତିର ଭୂମିରେ ବ୍ୟକ୍ତି ପ୍ରଚଳିତ ବ୍ୟବସ୍ଥାକୁ ମାନି ନେବ ନାହିଁ, ଏହାକୁ ପ୍ରଶ୍ନ କରିବ ଓ ପ୍ରଶ୍ନ କରି ଏକ ନୂତନ ସାମାଜିକତା ଓ ନୈତିକତା ସୃଷ୍ଟି କରିବ ଏହା ଆମେ ଚିତ୍ତରଂଜନଙ୍କର ସମସାମୟିକ ଅନେକ ଚିନ୍ତାବିଦ୍ ମାନଙ୍କ ମଧ୍ୟରେ ଦେଖିଥାଉ ଯେମିତି ଜୁର୍ଗେନ ହାବରମାସ, ମାଇକେଲ ଫୁକୋ ଓ ଆଲାନ ଟୁରେନ୍‌ଙ୍କ କ୍ଷେତ୍ରରେ। ଚିତ୍ତରଂଜନ ଆମକୁ କହୁଛନ୍ତି ଯେ', ସମାଜ, ସଂସ୍କୃତି ଓ ଦର୍ଶନରେ ଯେଉଁ ରୀତି ଓ ପଦ୍ଧତି ରହିଛି.... ଯେଉଁ convention ମାନ ରହିଛି ସେଥିରେ ଅନେକ ସମସ୍ୟା ରହିଛି, ସେଥିରେ ଅନେକ ସମୟରେ ଆମର ନ୍ୟାୟ ଓ ମର୍ଯ୍ୟାଦାର ଉଲଂଘନ ଘଟିଥାଏ। Convention ମାନଙ୍କ ବିଷୟରେ ଆଲୋଚନା କରି ଏହାକୁ ଭାଙ୍ଗି ଆମକୁ post-conventional ହେବାକୁ ହେବ। ଜ୍ଞାନ ଓ କ୍ଷମତା ଭିତରେ ଥିବା ସମ୍ବନ୍ଧକୁ ପ୍ରତିରୋଧ କରିବାକୁ ହେବ। ମାଇକେଲ ଫୁକୋ ଆମକୁ ଜ୍ଞାନ ଓ ସମ୍ବନ୍ଧର ଜାତି ବ୍ୟବସ୍ଥା, ଲିଙ୍ଗ ବ୍ୟବସ୍ଥା ଓ ସମାଜ-ଐତିହାସିକ ବ୍ୟବସ୍ଥାକୁ ଟକ୍‌କର ଦେବାକୁ ଆହ୍ୱାନ ଦିଅନ୍ତି। ଫୁକୋଙ୍କର ପ୍ରତିବାଦ, ପ୍ରତିରୋଧ ଓ ନବ-ସୃଜନର ଚିନ୍ତନ ସହିତ ଆମେ ଚିତ୍ତରଂଜନଙ୍କର 'ଜାତିରେ ମୁଁ ଯବନ'ର ସାଧନା, ସଂଗ୍ରାମ ଓ ଉତ୍‌କ୍ରମଣକୁ ଏକା ସାଂଗରେ ଭାବିପାରିବା... ଚିତ୍ତରଂଜନ ଓ ଫୁକୋ ଦୁଇଜଣଙ୍କ ସହିତ ଏକା ସାଙ୍ଗରେ ସଂଳାପ କରିପାରିବା ଓ ବାଟ ଚାଲିପାରିବା। ଚିତ୍ତରଂଜନ ସମାଜରେ ବ୍ୟକ୍ତି କେବଳ ସାମାଜିକ ପ୍ରଥାମାନଙ୍କୁ ଏହାର ନ୍ୟାୟସଙ୍ଗତା ଓ ମର୍ଯ୍ୟାଦା ସଙ୍ଗତା ସମ୍ପର୍କରେ ନଭାବି ଏହାକୁ ମାନିନେବ ନାହିଁ ଉପରେ ଗୁରୁତ୍ୱ ଦେଉଥିବାବେଳେ ଚିତ୍ତରଂଜନଙ୍କର ସମବୟସ୍କ ସମାଜଶାସ୍ତ୍ରୀ ଫ୍ରାନ୍ସର Alain Touraine ସମାଜ ଓ

ସଂସ୍କୃତିରେ ବ୍ୟକ୍ତିର ନାଆଁ କହିବା ଉପରେ ଗୁରୁତ୍ୱ ଦେଇଛନ୍ତି। ବ୍ୟକ୍ତି ଆପଣା ଉପରେ ଭାର ହୋଇ ବସିବାକୁ ଚାହୁଁଥିବା ସମୁଦାୟକୁ ନାଆଁ କହିବ, ବଜାର ବ୍ୟବସ୍ଥାକୁ ନାଆଁ କହିବ। ନାଆଁ କହିବାର ଧାରାରେ ଆପଣାକୁ ଜଣେ କର୍ତ୍ତା ଓ ସ୍ରଷ୍ଟା ରୂପେ ଅନୁଭବ କରିବ। ନାଆଁ କହିବ... ସାମାଜିକ ଓ ସାଂସ୍କୃତିକ ବ୍ୟବସ୍ଥାର ନାନା ଦମନ ଓ ନିର୍ଯ୍ୟାତନା ବ୍ୟବସ୍ଥାକୁ ନାଆଁ କରି ବ୍ୟକ୍ତି ଓ ଚେତନାଦୀପ୍ତ ଗୋଷ୍ଠୀ ଓ ସାମାଜିକ ଆନ୍ଦୋଳନ ମାନେ ଏକ ସୃଜନଶୀଳ ସମାଜ ରଚନା କରିବେ ଯାହାକୁ ଆମ ଓଡ଼ିଶା ଭୂମିରୁ ଜନ୍ମିତ ଓ ସାମ୍ପ୍ରତିକ ବିଶ୍ୱର ଜଣେ ଗଭୀର ରୂପାନ୍ତରକାରୀ ଚିନ୍ତାବିଦ୍ ଓ କର୍ମୀ ମନୋରଂଜନ ମହାନ୍ତି 'ସୃଜନଶୀଳ ସମାଜ' ବା Creative Society ବୋଲି କହୁଛନ୍ତି (...)।

ଏଥିପାଇଁ ସମାଜ, ସଂସ୍କୃତି ଓ ଦର୍ଶନର ନୂତନ ବ୍ୟାଖ୍ୟା, ରୂପାନ୍ତରଶୀଳ ବ୍ୟାଖ୍ୟା ଆମର ଚିନ୍ତନ ଓ ସମ୍ବନ୍ଧରେ। ଆପଣାର ସମାଜ, ପରିବର୍ତ୍ତନ ଓ ବିକାଶ ପୁସ୍ତକରେ ଚିତ୍ତରଂଜନ ଆମକୁ କହୁଛନ୍ତି : "ଭାରତର ଗୌତମ ବୁଦ୍ଧ, ଶଙ୍କରାଚାର୍ଯ୍ୟ, ଗାଂଧି ଓ ବିନୋବା ସୁନାପୁଅ ପରି ପ୍ରଚଳିତ ସମାଜକୁ ମାନି ନେଇନାହାନ୍ତି। ସେମାନେ ଅଧିକ ଉପାଦେୟ କୌଣସି ଜୀବନ ମୂଲ୍ୟର ଅନୁପ୍ରେରଣାରେ ପ୍ରଚଳିତ ସମାଜର ଗୁରୁଜନ- ବାକ୍ୟଗୁଡ଼ିକୁ ମାନିବାକୁ ସଫା ମନା କରି ଦେଇଛନ୍ତି ଏବଂ ସେମାନଙ୍କ ସକାଶେ ଭାରତର ସମାଜ ଓ ଧର୍ମ ସ୍ଥାଣୁ ହୋଇ ମରି ନଯାଇ ନାନା ନୂତନ ବ୍ୟାଖ୍ୟାରେ ଆପଣାକୁ ବିକଶିତ କରିପାରିଛି। (...) ଏହି ବ୍ୟାଖ୍ୟାରେ ବିସ୍ତରଣ ରହିଛି। ଏହି ବିସ୍ତରଣ ଅନେକ ଭୂମି ଅତିକ୍ରମ କରିଥାଏ। ବିସ୍ତରଣର ବ୍ୟାଖ୍ୟାପାଇଁ ଓ ବ୍ୟାଖ୍ୟାର ବିସ୍ତରଣ ପାଇଁ ଆମକୁ ନିଜର ପରିଚିତି ଭୂମିରୁ ଅନେକ ଭୂମିକୁ ଗମିବାକୁ ହୁଏ ଯେମିତି ବୁଦ୍ଧ, ଶଙ୍କର ଓ ବିନୋବା ଆପଣାର ଜନ୍ମିଥିବା ଭୂମିଟି ମଧ୍ୟରେ ସୀମାବଦ୍ଧ ନହୋଇ ଅନେକ ଭୂମି ପାଦରେ ଚାଲି ଚାଲି ଭ୍ରମିଛନ୍ତି ଯେମିତି ଚିତ୍ତରଜନ ମଧ୍ୟ ଅନେକ ଦିଗକୁ ଯାଇଛନ୍ତି ଓ ସାଗର ଅତିକ୍ରମ କରିଛନ୍ତି। ସମାଜ, ସଂସ୍କୃତି ଓ ଦର୍ଶନର ଅଧ୍ୟୟନ ଓ ରୂପାନ୍ତର ପାଇଁ ଆମକୁ ଏମିତି ବହୁ-ଭୂମି ଭ୍ରମଣକାରୀ ଭ୍ରମଣଶୀଳ ବ୍ୟାଖ୍ୟାକାର ହେବାକୁ ହୋଇଥାଏ ଯେମିତି ଅନେକ ସମୟର ତୀରେତୀରେ ମଧ୍ୟ। କେବଳ ବର୍ତ୍ତମାନ ମଧ୍ୟରେ ବଂଦୀ ହୋଇ ଆମେ ସମାଜ, ସଂସ୍କୃତି ଓ ଦର୍ଶନକୁ ଅଧ୍ୟୟନ କରିପାରିବା ନାହିଁ ଏହି ତିନୋଟିକୁ ଏକ ଓ ଅନେକ ସଙ୍ଗମକୁ ଆଣିବା ଦୂରର କଥା। ଆମର ଉତ୍ କ୍ରମଣଶୀଳ ବ୍ୟାଖ୍ୟା ଓ ସମ୍ବନ୍ଧ ସାଧନା ବହୁ ଭୂମି ଭ୍ରମଣଶୀଳ ଭଳି ବହୁ ସମୟ ଭ୍ରମଣଶୀଳ ହେବା ଆବଶ୍ୟକ ଯେମିତି ଚିତ୍ତରଂଜନଙ୍କର ଅଧ୍ୟୟନ ଓ ଜୀବନ ସାଧନାରେ ବହୁ ସମୟର ସ୍ରଷ୍ଟା, କବି

ଦାର୍ଶନିକ ମାନେ ହାତ ଧରାଧରି ହୋଇ ବୁଲୁଛନ୍ତି: ବୁଦ୍ଧ, ମାର୍କସ, ଶଂକର ଓ ସନ୍ଥ ଅନନ୍ତ ଦାସ ସାଙ୍ଗ ହୋଇ ଆମକୁ 'ହେତୁ ଉଦୟ'ର ନବଚେତନା, ନବଜନ୍ମ ଓ ନବ ପୃଥିବୀ ସଂପର୍କରେ କହୁଛନ୍ତି ।

ଗ୍ରନ୍ଥ ସୂଚନା:

୧. ଏଠାରେ ଚିତ୍ତରଂଜନ ଶ୍ରୀଯୁକ୍ତ ଦାଶରଥି ପଟ୍ଟନାୟକ - ଦାସିଆ ଅଜାଙ୍କ - ସଂପର୍କରେ ଯାହା ଲେଖିଛନ୍ତି ତାହାକୁ ଆମେ 'ଜାତିରେ ମୁଁ ଯବନ' ସହିତ ପଢ଼ିପାରିବା:

ଦାସିଆ ଆଦୌ କାହାରି ଦୁଃଖର କାରଣ ନଥିଲା । ନିଜର ନଥିଲା କି ଆଉ କାହାରି ନଥିଲା । ସଂସାର କରୁଥିଲା । ତଥାପି ସଂସାର ତାକୁ ପଚାଇ ସଢାଇ ପାରୁ ନଥିଲା । ଆମେ ସମସ୍ତେ ତାରି ପରି ହେଲେ ପୃଥିବୀଟା ଯେ କେତେ କ'ଣ ହୋଇପାରନ୍ତା ସିଏ ତାହାରି ବାର୍ତ୍ତାବହ ହୋଇ ରହିଥିଲା । ନିଜ ଭିତରେ ନିଜ ଠାରୁ ବଳି ଆଉ ଗୋଟିଏ କ'ଣର ସୁରାଖ ପାଇଥିଲା । ସେଇ ସୁରାଖ ମନକଲେ ଯାଇ ମିଳେ । ମନ କଲେ ଯାଇ ତପସ୍ୱୀଙ୍କୁ ହେବା ସମ୍ଭବ ହୁଏ । ଅସଲ ତପସ୍ୱୀ ନିଜ ପାଇଁ କୌଣସି ତପସ୍ୟା କରେ ନାହିଁ (...) ଏହି ପୃଥିବୀର ଗର୍ଭ ଭିତରେ, ଗଭୀରରେ ଆହୁରି ଗୋଟିଏ ପୃଥିବୀ ରହିଛି, ଯେଉଁଠାରେ ରୀତି ଗୁଡ଼ିକ ଏକାବେଳେକେ ଭିନ୍ନ ହୋଇ ରହିଥାନ୍ତି । ସେହି ପୃଥିବୀକୁ ଏହି ପୃଥିବୀରୁ ସିଡ଼ି ପଡ଼ିଛି । ଦାସିଆକୁ ସେହି ରହସ୍ୟ ଜଣା ଥିଲା ।

ଚିତ୍ତରଂଜନ ଦାସ, "ମୋ'ରି ଭଳି, ମୋ'ଠାରୁ ବଳି", ଅନାବନା ରଚନା, ଭୁବନେଶ୍ୱର, ପଥିକ ପ୍ରକାଶନୀ, ୧୯୮୮, ପୃ.୧୯୪ ।

ହିରଣ୍ମୟ ପାତ୍ରରୁ ମୃଣ୍ମୟ ଓ ହିରଣ୍ମୟ ସେତୁ: ଉନ୍ମୋଚନ, ସାଧନା ଓ ସଂଗ୍ରାମର ଅନେକାନ୍ତ ପଥ ଓ ଦିଗନ୍ତ

ହିରଣ୍ମୟେଣ ପାତ୍ରେଣ ସତ୍ୟାସ୍ୟପିହିତମ୍ ମୁଖମ୍
ତତ୍ତ୍ୱଂ ପୁଷନ୍ନପାବୃଣୁ ସତ୍ୟଧର୍ମାୟ ବୃଷ୍ଟୁୟେ ।

ହିରଣ୍ମୟ ପାତ୍ର ମଧ୍ୟରେ ସତ୍ୟର ମୁଖ ଢାଙ୍କୁଣି ମଧ୍ୟରେ ବଂଦ ହୋଇରହିଛି । ସତ୍ୟଧର୍ମ, ଦର୍ଶନ ଓ ସନ୍ଦର୍ଶନ ପାଇଁ ଆମକୁ ଏହି ଢାଙ୍କୁଣିକୁ ଖୋଲିବାକୁ ହେବ । ଏହି ପରଦାମାନଙ୍କୁ ହଟାଇବାକୁ ହେବ । ପରଦାମାନଙ୍କୁ, ଢାଙ୍କୁଣି ମାନଙ୍କୁ ନାଁ ନାଁ କହି... ନେତି ନେତି କହି ସତ୍ୟକୁ ଆମ ଜୀବନରେ ବିକଶିତ ଓ ପ୍ରସ୍ଫୁଟିତ କରିବାକୁ ହେବ । ଆମ ସାହିତ୍ୟ ସକଳ ଅଭିବ୍ୟକ୍ତିରେ ସତ୍ୟ ସହିତ ସାଧନା ଓ ସଂଗ୍ରାମ ରହିବ । ଜୀବନକୁ ନେତି ନେତି ନକହି ସତ୍ୟ ସହିତ ସାଧନା ଓ ସଂଗ୍ରାମ କରି ଜୀବନକୁ ଓ ସାହିତ୍ୟକୁ ସତ୍ୟର ସେତୁ ସ୍ଥାପନାର ଅନେକାନ୍ତ ଇତି ରୂପେ ସ୍ଥାପିତ କରିବାକୁ ହେବ । ହିରଣ୍ମୟ ପାତ୍ରର ଢାଙ୍କୁଣି ଖୋଲି କେବଳ ବାହ୍ୟ ଆବରଣ ମଧ୍ୟରେ ବଂଦୀ ନହୋଇ ଆମକୁ ହିରଣ୍ମୟ ସତ୍ୟ ସହିତ ଆମ ଜୀବନର ମୃଣ୍ମୟ ଓ ହିରଣ୍ମୟ ସେତୁ ସ୍ଥାପନ କରିବାକୁ ହେବ । ସମ୍ବନ୍ଧର ସେତୁ, ପାରସ୍ପରିକତାର ସେତୁ, ସ୍ୱପ୍ନ ବାସ୍ତବତା ସହିତ ତପୋରତ ହୋଇ ପରସ୍ପରକୁ, ବ୍ୟକ୍ତି, ସମାଜ ଓ ପୃଥିବୀକୁ "ତପୋରତ" କରିବାର ସେତୁ ।

"ହିରଣ୍ମୟେଣ ପାତ୍ରେଣ" ଚିତ୍ତରଂଜନଙ୍କର ପ୍ରବଂଧଟିଏ ଯେଉଁଥିରେ ସେ ପ୍ରଖ୍ୟାତ୍ ଚେକ୍ ସାହିତ୍ୟକାର ମିଲନ୍ କୁନ୍ଦେରାଙ୍କର ପରଦା ବା The Curtain ପୁସ୍ତକର ଓ ତାଙ୍କର ଜୀବନ ଓ ଅନ୍ୟ ସାହିତ୍ୟ ସୃଷ୍ଟିର ଆଲୋଚନା କରିଛନ୍ତି । କୁନ୍ଦେରା ୧୯୨୯ ରେ ଚେକୋସ୍ଲୋଭାକିଆରେ ଜନ୍ମ ହୋଇଥିଲେ ଓ ସେଠାକାର

କମ୍ୟୁନିଷ୍ଟ ସରକାର ବିରୁଦ୍ଧରେ ସଂଗ୍ରାମ କରିଥିଲେ । ଏଥିପାଇଁ ଦେଶରୁ ବହିଷ୍କୃତ ହୋଇ ସେ ୧୯୭୫ ମସିହାରେ ଫ୍ରାନ୍ସରେ ଅବସ୍ଥାନ କଲେ ଓ ୧୯୮୧ ମସିହାରେ ସେହି ଦେଶର ଜଣେ ନାଗରିକ ରୂପେ ଗୃହୀତ ହୋଇଥିଲେ । ଆପଣାର The Curtain ପୁସ୍ତକର ଆଲୋଚନା ପରିପ୍ରେକ୍ଷିରେ ଚିତ୍ତରଂଜନ ଆମକୁ ଏହି ପ୍ରବଂଧରେ କହୁଛନ୍ତି:

> ଗୋଟିଏ ନିର୍ଦ୍ଦିଷ୍ଟ ପ୍ରସୀମନର ବେଢଟି ଭିତରେ ଯାହା ଆମକୁ ଏକ ସଂସ୍କାର ମଧ୍ୟରେ ଆଦୃତ କରି ନେଇଛି, ଆମେ ତାହାକୁ ମୋର ଏବଂ ଆମର ବୋଲି କେତେ ନିଦକ ହୋଇ ଆବୋରି ରହିଛୁ। ସଂସ୍କୃତି ବୋଲି ଗ୍ରହଣ ବି କରିନେଇଛୁ । କେବଳ ସେତିକି ନୁହେଁ, ଅନ୍ୟ ସଂସ୍କୃତି ଅର୍ଥାତ୍ ଅନ୍ୟ ବେଢଗୁଡ଼ିକୁ ନିତାନ୍ତ ଅଜ୍ଞାନବଶତଃ ଆମଠାରୁ ନୀରସ ବୋଲି ମଧ୍ୟ କହୁଛୁ। ଆମ ପିତୁଳାମାନେ ଆମକୁ ସର୍ବଶ୍ରେଷ୍ଠ ବୋଲି ଦେଖାଯାଉଛନ୍ତି। ଆମ ଠାକୁରମାନେ ତ ଆମକୁ ସବୁଠାରୁ ସରସ ଲାଗୁଛନ୍ତି। ତାଙ୍କର ମହିମା ସର୍ବାଧିକ, ତାଙ୍କର କରୁଣା ମଧ୍ୟ ତଦନୁରୂପ। ସେହି ନିଶାରେ ତ ବ୍ୟକ୍ତି ତଥା ସମୂହଗୁଡ଼ିକ ଖାସ୍ ଅବସର ମାନଙ୍କରେ ଖୁବ୍ ହାତାହାତି ଏବଂ ଅସ୍ତ୍ରାଅସ୍ତ୍ରି ମଧ୍ୟ ହୋଇ ଯାଇଛନ୍ତି, ଏବେ ମଧ୍ୟ କମ୍ ହେଉନାହାନ୍ତି। ଆମର ଏହି ଅତ୍ୟନ୍ତପ୍ରିୟ ଜାତିବାଦୀ ଆଦର୍ଶ ସେହିପରି ଗୋଟିଏ ଆରାମଦାୟକ ବ୍ୟୁହଭାବନା କି? ଗୋଟିଏ ପରଦା, ଯାହା ଆମକୁ ଢାଙ୍କି ରଖିଛି, ହୁଏତ ନିଜଠାରୁ ମଧ୍ୟ ଘୋଡାଇ ରଖିଛି। ମିଲନ୍ କୁନ୍ଦେରାଙ୍କର କହିବା ଅନୁସାରେ, ଉପନ୍ୟାସ ଧର୍ମତଃ ସେହି ପରଦାକୁ ହଟାଇ ଦେଇଥାଏ। ଆମକୁ ନିଜ ଆଗରେ ଅନାବୃତ କରିଦିଏ। ବହୁ ବହୁ ମିଥର ବଳୟରୁ ଆମକୁ ବାହାର କରି ଆଣେ। ଆମର ଅଭ୍ୟସ୍ତ ଦୃଷ୍ଟିଗୁଡ଼ିକର ଅପସାରଣ କରାଏ। ଆମକୁ ଅଳପ ଅର୍ଥାତ୍ ସୀମାଙ୍କିତ କରି ରଖିଥିବା ଅନମନୀୟତା ଗୁଡ଼ିକ ମଧ୍ୟରୁ ବାହାରକୁ ଡାକି ଆଣି ଏକ ଅଧିକ ସମଗ୍ର ବିଶ୍ୱର ସମ୍ମୁଖୀନ କରାଇଦିଏ। ହଁ, ପରଦାଟା ହଟିଗଲେ ସତକୁ ସତ ଏକ ମୋହଭଙ୍ଗ ହୁଏ। ସେହି ବିଶ୍ୱଟି ଭିତରେ ଆମେ ଅଧିକ ଦେଖୁ ଏବଂ ଅଧିକ ସଚେତନ ହୋଇପାରୁ ଏବଂ ନିଜ ଭିତରକୁ ମଧ୍ୟ ଅଧିକ ଦେଖୁ ଏବଂ ଅଧିକ ସଚେତନ ହୋଇପାରୁ ଏବଂ ନିଜ ଭିତରକୁ ମଧ୍ୟ ଅଧିକ ସଙ୍କୋଚମୁକ୍ତ ଭାବରେ ପ୍ରସାରିତ ହୋଇଯିବାଲାଗି ସମର୍ଥ ହେଉ। ଆପଣାକୁ ଅଧିକତର ପରିମାଣରେ ଗ୍ରହଣଶୀଳ କରିଥାଉ। କେବଳ ଆପଣା ବିଷୟରେ ନୁହେଁ ଏହି ଚିହ୍ନା ସଂସାରଟିର ସମସ୍ତଙ୍କ ବିଷୟରେ ମଧ୍ୟ ଅଧିକ ସହାନୁଭୂତିଶୀଳ ହେଉ । ଖୁସି ହେଉ।

ଉପରୋକ୍ତ ବାଖ୍ୟାତ୍ମକ ସେତୁ ମଧ୍ୟରେ ଚିତ୍ତରଂଜନଙ୍କର ଜୀବନ ଓ ସାହିତ୍ୟ ସାଧନା ଓ ସଂଗ୍ରାମର ଅନେକ ସେତୁ ରହିଛି । ୧୯୨୩ ମସିହାରେ କୁନ୍ଦେରାଙ୍କର ଛଅ ବର୍ଷ ପୂର୍ବରୁ ଏକ ଭିନ୍ନ ପରିବେଶରେ ପରାଧୀନ ଭାରତବର୍ଷରେ ଓଡିଶାର ବାଗଲପୁର ଗାଆଁରେ ଚିତ୍ତରଂଜନ ଜନ୍ମ ହୋଇଛନ୍ତି । ଔପନିବେଶବାଦ ଓ ସମ୍ରାଜ୍ୟବାଦର ଢାଙ୍କୁଣି ଖୋଲିବା ପାଇଁ, ପରଦା ହଟାଇ ମାନବ ମୁକ୍ତି, ସାମାଜିକ ମୁକ୍ତି ଓ ବିଶ୍ୱମୁକ୍ତିର ସେତୁ ଓ ବୃତ୍ତ ସ୍ଥାପନ ପାଇଁ ଚିତ୍ତରଞ୍ଜନ ସ୍ୱାଧୀନତା ସଂଗ୍ରାମରେ ଝାସ ଦେଇଛନ୍ତି । ବ୍ରହ୍ମପୁର ଓ ବାଙ୍ଗାଲୋର ଜେଲରେ କାରାବରଣ କରିଛନ୍ତି । ଜେଲରୁ ମୁକୁଳି ଶାନ୍ତିନିକେତନ ଓ ଡେନମାର୍କରେ ପାଠ ପଢନ୍ତି । ଏହାପରେ ୧୯୫୩ ମସିହାରେ ଅନୁଗୁଳସ୍ଥିତ ଚମ୍ପତିମୁଣ୍ଡାରେ ଜୀବନ ବିଦ୍ୟାଳୟରେ ଶିକ୍ଷା ଓ ଜୀବନର ବିକଳ୍ପ ପ୍ରୟୋଗ ସହିତ ତପୋରତ ରହିଛନ୍ତି । ଏହାପରେ ଆଗ୍ରା ନିକଟସ୍ଥ ବିଚ୍‌ପୁରୀରେ ଅଧ୍ୟାପନା ଓ ଜୀବନର ଶେଷ ପଚାଶ ବର୍ଷ ଓଡିଶାର ସାହିତ୍ୟ, ଶିକ୍ଷା ଓ ସାମାଜିକ ଜାଗରଣର ନାନା ଆନ୍ଦୋଳନ ଓ ପ୍ରୟାସ ସହିତ ଜଡିତ । ଏହିବର୍ଷ ଚିତ୍ତରଂଜନଙ୍କର - ଚିତ୍ତଭାଇଙ୍କର ଶହେବର୍ଷ । ଏହି ଶତବାର୍ଷିକୀରେ ଆମେ ଚିତ୍ତରଂଜନଙ୍କର ଏହି ପ୍ରବଂଧ ସହିତ ତାଙ୍କର ଅନ୍ୟ କେତେକ ପ୍ରବଂଧ ଯେମିତି "ନେତି ନେତିର ଇତିଶାସ୍ତ୍ର" ଏହି ସଂକଳନରେ ଗୁନ୍ଥି ଆମେ ଚିତ୍ତରଂଜନଙ୍କର ଅମର ଓ ନିତ୍ୟନିୟତ ସେତୁ ସ୍ଥାପନାର ତପସ୍ୟା ଓ ପ୍ରବାହକୁ ଆପଣମାନଙ୍କ ନିକଟରେ ଓ ବିଶ୍ୱ ଜନନୀଙ୍କ ପାଖରେ ଅର୍ପଣ କରୁଛୁ ।

ଏହି ପ୍ରବଂଧମାନ "ଏଷଣା" ଓ "ବର୍ତ୍ତିକା"ରେ ପ୍ରକାଶିତ ହୋଇଥିଲା । ଏଷଣା ଓଡିଆ ଗବେଷଣା ପତ୍ରର ମୁଖପତ୍ର । ୧୯୮୧ ମସିହାରେ ଏହା ପ୍ରତିଷ୍ଠା ହୋଇଥିଲା ଓ ଚିତ୍ତଭାଇ ଏହାର ଏକ ସହ-ପ୍ରତିଷ୍ଠାତା ଓ ଅନେକ ବର୍ଷ ଧରି ଏହାର ଉପ-ସଭାପତି ଥିଲେ । ଓଡିଆ ଗବେଷଣା ପରିଷଦ ଓ ଏଷଣା ଓଡିଶାରେ ଭିନ୍ନ ଏକ ସମୀକ୍ଷା ଓ ପାରସ୍ପରିକ ଆଲୋଚନାର ଭୂମି ପ୍ରସ୍ତୁତ କରିବାକୁ ସାଧନା କରିଥିଲା ଓ ଏବେ ମଧ୍ୟ ସାଧନା କରୁଛି । ଚିତ୍ତଭାଇ ଏଷଣାର ପ୍ରାୟ ନିୟମିତ ଲେଖୁଥିଲେ - ମୌଳିକ ପ୍ରବଂଧ ସହ ପୁସ୍ତକ ସମୀକ୍ଷା । ଠିକ୍ ସେମିତି ଯାଜପୁରର ସାରସ୍ୱତ ସାହିତ୍ୟ ସାଂସ୍କୃତିକ ପରିଷଦ ତରଫରୁ ପ୍ରକାଶିତ ବର୍ତ୍ତିକା ପତ୍ରିକାର ଶାରଦୀୟ ପୂଜା ସଂଖ୍ୟାରେ ଚିତ୍ତଭାଇ ପ୍ରତ୍ୟେକ ବର୍ଷ ଲେଖୁଥିଲେ । ଏହାର ସମ୍ପାଦକ ଡ. ନବକିଶୋର ମିଶ୍ର ଓ ସମ୍ପାଦନା ମଣ୍ଡଳୀର ସ୍ୱର୍ଗତଃ ପ୍ରଫେସର ବାଉରୀବଂଧୁ କର ଚିତ୍ତଭାଇଙ୍କ ଘରେ ପହଞ୍ଚିଯାଉଥିଲେ ଓ ବର୍ତ୍ତିକା ପୂଜା ସଂଖ୍ୟା ପାଇଁ ପ୍ରସ୍ତୁତ ପ୍ରବଂଧକୁ କେତେ ଅନୁରାଗରେ ଘେନି ଆସୁଥିଲେ । ଉଭୟେ ଡ. ମିଶ୍ର ଓ ପ୍ରଫେସର କର ବର୍ତ୍ତିକାରେ

ଚିତ୍ତଭାଇଙ୍କର ଏକ ସାକ୍ଷାତକାର ପ୍ରକାଶ କରିଥିଲେ। ଏହି ସାକ୍ଷାତକାରରେ "ଆପଣଙ୍କ ସାହିତ୍ୟ-ସୃଷ୍ଟିର ଆଭିମୁଖ୍ୟ କ'ଣ ?" ପ୍ରଶ୍ନର ଉତ୍ତରରେ ଚିତ୍ତଭାଇ ଆମକୁ କହୁଛନ୍ତି:

> ଆଭିମୁଖ୍ୟ ଜୀବନ, ଆଭିମୁଖ୍ୟ ସମ୍ପର୍କ, ସଖ୍ୟଲାଭ। ଅଧିକରୁ ଅଧିକ କାମରେ ଲାଗିବା। ଭିତରେ ଥିବା ବାହାରେ ଅଧିକରୁ ଅଧିକ ନିକଟବର୍ତ୍ତୀ ହେଉଥିଲା। ଏହି ବୃହତ୍ ପୃଥିବୀରେ ମୁଖ୍ୟତଃ ଏକ ନିମିତ୍ତବତ୍ ହୋଇପାରିବାର ଯୋଗ୍ୟ ହେବାହିଁ ଯେ ସକଳ ସାହିତ୍ୟ ଓ ସୃଜନଶୀଳତାର ସର୍ବମୂଳ ଧର୍ମ, ସେଇଟିର ଆବିଷ୍କାର। ସେଇ ଆବିଷ୍କାରଟି ହିଁ ଭାରି ସହଜ ଭାବରେ ପ୍ରସ୍ତୁତ କରି ନେଉଥାଏ ଏବଂ ବିଶ୍ୱାସ କରନ୍ତୁ, ଉଚିତ ଶୈଳୀ ଗୁଡିକ, ଏପରିକି ଉଚିତ୍ ଶବ୍ଦଗୁଡିକ ମଧ୍ୟ କେତେ ସହଜରେ ଆସି ପହଞ୍ଚିଯାଆନ୍ତି।

ବର୍ତ୍ତିକାର ଦଶହରା ବିଶେଷାଙ୍କରେ ଚିତ୍ତଭାଇଙ୍କ ସହିତ ଏହି ସାକ୍ଷାତକାର ଚିତ୍ତଭାଇଙ୍କର ୨୦୦୮ ମସିହାରେ ପ୍ରକାଶିତ "ମନକୁ ସ୍ଥିରୀ ବେଶକରି" ପ୍ରବନ୍ଧ ସଂକଳନରେ ସ୍ଥାନିତ। ଏହି ସଂକଳନରେ ମଧ୍ୟ ଏଷଣା ଓ ବର୍ତ୍ତିକାରେ ପ୍ରକାଶିତ ଚିତ୍ତଭାଇଙ୍କର ଚାରୋଟି ପ୍ରବଂଧ ସଂକଳିତ - "ସଂସାରେ ଥାଇ ମୁଁ...", "କିଶୋରୀଚରଣଙ୍କର କ୍ଲାନ୍ତି", "ସନ୍ଥ ପ୍ରସଙ୍ଗ" ଏବଂ "ଆତ୍ମଜୀବନୀ ବି ସାହିତ୍ୟ"। ଏହି ପ୍ରବଂଧ ମାନଙ୍କରେ ଓଡିଆ ସାହିତ୍ୟର ଆଧୁନିକ ଓ ସାଂସ୍କୃତିକ ସ୍ରଷ୍ଟାମାନଙ୍କ ସହିତ ସୃଜନଶୀଳ ଓ ସମୀକ୍ଷାତ୍ମକ ସଂଳାପ ରହିଛି। ଏଥିରେ ମଧ୍ୟ ସାହିତ୍ୟ ଓ ଜୀବନର ମୂଳଭୂତ ଓ ପଥଚାରୀ ପ୍ରଶ୍ନ ଓ ଏଷଣା ସଂପର୍କରେ ଆଲୋଚନା ରହିଛି ଯେମିତି ଜୀବନର ସନ୍ଥ-ପ୍ରସ୍ଥ ସମ୍ପର୍କରେ, ଜୀବନୀ ଓ ଆତ୍ମଜୀବନୀର ମହତ୍ତ୍ୱ ଓ ଆହ୍ୱାନ ସଂପର୍କରେ। ଏହି ସଂକଳନରେ ଏଷଣା ଓ ବର୍ତ୍ତିକାରେ ପ୍ରକାଶିତ ହୋଇଥିବା ପ୍ରାୟ ସମସ୍ତ ପ୍ରବଂଧ ପ୍ରକାଶିତ ହେବା ବିଧେୟ ଦୃଷ୍ଟିରୁ ଓ ଏହି ପ୍ରବଂଧମାନ ଚିତ୍ତଭାଇଙ୍କର ଓଡିଆ ସାହିତ୍ୟର ଅନେକ ସ୍ରଷ୍ଟାମାନଙ୍କ ସହିତ ସଂଳାପ ଦୃଷ୍ଟିରୁ ଏଥିରେ ସ୍ଥାନିତ କରାଯାଇଛି। ଏହି ପ୍ରବଂଧମାନ ମଧ୍ୟ ଚିତ୍ତଭାଇଙ୍କର ସୃଜନଶୀଳ ଓ ସମୀକ୍ଷାତ୍ମକ ସହଯାତ୍ରାର ଯାତ୍ରୀ। ଏହି ପ୍ରବଂଧମାନଙ୍କରେ ସୁରେନ୍ଦ୍ର ମହାନ୍ତି ଓ ଗୋପୀନାଥ ମହାନ୍ତିଙ୍କର ସାହିତ୍ୟ ଓ ଜୀବନ ଦୃଷ୍ଟି ସହିତ ସଂଳାପ ରହିଛି ଯେମିତି ପ୍ରବନ୍ଧକାର ବୈକୁଣ୍ଠନାଥ ଓ କବି ବ୍ରହ୍ମାନନ୍ଦଙ୍କ ସହ। ଓଡିଆ ସାହିତ୍ୟ ଓ ଓଡିଶା ବିଶ୍ୱ ସାହିତ୍ୟ, ବିଶ୍ୱ ଦର୍ଶନ ଓ ବିଶ୍ୱ ଏଷଣାର ଏକ ସୃଜନଶୀଳ ଅଙ୍ଗ। ଚିତ୍ତଭାଇ ଭଗୀରଥ ଭାବେ ଏହି ସଂପର୍କର ଗଙ୍ଗାଟି ଓଡିଆ ସାହିତ୍ୟରେ ବୁହାଇଛନ୍ତି ତାଙ୍କର ଅନୁବାଦ ଓ ସୃଜନଶୀଳ ରଚନା ଓ ସାହିତ୍ୟ ସମୀକ୍ଷା ମାଧ୍ୟମରେ ଯେମିତି

ତାଙ୍କର ବୋରିଶ ପାସ୍ତରନାକଙ୍କ "ଡାକ୍ତର ଜିଭାଗୋ" ଭଳି ଅନେକ ପୁସ୍ତକର ଓଡ଼ିଆରେ ଅନୁବାଦ ଓ ଦାର୍ଶନିକ ବେନେଡିକ୍ଟ ସ୍ପିନୋଜାଙ୍କର ଦର୍ଶନ ଓ ଜୀବନ ସମ୍ପର୍କରେ ତାଙ୍କର ପୁସ୍ତକ: ବେନେଡିକ୍ଟ ସ୍ପିନୋଜା: ଦର୍ଶନ ଓ ଜୀବନୀ। ଏହି ସଂକଳନରେ ସେମିତି ମିଲନ୍ କୁନ୍ଦେରାଙ୍କର ସାହିତ୍ୟ ଓ ଜୀବନଦୃଷ୍ଟିର ଆଲୋଚନା ରହିଛି ଯେମିତି ଏଠାରେ ସଂଶ୍ଳିଷ୍ଟ ତାଙ୍କର ପ୍ରବନ୍ଧ "କୁଷ୍ମାଣ୍ଡୀକରଣର କୁକୁନ୍ଦର" ପ୍ରବନ୍ଧରେ ରୋମାନ୍ ଦାର୍ଶନିକ ସେନେକାଙ୍କର। ଏଥିରେ ଚିତ୍ତଭାଇ ସେନେକାଙ୍କର ଜୀବନସାଧନା, ଦର୍ଶନ ଓ ସଂଗ୍ରାମର ଆଲୋଚନା ସହିତ ତାଙ୍କ ପୁସ୍ତକ ଆପୋକୋଲୋସାଇଫିସ୍ (Apocoloegfisis)ର ଆଲୋଚନା କରିଛନ୍ତି। ଲାଟିନ୍ ବାଷାରେ ଆପୋକୋର ଶବ୍ଦକୁ ଆମେ ଓଡ଼ିଆରେ କଖାରୁ ଓ ସଂସ୍କୃତରେ କୁଷ୍ମାଣ୍ଡ ରୂପେ ବୁଝିପାରିବା। ଆମେ କ୍ଷମତାଧୀଶ ସମ୍ରାଟମାନଙ୍କୁ ଓ ନିଜକୁ ସେମାନେ ଓ ଆମେ ନିଜେ ଯାହାନୋହୁଁ କେମିତି ଅଧିକ ଭାବରେ ଦେଖାଇହେଉ- ଏହାର ଏକ ତୀର୍ଯ୍ୟକ୍ ଆଲୋଚନା ଏହି ପ୍ରବଂଧରେ ରହିଛି। ପ୍ରବଂଧରେ ସେନେକାଙ୍କ ବିଚାରକୁ ଚିତ୍ତଭାଇ ଆମକୁ ଏମିତି କହୁଛନ୍ତି:

> ସମ୍ରାଟ୍ କ୍ଲଡିଅସଙ୍କର କେତେ ନା କେତେ ଖୁଣ ରହିଥିଲା ଏବଂ ଯଦି ତାଙ୍କୁ ଦେବତାର ଏହିପରି ଏକ ଭୂଷଣଦ୍ୱାରା ଭୂଷିତ କରାଯାଏ, ତେବେ ସେନେକାଙ୍କ ନିଜ ଶବ୍ଦରେ କହିଲେ ଲୋକେ ହୁଏତ ଆଖର ଆଦୌ କୌଣସି ଇଶ୍ୱରତତ୍ତ୍ୱରେ ହିଁ ବିଶ୍ୱାସହିଁ କରିବେନାହିଁ। ଏବଂ ଏଭଳି ମିଛ ଅବରୋପଣ ଦ୍ୱାରା ସେହି ଈଶ୍ୱରକାରମାନେ ନିକଟରେ ଅତିମାତ୍ରାରେ କେତେ ସ୍ଫୀତ ହୋଇ ଦେଖାଯାଉଥିବେ ଅବିକଳ ଏକ ବୃହତ୍ ଆକୃତି କୁଷ୍ମାଣ୍ଡ ସଦୃଶଆଖିକୁ ଅବଶ୍ୟ ବହୁତ ବୃହତ୍ ମାତ୍ର ଭିତରଟା ସାରଶୂନ୍ୟ, ଆମ ଭାଷାରେ ପୂରା ପୋଲା [-]"

ଏହି କ୍ଷେତ୍ରରେ ଚିତ୍ତଭାଇ ଆମକୁ କୁହନ୍ତି: "ମନୁଷ୍ୟମାନେ ସତକୁ ସତ ମନକଲେ କାଳଟାକୁ ଓଗାଳି ରହିଥିବା ଏହି ସର୍ବବିଧ କୁଷ୍ମାଣ୍ଡଗିରିକୁ ଲଙ୍ଗଳା କରି ଦେଖାଇଦେଇପାରେନ୍ତେ"। ହଁ, କୁଷ୍ମାଣ୍ଡଗିରିର ପରଦାକୁ ଅନାବୃତ କରି ଅନୁରାଗ, ଶ୍ରଦ୍ଧା, ସାହସ, ପ୍ରତିରୋଧ ଓ ନବସୃଜନର ସୂତ୍ର ଓ ସେତୁ ପ୍ରତିଷ୍ଠା କରିପାରନ୍ତେ।

ସଂକଳନରେ ଦାର୍ଶନିକ ଓ ସ୍ରଷ୍ଟା ମାନଙ୍କର ଜୀବନ, ଦର୍ଶନ ଓ ସୃଷ୍ଟି ମାନଙ୍କର ଆଲୋଚନା ସହିତ ସଂସ୍କୃତି, ଅଞ୍ଚଳ, ସୌନ୍ଦର୍ଯ୍ୟବୋଧ, ସ୍ଥିତିବାଦ ଓ ବୁଦ୍ଧି ସାଧନା ସଂପର୍କରେ ଚିତ୍ତଭାଇ ଆଲୋଚନା କରିଛନ୍ତି। ଏଥିରେ ସେ ଶ୍ରୀଅରବିନ୍ଦ, କୁମାରସ୍ୱାମୀ, ଗାଂଧୀ, ରବୀନ୍ଦ୍ରନାଥ, ଜାଁ ପଲ୍ ସାତ୍ରେ, ସୋରେନ କିରେଗୋରଙ୍କ ସହିତ ବାଟ ଚାଲିଛନ୍ତି ଓ ସଂଳାପ କରିଛନ୍ତି। ଏହି ପ୍ରତ୍ୟେକ ପ୍ରବଂଧରେ ଜୀବନର

ଗଭୀର ଏଷଣା ଓ ଅନ୍ତଃଦୃଷ୍ଟି ରହିଛି ଯାହା ଆମକୁ ସହ-ଏଷଣା ଓ ସହଦୃଷ୍ଟି ଆଡକୁ ହାତଧରି ନେଇଯାଉଛି । "ସୌନ୍ଦର୍ଯ୍ୟ ବୋଧର ଦୁଇଟି ଆଖି" ପ୍ରବଂଧରେ ଚିତ୍ତଭାଇ ଆମକୁ ଅନ୍ନ ଓ ଆନନ୍ଦ ସୌନ୍ଦର୍ଯ୍ୟବୋଧର ଦୁଇଟି ପାଦ ଓ ଆଖି ବିଷୟରେ କହିଛନ୍ତି ଓ ଏହା ଜୀବନର ବୋଧ: "ତେଣୁ ଏହି ଜୀବନକୁ ନେଇ ସୌନ୍ଦର୍ଯ୍ୟର ବୋଧ, ପୃଥିବୀଯାକର ମନୁଷ୍ୟମାନଙ୍କୁ ସତେଅବା ଏକାବେଳେକେ ଗୋଟିଏ ନିୟତିବତ୍ ଦେଖି ଏକ ଅପରୂପ ସୌନ୍ଦର୍ଯ୍ୟବୋଧ ରହିବହିଁ ରହିବ" ।

ଚିତ୍ତଭାଇଙ୍କର ଆଦ୍ୟକାଳର ସାହିତ୍ୟ ଓ ଜୀବନ ଗବେଷଣା ମହିମାଧର୍ମ ଓ ଭୀମଭୋଇଙ୍କୁ ନେଇ । ଏହି ସଂକଳନରେ ଚିତ୍ତଭାଇଙ୍କର ଏହି ସଂକ୍ରାନ୍ତରେ ଦୁଇଟି ପ୍ରବଂଧ ରହିଛି "ଭୀମଭୋଇ: ଏକ ଜୀବନାକାଶ", ଏବଂ "ଭୀମଭୋଇଙ୍କର ସାହିତ୍ୟଦୃଷ୍ଟି" । "ଭୀମଭୋଇଙ୍କ ସାହିତ୍ୟଦୃଷ୍ଟି" ପ୍ରବଂଧରେ ଚିତ୍ତଭାଇ ଆମକୁ କହୁଛନ୍ତି: "ଶୂଦ୍ରମୁନୀ ଓ ତେଲି ଭାଗବତକାରଙ୍କଠାରୁ ଭୀମ ଭୋଇଙ୍କ ଯାଏ ସାହିତ୍ୟକୁ ଭୂମିକରି ଓଡିଆ ଭାଷାରେ ଯେଉଁ ଅଭିନବ ଭାବମାର୍ଗଟିରହିଛି, ହୃଦୟକୁ ଆଖିକରି ତାହା ବିଷୟରେ ଆହୁରି ଅଧିକ ଅବଲୋକନ ସମ୍ଭବ ହେବା ଉଚିତ୍ ।" ସହଯାତ୍ରାର ଏକ ଉଦାହରଣୀୟ ଅନୁଭବର ଧାରାରେ ଚିତ୍ତଭାଇ ଆମକୁ ଭୀମଭୋଇ ଓ କେରଳର ଶ୍ରୀ ନାରାୟଣ ଗୁରୁଙ୍କର ସାଧନା, ସାହିତ୍ୟ ଓ ସଂଗ୍ରାମକୁ ସାଙ୍ଗ ହୋଇ ବୁଝିବାକୁ ଓ ଅନୁଭବ କରିବାକୁ ଆହ୍ୱାନ ଦେଉଛନ୍ତି: "ଶ୍ରୀ ନାରାୟଣ ଗୁରୁ ଭୀମଭୋଇଙ୍କର ପ୍ରାୟ ସମସାମୟିକ ଥିଲେ ଓ ଭୀମଭୋଇଙ୍କ ପରି ସିଏ ମଧ୍ୟ ତଥାକଥିତ ନୀଚକୂଳରୁ ଆସିଥିଲେ । ଉଚ୍ଚକୁଳରୁ ଉଭୟେ ଲାଞ୍ଛନା ପାଇଥିଲେ । ଉଭୟେ ଜୀବନର ପରିପକ୍ୱ କାଳରେ କବିତ୍ୱ କରିଥିଲେ, ସମାଜର ସଂସ୍କାର ତଥା ଉତ୍ତୋଳନରେ ପ୍ରେରକ ଓ ନାୟକ ରୂପେ କାର୍ଯ୍ୟ କରିଥିଲେ । ମାତ୍ର ସେମାନେ ଯାହା କରିଥିଲେ, ସବୁ ତଳଆଡୁ କରିଥିଲେ, ତଳେ ଥାଇ କରିଥିଲେ ।"

ଭୀମଭୋଇଙ୍କର କବିତାର ଆଲୋଚନା ସହ କବି ବ୍ରହ୍ମାନନ୍ଦ ଦାସଙ୍କର କବିତାର ଆଲୋଚନା । ବ୍ରହ୍ମାନନ୍ଦଙ୍କର ଏକ କବିତାକୁ ଚିତ୍ତଭାଇ ଆମକୁ ଉପସ୍ଥାପନା କରୁଛନ୍ତି: "ନିତି ମୁଁ କ୍ରୁଶରେ ଝୁଲଇ / ନିତି ମୁଁ କ୍ରୁଶରେ..." । ଏହା ସହିତ ଚିତ୍ତଭାଇ ଆମକୁ କହୁଛନ୍ତି: "ଏହି କ୍ରୁଶରେ ଝୁଲିବାର ଯେଉଁ କାବ୍ୟ, ପ୍ରତ୍ୟେକଟି ଜଣେ କବିର ସଂବେଦନାରେ ତାହା ସର୍ବବିଧ ବାସ୍ତବ ଆହ୍ୱାନର ଶକ୍ତିମତ୍ତାରେ ଏକ ବିଶ୍ୱ ପ୍ରତୀକରେ ପରିଣତ ହୋଇଯାଏ । ପୃଥ୍ୱୀକାଳରେ ଯେତେଯେତେ ତାତ୍ପର୍ଯ୍ୟପୂର୍ଣ୍ଣ ମୃତ୍ୟୁ, ସେଗୁଡିକ ସବୁକାଳ ସକାଶେ ହିଁ ଏକ ବୃହତ୍ତର ଜୀବନ ସନ୍ଦେଶକୁ ଦେଇ ଯାଇଛି । ଆମ ଆଧୁନିକ ସାହିତ୍ୟର ପ୍ରବୀଣ କବିମାନେ ତ ନିଜ ନିଜ ଜୀବନର କ୍ଷୁଦ୍ର

ଚୁଆ ଗୁଡିକରେ ଏପରି ରସମୟ ପଙ୍କଗୁଡିକ ଭିତରେ ଆଉଟୁ ପାଉଟୁ ହୋଇ ରହିଚନ୍ତି ଯେ', ସେମାନଙ୍କର ମୃତ୍ୟୁ ଚେତନା ଯେତେଯେତେ ଛଳ ବାହାର କଲେ ମଧ୍ୟ ସେଯାଏ ପହଞ୍ଚିପାରିବ ନାହିଁ।"

ବ୍ରହ୍ମାନନ୍ଦଙ୍କ କବିତାର ଆଲୋଚନା ସହ, ବୈକୁଣ୍ଠନାଥ ରଥଙ୍କର ପ୍ରବଂଧର ଆଲୋଚନା ଚିତ୍ତଭାଇ ଆପଣାର "ବୈକୁଣ୍ଠ ପ୍ରବନ୍ଧ ସମ୍ଭାରରେ" କରିଛନ୍ତି। ଏଥିରେ ଚିତ୍ତଭାଇ ଲେଖୁଛନ୍ତି: "ପ୍ରାବନ୍ଧିକ ପ୍ରବନ୍ଧଟିଏ ଲେଖେ ସର୍ବଦା ଏହିମାତ୍ର ଗୋଟିଏ ଲୋଭରେ ଯେ ସିଏ ଏକ ବିତର୍କର ଅଭିଳାଷ ରଖିଥାଏ। ହଁ ତର୍କ, ନୁହେଁ ବିତର୍କ। ବୈକୁଣ୍ଠନାଥଙ୍କର ପ୍ରତ୍ୟେକ ପ୍ରବନ୍ଧରେ ସେହି ବିତର୍କ ଲାଗି ଅବାରିତ ଆମନ୍ତ୍ରଣ। ତାକୁ ପାଠ କରୁଥିବା ସମୟରେ ସେଥିଲାଗି ଆପଣା ଭିତରେ କେଡେ ସହଜ ଏକ ଅନ୍ତଃପ୍ରେରଣାରେ ବିତର୍କଟିଏ ଯେ ଆରମ୍ଭ ହୋଇଯାଏ, ପାଠକ ସେହି କଥାଟିକୁ ପ୍ରାୟ ଜାଣି ମଧ୍ୟ ପାରେ ନାହିଁ।" ଏହା ସହିତ ପ୍ରବଂଧର ସାମ୍ପ୍ରତିକ ଆବେଦନ ଓ ଆହ୍ୱାନକୁ ଅନୁଭବ କରିବା ପାଇଁ ଚିତ୍ତଭାଇ ଆମକୁ କହୁଛନ୍ତି: "ଏହି ଯୁଗଟିକୁ ପୃଥିବୀର ଇତିହାସ-କାହାଣୀରେ ସମ୍ଭବତଃ ଏକ ସମଗ୍ରତମ ଅର୍ଥରେ ସମୀକ୍ଷାର ଯୁଗ ବୋଲି କୁହାଯାଇପାରିବ।" ପ୍ରବଂଧ ଆମକୁ ଏହି ସମୀକ୍ଷା ପାଇଁ ପ୍ରସ୍ତୁତ କରାଏ; ଆମ ସହିତ ସାଙ୍ଗହୋଇ ବାଟଚାଲେ।

ଚିତ୍ତଭାଇ ନିଜେ ଜଣେ ପ୍ରବନ୍ଧକାର। ତାଙ୍କ ପ୍ରବଂଧରେ ଗଦ୍ୟ ରହିଛି, ପଦ୍ୟ ରହିଛି; ସମୀକ୍ଷା ରହିଛି, କବିପ୍ରାଣତା ରହିଛି। ଚିତ୍ତଭାଇ ଶ୍ରଦ୍ଧା ଓ ସାହସର ସହିତ କେତେ ବାଟ ଯାଇଛନ୍ତି, କେତେ ଶିଖରକୁ ଚଢ଼ିଛନ୍ତି ଓ କେତେ ଗଭୀରକୁ ଆସିଛନ୍ତି। ଏହା ସହିତ ସେ ଅନ୍ୟମାନଙ୍କୁ ପଢ଼ିଛନ୍ତି, ଅନ୍ୟମାନଙ୍କ ସହିତ ସଂଳାପ କରିଛନ୍ତି, ଅନ୍ୟମାନଙ୍କୁ ପ୍ରଶ୍ନ କରିଛନ୍ତି ଓ ଅନ୍ୟମାନଙ୍କ ଠାରୁ ପ୍ରେରଣା ଲାଭ କରିଛନ୍ତି। ଓଡିଆ ସାହିତ୍ୟରେ ପରିଚିତ ସ୍ରଷ୍ଟା ଯଥା ରାଧାନାଥ, ଫକୀରମୋହନ, ଗଂଗାଧର, ଗୋପବଂଧୁ, ଭୀମଭୋଇ, ଗୋପୀନାଥ ମହାନ୍ତି ଓ ସୁରେନ୍ଦ୍ର ମହାନ୍ତିଙ୍କ ସହିତ ସଂଳାପ କରିବା ସହିତ ସାମ୍ପ୍ରତିକ ସ୍ରଷ୍ଟା ଯେଉଁମାନେ ହୁଏତ ଅନ୍ୟମାନଙ୍କ ଭଳି ସେତେ ପରିଚିତ ବୋଲି ପ୍ରତୀୟମାନ ହୋଇପାରି ନଥିବେ ସେମାନଙ୍କର ଜୀବନ, ସାଧନା ଓ ସଂଗ୍ରାମ ବିଷୟରେ ଆଲୋଚନା କରିଛନ୍ତି ଯେମିତି କବି ବ୍ରହ୍ମାନନ୍ଦ ଓ ପ୍ରବନ୍ଧକାର ବୈକୁଣ୍ଠନାଥଙ୍କ ସଂପର୍କରେ। ସାମ୍ପ୍ରତିକ ସ୍ରଷ୍ଟାମାନଙ୍କର ସହ ଚିତ୍ତଭାଇଙ୍କ ଏହି ସଂଳାପ ତାଙ୍କର ଶେଷକାଳ ପର୍ଯ୍ୟନ୍ତ ଅବ୍ୟାହତ ଯାହା ଓଡିଆ ସାହିତ୍ୟରେ ଓ ବିଶ୍ୱ ସାହିତ୍ୟରେ ବିରଳ। ଆମ ଭିତରୁ କେତେକେ ନିଜେ ଲେଖୁ, ଅନେକ ଲେଖୁ, ମାତ୍ର ସେହି ତୁଳନାରେ ସାମ୍ପ୍ରତିକ ଅନ୍ୟମାନଙ୍କୁ କେତେ

ପଢୁ ? ଓ ସେମାନଙ୍କ ବିଷୟରେ ଜଣେ ସଶ୍ରଦ୍ଧ ସହଯାତ୍ରୀ ଓ ସମୀକ୍ଷକ ଭାବେ ଲେଖିବା ତ ଦୂରର କଥା ?

ଚିତ୍ତଭାଇ ଦେହ ଛାଡିବାର ପ୍ରାୟ ବର୍ଷକ ପୂର୍ବରୁ ମୁଁ ଆମ ଘରର ଛାତ ଉପରେ ବୁଲୁଥାଏ । ଚିତ୍ତଭାଇ ଫୋନ୍ କଲେ । ସେତେବେଳେ ଅନେକ ବର୍ଷ ହେଲା ଆରମ୍ଭ ହୋଇଥିବା ଚିତ୍ତଭାଇଙ୍କର ଇଂରାଜୀ ଲେଖାମାନଙ୍କର ଦୁଇଟି ସଂକଳନର ସମ୍ପାଦନା କାର୍ଯ୍ୟରେ ମୁଁ ସଂପୃକ୍ତ ଥାଏ ଯାହା ତାଙ୍କର ଦେହାବସନା ପରେ ପ୍ରକାଶିତ ହୋଇଛି: Adventures in Education: Vistas and Variations ଏବଂ The Essays of Chitta Ranjan Das on Literature, Culture and Study: On the Side of Life Inspite of । କଥା ହେଉ ହେଉ ଚିତ୍ତଭାଇ କହିବସିଲେ: "ତୁମେ ମୋତେ ବଞ୍ଚାଇ ରଖିଛ ।" ଚିତ୍ତଭାଇଙ୍କର ସକଳ ସହଯାତ୍ରୀ ଓ ପାଠକମାନେ ଆମେ ଚିତ୍ତଭାଇଙ୍କୁ ବଞ୍ଚାଇ ରଖିଛୁ । ମାତ୍ର ଚିତ୍ତଭାଇଙ୍କର ଜନ୍ମ ଶତବାର୍ଷିକୀରେ ଚିତ୍ତଭାଇଙ୍କୁ ଖାଲି ବଞ୍ଚାଇ ରଖିବା ଯଥେଷ୍ଟ କି ? ଚିତ୍ତଭାଇଙ୍କୁ ଆମେ ଆମର ସମୀକ୍ଷା ଓ ସୃଜନଶୀଳତାର ସୂତ୍ର ଓ ସେତୁ ସ୍ଥାପନା ସାଧନା ଓ ସଂଗ୍ରାମରେ ବିକଶିତ କରାଇବା । ଏହି ସହଯାତ୍ରାରେ ଆମେ ଚିତ୍ତଭାଇଙ୍କୁ ପ୍ରଶ୍ନ ପଚାରିବା, ଜୀବନର ପ୍ରଶ୍ନ, ବିବର୍ତ୍ତନର ପ୍ରଶ୍ନ ।

(ଏହା ଅନନ୍ତ କୁମାର ଗିରି ଓ ସୁବାଷ ଚନ୍ଦ୍ର ପଟ୍ଟନାୟକଙ୍କ ଦ୍ୱାରା ସମ୍ପାଦିତ ହିରଣ୍ମୟେଣ ପାତ୍ରେଣ (୨୦୨୪)ରେ ସନ୍ନିବିଷ୍ଟ ଅନନ୍ତ କୁମାର ଗିରିଙ୍କର ମୁଖବଂଧରୁ)

■

ପଞ୍ଚମ ସ୍ତବକ

ଭାଷା ଋଷି ଓ ଜୀବନ ସାଧନା

ଜନନୀ କେବଳ ଜନ୍ମ ଦେଇଥିବା ସ୍ତ୍ରୀମାତ୍ର ନୁହେଁ ଏହା ଆଦର୍ଶ ନାରୀତ୍ୱ ଓ ମାତୃତ୍ୱର ଏକ କାଳ୍ପନିକ ସ୍ୱର୍ଗ । ଜନ୍ମ, ପରିତ୍ୟକ୍ତ ଶିଶୁ ହେଉ କିମ୍ବା ଜନ୍ମ-ଅବିଚାରିତ ମନୁଷ୍ୟ ହେଉ, କାହାରିପକ୍ଷରେ ଜନନୀର କଳ୍ପନା ତୁଚ୍ଛ ନାହେଁ । ଜନ୍ମଭୂମି ସେହିପରି ଭୂଖଣ୍ଡ ମାତ୍ର ନୁହେଁ, ଏହା ଏକ କଳ୍ପନା । ନିଜ ରାଜ୍ୟରେ ହେଉ ବା ପରରାଜ୍ୟରେ ହେଉ, ବଂଧୁ ବା ଶତ୍ରୁ ଦ୍ୱାରା ଶାସିତ ହେଉ, ଏହା ଏପରି ଏକ ମନୋରାଜ୍ୟ, ଯାହା ମନେ ରଖାଯାଏ, ସ୍ୱପ୍ନ ଦେଖାଯାଏ ।

– ଦେବୀ ପ୍ରସନ୍ନ ପଟ୍ଟନାୟକ (୨୦୦୬),
ଓଡିଆ ଭାଷା ଓ ଭାଷା ବିଜ୍ଞାନ, ପୃ.୩

ଏହି ଗଲା ଜାନୁୟାରୀ ୫ ତାରିଖରେ ଭୁବନେଶ୍ୱରର କିଟ୍ ବିଶ୍ୱବିଦ୍ୟାଳୟର ପ୍ରେକ୍ଷାଳୟରେ ସାହିତ୍ୟ ପତ୍ରିକା କାଦମ୍ବିନୀ ଦ୍ୱାରା ବାର୍ଷିକ ପତ୍ରିକା ହାଟ ଆୟୋଜିତ ହୋଇଥିଲା ଓ ଏହା ସହିତ ଏକ ସାହିତ୍ୟ ଉତ୍ସବ । ଏହି ସାହିତ୍ୟ ଉତ୍ସବରେ ଅନେକ ବକ୍ତାଙ୍କ ମଧ୍ୟରୁ ଜଣେ ସାମ୍ବାଦିକ ବଂଧୁ କହିଲେ: ମୁଁ ଏହି ସାହିତ୍ୟ ଉତ୍ସବରେ ଭାଗନେଇ ଅନେକ ଆନନ୍ଦିତ ଅନୁଭବ କରୁଛି । ଆମ ମଧ୍ୟରେ ଏହି ଶ୍ରୋତା ମଣ୍ଡଳୀରେ ମୋର ପ୍ରେରଣାର ଉତ୍ସ ପ୍ରଖ୍ୟାତ ଭାଷାବିତ୍ ଶ୍ରୀଯୁକ୍ତ ଦେବୀ ପ୍ରସନ୍ନ ପଟ୍ଟନାୟକ ବସିଛନ୍ତି ଯିଏ ଜଣେ ଭାଷାଋଷି । ସିଏ ଆମର ମାତୃଭାଷାକୁ ଓ ସକଳ ଭାଷାମାନଙ୍କୁ ସୁରକ୍ଷିତ ଓ ବିକଶିତ କରିବାକୁ ଆଜୀବନ ସାଧନା ଓ ସଂଗ୍ରାମ କରିଛନ୍ତି ।

ଏହି ବକ୍ତାବଂଧୁ ଜଣକ ଆମର ପ୍ରିୟ ଓ ପ୍ରେରଣାଦାୟକ ସାଧକ ଓ ସହଯାତ୍ରୀ ଦେବୀଭାଇଙ୍କୁ ନୂତନ ରୂପେ ଅନୁଭବ କରିବାକୁ ଓ ତାଙ୍କୁ ଓ ତାଙ୍କର ଜୀବନ ସାଧନାକୁ ଆମ ଜୀବନକୁ ଆମନ୍ତ୍ରଣ କରିବାକୁ ଆହ୍ୱାନ ଦେଉଛନ୍ତି । ଦେବୀ ଭାଇ ଜଣେ ଭାଷା ଋଷି । ଭାଷା ବିଜ୍ଞାନ ଓ ଚଳନ୍ତି ଭାଷା ଓ ଜୀବନର ସାଧନା ଓ ସ୍ୱପ୍ନ ସହ ସେ କେତେ

ସରାଗରେ ବାଟ ଚାଲିଛନ୍ତି । ଭାଷା ଆମ ଜୀବନର ସାଧନା; ଭାଷା ଆମର ଆସ୍ପୃହା ଓ ଅଭିବ୍ୟକ୍ତିର ପରିପ୍ରକାଶ । ଆମର ଜୀବନର ସାଧନା ଓ ସଂଗ୍ରାମକୁ ଅଭିବ୍ୟକ୍ତ କରିବାକୁ ହେଲେ ଆମର ପ୍ରଚଳିତ ଓ ପରିଚିତ ଭାଷା ଯଥେଷ୍ଟ ନୁହେଁ, ଏଥିପାଇଁ ଏକ ନୂତନ ଭାଷା ଓ ସମ୍ବନ୍ଧର ପ୍ରୟୋଗ ଓ ସର୍ଜନା ଆବଶ୍ୟକ । ଭାଷା ବ୍ୟାକରଣର ସାହାଯ୍ୟ ନେଇ ଜୀବନରେ ବାଟଚାଲେ ଓ ଆମେ ଭାଷା ସହିତ, ପରସ୍ପର ସହିତ ଓ ଜୀବନ ସହିତ ବାଟ ଚାଲୁଁ । ମାତ୍ର ଭାଷା ବ୍ୟାକରଣ ଦ୍ୱାରା ସୀମିତ ବା ନିର୍ଦ୍ଧାରିତ ନୁହେଁ । ଖାସ୍ ସେଇଥିପାଇଁ ହୁଏତ ଆମର ପ୍ରିୟ ସାଧକ ଭାଷା ଋଷି ଦେବୀ ଭାଇ ଆପଣାର ଓଡିଆ ଭାଷା ଓ ଭାଷା ବିଜ୍ଞାନ ପୁସ୍ତକରେ ଆମକୁ କହୁଛନ୍ତି:

> ଭାଷା କ'ଣ ହେବା ଉଚିତ, ଏହା ନିର୍ଦ୍ଧାରଣ କରିବା ବ୍ୟାକରଣର ଲକ୍ଷ୍ୟ ନୁହେଁ । ଅନ୍ୟପକ୍ଷରେ ଭାଷା କ'ଣ, ଏହାର ବିଶ୍ଳେଷଣ ହିଁ ବ୍ୟାକରଣ । ବ୍ୟାକରଣ ସୂତ୍ର ବା ନିୟମ ବିଶ୍ଳେଷଣାତ୍ମକ, ନିର୍ଦ୍ଧାରଣାତ୍ମକ ନୁହେଁ । ଭାଷାର ବିଶ୍ଳେଷଣ କରି ତାହାର ସ୍ୱରୂପ ପ୍ରଖ୍ୟାପନ ନିୟମହିଁ ବ୍ୟାକରଣ-ନିୟମ । ଭାଷା କଣ ହେବା ଉଚିତ, ଏହା ନିର୍ଦ୍ଧାରଣ କରିବା ବୈକାରଣଙ୍କର ଲକ୍ଷ୍ୟ ନୁହେଁ । ସଂସ୍କୃତରେ କୁହାଯାଇଛି, "ପ୍ରୟୋଗ ସରଣାଃ ବାୟାକରଣାଃ" - ଅର୍ଥାତ୍ ବ୍ୟାକରଣକାର ପ୍ରୟୋଗକୁ ହିଁ ଅନୁସରଣ କରନ୍ତି । ପ୍ରୟୋଗ ଯେତେବେଳେ ବ୍ୟାକରଣ ନିର୍ଭର ହୁଏ ସେତେବେଳେ ଭାଷା କୃତ୍ରିମ ହେବା ସ୍ୱାଭାବିକ ।(୨)

ଭାଷା ସହିତ ବାଟ ଚାଲିବାକୁ ହେଲେ, ଜୀବନ ସହିତ ବାଟ ଚାଲିବାକୁ ହେଲେ ଆମକୁ ଉଭୟ ବ୍ୟାକରଣ ଓ ପ୍ରୟୋଗ ସହିତ ବାଟ ଚାଲିବାକୁ ହୋଇଥାଏ ଯେଉଁଥିରେ ଆମର ଭାଷା ଓ ଜୀବନର ବ୍ୟାକରଣ ଏକ ଓ ଅନେକ ପ୍ରୟୋଗ ରୂପେ ଫୁଟିଉଠେ । ଏହି ପ୍ରୟୋଗମାନ ଆମର ଜୀବନର ସାଧନା ଓ ସଂଗ୍ରାମରୁ ଜନ୍ମନିଏ ଓ ଆମକୁ ନୂତନ ଭାଷା ଓ ସମ୍ବନ୍ଧ ସୃଷ୍ଟି କରିବାକୁ ଆହ୍ୱାନ ଓ ପ୍ରେରଣା ଦେଇଥାଏ । ଆମର ଜୀବନର ଓ ଭାଷାର ପ୍ରୟୋଗ ଓ ସାଧନାରେ ଆମର ପ୍ରଚଳିତ ଓ ପରିଚିତ ଭାଷା, ସମ୍ବନ୍ଧ, ଜୀବନ ଓ ବ୍ୟାକରଣ ସୀମିତ ଓ ଅସମ୍ପୂର୍ଣ୍ଣ ହୁଏ । ସେଥିପାଇଁ ଆମକୁ ପ୍ରଚଳିତ ବ୍ୟାକରଣର ଗୁଳାରୁ ଯାଇ ଅଣ-ବ୍ୟାକରଣିକ ହେବାକୁ ହୁଏ । ଅଣ-ବ୍ୟାକରଣିକ ହୋଇ ଆମକୁ ନୂତନ ବ୍ୟାକରଣ, ଭାଷା ଓ ସମ୍ବନ୍ଧ ସୃଷ୍ଟି କରିବାକୁ ହୋଇଥାଏ । ଖାସ୍ ସେଇଥିପାଇଁ ହୁଏତ ଭାଷା ଓ ଜୀବନର ଦାର୍ଶନିକ ଉଇଟ୍‌ଗେନ୍‌ଷ୍ଟାଇନ୍ ଆମକୁ ଆମର ଭାଷା ସହିତ ଯାତ୍ରାରେ ଆମକୁ ungrammatical ହେବାର ଆବଶ୍ୟକତା ବିଷୟରେ କହିଛନ୍ତି । ବ୍ୟାକରଣ, ଭାଷା

ଓ ଜୀବନରେ ପ୍ରୟୋଗ ପାଇଁ ଆମକୁ ପ୍ରଚଳିତ ବ୍ୟାକରଣକୁ ଟକ୍କର ଦେବାକୁ ହୋଇଥାଏ ଓ ଏଥିପାଇଁ ସାଧନା ଓ ସଂଗ୍ରାମ କରିବାକୁ ହୋଇଥାଏ ।

ଦେବୀ ଭାଇଙ୍କର ଭାଷା ଓ ଜୀବନ ସାଧନାରୁ ପ୍ରେରଣା ନେଇ ଓ ତାଙ୍କ ସହିତ ସଂଳାପ କରି ଓ ବାଟଚାଲି ଆମକୁ ଭାଷା ସଂପର୍କରେ ଏକ ନୂତନ ସଚେତନତା ଆହରଣ କରିବାକୁ ହେବ ଯାହାକୁ ଗଭୀର ଦାର୍ଶନିକ ସ୍ୱର୍ଗୀୟ ଆର ସୁନ୍ଦରରାଜନ linguistic turn ବୋଲି କହୁଛନ୍ତି ।(୩) ଭାଷାଜନିତ ଏହି ସଚେତନତାର ମୂଳକଥା ହେଉଛି ଭାଷା ଆମ ଜୀବନର ମୂଳାଧାର । ଭାଷା କେବଳ କଥିତ ଭାଷା ମଧ୍ୟରେ ସୀମିତ ନୁହେଁ; ଆମର ଆତ୍ମା, ସମାଜ ଓ ସଂସ୍କୃତି ମଧ୍ୟ ଏକଏକ ଭାଷା । ଭାଷା ଆମ ଜୀବନର ଏକ ଜୀବନ ସ୍ୱରୂପ ଯାହାକୁ ଉଇଟ୍‌ଗେନ୍‌ଷ୍ଟାଇନ୍ form of life ବୋଲି କହିଛନ୍ତି । (୪)

ଭାଷା ଆମ ଜୀବନର ସ୍ୱରୂପ ମାତ୍ର ଏହି ଜୀବନ ସ୍ୱରୂପ ମଧ୍ୟରେ ମଧ୍ୟ ଆହୁରି କେତେ ଆଲିଙ୍ଗନ ଓ ରୂପାନ୍ତରର ଆହ୍ୱାନ । ଉଦାହରଣ ସ୍ୱରୂପ, ଆମ ଭାରତବର୍ଷରେ ଭାଷା ଭିତ୍ତିରେ ଓଡିଶାହିଁ ପ୍ରଥମ ରାଜ୍ୟ । ଏହାପରେ ୧୯୫୬ ମସିହାରେ ସାରା ଭାରତବର୍ଷରେ ଭାଷାଭିତ୍ତିରେ ରାଜ୍ୟଗଠନ ହୋଇଥିଲା । ମାତ୍ର ଏହି ଭାଷା-ଭିତ୍ତିକ ରାଜ୍ୟମାନଙ୍କରେ ଗୋଟିଏ ପ୍ରଧାନ ଭାଷା ଥିଲେହେଁ, ଏହି ରାଜ୍ୟମାନଙ୍କର ଅନେକ ଭାଷା ରହିଛି । ମାତ୍ର ଭାଷାଭିତ୍ତିକ ରାଜ୍ୟର ପ୍ରଧାନ ଭାଷା ଯଥା ଓଡିଆ, ବାଙ୍ଗଲା ବା ତାମିଲ ଏହି ରାଜ୍ୟରେ ଥିବା ଅନ୍ୟଭାଷାକୁ ହୁଏତ ପ୍ରୋତ୍ସାହନ ଦେଇନାହିଁ ଓ ଏହା ଉପରେ ନିଜର ଆଧିପତ୍ୟ ବିସ୍ତାର କରୁଛି । ଆମ ଓଡିଶାରେ କେବଳ ଓଡିଆ ଭାଷା ନାହିଁ; ଏଠାରେ କୋଶଳୀ, ତେଲୁଗୁ ଓ ଅନେକ ଆଦିବାସୀ ଭାଷା ଓ ଆହୁରି କେତେ ଭାଷା । ଆମ ଓଡିଶାର ପ୍ରାୟ ଏକ ଚତୁର୍ଥାଂଶ ଆଦିବାସୀ ଓ ଏମାନଙ୍କର ଭାଷା ଓଡିଆ ନୁହେଁ । ଆମର ଏହି ଆଦିବାସୀ ଇଲାକାରେ ଅନେକ ସରକାରୀ ଓ ବେସରକାରୀ କାର୍ଯ୍ୟକ୍ରମ ହେଉଛି ଯାହା ସେମାନଙ୍କର ଜୀବନର ମୂଳକୁ ଉତ୍ପାଟିତ କରିଦେଉଛି । ଏହି ଆଦିବାସୀ ଇଲାକାରେ ଖଣିମାନ ଖୋଳା ହେଉଛି ଯେମିତି ଅବିଭକ୍ତ କୋରାପୁଟ ଜିଲ୍ଲାର ବିଭିନ୍ନ ସ୍ଥାନରେ ଯଥା- ସାମ୍ପ୍ରତିକ ରାୟଗଡା ଜିଲ୍ଲାର କାଶୀପୁର ଅଞ୍ଚଳର । ମାତ୍ର ଏହି ସବୁ ବିକାଶ ଓ ବିନାଶର ସୂଚନା ଆମର ଭାଇଭଉଣୀମାନଙ୍କୁ ଦିଆଯାଉନାହିଁ ବା ଯଦିବି କେଉଁଠି କିଛି ତଥ୍ୟ ଲୁଚି ରହିଛି ସେହିସବୁ ଇଂରାଜୀ ଭାଷାରେ ବା କଦବା କ୍ୱଚିତ ଓଡିଆ ଭାଷାରେ । ମାତ୍ର କେବେ ଏହିସବୁ ସୂଚନା ଆମର ଆଦିବାସୀ ଭାଇ ଭଉଣୀମାନଙ୍କ ଭାଷାରେ ନୁହେଁ । ତେଣୁ ଆମର ଭାଷାଭିତ୍ତିକ ରାଜ୍ୟର ପ୍ରକରଣ ଓ ଏଥିରେ ଓଡିଆ ଭାଷାର ପ୍ରାଧାନ୍ୟ ଆମ ଓଡିଶାରେ ଜନ୍ମ ହୋଇଥିବା ଓ ବଞ୍ଚୁଥିବା

ଓଡିଆ ଭାଇ ଭଉଣୀମାନଙ୍କର ଜୀବନରେ ଅର୍ଥ ସଂକଟ, ଭାଷା ସଂକଟ ଓ ଜୀବନ ସଂକଟ ସୃଷ୍ଟି କରୁଛି ଯାହାକୁ ଆମେ ପ୍ରଥମେ ବୁଝିବା ଓ ଏହାକୁ ବୁଝିବାପରେ ଆମେ ବହୁପରିସରୀୟ ସାଧନା ଓ ସଂଗ୍ରାମରେ ସଂଶ୍ଳିଷ୍ଟ ହେବା ଯେମିତି ଏବେ କେତେକ ବିଦ୍ୟାଳୟରେ ଆଦିବାସୀ ଭାଷାରେ ପିଲାମାନଙ୍କୁ ଶିକ୍ଷା ଦିଆଯାଉଛି । ମୋର ପ୍ରିୟ ଓ ସୃଜନଶୀଳ ବନ୍ଧୁ ଓ ସାହିତ୍ୟପ୍ରେମୀ ଡ. ମହେନ୍ଦ୍ର କୁମାର ମିଶ୍ର ଯେବେ ଓଡିଶାର ଶିକ୍ଷା ବିଭାଗରେ ଥିଲେ ସେ ଓଡିଶା ସରକାରଙ୍କ ଶିକ୍ଷା ବିଭାଗ ତରଫରୁ ସୃଜନୀ ନାମକ ଏକ କାର୍ଯ୍ୟକ୍ରମ କରୁଥିଲେ । ଏଥିରେ ଆଦିବାସୀ ଅଞ୍ଚଳରେ ଆଦିବାସୀ ପିଲାମାନଙ୍କୁ ମାତୃଭାଷାରେ ଶିକ୍ଷା ଦିଆଯାଉଥିଲା । ଆମ ଓଡିଶାରେ ସୃଜନଶୀଳ ଶିକ୍ଷା ସହିତ ସଂଶ୍ଳିଷ୍ଟ ସ୍ୱେଚ୍ଛାସେବୀ ଅନୁଷ୍ଠାନ ଶିକ୍ଷାସଂଧାନ ମଧ ଆପଣାର କ୍ରିୟାଭୂମିରେ ଆଦିବାସୀ ପିଲାମାନଙ୍କୁ ଆପଣାର ମାତୃଭାଷାରେ ଶିକ୍ଷା ପ୍ରଦାନ କରୁଛି । ଏମିତି ସୃଜନଶୀଳ ପ୍ରୟାସ, ସାଧନା ଓ ସଂଗ୍ରାମ ଦ୍ୱାରା ଓଡିଶାରେ ଓଡିଆ ଭାଷାର ପ୍ରକରଣ, ବ୍ୟାକରଣ ଓ ପ୍ରାଧାନ୍ୟତାକୁ ଯେଉଁ ହିଂସା ଓ ସଂକଟ ତାହାକୁ କିଛି ମାତ୍ରାରେ ରୂପାନ୍ତରିତ କରି ହେଉଛି । ତେଣୁ ଭାଷାଜନିତ ଜୀବନ ସ୍ୱରୂପ ଓ ଏହାର ରୂପାନ୍ତର ପାଇଁ ଆମକୁ ଆମର ପ୍ରଚଳିତ ପ୍ରଧାନ ଭାଷାର ପ୍ରାଧାନ୍ୟ ମଧରେ ବାନ୍ଧିହେଲେ ହେବନାହିଁ ଆମକୁ ଆମର ପ୍ରଚଳିତ ପ୍ରଧାନ ଭାଷା ସହିତ ସାଧନା ଓ ସଂଗ୍ରାମର ସହିତ ବାଟଚାଲି ଆମକୁ ବହୁଭାଷୀ ହେବାକୁ ହେବ ଓ ଆମର ପ୍ରଚଳିତ ଭାଷା ପ୍ରାଧାନ୍ୟକୁ ରୂପାନ୍ତରିତ କରିବାକୁ ହେବ । ଏହି କ୍ଷେତ୍ରରେ ଆମେ ଦେବୀ ଭାଇଙ୍କର ଜୀବନ ଓ ସାଧନାରୁ ପ୍ରେରଣା ଲାଭ କରିପାରିବା ।

-୨-

ଦେବୀ ଭାଇ ଆମର ମାତୃଭାଷା ଓ ବହୁଭାଷା ସହିତ ଶ୍ରଦ୍ଧା ଓ ସାହସର ସହିତ ବାଟ ଚାଲିଛନ୍ତି । ଭାଷା ବିଜ୍ଞାନ, ଭାଷା ଅଧ୍ୟୟନ ଓ ଭାଷା ଚର୍ଚ୍ଚାରେ ଯେତେବେଳେ ଏକଭାଷିକତା ଓ ଦୁଇଭାଷିକତା ପ୍ରାଧାନ୍ୟ ଦିଆଯାଇଛି ଓ ଏହାକୁ ଧରି ନିଆଯାଇଛି ସେତେବେଳେ ଦେବୀ ଭାଇ ବହୁ ଭାଷିକ ଶିକ୍ଷା ଓ ଜୀବନ ସାଧନା ପଥର ଆବଶ୍ୟକତା ଓ ତାତ୍ପର୍ଯ୍ୟ ବିଷୟ କହିଛନ୍ତି । ଓଡିଶାରୁ ଅଧ୍ୟୟନ ସାରି, ଶାନ୍ତିନିକେତନରେ ଅଧ୍ୟାପନା ସମୟରେ କର୍ଣ୍ଣେଲ ବିଶ୍ୱବିଦ୍ୟାଳୟରେ ଭାଷାଶାସ୍ତ୍ରରେ ପି.ଏଚ୍‌ଡି ସାରି ଗଲା ଷାଠିଏ ବର୍ଷହେଲା ଦେବୀ ଭାଇ ବହୁଭାଷିକ ଶିକ୍ଷା ଓ ଜୀବନ ମାର୍ଗ ପାଇଁ ଆପଣାର ଜୀବନକୁ ସମର୍ପିତ କରିଛନ୍ତି । ଯେଉଁ ଭାଷା ସହିତ ଆମେ ଜନ୍ମ ହୋଇଛୁ... ଆମର ମାତୃଭାଷାରେ ଆମେ ସ୍ୱପ୍ନ ଦେଖୁ, କଥାହେଉ ଓ ଜୀବନରେ ଆତଯାତ ହେଉ । ଆମର ଶିକ୍ଷା ଓ ଜୀବନଧାରାରେ ଆମେ ଯେତେବେଳେ ଆମର ମାତୃଭାଷାରୁ ହଠାତ୍

ଉତ୍ପାଟିତ ହୋଇଯାଉ ସେତେବେଳେ ଏହା ଆମକୁ ଆମର ଜୀବନରୁ ମଧ୍ୟ ଉତ୍ପାଟିତ କରିଦିଏ । ଆମ ଭାରତବର୍ଷରେ ଭାଷାକ୍ଷେତ୍ରରେ ଆମ ଅନେକଙ୍କର ଅନୁଭୂତି ଓ ଅନୁଭବ ମୂଳ ଉତ୍ପାଟନର ଅନୁଭବ । (୫) ଏବେ ଆମ ଓଡିଶାର ଅଧିକାଂଶ ପିଲା ଶିଶୁ ଓ ଶିଶୁ-ପୂର୍ବଶ୍ରେଣୀରୁ ଇଂରାଜୀରେ ପଢୁଛନ୍ତି ବା ପଢିବାକୁ ବାଧ୍ୟ ହେଉଛନ୍ତି । ଆମ ଓଡିଶାର ସହର ଓ ଗାଆଁ ମାନଙ୍କରେ ଇଂରାଜୀ ମିଡିୟମ୍ ସ୍କୁଲମାନ ଛତୁପରି ଫୁଟି ଉଠୁଛନ୍ତି । ଆମର ଓଡିଶାର ଆଦିବାସୀ ଇଲାକାରେ ଆଦିବାସୀ ପିଲାମାନେ ଓଡିଆରେ ପଢିବାକୁ ବାଧ୍ୟ ହେଉଛନ୍ତି । ଆଦିବାସୀ ପିଲାମାନଙ୍କ ପାଇଁ ଓଡିଆ ଓ ଇଂରାଜୀ ଯେ କେବଳ ଅନ୍ୟଭାଷା ତାହା ନୁହେଁ ଏହା କ୍ଷମତାର ଭାଷା; ଏହା ମଧ୍ୟ ଔପନିବେଶବାଦର ଭାଷା । ଏହି କ୍ଷମତାର ଭାଷାମାନ ଯେତେବେଳେ ଆମର ଜନ୍ମଭାଷା ଓ ମାତୃଭାଷାକୁ ଆମର ଶିକ୍ଷା ଓ ଜୀବନ ଚାରଣାରେ ସ୍ଥାନାନ୍ତରିତ କରେ, ଉତ୍ପାଟିତ କରେ ସେତେବେଳେ ଏହା ଆମ ସହିତ ଓ ଆମ ମଧ୍ୟରେ ହୀନମନ୍ୟତା ସୃଷ୍ଟିକରେ ଓ ଆମ ଉପରେ ଓ ଆମ ସହିତ ହିଂସା ଆଚରଣ କରିଥାଏ । ଆପଣାର ଏକ ପ୍ରବଂଧରେ ଖାସ୍ ସେଇଥିପାଇଁ ହୁଏତ ଦେବୀଭାଇ ଲେଖୁଛନ୍ତି ଯେ କ୍ଷମତା ଓ ଶିକ୍ଷାଦାନ ମାଧ୍ୟମରେ ଯେଉଁ ଭାଷା ଆମର ଜନ୍ମିତ ଭାଷାକୁ ଉତ୍ପାଟିତ କରୁଛି ଯଥା ଇଂରାଜୀ ଭାଷା ଉଭୟ ଓଡିଆ ଓ ଆଦିବାସୀ ଭାଷାକୁ ସ୍ଥାନାନ୍ତରିତ କରୁଛି... ଏହି ଭାଷାକୁ ଆମେ ଅନ୍ଧଭାବରେ ଗ୍ରହଣ କରିନେଉଯେ' ଏହି ଲଦି ଦିଆଯାଉଥିବା ଭାଷା ଆମର ଜନ୍ମିତ ଭାଷା ତୁଳନାରେ ଉଚ୍ଚ, ଆଧୁନିକ ଓ ଅଧିକ ସତ୍ୟମୟ ଓ ଯଥାର୍ଥ । ସମୟର ଧାରାରେ ଆମେ ଗ୍ରହଣ କରନେଉଯେ' ଆମର ଜନ୍ମିତ ଓ ମାତୃଭାଷାରେ ଯାହାସବୁ ଲେଖାହୋଇଛି ଏହା ପାରମ୍ପରିକ ଓ ଅଣଆଧୁନିକ । ଦେବୀ ଭାଇଙ୍କ ମତରେ ଓ ଦୀର୍ଘ ଅନୁଭବ ସମ୍ଭୃତ ଜ୍ଞାନରେ: ନୂଆ ଭାଷାଟି ଆମ ମଧ୍ୟରେ ନିଜର ଭାଷା, ଅନ୍ୟ ଭାଷା ବିଷୟରେ "logical thinking" ଯୁକ୍ତିସମ୍ମତ ଚିନ୍ତନ ବିକଶିତ କରିବା ପରିବର୍ତ୍ତେ ଏହା ଆମକୁ ଅନ୍ଧ କରିଥାଏ ଓ ଆମର ବୈଜ୍ଞାନିକ ଚିନ୍ତାଧାରାରେ କୁଠାରାଘାତ କରିଥାଏ । (୬)

ମାତ୍ର ବୈଜ୍ଞାନିକ ଚିନ୍ତାଧାରା, ଯୁକ୍ତି ସମ୍ମତ ଚିନ୍ତାଧାରା କେବଳ ତଥାକଥିତ ଆଧୁନିକ ବିଜ୍ଞାନ ମଧ୍ୟରେ ନାହିଁ; ଏହା ସବୁ ଜ୍ଞାନ ଓ ଜୀବନଧାରାରେ ରହିଛି, ତଥାକଥିତ ପାରମ୍ପରିକ ଜ୍ଞାନ ମଧ୍ୟରେ ରହିଛି । ମାତ୍ର ଆଧୁନିକ ଜ୍ଞାନ-ବିଜ୍ଞାନ ଆମର ସକଳ ଅନ୍ୟ ଜ୍ଞାନମାନଙ୍କୁ ଆଧୁନିକତା ପର୍ବରେ ଅଧସ୍ତନ କରିଛି ବା ହତ୍ୟା କରିଛି ଯାହାକୁ ଆମ ସମୟର ଗଭୀର ସମାଜଶାସ୍ତ୍ରୀ ବୋଆଭେନ୍‌ଚୁରା ଡି ସୌସା ସାନ୍ତୋସ୍ (Bouentura de Sousa Santos) "epistemicide" ବୋଲି କହିଛନ୍ତି । (୭) ଏହି ମାରଣ ଓ ହନନ ପ୍ରକ୍ରିୟା ଏକ ବହୁ ପରିସରୀୟ ପ୍ରକ୍ରିୟା ଯେଉଁଥିରେ

ଆମର ଆତ୍ମା, ଭାଷା ଓ ଜ୍ଞାନର ହତ୍ୟା ହେଉଛି । ଏହି କ୍ଷେତ୍ରରେ ଆମକୁ ପ୍ରଥମେ ଅନୁଭବ କରିବାକୁ ହେବଯେ ଆମର ପ୍ରଚଳିତ ଭାଷା ଓ ପାରମ୍ପରିକ ଜ୍ଞାନରେ ଅନେକ ଜୀବନସତ୍ୟ ନିହିତ ରହିଛି ଓ ଏହି ଜୀବନ ସତ୍ୟକୁ ଅନୁଭବ କରି ଏହାକୁ ଆମକୁ ପୁନର୍ଜୀବିତ କରିବାକୁ ହେବ। (୮) ଏଥିପାଇଁ ଆମକୁ ଆଧୁନିକତାର ଔପନିବେଶବାଦର ଉର୍ଦ୍ଧ୍ୱରେ ଯାଇ ଓ ଏହାକୁ ଟକ୍କର ଦେଇ ଓ ସୃଜନଶୀଳତାର ସହିତ ଅତିକ୍ରମ କରି ଆମକୁ ନିଜକୁ, ନିଜର ଭାଷା, ପରସ୍ପରର ଭାଷା, ଆମର ପରମ୍ପରାର ଜ୍ଞାନ ଓ ଆମର ଭୂମିର ସଂସ୍କୃତିକୁ ପୁନର୍ଜୀବିତ ଓ ନୂଆଭାବେ ସର୍ଜନା କରିବାକୁ ହେବ। ଏହି କ୍ଷେତ୍ରରେ ଭାଷା ସହିତ ଓ ଜୀବନ ସହିତ ବାଟ ଚାଲିଥିବା ଦେବୀଭାଇ ଆମକୁ ଆତ୍ମ ପୁନର୍ଜାଗରଣ, ଭାଷା ଜାଗରଣ ଓ ସାଂସ୍କୃତିକ ପୁନର୍ଜାଗରଣ ପାଇଁ ଆହ୍ୱାନ ଓ ଆମନ୍ତ୍ରଣ ଜଣାଇଥାନ୍ତି ।

-୩-

ଆମେ ଅନେକ ଗୋଟିଏ ଭାଷା ସହିତ ଜନ୍ମ ହୋଇଥାଉ; ଅର୍ଥାତ୍ ଆମେ ଯେତେବେଳେ କୁଆଁକୁଆଁ ରାବ ପରେ ଭାଷା କହିବା ଆରମ୍ଭ କରୁ ସେତେବେଳେ ଆମେ ଆମର ମାତୃଭାଷାରେ କହିବା ଆରମ୍ଭ କରୁଁ। ଯଦିଓ ବେଳେବେଳେ ଆମେ ଆମର ଜୀବନ ଭୂମିରେ ମଧ୍ୟ ବହୁ ଭାଷାକୁ ଆମର ମାତୃଭାଷା ରୂପେ ଅନୁଭବ କରିପାରୁ। ଆମର ପିଲା ଦୁଇଜଣ ଚେନ୍ନାଇରେ ବଡ ହୋଇଥିଲେ। ସେମାନେ ଘରେ ଆମ ସହିତ ଓଡିଆ ଭାଷାରେ କହୁଥିଲେ, ବିଦ୍ୟାଳୟରେ ଓ ସାଙ୍ଗମାନଙ୍କ ସହିତ ତାମିଲ ଭାଷାରେ। ଯେତେବେଳେ ପିଲାଜଣଙ୍କର ମାତୃଭାଷା ଗୋଟିଏ ହୁଏ ଓ ପିତୃଭାଷା ଆଉ ଗୋଟିଏ ହୁଏ; ଉଭୟ ମାତୃଭଷା ଓ ପିତୃଭାଷା ପିଲାଟିର ମାତୃଭାଷା ହୋଇଯାଏ ଯେମିତି ଆମ ସମୟର ବରେଣ୍ୟ ଚିନ୍ତାବିଦ୍ ଓ ଗଭୀର ସମାଜଶାସ୍ତ୍ରୀ ମୋର ପୂଜ୍ୟ ଓ ନମସ୍ୟ ଶିକ୍ଷକ ଅଧ୍ୟାପକ ଆନ୍ଦ୍ରେ ବେତେଙ୍କ କ୍ଷେତ୍ରରେ। ଆପଣାର ଆତ୍ମଜୀବନୀମୂଳକ ନିବନ୍ଧ "My Two Grand Mothers" ଓ "Sunlight on the Garden" ଆତ୍ମଜୀବନୀରେ ଅଧ୍ୟାପକ ବେତେ ଏହି ବିଷୟରେ ଲେଖିଛନ୍ତି । (୯) ମାତୃଭାଷା ଓ ମାତୃଭୂମି ତେଣୁ ଏହା ଏକ ବନ୍ଧ ଓ ଆବଦ୍ଧ ଚେତନା ନୁହେଁ। ଭାଷା ଓ ଜୀବନ ସହିତ ଶ୍ରଦ୍ଧା ଓ ସାହସର ସହିତ ବାଟଚାଲିଲେ ଆମ ଜୀବନ ଚାରଣାର ଅନେକ ଭାଷା ମାତୃଭାଷା ହୋଇଯାଏ ଓ ସେତେବେଳେ ମାତୃଭାଷା ଓ ବିଦେଶୀ ଭାଷା ମଧ୍ୟରେ ଦୂରତା କମି କମିଯାଏ। ଆମେ ସଂସାରର ଅନେକ ଓ ସକଳ ଭାଷାକୁ ଆମର ମାତୃଭାଷା ରୂପେ ଅନୁଭବ କରିପାରୁ। ଭାଷା ସହିତ ହୃଦୟର ସହିତ ବାଟଚାଲିଲେ ଭାଷା ହୃଦୟ ବିସ୍ତାରର ମାଧ୍ୟମ ହୁଏ ଯେଉଁ ସଂପର୍କରେ ଆମର

ଅନ୍ୟଜଣେ ପ୍ରିୟ ସତୀର୍ଥ ଓ ସହଯାତ୍ରୀ ଚିତ୍ତରଂଜନ ଦାସ ଅନେକ ବର୍ଷତଳେ ଆପଣାର ଏକ ନିବନ୍ଧରେ ଲେଖିଥିଲେ ଓ ଦେବୀଭାଇଙ୍କ ଭଳି ଚିତ୍ତଭାଇ ଆମର ଭାଷା, ଭୂମି, ସଂସ୍କୃତି ଓ ଆତ୍ମାର ବିକାଶ ଓ ନବଜାଗରଣ ପାଇଁ ନାନାମତେ ସାଧନା ଓ ସଂଗ୍ରାମ କରିଛନ୍ତି । (୧୦) ଚିତ୍ତଭାଇ ଆପଣା ଜୀବନଚାରଣାରେ ଆପଣାର ମାତୃଭାଷା ଓଡିଆ ସହିତ ବଂଗଳା, ହିନ୍ଦୀ, ଇଂରାଜୀ, ଜର୍ମାନୀ, ଡେନିଶ ଓ ଫନିଶ ଭାଷାକୁ ଆପଣାର ହୃଦୟର ଭାଷା ରୂପେ ଅନୁଭବ କରିଛନ୍ତି ଯେମିତି ଦେବୀଭାଇ ମଧ୍ୟ ଓଡିଆ ସହିତ ଅନ୍ୟ ଅନେକ ଭାଷାରେ ଆପଣାର ଭାବନା ଓ ହୃଦୟକୁ ବିସ୍ତାରିତ କରିଛନ୍ତି ଓ ଏହିସବୁ ଭାଷାକୁ କେବଳ ବୌଦ୍ଧିକ ବିଚାର ଆଦାନପ୍ରଦାନର ଭାଷା ରୂପେ ବ୍ୟବହାର ନକରି ହୃଦୟ ବିସ୍ତାରର ଭାଷାରୂପେ ବ୍ୟବହାର କରିଛନ୍ତି । ଦେବୀ ଭାଇଙ୍କର ଇଂରାଜୀ ଭାଷାରେ ତେଣୁ ତାଙ୍କର ହୃଦୟ... ଓଡିଆ ଓ ଭାରତୀୟ ହୃଦୟ ଫୁଟି ଉଠିଛି । ଦେବୀ ଭାଇଙ୍କର ସହଜ କାବ୍ୟିକତା ସହିତ ତେଣୁ ତାଂକର ଏକ ସଂଳାପମୟ ପ୍ରବଂଧର ନାମ: "Monolingual Myopia and the Petals of Indian Lotus: Do Many Languages Divide or Unite a Nation ?" (୧୧) । ଏହି ପ୍ରବଂଧରେ ଦେବୀଭାଇ ଭାରତବର୍ଷର ଆମର ଅନେକ ଭାଷାକୁ ଆମର ଭାରତୀୟ ଜୀବନ ଓ ଭାଷା ପଦ୍ମର ପାଖୁଡା ରୂପେ ହୃଦୟରେ ଅନୁଭବ କରିବାକୁ ଆହ୍ୱାନ ଦେଇଛନ୍ତି । ଆମର ବହୁ ଭାଷା ଆମର ଭାରତବର୍ଷକୁ ଏକତ୍ରିତ କରୁଛି ବା ବିଭାଜିତ କରୁଛି ଏହି ପ୍ରଶ୍ନର ଉତ୍ତର ଦେବୀଭାଇ ଦେଉଛନ୍ତି ଯେ' ଆମର ବହୁଭାଷା ଆମକୁ ବିଭାଜିତ କରୁନାହିଁ; ଏହା ଆମକୁ ଏକ ବହୁପରିସରୀୟ ଏକତାରେ ଯୋଡି ଦେଉଛି । ମାତ୍ର ଏହି ପ୍ରଶ୍ନଟି ଆମ ସମସ୍ତଙ୍କୁ ନିଜକୁ ନିଜକୁ ପଚାରିବାକୁ ହେବ ଓ ଏହାର ଉତ୍ତର ଆମକୁ ନିଜକୁ ନିଜକୁ ଖୋଜିବାକୁ ହେବ । ଆମର ଜୀବନରେ ଆମକୁ ଏକ ଏକଛତ୍ରବାଦୀ ଏକତ୍ୱରୁ ମୁକ୍ତ ହୋଇ ଆମକୁ ଏକ, ଦ୍ୱିତୀୟ ଓ ବହୁବିଧତାକୁ ଆଲିଙ୍ଗନ କରିବାକୁ ହେବ ଓ ଏହି ଆଲିଙ୍ଗନ ଅନୁଯାୟୀ ଆମର ଭାଷା ଓ ଜୀବନରେ ସାଧନା ଓ ସଂଗ୍ରାମ କରିବାକୁ ହେବ ।

ଭାଷା ଓ ଜୀବନର ଏହି ସାଧନା ଓ ସଂଗ୍ରାମରେ ଆମକୁ ଅନେକ ଅଜ୍ଞତା ଓ ଅହଂକାରକୁ ଅତିକ୍ରମ କରିବାକୁ ହେବ । ଏହି ସଂପର୍କରେ ଅଜ୍ଞତାର ଅତିକ୍ରମଣ, ନୂତନ ଚିନ୍ତନ ଓ ନୂତନ ସୃଜନଶୀଳ କର୍ମପଥ ଆବଶ୍ୟକ । ଏହିସବୁର ସମ୍ୟକ୍ ସୂଚନା ଓ ସବିଶେଷ ଆଲୋଚନା ଦେବୀ ଭାଇ ଆପଣାର ଅନେକ ରଚନା ଓ ସମ୍ଭାଷଣ ମାନଙ୍କରେ ଆଲୋଚନା କରିଛନ୍ତି । ଏହି କ୍ଷେତ୍ରରେ ଦେବୀ ଭାଇଙ୍କର ରଚନା ମାନଙ୍କର ସଂକଳନ Language and Cultural Diversity: The writing of Debi

Prasanna Pattanayak ଆମର ବିଚାରଣୀୟ ।(୧୨) ଏଥିରେ ସନ୍ନିବିଷ୍ଟ ଏକ ପ୍ରବଂଧ "The One, Two and Many" ପ୍ରଣିଧାନଯୋଗ୍ୟ । ଏହି ପ୍ରବଂଧରେ ଅନେକ ବିଷୟର ଆଲୋଚନା ସହିତ ଦେବୀ ଭାଇ ଆମକୁ କହିଛନ୍ତି ଯେ ଭାଷାକ୍ଷେତ୍ରରେ ଯେଉଁ ବିବିଧତା ରହିଛି ଯେଉଁ variation ରହିଛି ଏହା ସ୍ୱାଭାବିକ ଓ ଏହା ଜୀବନ ଓ ବିଶ୍ୱର ଏକ ସ୍ୱାଭାବିକ ରୂପ ଓ ଧାରା । ଏହି variation ବିବିଧତାକୁ ସ୍ୱୀକାର କରେ ଯେ ଆମର ଏକ ଦେଶ ବିଭାଜିତ ହୋଇଯିବ ଏହା ଠିକ୍ ନୁହେଁ । ଏମିତି ଭାବିବା ପଛରେ ଆମେ ସକଳ variation କୁ ଏକ ଛାଞ୍ଚରେ ପକାଇବାକୁ ଚାହୁଁ – ଏମିତି ଚାହିଁବା ଓ ପ୍ରୟାସହିଁ ସମସ୍ୟାର ମୂଳକାରଣ ଯାହାହିଁ ଆମର ଭାଷା, ସଂସ୍କୃତି ଓ ଦେଶକୁ ବିଭାଜିତ କରୁଛି ।

ଭାଷା, ଜୀବନ ଓ ପୃଥିବୀର ଏହି ପରିଚିତ, ସ୍ଥାନୀୟ, ଜାତୀୟ ଓ ବିଶ୍ୱମୟ ଭୂମିରେ କୌଣସି ଭାଷା ପରସ୍ପରଠାରୁ ଅଲଗା ନୁହନ୍ତି । କୌଣସି ମନୁଷ୍ୟ ଯେପରି ଏକ ଉପଦ୍ୱୀପ ନୁହେଁ, କୌଣସି ଭାଷା ମଧ୍ୟ ଏକ ଉପଦ୍ୱୀପ ନୁହେଁ । ଭାଷା-ଭାଷା ମଧ୍ୟରେ ଏକ ସମୟରେ ସମତାଳିକ ଭୂମିରେ କେତେ ଆଦାନପ୍ରଦାନ ଚାଲିଛି ଯେମିତି ସୀମାନ୍ତ ଭାଷାକ୍ଷେତ୍ରରେ, ଯଥା ଉତ୍ତର ଓଡିଶାରେ ବଙ୍ଗଳା ଓ ଓଡିଆ ମଧ୍ୟରେ ଏବଂ ଦକ୍ଷିଣ ଓଡିଶାରେ ଓଡିଆ ଓ ତେଲଗୁ ମଧ୍ୟରେ । ଏହି ପ୍ରବଂଧରେ ଦେବୀ ଭାଇ ଲେଖୁଛନ୍ତି:

> ସୀମାନ୍ତ ଭୂମିରେ ଭାଷା ଭାଷା ମଧ୍ୟରେ ସଂପର୍କ ଉଦାହରଣମାନ ଆମେ ପାଇଥାଉ । ମହାରାଷ୍ଟ୍ର ଓ କର୍ଣ୍ଣାଟକର ସୀମାନ୍ତ ଅଞ୍ଚଳ କୁପ୍ୱାର (Kupwar)ରେ ଉର୍ଦ୍ଦୁ ଓ ମରାଠି ଯାହା ଭାରତୀୟ- ଆର୍ଯ୍ୟ ଭାଷା ପରିବାରର ଅନ୍ତର୍ଭୁକ୍ତ ଓ କନ୍ନଡ ଯାହା ଦ୍ରାବିଡ ଭାଷା ପରିବାରର ଅନ୍ତର୍ଭୁକ୍ତ ଏହା ଏକ ବ୍ୟାକରଣରେ ନିଜକୁ ନିଜକୁ ଅଭିବ୍ୟକ୍ତ କରିଥାଏ ।(୧୩)

ଭିନ୍ନତା, ସଂଯୋଗ ଓ ଐକ୍ୟ ରଚନା... ଏହା ଏକ ନିତ୍ୟନିୟତ ସୃଜନଶୀଳ ପ୍ରକ୍ରିୟା । ମାତ୍ର ଇତିହାସରେ କ୍ଷମତାଧୀଶ ମାନେ ଭାଷାକୁ ଆମର ସ୍ୱାଭାବିକ ଓ ଶିକ୍ଷା ପ୍ରସୂତ ହୃଦୟ ବିସ୍ତାରର ମାର୍ଗ ରୂପେ ବ୍ୟବହାର ନକରି କ୍ଷମତାର ଆୟୁଧ ରୂପେ ବ୍ୟବହାର କରିଛନ୍ତି । କ୍ଷମତାଧୀଶ ଓ ଏହାର ଅନେକ ଜମିଦାର ଓ ଦାସ ମାନେ ଭାଷାକୁ ଅସ୍ତ୍ର କରି ଆମର ସ୍ୱାଭାବିକ ବହୁବିଧତାକୁ ଓ ବହୁଭାଷା ଶିକ୍ଷାକୁ ହତ୍ୟା କରୁଛନ୍ତି । ଆମର ସାମ୍ପ୍ରତିକ ଓଡିଶାରେ ଉଭୟ ଓଡିଆ ଓ ଆଦିବାସୀ ଭାଷାମାନ କେତେ ଆହ୍ୱାନ ମଧ୍ୟ ଦେଇ ଯାଉଛନ୍ତି । ଓଡିଆ ଭାଷାକୁ ସରକାରୀ ଭାଷା କରାଗଲେ ମଧ୍ୟ ଏବେବି ଆମର କୋର୍ଟ କଚେରୀରେ ଓ ସରକାରୀ ଅଫିସରେ ଓଡିଆ ଭାଷାର ପ୍ରଚଳନ ନଗଣ୍ୟ । ଆମର ପ୍ରିୟ ମୁଖ୍ୟମନ୍ତ୍ରୀ ପଚିଶବର୍ଷରୁ ଅଧିକ ସମୟ ଓଡିଶାରେ ରହିବା

ପରେ ମଧ୍ୟ ଓଡିଆ ଭାଷାରେ କହୁନାହାନ୍ତି ଯଦିଓ ଶ୍ରଦ୍ଧା ଓ ହୃଦୟଥିଲେ ଯେକୌଣସି ଭାଷା ଶିଖିବାକୁ ଓ କହିବାକୁ ବରଷରୁ ଅଧିକ ସମୟ ଲାଗିବନାହିଁ । ଆମ ସମୟର ପ୍ରଖ୍ୟାତ ଚିନ୍ତାବିଦ୍ **Ivan Ilich** ଭାରତବର୍ଷକୁ ଆସିଲେ ଓ ସେ ହିନ୍ଦୀ ଶିଖିବା ପାଇଁ ମଇସୁର **(Mysore)**ସ୍ଥିତ **Central Institute of Indian Language** କୁ ଆସିଲେ । ଏହାର ପ୍ରତିଷ୍ଠା ନିର୍ଦ୍ଦେଶକ ଦେବୀଭାଇ ତାଙ୍କ ସହିତ ପ୍ରତ୍ୟେକଦିନ ପ୍ରାତଃଭୋଜନ କରୁଥିଲେ ଓ ସେମାନେ ସାଙ୍ଗ ହୋଇ ହିନ୍ଦୀ ଭାଷା ଶିକ୍ଷା କରୁଥିଲେ । ଦେବୀ ଭାଇ ମୋତେ କହୁଥିଲେ ଯେ ଏହି ପାରସ୍ପରିକ ମିଳନ ଓ ଶିକ୍ଷଣର ପ୍ରକ୍ରିୟାରେ ଆଇଭାନ୍ ଇଲିଚ୍ ଦେବୀଭାଇଙ୍କୁ ଆପଣାର ଗୁରୁଭାବେ ଅନୁଭବ କରିଥିଲେ ଯେମିତି ଦେବୀ ଭାଇଙ୍କ ସହିତ ବାଟ ଚାଲିଥିବା ଅନେକ ସହଯାତ୍ରୀ ମାନେ ଯଦିଓ ଦେବୀ ଭାଇ ନିଜକୁ ଗୁରୁ ରୂପେ ବିଚାର କରିନାହାନ୍ତି ଓ ନିଜକୁ ଜଣେ ମାତ୍ର ସୃହୃତ୍ ଓ ସହଯାତ୍ରୀ ରୂପେ ଅନୁଭବ କରିଛନ୍ତି ଓ କରୁଛନ୍ତି । ଭାଷା ଓ ଜୀବନର ଏହି ସହ-ସାଧନା ଓ ସହଯାତ୍ରାରେ କେହି ବଡ଼ ସାନ ନୁହଁନ୍ତି । ଦେବୀ ଭାଇ ଆପଣାର ଚିନ୍ତନ ଓ କର୍ମରେ ଓଡିଶାର ବହୁ ପ୍ରବଳ ସାମନ୍ତବାଦୀ ବ୍ୟବସ୍ଥାକୁ କେତେ ସହଜରେ ଭାଙ୍ଗିଦେଇଛନ୍ତି । ସମ୍ଭବତଃ ଏହା ତାଙ୍କର ସମାଜବାଦୀ ଆନ୍ଦୋଳନରେ ଯୋଗଦେବାର ଏକ ଆଶୀର୍ବାଦ । ଦେବୀ ଭାଇ ଆପଣାର ଚିନ୍ତନ ଓ କର୍ମରେ ଏକ ଦିବ୍ୟ ସୃହୃତ୍ ଭାବେ ଆପଣାର ହୃଦୟର ସହାସ ବଦନ ସହିତ ଆମ ସମସ୍ତଙ୍କ ସହିତ ଅନ୍ତରଂଗତାର ସମ୍ବନ୍ଧ ସ୍ଥାପନ କରିଛନ୍ତି ଓ ବାଟ ଚାଲୁଛନ୍ତି ।

-୪-

ଜୀବନର ଆମର ଏହି ଯାତ୍ରାରେ ଦେବୀ ଭାଇଙ୍କ ସହିତ ମୋର ପ୍ରଥମ ସାକ୍ଷାତ ମୋର ଯେତେଦୂର ମନେପଡୁଛି ଦିଲ୍ଲୀର ଭାଷା ସଂପର୍କୀୟ ଏକ ସେମିନାରରେ ୧୯୯୨ ମସିହାରେ । ଏହାପରେ ଦେବୀଭାଇଙ୍କଠାରୁ ଚିଠିଟିଏ ପାଇଲି **"To address you as Professor Giri would be too pedantic"**: ଅର୍ଥାତ୍ ତୁମକୁ ପ୍ରଫେସର ଗିରି ବୋଲି ସମ୍ବୋଧନ କରିବା ହୁଏତ ଅନେକ **pedantic** ହେବ । ଏହାପରେ ଆମେ ଅନେକ ଥର ଭେଟି ଓ ଭେଟୁଛୁ । ୨୦୧୪ ଜାନୁୟାରୀ ମସିହାରେ ଭୁବନେଶ୍ୱରର ଉତ୍କଳ ବିଶ୍ୱବିଦ୍ୟାଳୟ ଓଡିଆ ଗବେଷଣା ପରିଷଦର ବାର୍ଷିକ ଆଲୋଚନା ଚକ୍ର ଚାଲିଥାଏ । ଶେଷ ଅଧିବେଶନକୁ ମୁଁ ସଭାପତିତ୍ୱ କରୁଥାଏ ଓ ପ୍ରଫେସର ମନୋରଞ୍ଜନ ମହାନ୍ତି ମୋତେ ଦେବୀଭାଇଙ୍କୁ କହିବାକୁ ଅନୁରୋଧ କଲେ । ଦେବୀ ଭାଇଙ୍କର ସମ୍ଭାଷଣ ପରେ ଆମର କଥୋପକଥନ ବେଳେ ଦେବୀଭାଇ କହିଲେଯେ' ସେ ତହିଁପରଦିନ (ଜାନୁୟାରୀ ୧୪, ୨୦୧୪) ବାଲେଶ୍ୱରର

ଫକୀରମୋହନ ସାହିତ୍ୟ ସଂସଦକୁ ମୁଖ୍ୟ ଅତିଥି ରୂପେ ଯାଉଛନ୍ତି । ମୁଁ ତାଙ୍କ ସହିତ ଯିବାକୁ ଆଗ୍ରହ ପ୍ରକାଶ କଲି ଓ ଦେବୀଭାଇ କେତେ ଶ୍ରଦ୍ଧାର ସହିତ ମୁଁ ରହୁଥିବା ଅଗ୍ରଜ ଜଗଦାନନ୍ଦ ଭାଇଙ୍କ ଘରୁ ମୋତେ ସକାଳେ ନେଇଗଲେ । ବାଟରେ ଆମେ ଜୀବନର କଥା ପକାଇଲୁ । ଦେବୀଭାଇ ଆପଣାର ଜୀବନଯାତ୍ରାର ଅନେକ ପୃଷ୍ଠା ଓଲଟାଇ ମୋତେ ଆଦରର ସହିତ କହିଚାଲିଲେ । ଶାନ୍ତିନିକେତନରେ ଅଧ୍ୟାପନା ଓ କର୍ଣ୍ଣେଲରେ ଶିକ୍ଷା । କର୍ଣ୍ଣେଲ ବିଶ୍ୱବିଦ୍ୟାଳୟରେ ପଢୁଥିବାବେଳେ ସେ କିପରି ଅନ୍ୟ ବହୁ ବିଷୟରେ ଅଧ୍ୟୟନ କରୁଥିଲେ ଯଥା Philosophy of Science ... ବିଜ୍ଞାନର ଦାର୍ଶନିକ ଦିଗ । ଆପଣାର ପିଲାଦିନର କଥା ମନେପକାଇ ଦେବୀ ଭାଇ କହୁଥିଲେ ଯେ' କେମିତି ତାଙ୍କର ଗାଆଁରେ ଅନେକ ପିଲାମାନେ ଓ ଲୋକମାନେ ପରସ୍ପରସହିତ ଧରମ ସମ୍ବନ୍ଧରେ ସମ୍ବନ୍ଧିତ ହେଉଥିଲେ ଯଥା ଧରମ ଭାଇ ଓ ଧରମ ଭଉଣୀ । ଏମିତି ମିତ ବସାଇବାର ଓ ଧର୍ମର ସମ୍ବନ୍ଧ ସ୍ଥାପନ କରିବାର ଭାଷାକୁ ପାରମ୍ପରିକ ଓ ପ୍ରଚଳିତ ଭାଷା ଓ ନୃତତ୍ତ୍ୱଶାସ୍ତ୍ରରେ ବ୍ୟକ୍ତ କରିବାକୁ କୌଣସି ଭାଷାନାହିଁ । ଏମିତି ସମ୍ବନ୍ଧ ଓ ଭାଷାକୁ ଅନୁଭବ କରିବାକୁ ଆମକୁ ଅନୁଭବ, ସମ୍ବନ୍ଧ ଓ ଭାଷା ଓ ସଂସ୍କୃତି ଅଧ୍ୟୟନର କେତେ ଗଭୀରକୁ ଯିବାକୁ ହେବ ।

କଟକରୁ ବାଲେଶ୍ୱର ଗାଡି ଚାଲିଥାଏ ଓ ଆମର କଥାବାର୍ତ୍ତାର ଧାରା ମଧ୍ୟ ଗଡି ଚାଲିଥାଏ । ଏହି କଥୋପକଥନର ଧାରାରେ ଦେବୀଭାଇ କହିଲେଯେ' ସେ ଥରେ ଜଣେ ବଂଧୁଙ୍କ ସହିତ ରଥଯାତ୍ରାରେ ଶ୍ରୀଜଗନ୍ନାଥଙ୍କ ସହିତ ଯାତ୍ରା କରିବାକୁ ଯାଇଥିଲେ । ରଥଯାତ୍ରାର ଗୋଟିଏ କୋଣରେ ଛିଡା ହୋଇ ସେ ଶ୍ରୀଜଗନ୍ନାଥଙ୍କୁ ଅନାଉଥିବା ବେଳେ ସେ ଭଦ୍ରକାଳୀଙ୍କୁ ସଂଦର୍ଶନ କରିଥିଲେ । ଦେବୀଙ୍କର ପୂଜା ଆରାଧନା ଚାଲିଥିବାବେଳେ ଦେବୀ ଭାଇ ଜନ୍ମ ହୋଇଥିବାରୁ ସେ ଦେବୀ ପ୍ରସନ୍ନ ନାମରେ ଏହି ସଂସାରକୁ ଆସିଲେ । ଏହି ଦେବୀ ପ୍ରସନ୍ନ ଆପଣାର ସମର୍ପିତ ଜୀବନ ଓ ଅଧ୍ୟାତ୍ମ ସାଧନାରେ ଶ୍ରୀଜଗନ୍ନାଥଙ୍କ ମଧ୍ୟରେ ଓ ଶ୍ରୀଜଗନ୍ନାଥଙ୍କ ସହ ମା କାଳୀଙ୍କୁ ସଂଦର୍ଶନ କଲେ । ଏହି ଅନୁଭବ ଓ ସଂଦର୍ଶନ ହୁଏତ କେବଳ ଏକକାଳୀନ ନୁହେଁ । ଦେବୀ ଭାଇ ହୁଏତ ଜଗନ୍ନାଥଙ୍କ ମଧ୍ୟରେ ମା କାଳୀଙ୍କୁ ଅନେକ ଥର ଅନୁଭବ କରିଥିବେ ଓ ତାଙ୍କର ଏହି ଅନୁଭବ ସହିତ ଆମେ ମଧ୍ୟ ଶ୍ରୀଜଗନ୍ନାଥଙ୍କ ମଧ୍ୟରେ ଭଦ୍ରକାଳୀଙ୍କୁ ସଂଦର୍ଶନ କରିପାରିବା ।

ଆମର ଏହି କଥୋପକଥନରେ ବାଟ ସରିଆସୁଥାଏ । ଆମେ ବାଲେଶ୍ୱରରେ ପହଞ୍ଚିଲୁ ଓ ବାଲେଶ୍ୱରରେ ପହଞ୍ଚି ଆମେ ଶାନ୍ତିକାନନସ୍ଥିତ ଫକୀରମୋହନ ସାହିତ୍ୟ ସଂସଦକୁ ଆସିଲୁ । ଏହାର ପୂର୍ବରୁ ଓଡିଆ ଏକ classical language ରୂପେ

ସ୍ୱୀକୃତି ପାଇଥାଏ ଓ ଏଥିରେ ଦେବୀଭାଇ ଏକ ପ୍ରମୁଖ ଭୂମିକା ଗ୍ରହଣ କରିଥିଲେ । ଏଥିପାଇଁ ଦେବୀଭାଇଙ୍କୁ ଏକ ମହାରଥୀର ସମ୍ବର୍ଦ୍ଧନା । ସଭାପରେ ବ୍ରଜବାବୁ... ସ୍ୱର୍ଗତଃ ବ୍ରଜନାଥ ରଥ.. କେତେ ଶ୍ରଦ୍ଧାର ସହିତ ଆମକୁ ତାଙ୍କର ଘରକୁ ଓ ତାଙ୍କର ବିଶ୍ୱତାରା ଗ୍ରନ୍ଥାଗାରକୁ ଘେନିଗଲେ । ଦେବୀଭାଇଙ୍କ ଭଳି ବ୍ରଜବାବୁ ଭାଷା, ସାହିତ୍ୟ ଓ ଅନୁବାଦ କ୍ଷେତ୍ରରେ କେତେ ଗାର ଡେଇଁ ଯାଇଛନ୍ତି; ଅନ୍ତରଙ୍ଗତାର କେତେ ଗୋଲାପ ଫୁଟାଇଛନ୍ତି ।

ଦେବୀଭାଇଙ୍କ ସହିତ ସାକ୍ଷାତର ଆଉ ଏକ ସଂଧ୍ୟା ମନେପଡିଯାଉଛି । କିଛିବର୍ଷ ତଳେ ଭୁବନେଶ୍ୱରରେ ଏକ ସଂଧ୍ୟାରେ ଓଡିଆ କ୍ଲାସିକାଲ ଭାଷା ସ୍ୱୀକୃତ ପାଇବା ପରେ ଆଲୋଚନାଟିଏ ହେବାର ଥାଏ । ଏହି ସଭାରେ ଦେବୀଭାଇ ମୋତେ ଦେଖି ଆଶ୍ଚର୍ଯ୍ୟ ହୋଇଗଲେ । ସଭାରେ ଆଲୋଚନା କରିବାକୁ ଅନେକେ ଉପସ୍ଥିତ ଥିଲେ । ସଭାର ସଭାପତିଭାବେ ଆଲୋଚନା ଆରମ୍ଭ କରିବାକୁ ଯାଇ ଦେବୀଭାଇ କହିଲେ: "ଆମ ଗହଣରେ ସମାଜଶାସ୍ତ୍ରୀ ଅନନ୍ତ ଗିରି ଉପସ୍ଥିତ ଅଛନ୍ତି । ମୁଁ ତାଙ୍କୁ ଅନୁରୋଧ କରୁଛି କିଛି କହିବାକୁ ।" ମୁଁ ସଭାର ଶେଷଧାଡିରେ ବସିଥାଏ । ମୁଁ ଏହି ଆଲୋଚନାରେ ଭାଗନେଇ କହିଲି ଯେ ଆମ ଓଡିଶାରେ ଇଂରାଜୀ ମିଡିୟମ୍ ସ୍କୁଲ ବଢିବଢି ଯାଉଥିବାବେଳେ ଏବେବି ପ୍ରାୟ ଶତକଡା ଅଶୀଭାଗ ପିଲାମାନେ ଓଡିଆ ମିଡିୟମ୍‌ରେ ପଢୁଛନ୍ତି । ଆମେ ଏହି ପିଲାମାନଙ୍କ ଅଭିବୃଦ୍ଧି ପାଇଁ କଣ କରୁଛେ ? ଭାଷା ଆମ ସମସ୍ତଙ୍କ ଜୀବନଭୂମି ଓ ଆକାଶକୁ ଛୁଇଁବାର ଧାରା । ଆମ ଓଡିଶାରେ ଓଡିଆ ଭାଷା, ସହିତ ଆହୁରି ଅନେକ ଭାଷା - ଅନେକ ଆଦିବାସୀ ଭାଷା, ବଙ୍ଗଳା, ତେଲୁଗୁ, ଉର୍ଦ୍ଦୁ ଓ ଆରବିକ୍ । ଗଭୀର ଦାର୍ଶନିକ ଗିଲ୍‌ସ ଡେଲଉଜ୍ କହିଛନ୍ତି: ଆମେ ନିଜ ଭାଷାରେ ଲେଖିବାବେଳେ ଆମେ ଯେମିତି ଅନ୍ୟ ଏକ ବିଦେଶୀ ଭାଷାରୁ ଆସିଛୁ ଏମିତି ଲେଖିବା ଆବଶ୍ୟକ । ଏହାଫଳରେ ଆମେ ନିଜ ଭାଷାର ବନ୍ଧନୀରୁ ମୁକ୍ତ ହୋଇ ଆମର ଜନ୍ମଭାଷା ଓ ଆଉ ଏକ ଓ ଅନେକ ଚାରଣ କରିଥିବା ନିଜ ଭାଷାରେ ନୂଆକିଛି ସୃଷ୍ଟି କରିପାରିବା । ଏହି ଦୃଷ୍ଟିରୁ ଆମେ ଓଡିଶା ଭାଷା ଓ ସାହିତ୍ୟରେ କେତେ ବାଟ ଯାଇଛୁ ? ଆମେ ଖୁସିଯେ ଆମର ଓଡିଆ ଭଷା ଶାସ୍ତ୍ରୀୟ ମାନ୍ୟତା ପାଇଗଲା । ମାତ୍ର ଆମର ଶାସ୍ତ୍ରୀୟ ଭାଷାକୁ କେବଳ ଶାସ୍ତ୍ରୀୟତା ମଧ୍ୟରେ ବାନ୍ଧିରଖିଲେ ହେବକି ? ଆମର ଶାସ୍ତ୍ରୀୟ ଓଡିଆ ଭାଷା ସଂସ୍କୃତି ଓ ଇତିହାସର ବିବର୍ତ୍ତନ ଧାରାରେ ଅନେକ ଭାଷା ସହ ବାଟଚାଲିଛି: ପରସ୍ପରଠାରୁ ଶିଖିଛି । ଏବେ ଏହି ଧାରାରେ ଆମେ କ'ଣ କରୁଛୁ ? ଆମ ଓଡିଶାରେ ଅନେକ ମୁସଲମାନ ଭାଇ-ଭଉଣୀ ଅଛନ୍ତି । ସେମାନଙ୍କ ମଧ୍ୟରୁ କେତେଜଣ ଓଡିଆ ସାହିତ୍ୟ ଲେଖୁଛନ୍ତି ଓ ଓଡିଆ ଭାଷାରେ

ଲେଖାଲେଖି କରନ୍ତି । ଇଂରାଜୀ ଏକ ଭାଷା ଯାହା ପୃଥିବୀର ଅନେକ ଦେଶରେ ପ୍ରଚଳିତ । ମାତ୍ର ଇଂରାଜୀ ଏକ ମାତ୍ର ବିଶ୍ୱବ୍ୟାପୀ ଭାଷା ନୁହେଁ । ଏହା ସହିତ ନିଜ ନିଜ ସ୍ତରରେ ସ୍ପାନିଶ, ଜର୍ମାନ, ଋଷୀୟ ଓ ଚାଇନିଜ୍ । ସାମ୍ପ୍ରତିକ ଓଡିଶାରେ ଏହି ଭାଷାମାନଙ୍କ ସହିତ ବାଟଚାଲି ଆମ ଭିତରୁ କେତେଜଣ ଆମର ଶାସ୍ତ୍ରୀୟ ଓଡିଆକୁ ସାମ୍ପ୍ରତିକ ଓ ବିଶ୍ୱମୟ କରିବାକୁ ପ୍ରସ୍ତୁତ ?

ଦେବୀ ଭାଇଙ୍କ ସହିତ ସାଙ୍ଗହୋଇ କିଛି ମୁହୂର୍ତ୍ତ ବିତାଇବାର ଅନ୍ୟଏକ ସଂଧ୍ୟାଟିଏ ମନେପଡିଯାଉଛି । ୨୦୧୩ ମସିହାର ସେପ୍ଟେମ୍ବର ମାସର ଏକ ବିଦ୍‌ଗଧ ଅପରାହ୍ନ । ଆମ ଉଭୟଙ୍କର ସତୀର୍ଥ ଓ ସହଯାତ୍ରୀ ଚିତ୍ତଭାଇଙ୍କ ଜୀବନୀ ଓ ରଚନା ଉପରେ ମୁଁ **A New Morning with Chittaranjan: Adventures in Realizatiions and World Transformations** ନାମକ ପୁସ୍ତକଟିଏ ସଂପାଦନା କରିଥାଏ ଓ ଏହାର ଲୋକାର୍ପଣ ପ୍ରକାଶକ ଶିକ୍ଷା ସଂଧାନ ଓ ଅନିଲ ଭାଇଙ୍କ ଦ୍ୱାରା ଭୁବନେଶ୍ୱରର ଲୋହିଆ ଭବନରେ ହେଉଥାଏ ।(୧୪) ଏହାର ଲୋକାର୍ପଣ ଡ. ସରସ୍ୱତୀ ସ୍ୱାଇଁଙ୍କ ଦ୍ୱାରା ହେଉଥାଏ ଓ ଏହାର ସଭାପତିତ୍ୱ ଦେବୀଭାଇ କରୁଥାନ୍ତି । ପୁସ୍ତକ ସଂପର୍କରେ ଆଲୋଚନା କରିବାକୁ ବଂଧୁ ଶୈଳଜ ରବି, ସୁପ୍ରିୟା ମଲ୍ଲିକ, ଡ. ମଦନ ମୋହନ ପ୍ରଧାନ ଯୋଗ ଦେଇଥାନ୍ତି ଓ ସେମାନଙ୍କର ଆଲୋଚନା ପରେ ସଭାପତି ରୂପେ ଦେବୀ ଭାଇ ସଭାକୁ ସାଙ୍ଗ କରିବାକୁ ଯାଉଥିଲେ । ମୁଁ କହିଲି : ନାହିଁ ଏହି ଆଲୋଚନା ପରେ ସଭାରେ ଉପସ୍ଥିତ ଶ୍ରୋତୃ ମଣ୍ଡଳୀ ମଧ୍ୟ ଆଲୋଚନାରେ ପ୍ରଶ୍ନ ପଚାରନ୍ତୁ, ଭାଗ ନିଅନ୍ତୁ । ଆମ ଓଡିଶାର ଏହା ପରମ ସୌଭାଗ୍ୟ ବା ଦୁର୍ଭାଗ୍ୟଯେ' ଏଠାରେ ସଭାଗୃହରେ କେବଳ ବକ୍ତାମାନେ କହିକହି ଯାଉଥାନ୍ତି ଓ ସଭାର କାର୍ଯ୍ୟକ୍ରମରେ ଶ୍ରୋତାମାନଙ୍କ ପାଇଁ କ୍ଷଣଟିଏ ସମୟଟିଏ ନଥାଏ । ମାତ୍ର ମୁଁ ଯେଉଁଠାରେ ଉପସ୍ଥିତ ଥାଏ ମୁଁ ଶ୍ରୋତାମାନଙ୍କ ପାଇଁ ସମୟ ପାଇଁ ଅଡି ଧରିବସେ । ଦେବୀଭାଇ ସେଦିନ ଶ୍ରୋତାମାନଙ୍କ ପାଇଁ ସମୟଦେଲେ ।

ମୁଁ ଯେବେବି ଓଡିଶା ଆସେ, ପ୍ରାୟ ପ୍ରତ୍ୟେକ ଥର ଦେବୀ ଭାଇଙ୍କ ସହିତ ସାକ୍ଷାତ ହୁଏ । ଥରେ ଗୋଟିଏ ଦିନରେ ଦୁଇଜାଗାରେ ଆମର ସହ-ଉପସ୍ଥିତି । ୨୦୧୮ ସେପ୍ଟେମ୍ବର ମାସରେ ରେଭେନ୍‌ସାର ଇତିହାସ ବିଭାଗରେ ବଂଧୁ ଓ ଅଗ୍ରଜ ଚଣ୍ଡୀପ୍ରସାଦ ନନ୍ଦଙ୍କର ଆଗ୍ରହରେ ମୁଁ "ଚେର ଓ ପଥ" ନାମକ ଏକ ପ୍ରବଂଧ ଉପସ୍ଥାପନା କରୁଥାଏ । ଏହାର ସଭାପତିତ୍ୱ ଭାଷଣ ଦେବାକୁ ଆରମ୍ଭ କରି ଦେବୀଭାଇ କହିଲେ: "ମୁଁ ଅନନ୍ତ ଗିରିଙ୍କୁ ଅନେକ ଦିନୁ ଜାଣେ ଓ ସେ ଜଣେ ଭିନ୍ନ ପ୍ରକାର ସମାଜଶାସ୍ତ୍ରୀ ।" ଏହାପରେ ଆମେ ସାଙ୍ଗହୋଇ ଭୁବନେଶ୍ୱରସ୍ଥିତ ନବକୃଷ୍ଣ ଚୌଧୁରୀ ବିକାଶ ଅଧ୍ୟୟନ କେନ୍ଦ୍ରକୁ

ଆସିଲୁଁ, ଯେଉଁଠାରେ ମୋର ପ୍ରକାଶିତ ପୁସ୍ତକ ଶ୍ରୀଜଗନ୍ନାଥଙ୍କ ସହ: କ୍ଷତ, କ୍ଷୟ ଓ କ୍ଷେତ୍ର ସମ୍ପର୍କରେ ଆଲୋଚନା ହେବାର ଥାଏ । ଏହି ସଭାରେ ଯୋଗଦେଇ ଦେବୀଭାଇ ତାଙ୍କର ଜୀବନ ସାଧନାର ମୂଳ ନିର୍ଯ୍ୟାସ ବହୁ-ଭାଷିକ ଓ ବହୁ-ସାଂସ୍କୃତିକ ଜୀବନଧାରା ବିଷୟରେ କହିଲେ । ଏହି ବହୁ-ଭାଷିକ ଜୀବନଧାରାରେ ମୁଁ ଓ ତୁମେ ଅଲଗା ଅଲଗା ନୁହଁନ୍ତି । ମୁଁ ଓ ତୁମେ ଉଭୟେ ସାଙ୍ଗହୋଇ ବାଟ ଚାଲୁଛୁଁ ଓ ଜୀବନର ଭାଷା, ସାହିତ୍ୟ ଓ ସଂସ୍କୃତି ମାର୍ଗରେ ବାଟଚାଲୁଛୁଁ ।

ଗଲାବର୍ଷ ଜୁନ୍ ମାସରେ ମୁଁ ପ୍ରାୟ ମାସଟିଏ ହିମାଳୟରେ ବୁଲୁଥାଏ - ପରିଚିତ ଚାରିଧାମ ଯମୁନେତ୍ରି, ଗଙ୍ଗୋତ୍ରି, କେଦାରନାଥ ଓ ବଦ୍ରିନାଥ । ଗଂଗୋତ୍ରି ପାଖରୁ ଗୋଟିଏ ଶୀଳାଖଣ୍ଡଟିଏ ମୁଁ ସାଙ୍ଗରେ ଆଣିଥାଏ ଓ ଦେବୀଭାଇଙ୍କ ସହିତ ସାକ୍ଷାତବେଳେ ମୁଁ ତାଙ୍କର ବିଶ୍ୱମୟ ହସ୍ତରେ ମୁଁ ଏହାକୁ ଅର୍ପଣ କରିଥିଲି । ଆମର ସହଯାତ୍ରାର ଗୋଟିଏ ରାତିରେ ଆମେ ସାଙ୍ଗହୋଇ କଟକରୁ ଭୁବନେଶ୍ୱର ଫେରୁଥିବାବେଳେ ଦେବୀଭାଇ କେତେ ଶ୍ରଦ୍ଧାର ସହିତ କହୁଥିଲେ: "ହଁ ମୁଁ ମୋର ଜଣେ ବଂଧୁଙ୍କୁ କହୁଥିଲି; ତୁମେ ଯେତେ ଜାଗା ବୁଲୁଛ ଏମିତି ବହୁତ କମ୍ ଲୋକ ଅଛନ୍ତି । ମୁଁ ତୁମକୁ ଭେଟିବାକୁ ଚାହେଁ କାରଣ ପ୍ରତ୍ୟେକ ମିଳନରେ ମୋତେ ନୂଆ କିଛି ଶିଖିବାକୁ ମିଳେ ।"

ଆମର ପାରସ୍ପରିକ ଓ ବୃହତ୍ତର ସହ ମିଳନରେ ମୁଁ କେତେଦୂର ଦେବୀ ଭାଇଙ୍କ ପାଇଁ ଓ ହୁଏତ ସଂପୃକ୍ତ ଅନ୍ୟ କେତେକଙ୍କ ପାଇଁ ଶିକ୍ଷଣର ନମ୍ର ଉତ୍ସ ହୋଇ ପାରିଛି ତାହା ମୁଁ ଜାଣେନା ମାତ୍ର ଯେଉଁ ଜୀବନଯାତ୍ରୀ ଜଣକ ଆପଣାର ନବେବର୍ଷରେ କିଛି ଶିଖିବା ପାଇଁ ମିଳିତ ହେବାକୁ ସଦା ବ୍ୟାକୁଳ; ସେହି ବ୍ୟାକୁଳ ଆତ୍ମା ଓ ଶ୍ରଦ୍ଧା ଓ ଶିକ୍ଷଣର ଯାତ୍ରୀଙ୍କୁ ମୁଁ ମୋର ଅନ୍ତରରୁ କୋଟି କୋଟି ପ୍ରଣାମ ଜଣାଉଛି । ମୁଁ ପ୍ରକୃତି, ଦିବ୍ୟ ଓ ଏହି ସଂସାରର ବଂଧୁ ମାନଙ୍କୁ ପ୍ରାର୍ଥନା କରୁଛି ଏହି ବ୍ୟାକୁଳତା.... ଏହି ମିଳନ, ସହଯାତ୍ରା ଓ ସହ-ଶିକ୍ଷଣର ବ୍ୟାକୁଳତା ଆମ ମଧ୍ୟରେ ନିଶବ୍ଦରେ ଓ କଳକଳ ହୋଇ ବହି ଚାଲିଥାଉ । ଆମର ଏହି ଭାଷା ଋଷି ଓ ଜୀବନ ଋଷିଙ୍କ ସହିତ ଆମେ ଆମର ଭାଷା, ଜୀବନ ଓ ସର୍ଜନାରେ ଏହି ବ୍ୟାକୁଳତା ଓ ନବଜାଗରଣର ଗଂଗାକୁ ଆମର ଜୀବନର ଅନେକ ମରୁଭୂମିରେ ବୁହାଇଦେଉ । ଆମର ଏହି ଭାଷା ଋଷି ଓ ଜୀବନଋଷି ନବେବର୍ଷରୁ ଶତାୟୁ ହୁଅନ୍ତୁ ଓ ଶତାୟୁର ଆହୁରି ଅଧିକ ବାଟଚାଲନ୍ତୁ । ପ୍ରକୃତି, ଶ୍ରୀଜଗନ୍ନାଥ, ଭଦ୍ରକାଳୀ, ଦିବ୍ୟ ଜନନୀ ଓ ଆମେ ସମସ୍ତେ ଏହି ଭାଷା ଋଷି ଓ ଜୀବନ ଋଷିଙ୍କୁ ସୁସ୍ଥ ଓ ସୃଜନଶୀଳ ରଖୁ । ଆମର ଏହି ଭାଷା ଋଷି ଓ ଜୀବନ ସାଧକଙ୍କ ସହିତ ଆମେ ନିମ୍ନ କବିତାଟି ଗାଇ ଗାଇ ଭାଷା, ଜୀବନ ଓ ଚେତନାର ବିବର୍ତ୍ତନର ଯାତ୍ରାରେ ଆଗକୁ ଯାଉ ।

ହେ ବଂଧୁ !
କହିଲ ତୁମେ
ଆମର ଏକ ନୂଆ ଭାଷା ଲୋଡ଼ା
ଶବ୍ଦର ସାଧନା ଆଉ ଜୀବନ ତପସ୍ୟା
ଏହି ଭାଷା ବିଜୟର ନୁହେଁ
ଅବା ଆତ୍ମ ପ୍ରଚାରର
ଏହା ମଧ୍ୟ ନୁହେଁ ପ୍ରଳୟର
ଏହି ଭାଷା ସାଙ୍ଗହୋଇ
ବାଟ ଚାଲିବାର
ସ୍ୱପ୍ନ, ସାଧନା ଆଉ ସଂଗ୍ରାମର
ଆମର ସ୍ନେହର ସହବାସେ
ଶବ୍ଦମାନ ମନ୍ତ୍ର ହୁଏ
ଏକ ନୂଆ ଜୀବନର
ନୂଆ ଦାୟିତ୍ୱର
ପରସ୍ପର ଆଖିରୁ ଲୁହପୋଛି
ପୁଣି କୋଳାଇ ନେବାର
ଆଲିଙ୍ଗନରୁ ଶକ୍ତି ଲଭିବାର
ସାଙ୍ଗହୋଇ ବାଟ ଚାଲି
ଆମେ ରଚୁ ନୂଆ କେତେ ପଥ
ସମାଜ, ଜୀବନ
ଭାଷା ହୁଏ ଆମ ପଥଚାରଣାର
କୋଳରୁ ଆମ ମନ୍ତ୍ରର ତାରକା ।

●

ଗ୍ରନ୍ଥ ଟିପ୍‌ପଣୀ

୧. ଦେବୀ ପ୍ରସନ୍ନ ପଟ୍ଟନାୟକ, *ଓଡ଼ିଆ ଭାଷା ଓ ଭାଷା-ବିଜ୍ଞାନ*, କଟକ: ଗ୍ରନ୍ଥ ମନ୍ଦିର, ୧୯୮୫, ପୃ.୩ ।

୨. ତତ୍ରୈବ, ପୃ.୨-୩ ।

୩. R. Sundara Rajan, *Beyond the Crises of European Sciences: New Beginning*, Shimla: Indian Institute of

Advanced Study, 1998.

୪. Ludwig Wittgenstein, *Philosophical Investigations*. London: Pearson, 1973, 3rd Edition.

୫. Debi Prasanna Pattanayak, "Monolingual Myopia and the Petals of the Indian Lotus: Do Many Languages Divide or Unite a Nation?" in *Language and Cultural Diversity: The Writings of Debi Prasanna Pattanayak*. Vol 1. Hyderabad: Orient Blackswan, 2014, pp. 807-815.

୬. ତତ୍ରୈବ ।

୭. Boaventura de Sousa Santos, *Epistemologies of the South: Justice Against Epistemicide*. Boulder, CO: Paradigm Publicatons, 2014.

୮. ଅନନ୍ତ କୁମାର ଗିରି, "ଚେର ଓ ପଥ", ଏହା ଲେଖକଙ୍କର ପ୍ରକାଶୋନ୍ମୁଖୀ *ବହୁଧାର ବର୍ଣ୍ଣବିଭ ।* ପ୍ରବଂଧ ସଂକଳନରେ ସନ୍ନିବିଷ୍ଟ ।

୯. Andre Beteille, *Sunlight on the Garden*. Delhi: Penguin, 2012.

୧୦. ଚିତ୍ତରଂଜନ ଦାସ, "ଭାଷା ହୃଦୟ ବିସ୍ତାରର ମାଧ୍ୟମ", *ଶିଳା ଓ ଶାଳଗ୍ରାମ*, ଭୁବନେଶ୍ୱର: ପଥିକ ପ୍ରକାଶନୀ ।

୧୧. Debi Prasanna Pattanayak, "The One, The Two and the Many," *Language and Cultural Diversity: The Writings of Debi Prasanna Pattanayak*. Vol 1. Hyderabad: Orient Blackswan, 2014, pp.801-806

୧୨. ତ୍ରତୈବ ।

୧୩. ଅନନ୍ତ କୁମାର ଗିରି, *A New Morning with Chitta Ranjan: Adventures in Co-Realizations and World Transformations*. ଭୁବନେଶ୍ୱର, ଶିକ୍ଷାସନ୍ଧାନ, ୨୦୧୩ ।

୧୪. "*ବଂଧୁ: ଏକ ନୂଆ ଭାଷା*" ଏହା ଲେଖକଙ୍କର କବିତା ସଂକଳନ ଶିଖର ଓ ବୁଦ୍ଧପାଦରେ ସନ୍ନିବିଷ୍ଟ ଏକ କବିତା ଯାହା ବିଦ୍ୟା ପବ୍ଲିଶିଙ୍ଗ୍ ହାଉସ୍‌ରୁ ୨୦୦୨ରେ ପ୍ରକାଶିତ

ବିନମ୍ର ପ୍ରଜ୍ଞାସାଧକ ମନୋଜ ଦାସଙ୍କ ସହ

ଆପଣାର ଇହ ଶରୀର ଛାଡି ଏକ ନୂତନ ପଥରେ ଯାତ୍ରୀ ହେବାର କିଛିପୂର୍ବରୁ ପ୍ରକାଶିତ ଆପଣାର କାଳଜୟୀ ଓ ଗଭୀର ଆଧ୍ୟାତ୍ମିକ ସୃଷ୍ଟି Sri Aurobindo : Life and Times of the Mahayogi ରେ ଆମର ପ୍ରିୟ ଓ ଚିରନ୍ତନ ଜୀବନ ଓ ସାହିତ୍ୟ ସାଧକ ଶ୍ରୀଯୁକ୍ତ ମନୋଜ ଦାସ ଶ୍ରୀ ଅରବିନ୍ଦଙ୍କ ଜୀବନରେ ମୂଳରୁ ତାଙ୍କ ଭିତରେ ଥିବା "humility and profound wisdom"... ନମ୍ରତା ଓ ଗଭୀର ଶ୍ରଦ୍ଧା ବିଷୟରେ ଆମକୁ କହିଛନ୍ତି । ବିନମ୍ରତା ଓ ଗଭୀର ପ୍ରଜ୍ଞା ମନୋଜ ବାବୁଙ୍କର ଜୀବନ ଓ ସାଧନାର ଭୂମି ଓ ଆକାଶ । ଆମେ ଯେଉଁମାନେ ମନୋଜବାବୁଙ୍କ ସହିତ କ୍ଷଣଟିଏ ପାଇଁ ବି ଭେଟିଥିବା ଆମେ ତାଙ୍କର ସହଜ, ଅନ୍ତରଂଗ ଓ ହୃଦୟସ୍ପର୍ଶୀ ସ୍ନେହ, ଶ୍ରଦ୍ଧା ଓ ବିନମ୍ରତାର ସ୍ପର୍ଶ ଅନୁଭବ କରିଥିବା । ଆମେ ଯେଉଁମାନେ ତାଙ୍କୁ ବ୍ୟକ୍ତିଗତ ଭାବେ ଭେଟିନଥିବା, ଆମେ ତାଙ୍କର ରଚନା ଓ ବ୍ୟାଖ୍ୟାନରେ ଏହାକୁ ଅନୁଭବ କରୁଥାଉଁ । ବିନୟ ସହିତ ପ୍ରଜ୍ଞା ଗତି କରୁଥାଏ । ଫଳଭରା ବୃକ୍ଷ ନଇଁଯାଏ, ପ୍ରଜ୍ଞାସାଧକ ସେମିତି ନଇଁଯାଇହିଁ ପ୍ରଜ୍ଞାକୁ ଆପଣାର ଜୀବନ, ସାଧନା ଓ ଏହି ବିପୁଳାଶ୍ଚ ପୃଥ୍ୱୀରେ ରୋପଣ ଓ କର୍ଷଣ କରୁଥାଏ ଓ ଏହାକୁ ଅନେକ ଶ୍ରଦ୍ଧା ଓ ବ୍ୟକ୍ତିଗତ ଲାଭକ୍ଷତିର ଉର୍ଦ୍ଧ୍ୱରେ ଆତ୍ମମଂଗଳ ଓ ଜଗତ ମଂଗଳ ପାଇଁ ଫଳାଉଥାଏ ।

ଶ୍ରୀମତ୍‌ଭାଗବତଗୀତାରେ ଲେଖାଯାଇଛି ଶ୍ରଦ୍ଧାବାନ ଲଭତେ ଜ୍ଞାନମ୍ ତତପରଃ ସଂଯତେନ୍ଦ୍ରିୟଃ, ଜ୍ଞାନଲବ୍ଧ୍ୱା ପରାଶାନ୍ତି ଅଚିୟଣାଃ ଅଧିଗଛନ୍ତି । ଅର୍ଥାତ୍ ଶ୍ରଦ୍ଧାବାନ ଜ୍ଞାନ ଲାଭ କରେ, ତାପରେ ସଂଯତେନ୍ଦ୍ରିୟଃ । ଜ୍ଞାନଲାଭ କରି ଜଣେ ପରମଶାନ୍ତି ଲାଭ କରେ । ମନୋଜବାବୁ ସେମିତି ଶ୍ରଦ୍ଧାଲୁ ପଥ ଓ ପାଥେୟ କରି ଜ୍ଞାନ ଲାଭ କରିଛନ୍ତି । ନାନା ପ୍ରଲୋଭନ ଓ ଇନ୍ଦ୍ରିୟ ସୁଖର ମୋହକୁ ଜୀବନ ଓ ଦିବ୍ୟ ମମତା ଦ୍ୱାରା ଅତିକ୍ରମ କରି ସେ ଜ୍ଞାନର ସାଧନା କରିଛନ୍ତି । ଏହିସବୁ ସେ କରିଛନ୍ତି କେବଳ ପରମଶାନ୍ତି ପାଇଁ ନୁହେଁ; ଆମର ଜୀବନରେ ଦିବ୍ୟ ସୃଜନଶୀଳତାର ପରିପ୍ରକାଶ

ପାଇଁ । ଆପଣାର ଅଜଣାର ଅନ୍ୱେଷଣ ପୁସ୍ତକରେ ବୁଦ୍ଧଙ୍କ ସହିତ ଧ୍ୟାନ ଓ ବିହାର କରି ମନୋଜବାବୁ ଆମକୁ କହିଛନ୍ତି: "ଅଜ୍ଞାନତାହିଁ ଦୁଃଖର କାରଣ: ଜୀବନ ନୁହେଁ । ଜୀବନ ଯଦି ଅଜ୍ଞାନତା ମୁକ୍ତ ହୋଇପାରିବ, ତେଣୁ ତାହା ହେବ ଏକ ଦିବ୍ୟ ଅଭିଜ୍ଞତା ।" ଶ୍ରଦ୍ଧା, ବିନମ୍ରତା ଓ ଇନ୍ଦ୍ରିୟ ଅତିକ୍ରମଣ ସହ ଜ୍ଞାନ ସାଧନା କରିଥିବା ମନୋଜବାବୁ ଆମକୁ ନିଜେ ନମ୍ର, ଶ୍ରଦ୍ଧାମୟ ଓ ଇନ୍ଦ୍ରିୟ-ଅତିକ୍ରମକାରୀ ହୋଇ ଅଜ୍ଞାନତାରୁ ମୁକ୍ତ ହେବା ପାଇଁ ଆହ୍ୱାନ ଓ ଆମନ୍ତ୍ରଣ ଜଣାଉଛନ୍ତି । ଜୀବନ, ଜ୍ଞାନ ଓ ମୁକ୍ତି ସଂପର୍କରେ ସେହି ଅଜଣାର ଅନ୍ୱେଷଣ ପୁସ୍ତକରେ ମନୋଜ ବାବୁ ଲେଖିଛନ୍ତି:

ମହାବୀର ଜୀନ ଏବଂ ବୁଦ୍ଧ... ଏମାନେ ମହାନ ଜ୍ଞାନଦାତା । କିନ୍ତୁ ସେମାନଙ୍କ ତତ୍ତ୍ୱ ଗୋଟାଏ ମୌଳିକ ପ୍ରଶ୍ନର ସମାଧାନ ଦେଉନାହିଁ । ଯଦି ଏ ସୃଷ୍ଟି, ଏ ମିଥ୍ୟା ଲୀଳା ଖେଳା, ଏ ଜୀବନ-ରୂପକ ପ୍ରହେଳିକାରୁ ପଳାୟନହିଁ ଏକମାତ୍ର ଆଧାତ୍ମିକ ସତ୍ୟ, ତେବେ ଏ ଜୀବନ-ଲୀଳାର ଅବତାରଣା ହେଲା କାହିଁକି ? ଜୀବନର ଯାବତୀୟ ବ୍ୟାପାର ମିଥ୍ୟା ବା ମାୟା ବୋଲି ଘୋଷିତ ହେବାର ହଜାର ହଜାର ବର୍ଷପରେ ମଧ୍ୟ ଜୀବନର ଏ ଉଦ୍ଦାମ ଅଭିଯାନ ଚାଲୁ ରହିଛି କେମିତି ? ଏମିତି ହୋଇପାରେନା କି ଏ ଉଦ୍ଦାମତା ଏକ ଭ୍ରଷ୍ଟାଚାର ଠିକ୍.... କିନ୍ତୁ କୌଣସି ନା କୌଣସି ସତ୍ୟରହିଁ ଏହା ଭ୍ରଷ୍ଟରୂପ ? ଏମିତି ହୋଇପାରେନା କି ଏ କାମନା ବାସନାର ଦଂଶନ ବିଷାକ୍ତ, କିନ୍ତୁ କାମନା ବାସନା ହୁଏତ କୌଣସି ଅବଚେତନ ଆସ୍ପୃହାର ବିକୃତି ? ଏମିତି ହୋଇପାରେନା କି ଆମର ଯାବତୀୟ ଆବେଗ ପ୍ରବେଗ, ଆଶା ନିରାଶା, ସେସବୁର ବ୍ୟର୍ଥତା ଯୋଗୁଁ ଦିନେ ନା ଦିନେ ଆମକୁ କୌଣସି ଯଥାର୍ଥ ସତ୍ୟର ସନ୍ଧାନ ଦିଗରେ ଅନୁପ୍ରାଣିତ କରିବେ... ଯେଉଁ ସତ୍ୟ ଜୀବନ ବିରୋଧୀ ନୁହେଁ, ଜୀବନର ଦିବ୍ୟ ପରିଣତି ଉପରେ ଆସ୍ଥାଶୀଳ ?

ମନୋଜ ବାବୁଙ୍କର ଜୀବନ, ସାହିତ୍ୟ ଓ ସାଧନା ଆମକୁ ଜୀବନର ବହୁବିଧ ଭୂମି ଓ ଆକାଶର ସ୍ପର୍ଶ ଦେଇଥାଏ; କାମନା, ବାସନା ସହିତ ଏହାର ଉତ୍ତରଣ କରି ଜୀବନ ଓ ସଂସାରର ସତ୍ୟକୁ ଆମର ଆଖି ଓ ଆତ୍ମାରେ ଅନୁଭବ କରିବାର ସୁଯୋଗ ଓ ସୌଭାଗ୍ୟ ପ୍ରଦାନ କରିଥାଏ । ଆରଣ୍ୟକ, ବୁଲଡୋର୍ଜସ ଓ ଆକାଶର ଇସାରା ଭଳି ଗପ ଓ ଉପନ୍ୟାସରେ ଆମେ ଜୀବନର କାମନା ବାସନା ମଧ୍ୟଦେଇ ଜୀବନର କାମନା ବାସନାର ଉତ୍ତରଣ କରୁଥାଉ । ଏହିସବୁ ସହିତ ତାଙ୍କର ପ୍ରଥମ ପ୍ରକାଶିତ ଗପ ସମୁଦ୍ରର କ୍ଷୁଧାରୁ ପରେ ଶେଷ ରଚନା ଶ୍ରୀଅରବିନ୍ଦଙ୍କ ଜୀବନୀ ଓ ଶ୍ରୀଅରବିନ୍ଦଙ୍କ ସାବିତ୍ରୀର ପଦ୍ୟାନୁବାଦ ଓ ପଦ୍ୟ ସୃଜନ ମଧ୍ୟରେ ଆମ ଜୀବନରେ ଅଜ୍ଞାନରୁ ମୁକ୍ତ ହୋଇ ସତ୍ୟର ସନ୍ଧାନ ପାଇଁ ଅନେକ ଦୃଷ୍ଟି, ଦିଗନ୍ତ ଓ ପଥ ପାଇଥାଉ । ମନୋଜ ବାବୁଙ୍କର

ପ୍ରଭଞ୍ଜନ ଓ ଅମୃତଫଳ ଉପନ୍ୟାସ, କବିତା ସଂକଳନ... କବିତା ଉଲଲ ଏବଂ ତୁମ ଗାଁ ଓ ଅନ୍ୟାନ୍ୟ କବିତା, ପ୍ରବଂଧ ସଂକଳନ... କେତେ ଦିଗନ୍ତ, ବିପୁଳାଷ୍ଟ ପୃଥ୍ୱୀ, ଭାରତୀୟ ଐତିହ୍ୟ: ଶତେିକ ପ୍ରଶ୍ନର ଉତ୍ତର, ଭ୍ରମଣ କାହାଣୀ, ଅନ୍ତରଂଗ ଭାରତ ଓ ଅଜଣାର ଅନ୍ୱେଷଣ ଆମକୁ ଏହି ମୁକ୍ତି ଓ ସତ୍ୟ ସଂଧାନ ପଥରେ ସାହାଯ୍ୟ କରିଥାଏ । ଏହାସହିତ ତାଙ୍କର ଗବେଷଣା ପୁସ୍ତକ ଯେମିତି ୨୦୧୦ରେ ତାଙ୍କ ଦ୍ୱାରା ସମ୍ପାଦିତ **Streams of Yogic and Mystic Experiences** । ଏଥିରେ ଆପଣାର ସମ୍ପାଦକୀୟ ଉପକ୍ରମଣିକାରେ ମନୋଜ ବାବୁ ଲେଖିଛନ୍ତି ଯେ, ଆମେ ଆତ୍ମାରେ ବିଶ୍ୱାସ କରୁ ଯେମିତି ବେଦାନ୍ତରେ ବା ଅନତଃରେ ବିଶ୍ୱାସ କରୁ ଯେମିତି ବୌଦ୍ଧ ପଥରେ... ବାସ୍ତବତା ଓ ଅନୁଭବର ଜଗତ ଓ ସାଧନାରେ ଶବ୍ଦ ବ୍ୟତିରକେ ଏମାନଙ୍କ ଭିତରେ ବେଶି କିଛି ଫରକ୍ ନାହିଁ । ଦର୍ଶନ ଓ ଅଧ୍ୟାତ୍ମକୁ ଗଭୀର ଅନୁଭବ କରିଥିବା ଜଣେ ସାଧକ ଓ ସତ୍ୟଯାତ୍ରୀଟି ହିଁ ଏମିତି ଲେଖିପାରିବେ ଯାହା କେବଳ କେଶ ବିଭକ୍ତ କରୁଥିବା ଶୁଷ୍କ ଓ ବେଳେବେଳେ ହିଂସ୍ର ତାତ୍ତ୍ୱିକତା ନୁହେଁ ।

ମନୋଜବାବୁଙ୍କୁ ଆମେ ଅନେକ ଜଣେ ସୃଜନଶୀଳ ସ୍ରଷ୍ଟା ରୂପେ ଜାଣିଛୁ । ମୁଁ ମାଡ୍ରାସ୍‌ରେ ୧୯୯୫ରେ ଆସିବା ପରେ ପରେ ମୋର ପ୍ରଥମ ଚିଠିର ଉତ୍ତରରେ ମନୋଜବାବୁ ଲେଖନ୍ତି: "ମୁଁ ଜଣେ ସୃଜନଶୀଳ ଲେଖକ, ମୁଁ ଜଣେ ଗବେଷକ ନୁହେଁ ।" ମାତ୍ର ମନୋଜବାବୁଙ୍କର ସୃଜନଶୀଳ ରଚନା ମଧ୍ୟରେ ଅନେକ ଅଧ୍ୟୟନ ରହିଛି; ଅନେକ ପ୍ରତିଫଳନାତ୍ମକ ଅଧ୍ୟୟନ **reflective study** ରହିଛି ଯେମିତି ତାଙ୍କର ଅନ୍ତରଂଗ ଭାରତରେ ଅଥବା ଅଜଣାର ଅନ୍ୱେଷଣରେ । ଆକାଶର ଇସାରାରେ ଶ୍ରୀଅରବିନ୍ଦ ଓ ହେନ୍‌ରି ବାର୍ଗସନ୍‌ଙ୍କର ଯେଉଁ ସମ୍ୟକ୍ ଆଲୋଚନା ରହିଛି ଏହା ସାହିତ୍ୟ, ଦର୍ଶନ ଓ କବିତାର ଏକ ସୃଜନଶୀଳ ସଙ୍ଗମ ସୃଷ୍ଟି କରିଥାଏ । ଏହିସବୁ ସହିତ ମନୋଜବାବୁଙ୍କର ଶ୍ରୀଅରବିନ୍ଦଙ୍କର ଜୀବନୀ ତାଙ୍କର ଗଭୀର ଗବେଷଣା ସାଧନାର ଫଳ । ଏଥିରେ ଶ୍ରୀଅରବିନ୍ଦଙ୍କ ସଂପର୍କରେ ମନୋଜବାବୁ ଗୋଟିଏ ବାକ୍ୟ ବା ଶବ୍ଦ ଅତିରଂଜିତ କରିନାହାନ୍ତି । ସେ ଶ୍ରୀଅରବିନ୍ଦଙ୍କର ଜୀବନ ସହିତ ସଂପୃକ୍ତ ଅନେକ ତଥ୍ୟ ଓ ସତ୍ୟର ସୂତ୍ରମାନ ପ୍ରଦାନ କରିଛନ୍ତି । ଶ୍ରୀଅରବିନ୍ଦହିଁ ଭାରତବର୍ଷର ସ୍ୱାଧୀନତା ସଂଗ୍ରାମରେ ପୂର୍ଣ୍ଣ ସ୍ୱାଧୀନତା କଥା କହିଛନ୍ତି । ୧୯୧୦ ମସିହାରେ ଏହି ସଂଗ୍ରାମ ଛାଡି ପଣ୍ଡିଚେରୀରେ ସଂଯୁକ୍ତ ମାନବମୁକ୍ତି, ଭାରତମୁକ୍ତି ଓ ବିଶ୍ୱମୁକ୍ତିର ସାଧନା କଲାବେଳେ ଭାରତୀୟ ସ୍ୱାଧୀନତା ସଂଗ୍ରାମ ଆଗକୁ ଯାଇଛି । ଗାଂଧୀ ଓ ଅନ୍ୟମାନଙ୍କ ନେତୃତ୍ୱରେ ଆମକୁ ୧୯୪୭ରେ ଏକ ବିଭାଜିତ ସ୍ୱାଧୀନତା ମିଳିଛି । ଭାରତବର୍ଷର ସ୍ୱାଧୀନତା ସଂଗ୍ରାମର ଇତିହାସ ରଚନା କଲାବେଳେ ଶ୍ରୀଅରବିନ୍ଦଙ୍କର ଏହି ଯୁଗାନ୍ତକାରୀ

ପ୍ରଥମ ସାହସ, ସ୍ୱପ୍ନ, ସାଧନା ଓ ସଂଗ୍ରାମକୁ ଅନେକେ ଭୁଲିଯାଇଛନ୍ତି ଏମିତି ଇତିହାସକାର ମାନେ ମଧ୍ୟ । ଶ୍ରୀଅରବିନ୍ଦଙ୍କର ରାଜନୈତିକ ସ୍ୱର ନୀରବ ହେଲା ମାତ୍ର ଏହି ପୁରୋଧାଙ୍କର ସ୍ୱାଧୀନତା ଚିନ୍ତନ ସାରା ଭାରତକୁ ବ୍ୟାପିଗଲା । ଏହାର ମହତ୍ତ୍ୱ ବୁଝାଇବାକୁ ଗବେଷକ ମନୋଜ ଯୋଗୀ ଗଳ୍ପକାର ମନୋଜ ହୋଇ ଆମକୁ ଗପଟିଏ ଅବତାରଣା କରିଛନ୍ତି ।

ଗପଟିଏ ଏମିତି । ସନ୍ତାନ ଆଶା କରୁଥିବା ଓ ଏପର୍ଯ୍ୟନ୍ତ ଜନନୀ ହୋଇନଥିବା ଜଣେ ନାରୀ ଆପଣାର ନିକଟ ଗାଆଁରେ ଡେରା ପକାଇଥିବା ଜଣେ ସାଧୁଙ୍କୁ ସନ୍ତାନଟିଏ ବର ମାଗିବାକୁ ଯାଇଥିଲେ । ସନ୍ଥଜଣକ ଏହି ପ୍ରାର୍ଥନାରତ ନାରୀଙ୍କୁ କହିଲେ: "ମୋର ମାଆ ମଧ୍ୟ ଅନେକ ଦିନ ଧରି ନିଃସନ୍ତତି ଥିଲେ । ସେ ଜଣେ ସାଧୁଙ୍କୁ ଯିଏ ଅନେକ ବର୍ଷପରେ ମୋର ଗୁରୁ ହେଲେ... ତାଙ୍କୁ ସନ୍ତାନଟିଏ ବର ମାଗିଲେ । ଗୁରୁ ତାଙ୍କୁ ଘରେ ଥିବା ସବୁଠାରୁ ଦାମୀ ବସ୍ତୁଟିଏ ଆଣିବାକୁ କହିଲେ । କେଶରେ ନାଇବା ପାଇଁ ମୋ ମାଆଙ୍କ ପାଖରେ ଗୋଟିଏ ରୂପା ଅଳଙ୍କାର ଥିଲା । ମାତ୍ର ଏହାକୁ ନେଇ ମୋର ମା ଗାଆଁରେ ଆସି ପହଞ୍ଚିବାବେଳକୁ ସାଧୁଜଣକ ଗାଆଁଛାଡି ମାଇଲ ମାଇଲ ଦୂରରେ ଥିବା ଏକ ସହରକୁ ଚାଲିଯାଇଥିଲେ । ମୋର ମା ସେଠୁ ଏତେବାଟ ଏକା ଏକା ଚାଲି ଯିବାବେଳକୁ ସେଇ ସାଧୁଜଣକ ସହର ଛାଡି ଏକ ପାହାଡ ପାଖକୁ ଚାଲି ଯାଇଥିଲେ । ବିଚାରୀ ମୋର ମା ଖରା ଓ ଝଡକୁ ସହିସହି ଅନେକ ଦିନ ଚାଲିଲେ ଓ ଶେଷରେ ସାଧୁଜଣକୁ ଭେଟିଲେ । ସାଧୁ ଜଣକ ତାଙ୍କର ବରକୁ ଗ୍ରହଣ କଲେ ଓ ଏହାପରେ ତାଙ୍କୁ ଦେଇଦେଲେ ଓ ତାଙ୍କୁ ଆଶୀର୍ବାଦ ପ୍ରଦାନ କଲେ । ମୁଁ ସେଇଠୁ ଜନ୍ମ ହେଲି ।"

ନାରୀ ଜଣକ ଏହାଶୁଣି କହିଲେ: "ହେ ମହାଭାଗ । ମୁଁ ମଧ୍ୟ ଘରକୁ ଯାଇ ଆମର ସବୁଠାରୁ ମୂଲ୍ୟବାନ ବସ୍ତୁଟି ଆଣିବି ଓ ମୁଁ ଆସିବାବେଳକୁ ଆପଣ ଯଦି ଚାଲି ଯାଇଥିବେ ତେବେ ଆପଣ ଯେଉଁଠି ଥିବେ ପାଦରେ ଚାଲିଚାଲି ଯାଇ ଆପଣଙ୍କୁ ଭେଟିବି । ଆପଣଙ୍କର ମାଆ ଯେମିତି କରିଥିଲେ ମୁଁ ଖାସ୍ ସେଇଆହିଁ କରିବି ।" ସନ୍ଥ ସେଇଠୁ କହିଲେ: "ହେ ମୋର କନ୍ୟା, ମୋର ମାଆ ଯେମିତି କରିଥିଲେ ତୁମେ ଠିକ୍ ସେଇୟା କରି ପାରିବନାହିଁ କାରଣ ତୁମ ଆଗରେ ଏବେ ଉଦାହରଣଟିଏ ରହିଛି ମାତ୍ର ମୋର ମାଆଙ୍କ ପାଖରେ ସେତେବେଳେ କୌଣସି ଉଦାହରଣ ନଥିଲା ଏବଂ ଏହାହିଁ ସବୁକିଛି ବଦଳାଇଦିଏ ।"

ଆପଣାର ପୁସ୍ତକରେ ମନୋଜବାବୁ ଲେଖୁଛନ୍ତି: "ଆମର ଦେଶର ସ୍ୱାଧୀନତା ପାଇଁ ଯେଉଁମାନେ ସଂଗ୍ରାମ କରିଛନ୍ତି ସେମାନେ ସମସ୍ତେ ମହାନ୍ ଓ ଇତିହାସରେ

ସେମାନେ ସ୍ଥାନ ପାଇବା ଜରୁରୀ ମାତ୍ର ଯିଏ ଉଦାହରଣଟିଏ ସୃଷ୍ଟି କରିଥିଲେ ତାଙ୍କୁ ଇତିହାସରେ ଯଥାର୍ଥ ସ୍ଥାନ ମିଳିନାହିଁ । ଏହା ମହାଯୋଗୀ ଶ୍ରୀଅରବିନ୍ଦଙ୍କୁ ସେତେବେଶୀ ମହତ୍ତ୍ୱପୂର୍ଣ୍ଣ ବୋଲି ଲାଗେନା ମାତ୍ର ଏହା ଆମ ଉପମହାଦେଶର ଇତିହାସ ପାଇଁ ଅନେକ ମହତ୍ତ୍ୱପୂର୍ଣ୍ଣ ।”

ଉପରେ ଗବେଷଣା, ଗପ, ଅନୁଭବ ଓ ଇତିହାସ ଆଲୋଚନାରେ ମନୋଜବାବୁ ଯେମିତି ଏଠି ଶ୍ରଦ୍ଧା ଓ ସହଜତାର ସହିତ ଗପ ଓ ଇତିହାସ ଗବେଷଣାକୁ ସଂଯୁକ୍ତ କରିଛନ୍ତି ଏହା ଏକ ବିରଳ, ଅଭିନବ ଓ ସୃଜନଶୀଳ ଗବେଷଣା ମାର୍ଗ, ସମାଜ ଓ ଇତିହାସର ଜଣେ ବିନମ୍ର ଛାତ୍ରଭାବେ ମୁଁ କିଛି ଗବେଷଣା ପୁସ୍ତକ ପଢିଛି ମାତ୍ର ଗପ ଓ ଇତିହାସ ଆଲୋଚନାର ଏମିତି ସୃଜନଶୀଳ ସଙ୍ଗମ ମୁଁ କେଉଁଠି ପଢିନାହିଁ ।

ଗପ ଓ ଇତିହାସ ଆମକୁ ଆମର ବ୍ୟକ୍ତିଗତ ଓ ସମାଜିକ ଜୀବନକୁ ଘେନିଆସେ । ମନୋଜବାବୁଙ୍କ ସହିତ ଅନେକ ସାକ୍ଷାତ ମଧ୍ୟରୁ ଗୋଟିଏ ସାକ୍ଷାତରେ ମନୋଜବାବୁ ଶ୍ରୀମଦଭଗବତ୍‌ଗୀତାରେ ବିଶ୍ୱରୂପ ଦର୍ଶନ ଯୋଗରେ ଭଗବାନ ଶ୍ରୀକୃଷ୍ଣ ଆପଣାକୁ କାଲୋଽସ୍ମି ଅର୍ଥାତ୍ ମୁଁ କାଳ ବୋଲି କହିଥିବା କଥା କହିଥିଲେ । ମୁଁ କାଳ… ଈଶ୍ୱର କାଳ, ଓ ଆମେମାନେ ମଧ୍ୟ କାଳ । ଏହି କାଳରେ ଆମେ ବି ବଞ୍ଚୁ ଓ ଏହି କାଳର ଅନେକ ସ୍ତର ରହିଛି… ଅତୀତ, ବର୍ତ୍ତମାନ ଓ ଭବିଷ୍ୟତ ଏହି କାଳରେ ରହିଛି । କାଳ ମଧ୍ୟରେ ଥାଇ ଆମେ କେବଳ କାଳବଦ୍ଧ ହେବାନାହିଁ; କାଳରେ ଯାହା ଚାଲିଛି ତାହାର ଅଂଧ ଅନୁଗାମୀ ବା ସାହସ ଓ ବିବେକହୀନ ଭୃତ୍ୟ ହେବାନାହିଁ । ଆମେ କାଳ ସହିତ ସୃଜନଶୀଳ ଭାବେ ଅକାଳ ହେବା, କାଳକୁ ଭାଗ୍ୟ ବୋଲି ମାନି ନନେଇ ଆମେ ସକାଳ, ଭବିଷ୍ୟକାଳ ଓ ଏକ ଭିନ୍ନ କାଳର ସାଧନା କରିବା । ବର୍ତ୍ତମାନ ସହିତ ଥାଇ ଆମେ ସୃଜନଶୀଳ ଅବର୍ତ୍ତମାନ ହେବା । ମନୋଜବାବୁଙ୍କର ଜୀବନ ଓ ସାଧନାରେ ଆମେ ଏମିତି ଏକ ଭିନ୍ନକାଳର ସାଧନା ଓ ସ୍ପର୍ଶ ପାଇଥାଉ । ଏହା ସହିତ ଏକ ମହାକାଳୀୟ ଚେତନା ଯାହାକୁ ମଧ୍ୟ ଏକ epic consciousness ବୋଲି ଆମେ କହିପାରିବା । ୫୦୦ ବା ହଜାରେ ପୃଷ୍ଠାରେ ଗୋଟିଏ ବିରାଟ କାବ୍ୟ ଲେଖିଲେ ଯେ ଆମର ରଚନା ଓ ଚେତନା epic ହେବ ତାହାନୁହେଁ; ଆମର ଗୋଟିଏ ଧାଡିରେ, ଗୋଟିଏ କ୍ଷୁଦ୍ର ଗଳ୍ପରେ ମଧ୍ୟ ଏମିତି ମହାକାଳୀୟ ଓ epic ଚେତନା ରହିଥାଇପାରେ ଯେମିତି ମନୋଜବାବୁଙ୍କର କ୍ଷୁଦ୍ରଗଳ୍ପ ଲକ୍ଷ୍ମୀର ଅଭିସାର ଓ ଅଗଣିତ ଅନେକ କ୍ଷୁଦ୍ରଗଳ୍ପ ଓ ରଚନା ମଧ୍ୟରେ । ଫକୀରମୋହନଙ୍କ ସମ୍ପର୍କରେ ଆଲୋଚନା କରିବାକୁ ଯାଇ ଯାହାଙ୍କର ଗପମାନ ମନୋଜବାବୁ ତାଙ୍କର ମାଆଙ୍କଠାରୁ ପ୍ରଥମେ ଶୁଣିଥିଲେ କହନ୍ତି ଯେ, ଫକୀରମୋହନଙ୍କ ରଚନାରେ

ମହାଭାରତ ଭଳି ଏକ ମହାଭାରତୀୟ ଚେତନା ରହିଛି । ମହାଭାରତରେ ଜୀବନର ସୁଖ, ଦୁଃଖ, ସୀମିତତା ଓ ଅତିକ୍ରମଣର ଅନେକ କାହାଣୀ ଭଳି ଫକୀରମୋହନଙ୍କର ଏକ ବକଟେ ଉପନ୍ୟାସ ଛ ମାଣ ଆଠଗୁଣ୍ଠ ମଧ୍ୟରେ ଏହିସବୁ ମହାଭାରତୀୟ ଉପାଦାନ ଓ ଅତିକ୍ରମଣ ରହିଛି । ଠିକ୍ ସେମିତି ମନୋଜ ବାବୁଙ୍କର ରଚନା ମଧ୍ୟରେ ମଧ୍ୟ ।

ମନୋଜବାବୁଙ୍କ ସହିତ ଏକ ଅପ୍ରତ୍ୟାଶିତ ସାକ୍ଷାତର ଅନ୍ୟ ଏକ ଅଭୁଲା ଅନୁଭୂତି । ୧୯୯୭ ମସିହାର ଜାନୁୟାରୀ ମାସରେ ଚିତ୍ତଭାଇ... ଶ୍ରୀଯୁକ୍ତ ଚିତ୍ତରଞ୍ଜନ ଦାସ... ଶାନ୍ତିନିକେତନର ବିଶ୍ୱଭାରତୀକୁ ଓଡିଆ ବିଭାଗର ଅତିଥି ପ୍ରଫେସର ହୋଇ ଯାଇଥିଲେ । ଏହାର ପୂର୍ବରୁ ଡିସେମ୍ବର ୧୯୯୬ ମସିହାରେ ମୁଁ ଆମର ଗବେଷଣା କେନ୍ଦ୍ରରେ – Madras Institute of Development Studies.. ରେ ସାମାଜିକ ସମୀକ୍ଷା, ସାଂସ୍କୃତିକ ସୃଜନଶୀଳତା ଓ ସାଂପ୍ରତିକ ରୂପାନ୍ତରର ଚଳତ୍‌କ୍ରିୟା ସଂପର୍କରେ ସମ୍ମାନଟିଏ ଆୟୋଜନ କରିଥାଏ । ଏଥିରେ ଯୋଗ ଦେବାକୁ ଚିତ୍ତଭାଇ ଆସିଥାନ୍ତି ଓ ଗଲାବେଳେ ସେ ମୋତେ କହିଲେ: ମୁଁ ଆରମାସ ଶାନ୍ତିନିକେତରେ ଥିବି, ତୁମେ ଆସିବ । ନ ଆସିଲେ ଆମର କଟି । ମୁଁ ସେଇଠୁ ଶାନ୍ତିନିକେତନରେ ପହଞ୍ଚିଲି ଓ ଚିତ୍ତଭାଇଙ୍କୁ ମିଳିଥିବା ଗୋଟିଏ ରୁମରେ ମୁଁ, ମୋର ସାନ ଭାଇ ଟୁନା ଓ ଚିତ୍ତଭାଇ ରହିଲୁ । ଗୋଟିଏ ସଂଧ୍ୟାରେ ଚିତ୍ତଭାଇ କହିଲେ: ଆଜି ମନୋଜବାବୁଙ୍କର ସ୍ଥାନୀୟ ଶ୍ରୀଅରବିନ୍ଦ କେନ୍ଦ୍ରରେ ବ୍ୟାଖାନଟିଏ ରହିଛି । ଆମେ ଶୁଣିବାକୁ ଯିବା । ଆମେ ଏହି ସଭାରେ ବସି ଶୁଣିଥାଉ । ସଭାପରେ ମନୋଜବାବୁ ଆମକୁ ଦେଖି ସ୍ୱାଭାବିକ ଭାବେ ଅନେକ ଖୁସିହେଲେ ଓ ପଚାରିଲେ: “ଓ ଆପଣମାନେ ।” ଚିତ୍ତଭାଇ ସେଇଠୁ ଆପଣାର ଶାନ୍ତିନିକେତନରେ ବିତାଇଥିବା ଛାତ୍ରାବସ୍ଥା ମନେପକାଇ କହିଲେ “ମୁଁ ମୋର ଦୁଷ୍ଟତମ ସମୟରେ ଏଇଠି ଥିଲି ।” ମନୋଜବାବୁ ଆପଣାର ସ୍ୱାଭାବିକ ଅନ୍ତରଂଗତାର ସହିତ କହିଲେ: “ଆପଣ ଏବେ ଆପଣଙ୍କର wisest moment ବା ପ୍ରଜ୍ଞାତମ ବେଳାରେ ଶାନ୍ତିନିକେତନରେ ।”

ସେଦିନ ସଂଧ୍ୟାରେ ସଭାରେ ମନୋଜବାବୁ ସାମନ୍ତବାଦର ସୀମିତତା ବିଷୟରେ କହିଥିଲେ ଓ ଏହାର ପରବର୍ତ୍ତୀ ଦୁଇତିନିଦିନ ଚିତ୍ତଭାଇ ଏହାର ମହତ୍ତ୍ୱ ବିଷୟରେ ଆମ ସହିତ ଆଲୋଚନା କରିଥିଲେ । ସଭାସଂଧ୍ୟାର ପରଦିନ ମୁଁ ଶାନ୍ତିନିକେତନରେ ପ୍ରାତଃଭ୍ରମଣ କରୁକରୁ ବଡଭାଇ କୈଳାସ ପଟ୍ଟନାୟକ ଓ ବଡଅପା ଗିରିବାଳା ଅପାଙ୍କ ଘରେ ପହଞ୍ଚିଲି । ମନୋଜବାବୁଙ୍କର ସୁଇଟରର କଣ ଟିକିଏ କଣା ହୋଇଯାଇଥାଏ, ଗିରିବାଳା ଅପା ଏହାକୁ ସିଲାଇ କରି ଦେଉଥାନ୍ତି । ଅପା ମନୋଜବାବୁଙ୍କର ରଚିତ ଗୋଟିଏ ଯୁବବେଳର କବିତାକୁ ତାଙ୍କୁ ପଢାଇ ଶୁଣିବାକୁ ଅନୁରୋଧ କଲେ ଓ

ମନୋଜବାବୁ ଏହାକୁ ପଢାଇ ଶୁଣାଇଲେ । ଆପଣାର ଶ୍ରଦ୍ଧା ସହିତ ମନୋଜବାବୁ ସାମନ୍ତବାଦର ଊର୍ଦ୍ଧ୍ୱକୁ ଯାଇ ଏକ ପାରସ୍ପରିକ ଶ୍ରଦ୍ଧା ଓ ମର୍ଯ୍ୟାଦାର ସଂପର୍କ ବୁଣୁଥିଲେ ଯେମିତି ଚିତ୍ତଭାଇ ।

ମନୋଜବାବୁ ଛାତ୍ରବେଳରୁ ଦିଗନ୍ତ ପତ୍ରିକା ସମ୍ପାଦନା କରୁଥିଲେ ଓ କଟକ ଆସି ଏହାର ଏକ ନୂତନ ଜୀବନ୍ୟାସ ଦେଲେ । ସୁଦୂର ଜର୍ମାନୀରେ ଅତିଥି ଅଧ୍ୟାପକ ଥିବା ଚିତ୍ତଭାଇ ମନୋଜବାବୁଙ୍କ ଦ୍ୱାରା ପ୍ରେରିତ ହୋଇ ଦିଗନ୍ତ ପାଇଁ ନିୟମିତ ଲେଖା ପଠାଉଥିଲେ ଯେମିତି ସେକାଳର ଅନେକ ସାହିତ୍ୟିକ ଓ ସାହିତ୍ୟିକା । ଦିଗନ୍ତର ଦ୍ୱିତୀୟ ବର୍ଷ ଦ୍ୱିତୀୟ ସଂଖ୍ୟା ଫେବୃୟାରୀ ୧୯୬୦ରେ ମନୋଜ ବାବୁ ସାହିତ୍ୟ କ୍ଷେତ୍ରରେ ଥିବା ପ୍ରବଳ ଅସହିଷ୍ଣୁତା ଓ ବ୍ୟକ୍ତିଗତ ଗୋଷ୍ଠୀ ଗଠନର ମନୋଭାବ ସଂପର୍କରେ ଲେଖିଥିଲେ:

> ବିଭିନ୍ନ ପ୍ରକାର ପରୀକ୍ଷାହେଉ.. ବିଭିନ୍ନ ପ୍ରକାର ଆଦର୍ଶ ନେଇ ସାହିତ୍ୟ ଲେଖାହେଉ... କିନ୍ତୁ ଯେହେତୁ ଜଣକ ଆଦର୍ଶ ସହ, ଆଉ ଜଣେ ଏକମତ ନୁହେଁ, ତେଣୁ ସେହି ଆଦର୍ଶଗତ ବୈଷମ୍ୟକୁ ବ୍ୟକ୍ତିଗତ ଆକ୍ରୋଶର ସ୍ତରକୁ ନେଇଯିବାଠୁ ବଳି କଳଂକର କଥା ଆଉ କ'ଣ ଅଛି ? ପ୍ରତିଷ୍ଠିତ ସାହିତ୍ୟିକମାନେ ଆଦର୍ଶର ମହନୀୟତା ପ୍ରତିଷ୍ଠା କରନ୍ତୁ ସାହିତ୍ୟ ସୃଷ୍ଟି ଭିତର ଦେଇ... ଗୁଡାଏ ବକ୍ତୃତା ଦେଇ ନୁହେଁ । ଶାନ୍ତଶିଷ୍ଟ ଅବସ୍ଥା ଲେଉଟି ଆସୁ ସାହିତ୍ୟ ଭିତରକୁ । ସାହିତ୍ୟ ଓ ସୌଜନ୍ୟ ପରସ୍ପରଠାରୁ ଅବିଚ୍ଛଦ୍ୟ ହେଉ ।

ହଁ ସାହିତ୍ୟ ଓ ସୌଜନ୍ୟ ପରସ୍ପରଠାରୁ ଅବିଚ୍ଛେଦ୍ୟ ହେଉ । ଜୀବନ ଓ ସୌଜନ୍ୟ ମର୍ଯ୍ୟାଦା, ସଂଳାପ ଓ ସୌଜନ୍ୟ ମଧ୍ୟଦେଇ ପରସ୍ପରଠାରୁ ଅବିଚ୍ଛେଦ୍ୟ ରହୁ । ଏବେ ଆମ ଭାରତବର୍ଷ ଓ ପୃଥିବୀରେ କେତେ ଅସହିଷ୍ଣୁତା । ଏପରିକି ଏହି କରୋନା ମହାମାରୀ ସମୟରେ ଆମେ ପୋକମାଛି ଭଳି ମରୁଥିବାବେଳେ ଆମ ପରସ୍ପର ମଧ୍ୟରେ କେତେ ଅସହିଷ୍ଣୁତା, ପରସ୍ପର ପ୍ରତି କେତେ କାଦୁଅଫିଙ୍ଗା । ମନୋଜ ବାବୁଙ୍କର ଜୀବନ ଓ ସାଧନା ଏହିସବୁକୁ ଅତିକ୍ରମ କରି ଆମକୁ ଏକ ବିକଳ୍ପ ବର୍ତ୍ତମାନ ଓ ଭବିଷ୍ୟତ ସର୍ଜନା କରିବାକୁ ଆହ୍ୱାନ ଓ ଆମନ୍ତ୍ରଣ ଜଣାଇଥାଏ ।

ମନୋଜବାବୁଙ୍କୁ ଆମ ଭିତରୁ ଅନେକେ ପ୍ରଜ୍ଞାପୁରୁଷ ବୋଲି କୁହନ୍ତି । ସେ ହୁଏତ ଆପଣାକୁ ପ୍ରଜ୍ଞା ସାଧକ ରୂପେ ଅନୁଭବ କରିବାକୁ ଅଧିକ ସହଜ ମଣିବେ । ବାଇବେଲରେ କାହାଣୀଟିଏ ରହିଛି... ରାଜରାସ୍ତାରେ ନାରୀଟିଏ ବିଳାପ କରି ବୁଲୁଛି, କେହି ଆପଣାର ଦୁଆର ଖୋଲୁନାହାନ୍ତି ଏବଂ ଏହି ନାରୀଟିର ନାମ ହେଉଛି ପ୍ରଜ୍ଞା ।

ମାତ୍ର ପ୍ରଜ୍ଞାର କେବଳ ବିଳାପ ନୁହେଁ ତାଙ୍କର ମଧୁର କଣ୍ଠସ୍ୱର ଶୁଣି ମନୋଜବାବୁ ଆପଣାର ଦ୍ୱାର ଓ ବାତାୟନମାନଙ୍କୁ ଖୋଲିଛନ୍ତି ଓ ପ୍ରଜ୍ଞା ସହିତ ସହଯାତ୍ରୀ ହୋଇଛନ୍ତି । ମନୋଜବାବୁ ଗଲା ଏପ୍ରିଲ ସତେଇଶ ୨୦୨୧ରେ ଆଉ କୁଆଡେ ଚାଲି ଯାଇନାହାନ୍ତି, ସେ ଆମ ପାଖକୁ ଆସିଛନ୍ତି ଓ ଆସୁଛନ୍ତି । ପ୍ରଜ୍ଞା, ଜ୍ଞାନ ଓ ତଥ୍ୟ ଏହିସବୁକୁ ତା'ର ସ୍ୱତନ୍ତ୍ର ମର୍ଯ୍ୟାଦା ଦେଇ ସାଧନା କରିଥିବା ମନୋଜବାବୁ ଆମକୁ ଜୀବନର ତଥ୍ୟ, ସତ୍ୟ, ଜ୍ଞାନ ଓ ପ୍ରଜ୍ଞା ସହିତ ବିନମ୍ର ଓ ସାହାସୀ ସହଯାତ୍ରୀ ଓ ସାଧକ ହେବାକୁ ଆହ୍ୱାନ ଓ ଆମନ୍ତ୍ରଣ ଜଣାଇଛନ୍ତି । ୧୯୫୬ ମସିହାରେ ଇଣ୍ଡୋନେସିଆରେ ଅନୁଷ୍ଠିତ ଏସୀୟ-ଆଫ୍ରିକୀୟ ସମ୍ମିଳନୀରେ ଜଣେ ଯୁବ ଛାତ୍ରନେତା ରୂପେ ଭାଗନେଇଥିବା ମନୋଜବାବୁ ଆମକୁ ଏବେ ଆମର ନାନା ସଂକୀର୍ଣ୍ଣତାକୁ ଅତିକ୍ରମ କରି ଏସୀୟ, ଆଫ୍ରିକୀୟ ଓ ସାରା ବିଶ୍ୱର ସାଧନା ଓ ସଂଗ୍ରାମରତ ମନୁଷ୍ୟମାନଙ୍କ ସହିତ ସମ୍ମିଳିତ ହୋଇ ଏକ ନୂତନ ବିଶ୍ୱ ସଂହତି, ବିଶ୍ୱଯୋଗ, ବିଶ୍ୱସାହିତ୍ୟ, ବିଶ୍ୱଦର୍ଶନ ଓ ବିଶ୍ୱମୁକ୍ତିର ଆହ୍ୱାନ ଆମକୁ ଦେଇଛନ୍ତି । ଯୋଗୀ ଓ କବି କଥାକାର ମନୋଜବାବୁ ଆମକୁ ଏକ ନୂତନ ବିଶ୍ୱମୟତାର କାହାଣୀ, କବିତା ଓ ଇତିହାସ ରଚିବାକୁ ଆମକୁ ହାତଠାରି ଡାକୁଛନ୍ତି । ଆମେ ଖାଲି ସହଯାତ୍ରୀ, ଯୋଗ୍ୟ ଓ ପ୍ରସ୍ତୁତ ହେଲେ ହେଲା ।

(ଏହା ପ୍ରଥମେ ଖଲ୍ଲିକୋଟସ୍ଥିତ Sunlit path ପାଠଚକ୍ରରେ ଏପ୍ରିଲ ୨୯, ୨୦୨୧ରେ ଉପସ୍ଥାପିତ ହୋଇଥିଲା । ଏଥିପାଇଁ ମୁଁ ପାଠଚକ୍ରର ସଂଯୋଜିକା ରତ୍ନପ୍ରଭା ଅପା ଓ ଉପସ୍ଥିତ ଭାଇଭଉଣୀମାନଙ୍କୁ ବିଶେଷକରି ରାମନାରାୟଣ ଭାଇ, ଉମା ଅପା ଓ ଗୀତାଅପାଙ୍କୁ ସାଧୁବାଦ ଜଣାଉଛି ।)

ପ୍ରବନ୍ଧ ଶକ୍ତି

ଆମର ପୂଜ୍ୟ, ପ୍ରେରଣାର ଉତ୍ସ, ପ୍ରିୟ ଶିକ୍ଷକ ଓ ସହଯାତ୍ରୀ ପ୍ରଫେସର ଡକ୍ଟର ବାଉରୀବଂଧୁ କର ଆପଣାର ସାରସ୍ୱତ ଜୀବନରେ ପ୍ରବଂଧ ଓ ପ୍ରବଂଧର ଇତିହାସ ଓ ସମାଲୋଚନାରେ ଆପଣାକୁ ସମର୍ପିତ କରିଛନ୍ତି । ପ୍ରଫେସର କର ଆଜି ଆମ ଗହଣରେ ସ୍ୱଦେହରେ ନାହାନ୍ତି ମାତ୍ର ତାଙ୍କର ସ୍ନେହ, ଶ୍ରଦ୍ଧା, ସୃଜନଶୀଳତା ଓ ସାହିତ୍ୟିକ ଜୀବନର ଅଙ୍ଗୀକାର ସହ ସିଏ ଆଜି ଆମ ସହିତ ଜୀବନ୍ତ ହୋଇ ରହୁଛନ୍ତି । ଅମର ହୋଇ ଆମ ସହିତ ବାଟ ଚାଲୁଛନ୍ତି । ଆମକୁ ତାଙ୍କର ସୃଜନଶୀଳ ସାଧନା ଓ ଅଙ୍ଗୀକାର ସହିତ ମନନ ଓ ଗମନ କରିବାକୁ ଶ୍ରଦ୍ଧାର ସହିତ ହାତଠାରି ଡାକୁଛନ୍ତି । ପ୍ରଫେସର କରଙ୍କ ସହିତ ମୋର ସାକ୍ଷାତ ଓ ସଂଳାପ ପ୍ରାୟ ୧୯୮୨ ମସିହାରୁ ମୁଁ ରେଭେନ୍‌ସାରେ ପଢୁଥିବା ବେଳଠାରୁ । ସେତେବେଳର କଲେଜ ଓଡିଆ ବକ୍ତୃତା ପ୍ରତିଯୋଗିତାରେ ସାର ଜଜ୍ ହୋଇ ଆସୁଥାନ୍ତି । ମୁଁ ବକ୍ତୃତା ମାନଙ୍କରେ ଭାଗ ନେଉଥାଏ । ଏହା ସହିତ କଲେଜର ଅନ୍ୟ ସାହିତ୍ୟିକ ଓ ସାମୁହିକ ଜୀବନରେ ସାରଙ୍କ ସହିତ ସାକ୍ଷାତ, ଆଲୋଚନା ଓ ସହଯାତ୍ରା । ମୋର ସେତେବେଳର ଆଦ୍ୟ ପ୍ରବଂଧମାନଙ୍କୁ ଏକ ସଂଗ୍ରହ ରୂପେ ପ୍ରକାଶ କରିବାକୁ ସାର ନିଜେ ସ୍ନେହରହାତଟିଏ ବଢାଇ ଦେଉଥିଲେ । ୧୯୮୪ ମସିହାରେ ମୁଁ ରେଭେନ୍‌ସା ଛାଡି ଦିଲ୍ଲୀ ଅଧ୍ୟୟନ ପାଇଁ ଯାଇଥିବାବେଳେ ସାର ଦିନେ ମୋର ପ୍ରବଂଧ ସଂକଳନକୁ ନେଇ ଅଧ୍ୟାପକ ଚିତ୍ତରଂଜନ ଦାସ.. ଚିତ୍ତଭାଇ- ଘରେ ପହଞ୍ଚିଥିଲେ । ଏହି ବିଷୟରେ ଚିତ୍ତଭାଇ ଅନେକ ଶ୍ରଦ୍ଧାର ସହିତ ମୋତେ ଲେଖିଥିଲେ । ମୁଁ ଦିଲ୍ଲୀ ଛାଡି ଉଚ୍ଚତର ଗବେଷଣା ପାଇଁ ଯୁକ୍ତରାଷ୍ଟ୍ର ଆମେରିକାର ବାଲଟିମୋରସ୍ଥିତ The John Hopkins ବିଶ୍ୱବିଦ୍ୟାଳୟରେ ଅଧ୍ୟୟନ କରୁଥିବାବେଳେ ସାର ମୋତେ ନିୟମିତ ଲେଖୁଥିଲେ ଓ ଓଡିଶାର ସାହିତ୍ୟ ପତ୍ରିକାମାନଙ୍କ ସହିତ ସଂପୃକ୍ତ କରି ରଖୁଥିଲେ ଯେମିତିକି ସେତେବେଳେ କଟକରୁ ପ୍ରକାଶ ପାଉଥିବା ପତ୍ରିକା ଅକ୍ଷପାଦ ସହ । ସାରଙ୍କର ପ୍ରେରଣା ଓ ଉତ୍ସାହରେ ମୁଁ ଆମେରିକାରୁ ଓ ଆମେରିକାରୁ ଫେରି ଆସିବାପରେ

ଅକ୍ଷପାଦରେ କିଛି ଲେଖା ଓ ଆଲୋଚନା ଲେଖିଥିଲି । ଏହାପରେ ୧୯୯୦ ମସିହାରେ ମୁଁ ଆନ୍ଧ୍ରପ୍ରଦେଶରୁ ମୋର କ୍ଷେତ୍ର ଗବେଷଣା ସାରି ଓଡିଶା ଫେରିବାବାଟରେ ସାରଙ୍କୁ ବ୍ରହ୍ମପୁର ବିଶ୍ୱବିଦ୍ୟାଳୟରେ ସାକ୍ଷାତ କରିଥିଲି ଓ ତାଙ୍କର ସସ୍ନେହ ଆତିଥେୟତାରେ ଦୁଇ-ତିନିଦିନ ବିତାଇଥିଲି । ଗୋଟିଏ ଦିନ ମଧ୍ୟାହ୍ନ ଭୋଜନ ପାଇଁ ସାରଙ୍କ ଘରେ ସାର୍, ମାଡାମ୍, ଶୁଭଶ୍ରୀ ଓ ଶୁଭାଶିଷ ସହିତ ଅଭୁଲା ମୁହୂର୍ତ୍ତମାନ ବିତାଇଥିଲି ଓ ଆଜି ଏକତିରିଶ ବର୍ଷ ପରେ ବି ଏହି ସ୍ମୃତି ଆଜି ଭଳି ଲାଗୁଛି ।

୧୯୯୦ ରେ ସାରଙ୍କ ସହିତ ଏହି ସାକ୍ଷାତ ପରେ ୧୯୯୧ ମସିହାରେ ମୋର ପ୍ରବଂଧ ସଂକଳନ 'ମୁଁ ଯଦି ଧୂମକେତୁ ହୋଇଥାନ୍ତି' ତାହା କଟକର ଓଡିଶା ବୁକ୍ ଷ୍ଟୋରରୁ ପ୍ରକାଶିତ ହେଲା । ଯେଉଁ ସଂକଳନ ପାଇଁ ସାତ ବର୍ଷ ଆଗରୁ ସାର ପ୍ରକାଶନ ଉଦ୍ୟମ ଆରମ୍ଭ କରିଥିଲେ । ଏହାପରେ ଆମେ ସଂଯୁକ୍ତ ହୋଇ ରହିଛୁ । ଏହି ଗଲା ଦୁଇବର୍ଷ ତଳେ ସାରଙ୍କ ସହିତ କଥାବାର୍ତ୍ତା ବେଳେ ସାର କହିଲେ: "ମୁଁ ତୁମର ପ୍ରବଂଧମାନଙ୍କ ଉପରେ ଏକ ଆଲୋଚନା ପ୍ରବଂଧ ପ୍ରସ୍ତୁତ କରିବାକୁ ଚାହେଁ । ତୁମର ସବୁ ବହିମାନ ମୋ ପାଖକୁ ପଠାଇବ ।" ମୁଁ ସେଇଠୁ ମୋର ରଚନା ଓ ପ୍ରଂବଧ ପୁସ୍ତକମାନ ସାରଙ୍କ ପାଖକୁ ପଠାଇଲି । ଏହାପରେ ସାରଙ୍କର ବଡଭାଇ ଡ. ସୌରୀବଂଧୁ କର ଆମ ସମସ୍ତଙ୍କୁ ଛାଡି ଏକ ନୂତନ ପଥର ଯାତ୍ରୀ ହେଲେ । ସାରଙ୍କ ସହିତ ଥରେ ଗୋଟିଏ ରାତିରେ କଥା ହେବାବେଳେ ସାର ଏକ ରୁଦ୍ଧ କଣ୍ଠରେ କହିଲେ: "ମୋର ନନା ମୋତେ ଛାଡି କୁଆଡେ ଚାଲିଗଲେ ? ପିଲାଦିନରୁ ଆମେ ବାପଛେଉଣ୍ଡ । ନନା ଟିଉସନ୍ କରି ଆମକୁ ବଡ କରିଥିଲେ, ପଢାଇଥିଲେ । ଆମକୁ କୌଣସି ଅଭାବ ଅନୁଭବ କରିବାକୁ ଦେଇନଥିଲେ ।" ନନା ଚାଲିଯିବାର କିଛିମାସ ପରେ ସାର ମଧ୍ୟ ଏକ ନୂତନ ଯାତ୍ରାର ଯାତ୍ରୀ ହେଲେ ।

-୨-

ସାର୍‌ଙ୍କ ଭୌତିକ ଆବର୍ତ୍ତମାନରେ ମୁଁ ବାଉରୀବଂଧୁଙ୍କର ସହାସ ଓ ଉଜ୍ଜ୍ୱଳ ଅମର ଆତ୍ମାକୁ ଅନୁଭବ କରୁଛି । ଏହି ବିଦଗ୍ଧ ଅପରାହ୍ନରେ ମୁଁ ବାଉରୀବଂଧୁଙ୍କର ପ୍ରବଂଧ ସହିତ ମନନ ଓ ଯାତ୍ରା ସମ୍ପର୍କରେ ଭାବୁଛି ଓ ତାଙ୍କର ସୃଜନଶୀଳତାର ସମ୍ମାନରେ ପ୍ରବଂଧଶକ୍ତି ସମ୍ପର୍କରେ କିଛି ଧାଡି ଲେଖି ବସୁଛି ।

ଆପଣାର ଓଡିଆ ପ୍ରବଂଧ ସାହିତ୍ୟର ପ୍ରଥମ ଅଧ୍ୟାୟ "ପ୍ରବନ୍ଧ କଳା: ଦୃଷ୍ଟି ଓ ଦିଗନ୍ତ"ରେ ବାଉରୀବଂଧୁ ପ୍ରବଂଧ ବିଷୟରେ ଆମକୁ କହନ୍ତି:

ପ୍ରବନ୍ଧ ସାହିତ୍ୟ ଗଦ୍ୟ ସାହିତ୍ୟର ଅନ୍ୟତମ ବଳିଷ୍ଠ ବିଭାଗ । ଏହି ଶବ୍ଦଟିର ପରିକଳ୍ପନା ଓ ପ୍ରୟୋଗ ପ୍ରାଚ୍ୟ ସାହିତ୍ୟରେ ବହୁକାଳରୁ ପ୍ରଚଳିତ । ପ୍ରବନ୍ଧକୁ ସେ କାଳରେ ମୁଖ୍ୟତଃ

'ଛନ୍ଦୋବଦ୍ଧ ଶବ୍ଦ ସଙ୍ଗୀତ' କୁହାଯାଉଥିଲା । ଏହା ମଧ୍ୟ ବିଭିନ୍ନ ଜାତି ଓ ପର୍ଯ୍ୟାୟରେ ବିଭକ୍ତ ଥିଲା । ଏ ହେତୁ 'ଗୀତଗୋବିନ୍ଦ', 'ଭାଗବତ' ପ୍ରଭୃତି ପ୍ରବନ୍ଧ-କାବ୍ୟ ନାମରେ ପରିଚିତ ଥିଲା । ମାତ୍ର ଏବେ ଏ ଶବ୍ଦର ଅର୍ଥ ବଦଳିଯାଇଛି । ଏହି ଶବ୍ଦଟି ଇଂରାଜୀ 'Essay' ବା 'Essar' ଶବ୍ଦର ଅଭିଧାନିକ ଅର୍ଥ ହେଉଛି 'ପ୍ରୟାସ', 'ଉଦ୍ୟମ' ବା 'ଚେଷ୍ଟା' । ଏହାକୁ କେତେକ 'ରଚନା' ନାମ ଦେବାକୁ କୁଣ୍ଠାବୋଧ କରିନାହାନ୍ତି । ସାଧାରଣ ଭାବରେ ପ୍ରବନ୍ଧ କହିଲେ, କୌଣସି ବିଷୟରେ ତଥ୍ୟ ଅନ୍ୱେଷଣ ଓ ତାହାର ସଂହତିପୂର୍ଣ୍ଣ ଗଦ୍ୟ ସମାବେଶକୁ ବୁଝାଏ । ଏହା ଗଦ୍ୟର ଏକ ଚାରୁଶିଳ୍ପ ଓ ଲେଖକର ବୌଦ୍ଧିକ ବ୍ୟକ୍ତିତ୍ୱର ପରିମାପକ ।

ଉପର ପରିଚ୍ଛଦରେ ବାଉରୀବଂଧୁ ଆମକୁ ପ୍ରବଂଧର ବହୁପରିସରୀୟ ସୃଜନପ୍ରକ୍ରିୟା, ବାସ୍ତବତା ଓ ସମ୍ଭାବନା ସମ୍ପର୍କରେ କହନ୍ତି । ପ୍ରବନ୍ଧ ଛନ୍ଦୋବଦ୍ଧ ସୃଜନଶୀଳତା । ଏଥିରେ ପଦ୍ୟମୟତା, ଗଦ୍ୟମୟତା ଓ ଚିତ୍ରକଳା ରହିଛି । ଆପଣାର ଓଡିଆ ପ୍ରବଂଧ ସାହିତ୍ୟର ପୁସ୍ତକରେ ଆଲୋଚିତ କେତେକ ପ୍ରାବନ୍ଧିକଙ୍କ ମଧ୍ୟରେ ଆମେ ଦେଖିଥାଉଁ ଯେମିତି ଚିତ୍ତରଂଜନ ଦାସ, ମନୋଜ ଦାସ ଓ ଚନ୍ଦ୍ରଶେଖର ରଥଙ୍କର ପ୍ରବନ୍ଧ ଓ ସଂଯୁକ୍ତ ବୃହତ୍ତର ସୃଜନଶୀଳତା ମଧ୍ୟରେ । ଏହି ସ୍ରଷ୍ଟାମାନଙ୍କର ପ୍ରବଂଧରେ ଗଦ୍ୟ ରହିଛି, ପଦ୍ୟ ରହିଛି, ବର୍ଣ୍ଣନା, ଉପମା ଓ ଯୁକ୍ତି ସାଧନାର ଚିତ୍ରକଳା ରହିଛି । ଏହିମାନଙ୍କର ସୃଜନ, ଚିନ୍ତା ଓ ଜୀବନ ସାଧନାରେ ଆମର ଅନେକ ପରିଚିତ ବାଡମାନେ ଭାଙ୍ଗିଯାଏ ଓ ନୂତନ ଚିନ୍ତା, ଚେତନା ଓ ଅନୁଭବ ସୃଷ୍ଟି ହୁଏ । ଏମିତି ବଂଧନ ଅତିକ୍ରମଣ ଓ ନବ ସୃଜନର ପ୍ରବନ୍ଧଶକ୍ତି ସୃଷ୍ଟି ହୁଏ ।

ଏହି ପ୍ରବଂଧଶକ୍ତି କେବଳ ପ୍ରବଂଧର ଶକ୍ତି ନୁହେଁ; ଏହା ଜୀବନ, ଅନ୍ୱେଷଣ, ବିଶ୍ଲେଷଣ, ସମନ୍ୱୟ ଓ ନବ ସୃଜନର ଶକ୍ତି । ଏହି ପ୍ରବଂଧଶକ୍ତି କ୍ଷମତାଠାରୁ ଭିନ୍ନ । ଜୀବନରେ କ୍ଷମତା ଓ ଶକ୍ତି ଆମର ଦୁଇଟି ସଂଯୁକ୍ତ ଭୂମି; ଜୀବନ ଓ ସମ୍ବନ୍ଧ ପଥ । କ୍ଷମତା ଆମକୁ ଆଧିପତ୍ୟର କଥା କହେ । କ୍ଷମତା ବଳରେ ଜଣେ ଅନ୍ୟ ଉପରେ ଆପଣାର ଇଚ୍ଛାକୁ ତା'ର ଅନିଚ୍ଛାସତ୍ତ୍ୱେ ଲଦି ଦେଇପାରେ । ପ୍ରବଂଧରେ ବିଶ୍ଲେଷଣ ଥାଏ, ଅନେକ ତଥ୍ୟ ଥାଏ ଓ ଏହାସହିତ ଯୁକ୍ତି । ତଥ୍ୟ ସହିତ ପ୍ରବଂଧ ସୃଜନରେ ଜ୍ଞାନ ଓ ପ୍ରଜ୍ଞା ମଧ୍ୟ ଥାଏ । ଏହିସବୁକୁ ନେଇ ପ୍ରବଂଧ ଓ ପ୍ରବନ୍ଧକାରମାନେ କେତେବେଳେ ହୁଏତ ଆପଣାକୁ କ୍ଷମତାଶୀଳ ଓ କ୍ଷମତାଶାଳୀ ରୂପେ ଅନୁଭବ କରିପାରନ୍ତି । ପ୍ରବଂଧ ସାହିତ୍ୟର ଅନ୍ୟ ସୃଜନଶୀଳ ବିଭାଗ ତୁଳନାରେ ଅଧିକ ମନନଶୀଳ ବୋଲି ଏମିତି ଅହମିକା ପୋଷଣ କରିପାରନ୍ତି । ଆଧୁନିକ ଜଗତରେ ଗଦ୍ୟ ଜୀବନର ଅଧିକ ନିକଟବର୍ତ୍ତୀ ହୋଇଛି ବୋଲି ଗଦ୍ୟକାରମାନେ ହିଁ ଲେଖିଛନ୍ତି

ଯେମିତି ଆମର ପ୍ରିୟ ପ୍ରବଂଧକାର ଚିତ୍ତରଂଜନ ଯଦିଓ ଚିତ୍ତରଂଜନଙ୍କର ଗଦ୍ୟ ଓ ପ୍ରବନ୍ଧରେ ଉଭୟେ ଗଦ୍ୟମୟତା ଓ ପଦ୍ୟମୟତା ରହିଛି । ଏମିତି ବିଚାର ଶୁଣି ଆମର କବିମାନେ କଣ ଭାବୁଥିବେ ? ପ୍ରବନ୍ଧଶକ୍ତି ପ୍ରବଂଧ ଓ ଗଦ୍ୟକୁ ନେଇ ଏମିତି କିଛି ଅଧିକ ଦାବୀ କରେ ନାହିଁ ଯଦିଓ ଆପଣାର ସୃଜନ ସେବା ମାଧ୍ୟମରେ ଏହା ଶକ୍ତି ସୃଷ୍ଟି କରେ । ଏହି ଶକ୍ତି ଆମକୁ ସାଙ୍ଗ ହୋଇ ଯୋଡି ଚିନ୍ତା କରିବାର ଶକ୍ତି, ଚେତନାକୁ ପ୍ରସାରିତ କରିବାର ଶକ୍ତି, ଆମର ଭୂମିକୁ ଭୂମା ସହିତ ଯୋଡିବାର ଶକ୍ତି, ଆତ୍ମାକୁ ଅନ୍ୟ ସବୁ ଆତ୍ମାମାନଙ୍କ ସହ ଯୋଡିବାର ଶକ୍ତି, ଆମ ଗାଆଁକୁ ଜଗତ ଓ ବ୍ରହ୍ମାଣ୍ଡ ସହିତ ଯୋଡିବାର ଶକ୍ତି ।

ପ୍ରବଂଧଶକ୍ତି ଆମକୁ ସକେନ୍ଦ୍ରିତ କରେ । ଆମର ଜୀବନ ଓ ଚିନ୍ତା ଅନେକ ଜଟିଳତା ଓ କୋଳାହଳ ମଧ୍ୟରେ ଏହା ଆମକୁ ସ୍ଥିର ଓ ସ୍ୱଷ୍ଟ ଭାବେ ବୁଝିବାକୁ, ଭାବିବାକୁ ଓ ଜୀବନ ବଞ୍ଚିବାରେ ସାହାଯ୍ୟ କରେ । ଆମ ଜୀବନରେ ଅନେକ ଭୁଲ ବୁଝାମଣା... ନିଜ ଜୀବନ, ଅନ୍ୟର ଜୀବନ ଓ ଆମର ସମାଜ, ସଂସ୍କୃତି ଓ ବିଶ୍ୱକୁ ନେଇ । ପ୍ରବଂଧ ଶକ୍ତି ଆମକୁ ଏହିସବୁ ଅସ୍ୱଷ୍ଟତା ଓ ଅପୂର୍ଣ୍ଣ ବୁଝାମଣାକୁ ନେଇ ସ୍ୱଷ୍ଟତା ଓ ପୂର୍ଣ୍ଣତା ପଥରେ ଆମକୁ ଯୁକ୍ତ କରାଏ, ସୂତ୍ରାୟିତ କରାଏ, ଯୋଗଯୁକ୍ତ କରାଏ । ଆମର ଚିନ୍ତାର ଅସ୍ୱଷ୍ଟତା ଓ ହିଂସା ଆମର ସମ୍ବନ୍ଧ ଓ ସମାଜରେ ଅନେକ ସମସ୍ୟା ଓ ହିଂସା ସୃଷ୍ଟି କରେ । ପ୍ରବଂଧ ଶକ୍ତି ଶ୍ରଦ୍ଧା ଓ ବିଶ୍ୱାସର ସହିତ ଆମର ଚିନ୍ତା ଓ ଚେତନାକୁ ସ୍ୱଷ୍ଟ ଭାବେ ଭାବିବା ଓ ହେବା ପଥକୁ ଆଣେ । ଏହା ଆମକୁ ସକେନ୍ଦ୍ରିତ କରେ ଓ ସକେନ୍ଦ୍ରିତ କରି ଆମକୁ ବ୍ୟାପ୍ତ କରେ ।

ପ୍ରବନ୍ଧ ଶକ୍ତିରେ ଆମର ବ୍ୟକ୍ତିଗତ ଓ ଜୀବନ ସାଧନା ଭୂମି ହୋଇ ରହିଥାଏ । ଏଥିପାଇଁ ଦୈନନ୍ଦିନ ସାଧନା । ସବୁପ୍ରକାର ପ୍ରଲୋଭନରୁ ମୁକ୍ତ ହୋଇ ପ୍ରତ୍ୟେକ ମୁହୂର୍ତ୍ତରେ ଜୀବନକୁ ଓ ଜୀବନରେ ସମାଜ ଓ ସମ୍ବନ୍ଧକୁ ଠିକ ଓ ସ୍ୱଷ୍ଟଭାବେ ବୁଝିବାକୁ ଓ ଏହି ବୁଝାମଣା ଉପରେ ଜୀବନଟିକୁ ବଞ୍ଚିବାର ସାଧନା କରିବା । ଏହି ସାଧନା ପଥରେ ଅନାବନା ଅନେକକୁ ବାଦ ଦେଇ ଆମକୁ ଚିନ୍ତା ଓ ଚେତନାର ହାରଟିଏ ଗଢିବାକୁ ହୋଇଥାଏ । ଆମ ଓଡିଶା ମାଟିର ଗଭୀର ଓ ବିଶ୍ୱ ଦାର୍ଶନିକ ଶ୍ରୀଯୁକ୍ତ ଜିତେନ୍ଦ୍ର ନାରାୟଣ ମହାନ୍ତି ଏ ଚିନ୍ତା କରିବାର ପ୍ରକ୍ରିୟାକୁ ଗୋଟିଏ ଗହଣା ନିର୍ମାଣ କରିବାର ପ୍ରକ୍ରିୟା ସହିତ ତୁଳନା କରିଛନ୍ତି ଯେଉଁଥିରେ ସୁନା ବା ରୂପା ଭିତରେ ଥିବା ଖାଦକୁ ଆମକୁ ଅଗ୍ନିକୁ ସମର୍ପି ଦେବାକୁ ହୋଇଥାଏ ଓ ଏହି ଖାଦ ଜ୍ୱଳନ ପ୍ରକ୍ରିୟାରେ ଆମର ଚିନ୍ତା ଓ ଚେତନା ମାର୍ଜିତ ହୁଏ, ଜାଜ୍ୱଲମାନ ହୁଏ । ଏଥିପାଇଁ ଆମକୁ ନିଜକୁ... ଆମର ଖାଦ ମାନଙ୍କୁ ... ମଧ୍ୟ ଅଗ୍ନିକୁ ସମର୍ପି ଦେବାକୁ ହୋଇଥାଏ । ଏହି ପ୍ରକ୍ରିୟାରେ

ଆମର ଚିନ୍ତା, ଚେତନା, ଆତ୍ମସୃଜନ ଓ ସମ୍ବନ୍ଧ ପଥ ଓ ବିଶ୍ୱ ଆଲୋକମୟ ହୁଏ । ଅସ୍ୱଷ୍ଟତା ଓ ଅନ୍ଧାରରୁ ଏହା ଆମକୁ ସ୍ୱଷ୍ଟତା ଓ ଆଲୋକ ଆଡକୁ ହାତଧରି ଓ କୋଳାଇ ନେଇ ଆମକୁ ନେଇଯାଏ ଯେଉଁ ଚିନ୍ତନ ଓ ଯାତ୍ରାର ଅନ୍ତଃ ନଥାଏ । ପ୍ରବଂଧଶକ୍ତି ଆମକୁ ଏମିତି ଅନ୍ତହୀନ ଅନ୍ତଃଯାତ୍ରା, ସମ୍ବନ୍ଧ ଯାତ୍ରା, ଚିନ୍ତନ ଯାତ୍ରା ଓ ସୃଜନ ଯାତ୍ରାରେ ଯାତ୍ରୀ କରାଇଥାଏ ।

ବାଉରୀବଂଧୁଙ୍କ ଅନୁଭବ ଓ ଚିନ୍ତନରେ ପ୍ରବନ୍ଧ ଛନ୍ଦୋବଦ୍ଧ ସୃଜନ । ଏହି ଛନ୍ଦୋବଦ୍ଧ ସୃଜନ ଆମକୁ ଅନୁବନ୍ଧ କରେ, ଆତ୍ମବନ୍ଧ କରେ, ଜଗତ୍‌ବନ୍ଧ କରେ, ଏହା ସହିତ ଆତ୍ମମୁକ୍ତ ଓ ଜଗତ୍ ମୁକ୍ତ କରେ । ପ୍ରବନ୍ଧର ଏମିତି ମୁକ୍ତି ମନ୍ତ୍ର ଓ ଶକ୍ତିମନ୍ତ୍ର ଯାତ୍ରା ସହ ଆମେ ପ୍ରବନ୍ଧଶକ୍ତି ସୃଷ୍ଟି କରୁ ଓ ଏମିତି ସର୍ଜନା ମାଧ୍ୟମରେ ଆମେ ବାଉରୀବଂଧୁଙ୍କର ଅମର ସୃଜନଶୀଳତା ସହିତ ବାଟ ଚାଲୁ ଓ ସାହିତ୍ୟ ଓ ଜୀବନରେ ନୂତନ ଶକ୍ତି ସଞ୍ଚାର କରୁ ।

ସହାବତାର

ଅବତାରମାନେ ଅବତରି ଆସନ୍ତି । ଊର୍ଦ୍ଧ୍ୱରୁ ଆସନ୍ତି । ଏହି ଅବତରଣ ପ୍ରକ୍ରିୟାରେ ନିମ୍ନରୁ ପ୍ରଚେଷ୍ଟା, ପ୍ରୟାସ, ସାଧନା ଓ ସଂଗ୍ରାମ ମଧ କାମ କରିଥାଏ । ଅବତାରମାନ ଉଭୟ ଆମର ପ୍ରୟାସ ଓ ପ୍ରାର୍ଥନାର ଆରୋହଣ, ଊର୍ଦ୍ଧ୍ୱାୟନ ଓ ଊର୍ଦ୍ଧ୍ୱଚେତନା ଓ ଶକ୍ତିର ଅବତରଣ ପ୍ରକ୍ରିୟାରେ ଧରାପୃଷ୍ଠକୁ ଆସନ୍ତି । ପ୍ରକୃତି, ଦିବ୍ୟ ଓ ମାନବ ପାଖକୁ ଆସନ୍ତି । ଆମର ଧୂଳି ମାଟିର ସଂସାରରେ ଖେଳକୁଦ, ସାଧନା ଓ ସଂଗ୍ରାମ କରି ଆମର ସମ୍ବନ୍ଧ, ଚେତନା ଓ ସଂସାରକୁ ଦିବ୍ୟ କରନ୍ତି, ଅଧିକ ବିବର୍ତ୍ତିତ ଓ ସୃଜନଶୀଳ କରନ୍ତି । ଅବତାରମାନେ ଦୁଷ୍କୃତମାନଙ୍କ ବିନାଶ ପାଇଁ ଆସନ୍ତି, ଧର୍ମ ପ୍ରଚାର ପାଇଁ ଆସନ୍ତି । ଏହା ସହିତ ଆମର ଚେତନା ଓ ସମ୍ବନ୍ଧର ରୂପାନ୍ତର ପାଇଁ ଆସନ୍ତି । ଦୁଷ୍କୃତ ମାନଙ୍କର ନିଧନ କରି ଦୁଷ୍କୃତ ଚେତନାର ରୂପାନ୍ତର ନକରିଲେ ଆମର ଯନ୍ତ୍ରଣା ଓ ଦୁଃଖର ମୂଳଭୂତ ରୂପାନ୍ତର କିପରି ହେବ ଓ ବ୍ୟକ୍ତି ଓ ସମାଜ ଭାବେ ଆମେ କେମିତି ସୃଜନଶୀଳ ଜୀବନଯାପନ କରିପାରିବା ?

ଧର୍ମପ୍ରତିଷ୍ଠା: ଏହି ଧର୍ମ କ'ଣ ସମାଜର ପ୍ରଚଳିତ ଧର୍ମର ପ୍ରତିଷ୍ଠା । ଶ୍ରୀମଦଭଗବତ୍‌ଗୀତାରେ ମଧ ଚତୁର୍ବର୍ଣ୍ଣର ଉଲ୍ଲେଖ ରହିଛି । ଜନ୍ମ ଦ୍ୱାରା ନହୋଇ ଏହା ଗୁଣ ଓ କର୍ମ ଦ୍ୱାରା ନିର୍ଦ୍ଧାରିତ ବୋଲି ଗୀତାରେ ଭଗବାନ ଶ୍ରୀକୃଷ୍ଣ କହୁଛନ୍ତି । ଅପରପକ୍ଷରେ ମହାଭାରତ ଯୁଦ୍ଧ ହେଲେ ଯେତେ ପୁରୁଷମାନଙ୍କର ମୃତ୍ୟୁ ହେବ ଓ ତାଙ୍କର ବିଧବା ସ୍ତ୍ରୀମାନେ ଅନ୍ୟ ବର୍ଣ୍ଣର ପୁରୁଷମାନଙ୍କ ସହିତ ମିଳିତ ହେଲେ ଏହାଦ୍ୱାରା ବର୍ଣ୍ଣସଂକର ଓ ମିଶ୍ରିତ ଜାତିର ଜନ୍ମହେବ ବୋଲି ବୀର ଅର୍ଜୁନ ଶଙ୍କା ପ୍ରକାଶ କରିଛନ୍ତି । ଅବତାର କ'ଣ ଏମିତି ବର୍ଣ୍ଣାଶ୍ରମ ଧର୍ମ ପ୍ରତିଷ୍ଠା କରିବାକୁ ପୃଥିବୀକୁ ଆସନ୍ତି ଅଥବା ଆମର ପ୍ରଚଳିତ ଧର୍ମ ଯଥା ବର୍ଣ୍ଣାଶ୍ରମ ଧର୍ମ ଯାହା ଭିତରେ ଅନେକ ଅବମାନନା, ନିର୍ଯ୍ୟାତନା ଓ ଜୀବନହନନ ରହିଛି ଓ ଯେଉଁ ବ୍ୟବସ୍ଥାରେ ଏକଲବ୍ୟ ଭଳି ଦିବ୍ୟ ପ୍ରତିଭାର ଅଙ୍ଗୁଳି କାଟି ନିଆଯାଇଛି, ଏହାର ରୂପାନ୍ତର ପାଇଁ ଆସନ୍ତି ?

ଶ୍ରୀମଦ୍‌ଭଗବତ୍‌ଗୀତାରେ ଆମର ପ୍ରିୟ ସଖା ସ୍ୱୟଂ ଶ୍ରୀକୃଷ୍ଣ ଆମକୁ କହୁଛନ୍ତି ଯେ' ତାଙ୍କର ବିଭୂତିର ଅନ୍ତଃନାହିଁ ଓ ଏହା ସଂପୂର୍ଣ୍ଣ ଭାବେ ପ୍ରକାଶିତ ହୋଇନାହିଁ ଏ ପର୍ଯ୍ୟନ୍ତ । ଅର୍ଜୁନଙ୍କୁ ଶ୍ରୀକୃଷ୍ଣ କହୁଛନ୍ତି: "ନାନ୍ତୋଽସ୍ତି ମମ ବିଦ୍ୟାନାଂ ବିଭୁତି ନାଂ ପରା", ଅର୍ଥାତ୍ ମୋର ଦିବ୍ୟ ବିଭୂତି ପ୍ରରିପ୍ରକାଶ କୌଣସି ଅନ୍ତଃନାହିଁ । ଶ୍ରୀକୃଷ୍ଣଙ୍କ ମଧ୍ୟରେ ଦିବ୍ୟ ବିଭୂତି ରହିଛି, ଅର୍ଜୁନଙ୍କ ମଧ୍ୟରେ ଦିବ୍ୟ ବିଭୂତି ରହିଛି ଓ ଆମ ସମସ୍ତଙ୍କ ମଧ୍ୟରେ ଦିବ୍ୟ ବିଭୂତି ରହିଛି । ଶ୍ରୀକୃଷ୍ଣଙ୍କର ଦିବ୍ୟ ବିଭୂତି ପ୍ରକାଶର ଯେମିତି ସୀମା ନାହିଁ, ଠିକ୍ ସେମିତି ଅର୍ଜୁନ, ରାଧା ଓ ଆମ ସମସ୍ତଙ୍କର ବିଭୂତି ପରିପ୍ରକାଶ ଓ ବାସ୍ତବାୟନର ମଧ୍ୟ କୌଣସି ସୀମା ନାହିଁ, କୌଣସି ଅନ୍ତଃ ନାହିଁ । ଆମର ଓ ଇଶ୍ୱରଙ୍କର ଅପ୍ରକାଶିତ ବିଭୂତିର ପ୍ରକାଶ ପାଇଁ ଅବତାର ଆମ ଧରାପୃଷ୍ଠ, ସମ୍ବନ୍ଧ ପୃଷ୍ଠ ଓ ଚେତନା ପୃଷ୍ଠକୁ ଆସନ୍ତି ।

ଶ୍ରୀଅରବିନ୍ଦ ଅବତାର ସଂପର୍କରେ କହନ୍ତି:

The word Avatara means a descent: It is a coming down of the Divine below the line which divides the divine from the human world or status (୧) । ଅର୍ଥାତ୍ ଅବତାର ଶବ୍ଦର ଅର୍ଥ ହେଉଛି ଅବତରଣ । ଏହା ଦେବତା ଓ ମନୁଷ୍ୟକୁ ଅଲଗା କରୁଥିବା ରେଖାର ତଳକୁ ଆସିବା । ଅବତାର ଏହି ବିଭାଜନ ରେଖାର ତଳକୁ ଆସି ଏହି ରେଖାକୁ ଅତିକ୍ରମ କରନ୍ତି; ଏହାକୁ ରୂପାନ୍ତରିତ କରନ୍ତି । ଶ୍ରୀଅରବିନ୍ଦ ପୁନଶ୍ଚ ଏହି ସଂପର୍କରେ ଆପଣାର ଗୀତା ନିବନ୍ଧମାଳା ପୁସ୍ତକରେ ଆମକୁ କହୁଛନ୍ତି: "The Avatar is always a dual phenomenon of divinity and humanity." (୨) ଅର୍ଥାତ୍ ଅବତାର ଏକା ସାଙ୍ଗରେ ଦିବ୍ୟ ଓ ମାନବୀୟ ।

ଦିବ୍ୟତା ଓ ମାନବୀୟତାର ମିଳନ, ଅବତରଣ, ଆରୋହଣ, ସଂଯୋଗ ଓ ସଂଘାତରେ ପ୍ରକ୍ରିୟାରେ ଅବତାର ଆମ ସହିତ କର୍ମ ଓ ଧ୍ୟାନ କରନ୍ତି । ଅବତାର ସହାବତାର - ଏହା ଆରୋହଣ ଓ ଅବତରଣର ସହାବତାର; ଆମର ପ୍ରାର୍ଥନା, ପ୍ରୟାସ, ସାଧନା ଓ ସଂଗ୍ରାମର ଉଚ୍ଚାୟନ ଓ ଉଚ୍ଚତର ବିଭୂତି । ଶକ୍ତି ଓ ଚେତନାର ଅବତରଣ ସହାବତାର । ଅବତାର ମାନେ ଧରାପୃଷ୍ଠକୁ ଆପଣାର ଜନନୀର ଜଠର ମଧ୍ୟଦେଇ ଆସନ୍ତି । ଅବତାର ମାନଙ୍କର ଜନନୀ.... ଦେବକୀ, ଯଶୋଦା, କୌଶଲ୍ୟା, କୈକେୟୀ, ମା ମେରୀ... ଅବତାରମାନଙ୍କ ସହ ସହବତାର । ଏହା ସହିତ ଅବତାର ମାନଙ୍କର ଶିକ୍ଷା, ସାଧନା ଓ ସଂଗ୍ରାମରେ ଉଭୟେ ଶତ୍ରୁ ଓ ମିତ୍ର ଏହି ସହାବତାର ଧାରାରେ ସଂଶ୍ଳିଷ୍ଟ । ସୁଦାମା ଓ କଂସ, ଶ୍ରୀକୃଷ୍ଣ ଓ ଦୁର୍ଯୋଧନ, ରାଧା ଓ ସତ୍ୟଭାମା;

ଲକ୍ଷ୍ମଣ, ସୂପର୍ଣ୍ଣଖା, ରାବଣ ଓ ହନୁମାନ, ମେରି, ମେରିଆମାଗଡେଲାନା, ପିଟର, ଥମାସ ଓ ପାଇଲେଟ୍ ଏମାନେ ସମସ୍ତେ ଏହି ସହବତାର ଧାରାରେ ସହଯାତ୍ରୀ । କୈକେୟୀ, ମନ୍ଥରା, ସୂପର୍ଣ୍ଣଖା ଓ ରାବଣ ବିନା ଅବତାର ଶ୍ରୀରାମଚନ୍ଦ୍ର କଣ ତାଙ୍କର କାର୍ଯ୍ୟକୁ ଧରାପୃଷ୍ଠରେ ସମ୍ପାଦନ କରିପାରିଥାନ୍ତେ ? ଯୀଶୁଖ୍ରୀଷ୍ଟ ଜୀବନରେ ରୋମାନ୍ ପ୍ରଶାସକ ପାଇଲେଟ୍ ଇହୁଦୀ ବଡପଣ୍ଡାମାନଙ୍କର ଚାପରେ ତାଙ୍କୁ କ୍ରୁଶବିଦ୍ଧ କରିବାକୁ ନିର୍ଦ୍ଦେଶ ଦେଇଥିଲେ । ମାତ୍ର ଏହାପୂର୍ବରୁ ସେ ଯୀଶୁଙ୍କୁ ଆଣିଥିବା ବଡପଣ୍ଡା ଓ ଦଳକୁ ପ୍ରଶ୍ନ କରିଥିଲେ । ମାତ୍ର ଯୀଶୁଙ୍କର ଦୋଷ କଣ ? ସେମାନେ କୌଣସି ଦୋଷ ନଦେଖାଇ ପାରି ଏହି ଲୋକଟି ତ୍ରାଣକର୍ତ୍ତା ଓ ଇହୁଦୀମାନଙ୍କର ରାଜା... King of Jews... ବୋଲି ଅଭିଯୋଗ କରୁଥିଲେ । ଗୋଟିଏ ସାଧାରଣ ଅପରାଧୀକୁ ମୁକୁଳାଇ ତାଙ୍କ ସ୍ଥାନରେ ଯୀଶୁଙ୍କୁ କ୍ରୁଶରେ ବସାଇବାକୁ ରୋମାନ୍ ଶାସକ ପାଇଲେଟ୍ ଦ୍ୱିଧାର ସହ ନିର୍ଦ୍ଦେଶ ଦେଇଥିଲେ । ଏହି କ୍ରୁଶବନ୍ଧର ନିର୍ଦ୍ଦେଶ ଏପର୍ଯ୍ୟନ୍ତ ଅନେକ ବର୍ବରୋଚିତ ମାତ୍ର ଏହିସବୁ ସହିତ ତିନିଦିନର କ୍ରୁଶବିଦ୍ଧପରେହିଁ ପ୍ରଭୁ ଯୀଶୁଖ୍ରୀଷ୍ଟଙ୍କୁ ସ୍ୱର୍ଗକୁ ଆରୋହଣ କରିଛନ୍ତି ଓ ଆମ ସମସ୍ତଙ୍କ ଜୀବନରେ ଏକ ଅମର ଜ୍ୟୋତିରୂପେ ଜଳୁଛନ୍ତି ଯାହାର ଝଲକ କେବଳ ଖ୍ରୀଷ୍ଟିୟାନ ମାନେ ନୁହେଁ ସମଗ୍ର ମନୁଷ୍ୟ ସମାଜ ଯେମିତି ଶ୍ରୀରାମଚନ୍ଦ୍ର ଓ ସ୍ୱାମୀ ବିବେକାନନ୍ଦଙ୍କୁ ଅନୁଭବ କରିଛନ୍ତି । ଠିକ୍ ସେମିତି ବ୍ରିଟିଶ ସରକାର ଯଦି ଶ୍ରୀଅରବିନ୍ଦଙ୍କୁ କାରାବନ୍ଧ କରିନଥାନ୍ତେ ତେବେ କାରାଗୃହରେ ଦେବକୀ ଭଳି ଶ୍ରୀଅରବିନ୍ଦ ବାସୁଦେବଙ୍କ ଦୃଶ୍ୟମାନ ଓ ଅଦୃଶ୍ୟମାନ ପ୍ରତ୍ୟେକ ବ୍ୟକ୍ତି ଓ ବସ୍ତୁ ମଧ୍ୟରେ ସଂଦର୍ଶନ ଓ ଅନୁଭବ କରିପାରିଥାନ୍ତେ କି ? କାରାଗୃହ ମଧ୍ୟରେ ସବୁଦିନ ସମାନ ପାଣିଆ ଡାଲି ଖାଇନଥିଲେ ଶ୍ରୀଅରବିନ୍ଦ ସଦା କ୍ଷଣ ଭଙ୍ଗୁର ବୌଦ୍ଧ ତତ୍ତ୍ୱର ବିକଳ୍ପ ଖୋଜିନଥାନ୍ତେ କି ସ୍ୱାମୀ ବିବେକାନନ୍ଦ ଆସି ତାଙ୍କୁ ଯୋଗ ସାଧନାରେ ଆହୁରି ଗଭୀର ଓ ଉଚ୍ଚକୁ ଯିବାକୁ ଶିକ୍ଷା ଦେଇଥାନ୍ତେ କି ?

ଅବତାରମାନେ ସହାବତାର । ସହାବତାର ରୂପେ ଅବତାରମାନେ ସହଯୋଗ ଓ ସମ୍ମୁଖୀନତାର ପ୍ରକ୍ରିୟାରେ ମନୁଷ୍ୟ, ସମାଜ ଓ ସଂସାର ସହିତ କାମ କରନ୍ତି । ଦିବ୍ୟ ଜୀବନର ପରିପ୍ରକାଶ ପାଇଁ ପ୍ରକୃତି, ଦିବ୍ୟ ଓ ମନୁଷ୍ୟ ସହିତ କେତେ ମତେ ସହଯୋଗ କରନ୍ତି । ସାଧକ, ପ୍ରେମିକ ଓ ପାଗଳ ହୋଇ ଆମର ପ୍ରେମ, ସହଯୋଗ, ସାଧନା, ସାହସ, ମନ୍ତ୍ର ଓ ତପସ୍ୟାକୁ ଭିକ୍ଷା କରିଥାନ୍ତି । ଏପରିକି ଦରକାର ଥିଲେ ସିଏ ଗୃଧ୍ର ପାଦ ଧରନ୍ତି ମାତ୍ର ନିଜକୁ ଓ ଆମକୁ ଗୃଧ୍ର ନକରି । ଆମର ସହଯୋଗର ସାଧନା, ଶକ୍ତି ଓ ସଂଗ୍ରାମରେ ସିଏ ଦିବ୍ୟ ଜୀବନକୁ ନାଶ କରୁଥିବା ଶକ୍ତିମାନଙ୍କୁ ସମ୍ମୁଖ କରନ୍ତି, ରୂପାନ୍ତରିତ କରନ୍ତି । ଆମର ଅବତାରମାନେ ଏବେବି ଆମ ସହିତ କାର୍ଯ୍ୟ କରୁଛନ୍ତି,

ଯୋଗ କରୁଛନ୍ତି । ଶ୍ରୀକୃଷ୍ଣଙ୍କର ଅବତାରୀ କାର୍ଯ୍ୟ ବୃନ୍ଦାବନ, ଦ୍ୱାରକା ଓ ମହାଭାରତ ପରେ ଏତେଦିନ ପରେ ଏବେବି ଯୋଗମଗ୍ନ କ୍ରିୟାରତ । ଆମେ ଏହି ଅବତାରୀ କାର୍ଯ୍ୟରେ ଶ୍ରୀକୃଷ୍ଣଙ୍କ ସହ ସହବତାର ହେବାକୁ ଚାହୁଁଛୁ କି ଯେମିତି ରାଧା, ସୁଦାମା, ଅର୍ଜୁନ ସେକାଳରେ ଓ ଏକାଳରେ ନିଜସ୍ୱ ଧାରାରେ ଅନେକ । ଏହି କ୍ଷେତ୍ରରେ ଶ୍ରୀଯୁକ୍ତ ଚିତ୍ତରଂଜନ ଦାସ ଆମକୁ କୁହନ୍ତି ଯେ' ଭାଗବତରେ ଲେଖାହୋଇଛି ଷୋହଳ ସହସ୍ର ଗୋପନାରୀ ସମସ୍ତେ ଅନୁଭବ କରୁଥିଲେ ଶ୍ରୀକୃଷ୍ଣ ତାଙ୍କର ନିଜର, ତାଙ୍କର ପ୍ରିୟ, ସବୁଠାରୁ ପ୍ରିୟ । ଆମର ଶ୍ରେଣୀ ଗୃହର ଶିକ୍ଷକ ଶିକ୍ଷୟିତ୍ରୀମାନେ ସେମିତି ଅନୁଭବ କରିପାରିବେ କି ତାଙ୍କର ଶ୍ରେଣୀର ପ୍ରତ୍ୟେକ ଛାତ୍ର-ଛାତ୍ରୀ ତାଙ୍କ ନିଜର ସବୁଠାରୁ ଅଧିକ ପ୍ରିୟ ବୋଲି ଅନୁଭବ କରନ୍ତି ? ଠିକ୍ ସେମିତି ମନୋଜ ବାବୁଙ୍କ ସାହିତ୍ୟ ପଢ଼ିଥିବା ଓ ତାଙ୍କୁ ସାକ୍ଷାତ କରିଥିବା ସମସ୍ତେ ମନୋଜବାବୁ ଗଭୀର ଭାବେ ପ୍ରେମ କରନ୍ତି ଓ ତାଙ୍କର ସାହିତ୍ୟ ମଧ୍ୟରେ ନିଜ ଜୀବନର ବାସ୍ତବତା ଓ ବିବର୍ତ୍ତନର ଝଲକ୍ ଦେଖନ୍ତି । ଶ୍ରୀକୃଷ୍ଣଙ୍କ ସହିତ ସହାବତାରୀ ରୂପେ ଚିତ୍ତଭାଇ ଓ ମନୋଜବାବୁଙ୍କ ଜୀବନ ଓ ସାଧନାରେ ଶ୍ରୀକୃଷ୍ଣଙ୍କର ଅପ୍ରକାଶିତ ବିଭୂତିର କିଛି ପରିପ୍ରକାଶ ଘଟିଛି । ଆମେ ମଧ୍ୟ ଶ୍ରୀକୃଷ୍ଣଙ୍କ ସହିତ ଧ୍ୟାନ ଓ କର୍ମକରି ଶ୍ରୀକୃଷ୍ଣଙ୍କ ସହିତ ସହାବତାରୀ ହୋଇପାରିବା । ବିକର୍ଷଣର ପୃଥିବୀରେ ଆମେ ପ୍ରେମର ଆକର୍ଷଣ ହେବା, ଆଲୋକର ଆକର୍ଷଣ ହେବା ।

ଆମର ଦୈନନ୍ଦିନ ଜୀବନରେ ଓ ପାରସ୍ପରିକ ସମ୍ବନ୍ଧରେ ଆମ ପ୍ରକୃତି, ଦିବ୍ୟ ଓ ମନୁଷ୍ୟର ଅପ୍ରକାଶିତ ବିଭୂତିକୁ ପ୍ରକାଶିତ କରିପାରିବା । ପରିବାରରେ ଆମେ ପରସ୍ପରକୁ... ସ୍ୱାମୀ, ସ୍ତ୍ରୀ, ବାପା, ମା, ଭାଇଭଉଣୀ, ପୁଅ, ଝିଅ, ପୁତୁରା, ଝିଆରୀ ସମସ୍ତଙ୍କୁ ଆମେ ସହାବତାର ରୂପେ ଦେଖିପାରିବା ଓ ଅନୁଭବ କରିପାରିବା । ଆମର ସାମାଜିକ ଓ ଆଧ୍ୟାତ୍ମିକ ସମ୍ବନ୍ଧରେ ଆମ ସମସ୍ତଙ୍କୁ ଆମେ ସହାବତାର ରୂପେ ଅନୁଭବ କରିପାରିବା । ଆମର ପାଠଚକ୍ର ଓ ଜୀବନଚକ୍ରର ସକଳ ଭାଇଭଉଣୀମାନଙ୍କୁ ଆମେ ସହାବତାର ରୂପେ ଦେଖିପାରିବା ଓ ଅନୁଭବ କରିପାରିବା । ଆମର ଶ୍ରେଣୀକକ୍ଷରେ ଆମର ପ୍ରତ୍ୟେକ ପିଲାଙ୍କୁ ଓ ଏପରିକି ଟେବୁଲ, ଚେୟାର ଓ ବ୍ଲାକବୋର୍ଡକୁ ଆମେ ସହାବତାର ରୂପେ ଅନୁଭବ କରିବା ଓ ଏହି ସକଳ ବସ୍ତୁକୁ ଆମେ ମା କହିଥିବା ଭଳି ଯତ୍ନ ଓ ମର୍ଯ୍ୟାଦାର ସହିତ ସ୍ପର୍ଶ କରିବା । ଆମର ବିଦ୍ୟାଳୟରେ ମାଳୀଠାରୁ ମେନେଜର ପର୍ଯ୍ୟନ୍ତ ।

ଆମେ ସୁହୃଦ୍ ମାନେ... ବଂଧୁମାନେ, ଆମେ ନିଜ ଜୀବନ, ସମ୍ବନ୍ଧ ଓ ସଂସାରରେ ସହାବତାର ଓ ସହାବତାରୀ ହୋଇପାରିବା । ଆମ ଜାତି, ଧର୍ମ,

ନିର୍ବିଶେଷରେ ସମସ୍ତ ଅବତାରମାନଙ୍କ ସହିତ ଯଥା ଆମ ହିନ୍ଦୁ ଧର୍ମର ଦଶାବତାର ସହ, ଖ୍ରୀଷ୍ଟଧର୍ମର ଯୀଶୁଖ୍ରୀଷ୍ଟ, ଇସଲାମ ଧର୍ମର ପୟେଗମ୍ବର ମହମ୍ମଦ ଓ ଧର୍ମ, ଆଧ୍ୟାତ୍ମିକତା ଓ ସୃଜନଶୀଳତାର ସହାବତାର ମାନେ ସୁହୃତ୍ ହୋଇ ଆମ ପାଖକୁ ଆସନ୍ତି, ଆମକୁ ପ୍ରେମ କରନ୍ତି ଓ ଆମକୁ କେତେ ଟକ୍କର ମଧ୍ୟ ଦିଅନ୍ତି । ପ୍ରଖ୍ୟାତ୍ ଦାର୍ଶନିକ ଫ୍ରେଡେରିକ୍ ନୀତ୍‌ସେ ଆପଣାର ଅମର ପୁସ୍ତକ Thus Spake Zarathustra ଆମକୁ କହୁଛନ୍ତି ଯେ' ବଂଧୁଟିଏ ଜଣେ ସିଏ, ଯିଏ ଆମର ଶତ୍ରୁ ସାଜେ, ଅର୍ଥାତ୍ ଆମର ସୀମିତତା ଓ ଦୁର୍ବଳତାକୁ ଟକ୍କର ଦେଇ ଆମର ଶତ୍ରୁ ସାଜେ । ସହାବତାରମାନେ ସୁହୃତ୍ ହୋଇ ଆମ ପାଖକୁ ଆସନ୍ତି ଓ ଆମ ସହିତ କାମ କରନ୍ତି । ସେମାନେ ମଧ୍ୟ ଆମକୁ ଟକ୍କର ଦିଅନ୍ତି ଓ ଏହି ପ୍ରକ୍ରିୟାରେ ଆମର ପ୍ରଚଳିତ ଆଳସ୍ୟ, ତମିସ୍ରା ଓ ଅବଚେତନାର ଶତ୍ରୁ ହୁଅନ୍ତି । ସେମାନେ ଆମର ମିତ୍ର ହୁଅନ୍ତି, ଅମିତ୍ର ହୁଅନ୍ତି ଓ ଏହି ପ୍ରକ୍ରିୟାରେ ମିତ୍ର ଓ ଅମିତ୍ର ଉଭୟଠାରୁ ଭୟମୁକ୍ତ ହୋଇ ଏକ ସୃଜନଶୀଳ ଓ ବିବର୍ତ୍ତନାତ୍ମକ ଆନନ୍ଦର ଜୀବନ ବଞ୍ଚିବାକୁ ଆମକୁ ସଦା ଆହ୍ୱାନ ଓ ଆମନ୍ତ୍ରଣ ଜଣାନ୍ତି । ଆମର ସୁହୃତ୍ ଶିବିର ମାନଙ୍କରେ -- ଆମେ ସାଙ୍ଗ ହୋଇ ଅଧ୍ୟୟନ କରିବା, ପରସ୍ପରକୁ ଦେଖିବା ଓ ଅନୁଭବ କରିବା, ଆମ ସମସ୍ତଙ୍କ ସହିତ ପ୍ରେମ ଓ ସୀମିତତାର ଅତିକ୍ରମଣର ସୃଜନାତ୍ମକ ସାହସ ସହିତ ସଂଯୁକ୍ତ ହେବା । ଆମର ଏହି ସଂସାରଟିକୁ ସହାବତାରର ଯୋଗ ଓ କର୍ମକ୍ଷେତ୍ରରୂପେ ଦେଖିବା ଓ ଅନୁଭବ କରିବା ଓ ଏହି ଭୂମିରେ ଆମେ ଉଭୟେ ଉଭୟ ଆରୋହଣ ଓ ଅବତରଣର ସାମ୍ପ୍ରତିକ, ନିତ୍ୟନିୟତ ଓ ଚିରନ୍ତନ ପ୍ରକ୍ରିୟାରେ କର୍ମ, ଧ୍ୟାନ ଓ ଭକ୍ତି ସହିତ ଯୁକ୍ତ ହୋଇପାରିବା । ଅଗଣିତ ଅବତାରମାନଙ୍କୁ ଆମେ ଆମ ଜୀବନ, ଚେତନା ଓ ସମ୍ବନ୍ଧରେ ବୁହାଇ ପାରିବା ଓ ତାଙ୍କ ସହିତ ସହାବତାର ହୋଇପାରିବା ।

ଗ୍ରନ୍ଥ ସୂଚନା:-

୧. Sri Aurobindo, Essay on the Gita, Pondichery: Sri Aurobindo Ashram, ପୃ.୧୫୬

୨. ତତ୍ରୈବ ପୃ.୧୬୪

ସ୍ୱାଧ୍ୟାୟ ସହାଧ୍ୟାୟ, ସମୀକ୍ଷା ସହଯାତ୍ରା

-୧-

ସ୍ୱାଧ୍ୟାୟ । ସ୍ୱର ଅଧ୍ୟୟନ, ସ୍ୱର ମନନ । ଏହି ସ୍ୱ ପୁଣି କିଏ ? ସ୍ୱ: ନିଜର ବହୁପରିସରୀୟ ସତ୍ତାର ଅଧ୍ୟୟନ, ଅହଂଯୁକ୍ତ ସତ୍ତା ଓ ଅହଂମୁକ୍ତ ସତ୍ତାର ଅଧ୍ୟୟନ । ଅହଂଯୁକ୍ତ ସତ୍ତାର ଅଧ୍ୟୟନ କରି ଅହଂମୁକ୍ତ ସତ୍ତା ଆଡକୁ ଯାତ୍ରା ଓ ଏହି ଅହଂମୁକ୍ତ ସତ୍ତାର ବିକାଶ ଓ ପ୍ରସ୍ଫୁଟନ ଆମ ନିଜ ଜୀବନରେ, ପରସ୍ପରର ଜୀବନରେ, ସମାଜ ଓ ସଂସ୍କୃତିର ଓ ବିଶ୍ୱର ଜୀବନ ଧାରାରେ ।

ସ୍ୱାଧ୍ୟାୟ ବିଷୟରେ ଭାରତର ସାଧନା ଓ ଅଧ୍ୟୟନ ପରମ୍ପରାରେ ଅନେକ ଗଭୀର ଭାବେ କୁହାଯାଇଛି । ତୈତ୍ତିରେୟ ଉପନିଷଦରେ କୁହାଯାଇଛି-- ସତ୍ୟବଦ, ଧର୍ମଞ୍ଚର, ସ୍ୱାଧ୍ୟାୟାନ୍ମାଂ ପ୍ରମଦଃ ॥ ଅର୍ଥାତ୍ ଆମେ ସତ୍ୟ କହିବା, ଧର୍ମାଚାରଣା କରିବା ଓ କେଭେ ସ୍ୱାଧ୍ୟାୟରୁ ନିବୃତ୍ତ ରହିବାନାହିଁ । ତୈତ୍ତିରେୟ ଆରଣ୍ୟକରେ ସ୍ୱାଧ୍ୟାୟ ଅଧିତବ୍ୟ ସଂପର୍କରେ କୁହାଯାଇଛି ଓ ଏହି ଆରଣ୍ୟକର ଅନ୍ୟସ୍ଥାନରେ କୁହାଯାଇଛି-- "ସ୍ୱାଧ୍ୟାୟିବିଷ୍ଟଃ ଦେବତା ସଂପ୍ରୟୋଗଃ" ଅର୍ଥାତ୍ ସ୍ୱର ଅଧ୍ୟୟନ କର ଓ ଦିବ୍ୟଙ୍କୁ ଆବିଷ୍କାର କର । ଶ୍ରୀମଦ୍‌ଭାଗବତ୍ ଗୀତାରେ ମଧ୍ୟ ସ୍ୱାଧ୍ୟାୟ ବିଷୟରେ ଦୁଇ ଅଧ୍ୟାୟରେ ସ୍ୱାଧ୍ୟାୟକୁ ବାଂଯମୟଃ ତପଃ ସହିତ ଯୋଡା ଯାଇଛି । ଏହି ବାଂଯମୟ ତପରେ ସ୍ୱାଧ୍ୟାୟ ଆମକୁ ଏମିତି ଶବ୍ଦ ଓ ବଚନ କହିବାକୁ ସାହାଯ୍ୟ କରେ ଯାହା ସତ୍ୟମୟ, ଦୟାଦ୍ର, ସହାୟକ ଓ ଶୁଣୁଥିବା ଲୋକକୁ ଯାହା ଉତ୍ତୋଳିତ କରେ, ବୌଦ୍ଧାୟନ ଧର୍ମଶାସ୍ତ୍ରରେ ମଧ୍ୟ ସ୍ୱାଧ୍ୟାୟକୁ ବ୍ରହ୍ମ ଉପାସନାରେ ଏକ ମାର୍ଗ ବୋଲି ଗ୍ରହଣ କରାଯାଇଛି । ସ୍ୱାଧ୍ୟାୟ ଅତୀତର ତ୍ରୁଟିକୁ ମଧ୍ୟ ଅତିକ୍ରମ କରିବାକୁ ସାହାଯ୍ୟ କରେ ବୋଲି କୁହାଯାଇଛି । ପାତଞ୍ଜଳି ଯୋଗ ସୂତ୍ରରେ ସ୍ୱାଧ୍ୟାୟ ହେଉଛି ଗୋଟିଏ ନିୟମ । ସ୍ୱାଧ୍ୟାୟ ଏଠାରେ ସ୍ୱ ଓ ଶାସ୍ତ୍ରର ଅଧ୍ୟୟନକୁ ବୁଝାଇଥାଏ ।

ସ୍ୱାଧ୍ୟାୟ-ସ୍ୱର ଅଧ୍ୟୟନ । ମାତ୍ର ଏହା ସ୍ୱ ସହିତ ସହିତ ସହ ସଂପୃକ୍ତ ଓ ସଂଯୁକ୍ତ । ସହର ଭୂମି ଓ ଧାରାରେ ସ୍ୱର ଉନ୍ମେଷ ଓ ବିକାଶ ହୋଇଥାଏ । ସ୍ୱର ସତ୍ତା ସମାଜ ଓ ସଂସ୍କୃତିର ନାନା ସମ୍ବନ୍ଧ ଓ ସମ୍ପର୍କ ସହିତ ନାନାଭାବେ ସଂଯୁକ୍ତ ଓ ସ୍ୱତ୍ରାୟିତ । ସ୍ୱ କୁ ଅଧ୍ୟୟନ କରିବାକୁ ହେଲେ ସହକୁ ଅଧ୍ୟୟନ କରିବାକୁ ହୋଇଥାଏ--- ସଂପର୍କ ସମ୍ବନ୍ଧମାନଙ୍କୁ ଅଧ୍ୟୟନ କରିବାକୁ ହୋଇଥାଏ । ସ୍ୱଧ୍ୟାୟ ପାଇଁ ସ୍ୱ ର ଅଧ୍ୟୟନ ଓ ସ୍ୱ ର ଗଭୀର ଧ୍ୟାନ ସହିତ ସ୍ୱ ସହିତ ସଂଯୁକ୍ତ ସଂପର୍କ ଓ ସମ୍ବନ୍ଧର ଅଧ୍ୟୟନ କରିବାକୁ ହୋଇଥାଏ । ସଂପର୍କ ଓ ସଂଯୋଗର ଭୂମିରେ ଆମେ ଆମ ଭିତରେ ଥିବା ବାସ୍ତବତା ଓ ସମ୍ଭାବନାର ପରିଚୟ ପାଇଥାଉ । ଆଖିବୁଜି ଆମେ ସ୍ୱ ର ଧ୍ୟାନ କରୁ; ଆମେ ଆମକୁ ଆବିଷ୍କାର କରୁଁ ଓ ଆମ ମଧ୍ୟରେ ଥିବା ଉଚ୍ଚତର ଓ ବୃହତ୍ତର ଦିବ୍ୟସତ୍ତାର ପରିଚୟ ପାଉ । ମାତ୍ର ଆମର ସମ୍ବନ୍ଧ ଓ ସଂପର୍କରେ ଆମକୁ କିଏ କେଉଁଠି ଟିକିଏ କଣ କହିଦେଲେ ଆମେ କେତେ ଉତ୍‌କ୍ଷିପ୍ତ ହୋଇଯାଉ । ଆମକୁ କେହି ଟକ୍‌କର ଦେଲେ ଆମେ ଅବିଳମ୍ବେ ମଧ୍ୟ ଟକ୍‌କର ଦେବାକୁ ଆଗେଇ ଆସୁ । ଆମର ସ୍ୱ ସତ୍ତା ଓ ବିକାଶର ସ୍ତର କେବଳ ସ୍ୱାଧ୍ୟାୟ ଦ୍ୱାରା ସମ୍ଭବ ନୁହେଁ । ଏହା ସହିତ ସହାଧ୍ୟାୟ--- ସହ ଅଧ୍ୟୟନ ଏକାନ୍ତ ଆବଶ୍ୟକ ।

ଏହି ସହାଧ୍ୟାୟରେ ଧାରାରେ ସ୍ୱ ଅଛି, ଅନ୍ୟମାନେ ଅଛନ୍ତି, ସମାଜ, ସଂସ୍କୃତି, ପ୍ରକୃତି, ଦିବ୍ୟ ସମସ୍ତେ ଅଛନ୍ତି । ଏହି ସହାଧ୍ୟାୟର ଧାରାରେ ଆତ୍ମାଅଛି, ଅନ୍ୟଆତ୍ମାମାନେ ମଧ୍ୟ ଅଛନ୍ତି-- self ଅଛନ୍ତି, other ଅଛନ୍ତି । ସହାଧ୍ୟାୟର ଧାରାରେ ଆମେ ନିଜର ଅନ୍ତଃସ୍ୱରକୁ ଶୁଣୁଛୁ, ଅନ୍ୟର ଅନ୍ତଃସ୍ୱର ଓ ବହିସ୍ୱରକୁ ଶୁଣୁଛୁ; ଅନ୍ୟର ବେଦନା ଓ ଯନ୍ତ୍ରଣାର ସ୍ୱର ଶୁଣୁଛୁ ଯେମିତି ଆତ୍ମାର ବେଦନା ଓ ଯନ୍ତ୍ରଣାର ସ୍ୱର, ଆମେ ମଧ୍ୟ ଉଭୟ ଆତ୍ମା, ସହ-ଆତ୍ମା ଓ ଅନ୍ୟ ଆତ୍ମାର ସ୍ୱପ୍ନ ଓ ଆସ୍ପୃହାର ସଂଗୀତ ଶୁଣୁ । ଖାଲି ସ୍ୱାଧ୍ୟାୟ କଥା କହିଲେ ଆମେ ହୁଏତ ନିଜ ଭିତରେ ବାଂଧିହୋଇ ରହିଯାଇପାରୁ । ଖାସ୍ ସେଇଥିପାଇଁ ହୁଏତ ପ୍ରଖ୍ୟାତ ଓ ଗଭୀର ଦାର୍ଶନିକ ଦୟା କ୍ରିଷ୍ଣା ଆମକୁ କହିଛନ୍ତି ଯେ ଭାରତୀୟ ପରମ୍ପରାରେ ସ୍ୱ ଓ ଆତ୍ମା ଉପରେ ଗୁରୁତ୍ୱ ଆମକୁ ଅନେକ ସମୟରେ ଅନ୍ୟର ଦୁଃଖ ଓ ଯନ୍ତ୍ରଣା ପାଇଁ ଉଦାସୀନ କରାଇଛି । ଆମେ ଅନ୍ୟକୁ ଆମର ଜୀବନ ପଥରେ ସେତିକି ଗୁରୁତ୍ୱ ଦେଉନା ଯେତିକି ନିଜକୁ ଦେଉ । ଏହି କ୍ଷେତ୍ରରେ ୟୁରୋପର ଗଭୀର ଦାର୍ଶନିକ ଇମାନୁଏଲ୍ ଲେଭିନାସ୍ (Emmanuel Levinas) ଆମକୁ କହନ୍ତି ଯେ, ଆମକୁ ପ୍ରଥମେ ଅନ୍ୟର ମୁହଁକୁ ଅନାଇବାକୁ ହେବ । ଅନ୍ୟର ମୁଖଶ୍ରୀ ଯଦି ଦୁଃଖରେ ଭାଙ୍ଗିପଡିଛି ଆମକୁ ଏହି ଦୁଃଖ ଓ ଯନ୍ତ୍ରଣାକୁ ରୂପାନ୍ତରିତ କରିବାକୁ ହେବ । ଲେଭିନାସ୍‌ଙ୍କର ଗୋଟିଏ ମନ୍ତ୍ରମୟ ବାକ୍ୟ ହେଉଛି:

ଅନ୍ୟର ମୁଖଟି କେବଳ ଆମର ସମ୍ମୁଖରେ ନାହିଁ; ଏହା ଆମର ଉପରେ ରହିଛି । ଏହା ଆମଠାରୁ ଧ୍ୟାନ, କରୁଣା, ସହଯୋଗିତା ଓ ସଂହତି ଦାବୀ କରେ । ଆମ ଓଡିଶାର ସନ୍ଥକବି ଭୀମଭୋଇ ମଧ୍ୟ କହିଛନ୍ତି: "ପ୍ରାଣୀଙ୍କ ଆରତ ଦୁଃଖ ଅପ୍ରମିତ, ଦେଖୁ ଦେଖୁ କେବା ସହୁ । ମୋ ଜୀବନ ପଛେ ନର୍କେ ପଡିଥାଉ ଜଗତ ଉଦ୍ଧାର ହେଉ ।" ଭୀମଭୋଇଙ୍କର ଏହି ସାଧନା ଓ ଜୀବନପଥରେ ଅନ୍ୟ ସହିତ ଧ୍ୟାନ ରହିଛି; ନିଜ ସହିତ ଧ୍ୟାନ ଏକ ସେବା ଓ ରୂପାନ୍ତରର ଧ୍ୟାନ ରହିଛି । ସ୍ୱ ଏଠାରେ କେନ୍ଦ୍ରରେ ରହି ଅନ୍ୟମାନଙ୍କୁ ଗିଳିପକାଉନାହିଁ ବା ଅନ୍ୟମାନଙ୍କର ଦୁଃଖ ଓ ଯନ୍ତ୍ରଣା ପ୍ରତି ଉଦାସୀନ ନୁହେଁ । ଠିକ୍ ଏହି ଧାରାରେ ଗାଂଧୀ ଆମକୁ କହୁଛନ୍ତି ଆମେ ଯେତେବେଳେ ଆମେ ଜୀବନପାଇଁ ଉପଯୁକ୍ତ ମାର୍ଗ ଚୟନରେ ଯେବେ ଆମେ ଦ୍ୱନ୍ଦ୍ୱ ଓ ସଂଶୟରେ ଥାଉ ସେତେବେଳେ ଆମେ ଆମ ମଧ୍ୟରେ ଥିବା ଦରିଦ୍ରରୁ ଦରିଦ୍ରତମ ବ୍ୟକ୍ତିଟିର ମୁଖଶ୍ରୀକୁ ଆମ ସମ୍ମୁଖକୁ ଆଣିବା ଓ ଏମିତି ଚିନ୍ତା କରିବା ଓ କର୍ମପଥ ଚୟନ କରିବା ଯାହା ଏହି ବ୍ୟକ୍ତିଟିର ଜୀବନରେ ସ୍ୱରାଜ ଆଣିଦେବ, ଆନନ୍ଦ ଆଣିଦେବ । ସହାଧ୍ୟାୟର ଧାରାରେ ଅନ୍ୟସହ ଆମେ ଧ୍ୟାନକରୁ, ଅନ୍ୟକୁ ପ୍ରାଥମିକତା ଦେଉ; ଏହା ସହିତ ନିଜ ସହିତ ମଧ୍ୟ ଧ୍ୟାନ; ଅନ୍ୟ ପ୍ରତି ପ୍ରସ୍ତୁତ ନିଜର ଦ୍ୱାର ଓ ବାତାୟନମାନଙ୍କୁ ଖୋଲି ଦେବାପାଇଁ ପ୍ରସ୍ତୁତି, ପ୍ରାର୍ଥନା ଓ ପ୍ରୟାସ ।

ସ୍ୱାଧ୍ୟାୟ: ନିଜର ଅଧ୍ୟୟନ ସହିତ ନିଜ ସଂସ୍କୃତି ଓ ଧର୍ମର ଶାସ୍ତ୍ର ମାନଙ୍କର ଅଧ୍ୟୟନ । ଆମେ ଯେଉଁ ସଂସ୍କୃତି, ଧର୍ମ ଓ ବିଜ୍ଞାନ ମାର୍ଗରେ ବଢିଛୁ ଓ ବଢୁଛୁ ଏହି ମାର୍ଗମାନଙ୍କର ଅନେକ ଶାସ୍ତ୍ରମାନେ ରହିଛନ୍ତି । ଧର୍ମର ମାର୍ଗରେ ପ୍ରତ୍ୟେକ ଧର୍ମର କେତେକ ପ୍ରଧାନଶାସ୍ତ୍ର ମାନ ରହିଛି ଯେମିତି ଇସଲାମ୍ ଧର୍ମରେ କୋରାନ୍, ଖ୍ରୀଷ୍ଟିୟାନ୍ ଧର୍ମରେ ବାଇବେଲ, ହିନ୍ଦୁଧର୍ମରେ ଶ୍ରୀମଦଭାଗବତ୍‌ଗୀତା, ବୌଦ୍ଧଧର୍ମରେ ତ୍ରିପିଟକ ସୂତ୍ର ଆମେ ଆମର ଏହି ଶାସ୍ତ୍ରମାନଙ୍କରେ ସ୍ୱାଧ୍ୟାୟ କରିବା; ଅଧ୍ୟୟନ କରିବା । ମାତ୍ର ଅଧ୍ୟୟନ କରିବାବେଳେ ଆମେ ଏହାକୁ ଏକାଏକା ପଢିପାରିବା ଅଥବା ଆମେ ଏହାକୁ ସତୀର୍ଥ ଓ ସମାଗ୍ରହୀ ବଂଧୁମାନଙ୍କ ସହିତ ସାଙ୍ଗହୋଇ ପଢିପାରିବା । ଏହି ସାଙ୍ଗହୋଇ ପଢୁଥିବାବେଳେ ଆମେ ସ୍ୱାଧ୍ୟାୟ କରୁଥିବା ଶାସ୍ତ୍ରକୁ ପରସ୍ପର ସହିତ ଆଲୋଚନା କରୁ । ଏହି ଆଲୋଚନା ସମୟରେ ଶାସ୍ତ୍ରରେ ଲିଖିତ ବାଣୀ ଓ ଚିନ୍ତନମାନଙ୍କୁ ଆମେ ତର୍ଜମା କରୁ, ବୁଝିବାକୁ ଚେଷ୍ଟା କରୁ ଓ ଏହି ବୁଝିବାର ପ୍ରକ୍ରିୟାରେ ଆମେ ମଧ୍ୟ ଶାସ୍ତ୍ରକୁ କିଛି ପ୍ରଶ୍ନ କରୁ ମଧ୍ୟ । ମା ଓ ଶ୍ରୀଅରବିନ୍ଦଙ୍କର ରଚିତ କିଛି ପୁସ୍ତକକୁ ଆମେ ଏକାଏକା ନପଢି ସାଙ୍ଗହୋଇ ପଢୁ । ମାତ୍ର ସାଙ୍ଗହୋଇ ପଢିଲାବେଳେ ଆମେ ଅନେକ ସମୟରେ ଶାସ୍ତ୍ରରେ ଯାହା ଲେଖାହୋଇଛି ତାହାର ପାରାୟଣ କରୁ,

ପୁନଃକଥନ କରୁ । ଆମେ ହୁଏତ ଶାସ୍ତ୍ରରେ ଲିଖିତ ବଚନ ଓ ଚିନ୍ତନମାନଙ୍କର ସମୀକ୍ଷାତ୍ମକ ତର୍ଜମା କରୁନୁ ।

ଆମେ ଯେତେବେଳେ ଆମର ଧର୍ମ ମାନଙ୍କର ଶାସ୍ତ୍ରମାନଙ୍କର ସ୍ୱାଧ୍ୟାୟ କରୁ, ଅଧ୍ୟୟନ କରୁ ଆମ ମାର୍ଗର ଶାସ୍ତ୍ରମାନଙ୍କର ଅଧ୍ୟୟନ କରୁ; ଅଧିକାଂଶ ସମୟରେ ଆମେ ଅନ୍ୟମାର୍ଗର ଶାସ୍ତ୍ରମାନଙ୍କର ସ୍ୱାଧ୍ୟାୟ ଓ ସହଧ୍ୟାୟ କରୁନା । ପଶ୍ଚିମ ଭାରତବର୍ଷରେ ସ୍ୱାଧ୍ୟାୟ ଏକ ସାମାଜିକ, ଧାର୍ମିକ ଓ ଆଧ୍ୟାତ୍ମିକ ଆନ୍ଦୋଳନ ଯାହା ଶ୍ରୀମଦଭାଗବତଗୀତାଠାରୁ ପ୍ରେରଣାଲାଭ କରି ଜନ୍ମହୋଇଛି ଓ କ୍ରିୟାଶୀଳ । ୧୯୪୦ ଦଶନ୍ଧିରେ ଏହାକୁ ଭଗବତଗୀତା ଦ୍ୱାରା ପ୍ରେରିତ ହୋଇଥିବା ଶ୍ରୀ ପାଣ୍ଡୁରଂଗ ଶାସ୍ତ୍ରୀ ଅଥବଲେ ଆରମ୍ଭ କରିଥିଲେ । ଏହାପରେ ଏହା ଗୁଜରାତ ଓ ମହାରାଷ୍ଟ୍ରରେ ପ୍ରସାରିତ ହେଲା । ଗୁଜୁରାତର ପୋରବନ୍ଦରରେ ମୁଁ ଏକ ସ୍ୱାଧ୍ୟାୟ ପ୍ରୟୋଗ କେନ୍ଦ୍ରକୁ ପ୍ରଥମେ ୧୯୯୪ ମସିହାରେ ଯାଇଥିଲି । ସେଠାରେ ସ୍ୱାଧ୍ୟାୟୀ ଭାଇମାନଙ୍କୁ ଭେଟିଥିଲି ଓ ଭାରତ ବାହାରର ବିଭିନ୍ନ ସ୍ଥାନରେ ଯଥା ଲଣ୍ଡନ, ଚିକାଗୋ ଓ ଦୁବାଇରେ କଥାବାର୍ତ୍ତା କରିଛି । ସ୍ୱାଧ୍ୟାୟ ଏକ ହିନ୍ଦୁ ସାମାଜିକ, ଆଧ୍ୟାତ୍ମିକ ଆନ୍ଦୋଳନ । ସ୍ୱାଧ୍ୟାୟ ଯୀଶୁଖ୍ରୀଷ୍ଟଙ୍କୁ ଇଶ୍ୱରଙ୍କର ଏକାଦଶ ଅବତାର ଓ ପୟଗମ୍ବର ମହମ୍ମଦଙ୍କୁ ଦ୍ୱାଦଶ ଅବତାର ରୂପେ ଗ୍ରହଣ କରିଥାଏ । ମାତ୍ର ଖ୍ରୀଷ୍ଟିୟାନ ଓ ଇସଲାମ୍ ଧର୍ମ ପ୍ରତି ଏମିତି ଏକ ପ୍ରାରମ୍ଭିକ ଶ୍ରଦ୍ଧା ଥିଲେ ମଧ୍ୟ ସ୍ୱାଧ୍ୟାୟୀ ଭାଇଭଉଣୀମାନେ ଭଗବତଗୀତା ଓ ଅନ୍ୟ ହିନ୍ଦୁଧର୍ମର ସ୍ୱାଧ୍ୟାୟ କରିବା ସହିତ ଅନ୍ୟ ଧର୍ମଗ୍ରନ୍ଥ ପଢ଼ନ୍ତି ନାହିଁ । ସ୍ୱାଧ୍ୟାୟ ସହିତ ମିଶୁଥିବା ଅନ୍ୟ ଧର୍ମର ଲୋକମାନେ ଯଥା ଖ୍ରୀଷ୍ଟିୟାନ ଓ ହିନ୍ଦୁମାନେ ମଧ୍ୟ ହିନ୍ଦୁ ଧର୍ମଗ୍ରନ୍ଥମାନ ପଢନ୍ତି ନାହିଁ । ଏହି କ୍ଷେତ୍ରରେ ମୁଁ ମୋର କ୍ଷେତ୍ରଗବେଷଣାବେଳେ ଗୁଜୁରାତର ଭୋରାଓ୍ୱାଲ୍ ସହରରେ ଜଣେ ମୁସଲମାନ ଭାଇଙ୍କ ସହିତ କଥା ହେଉଥିଲି । ମୁଁ ତାଙ୍କୁ ପଚାରିଲି: ଆପଣ କେଵେ ଅନ୍ୟ ଧର୍ମଗ୍ରନ୍ଥମାନ ପଢିଛନ୍ତି କି ? ସେ କହିଲେ: ଆମେ ନିଜର ଧର୍ମଗ୍ରନ୍ଥମାନ ପଢିପାରୁନୁ ଅନ୍ୟର ଗ୍ରନ୍ଥ ପଢିବାକୁ କେତେବେଳେ ବେଳ ? ସ୍ୱାଧ୍ୟାୟୀ ଭାଇ ଭଉଣୀମାନେ ଭଗବତ୍ ଗୀତା ଅଧ୍ୟୟନ କରନ୍ତି, ପାଣ୍ଡୁରାମ ଶାସ୍ତ୍ରୀ ଲେଖିଥିବା ପୁସ୍ତକମାନ ଅଧ୍ୟୟନ କରନ୍ତି; ତାଙ୍କର ପ୍ରବଚନ ଶୁଣନ୍ତି । ମାତ୍ର ଏହି ସବୁର ଆମର ଭାଇ, ଭଉଣୀମାନେ ପାରାୟଣ କରନ୍ତି; ଏମାନେ ହୁଏତ କେଵେ ଭଗବତଗୀତାରେ ଥିବା ଚିନ୍ତନମାନଙ୍କୁ ନେଇ ପ୍ରଶ୍ନ କରିନାହାନ୍ତି, ଏହାକୁ ନେଇ ସମୀକ୍ଷା କରିନାହାନ୍ତି ।

ଉଦାହରଣ ସ୍ୱରୂପ, ଭଗବତ୍‌ଗୀତାରେ ଗୋଟିଏ ସ୍ଥାନରେ ଶ୍ରୀକୃଷ୍ଣ କହୁଛନ୍ତି: ଚତୁର୍ବର୍ଣ୍ଣଂ ମୟା ସୃଷ୍ଟ ଗୁଣ କର୍ମ ବିଭାଗଶଃ । ଅର୍ଥାତ୍ ଗୁଣ ଓ କର୍ମର ନିୟମ ଅନୁସାରେ ମୁଁ ଚତୁର୍ବର୍ଣ୍ଣ ସୃଷ୍ଟି କରିଛି । ମାତ୍ର ଶ୍ରୀମଦ୍‌ଭାଗବତଗୀତାର ଅନ୍ୟସ୍ଥାନରେ ଅର୍ଜୁନ କହୁଛନ୍ତି

ଯେ, ଯଦି ଯୁଦ୍ଧଜନିତ ହତ୍ୟାଫଳରେ ନାରୀମାନେ ଅନ୍ୟବର୍ଣ୍ଣରୁ ବିବାହ କରିବେ ତେବେ ବର୍ଣ୍ଣଶଙ୍କର ଉପୁଜିବେ । ଶ୍ରୀମଦଭଗବତ୍‌ଗୀତାର ଅନ୍ୟଏକ ସ୍ଥାନରେ ଶ୍ରୀକୃଷ୍ଣ କହୁଛନ୍ତି ଯେ, ସିଏ ଶୂଦ୍ର ହେଉ ବା ନାରୀ ହେଉ ଯିଏ ତାଙ୍କୁ ହୃଦୟର ସେ ଆରାଧନା କରେ ସେ ତାଙ୍କ ପାଖକୁ ଆସେ । ଯଦି ତତ୍କାଳୀନ ସମାଜରେ ନାରୀ ଓ ଶୂଦ୍ରମାନେ ନୀଚସ୍ଥାନରେ ନଥାନ୍ତେ ତେବେ ଏମିତି କଥା ଶ୍ରୀକୃଷ୍ଣ କ'ଣ ପାଇଁ କହିଥାନ୍ତେ ? ମାନବ ସମାଜର ଆବହମାନ କାଳରୁ ମାନବୀୟ ମର୍ଯ୍ୟାଦା ଓ ବ୍ୟକ୍ତିଗତ ଓ ସାମାଜିକ ମୁକ୍ତି ଆମର ଏକ ପ୍ରଧାନ ଆହ୍ୱାନ ଓ ଆମନ୍ତ୍ରଣ । ଏହିସବୁ ପ୍ରଶ୍ନମାନଙ୍କ ସହିତ ଯାତ୍ରା କରି ଆମେ ଗୀତାର ସ୍ୱାଧ୍ୟାୟ କରୁକି ? ଏହି ସ୍ୱାଧ୍ୟାୟରେ ସହାଧ୍ୟାୟର ସମୀକ୍ଷା ଥାଏକି ? ଶ୍ରୀଯୁକ୍ତ ଅଥବଲେ Thoughts on Glorious Heritage ନାମକ ଏକ ପୁସ୍ତକ ଲେଖିଛନ୍ତି: ଏହି ପୁସ୍ତକରେ ଅଥବଲେ ଲେଖୁଛନ୍ତି ଯେ,

If we want vedic culture to survive we have to maintain the age old traditions. To this end, the Upanishads are absolutely necessary. But above all we want Manu and the social life envisaged by him. Let Manu come first and then the Upanishads. (୧)

ଏହାର ଅର୍ଥ ଆମେ ଯଦି ବୈଦିକ ସଂସ୍କୃତିର ସଂରକ୍ଷଣ କଥା ବିଚାର କରୁଥିବା ତାହେଲେ ଆମକୁ ଯୁଗଯୁଗର ପୁରୁଣା ପରମ୍ପରାକୁ ବଜାୟ ରଖିବାକୁ ହେବ । ଏଥିପାଇଁ ଉପନିଷଦ ଅନ୍ୟକୁ ଆବଶ୍ୟକ ମାତ୍ର ଏଥିପାଇଁ ଆମେ ମନୁ ଓ ମନୁପ୍ରଦତ୍ତ ସାମାଜିକ ବ୍ୟବସ୍ଥା ଚାହୁଁ । ଏଥିରେ ଆଗ ମନୁ ଓ ଏହାପରେ ଉପନିଷଦ । ଶ୍ରୀଯୁକ୍ତ ଅଥବଲେଙ୍କର ଏମିତି ଚିନ୍ତନର ଏକ ନୈତିକ ଓ ସମୀକ୍ଷାତ୍ମକ ଆଲୋଚନା ମୁଁ ସ୍ୱାଧ୍ୟାୟରେ କେଉଁଠି ଶୁଣିନାହିଁ । ସ୍ୱାଧ୍ୟାୟ ସହିତ ଏଠାରେ ସମୀକ୍ଷାତ୍ମକ ସହାଧ୍ୟାୟ ବହୁତ କମ ରହିଛି ।

ଠିକ୍ ସେମିତି ମା-ଶ୍ରୀରବିନ୍ଦଙ୍କ ପାଠଚକ୍ର ଆନ୍ଦୋଳନରେ । ଏହି ପାଠଚକ୍ରମାନ ଗଢି ଉଠିଥିଲା ମା ଓ ଶ୍ରୀଅରବିନ୍ଦଙ୍କର ବହିମାନ ସାଙ୍ଗ ହୋଇ ପଢିବାକୁ । ମାତ୍ର ଏହି ସହ-ପଠନରେ ପଠନ ଓ ପାରାୟଣ ହିଁ ମୁଖ୍ୟତଃ ହୁଏ; ମା ଓ ଶ୍ରୀଅରବିନ୍ଦ ଯାହା ଲେଖିଛନ୍ତି ତାହାର ପଠନ ଓ ପୁନର୍କଥନ ହୋଇଥାଏ । ମାତ୍ର ଏହି ପାଠଚକ୍ରରେ ସମୀକ୍ଷାତ୍ମକ ସ୍ୱାଧ୍ୟାୟ ବହୁତ କମଥାଏ ଅର୍ଥାତ୍ ଏହି ପାଠଚକ୍ରରେ ମା ଓ ଶ୍ରୀ ଅରବିନ୍ଦଙ୍କର ଚିନ୍ତନକୁ ଓ ବିଚାରକୁ ସମୀକ୍ଷାତ୍ମକ ଭାବେ ଆଲୋଚନା କରି, ଏହାକୁ ପ୍ରଶ୍ନ କରି କମ ଆଲୋଚନା ହୋଇଛି । ଏହି ପାଠଚକ୍ରମାନଙ୍କରେ ମା ଓ ଶ୍ରୀଅରବିନ୍ଦଙ୍କ ବହି ଛଡା ଆଉ କୌଣସି ବହି ପ୍ରାୟ ପଢାଯାଏ ନାହିଁ । ପାଠଚକ୍ରରେ ଯେ ମା ଓ ଶ୍ରୀଅରବିନ୍ଦଙ୍କ

ବହି ପଢିବା ସହିତ ଯେ ଆମେ ଅନ୍ୟ ସ୍ରଷ୍ଟା ଓ ଆଧ୍ୟାତ୍ମିକ ଦ୍ରଷ୍ଟା ମାନଙ୍କର ବହି ସାଙ୍ଗହୋଇ ପଢିପାରିବା... ଏହା ହୁଏତ ସଂପୃକ୍ତ କେତେକ ଭାଇ ଭଉଣୀମାନଙ୍କୁ ଅଡୁଆ ଲାଗିପାରେ। ମାତ୍ର ଆମ ଭାରତର ସ୍ୱାଧ୍ୟାୟ ପରମ୍ପରାରେ ସହାଧ୍ୟାୟର ପରମ୍ପରାଟିଏ ମଧ୍ୟ ରହିଛି। ଗାଂଧୀଙ୍କର ମା ପ୍ରଣାମୀ ଆଧ୍ୟାତ୍ମମାର୍ଗର ଜଣେ ଯାତ୍ରିଣୀ ଥିଲେ। ପ୍ରଣାମୀ ଧ୍ୟାନ ଓ ଅଧ୍ୟାତ୍ମ ମାର୍ଗରେ ସବୁ ଧର୍ମର ଗ୍ରନ୍ଥମାନଙ୍କର ଉପାସନା ଓ ଆରାଧନା ହୋଇଥାଏ। ଏହା ସହିତ ଶିଖଧର୍ମର ଗୁରୁଗ୍ରନ୍ଥସାହେବ। ଗୁରୁ ଗ୍ରନ୍ଥ ସାହେବରେ ଅନେକ ଧର୍ମ ଗ୍ରନ୍ଥର ବାଣୀମାନ ରହିଛି... ଏଥିରେ କବୀରଙ୍କର ଦୋହା ଓ ଗୀତଗୋବିନ୍ଦ ମଧ୍ୟ ରହିଛି। ଏହା ସହାଧ୍ୟାୟର ସାମୁହିକ ପରମ୍ପରାରୁ ଶିକ୍ଷାଲାଭ କରି ଆମେ ଆମର ସ୍ୱାଧ୍ୟାୟକୁ ସହାଧ୍ୟାୟ କରିପାରିବା।

ଏହା ସହାଧ୍ୟାୟର ପ୍ରକ୍ରିୟାରେ ଆମେ ସ୍ୱ ଓ ଅନ୍ୟକୁ ସାଙ୍ଗ ହୋଇ ପଢିବା, ସ୍ୱ ଓ ଅନ୍ୟ ସହିତ ସାଙ୍ଗ ହୋଇ ଧ୍ୟାନ କରିବା, ମନନ କରିବା। ଆମେ ବଂଧନୀମାନଙ୍କୁ ପ୍ରେମ, ଶ୍ରମ ଓ ଶିକ୍ଷଣ ଶ୍ରଦ୍ଧାରେ ଅତିକ୍ରମ କରି ସାଙ୍ଗ ହୋଇ ଅନେକ ମାର୍ଗର ଶାସ୍ତ୍ର ପଢିବା ଯେମିତି ଭଗବତ ଗୀତା, କୋରାନ ଓ ବାଇବେଲ୍। ଏହି ଶାସ୍ତ୍ରମାନଙ୍କୁ ପଢିବାବେଳେ ଆମେ ସେମାନଙ୍କୁ କେବଳ ପାରାୟଣ କରିବା ନାହିଁ। ଆମେ ଏହି ଶାସ୍ତ୍ରମାନଙ୍କୁ ପ୍ରଶ୍ନ କରିବା ଭଗବତ୍‌ଗୀତାର ବର୍ଣ୍ଣ ବିଦ୍ୱେଷ ଓ ଲିଙ୍ଗ ବିଦ୍ୱେଷ ଅଛି କି? ଶ୍ରୀଅରବିନ୍ଦଙ୍କୁ ପଢିଲାବେଳେ ସାଙ୍ଗ ହୋଇ ଗାଂଧୀ ଓ ଆମ୍ବେଦକରଙ୍କୁ ପଢିବା, ଯାହାଦ୍ୱାରା ଶ୍ରୀଅରବିନ୍ଦ ବର୍ଣ୍ଣିତ ପୂର୍ଣ୍ଣଯୋଗର ପରିପ୍ରକାଶ ହେଉଥିବା ସହିତ ଜାତିପ୍ରଥାର ମଧ୍ୟ ବିଲୋପ ହେଉଥିବ। (୨)

–୨–

ହଁ ଖାଲି ସ୍ୱାଧ୍ୟାୟ ପାଠଚକ୍ର ନୁହେଁ, ସ୍ୱାଧ୍ୟାୟ ସହାଧ୍ୟାୟ ସହଚକ୍ର। ଏହି ସହାଧ୍ୟାୟ ସହଯାତ୍ରାରେ ପରସ୍ପର ସହିତ ଆଲୋଚନା ଜୀବନର ପ୍ରଶ୍ନମାନଙ୍କ ସହିତ ସହୃଦୟତା ଓ ଶ୍ରଦ୍ଧାର ସହିତ ସହଯାତ୍ରା। କରୋନାର ଲକଡାଉନ୍ ସମୟରେ ଆମେ ଅନେକ ଘର ସହିତ ରହିଥାଉ, କେତେକ ଘର ଭିତରେ ବାନ୍ଧି ହୋଇ ରହିଥିବା ଭଳି ଅନୁଭବ କରୁଥାନ୍ତି। ଏହି ଗଲା ଏପ୍ରିଲ ମାସ ଶେଷ ବେଳକୁ ଓଡିଶାର ଜଣେ ଅପା ଓ ଭାଇଙ୍କ ଠାରୁ ଫୋନ୍‌ଟିଏ ପାଇଲି ଆପଣ ଆମ ସହିତ ପ୍ରତି ରବିବାରରେ କିଛି ପଢନ୍ତେ ନାହିଁ? ଏମିତି ଏକ ଆଗ୍ରହରୁ ଆମର ରବିବାସରୀୟ ସାଂଧ୍ୟ ସାହିତ୍ୟ ଓ ଜୀବନ ଆଲୋଚନା ଆରମ୍ଭ ହେଲା ମେ ଏକ ୨୦୨୦ରୁ। ଏହି ସ୍ୱାଧ୍ୟାୟ ସହଚକ୍ରରେ ମୁଁ ପ୍ରଥମ କେତେଥର କିଛି ପ୍ରବଂଧ ପାଠକରିଥିଲି ଓ ଏହାପରେ ଆମ ସହିତ ସଂପୃକ୍ତ ସଭିଏ ଭାଇ-ଭଉଣୀମାନେ। ଆମେ ସମସ୍ତେ ନିଜ ନିଜର ଅଭିବ୍ୟକ୍ତି ଉପସ୍ଥାପନା କଲାପରେ ଆମେ ଏବେ ଅନ୍ୟ ଚିନ୍ତକ ଓ ସ୍ରଷ୍ଟାମାନଙ୍କୁ ଆମର ସ୍ୱାଧ୍ୟାୟ ସହଚକ୍ର

ଆଲୋଚନାରେ ଶୁଣୁଛୁ ଓ ତାଙ୍କ ସହିତ ସହାଧ୍ୟାୟ କରୁଛୁ । ଆମର ଏହି ସହଚକ୍ରରେ ପ୍ରଖ୍ୟାତ ଭାଷାବିତ୍ ଶ୍ରୀଯୁକ୍ତ ଦେବୀପ୍ରସନ୍ନ ପଟ୍ଟନାୟକ, ପୂର୍ବତନ ବିଦେଶ ସଚିବ ଶ୍ରୀଯୁକ୍ତ ମୁଚୁକୁନ୍ଦ ଦୁବେ ଓ ଜଣେ ଗଭୀର ପ୍ରଶାସକ ଓ ଆଧ୍ୟାତ୍ମିକ ସ୍ରଷ୍ଟା ଶ୍ରୀଯୁକ୍ତ ଓ.ପି. ଭାସିନ୍ ଓ ଆହୁରି ଅନେକ ସ୍ରଷ୍ଟା ଯୋଗଦେଇଛନ୍ତି । ଆମର ଏହି ସ୍ୱାଧ୍ୟାୟ ସହଚକ୍ରରେ ଆମର ଜଣେ ଭାଇ ଆମ୍ବେଦକର ଓ ଲୋହିଆଙ୍କ ଉପରେ ମଧ୍ୟ ପ୍ରବଂଧ ପାଠ କରିଛନ୍ତି ।

ଏହି ସ୍ୱାଧ୍ୟାୟ ସହଚକ୍ରର ଗୋଟିଏ ସଂଧ୍ୟାରେ ଆମର ଜଣେ ଅପା ତାଙ୍କର ରଚନାଟି ପଢିଲେ । ଅପା ଆପଣାର ଗାଆଁରେ ଅଂଗନବାଡିରେ ଦିଦି ହିସାବରେ କାମ କରନ୍ତି । ଏହି ପୂର୍ବରୁ ଅପାଜଣକ ପ୍ରାୟ ଚାରିବର୍ଷ ମୟୁରଭଞ୍ଜ ଜିଲ୍ଲାର ଏକ ପୂର୍ଣ୍ଣାଙ୍ଗ ଶିକ୍ଷାକେନ୍ଦ୍ରରେ କାମ କରୁଥିଲେ । ମା ଓ ଶ୍ରୀଅରବିନ୍ଦଙ୍କର ପୂର୍ଣ୍ଣାଙ୍ଗ ଜୀବନ ଓ ପୂର୍ଣ୍ଣାଙ୍ଗ ଶିକ୍ଷା ଦ୍ୱାରା ପ୍ରେରିତ ହୋଇ ଅପାଜଣକ କଲେଜରେ ବି.ଏ. ପଢି ସାରିବାପରେ ପୂର୍ଣ୍ଣାଙ୍ଗ ଶିକ୍ଷାକେନ୍ଦ୍ରରେ ଯାଇ ସେବା କଲେ, ପାଠ ପଢାଇଲେ । ଏହାପରେ ଗଲା ଦଶବର୍ଷ ହେଲା ଅପାଜଣକ ତାଙ୍କର ଗାଆଁର ଅଙ୍ଗନବାଡିରେ ଶିକ୍ଷକତା ଆରମ୍ଭ କଲେ । ଆପଣାର ଜୀବନର ଅନେକ ଆହ୍ୱାନ ଓ ଆମନ୍ତ୍ରଣର କାହାଣୀଟିକୁ ବର୍ଣ୍ଣନା କରି ଅପାଜଣକ "ପ୍ରେମସିକ୍ତା ପୃଥିବୀ: ଏକ ପୂର୍ଣ୍ଣାଙ୍ଗ ବାଡିର ଧାରେଧାରେ" ରଚନାଟିଏ ପଢିଥିଲେ । ଏହି ରଚନାର ଆଲୋଚନା ଆମର ସହଚକ୍ରର ଜଣେ ଭାଇ ଆରମ୍ଭ କଲେ । ଭାଇ ଜଣକ ଶିକ୍ଷା ଓ ସାମାଜିକ କର୍ମକ୍ଷେତ୍ରରେ ଜଣେ ଅନେକ ସମର୍ପିତ ଆତ୍ମା । ଏବେ ସେ ରାୟପଡାର ମୁନିଗୁଡା ଅଞ୍ଚଳରେ ଆଦିବାସୀ ମାନଙ୍କ ସହିତ କାମ କରୁଛନ୍ତି: ଶିକ୍ଷା ଓ ପୁଷ୍ଟି କ୍ଷେତ୍ରରେ । ସାହିତ୍ୟ, ସାମାଜିକ କାର୍ଯ୍ୟ ଓ ଶିକ୍ଷାକ୍ଷେତ୍ରରେ ଆମର ଭାଇଜଣକ ଆମକୁ ଅନେକ ମୌଳିକ ପ୍ରଶ୍ନମାନ ପଚାରନ୍ତି ଓ ଆମର ସ୍ୱାଧ୍ୟାୟ ସହଚକ୍ରରେ ଆମକୁ ଏମିତି ପ୍ରଶ୍ନ ପଚାରୁଥିବା ଭାଇଜଣକୁ ଆମେ ଶ୍ରଦ୍ଧାର ସହିତ କୋଳାଇ ନେଉ । ସେଦିନ ଆମର ଜଣେ ସ୍ନେହମୟୀ ଅପା କହିଲେ: "ହଁ ପ୍ରଶ୍ନମୟ ଭାଇଙ୍କର ପ୍ରଶ୍ନ ମୋତେ ଭଲ ଲାଗେ, ଆମର ଭାଇ ହେଉଛନ୍ତି ପ୍ରହାର ଦେବତା ।"

ହଁ, ଆମର ଏକ ପୂର୍ଣ୍ଣାଙ୍ଗ ବାଡିର ଧାରେଧାରେ ଆଲୋଚନା ଆରମ୍ଭ କରି ଭାଇ ଜଣକ କହିଲେ: ଏହି ରଚନାଟି ନାନା ଆଡକୁ ବହିଯାଇଛି । ପ୍ରବଂଧର ଗୋଟିଏ ଶୃଙ୍ଖଳା ରହିଛି, ମାତ୍ର ଏହି ରଚନାରେ ଗୋଟିଏ ପ୍ରବଂଧର ଶୃଙ୍ଖଳା ନାହିଁ । ରଚନାରେ ଅନେକ ଚରିତ୍ର ପଶି ଆସୁଛନ୍ତି । ହଠାତ୍ ଏ ଜୟଦେବ କହିଲା କେଉଠୁ ପଶି ଆସିଲେ ? ଏହାପରେ ଆଲୋଚନା ପରେ ଭାଇଜଣକ କହିଲେ : ଲେଖିକା ଯେମିତି ଆପଣାର ରଚନାରେ ଯାହା ମନକୁ ଆସିଲା ଲେଖିଯାଇଛନ୍ତି, ମୁଁ ମଧ୍ୟ ମୋର ଯାହା ମନକୁ ଆସିଲା କହିଗଲି । ଏହି ଆଲୋଚନାର ପ୍ରାୟ ମାସେପରେ ଗୋଟିଏ ବଡିସକାଳେ ମୁଁ

ଆମ ନିକଟସ୍ଥ ସମୁଦ୍ରତଟରୁ ପ୍ରାତଃଭ୍ରମଣ ସାରି ଘରକୁ ଫେରୁଥାଏ । ଆମର ଆଲୋଚକ ଭାଇଙ୍କଠାରୁ ଫୋନ୍‌ଟିଏ ପାଇଲି । ମୁଁ ଭାଇଙ୍କୁ ପଚାରିଲି ମୁଁ ତାଙ୍କର ଆଲୋଚନାର ମାର୍ଗ ବିଷୟରେ କିଛି କହିପାରିବି କି ? ଏହାପରେ ଆମର କଥୋପକଥନ ଆରମ୍ଭ ହେଲା । ମୁଁ କହିଲି ଯେ, ରଚନା ଅନେକ ପ୍ରକାରର । କେତେକ ରଚନା ଆତ୍ମଜୀବନୀମୂଳକ ଓ ଏହାର ଆଲୋଚନା ଓ ସମୀକ୍ଷା କଲାବେଳେ ଆମକୁ ଲେଖକ ବା ଲେଖିକାଙ୍କର ଜୀବନ ପାଖକୁ ଓହ୍ଲାଇ ଆସିବାକୁ ହୋଇଥାଏ । ତାଙ୍କର ହାତଧରି, ତାଙ୍କ ସହିତ ବାଟଚାଲି ଓ ତାଙ୍କର ମୁଖଶ୍ରୀକୁ ଅନାଇ ଆମକୁ ବୁଝିବାକୁ ହୁଏ ଓ ପ୍ରଶ୍ନ କରିବାକୁ ହୁଏ । ସମୀକ୍ଷା ଆମର ସହଯାତ୍ରା ସହ ଆରମ୍ଭ ହୁଏ ଓ ଏହି ସହଯାତ୍ରା ଆମକୁ ନୂଆନୂଆ ପ୍ରଶ୍ନ ପଚାରିବାକୁ ଓ ସୋପାନପରେ ସୋପାନ ଆରୋହଣ ଓ ଅତିକ୍ରମଣ କରିବାକୁ ସମର୍ଥ କରାଏ । ଆମ ପଢୁଥିବା ରଚନାକୁ ତାର ନିଜସ୍ୱ ଧାରାରେ କୋଳାଇ ନେବାକୁ ହୋଇଥାଏ । ରଚନାଟିକୁ ପ୍ରବଂଧର ଶୃଙ୍ଖଳାଟି ଅନୁଯାୟୀ ପଢିବାକୁ ଆରମ୍ଭକଲେ ହୁଏତ ରଚନାର ଅଭିବ୍ୟକ୍ତି ସହିତ ଆମେ ବାଟ ନ ଚାଲିପାରୁ । ରଚନାରେ ଯେଉଁ ଚରିତ୍ରମାନ ଫୁଟି ଉଠୁଛନ୍ତି ତାହା ନିଶ୍ଚୟ ଲେଖିକାଙ୍କ ଜୀବନରେ ନିଶ୍ଚୟ ମହତ୍ତ୍ୱପୂର୍ଣ୍ଣ ଭୂମିକା ସମ୍ପାଦନ କରିଥିବେ । ଅପା ତାଙ୍କର ରଚନାରେ ଜୟଦେବ କାମିଲା କଥା ଉଲ୍ଲେଖ କରିଛନ୍ତି । ଆପଣ ଏହି ଚରିତ୍ର ବିଷୟରେ ଜାଣିବାକୁ ଅଧିକ ଆଗ୍ରହ ପ୍ରକାଶ କରିପାରିଥାନ୍ତେ । ଆପଣ "ଏ ଜୟଦେବ କାମିଲା କେଉଁଠୁ ଧସେଇ ପଶିଆସିଲେ କହିବାଦ୍ୱାରା ଆପଣଙ୍କର ପ୍ରଶ୍ନଟିକୁ ଶ୍ରଦ୍ଧାର ସହିତ ଉପସ୍ଥାପନା କରିପାରିଛନ୍ତି କି ? ଆମର ଏହି କଥୋପକଥନ ଧାରାରେ ଭାଇଜଣକ କହିଲେ, ହଁ ମୁଁ ଏବେ ଏହିସବୁ ପ୍ରଶ୍ନମାନଙ୍କୁ ଏହି ମାର୍ଗରେ ଭାବୁଛି ।

ଆମର ସମୀକ୍ଷା ଓ ସମାଲୋଚନା ଏମିତି ସହଯାତ୍ରାର ଏକ ଓ ଅନେକ ଧାରା । ସମୀକ୍ଷକ ବା ସମୀକ୍ଷିକା କେବଳ ବାହାରେ ଛିଡା ହୋଇ ଲେଖା ଓ ରଚନା ମାନଙ୍କୁ ସମୀକ୍ଷା ଓ ସମାଲୋଚନା କରନ୍ତି ନାହିଁ; ସେମାନେ ଲେଖକ, ଲେଖିକା ଓ ରଚନାର ଜୀବନ ଭୂମିକୁ ଓହ୍ଲାଇ ଆସନ୍ତି; ଏହାପରେ ଧୀରେଧୀରେ ହାତଧରି ପ୍ରଶ୍ନ ଓ ସମୀକ୍ଷାର ନାନା ଶିଖର ଆରୋହଣ କରନ୍ତି । ଏହି ଆରୋହଣ ପରେ ପୁନଶ୍ଚ ଲେଖକ ଓ ସମୀକ୍ଷକ ଜୀବନଭୂମିକୁ ଓହ୍ଲାଇ ଆସନ୍ତି ଓ ଜୀବନଭୂମିକୁ ସମୀକ୍ଷା ଓ ସୃଜନଶୀଳତାର ସ୍ୱାଧ୍ୟାୟ ଓ ସହଯାତ୍ରାର ଧାରାରେ ଉତ୍ତୋଳିତ କରନ୍ତି ।

-୩-

ସାହିତ୍ୟର ଯାତ୍ରାରେ ସ୍ୱାଧ୍ୟାୟ ରହିଛି । ସାହିତ୍ୟର ପାଠକ, ସ୍ରଷ୍ଟା ଓ ସମୀକ୍ଷକ ଭାବେ ଆମେ ଅନେକ ଗ୍ରନ୍ଥର ଅଧ୍ୟୟନ କରୁ । ଏହି ସ୍ୱାଧ୍ୟାୟ ଏକ ସହାଧ୍ୟାୟ

ସହଚକ୍ରରେ ପରିଣତ ହୋଇପାରିବ ଯେଉଁଥିରେ ଆମେ ସାଙ୍ଗହୋଇ ସ୍ରଷ୍ଟା ଓ ସୃଷ୍ଟିର ଅଧ୍ୟୟନ କରିପାରିବା ଓ ଏହି ଅଧ୍ୟୟନ ପ୍ରକ୍ରିୟାରେ ଉଭୟ ସ୍ରଷ୍ଟା ଓ ସୃଷ୍ଟିକୁ କିଛି ଜୀବନ-ଉତ୍ତୋଳନକାରୀ ପ୍ରଶ୍ନମାନ ପଚାରିବା; ଖାଲି କଥିତ ଓ ରଚିତ ବିଷୟର ପାରାୟଣ ବା ପୁନଃକଥନ ନୁହେଁ । ଏହା ସହିତ ଆପଣ ସାଙ୍ଗହୋଇ ଅନେକ ଧର୍ମ, ଦାର୍ଶନିକ ଓ ସାହିତ୍ୟିକ ପରମ୍ପରାର ଶାସ୍ତ୍ର ଓ ପୁସ୍ତକମାନ ପଢିପାରିବା । ଏହି ପୁସ୍ତକମାନ ବିଭିନ୍ନ ଭାଷାରେ ଲେଖାଯାଇଛି । ଓଡିଆ ସାହିତ୍ୟରେ ରଚିତ ପୁସ୍ତକ ମାନଙ୍କର ସମୀକ୍ଷା ପାଇଁ କେବଳ ଓଡିଆ ଭାଷାରେ ରଚିତ ପୁସ୍ତକମାନ ପଢିଲେ ଯଥେଷ୍ଟ ନୁହେଁ; ଏହା ସହିତ ଆମକୁ ସଂସ୍କୃତ, ହିନ୍ଦି, ଇଂରାଜୀ, ବଙ୍ଗଳା ଓ ଯଥାସମ୍ଭବ ଅନ୍ୟ ଭାଷାରେ ଲିଖିତ ସ୍ରଷ୍ଟା ଓ ସୃଷ୍ଟିମାନଙ୍କୁ ପଢିବାକୁ ହେବ । ଏହା ମଧ୍ୟ ସମୀକ୍ଷା ସହଯାତ୍ରା ଓ ସ୍ୱାଧ୍ୟାୟ ସହାଧ୍ୟାୟର ଅନ୍ୟଏକ ସଂଶ୍ଳିଷ୍ଟ ଆହ୍ୱାନ, ଆମନ୍ତ୍ରଣ ଓ ଶିକ୍ଷଣ ପଥ । ସମୀକ୍ଷା ସହଯାତ୍ରାରେ ଆମକୁ ଏକା ସାଙ୍ଗରେ ଅନେକଙ୍କୁ ଅଧ୍ୟୟନ କରିବାକୁ ହୋଇଥାଏ । ଏକାସାଙ୍ଗରେ ଶଙ୍କର ଓ ଶ୍ରୀଅରବିନ୍ଦ, ଶ୍ରୀଅରବିନ୍ଦ ଓ ମାର୍କସ୍, ମାର୍କସ ଓ ଗାଂଧୀଙ୍କୁ, ଗାଂଧୀ ଓ ଶ୍ରୀଅରବିନ୍ଦଙ୍କୁ, ଶ୍ରୀଅରବିନ୍ଦ ଓ ଆମ୍ବେଦକର ଓ ସ୍ୱାମୀ ବିବେକାନନ୍ଦ ଓ ପଣ୍ଡିତା ରମାବାଇଙ୍କୁ, ଚିତ୍ତରଂଜନ ଦାସ ଓ ମନୋଜ ଦାସଙ୍କୁ, ଫକୀରମୋହନ ଓ ଧରଣୀଧରଙ୍କୁ, ବ୍ରଜନାଥ ରଥ ଓ ପ୍ରତିଭା ରାୟଙ୍କୁ ଓ ଫକୀରମୋହନ ଓ ଭୀମଭୋଇଙ୍କୁ ଅଧ୍ୟୟନ କରିବାକୁ ହୋଇଥାଏ । ଆମର ସ୍ୱାଧ୍ୟାୟ ସହାଧ୍ୟାୟ ଓ ସମୀକ୍ଷା ସହଯାତ୍ରାର ଅନ୍ତଃନାହିଁ; ଆମ ପ୍ରେମ, ଶ୍ରମ ଓ ଶିକ୍ଷଣ ବ୍ୟାକୁଳତାର ଅନ୍ତଃନାହିଁ । ଏହି ବ୍ୟାକୁଳତାହିଁ ଆମର ଅନେକ ବଂଧନୀ ଭାଙ୍ଗିଦିଏ; ଆମକୁ ସମର୍ପିତ କରାଏ, ଜାଗ୍ରତ କରାଏ; ଆମର ସ୍ୱାଧ୍ୟାୟ ସହଧ୍ୟାୟ, ସମୀକ୍ଷା ସହଯାତ୍ରାକୁ ସଦା ଜାଗ୍ରତ କରି ରଖିଥାଏ; ଚକଚକ କରିରଖିବା । ଅନ୍ୟମାନେ ନାନା ବଂଧନୀ ଭିତରେ ଶୋଇ ରହିଥିବାବେଳେ ଆମର ସ୍ୱାଧ୍ୟାୟ ସହାଧ୍ୟାୟ ଓ ସମୀକ୍ଷା ସହଯାତ୍ରା ବଂଧନୀ ମାନଙ୍କୁ ଶ୍ରଦ୍ଧା ଓ ସାହସର ସହିତ ଅତିକ୍ରମ କରି ଜୀବନ ଉତ୍ତୋଳନର ଏକ ନୂତନ କଳା ସୃଷ୍ଟିକରେ, ଜୀବନପଥ ସୃଷ୍ଟିକରେ, ବିଶ୍ୱପଥ ସୃଷ୍ଟିକରେ, ହୃଦୟପଥ ସୃଷ୍ଟିକରେ, ଆକାଶପଥ ସୃଷ୍ଟିକରେ ।

ଏକତିରିଶ ଡିସେମ୍ବର ୨୦୨୦

ଗ୍ରନ୍ଥ ସୂଚନା:-

୧. ପାଣ୍ଡୁରାମ ଶାସ୍ତ୍ରୀ ଅଠବଲେ, Thoughts on Glorious Heritage

୨. ଅନନ୍ତ କୁମାର ଗିରି, "ପୂର୍ଣ୍ଣାଙ୍ଗ ଯୋଗ ଓ ଜାତି ରୂପାନ୍ତର", ଶ୍ରୀ ଜଗନ୍ନାଥଙ୍କ ସହ: କ୍ଷତ, କ୍ଷୟ ଓ କ୍ଷେତ୍ର, ଭୁବନେଶ୍ୱର: ବିଶ୍ୱଲେଖା, ୨୦୧୮ ।

BLACK EAGLE BOOKS

www.blackeaglebooks.org
info@blackeaglebooks.org

Black Eagle Books, an independent publisher, was founded as a nonprofit organization in April, 2019. It is our mission to connect and engage the Indian diaspora and the world at large with the best of works of world literature published on a collaborative platform, with special emphasis on foregrounding Contemporary Classics and New Writing.

www.ingramcontent.com/pod-product-compliance
Lightning Source LLC
Chambersburg PA
CBHW060550080526
44585CB00013B/517
9781645607366